JN440107

George S. Zweifel | Michael H. Nantz | Peter Somfai

Second Edition

MODERN ORGANIC SYNTHESIS
AN INTRODUCTION

현대 유기 합성

제2판

강한영 · 김병문 · 안덕근 · 이효원 · 장두옥 · 전철호 옮김

WILEY 자유아카데미

2판 저자 서문

유기 합성은 지속적으로 발전하는 역동적인 주제이다. 2007년 이 책의 초판본이 발간된 이래 많은 진전이 있었다. 이번 판에서의 목적은 새롭게 대두하는 기술들을 소개하는 것뿐 만 아니라 이미 발간한 현대 유기 합성(Modern Organic Synthesis: An Introduction, MOS)에서 제시한 방법론과 해석에서의 많은 진보를 갱신하는 것이다. 그 결과 많은 새로운 예제와 500개 이상의 참고 문헌을 포함함으로써 학생들에게 현시대의 유기 합성에 관한 개관을 제공한다. 이 교과서의 내용은 한 장(章)을 예외로 하고 그 밖의 장에는 전 판본과 동일한 주제로 되어 있다. 과거 10년간 팔라듐 촉매 결합 반응은 유기 분자 합성에 관한 강력한 기술로 진화하였다. 이제 새로운 8장이 이러한 화학에 관하여 전적으로 기술하고 있다. 이전 판본과 마찬가지로 현 판본은 고학년 학부생이나 시작 단계의 대학원생을 가르치는 데 사용하는 교재이다. MOS를 갱신하는 것은 고무가 되고 보람된 일이었다. 우리는 학생들이 이번 판본이 쓸모가 많다는 것을 알기 바란다.

저자 소개

George S. Zweifel은 스위스 태생이다. 그는 1955년에 스위스 연방 공과대학교(ETH, 스위스 취리히 소재, 지도 교수 H. Deuel)에서 탄수화물 화학 분야로 박사 학위(Dr. Sc. Techn.)를 받았다. 1956년 스위스-영국 교환 장학기금(스코틀랜드 에든버러 대학교, G. O. Aspinall 교수)과 1956년 연구 장학 기금(영국 버밍엄 대학교, S. A. Barker와 A. B. Forster 교수)을 받아 탄수화물 분야에서의 회전 입체 이성질 문제를 연구하였다. 1958년에 미국 퍼듀 대학교 H.C. Brown 교수의 개인 연구 조수가 되어 수소화붕소 첨가 반응에 관하여 연구를 수행하였다. 그는 1963년 캘리포니아 대학교 Davis의 교수진에 합류하여 유기 합성의 중간체로 작용하는 유기금속 화합물, 특히 불포화 유기붕소, 유기알루미늄과 유기규소를 중심으로 하여 연구해 왔다.

Michael H. Nantz는 1981년 웨스턴 켄터키 대학에서 이학사를 받았다. 그는 천연물 합성에 관하여 관심을 가져 퍼듀 대학교에서 Philip L. Fuchs 교수와 일하게 되어 1987년 박사 학위를 받았다. 그 후 2년간 그는 매사추세츠공과대학(MIT)에서 Satoru Masamune 교수와 함께 비대칭 합성 연구를 수행하였고, 1989년 캘리포니아 대학교 Davis의 교수진에 합류하여 유전자 전달 벡터 개발을 중심으로 유기 합성의 연구 주제로 확립하였다. 2006년 그는 루이빌 대학교에 화학과 석좌 교수로 1989년에 교수진에 합류하였다.

Peter Somfai는 스웨덴 태생으로 찰머스 공과대학교에서 1987년에 박사 학위를 받았다. 2년간의 MIT에서 S. Masamune 교수 연구진의 박사후 연구원 과정을 거쳐 스웨덴에 귀국하였다. 1999년 그는 스톡홀름 소재의 왕립 공과대학교의 교수로 임명되었다. 그는 2012년에 룬드 대학교의 유기화학 교수로 교수진에 합류하였다. 그의 연구 관심은 유기 합성의 새로운 방법론 개발과 복합한 분자 합성 응용에 관한 연구이다.

역자 서문

유기 합성은 복잡한 구조의 화합물, 생리활성 천연물 및 신소재 물질을 망라하여 다양한 화학 반응을 이용하여 분자를 합성하는 분야이다. 인간은 유기 합성을 이용하여 의약품, 진단 시약, 염료, 화장품, 농업용 화학 약품, 여러 가지 전자 장치 및 에너지 변환 및 보관, 지속성 환경 등에 필요한 첨단 소재를 포함하여 인류의 생활에 유익하고 필수적인 물질들을 생산하며, 앞으로 이러한 경향은 더욱 가속화될 것으로 생각한다. 유기 합성은 탄소–탄소 골격을 합성할 뿐만 아니라 다양한 고리로 구성된 이차원적 화합물 합성, 그리고 20세기 후반부터는 삼차원적으로 배열된 입체 화학 구조 화합물 합성의 진화를 거쳐 현재는 나노 구조 화합물, 두 종류 이상의 분자를 포함하는 초분자(supramolecules) 및 녹색 화학 등 그 응용 범위가 확장되고 있다. 유기 화학의 메커니즘은 계산 화학의 도움으로 유기화학자는 과거 정적인 입체 화학에서 벗어나서 동적인 입체 화학의 메커니즘을 잘 이해하기 시작하고 심오해졌다.

유기 합성 화학은 지속적으로 많은 발전과 학문 영역을 넓혀 왔기에 많은 양의 정보를 간추려서 한 학기에 학생들에게 교습하기에 적절한 교재를 찾기 어렵다. 이 교재는 한 학기 분량으로 적절하며, 현대 유기 합성에 관하여 학부 4학년과 대학원 수준의 강의 간격을 매워 줌으로써 학생들이 장래에 산업체나 학문적인 환경에서 연구하는 데 필요한 기초 배경을 제공한다.

이 교재에서 다루는 주제는 역합성, 회전 입체 이성질 분석, 작용기 변환과 더불어 유기금속 화학과 탄소–탄소 결합 형성을 망라한다. 학생들의 이해를 돕기 위하여 많은 도해로 간단하고 읽기 쉬운 양식을 택하고 있다. 이번 제2판에서는 화학 반응 물질, 예제 및 참고 문헌을 최근 것으로 갱신하였으며, 유기촉매와 유기금속 시약의 범주를 새롭게 추가하여 다루었다. 아쉬운 점은 연습 문제의 보완이 필요하다는 것으로, 이것은 제3판에서 보완이 될 것으로 기대한다. 출간 후에라도 수정사항이 있을 경우에는 자유아카데미 홈페이지(www.freeaca.com) 자료실에 제공할 예정이다.

끝으로 이 교재를 채택하여 번역하는 데 많은 도움을 주신 자유아카데미 관계자 및 편집부에게 감사드린다.

차례

1장 합성 디자인

• 인물, 형식, 문체 모든 것 중 최상의 것은 단순함이다.

Henry Wadsworth Longfellow

화학은 중요한 의약품이나 고분자, 또는 세제나 방충제로 모든 사람의 일상생활에 영향을 미친다. 유기 합성 분야는 근원적으로 이들 화합물의 합성과 연관되어 있기 때문에 합성에 많은 재원을 투자할 가치가 충분하다. 새로운 화합물이 만들어지기 전에 그 유용성을 예측할 수 있는 우리의 능력은 아직 초보적인 수준이다. 따라서 학교나 화학 회사 모두 새로운 형태의 유기 화합물 발견에 대한 연구를 꾸준히 계속해야 한다. 또한 분자 구조적인 면에서 엄청난 다양성을 가지고 있는 천연물들과 이들의 의약품으로서의 유용성은 유기 합성 화학자의 집중적인 연구 과제가 되어 왔으며, 앞으로도 계속 그럴 것이다.

새로운 화합물의 합성이라는 도전에 직면했을 때 화학자들은 어떻게 이 문제에 접근하는가? 분명한 것은 가능성과 한계의 타협점을 알아야 한다는 것이다. 모든 합성 프로젝트는 기존 합성법뿐만 아니라 반응 메커니즘, 상업적 출발 물질, 분석 장비(IR, UV, NMR, MS)와 분리 기술에 대한 지식의 통찰이 필요하다. 새로운 방법이 끊임없이 개발되고 기존 방법이 정교화되기 때문에 화학 문헌을 통한 꾸준한 연구 동향 파악이 중요하다.

무엇이 이상적이고 실용적인 합성이며, 어떻게 합성 연구 과제를 수립하는가? 합성에서 가장 큰 관심은 간단함(가장 적은 단계)과 선택성(화학 선택성, 위치 선택성, 부분 입체 선택성 및 거울상 이성질 선택성) 및 수율이다. 더 나아가 변환의 실험적 용이성과 환경 문제를 야기하지 않는지를 고려해야 한다.

퓨밀리오톡신 C(pumiliotoxin C)와 같은 분자의 합성은 사려 깊은 계획과 전략을 내포하고 있다. 화학자는 퓨밀리오톡신 C의 합성에 어떻게 접근할 것인가?[1] 이 장은 역합성을 통하여 이와 같은 목표 화합물을 합성하는 전략을 요약하였다.

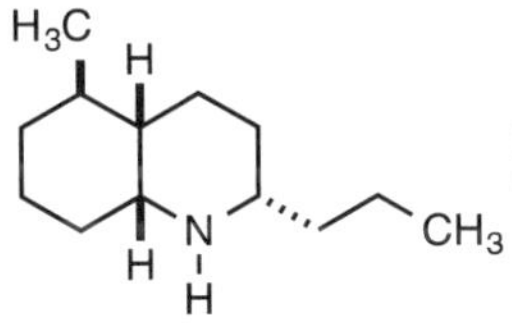

H_3C H H N H CH_3

pumiliotoxin C(독침 개구리 *Dendrobates pumilio*로부터 얻은 *cis*-데카히드로퀴놀린)

1990년 화학 분야에서 노벨상을 수상한 E. J. Corey는 분자를 끊어 논리적인 전구체들을 이끌어내는 역합성 개념을 소개하고 발전시켰다.[2] 현재 역합성 분석은 연구에 있어서 필요 불가결한 역할을 하고 있다.

1.1 역합성 분석[3]

역합성 분석에 대한 다음 논의는 Warren의 *Organic Synthesis: The Disconnection Approach*[3a] 및 Willis와 Will의 *Organic Synthesis*[3g]와 유사한 주제를 다루고 있다. 본 주제에 관하여 보다 높은 수준을 위해서는 Corey와 Cheng의 *The Logic of Chemical Synthesis*[3b]를 참조하기 바란다.

기본 개념

목표 분자(target molecule, TM)로부터 역으로 작업하여 합성 계통도를 만드는 것을 **역합성 분석**(retrosynthetic analysis) 또는 **반합성**(antithesis)이라고 한다. ⇒ 기호는 역합성 단계를 의미하며, **변환**(transform)이라 부른다. 주변환은 C–C 결합의 개열인 **끊음**(disconnection)과 **작용기 상호 변환**(functional group interconversion, FGI)을 들 수 있다.

역합성 분석은 TM을 연속적인 끊음과 작용기 상호 변환을 통하여 이용 가능한 출발 물질로 분해하는 것이다. 역합성에서 구조적인 변화는 TM보다 손쉽게 구할 수 있는 기질로 유도되어야 한다. **합성 단위체**(synthon)는 TM의 C–C 결합을 끊음으로써 발생되는 조각들이다. 정방향 합성에 사용되는 실제 기질을 **합성 대등체**(synthetic equivalent, SE)라고 한다. 또한 합성 단위체의 **극성**이 **역전**(inverting the polarity, IP)되어 생긴 시약들도 SE 역할을 할 수 있다.

TM ⇒(변환) 합성 단위체 ---> 합성 대등체나 시약

합성 디자인은 두 가지 구별된 단계, 즉 (1) 역합성 및 (2) '정방향' 합성으로의 연속적인 변환을 포함하고 있다.[3a] 분석을 할 때는 화학자가 분자 내의 작용기들을 인지하고, 알려져 있는 신뢰할 수 있는 재결합 반응을 고려하여 작용기 인접 부분을 끊는다.

화학 결합은 **불균일하게**(heterolytically), **균일하게**(homolytically), 또는 **협동 변환**(concerted transform)을 통하여 분해될 수 있다(두 개의 중성인 닫힌 껍질 조각들로). 다음 논의는 불균일과 고리 끊음에 초점을 맞출 것이다.

불균일 분해 —C—C— ⇒ —C⁺ :C⁻— 또는 —C:⁻ ⁺C—

균일 분해 —C—C— ⇒ —C· ·C—

협동 변환 (cyclohexene) ⇒ (butadiene) + (ethylene)

주개와 받개 합성 단위체[3c,g]

한 분자에서 탄소–탄소 결합의 불균일 역합성 끊음은 TM을 받개 합성 단위체인 탄소 양이온과 주개 합성 단위체인 탄소 음이온으로 쪼갠다. 격식적인 의미에서 역반응, 즉 탄소–탄소 결합 형성은 **친전자성**(electrophilic) 받개 합성 단위체와 **친핵성**(nucleophilic) 주개 합성 단위체가 결합하는 것이다. 표 1.1과 1.2는 중요한 받개 및 주개 합성 단위체와 합성 대등체를 나타내고 있다.[3c]

역합성 분석 A

TM ⇒(FGI) (alcohol, OH, Ph) ⇒(C–C 끊음) 주개 합성 단위체 + 받개 합성 단위체 (Ph)

X = Br, I (δ⁺, X) 주개 합성 단위체의 SE ⇐(IP) (δ⁻, MgX) ; H(C=O)Ph 받개 합성 단위체의 SE

합성 A

(Br) —(Mg, Et_2O; IP)→ [(MgBr)] —(a. H(C=O)Ph; b. H_2O, H^+; 재연결)→ (OH, Ph) —(PCC; FGI)→ TM

표 1.1 일반적인 받개 합성 단위체

합성 단위체	합성 대등체
R^+ (알킬 양이온 = 카베늄 이온)	RCl, RBr, RI, ROTs
Ar^+ (아릴 양이온)	$Ar\overset{+}{N}_2\ X^-$
$H\overset{+}{C}=O$ (아실륨 이온)	$HC(=O)-X$ (X = NR_2, OR)
$R\overset{+}{C}=O$ (아실륨 이온)	$RC(=O)-X$ (X = Cl, NR'_2, OR′)
$HO-\overset{+}{C}=O$ (아실륨 이온)	CO_2
$\overset{+}{C}H_2CH_2C(=O)R$	$H_2C=CHC(=O)R$ (R = 알킬, OR′)
$\overset{+}{C}H_2CH_2C\equiv N$	$H_2C=CH-CN$
$\overset{+}{C}H_2OH$ (옥소카베늄 이온)	HCHO
$R\overset{+}{C}HOH$ (옥소카베늄 이온)	RCHO
$R_2\overset{+}{C}OH$ (옥소카베늄 이온)	$R_2C=O$
$^+CH_2CH_2OH$	에폭사이드 (에틸렌 옥사이드)
$^+CH_2C(=O)CH_2R$	$BrCH_2C(=O)CH_2R$[a]

[a] α-할로 케톤도 엔올레이트 이온의 합성 대등체 역할을 할 수 있다는 것에 주목하라.

표 1.2 일반적인 주개 합성 단위체

합성 단위체	유도 시약	합성 대등체
R^- (알킬, 아릴 음이온)	RMgX, RLi, R_2CuLi	RX
NC^- (사이안화물)	NaCN	HCN
$RC\equiv C^-$ (아세틸렌화물)	$RC\equiv CMgX$, $RC\equiv CLi$	$RC\equiv CH$
$CH_3C(=O)CH_2^-$ ↔ $CH_3C(O^-)=CH_2$ (엔올레이트)	$CH_3C(OM)=CH_2$ (M = Li, BR_2)	$CH_3C(=O)CH_3$
$Ph_3\overset{+}{P}-\overset{-}{C}<$ (일라이드)	$[Ph_3\overset{+}{P}-C(H)<]X^-$	$H-C(<)-X$
$RCH_2\overset{-}{C}HNO_2$ (α-나이트로 음이온)		$RCH_2CH_2NO_2$

역합성 분석 B

TM (1-페닐-1-부탄온, $CH_3CH_2CH_2C(=O)Ph$) ⟹ $CH_3CH_2CH_2\overset{+}{C}=O$ (받개 합성 단위체) + Ph^- (주개 합성 단위체) ⟹ Ph_2CuLi ⟹ PhLi ⟹(IP) Ph − Br (주개 합성 단위체의 SE)

$CH_3CH_2CH_2C(=O)Cl$: 받개 합성 단위체의 SE

합성 B

$$Ph-Br \xrightarrow[\text{THF, }-78^\circ C]{n\text{-BuLi}} PhLi$$

$$2\,PhLi + CuBr \xrightarrow{\text{THF}} Ph_2CuLi\ (\text{Cuprate 시약}) \xrightarrow{CH_3CH_2CH_2C(=O)Cl} TM$$

교대 극성 끊음[3g,4]

탄소 골격에서 형식 전하의 분포는 작용기의 존재에 의해서 결정되기 때문에, 어떻게 적절한 탄소-탄소 결합을 끊는가에 대한 질문은 작용기 조작과 관련이 있다. 분자 내에 헤테로 원자가 존재하면 친핵성과 친전자성 중 한 형태를 그 분자의 원자들에 주게 된다. **교대 극성**(alternating polarity), 즉 숨겨진 극성들의 개념(가상 전하들)은 종종 복잡한 분자에서 끊기에 가장 적절한 위치를 파악하는 것을 가능하게 한다.

작용기는 다음과 같이 분류할 수 있다.[4a]

E 계열: 붙어 있는 탄소에 친전자성의 성질(+)을 부여하는 그룹:
$-NH_2$, $-OH$, $-OR$, $=O$, $=NR$, $-X$(할로젠)

G 계열: 붙어 있는 탄소에 친핵성의 성질(–)을 부여하는 그룹:
$-Li$, $-MgX$, $-AlR_2$, $-SiR_3$

A 계열: 양쪽성(+ 또는 –)을 나타내는 작용기:
$-BR_2$, $C{=}CR_2$, $C{\equiv}CR$, $-NO_2$, $\equiv N$, $-SR$, $-S(O)R$, $-SO_2R$

E 계열 작용기(예를 들어 =O, –OH, –Br)가 붙어 있는 탄소에 양전하(+)가 위치하게 되고, 나머지 탄소들에 대해서 엇갈린 극성을 부여하여 TM을 **조화**(consonant)와 **부조화**(dissonant) 형태로 분석한다. 조화 형태에서는 같은 계열의 작용기를 갖는 탄소 원자들은 일치하는 극성을 갖는 반면, 부조화 형태에서는 이들의 극성이 다르게 된다. 분자 내에 조화 형태가 존재하면 종종 간단한 합성이 가능하다.

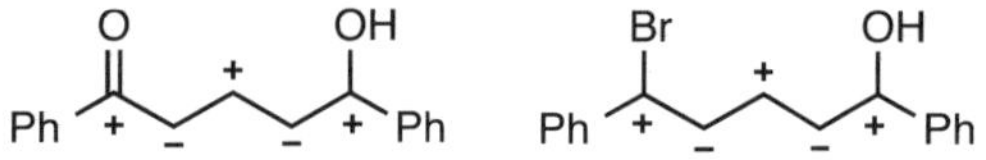

조화 형태:
양전하가 E 계열 그룹에 결합된 탄소에 위치한다.

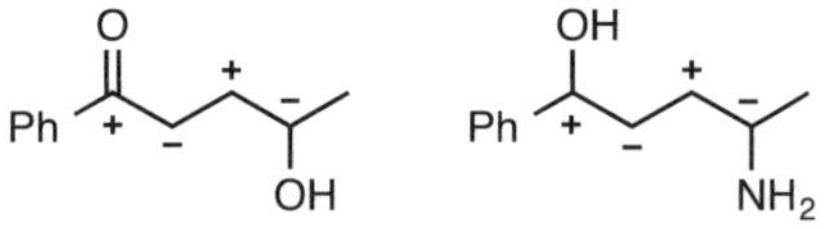

부조화 형태:
한 E 계열 그룹이 양전하를 띠는 탄소에 결합되어 있는 반면, 다른 E 계열 그룹은 음전하를 띠는 탄소에 위치한다.

교대 극성 개념을 바탕으로 작용기로 치환된 분자들의 합리적인 끊음에 대한 예를 다음에 나타내었다.

하나의 작용기

분석

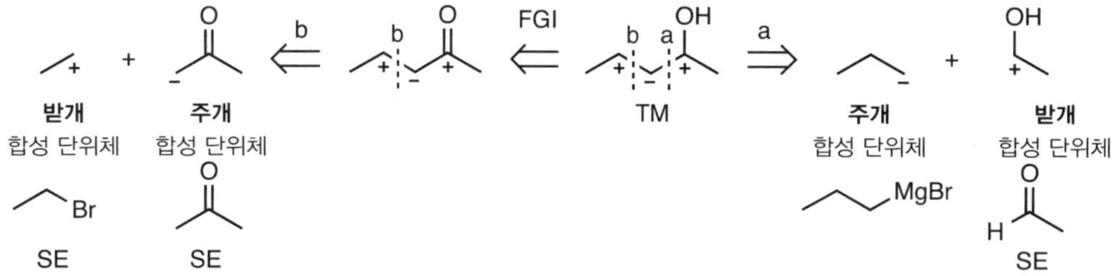

받개 합성 단위체 + 주개 합성 단위체 ⇐(b) ⇐(FGI) TM ⇒(a) 주개 합성 단위체 + 받개 합성 단위체

SE SE SE SE

합성(경로 a)

$\ce{EtBr}$ —Mg, Et_2O→ [MgBr] —CH_3CHO→ [OMgBr] —H^+, H_2O (workup)→ TM

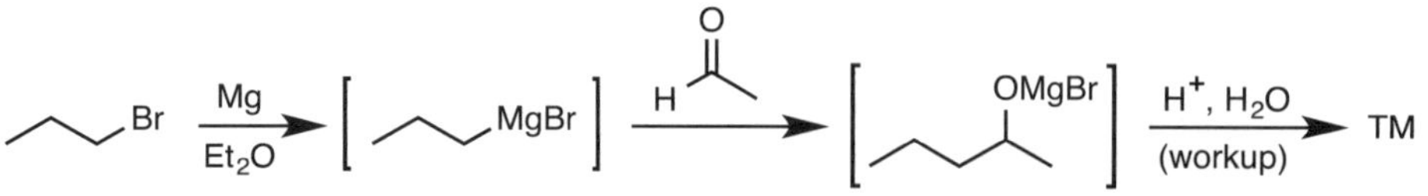

위의 예에서 보여 준 바와 같이 TM, 2-펜탄올(2-pentanol)을 끊는 방법은 두 가지가 있다. 작용기 가까이 끊는 방법(경로 a)은 쉽게 구할 수 있는 기질(SE)로 분석이 되고, 더욱이 이들 시약들의 재연결은 잘 알려진 합성법을 사용하여 원하는 TM을 높은 수율로 얻을 수 있다. 경로 b의 끊음 또한 쉽게 구할 수 있는 기질로 분석된다. 하지만 TM을 생성하기 위한 재연결은 더 많은 단계가 요구되고, 엔올레이트 이온의 정량적 형성과 브로민화 알킬(alkyl bromide)을 사용한 모노알킬화 반응 조절이라는 중대한 두 가지 반응적 특성을 포함하게 된다.

1,3-관계 두 개의 작용기

분석

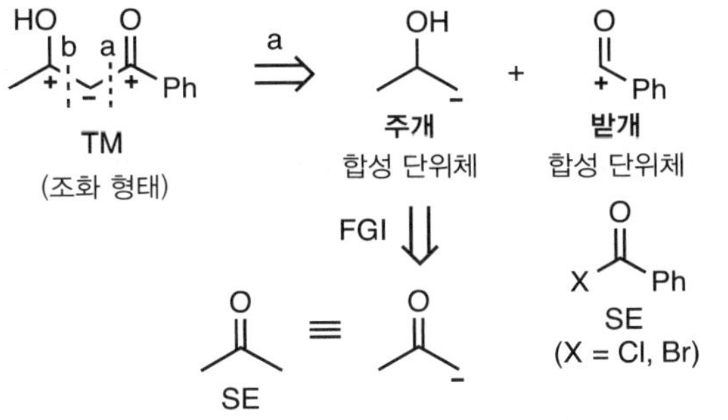

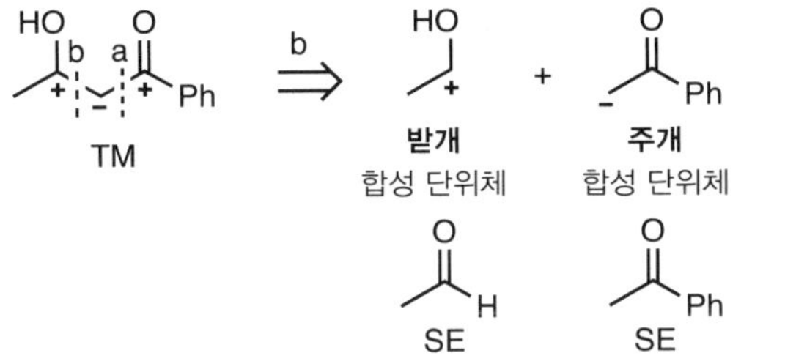

HO b a O Ph
TM
(조화 형태)
a ⇒ OH
주개
합성 단위체
+ O Ph
받개
합성 단위체
FGI ⇓
O SE ≡ O
O X Ph SE
(X = Cl, Br)

HO b a O Ph
TM
b ⇒ HO
받개
합성 단위체
+ O Ph
주개
합성 단위체
O H SE
O Ph SE

합성(경로 a)

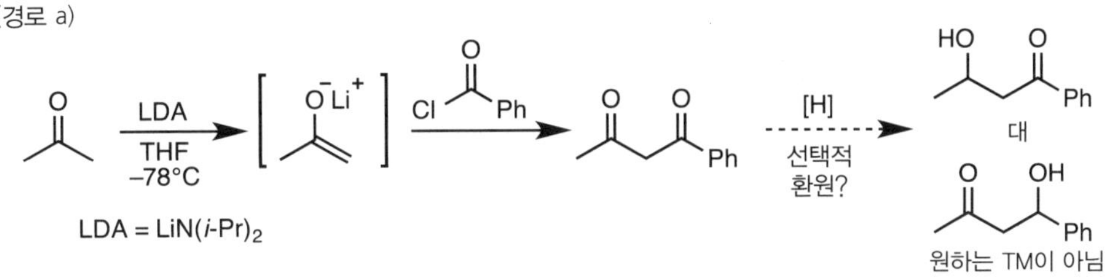

LDA, THF, −78°C → [O⁻Li⁺ enolate] → Cl–C(O)Ph → 1,3-diketone (Ph) → [H] 선택적 환원? → HO O Ph 대 O OH Ph 원하는 TM이 아님

LDA = LiN(i-Pr)$_2$

합성(경로 b)

O Ph → LDA, THF, −78°C → [O⁻Li⁺ Ph enolate] → CH$_3$CHO → [O⁻Li⁺ O Ph] → H^+, H_2O (workup) → HO O Ph
원하는 TM

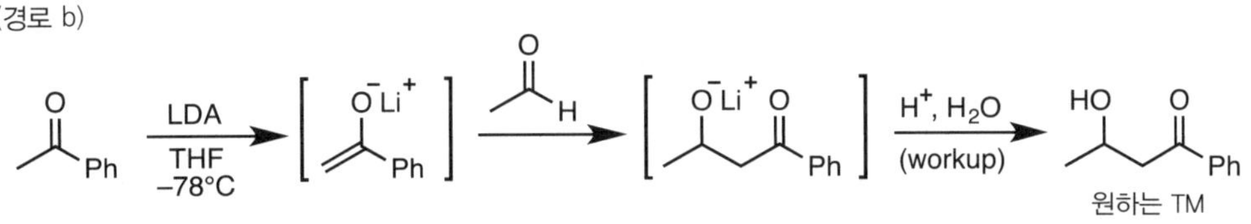

TM에 β-하이드록시 케톤 부분의 존재 및 조화 형태는 역알돌 반응을 암시한다. 하이드록시가 위치한 탄소나 TM의 카보닐 탄소는 친전자체성 자리 역할을 할 것이며, 해당 α-탄소는 친핵성 자리 역할을 할 것이다. 하지만 경로 b는 선택적인 작용기 상호 변환(환원)이 요구되지 않아 더 좋은 방법이다.

1,4-관계 두 개의 작용기

분석

O ... O
또는
O ... O
TM
(부조화 형태)
⇒ O
주개
합성 단위체
+ O
받개
합성 단위체
O⁻Li⁺ 나 NR$_2$
엔올레이트 엔아민
Br O
SE
O SE
O SE

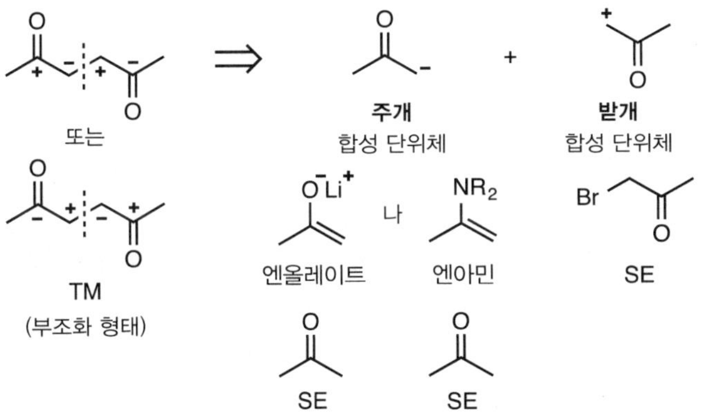

합성

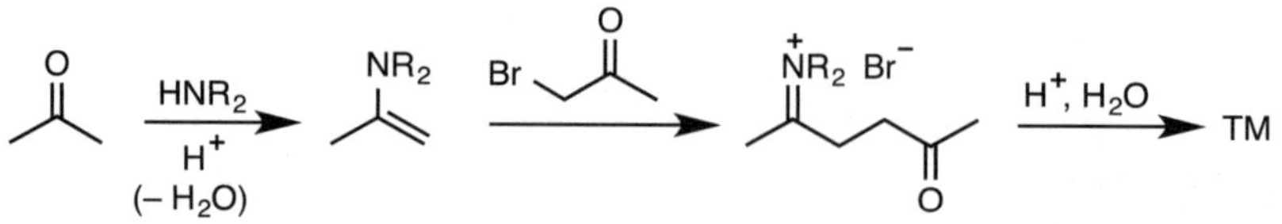

2,5-헥세인다이온(2,5-hexanedione)의 부조화 형태는 위의 받개 합성 단위체에 표기한 바와 같이 하나의 α-탄소에 양(+)의 극성을 나타낸다. 따라서 이 합성 단위체에서 α-탄소는 일반적인 케톤의 α-탄소가 갖는 음(−)의 극성으로부터 **극성 반전**[inversion of polarity, 독일어로 움폴룽(Umpolung)]이 필요하다. 받개 합성 단위체에 대한 적절한 기질(SE)은 친전자성 α-브로모 케톤이다. 엔올레이트 이온이 염기 역할을 하여 α-할로 케톤의 양성자 이탈 반응이 일어나 에폭시 케톤 형성 반응[**Darzens 축합 반응**(Darzens condensation)]으로 진행될 수 있다는 것을 인지해야 한다. 이와 같은 문제를 피하는 방법은 엔올레이트(enolate, 엔올산염) 대신에 약한 염기성을 갖는 엔아민(enamine)을 사용하는 것이다.

아래에 나타낸 5-하이드록시-2-헥산온(5-hydroxy-2-hexanone)의 경우, 받개 합성 단위체의 극성 반전이 해당 합성 대등체인 친전자성 에폭사이드(epoxide)를 사용하여 이루어졌다.

분석

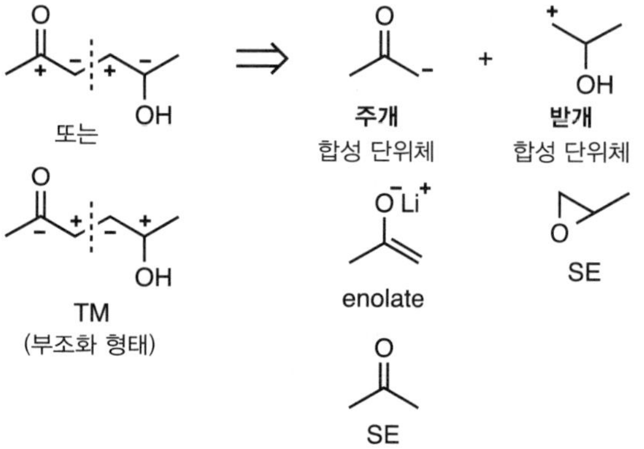

또는

TM (부조화 형태)

주개 합성 단위체   받개 합성 단위체

enolate   SE   SE

합성

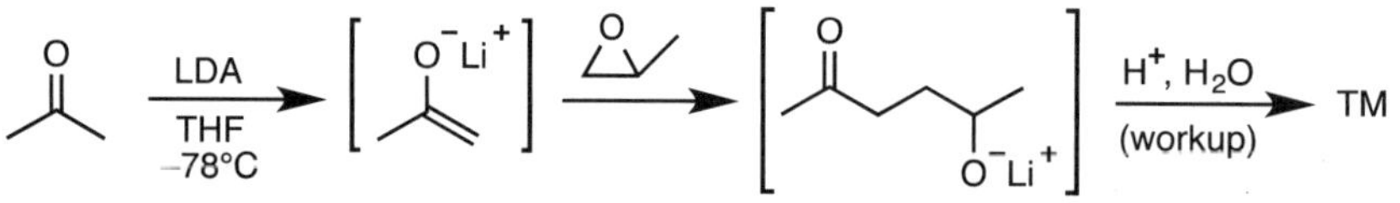

TM에 잠재적인 친핵성 자리에 인접하여 C−C−OH 부분이 존재한다는 것은 아래에 예시한 바와 같이 정방향 합성에서 친핵성 시약과 에폭사이드의 반응을 의미한다. 친핵성 시약에 의한 에폭사이드의 손쉽고, 위치 선택성인 열림은 효과적인 **이탄소 동족화 반응**(two-carbon homologation reaction)에 필요한 반응을 제공한다.

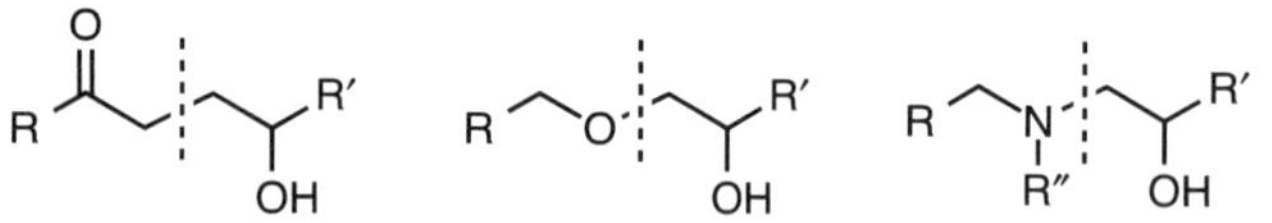

1.2 카보닐기 극성 반전(움폴룽) [5]

유기 합성에서 카보닐기는 새로운 탄소-탄소 결합을 만드는 많은 반응에 깊이 관여하고 있다. 카보닐기의 탄소 원자는 친전자성이어서 친핵성 시약의 공격에 민감하다. 따라서 카보닐기는 **폼일 양이온**(formyl cation)이나 **아실 양이온**(acyl cation) 역할을 한다. **폼일 음이온**(formyl anion)이나 **아실 음이온**(acyl anion) 역할을 하도록 카보닐기의 양의 극성을 역전시키는 것은 합성적 측면에서 매우 매력적이다. 이를 위하여 카보닐기의 탄소 원자가 음의 극성을 갖는 다른 유도체로 변환시키고, 친전자체와 이들의 반응 후 카보닐기를 재생성시킨다. 카보닐기의 극성 반전은 Seebach에 의해 연구되고 정립되었다.[5b,c]

합성에 있어서 **극성 반전**(umpolung)은 항상 추가 단계를 필요로 한다. 따라서 분자 내에 이미 존재하는 작용기의 장점을 최대한 활용하도록 노력해야 한다.

'전통적인' 접근

극성 반전 접근(E^+ = 친전자체)

R = H, 폼일 음이온
R = 알킬, 아실 음이온

다음은 카복실산을 SE로 Grignard 시약과 이산화 탄소로 끊는 일반적인 방법(경로 a)과 '비자연적인' 음이온을 갖는 카보닐 합성 단위체로 끊는 방법(경로 b)을 예시한 것이다. 사이안화 이온(cyanide ion)은 음의 전하를 띤 카보닐 합성 단위체의 SE 역할을 한다. 이것이 R–Br과 반응하여 해당 나이트릴을 생성시키며, 이것을 가수 분해시키면 원하는 TM을 생성한다.

TM
극성 반전 접근
CO_2 SE
SE SE

폼일 및 아실 음이온은 얻을 수 없기 때문에 이들 음이온의 합성 대등체를 사용해야 한다. 많은 시약들이 카보닐기 극성 반전을 통하여 폼일 및 아실 음이온과 합성적으로 동등하게 된다.

1,3-다이싸이에인으로부터 유도된 폼일과 아실 음이온[5b,c,f]

가장 널리 이용되는 **극성 반전** 전략은 2-리티오-1,3-다이싸이에인(2-lithio-1,3-dithiane) 화학종으로부터 유도된 폼일과 아실 음이온 동등체를 바탕으로 하고 있다. C(2)의 수소가 상대적으로 산성(pK_a ~31)을 띠기 때문에 이들은 1,3-다이싸이에인(싸이오아세탈)로부터 쉽게 생성된다.[6] 이와 관련하여 싸이올(EtSH, pK_a 11)은 알코올(EtOH, pK_a 16)보다 더 센산이라는 것을 알아야 한다. 또한 산소에 비하여 황의 낮은 이온화 에너지와 더 큰 편극성이 S_N2 반응에서 이 원자가 황 화합물을 더 센 친핵체로 만든다. 또한 편극성 요소가 황의 α 음이온의 안정화에 기여한다.[6]

H^+, $-H_2O$ (예: TsOH)
1,3-dioxane (acetal) pK_a ~ 40

Lewis 산 (예: $BF_3 \cdot OEt_2$)
1,3-dithiane (thioacetal) pK_a = 31

다이싸이에인(dithiane)으로부터 유도된 음이온들은 할로젠화 알킬과 반응하여 해당 알킬화된 다이싸이에인을 생성한다. 이들을 $HgCl_2$–HgO로 처리하면 다음에 예시한 바와 같이 알데하이드와 케톤이 각각 재생된다. 다이싸이에인 보호 제거 방법은 Hg(II)를 이용한 반응뿐만 아니라 산화 반응[7b,c] 및 광반응을[7d] 이용한 다른 방법들이[7] 개발되었다.

폼일 음이온 SE

알데하이드

아실 음이온 SE

케톤

다이싸이에인으로부터 유도된 음이온들은 아래에 나타낸 바와 같이 하이드록시알킬화나 아실화를 통하여 다양한 이작용기 화합물을 생성할 수 있다. HMPA[헥사메틸포스포로아마이드(hexamethylphosphoramide, $(Me_2N)_3P=O$]의 존재하에서는 다이싸이에인으로부터 유도된 음이온들은 Michael 반응의 주개 역할을 할 수 있다.[8] 하지만 HMPA가 존재하지 않으면 카보닐기에 1,2-첨가 반응이 주도적으로 일어난다.

1,3-첨가 반응

1,2-첨가 반응

다이싸이에인 극성 반전 접근법의 유익한 예로, 다음에 예시한 항생제 버미큘린(vermiculin) 합성을 위한 다작용기 중간체의 단일 용기(one-pot) 합성을 들 수 있다.[9]

TMEDA = 테트라메틸에틸렌다이아민($Me_2NCH_2CH_2NMe_2$); Li^+를 격리하여 n-BuLi이 집합체가 되는 것을 막기 위하여 사용함.

나이트로알케인으로부터 유도된 아실 음이온[10]

나이트로알케인(nitroalkane)의 α-수소는 음이온의 공명 안정화로 인하여 매우 센산성을 나타낸다[CH_3NO_2: pK_a 10.2, $CH_3CH_2NO_2$: pK_a 8.5]. 나이트로알케인으로부터 유도된 음이온들은 알데하이드와 전형적인 친핵성 첨가 반응을 한다(Henry-Nef 직렬 반응). 나이트로기는 Nef 반응을 통하여 직접 카보닐기로 변화시킬 수 있다는 것을 기억하라(산성 조건). 염기성 이차 나이트로 화합물의 염이 과산화 몰리브데넘(VI)[molybdenum(VI) peroxide]의 피리딘-HMPA 착물에 의하여 케톤으로 변환된다.[9b] 이 반응 조건에서 처음 생성된 알데하이드가 빠르게 산화되기 때문에 일차 나이트로 화합물로부터 얻은 나이트로네이트 음이온은 카복실산을 생성한다.

염기
Henry 반응
R′–CHO
Nef 형태 반응
$TiCl_3$, H_2O
또는
H_2SO_4, H_2O
아실 음이온 SE
부분 입체 이성질체들의 혼합물

염기
(피리딘)
MoO_5•Py•HMPA
$-HNO_2$
나이트로네이트 음이온

α-나이트로 음이온 **극성 반전**의 한 예인 자스몬(jasmone, TM) 합성을 다음에 도시하였다.[9a]

분석

FGI
jasmone
1,4-dicarbonyl
(부조화)
SE₁
SE
SE₂
≡ BrMg

합성

1a. SE_2
Et_2O, –15°C
1b. 포화 NH_4Cl
1,2-첨가 반응
83%
2. H_2CrO_4, H_2SO_4
H_2O, Et_2O, –15°C
Jones 산화 반응
(이상계)

3a. SE_1
$NaOCH_3$
3b. 포화 NaCl
1,4-첨가 반응
78%
100%
4. 10N H_2SO_4
–10°C
Nef 반응

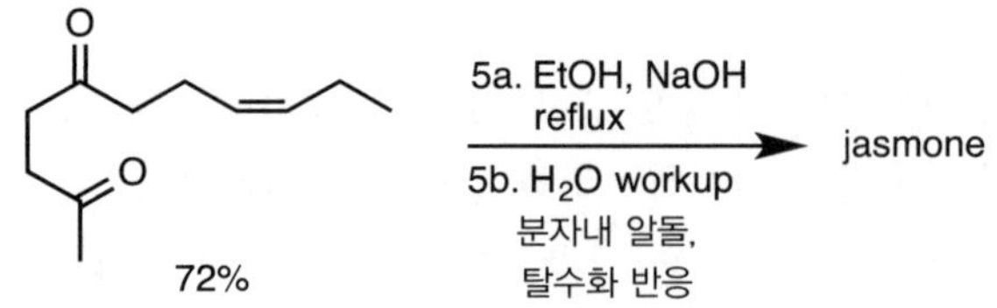
5a. EtOH, NaOH
reflux
5b. H2O workup
분자내 알돌,
탈수화 반응
jasmone
72%

사이아노하이드린으로부터 유도된 아실 음이온[11]

O-보호된 사이아노하이드린(cyanohydrin)은 역전된 극성을 갖는 숨은 카보닐기를 포함하고 있다. O-보호된 사이아노하이드린의 α-탄소는 나이트릴기(CH_3CH_2CN, pK_a 30.9)[12]에 의해 충분히 활성화되어 있어, LDA와 같은 센염기의 첨가는 해당 음이온을 생성시킨다. 이들을 알킬화한 후 가수 분해를 하면 케톤을 얻을 수 있다. 전체 반응은 메틸 사이클로펜틸 케톤(methyl cyclopentyl ketone)의 합성 예와 같이 아실 음이온 대등체의 알킬화 반응이다.[11a]

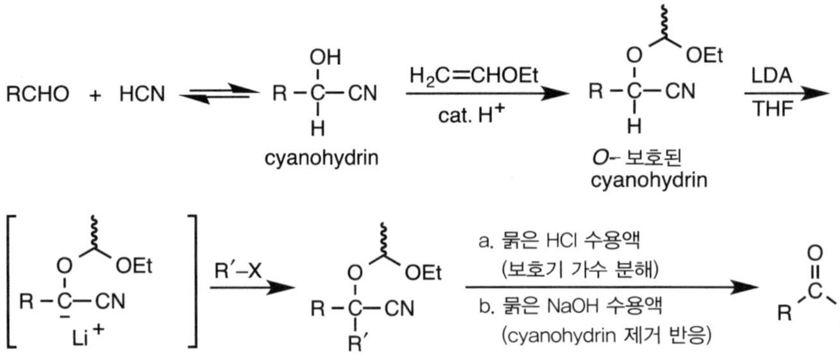
RCHO + HCN
cyanohydrin
H2C=CHOEt
cat. H+
O- 보호된
cyanohydrin
LDA
THF
R′–X
a. 묽은 HCl 수용액
(보호기 가수 분해)
b. 묽은 NaOH 수용액
(cyanohydrin 제거 반응)

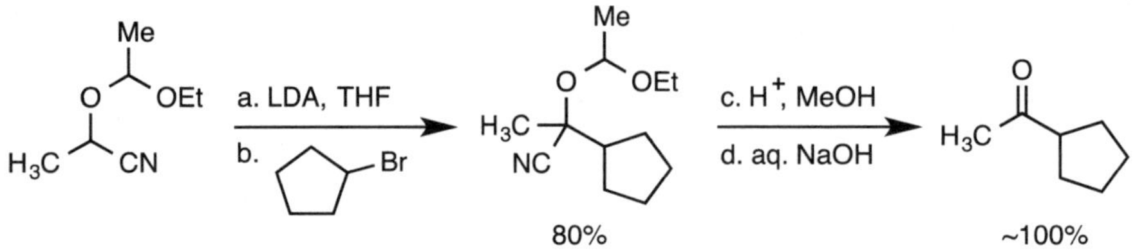
a. LDA, THF
b.
c. H+, MeOH
d. aq. NaOH
80%
~100%

위 프로토콜의 대체 방법은 방향족이나 헤테로 방향족 알데하이드를 트라이메틸실릴기로 보호된 사이아노하이드린으로 변환시킨 후, 알킬화 시약과 친핵성 아실화 반응을 하는 것이다.[11b]

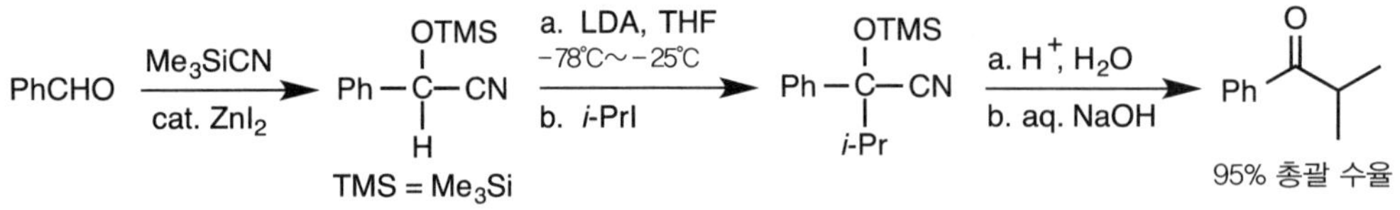
PhCHO
Me3SiCN
cat. ZnI2
TMS = Me3Si
a. LDA, THF
-78℃~-25℃
b. i-PrI
a. H+, H2O
b. aq. NaOH
95% 총괄 수율

사이아노하이드린으로부터 얻는 아실 음이온 합성 단위체는 **Stetter 반응**(Stetter reaction)을 통하여 사이안화 이온(cyanide ion) 촉매 반응으로 생성될 수 있다.[11c-e] 그러나 친전자체와의 다음 반응은 카보닐 화합물과 Michael 받개에 국한된다.

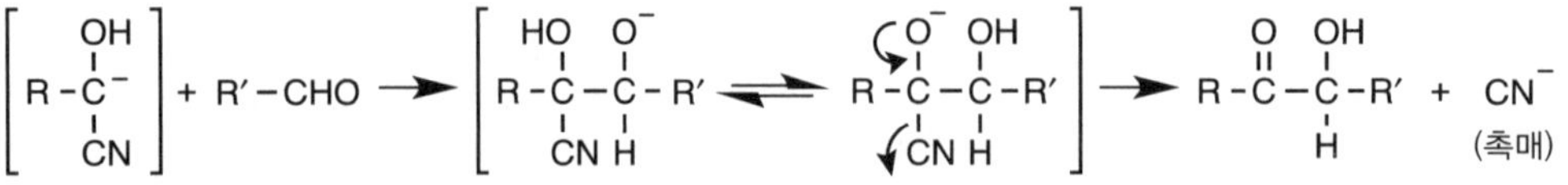
(촉매)

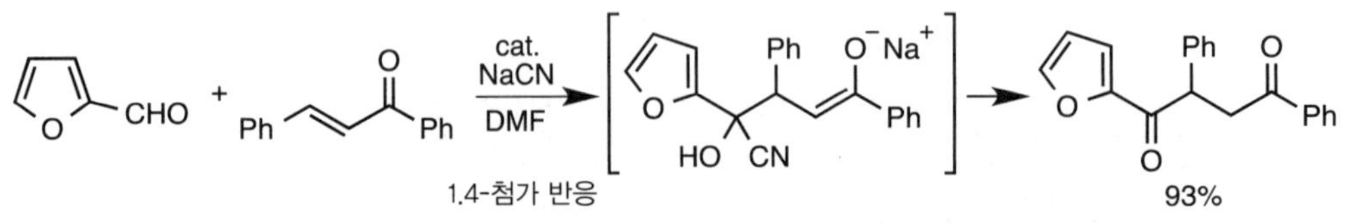
cat.
NaCN
DMF
1,4-첨가 반응
93%

엔올 에터로부터 유도된 아실 음이온

엔올 에터의 α-수소는 *tert*-BuLi로 양성자 이탈 반응을 할 수 있다.[13] 여기서 생성되는 바이닐 음이온의 알킬화 반응 후 산성 가수 분해는 메틸 케톤을 합성하는 효과적인 경로가 된다.

OEt
H_2C=C(OEt)H (enol ether) —a. *t*-BuLi, THF, −65°C→ [H_2C=C(OEt)Li] (아실 음이온 대등체) —b. RX, c. H^+, H_2O→ H_3CC(=O)R

아세틸렌화 리튬으로부터 유도된 아실 음이온

아세틸렌화 리튬(lithium acetylide)을 일차 할로젠화(브로민화나 아이오딘화) 알킬이나 알데하이드, 케톤으로 처리하면 일치환된 아세틸렌이나 프로파질성 알코올(propargylic alcohol)이 생성된다. 이들을 수은 이온 촉매 수화 반응을 시키면 각각 메틸 케톤과 하이드록시 케톤을 생성한다.

RBr (일차만) + [Li−C≡C−H] → R−C≡C−H —cat. $HgSO_4$, H_2SO_4, H_2O→ R−C(=O)−CH_3

RCHO (또는 케톤) + [Li−C≡C−H] —THF, −78°C→ R−CH(OH)−C≡C−H —cat. $HgSO_4$, H_2SO_4, H_2O→ R−CH(OH)−C(=O)−CH_3

일부 프로파질성 알코올의 산에 대한 민감성 때문에 아래에 보여 준 바와 같이 산성 반응 조건이 아닌 금 촉매를 이용한 좀 더 온화한 프로파질 아세테이트의 가수 분해 반응이 개발되었다.[14]

1-에타이닐사이클로헵탄올 (OH) —Ac_2O, Et_3N, CH_2Cl_2, rt→ 아세테이트 (OAc) —Ph_3PAuCl (0.01 eq.), $AgSbF_6$ (0.01 eq.), 1,4-dioxane, H_2O, rt, 3 h→ 1-아세틸사이클로헵틸 아세테이트 (OAc) 91%

1.3 합성 계획 단계

유기 합성을 계획할 때는 다음과 같은 서로 연관된 중요 요소들이 포함된다.

- 탄소 골격 만들기
- 상대적 입체 화학 조절
- 작용기 상호 변환
- 거울상 이성질 선택성 조절

탄소 골격 만들기

새로운 탄소–탄소 결합을 형성하는 반응들은 작은 출발 물질로부터 복잡한 구조를 만들 수 있기 때문에 유기 화학에서 대단히 중요하다. 유기 합성에서 만나게 되는 중요한 탄소–탄소 형성 반응을 표 1.3에 정리하였는 바, 다음 내용을 포함하고 있다.

- RLi, RC≡CLi, RMgX, RC≡CMgX와 같은 유기리튬 및 Grignard 시약들과 알데하이드, 케톤, 에스터, 에폭사이드, 할로젠화물, 산 할로젠화물 및 나이트릴과의 반응
- 한 개의 탄소를 늘리기 위한 일차 할로젠화 알킬과 NaCN(또는 KCN)의 반응
- 카보닐기에 이웃한 탄소에 알킬기를 도입하기 위한 엔올레이트 이온의 알킬화 반응(예를 들어 아세토아세트산 에스터 합성법, 말론산 에스터 합성법)
- (분자내, 분자간) 알돌이나 Claisen, Dieckmann 축합 반응

표 1.3 중요한 끊음 요약[3c]

TM	합성 단위체	SE(기질)	반응 형태
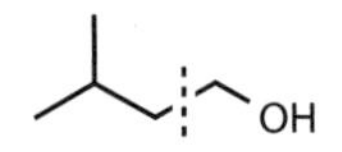 OH	 ⇒ − + + OH	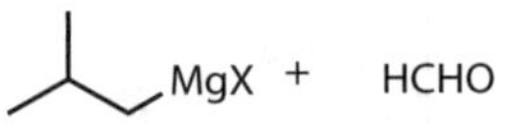 MgX + HCHO	1,2-첨가 반응
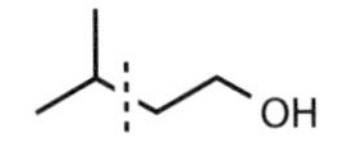 OH	 ⇒ − + + OH	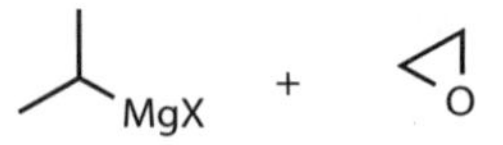 MgX + O	1,3-첨가 반응
CN	⇒ + + −CN	Br + NaCN	S_N2
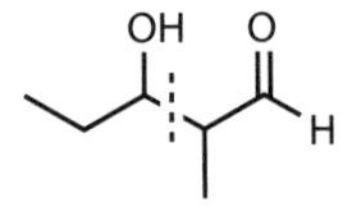 OH O H	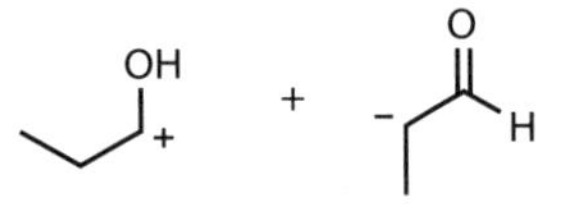 ⇒ OH + + − O H	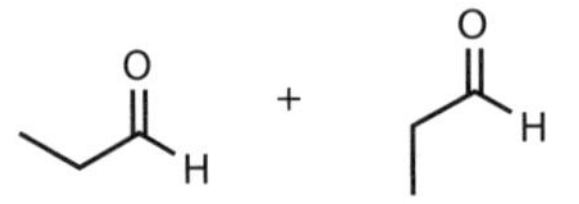 O H + O H	알돌 축합 반응
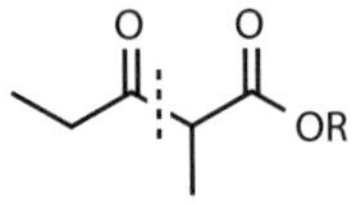 O O OR	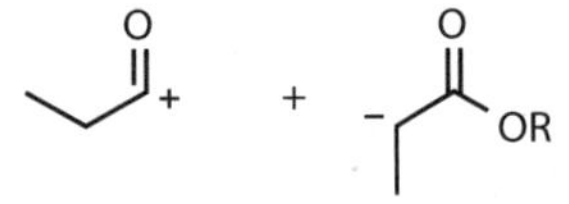 ⇒ O + + − O OR	 O OR + O OR	1,2-첨가 반응 (Claisen 축합 반응)
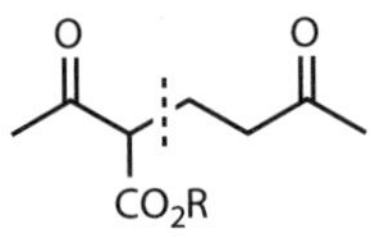 O O CO_2R	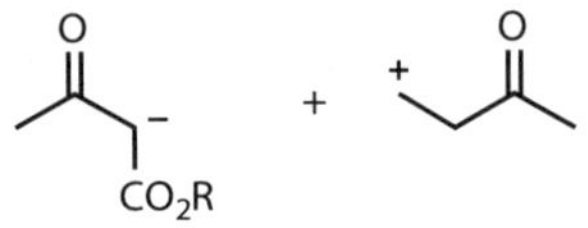 ⇒ O − CO_2R + + O	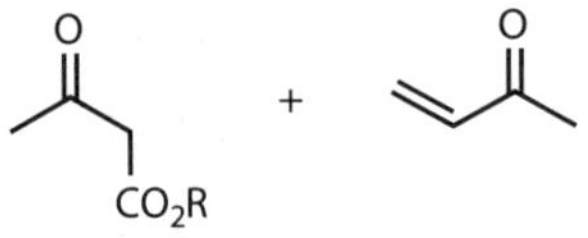 O CO_2R + O	1,4-첨가 반응 (Michael 첨가 반응)
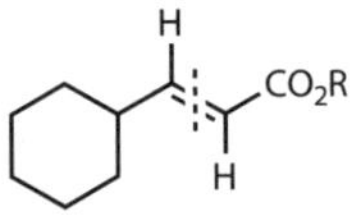 H CO_2R H	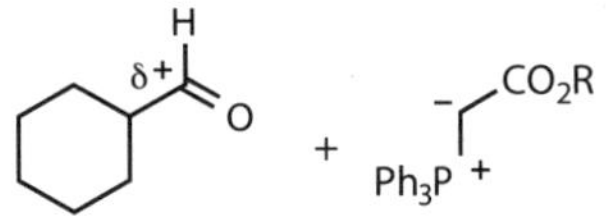 ⇒ H δ+ O + − CO_2R Ph_3P +	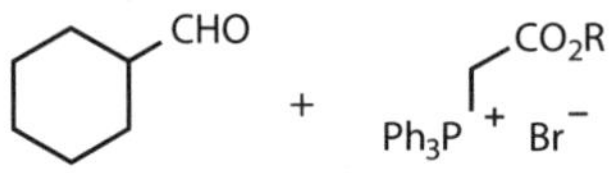 CHO + CO_2R Ph_3P + $Br^−$	Wittig 반응
CO_2R CO_2R	⇒	+ H CO_2R H CO_2R	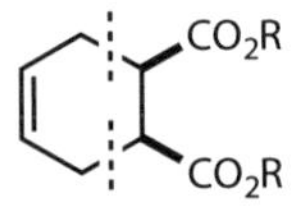 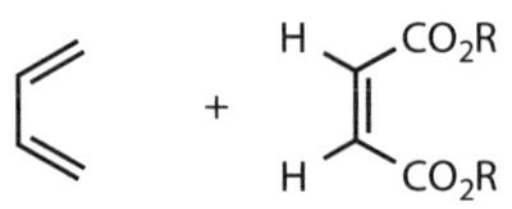 Diels−Alder 고리화첨가 반응
O O	⇒	O O	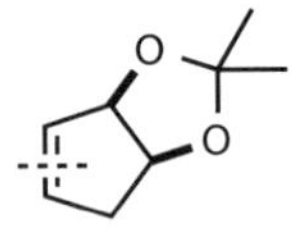 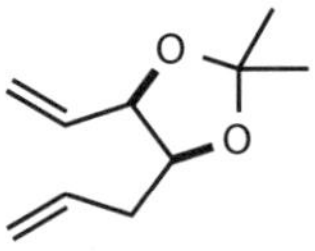 고리 닫힘 복분해 반응

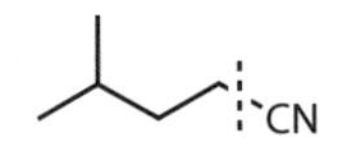

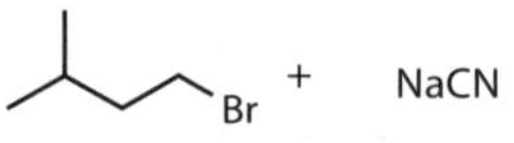

- Michael 첨가 반응 및 유기구리산염 첨가 반응(1,4-첨가 반응)
- 방향족 기질의 Friedel-Crafts 알킬화 및 아실화 반응
- Wittig 반응 및 Horner-Wadsworth-Emmons 올레핀화 반응
- 사이클로헥센과 1,4-사이클로헥사다이엔을 얻을 수 있는 Diels-Alder 반응
- 고리 닫힘 올레핀 복분해 반응

결합 끊음을 선택하는 중요한 가이드라인을 아래에 정리하였다. 이 가이드라인을 따르면 역합성 분석의 초기 단계에서 주요 조각(key fragment)을 인지하게 되고, 이것들을 정방향 합성 단계에서 효과적인 방법으로 재조합할 수 있다.[3]

- 결합의 끊음은 알려진 신뢰할 수 있는 반응을 통하여 조각들을 다시 연결할 수 있을 때에만 행해져야 한다.

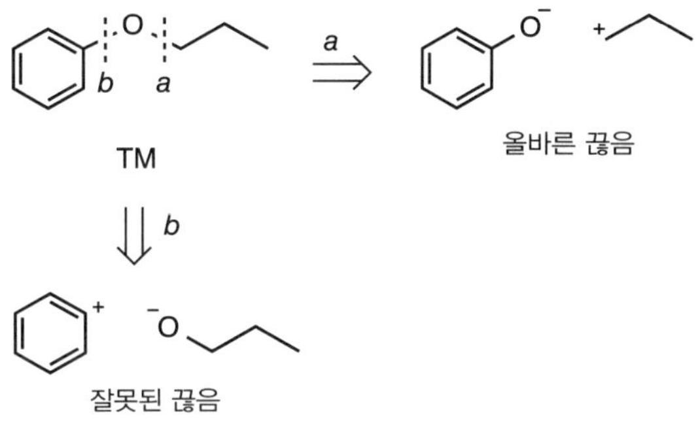

TM

올바른 끊음

잘못된 끊음

경로 a에 따른 끊음은 브로민화 프로필(propyl bromide)에 페녹사이드(phenoxide)가 친핵성 공격을 통하여 다시 연결되어 원하는 TM을 생성할 수 있는 합성 단위체가 유도된다. 반면에 **경로 b**를 통한 끊음은 TM을 재구성하기 위하여 실행할 수 없는 *n*-PrO-의 브로모벤젠(bromobenzene)에 대한 공격이나 *n*-PrO$^-$M$^+$에 의한 벤젠다이아조늄(benzenediazonium)염의 치환 반응이 요구된다.

- **최소한의** 끊음을 목표로 하라. 단일 반응을 통하여 큰 조각을 추가하는 것이 작은 여러 조각들을 연속적으로 추가하는 것보다 생산적이다.
- 작용기의 존재는 치환 반응을 촉진하므로 새로이 형성될 C–C 결합이 작용기 가까이에 위치하는 끊음을 선택하라.
- 종종 가지점을 끊는 것이 합성을 하거나 구매할 수 있는 선형 조각들로 유도될 수 있다.

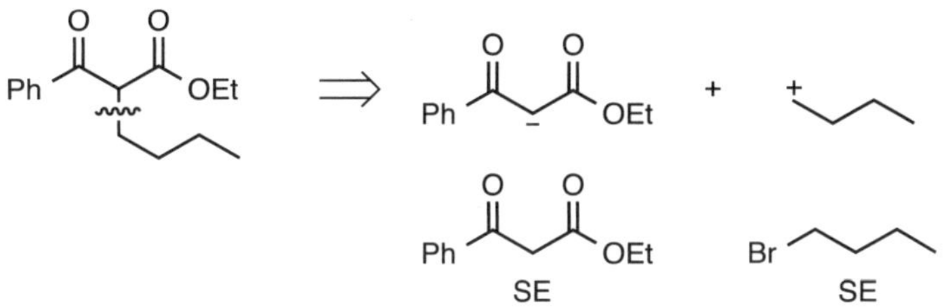

SE SE

- 고리 에스터(락톤)나 아마이드(락탐)에 있어서 선호하는 끊음은 하이드록시-카복실산이나 아미노-카복실산을 생성하는 것이다. 많은 거대 고리 천연물은 이들 작용기를 포함하고 있으며, 이들의 합성은 종종 거대 고리화 반응을 포함한다.

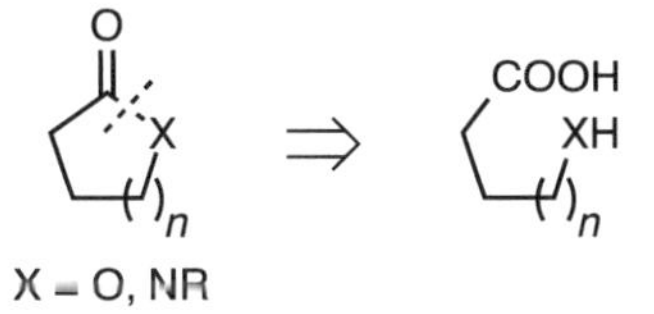

X = O, NR

- TM의 작용기는 작용기 상호 변환(FGI)에 의하여 얻을 수 있다.

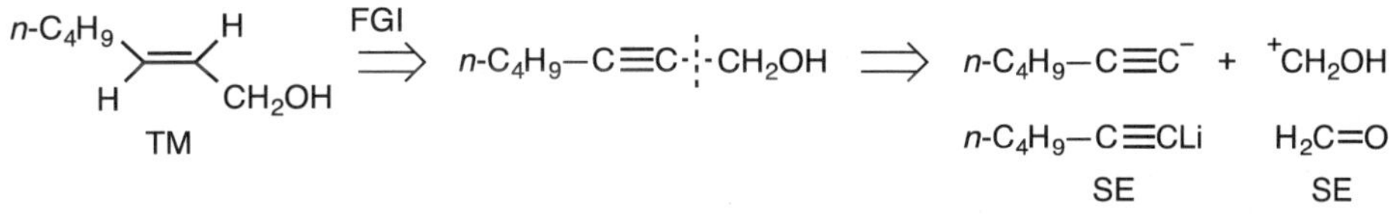

n-C_4H_9–C≡C–CH_2OH ⟹ n-C_4H_9–C≡C^- + $^+CH_2OH$

n-C_4H_9–C≡CLi (SE) $H_2C=O$ (SE)

- TM의 대칭은 TM을 얻기 위해 필요한 단계를 줄여 주어 전체 반응을 단순화한다.

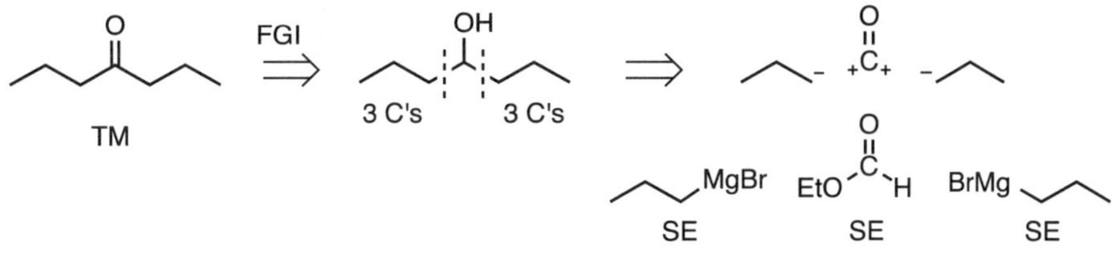

TM

3 C's 3 C's

SE SE SE

• **활성화**(activating) 보조 작용기의 도입은 탄소-탄소 결합 형성을 촉진한다. 이 전략은 부조화 형태 전하를 나타내는 화합물의 합성에 효과적이다. 활성화기는 그 역할이 끝난 후 제거된다.

Ph O O ⟹ Ph O O CO_2Et A ⟹ Ph O + + − O CO_2Et

TM
(부조화 형태)

Ph O Br SE   O CO_2Et SE

EtO_2C O —1a. 염기 / 1b. Ph(C=O)CH₂Br→ A —2a. OH^- / 2b. H^+ / 3. Δ ($-CO_2$)→ TM

• 아래에 나타낸 TM(부조화 형태)을 끊는 간단한 방법은 없다. 하지만 1,6-이산소화 화합물의 존재는 육원자 고리의 열림을 암시한다. 다양한 사이클로헥센 전구체를 축합 반응이나 Diels-Alder 반응, 방향족 화합물의 Birch 환원 반응을 통하여 얻을 수 있다.

H_3C O H CH_3 O TM ⟹ CH_3 CH_3 SE ⟹(FGI) CH_3 HO CH_3 ⟹(FGI) CH_3 O

• 내부 (*E*)-나 (*Z*)- 이중 결합이나 알켄의 곁가지 끊음은 각각 Wittig 형태 반응이나 바이닐구리화합물(vinylcuprate)의 알킬 반응을 의미한다.

R R′ a b TM ⟹(a) R O H SE $[Ph_3\overset{+}{P}$ R′$]$ X^- SE

⟹(b)

R − + + R′

R CuR''_2 SE   Br R′ SE

• 육원자 고리, 특히 사이클로헥센 유도체의 존재는 Diels-Alder 반응을 의미한다.

CO_2H CH_3 ⟹(FGI) CO_2H CH_3 ⟹ SE + CO_2H H_3C SE

• 육원자 고리의 α,β-불포화 케톤이나 β-하이드록시 케톤 구조는 작용기 상호 변환과 연결된 **이중 끊음**(double disconnection)을 의미한다[Michael 첨가 반응 후 분자 내 알돌 축합 반응[**Robinson 고리화 반응**(Robinson annulation)].

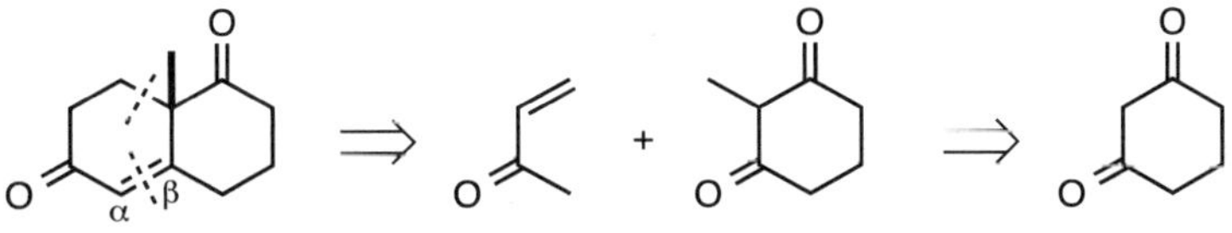

• 비불균일 경로를 통한 5~30 원자 고리 알켄의 끊음은 알켄을 얻기 위해서 아래와 같이 매달린 사슬의 말단 알켄들의 이상적인 조합을 이용한 고리 닫힘 복분해 반응(ring-closing methathescs; RCM, 10장 참조)을 이용할 것을 제안한다.[15] 고리화 단계의 *E*/*Z* 선택성은 고리 무리(ring strain)에 의하여 결정된다. RCM 반응을 촉진하기 위하여 사용되는 루테늄 촉매는 다양한 작용기들의 영향을 받지 않는다. 다양한 Ru 촉매들이 구매가 가능하여 고리 알켄을 합성하는 방법에 널리 사용하고 있다.

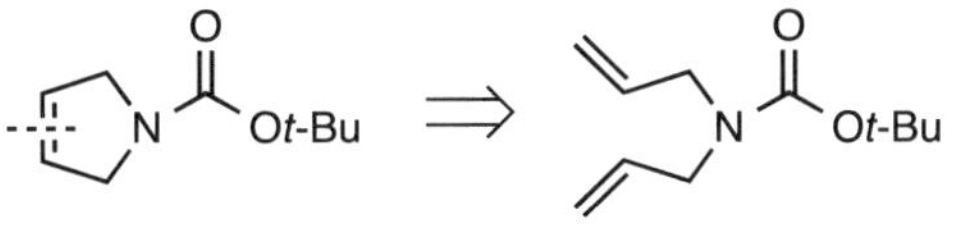

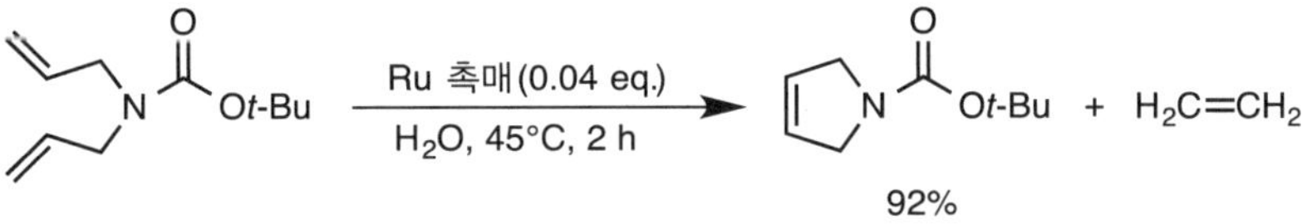

Ot-Bu ⇒ Ot-Bu

Ot-Bu —Ru 촉매(0.04 eq.), H_2O, 45°C, 2 h→ Ot-Bu + $H_2C{=}CH_2$

92%

작용기 상호 변환(FGI)

작용기들은 유기 합성에 있어서 문제 해결의 열쇠이다.[16] 작용기들은 치환 반응이나 산화 반응, 환원 반응과 같은 폭넓은 변환을 통하여 다른 작용기로 변환될 수 있다. 또한 이들은 작은 분자 조각을 연결하여 더 큰 분자를 형성하거나 큰 분자로부터 더 작은 두 개의 분자를 생성하기 위하여 사용될 수 있다. 초보 화학자들이 합성 계획을 수립할 때 보다 많은 선택권을 갖기 위해서는 FGI에 능숙하여야 한다. 두 개의 구별된 경로를 사용하여 프로판알을 뷰티르산으로, 뷰티르산을 프로판알로 변환시키는 다음 연습 문제를 생각해 보자. 이와 같은 합성 연습 문제를 해결하고자 할 때 FGI에 정통하고 이름 있는 반응에 익숙해져야 한다는 것이 분명해진다. 이와 같은 이유로 Larock[17]의 작용기 합성에 관한 책과 Kürti와 Czakó[18]의 이름 있는 반응에 관한 책을 의욕적인 합성 화학자들에게 참고자료로 강하게 추천한다.

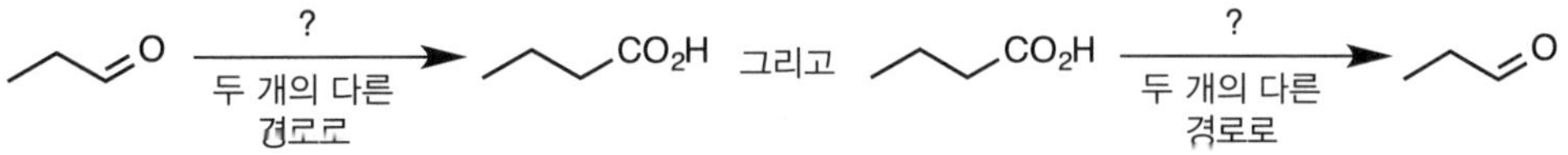

O —?, 두 개의 다른 경로로→ CO_2H 그리고 CO_2H —?, 두 개의 다른 경로로→ O

분석

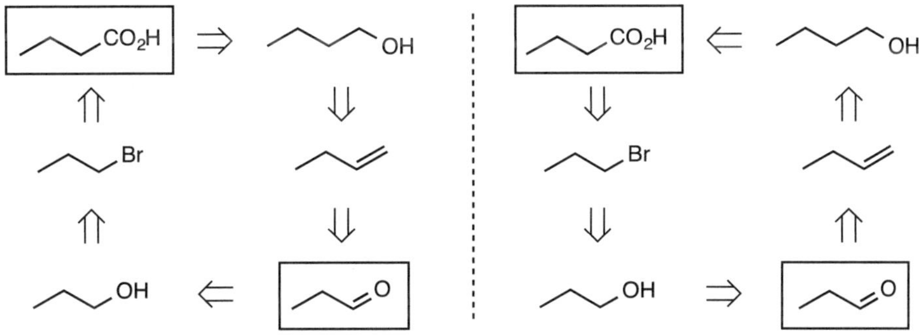

CO_2H ⇒ OH ⇓ ⇓ Br ⇑ ⇑ OH ⇐ O

CO_2H ⇐ OH ⇓ ⇑ Br ⇓ ⇑ OH ⇒ O

합성

CO_2H ← [O] — OH　　CO_2H — [H] → OH

Hunsdiecker 1. Ag_2O 2. Br_2　수소화붕소 첨가 반응, 산화 a. BH_3 b. NaOH H_2O_2　S_N2, 가수 분해 1. KCN 2. H^+, H_2O　아이오딘화 반응, E2 1. I_2, PPh_3 2. KO*t*-Bu

Br　　Br

S_N2 NaOH　Wittig $Ph_3P{=}CH_2$　Appel CBr_4, PPh_3　오존화 반응 a. O_3 b. Me_2S

OH — [O] → O　　OH ← [H] — O

상대적 입체 화학의 조절

다음과 같은 입체 선택성이며 입체 특이성 반응(적용 가능한 경우)을 사용하는 것은 중요하다.

- S_N2 치환 반응; E2 제거 반응
- 알카인의 촉매 수소화 반응(*cis* 생성물)
- 알카인의 금속 암모니아 환원 반응(*trans* 생성물)
- 사산화 오스뮴(osmium tetroxide)을 이용한 알켄의 산화 반응
- 이중 결합에 대한 할로젠, 할로젠간 화합물(예: BrI), 할로젠 유사 화학종(예: PhSCl, BrOH)의 첨가 반응
- 수소화붕소 첨가 반응(hydroboration reaction)
- 알켄의 에폭시화 반응; 에폭사이드의 고리 열림
- 사이클로프로페인화 반응

거울상 이성질 선택성의 조절

거울상 이성질 선택성(enantioselectivity)의 조절은 다음의 해당 장에서 논의된다. 카보닐 환원 반응(4장), 알켄의 수소화 반응, 에폭시화 반응, 다이하이드록시화 반응(5장), 알돌 축합 반응(6장), 알릴화 반응, 크로틸화 반응(7장), Claisen 자리 옮김 반응(9장), Diels-Alder 반응(10장)

1.4 합성 방법의 선택

역합성 분석으로 유도된 화합물의 합성법 선택은 다음 기준에 근거해야 한다.

- **위치 화학**(regiochemistry) 두 가지 가능한 위치나 방향 중 하나에 대한 선택적 첨가 반응. 예를 들어 2-메틸사이클로헥산온(2-methylcyclohexanone) 엔올레이트의 C(6)가 아닌 C(2)에 대한 선택적 알킬화 반응
- **화학 선택성**(chemoselectivity) 다른 작용기의 존재하에 하나의 작용기에 대한 선택적 반응. 예를 들어 케토기의 존재 시 알데하이드의 선택적 반응
- **입체 선택성**(stereoselectivity) 여러 가능한 입체 이성질체 중 배타적이거나 매우 우세하게 하나의 입체 이성질체가 생성됨. 예를 들어 THF나 Et_2O 용매하에 수소화 리튬 알루미늄(lithium aluminium hydride)을 사용하여 3-메틸사이클로헥산온을 환원시키면 *cis*-3-메틸사이클로헥산올(*cis*-3-methylcyclohexanol)이 선택적으로 생성됨.
- **효율**(efficiency) 가장 적은 수의 단계
- 각 단계에서 **높은 수율**(high yield) 어느 화학 반응이든 가장 중대한 관심사는 수율이다.
- **구입 가능성**(availability)과 **출발 물질의 가격**(cost of starting material)
- **가장 환경친화적인 경로**(most environmentally friendly route) 이상적인 반응은 사용된 기질이나 첨가되는 시약의 원자들이 최종 생성물에 나타나야 한다. 이를 '원자 경제(atom economy)'[19]라 한다. 즉 부산물이 생성되지 않고 원하는 생성물의 분리가 효율적이며, 폐기물을 최소화한다(Diels-Alder 반응과 아래의 예와 같은 금속 촉매 반응[20]).

Ph OH

Ph + Ph H → (바나듐 촉매) → O Ph

OH

94% 수율

Z:E = 91:9

- 선택된 합성 과정의 **단순함**(simplicity) 다룰 때에 특별한 기술이 요구되는 시약들이 다수 개발되었다. 가능하면 수고가 덜한 합성 과정을 사용해야 한다.
- 반응 생성물의 **분리**(isolation) 및 **정제**(purification)[21] 최근의 매우 복잡한 분자 합성을 위한 방법의 발전에도 불구하고 지난 수십 년 동안 합성에 있어서 분리와 정제의 중요성은 크게 변하지 않았다. '유기 합성에서 전략적 수준의 분리법: 계획에서 실행까지'라는 제목의 최근 리뷰에서, 반응 혼합물의 분리에 대한 다양한 기술을 논하였다.[22] 수율과 각 반응의 실용성은 반응 생성물의 분리 및 회수 능력에 의해 제한을 받게 된다.
- **수렴 합성**(convergent synthesis) 및 '**단일 용기 반응**(one-pot process)'의 가능성[다단계(cascade) 또는 직렬(tandem) 반응]

선형과 수렴 합성[3h,j,23]

다단계 반응의 총괄 수율은 각 단계 수율의 곱이다. **선형 합성 도식**(linear synthetic scheme)하에서 가상 TM은 단계적으로 조합된다. 다음의 가상 TM의 7단계 합성에 대하여 각 단계의 중간체의 수율을 80%라 가정하면, 총괄 수율은 21%($0.8^7 \times 100$)가 될 것이다. 각 단계에서 수율이 70%이면 총괄 수율은 단지 8%가 될 것이다.

A—B—C—D—E—F—G—H
TM
⇓

A →(B) AB →(C) ABC →(D) ABCD →(E) ABCDE →(F) ABCDEF →(G) ABCDEFG →(H) TM

개별 단계의 수가 증가하면 TM의 총괄 수율이 감소하므로 TM 조각 두 개 이상을 합성한 후 합성의 제일 마지막 단계에서 결합시키는 **수렴 합성**(convergent synthesis)을 고려해야 한다. 수렴 합성에서 총괄 수율은 가장 긴 선형 배열 수율의 곱이다. 위의 TM을 합성하기 위하여 아래에 예시한 수렴 합성에서는 단지 세 단계만이 관여하여 총괄 수율이 51%($0.8^3 \times 100$)가 된다.

A + B →(1단계) A—B ⎫
C + D → C—D ⎭ →(2단계) A—B—C—D ⎫
E + F → E—F ⎫ ⎬ →(3단계) TM
G + H → G—H ⎭ → E—F—G—H ⎭

하지만 출발 물질들을 사용하였음에도 불구하고 총괄 수율을 하나의 출발 물질에 대하여 계산하였기 때문에 단순한 총괄 수율에 대한 계산은 다소 오해가 있을 수 있다는 것을 알아야 한다. 그럼에도 불구하고 선형 합성 접근법과 비교하여 수렴 합성의 효율의 증가는 작은 규모로 생성물을 일정량만큼 합성할 수 있다는 것이다.

수렴 합성을 선택할 때 고려할 중요한 점은 선형 합성 도식에서는 한 단계의 실패가 전체 계획의 수정을 필요로 하지만, 다단계 합성에서 한 단계의 실패가 선택된 합성 접근법 전체를 무용하게 만들지는 않는다는 것이다. 삼중 수렴 합성의 한 예로, 세 개의 조각을 각각 합성한 프로스타글란딘 PGE2 유도체의 합성을 아래에 예시하였다. 두 개의 곁사슬을 차례로 사이클로펜텐온(cyclopentenone)에 연결하였다.[24] 첫 번째 조각의 도입은 친핵성 바이닐성 유기구리 시약의 엔온(enone)에 대한 첨가 반응에 해당되며, 여기서 생성되는 엔올레이트가 친전자성 곁사슬과 반응하게 된다.

분석

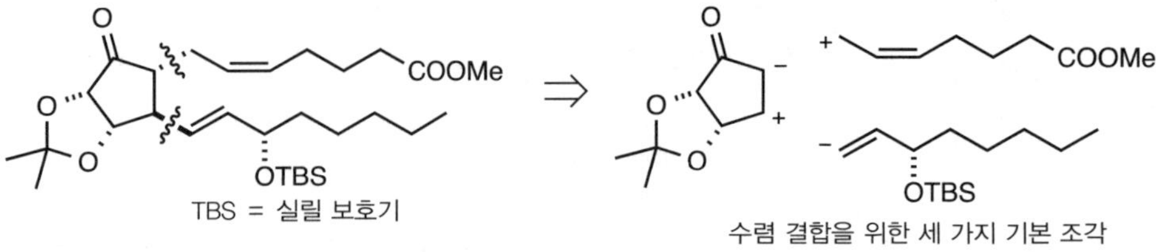

TBS = 실릴 보호기

수렴 결합을 위한 세 가지 기본 조각

합성

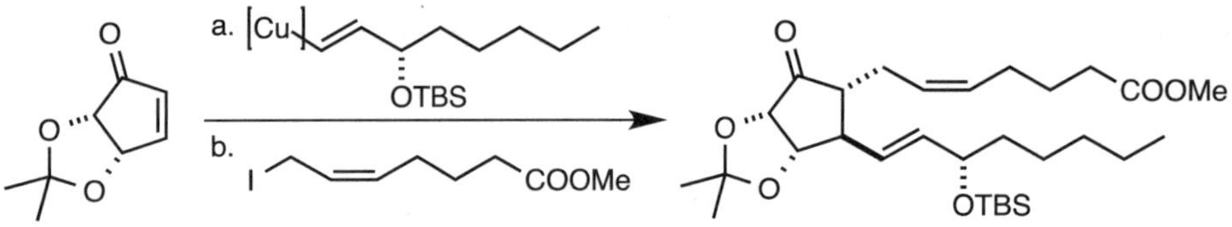

수렴 합성은 아래의 예에 도시한 바와 같이 시약이나 촉매를 '단일 용기'에 연속적으로 첨가하는 **연속 반응**(consecutive reaction)을 수반한다.[25]

분석

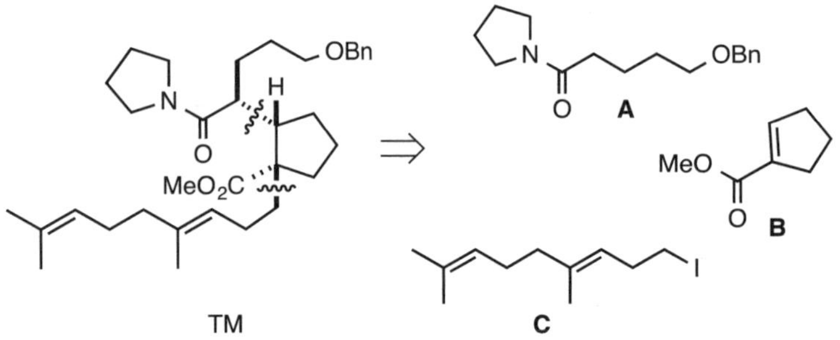

합성

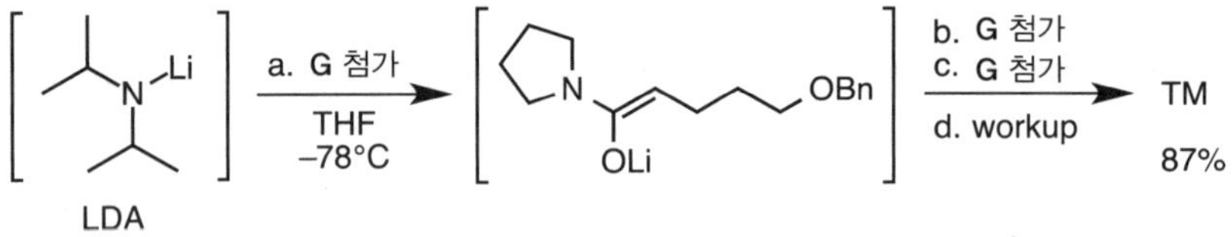

1.5 도미노 반응(다단계 또는 직렬 반응)[26]

첫 단계가 두 번째 반응을 야기시키는 작용기를 생성하며 경제적이고 환경친화적인 **도미노**(domino) 형태의 반응은 단일 용기 반응 내 다단계 반응에 대하여 신중한 디자인을 필요로 한다. 직렬 반응의 오래된 하나의 예는 **Robinson 고리화 반응**(Robinson annulation)이다(Michael 반응 후 알돌 축합 반응과 탈수화 반응).

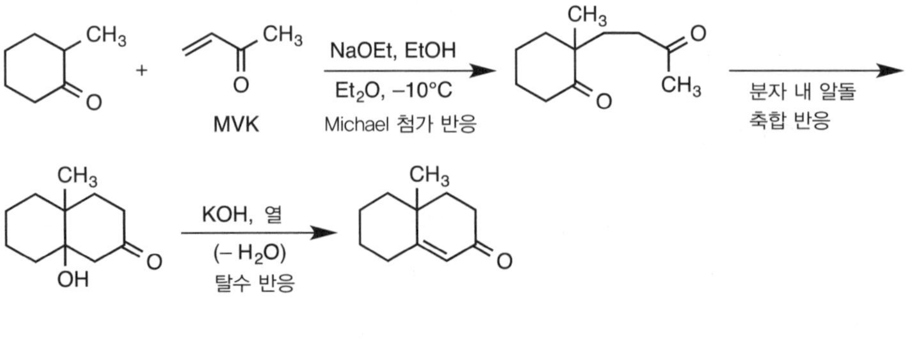

1.6 컴퓨터를 이용한 역합성 분석[27]

가능한 끊음과 역합성 경로를 제시하는 컴퓨터 프로그램이 있다.[28] 이와 같은 프로그램은 끊음과 가능한 작용기 상호 변환을 위한 주요 결합[2]을 알아내기 위하여, 위에 요약한 체계적인 분석 형태를 사용한다. 이와 같이 함으로써 합성 목표와 간단한(또는 구매할 수 있는) 출발 물질들을 연결시키는 가능한 경로의 '역합성 계통도'가 만들어진다. 이와 같은 프로그램의 강점은 면밀함이다(결론적으로 모든 특정 목적 화합물의 모든 가능한 끊음을 고려할 수 있다). 그러나 그리 복잡하지 않은 분자에 대해서조차도 합성 화학자들이 적절한 시간 내에 분석할 수 없을 만큼 과도하게 많은 가능한 합성 경로를 이끌어낸다. 다행스럽게도 합성 프로그램은 또한 일반적으로 가장 적은 수의 합성 단계(효율)와 같은 잘 정립된 기준에 따라 생산된 합성 경로의 순위를 정하는 과정들을 포함한다. 따라서 화학자들이 그들의 에너지를 주요 끊음에 대한 가능성 및 심미적 매력을 평가하는 것에 초점을 맞출 수 있게 해 준다. 아직까지 각 프로그램은 가능한 반응에 대한 자체 라이브러리에 있는 합성 전략(전략과 FGI)에 의하여 제약을 받는다. 합성 프로그램은 결코 창의적인 화학자들을 대체할 수 있을 것 같지도 않고, 또한 이것이 이 프로그램을 만든 사람들의 일반적인 의도는 아니다.

** 참고 문헌

1 Around 80 publications are dedicated to pumiliotoxin C synthesis; see, for example: (a) Ibuka, T.; Mori, Y.; Inubushi, Y. *Tetrahedron Lett.* **1976**, *17*, 3169. (b) Overman, L. E.; Jessup, P. J. *J. Am. Chem. Soc.* **1978**, *100*, 5179. (c) Mehta, G.; Praveen, M. *J. Org. Chem.* **1995**, *60*, 279. (d) Sklenicka, H. M.; Hsung, R. P. *Chem. Tracts* **2002**, *15*, 391. (e) Gärtner, M.; Qu, J.; Helmchen, G. *J. Org. Chem.* **2012**, *77*, 1186.

2 Corey, E. J. *Pure Appl. Chem.* **1967**, *14*, 19.

3 (a) Warren, S., Wyatt, P. *Organic Synthesis: The Disconnection Approach*, 2nd ed.; John Wiley & Sons: Chichester, 2008. (b) Corey, E. J.; Cheng, X.-M. *The Logic of Chemical Synthesis*; John Wiley & Sons: New York, 1989. (c) Mackie, R. K.; Smith, D. M.; Aitken, R. A. *Guidebook to Organic Synthesis*, 3rd ed.; Longman: Harlow, UK, 1999. (d) Ho, T.-L. *Tactics of Organic Synthesis*; John Wiley & Sons: New York, 1994. (e) Smith, M. B. *Organic Synthesis*, 2nd ed.; McGraw-Hill, Inc.: Boston, MA, 2002. (f) Laszlo, P. *Organic Reactions — Simplicity & Logic*; John Wiley & Sons: New York, 1995. (g) Willis, C. L.; Wills, M. *Organic Synthesis*; Oxford University Press: Oxford, 1995. (h) Smit, W. A.; Bochkov, A. F.; Caple, R. *Organic Synthesis. The Science Behind the Art*; The Royal Society of Chemistry: Cambridge, UK, 1998. (i) Boger, D. L. *Modern Organic Synthesis*; TSTI Press: La Jolla, CA, 1999. (j) Furhop, J. H., Li, G. *Organic Synthesis. Concepts and Methods*, 3rd ed.; Wiley-VCH: Weinheim, 2003.

4 (a) Evans, D. A. *Acc. Chem. Res.* **1974**, *7*, 147. (b) Serratosa, F. *Organic Chemistry in Action*, 2nd ed.; Elsevier: Amsterdam, 1996. (c) Ho, T.-L. *Polarity Control of Synthesis*; Wiley: New York, 1991.

5 (a) Corey, E. J.; Seebach, D. *Angew. Chem. Int. Ed.* **1965**, *4*, 1075. (b) Gröbel, B.-T.; Seebach, D. *Synthesis* **1977**, 357. (c) Seebach, D. *Angew. Chem. Int. Ed.* **1979**, *18*, 239. (d) Hase, T. A. *Umpoled Synthons: A Survey of Sources and Uses in Synthesis*; John Wiley & Sons: New York, 1987. (e) Hassner, A.; Lokanatha Rai, K. M. In *Comprehensive Organic Synthesis*; Trost, B. M., Fleming, I., Eds.; Pergamon Press: Oxford, 1991; Vol. 1, p 541. (f) Smith, A. B. III; Adams, C. M. *Acc. Chem. Res.* **2004**, *37*, 365.

6 (a) Bernardi, F.; Csizmadia, I. G.; Mangini, A.; Schlegel, H. B.; Whangbo, M.-H.; Wolfe, S. *J. Am. Chem. Soc.* **1975**, *97*, 2209. (b) Whitham, G. H. *Organosulfur Chemistry*; Oxford University Press: Oxford, 1995.

7 (a) For a review, see: Burghardt, T. E. *J. Sulfur Chem.* **2005**, *26*, 411–427. (b) Ichige, T.; Miyake, A.; Kanoh, N.; Nakata, M. *Synlett* **2004**, 1686. (c) Baker Dockrey, S. A.; Makepeace, A. K.; Schmink, J. R. *Org. Lett.* **2014**, *16*, 4730. (d) Oksdath-Mansilla, G.; Hajj, V.; Andrada, D. M.; Argüello, J. E.; Bonin, J.; Robert, M.; Peñéñory, A. B. *J. Org. Chem.* **2015**, *80*, 2733.

8 Brown, C. A.; Yamaichi, A. *Chem. Commun.* **1979**, 100.

9 Seebach, D.; Seuring, B.; Kalinowski, H-O.; Lubosch, W.; Renger, B. *Angew. Chem. Int. Ed.* **1977**, *16*, 264.

10 (a) Dubs, P.; Stüssi, R. *Helv. Chim. Acta* **1978**, *61*, 990. (b) Galobardes, M. R.; Pinnick, H. W. *Tetrahedron Lett.* **1981**, *22*, 5235. (c) Pinnick, H. W. *Org. React.* **1990**, *38*, 655.

11 (a) Stork, G.; Maldonado, L. *J. Am. Chem. Soc.* **1971**, *93*, 5286. (b) Deuchert, K.; Hertenstein, U.; Hünig, S.; Wehner, G. *Chem. Ber.* **1979**, *112*, 2045. (c) Stetter, H. *Angew. Chem. Int. Ed.* **1976**, *15*, 639. (d) Stetter, H.; Kuhlmann, H. *Org. React.* **1981**, *40*, 407. (e) de Alaniz, J. R.; Rovis, T. *Synlett* **2009**, 1189.

12 Recent acidity measurements of nitriles revealed higher pK_a values than originally thought; see: Richard, J. P.; Williams, G.; Gao, J. *J. Am. Chem. Soc.* **1999**, *121*, 715.

13 (a) Baldwin, J. E.; Lever, O. W.; Tzodikov, N. R. *J. Org. Chem.* **1976**, *41*, 2312. (b) Gould, S. J.; Remillard, B. D. *Tetrahedron Lett.* **1978**, *19*, 4353. (c) Soderquist, J. A.; Hsu, G. J.-H. *Organometallics* **1982**, *1*, 830. (d) Braun, M. *Angew. Chem. Int. Ed.* **1998**, *37*, 430.

14 Ghosh, N.; Nayak, S.; Sahoo, A. K. *J. Org. Chem.* **2011**, *76*, 500.

15 Polshettiwar, V.; Varma, R. S. *J. Org. Chem.* **2008**, *73*, 7417.

16 Meakins, G. D. *Functional Groups: Characteristics and Interconversions*; Oxford University Press: Oxford, 1996.

17 Larock, R. C. *Comprehensive Organic Transformations – A Guide to Functional Group Preparations*, 2nd ed.; Wiley-Blackwell, 2010.

18 Kürti, L.; Czakó, B. *Strategic Applications of Named Reactions in Organic Synthesis*, 1st ed.; Elsevier Science, 2005.

19 (a) Trost, B. M. *Angew. Chem. Int. Ed.* **1995**, *34*, 259. (b) Wender, P. A. *Nat. Prod. Rep.* **2014**, *31*, 433.

20 Trost, B. M.; Oi, S. *J. Am. Chem. Soc.* **2001**, *123*, 1230.

21 Ho, T.-L. *Distinctive Techniques for Organic Synthesis: A Practical Guide*; World Scientific: Singapore, 1998.

22 Curran, D. P. *Angew. Chem. Int. Ed.* **1998**, *37*, 1174.

23 Hendrickson, J. B. *J. Am. Chem. Soc.* **1977**, *99*, 5439.

24 Johnson, C. R.; Penning, T. D. *J. Am. Chem. Soc.* **1988**, *110*, 4726.

25 Heathcock, C. H. *Angew. Chem. Int. Ed.* **1992**, *31*, 665.

26 (a) Ho, T.-L. *Tandem Organic Reactions*; Wiley-Interscience: New York, 1992. (b) Buce, R. A. *Tetrahedron* **1995**, *51*, 13103. (c) Tietze, L. *Chem. Rev.* **1996**, *96*, 115.

27 Szymkuć, S.; Gajewska, E. P.; Klucznik, T.; Molga, K.; Dittwald, P.; Startek, M.; Bajczyk, M.; Grzybowski, B. A. *Angew. Chem. Int. Ed.* **2016**, *55*, 2.

28 (a) Wipke, W. T., Howe, W. J., Eds.; *Computer Assisted Organic Synthesis*; ACS Symposium Series *61*, 1977. (b) Corey, E. J.; Long, A. K.; Rubenstein, S. D. *Science* **1985**, *228*, 408. (c) Hendrickson, J. B. *Acc. Chem. Res.* **1986**, *19*, 274. (d) Hendrickson, J. B. *Chemtech* 1998, *28*, 35. (e) Law, J.; Zsoldos, Z.; Simon, A.; Reid, D.; Liu, Y.; Khew, S. Y.; Johnson, A. P.; Major, S.; Wade, R. A.; Ando, H. Y. *J. Chem. Inf. Model.* **2009**, *49*, 593.

2장 입체 화학 관점에서의 합성 계획

2.1 형태 분석[1]

단일 결합의 회전에 기인한 서로 다른 분자들을 **형태 이성질체**(conformational isomer)라고 한다. Derek H. R. Barton(1969년 Odd Hassel과 노벨상을 공동 수상함)은 복잡한 분자들의 화학적, 물리적 성질을 회전 배열로 설명할 수 있고, 분자들의 회전 배열(conformation)에 관한 지식이 많은 반응의 입체 화학의 원리를 이해하는 데 매우 중요하다는 것을 보여 주었다.[2]

비고리계[3]

에테인

에테인(ethane)의 가려진 형태는 엇갈린 형태(가려진 H/H쌍당 ~1 kcal/mol)보다 ~3 kcal/mol 정도 덜 안정하다.* 엇갈린 형태와 가려진 형태 사이의 모든 형태를 비틀린 형태라고 한다.

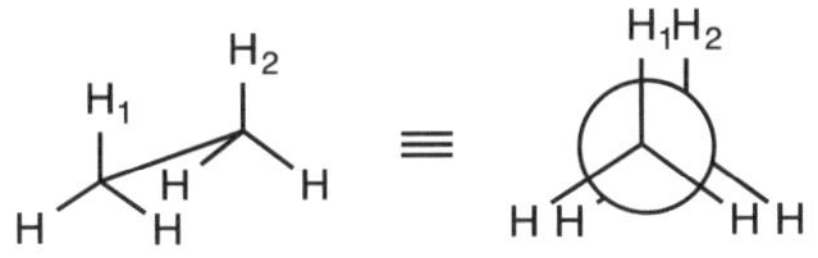

	가려진 형태
이면각: $H_1-C-C-H_2$	0°
H_1-H_2 거리:	2.29 Å

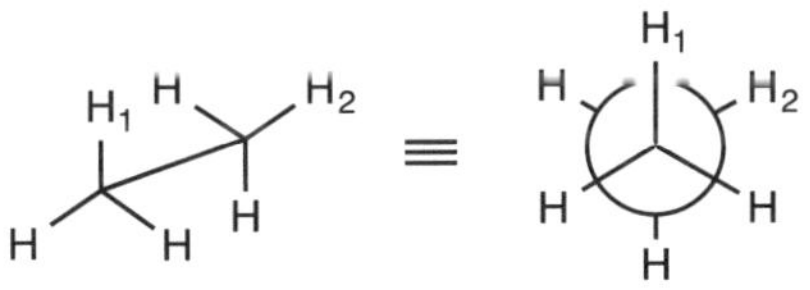

	엇갈린 형태
이면각: $H_1-C-C-H_2$	60°
H_1-H_2 거리:	2.44 Å

에테인의 엇갈린 형태의 **불안정도**(instability)는 원래는 전자가 채워져 있는 수소 오비탈의 반발력의 결과라고 가정하였다. 그러나 정교한 양자 화학 계산은 **두 가지** 주요한 요인이 관여하여 에테인이 엇갈린 형태를 선호하게 한다는 것을 보여 준다.[4] 첫째, 가려진 형태는 각 쌍의 가려진 결합의 전자가 채워져 있는 C–H 결합성 오비탈 간의 비우호적인 4 전자 상호 작용에 의해서 선택적으로 **불안정하게 된다**. 둘째, 엇갈린 형태는 전자가 채워져 있는 결합성 오비탈과 안티 준평면의 C–H 결합의 전자가 비어 있는 C–H 반결합성 오비탈 간의 우호적인 상호 작용에 의해서 선택적으로 **안정화가 된다**(하이퍼콘쥬게이션[5]).

* kcal/mol = 4.184 kJ/mol

에테인이 C–C 결합을 중심으로 회전하는 데 필요한 에너지를 **비틀림 에너지**(torsional energy)라고 한다. **비틀림 무리**(torsional strain)는 가려진 관계에 있는 이웃한 결합들(전자 구름들) 사이의 반발력이다.

프로페인

가려진 형태의 프로페인(propane)은 H–H의 비틀림 무리에 기인한 2.0 kcal/mol에 더하여 CH_3–H의 가려진 관계로 인해 1.4 kcal/mol의 무리가 증가한다. 0.4 kcal/mol 추가 무리를 **비결합 원자**(nonbond atom)나 그룹들 간의 반발력, 즉 **입체 무리**(steric strain)라고 한다.

H CH_3 / H H / H H ⇌ H / H / CH_3 / H / H / H

3.4 kcal/mol　　0 kcal/mol

상호 작용의 형태:

- 가려진 H—CH_3 = 1.4 kcal/mol
- 가려진 H—H 2개 = 2 kcal/mol

뷰테인

뷰테인(butane)의 C_2–C_3 중심 회전에 관한 위치 에너지 도시는 독특한 최고점과 최저점을 보여 준다. 두 종류의 엇갈린 형태, **고쉬**(gauche, 입체 무리) 및 **안티**(*anti*)와 **두 개의** 서로 다른 **가려진 형태**(eclipsed conformation, 비틀림과 입체 무리)가 있다.

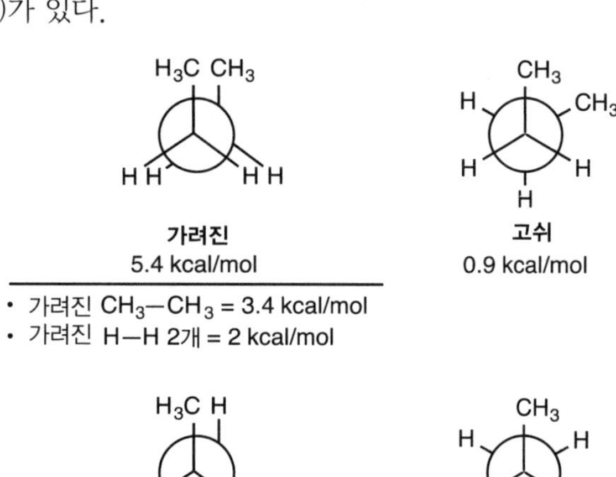

가려진
5.4 kcal/mol

고쉬
0.9 kcal/mol

- 가려진 CH_3—CH_3 = 3.4 kcal/mol
- 가려진 H—H 2개 = 2 kcal/mol

H_3C H / H H / H CH_3　　CH_3 / H / H / H / H / CH_3

가려진
3.8 kcal/mol

안티
0 kcal/mol

- 가려진 H—CH_3 2개 = 2.8 kcal/mol
- 가려진 H—H = 1 kcal/mol

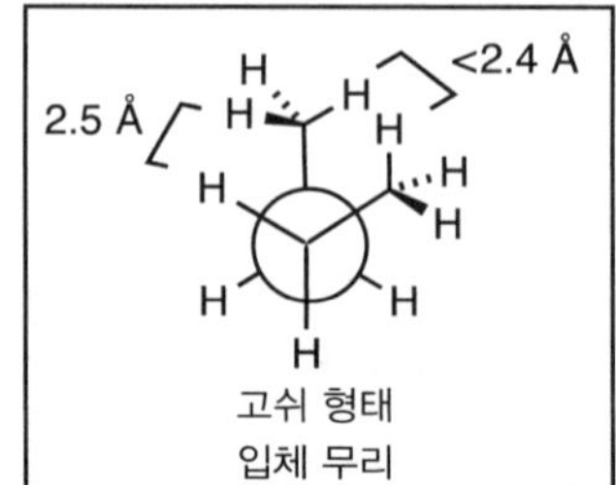

고쉬 형태
입체 무리

실온에서 뷰테인은 안티 70%, 고쉬 형태 30%의 혼합물로 존재한다. 이들 두 화학종을 분리하기 위해서는 −230°C에서 작업하여 상호 변환 속도를 낮추어 주어야 한다.

고리계

비틀림 무리(가려짐 상호 작용)와 입체 무리(비결합 상호 작용)에 더하여 고리계에서는 내부 결합각들의 압축 상태에 기인한 **각무리**(angle strain)라는 추가적인 무리가 형성된다.

사이클로프로페인

사이클로프로페인(cyclopropane)은 이상적인 109.5° Csp^3 결합각에서 내부 결합각인 60°로 압축됨으로 인해 상당한 각무리가 생기게 된다. 이로 인해 사이클로프로페인은 '굽은 결합'을 형성한다. 6쌍의 가려진 수소들이 추가로 ~6 kcal/mol의 비틀림 무리를 증가시켜 전체 무리는 ~27 kcal/mol가 된다.

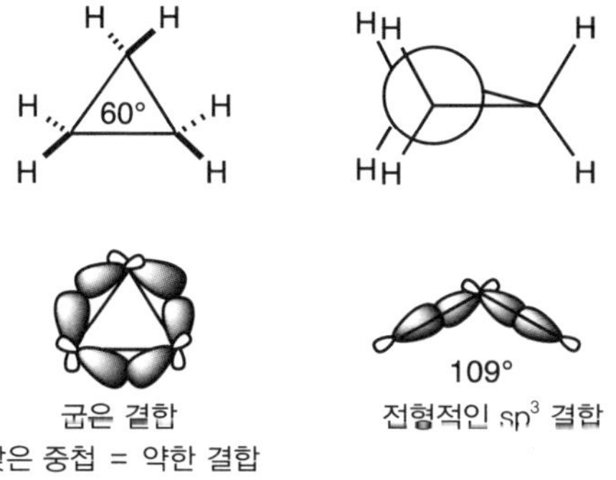

60°

굽은 결합
낮은 중첩 = 약한 결합

109°
전형적인 sp^3 결합

사이클로프로페인의 낮은 오비탈 중첩은 전형적인 Csp^3-Csp^3 결합이 안정한 조건에서도 C–C 결합의 깨어짐을 가능하게 한다. 예를 들어 사이클로펜테인은 수소화 분해 반응이 진행되어 같은 자리 다이메틸이나[8] 아이소프로필기를 생성한다.[7] 반응성이 큰 사이클로프로페인(즉 전자 끄는 기에 결합한)은 아래에 예시한 바와 같이 친핵체에 의해서 끊어진다.[8]

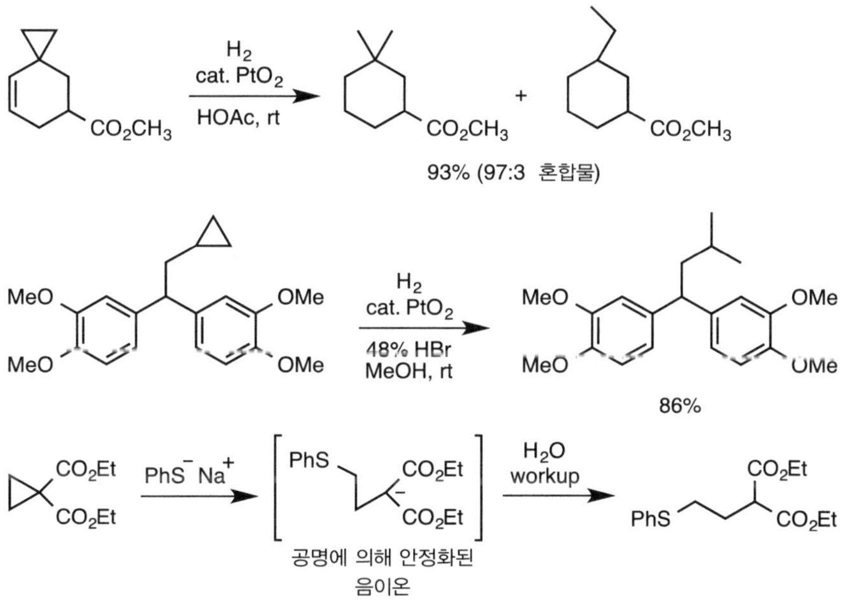

H_2, cat. PtO_2, HOAc, rt → CO_2CH_3 + CO_2CH_3
93% (97:3 혼합물)

H_2, cat. PtO_2, 48% HBr, MeOH, rt
86%

PhS^- Na^+ → [공명에 의해 안정화된 음이온] → H_2O workup

사이클로뷰테인

분광학적 측정 결과 사이클로뷰테인(cyclobutane)은 약간 굽어 있으며, 하나의 탄소 결합은 다른 세 결합이 형성하는 평면에 대하여 25° 위에 위치한다는 것을 나타내고 있다. 이것은 각무리를 다소 증가시키지만(~88° 내부 결합각) 비틀림 무리를 감소시켜(<8 kcal/mol), 이 두 반대 효과 간의 최소 에너지가 균형에 도달하게 된다. 전체 무리는 ~26 kcal/mol에 달한다.[9]

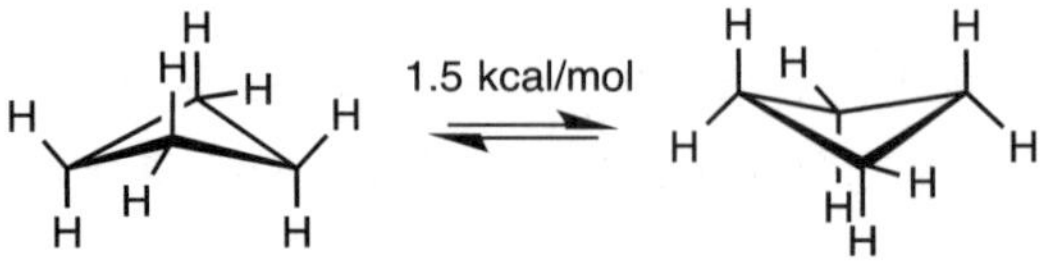

1.5 kcal/mol

사이클로펜테인

사이클로펜테인(cyclopentane)이 **평면 구조**(planar, 내부 결합각 108°)를 가지면 각무리를 갖지 않을 것이다. 하지만 평면 구조를 갖게 되면 ~10 kcal/mol의 비틀림 무리를 갖게 된다. 따라서 사이클로펜테인은 증가하는 각무리와 감소하는 비틀림 무리 간의 균형을 유지하는 주름진 면외 형태를 갖는다. 네 개의 탄소가 거의 같은 면에 있고, 면외 메틸렌의 수소들이 이들 주변의 수소들과 거의 엇갈리게 된다. 이와 같은 형태에서 다섯 개의 탄소 중 세 개 탄소의 수소들이 준수평이나 준수직 방향 위치를 차지하게 된다. 사이클로펜테인은 정지되어 있지 않고 각 탄소가 번갈아 봉투의 뚜껑으로 바뀌는 것과 같이 끊임없이 움직이고 있다. 주름진(puckering) 상태에서 무리의 합은 6 kcal/mol이다.

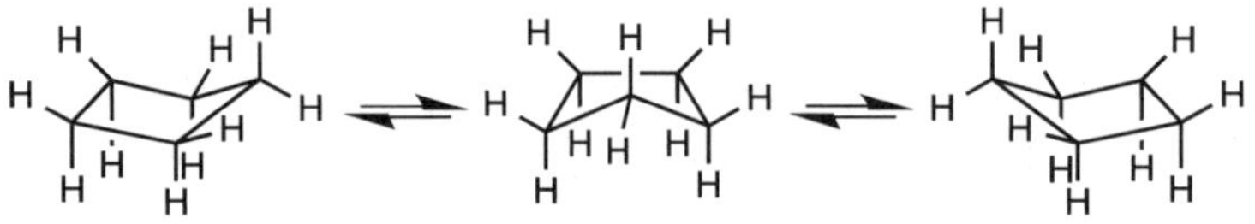

cyclopentane의 봉투 형태

사이클로헥세인

사이클로헥세인(cyclohexane)은 탄소 고리 화합물 중 가장 중요하다. 이들의 단위 구조는 다양한 천연물에서 발견된다. 사이클로헥세인은 무리가 거의 없는 **의자 형태**(chair conformation)를 갖는다.[10] 사이클로헥세인의 의자 형태는 **수평 방향**(equatorial) 및 **수직 방향**(axial)이라는 두 가지의 전혀 다른 형태의 수소들을 갖는다.

H 수평 방향 H 수직 방향 H 수직 방향 H 수평 방향

사이클로헥세인은 동적인 구조이며, 의자 형태는 아주 빠르게 뒤집힌다. 상온에서 사이클로헥세인의 ^{1}H-NMR 스펙트럼은 δ 1.43 ppm에서 폭이 넓은 단일선을 보여 주는데(스핀 평균화), 이것은 −106°C에서 δ 1.20(수직 방향 H)과 δ 1.66(수평 방향 H) ppm으로 분리된다. 두 형태의 상호 변환을 위해서는 10.8 kcal/mol의 활성화 엔탈피가 필요하다.

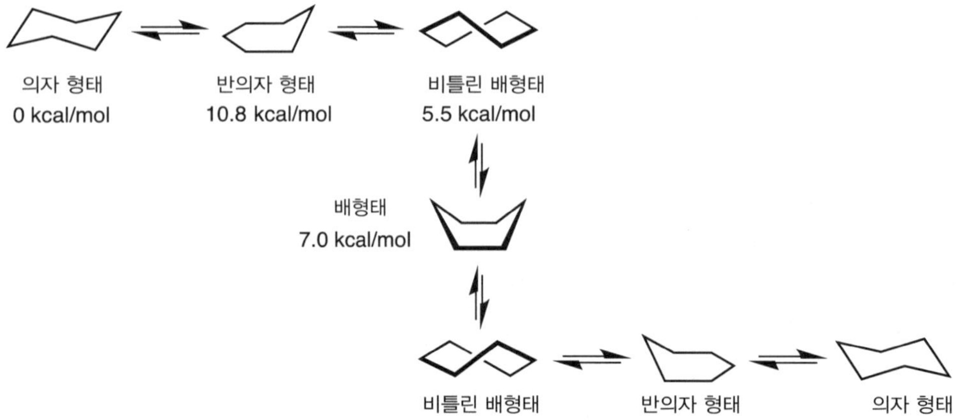

의자 형태 0 kcal/mol — 반의자 형태 10.8 kcal/mol — 비틀린 배형태 5.5 kcal/mol

배형태 7.0 kcal/mol

비틀린 배형태 — 반의자 형태 — 의자 형태

배형태는 사이클로헥세인의 또 다른 형태이다. 실제로 다소 비틀림으로써 배형태에서 비결합 상호 작용을 감소시킬 수 있다(비틀린 배형태).

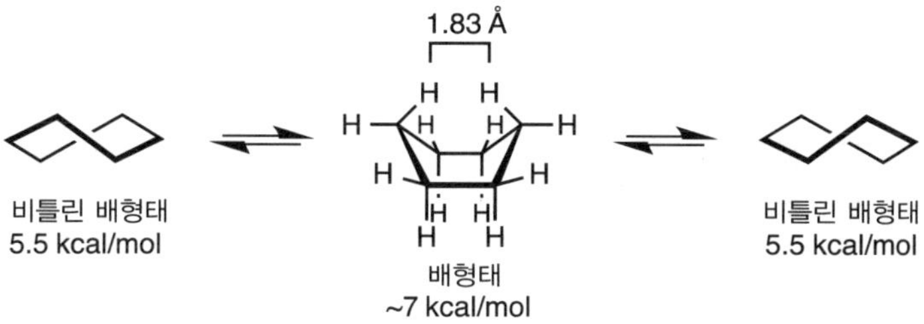

1.83 Å

비틀린 배형태
5.5 kcal/mol

배형태
~7 kcal/mol

비틀린 배형태
5.5 kcal/mol

사이클로헥세인의 경우 배형태를 선호하지만, 다른 형태도 알려져 있으며 어떤 경우는 이들 형태가 필요하다.

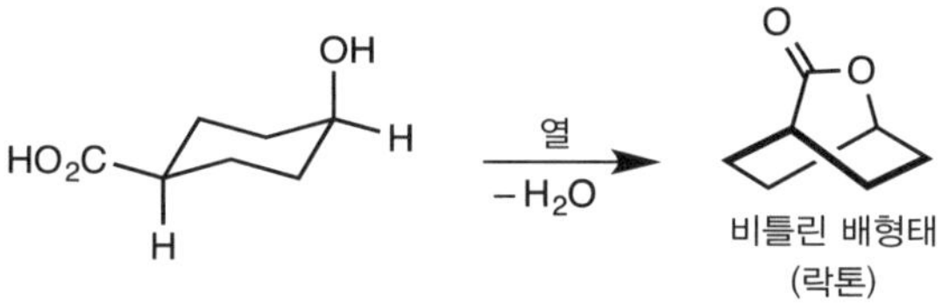

HO_2C ... OH, H → 열, $-H_2O$ →

비틀린 배형태
(락톤)

락톤 부분은 하이드록시기와 카복실산기 간의 *cis* 관계를 유지시켜 주는 입체 화학적 다리 역할을 한다.

2.2 비결합 상호 작용의 평가

일치환 사이클로헥세인

일치환 사이클로헥세인의 입체 분석은 두 가지 서로 다른 단계를 포함한다.[11]

1. 분자의 위상(topology) 결정
2. 위상 평가와 그것의 반응 과정에 미치는 영향

사이클로헥세인의 의자 형태와 이보다 높은 에너지를 갖는 비틀린 형태 사이의 차는 5.5 kcal/mol이기 때문에 육원자 고리를 포함하는 절대 다수의 화합물은 거의 모두가 의자 형태로 존재한다. 육원자 고리계가 하나의 의자 형태라는 것을 알게 되면 많은 경우에 있어서 합성 계획 목적으로 상당한 자신감을 가지고 입체 화학적 예측을 할 수 있다. **일치환**(monosubstituted) 사이클로헥세인의 불안정도에 기여하는 요소는 **수직 방향** 치환체의 존재이다. 수직 방향 치환체(예: CH_3)에 의한 불안정도는 고리의 두 수소 간의 1,3 이수직 방향 상호 작용에 기인한다(*n*-뷰테인이 고쉬 형태 상호 작용).

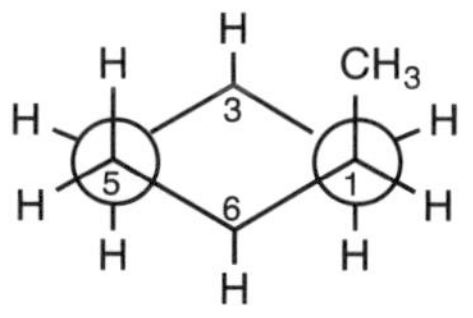

두 개의 고쉬 형태 상호 작용:
C(1)–CH_3 ⟷ C(3)–H_{ax} 그리고 C(1)–CH_3 ⟷ C(5)–H_{ax}

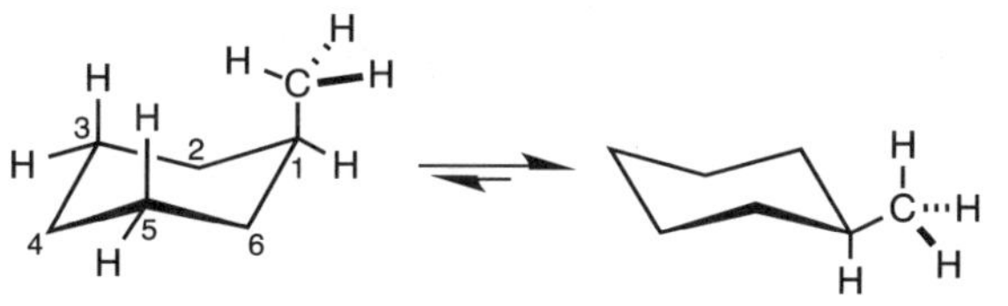

$$\Delta G^\circ = -(2 \times 0.9) = -1.8 \text{ kcal/mol}$$

한 형태의 평형 분포는 다음과 같이 주어진다.

$$\Delta G^\circ = -RT \ln K_{eq}$$

따라서 아래와 같이 두 메틸사이클로헥세인의 평형 조성을 계산할 수 있다.

$$\Delta G^\circ = -RT \ln K_{eq} \text{ (수직 방향} \rightleftharpoons \text{수평 방향)}$$

25°C(298 K)에서: $\Delta G^\circ = -(1800 \text{ cal/mol}) = -(1.987 \text{ cal/deg} \cdot \text{mol})(298 \text{ K}) \ln K_{eq}$

$$\ln K_{eq} = \frac{1800}{1.987 \times 298} = 3.04 \qquad K_{eq} = 21 = \frac{[\text{수평 방향 형태}]}{[\text{수직 방향 형태}]}$$

$$[\text{수직 방향 형태}] + [\text{수평 방향 형태}] = 1$$

$$\boxed{\% \text{ 수평 방향 형태} = \frac{21}{22}(100) = 95\%}$$

표 2.1은 선호하는 형태의 분포가 K_{eq}와 $-\Delta G^\circ$에 영향을 받는다는 것을 나타내고 있다.

표 2.1 25°C에서 선호하는 형태의 분포

K_{eq}(25°C)	1	2	4	10	100
$-\Delta G^\circ$(kcal/mol)	0	0.41	0.82	1.4	2.7
분포(%)	50	67	80	91	99

종종 형태들의 상호 작용 에너지 값들은 이성질체 간의 자유 에너지 차 ΔG°가 E와 같으며, ΔE가 ΔH°와 같고 $\Delta S^\circ \sim 0$이라는 가정하에 퍼텐셜 에너지 E로 보고된다. 메틸사이클로헥세인에 대하여 이것은 아마도 사실일 것이다.

$$\Delta G^\circ = \Delta H^\circ - T\Delta S^\circ$$

이치환 또는 다중 치환 사이클로헥세인 중에는 ΔS가 0이 아닐 수 있다는 것을 알고 있어야 한다. 그러나 ΔH°(kcal로)에 비해서 엔트로피(kcal로)는 상대적으로 작기 때문에, 우리는 $\Delta S^\circ \sim 0$으로 가정하며, 따라서 $\Delta G^\circ \sim \Delta H^\circ$가 된다.

많은 일치환 사이클로헥세인에 대한 수직 방향-수평 방향 상호 작용에 필요한 형태 에너지들이 보고되었다. 이들 값들은 종종 **A값**이라 하며, 이들은 반응에서 입체 효과를 예측할 수 있게 해 준다.

tert-뷰틸기의 수평 방향 위치를 차지하려는 강한 선호도로 인해 형태 평형을 조사하는 데 있어서 *tert*-뷰틸기가 매우 유용하게 사용한다. 따라서 *tert*-뷰틸기가 수평 방향 위치를 차지하는 쪽으로 평형이 위치할 것이라는 것을 확신할 수 있다. 하지만 *tert*-뷰틸기가 단일 형태계를 '고정'시키지 않는다는 것을 알아야 한다. 즉 높은 에너지 장벽을 가지고 있지만 형태 변환이 아직 일어나고 있다.

이치환 사이클로헥세인

표 2.2 1,2-이수평 방향과 1,3-이수직 방향 상호 작용 에너지(kcal/mol)[11]

R	R′	1,2-이수평 방향	1,3-이수직 방향
$-C$	$-Cl$	0.7∼1.5	5.5
$-CH_3$	$-CH_3$	0.75∼0.80	3.6
$-OH$	$-OH$	0.35	1.9
$-CH_3$	$-OH$	0.38	1.9∼2.7
$-CH_3$	CO_2Et	0.2	2.8∼3.2

치환 형식에 따라 세 가지 근원적인 상호 작용이 형태 평형을 좌우하게 된다.

1. 단일 수직 방향 치환체의 존재(뷰테인 형식 고쉬 상호 작용)
2. 한 쌍의 1,2-이수평 방향 치환체의 상호 작용(뷰테인 형식 고쉬 상호 작용)
3. 한 쌍의 *cis*-1,3-이수직 방향 치환체의 상호 작용(1,3-이수직 방향 상호 작용, 표 2.2)

i) *trans*-1,2-다이메틸사이클로헥세인

네 개의 1,3-이수직 방향 CH_3−H 상호 작용 = 4 x 0.9 = 3.6 kcal/mol

한 개의 고쉬 CH_3−CH_3 상호 작용 = 1 x 0.9 = 0.9 kcal/mol

$\Delta G° = -(3.6 - 0.9) = -2.7$ kcal/mol

ii) *cis*-1,2-다이메틸사이클로헥세인

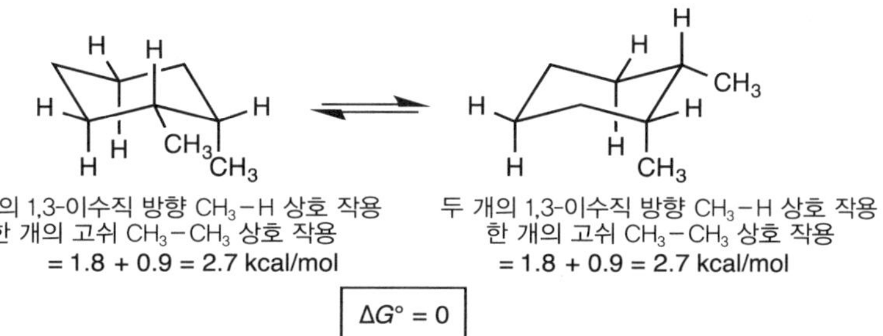

cis-1,3-다이메틸사이클로헥세인과 같이 두 기가 *syn* 수직 방향으로 위치할 때 큰 입체 상호 작용이 생기게 된다.

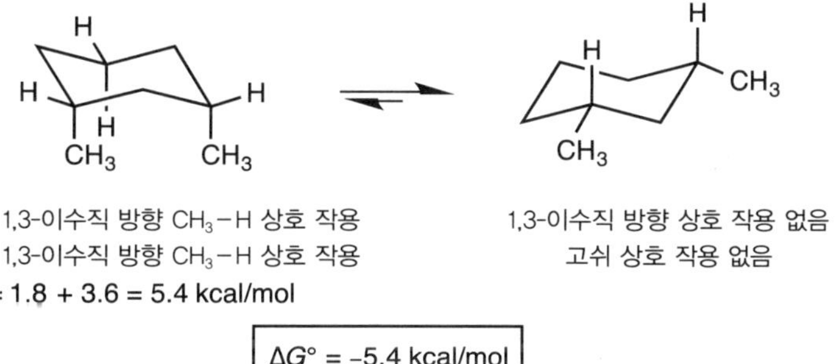

불안정 에너지(E_D)의 평가

Corey와 Feiner[11]는 치환된 사이클로헥세인 유도체들의 형태 분석과 **불안정화 에너지**(destabilization energy, E_D)를 결정할 수 있는 컴퓨터 프로그램(LHASA)을 개발하였다. 아래의 논의에서 그들의 A, G, U 명칭을 사용하고, 입체 상호 작용을 평가하기 위하여 해당 E_D값을 사용하겠다.

각 치환체 R은 세 개의 부가 상호 작용 값과 연관되어 있다(표 2.3).

1. R-H 1,3-이수직 방향 상호 작용에 대한 $\mathbf{A_R}$값
2. 고쉬 R-R′ 1,2-이수평 방향 상호 작용에 대한 $\mathbf{G_R}$값
3. R-R′ 1,3-이수직 방향 상호 작용에 대한 $\mathbf{U_R}$값

표 2.3 사이클로헥세인 유도체들의 A, G, U 값(kcal/mol)[11]

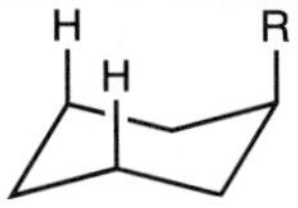

$E_D = A_R$  $E_D = G_R + G_{R'}$ 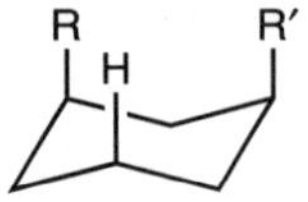 $E_D = U_R + U_{R'} + \frac{1}{2}[A_R + A_{R'}]$

R 또는 **R′**	**A**(kcal/mol)	**G**(kcal/mol)	**U**(kcal/mol)
F	0.2	0	0
Cl	0.4	0.5	0.4
Br	0.4	0.8	0.4
I	0.4	1.0	0.4
OH, OR	0.9	0.2	0.9
NHR	1.3	0.3	1.3
NR_2	2.1	0.5	2.1
N=	0.5	0.1	0.5
N≡	0.2	0.1	1.2
C=	1.3	0.2	0.9
아릴	3.0	1.2	1.1
C≡	0.2	0	1.2
CO_2H, CO_2R	1.2	0.5	1.2
CHO	0.8	0.3	0.8
CH_2R	1.8	0.4	1.8
CHR_2	2.1	0.8	2.1
CR_3	6.0	2.5	6.0

반전하면 다시 1,2-수평 방향-수직 방향 상호 작용이 생기기 때문에 *cis*-1,2-수직 방향-수평 방향 상호 작용에 대한 값은 주어지지 않았다. *trans*-1,2-이수평 방향 이성질체의 경우는 이수직 방향 이형태체(conformer)를 형성하기 때문에 반전이 같게 되지 않는다. kcal를 kJ로 변환하기 위해서는 1 kcal/mol = 4.184 kJ/mol을 사용한다.

형태 효과는 **가산적이다**. 다시 말해 불안정화 상호 작용은 각각이 독립적으로 작용한다고 가정하고 있다. 하지만 이것은 항상 그렇지는 않다. 극성 치환체들의 E_D값의 크기는 **용매의 극성**(polarity of the solvent)과 **수소 결합**(hydrogen bonding), **이중 극자-이중 극자**(dipole-dipole) 상호 작용의 영향을 받는다.

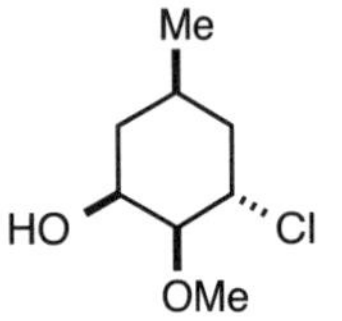

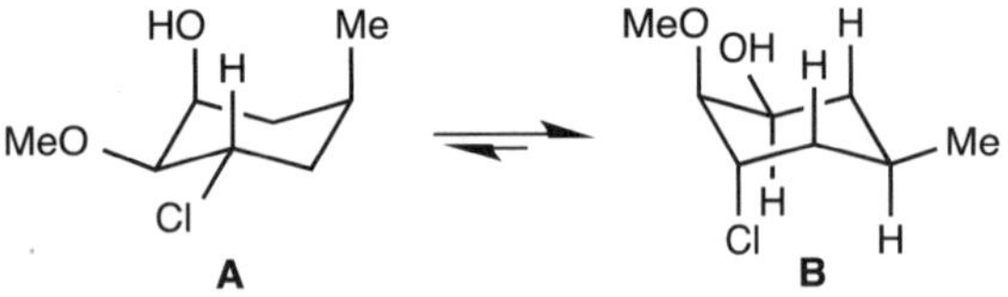

A: $E_D = U_{Me} + U_{OH} + G_{OMe} + G_{Cl} + \frac{1}{2}(A_{Me} + A_{OH})$
$= 1.8 + 0.9 + 0.2 + 0.5 + 0.9 + 0.45$
$= 4.75$ kcal/mol

B: $E_D = A_{OMe} + A_{Cl}$
$= 0.9 + 0.4$
$= 1.3$ kcal/mol

25°C에서, $\Delta E_D = 4.75 - 1.3 = 3.45$ kcal/mol

$\Delta E_D \sim \Delta G°$라고 가정하면, K=339이고, **B**=99.7%이다.

비전형적인 이치환 사이클로헥세인

이중 극자-이중 극자 상호 작용

2-브로모-사이클로헥산온과 2-클로로-사이클로헥산온의 선호하는 형태는 용매의 극성에 달려 있다.[12] 이수평 방향 이형태체에서는 상당한 정전기적 반발력이 존재한다. 무극성 용매에서 평행한 이중 극자(쌍극자)는 불안정하게 된다는 것에 주목하라.

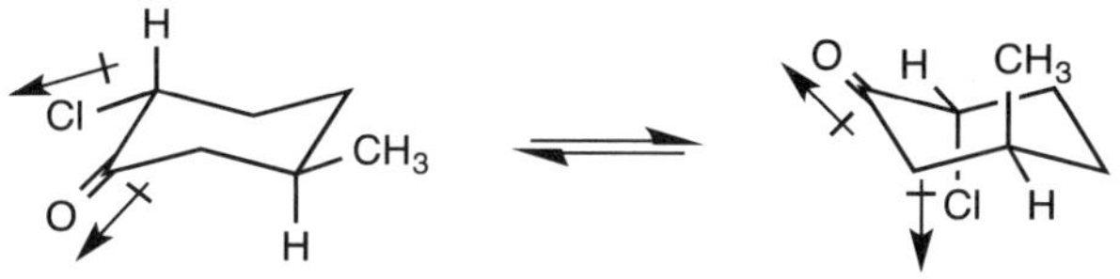

메탄올에서 유리한 형태
(극성 용매, Cl과 C=O의 용매화)

옥테인에서 유리한 형태
(무극성 용매, 더 작은 이중 극자 모멘트)

수소 결합

무극성 용매에서 1,3-이수직 방향 OH기들 간의 분자 내 수소 결합은 상당한 안정도를 이형태체(conformer)에 제공한다. 하지만 극성 용매에서는 용매가 **분자간**(intermolecular) H 결합을 형성하기 위하여 경쟁을 하게 되어, 그 결과 정상적인 입체 효과가 평형에 주도적 영향을 준다.

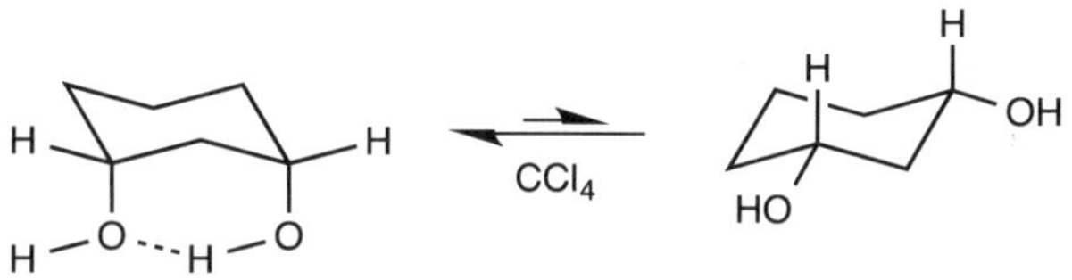

CCl_4

2.3 육원자 헤테로 고리계

테트라하이드로피란

어떠한 수직 방향 치환체라도 β-위치 헤테로 원자와의 입체 상호 작용은 0이라고 간주한다.[11] 따라서 3-치환 테트라하이드로피란에서 수직 방향 치환체 R에 의한 불안정화는 A_R의 반으로 계산된다.

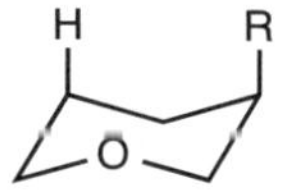

$E_D = 1/2\ A_R$

더 가까운 C–O 결합 거리(C–O 1.43 Å)로 인해 1,3 R ⋯ H의 상호 작용이 증가할 것으로 예상된다. 특히 1,3-다이옥세인에서와 같이 사이클로헥세인 고리 내에 두 헤테로 원자가 존재할 때 이것은 분명해진다. 다음의 예에서 형태적 평형은 수직 방향의 *t*-뷰틸기를 선호한다. 결합 원자들이나 기들에 의한 간섭이 비결합(전자쌍들) 전자들보다 훨씬 더 심하다는 것을 알아야 한다.

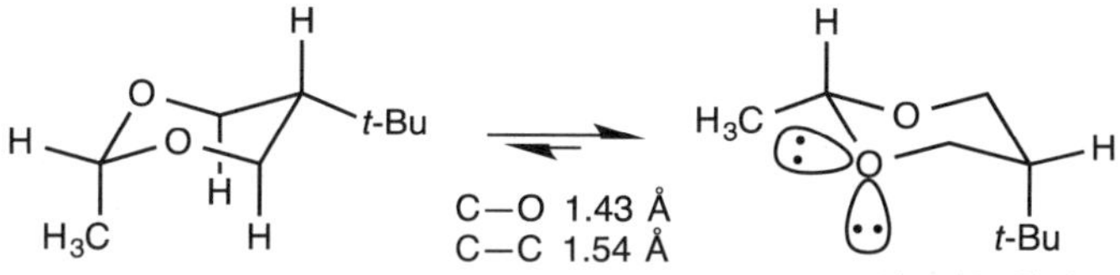

C–O 1.43 Å
C–C 1.54 Å

2 x CH_3–H ~3.5 kcal/mol
(더 짧은 C–O 결합 때문에)

선호하는 형태
t-Bu (수직 방향) ~1.4 kcal/mol

ΔE_D ~ 2.1 kcal/mol

아노머 효과[13]

아노머 효과(anomeric effect)는 피라노스 고리의 C(1)에 위치한 X기가 수평 방향보다 수직 방향을 향하고자 하는 성향을 의미한다.[14] 이와 같은 현상은 이성질체 혼합물의 조성과 반응성에 영향을 주기 때문에 탄수화물 화학에서 중요하다. 이 효과는 주로 고리의 산소에 있는 수직 방향 비공유 전자쌍과 C–X 결합의 안티 준평면, 반결합성 오비탈 σ* 간의 안정화 상호 작용에 기인한다고 제안되었다.[15] 이 결과 고리 산소와 아노머 탄소 사이의 결합을 짧게 만들고 C–X 결합을 길게 만든다.

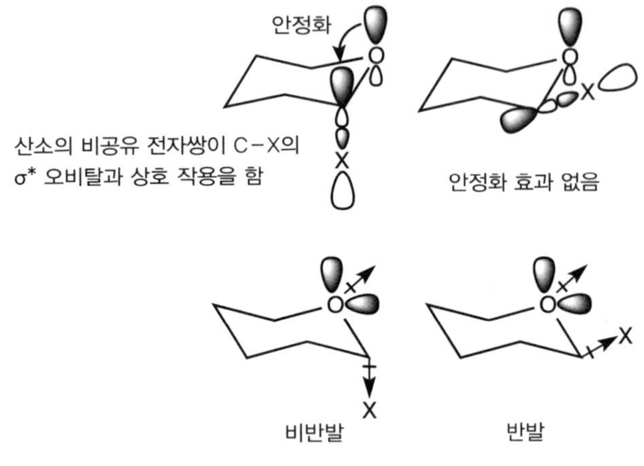

이중 극자–이중 극자 상호 작용

또 다른 설명으로는 고리 산소의 비공유 전자쌍들과 외향 고리의 산소나 할로젠에 기인한 이중 극자 간의 정전기적 반발력이 수직 방향 선호도를 일부 설명할 수 있을 것이다.[16]

25°C에서 다양한 양성자성 용매에서 치환된 D-글루코스의 α 및 β 아노머의 평형 농도에서 보는 바와 같이, 아노머 효과는 용매와 치환기의 영향을 받으며 다음과 같은 순서로 감소한다.[17] Cl > OAc > OMe > OH

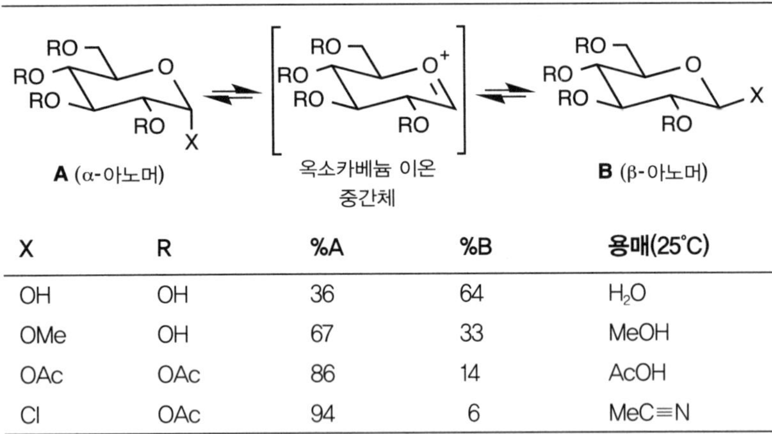

X	R	%A	%B	용매(25°C)
OH	OH	36	64	H_2O
OMe	OH	67	33	MeOH
OAc	OAc	86	14	AcOH
Cl	OAc	94	6	MeC≡N

2.4 여러고리계

하이드로인데인

사이클로헥세인 고리의 변형으로 인해 *cis*-하이드로인데인(*cis*-hydrindane)(바이사이클로[4,3,0]노네인, [ ] 안의 숫자는 다리목 탄소들 사이의 탄소 원자들을 의미한다)은 *trans* 이성질체보다 단지 약간 덜 안정하다(~1 kcal/mol). 8-메틸하이드로인데인은 스테로이드의 C/D 고리의 일부 구조를 구성하고 있어 흥미롭다(*tarns* 접합 고리계로). 꼭지에 CH_3기를 도입하면 *cis* 이성질체가 보다 적은 1,3-이수직 방향 상호 작용을 갖게 되어 *trans*보다 *cis* 이성질체가 안정하다.

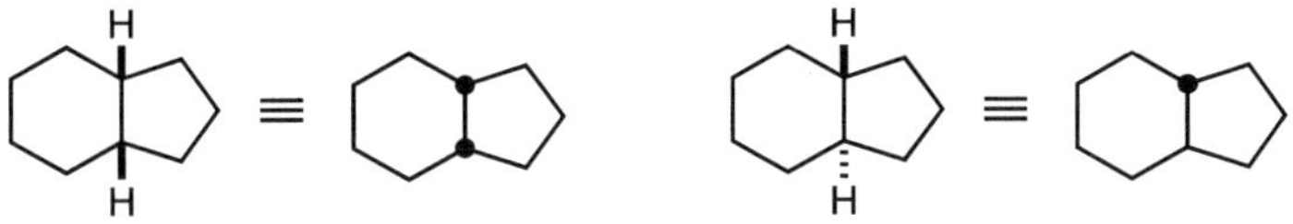

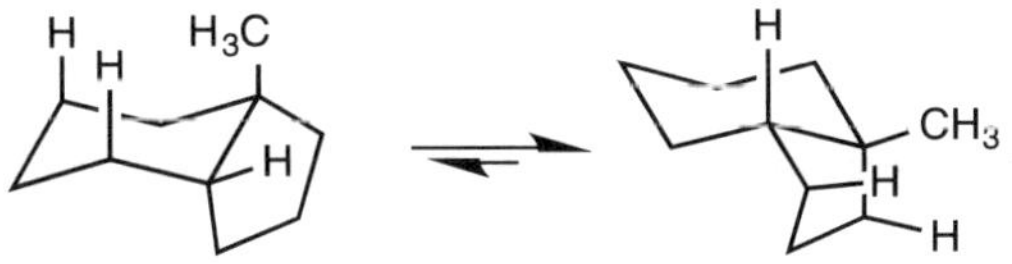

cis-8-methylhydrindane

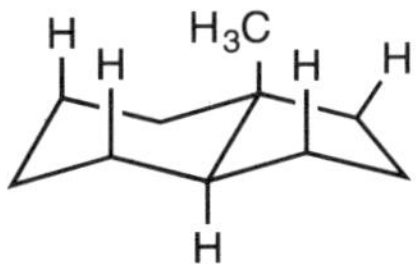

trans-8-methylhydrindane

데칼린-바이사이클로[4.4.0]데케인

유용한 생물학적 활성을 갖는 스테로이드는 데칼린 구조를 포함하고 있다. 데칼린은 고리들이 *trans*로 접합되었는지, *cis*로 접합되었는지에 따라 두 개의 이성질체로 존재할 수 있다. *trans*-데칼린은 경직된 형태로 고정되어 있는 반면, *cis*-데칼린은 형태적으로 유동적이다.

trans-decalin

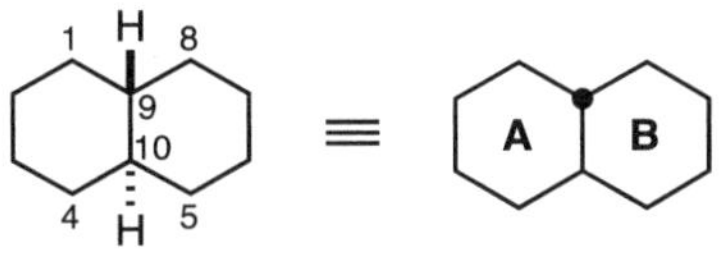

고리 반전이 일어나지 않음

cis-decalin

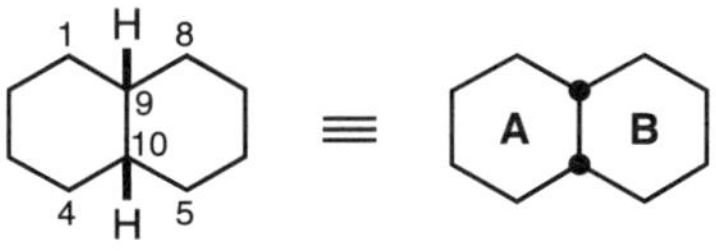

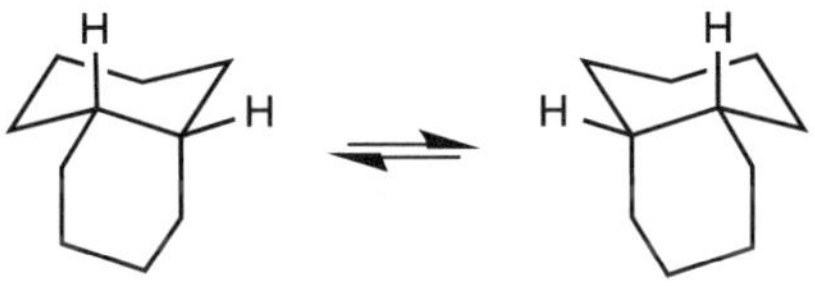

유연성이 있는 *cis*-데칼린과 관련된 문제들은 다음과 같은 의자-의자 형태로 보다 쉽게 해결할 수가 있다. α나 β **표기**는 치환체가 수직 방향인지 평면 방향인지에 관계없이 분자 평면의 위나 아래에 위치하는 것을 표시한다.

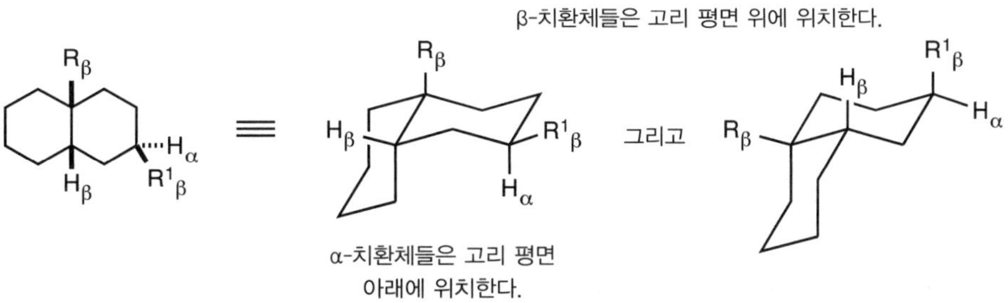

β-치환체들은 고리 평면 위에 위치한다.

그리고

α-치환체들은 고리 평면 아래에 위치한다.

trans-데칼린과 *cis*-데칼린은 입체 이성질체이지, 형태 이성질체가 아니라는 것을 주의하라. *cis*-데칼린은 *trans*-데칼린보다 ~2.7 kcal/mol 정도 덜 안정하다.

trans-decalin

메틸렌 치환체들이 평면 방향이며
따라서 안티 준평면

cis-decalin

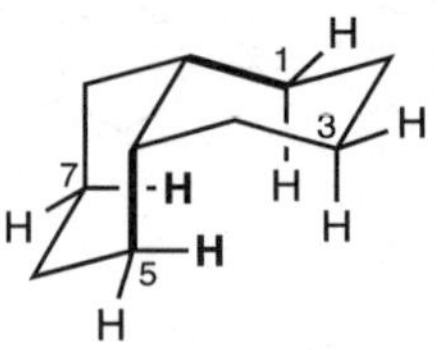

1,3-이수직 방향 상호 작용

고리 A: C(5)의 CH와 C(1)의 CH
C(5)의 CH와 C(3)의 CH
고리 B: C(7)의 CH와 C(1)의 CH
} $E_D = 3 \times 0.9 = 2.7$ kcal/mol
C(5)의 CH와 C(1)의 CH --- 이미 고려함

2β-CH_3 *cis*-decalin의 ΔE_D 평가

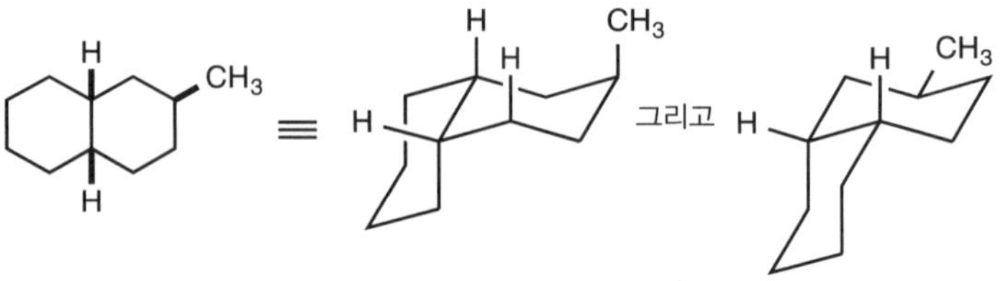

$E_D = 2.7 + 1.8 = 4.5$ kcal/mol　　$E_D = 2.7$ kcal/mol

$\Delta E_D = 4.5 - 2.7 = 1.8$ kcal/mol

두 형태 모두 같은 *cis*-데칼린 고쉬 상호 작용(2.7 kcal/mol)을 가지고 있다.

2β-OH, 5α-CH_3 *trans*-데칼린에 대한 E_D의 평가

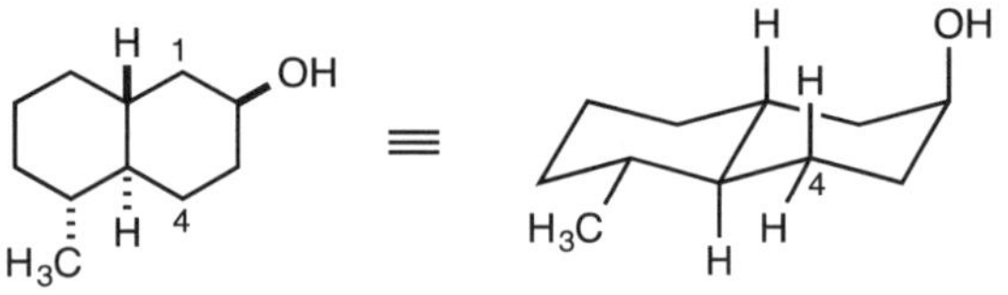

$E_D = A_{OH} + G_{CH_3} + G_{CH_2(C4)}$
$= 0.9 + 0.4 + 0.4 = 1.7$ kcal/mol

다리걸친 바이사이클로계

다리걸친 바이사이클로계인 바이사이클로[2.2.1]헵테인(bicyclo[2.2.1]heptane)은 **노보네인**(norbornane)이라고도 하며, 바이사이클로[2.2.2]옥테인(bicyclo[2.2.2]octane)은 '고정된' 배형태의 사이클로헥세인 고리들을 포함하고 있다. 이들은 구조적으로 견고하여 구조와–반응성 관계에 대한 이론 정립에 중요한 역할을 해 왔다.

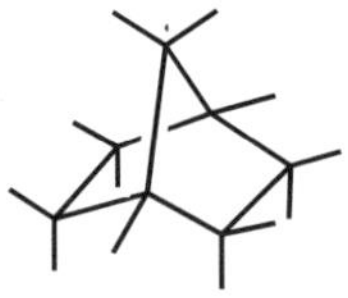

bicyclo[2.2.1]heptane

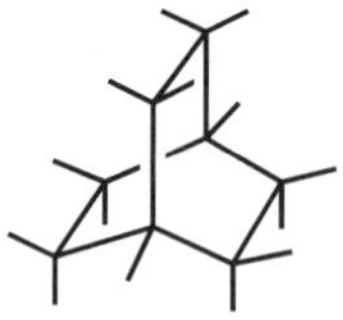

bicyclo[2.2.2]octane

Bredt 법칙(Julius Bredt, 1924)[18]은, 다리걸친 두고리계는 다리목(bridgehead)에 이중 결합을 가질 수 없다는 것을 정성적으로 일반화하였다. 이 법칙은 접합이나 거대 고리계에는 적용되지 않는다. Bredt 법칙에 위배되는 천연물 특히 합성 화합물이 발견된 이후 **반 Bredt 법칙**(*anti*-Bredt)이라는 용어를 만들어 내었다.[19] 자연계에 반 Bredt 시스템이 존재하지만[20] 이와 같이 무리가 큰 다리목 알켄은 매우 드물다. 다음 예시와 같이 초기에 가정했든 구조를 수정한 예들은 이와 같은 점을 간과한 결과이다.[21]

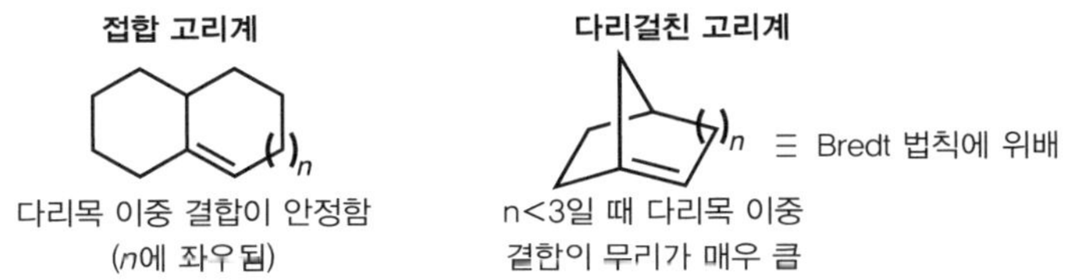

접합 고리계

다리목 이중 결합이 안정함
(n에 좌우됨)

다리걸친 고리계

≡ Bredt 법칙에 위배

n<3일 때 다리목 이중
결합이 무리가 매우 큼

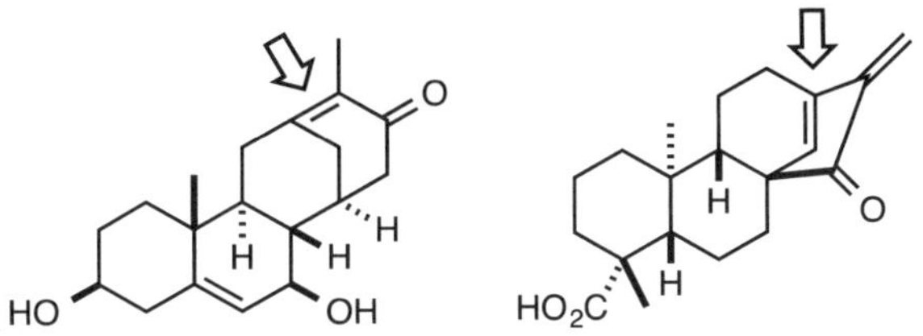

Bredt 법칙에 위배되는 추출된 천연물의 구조가
이후 틀렸다는 것이 판명됨

세고리계

아래에 예시한 바와 같이 다수의 접합 사이클로헥세인 고리계들은 다수의 *anti*와 *syn* 형태를 가질 수 있다.

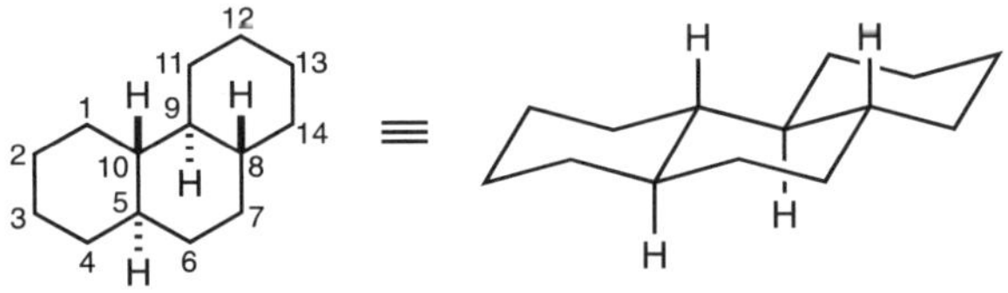

trans–anti–*trans*
(5-10) (10-9) (9-8)

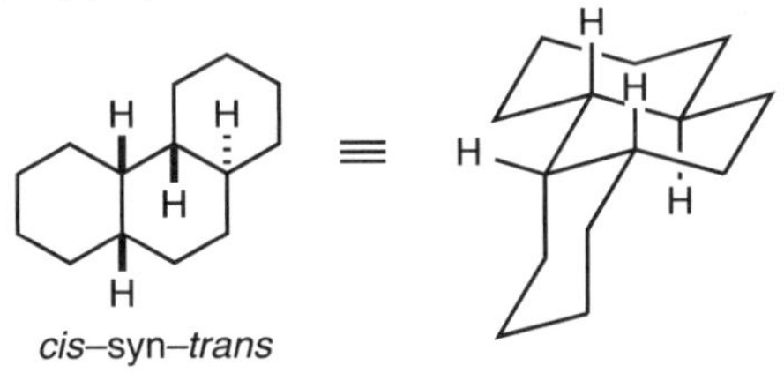

cis–syn–*trans*

2.5 sp^2 혼성 원자를 갖는 사이클로헥실계

사이클로헥산온

삼치환 사이클로헥산온(cyclohexanone)에서는 **하나의** 1,3-이수직 방향 R–H 상호 관계가 존재하지 않아 E_D가 반으로 감소할 것으로 예상할 수 있다. 하지만 형태 연구는 다양한 결과를 나타낸다.[1b,22] Corey와 Feiner[11]는 A_R의 2/3값을 사용할 것을 제안하였다.

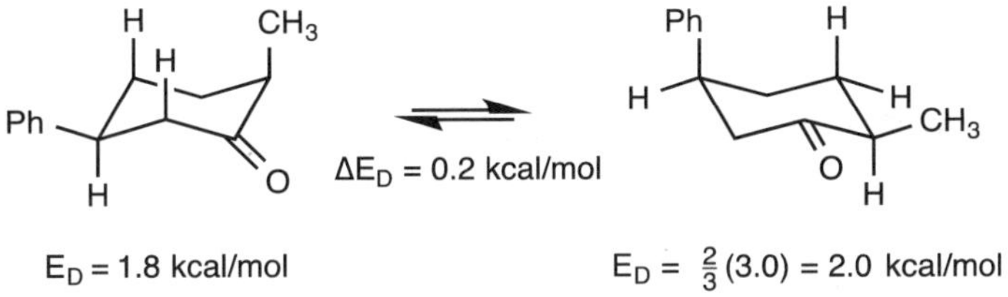

ΔE_D = 0.2 kcal/mol

E_D = 1.8 kcal/mol

$E_D = \frac{2}{3}(3.0) = 2.0$ kcal/mol

사이클로헥센

일치환 사이클로헥센(cyclohexene)에 있어서 수직 방향 이형태체에 반하는 형태 평형은 포화 유사체의 경우보다 덜 편중되어 있다고 알려져 있다.[23] 반의자(half-chair) 형태에서 수직 방향이나 유사 수직 방향 치환체에 대한 1,3-이수직 방향 수소 상호 작용 하나가 존재하지 않는 것에 기인한다고 할 수 있을 것이다.

ax = 수직 방향
ax' = 유사 수직 방향
eq = 수평 방향
eq' = 유사 수평 방향

반의자 형태

사이클로헥센계의 불안정화 상호 작용 평가

반의자 사이클로헥센에는 세 가지 유형의 불안정한 상호 작용이 있다. (1) 1,3-수직 방향-유사 수직 방향, (2) 1,2-수평 방향-유사 수평 방향, (3) 1,2-이수평 방향. 유감스럽게도 이와 같은 상호 작용에 관한 값들이 보고된 바가 많지 않아서 Corey와 Feiner[11]의 A, G, U 값을 적용하였다.

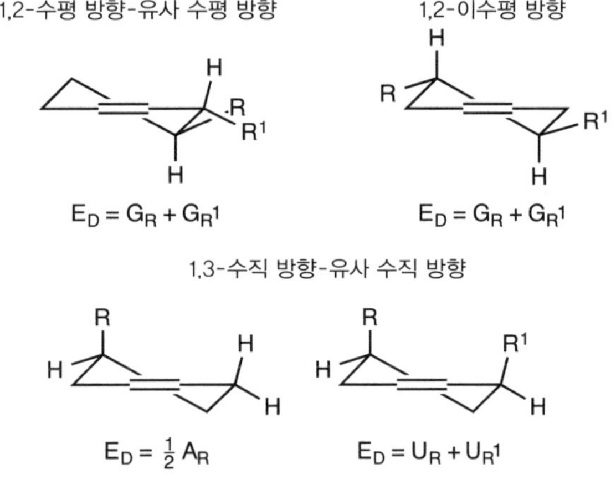

알릴성 무리(allylic strain)

형태적 선호도를 갖는 또 다른 결합 유형은 바이닐 결합이다. 바이닐과 알릴 치환체들 간의 가려진 상호 작용으로 인해 **알릴** 1,2-무리($A^{1,2}$ 무리)와 **알릴** 1,3-무리($A^{1,3}$ 무리)가 형성된다.[24] $A^{1,2}$와 $A^{1,3}$ 무리 모두 비고리 및 고리계를 포함하는 많은 중요한 반응의 입체 화학적 결과를 결정하는 데 중요한 역할을 한다(예를 들면 엔아민의 알킬화, 엔올레이트의 알킬화 및 양성자화).

사이클로헥센계의 $A^{1,2}$ 무리

$A^{1,2}$ 무리

25°C에서 ~30:70 혼합물

$A^{1,3}$ 무리(외향 고리)

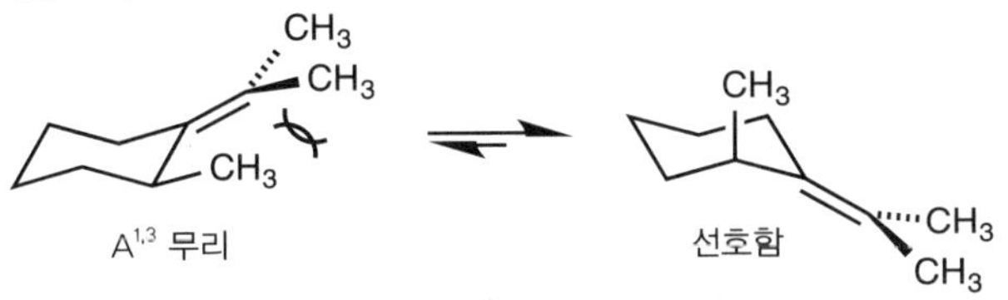

$A^{1,3}$ 무리 ⇌ 선호함

비고리계의 $A^{1,3}$ 무리

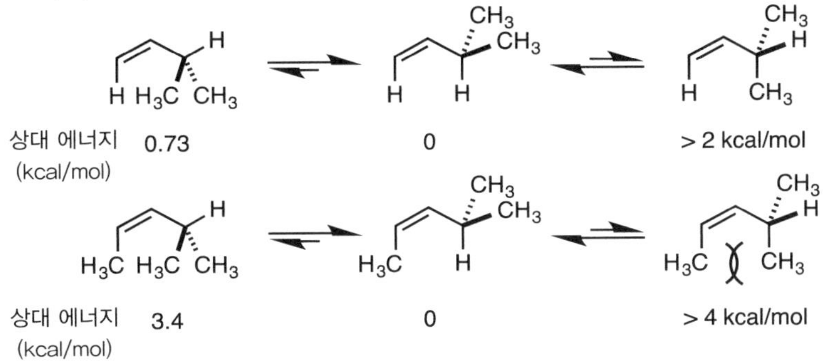

상대 에너지 (kcal/mol) 0.73 0 > 2 kcal/mol

상대 에너지 (kcal/mol) 3.4 0 > 4 kcal/mol

2.6 의미 있는 에너지 차이[25]

삼원자, 사원자, 오원자 고리들의 입체 화학적 과정은 두 면의 상대적인 밀집 정도를 가정하여 예측할 수 있다. 고리 크기가 증가하여 육원자를 넘으면 형태 유동성이 증가하고 이에 따라 입체 화학적 결과도 불확실해진다. 칠원자 고리만 되어도 일반적으로 예측이 어려워진다.

중간 정도의 복잡성을 갖는 것은 의자 형태나, 보다 드물게 배형태와 비틀린 배형태를 선호하는 육원자 고리계이다. Barton이 지적한 바와 같이 육원자 고리계에 대한 형태 및 수직 방향/수평 방향 치환 경향에 관한 지식이 고리계에서 진행되는 많은 반응들에 대한 입체 화학적 기초를 이해하는 데 매우 중요하다.[2]

이형태체에 대한 의미 있는 에너지 차이는 1.8 kcal/mol이라고 생각한다. 이것은 상온에서 한 이형태체가 대략 95% 우세한 것이다. 따라서 형태의 동질성을 2-메틸사이클로헥세인(ΔE_D = 1.8 kcal/mol)에 대해서는 예측이 가능하지만 *cis*-2-메틸-5-페닐사이클로헥산온(ΔE_D = 0.2 kcal/mol)에 대해서는 예측할 수 없다.

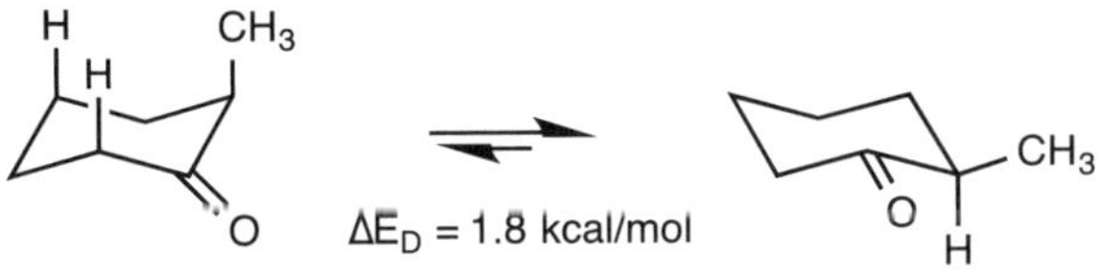

ΔE_D = 1.8 kcal/mol

2.7 컴퓨터를 이용한 분자 모델링

이론 및 계산 화학은 안정한 분자나 전이 상태의 형태적 선호도를 이해하는 데 크게 기여하였다.[26] 분자 역학(고전 또는 역장)[26]이 반응물과 생성물의 형태 선호도를 정의하는 것을 도왔다. 이 방법들은 실험적 구조들과 높은 수준의 양자 역학적 계산에서 얻은 에너지나 데이터를 재현하기 위하여 매개변수화한 실험적인 것이다. 다른 역장이 다른 부류의 분자에 잘 적용되도록 매개변수화하였다(예를 들면 전형적인 유기 분자를 위한 Allinger의 MM2-MM4[27] 생물학적 거대 분자들을 위한 Kollman의 AMBER[28]과 Karplus의 CHAR-MM[29]). 따라서 특정한 문제에 어느 방법을 적용할지를 선택할 때 주의가 필요하다.

반면에 양자 역학적 계산은 시간이 보다 많이 소요되지만 경험적인 매개변수화에 의존하지 않는다(즉 이들은 순이론적(ab initio)이다). 이들 방법은 오랫동안 반응물과 생성물뿐만 아니라 전이 상태의 구조와 상대적인 에너지를 추론하고 합리적으로 설명하는 데 이용되어 왔으며, 이 결과 반응성과 선택성에 대한 포괄적인 개념을 제공하였다.[30]

2.8 형태에 따른 반응성과 생성물 결정

반응성에 대한 형태의 효과는 원래 근원적으로 반응 메커니즘과 밀접한 관계가 있다.[1a,b,31] 다음 두 가지 극한 상황이 있다.[32]

1. 반응물의 형태를 바탕으로 생성물의 입체 화학을 예측하는 것에 대한 경고로 **Curtin-Hammett 원리**는 한 분자에 대한 반응 속도는 반응 형태의 농도뿐만 아니라 그것의 전이 상태 에너지와 관련이 있다고 언급하고 있다. 아래에 도시한 바와 같이, 반응 형태 **A**와 **B** 사이의 형태 장벽은 본질적으로 생성물 P_A와 P_B로 가는 반응 장벽보다 낮다. 형태 A가 더 많은 분포를 갖는 반면, 생성물 P_B가 우선적으로 생성될 것이다. 따라서 반응 메커니즘이 특정한 형태를 요구하게 되면 생성물의 분포는 반응성이 큰 출발 형태의 분포뿐만 아니라 각 생성물로 가는 전이 상태 에너지에 영향을 받게 된다. 단일 형태를 형성하도록 하는 가장 좋은 방법은 적절하게 치환체를 도입하든지 반응 온도를 낮추어 다른 모든 형태의 농도를 감소시키는 것이다.

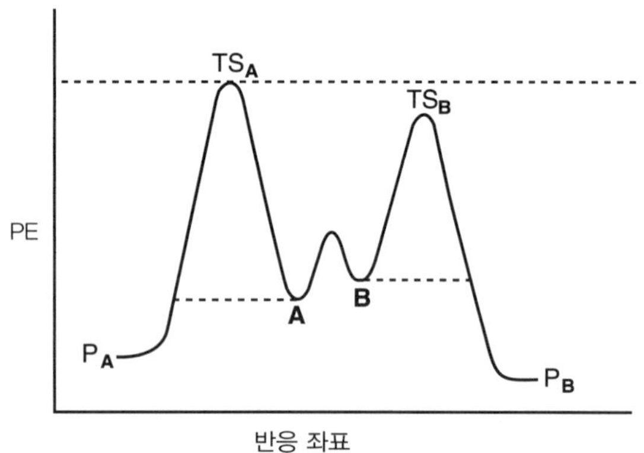

2. 형태 장벽(A ⇄ B)은 근본적으로 반응 장벽 TS_A와 TS_B보다 높다. 이 경우는 **형태 평형 조절**(conformational equilibrium control)이라 알려져 있으며, 생성물의 비율은 출발 상태의 분포 비율과 같다.

Hammond 가정. 앞전이 상태(early transition state)는 종종 근원적인 결합의 깨짐이나 형성이 없는, 빠르고 열이 방출되는 반응의 전형이다. 따라서 구조적으로 출발 물질과 유사하다. **뒷전이 상태**(late transition state)는 종종 상대적으로 느리고 열을 흡수하는 변환의 전형이다. 이 경우 근원적인 결합 형성이 뒷전이 상태에서 이루어진다. 결과적으로 뒷전이 상태는 생성물과 유사하다.

입체 전자 효과. 어떤 반응의 경우 반응이 효과적으로 진행되기 위해서 만족시켜야 하는 독특한 입체 전자적 필수조건을 가지고 있다.[33] 반응성에 대한 형태의 효과를 편의상 다음과 같이 나눈다. (1) 입체 효과–두 그룹의 가까운 접근, (2) 입체 전자 효과–S_N2나 E2 반응과 같이 특정 결합이나 비결합 전자쌍의 공간적 배열

선택성에 관한 용어[26]

- **입체 이성질체**(stereoisomer)는 같은 분자식을 가지지만 그들 원자들은 다른 공간적 배열을 갖는다[**위치 배열**(configuration)].
- **입체 선택성**(stereoselectivity) 반응은 화학 반응에서 다른 이성질체에 대하여 하나의 입체 이성질체가 전적으로 생성되거나 현저하게 생성되는 것이다.
- **입체 특이성**(stereospecific) 반응에서는 입체 화학적으로 다른 두 기질이 입체 화학적으로 다른 생성물을 생성한다. 모든 입체 특이성 반응은 필연적으로 입체 선택성이다.
- **화학 선택성**(chemoselectivity) 시약은 다른 작용기들의 존재하에서 **특정 작용기**와 반응한다.
- **위치 선택성**(regioselectivity) 반응에서는 시약이 둘 이상의 가능한 위치 중 단지 위치에만 반응을 한다.
- **거울상 이성질 선택성**(enantioselectivity) 반응에서는 비카이랄성 기질이 카이랄 시약이나 보조제에 의하여 두 거울상 이성질체 중 하나로 변환된다.
- **부분 입체 선택성**(diastereoselectivity) 반응에서는 하나의 부분 입체 이성질체가 선택적으로 생성된다.

- **열역학적 제어**(thermodynamic control)는 상대적인 안정도를 바탕으로 주생성물을 만드는(평형에서 그 생성물이 주로 존재한다는 것을 의미함) 반면, **반응 속도론적 제어**(kinetic control)는 반응 속도를 바탕으로 주생성물을 형성한다(가장 빠르게 생성되는 생성물이 반응 속도론적 생성물이다).

에스터화 반응 및 비누화 반응

에스터화 반응 속도와 비누화 반응 속도는 속도 결정 단계(RDS)의 $\Delta G^{\ddagger}$에 달려 있다. 아래의 예에서 OH와 CO_2Et에 대한 입체적 요구는 바닥 상태에서보다는 사면체의 중간체에서 더 크다. 따라서 $\Delta G^{\ddagger}_{\text{수직 방향/수평 방향}}$이 출발 물질의 $\Delta G^{\circ}_{\text{수직 방향/수평 방향}}$에 비하여 증가한다. 따라서 수평 방향 이성질체 B와 D가 수직 방향 이성질체 A와 C보다 더 빠르게 반응할 것이다. sp^3 그룹의 형태적 에너지는 일반적으로 sp^2 그룹의 에너지보다 크다는 것에 유념하라.

에스터화 반응

A — Ac_2O, Py, RDS → 에스터

$\Delta G^{\circ} = 0.9$ kcal/mol　　$\Delta G > 0.9$ kcal/mol

B — Ac_2O, Py, RDS → 에스터

비누화 반응

C — OH^-, RDS → 산

$\Delta G^{\circ} = 1.2$ kcal/mol　　$\Delta G > 1.2$ kcal/mol

D — OH^-, RDS → 산

수평 방향 알코올의 아실화 반응 속도가 더 빠른 점을 아래 예시된 예와 같이 위치 선택적 아실화에 이용할 수 있다.[35]

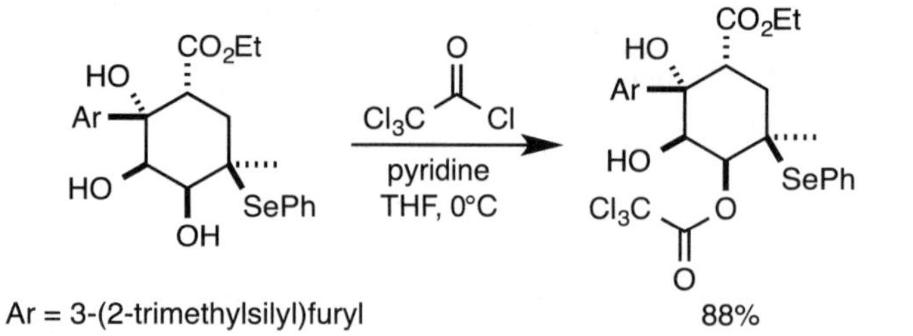

Ar = 3-(2-trimethylsilyl)furyl

88%

선호하는 형태

S_N2-유형 반응

사이클로펜틸 화합물은 비고리계와 유사한 속도로 S_N2 반응이 진행되는 반면, 사이클로헥실 화합물의 S_N2 반응은 다소 느리게 진행된다. S_N2 반응의 TS는 오배위 탄소를 포함하고, 위치 배열이 반전하며 진행된다. 접근하는 친핵체에 대한 입체 장애는 이들 반응에 있어서 매우 중요한 역할을 한다. 예를 들어 싸이오페놀산 음이온(thiophenolate, PhS^-)과 수직 방향 1-브로모-4-*tert*-뷰틸사이클로헥세인 **A**의 S_N2 반응은 수평 방향 *trans* 이성질체 **B**보다 60배 정도 빠르게 진행된다. 전이 상태 $\mathbf{A}^‡$와 $\mathbf{B}^‡$를 조사해 보면 친핵체(PhS^-)의 수평 방향 이성질체 **B**에 대한 후면 공격이 두 개의 수직 방향 수소에 의해 방해를 받고, $\mathbf{A}^‡$에 비하여 $\mathbf{B}^‡$가 불안정화된다는 것이 나타난다. 더욱이 수직 방향 브로민화물의 바닥 상태 에너지(0.4 kcal/mol)가 더 높기 때문에 활성화 에너지가 감소한다.

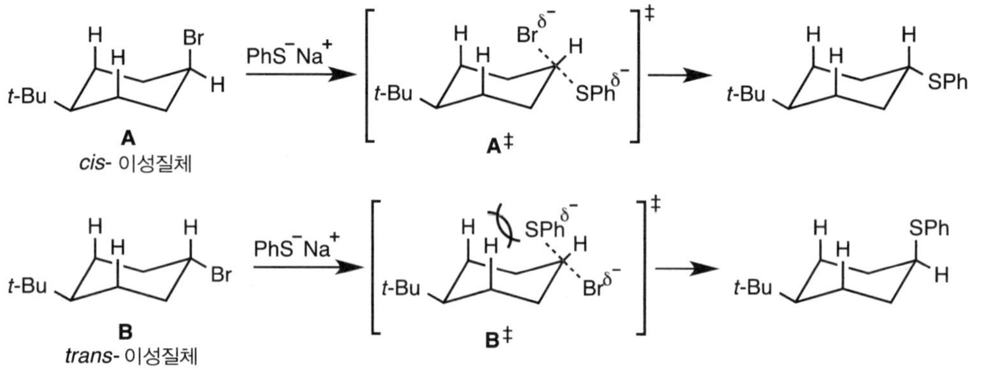

A
cis- 이성질체

$\mathbf{A}^‡$

B
trans- 이성질체

$\mathbf{B}^‡$

α-탄소 위치의 치환체가 일반적인 S_N2 반응을 입체적으로 방해할 때 알릴성 기질은 S_N2 반응 조건에서 친핵체가 γ-탄소를 공격하는 친핵성 치환 반응이 진행된다. 아래에 도시한 바와 같이, 사이클로헥실계와 이들의 S_N2' 반응은 일반적으로 이중 결합에 친핵체의 안티 첨가 반응을 통하여 진행된다(참여 오비탈들의 최적의 중첩).[24d,36,37]

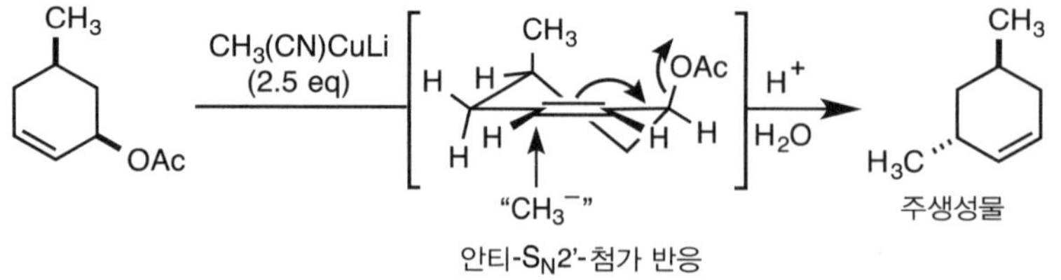

주생성물

안티-S_N2'-첨가 반응

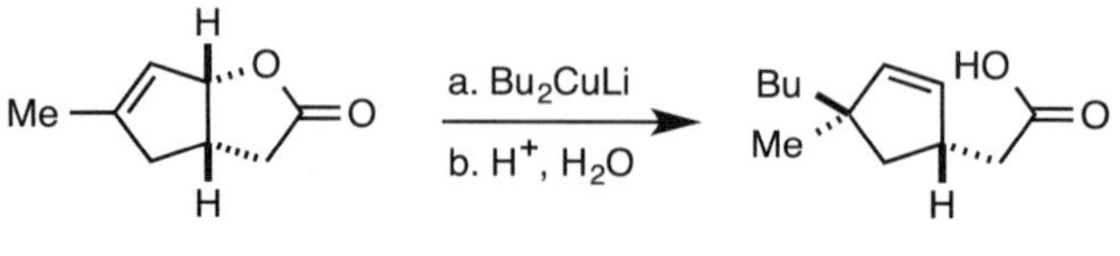

RO OMs CO$_2$Et → (Li$^+$ CuCN, ZnBr$_2$, LiBr, THF, −78°C) RO CO$_2$Et 86%

R = CH_3OCH_2
Ms = SO_2CH_3 (메실레이트)

Michael 유형 첨가 반응

엔온(enone)에 친핵성 1,4-첨가 반응(Michael 유형 첨가 반응)의 입체 화학은 입체 전자 요인에 의하여 조절된다. 강제적인 입체 효과가 없는 경우 친핵체는 이웃한(γ) 유사 수직 방향 치환체에 대해서 **역평행**(antiparallel)하게 엔온의 β-탄소로 접근한다(아래의 예에서 원 안의 H).

Nu$^-$ (예: Me_2CuLi) → [엔올레이트 음이온] → H_2O, NH_4Cl → 98%

E2 제거 반응

입체 전자 이유(반응 오비탈들의 중첩) 때문에 반응 그룹인 H와 X는 **안티 준평면**(antiperiplanar)이나 **신준평면**(synperiplanar)이어야 한다. 전자 전이 시에 관여하는 원자들의 위치 변화는 최소여야 한다(Frank-Codon 효과). **큰 입체적 요구**(large steric requirement)가 있는 센염기는 S_N2 형태의 반응을 감소시킬 것이다.

염기 H X → sp^3 → sp^2 $\overset{+}{B}$-H X^-

제거되는 이탈기는
안티 준평면이어야 한다.

신준평면 배열이 쉽게 형성되는 경우를 제외하고 사이클로헥실계에서 대부분의 E2 제거 반응은 **안티** 형태를 통해서 진행된다. 예를 들어 H와 X가 신준평면 배열을 취할 수 있는 사이클로펜테인 유도체들과 경직된 바이사이클로[2.2.1]헵테인,[38] 바이사이클로[2.2.2]옥테인에서 *syn* 제거 반응을 관찰할 수 있다.

Br D H → 염기, E2, *syn* 제거 반응 → H

다음의 예('비 Curtin-Hammett')가 E2 반응에서의 반응성과 생성물 차별화 효과를 나타내고 있다. 일반적으로 다양한 이형태체를 포함한 반응의 전체 속도는 각각의 이형태체의 속도 상수와 그들의 **분포**(population)에 의하여 좌우된다.

Me Cl ≡ Me Cl ⇌ H H H Cl Me → EtO$^-$ Na$^+$, EtOH → Me 100%

menthyl
chloride

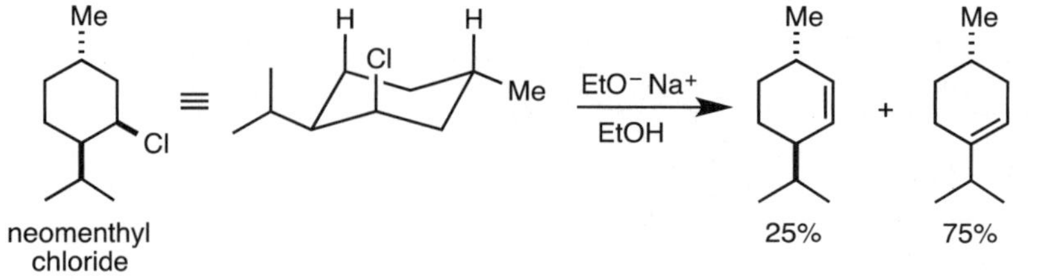

이중 결합에 대한 첨가 반응

사이클로헥센에 브로민을 첨가하는 반응은 입체 전자 효과에 영향을 받으며, 브로모늄 이온 중간체의 형성을 통하여 진행된다. 이것은 거의 동시적으로 의자 형태와 같은 TS를 거쳐 브로민화 음이온(bromide anion)에 의하여 **안티 준평면**(antiperiplanar, S_N2 유형) 열림, **역평행**(antiparallel) 열림이 일어난다. 따라서 반응 속도론적 조절 조건에서는 **b 경로**로 진행되어 이중 결합에 브로민이 이수직 방향으로 첨가된 생성물이 주로 얻어진다.

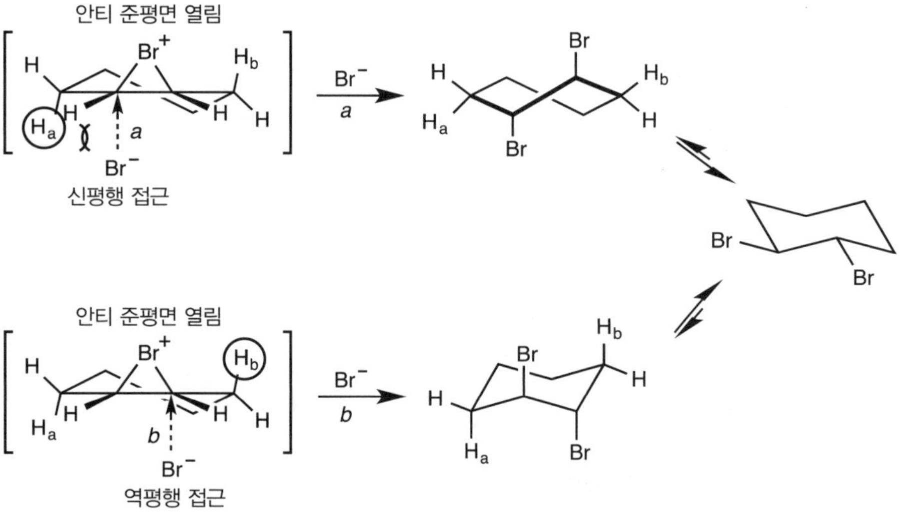

4-*tert*-뷰틸사이클로헥센을 브로민으로 처리하면 거의 이수직 방향 다이브로민화물(dibromide)만 생성되는 것이 이를 증명하고 있다.

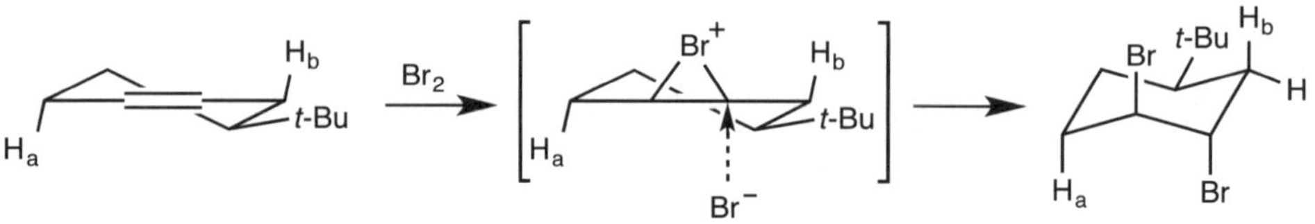

아래에 도시한 옥탈린(옥타하이드로나프탈렌)[octalin(octahydronaphthalene)]과 브로민 수용액 간의 반응이 이수직 방향 생성물 형성 선호의 예시를 더 나타내고 있다. 친전자체 'Br$^+$'의 장애를 덜 받는 α-면에 대한 첨가 반응을 통하여 여기서 생성된 브로모늄 이온 중간체는 HO^-에 의한 **안티 준평면** 열림, **역평행** 열림으로 인해 이수직 방향 브로모하이드린(bromohydrin)을 생성한다.

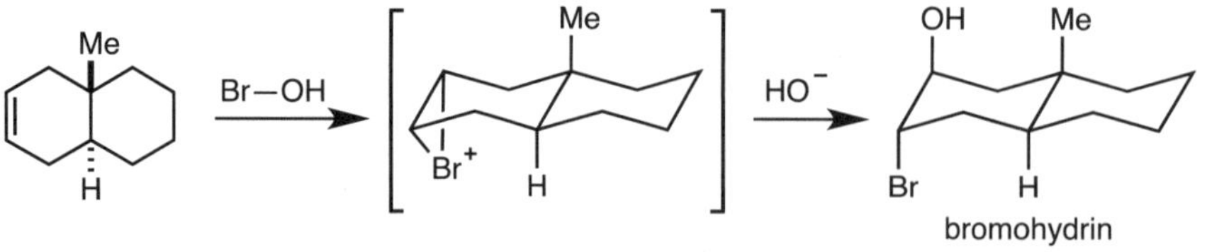

다음 그림과 같이 옥탈린의 *m*-클로로퍼옥시벤조산(*m*-chloroperoxybenzoic acid, *m*CPBA)과의 에폭시화 반응은 장애를 덜 받는 쪽에서 일어나 α-에폭사이드 **A**를 생성한다. 이를 CH_3ONa(또는 수용성 산)로 처리하면 **이수직 방향** 생성물 **B**가 얻어진다. 에폭사이드 **A**의 C(3) 탄소에 대한 CH_3O^-의 공격은 입체 전자로 요구되는 친핵체와 이탈하는 옥시 음이온의 이수직 방향 배열을 유지하기 위하여 높은 에너지 상태인 비틀린 배형태 **C**를 거쳐 이수평 방향 생성물 **D**를 생성할 수 있다.

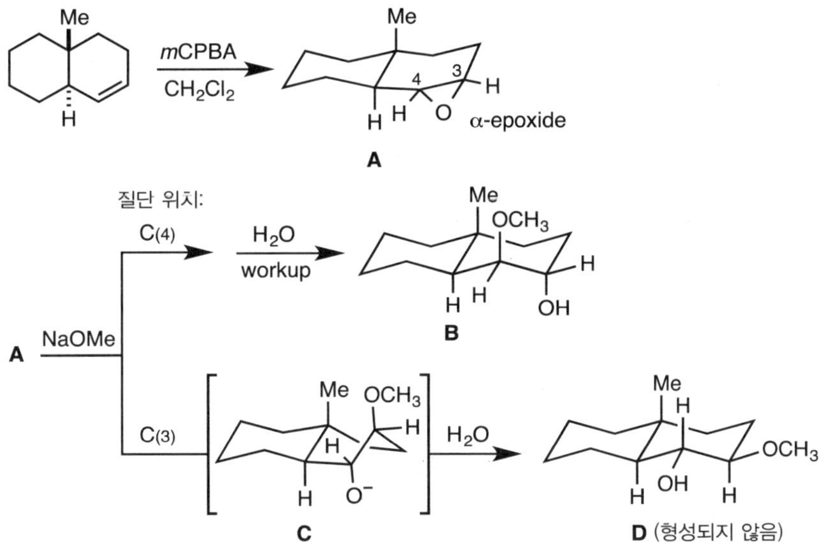

조절 요소로서의 $A^{1,3}$ 무리

비고리 화합물에서 이중 결합에 대한 친전자체의 첨가 반응의 부분 입체 선택성을 얻기 위해서는 공격에 대해서 한 면에 대한 선호도가 있어야 한다. 아래에 예시한 알켄의 수소화붕소 첨가 반응(hydroboration reaction)과 같이 형태적 제어를 위하여 1,3-A 무리가 이와 같은 요소를 제공한다.[39] 수소화붕소 첨가 반응을 통한 이중 결합의 수화 반응은 (1) B–H의 *anti*-Markovnikov 첨가 반응, (2) B–H 결합의 *cis*-첨가 반응, (3) 입체 장애가 작은 이중 결합면으로부터의 B–H 결합의 첨가, (4) 위치 배열을 유지한 산화를 포함하고 있다.

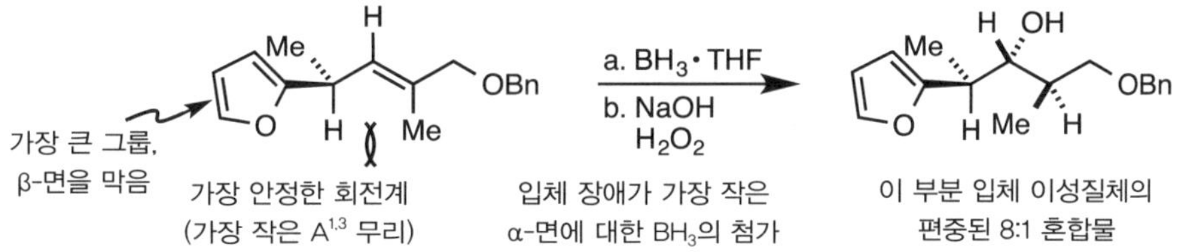

반응 중간체에서 알릴 1,3-무리의 최소화는 부분 입체 선택성을 조절할 수 있는 강력한 도구 중 하나이다. 예를 들어 아래 도시한 예와 같이 아세트산 벤질류(benzylic acetate)의 수소화 및 이온화를 통하여 생성된 공명에 의해 안정화된 벤질 카베늄 이온의 고리화 반응은 알릴 1,3-무리에 영향을 받는다.[40]

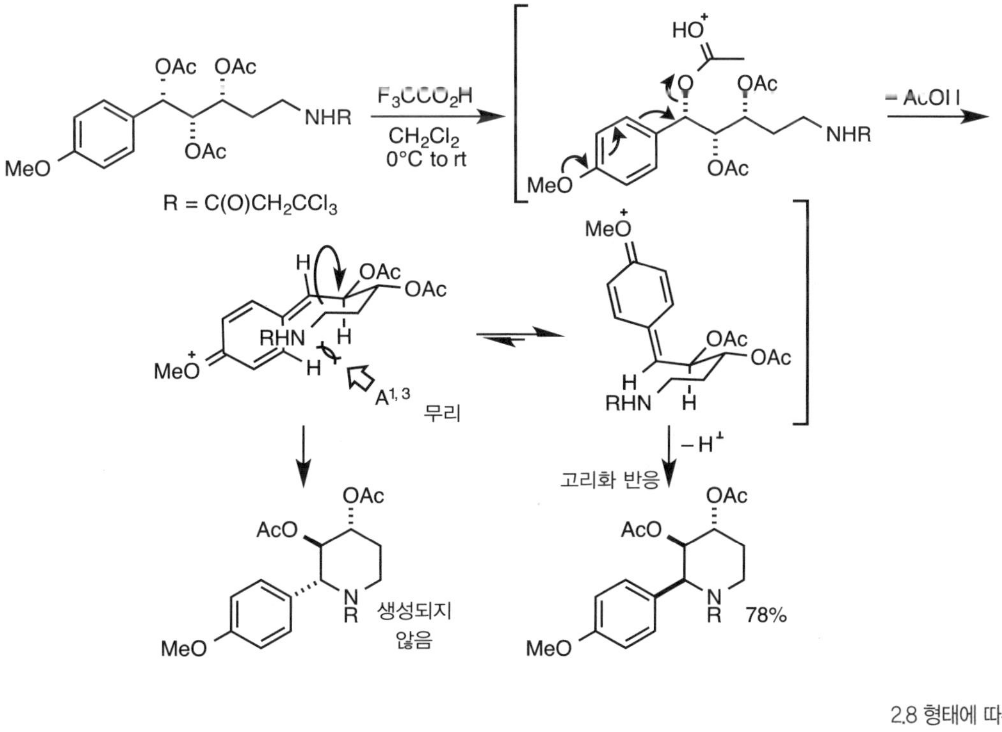

알코올의 산화

크로뮴(VI)을 사용한 이차 알코올의 케톤으로의 산화는 복잡하다. 입체 장애가 작은 알코올의 경우, 산화는 초기에 크로뮴 에스터가 형성된 후 속도 결정 단계인 $HCrO_3^-$의 E2 유형 제거 반응이 진행된다.

VI
H_2CrO_4
(오렌지색)
RDS
H_2O (또는 피리딘)
H_3O^+ (또는 피리딘)
Cr(VI)
2 Cr(V)
Cr(III)
(녹색)

수직 방향 사이클로헥산올이 크로뮴산 산화에 대하여 해당 수평 방향 알코올보다 반응성이 크다. 이와 같은 효과의 근원을 이해하기 위해서는 이들 반응의 자유 에너지를 고려해야 한다. *trans*- 및 *cis*-3,3,5-트라이메틸사이클로헥산올의 산화를 생각해 보자. 반응이 sp^2 혼성을 갖는 케토기 쪽으로 진행됨에 따라 *trans* 이성질체 내의 sp^3 혼성 크로뮴 에스터의 이수직 방향 상호 작용에 대한 형태 자유 에너지의 많은 부분이 해소된다. 따라서 무리가 큰 *trans* 알코올일수록 더 반응성이 커진다(입체 무리의 해소).[41] 또 다르게는 *trans* 크로뮴 에스터의 증가한 반응성은 속도 결정 단계에서 염기가 수평 방향 수소를 제거하기 위한 더 큰 접근성으로 설명할 수 있을 것이다.

cis *trans*
상대 속도: 1 34

어떤 경우에서 아래에 예시와 같이 입체 무리의 해소 차이가 다이크로뮴산 피리디늄(pyridinium dichromate, PDC) 산화 반응에서 일차 알코올이 존재함에도 불구하고 수직 방향 사이클로헥산올의 선택적인 산화 반응을 가능하게 한다.[42]

$(Pyr\text{-}H^+)_2Cr_2O_7^{2-}$
(PDC)
CH_2Cl_2, rt, 24 h
82%

2°ax 1°
선호하는 형태

** 참고 문헌

1 (a) Nasipuri, D. *Stereochemistry of Organic Compounds: Principles and Applications*; John Wiley & Sons, Inc.: New York, 1991. (b) Eliel, E. L.; Wilen, S. H.; Mander, L. N. *Stereochemistry of Organic Compounds;* John Wiley & Sons, Inc.: New York, 1994. (c) Juaristi, E. *Conformational Behavior of Six-Membered Rings: Analysis, Dynamics, and Stereoelectronic Effects;* VCH: New York, 1995. (d) Lightner, D. A.; Gurst, E. *Organic Conformational Analysis and Stereochemistry from Circular Dichroism Spectroscopy;* Wiley-VCH: New York, 2000.

2 Barton, D. H. R. *Experientia* **1950**, *6*, 316.

3 For nomenclature regarding conformations of linear hydrocarbons; see: Michl, J.; West, R. *Acc. Chem. Res.* **2000**, *33*, 821.

4 (a) Pophristic, V. T.; Goodman, L. *Nature* **2001**, *411*, 565. (b) Bickelhaupt, F. M.; Baerends, E. J. *Angew. Chem. Int. Ed.* **2003**, *42*, 4183. (c) Weinhold, F. *Angew. Chem. Int. Ed.* **2003**, *42*, 4188. (d) Mo, Y.; Wu, W.; Song, L.; Lin, M.; Zhang, Q.; Gao, J. *Angew. Chem. Int. Ed.* **2004**, *43*, 1986.

5 Alabugin, I. V.; Gilmore, K. M.; Peterson, P. W. *Wiley Interdiscip. Rev. Comput. Mol. Sci.* **2011**, *1*, 109.

6 Zutterman, F.; Krief, A. *J. Org. Chem.* **1983**, *48*, 1135.

7 (a) Fujii, H.; Osa, Y.; Ishihara, M.; Hanamura, S.; Nemoto, T.; Nakajima, M.; Hasebe, K.; Mochizuki, H.; Nagase, H. *Bioorg. Med. Chem. Lett.* **2008**, *18*, 4978. (b) Fujii, H.; Okada, K.; Ishihara, M.; Hanamura, S.; Osa, Y.; Nemoto, T.; Nagase, H. *Tetrahedron* **2009**, *65*, 10623.

8 Penelle, J.; Xie, T. *Macromolecules* **2000**, *33*, 4667.

9 The enthalpies of hydrogenolysis of -37.7 ± 0.1 and -36.6 ± 0.3 kcal/mol for cyclopropane and cyclobutane, respectively, underscore the similar strain energies noted for these ring systems; see: Wiberg, K. B. *J. Org. Chem.* **2012**, *77*, 10393.

10 A strain energy of $\approx$2 kcal/mol for cyclohexane has been suggested; see: Bach, R. D.; Dmitrenko, O. *J. Am. Chem. Soc.* **2004**, *126*, 4444.

11 Corey, E. J.; Feiner, N. F. *J. Org. Chem.* **1980**, *45*, 765.

12 Basso, E. A.; Kaiser, C.; Rittner, R.; Lambert, J. B. *J. Org. Chem.* **1993**, *58*, 7865.

13 (a) Bandala, Y. In *Advances in Heterocyclic Chemistry*; Elsevier Academic Press Inc.: San Diego, 2000; Vol. 105, pp 189–222. (b) Wang, C.; Chen, Z.; Wu, W.; Mo, Y. *Chem. Eur. J.* **2013**, *19*, 1436.

14 (a) Kirby, A. J. *The Anomeric Effect and Related Stereoelectronic Effects at Oxygen*; Springer Verlag: New York, 1983. (b) Cramer, C. J. *J. Org. Chem.* **1992**, *57*, 7034. (c) Collins, P.; Ferrier, R. *Monosaccharides;* John Wiley & Sons, Ltd.: Chichester, 1994.

15 (a) Salzner, U. *J. Org. Chem.* **1995**, *60*, 986. (b) Perrin, C. L. *Tetrahedron* **1995**, *51*, 11901.

16 (a) Perrin, C. L.; Armstrong, K. B.; Fabian, M. A. *J. Am. Chem. Soc.* **1994**, *116*, 715. (b) Wiberg, K. B.; Marquez, M. *J. Am. Chem. Soc.* **1994**, *116*, 2197.

17 Kirby, A. J. *Stereoelectronic Effects*; Oxford University Press: New York, 1996.

18 Wiseman, J. R.; Pletcher, W. A. *J. Am. Chem. Soc.* **1970**, *92*, 956. (b) Buchanan, G. L. *Chem. Soc. Rev.* **1974**, *3*, 41.

19 Warner, P. M. *Chem. Rev.* **1989**, *89*, 1067.

20 Mak, J. Y. W.; Pouwer, R. H.; Williams, C. M. *Angew. Chem. Int. Ed.* **2014**, *53*, 13664.

21 (a) Savchenko, A. I.; Williams, C. M. *Eur. J. Org. Chem.* **2013**, 7263. (b) Fraga, B. M.; Cabrera, I.; Amaro-Luis, J. M. *J. Nat. Prod.* **2008**, *71*, 1953.

22 Allinger, N. L.; Chen, K.; Rahman, M.; Pathiaseril, A. *J. Am. Chem. Soc.* **1991**, *113*, 4505.

23 Rabideau, P. W. *Conformational Analysis of Cyclohexenes, Cyclohexadienes, and Related Hydrocarbon Compounds*; VCH: New York, 1989.

24 (a) Johnson, F. *Chem. Rev.* **1968**, *68*, 375. (b) Wiberg, K. B.; Martin, E. *J. Am. Chem. Soc.* **1985**, *107*, 5035. (c) Hoffmann, R. W. *Chem. Rev.* **1989**, *89*, 1841. (d) Atkinson, R. S. *Stereoselective Synthesis;* John Wiley & Sons, Ltd.: Chichester, 1995.

25 Corey, E. J., Feiner, N. F. *J. Org. Chem.* **1980**, *45*, 757.

26 (a) Leach, A. R. *Molecular Modelling: Principles and Applications*, 2nd ed.; Prentice Hall: Harlow, UK, 2001. (b) Cramer, C. J. *Essentials of Computational Chemistry: Theories and Models*, John Wiley & Sons, Inc.: New York, 2002.

27 Bowen, J. P.; Allinger, N. L. In *Reviews in Computational Chemistry*; Lipkowitz, K. B., Boyd, D. B., Eds.; VCH: New York, 1991; Vol. 2, pp 81–97.

28 Cornell, W. D.; Cieplak, P.; Bayly, C. I.; Gould, I. R.; Merz, K. M., Jr.; Ferguson, D. M.; Spellmeyer, D. C.; Fox, T.; Caldwell, J. W.; Kollmann, P. A. *J. Am. Chem. Soc.* **1995**, *117*, 5179.

29 MacKerell, A. D.; Bashford, D.; Bellott, M.; Dunbrack, R. L.; Evanseck, J. D.; Field, M. J.; Gao, J.; Guo, H.; Ha, S.; Joseph-McCarthy, D.; Kuchnir, L.; Kuczera, K.; Lau, T. F. K.; Mattos, C.; Michnick, S.; Nago, T.; Nguyen, D. T.; Prodhom, B.; Reiher, W. E.; Roux, B.; Schlenkrich, M.; Smith, J. C.; Stote, R.; Straub, J.; Watanabe, M.; Wiorkievicz-Kuczera, J.; Yin, D.; Karplus, M. *J. Phys. Chem. B* **1998**, *102*, 3585.

30 K. N. Houk, a pioneer in this field, developed many models of selectivity used by synthetic organic chemists; for a recent representative example of the use of quantum mechanics in the development of models of stereoselectivity; see: Bahmanyar, S.; Houk, K. N. *J. Am. Chem. Soc.* **2001**, *123*, 12911. For a review on deciphering selectivity in organic reactions using computational methods; see: Balcells, D.; Clot, E.; Eisenstein, O.; Nova, A.; Perrin, L. *Acc. Chem. Res.* **2016**, *49*, 1070.
31 Nógrádi, M. *Stereoselective Synthesis: A Practical Approach*; VCH: Weinheim, 1995.
32 Zefirov, N. S. *Tetrahedron* **1977**, *33*, 2719.
33 Deslongchamps, P. *Stereoelectronic Effects in Organic Chemistry*; Pergamon Press: Oxford, 1983.
34 Ward, R. S. *Selectivity in Organic Synthesis*; John Wiley & Sons, Ltd.: Chichester, 1999.
35 Bailey, S.; Helliwell, M.; Teerawutgulrag, A.; Thomas, E. J. *Org. Biomol. Chem.* **2005**, *3*, 3654.
36 Goering, H. L.; Kantner, S. S. *J. Org. Chem.* **1984**, *49*, 422.
37 Kitamoto, K.; Nakayama, Y.; Sampei, M.; Ichiki, M.; Furuya, N.; Sato, T.; Chida, N. *Eur. J. Org. Chem.* **2012**, 4217.
38 Kwart, H.; Takeshita, T.; Nyce, J. L. *J. Am. Chem. Soc.* **1964**, *86*, 2606.
39 Schmid, G.; Fukuyama, T.; Akasaka, K.; Kishi, Y. *J. Am. Chem. Soc.* **1979**, *101*, 259.
40 Ramakrishna, K.; Jagadeesh, Y.; Ramakrishna, K. V. S.; Rao, J. L.; Rao, B. V. *Eur. J. Org. Chem.* **2016**, 1693.
41 Eliel, E. L.; Schroeter, S. H.; Brett, T. J.; Biros, F. J.; Richer, J.-C. *J. Am. Chem. Soc.* **1966**, *88*, 3327.
42 Zhong, H. M.; Sohn, J.-H.; Rawal, V. H. *J. Org. Chem.* **2007**, *72*, 386.

3장 작용기 보호의 개념

HOH$_2$C ... HO ... OH ... HO OH → ? → HOH$_2$C ... HO ... OH ... HO OCH$_3$

2-*O*-Me-α-D-mannopyranose

이 변환에는 다음 반응들이 필요하다.

- 글리코사이드(Glycoside) 형성
- 선택적 1,3-다이올 보호화 반응, 알코올 보호화 반응
- 메틸화 반응과 탈보호화 반응

분자내 여러 작용기의 존재는 특히 일정 시약이 여러 가지 작용기(예를 들어 당류)와 무차별하게 반응하는 경우 합성의 계획을 대단히 복잡하게 만든다. 많은 작용기를 포함하고 있는 화합물의 하나의 반응 자리만 선택적으로 화학 반응을 실행시킬 때에는 다른 반응 자리를 일시적으로 막아야 한다. 따라서 보호기의 선택은 합성 계획에 중요한 부분이다.[1]

보호기는 다음과 같은 요구 조건을 만족해야 한다.

1. 보호기 시약은 보호된 기질의 합성에 **선택적**(반응 속도론적 화학 선택성)이고 **좋은 수율**로 반응해야 하며, 그 기질은 계획된 반응에 안정해야 한다.
2. 보호기는 간단한 시약에 의해 좋은 수율로 **선택적으로** 제거되어야 한다.
3. 보호기는 추가 반응을 일으킬 수 있는 부가적인 작용기를 가지지 말아야 한다.

보호기의 도입은 합성 계획에 부가적인 단계가 더해진다. 따라서 가능한 한 보호기의 사용을 **최소화**하거나 피하기 위해 노력해야 한다. 다른 하나의 전략으로는 첨가된 올리고뉴클레오타이드(oligonucleotide)가 분자 인식 모티프와 결합하는 것과 같이, 비공유 상호 작용을 이용하여 복합 분자에서 기능을 **일시적으로** 차단하는 것이 있다.[2] 그러나 이 방법은 다단계 합성에서의 작용기 보호에는 적합하지 않다.

3.1 N–H기의 보호[3]

일차 및 이차 아민은 산화되기 쉽고, N–H 결합들은 유기리튬과 Grignard 시약에 의해 금속화된다. 또한 아미노기는 양성자가 첨가되거나 친전자체(R–X)와 반응할 수 있는 비공유 전자쌍을 가지고 있다. 비공유 전자쌍의 반응성을 작게 하기 위해서는 아민을 아실화 반응을 통해 아마이드로 변환시키면 된다. 아미노산에 존재하는 아미노기의 보호는 펩타이드 합성에 아주 중요한 역할을 한다.

N-벤질아민 $\rangle N-CH_2Ph \equiv \rangle N-Bn$

N-벤질기(N-Bn)는 유기금속 시약 또는 수소화 금속과 반응할 때 일차 및 이차 아민의 N-H 양성자를 대체하는 보호기로서 특히 유용하다. 반응 조건에 따라 일차 아민은 모노- 와/또는 다이벤질화된 화합물을 형성할 수 있다. 벤질아민은 산 존재하에 Pd 촉매와 H_2의 가수소 분해를 통해 아민으로 재생된다.[3] 일반적으로 벤질아민은 Lewis 산에 의해 분해되지 않는다.

$$R-NH_2 \xrightarrow[Et_3N,\ MeCN]{BnBr} R-N(Bn)_2 \xrightarrow[HOAc]{Pd/C,\ H_2} R-NH_2$$

$$R_2N-H \xrightarrow[NaH,\ THF]{BnCl} R_2N-Bn \xrightarrow[HOAc]{Pd/C,\ H_2} R_2N-H$$

비발화성 $Pd(OH)_2/C$(**Pearlman 촉매**[4])는 벤질 에터 존재하에서 벤질 아민의 선택적인 가수소 분해를 촉진시킨다.[5]

$$BnHN\text{–}CH_2CH_2\text{–}OBn \xrightarrow[H_2\ (50\ psi),\ EtOH]{20\%\ Pd(OH)_2/C\ (cat.)} H_2N\text{–}CH_2CH_2\text{–}OBn \quad 90\%$$

아마이드 $\rangle N-C(=O)R$

아세트산 무수물 또는 산 염화물과 일차 및 이차 아민의 아실화 반응은 질소의 염기도가 감소되어 친전자성 시약의 공격에 반응성이 작은 아마이드를 형성한다.

$$\rangle N-H \xrightarrow[(또는\ RCOCl)]{Ac_2O} \rangle N-C(=O)CH_3 \longleftrightarrow \rangle \overset{+}{N}=C(O^-)CH_3 \xrightarrow[b.\ OH^-]{a.\ H^+,\ H_2O} \rangle N-H$$

벤즈아마이드(benzamide, N-Bz)는 피리딘 또는 트라이메틸아민 용액에서 염화 벤조산과 아민의 반응에 의해 형성된다. 이 보호기는 pH 1~14, 친핵체, 유기금속화물(유기리튬 시약 제외), 촉매 수소화 반응, 그리고 산화에 안정하다. 그러나 센산(6 N HCl, HBr) 또는 수소화 다이아이소뷰틸알루미늄(diisobutylaluminum hydride)에 의해서는 분해된다.[6]

카바메이트 $\rangle N-C(=O)OR$

삼차 아민의 존재하에서 클로로폼산 메틸(methyl chloroformate) 또는 클로로폼산 에틸(ethyl chloroformate)에 일차 및 이차 아민을 처리하면 각각 메틸 카바메이트(methyl carbamate)와 에틸 카바메이트(ethyl carbamate, 카밤산 에틸)를 형성한다. 보호된 아민은 아마이드처럼 행동한다. 따라서 아민은 더 이상 친핵체처럼 행동하지 않는다. 아민은 산화제와 수화된 염기에는 안정하지만 환원제와는 반응한다. 아이오도트라이메틸실레인(iodotrimethylsilane)은 *N*-메톡시카보닐(*N*-methoxycarbonyl)기 제거에 흔히 사용되는 우수한 시약이다.[7]

$$RNH_2 + Cl\text{–}C(=O)OR' \xrightarrow[또는\ Et_3N]{K_2CO_3} R\text{–}NH\text{–}C(=O)OR' \xrightarrow[CHCl_3]{Me_3SiI} RNH_2$$

R′ = Me, Et

벤질옥시카보닐기(benzyloxycarbonyl기, 약칭 Cbz 또는 Z)는 유기 합성, 특히 펩타이드 합성에서 가장 중요한 질소 보호기 중 하나로, **삼차** 아민의 존재하에서 염화 벤질옥시카보닐기(benzyloxycarbonyl chloride)과 아민의 반응으로 도입한다. 보호된 아민은 염기 수용액이나 산 수용액에 모두 안정하지만, 용해 금속 환원법(Li, liq. NH_3), 촉매 수소화 반응(Pd–C/H_2), 또는 산 가수 분해(HBr)에 의해 제거할 수 있다.

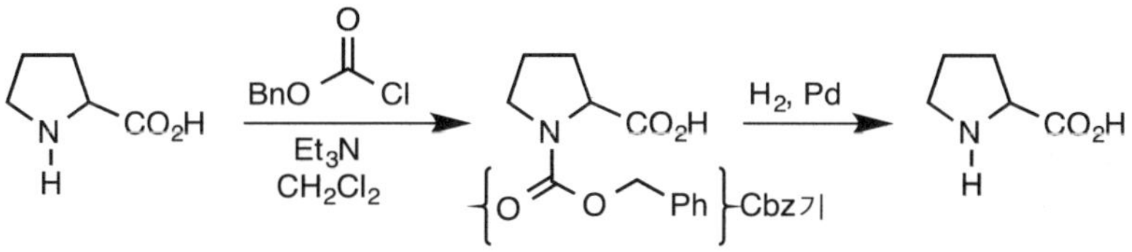

브로민화 아릴(aryl bromide), 사이클로프로페인(cyclopropane), 알켄(alkene)과 같은 쉽게 환원되는 작용기를 가지고 있는 벤질 에스터와 카바메이트는 트라이에틸실레인(triethylsilane)과 염화 팔라듐(palladium chloride)을 사용하여 선택적으로 분해할 수 있다.[8]

***t*-뷰톡시카보닐기**(*t*-butoxycarbonyl, Boc)는 일차 및 이차 아민에 대해 널리 이용하고 있는 또 하나의 보호기이다.[9] *N*-Boc기의 탈보호화 반응은 원액 또는 CH_2Cl_2 용액의 CF_3CO_2H에 의해 손쉽게 진행된다.[10] *N*-Boc기는 가수소 분해에 비활성이며, 염기와 친핵성 시약에는 저항력이 있지만 Cbz기보다 85% 인산 수용액[11]과 같은 산에 의해 분해되는 경향이 크다.

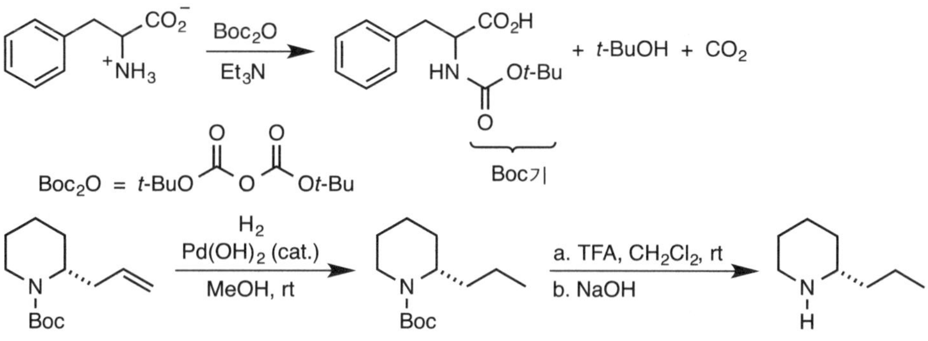

다른 보호기의 존재하에서 *N*-Boc기의 선택적 분해는 $AlCl_3$를 사용하면 가능하다.[12]

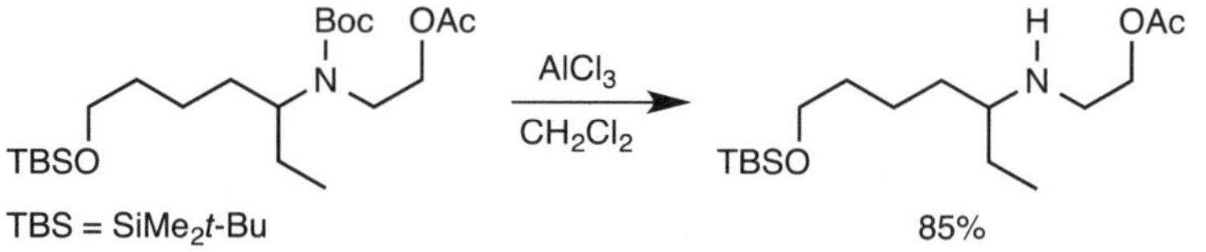

N-(*p*-메톡시페닐)아민

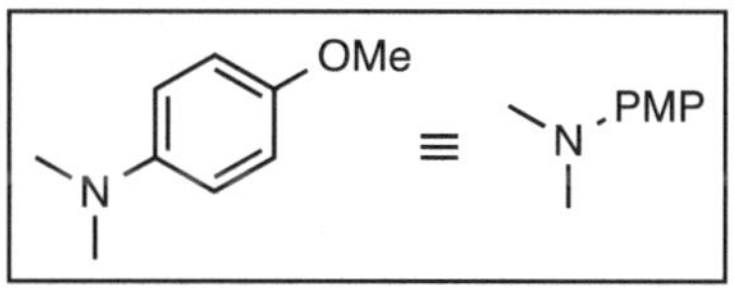

아민을 보호하기 위해 *p*-메톡시페닐(*p*-methoxyphenyl, PMP)기를 사용하는 것은 아민의 PMP 도입을 위한 온화한 방법으로 개발되어 인기를 얻고 있다.[13] 많은 보고서는 질산 세륨 암모늄(ceric ammonium nitrate, CAN)을 이용한 PMP 기의 산화적 분해를 기술하고 있다.[14] 다음 그림과 같이 대규모 작업에서 보다 온화한 방법으로는 과아이오딘산(periodic acid, H_5IO_6)[15]을 사용하는 것이다.[16]

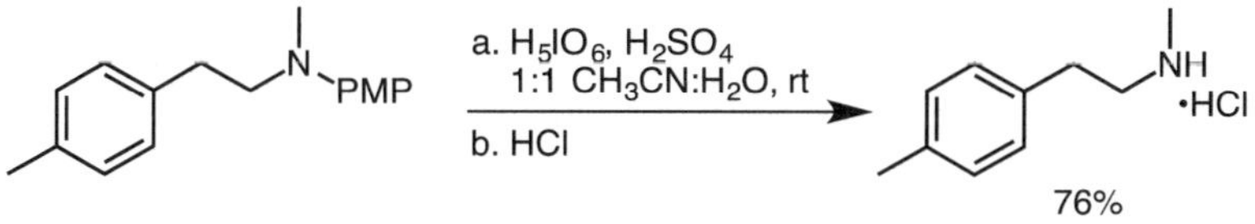

3.2 OH기의 보호

알코올의 가장 중요한 보호기는 에터와 혼합된 아세탈이다. 만약 화학 선택성이 요구된다면 보호기의 적당한 선택은 아주 중요하다.

알코올의 반응성 : 일차 > 이차 > 삼차 ROH

알코올의 보호기로서 에터와 혼합 아세탈의 안정성은 매우 안정한 메틸 에터에서, 산에 대단히 불안정한 트라이틸(trityl) 에터까지 가지각색이다. **그러나 모든 에터는 염기성 반응 조건에서 안정하다.** 따라서 에터 또는 혼합 아세탈 보호기는 특히 내성이 강하다.

- RMgX와 RLi 시약
- $LiAlH_4$와 $NaBH_4$와 같은 친핵성 환원제
- $CrO_3 \cdot 2$ 피리딘(pyridine), 클로로크롬산 피리디늄(pyridinium chlorochromate, PCC) 그리고 MnO_2와 같은 산화제
- Wittig 시약
- LDA와 같은 센염기

알킬 에터

메틸 에터 $RO-CH_3$

메틸 에터는 Williamson 에터 합성법을 이용하여 쉽게 만들 수 있지만, 탈보호를 위해서는 격렬한 조건을 요구한다. 입체 장애가 있는 알코올의 메틸화 반응은 KOH/DMSO의 존재하에서 실행해야 한다.[17]

메틸 에터의 분해 시약으로는 Me_3SiI(또는 Me_3SiCl + NaI)와 BBr_3(또는 고체 $BBr_3 \cdot SMe_2$ 착물)의 CH_2Cl_2[7b] 용액이 있다.[18] BBr_3는 $PhOCH_3$의 분해에 특히 효과적이다.[19]

$$ROH \xrightarrow[\text{THF, 0°C}]{\text{NaH}} [RO^- Na^+] \xrightarrow{CH_3I} ROCH_3 \xrightarrow[\substack{CH_2Cl_2 \\ \text{(산성 workup)}}]{\text{TMS-I}} ROH$$

당류에서 *sec*-OH기의 메틸화 반응은 아이오딘화 메틸(methyl iodide)과 산화 은이 자주 이용된다.

$$ROH \xrightarrow[\text{DMF}]{CH_3I,\ Ag_2O} ROCH_3$$

***tert*-뷰틸 에터** $RO-CMe_3$

t-뷰틸 에터는 쉽게 만들 수 있고 친핵체, 염기 조건에서의 수화 반응, 유기금속 시약, 수소화 금속, 온화한 산화 반응에 안정하다. 그러나 묽은 산에 의해 쉽게 분해된다(S_N1 반응).

$$ROH \xrightarrow[\substack{\text{진한 } H_2SO_4 \\ \text{또는 } BF_3 \cdot OEt_2}]{t\text{-BuOH 또는 } Me_2C=CH_2} ROt\text{-Bu} \xrightarrow{\text{4 N HCl}} ROH$$

벤질성 에터

벤질 에터 $RO-Bn$

벤질 에터는 산과 염기 조건에서 모두 상당히 안정하고, 폭넓고 다양한 산화제와 환원제에 대해서도 안정하다. 따라서 이는 보호기로서 유기 합성에서 자주 이용된다. 그러나 주의해야 할 것은 특히 TMEDA[테트라메틸에틸렌다이아민(tetramethylethylenediamine)] 또는 HMPA[헥사메틸포스포르아마이드(hexamethylphosphoramide)] 존재하에서 *n*-BuLi은 벤질성 수소를 양성자 이탈(deprotonate)시킬 수도 있다.

$$ROH \xrightarrow[\text{b. } PhCH_2Br]{\text{a. NaH, THF}} ROCH_2Ph \xrightarrow[\substack{\text{또는} \\ \text{Ra-Ni, EtOH} \\ \text{또는} \\ \text{Na, } NH_3(l)\text{, EtOH}}]{\substack{\text{분해 방법} \\ \text{Pd/C, } H_2\text{, EtOH}}} ROH + H_3C\text{–}Ph$$

촉매 가수소 분해 반응은 벤질 에터의 탈보호기 반응으로 가장 온화한 방법이다. 이차와 삼차 벤질 에터의 가수소 분해 반응은 느리다. 염화 (벤질옥시)메틸[(Benzyloxy)methyl chloride]을 이용한 알코올의 보호기 반응은 (벤질옥시)메틸 에터[(benzyloxy)methyl ether, ROBOM]를 생성하고, 이것은 ROBn 에터보다 쉽게 분해된다.[20]

$$\text{ROH} \xrightarrow[(i\text{-Pr})_2\text{NEt, CH}_2\text{Cl}_2]{\text{PhCH}_2\text{OCH}_2\text{Cl}} \underbrace{\text{RO}-\text{CH}_2\text{OBn}}_{\text{BOM기}} \xrightarrow[\text{H}_2\text{, EtOH}]{\text{Pd(OH)}_2\text{ (cat.)}} \text{ROH}$$

산 촉매 벤질화 반응

벤질 트라이클로로아세트이미데이트[Benzyl trichloroacetimidate, $Cl_3CC(=NH)OBn$]는 산 촉매하에서 하이드록시기와 반응하여 벤질 에터를 좋은 수율로 생성한다.[21] 이 방법은 특히 아래에 예시된 것과 같이 하이드록시 에스터[22]나 하이드록시 락톤과 같이 염기에 민감한 기질(즉 알콕사이드에 민감한)의 보호기 도입에 유용하다.[23]

benzyl trichloroacetimidate —TfOH→ [활성 benzylating 시약] —ROH→ RO⌒Ph (보호화된 알코올) + $Cl_3CC(=O)NH_2$ + TfOH

$$\text{MeO}_2\text{C-CH(CH}_3\text{)-CH}_2\text{OH} \xrightarrow[\text{cyclohexane, CH}_2\text{Cl}_2\text{, rt}]{\text{Cl}_3\text{CC(=NH)OBn, CF}_3\text{SO}_3\text{H (cat.)}} \text{MeO}_2\text{C-CH(CH}_3\text{)-CH}_2\text{OBn}\ \ 97\%$$

$$\text{HO-lactone} \xrightarrow[\text{hexane, CH}_2\text{Cl}_2\text{, rt}]{\text{Cl}_3\text{CC(=NH)OBn, CF}_3\text{SO}_3\text{H (cat.)}} \text{BnO-lactone}\ \ 78\%$$

p-메톡시벤질 에터 RO－PMB

MPM[(4-methoxyphenyl)methyl] 에터로도 불리는 PMB 에터는 벤질 에터보다 산에 대한 안정도가 떨어진다. 이 보호기는 아세탈, ROBn(또는 ROBOM), ROMOM, ROMEM, ROTHP, ROTBS, 벤조일, 토실, 또는 아세테이트(acetate, 아세트산염)기, 또한 에폭사이드 또는 케톤과 같은 보호기에 영향을 주지 않고 DDQ(2,3-dichloro-5,6-dicyano-1,4-benzoquinone)에 의한 산화적 제거가 가능하다는 유용성이 있다.[24] 다른 방법으로는 ROPMB 에터는 $(NH_4)_2Ce(NO_3)_6$을 사용하여 분해시킬 수 있다.[25]

$$\text{ROH} \xrightarrow[\text{Et}_3\text{N, DMAP (cat.)}]{\text{PMBCl}} \text{RO-}\underbrace{\text{CH}_2\text{C}_6\text{H}_4\text{OCH}_3}_{\text{PMB기}} \xrightarrow[]{\text{DDQ, CH}_2\text{Cl}_2\text{, H}_2\text{O}} \text{ROH} + \text{OHC-C}_6\text{H}_4\text{-OCH}_3$$

DMAP = 4-(dimethylamino)pyridine (NMe_2), DDQ = 2,3-dichloro-5,6-dicyano-1,4-benzoquinone

DMAP[(4-(*N*,*N*-dimethlamino)pyridine,[26] pK_a, DMAP-H^+ 9.70)]는 에터와 에스터의 제조를 위한 유용한 초친핵성 촉매이다.[27] DMAP는 독성이 있는 화합물로 주의해서 다루어야 한다. DABCO(1,4-diazabicyclo[2.2.2]octane)[28]는 광범위하게 사용되고 있는 DAMP를 대신할 수 있는 비교적 안전한 화합물로 알려져 있다.

트라이틸 에터

트라이페닐메틸 에터 $RO-CPh_3 \equiv RO-Tr$

트라이틸 에터(trityl ether)는 탄수화물 화학에서 $-CH_2OH$기의 **선택적** 보호와 조작에 있어 중요한 역할을 수행해 왔다. 그러나 최근에는 트라이틸 에터의 보호기를 대신하여 실릴 에터(silyl ether)의 사용이 증가하고 있다.

트라이틸 에터는 염기나 친핵체에서는 안정하지만, 산 또는 가수소 분해 반응(Pd, H_2)에 의해 쉽게 분해된다. 트라이틸기는 *tert*-뷰틸다이메틸실릴, 트라이에틸실릴, 또는 벤조일(Bz)기의 존재하에서 선택적으로 분해할 수 있다.[29]

실릴 에터

규소 보호기가 각광받는 이유는 온화한 조건에서도 쉽게 도입되고, 제거할 수 있기 때문이다.[30] 또한 실릴화 시약의 다양성은 ROH기의 맞춤형 보호 반응을 가능하게 한다. 실릴화 시약의 화학 선택성과 생성된 실릴 에터의 산이나 염기 분해, 유기금속 시약, 산화제와 환원제에 대한 안정도는 규소에 붙어 있는 치환기의 크기가 커질수록 증가한다. 일반적으로, 입체 장애가 작은 알코올은 쉽게 실릴화되지만 산이나 염기 가수 분해에 상당히 불안정하다.

일반적으로 실릴 에터의 제조를 위해 사용되는 염기는 R_3N, 이미다졸(imidazole), DMAP, DBU(1,8-diazabicyclo[5.4.0]undec-7-ene)이다. 입체 장애가 큰 ROH기는 실릴화에 앞서 NaH, MeLi, 또는 *n*-BuLi과의 반응으로 알콕사이드로 잘 변환하는 것이 최선이다.

R_3SiOTf = trialkylsilyl trifluoromethane sulfonate

DBU 2,6-lutidine

실릴 에터는 구조에 따라 H_2O, 산 수용액, 플루오린화염(fluoride salt)에 의해 탈보호할 수 있다. 규소는 플루오린화 이온[결합 에너지(kcal/mol): Si-F: 143, Si-O: 111]에 센 친화력을 가지므로, O-SiR_3 결합은 THF나 CH_2Cl_2에 용해되어 있는 n-$Bu_4N^+F^-$와 같은 플루오린화염에 특히 분해되기 쉽다.

트라이메틸실릴 에터 RO-TMS

$$ROH + Me_3SiCl \xrightarrow{Et_3N,\ THF} RO-SiMe_3$$

트라이메틸실릴 에터(trimethylsilyl ether)는 안타깝게도 산 또는 염기 존재하에서 양성자성 매개체의 용매화 분해에 매우 민감하다. ROTMS는 시트르산(citric acid, 구연산)의 CH_3OH 용액을 20°C에서(10분) 또는 K_2CO_3의 CH_3OH 용액을 0°C에서, 또는 n-$Bu_4N^+F^-$의 THF 용액을 0°C에서(수초 이내) 반응시켜 분해시킬 수 있다.

헥사메틸다이실라제인(hexamethyldisilazane, HMDS, $Me_3SiNHSiMe_3$)은 ROH, RCO_2H, 페놀, 엔올화된 케톤의 유용한 실릴화 시약이다.[31]

트라이에틸실릴 에터 RO-TES

트라이에틸실릴 에터(triethylsilyl ehter)는 Grignard 첨가물, Swern과 Dess-Martin 산화, Wittig 반응, R_2NLi 시약에 의한 금속화, DDQ에 의한 ROPMB 에터의 분해 반응에서 보호기로 사용되어 왔다.

t-뷰틸다이메틸실릴 에터 RO – TBS

$$\text{ROH} \xrightarrow[\text{DMF 또는 } t\text{-BuMe}_2\text{SiOTf, 2,6-lutidine}]{t\text{-BuMe}_2\text{SiCl, imidazole, DMAP (cat.)}} \text{RO-Si(Me)}_2\text{-}t\text{-Bu} \xrightarrow[\text{THF}]{n\text{-Bu}_4\text{N}^+\text{F}^-} \text{ROH}$$

t-뷰틸다이메틸실릴기는 규소 보호기로 가장 폭넓게 사용되고 있다.[32] TBSCl에 의한 알코올의 실릴화 반응 속도는 1° ROH > 2° ROH > 3° ROH이다. 일차와 이차 OH기 사이에 실릴화 반응 속도의 큰 차이는 TBSCl 시약이 메틸 글리코사이드에서 $-CH_2OH$기의 선택적인 보호에 잘 적용되게 한다.

이차 OH기의 존재하에서 일차 OH기의 보호는 DMAP 촉매와 함께 TBSCl과 Et_3N을 사용할 수 있다. 입체 장애가 있는 이차 및 삼차 알코올은 염기인 *t*-$BuMe_2SiOTf$와 2,6-루티딘(2,6-lutidine)으로 실릴화할 수 있다. *t*-$BuMe_2SiOTf$ 시약은 *t*-$BuMe_2SiCl$와 트라이플산(triflic acid)으로부터 제조한다.[33]

TBS 에터 보호기는 트라이메틸실릴 에터보다 10^4배 정도 가수 분해에 더 안정적이나, THF에 *n*-Bu_4NF, HF-피리딘, CsF의 DMF 용액, 또는 H_2SiF_6에 노출되면 빠르게 분해된다.[34] 수소화 다이아이소뷰틸알루미늄(diisobutylaluminum hydride)은 온화한 조건에서 *t*-뷰틸다이메틸실릴 에터를 탈보호시키는 또 다른 시약이다.[35]

아래에 나타낸 예는 어떻게 세 개의 다른 보호기를 포함하고 있는 화합물을 선택적이고 순차적으로 탈보호할 수 있는지 TBS를 시작으로 THP, 마지막으로 MEM 에터를 탈보호시키는 예를 설명하고 있다.

OTHP, OTBS, MEMO

조건		절단기
1. *n*-$Bu_4N^+F^-$	→	TBS
2. AcOH, H_2O, THF	→	THP
3. $TiCl_4$ (또는 $ZnBr_2$)	→	MEM

트라이아이소프로필실릴 에터 RO – TIPS

$$\text{ROH} \xrightarrow[\text{imidazole, DMAP (cat.), CH}_2\text{Cl}_2]{i\text{-Pr}_3\text{SiCl}} \text{RO—Si(}i\text{-Pr)}_3 \xrightarrow[\text{또는 HF, MeCN}]{n\text{-Bu}_4\text{NF, THF}} \text{ROH}$$

염화 트라이아이소프로필실릴(triisopropylsilyl chloride, TIPS-Cl)은 이차 OH기의 존재하에서 일차 OH기의 선택적인 보호에 뛰어난 시약이다.[36] 알코올과 페놀을 실릴화하는 간단하고 효과적인 방법으로는 마이크로파 조사하에서 TIPS-Cl와 이미다졸을 반응시키는 방법이 있다.[37] TIPS기는 다양한 반응 조건, 산과 염기의 가수 분해, 강력한 친핵체에 대해 안정하며, 아래 그림은 알킬화 반응과 탈보호화 반응 사용 예이다.[38]

OTIPS, MeO, O, (MOM), O, OMe → 1a. *n*-BuLi, 0°C, THF; b. (prenyl bromide, Br) → 80%

2. HCl, MeOH, rt, 10 h → HO, OH, OTIPS — 80%

3. TBAF, THF → HO, OH, OH — 75%

t-뷰틸다이페닐실릴 에터 RO – BPS

$$ROH \xrightarrow[\text{imidazole, DMAP (cat.)}]{t\text{-}BuPh_2SiCl} RO{-}SiPh_2t\text{-}Bu \xrightarrow[\text{또는 HF•py, THF}]{n\text{-}Bu_4NF,\ THF} ROH$$

이미다졸의 존재하에서 BPS-Cl의 CH_2Cl_2 용액과 일차 또는 이차 알코올을 반응시키면 *t*-뷰틸다이페닐실릴 에터가 생성된다. 삼차 알코올은 실릴화되지 않는다.

BPS기는 TBS기나 TIPS기보다 산성 가수 분해에 대해 안정하고, DIBAL-H(diisobutylaluminum hydride) 환원, AcOH 수용액에 의한 THP의 분해, 그리고 CF_3CO_2H 수용액에 의한 아이소프로필리덴이나 벤질리덴 아세탈의 분해에도 잘 견딘다.

알콕시알킬 에터(아세탈)

테트라하이드로피라닐 에터 RO – THP

THP기는 광범위하게 사용되고 있는 보호기이다. TsOH, $BF_3 \cdot OEt_2$, $POCl_3$와 같은 산 촉매 존재하에서 알코올과 엔올 에터 다이하이드로피란과의 반응에 의해 쉽게 도입된다. 알릴성 알코올 같은 민감한 알코올에 대해서는 PPTS(pyridinium *p*-toluenesulfonate)가 테트라하이드로피라닐화를 위한 촉매로 사용된다.[39] 아세탈처럼 THP기는 AcOH-THF, TsOH, PPTS-EtOH, 또는 Dowex-H(양이온 교환 수지)와 산성 용액 조건하에서 쉽게 가수 분해된다.

PPTS, CH_2Cl_2; H^+; + HOR; $-H^+$, 20°C; 엔올 에터; 아세탈, ~100%; PPTS

THP 에터와 마찬가지로 카이랄 알코올의 보호는 부분 입체 이성질체의 혼합물을 형성한다. 이러한 문제는 5,6-다이하이드로-4-메톡시-2*H*-피란(5,6-dihydro-4-methoxy-2*H*-pyran)의 사용으로 해결할 수 있다.[40]

OCH_3 + R*OH (카이랄) → TsOH, CH_2Cl_2 → R*O, OCH_3 단일 부분 입체 이성질체

메톡시메틸 에터 RO – CH_2OCH_3 ≡ RO – MOM

α-할로 에터는 알코올의 보호에 사용된다.[41] 알콕사이드에 의한 친핵성 치환 반응에서 α-할로 에터의 높은 반응성은 온화한 조건에서 알코올의 보호를 가능하게 한다. 또한 아세탈과 같이, 치환된 알콕시 메틸 에터는 다양한 시약에 의해 분해된다.

i-Pr_2NEt(Hünig 염기) 존재하에서 알콕사이드 또는 알코올과 클로로메틸 메틸 에터(MOM-Cl, **발암성 물질**)의 반응은 폼알데하이드 아세탈을 생성한다.[42] 3° 알코올의 알킬화에는 *i*-Pr_2NEt 존재하에서 MOM-Cl과 NaI로부터 유도된 반응성이 우수한 MOM-I가 필요하다.[43]

NaH, THF; O^-Na^+; $ClCH_2OCH_3$, 80%; OCH_2OCH_3 MOM기

MOM-Cl, NaI, *i*-Pr_2NEt, DME; OH; OMOM; CO_2TMSE; $MTMO_2C$; 88%

MTM = CH_2SCH_3
TMSE = $CH_2CH_2SiMe_3$

t-BuOH 용매에서 묽은 산 또는 PPTS에 의한 MOM기의 분해는 알코올을 재생한다.[44] 메틸 또는 벤질 에터, -SiPh$_2$$t$-Bu 에터 또는 에스터 존재하에서의 MOM기의 제거를 위한 온화하고 선택적인 시약은 브로모트라이메틸실레인(brotrimethylsilane)이다. 그러나 TMSBr는 아세탈과 트라이틸 에터도 분해한다.[45]

OMOM H$_3$C OBn —[Me$_3$SiBr; CH$_2$Cl$_2$, −30°C; 4 Å MS]→ OH H$_3$C OBn 95%

다음의 선택적인 두 가지 탈보호 반응의 예와 같이, n-BuSH의 존재하에 MOM 에터는 Lewis 산을 이용하면 분해가 용이하게 일어난다.[46]

OMOM, MeO, OMOM, OBPS —[ZnBr$_2$ (2.5 eq.); n-BuSH (3.0 eq.); CH$_2$Cl$_2$, rt, 8분]→ OH, MeO, OH, OBPS 98%

2-메톡시에톡시메틸 에터 RO − CH$_2$OCH$_2$CH$_2$OCH$_3$ ≡ RO − MEM

ROH —NaH→ [RO$^-$ Na$^+$] —MEMCl→ RO−MEM —[ZnBr$_2$ 또는 PPTS t-BuOH]→ ROH

MEMCl = CH$_3$OCH$_2$CH$_2$OCH$_2$Cl

THPO, OMEM —[HOAc, H$_2$O; THF, 25°C]→ HO, OMEM

MEM 에터는 1°, 2°, 3° 알코올과 심지어 3° 알릴성 알코올의 뛰어난 보호기이며, 센염기, 유기금속 시약, 그리고 많은 산화제에 대하여 안정하고, THP 에터보다 산성 조건에서 더 안정적이다.[47] 알코올로 재생시키기 위한 MEM 에터의 분해는 보통 염화 메틸렌 용매에서 브로민화 아연(zinc bromide) 무수물과의 반응을 통해 진행된다. PPTS는 알릴성 알코올에서 MEM 에터의 제거를 위한 온화한 시약이다.[44]

1-메틸-메톡시에틸 에터 RO − C(CH$_3$)$_2$OMe ≡ RO − MIP

MIP 보호기(전에는 MME로 불리었다)는 센산성 조건에 민감한 알코올에 적합한 유용한 보호기이다. 이 보호기의 사용은 부분 입체 이성질체의 형성을 막을 수 있다.

Me, O, H, H, OH —[OMe, Me; TsOH, THF]→ Me, O, H, H, O−C(OMe)(Me)−Me

PPTS는 분해가 잘 되는 MIP 에터[48] 제조를 위한 촉매로 사용되었으며, 아래 그림과 같이 선택적인 프로파질 MIP 에터(propagylic MIP ether)의 탈보호화 반응에도 이용할 수 있다.[49]

HO, HO, O, O, O, H —[1a. Tf$_2$O, 2,6-lutidine CH$_2$Cl$_2$, −78°C; 1b. TBSOTf, warm to 0°C]→ TfO, TBSO, O, O, O, H —[2. [MIPO, Li]; THF, DMPU, −20°C]→

MIPO, TBSO, O, O, O, H —[3. PPTS; MeOH, 0°C]→ HO, TBSO, O, O, O, H

76% (3 steps)

에스터

카복실산 에스터

$RO-C(=O)-R'$

알코올의 보호기로 카복실산 에스터의 사용은 아실 치환, 가수 분해 또는 환원 반응이 가능하므로 제한된다. Et_3N이나 피리딘의 존재하에 에스터의 제조에 사용되는 시약은 Ac_2O, Ac_2O-DMAP(DMAP는 Ac_2O와의 알코올의 아실화 반응의 속도를 10^4배 증가시킴에 주의해야 한다), PhCOCl, $(PhCO)_2O$와 *t*-BuCOCl(PvCl)[50]이 있다. 에스터의 양성자 제거 반응은 일반적으로 염기 조건에서 이루어진다.[51]

Ac$_2$O / Et$_3$N / DMAP (cat.): OH, SiMe$_3$ → OAc, SiMe$_3$ 100%

이차 OH기의 존재하에 일차 OH기의 선택적 아실화 반응을 위한 간단하고 유용한 방법은 *t*-뷰틸 에스터[피발산 에스터(pivalate ester)로 알려진, OPv]로 변환시키는 것이다. 또한 *t*-뷰틸기의 입체 장애는 온화한 염기 조건에서 가수 분해를 포함한 친핵성 공격에 대해 에스터에 저항력을 향상시킨다. 피발산 에스터는 금속 수소화 시약으로 분해할 수 있다.

t-BuCOCl / py, CH_2Cl_2 / 0～25°C: OH, OH, OH → OH, OH, pivalate 에스터 90%

에스터의 가수 분해와 친핵성 시약에 대한 상대적인 반응성은 $RCOOCH_3$ > RCOOPh > RCOO*t*-Bu의 순이다.

p-톨루엔설폰산 에스터

$RO-SO_2C_6H_4CH_3 \equiv RO-Ts$

p-톨루엔설폰산(*p*-toluenesulfonate, *p*-톨루엔설폰산염) 에스터는 종종 탄수화물[52]과 핵산의 OH기의 위치 선택적 보호에 사용된다. 일차 하이드록시기는 이차 하이드록시기보다 염화 *p*-톨루엔설폰일(*p*-toluenesulfonyl chloride, 염화토실산 TsCl)[53]과 빠르게 반응한다.[54] $CuSO_4$ 용액을 사용하여 토실 유도체를 추출할 때 잔여 피리딘을 제거한다. 토실기의 선택적 탈보호를 위한 방법은 전자가 풍부한 방향족 화합물의 존재하에서 UV의 조사와 Na(Hg) 아말감-메탄올[55]을 이용하는 환원성 분해가 있다.[56]

ROH + TsCl —(a. pyridine; b. H^+, H_2O; c. $CuSO_4$, H_2O)→ ROTs —(Na(Hg) (4%); CH_3OH, H_2O)→ ROH

환원제를 사용한 설폰산 에스터(sulfonate)의 환원성 분해는 C–O 또는 O–S의 절단을 통하여 각각 알케인과 알코올을 생성한다. 예를 들어 LAH와의 일차 메실레이트(mesylate, 메실산염)나 토실레이트의 환원은 알케인을 선택적으로 생성한다.[57]

1. $MeSO_2Cl$, Et_3N, CH_2Cl_2; 2. $LiAlH_4$, Et_2O: HO, Me, Me, Me → Me, Me, Me, Me 68%

입체 장애가 있는 이차 토실 에스터의 경우에는 황에 하이드라이드(hydride) 공격으로 원래의 알코올로 재생된다.[58]

$LiEt_3BH$(Superhydride)와 이차 토실 에스터보다 반응성이 좋은 일차 토실 에스터의 환원은 알코올의 산소 제거를 통해 알케인의 합성에 용이한 방법을 제공한다.[59]

$LiEt_3BH$ / THF, 65°C: OTs → 80%

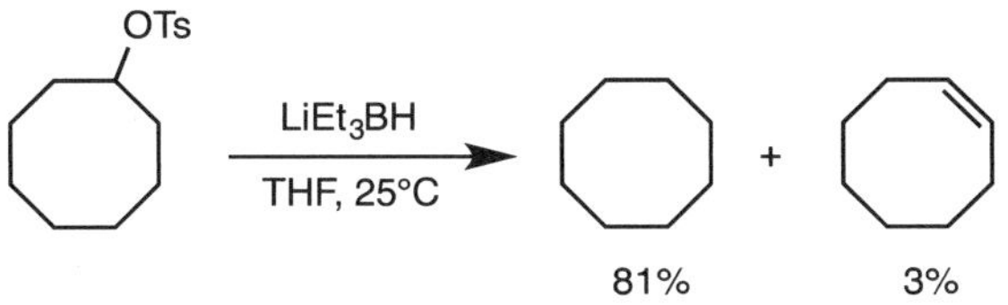

3.3 다이올의 아세탈로의 보호

1,2- 및 1,3-다이올의 아세탈화는 고리와 비고리 폴리하이드록시 화합물의 반응 조작에 중요한 역할을 한다. 1,2- 및 1,3-다이올로부터 아세탈의 유도는 산 촉매하에서 케톤 또는 알데하이드와의 반응을 통해 쉽게 진행할 수 있다. 일단 형성된 아세탈은 염기 조건에서는 매우 안정하지만 산에 대해서는 불안정하다.

다이올 아세탈 반응의 주목할 만한 특징은 다음과 같다.

- 산 촉매 존재하에서 알데하이드와 케톤의 다이올과의 반응은 가역 반응을 통하여 아세탈을 생성한다.
- 아세탈의 형성은 폴리하이드록시 화합물에서 OH기 쌍을 선택적으로 묶는 것을 허용한다.
- 오원자 고리와 육원자 고리가 우선적으로 형성된다.

다이올 아세탈화의 평형은 H_2O의 제거에 의해 아세탈기 쪽으로 이동되며, 다음과 같은 방법에 의해 실행할 수 있다.

- 불변 끓음 증류(azeotropic distillation, Dean-Stark 또는 Merlic trap 사용)
- 분자체(4 Å), 무수 $CuSO_4$ 또는 흡수제(Drierite)의 첨가
- 아세탈 교환 반응: 물의 생성을 막아 아세탈, 오쏘 에스터, 또는 엔올 에터와의 아세탈 교환

1,2-다이올

단지 고리형 1,2-다이올에 인접한 *cis*-OH기는 쉽게 아세탈을 형성한다.[60] 아세탈 교환은 아이소프로필리덴 아세탈(isopropylidene acetal, 1,3-dioxolane)의 제조를 위한 가장 일반적인 방법이다.

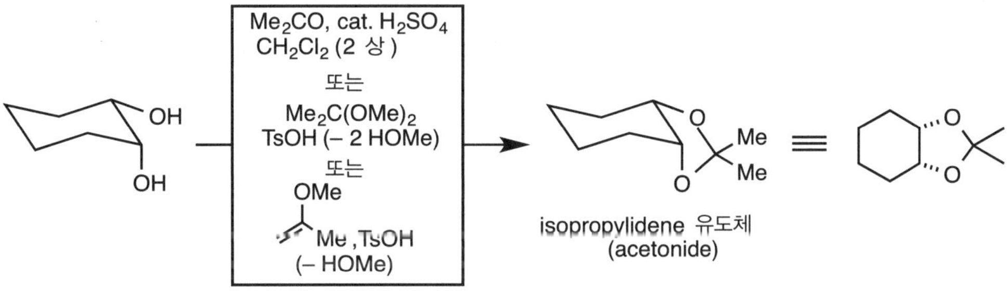

cis-1,2-다이올의 아세탈화에 대한 두드러지는 경향성은 촉매량의 H_2SO_4 존재하에서 아세톤과 반응시켜 1,2:5,6-다이-*O*-아이소프로필리덴-α-D-글루코퓨라노스 B(1,2:5,6-di-*O*-isopropylidene-α-D-glucofuranose B, 열역학적 생성물)를 형성하는 글루코피라노스 A의 반응이 좋은 예가 된다. 그러나 0°C, DMF 용매, TsOH 촉매 존재하에서 2-메톡시프로펜(2-methoxypropene)과의 반응 속도론적 아세탈화는 자리 옮김 없이 4,6-아이소프로필리덴 글루코피라노스 C(4,6-isopropylidene glucopyranose C)를 생성한다.[61]

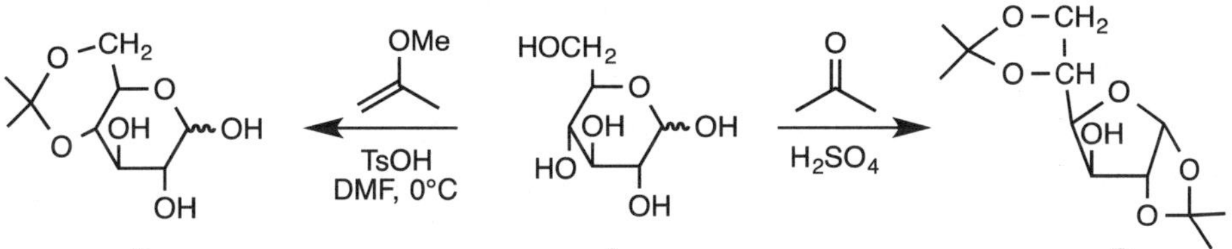

탄수화물계에서 *trans*-수평 방향 1,2-다이올의 선택적 보호는 다이-스피로아세탈(di-spiroacetal)의 형성을 경유함이 보고되었다.[62]

비고리형 1,2,4-뷰테인트라이올(1,2,4-butanetriol) **D**에서 아이소프로필리덴 아세탈 형성은 만약 OH기의 하나가 삼차라도 오원자 1,3-다이옥솔레인(1,3-dioxolane) 고리를 형성한다.[63] 아세톤과 D-만니톨(**E**)[D-mannitol(**E**)]의 아세탈화는 두 개의 말단 1,2-다이올 부분을 우선적으로 방어한다.[64]

acetone; PPTS, $CuSO_4$

$Me_2C(OMe)_2$; $SnCl_2$ (cat.); DME

1,3-다이올

cis- 및 *trans*-1,3-다이올은 모두 산 촉매 존재하에서 알데하이드와 반응하여 고리형 아세탈을 형성하며 벤질리덴(benzylidene)과 에틸리덴(ethylidene) 유도체를 각각 생성한다.

PhCHO; $ZnCl_2$

CH_3CHO; HCl (기체); 4 Å mol. sieves

캄포설폰산(camphorsulfonic acid, CSA)의 존재하에서 벤즈알데하이드 다이메틸 아세탈과 메틸 α-D-글루코피라노사이드의 반응은 메틸 4,6-*O*-벤질리덴-α-D-글루코피라노사이드를 형성한다.[65]

$PhCH(OMe)_2$; CSA (cat.); $CHCl_3$, reflux

CSA

3.4 알데하이드와 케톤의 카보닐기 보호

O,O-아세탈 경유

비고리 및 고리 아세탈은 매우 중요한 알데하이드와 케톤의 카보닐 보호기이며, 또한 순수한 거울상 이성질체 화합물의 합성을 위한 효과적인 카이랄 보조기이다.[66]

아세탈 보호기는 Lewis 산 촉매의 존재하에서 알코올, 오쏘 에스터 또는 다이올을 사용한 카보닐 화합물과의 반응에 의해 도입된다. 최근 $TiCl_4$와 같은 몇몇 전이 금속 촉매는 일반적인 Brönsted 산 촉매보다 장점이 있음이 알려졌다.[67]

$TiCl_4$ (1 mol%); Et_3N, MeOH; 25°C

97%

카보닐 아세탈화의 주목할 만한 특징은 다음과 같다.

- 몇몇 카보닐기의 일반적인 반응성 순서(입체적인 효과는 반응성의 순서에 대한 반전의 원인이 된다)는 다음과 같다.

RCHO > $R_2C{=}O$ > 사이클로헥사논 > 사이클로펜타논 > α,β-불포화 케톤

- 케톤으로부터 유도된 1,3-다이옥세인(1,3-dioxane, 육원자 고리 아세탈)은 1,3-다이옥솔레인(1,3-dioxolane, 오원자 고리 아세탈)보다 가수 분해가 빠르다.
- 반응성이 낮은 카보닐기의 존재하에서 반응성이 좋은 카보닐기의 선택적 보호는 가능하다.
- 아세탈은 다음 조건에서 안정하다.
  - 수용성 센염기
  - 친핵성 환원제
  - 유기금속 시약(RLi, RMgX, 등)
  - 산성이 아닌 조건에서의 산화
  - Na 또는 Li/NH_3 환원
- 아세탈은 다음 조건에서 분해된다.
  - 산 촉매 가수 분해–아세탈의 탈보호를 위한 가장 일반적인 방법이다.
  - 아세탈기의 선택적인 탈보호[68]–입체 장애, 유발, 입체 전자 효과의 영향에 의해 상대적인 가수 분해[69]속도가 결정된다.

알코올의 아세탈화[70]

$$RCHO + CH_3OH \xrightarrow{\text{건조한 HCl}} RCH(OCH_3)_2$$

$$RCHO + CH_3OH \xrightarrow[HC(OCH_3)_3]{CeCl_3,\ 25°C} RCH(OCH_3)_2 \quad 80\sim100\%$$

오쏘폼산의 트라이알킬 아세탈화

아세탈 교환 반응에서 오쏘폼산 트라이알킬(trialkyl orthoformate)은 물의 형성 없이 아세탈 유도체로 카보닐기를 변환시킨다. NH_4NO_3와 같은 약산 또는 amberlyst-15(설폰산 수지)는 아세탈화를 촉진시킨다.[71]

$HC(OEt)_3$, amberlyst-15 → EtO OEt (90%) + HCOEt (O)

다이올의 아세탈화

1,3-다이옥세인(오원자 고리 아세탈)은 C=O의 보호기로 가장 광범위하게 사용된다. 다이올의 아세탈의 형성은 2당량의 알코올을 사용하는 것보다 엔트로피적 장점이 있다. 형성된 물은 불변 끓음 증류로 제거한다.

HO⁀OH, 촉매 → ethylene acetal + H_2O

아세탈화를 위한 촉매:
PPTS, $BF_3{\cdot}OEt_2$, TsOH, 또는 amberlyst-15

에틸렌 아세탈의 절단:
TsOH와 H_2O, 또는 THF에서 5% HCl
또는 아세톤에서 amberlyst-15와 H_2O

오쏘폼산 에스터와[72] Me_3SiCl[73]의 용도는 아세탈화에서 물의 제거를 위한 전형적인 수단이다. 후자의 경우, 물은 헥사메틸다이실록세인(hexamethyldisiloxane) 형태로 제거된다.

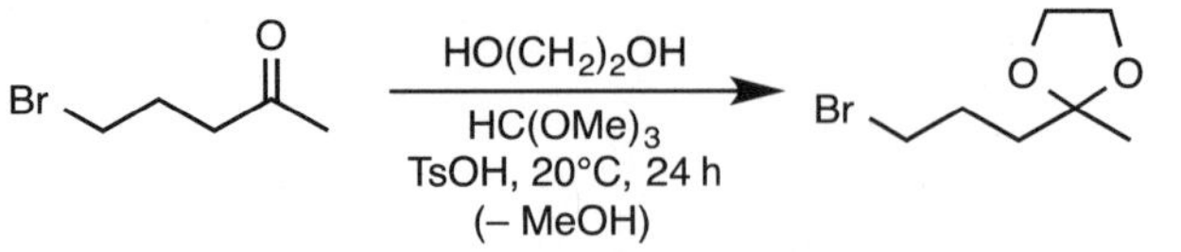

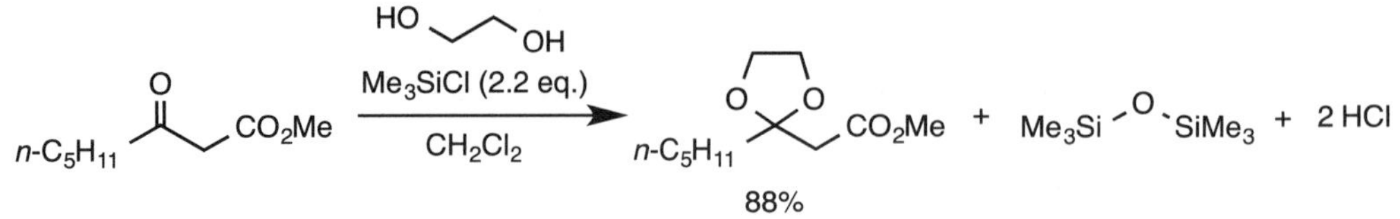

α,β-불포화 케톤의 산 촉매 아세탈화는 이중 결합이 이동하는 결과가 나타날 수 있다. 엔온의 이중 결합이 이동하는 정도는 사용하는 산 촉매의 세기에 의존한다.[1d,74]

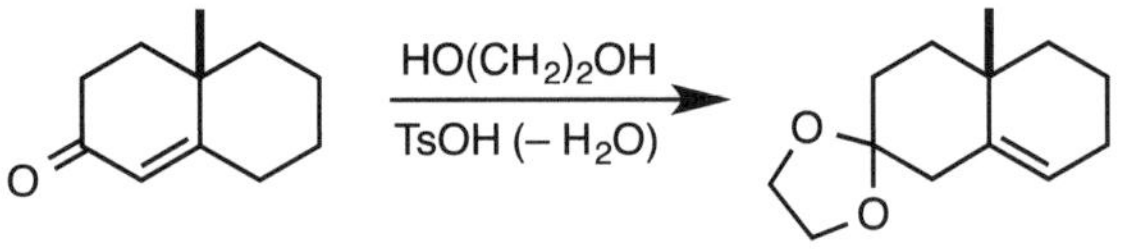

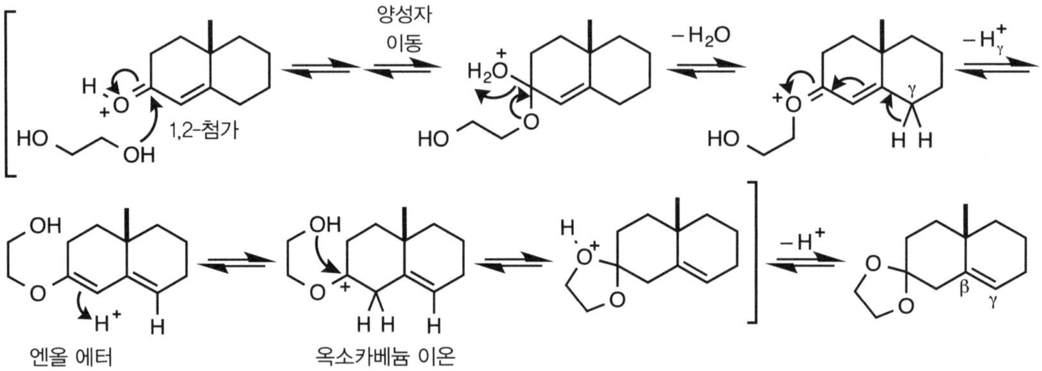

Noyori는 α,β-불포화 케톤(엔온)의 아세탈화에서 이중 결합이 옮겨지는 것을 방지하는 방법을 개발하였다.[75] 촉매량의 트라이메틸실릴 트라이플루오로메테인설포네이트(trimethylsilyl trifluoromethanesulfonate, TMSOTf)[76]의 존재하에 엔온과 실릴화된 다이올인 1,2-비스[(트라이메틸실릴)옥시] 에테인{1,2-bis[(trimethylsilyl)oxy] ethane}과의 반응은 이중 결합의 이동 없이 아세탈을 형성할 수 있다(반응 속도론적 제어). 형성된 $Me_3Si\text{-}O\text{-}SiMe_3$의 안정도($H_2O$ 대신)는 반응을 성공적으로 유도한다. 실릴화된 다이올의 생성을 피할 수 있는 변형된 Noyori 방법이 보고되었다.[77]

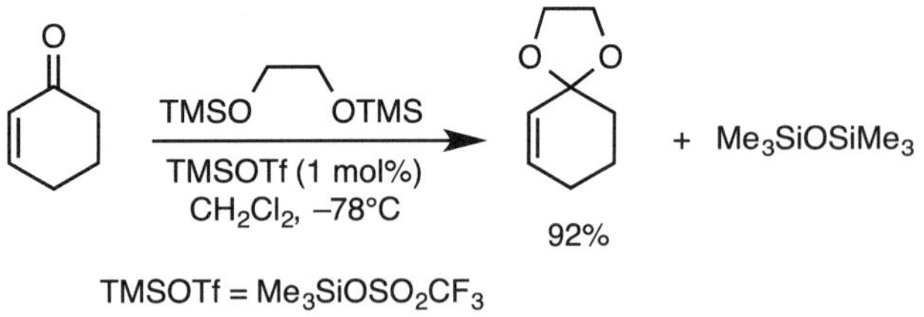

Noyori의 아세탈화 방법과 변형된 방법들은 카이랄 고리형 아세탈의 제조에 사용되었다. 고정된 1,3-다이옥솔레인 형태는 입체 선택성 반응과 친전자성 반응물의 카이랄 보조물로서 중요한 역할을 한다.[78]

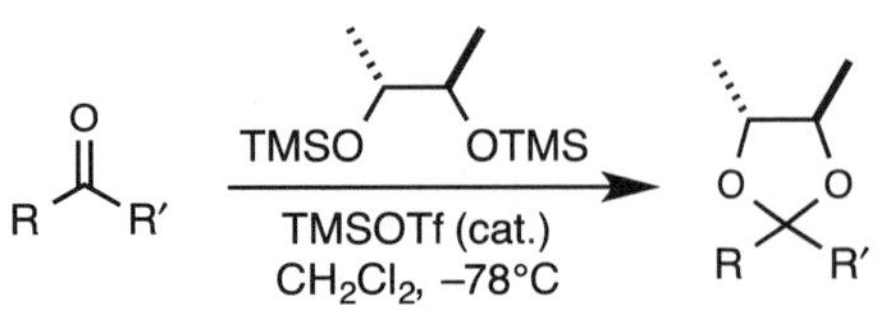

아세탈화의 화학 선택성

전자 그리고/또는 입체 효과는 한 개 이상의 카보닐기를 갖고 있는 1,3-다이옥소레인의 화학 선택성에 영향을 준다.

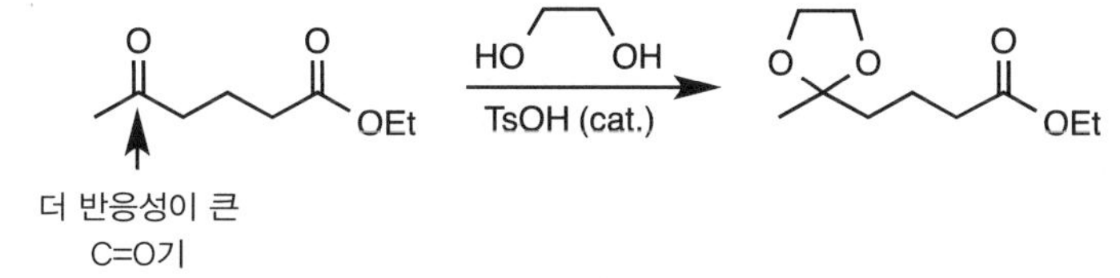

더 반응성이 큰 C=O기

하나의 카보닐기에 입체 장애가 있는 경우에는 장애가 작은 쪽에 아세탈화된다.

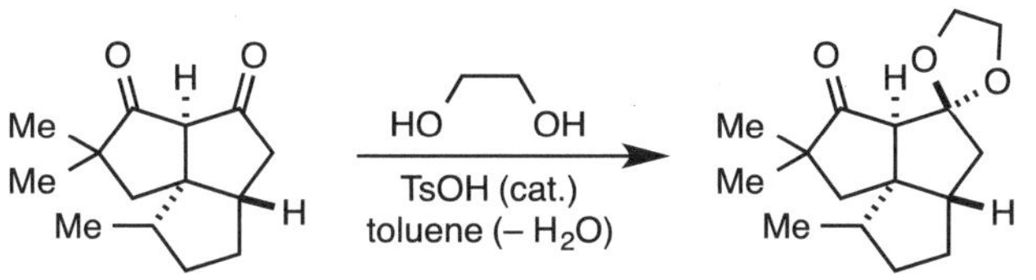

엔온에 이중 결합의 존재는 카보닐 탄소의 전자 밀도를 증가시켜 아세탈화의 반응성이 감소한다.

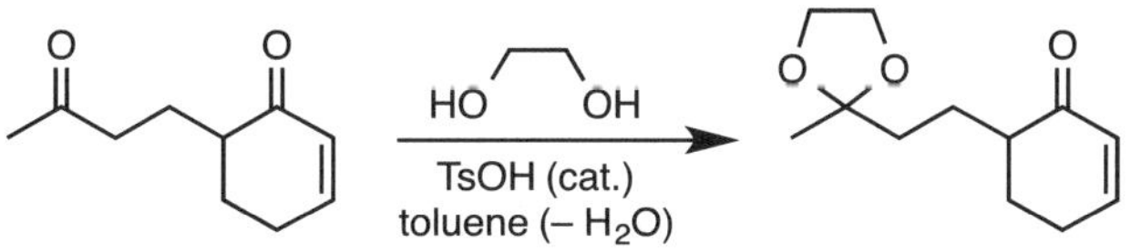

흥미롭게도 Noyori의 조건은 연이은 케토기의 화학 선택성 아세탈화를 가능하게 한다.[79]

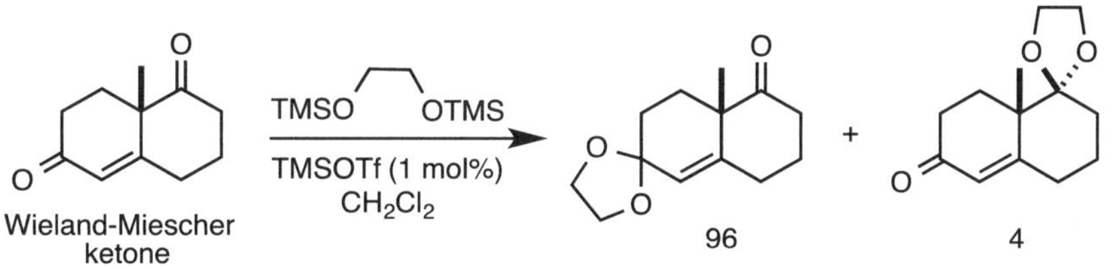

Wieland-Miescher ketone

포화된 케토기의 존재하에서 α,β-불포화 케톤의 화학 선택성 아세탈화는 *p*-톨루엔설폰산 2,4,6-콜리디늄(2,4,6-collidinium *p*-toluenesulfonate, CPTS)의 촉매의 사용으로 달성할 수 있다.[80]

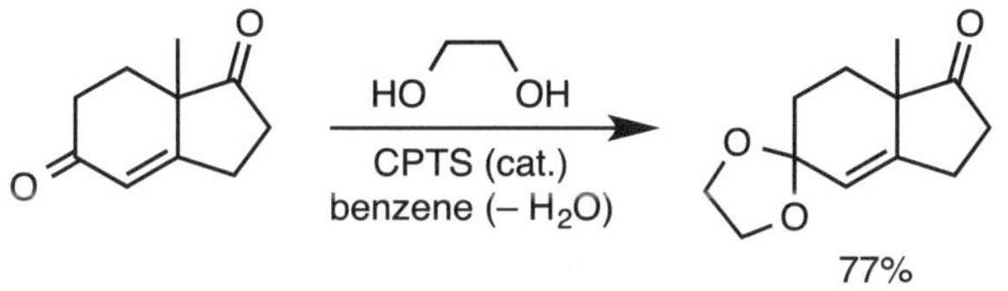

일반적으로 반응성이 좋은 알데하이드기는 케토기의 존재하에서 선택적으로 아세탈화할 수 있다. 그러나 알데하이드기의 존재하에서 케토기의 선택적 아세탈화에 대해서도 몇 가지 방법이 알려져 있다.[81] 예를 들면 아래의 다이카보닐 화합물에 Me_2S의 존재하에서 TMSOTf를 처리하고, $TMSOCH_2CH_2OTMS$를 첨가한 후에 1-실릴옥시설포늄염(1-silyloxysulfonium salt)을 제거하는 순차적인 반응을 통해 케토기의 선택적 아세탈화를 할 수 있다.[82]

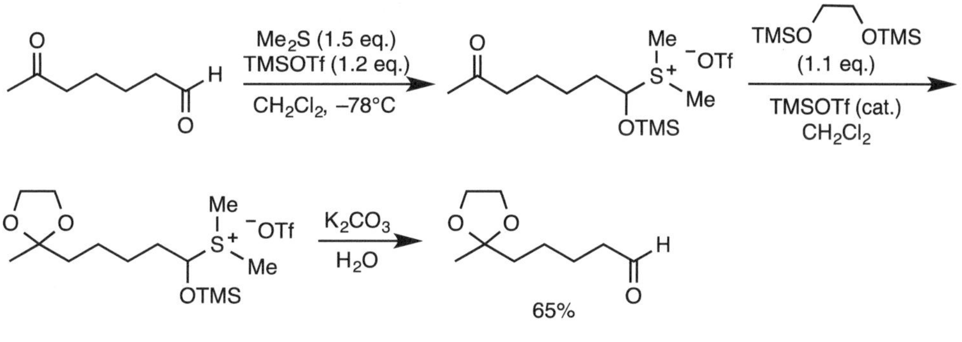

알데하이드의 in situ 보호화 반응으로는, 위의 예처럼 한 단계의 보호화 반응과 같이 포스포늄염을 이용한 방법이 보고되어 있다. 예를 들면 알데하이드가 존재할 때 케톤의 선택적 반응은 PPh_3–TMSOTf를 사용하면 한 번에 진행할 수 있다.[83]

a. Ph_3P (1.2 eq.) TMSOTf (1.2 eq.) CH_2Cl_2, rt; b. EtMgBr (1.5 eq.); c. $NaHCO_3$, MeOH 40°C, workup; 87%

유사한 방식으로, α,β-불포화 케톤은 포스포늄 실릴 엔올 에터를 이용하여 in situ 선택적으로 보호화 반응을 진행할 수 있다.[84] 아래 그림은 이 방법을 사용하여 반응성이 작은 에스터 작용기를 선택적으로 환원하였다.

a. PPh_3 TMSOTf CH_2Cl_2, 0°C; b. $(i\text{-Bu})_2AlH$ (3 eq.) −78°C; c. K_2CO_3, MeOH workup; 83%

S,S-아세탈 경유[85]

O,O-아세탈과는 달리, 형성과 분해가 용이한 고리형 및 비고리형 싸이오아세탈(thioacetal) 사이의 선택성은 좋지 않다. 또한 싸이오아세탈의 분해에는 종종 Hg(II)염이 필요하기 때문에 이 반응은 *O,O*-아세탈화보다 친환경적이지 않다.

싸이오아세탈은 보통 TsOH, $BF_3 \cdot OEt_2$와 같은 산 촉매 존재하에서 카보닐기와 다이싸이올과의 반응으로 생성된다. 싸이오아세탈은 가수 분해에 매우 안정하기 때문에 반응 중에 생성되는 H_2O의 제거가 특별히 필요 없다. 또한 싸이오아세탈은 아세탈보다 양성자 첨가 반응(protonation)을 경유하는 평형 반응이 어렵기 때문에 엔온의 싸이오아세탈화에서 이중 결합의 이동은 보통 관찰되지 않는다.

$HS(CH_2)_2SH$; TsOH 또는 $BF_3 \cdot OEt_2$ toluene

RO–H(pK_a 16)에 비해 RS–H(pK_a 10)의 낮은 염기도는 싸이오늄 이온(thionium ion)의 형성을 어렵게 한다. 그러므로 싸이오아세탈은 가수 분해 반응에 저항력이 강하다. 따라서 *O,O*-아세탈은 싸이오아세탈 보호기의 존재하에서 선택적으로 탈보호할 수 있다.[86]

50% aq CF_3CO_2H; $HCCl_3$; 96%

S,S-아세탈의 탈보호 방법은 Hg^{2+}와 같은 중금속과 황이 높은 친화력을 갖는 이점을 이용한다. HgO 또는 $CaCO_3$와의 가수 분해에 의해 발생되는 산의 중화는 다양한 작용기의 존재를 허용한다.

HgCl2, CaCO3
acetone
Ra-Ni (H2)
EtOH
탈산소 반응

MeI, Me_3OBF_4, Et_3OBE_4 또는 $MeOSO_2SCH_3$와 같은 반응성이 큰 알킬화 시약과 황의 알킬화 반응은 Hg^{2+}의 사용없이 S,S-아세탈을 탈보호시킨다.[87] Raney-니켈(Ra-Ni)을 이용한 싸이오아세탈에 존재하는 황의 환원성 제거는 알데하이드 또는 케톤의 탈산소 반응(deoxygenation)을 거쳐 진행된다.

아래에 요약된 것과 같이 메틸기와 메틸렌기로의 변환을 위한 알데하이드 및 케톤의 카보닐기의 탈산소 반응에 대해 몇 가지 방법이 알려져 있다.[88]

싸이오아세탈의 환원

Ra-Ni. 알데하이드 또는 케톤의 탈산소 반응을 위한 온화한 방법은 싸이오아세탈 유도체에서 황을 제거하는 단계를 경유한다. 예를 들면 싸이오아세탈과 Ra-Ni[89]의 환원은 Ni-Al 합금과 NaOH의 반응에 의해 유도되고, 알케인을 형성한다.[90] 탈산소된 생성물의 수소 원자는 반응 중에 Ra-Ni 표면에 흡착된 수소 기체로부터 기인된 것이다.

$$NiAl_2 + 6NaOH + H_2O \rightarrow Ni(ppt) + 3Na_3AlO_3 + 3H_2$$

1. $HS(CH_2)_2SH$, BF_3
2. Ra-Ni, EtOH

Ra-Ni의 사용으로 야기되는 문제들이 있다. Ra-Ni의 반응성은 제법에 따라 다르고, 건조 상태에서 자연 발화성이 있다. 또한 이 시약은 과량이 사용되면 분자 내에 존재하는 다른 작용기의 환원 또는 가수소 분해를 유발시킨다.

Ni-붕소화물. Ra-Ni의 단점을 극복하기 위해 싸이오아세탈은 $NiCl_2$ 또는 $Ni(OAc)_2$, $NaBH_4$로부터 제자리로 만들어지는 Ni-붕소화물[91]과 같은 Ni 시약의 존재하에서 환원시킬 수 있다. Ni-붕소화물은 Ra-Ni보다 제조와 취급이 용이하고, 올레핀 부생성물과 같은 부산물의 형성 없이 싸이오아세탈을 환원한다.[92]

$NiCl_2$ (1eq) + $NaBH_4$ (2eq) → Ni-붕소화물(black ppt) + 싸이오아세탈 → 환원 반응 생성물

$NiCl_2$, $NaBH_4$
DMF
90%

***n*-Bu$_3$SnH.** 싸이오아세탈의 황을 제거하기 위한 또다른 효과적인 시약은 2,2′-아조비스(아이소뷰티로나이트릴) [2,2′-azobis(isobutyronitrile), AIBN]의 존재하에서 수소화 트라이-*n*-뷰틸주석(tri-*n*-butyltin hydride)이고, 이 반응은 라디칼 메커니즘으로 진행한다.[93]

n-Bu_3SnH (4 eq.)
AIBN (0.01 eq.)
benzene
MeO
95%
+ CH_3CH_3↑ + 2 (*n*-$Bu_3Sn)_2S$

아래의 예는 Ra-Ni를 이용한 알켄의 환원과 경쟁적으로 반응한 결과이다.[94]

n-Bu_3SnH
AIBN (cat.)
i-Pr
OMe
77%

Clemmensen 환원[95]

Clemmensen 환원을 경유하는 케톤의 직접적인 탈산소 반응은 센산 조건과 고온을 필요로 한다. 따라서 산에 민감한 화합물에 이 방법은 적합하지 않다.

Zn(Hg)
10% HCl
reflux
CO_2H

Wolff-Kishner 환원

Wolff-Kishner 환원[96]으로 알려져 있는 카보닐기에서 알데하이드와 케톤의 탈산소 반응은 각각의 하이드라존(hydrazone) 유도체를 경유하며, 싸이오아세탈의 황 제거를 위해 선택할 수 있는 하나의 방법이다. 하이드라진과 NaOH(또는 KOH) 존재하에서 Wolff-Kishner 환원은 하이드라진과 함께 에틸렌 글라이콜을 용매로 환류시켜 탈산소 반응이 일어나는 **Huang-Minlon법**(Huang-Minlon method)[97]을 대신하여 많이 사용된다.

H_2NNH_2
NaOH
$HOCH_2CH_2OH$
reflux
84%

Wolff-Kishner 환원을 대규모로 수행하는 것은 다음 예제에 나와 있는 것처럼 안전 허용 범위를 이해(하이드라진은 매우 위험함)하는 것을 포함하여 여러 매개 변수에 주의를 기울여야 한다.[98]

NH_2NH_2 (8 eq.), H_2O
KOH (4 eq.)
HO~O~OH
(10L/kg)
rt to 143°C, 2 h
then 143～155°C, 3.5 h
Tr 2.49 kg
Tr 2.00 kg (85%)

선택적으로 알데하이드와 케톤의 카보닐기를 토실하이드라존(tosylhydrazone)으로 변환시키고 토실하이드라존과 $NaBH_3CN$[99] 또는 $(RCO_2)_2BH$[100]와의 환원 반응은 좋은 수율로 메틸렌($-CH_2-$) 화합물을 생성한다.

1. H_2NNHTs
2. $NaBH_3CN$
THF, 가열
80% (R = n-C_8H_{17})

1. H_2NNHTs
2a. $(PhCO_2)_2BH$ (2 eq.)
$CHCl_3$
2b. H_2O workup
89%

3.5 카복실기의 보호

카복실산의 보호기는 산성을 띠는 COOH의 수소와 염기 그리고 친핵체와의 반응을 피하거나, 카보닐 탄소의 친핵성 첨가 반응을 방지하기 위하여 사용된다. 다음에 에스터기로의 변환에 의한 카복실기의 보호에 대한 몇 가지 과정을 서술하였다.[50,51]

알킬 에스터

다음은 에스터 형성에 대한 고전적인 방법들이다.

$$RCOOH + R'OH\ (\text{과량}) \xrightarrow{\text{센산 촉매}} RCOOR'$$

$$RCOCl + R'OH \xrightarrow[\text{또는 } Et_3N,\ DMAP]{\text{pyridine 또는 } Et_3N} RCOOR'$$

$$RCOONa + R'Br \text{ 또는 } R'I \xrightarrow{S_N2} RCOOR'\ (\text{일차 할로젠화물만})$$

메틸 에스터의 제조를 위한 온화한 방법은 카복실산과 다이아조메테인(diazomethane)의 반응이다.[101] 다이아조메테인은 매우 유독하고 폭발성이 있어 조심해서 다루어야 하며, 적은 양의 제조에 적합한 방법이다.

$$CH_2N_2\ \left[H_2\bar{C}-\overset{+}{N}{\equiv}N: \longleftrightarrow H_2C{=}\overset{+}{N}{=}\bar{N}:\right]$$

diazomethane

$$RCOOH + H_2\bar{C}-\overset{+}{N}{\equiv}N: \longrightarrow \left[RCOO^- \quad H_3C-\overset{+}{N}{\equiv}N:\right] \xrightarrow{-N_2} RCOOCH_3$$

간단한 메틸 에스터의 제조 방법은 메탄올 용매에서 2당량의 Me_3SiCl을 카복실산과 반응시키는 것이다.[102] 트라이메틸실릴 에스터의 형성을 경유하는 이 에스터화는 메탄올에 의한 실란올의 치환 반응에 의해 진행된다.

$$RCOOH \underset{}{\overset{Me_3SiCl}{\rightleftharpoons}} RCOOSiMe_3 + HCl \overset{CH_3OH}{\rightleftharpoons} RCOOCH_3 + [Me_3SiOH] \xrightarrow{Me_3SiCl} Me_3SiOSiMe_3 + HCl$$

에스터화의 다른 방법들:

- $RCOOH + BF_3 \cdot Et_2O + MeOH$. 이 방법은 불포화 메틸 에스터의 제조에 사용되어 왔다.[103]
- 1,8-다이아조바이사이클로[5.4.0]운데크-7-엔(DBU, 1,8-diazabicyclo[5.4.0]undec-7-ene) 촉매 존재하에서 RCOOH + 1° R′X의 반응
- 다이사이클로헥실카보다이이미드(DCC, dicyclohexylcarbodiimide)와 DMAP 존재하에 RCOOH와 1°, 2°, 3° 알코올과의 반응은 온화한 조건에서 좋은 수율로 에스터를 생성한다(Steglich 에스터화 반응).[104]

HO–C(=O)–C(n-Bu)(CH₃)–C(=O)CH₃ → (*i*-PrOH, DMAP; DCC: C₆H₁₁–N=C=N–C₆H₁₁) → *i*-PrO–C(=O)–C(n-Bu)(CH₃)–C(=O)CH₃ + C₆H₁₁–NH–C(=O)–NH–C₆H₁₁

DCC --(H_2O), 탈수제--> *N,N′*-dicyclohexylurea

- Ph_3P와 아조다이카복실산 다이에틸(DEAD, diethyl diazodicarboxylate) 또는 아조다이카복실산 다이아이소프로필(DIAD, diisopropyldiazodicarboxylate) 존재하에 알코올과 카복실산의 **Mitsunobu** 에스터화(Mitsunobu esterification)는 중성 조건에서 일어나며 높은 수율로 에스터를 생성한다.[105]

$$C_6H_5COOH \xrightarrow[EtOH,\ Et_2O]{Ph_3P,\ DEAD} C_6H_5COOEt\quad 85\%$$

이 에스터화 방법은 거대 고리 락톤을 합성하는 데 사용된다.[106] 카이랄 알코올은 락톤 형성 중에 입체 화학적 반전이 일어난다.

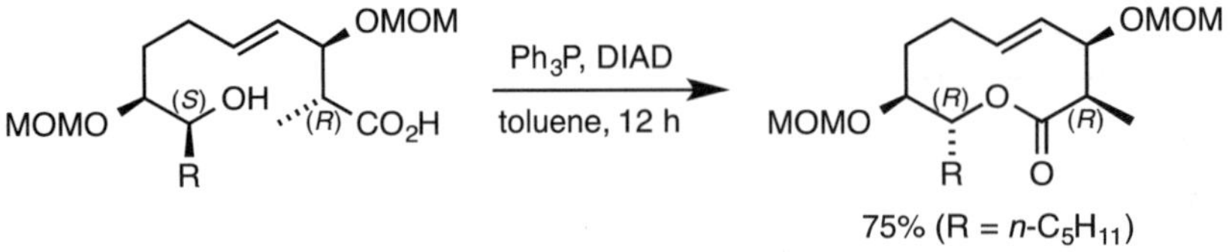

Yamaguchi 조건[107]을 사용하는 거대 락톤화 반응은 알코올의 입체 화학을 유지하며 진행되며, 여기서 혼합된 무수물은 in situ로 형성된다.[108]

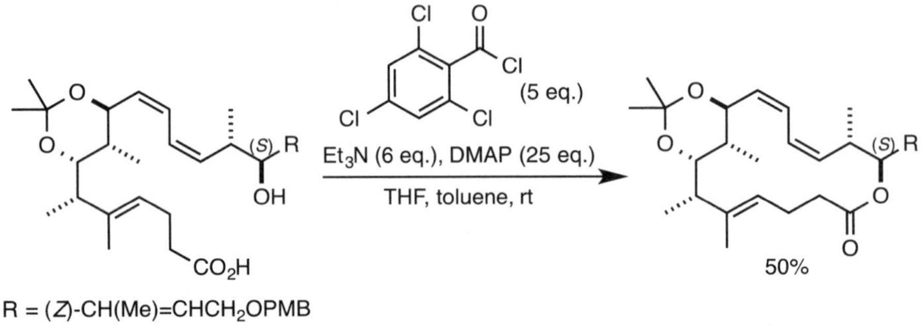

- 매우 온화한 에스터화 방법은 DMAP 촉매하에서 클로로폼산 알킬(alkyl chloroformate)과 카복실산으로부터 유도된 혼합된 카복실산–탄산 무수물과의 반응이다.[109]

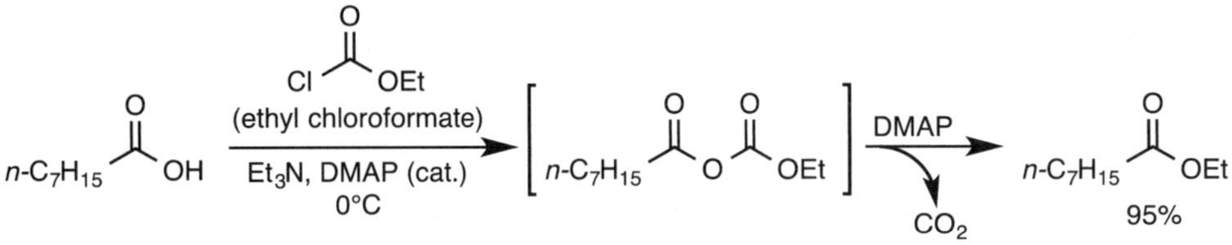

***t*-뷰틸 에스터.**[110] *t*-뷰틸 에스터의 제조를 위한 경제적인 방법은 산 촉매하에서 2-메틸-프로펜과 카복실산을 반응시키는 것이다. 실험실 규모의 제조를 위해서는 *t*-BuOH의 존재하에서 MsCl을 사용하면 혼합된 무수물을 형성하여 좋은 수율로 에스터를 얻을 수 있다.[110a]

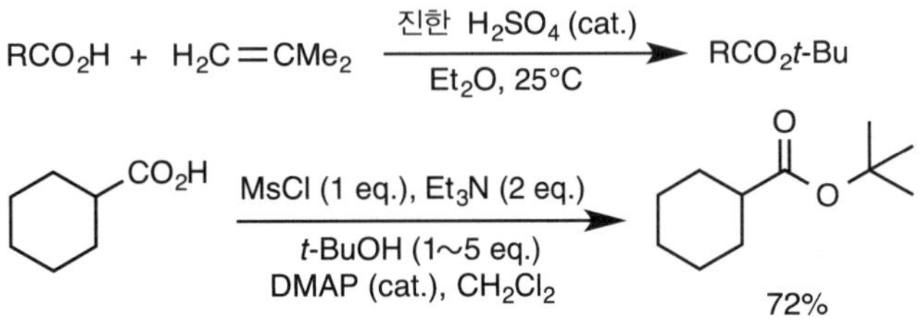

아래의 예는 온화한 조건에서 *N,N'*-다이아이소프로필-*O*-*tert*-뷰틸아이소유레아(*N,N'*-diisopropyl-*O*-*tert*-butylisourea)[111]를 과량 사용하여 카복실산을 *t*-뷰틸 에스터로 변환한 것이다.[112]

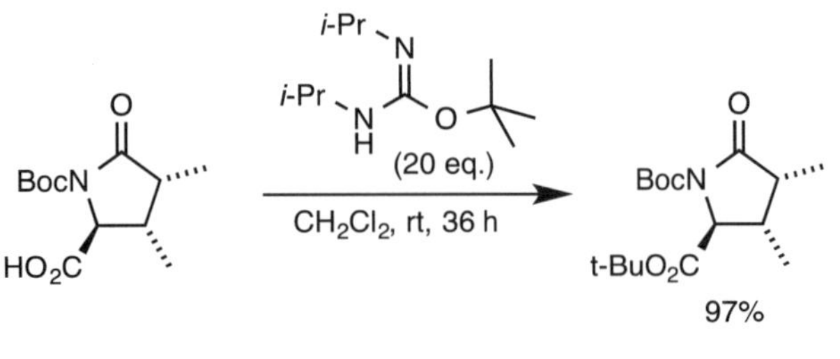

t-BuO기는 카보닐 탄소에 입체적 장애를 준다. 이 때문에 친핵성 시약에 의한 공격에 민감도가 저하된다. *t*-뷰틸 에스터는 CF_3COOH 또는 85% 인산 수용액과 같은 온화한 산에 의해 빠르게 분해된다.[11]

벤질 에스터(benzyl ester)는 카복실산의 유용한 보호기이다. 벤질 에스터는 보통 피리딘 존재하에서 산염화물과 벤질 알코올로부터, 또는 Et_3N과 촉매량의 DMAP의 존재하에서 카복실산과 클로로폼산 벤질(benzyl chloroformate)로부터 제조한다. 벤질 에스터의 매우 유용한 특징은 가수 분해에 의해 쉽게 탈보호된다는 것이다.[51,113]

$$RCO_2CH_2Ph \xrightarrow[25°C]{H_2,\ Pd/C\ (cat.)} RCO_2H + PhCH_3$$

아릴 에스터

2,6-다이-*tert*-뷰틸-4-메틸페닐 에스터(2,6-di-*tert*-butyl-4-methylphenyl ester, BHT 에스터)와 2,6-다이-*tert*-뷰틸-4-메톡시페닐 에스터(2,6-di-*tert*-butyl-4-methoxyphenyl ester, BHA 에스터)는 카복실기의 반응성을 입체적으로 억제시켜 카복실기는 RMgX 또는 RLi 시약과 반응하지 않는다.[114] α,β-불포화산으로부터 유도된 BHT 및 BHA 에스터는 일반적으로 관찰되는 1,2-첨가보다 오히려 다양한 유기리튬 시약과 1,4-첨가 반응이 진행된다.[115] 비록 이 에스터들은 가수 분해에 대하여 저항력이 세지만, $(NH_4)_2Ce(NO_3)_6$에 의해 산화 분해되어 다시 산으로 재생된다.

t-Bu
Me — (ring) — OH
t-Bu
BHT

t-Bu
MeO — (ring) — OH
t-Bu
BHA

BHA → (a. *n*-BuLi, hexane, THF; b. Cl–C(=O)–CH=CH–*n*-Bu) BHA-O–C(=O)–CH=CH–*n*-Bu → (*n*-BuLi, hexane, −78°C) BHA-O–C(=O)–CH₂–CH(*n*-Bu)–*n*-Bu

1,4-첨가 생성물
95%

→ $(NH_4)_2Ce(NO_3)_6$ → HO–C(=O)–CH₂–CH(*n*-Bu)–*n*-Bu (90%) + 2,6-di-*t*-Bu-benzoquinone (O=, =O, *t*-Bu, *t*-Bu)

90%

실릴 에스터

RMgX 또는 RLi 시약의 친핵성 공격에 대비하기 위한 RCO_2H의 카보닐기 보호에 대해 선택할 수 있는 간단한 방법은 TIPS 에스터로의 변환이다.[36,116] 일반적으로 실릴 에스터는 산-유도 가수 분해 반응에 민감하다. TIPS 에스터의 경우에 탈실릴화 반응은 HF·피리딘과의 반응으로 달성할 수 있다.

$$RC(=O)OH \xrightarrow[\text{imidazole, DMF}]{i\text{-}Pr_3SiCl} RC(=O)OSi(i\text{-}Pr)_3$$

옥사졸린으로서의 카보닐기의 보호

1,3-옥사졸린(1,3-oxazoline)은 카복실기의 카보닐기와 하이드록시기를 모두 보호한다. 출발 물질인 2-아미노-2-메틸프로판올(2-amino-2-methylpropanol)은 쉽게 구할 수 있다.[117]

$$(CH_3)_2C(NH_2)CH_2OH + HOC(=O)CH_2R\ (\alpha) \xrightarrow[-H_2O]{\text{toluene, 열}} \text{1,3-oxazoline (2-}CH_2R) \xrightarrow{H^+,\ H_2O} HO_2C-CH_2R$$

1,3-oxazoline

옥사졸린 부분은 RMgX와 $LiAlH_4$에 대해서는 보호기의 역할을 하지만, RLi은 C_α의 양성자를 탈양성자화한다.[118]

오쏘 에스터로서의 카보닐기 보호

오쏘 에스터는 염기에는 안정하지만 약산에는 쉽게 가수 분해된다.[119] 1-알킬-4-메틸-2,6,7-트라이옥사바이사이클로[2.2.2]옥테인(1-alkyl-4-methyl-2,6,7-trioxabicyclo[2.2.2]octane, OBO)[120]의 고리형 오쏘 에스터는 종종 카복실기의 보호에 사용된다.[121] 3-하이드록시메틸-3-메틸옥세테인(3-hydroxymethyl-3-methyloxetane)으로부터 유도된 카복실산의 Lewis 산을 매개로 하는 자리 옮김 반응은 OBO 오쏘 에스터를 쉽게 생성한다.

$$RCOOH \xrightarrow[-H_2O]{HOCH_2C(CH_3)(oxetane)} RCOOCH_2C(CH_3)(oxetane) \xrightarrow[CH_2Cl_2]{BF_3\cdot Et_2O} R\text{-OBO-}CH_3$$

OBO 오쏘 에스터

3.6 이중 결합의 보호

이중 결합을 보호할 수 있는 효율적인 몇 가지 방법이 보고되어 있다. 할로젠화-할로젠 이탈 반응과 에폭시화-탈산소 반응은 이중 결합의 보호 및 탈보호에 사용되는 방법이다. 그러나 이 방법들은 특히 다른 작용기가 존재할 때 적용이 제한된다. 이중 결합의 선택적 보호는 보호기로서 테트라플루오로붕산 사이클로펜타다이엔일 철 다이카보닐(cyclopentadienyl iron dicarbonyl tetrafluoroborate)의 사용으로 달성되었다.[122]

3.7 삼중 결합의 보호

1-알카인(1-alkyne, pK_a 25)의 잠재적 산성 양성자의 차폐는 1-실릴-1-알카인(1-silyl-1-alkyne)으로의 변환에 의해 달성할 수 있다.[36]

$$RCH_2-C\equiv C-H \xrightarrow[\text{또는 LDA, THF; b. } R_3SiCl]{\text{a. MeLi 또는 BuLi}} RCH_3-C\equiv C-SiR_3$$

트라이알킬실릴기는 특성에 따라 다양한 조건(MeOH에서 MeONa, THF에서 n-Bu_4NF, NaCN에 의해 EtOH에서 $AgNO_3$[123])에서 제거될 수 있다.

내부 삼중 결합(또는 이중 결합 존재하에서의 내부 삼중 결합)[124]의 보호는 다이코발트옥타카보닐 착물로의 변환에 의해 이룰 수 있다. 다음의 알켄에 대한 수소화붕소 첨가 반응–산화 반응의 예는 이 방법을 잘 설명하고 있다.[124a]

$$\xrightarrow[Et_2O\ (-CO)]{Co_2(CO)_8} \quad Co(CO)_3/Co(CO)_3 \text{ 착물} \quad \xrightarrow[3.\ Fe(NO_3)_3]{2a.\ BH_3;\ 2b.\ NaOH,\ H_2O_2} HO\text{—}\cdots\equiv\text{—}R$$

** 참고 문헌

1 (a) Schelhaas, M.; Waldmann, H. *Angew. Chem. Int. Ed.* **1996**, *35*, 2057. (b) Greene, T. W.; Wuts, P. G. M. *Protective Groups in Organic Synthesis*, 3rd ed.; John Wiley & Sons, Inc.: New York, 1999. (c) Smith M. B. *Organic Synthesis*, 2nd ed.; McGraw-Hill: Boston, 2002. (d) Kocienski, P. J. *Protecting Groups*, 3rd ed.; Georg Thieme: Stuttgart, 2004.

2 Bastian, A. A.; Marcozzi, A.; Herrmann, A. *Nat. Chem.* **2012**, *4*, 789.

3 Theodoridis, G. *Tetrahedron* **2000**, *56*, 2339.

4 Pearlman, W. M. *Tetrahedron Lett.* **1967**, *8*,1663.

5 Bernotas, R. C.; Cube, R. V. *Synth. Comm.* **1990**, *20*, 1209.

6 Gutzwiller, J.; Uskokovic, M. *J. Am. Chem. Soc.* **1970**, *92*, 204.

7 (a) Lott, R. S.; Chauhan, V. S.; Stammer, C. H. *J. Chem. Soc., Chem. Comm.* **1979**, 495. (b) Olah, G. A.; Narang, S. C.; Gupta, B. G. B.; Malhotra, R. *J. Org. Chem.* **1979**, *44*, 1247.

8 Coleman, R. S.; Shah, J. A. *Synthesis* **1999**, 1399.

9 (a) Keller, O.; Keller, W. E.; van Look, G.; Wersin, G. *Org. Synth.*, **1990**, Coll. Vol. VII; 70. (b) Paleveda, W. J.; Holly, F. W.; Veber, D. F. *Org. Synth.*, **1990**, Coll. Vol. VII, 75.

10 Coldham, I.; Leonori, D. *J. Org Chem.* **2010**, *75*, 4069.

11 Li, B.; Berliner, M.; Buzon, R.; Chiu, C. K.-F.; Colgan, S. T.; Kaneko, T.; Keene, N.; Kissel, W.; Le, T.; Leeman, K. R.; Marquez, B.; Morris, R.; Newell, L.; Wunderwald, S.; Witt, M.; Weaver, J.; Zhang, Z.; Zhang, Z. *J. Org. Chem.* **2006**, *71*, 9045.

12 Bose, D. S.; Lakshminarayana, V. *Synthesis* **1999**, 66.

13 (a) Marques, M. M. B. *Angew. Chem., Int. Ed.* **2006**, *45*, 348. (b) Menche, D.; Hassfeld, J.; Li, J.; Menche, G.; Ritter, A.; Rudolph, S. *Org. Lett.* **2006**, *8*, 741. (c) Lu, Z.; Twieg, R. J. *Tetrahedron Lett.* **2005**, *46*, 2997.

14 See, for example, Overman, L. E.; Owen, C. E.; Pavan, M. P. *Org. Lett.* **2003**, *5*, 1809.

15 Verkade, J. M. M.; van Hemert, L. J. C.; Quaedflieg, P. J. L. M.; Alsters, P. L.; van Delft, F. L.; Rutjes, F. P. J. T. *Tetrahedron Lett.* **2006**, *47*, 8109.

16 Bronner, S. M.; Grubbs, R. H. *Chem. Sci.* **2014**, *5*, 101.

17 (a) Johnstone, R. A. W.; Rose, M. E. *Tetrahedron* **1979**, *35*, 2169. (b) Sánchez, A. J.; Konopelski, J. P. *J. Org. Chem.* **1994**, *59*, 5445.

18 Williard, P.G.; Fryhle, C. P. *Tetrahedron Lett.* **1980**, *21*, 3731.

19 McOmie, J. F.; West, D. E. *Org. Synth.*, **1973**, Coll. Vol. V, 412.

20 Tanner, D.; Somfai, P. *Tetrahedron* **1987**, *43*, 4395.

21 Iversen, T.; Bundle, D. R. *J. Chem. Soc., Chem. Comm.* **1981**, 1240.

22 Widmer, U. *Synthesis* **1987**, 568.

23 (a) White, J. D.; Reddy, G. N.; Spessard, G. O. *J. Am. Chem. Soc.* **1988**, *110*, 1624. (b) Balasubramaniam, R. P.; Moss, D. K.; Wyatt, J. K.; Spence, J. D.; Gee, A.; Nantz, M. H. *Tetrahedron* **1997**, *53*, 7429.

24 Horita, K.; Yoshioka, T.; Tanaka, T.; Oikawa, Y.; Yonemitsu, O. *Tetrahedron* **1986**, *42*, 3021.

25 Lizarzaburu, M. E.; Kurth, M. J.; Nantz, M. H. *Tetrahedron Lett.* **1999**, *40*, 8985.

26 Murugan, R.; Scriven, E. F. V. *Aldrichimica Acta* **2003**, *36*, 21.

27 Scriven, E. F. V. *Chem. Soc. Rev.* **1983**, *12*, 129.

28 Hartung, J.; Hünig, S.; Kneuer, R.; Schwarz, M.; Wenner, H. *Synthesis* **1997**, 1433.

29 Jones, G. B.; Hynd, G.; Wright, J. M.; Sharma, A. *J. Org. Chem.* **2000**, *65*, 263.

30 (a) Lalonde, M.; Chan, T. H. *Synthesis* **1985**, 817. (b) Nelson, T. D.; Crouch, R. D. *Synthesis* **1996**, 1031.

31 Bruynes, C. A.; Jurriens, T. K. *J. Org. Chem.* **1982**, *47*, 3966.

32 Corey, E. J.; Venkateswarlu, A. K. *J. Am. Chem. Soc.* **1972**, *94*, 6190.

33 Corey, E. J.; Cho, H.; Rücker, C.; Hua, D. H. *Tetrahedron Lett.* **1981**, *22*, 3455.

34 Pilcher, A. S.; DeShong, P. *J. Org. Chem.* **1993**, *58*, 5130.

35 Corey, E. J.; Jones, G. B. *J. Org. Chem.* **1992**, *57*, 1028.

36 Rücker, C. *Chem. Rev.* **1995**, *95*, 1009 and references cited therein.

37 Khalafi-Nezhad, A.; Alamdari, R. F.; Zekri, N. *Tetrahedron* **2000**, *56*, 7503.

38 Park, B. H.; Lee, H. J.; Lee, Y. R. *J. Nat. Prod.* **2011**, *74*, 644.

39 Miyashita, M.; Yoshikoshi, A.; Grieco, P. A. *J. Org. Chem.* **1977**, *42*, 3772.

40 van Boom, J. H.; Herschied, J. D. M. *Synthesis* **1973**, 169.

41 Benneche, T. *Synthesis* **1995**, 20.

42 Kluge, A. F; Untch, K.G.; Fried, J. H. *J. Am. Chem. Soc.* **1972**, *94*, 7827.

43 Narasaka, K.; Sakakura, T.; Uchimaru, T.; Guédin-Vuong, D. *J. Am. Chem. Soc.* **1984**, *106*, 2954.

44 Monti, H.; Léandri, G.; Klos-Ringuet, M.; Corriol, C. *Synth. Comm.* **1983**, *13*, 1021.

45 Hanessian, S.; Delorme, D.; Dufresne, Y. *Tetrahedron Lett.* **1984**, *25*, 2515.

46 (a) Sohn, J.-H.; Waizumi, N.; Zhong, H. M.; Rawal, V. H. *J. Am. Chem. Soc.* **2005**, *127*, 7290. (b) Han, J. H.; Kwon, Y. E.; Sohn, J.-H.; Ryu, D. H. *Tetrahedron* **2010**, *66*, 1673.
47 Corey, E. J.; Gras, J.-L.; Ulrich, P. *Tetrahedron Lett.* **1976**, *17*, 809.
48 Suzuki, K.; Tomooka, K.; Katayama, E.; Matsumoto, T.; Tsuchihashi, G. *J. Am. Chem. Soc.* **1986**, *108*, 5221.
49 Matsukura, H.; Hori, N.; Matsuo, G.; Nakata, T. *Tetrahedron Lett.* **2000**, *41*, 7681.
50 Otera, J. *Esterification: Methods, Reactions, and Applications*; Wiley-VCH: Weinheim, 2003.
51 Salomon, C. J.; Mata, E. G.; Mascaretti, O. A. *Tetrahedron* **1993**, *49*, 3691.
52 Aspinall, G. O.; Zweifel, G. *J. Chem. Soc.* **1957**, 2271.
53 Fieser, L. F.; Fieser, M. *Reagents for Organic Synthesis*; Wiley-Interscience, **1967**; Vol. *1*, p 1179.
54 Johnson, W. S.; Collins, J. C., Jr.; Pappo, R.; Rubin, M. B.; Kropp, P. J.; Johns, W. F.; Pike, J. E.; Bartmann, W. *J. Am. Chem. Soc.* **1963**, *85*, 1409.
55 Tipson, R. S. *Methods in Carbohydrate Chemistry*, **1963**; Vol. II, p 250.
56 Nishida, A.; Hamada, T.; Yonemitsu, O. *J. Org. Chem.* **1988**, *53*, 3386.
57 Rossi, R.; Salvadori, P. A. *Synthesis* **1979**, 209.
58 Seyden-Penne, J. *Reductions of the Alumino- and Borohydrides in Organic Synthesis*; VCH/ Lavoisier-Tec & Doc: Paris, 1991.
59 Krishnamurthy, S.; Brown, H. C. *J. Org. Chem.* **1976**, *41*, 3064.
60 Ley, S. V.; Baeschlin, D. K.; Dixon, D. J.; Foster, A. C.; Ince, S. J.; Priepke, H. W. M.; Reynolds, D. J. *Chem. Rev.* **2001**, *101*, 53.
61 Gelas, J.; Horton, D. *Heterocycles* **1981**, *16*, 1587. (b) Manzo, E.; Barone, G.; Michelangelo, P. *Synlett* **2000**, 887.
62 (a) Ley, S. V.; Leslie, R.; Tiffin, P. D.; Woods, M. *Tetrahedron Lett.* **1992**, *33*, 4767. (b) Ziegler, T. *Angew. Chem. Int. Ed.* **1994**, *33*, 2272.
63 Nakata, T.; Fukui, M.; Oishi, T. *Tetrahedron Lett.* **1988**, *29*, 2219.
64 Schmid, C. R.; Bryant, J. D. *Org. Synth.* **1995**, *72*, 6.
65 Ferro, V.; Mocerino, M.; Stick, R. V.; Tilbrook, D. M. G. *Austr. J. Chem.* **1988**, *41*, 813.
66 (a) Whitesell, J. K. *Chem. Rev.* **1989**, *89*, 1581. (b) Alexakis, A.; Mangeney, P. *Tetrahedron Asymmetry* **1990**, *1*, 477.
67 Clerici, A.; Pastori, N.; Porta, O. *Tetrahedron* **2001**, *57*, 217.
68 (a) Majumdar, S.; Bhattachariya, A. *J. Org. Chem.* **1999**, *64*, 5682. (b) Eash, K. J.; Pulia, M. S.; Wieland, L. C.; Mohan, R. S. *J. Org. Chem.* **2000**, *65*, 8399.
69 Deslongchamps, P.; Dory, Y. L.; Li, S. *Tetrahedron* **2000**, *56*, 3533.
70 Gemal, A. L.; Luche, J.-L. *J. Org. Chem.* **1979**, *44*, 4187.
71 Patwardhan, S. A.; Dev, S. *Synthesis* **1974**, 348.
72 Bhushan, B.; Sharma, A. K.; Kaushik, N. K. *Bull. Soc. Chim. France* **1983**, 297.
73 Chan, T. H.; Brook, M. A.; Chaly, T. *Synthesis* **1983**, 203.
74 DeLeeuw, J. W.; De Waard, E. R.; Beetz, T.; Huisman, H. D. *Rec. Trav. Chim. Pays-Bas* **1973**, *92*, 1047.
75 Tsunoda, T.; Suzuki, M.; Noyori, R. *Tetrahedron Lett.* **1980**, *21*, 1357.
76 Stang, P. J.; White, M. R. *Aldrichimica Acta* **1983**, *16*, 15.
77 Kurihara, M.; Miyata, N. *Chem. Lett.* **1995**, 263.
78 Alexakis, A.; Mangeney, P. *Tetrahedron Asymmetry* **1990**, *1*, 477.
79 Hwu, J. R.; Wetzel, J. M. *J. Org. Chem.* **1985**, *50*, 3946.
80 Nitz, T. J.; Paquette, L. A. *Tetrahedron Lett.* **1984**, *25*, 3047.
81 Yahata, K.; Fujioka, H. *Chem. Pharm. Bull.* **2014**, *62*, 1.
82 Kim, S.; Kim, Y. G.; Kim, D. *Tetrahedron Lett.* **1992**, *33*, 2565.
83 Fujioka, H.; Yahata, K.; Kubo, O.; Sawama, Y.; Hamada, T.; Maegawa, T. *Angew. Chem. Int. Ed.* **2011**, *50*, 12232.
84 Yahata, K.; Minami, M.; Watanabe K.; Fujioka, H. *Org. Lett.* **2014**, *16*, 3680.
85 Greene, T. W.; Wuts, P. G. M. *Protective Groups in Organic Synthesis*, 3rd ed.; John Wiley & Sons, Inc.: New York, 1999; pp 329–344.
86 Ellison, R. A.; Lukenbach, E. R.; Chiu, C. *Tetrahedron Lett.* **1975**, *16*, 499.
87 (a) Oishi, T.; Kamemoto, K.; Ban Y. *Tetrahedron Lett.* **1972**, *13*, 1085. (b) Takano, S.; Hatakeyama, S.; Ogasawara, K. *J. Chem. Soc., Chem. Comm.* **1977**, 68.
88 Caubère, P.; Coutrot, P. In *Comprehensive Organic Synthesis*; Trost, B. M., Fleming, I., Eds.; Pergamon Press: Oxford, 1991; Vol. 8, p 835.
89 (a) Pettit, G. R.; van Tamelen, E. E. *Org. React.* **1962**, *12*, 356. (b) Enders, D.; Pieter, R.; Renger, B.; Seebach, D. *Org. Synth.*, **1988**, Coll. Vol. VI, 542.
90 Sondheimer, F.; Wolfe, S. *Can. J. Chem.* **1959**, *37*, 1870.
91 Boar, R. B.; Hawkins, D. W.; McGhie, J. F.; Barton, D. H. R. *J. Chem. Soc., Perkin Trans I* **1973**, 654.
92 Zaman, S. S.; Sarmah, P.; Barus, N. C. *Chem. Ind.* **1989**, 806.

93 Gutierrez, C. G.; Stringham, R. A.; Nitasaka, T.; Glasscock, K. G. *J. Org. Chem.* **1980**, *45*, 3393.
94 Kim, M. B.; Shaw, J. T. *Org. Lett.* **2010**, *12*, 3324.
95 (a) Vedejs, E. *Org. React.* **1975**, *22*, 401. (b) Yamamura, S.; Nishiyama, S. In *Comprehensive Organic Synthesis*; Trost, B. M., Ed.; Pergamon Press: Oxford, 1991; Vol. 8, pp 307–325.
96 (a) Todd, D. *Org. React.* **1948**, *4*, 378. (b) Hutchins, R. O.; Hutchins, M. K. In *Comprehensive Organic Synthesis*; Trost, B. M., Ed.; Pergamon Press: Oxford, 1991; Vol. 8, pp 327–362.
97 (a) Huang-Minlon. *J. Am. Chem. Soc.* **1946**, *68*, 2487. (b) For a recent application of the method, see: Gunatilaka, A. A. L.; Nanayakkara, N. P. D. *Tetrahedron* **1984**, *40*, 805.
98 Kuethe, J. T.; Childers, K. G.; Peng, Z.; Journet, M.; Humphrey, G. R.; Vickery, T.; Bachert, D.; Lam, T. T. *Org. Process Res. Dev.* **2009**, *13*, 576.
99 (a) Caglioti, L. *Tetrahedron* **1966**, *22*, 487. (b) Hutchins, R. O.; Milewski, C. A.; Maryanoff, B. E. *J. Am. Chem. Soc.* **1973**, *95*, 3662. (c) Hutchins, R. O.; Karcher, M.; Rua, L. *J. Org. Chem.* **1975**, *40*, 923.
100 Kabalka, G. W.; Summers, S. T. *J. Org. Chem.* **1981**, *46*, 1217.
101 (a) Hecht, S. M.; Kazarich, J. W. *Tetrahedron Lett.* **1973**, *14*, 1397. (b) Hudlicky, M. *J. Org. Chem.* **1980**, *45*, 5377. (c) Shioiri, T.; Aoyama, T.; Mori, S. *Org. Synth.* **1989**, *68*, 1.
102 (a) Brook, M. A.; Chan, T. H. *Synthesis* **1983**, 201. (b) Gerspracher, M.; Rapoport, H. *J. Org. Chem.* **1991**, *56*, 3700.
103 Kadaba, P. K. *Synthesis* **1971**, 316.
104 (a) Neises, B.; Steglich, W. *Angew. Chem. Int. Ed.* **1978**, *17*, 522. (b) Boden, E. P.; Keck, G. E. *J. Org. Chem.* **1985**, *50*, 2394.
105 Mitsunobu, O. *Synthesis* **1981**, 1.
106 Rej, R. K.; Kumar, R.; Nanda, S. *Tetrahedron* **2015**, *71*, 3185.
107 (a) Inanaga, J.; Hirata, K.; Saeki, H.; Katsuki, T.; Yamaguchi, M. *Bull. Chem. Soc. Jpn.* **1979**, *52*, 1989. (b) For a review, see: Parenty, A.; Moreau, X.; Campagne, J. M. *Chem Rev.* **2006**, *106*, 911.
108 Rink, C.; Navickas, V.; Maier, M. E. *Org. Lett.* **2011**, *13*, 2334.
109 Kim, S.; Lee, J. I.; Kim, Y. C. *J. Org. Chem.* **1985**, *50*, 560.
110 (a) Chandrasekaran, S.; Turner, J. V. *Synth. Comm.* **1982**, *12*, 727. (b) Ohta, S.; Shimabayashi, A.; Aono, M.; Okamoto, M. *Synthesis* **1982**, 833.
111 Santini, C.; Ball, R. G.; Berger, G. D. *J. Org. Chem.* **1994**, *59*, 2261.
112 Çalimsiz, S.; Lipton, M. A. *J. Org. Chem.* **2005**, *70*, 6218.
113 Hartung, W. H.; Simonoff, R. *Org. React.* **1953**, *7*, 263.
114 (a) Heathcock, C. H.; Pirrung, M. C.; Montgomery, S. M.; Lampe, J. *Tetrahedron* **1981**, *37*, 4087. (b) Häner, R.; Laube, T.; Seebach, D. *J. Am. Chem. Soc.* **1985**, *107*, 5396.
115 Cooke, M. P., Jr. *J. Org. Chem.* **1986**, *51*, 1637.
116 Evans, D. A.; Trotter, B. W.; Côfé, B.; Coleman, P. I.; Dias, L. C.; Tyler, A. N. *Angew. Chem. Int. Ed.* **1997**, *36*, 2744.
117 Meyers, A. I.; Temple, D. L., Jr. *J. Am. Chem. Soc.* **1970**, *92*, 6644.
118 Meyers, A. I.; Temple, D. L.; Haidukewych, D.; Mihelich, E. D. *J. Org. Chem.* **1974**, *39*, 2787.
119 Deslongchamps, P.; Dory, Y. L.; Shigui, L. *Tetrahedron* **2000**, *56*, 3533.
120 Corey, E. J.; Raju, N. *Tetrahedron Lett.* **1983**, *24*, 5571.
121 Blaskovich, M. A.; Evindar, G.; Rose, N. G. W.; Wilkinson, S.; Luo Y.; Lajoie, G. A. *J. Org. Chem.* **1998**, *63*, 3631.
122 Nicholas, K. M. *J. Am. Chem. Soc.* **1975**, *97*, 3254 and references cited therein.
123 Corey, E. J.; Kirst, H. A. *Tetrahedron Lett.* **1968**, *9*, 5041.
124 (a) Seyferth, D.; Nestle, M. O.; Wehman, A. T. *J. Am. Chem. Soc.* **1975**, *97*, 7417. (b) Ganesh, P.; Nicholas, K. M. *J. Org. Chem.* **1993**, *58*, 5587. (c) Magnus, P.; Pitterna, T. *J. Chem. Soc., Chem. Comm.* **1991**, 541.

4장 작용기 변환

I. 산화와 환원

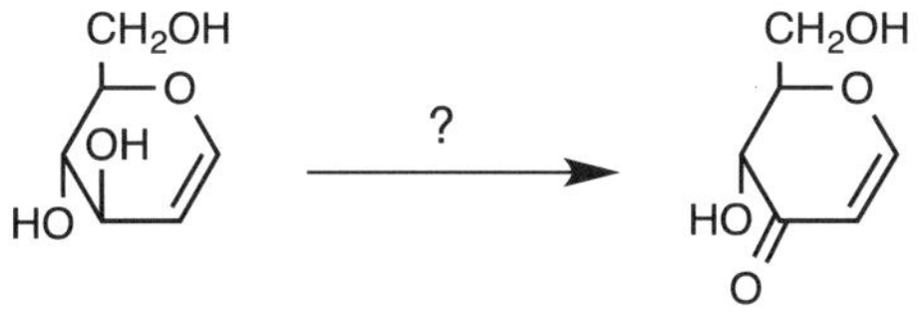

CH₂OH ... ? →

이 변환에는 다음 반응이 필요하다.

• 화학 선택적 산화

4.1 알데하이드와 케톤으로의 알코올의 산화

일차 알코올을 알데하이드로 그리고 이차 알코올을 케톤으로 산화시키는 고전적인 방법은 적당한 알코올과 크로뮴(VI) 시약을 반응시키는 것이다.[1] 알데하이드로의 일차 알코올의 산화는 무수 조건을 필요로 한다. 물의 존재하에서 생성된 알데하이드는 수화물을 형성할 수 있어서 카복실산으로 산화될 수 있다.

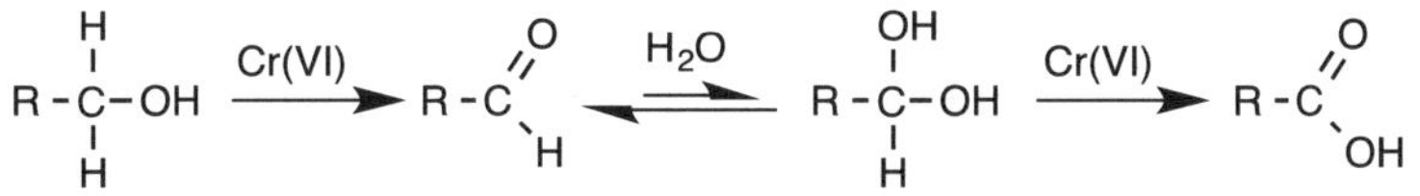

$$R-CH_2-OH \xrightarrow{Cr(VI)} R-CHO \underset{}{\overset{H_2O}{\rightleftharpoons}} R-CH(OH)-OH \xrightarrow{Cr(VI)} R-COOH$$

최근 알데하이드와 케톤으로의 알코올의 산화 방법은 크로뮴 시약의 사용으로 인한 유독성 문제를 해결하였다. 대부분의 산화 조건에서 케톤의 우수한 안정도 때문에 이차 알코올의 케톤으로의 변환은 다양한 시약과 조건에서 가능하게 되었다(표 4.1).

아이소프로판올(isopropanol)의 α-H가 중수소(deuterium)로 치환된 경우 크로뮴산(chromic acid)과의 산화 속도가 7배 느린 것이 관찰되었는데, 이는 표 4.1의 일반적인 산화 메커니즘이 E2와 유사한 과정을 경유한다는 사실을 뒷받침하고 있다.[2] 메틸 위치의 중수소 치환은 산화 속도를 감소시키지 않는다. C-D 결합이 C-H 결합보다 더 천천히 깨지기 때문에, 이 결과들은 α-H의 제거가 속도 결정 단계임을 시사한다.

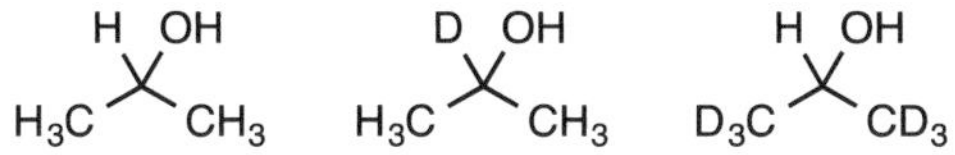

	$(CH_3)_2CHOH$	$(CH_3)_2CDOH$	$(CD_3)_2CHOH$
H_2CrO_4 상태에서 산화의 상대 속도	1.0	0.16	1.0

표 4.1 알코올 산화 방법

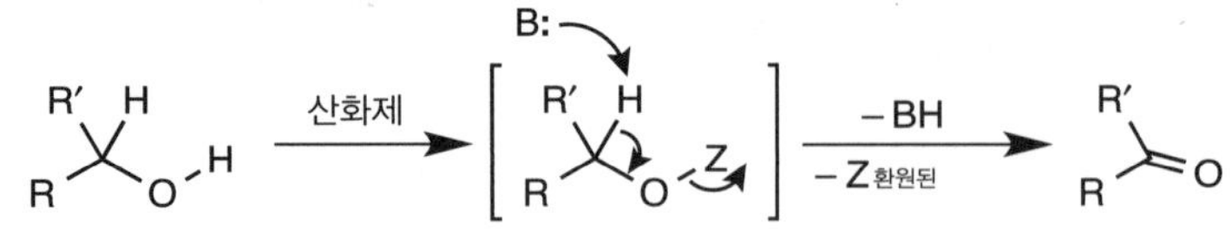

B: | R′ H, R, O–H | 산화제 | R′ H, R, O, Z | – BH, – Z 환원된 | R′, R, O

이름	시약	Z
Jones (또는 Collins)	CrO_3, H_2SO_4, H_2O	$-Cr(=O)_2-OH$
Swern	DMSO, oxalyl chloride	$-\overset{+}{S}Me_2$
Dess–Martin	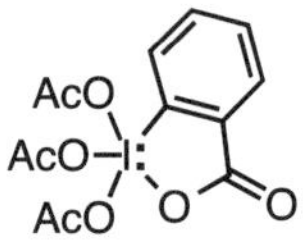 AcO, AcO–I, AcO, O, O	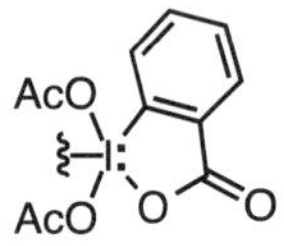 AcO, I, AcO, O, O
TEMPO	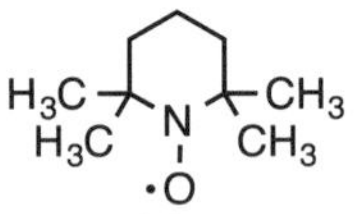 H_3C, H_3C, N, CH_3, CH_3, •O NaOCl, NaBr	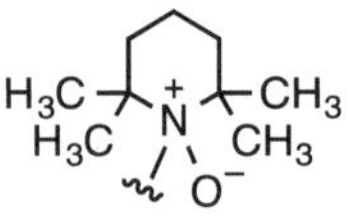 H_3C, H_3C, $\overset{+}{N}$, CH_3, CH_3, O^-

4.2 알코올 산화 시약과 방법

Jones 시약

$CrO_3 + H_2SO_4 + H_2O$ + 아세톤

또는 $Na_2Cr_2O_7 + H_2SO_4 + H_2O$ + 아세톤

Jones 시약(Jones reagent)은 아세탈과 같은 산에 민감한 그룹을 포함하지 않는 이차 알코올의 산화에 우수한 시약이다.[3] Jones 시약에 의한 일차 알코올의 산화는 초기에 형성된 알데하이드를 카복실산으로 변환시킨다. 이 시약은 0~25°C에서 아세톤 용매에서 알코올에 첨가하고, 과량의 Cr(VI)는 약간의 아이소프로필 알코올(isopropyl alcohol)을 첨가하는 반응 종결 과정에서 분해된다(오렌지색에서 녹색으로 색이 변함).

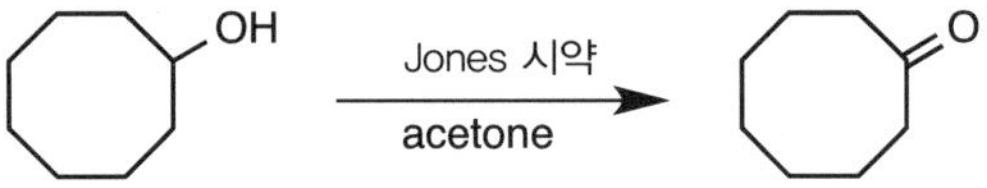

OH | Jones 시약 / acetone | O

91%

크로뮴산 산화는 물과 섞이지 않는 용매의 존재하에서도 반응이 가능하다. 25°C에서 다이에틸 에터(diethyl ether)의 이차 알코올 용액에 다이크로뮴산 소듐(sodium dichromate) 수용액과 황산을 정량 첨가하면 케톤이 생성된다.[4]

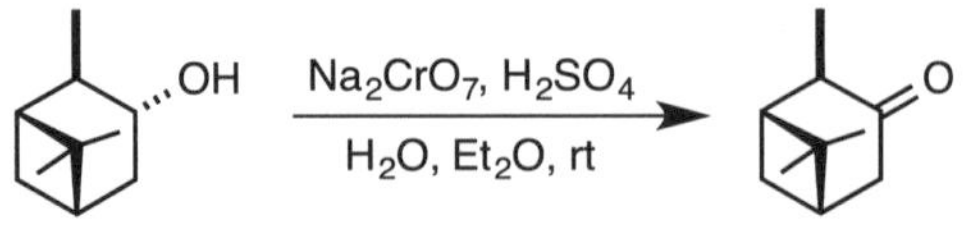

OH | Na_2CrO_7, H_2SO_4 / H_2O, Et_2O, rt | O

80%

Collins – Ratcliff 시약

$CrO_3 \cdot 2C_5H_5N$은 산에 민감한 그룹을 포함하고 있는 알코올의 산화에 용이한 온화한 시약이다.[5] 이 시약은 피리딘–CH_2Cl_2 혼합물에 CrO_3(발암 물질)를 첨가하여 제조하고, RCH_2OH 또는 R_2CHOH를 만들어진 산화제 용액에 첨가한다. 불행하게도 빠르고 완벽한 산화를 위해서는 과량의 시약이 필요하다.

$$CrO_3 + \text{pyridine} \xrightarrow[CH_2Cl_2]{-18°C} [CrO_3 \cdot py_2]$$

$RCH_2OH \rightarrow RCHO$

$R_2CHOH \rightarrow R_2C{=}O$

a. CrO_3, pyridine CH_2Cl_2
b. 알코올 기질 첨가
c. workup

90%

클로로크로뮴산 피리디늄(PCC) = $[py\text{-}H]^+[CrO_3Cl]^-$

$$RCH_2OH + PPC \rightarrow RCHO + py \cdot HCl + CrO_2 + H_2O$$

일차 및 이차 알코올은 1~1.5당량의 클로로크로뮴산 피리디늄(pyridinium chlorochromate, PCC)을 사용하여 CH_2Cl_2 용매에서 쉽게 산화된다.[6,7] PCC는 약산이기 때문에 산에 민감한 그룹을 포함하고 있는 화합물의 산화는 NaOAc의 분말 존재하에서 반응시켜야 한다.[6a]

TsOH ($-H_2O$)

PCC (1.5 eq.) NaOAc CH_2Cl_2

오원자 1,3-dioxolane 고리의 우선 형성

85%

분자체(3 Å 또는 4 Å)의 존재하에서 일차 알코올을 PCC로 산화하면 높은 수율로 알데하이드를 얻을 수 있다. 초음파 또한 PCC 산화를 촉진시킨다.[9]

다이크로뮴산 피리디늄(PDC) = $[py\text{-}H]^+_2[Cr_2O_7]^{2-}$

다이크로뮴산 피리디늄(pyridinium dichromate, PDC)는 H_2O, DMF와 DMSO에 용해되지만, CH_2Cl_2나 $CHCl_3$에는 잘 용해되지 않는다. 이 시약은 PCC보다 약산이다. 따라서 CH_2Cl_2에서의 산화는 거의 중성 상태에서 실행시킬 수 있는데, 이는 아래에 예시된 것과 같이 산에 민감한 그룹을 포함하고 있는 일차 알코올을 알데하이드나 케톤[10]으로 변환이 가능하게 해 준다.

PDC (1.5 eq.) CH_2Cl_2 25°C

산에 약한 enol ether

90%

그러나 DMF 용액에서 PDC는 고립된 일차 알코올을 카복실산으로 산화한다.[10] DMF에서 PDC에 의한 이차 알코올의 산화는 케톤을 생성한다.

COOH ← PDC (3.5 eq.) DMF 25°C — OH — PDC (1.5 eq.) CH_2Cl_2 25°C → CHO

83% 92%

Swern 산화

염화 옥살일(oxalyl chloride)에 의한 다이메틸설폭사이드(DMSO)의 활성화는 CO 및 CO_2와 함께 염화 클로로다이메틸설포늄[chlorodimethylsulfonium chloride](**B**)로 $-78°C$에서 쉽게 분해되는 중간체 **A**(아래)를 생성한다.

RCH_2OH(또는 R_2CHOH)와 **B**의 반응으로 생성된 중간체 **C**는 Et_3N을 첨가하고 온도를 올려 주면 카보닐 화합물인 Me_2S와 $Et_3NH^+Cl^-$를 생성한다.[11]

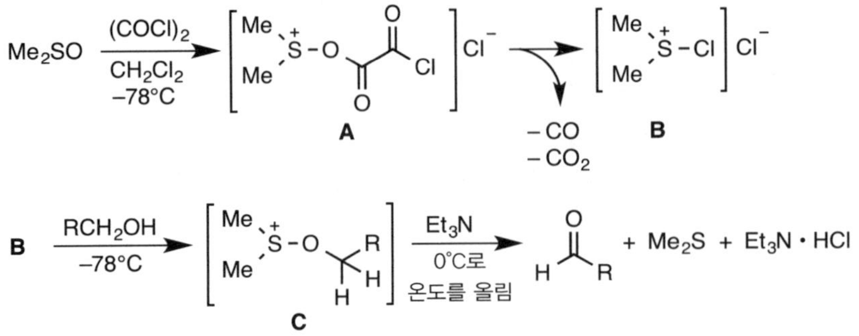

Swern 산화는 낮은 온도에서 쉽게 진행되므로 반응성이 뛰어난 카보닐 화합물이며 수화, 중합 반응 그리고 공기 중에 산화되기 쉬운 α-케토 알데하이드와 아실실레인(acylsilane)의 제조에 사용될 수 있다.[12]

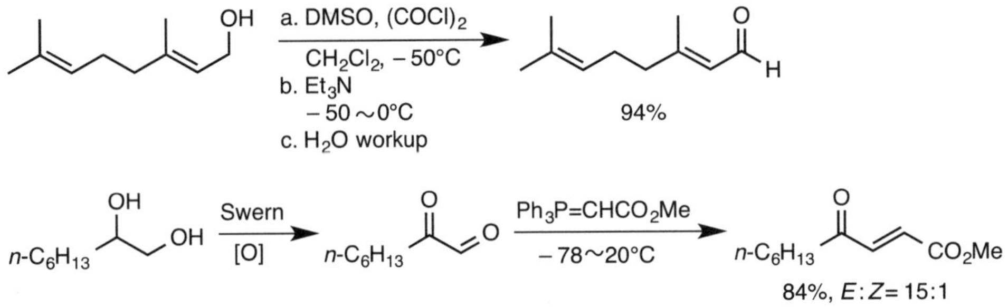

만약 염소화된 부생성물의 형성이 문제가 되면 Swen 산화는 DMSO, P_2O_5, Et_3N과 함께 반응시킬 수 있다.[13]

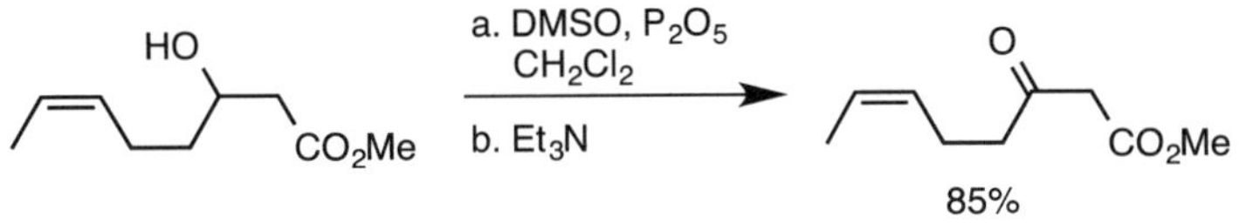

클로로다이메틸설포늄 이온 중간체 또한 *N*-클로로석신이미드(*N*-chlorosuccinimide, NCS)와 다이메틸설파이드를 이용하는 반응인 Corey-Kim 산화 과정에서 형성된다.[14] Corey-Kim 산화는 특히 아래 설명된 특히 복잡한 알코올에 적합한 온화하고 선택적인 시약이다.[15]

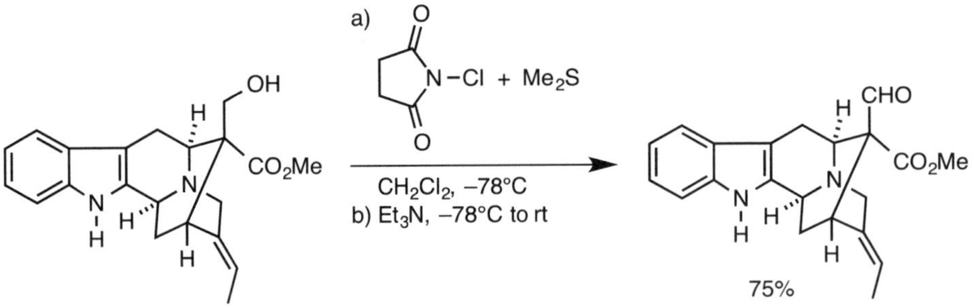

Dess-Martin 퍼아이오디네인(DMP) 산화[16]

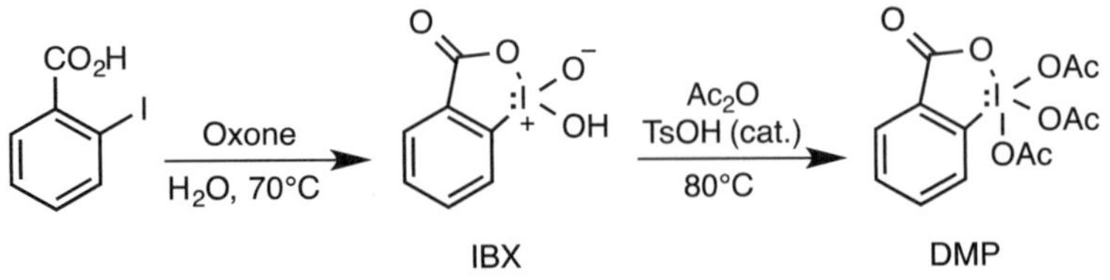

옥손(Oxone, $2KHSO_5-KHSO_4-K_2SO_4$)에 의한 2-아이오도벤조산(2-iodobenzoic acid)의 산화는 퍼아이오디네인(periodinane)이라 불리는 산화제 *o*-아이오도옥시벤조산(*o*-iodooxybenzoic acid, IBX)[17]을 생성한다(주: IBX는 130°C 이상으로 가열하면 폭발함이 보고됨). 촉매량의 TsOH의 존재하에서 Ac_2O에 의한 IBX의 아세탈화는 Dess-Martin 퍼아이오디네인[DMP, 1,1,1-트라이아세톡시-1,1-다이하이드로-11,2-벤즈아이오독솔-3(1*H*)-온(1,1,1-triacetoxy-1,1-dihydro-1,2-benziodoxol-3(1*H*)-one)]을 높은 수율로 생성한다.[18]

알코올의 Dess-Martin 산화는 일차 및 이차 알코올을 알데하이드와 케톤으로 변환시키는 효과적인 방법임이 증명되었다. 산화 속도는 물의 존재하에서 현저하게 증가된다.[18b] 이 산화는 온화한 반응 조건에서 진행되고, 특히 아래의 예와 같이 산에 민감한 그룹을 포함하고 많은 작용기를 가진 기질의 산화에 적당하다.[19]

DMP 시약은 Cr(VI)와 DMSO에 기초한 산화제에 비해 몇 가지 장점을 가지고 있다. DMP의 장점은 거의 1:1 정량적으로 반응이 가능하고, 상대적으로 제조가 쉽고, 반응 시간이 짧으며, 반응 종결 과정이 간단하고, 독성이 낮다는 것이다.

DMP의 전구체인 IBX는 DMSO 용매하에서 작용기를 가진 알코올과, 질소와 황을 가진 기질의 산화에 유용한 산화제이다.[20,21] DMP 시약에 의해 1,2-다이올이 산화성 분해를 일으키는 데 반해, IBX는 글라이콜을 α-케톨 또는 α-다이케톤[22a]으로, 1,4-다이올을 락톨로 변환시킨다.[22b]

N-하이드록시석신이미드(NHS)같은 친핵체 산소의 존재하에서 IBX를 사용한 일차 알코올의 산화는 알코올에 대응하는 에스터로 바로 합성할 수 있다.[23] NHS 에스터는 쉽게 가수 분해되어 카복실산 또는 1°-또는 2°-아민과 반응하여 아래 그림과 같은 아마이드를 얻는다.[24]

과루테늄산 테트라프로필암모늄(TPAP) = $[Pr_4N^+RuO_4^-]$

과루테늄산 테트라프로필암모늄(tetrapropylammonium perruthenate, TPAP)는 공기에 안정한 일차와 이차 알코올의 산화제이다.[25] 이 시약은 시판되고 있으며, *N*-메틸모르폴린-*N*-옥사이드(*N*-methylmorpholine-*N*-oxide, NMO)와 같은 공동 산화제의 존재하에서 촉매량이 사용되기 때문에 친환경적이다.

$$RCH_2OH \xrightarrow[\text{NMO}]{\text{TPAP (cat.)}} RCHO + Ru(IV)$$

$$Ru(IV) + \text{NMO} \longrightarrow Ru(VI) + \text{N-methylmorpholine}$$

이 반응에서 생성되는 H_2O 또는 수화된 NMO로부터 유도되는 H_2O를 분자체로 제거하는 것이 중요하다. 이 산화는 작거나 큰 규모에서 실행할 수 있다. 큰 규모의 반응에서는 낮은 온도에서 NMO를 천천히 첨가하여 적당하게 반응속도를 조절하는 것이 중요하다.

TPAP는 이중 결합, 엔온, 할라이드, 에폭사이드, 에스터, 락톤과 같은 다양한 작용기에 내성이 있다. MEM, 트라이틸, 실릴, 벤조일 에터, THP, 아세틸과 같은 보호기에도 영향을 주지 않는다.

TPAP (5 mol%)
NMO (1.5 eq.)
분자체
(500 mg/ mmol)
CH_2Cl_2 (2 mL/mmol)
70%

1. TPAP 산화
2. Wittig 올레핀화
72%

분자체가 없는 TPAP(10 mol%)에 의한 일차 알코올의 산화는 과량의 NMO•H_2O를 사용하면 카복실산을 좋은 수율로 합성할 수 있다.[26]

TPAP (cat.)
NMO•H_2O (10 eq.)
CH_3CN, rt
84%

TPAP (cat.)
NMO•H_2O (10 eq.)
CH_3CN, rt
98%

4.3 화학 선택성 산화제

활성화된 이산화 망가니즈

$$MnCl_2 + KMnO_4 + H_2O \longrightarrow MnO_2 \text{ (ppt)}$$

MnO_2는 알릴성, 벤질성, 프로파질성 알코올을 포화된 알코올보다 빠르게 산화시키는 우수한 화학 선택성 산화제이다.[27] 이 산화는 H_2O, 아세톤 또는 $CHCl_3$를 용매로 하여 온화한 조건에서 진행된다.

MnO_2
acetone
rt

이산화 망가니즈 산화의 단점은 출발 물질의 완벽한 변환을 위하여 전형적으로 과량의 MnO_2를 필요로 하고(일반적으로 40당량 이상 사용), 긴 반응 시간, 그리고 높은 활성을 갖는 MnO_2를 얻는 것이 어렵다는 것이다.

망가니즈산 바륨[28]

$$KMnO_4 + BaCl_2 + NaOH + KI \longrightarrow Ba[MnO_4]_2 \text{ (ppt)}$$

망가니즈산 바륨(barium manganate, $Ba[MnO_4]_2$)은 알코올의 산화에서 MnO_2와 비슷한 화학 선택성을 갖지만, 사용이 간편하고 활성화를 위한 특별한 처리가 필요하지 않다.[29]

TBSO–CH₂–C≡C–CH₂–OH → ($Ba[MnO_4]_2$, CH_2Cl_2, 25°C) → TBSO–CH₂–C≡C–CHO, 90%

CH₂OH / CH₂OH → ($Ba[MnO_4]_2$ (10 eq.), CH_2Cl_2) → lactone, 94%

↓ $Ba[MnO_4]_2$ (1.5 eq.), CH_2Cl_2

OH, hemiacetal (lactol), 92%

셀라이트 표면 위의 탄산 은–Fetizon 시약

탄산 은(silver carbonate)은 통상 생성물을 간단히 Ag를 여과하고 용매를 증발시켜 고순도로 얻을 수 있기 때문에 작은 규모의 산화에 특히 유용하다.[30] 알코올 산화의 용이함은 다음의 경향성을 따른다. 알릴성, 벤질성 –OH > 2° ROH > 1° ROH.[30a] 입체 장애가 큰 –OH기는 산화되지 않는다. 알릴성 α,ω–다이올의 산화는 오원자 고리 또는 육원자 고리 락톤을 높은 수율로 생성한다.[30b]

CH₂OH, OH, HO → (Ag_2CO_3 (5 eq.), celite, benzene, reflux) → CH₂OH, HO, O, 70%

OH, OH → (Ag_2CO_3 (10 eq.), celite, benzene, reflux) → O, O, 80%

탄산 은은 락톨(헤미아세탈)을 락톤으로 산화시키는 데 사용된다.[31]

OH, O, H, H, H, H, O, OMe → (aq HCl) → O, OH → (Ag_2CO_3, benzene, reflux) → OH, O, H, H, H, H, O, O, 70%

2,2,6,6-테트라메틸-1-피페리딘일옥시(2,2,6,6-Tetramethyl-1-piperidinyloxy, TEMPO)

TEMPO는 공동 산화제(산소, 하이포아염소산염, 아브로민산염, 과원자가 아이오딘 또는 과산화 산)와 함께 일차 및 이차 알코올의 산화를 촉진시키는 나이트록시 라디칼을 포함하는 시약으로 시판하고 있다.[32] 이 촉매는 특히 광학 활성을 갖는 α-알콕시 또는 α-아미노 알코올을 거울상 순도의 손실 없이 알데하이드로 산화시키는 유용한 촉매이다.[33]

TEMPO (cat.)
NaOCl, NaBr
CH_2Cl_2, H_2O
0~5°C
90%
TEMPO

TEMPO-촉매 산화는 일차 알코올에 대해 화학 선택성이 있다.[34] 아래의 예와 같이 이차 알코올은 천천히 산화된다.[34b]

TEMPO, O_2
CuCl, DMF
90%

중합체에 지지된 TEMPO는 화학 선택적 산화를 위한 금속이 포함되지 않은 촉매이다. 이는 반응 혼합물로부터 쉽게 제거되고 여러 번 재사용할 수 있다.[35]

질산 세륨 암모늄[36]

일차 OH기의 존재하에 이차 OH기의 화학 선택성 산화는 질산 세륨 암모늄[ceric ammonium nitrate, $(NH_4)_2Ce(NO_3)_6$], $NaBrO_3$의 사용으로 가능하다.[37] 그러나 이 시약은 이중 결합 존재하에서는 사용할 수 없음에 주의해야 한다.

$(NH_4)_2Ce(NO_3)_6$
$NaBrO_3$
CH_3CN, 80°C
89%

황산 세륨(III)으로부터 만들어진 브로민산 세륨(III) 또한 화학 선택적으로 이차 알코올을 산화시킨다.[38]

$Ce(BrO_3)_3$
CH_3CN, H_2O
reflux, 3 h
90%

테트라플루오로붕산 트라이페닐카베늄

트라이페닐카베늄염(triphenylcarbenium salt, $Ph_3C^+X^-$)은 알코올로부터 유도된 이차 *t*-뷰틸 또는 트라이페닐메틸(trityl) 에터를 선택적으로 산화한다.[39] 이 산화는 초기에 수소 음이온이 떨어지고, 다음에 산소에 붙어 있는 원자단을 잃는 순으로 진행된다.[40] 일차보다 이차 선택성이 우수한 것은 이차 탄소에 옥소카베늄 이온 중간체의 형성이 우선되기 때문이다(R_2^+C–OTr이 RH^+C–OTr보다 빠르게 형성됨).

TrCl (xs)
py
100%
$Ph_3C^+BF_4^-$
CH_2Cl_2
25°C
91%

4.4 아실로인의 산화

많은 산화제는 아실로인(acyloin, α-하이드록시 케톤)을 α-다이케톤으로 변형시킨다. 구리와 비스무트 산화제가 일반적으로 이러한 변형에 사용된다.

정량의 **아세트산 구리**(cupric acetate)는 아실로인을 다이케톤으로 변환시킨다.[41] 촉매량의 아세트산 구리(II)는 질산 암모늄과 함께 사용할 수 있다.

산화 비스무트(III)(bismuth(III) oxide, Bi_2O_3)는 아세트산의 존재하에서 좋은 수율로 아실로인을 α-다이케톤으로 산화한다.[42] 비스무트는 중금속임에도 불구하고 무독성 비발암성이라고 여겨진다.[43]

α-하이드록시 케톤은 아실로인의 축합 반응(10장 참조), 케톤 엔올레이트의 산화,[44a] 엔올 에터의 산화[44b] 그리고 아래의 반응식과 같이 아세트산 Mn(III)를 이용한[45] α,β-불포화 케톤의 산화 반응[46]과 같은 다양한 합성법을 통해 합성이 가능하다.

4.5 삼차 알릴성 알코올의 산화(Babler 산화)[47]

카보닐 전이(carbonyl transposition)는 α,β-불포화 케톤에 바이닐 또는 알킬 Grignard 시약의 첨가 반응을 통해 효과적으로 수행할 수 있다.[48] PCC 산화 중에 생성된 알릴성 알코올의 산 촉매 자리 옮김은 변형된 α,β-불포화 카보닐 화합물을 생성한다. 이 반응은 케톤의 Wittig 올레핀화 반응이 문제가 있을 때 유용한 대안이 될 수 있다.

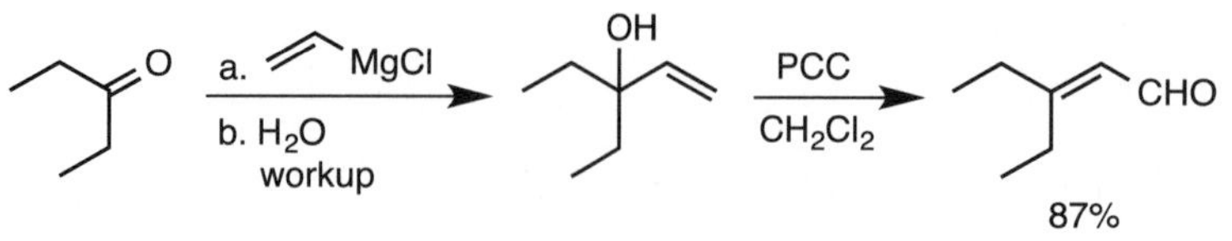
a. MgCl
b. H2O workup
OH
PCC
CH2Cl2
CHO
87%

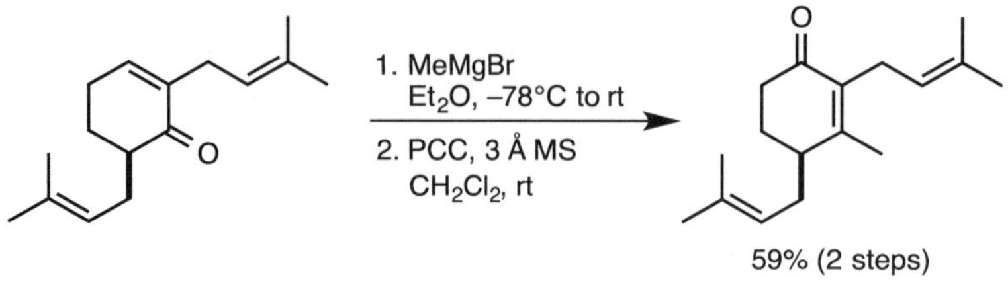
1. MeMgBr
Et2O, –78°C to rt
2. PCC, 3 Å MS
CH2Cl2, rt
59% (2 steps)

삼차 비스(**알릴성**) 알코올은 PCC나 PDC에 의해 카보닐 전이된 다이엔온으로 산화된다.[49]

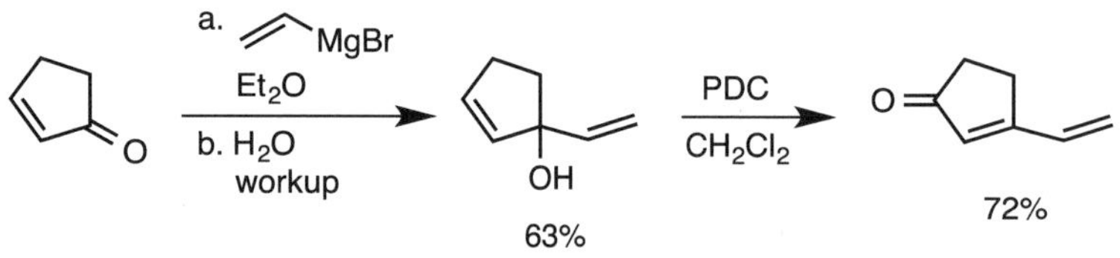
a. MgBr
Et2O
b. H2O
workup
OH
63%
PDC
CH2Cl2
72%

PCC 반응에서 실리카 젤(SiO_2)의 첨가는 반응 종결을 보다 용이하게 할 수 있고, 초음파의 적용은 반응 속도와 생성물의 수율을 증가시킨다.[50]

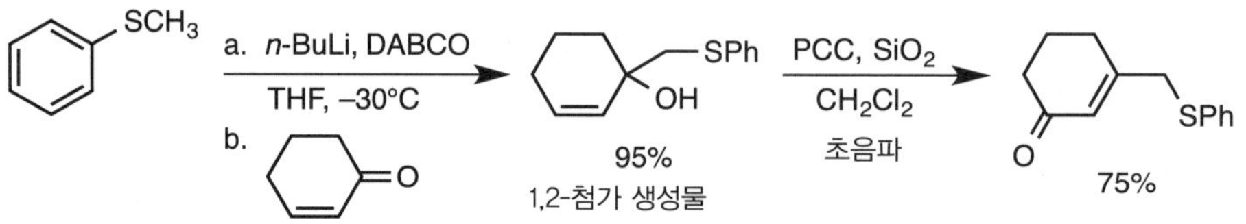
SCH3
a. n-BuLi, DABCO
THF, –30°C
b.
SPh
OH
95%
1,2-첨가 생성물
PCC, SiO2
CH2Cl2
초음파
SPh
75%

4.6 카복실산으로의 산화 방법

카복실산으로의 알데하이드의 산화

일차 알코올로부터 알데하이드 제조에 사용되는 많은 산화제는 처음에 형성된 알데하이드를 카복실산으로 더 산화시키기 위해 사용할 수 있다. 이러한 목적을 위한 가장 일반적 산화제는 $KMnO_4$,[51] 크로뮴산, 아염소산 소듐,[52] 산화 은[53] 그리고 DMF 용매하에서 PDC가 있다.[10]

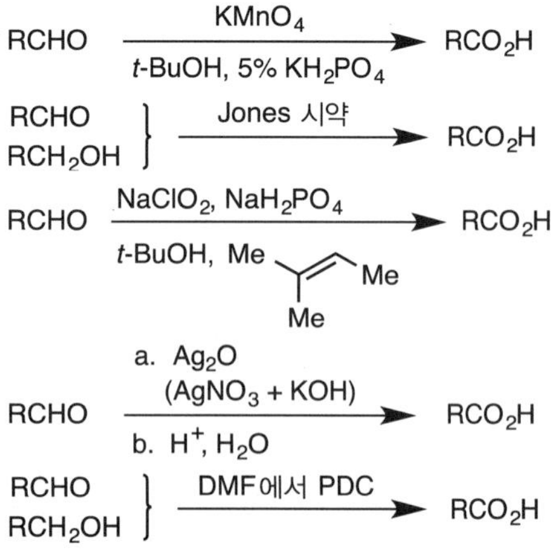
RCHO
KMnO4
t-BuOH, 5% KH2PO4
RCO2H
RCHO
RCH2OH
Jones 시약
RCO2H
RCHO
NaClO2, NaH2PO4
t-BuOH, Me
Me
Me
RCO2H
RCHO
a. Ag2O
(AgNO3 + KOH)
b. H+, H2O
RCO2H
RCHO
RCH2OH
DMF에서 PDC
RCO2H

알데하이드의 완충 아염소산 소듐 산화(Kraus–Pinnick 산화)[52]는 카복실산을 만드는 가장 온화하고 널리 사용되는 방법이다.

1. IBX, DMSO, rt
2. $NaClO_2$, NaH_2PO_4
2-methyl-2-butene
t-BuOH – H_2O (3:1), rt

88%

카복실산 에스터로의 알데하이드의 산화[55]

α,β-**불포화** 알데하이드(α,β-unsaturated aldehyde)는 알코올 용매에서 MnO_2와 NaCN에 의해 바로 카복실산 에스터로 변형된다.[55a] 사이안화 소듐(sodium cyanide)은 MnO_2에 민감한 사이아노하이드린(cyanohydrin)을 형성시켜 산화를 촉진시킨다. 아래 예의 사이안화 아실(acyl cyanide) 중간체의 가메탄올 분해(methanolysis) 반응은 메틸 에스터를 우수한 수율로 생성한다.

MnO_2 NaCN MeOH → MnO_2 [O] → MeOH

알릴성 cyanohydrin

알릴성 알코올의 카복실산 메틸(methyl carboxylate)로의 직접적인 산화로는 메탄올 용매에서 MnO_2와 사이안화 소듐을 사용하는 방법이 보고되어 있다.[55a]

MnO_2, NaCN
HOAc, MeOH
20~25°C

95%

알코올에 용해된 알데하이드는 1~2당량의 NaOCl 수용액[56] 또는 옥손(과산화일수소황산 포타슘)[Oxone(potassium peroxymonosulfate), $KHSO_5$]이 포함된 포타슘 삼중염)[55b]과 반응하여 에스터를 생성한다.

aq NaOCl
AcOH, MeOH
0~5°C

90%

Oxone (1 eq.)
MeOH, rt

83%

말단 알카인의 산화

1-알카인은 산화 반응에 비교적 저항력을 가지고 있기 때문에 말단 알카인을 탄소 하나를 잃은 카복실산으로 산화 절단하기 위해서는 강한 산화제가 필요하다. Ru 촉매[57a] 또는 과망가니즈산 포타슘[57b]과 아이오도실벤젠(iodosylbenzene)의 반응은 1-알카인을 카복실산으로 산화 절단시킨다. 상 이동(phase transfer) 시약(사차 암모늄염[58])은 무극성 용매에서의 과망가니즈산의 낮은 용해도로부터 생기는 문제들을 극복하기 위해 $KMnO_4$ 산화 반응에 사용된다.

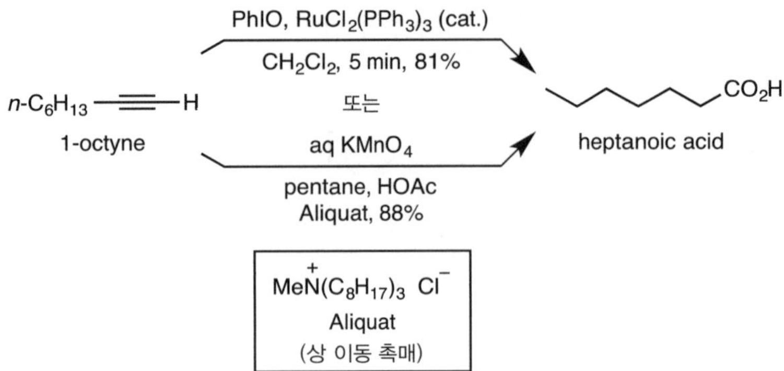

탄소 하나를 잃지 않고 치환된 아세트산으로의 1-알카인의 변환은 아래의 예와 같이 수소화붕소 첨가 반응–산화 반응을 통해 성취된다.[59]

$n\text{-}C_4H_9\text{–}C{\equiv}CH \xrightarrow[\text{b. TMSCl}]{\text{a. } n\text{-BuLi}} n\text{-}C_4H_9\text{–}C{\equiv}C\text{–}SiMe_3 \xrightarrow[\text{THF}]{Chx_2BH}$

SiMe3, H, BCHx2 $\xrightarrow[\text{b. } H^+,\ H_2O]{\text{a. NaOH, } H_2O_2} n\text{-}C_4H_9\text{–}CH_2CO_2H$

B, H, Chx_2BH

내부 알카인의 루테늄 또는 과망가니즈를 매개로 하는 산화는 용매 조건에 많이 의존하고, 일반적으로 α-다이케톤을 생성한다.[60]

4.7 알켄의 알릴성 산화

이산화 셀레늄

알릴성 C–H 결합을 가지는 알켄은 실험 조건에 따라 이산화 셀레늄(selenium dioxide, SeO_2)에 의해 알릴성 알코올이나 에스터 또는 α,β-불포화 알데하이드나 케톤으로 산화된다.[61] 이 반응은 엔(ene) 형태의 반응(**A**) 후 시그마 결합(sigmatropic) [2,3]-이동(**B**)에 의해 셀레늄 에스터(**C**)를 생성하고 가용매 분해로 알릴성 알코올(**D**)로 변환된다.[62]

Se, O, H, **A** → Se, O, OH ⇌ Se, OH, O, **B** → H, H, O, SeOH, **C** $\xrightarrow{H_2O}$ OH, **D**

$n\text{-}C_7H_{15}$ $\xrightarrow[\text{t-BuOOH (2 eq.)}, CH_2Cl_2,\ 25°C]{SeO_2 \text{ (0.5 eq.)}}$ $n\text{-}C_7H_{15}$, OH, 61%

$\xrightarrow[\text{t-BuOOH (2 eq.)}, CH_2Cl_2,\ 25°C]{SeO_2 \text{ (0.5 eq.)}}$ OH, 44%

알켄이 메틸 치환기를 가지고 있는 경우에는 **C**의 산화 분해(셀레늄 원자와 물의 제거)로 α,β-불포화 알데하이드가 생성된다.[62b] 정량적으로 SeO_2을 사용했을 때는 낮은 수율로 생성물이 얻어진다. *t*-뷰틸 하이드로퍼옥사이드(*t*-butyl hydroperoxide)는 셀레늄을 재산화하는 데 사용한다. 카보닐 화합물 이외에도, 이 반응은 부산물로 알릴성 알코올을 생성하기도 한다.

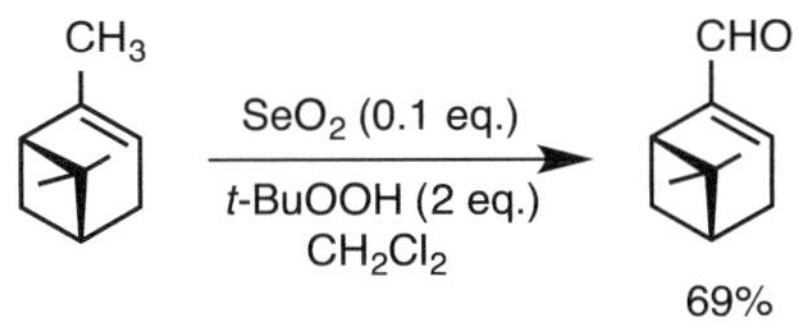

알릴성 산화를 위한 크로뮴[63]과 마그네슘[64] 시약

t-뷰탄올과 크로뮴산 무수물(chromic anhydride, CrO_3)의 반응은 전자가 결핍된 알켄의 알릴성 산화에 대해 적합한 강력한 산화제인 *t*-뷰틸 수소 크로뮴산(*t*-butyl hydrogen chromate)을 생성한다.[63b] 사염화 탄소(CCl_4) 용매에서 *t*-뷰틸 크로뮴산(*t*-$BuOCrO_3H$)의 산화는 매우 발열 반응이므로 조심스럽게 진행해야 한다.

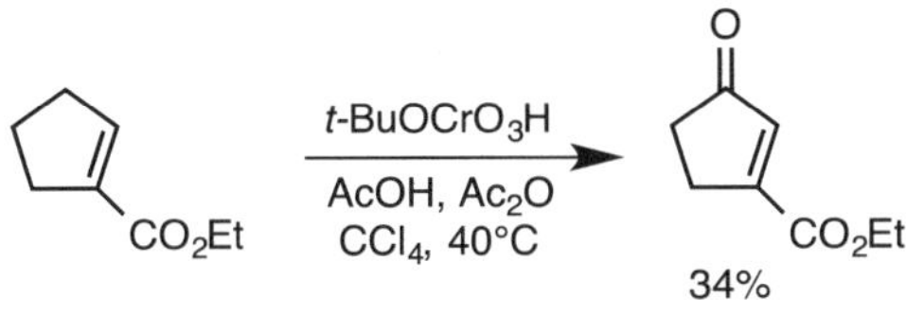

PCC와 CrO_3 피리딘 복합체는 전자가 풍부한 π계의 알릴성 및 벤질성 메틸렌기를 카보닐기로 산화한다.[65]

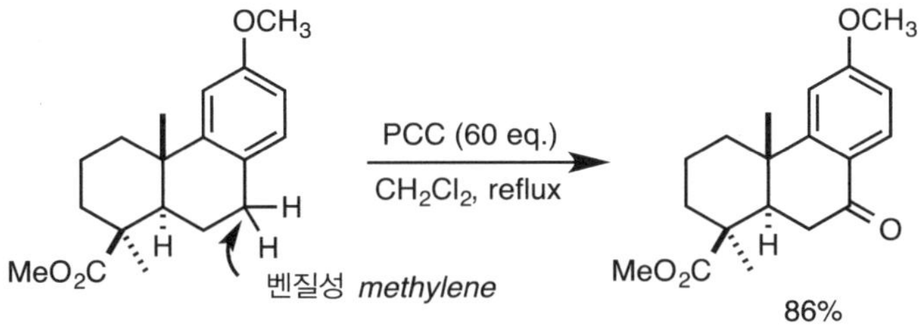

아세트산 망가니즈(III)는 공동 산화제 *tert*-뷰틸하이드로퍼옥사이드(TBHP)의 존재하에 대응하는 엔온으로의 알켄의 알릴성 산화를 촉진시킨다.

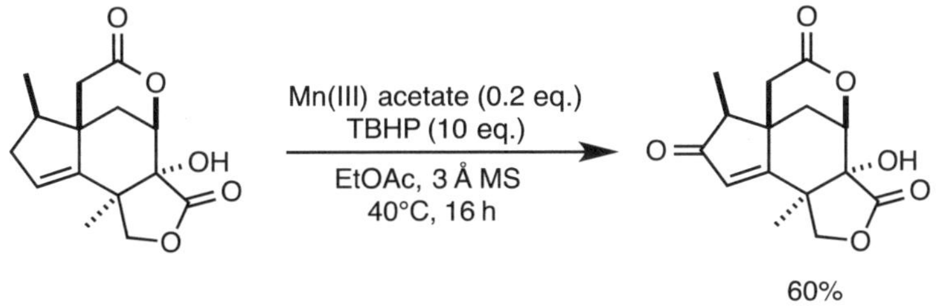

구리 촉매 알릴성 산화[67]

구리(I)염은 PhC(O)O*t*-Bu와 같은 과산화 에스터 존재하에서 알켄의 알릴성 산화를 촉진시켜 알릴성 벤조산(benzoate) 에스터를 생성한다.[67b] 말단 알켄의 경우, 내부의 알릴 에스터가 말단의 이성질체보다 우선적으로 형성된다. 이 반응의 메커니즘은 벤조산 구리(II)에 알릴 라디칼이 첨가되는 것으로 생각된다.[68] 구리(III) 중간체는 자리 옮김 반응에 의해 가지 달린 알릴성 생성물을 생성하고 구리(I) 촉매를 재생한다.

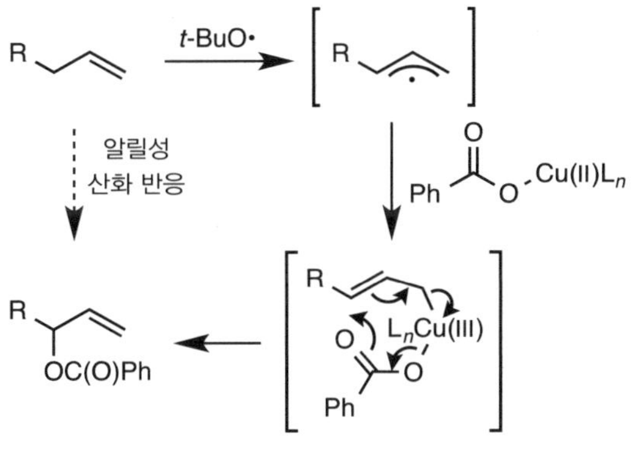

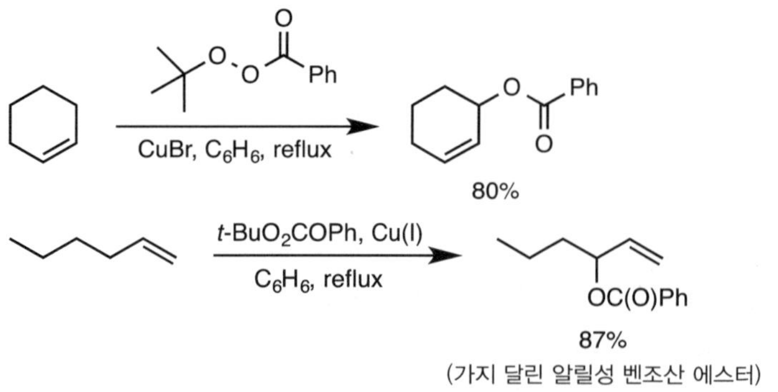

CuBr, C_6H_6, reflux

80%

t-BuO_2COPh, Cu(I)

C_6H_6, reflux

OC(O)Ph

87%

(가지 달린 알릴성 벤조산 에스터)

과산화 에스터(perester)를 사용한 알켄의 비대칭 알릴성 산화는 구리(III) 중간체의 리간드 L_n이 카이랄일 때 가능하다.[69] 카이랄 비스(피리딘)[bis(pyridine)]과 비스(옥사졸린)[bis(oxazoline)] 형태의 리간드를 가지는 구리 착물은 광학활성 알릴성 벤조에이트의 합성에 과벤조산 *tert*-뷰틸(*tert*-butyl perbenzoate)과 함께 사용되었다.[70]

팔라듐 촉매 C–H 활성화[71]

간단한 알켄은 DMSO 및 1,4-벤조퀴논(1,4-benzoquinone, BQ) 또는 2-페닐-1,4-벤조퀴논(PhBQ)과 같은 산화제의 존재하에 아세트산 또는 다른 카복실산에서 촉매성 $Pd(OAc)_2$를 사용하여 알릴 에스터로 전환될 수 있다.[72] 이러한 조건은 곧은 사슬형 알릴 에스터의 생성에 유리하다.

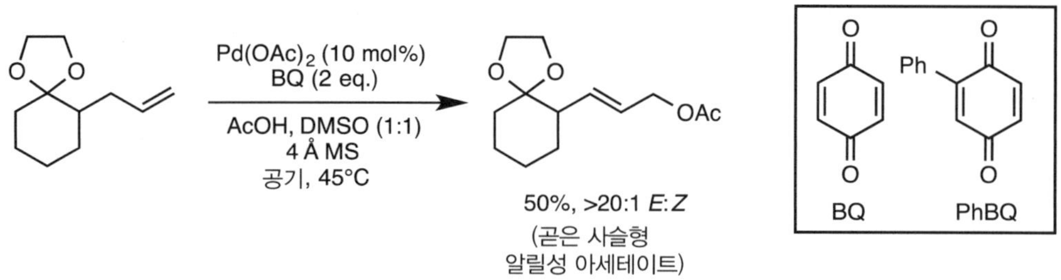

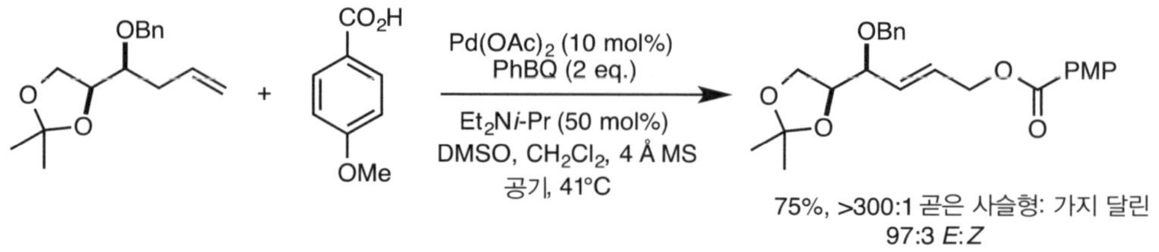

$Pd(OAc)_2$ (10 mol%)
BQ (2 eq.)
AcOH, DMSO (1:1)
4 Å MS
공기, 45°C

OAc

50%, >20:1 *E*:*Z*
(곧은 사슬형
알릴성 아세테이트)

BQ PhBQ

OBn CO_2H OMe

$Pd(OAc)_2$ (10 mol%)
PhBQ (2 eq.)
Et_2Ni-Pr (50 mol%)
DMSO, CH_2Cl_2, 4 Å MS
공기, 41°C

PMP

75%, >300:1 곧은 사슬형: 가지 달린
97:3 *E*:*Z*

아래 그림에서와 같이 비스(설폭사이드) 리간드의 존재하에서[72a], 팔라듐(Ⅱ) 매개 알릴 산화는 가지 달린 알릴 에스터를 선호한다. 이 방법은 다른 Pd(II) 매개 공정과 함께 사용될 때 강력한 합성 도구이다.[73]

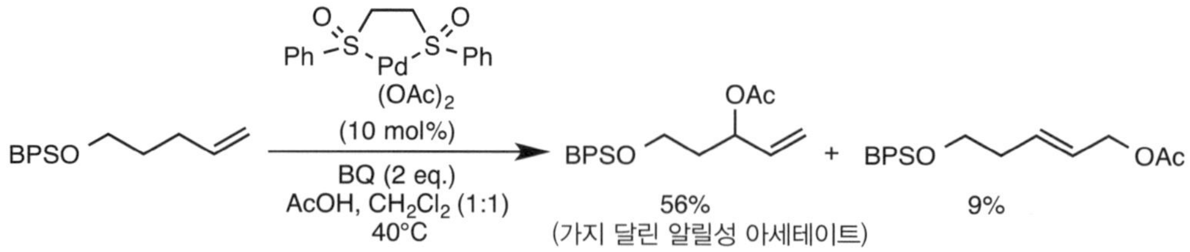

$(OAc)_2$
(10 mol%)
BQ (2 eq.)
AcOH, CH_2Cl_2 (1:1)
40°C

BPSO → BPSO (OAc) + BPSO (OAc)

56%
(가지 달린 알릴성 아세테이트)

9%

4.8 카보닐 화합물의 환원에 대한 용어

O, $(CH_2)_6CO_2Me$, CHO → ? → H OH, $(CH_2)_6CO_2Me$, CHO

대부분의 카보닐기 환원에는 III족 원소로부터 수소 음이온이 이동하는 시약들이 현재 사용되고 있다. 수년에 걸쳐 많은 환원제는 환원 반응에서 유용한 화학-, 입체-, 거울상 이성질 선택성을 가지게 되었다.[74] 카보닐기의 환원 반응으로 생성되는 새로운 입체 중심은 상대적인 또는 절대적인 입체적 제어가 요구됨에 따라, 카이랄 환원제의 사용은 환원의 입체 화학적 결과의 제어를 위한 일반적인 방법이 되었다. 아래는 카보닐기 환원의 위치 그리고 입체 화학적인 쟁점과 함께 관련된 용어를 간단히 정리한 것이다.[75]

- **화학 선택성 시약**(chemoselective reagent)은 다른 작용기들의 존재하에서 하나의 작용기와 선택적으로 반응한다.

O=, CO_2CH_3 → 화학 선택성 → HO, CO_2CH_3

- **위치 선택성 반응**(regioselective reaction)은 시약이 두 개의 가능한 영역(방향) 중에 한 곳에만 첨가된다.

O= → 위치 선택성 → O= 1,4-환원

- **입체 선택성 반응**(stereoselective reaction)은 몇 개의 가능한 입체 이성질체 중 하나를 유일하게 또는 우선적으로 형성시킨다. 따라서 주어진 하나의 기질로부터 한 가지 반응 경로가 다른 반응 경로에 비해 유리하게 된다(고리화된 케톤의 친핵성 첨가 반응이나 엔올레이트 이온의 알킬화 반응처럼).

O=, t-Bu → 화학 선택성 → H, HO, t-Bu, H

trans-이성질체
(주생성물)

- **입체 특이성 반응**(stereospecific reaction)은 주어진 기질 이성질체가 하나의 생성물을 만드는 반면, 다른 입체 이성체는 반대의 입체 이성질체 생성물을 만든다. 따라서 출발 물질은 반응의 입체 화학적 결과에 관여한다(S_N2 반응 그리고 *cis* 및 *trans* 알켄의 에폭시화 반응처럼). 모든 입체 특이성 반응은 반드시 입체 선택성이다.

H, CH_3, H_3C, H → 입체 특이성 → Br, CH_3, H, H, H_3C, Br

메조(meso)-이성질체
(유일한 dibromide)

- **선구 카이랄**(prochiral) 중심은 입체 중심이 없는 C=O와 C=C의 삼각평면 탄소이지만 첨가 반응에 의해 카이랄 중심이 만들어진다.

입체 중심, O, 선구 카이랄 중심

- **입체 중심 탄소 원자**(stereogenic carbon atom, 카이랄 중심, 카이랄 원자, 비대칭 원자)는 네 개의 다른 기에 묶여 있어 카이랄성이 발생된다. 분자는 입체 중심 없이 분자 카이랄성을 가질 수 있음에 주목하라.
- **입체 이성질체**(stereoisomer)는 동일한 분자식을 가지고 있지만 원자들의 공간상 배열이 다르다. 다른 입체 배열, 입체 이성질체는 다음과 같이 분류된다.
  - 이성질체가 각기 다른 거울상이고 겹쳐지지 않는 것을 **거울상 이성질체**(enantiomer)라고 한다.
  - 이성질체가 각기 다른 거울상이 아닌 이성질체를 **부분 입체 이성질체**(diastereoisomer)라고 한다(알켄의 *E*, *Z* 이성질체 포함). 부분 입체 이성질체는 다른 물리적, 화학적 특성을 갖는다.

- **비대칭 유도**(asymmetric induction)는 기질, 시약, 촉매, 또는 용매 중에 어떤 카이랄 중심(카이랄 성분)의 영향과는 별개로 하나의 거울상 이성질체 또는 부분 입체 이성질체의 형성을 우선한다.
- **거울상 이성질 선택성**(enantioselective reaction) **반응**에서 비카이랄 기질은 카이랄 시약 또는 촉매에 의해 두 개의 거울상 이성질체 중 하나로 선택적으로 변환된다. 이 방법은 비대칭 유도의 한 예이다.

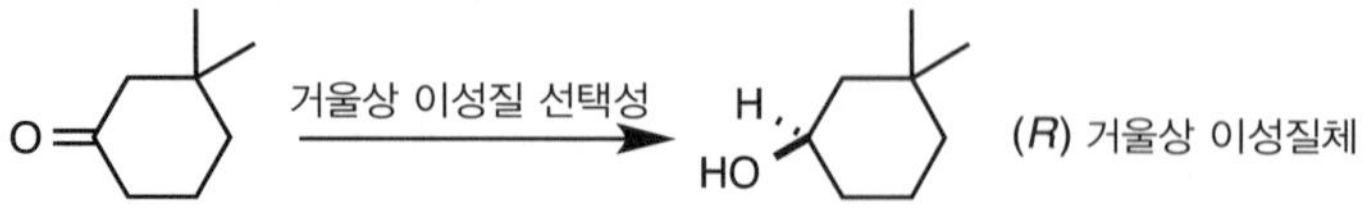

거울상 이성질 선택성

(*R*) 거울상 이성질체

- **거울상 초과량**(enantiomeric excess) 또는 % ee(또는 % 광학적 순도)=[측정된 고유 광회전도]/[순수한 거울상 이성질체의 고유 광회전도]×100. 거울상 초과량과 광학 회전 사이의 선형 관계가 아닌 예가 있음에 주의하라.[76] 100%보다 작은 백분율 거울상 초과량(% ee)은 그 화합물은 다른 거울상 이성질체로 '오염되어' 있음을 나타낸다. 광학적 순도를 알고 있는(측정된) 시료의 거울상 이성질체의 **비**는 다음과 같이 계산할 수 있다.
  주 이성질체의 비율 = [(% ee) + 0.5(100 − % ee)]. 따라서 86% ee는 거울상 이성질체가 93:7 비율로 존재하는 시료임을 나타낸다[주 거울상 이성질체=86 + 0.5(14)].
- **부분 입체 초과량**(diastereomeric excess) 또는 % de = [주 부분 입체 이성질체의 % − 부 부분 입체 이성질체의 %].
- **라셈체**(racemate) 또는 라셈 혼합물은 두 거울상 이성질체의 몰비가 같은 혼합물이다.[77]
- 물체와 분자가 같은 카이랄 특성을 가질 때 동일카이랄성(homochiral)이라고 한다.[78] 예를 들면 아래의 L−알라닌과 이것의 메틸 에스터 유도체는 동일카이랄성이라고 한다. 이 용어는 화합물이 거울상적으로 순수하다는 뜻으로는 사용될 수 없다.

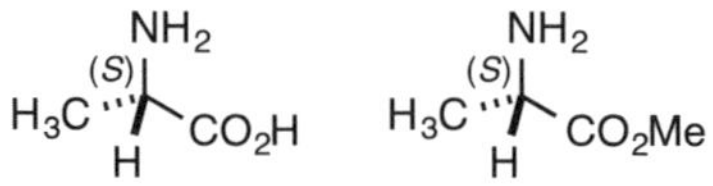

4.9 친핵성 환원제

$M[AlH_4]$와 $M[BH_4]$와 같은 친핵성 환원제와 카보닐 화합물 그리고 나이트릴과의 환원 대부분은 카보닐 또는 사이아노 탄소에 환원제로부터 '하이드라이드(hydride)'로 불리는 두 개의 전자를 가진 수소 원자의 친핵성 이동을 통해 진행된다. 주어진 기질에 대한 환원 속도와 환원제의 화학 선택성은 다음과 같은 요인에 따라 결정된다.

- 하이드라이드의 이동에 대해서 카보닐기 또는 사이아노기를 활성화하기 위해서 Lewis 산 역할을 하는 금속 양이온(Li^+, Na^+, Zn^{2+})의 성질
- 알킬, −OR, 또는 −CN기에 의한 환원제 수소의 치환
- 반응 용매(Et_2O, THF, ROH, H_2O)
- 기질의 반응 순서: RCHO > R_2CO > RCO_2R' > $RCONR_2$ > RCO_2H

알루미늄 수소화물

수소화 알루미늄 리튬 − $LiAlH_4$

수소화 알루미늄 리튬(lithium aluminum hydride, $LiAlH_4$)은 강력한 환원제이지만 화학 선택성이 매우 좋지 않다. LAH는 Et_2O 또는 THF와 같은 비양성자성(nonprotic) 용매에서 사용해야 한다. 그리고 가수 분해에 의해 농도를 결정할 것을 추천한다.[79] $LiAlH_4$는 세 개의 수소 음이온만이 이용되므로 보통 과량 사용된다. 여분의 Al−H를 분해하기 위해서 처음에는 아세트산 에틸 그리고 메탄올, 물 순으로 첨가한다.[80] 가능하다면 용액 안에 침전물[$Al(OH)_3$]이 생성되게 하는 workup 과정인 산성 조건을 사용한다. 또한 workup 동안에 Na−K 주석산 염(Rochell 염)[80c] 또는 $N(CH_2CH_2OH)_3$[80d]의 사용이 도움이 될 수 있다.

위에 기술된 것과 같이 메커니즘은 카보닐 탄소 위의 알루미네이트(aluminate) 형태로부터 수소 음이온이 이동한다고 믿어진다. 생성된 알콕사이드 이온은 다른 카보닐기를 환원할 알콕시트라이하이드라이드알루미네이트 이온(alkoxytrihydroaluminate ion)으로부터 남은 수소화 알루미늄(aluminum hydride)을 배위한다.[81]

일차 알코올로의 에스터의 환원과 아민으로의 아마이드의 환원은 두 개의 수소 음이온이 필요하지만 일차 알코올로의 카복실산의 환원은 세 개의 수소 음이온이 소모된다(표 4.2).

사면체형 중간체

수소화 트라이알콕시알루미늄 리튬 – $Li[AlH(OR)_3]$[82,83]

LAH의 반응성과 선택성은 *t*-뷰톡시 또는 에톡시기로 수소 음이온 중에 세 개를 대체하여 변경될 수 있다. 이 결과로 생성된 시약은 LAH보다 반응성은 작지만 높은 선택성을 가지며, *in situ* 사용 직전에 최상의 상태로 제조된다.

$$LiAlH_4 + 3\ t\text{-}BuOH \xrightarrow{THF} Li[AlH(Ot\text{-}Bu)_3] + 3\ H_2$$
lithium tri-*t*-butoxyaluminum hydride

$$LiAlH_4 + 3\ EtOH \xrightarrow[\text{or } Et_2O]{THF} Li[AlH(OEt)_3] + 3\ H_2$$
lithium triethoxyaluminum hydride

수소화 *tri-t*-뷰톡시알루미늄 리튬(lithium *tri-t*-butoxyaluminum hydride)은 알데하이드와 케톤을 알코올로 쉽게 환원하며 산염화물을 알데하이드로 환원한다. 에폭사이드, 에스터, 카복실산, *tert*-아마이드, 나이트릴은 환원되지 않거나 느리게 환원된다. 따라서 이 시약은 화학 선택성 환원에 사용될 수 있다.[82]

수소화 트라이알콕시알루미늄 리튬이 사용되기 전에는 효율성이 떨어지는 **Rosemmund** 방법($Pd/BaSO_4$, H_2, 퀴놀린, 황)을 이용하여 산 염화물을 알데하이드로 변환시켰다.[84]

표 4.2 $LiAlH_4$ 환원에서의 수소 음이온 소모량

화합물	수소 음이온	생성물
RCHO	1	RCH_2OH
$R_2C{=}O$	1	R_2CHOH
RCO_2H	3 (− H_2)	RCH_2OH
RCO_2R'	2	$RCH_2OH + R'OH$
$RCONR_2'$	2	RCH_2NR_2
$RC{\equiv}N$	2	RCH_2NH_2
락톤	2	α,ω-다이올
에폭사이드	1	알코올
C=C (고립된)	반응 없음	

4-NC-C_6H_4-COCl $\xrightarrow[\text{b. } H_3O^+ \text{ workup}]{\text{a. Li[AlH(O}t\text{-Bu)}_3\text{], diglyme, −78°C}}$ 4-NC-C_6H_4-CHO (88%)

MeOCH_2CH_2OCH_2CH_2OMe (diglyme)

수소화 트라이에톡시알루미늄 리튬(lithium triethoxyaluminum hydride)은 *tert*-아마이드와 나이트릴을 알데하이드로 환원하는 보다 센 시약이다.[82]

c-C_6H_{11}-$CONMe_2$ 또는 c-C_6H_{11}-C≡N $\xrightarrow[\text{b. } H_3O^+ \text{ workup}]{\text{a. Li[AlH(OEt)}_3\text{], } Et_2O\text{, 0°C}}$ c-C_6H_{11}-CHO (71~78%)

수소화 비스(2-메톡시에톡시)알루미늄 소듐[83] – $Na[AlH_2(OCH_2CH_2OCH_3)_2]$

수소화 비스(2-메톡시에톡시)알루미늄 소듐[sodium bis(2-methoxyethoxy)aluminum hydride] 또는 Red-Al은 다양한 환원 반응에 효과적인 시판되고 있는 환원제이다. 이 환원제는 LAH보다 열역학적으로 보다 안정하며, 에터 용매에서처럼 방향족 탄화수소 용매에서도 사용될 수 있다. 전반적으로 Red-Al의 환원 특성은 LAH와 유사하다(알데하이드, 케톤, 에스터 등의 환원).

$$CH_2{=}CH(CH_2)_8CO_2Et \xrightarrow[\text{b. } H_3O^+ \text{ workup}]{\text{a. Red-Al (1.1 eq.), toluene}} CH_2{=}CH(CH_2)_8CH_2OH \quad (>95\%)$$

Red-Al의 선택성에서 LAH에 비해 주목할 만한 다른 점은 나이트릴의 환원이다. 지방족 나이트릴은 Red-Al과 반응하지 않는다.

수소화붕소[74,82]

친핵성 수소화붕소–수소화붕소 소듐(sodium borohydride, $NaBH_4$), 수소화붕소 리튬(lithium borohydride, $LiBH_4$), 수소화붕소 아연(zinc borohydride, $Zn(BH_4)_2$), 트라이알킬수소화붕소 리튬(lithium trialkylborohydride, [Li-R_3BH]), 트라이알킬수소화붕소 포타슘(potassium trialkylborohydride, K-R_3BH), 사이아노수소화붕소 소듐(sodium cyanoborohydride, $NaBH_3CN$)–는 금속 양이온과 리간드에 따라 작용기에 대한 독특한 환원 특성을 나타낸다. 모든 수소화붕소는 알데하이드와 케톤을 환원하지만 일차 알코올로의 에스터와 카복실산의 환원은 특별한 시약을 필요로 한다.

수소화붕소 소듐–$NaBH_4$

수소화붕소 소듐(sodium borohydride)은 온화하고 선택적인 환원제이며, 취급에 특별한 주의가 필요하지 않다. 이 시약은 Et_2O에서 불용성이고 THF와 DMF에는 약간 녹지만, 다이글라임(diglyme)과 하이드록실기를 가진 용매에는 잘 녹는다. EtOH를 일반적으로 용매로 사용한다. $NaBH_4$는 25°C에서 EtOH 또는 수용액 용매에서 RCHO와 R_2CO를 알코올로 쉽게 환원한다. 에스터는 RCH_2OH로 느리게 환원된다.[85]

$$>C{=}O \xrightarrow[\text{EtOH}]{Na^+[H{-}\bar{B}H_3]} -\underset{H}{C}-OH + Na^+[EtO{-}\bar{B}H_3] \xrightarrow{\text{환원}} Na^+[(EtO)_4\bar{B}] + 3\ -\underset{H}{C}-OH$$

$$ClCH_2CH_2C(=O)(CH_2)_4CO_2Et \xrightarrow[\text{EtOH, } H_2O]{NaBH_4} ClCH_2CH_2CH(OH)(CH_2)_4CO_2Et \quad (71\%)$$

I_2 존재하에서 $NaBH_4$는 카복실산을 일차 알코올로 환원한다.[86] 이 방법은 아미노산을 비대칭 합성에서 중요한 리간드인 아미노 알코올로 변환하는 데 특히 유용하다.[87]

HO, CO_2H, NO_2 —($NaBH_4$, I_2 / THF, rt, 6 h)→ HO, OH, NO_2
79%

Ph, CO_2H, H, NHCHO —(a. $NaBH_4$, THF / b. I_2 / c. MeOH workup)→ Ph, OH, H, $NHCH_3$
73%

수소화붕소 리튬–$LiBH_4$

수소화붕소 리튬(lithium borohydride)은 시판되고 있으며, 습한 공기에 노출되면 쉽게 분해되는 고체 시약이다. 이 시약은 Et_2O 또는 THF에서 $NaBH_4$와 LiBr로부터 손쉽게 제조된다.[88] NaBr 침전은 형성된 상태 그대로 두고 투명한 위쪽의 용액은 하이드라이드의 농도를 결정한 후 환원에 그대로 사용된다.[79]

$$NaBH_4 + LiBr \xrightarrow{Et_2O} LiBH_4 + NaBr \text{ (침전)}$$

Li^+ 양이온은 Na^+ 양이온보다 센 Lewis 산이다. 카보닐기에 Li^+의 배위는 카보닐 탄소의 친전자성을 강화하여 수소 이동을 촉진한다. 수소화붕소 리튬은 수소화붕소 소듐보다 강력한 환원제, 에스터를 일차 알코올로 환원하지만 아마이드와는 반응하지 않는다.[89]

OH, O, n-$C_{15}H_{31}$, OEt, HN, O —($LiBH_4$ / THF)→ OH, OH, n-$C_{15}H_{31}$, HN, O

수소화붕소 아연–$Zn(BH_4)_2$

수소화붕소 아연(zinc borohydride)은 상용화되어 있지 않다. 이 시약은 에터 용매에서 $ZnCl_2$ 무수물과 $NaBH_4$ 용액으로부터 제조된다. 염화물이 없는 위층의 용액이 필요한 만큼 사용된다.

$$2\,NaBH_4 + ZnCl_2 \xrightarrow{THF} Zn(BH_4)_2 + 2\,NaCl \text{ (침전)}$$

수소화붕소 아연은 몇 가지 흥미로운 특성을 가지고 있다. 이 시약은 $NaBH_4$보다 약염기성이고, 특히 염기에 민감한 화합물의 환원에 적합하다. 또한 아연 양이온은 Na^+ 또는 Li^+보다 배위 능력이 좋아 $Zn(BH_4)_2$는 종종 킬레이트화 조절 시약으로 비고리형 케톤의 입체 선택성 환원에 사용된다(4.12절 참조).

알데하이드와 케톤 외에 $Zn(BH_4)_2$은 지방족 에스터와 카복실산을 환원한다.[90] 또한 알켄, 다이엔, 알카인의 효과적인 **수소화붕소 시약**(hydroborating agent)이다.[90a]

CO_2H, NH_2 (L-Leucine) —(a. $Zn(BH_4)_2$ THF, 열 / b. workup)→ OH, NH_2 (L-Leucinol)
85%

CO_2H —(a. $Zn(BH_4)_2$ THF, reflux / b. H^+, H_2O / c. NaOH, H_2O_2)→ OH, OH
90%

트라이알킬수소화붕소 리튬 또는 포타슘[74c,e] – LiR_3BH 또는 KR_3BH

트라이알킬수소화붕소 리튬(lithium trialkylborohydride)의 세 개의 알킬기 존재는 수소 음이온의 친핵성을 높여 수소화붕소 리튬보다 센 환원제로 만든다. 알데하이드, 케톤, 에스터는 –78°C에서도 빠르고 정량적으로 알코올로 환원시킨다. 가장 많이 사용되는 트라이알킬수소화붕소는 트라이에틸수소화붕소 리튬(superhydride), tri-*sec*-뷰틸수소화붕소 리튬과 포타슘(L-과 K-selectride)이다. 이 시약들은 에터 용매의 용액 상태로 시판되고 있고, 공기가 없는 곳에서 취급해야 한다. 이들 시약으로부터 형성된 트라이알킬 붕소는 환원이 마무리되고, 마무리 전에 알칼리성 수소과산화물과 반응하여 알코올로 산화된다.

트라이에틸수소화붕소 리튬(lithium trialkylborohydride, $LiEt_3BH$)은 일차 브로민화 알킬[91]과 토실산 유도체[92]를 $LiAlH_4$보다 더 효과적으로 탄화수소로 환원하는 초친핵체이다. 에폭사이드는 입체 장애가 작은 탄소에 수소 음이온의 공격에 의해 쉽게 알코올로 분해된다.[93]

CH_2OH ← (a. $LiAlH_4$, Et_2O; b. H^+, H_2O) — CH_2OTs — (a. $LiEt_3BH$, THF; b. NaOH, H_2O_2 산화성 workup은 필수) → CH_3

입체적으로 막힌 L-과 K-Selectride 또한 알데하이드와 케톤을 빠르고 정량적으로 알코올로 환원한다. 이 시약들의 주목할 만한 특징 중의 하나는 고리형 케톤의 환원에서 주된 입체적 제어를 조장하는 이례적인 능력이다. 높은 선택적 환원제로서의 응용은 후에 다음 장에서 논의될 것이다.

사이아노수소화붕소 소듐 – $NaBH_3CN$

전자를 끄는 사이아노기의 존재 때문에 $NaBH_3CN$은 작은 친핵성을 띠게 되고, 따라서 $NaBH_4$보다 좋은 선택성을 갖는다.[94]

환원제로서의 $NaBH_3CN$의 실용성은 낮은 pH(pH 3에서 안정)에서의 안정성에 의해 대단히 커진다. 그러므로 이 시약은 $NaBH_4$가 빠르게 가수 분해되는 조건에서도 환원을 가능하게 한다. $NaBH_3CN$은 다양한 용매(H_2O, ROH, THF)에 녹지만 Et_2O와 탄화수소 용매에는 녹지 않는다. H_2O 또는 MeOH 용매의 중성 조건하에서 RCHO와 R_2CO의 환원은 대수롭지 않다. 그러나 산성 용액에서 카보닐 환원이 일어난다(양성자가 첨가된 카보닐기).

$$>C=O + NaBH_3CN \xrightarrow[HCl]{MeOH} H-C-OH + B(OMe)_3 + HCN\ (\text{유독성}) + NaCl$$

$NaBH_3CN$은 화학 선택성인 환원제이다. 예를 들어 $NaBH_3CN$을 사용하여 케토기의 존재하에서 알데하이드 또는 에스터기의 존재하에서 케토기를 선택적으로 환원하는 것이 가능하다. 다양한 반응 조건에서 $RCONH_2$, –C≡N, 그리고 –NO_2와 같은 작용기는 이 시약에 대해 활성이 없다.

H, CO_2Et, O — ($NaBH_3CN$, pH ~4) → H, CO_2Et, OH, H

오목면 $NaBH_3CN$의 접근을 방해

산성 조건에서 아민에 양성자가 첨가됨

볼록면 $NaBH_3CN$의 공격에 유리

$NaBH_3CN$와의 환원성 아미노화 반응[95]

$NaBH_3CN$에 의한 이미늄염(iminium salt)의 환원이 카보닐기의 환원보다 쉽게 일어나기 때문에 $NaBH_3CN$은 알데하이드와 케톤의 환원성 아미노화 반응에 우수한 시약이다.[96] 이 반응은 이미늄염을 생성하기 위해 pH 5~8에서 카보닐 화합물과 NH_3, RNH_2, R_2NH의 축합 반응을 수반한다. 이 화합물들은 in situ로 $NaBH_3CN$과 반응하여 일차, 이차, 삼차 아민으로 환원된다.

pH ~6
$NaBH_3CN$
MeOH
빠름

a. $EtNH_2$, MeOH
$NaBH_3CN$
pH ~6
b. H_2O workup
NHEt
CO_2Et

트라이아세톡시수소화붕소 소듐{Sodium triacetoxyborohydride, $Na[BH(OAc)_3]$}[97]과 수소화 반응(H_2, Pd/C)[98]은 카보닐 화합물의 환원성 아미노화 반응에 사이아노수소화붕소 소듐(sodium cyanoborohydride)의 대용으로 사용된다. 또한 $Zn(BH_4)_2$는 α,β-불포화 알데하이드와 케톤의 환원성 아미노화 반응에 특히 효과적인 시약이다.[99]

piperidine
$NaBH(OAc)_3$ (1.3 eq.)
AcOH (1 eq.)
$ClCH_2CH_2Cl$, rt
85%

토실 하이드라존 환원을 경유하는 탈산소 반응

$NaBH_3CN$에 의한 토실 하이드라존(tosyl hydrazone)의 in situ 환원은 카보닐 화합물의 탈산소 반응으로 탄화수소를 생성하는 효율적인 방법을 제공한다(3.4절 참조).[100] α,β-불포화 카보닐 화합물로부터 유도된 토실 하이드라존을 경유하는 환원은 이중 결합의 입체 선택성 이동으로 *trans*-알켄을 생성한다.

CHO
H_2NNHTs
CH=NNHTs
tosyl hydrazone
$NaBH_3CN$
DMF, 가열
CH_3

1. NH_2NHTs
2. $NaBH_3CN$
DMF, 가열
70%
trans-알켄에 대한
입체 선택성

4.10 친전자성 환원제

친핵성 환원제는 전자가 결핍된 카보닐기와 빠르게 반응하는 데 반해서, 수소 음이온의 이동 전에 카보닐 산소에 배위하는 특성을 나타내는 R_2AlH와 BH_3과 같은 친전자성 환원제의 반응성은 전자가 풍부한 카보닐기의 환원을 선호한다.

수소화 다이아이소뷰틸알루미늄 – i-Bu_2AlH

수소화 다이아이소뷰틸 알루미늄(diisobutylaluminum hydride, DIBAL-H)은 원액 또는 탄화수소 용매의 용액으로 시판되고 있다. DIBAL-H의 환원은 공기와 수분 없는 곳에서 실행해야 한다. DIBAL-H는 적당히 치환된 에스터 또는 나이트릴을 알데하이드로의 선택적 환원과 락톤(lactone)을 락톨(lactol)로 환원하는 데 매우 유용한 시약이다.[101]

알데하이드로의 에스터의 환원

에스터, 나이트릴, 락톤에 두 개의 하이드라이드가 사용되는 LAH 환원과는 대조적으로, 낮은 온도에서 DIBAL-H에 의한 이 화합물들의 환원은 카보닐 탄소에 하나의 하이드라이드가 이동한 후에 정지시킬 수 있다. 사면체형 중간체의 가수 분해성 workup은 알데하이드를 생성한다.

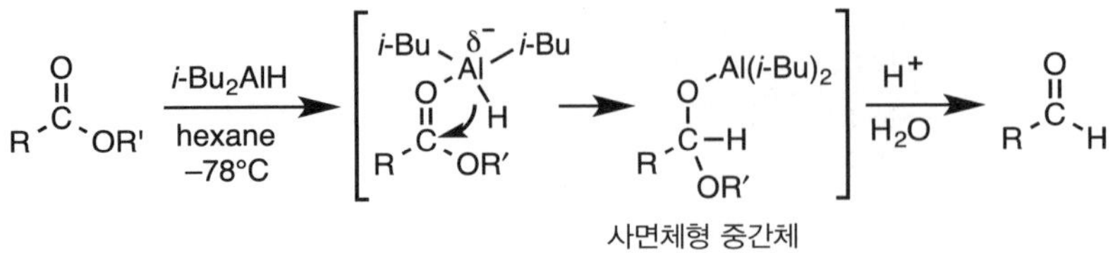

사면체형 중간체

알데하이드로의 에스터의 환원은 일반적으로 α- 또는 β- 알콕시 에스터에서와 같이 알콕시나 아미노 작용기가 에스터기에 매우 인접해 있을 때 가장 효과적이다. 이웃한 알콕시기는 킬레이트화를 통하여 사면체형 중간체를 안정화하여 다중 환원을 방지한다. DIBAL-H는 락톤을 한 번 환원시켜 락톨(헤미아세탈)을 생성한다.[102]

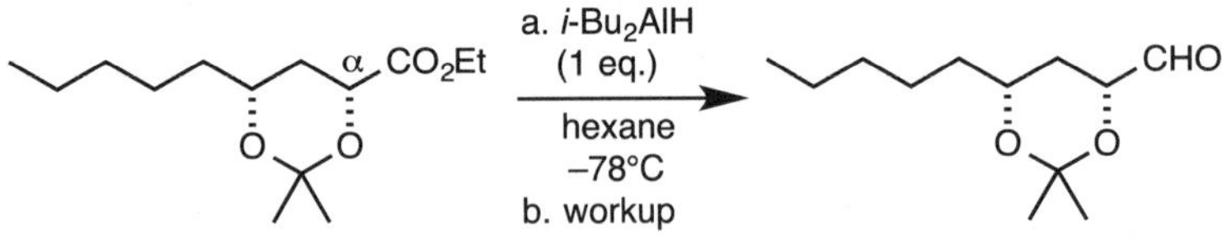

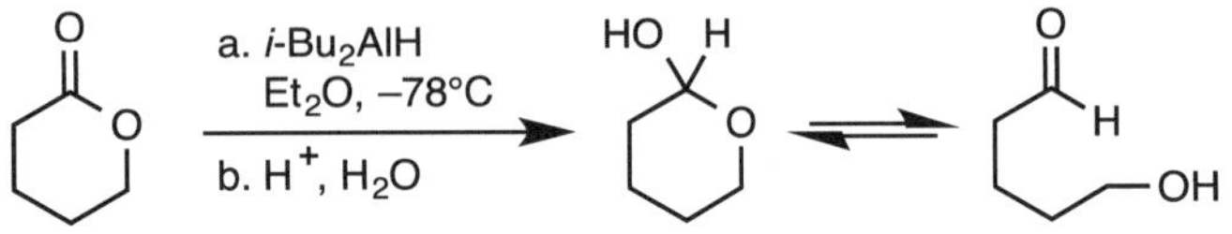

알데하이드로의 나이트릴의 환원

1당량의 DIBAL-H와 나이트릴을 −78℃에서 반응시키고 가수 분해하면 알데하이드를 생성한다. 2당량의 DIBAL-H와 나이트릴의 환원 반응은 가수 분해 workup 후에 일차 아민을 생성한다. 다음 예와 같이, 이 반응 조건하에서 이중 결합은 환원(hydroaluminated)되지 않음을 주목하라.

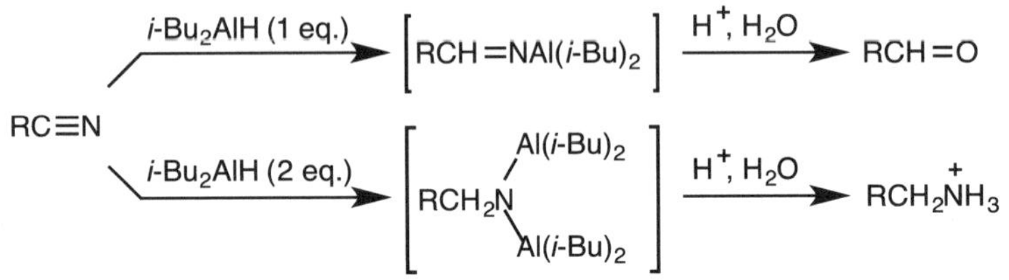

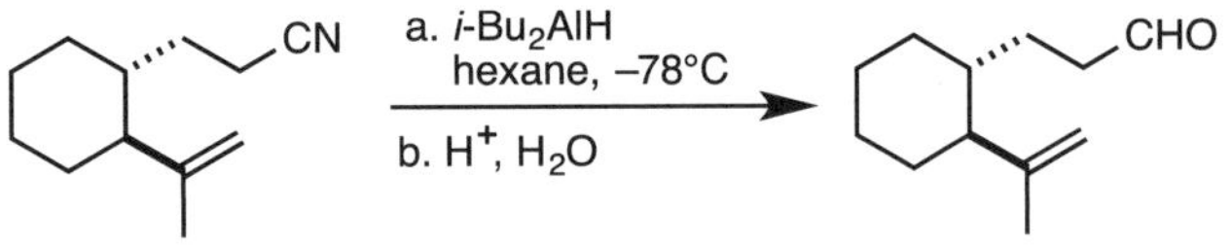

알릴성 알코올로의 바이닐 에스터의 환원

DIBAL-H는 알릴성 알코올로의 α,β-불포화 에스터의 위치 선택성 환원에 우수한 환원제이다.[103] Horner−Wadsworth−Emmons 올레핀화(9.3절 참조)는 DIBAL-H 환원과 함께 (*E*)-알릴성 알코올의 직렬식 합성법을 제공한다.[104]

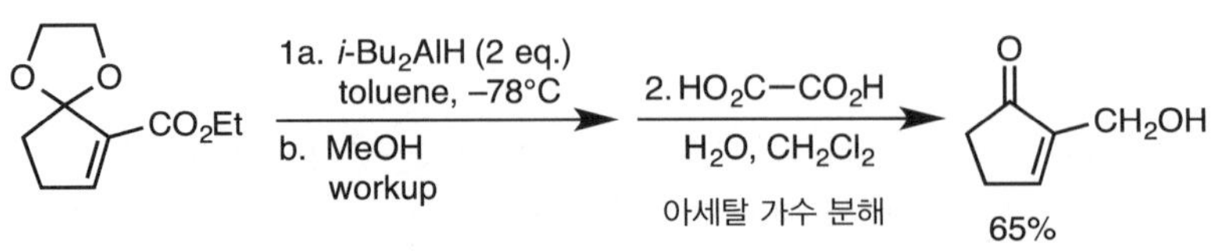

아세탈 가수 분해

65%

$$\text{(E)-Me}_2\text{C=CH(CH}_2)_2\text{CH(OMEM)CH}_2\text{CHO} \xrightarrow[\text{2. } i\text{-Bu}_2\text{AlH, 0°C, THF, toluene}]{\text{1. (MeO)}_2\text{P(O)CH}_2\text{CO}_2\text{Me, NaH, THF}} \text{Me}_2\text{C=CH(CH}_2)_2\text{CH(OMEM)CH}_2\text{CH=CHCH}_2\text{OH} \quad 62\%$$

보레인 테트라하이드로퓨란과 보레인 다이메틸설파이드[74a,c,e] – BH·THF, $BH_3 \cdot SMe_2$

표 4.3 $BH_3 \cdot$ THF 환원의 선택성

기질	반응 속도	생성물
RCO_2H	매우 빠름 →	RCH_2OH
$R_2C=C<$	빠름 →	유기보레인
$R-C\equiv C-$	빠름 →	유기보레인
RCHO	빠름 →	알코올
$R_2C=O$	중간 →	알코올
RCN	중간 →	아민
epoxlde	느림 →	알코올
RCO_2R'	느림 →	알코올
RCOCl	→	반응 안 함
RNO_2	→	반응 안 함

다이보레인(diborane, B_2H_6)은 기체여서 조작이 어렵다. 그러나 THF나 황화 다이메틸과 같은 전자 주개와 착물화된 보레인은 상품화되어 있고, 다양한 작용기의 환원에 유용한 시약이다. $BH_3 \cdot SMe_2$는 THF, Et_2O, CH_2Cl_2, 탄화수소와 같은 다양한 비양성자성 용매에 대해 가용성이고 반응성이 없다.

$BH_3 \cdot$THF와 $BH_3 \cdot SMe_2$의 두드러지는 특징은 일차 알코올로의 카복실산의 손쉬운 환원이다.[105] 이 환원은 처음에 $3H_2$의 부산물 방출과 함께 트라이아실붕소산(triacylborate)을 형성하고, 카보닐 탄소에 빠르게 수소 음이온이 이동되어 생성되는 생성물은 workup 후에 일차 알코올로 변환된다.

$$\text{RCO}_2\text{H} \xrightarrow[-3\,\text{H}_2]{\text{BH}_3} (\text{RCO}_2)_3\text{B} \xrightarrow[\text{빠름}]{\text{BH}_3} (\text{RCH}_2\text{O})_3\text{B} \xrightarrow{\text{H}_2\text{O}} \text{RCH}_2\text{OH}$$

$BH_3 \cdot$THF와 $BH_3 \cdot SMe_2$은 모두 다른 작용기의 존재하에서 –COOH기의 선택적인 환원이 가능하다.

$$\text{EtO}_2\text{C(CH}_2)_4\text{CO}_2\text{H} \xrightarrow[\text{b. H}_2\text{O}]{\text{a. BH}_3\cdot\text{THF (1 eq.), THF, –18°C to rt}} \text{EtO}_2\text{C(CH}_2)_4\text{CH}_2\text{OH} \quad 75\%$$

다양한 작용기에 대한 $BH_3 \cdot$THF의 반응성의 요약을 표 4.3에 정리하였다.[74a]

4.11 위치 선택성과 화학 선택성 환원

α,β-불포화된 알데하이드와 케톤의 환원

α,β-불포화된 알데하이드와 케톤의 하이드라이드 환원은 각각 알릴성 알코올 또는 포화된 알데하이드와 케톤으로 1,2- 또는 1,4-첨가 반응을 경유하여 진행된다.

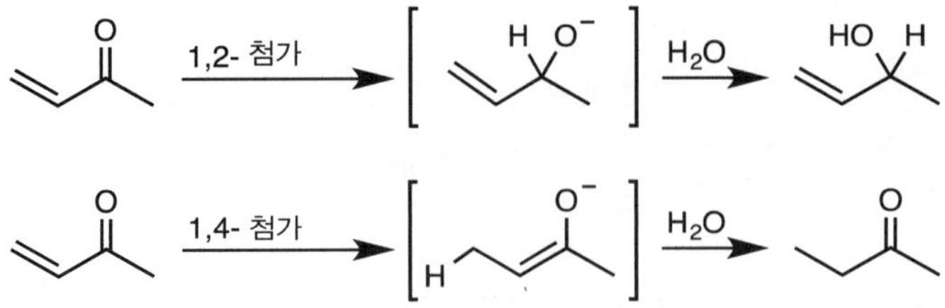

i-Bu_2AlH,[84] $Zn(BH_4)_2$,[106] (i-PrO)$_2TiBH_4$,[107] 9-BBN,[108] $CeCl_3$-$NaBH_4$(Luche 시약)[109]은 1,2-첨가를 우선한다. 마지막 시약은 특히 α,β-불포화 알데하이드와 케톤을 알릴성 알코올로의 선택적 환원에 적합하다.

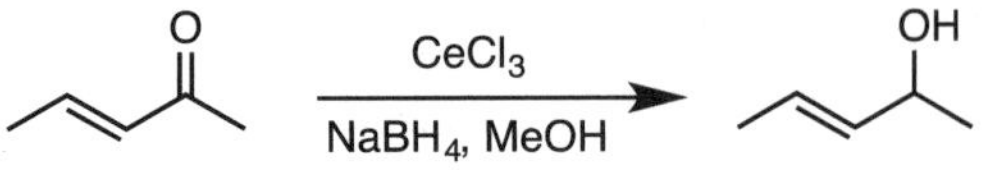

$NaBH_4$, $LiAlH_4$, Li[AlH(OR)$_3$]는 1,2 및 1,4-첨가 모두 효과적이다(표 4.4). 엔온 환원의 위치 선택성은 시약의 특성, 기질에 치환기의 존재, 반응 조건에 따라 강하게 영향을 받을 수 있다. 예를 들면 K-Selectride는 β-치환기가 없는 사이클로헥센온을 사이클로헥산온(1,4-첨가)으로, β-치환된 사이클로헥산온을 알릴성 알코올(1,2-첨가)로 환원한다.[110]

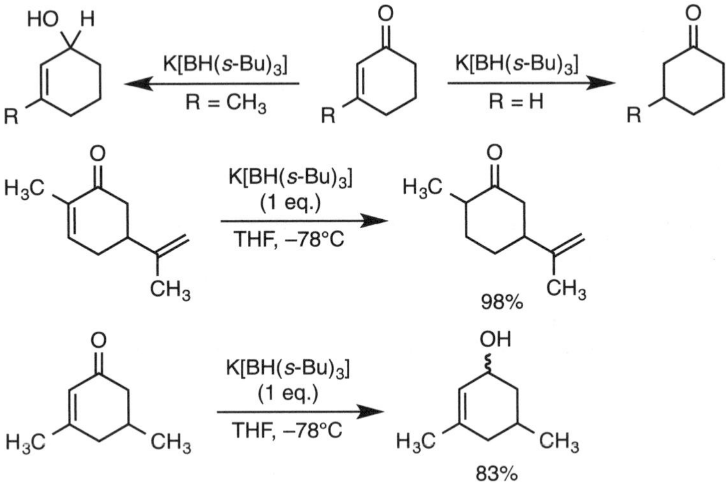

α,β-불포화된 알데하이드의 위치 선택성 1,4-환원은 아세트산과 Pd/C 촉매 존재하에서 $NaBH_4$를 사용해서 할 수 있다.[112]

표 4.4 2-사이클로펜텐온의 환원[111]

 2-사이클로펜텐온 →	 2-사이클로펜텐올	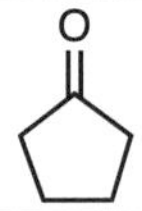 사이클로펜탄온	 사이클로펜탄올	참고 문헌
$LiAlH_4$, THF, 0°C	14	2	84	93
$LiAlH(OMe)_3$, THF, 0°C	91	0	9	93
$LiAH(Ot$-$Bu)_3$, 0°C	0	11	89	93
$NaBH_4$, EtOH, 0°C	0	0	100	93
$NaBH_4$, $CeCl_3$, MeOH	97	0	3	93
i-Bu_2AlH, hexane-C_6H_6, 0°C	99	0	1	84d
9-BBN[a], THF, 0°C	99	0	1	91

[a] 9-BBN(9-borabicyclononane)

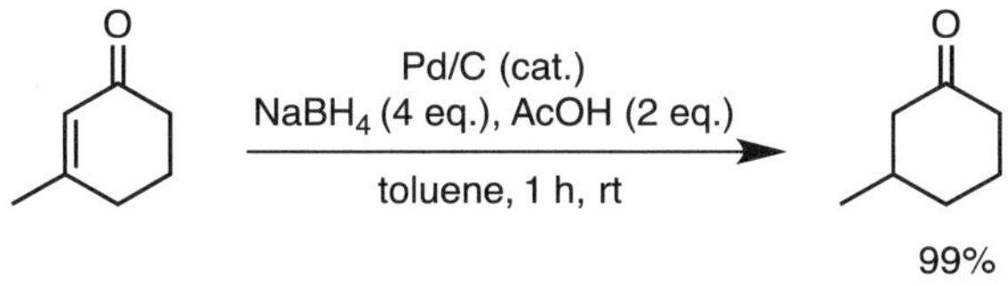

이런 in situ 수소화 조건은 아래 보여진 바이닐 나이트릴의 환원의 예처럼, 다른 수소 음이온에 민감한 작용기가 존재할 때 유용하게 사용된다.[113]

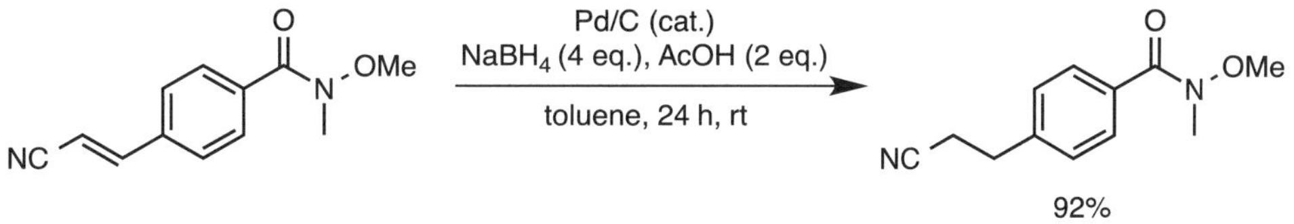

케톤의 존재하에서 알데하이드의 환원[114,115]

R_2CO기의 존재하에서 보다 반응성이 큰 RCHO기의 화학 선택성 환원에는 9-BBN·피리딘[115] 또는 아래에 예시된 것과 같이 $K[BH(OAC)_3]$의 사용이 보고되어 있다.[114b]

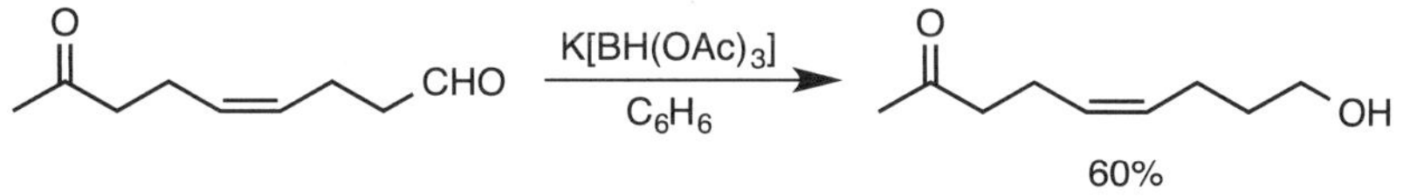

수소화붕소 아연(Zinc borohydride)은 케톤의 존재하에서 알데하이드의 환원을 허용하는 온화한 환원제이다.[116] 또한 연이은 케토기의 존재하에서 고립된 케토기를 선택적으로 환원한다.

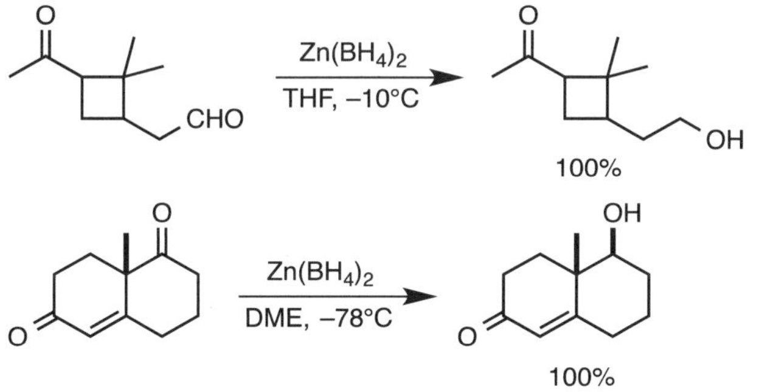

알데하이드의 존재하에서 케톤의 환원

알데하이드의 존재하에서 케톤의 효과적인 화학 선택성 환원에는 대한 몇 가지 방법이 있다. $NaBH_4$-$CeCl_3$-EtOH-$HC(OCH_3)_3$는 알데하이드와 에스터기의 존재하에서 케토기를 화학 선택성으로 환원한다.[117] 반응성이 좋은 알데하이드의 존재하에서 케토기의 선택적 환원이 가능한 이유는 CHO기가 $CeCl_3$ 및 트라이메틸 오쏘포메이트(trimethyl orthoformate)와 반응하여 우선적으로 아세탈화를 진행하기 때문이다. 카보닐기의 in situ 보호의 다른 예는 3.4절에 보여진다.

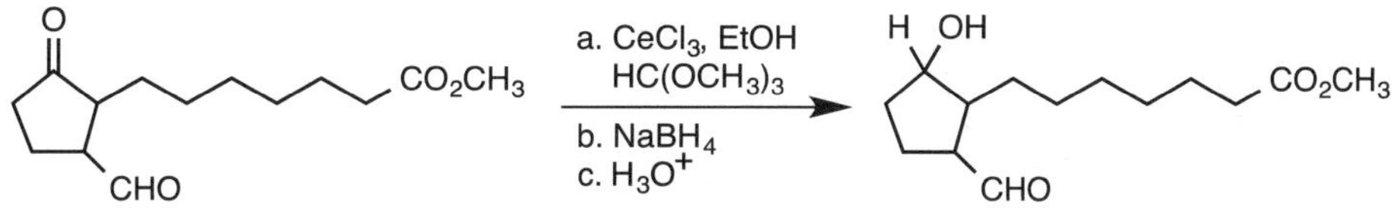

에스터의 존재하에서 케톤의 환원

에스터의 존재하에서 케토기의 선택적 환원은 THF 용매하에서 $BH_3 \cdot SMe_2$ 또는 에탄올과 물 용매하에서 $NaBH_4$ 중 하나를 사용하여 달성할 수 있다.[118]

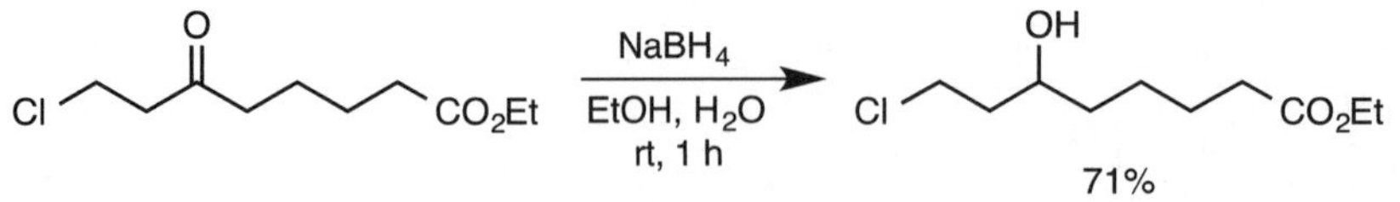

선택적 환원을 달성하기 위해서는 화학량론, 온도 및 반응 시간을 주의 깊게 조절해야 한다. 1,2- 또는 1,3-케토 에스터의 경우, 과량의 $NaBH_4$를 사용하여 환원하면 해당하는 다이올로 쉽게 전환된다.[119]

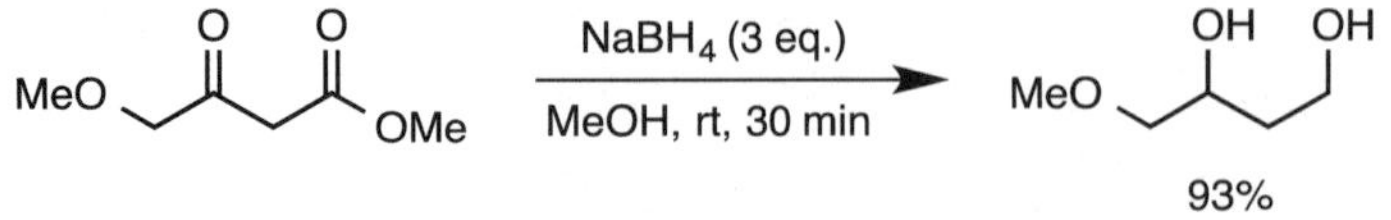

1,3-케토 에스터의 환원 용이성은 아래에 나타낸 화학 내 선택적 환원으로 예를 들 수 있다.[119]

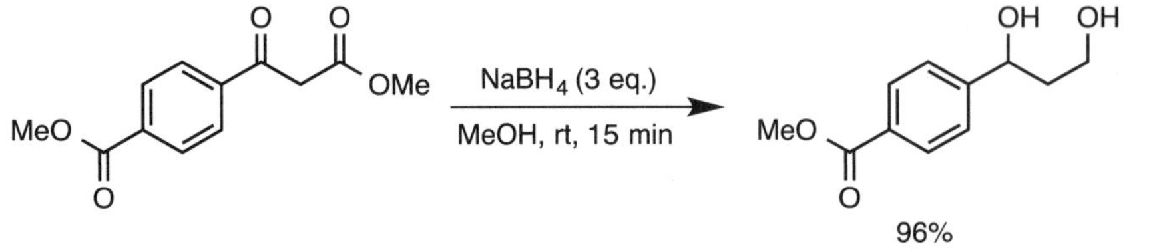

케톤 또는 에스터의 존재하에서 카복실산의 환원

BH_3·THF 또는 BH_3·SMe_2에 의한 －COOH기의 손쉬운 환원은 정량의 보레인을 사용하여 에스터[120] 또는 락톤[121] 작용기의 존재하에서 카복실기의 화학 선택성 환원에 사용되었다. 트라이아실보레인의 카보닐기는 아실 산소로부터 붕소의 p 오비탈로 전자의 비편재화가 일어나기 때문에 에스터(에스터 공명)보다는 알데하이드 또는 케톤의 반응성과 유사하다.

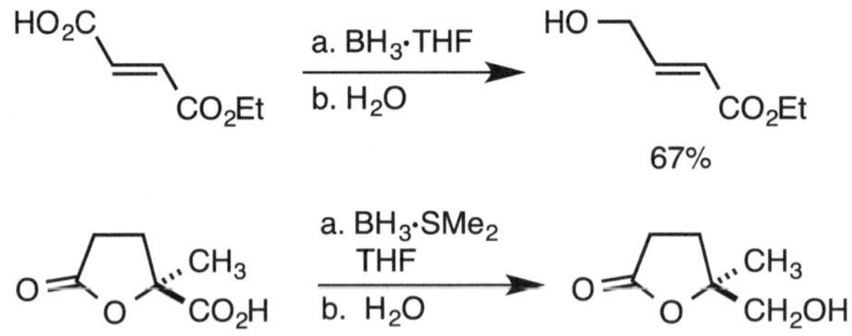

아마이드 또는 나이트릴 존재하에서 에스터의 환원

n-BuLi 1당량과 DIBAL-H와의 반응은 Li[(*i*-Bu)$_2$(*n*-Bu)AlH]를 생성하고, 이 환원제는 아마이드나 나이트릴의 존재하에서 에스터를 선택적으로 환원한다.[122,123]

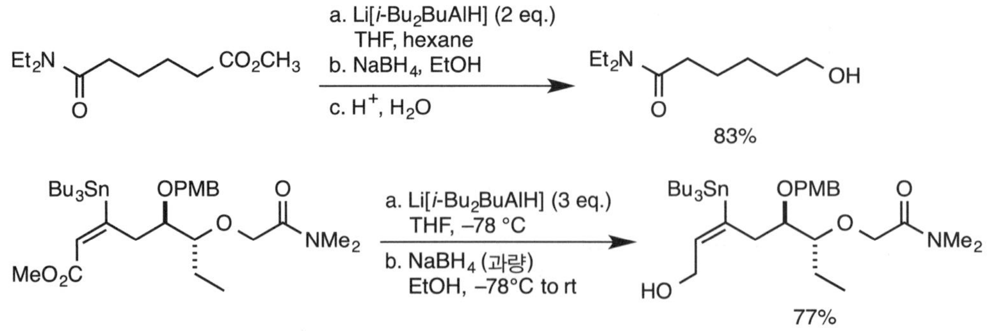

4.12 고리형 케톤의 부분 입체 선택성 환원[124]

일반적으로 친핵성 하이드라이드와 고리형 케톤의 환원에서 부분 입체 선택성은 케톤의 입체적 장애뿐만 아니라 다양한 친핵성 환원제와 3-메틸사이클로헥산온의 환원 반응에서 보여지는 것과 같이 친핵성 환원제의 성질에 의해서 결정된다(표 4.5).[125] 표 4.5에서 첫 번째에 표기된 **Meerwein–Ponndorf–Verley**(MPV) 환원은 알루미늄 드라이아이소프로폭사이드[$Al(OCHMe_2)_3$]와 케톤의 반응을 의미한다.[126] 보다 안정한 입체 이성질체를 선호하는 이 반응의 평형 과정은 알킬 치환된 사이클로헥산온의 경우에서 수평 방향 알코올을 생성한다. 온화한 MPV 환원은 SmI_2를 사용한다.[127]

아세톤에 의한 재산화(Oppenauer 산화)
평형
MPV 환원
H^+, H_2O
열역학적 제어 생성물

수소 음이온과 치환된 사이클로헥산온의 환원으로부터 얻어진 입체 화학적 결과의 합리성은 논쟁의 대상이 되었다.[128] 금속 수소화물과 케톤의 환원은 **발열** 반응이고, Hammond 가설에 따라 전이 상태는 **반응물과 유사한 형태**를 가진다.

카보닐기에 친핵성 첨가의 궤적은 수직하지 않은 공격의 방향으로 가장 작은 기를 지나 친핵체를 오게 한다. 비록 수직한 공격은 친핵체의 HOMO와 LUMO π^*의 부분을 만드는 카보닐 탄소의 p 오비탈 사이에서 최대로 중첩되지만, 산소의 다른 p 오비탈과 의미 있는 반결합성 중첩을 한다.[129] 그러므로 가장 좋은 절충안은 ~107°의 공격각이다(Bürgi–Dunitz 궤적).[130]

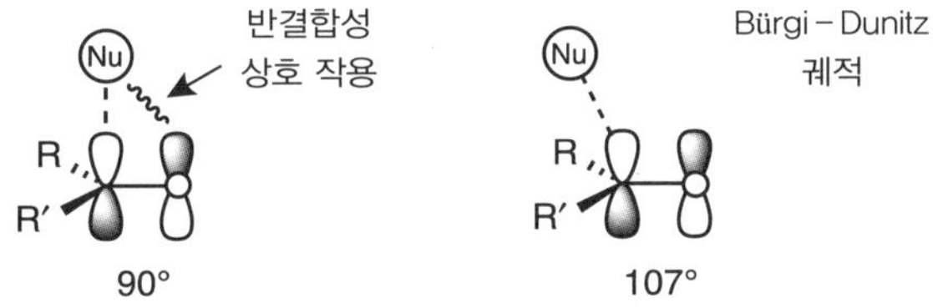

사이클로헥산온의 카보닐기 탄소에 '수소 음이온'의 이동에는 두 가지의 가능한 형태가 있다. (1) **수평 방향** 알코올을 형성하는 **수직 방향** 공격과 (2) **수직 방향** 알코올을 형성하는 **수평 방향** 공격이 있다. 두 가지 요인이 각각 경쟁한다. (1) 수직 방향 공격에서 3,5-이축방향 수소와 들어오는 '수소 음이온'과의 **입체적 상호 작용**(steric interaction)과 (2) 수평 방향 공격에서 2,6-이축방향 수소에 들어오는 '수소 음이온'과의 **비틀림 무리**(torsional strain)이다.

표 4.5 3-메틸사이클로헥산온의 환원[125]

조건	*cis*(%)	*trans*(%)
M-P-V[a]($Al(Oi\text{-}Pr)_3$, *i*-PrOH)	70	30
$LiAlH_4$, THF	76	24
$LiAH(Ot\text{-}Bu)_3$, THF	90	10
$NaBH_4$, MeOH	77	23
L-Selectride($LiBH(sec\text{-}Bu)_3$), THF	5	95
LTSBH[b], THF	<1	>99

[a] Meerwein – Ponndorf – Verley 환원, [b] Li-tri-1,2-dimethylpropylborohydride

표 4.6 3,3,5-트라이메틸사이클로헥산온의 수소 음이온 환원

조건	*cis*(%)	*trans*(%)
$NaBH_4$, EtOH	33	67
$LiAlH_4$, THF	26	74
$LiAlH(OMe)_3$, THF	8	92
L-Selectride	<1	>99

표 4.7 다리놓인 두고리형 케톤의 선택적 수소 음이온 환원

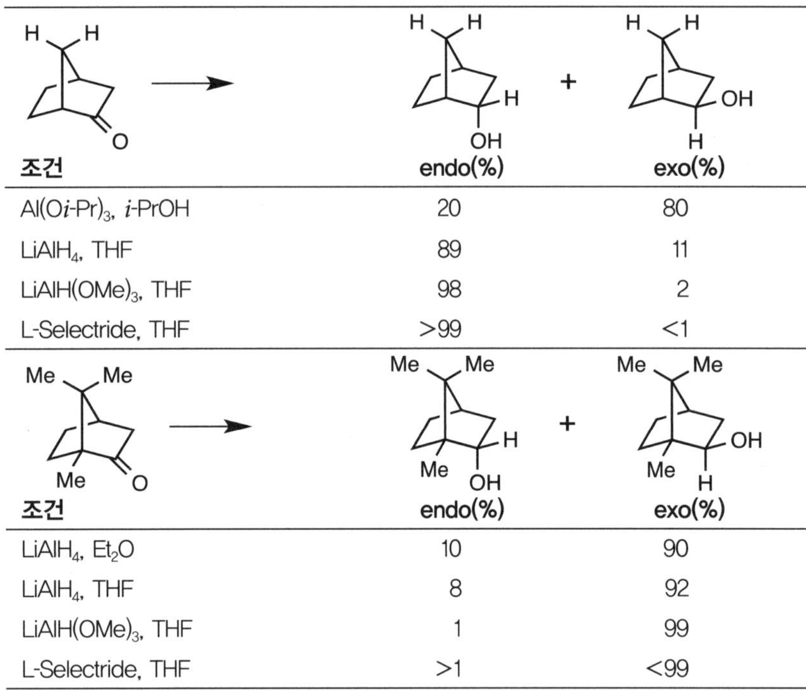

조건	endo(%)	exo(%)
$Al(Oi\text{-}Pr)_3$, *i*-PrOH	20	80
$LiAlH_4$, THF	89	11
$LiAlH(OMe)_3$, THF	98	2
L-Selectride, THF	>99	<1

조건	endo(%)	exo(%)
$LiAlH_4$, Et_2O	10	90
$LiAlH_4$, THF	8	92
$LiAlH(OMe)_3$, THF	1	99
L-Selectride, THF	>1	<99

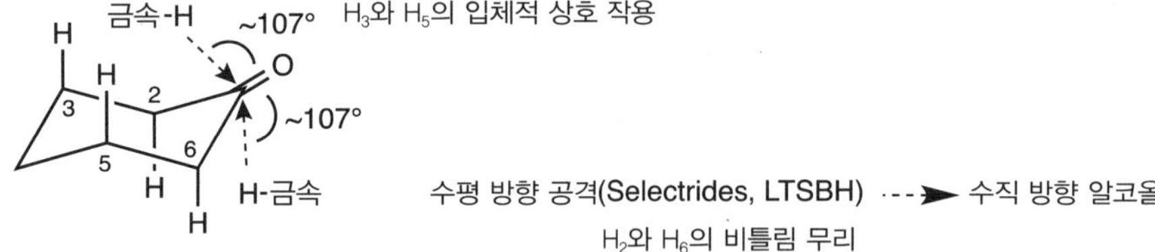

입체 장애가 작은 환원제($LiAlH_4$, $Li[AlH(OR)_3]$, $NaBH_4$)는 비틀림 무리의 효과가 입체적인 효과보다 우세하기 때문에 수직 방향 공격을 우선적으로 하여 수평 방향 알코올을 형성한다. 반면에, 입체 장애가 큰 L-selectride와 LTSBH(Li-트라이-1,2-다이메틸프로필보로하이드라이드)는 카보닐 탄소에 수소 음이온의 수평 방향 이동을 초래한다. 그러나 만약 C(3) 또는/그리고 C(5)에 크기가 큰 수직 방향 치환기(표 4.6의 3,3,5-트라이메틸사이클로헥산온 같이)가 있거나 카보닐기가 고정된 계에 끼워져 있어 입체 효과가 커지면 입체 장애가 작은 쪽으로부터 수소 음이온의 이동이 우선적으로 일어난다(표 4.7).[74,131]

4.13 이차 알코올 입체 화학의 반전(Mitsunobu 반응)[132]

고리형 케톤의 환원으로부터 입체 정의된 알코올의 이용도는 어떻게 상응하는 입체 이성질체를 얻을 수 있을까라는 문제를 야기한다.

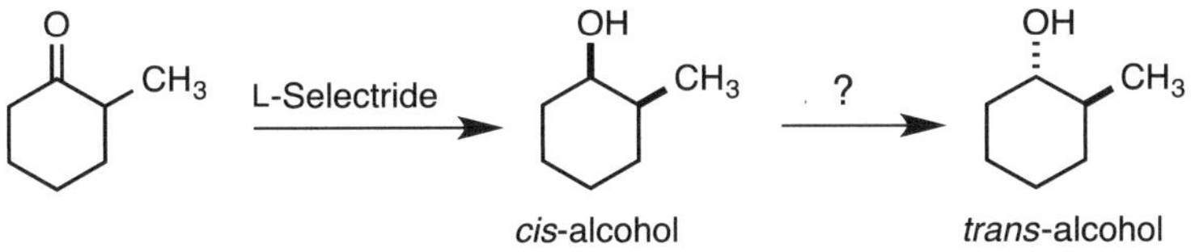

이 문제의 해답은 주어진 알코올을 입체 이성질체로 입체 배열을 반전시키기 위한 강력한 수단을 제공하는 Mitsunobu 반응이다.[133] 이 반응은 상대적으로 약한 친핵체[일반적으로 카복실산 이온($RCOO^-$)]에 의해 치환이 가능한 좋은 이탈기로 알코올을 변환시키는 단계를 포함한다. 입체 화학적으로 반전된 생성물은 에스터로 비누화 반응에 의해 반대의 입체 배열을 가지는 알코올로 변환된다. Mitsunobu 반응의 메커니즘은 S_N2 반전이 일어나는 알콕시포스포늄 중간체를 경유하는 것으로 생각된다.[134]

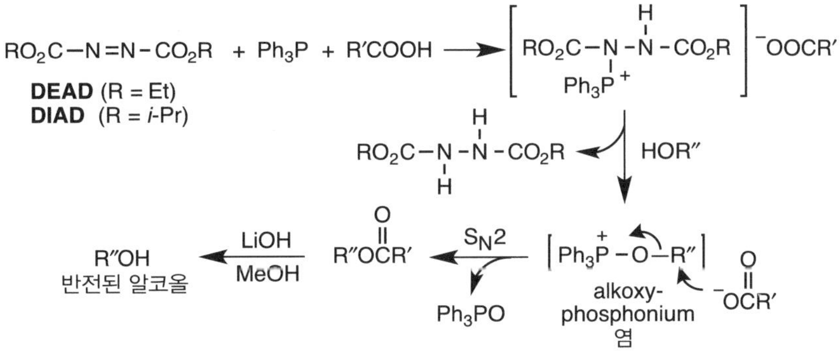

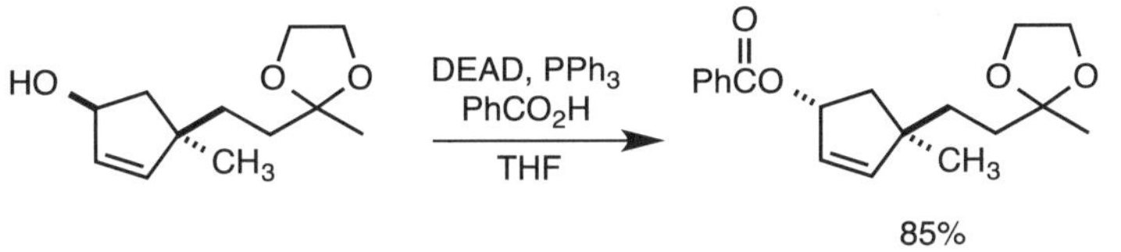

Mitsunobu 반응은 알코올의 입체 화학을 반전시키는 데 산화-환원 순서의 진행보다 보통 더 높은 수율과 편의성을 가진다.[135]

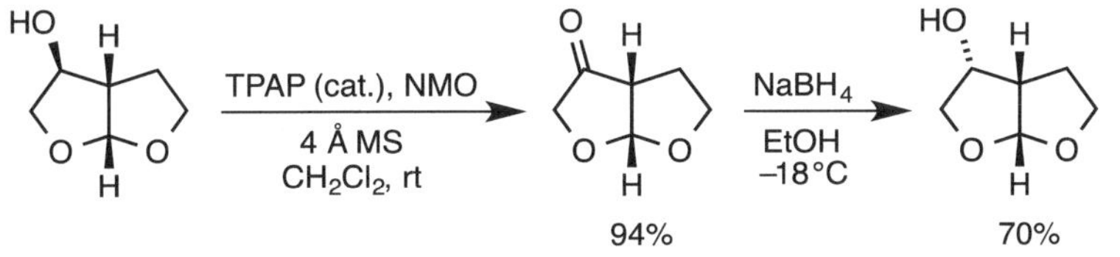

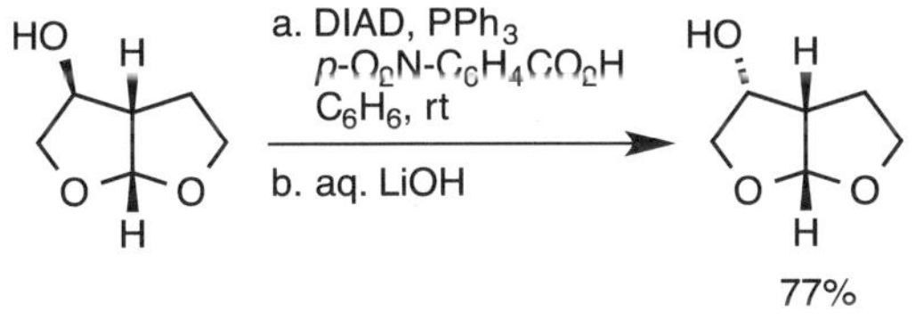

4.14 비고리계에서 부분 입체면의 선택성

비고리 알데하이드와 케톤의 친핵성 첨가에서 부분 입체면 선택성은 합성 유기화학에서 대단히 중요하다.[136] 비고리계의 형태적 자유는 카보닐기가 고리형 구조물에 포함되어 있을 때보다 선택적 반응이 더 어려워 좋지 않은 입체 화학적 결과가 예상된다.

삼각형(>C=O와 >C=C<) 부분에서 **거울상 이성질 자리**(enantiotopic) 또는 **부분 입체 이성질 자리**(diastereotopic)의 면을 구별할 수 있다. 선구 카이랄 부분의 면은 각 면으로부터 보이는 평면 안에 세 개의 치환기에 (*R*) 또는 (*S*) 순차 결정 규칙을 적용하여 *Re* 또는 *Si* 면으로 차별화할 수 있다.[137]

거울상 자리(enantiotopicity)

예를 들어 아세트알데하이드 또는 뷰탄온에서 카보닐 절반의 두 면은 거울상 자리이고 치환기의 우선순위가 시계 방향 순서(=O > R_L > R_S)이면 *Re* 면으로, 치환의 우선순위가 반시계 방향 순서이면 *Si* 면으로 지정된다. **카이랄** 반응물(Nu^*)에 의한 *Re* 그리고 *Si* 거울상성 면의 공격은 부분 입체 이성질체를 형성하고, 동량으로 형성되지 않을 수 있다. 생성물 비율은 카이랄 반응물의 면을 반영한다. 단일 카이랄성 성분이 다른 하나를 제압하여 하나의 입체 이성질체의 선택적 형성을 제어할 때, 이 과정은 **단일 비대칭 유발**(single asymmetric induction)로 구별된다.

비카이랄

단일 비대칭 유발
이성질체는 동량
생성되지 않는다.

부분 입체 이성질 자리 – 비대칭 유발

최소 하나의 입체적 중심을 가지는 알데하이드 또는 케톤에 두 개의 π면은 부분 입체 이성질 자리이다. 그 결과적으로, 에너지가 다른 비카이랄 친핵체(예: $LiAlH_4$, EtMgBr, PhLi) 또는 비카이랄 엔올레이트 이온에 의한 *Re* 그리고 *Si* 공격은 그대로 동등하지 않은 양의 생성물이 형성된다(A:B≠1). 생성물의 비율은 하나의 부분 입체 이성질 자리 면에 우선하는 첨가가 일어나는 카이랄 기질의 성향을 반영한다.

단일 비대칭 유발

반응 구성 성분의 두 개가 카이랄일 때(기질, 시약, 촉매, 또는 용매의 어떤 조합), 각 반응물의 카이랄성 성분은 협동하거나(어울리는 쌍) 반대하거나(어울리지 않는 쌍) 둘 중 하나로 작용할 것이고, 모두 반응의 입체 화학적 결과에 영향을 끼칠 것이다.[138] 이런 경우에 이 반응은 **이중 비대칭 유발**(double asymmetric induction)을 일으키게 된다. 만약 카이랄 반응물의 부분 입체면상의 선택성이 반대이고 크기가 같지 않다면, 그 비율은 C:D≠1이다. 합성에서 이중 비대칭 유발의 적용은 5장에서 논의할 것이다.

이중 비대칭 유발

카이랄 →(Nu* (카이랄), Si) C

카이랄 →(Nu* (카이랄), Re) D

Re 대 *Si* 첨가의 예측: Cram 규칙

1952년에, Donald J. Cram(1919~2001, 1987년 노벨 화학상)과 그의 공동 연구자 F. A. Abd Elhafez는 금속 수소화물 복합체 또는 유기금속 시약과 이웃자리 탄소에 **카이랄** 중심을 가지는 케톤의 부분 입체면을 차별화하는 반응에 대한 실험적인 규칙을 발표했다.[139] 이웃자리 α-탄소에 카이랄 중심을 가지는 케톤(**A**: L, M, S는 각각 크고, 중간, 작은 그룹임)이 금속 수소화물 복합체 또는 유기금속 시약과 대체로 배위하는 Cram의 규칙 상태는 카보닐기를 보다 입체적으로 방해하고 보다 친전자성으로 만든다. 이런 경우에, 배위된 카보닐기는 인접한 입체 중심에서 최소로 큰 그룹(S, M)을 이등분한 형태가 우세할 것이다(로토머 **B** 안에서처럼). 시약 Y^-–M^+의 친핵체는 그 다음에 입체적으로 방해가 적은 부분 입체면에서 카보닐 탄소를 공격하여 과량의 생성물 **C**를 생성한다.

A M = Li, Mg, Zn, etc.
Y = hydride, alkyl, etc. **B**

C 주생성물 Cram 생성물

D 부생성물 anti－Cram 생성물

처음에 공식화된 Cram 규칙은 기질에 붙는 킬레이트기가 없고 또한 친핵체와 어떠한 이중 극자 인력에도 구애받지 않을 때만이 유효하다. 또한 L과 R 그룹 사이에 고려해야 할 비틀림 무리가 있다. 몇 개의 후속 모형이[140]이 단점들을 제기했고, 이 중 Felkin－Anh 모형이 가장 널리 알려져 있다.

Felkin-Anh 모형[141]

이 모형에서 케톤에 친핵성 첨가는 인접한 카이랄 중심에서 가장 큰 그룹 L에 안티 준평면 배열 안에 들어가는 그룹(Nu)을 배열하는 형태로부터 일어난다. E에서(적합한, S//R 상호작용), 카보닐기에 친핵성 첨가의 궤적은 ~107°의 각으로 수직하지 않은 공격의 방향으로 가장 작은 그룹을 지나 친핵체를 오게 한다. F에서(적합하지 않은, M//R 상호작용) 친핵성에 의한 공격 또한 수직하지 않은 방식으로 일어나지만 친핵체는 중간 크기의 그룹 M과 서로 상호 작용한다. 따라서 Felkin－Anh 모형에 근거해서 Cram 생성물은 우세하다.

E F

선호됨 선호되지 않음

주생성물
Cram 생성물

부생성물
anti-Cram 생성물

복합 금속 수소화물과 케톤의 환원에서 부분 입체 선택성은 환원제의 성질과 기질 모두에 의존한다(표 4.8)[142]. Cram과 Felkin-Anh 선택성의 정도는 많은 다른 요인에 의존한다. 예를 들어 Grignard 또는 리튬 환원제 대신 타이타늄산 트라이알콕시(trialkoxy titanate)를 사용하면 보다 좋은 결과를 나타낸다.[143] 일반적으로 알데하이드는 같은 시약과의 반응에서 케톤보다 낮은 입체 선택성을 보인다.

킬레이트화 제어 첨가 반응-1,2 및 1,3-비대칭 유도

Cram은 유기금속 시약과 **킬레이트**(chelate) 형성이 용이한 α-알콕시, α-하이드록시, α-아미노기를 포함하는 카이랄 카보닐 화합물에 친핵성 첨가에 대한 고리형 모형을 고찰하였다.[144] 입체 선택성 공정의 설계에 킬레이트 구조를 도입하는 것은 부분 입체 선택성[145] 및 거울상 이성질 선택성[146]의 카보닐 첨가에서 중요한 제어 요소이다.

표 4.8 카보닐 첨가 반응에서 1,2-비대칭 도입의 예

하이드라이드

조건	R	Cram	anti-Cram
$LiAlH_4$, Et_2O	Me	71	29
Li[*sec*-Bu_3BH]	Me	96	4
$LiAlH_4$, Et_2O	Et	76	24
$LiAlH_4$, Et_2O	*t*-Bu	98	2

CH_3^-, THF

조건	Cram	anti-Cram
CH_3Li	65	35
CH_3MgBr	66	34
$CH_3Ti(O\textit{i}\text{-}Pr)_3$, THF, 0℃	88	12
$CH_3Ti(OPh)_3$, Et_2O, -50℃	93	7

α-킬레이트화(α-chelation)는 카보닐 탄소의 친전자성 성질을 증가시킬 뿐만 아니라 $C_\alpha-C(=O)$ 결합의 자유 회전을 방지하여 입체 장애가 작은 *Si* 부분 입체 면으로 친핵체를 향하게 한다. 아래의 예와 같이 **1,2-비대칭 유발**(1,2-asymmetric induction)은 높은 부분 입체 선택성을 보인다. 카보닐 화합물의 킬레이트화 제어 친핵성 첨가에서 높은 부분 입체 선택성을 얻기 위한 필수 조건은 킬레이트 기질의 반응 속도가 비킬레이트 기질보다 빨라야 한다.[136,147]

Cram 킬레이트 모형

부분 입체 선택성: 100:1

β-킬레이트화 제어(β-chelation control) 반응의 높은 부분 입체 선택성은 Lewis 산의 존재하에서 카이랄 중심이 카보닐기의 β 위치인 알데하이드와 케톤의 **1,3-비대칭 유발**(1,3-asymmetric induction)의 결과에서도 관찰되었다.[148] 높은 부분 입체 선택성이 Lewis 산으로 사용하는 LiI의 Li^+가 케톤 그리고 에터 산소 양쪽에 β-킬레이트화를 일으키는 다음에 나타낸 반응에서 관찰되었다. 이는 β-알콕시 케톤 고리의 배열이 고착되어 하이드라이드가 입체 장애가 작은 쪽으로 공격한다.[149]

부분 입체 선택성: 95:5

일반적으로 오원자 고리 킬레이트는 육원자 이상의 고리 킬레이트보다 우선적으로 형성된다. 따라서 아래의 예와 같이 킬레이트화는 첨가 반응의 반응 위치 제어에도 사용될 수 있다.[150] C(4) 에스터의 환원은 $MgBr_2$에 의한 덜 선호되는 β-킬레이트화(C(4) 카보닐에서 −OBn 사이의 육원자 고리 킬레이트) 때문에 관찰되지 않았다.

78%
C(4)=O 부분의 환원 없음

β-하이드록시 케톤의 하이드록시 지향 환원

알콕시다이알킬보레인($R'OBR_2$)은 후에 환원으로 1,3-syn 다이올을 생성하는 붕소 킬레이트 중간체 형성을 위해 β-하이드록시 케톤과 반응한다.[151] 메톡시다이에틸보레인과 $NaBH_4$는 이 변형에 우수한 시약이다. 아래에 나타낸 반응과 같이 킬레이트는 β-R기로부터 반대면에서 **분자간**(intermolecular) 수소 음이온 이동을 통해 환원된다.

1,3-*syn* diol
R = *n*-Bu
99% (99% *syn*)

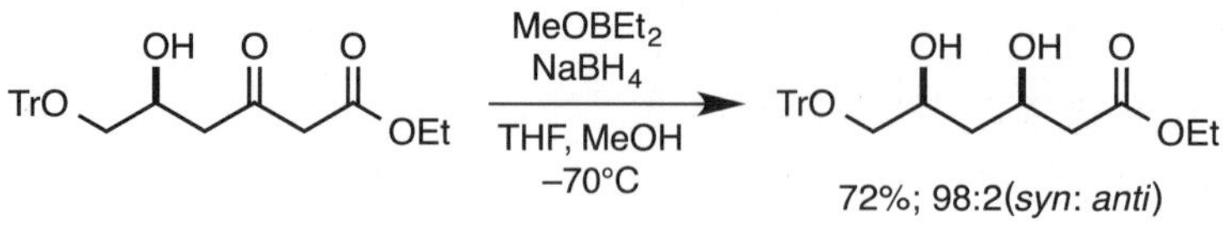

트라이알킬보레인은 또한 1,3-*syn* 다이올로의 β-하이드록시 케톤의 입체 선택적 $NaBH_4$ 환원을 위한 효과적인 킬레이트화 시약이다.[152]

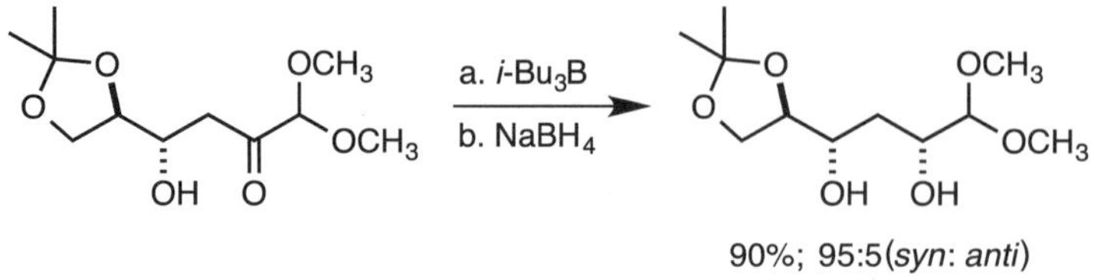

테트라메틸암모늄트라이아세톡시보로하이드라이드[$Me_4NHB(OAc)_3$]와 β-하이드록시 케톤의 반응은 1,3-*trans* 다이올 생성을 위해 위에 기술된 킬레이트화 접근을 보완한다.[153,154] 아세트산으로 촉진된 리간드의 교체는 알콕시다이아세톡시보로하이드라이드 중간체를 형성하고, 이 중간체에 인접한 케톤은 **분자내**(intramolecular) 하이드라이드 이동에 의해 입체 선택적으로 환원된다. 이 반응에서 관찰된 것과 같이 α-위치의 알킬 치환기는 1,3－비대칭 유발을 감소시키지 않는다.

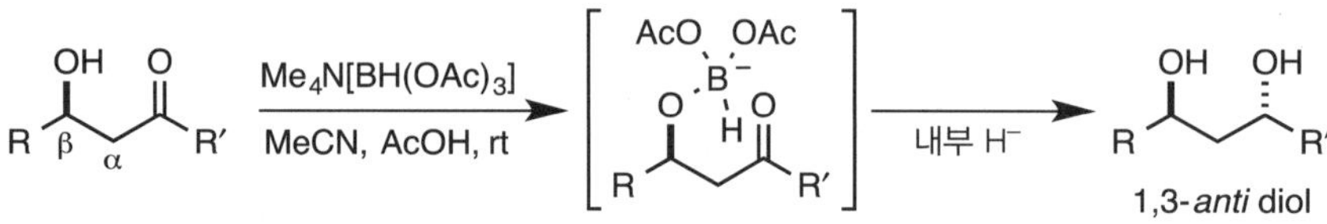

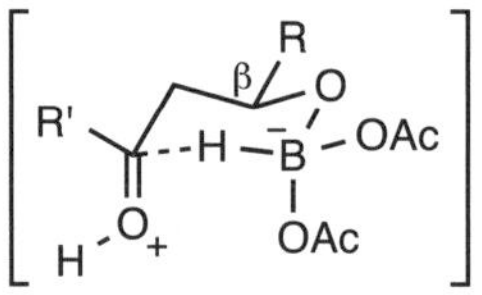

분자내 하이드라이드 이동

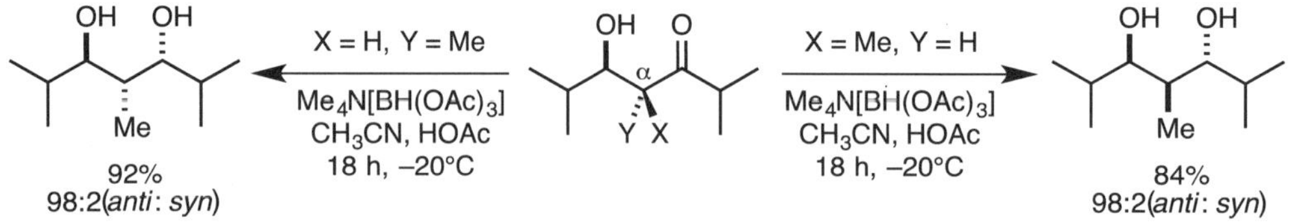

4.15 거울상 이성질 선택성 환원

몇 가지 접근은 케톤으로부터 거울상 농축 알코올의 합성을 위해 유용하다.[155] 거울상 이성질적인 농축(**라셈이 아닌**) 물질을 얻기 위해 중요한 세 가지 전략은 다음과 같다.[156]

- 라셈 혼합물의 **광학 분할**(optical resolution): 생성물의 50%를 잃기 때문에 매우 경제적이지 않다.
- **유도체화**(derivatization): 카이랄 화합물로 시작하고 반응 전체에 걸쳐 카이랄성을 유지할 수 있는 방법으로 조작해야 한다(S_N2 반응 또는 고리형 협동 반응에서의 카이랄성 이동).
- **비대칭 합성**(asymmetric synthesis): (1) 결과적으로 생성되는 화학 결합을 제어하기 위하여 비카이랄 기질에 붙는 **카이랄 보조제**(chiral auxiliary, 카이랄 아세탈－알데하이드의 합성적 대응물, 카이랄 하이드라존－케톤의 합성적인 대응물)를 사용한다. 보조제는 후에 분리되고 가능하면 회수된다. (2) 카이랄 생성물의 조절을 위해 거울상 면 또는 그룹(비대칭 유발) 사이를 구별하는 **카이랄 시약**(chiral reagent)을 사용한다. 기질과 시약이 결합하여 부분 입체 이성질성 전이 상태를 형성한다. (3) 부분 입체 이성질성 전이 상태에서 거울상 이성질 그룹 또는 면을 구별하기 위해 **카이랄 촉매**(chiral catalyst)를 사용하지만 카이랄종은 단지 촉매량만 사용한다.

대부분 비대칭은 사면체 중심에 카보닐, 엔올, 이민, 엔아민과 올레핀기의 **선구 카이랄**(prochiral) 삼각 탄소의 변환에 기초하여 만들어진다. 광학 활성 알코올의 제조를 위한 가장 쉬운 방법 중의 하나는 선구 카이랄 케톤의 환원이다. 이 전환은 카이랄 유기종이 붕소 또는 금속 수소화물로 묶인 카이랄 환원제를 사용하여 얻어진다(표 4.9).

표 4.9 선구 카이랄 알데하이드와 케톤의 환원제

화합물명	구조식	공급원	참고 문헌
Ipc-9-BBN [*R*-, *S*-Alpine-Borane]		(+)- 또는 (−)-α-pinene + 9-BBN	157
Ipc_2BCl [(+)-, (−)-DIP Cl]		(+)- 또는 (−)-Ipc_2BH + HCl(Et_2O에서)	160
2,5-Oxazaborolidines (CBS 시약)		D- 또는 L-Proline + PhMgBr, 그 다음 BH_3	163
BINAL-H [(*R*)-, (*S*)-BINAL-H]		(+)- 또는 (−)-binaphthol + $LiAlH_4$, 그 다음 MeOH 또는 EtOH	168

알핀-보레인 – Ipc-9-BBN[157]

9-보라바이사이클로[3.3.1]노네인(9-Borabicyclo[3.3.1]nonane, 9-BBN)과 α-피넨의 수소화붕소 첨가 반응(hydroboration)에 의해 제조되는 알핀-보레인(alpine-borane)은 우수한 거울상 이성질 선택성으로서 알데하이드, α-케토 에스터, 아세틸렌 케톤을 환원한다.[158] 이 환원은 MPV 반응과 유사한 고리형 과정을 경유하여 진행한다.

9-BBN + (+)-α-pinene —(9-BBN, THF)→ (*R*)-Alpine-Borane

PhCHO(D) —(*R*)-Alpine-Borane→ [전이 상태] —(− α-pinene)→ —(NaOH, H_2O_2)→ 96% ee

—(a. (*R*)-Alpine-Borane; b. NaOH, H_2O_2)→ 78%, 99% ee

포화된 케톤은 알핀-보레인에 의해 쉽게 환원되지 않는다. 그러나 $(Ipc)_2BH$를 사용하는 이 환원의 분자내 형태의 반응은 좋은 수율과 반응면 선택성을 보인다.[159]

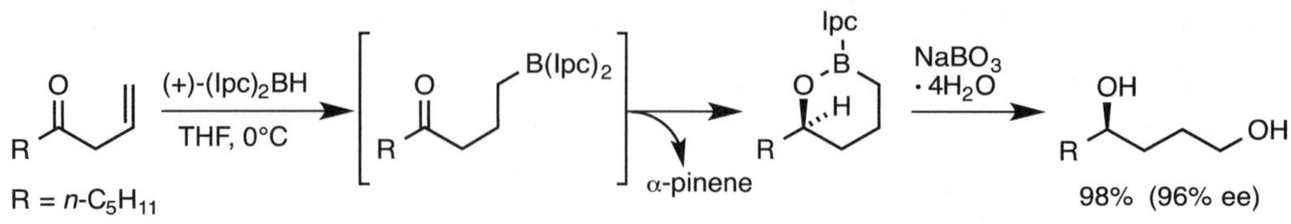

β-클로로다이아이소피노캄페일보레인$(Ipc)_2BCl$[160]

(−)-$(Ipc)_2BCl$[(+)-α-피넨으로부터]과 (+)-$(Ipc)_2BCl$[(−)-α-피넨으로부터]은 아릴과 알킬 케톤, 고리 케톤, α-케토 에스터,[161] α,β-불포화 케톤의 거울상 이성질 선택성 환원에 우수한 시약이다.[162]

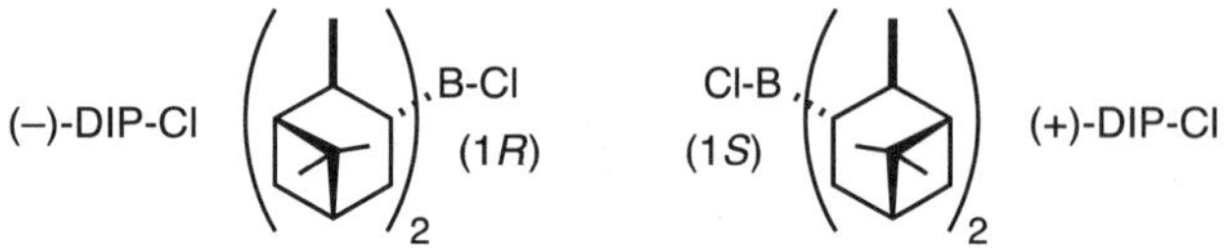

$(Ipc)_2BCl$(DIP-Cl)로부터 케토기로의 하이드라이드의 이동은 아마도 9-BBN 일부분이 Cl로 교체된 위에 표현된 알핀-보레인과 유사한 경로를 경유하여 진행한다. 다이에탄올아민은 붕소 성분의 제거를 위해 workup 과정에 보통 첨가된다.

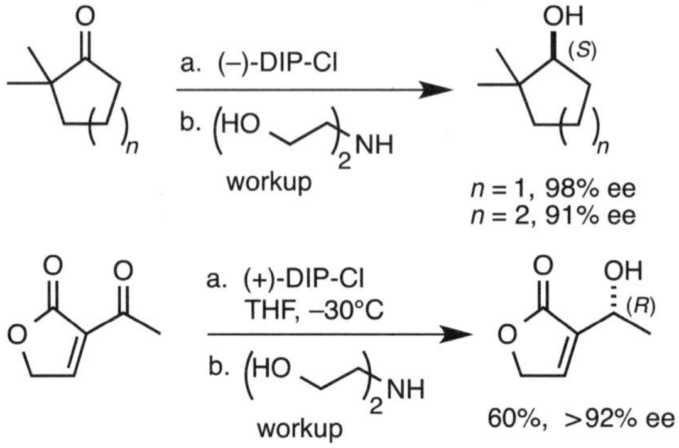

옥사자보롤리딘 – CBS 환원[163]

옥사자보롤리딘(oxazaborolidine)은 선구 카이랄 케톤의 다양한 거울상 이성질 선택성 환원을 위한 중요한 시약으로 떠오르고 있다. BH_3의 존재하에서 다이페닐 옥사자보롤리딘(diphenyl oxazaborolidine)과 비대칭 케톤의 CBS 환원(카이랄 옥사자보롤리딘 – 촉매 환원)[164]은 높은 거울상 초과량으로 단정할 수 있는 절대적 입체 화학의 알코올을 제공하기 위해 촉매적으로 진행한다.

이 환원은 아마도 고리 질소에 BH_3의 착물을 형성하고, 고리 붕소에 케톤 산소가 배위 결합한 후에 마지막으로 육원자 의자 형태와 유사한 전이 상태를 거쳐 카보닐기에 수소 음이온의 이동을 초래한다.[165]

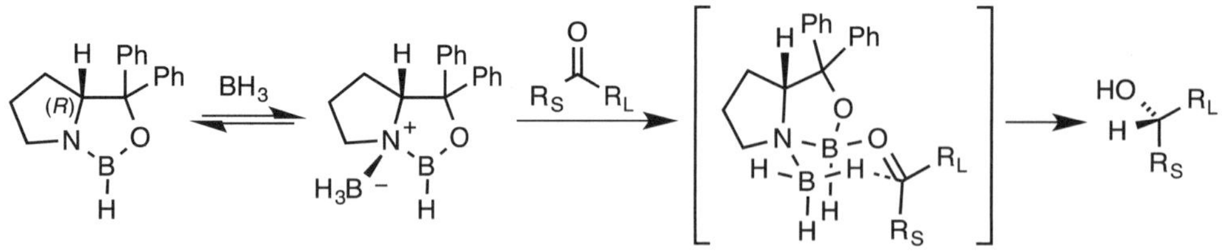

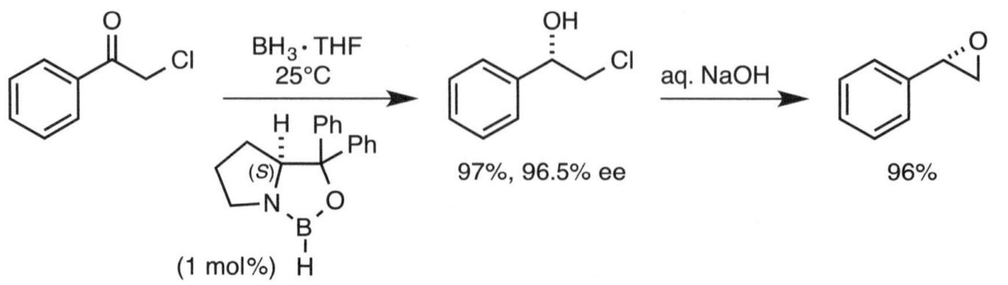

산업적 제조 같은 큰 규모의 작업에서 보레인은 덜 위험한 아민-보레인 복합체인 *N*,*N*-다이에틸아닐린-보레인(*N*,*N*-diethylaniline-borane)으로 대체할 수 있다.[166] 아민-보레인 복합체는 $NaBH_4$와 염화 *N*,*N*-다이에틸아닐린의 *in situ* 반응으로 생성되며, α,α-다이페닐프로리놀(α,α-diphenylprolinol) 촉매가 존재하에 케톤의 비대칭 환원 반응에 환원제로 사용될 수 있다.[167]

$NaBH_4$ (1.2 kg, 32 mol) + $Et_2NPh{\cdot}HCl$ (6.0 kg, 32 mol)
DME, CH_2Cl_2, rt
$^-BH_3$ N$^+$ Ph
O Cl (6.0 kg, 36 mol)
H Ph Ph (*S*) NH OH (450 g, 0.05 eq.) rt, 6 h
OH Cl 96%, 95% ee

BINAL-H[168]

BINAL-H는 THF 용매의 $LiAlH_4$ 용액에 바이나프톨(binaphthol)을 첨가한 후에 1당량의 메탄올이나 에탄올 중 하나를 첨가하여 제조한다. 이 시약은 일반적으로 최적의 선택성을 위해 세 배로 과량 사용된다. 아세틸렌성 케톤(acetylenic ketone),[168a] 방향족 케톤[168b]과 α,β-불포화 케톤을 높은 광학적 순도로 환원한다.[168c]

Li$^+$ O Al H O OR (*S*)-BINAL-H
Li$^+$ O Al H O OR (*R*)-BINAL-H

(*R*)-BINAL-H 시약은 기질의 *Si* 면으로 하이드라이드가 선택적으로 첨가되는 데 반해, (*S*)-시약은 *Re* 면에 첨가한다.

R *n*-C_5H_{11} O → (*R*)-BINAL-H, THF, −100°C to −78°C, *Si* 면에 첨가 → R *n*-C_5H_{11} HO H
R = *n*-C_4H_9 91%, 91% ee

R *n*-C_5H_{11} O → (*S*)-BINAL-H, THF, −100° ~ −78°C, *Re* 면에 첨가 → R *n*-C_5H_{11} H OH
R = H 87%, 85% ee
R = *n*-C_4H_9 85%, 90% ee

거울상 이성질 알코올의 효소적 접근

효소는 선구 카이랄 케톤의 거울상 이성질 선택성 환원을 위한 화학적 방법의 대안이다.[169] 이 환원은 일반적으로 영양분으로서 당류와 함께 물이나 완충 수용액 현탁액에서 실행한다.[170]

빵의 효모
H_2O, 슈크로스
25°C
(S)
93% ee

빵의 효모
H_2O, 슈크로스
(S)
79%, 99% ee

돼지 간 에스터 가수 분해 효소(PLE)[171] 또는 돼지 간 아세톤 분말(PLAP)[172] 보조제 환원과 같은 에스터 **가수 분해 효소**(hydrolase)의 사용은 거울상 농축 알코올의 합성에 적용한다.[173]

racemic
$ClCH_2CO_2H$
PLAP
H_2O
acetone
(±) (±) (−) (+)
> 99% ee

효소가 관여된 메조-다이올의 비대칭화는 거울상적으로 풍부한 알코올을 만드는 다른 접근이다.[173]

Ac_2O, Et_3N
CH_2Cl_2, rt
PS lipase
인산염 완충 용액
(pH 7)
THF, 20°C, 21 h
78% (2 steps)
95% ee

** 참고 문헌

1 (a) Cainelli, G. *Chromium Oxidations in Organic Chemistry*; Springer-Verlag: New York, 1984. (b) Haines, A. H. *Methods for Oxidation of Organic Compounds*; Academic Press: London, 1988. (c) Hudlicky, M. *Oxidations in Organic Chemistry*; ACS Monograph 186; American Chemical Society: Washington, DC, 1990. (d) Luzzio, F. A. *Org. React.* **1998**, *53*, 1. (e) Donohoe, T. J. *Oxidation and Reduction in Organic Synthesis*; Oxford University Press: Oxford, 2000.

2 Roberts, J. D.; Caserio, M. C. *Basic Principles of Organic Chemistry*, 2nd ed.; W. A. Benjamin: Menlo Park, CA, 1977, p 641.

3 (a) Bowden, K.; Heilbron, I. M.; Jones, E. R. H.; Weedon, B. C. L. *J. Chem. Soc.* **1946**, 39. (b) For an excellent preparation of the Jones reagent, see: Oppolzer, W.; Fehr, C.; Warneke, J. *Helv. Chim. Acta* **1977**, *60*, 48.

4 Brown, H. C.; Garg, C. P.; Liu, K.-T. *J. Org. Chem.* **1971**, *36*, 387.

5 (a) Ratcliffe, R.; Rodehorst, R. *J. Org. Chem.* **1970**, *35*, 4000. (b) Collins, J. C.; Hess, W. W. *Org. Synth.* **1972**, *52*, 5. (c) Ratcliffe, R. W. *Org. Synth.* **1975**, *55*, 84.

6 (a) Corey, E. J.; Suggs, J. W. *Tetrahedron Lett.* **1975**, 2647. (b) Piancatelli, G.; Scettri, A.; D'Auria, M. *Synthesis* **1982**, 245.

7 Brown, H. C.; Rao, C. G.; Kulkarni, S. U. *J. Org. Chem.* **1979**, *44*, 2809.

8 (a) Herscovici, J.; Antonakis, K. *J. Chem. Soc., Chem. Comm.* **1980**, 561. (b) Corey, E. J.; Pan, B.-C.; Hua, D. H.; Deardorff, D. R. *J. Am. Chem. Soc.* **1982**, *104*, 6816.

9 (a) Luche, J.-L. *Synthetic Organic Sonochemistry*; Plenum Press: New York, 1998. (b) Mason, T. J.; Lorimer, J. P. *Applied Sonochemistry*; Wiley-VCH: Weinheim, 2002.

10 Corey, E. J.; Schmidt, G. *Tetrahedron Lett.* **1979**, 399.

11 (a) Mancuso, A. J.; Swern, D. *Synthesis* **1981**, 165. (b) Marx, M.; Tidwell, T. T. *J. Org. Chem.* **1984**, *49*, 788. (c) Leopold, E. J. *Org. Synth.* **1985**, *64*, 164. (d) Tidwell, T. T. *Org. React.* **1990**, *39*, 297.

12 Ireland, R. E.; Norbeck, D. W. *J. Org. Chem.* **1985**, *50*, 2198.

13 Taber, D. F.; Amedio, J. C., Jr.; Jung, K.-Y. *J. Org. Chem.* **1987**, *52*, 5621.

14 (a) Corey, E. J.; Kim, C. U. *J. Am. Chem. Soc.* **1972**, *94*, 7586. (b) Corey, E. J.; Kim, C. U.; Misco, P. F. *Org. Synth.* **1978**, *58*, 122.

15 Yin, W.; Kabir, M. S.; Wang, Z.; Rallapalli, S. K.; Ma, J.; Cook, J. M. *J. Org. Chem.* **2010**, *75*, 3339.

16 (a) Dess, D. B.; Martin, J. C. *J. Am. Chem. Soc.* **1991**, *113*, 7277. (b) Boeckman, R. K., Jr.; Shao, P.; Mullins, J. *J. Org. Synth.* **2000**, *77*, 141.

17 Frigerio, M.; Santagostino, M.; Sputore, S. *J. Org. Chem.* **1999**, *64*, 4537.

18 (a) Ireland, R. E.; Lui, L. *J. Org. Chem.* **1993**, *58*, 2899. (b) Meyer, S. D.; Schreiber, S. L. *J. Org. Chem.* **1994**, *59*, 7549.

19 Nicolaou, K. C.; Yue, E. W.; Naniwa, Y.; De Riccardis, F.; Nadin, A.; Leresche, J. E.; La Greca, S.; Yang, Z. *Angew. Chem. Int. Ed.* **1994**, *33*, 2184.

20 (a) Satam, V.; Harad, A.; Rajule, R.; Pati, H. *Tetrahedron* **2010**, *66*, 7659. (b) Duschek, A.; Kirsch, S. F. *Angew. Chem. Int. Ed.* **2011**, *50*, 1524.

21 Nicolaou, K. C.; Mathison, C. J. N.; Montagnon, T. *Angew. Chem. Int. Ed.* **2003**, *42*, 4077.

22 (a) Frigerio, M.; Santagostino, M. *Tetrahedron Lett.* **1994**, *35*, 8019. (b) Corey, E. J.; Palani, A. *Tetrahedron Lett.* **1995**, *36*, 3485.

23 Mazitschek, R.; Mülbaier, M.; Giannis, A. *Angew. Chem. Int. Ed.* **2002**, *41*, 4059.

24 Brown, L. E.; Landaverry, Y. R.; Davies, J. R.; Milinkevich, K. A.; Ast, S.; Carlson, J. S.; Oliver, A. G.; Konopelski, J. P. *J. Org. Chem.* **2009**, *74*, 5405.

25 Ley, S. V.; Norman, J.; Griffith, W. P.; Marsden, S. P. *Synthesis* **1994**, 639.

26 Schmidt, A.-K. C.; Stark, C. B. W. *Org. Lett.* **2011**, *13*, 4164.

27 (a) Fatiadi, A. J. *Synthesis* **1976**, 65. (b) Fatiadi, A. J. *Synthesis* **1976**, 133.

28 Firouzabadi, H.; Ghaderi, E. *Tetrahedron Lett.* **1978**, 839.

29 (a) Garigipati, R. S.; Freyer, A. J.; Whittle, R. R.; Weinreb, S. M. *J. Am. Chem. Soc.* **1984**, *106*, 7861. (b) Hollinshead, D. M.; Howell, S. C.; Ley, S. V.; Mahon, M.; Ratcliffe, N. M.; Worthington, P. A. *J. Chem. Soc., Perkin Trans. I* **1983**, 1579.

30 (a) Tronchet, J. M. J.; Tronchet, J.; Birkhäuser, A. *Helv. Chim. Acta.* **1970**, *53*, 1489. (b) Fetizon, M.; Golfier, M.; Louis, J.-M. *Tetrahedron* **1975**, *31*, 171. (c) McKillop, A.; Young, D. W. *Synthesis* **1979**, 401.

31 Grieco, P. A.; Lis, R.; Ferrino, S.; Jaw, J. Y. *J. Org. Chem.* **1982**, *47*, 601.

32 (a) Cella, J. A.; Kelley, J. A.; Kenehan, E. F. *J. Org. Chem.* **1975**, *40*, 860. (b) Anelli, P. L.; Banfi, S.; Montanari, F.; Quici, S. *J. Org. Chem.* **1989**, *54*, 2970. (c) Inokuchi, T.; Atsumoto, S. *J. Org. Chem.* **1990**, *31*, 2177. (d) De Mico, A.; Margarita, R.; Parlanti, L.; Vescovi, A.; Piancatelli, G. *J. Org. Chem.* **1997**, *62*, 6974.

33 Pierce, M. E.; Harris, G. D.; Islam, Q.; Radesca, L.A.; Storace, L.; Waltermire, R. E.; Wat, E.; Jadhav, P. K.; Emmett, G. C. *J. Org. Chem.* **1996**, *61*, 444.

34 (a) Semmelhack, M. F.; Schmid, C. R.; Cortés, D. A.; Chou, C. S. *J. Am. Chem. Soc.* **1984**, *106*, 3374. (b) Mehta, G.; Pan, S. C. *Org. Lett.* **2004**, *6*, 3985.

35 Pozzi, G.; Quici, S.; Benaglia, M.; Dell'Anna, G. *Org. Lett.* **2004**, *6*, 441.

36 Sridharan, V.; Menéndez, J. C. *Chem. Rev.* **2010**, *110*, 3805.

37 (a) Ho, T. L. *Synthesis* **1978**, 936. (b) Tomioka, H.; Oshima, K.; Nozaki, H. *Tetrahedron Lett.* **1982**, *23*, 539.

38 Shaabani, A.; Lee, D. G. *Synth. Commun.* **2003**, *33*, 1845.

39 Jung, M. E.; Speltz, L. M. *J. Am. Chem. Soc.* **1976**, *98*, 7882.

40 Olah, G. A.; Gupta, B. G. B.; Fung, A. P. *Synthesis* **1980**, 897.

41 Krebs, A.; Burgdörfer, G. *Tetrahedron Lett.* **1973**, *23*, 2063.

42 Rigby, W. *J. Chem. Soc.* **1951**, 793.

43 Leonard, N. M.; Wieland, L. C.; Mohan, R. S. *Tetrahedron* **2002**, *58*, 8373.

44 (a) Vedejs, E.; Larsen, S. *Org. Synth.* **1985**, *64*, 127. (b) Rubottom, G. M.; Gruber, J. M.; Juve, H. D., Jr. *Org. Synth.* **1985**, *64*, 118.

45 Demir, A. S.; Emrullahoglu, M. *Curr. Org. Synth.* **2007**, *4*, 323.

46 (a) Williams, G. J.; Hunter, N. R. *Can. J. Chem.* **1976**, *54*, 3830. (b) Dunlap, N. K.; Sabol, M. R.; Watt, D. S. *Tetrahedron Lett.* **1984**, *25*, 5839.

47 (a) Babler, J. H.; Coghlan, M. J. *Synth. Commun.* **1976**, *6*, 469. (b) Dauben, W. G.; Michno, D. M. *J. Org. Chem.* **1977**, *42*, 682. (c) For a recent modification, see: Shibuya, M.; Ito, S.; Takahashi, M.; Iwabuchi, Y. *Org. Lett.* **2004**, *6*, 4303.

48 Garnsey, M. R.; Matous, J. A.; Kwiek, J. J.; Coltart, D. M. *Bioorg. Med. Chem. Lett.* **2011**, *21*, 2406.

49 Majetich, G.; Condon, S.; Hull, K.; Ahmad, S. *Tetrahedron Lett.* **1989**, *30*, 1033.

50 Luzzio, F. A.; Moore, W. J. *J. Org. Chem.* **1993**, *58*, 2966.
51 (a) Abiko, A.; Roberts, J. C.; Takemasa, T.; Masamune, S. *Tetrahedron Lett.* **1986**, *27*, 4537. (b) Roush, W. R.; Michaelides, M. R.; Tai, D. F.; Lesur, B. M.; Chong, W. K. M.; Harris, D. J. *J. Am. Chem. Soc.* **1989**, *111*, 2984.
52 (a) Lindgren, B. O.; Hilsson, T. *Acta Chem. Scand.* **1973**, *27*, 888. (b) Kraus, G. A.; Roth, B. *J. Org. Chem.* **1980**, *45*, 4825. (c) Bal, B. S.; Childers, W. E., Jr.; Pinnick, H. W. *Tetrahedron* **1981**, *37*, 2091.
53 (a) Campaigne, E.; LeSuer, W. M. *Org. Synth.*, **1963**, Coll. Vol. IV, 919. (b) Colombo, L.; Gennari, C.; Resnati, G.; Scolastico, C. *Synthesis* **1981**, 74.
54 Morita, M.; Ohmori, K.; Suzuki, K. *Org. Lett.* **2015**, *17*, 5634.
55 (a) Corey, E. J.; Gilman, N. W.; Ganem, B. E. *J. Am. Chem. Soc.* **1968**, *90*, 5616. (b) Travis, B. R.; Sivakumar, M.; Hollist, G. O.; Borhan, B. *Org. Lett.* **2003**, *5*, 1031.
56 Stevens, R. V.; Chapman, K. T.; Stubbs, C. A.; Tam, W. W.; Albizati, K. F. *Tetrahedron Lett.* **1982**, *23*, 4647.
57 (a) Müller, P.; Godoy, J. *Helv. Chim. Acta* **1981**, *64*, 2531. (b) Krapcho, A. P.; Larson, J. R.; Eldridge, J. M. *J. Org. Chem.* **1977**, *42*, 3749.
58 (a) Makosza, M. *Pure Appl. Chem.* **1975**, *43*, 439. (b) Makosza, M.; Fedorynski, M. In *Handbook of Phase Transfer Catalysis*; Sasson, Y., Neumann, R., Eds.; Chapman Hill: London, 1997.
59 (a) Zweifel, G.; Backlund, S. J. *J. Am. Chem. Soc.* **1977**, *99*, 3184. (b) Midland, M. M.; Lee, P. E. *J. Org. Chem.* **1981**, *46*, 3933.
60 (a) Gopal, H.; Gordon, A. J. *Tetrahedron Lett.* **1971**, 2941. (b) Lee, D. G.; Chang, V. S. *J. Org. Chem.* **1979**, *44*, 2726.
61 (a) Rabjohn, N. *Org. React.* **1976**, *24*, 261. (b) Carruthers, W. *Some Modern Methods of Organic Synthesis*, 3rd ed.; Cambridge University Press: Cambridge, 1986, p 348.
62 (a) Umbreit, M. A.; Sharpless, K. B. *J. Am. Chem. Soc.* **1977**, *99*, 5526. (b) Brown, H. C.; Dhokte, U. P. *J. Org. Chem.* **1994**, *59*, 2025.
63 (a) Ginsburg, D.; Pappo, R. *J. Chem. Soc.* **1951**, 516. (b) Mori, K. *Tetrahedron* **1978**, *34*, 915.
64 Shing, T. K. M.; Yeung, Y.-Y.; Su, P. L. *Org. Lett.* **2006**, *8*, 3149.
65 Parish, E. J.; Chitrakorn, S.; Wei, T.-Y. *Synth. Commun.* **1986**, *16*, 1371.
66 Trzoss, L.; Xu, J.; Lacoske, M. H.; Mobley, W. C.; Theodorakis, E. A. *Chem. Eur. J.* **2013**, *19*, 6398.
67 (a) Kharasch, M. S.; Sosnovsky, G.; Yang, N. C. *J. Am. Chem. Soc.* **1959**, *81*, 5819. (b) Pedersen, K.; Jakobson, P.; Lawesson, S.-O. *Org. Synth.*, **1973**, *Coll. Vol. V* 70.
68 Kochi, J. K.; Bemis, A. *Tetrahedron* **1968**, *24*, 5099.
69 Lumbroso, A.; Cooke, M. L.; Breit, B. *Angew. Chem. Int. Ed.* **2013**, *52*, 1890.
70 (a) Andrus, M. B.; Chen, X. *Tetrahedron* **1997**, *53*, 16229. (b) Sekar, G.; DattaGupta, A.; Singh, V. K. *J. Org. Chem.* **1998**, *63*, 2961. (c) Malkov, A. V.; Bella, M.; Langer, V.; Kocovsky, P. *Org. Lett.* **2000**, *2*, 3047.
71 (a) Liron, F.; Oble, J.; Lorion, M. M.; Poli, G. *Eur. J. Org. Chem.* **2014**, 5863. (b) Mann, S. E.; Benhamou, L.; Sheppard, T. D. *Synthesis* **2015**, *47*, 3079.
72 (a) Chen, M. S.; White, M. C. *J. Am. Chem. Soc.* **2004**, *126*, 1346. (b) Covell, D. J.; Vermeulen, N. A.; Labenz, N. A.; White, M. C. *Angew. Chem. Int. Ed.* **2006**, *45*, 8217.
73 Delcamp, J. H.; White, M. C. *J. Am. Chem. Soc.* **2006**, *128*, 15076.
74 (a) Brown, H. C. *Boranes in Organic Chemistry*; Cornell University Press: Ithaca, 1972. (b) Hajos, A. *Complex Hydrides and Related Reducing Agents in Organic Synthesis*; Elsevier: Amsterdam, 1979. (c) Pelter, A.; Smith, K.; Brown, H. C. *Borane Reagents*; Academic Press: London, 1988. (d) Hudlicky, M. *Reductions in Organic Chemistry*, 2nd ed.; ACS Monograph 188; American Chemical Society: Washington, DC, 1996. (e) Brown, H. C.; Ramachandran, P. V. In *Reductions in Organic Synthesis*; Abdel-Magid, A. F., Ed.; ACS Symposium Series No. 641; American Chemical Society: Washington, DC, 1996. (f) Smith, M. B.; March, J. *March's Advanced Organic Chemistry*, 5th ed.; John Wiley & Sons, Inc.: New York, 2001, p 1544.
75 (a) Eliel, E. L.; Wilen, S. H.; Mander, L. N. *Stereochemistry of Organic Compounds*; John Wiley & Sons, Inc.: New York, 1994. (b) Ward, R. S. *Selectivity in Organic Synthesis*; John Wiley & Sons, Ltd.: Chichester, 1999.
76 Horeau, A. *Tetrahedron Lett.* **1969**, 3121.
77 (a) Eliel, E. L.; Wilen, S. H. *Chem. Eng. News*, July 22, 1991, p 3. (b) Brewster, J. H. *Chem. Eng. News*, May 18, 1992, p 3.
78 (a) Ruch, E.; Ugi, I. *Top. Stereochem.* **1969**, *4*, 99. (b) Ruch, E. *Acc. Chem. Res.* **1972**, *5*, 49.
79 Brown, H. C., Kramer, G. W.; Levy, A. B.; Midland, M. M. *Organic Syntheses via Boranes*; John Wiley & Sons, Inc.: New York, 1975, p 244.
80 (a) Fieser, L. F., Fieser, M. *Reagents for Organic Synthesis*; John Wiley & Sons, Inc.: New York, 1967; Vol. 1, p 583. (b) Burke, S. D.; Murtiashaw, C. W.; Dike, M. S.; Strickland, S. M. S.; Saunders, J. O. *J. Org. Chem.* **1981**, *46*, 2400. (c) Burgstahler, A. W.; Nordin, I. C. *J. Am. Chem. Soc.* **1961**, *83*, 198 (experimental procedure given on page 205). (d) Powell, J.; James, N.; Smith, S. J. *Synthesis* **1986**, 338.
81 (a) Seyden-Penne, J. *Reductions by the Alumino- and Borohydrides in Organic Synthesis*; VCH/ Lavoisier-Tec & Doc:

Paris, 1991. (b) Ashby, E. C.; Boone, J. R. *J. Am. Chem. Soc.* **1976**, *98*, 5524.
82 Brown, H.C.; Krishnamurthy, S. *Tetrahedron* **1979**, *35*, 567.
83 (a) Málek, J. *Org. React.* **1985**, *34*, 1. (b) Málek, J. *Org. React.* **1988**, *36*, 249.
84 Mosettig, E.; Mozingo, R. *Org. React.* **1948**, *4*, 362.
85 Ward, D. E.; Rhee, C. *Can. J. Chem.* **1989**, *67*, 1206.
86 (a) Kanth, J. V. B.; Periasamy, M. *J. Org. Chem.* **1991**, *56*, 5964. (b) Hartung, I. V.; Rude, M. A.; Schnarr, N. A.; Hunziker, D.; Khosla, C. *J. Am. Chem. Soc.* **2005**, *127*, 11202.
87 McKennon, M. J.; Meyers, A. I.; Drauz, K.; Schwarm, M. *J. Org. Chem.* **1993**, *58*, 3568.
88 Brown, H. C.; Choi, Y. M.; Narasimhan, S. *Inorg. Chem.* **1981**, *20*, 4454.
89 Sallay, I.; Dutka, F.; Fodor, G. *Helv. Chim. Acta* **1954**, *37*, 778.
90 (a) Narasimhan, S.; Madhavan, S.; Prasad, K. G. *J. Org. Chem.* **1995**, *60*, 5314. (b) Narasimhan, S.; Balakumar, R. *Aldrichimica Acta* **1998**, *31*, 19.
91 Brown, H. C.; Krishnamurthy, S. *J. Am. Chem. Soc.* **1973**, *95*, 1669.
92 Brown, H. C.; Kim, S. C.; Krishnamurthy, S. *J. Org. Chem.* **1980**, *45*, 1.
93 Krishnamurthy, S.; Schubert, R. M.; Brown, H. C. *J. Am. Chem. Soc.* **1973**, *95*, 8486.
94 (a) Lane, C. F. *Synthesis* **1975**, 135. (b) Hutchins, R. O.; Natale, N. R. *Org. Prep. Proc. Int.* **1979**, *11*, 201.
95 Baxter, E. W.; Reitz, A. B. *Org. React.* **2002**, *59*, 1.
96 Borch, R. F.; Bernstein, M. D.; Durst, H. D. *J. Am. Chem. Soc.* **1971**, *93*, 2897.
97 (a) Abdel-Magid, A. F.; Maryanoff, C. A. In *Reductions in Organic Synthesis*; Abdel-Magid, A. F., Ed.; ACS Symposium Series No. 641; American Chemical Society: Washington, DC, 1996; p 201. (b) Abdel-Magid, A. F.; Carson, K. G.; Harris, B. D.; Maryanoff, C. A.; Shah, R. D. *J. Org. Chem.* **1996**, *61*, 3849.
98 Emerson, W. S. *Org. React.* **1948**, *4*, 174.
99 Ranu, B. C.; Majee, A.; Sarkar, A. *J. Org. Chem.* **1998**, *63*, 370.
100 Shapiro, R. H. *Org. React.* **1976**, *23*, 405.
101 (a) Winterfeldt, E. *Synthesis* **1975**, 617. (b) Zweifel, G. In *Comprehensive Organic Chemistry*; Barton, D., Ollis, W. D., Eds.; Pergamon Press: Oxford, 1979; Vol. 3, p 1013. (c) Yoon, N. M.; Gyoung, Y. S. *J. Org. Chem.* **1985**, *50*, 2443. (d) Wilson, K. E.; Seidner, R. T.; Masamune, S. *J. Chem. Soc., Chem. Commun.* **1970**, 213.
102 (a) Baran, J. S. *J. Org. Chem.* **1965**, *30*, 3564. (b) Corey, E. J.; Weinshenker, N. M.; Schaaf, T. K.; Huber, W. *J. Am. Chem. Soc.* **1969**, *91*, 5675.
103 Smith, A. B., III; Branca, S. J.; Pilla, N. N.; Guaciaro, M. A. *J. Org. Chem.* **1982**, *47*, 1855.
104 Taber, D. F.; Silverberg, L. J.; Robinson, E. D. *J. Am. Chem. Soc.* **1991**, *113*, 6639.
105 Yoon, N. M.; Pak, C. S.; Brown, H. C.; Krishnamurthy, S.; Stocky, T. P. *J. Org. Chem.* **1973**, *38*, 2786.
106 Yoon, N. M.; Lee, H. J.; Kang, J.; Chung, J. S. *J. Korean Chem. Soc.* **1975**, *19*, 468.
107 Ravikumar, K. S.; Baskaran, S.; Chandrasekaran, S. *J. Org. Chem.* **1993**, *58*, 5981.
108 Krishnamurthy, S.; Brown, H. C. *J. Org. Chem.* **1977**, *42*, 1197.
109 Gemal, A. L.; Luche, J.-L. *J. Am. Chem. Soc.* **1981**, *103*, 5454.
110 Ganem, B. *J. Org. Chem.* **1975**, *40*, 146.
111 Brown, H. C.; Hess, H. M. *J. Org. Chem.* **1969**, *34*, 2206.
112 Russo, A. T.; Amezcua, K. L.; Huynh, V. A.; Rousslang, Z. M.; Cordes, D. B. *Tetrahedron Lett.* **2011**, *52*, 6823.
113 Harikrishna, K.; Rakshit, A.; Aidhen, I. S. *Eur. J. Org. Chem.* **2013**, 4918.
114 (a) Gribble, G. W.; Ferguson, D. C. *J. Chem. Soc., Chem. Comm.* **1975**, 535. (b) Tolstikov, G. A.; Odinokov, V. N.; Galeeva, R. I.; Bakeeva, R. S.; Akhunova, V. R. *Tetrahedron Lett.* **1979**, 4851. (c) Gribble, G. W.; Nutaitis, CF *Org. Prep. Proc. Int.* **1985**, *17*, 317.
115 Brown, H. C.; Kulkarni, S. U. *J. Org. Chem.* **1977**, *42*, 4169.
116 Ranu, B. C. *Synlett* **1993**, 885, and references cited therein.
117 (a) Luche, J.-L.; Gemal, A. L. *J. Am. Chem. Soc.* **1979**, *101*, 5848. (b) Gemal, A. L.; Luche, J.-L. *J. Org. Chem.* **1979**, *44*, 4187.
118 Reed, L. J.; Niu, C.-I. *J. Am. Chem. Soc.* **1955**, *77*, 416.
119 Kim, J.; De Castro, K. A.; Lim, M.; Rhee, H. *Tetrahedron* **2010**, 66, 3995.
120 Kende, A. S.; Fludzinski, P. *Org. Synth.* **1985**, *64*, 104.
121 Cohen, N.; Lopresti, R. J.; Saucy, G. *J. Am. Chem. Soc.* **1979**, *101*, 6710.
122 Kim, S.; Ahn, K. H. *J. Org. Chem.* **1984**, *49*, 1717.
123 Kim, G.; Sohn, T.; Kim, D.; Paton, R. S. *Angew. Chem. Int. Ed.* **2014**, *53*, 272.
124 (a) Wu, Y.-D.; Houk, K. N. *J. Am. Chem. Soc.* **1987**, *109*, 908. (b) Wu, Y.-D.; Houk, K. N.; Trost, B. M. *J. Am. Chem. Soc.* **1987**, *109*, 5560. (c) For a rationalization based on stereoelectronic factors, see: Cieplak, A. S.; Tait, B. D.; Johnson, C. R. *J. Am. Chem. Soc.* **1989**, *111*, 8447.

125 (a) Brown, H. C.; Krishnamurthy, S. *J. Am. Chem. Soc.* **1972**, *94*, 7159. (b) Krishnamurthy, S. *Aldrichimica Acta* **1974**, *7*, 55. (c) Krishnamurthy, S.; Brown, H. C. *J. Am. Chem. Soc.* **1976**, *98*, 3383.

126 Wilds, A. L. *Org. React.* **1944**, *2*, 178.

127 (a) Collin, J.; Namy, J.-L.; Kagan, H. B. *Nouv. J. Chim.* **1986**, *10*, 229. (b) Evans, D. A.; Kaldor, S. W.; Jones, T. K.; Clardy, J.; Stout, T. J. *J. Am. Chem. Soc.* **1990**, *112*, 7001.

128 (a) Gung, B. W. *Tetrahedron* **1996**, *52*, 5263. (b) Tomoda, S.; Senju, T. *Tetrahedron* **1999**, *55*, 3871. (c) Yadav, V. K.; Jeyaraj, D. A.; Balamurugan, R. *Tetrahedron* **2000**, *56*, 7581.

129 Procter, G. *Stereoselectivity in Organic Synthesis*; Oxford University Press: New York, 1998.

130 (a) Bürgi, H. B.; Dunitz, J. D.; Schefter, E. *J. Am. Chem. Soc.* **1973**, *95*, 5065. (b) Bürgi, H. B.; Dunitz, J. D.; Lehn, J. M.; Wipff, G. *Tetrahedron* **1974**, *30*, 1563. (c) Bürgi, H. B.; Dunitz, J. D. *Acc. Chem. Res.* **1983**, *16*, 153.

131 (a) Haubenstock, H.; Eliel, E. L. *J. Am Chem. Soc.* **1962**, *84*, 2363. (b) Rei, M.-H. *J. Org. Chem.* **1983**, *48*, 5386. (c) Weissenberg, M.; Levisalles, J. *Tetrahedron* **1995**, *51*, 5711.

132 (a) Mitsunobu, O. *Synthesis* **1981**, 1. (b) Hughes, D. L. *Org. React.* **1992**, *42*, 335. (d) Dodge, J. A.; Nissen, J. S.; Presnell, M. *Org. Synth.* **1995**, *73*, 110.

133 Meyers, A. I.; Bienz, S. *J. Org. Chem.* **1990**, *55*, 791.

134 For a recent interpretation of the mechanism, see: Varasi, M.; Walker, K. A. M.; Maddox, M. L. *J. Org. Chem.* **1987**, *52*, 4235.

135 Ghosh, A. K.; Leshchenko, S.; Noetzel, M. *J. Org. Chem.* **2004**, *69*, 7822.

136 (a) Lodge, E. P.; Heathcock, C. H. *J. Am. Chem. Soc.* **1987**, *109*, 2819. (b) Nogradi, M. *Stereoselective Synthesis: A Practical Approach*; VCH: Weinheim, **1995**. (c) Nishio, M.; Hirota, M. *Tetrahedron* **1989**, *45*, 7201. (d) Ho, T.-L. *Stereoselectivity in Synthesis*; John Wiley & Sons, Inc.: New York, 1999.

137 Hanson, K. R. *J. Am. Chem. Soc.* **1966**, *88*, 2731.

138 Masamune, S.; Choy, W.; Petersen, J. S.; Sita, L. R. *Angew. Chem. Int. Ed.* **1985**, *24*, 1.

139 Cram, D. J.; Elhafez, F. A. A. *J. Am. Chem. Soc.* **1952**, *74*, 5828.

140 (a) Cornforth, J. W.; Cornforth, R. H.; Matthew, K. K. *J. Chem. Soc.* **1959**, 112. (b) Karabatsos, G. J. *J. Am. Chem. Soc.* **1967**, *89*, 1367.

141 (a) Chérest, M.; Felkin, H.; Prudent, N. *Tetrahedron Lett.* **1968**, 2199. (b) Anh, N. T.; Eisenstein, O. *Nouv. J. Chem.* **1977**, *1*, 61. (c) Anh, N. T. *Top. Curr. Chem.* **1980**, *88*, 145.

142 Yamamoto, Y.; Matsuoka, K.; Nemoto, H. *J. Am. Chem. Soc.* **1988**, *110*, 4475.

143 (a) Reetz, M. *Topics Current Chem.* **1982**, *106*, 1. (b) Weidmannn, B.; Seebach, D. *Angew. Chem. Int. Ed.* **1983**, *22*, 31.

144 Cram, D. J.; Kopecky, K. R. *J. Am. Chem. Soc.* **1959**, *81*, 2748.

145 Reetz, M. T. *Acc. Chem. Res.* **1993**, *26*, 462.

146 (a) Evans, D. A.; Kozlowski, M. C.; Murry, J. A.; Burgey, C. S.; Campos, K. R.; Connell, B. T.; Staples, R. J. *J. Am. Chem. Soc.* **1999**, *121*, 669. (b) Evans, D. A.; Burgey, C. S.; Kozlowski, M. C.; Tregay, S. W. *J. Am. Chem. Soc.* **1999**, *121*, 686.

147 Atkinson, R. S. *Stereoselective Synthesis*; John Wiley & Sons, Inc.: New York, 1995, p 304.

148 (a) Reetz, M. T.; Jung, A. *J. Am. Chem. Soc.* **1983**, *105*, 4833. (b) Evans, D. A.; Allison, B. D.; Yang, M. G. *Tetrahedron Lett.* **1999**, *40*, 4457.

149 Mori, Y.; Kuhara, M.; Takeuchi, A.; Suzuki, M. *Tetrahedron Lett.* **1988**, *29*, 5419.

150 Keck, G. E.; Andrus, M. B.; Romer, D. R. *J. Org. Chem.* **1991**, *56*, 417.

151 Chen, K.-M.; Hardtmann, G. E.; Prasad, K.; Repic, O.; Shapiro, M. J. *Tetrahedron Lett.* **1987**, *28*, 155.

152 (a) Narasaka, K.; Pai, F.-C. *Tetrahedron* **1984**, *40*, 2233. (b) For chelation control using Li[BH(n-Bu)$_3$], see: Faucher, A.-M.; Brochu, C.; Landry, S. R.; Duchesne, I.; Hantos, S.; Roy, A.; Myles, A.; Legault, C. *Tetrahedron Lett.* **1998**, *39*, 8425.

153 Saksena, A. K.; Mangiaracina, P. *Tetrahedron Lett.* **1983**, *24*, 273.

154 (a) Evans, D. A.; Chapman, K. T. *Tetrahedron Lett.* **1986**, *27*, 5939. (b) Evans, D. A.; Chapman, K. T., Carreira, E. M. *J. Am. Chem. Soc.* **1988**, *110*, 3560.

155 (a) Kruger, D.; Sopchik, A. E.; Kingsbury, C. A. *J. Org. Chem.* **1984**, *49*, 778. (b) Brown, H. C.; Park, W. S.; Cho, B. T.; Ramachandran, P. V. *J. Org. Chem.* **1987**, *52*, 5406. (c) Singh, V. K. *Synthesis* **1992**, 605. (d) Deloux, L.; Srebnik, M. *Chem. Rev.* **1993**, *93*, 763. (e) Seyden-Penne, J. *Chiral Auxiliaries and Ligands in Asymmetric Synthesis*; John Wiley & Sons, Inc., **1995**. (f) Itsuno, S. *Org. React.* **1998**, *52*, 395.

156 Corey, E. J.; Lecture. Robert Welch Foundation Conferences on Chemical Research, XXVII, 1993.

157 Midland, M. M. *Chem. Rev.* **1989**, *89*, 1553.

158 (a) Midland, M. M.; Greer, S.; Tramontano, A.; Zderic, S. A. *J. Am. Chem. Soc.* **1979**, *101*, 2352. (b) Midland, M. M.; McDowell, D. C.; Hatch, R. L.; Tramontano, A. *J. Am. Chem. Soc.* **1980**, *102*, 867. (c) Midland, M. M.; Graham, R. S. *Org. Synth.* **1985**, *63*, 57.

159 Molander, G. A.; Bobbitt, K. L. *J. Org. Chem.* **1994**, *59*, 2676.

160 Ramachandran, P. V.; Brown, H. C. *Recent Advances in Asymmetric Reductions with B-Chlorodiisopinocampheylborane*; ACS Monograph 641; American Chemical Society: Washington, DC, 1996.

161 (a) Brown, H. C.; Chandrasekharan, J.; Ramachandran, P. V. *J. Am. Chem. Soc.* **1988**, *110*, 1539. (b) Ramachandran, P. V.; Teodorovic, A. V.; Rangaishenvi, M. V.; Brown, H. C. *J. Org. Chem.* **1992**, *57*, 2379. (c) Rogic, M. M. *J. Org. Chem.* **2000**, *65*, 6868.

162 Horne, D. A.; Fugmann, B.; Yakushijin, K.; Büchi, G. *J. Org. Chem.* **1993**, *58*, 62.

163 (a) Corey, E. J.; Bakshi, R. K.; Shibata, S. *J. Am. Chem. Soc.* **1987**, *109*, 5551. (b) Corey, E. J.; Shibata, S.; Bakshi, R. K. *J. Org. Chem.* **1988**, *53*, 2861. (c) Lohrag, B. B.; Bhushan, V. *Oxazaborolidines*; Wiley-VCH: New York, 1998.

164 Corey, E. J.; Bakshi, R. K.; Shibata, S.; Chen, C.-P.; Singh, V. K. *J. Am. Chem. Soc.* **1987**, *109*, 7925.

165 Jones, D. K.; Liotta, D. C.; Shinkai, I.; Mathre, D. J. *J. Org. Chem.* **1993**, *58*, 799.

166 Salunkhe, A. M.; Burkhardt, E. R. *Tetrahedron Lett.* **1997**, *38*, 1523.

167 Mahale, R. D.; Chaskar, S. P.; Patil, K. E.; Maikap, G. C.; Gurjar, M. K. *Org. Process Res. Dev.* **2012**, *16*, 710.

168 (a) Nishizawa, M.; Yamada, M.; Noyori, R *Tetrahedron Lett.* **1981**, *22*, 247. (b) Noyori, R.; Tomino, I.; Tamimoto, Y.; Nishizawa, M. *J. Am. Chem. Soc.* **1984**, *106*, 6709. (c) Noyori, R.; Tomino, I.; Yamada, M.; Nishizawa, M. *J. Am. Chem. Soc.* **1984**, *106*, 6717.

169 (a) Wong, C.-H.; Whitesides, G. M. *Enzymes in Synthetic Organic Chemistry*; Pergamon Press: Oxford, 1994. (b) Smith, M. B. *Organic Synthesis*, 2nd ed.; McGraw-Hill: Boston, **2002**, pp 415–420.

170 (a) Seebach, D.; Sutter, M. A.; Weber, R. H.; Züger, M. F. *Org. Synth.* **1984**, *63*, 1. (b) Mori, K.; Mori, H. *Tetrahedron* **1987**, *43*, 4097.

171 Huang, F.-C.; Lee, L. F. H.; Mittal, R. S. D.; Ravikumar, P. R.; Chan, J. A.; Sih, C. J.; Caspi, E.; Eck, C. R. *J. Am. Chem. Soc.* **1975**, *97*, 4144.

172 Jones, J. B. *Pure Appl. Chem.* **1990**, *62*, 1445.

173 Esser, P.; Buschmann, H.; Meyer-Stork, M.; Scharf, H.-D. *Angew. Chem. Int. Ed.* **1992**, *31*, 1190.

174 Moni, L.; Banfi, L.; Basso, A.; Carcone, L.; Rasparini, M.; Riva, R. *J. Org. Chem.* **2015**, *80*, 3411.

5장 작용기 변환

II. 탄소–탄소 π 결합의 반응

OCH_3 COOH → ? → O

이 변환에는 다음 반응들이 필요하다.

- 직렬 Birch 환원 – 알킬화
- 엔올 에터 가수 분해
- β-케토산 탈카복실화 및 알켄 이성질화

5.1 탄소–탄소 이중 결합의 반응

탄소 – 탄소 이중 결합의 수소화 반응

불균일 촉매하의 수소화 반응[1]

탄소 – 탄소 이중 결합의 수소화 반응은 흔히 불균일 금속 촉매 존재하에서 수행되며, 일반적으로 온화한 조건에서 진행된다. 다른 불포화 결합들의 존재하에서 하나의 이중 결합에 대한 선택적인 환원은 보통 가능하지만 화합물이 삼중 결합, 나이트로기 또는 아실 할라이드를 포함하는 경우는 예외이다.

불균일 수소화 반응의 메커니즘은 아래와 같다. (1) 촉매 위에서의 H_2의 해리적 화학 흡착,[2] (2) 촉매 표면에 대한 알켄의 배위, (3) 활성화된 π 결합에 대한 두 개의 수소 원자의 *syn*-형식의 첨가

촉매 선택(catalyst selection)

1~30기압의 저압 수소화 반응에 대해서는 Pt, Pd, Rh, Ru를 사용한다. 촉매는 Pt > Pd > Rh~Ru > Ni의 순서로 반응성이 감소한다. 100~300 atm의 고압 수소화 반응에 대해서는 Ni이 일반적으로 선택되는 금속이다.

백금(platinum)은 PtO_2(**Adams 촉매**)를 수소화하여 얻으며 발화성을 가진다. 보통 0.1~1%의 촉매를 사용한다. 보다 편리한 제조법은 에탄올에서 염화백금산(chloroplatinic acid)을 $NaBH_4$로 환원하는 방법이다.[3]

$$H_2PtCl_6 \cdot 6H_2O + EtOH + NaBH_4 \rightarrow \text{Pt 촉매}$$

CH_2 → ($H_2PtCl_6 + NaBH_4$, EtOH) → H_3C H

팔라듐(palladium)은 탄소 같은 비활성 지지체 표면에 금속을 석출시켜 사용된다.

니켈(nickel)은 고압 수소화 반응에 사용된다. **Raney 니켈**(Raney–Ni)과 **붕소화 니켈**(Ni-boride) 같은 지지된 Ni 촉매는 싸이오아세탈의 C–S 결합을 가수소 분해(hydrogenolysis)하는 데 사용한다.[4] Raney 니켈은 니켈–알루미늄 합금을 NaOH로 처리하여 얻는다. 금방 만들어진 Raney 니켈은 다음 반응에서 생성된 수소를 많이 흡착한다.

$NiAl_2 + 6NaOH + H_2O \rightarrow Ni(ppt) + 2Na_3AlO_3 + 3H_2$

붕소화 니켈은 $Ni(OAc)_2$를 $NaBH_4$로 환원하여 쉽게 얻을 수 있으며, Raney 니켈보다 반응성이 크다.[5] 메탄올에서 $NiCl_2$를 $NaBH_4$로 처리한 다음 가열하면 안정한 Ni_2B를 얻으며, 이것은 α,β-불포화 알데하이드와 케톤을 위치 선택적으로 1,4-환원 반응을 수행하는 촉매 작용을 한다.[6]

$NiCl_2 \cdot 6H_2O + NaBH_4$(MeOH에서) → Ni_2B 현탁액(25°C에서 6개월 동안 보관)

Ni$_2$B, MeOH / H$_2$, 1 atm — 78%

Ni$_2$B, MeOH / H$_2$, 1 atm — 93%

용매(solvent)

중성 용매로부터 극성에서 산성 범위의 용매로 바꾸면 일반적으로 주어진 촉매의 활성이 증가한다. EtOAc, EtOH, HOAc는 저압 수소화 반응에 가장 흔히 사용하는 용매이다.

기질의 반응성(substrate reactivity)

불포화 기질의 반응성은 RCOCl > RNO_2 > RC≡CR > RCH = CHR > RCHO > RC≡N > RCOR > 벤젠의 순서로 감소한다. Pt와 Pd는 모두 RCOOR′, RCOOH, $RCONH_2$를 환원시키지 못한다. Pd는 보통 Pt보다 더 선택적이다.

이중 결합에 치환기가 증가함에 따라 올레핀의 환원이 어렵게 된다. 이중 결합이 카보닐기와 콘쥬게이션되면 이중 결합의 수소화 반응 속도가 현저하게 증가한다.

Pd/C / H$_2$, 3 atm / *controlled uptake of H$_2$* — 98%

Pd/C / H$_2$, 3 atm / EtOH

입체 화학(stereochemistry)

일반적으로 수소화 반응은 이중 결합의 입체 장애가 작은 쪽으로 *syn*-첨가 반응이 일어난다.

Pt, H$_2$ / AcOH

α 면에 H$_2$ 첨가

가수소 분해 반응(hydrogenolysis)

백금과 팔라듐 촉매로 **알릴성**(allylic) 및 **벤질성**(benzylic) 알코올, 에터, 에스터, 아민, 할로젠화물 등의 수소화 반응은 흔히 C–X 결합(X = OH, OR, OAc, NR_2, 할로젠화물)의 가수소 분해 반응을 수반한다. 로듐 촉매는 산소기의 가수소 분해 반응을 피하고자 할 때 수소화 반응에 유용하다. 이가의 황, 수은 및 작은 정도이지만 아민도 수소화 반응 촉매를 중독시킨다(역주: 촉매의 중독이란 촉매가 다른 화합물과 화학적으로 결합하여 촉매의 성질이 약화됨을 의미한다).

벤질 에터 Ph O OCH3 CO2H —Pd/C, H2, 3 atm→ HO OCH3 CO2H

이성질화 반응(isomerization)

Pd 촉매와 그만큼 많이 사용하지 않는 Pt 촉매의 경우에 수소화 과정에서 이중 결합의 위치 이성질화 반응을 일으켜 생성물을 이성질 혼합물로 얻을 수 있다.[7] 다음에 도해한 바와 같이, 알켄 **A**의 이중 결합의 양면의 어느 한쪽에서 수소가 *syn*-첨가 반응을 일으켜 *cis*-데칼린(*cis*-decalin) **C**를 형성한다. 그렇지만 이성질화 반응을 한 알켄 **B**는 수소의 *syn*-첨가 시 수소 첨가하는 이중 결합의 면에 따라 *cis*-데칼린 **C**와/또는 *trans*-데칼린 **D**를 생성한다. 실제로 Pt 촉매를 사용한 **A**의 수소화 반응에서는 열역학적으로 보다 안정한 *trans*-데칼린이 80%, *cis*-데칼린이 20% 얻어진다.

A ⇌ (Pt/H2) B; A → C; B → C + D

균일 촉매 수소화 반응[8]

클로로트리스(트라이페닐포스핀)로듐[chlorotris(triphenylphosphine)rhodium, **Wilkinson 촉매**]은 균일 용매 내에서의 수소화 반응에 있어서 가장 효율적인 촉매에 속한다.[9] 이 로듐 착물은 과량의 트라이페닐포스핀(triphenylphosphine)과 염화 로듐(rhodium chloride)을 에탄올에서 가열하여 쉽게 얻을 수 있다.

$RhCl_3 \cdot H_2O + Ph_3P$(과량) $\rightarrow (Ph_3P)_3RhCl$ **Wilkinson 촉매**

Rh 촉매의 특성은 (1) H_2의 *syn*-첨가 반응을 통한 이중 결합의 수소화 반응, (2) *cis*-이중 결합이 *trans*-이중 결합보다 빨리 수소화되며, (3) 말단 이중 결합은 이보다 많이 치환된 이중 결합보다 훨씬 빠르게 수소화되며,[10] (4) 이중 결합의 이성질화 반응이 적으며, (5) 알릴성 및 벤질성 에터와 아민의 가수소 분해 반응이 거의 일어나지 않으며, (6) R–C≡N, R–NO_2, R–Cl, R–O–R, RCOOH, RCOOR′, R_2C=O 등이 환원되지 않는다는 것이다.

O —$(Ph_3P)_3RhCl$, H_2, toluene→ O 94%

지향성 수소화 반응[11]

하이드록시기 같은 이웃한 작용기에 의한 분자간 수소 결합 또는 킬레이트화는 두 개의 부분 입체 이성질성 π면 중 하나의 π면에 대한 금속 촉매의 접근의 선호성을 지향한다. 지향성 수소화 반응(directed hydrogenation)에 대해 가장 효율적인 촉매는 다음에 표시한 배위적으로 불포화되어 있는 **Crabtree 촉매**[12]와 2,5-노보나다이엔-Rh(I)[2,5-norbornadiene-Rh(I)]이 있다.[13]

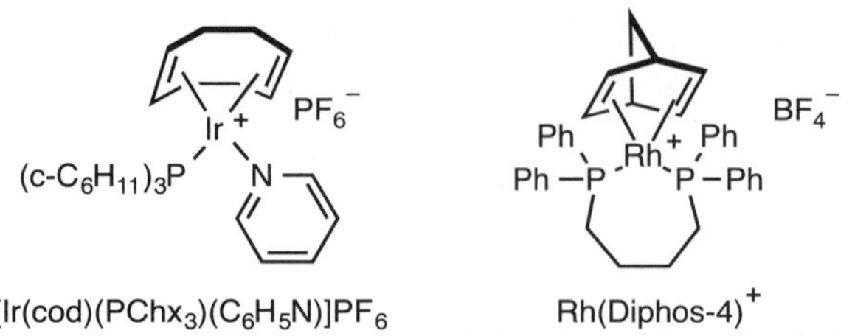

$[Ir(cod)(PChx_3)(C_6H_5N)]PF_6$
Crabtree 촉매

$Rh(Diphos\text{-}4)^+$
2,5-norbornadiene Rh 촉매

예를 들면 고리형 불포화 알코올의 경우, 이중 결합의 수소화 반응 도중 하이드록시기가 Ir에 결합할 때 **면 선택적**(face-selective)인 수소화 반응이 일어난다.[12,14]

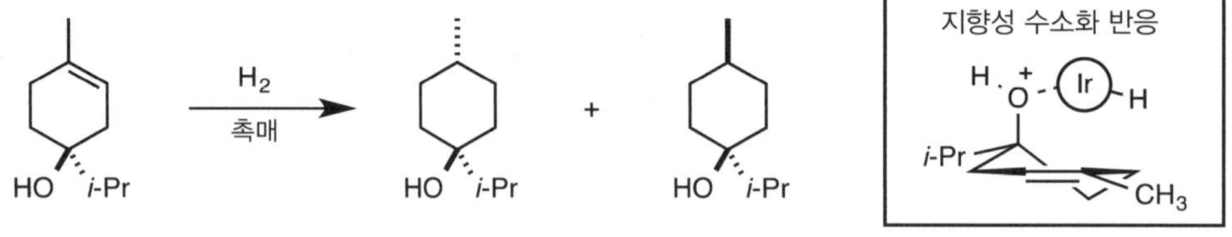

	지향성 수소화 반응의 생성물	반대 지향성 이성질체
5% Pd/C, EtOH	20	80
5% Pd/C, CH_2Cl_2	53	47
$[Ir(cod)(PChx_3)(Py)]PF_6$	>99.9	<0.01

H_2, 촉매

지향성 수소화 반응

Crabtree 촉매의 극성 작용기에 대한 높은 친화력은 아래 예의 카복스아마이드의 경우에서 나타난 것과 같이, 이웃한 극성 작용기의 정확한 지향성을 나타낼 수 있도록 해 준다.[15] 이 경우 5% Pd/C를 사용한 수소화 반응은 *trans*-데칼린이 주산물로 얻어진다.

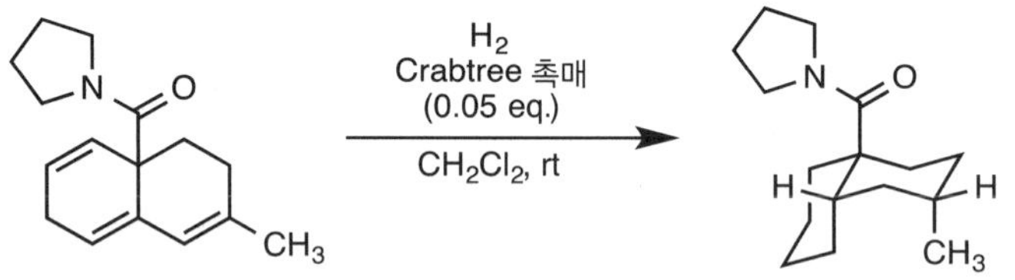

H_2, Crabtree 촉매 (0.05 eq.), CH_2Cl_2, rt

91%
>1000:1 diastereomeric excess

비대칭 수소화 반응[16]

알켄의 비대칭, 촉매성, 균일 환원에 있어서의 전이 금속에 대하여 많은 카이랄 인(chrial phosphorus)을 바탕으로 하는 카이랄 보조물(chiral auxiliary) 리간드가 사용될 수 있다. 특히 주목할 만한 것들은 2001년에 노벨상을 수상한 William S. Knowles가 개발한 다이포스핀(diphosphine) 리간드인 DIPAMP와, 2001년에 노벨상을 공동 수상한 Ryoji Noyori가 개발한 BINAP가 있다.

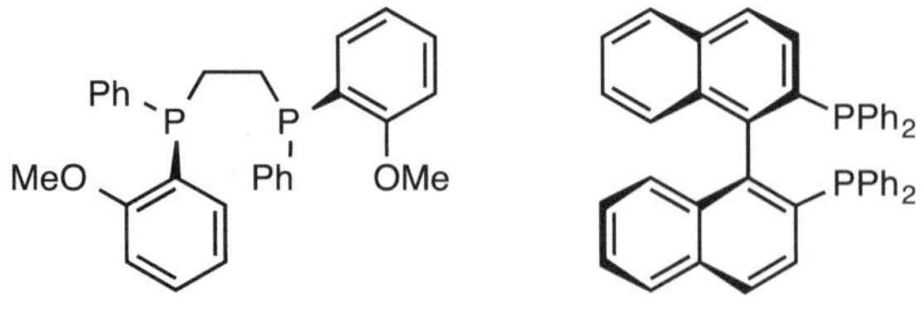

DIPAMP　　(+)-BINAP

BINAP는 (+) 또는 (−) 거울상 이성질체로 얻을 수 있으며, β-케토 에스터와 알켄의 로듐- 및 루테늄-촉매 비대칭 수소화 반응에 있어서 광범위하게 사용할 수 있다.[17]

MeO (2-(6-methoxynaphthalen-2-yl)acrylic acid) CO_2H → H_2, (–)-BINAP–$Ru(OAc)_2$ → MeO CO_2H

92%, 97% ee

Naproxen (항염증 진통제)

금속 없는 촉매 수소화 반응[18]

알켄의 수소화 반응에서 새로운 경향은 미충족 루이스 짝(Frustrated Lewis pairs, FLP)을 이용하여 수소를 활성화하여 알켄에 첨가하는 것이다. 일반적으로 크기가 큰 인과 붕소[19]를 사용하여 형성되는 선택적 FLP들은 아래와 같이 매우 온화한 조건에서 첨가 반응을 수행할 수 있다.[20]

FLP계

$(C_6F_5)_3B$ (0.2 eq.) + $(C_{10}H_7)_3P$ (0.2 eq.) ⇌ (H_2) $[(C_6F_5)_3B–H]^-$ $[(C_{10}H_7)_3P–H]^+$ phosphonium borate salt → $Ph_2C=CH_2$ (1.0 eq.), CH_2Cl_2, reflux, 12 h → $[Ph_2C^+–CH_3]$ → $Ph_2CH–CH_3$ 95%

용해 금속 환원

Li, Na, K의 액체 암모니아(끓는점: –33℃) 용액은 용매화된 금속 양이온과 전자를 포함하고 있다. 이러한 용액은 α,β-불포화 케톤 및 방향성 기질을 환원할 수 있다.

$$[NH_3]_{액체} + M^\circ \longrightarrow M^+\ [NH_3 \cdots e^- \cdots NH_3]$$

용매화된 전자, 푸른색 용액

엔온의 환원[21]

α,β-불포화 케톤을 액체 암모니아에 녹인 Li, Na, K의 용액을 사용한 환원 반응은 화학 선택적이며, 탄소–탄소 이중 결합에만 전적인 환원을 초래한다. 이 반응에서 Et_2O 또는 THF에 녹인 기질을, 잘 저어 준 금속의 액체 암모니아(NH_3) 용액에 가해 준다. 1당량의 *t*-BuOH를 양성자 주개(proton donor)로 첨가하는 것이 환원 반응을 종결하도록 해 준다. 그러나 과량의 알코올, 특히 보다 산성이 큰 EtOH는 초기에 포화된 케톤을 더 환원하여 해당 알코올을 형성되도록 한다.

전자 1개의 엔온의 콘쥬게이션 π계으로의 이동은 라디칼 음이온을 만들고, 양성자 첨가(*t*-BuOH)에 이어서 두 번째로 전자 1개가 이전하여 하나의 엔올레이트 이온을 형성한다. 이 반응의 workup 과정에서 양성자 첨가 반응이 포화 케톤을 생성하는데, 새로운 탄소–탄소 결합을 형성하기 위해 workup 이전에 알킬화 반응을 수행할 수도 있다. α,β-불포화 케톤으로부터의 엔올레이트 이온의 **위치 특이적**(regiospecific) 생성은 탄소–탄소 형성 반응의 중요한 도구이다.

a. Li, NH_3 (l), *t*-BuOH (1 eq.), Et_2O → $[O^-\ Li^+$ 라디칼 음이온$]$ → *t*-BuOH → Li → 입체 특이적 엔올레이트 이온 형성 → b. RCH_2Br, c. workup → CH_2R, CH_3 *cis/trans* 혼합물

b. NH_3 증발, c. 포화 NH_4Cl 수용액 → 3-methylcyclohexanone (CH_3)

엔온의 촉매 수소화 반응은 분자 내에 고립된 이중 결합이 존재하는 경우에는 화학 선택적이지 않다. 하여튼 고립된 이중 결합은 용해 금속 환원 반응에 대하여 비활성이다. 이와는 반대로 액체 암모니아에서 알칼리 금속에 의해 많은 작용기가 환원된다. 이러한 작용기에는 알카인, 콘쥬게이션 다이엔, 알릴성 및 벤질성 할라이드와 에터가 있다.

다음과 같은 액체 암모니아 내에서의 α,β-불포화 데칼론의 리튬에 의한 환원은 CH_3와 $-OCH_3$ 치환기 간의 1,3-이축 방향 상호 작용에도 불구하고 *trans*-데칼론을 주생성물로 생성한다.[22]

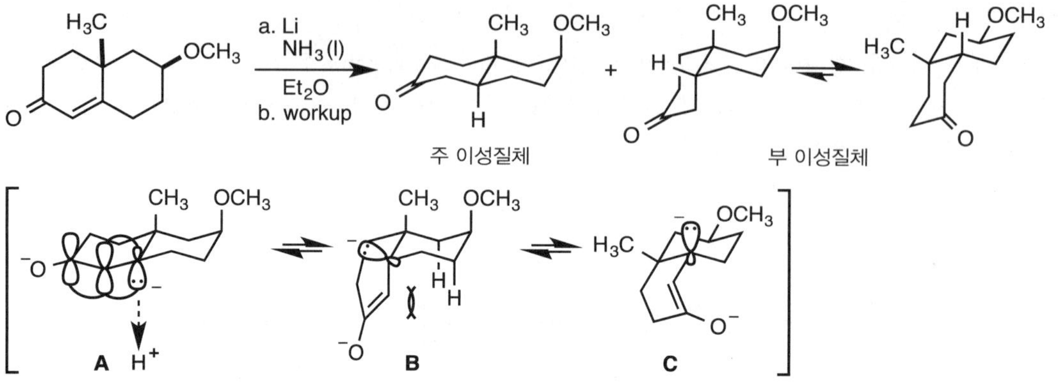

주 이성질체 부 이성질체

관찰된 이성질체의 분포에 대한 설명은 $sp^3-\pi$ 겹침이 회전 배열(conformation) **A** 및 **B**에서는 가능하지만 **C**에서는 불가능하다는 것이다. 회전 배열 **A**가 선호되는 이유는 *cis*-데칼린형의 회전 배열 **B**에서는 여분의 1,3-불안정화 상호 작용을 오목한 면에서 겪기 때문이다. 따라서 두고리 엔온의 용해 금속 환원 중에 생성된 엔올레이트 이온 중간체는 친전자체(예를 들어 MeO_2C-CN)와 반응하여 주로 *trans*-데칼론 생성물을 생성한다.[23]

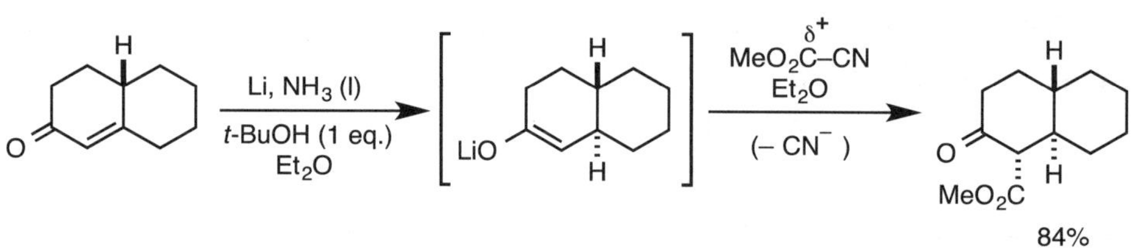

84%

비콘쥬게이션 케톤은 용해 금속 매체 내에서 workup 과정 이전에 과량의 알코올의 존재하에서 해당 포화 알코올로의 환원이 가능하다. 고리형 케톤의 경우에 열역학적으로 보다 안정한 알코올이 지배적으로 생성된다. 예를 들면 4-*t*-뷰틸사이클로헥산온은 액체 NH_3-Et_2O와 과량의 *t*-BuOH 내에서 Na에 의해 환원되어 98% 이상의 이성질 순도를 가지는 *trans*-알코올을 생성한다. 그 반면에 동일한 케톤을 에터 내에서 LAH로 환원하면 해당 *trans*-알코올은 89% 이성질 순도를 가진다.

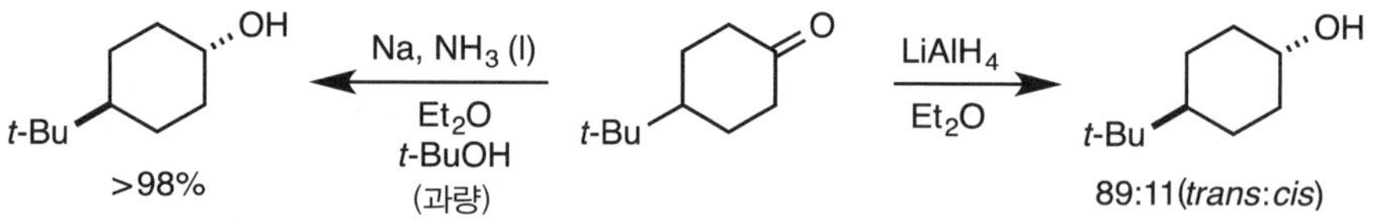

>98% 89:11(*trans*:*cis*)

엔온의 용해 금속 환원을 α,β-불포화 카복실산 에스터로 연장해 보면 에스터 단위가 아마이드로 변환된다. 그러나 α,β-불포화 에스터는 메탄올 내에서 마그네슘으로 처리하면 이중 결합이 환원된다.[24]

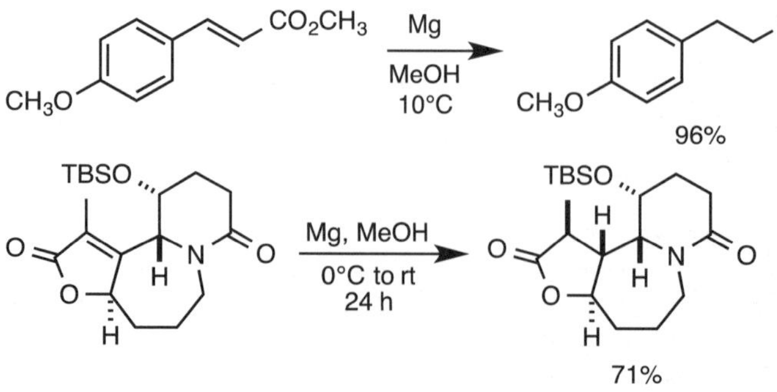

96%

71%

방향족 화합물의 환원 – Birch 환원[25]

액체 암모니아 내에서의 알칼리 금속은 알코올 존재하에서 방향족 계열을 1,4-사이클로헥사다이엔(1,4-cyclohexadiene)으로 환원한다. 이 화합물은 수많은 유도체로 전환될 수 있다. 치환된 방향족 화합물은 상업적으로나 합성에 의하여 다양하게 얻을 수 있기 때문에 Birch 환원이 유기 합성에서 중요한 도구가 되는 것이다.

용매로 둘러싸인 한 개의 전자를 방향족 화합물에 가하면 환원이 개시되며, 다음에 알코올 공동 용매(cosolvent)에 의해 양성자가 첨가되어 펜타다이엔일(pentadienyl) 라디칼을 형성한다. 다른 한 개의 전자를 가하면 펜타다이엔일 음이온이 되며, *ortho-* 또는 *para-*위치(sp^3 탄소에 대한)에 양성자 첨가가 될 수 있다. 초기의 라디칼 음이온과 펜타다이엔일 음이온 모두의 반응 속도론적으로 조절된 양성자 첨가는 MO 계산에 의하면 전자 밀도가 가장 높은 *para-*위치에서 일어난다.[26] 1,4-다이엔 생성물에 대한 선택성은 '최소 운동의 원리(principle of least motion)'[27]에 의해 예측할 수 있다. 즉 para-위치에서의 양성자 첨가 반응은 핵 위치에서 가장 작은 변화를 초래한다.[28]

금속–NH_3 환원에서의 알코올의 역할은 암모니아보다 더 산성인 양성자 원천을 제공하여 라디칼 음이온과 펜타다이엔일 음이온종을 효율적으로 확실하게 소거하는 것이다. 더욱이 알코올의 존재는, RO^-M^+보다 염기성이 더 커서 1,4-사이클로헥사다이엔 생성물을 열역학적으로 더 안정한 콘쥬게이션된 1,3-사이클로헥사다이엔으로 이성질화할 수 있는 아마이드 음이온(NH_2^-)의 형성을 억제할 수 있다는 것이다.

반응 조건(reaction conditions)

o-자일렌(*o*-xylene)을 1,2-다이메틸-1,4-사이클로헥사다이엔으로 환원하는 전형적인 과정은 다음과 같다. 소듐 금속(또는 리튬 금속)을 작은 조각으로 잘라 액체 NH_3, Et_2O(또는 THF) 및 EtOH(또는 *t*-BuOH)의 용매 혼합물 내의 방향성 기질의 용액에 가한다.[25b] −33°C(액체 암모니아의 끓는점)에서 알코올은 금속과 반응하지 않는다. 벤젠의 환원에 대한 상대적인 반응 속도는 Li=360, Na=2, K=1이다.

o-xylene

a. NH_3, Et_2O, EtOH(10 mol)와 자일렌을 합친다.
b. Na(9 mol)를 5시간에 걸쳐 가한다.
c. NH_3를 증발시킨다.
d. 교반하면서 얼음물을 천천히 가한다.
e. 유기상을 분리하고 $MgSO_4$로 건조한다.
f. 증류에 의하여 생성물을 정제한다.

70~90%

위치 화학(regiochemistry)

일치환된 벤젠의 Birch 환원은 다음의 두 개의 가능한 1,4-사이클로헥사다이엔 **A**, **B** 중 하나를 생성할 수 있다.

Birch 환원 → **A** 또는 **B**

치환된 벤젠의 환원의 위치 화학적 과정은 라디칼 음이온종의 초기 양성자 첨가 반응 자리에 의해 결정된다. 일반적으로 **전자 주는 기**(electron donating group, D)는 전자 이동을 저지하여 불포화 탄소에 남아 있게 된다.

Birch 환원

D = –OH, –OR, –NR_2, –SR, –PR_2,
–알킬, –CH_2OH, –CH_2OR,
–CO_2R, –C(O)R, –CHO

–C(O)R, –CHO, –CO_2R 같은 전자 끄는 기(electoron withdrawing group, EWG)가 이 반응에서 **전자를 주는 기로 행동**하는 이유는 이러한 기들이 방향계의 환원이 일어나기 전에 먼저 –CH_2O^-로 환원되기 때문이다. 고립된 이중 결합들은 일반적으로 Birch 환원에서 안정하다. 콘쥬게이션 다이엔과 알카인은 환원되며, 후자의 경우에는 *trans*-알켄으로 환원된다.

OCH_3 / CH_3 —Birch 환원→ OCH_3 / CH_3 ; OCH_3 / CH_3 와 OCH_3 / CH_3 은 아님

치환된 나프탈렌의 환원에 대한 위치 화학에 대한 알킬과 알콕시 치환기의 비활성화 효과는 다음 예와 같다.[29]

CH_3 / CH_3 —Na, NH_3 (l) / EtOH, Et_2O→ CH_3 / CH_3

OH —Li, NH_3 (l) / EtOH→ OH

97%

EWG는 전자 이동을 용이하게 하여 **포화** 탄소에 위치한다. 모든 Birch 환원에 있어서 포화(sp^3) 탄소는 서로 **파라**(*para*)가 된다.

EWG —Birch 환원→ EWG

EWG = –CO_2H, –C(O)NH_2,
–아릴

알코올(양성자 주개)의 존재하에서의 벤조산의 Birch 환원은 1,4-다이하이드로벤조산을 생성한다. 벤조산 유도체의 환원 과정에서 형성된 카복실산염(carboxylate salt, –$CO_2^-M^+$)은 충분히 전자가 풍부하여 환원이 안 된다.

CO_2H, H_3C, CH_3, CH_3 —Na, NH_3(l) / *t*-BuOH, THF→ CO_2H, H_3C, CH_3, CH_3

1:1(*cis*:*trans*)

카복실기의 강한 활성 효과는 단지 1당량의 알코올이 존재할 때 또는 알코올이 없더라도 환원이 일어나게 해 준다. 이러한 경우 중간체 이음이온(dianion)이 용액 내에서 존속하게 되어 친전자 물질로 포착하여 **사차** 탄소 중심을 형성할 수 있다.[30]

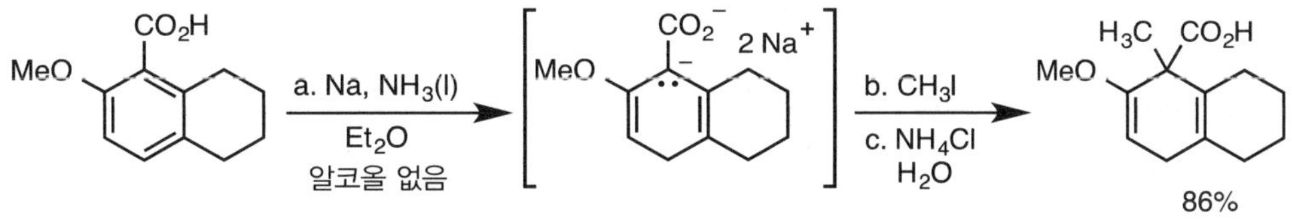

다른 치환기의 존재하에서는 일반적으로 카복실기가 있는 쪽이 환원되는 위치 선택성을 보여 준다.

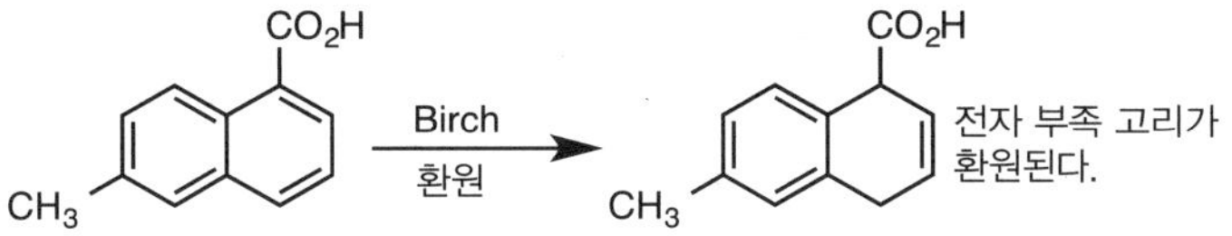

일반적인 Birch 반응 조건하에서 에스터기는 벤젠 고리와 경쟁적으로 환원되는 반면, 금속을 첨가하기 전에 액체 NH_3에 1당량 또는 2당량의 H_2O나 *t*-BuOH를 첨가하면 에스터기 단위가 보존된다.[31]

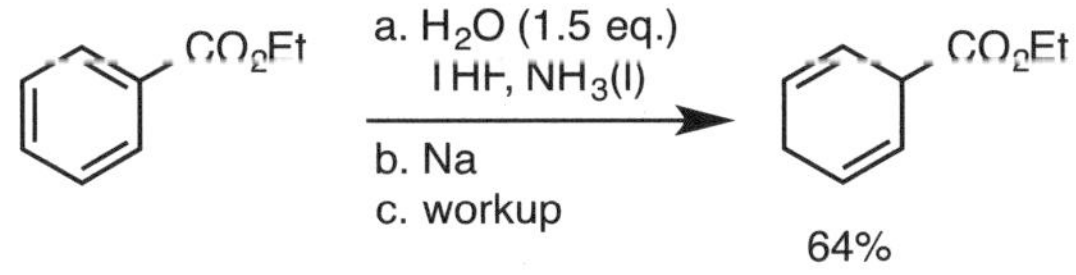

Birch 반응의 합성 응용

1,4-사이클로헥사다이엔 단위를 포함하는 목표 분자는 Birch 반응을 통하여 합성하는 것이 아마도 가장 좋을 것이다. 이러한 일차적인 합성 단위체(synthon)는 다음 예와 같이 다양한 합성적으로 유용한 화합물로 더 이상 정교하게 변환할 수 있다.

1,3-사이클로헥사다이엔의 형성. 1,4-사이클로헥사다이엔을 DMSO 용액에서 KO*t*-Bu로 이성질화 반응을 하면 열역학적으로 보다 안정한 콘쥬게이션된 1,3-사이클로헥사다이엔(1,3-cyclohexadiene)을 얻을 수 있다.

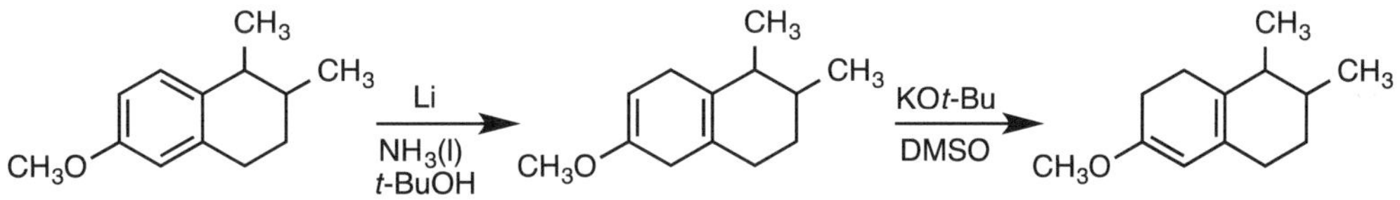

사이클로헥센온의 형성. 아니솔(anisole) 또는 치환된 아니솔의 Birch 환원으로부터 생성된 초기의 엔올 에터(비닐 에터)[enol ether(vinyl ehter)]를 온화한 산 조건하에서 가수 분해하면 β,γ-불포화 사이클로헥센온(cyclohexenone)을 얻는다. 보다 격렬한 산 조건하에서는 후자는 콘쥬게이션된 α,β-사이클로헥센온으로 이성질화 반응을 한다. 아니솔의 Birch 환원 후에 가수 분해 workup을 수행하는 것이 치환된 사이클로헥센온을 합성하는 가장 좋은 방법 중 하나이다.[32]

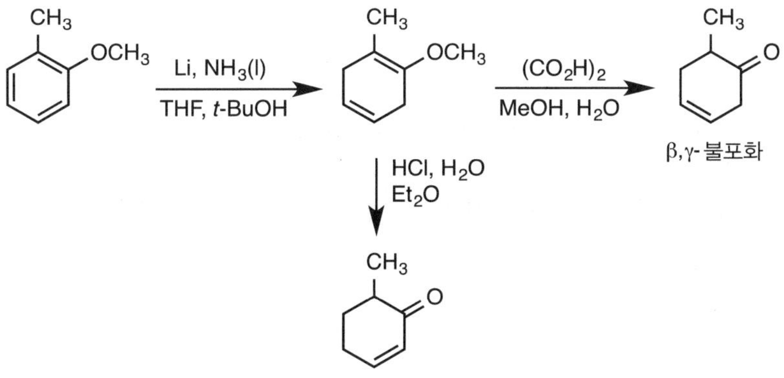

주의할 것은 4-치환 아니솔의 Birch 환원과 산성 workup(수용성 HCl, THF) 시에 상당량의 β,γ-불포화 생성물을 포함하는 이성질 사이클로헥센온의 혼합물이 생성된다는 점이다.[33]

OCH_3 / CH_3 —Li, NH_3(l), t-BuOH, THF→ OCH_3 enol ether / CH_3 —aq HCl, THF→ O / CH_3 30% + O / CH_3 70%

토토머화 ⇌ ; $-H^+$ ⇌

[OH / H^+ CH_3 (dienol 토토머) ⇌(H^+) ^+OH / H CH_3]

비고리 화합물의 형성. 아니솔로부터 유도된 1,4-사이클로헥사다이엔의 보다 친핵성인 이중 결합을 오존에 의하여 선택적으로 절단함으로써 입체 정의된 이중 결합을 포함하는 고도의 작용기를 가지는 비고리 화합물을 얻는다.

OCH_3 / CH_3 —Li, NH_3(l), THF, t-BuOH→ OCH_3 / CH_3 —a. O_3, CH_2Cl_2, –78°C; b. Me_2S, CH_3OH→ O, H / CH_3 / O, OCH_3

인데인(indane) 화합물의 Birch 환원 반응 후 오존 절단화 반응을 통해 아래와 같이 비스(β-다이카보닐)[bis(β-dicarbonyl)] 생성물들을 얻을 수 있다.[34]

OCH_3 / OH / Et —Li (12 eq.), NH_3(l),THF, t-BuOH (6:1:1)→ OCH_3 / OH / Et 95% —a. O_3, MeOH, CH_2Cl_2, –78°C, 45 min; b. PPh_3 (2.2 eq.), rt, 15 h→

[Et / HO / O O O O / OCH_3 ⇌ O / OH / O / Et / O / CO_2CH_3]

—cat. CSA, THF, rt, 22 h→ O / O / Et / O / CO_2CH_3

50% (2 steps)

카이랄 사차 탄소의 형성. 벤조산(benzoic acid)과 그 에스터의 Birch 환원 – 알킬화 반응은 사차 탄소 중심을 확립한다. 이웃한 입체 중심은 직렬 반응 순차의 입체 화학적인 결과에 영향을 준다. 다음 예는 어떻게 카이랄 보조물[프롤린올(prolinol)로부터 유도된][35]이 Birch 환원 – 알킬화 반응의 입체 선택성을 조절하는가를 보여 준다.[36,37]

DCC, THF → ~100%; PPh_3, DEAD, THF (Mitsunobu 조건) → 80%

L-prolinol

a. Li, NH_3(l)
b. $I(CH_2)_3C(CH_3)_2CH(OMe)_2$
c. NH_4Cl, H_2O (workup)

96%
단일 거울상 이성질체

Birch 환원을 위한 방향족 화합물 합성

친전자성 방향족 치환 반응

Friedel – Crafts 알킬화 반응, 아실화 반응 및 다음에 보여 준 Vilsmeier – Haack 폼일화 반응[38]은 치환된 방향족 화합물을 합성하기에 탁월한 반응이다.

$$\text{Ar–H} + \text{Ph–N(CH}_3\text{)–CHO} \xrightarrow{\text{POCl}_3} \text{Ar–CHO} + \text{Ph–N(CH}_3\text{)–H}$$

방향성 리튬 화합물의 반응

7장을 참조하라.

알켄의 수화 반응

수소화붕소 첨가 반응–산화 반응[39]

수소화붕소 첨가 반응–산화 반응을 통한 알켄의 수화 반응(hydration)은 Herbert C. Brown(1979년 노벨상)과 동료들에 의해 개발되었으며, 예측할 수 있는 위치 화학 및 입체 화학을 가지는 다양한 알코올의 합성에 있어서 중요한 도구가 된다.

$$\text{>C=C<} + \text{>B–H} \longrightarrow \text{–C(H)–C(B<)–} \xrightarrow[\text{H}_2\text{O}_2]{\text{NaOH}} \text{–C(H)–C(OH)–}$$

유기보레인(organoborane)의 제조[40]

보레인-테트라하이드로퓨란(borane-tetrahydrofuran, $BH_3 \cdot THF$)과 보레인-황화 다이메틸(borane-dimethyl sulfide, $BH_3 \cdot SMe_2$)는 알켄의 수소화붕소 첨가 반응(hydroboration reaction)에 적합한 시약이다. 이러한 시약은 상업적으로 판매된다. $BH_3 \cdot THF$는 1~2 M THF 용액으로, $BH_3 \cdot SMe_2$는 희석하지 않은 그대로, 즉 보레인 함량이 10.0~10.2 M로 판매된다. 특히 후자의 경우에는 0°C에서 장기간 보관할 수 있고, 다양한 비양성자성 용매(aprotic solvent)에서 사용할 수 있다.

몇 개의 매우 큰 입체 장애를 가지는 알켄을 제외한 거의 모든 알켄이 수소화붕소 첨가 반응을 한다. 많은 입체 장애를 가지는 경우 초기 유기보레인의 이성질화 반응을 초래할 수도 있다.[41] 작용기가 존재하면 수소화붕소 첨가 반응을 방해할 수도 있다(표 4.3 참조). 이러한 경우에는 흔히 입체적으로 장애를 가지는 유기보레인을 사용할 필요가 있다. 예를 들면 다이사이클로헥실보레인(dicyclohexylborane, Chx_2BH)은 RCHO와 $R_2C{=}O$ 작용기의 존재하에서 1-알켄의 선택적인 수소화붕소 첨가 반응에 탁월한 시약이다.[42]

a. Chx_2BH, THF; b. $NaBO_3 \cdot 4H_2O$, H_2O → 76%

사용(적용) 범위

보레인은 삼작용기성 분자이며, 알켄과 반응하여 세 가지 종류, 즉 R_3B[트라이알킬보레인(trialkylborane)], R_2BH[다이알킬보레인(dialkylborane)]과 RBH_2[모노알킬보레인(monoalkylborane)] 유기보레인을 생성한다. R_3B는 단량체인 반면, R_2BH와 RBH_2는 **이합체**이다. 편의상 이들은 다음 논의에서 단량체로 취급한다.

일치환된 알켄 같은 비장애성(unhindered) 알켄은 BH_3와 빠르게 반응하여 R_3B를 생성한다.

$$3\ RCH{=}CH_2 \xrightarrow[25°C]{H_3B\cdot THF} (RCH_2CH_2)_3B$$

말단 알켄

어느 정도 장애를 받는 알켄과 특정한 사이클로알켄도 R_3B를 형성한다. 그러나 화학량 및 반응 조건을 조절하면 R_2BH를 생성한다.

$$3\ \text{cyclopentene} \xrightarrow[25°C]{H_3B\cdot THF} (\text{cyclopentyl})_3B$$

$$2\ \text{cyclohexene} \xrightarrow[\substack{0°C \\ \text{빠름}}]{H_3B\cdot THF} (\text{cyclohexyl})_2BH \xrightarrow[\substack{25°C \\ \text{느림}}]{\text{cyclohexene}} (\text{cyclohexyl})_3B$$

$$2\ R_2C{=}CHR \xrightarrow[\substack{0°C \\ \text{빠름}}]{H_3B\cdot THF} (R{-}CHR{-}CR_2)_2BH \xrightarrow[\substack{25°C \\ \text{느림}}]{R_2C{=}CHR} (R{-}CHR{-}CR_2)_3B$$

사치환체 알켄과 사이클로알켄에 대해서는 수소화붕소 첨가 반응에 의한 트라이알킬보레인의 형성 단계는 어렵다. 이러한 경우 깨끗이 모노알킬보레인 RBH_2를 형성하는 것이 가능하다.

$$R_2C{=}CR_2 \xrightarrow[25°C]{H_3B\cdot THF} R{-}CR_2(H){-}CR_2(BH_2)$$

선택적 수소화붕소 첨가제

모노알킬보레인과 다이알킬보레인은 그 자체가 입체적으로 장애가 작은 알켄에 대한 유용한 수소화붕소 첨가제가 된다.[43] 몇 가지 중요한 모노알킬보레인과 다이알킬보레인을 다음에 나타내었다.

- **텍실보레인**[thexylborane, $ThxBH_2$, 1,1,2-트라이메틸프로필보레인(1,1,2-trimethylpropylborane)]은 2,3-다이메틸-2-뷰텐을 1:1의 비율로 $BH_3\cdot THF$ 또는 $BH_3\cdot SMe_2$로 처리하여 쉽게 얻을 수 있다.[44] 이 모노알킬보레인은 입체적으로 복잡하지만 알켄이 지나치게 입체 장애가 크지 않다면 두 개의 여분의 알켄과 수소화붕소 첨가 반응을 한다.

$$(H_3C)_2C{=}C(CH_3)_2 \xrightarrow[0°C]{H_3B\cdot THF} H_3C{-}C(H_3C)(H){-}C(CH_3)(BH_2){-}CH_3 \equiv ThxBH_2$$

$$ThxBH_2 \xrightarrow{\text{alkene-1}} ThxB(R')H \xrightarrow{\text{alkene-2}} ThxB(R')R''$$

- **다이시아밀보레인**[disiamylborane, Sia_2BH, 1,2-다이메틸프로필보레인(1,2-dimethylpropylborane)]은 다이알킬보레인으로서 많은 입체적인 요구를 가지고 있으며, 2-메틸-2-뷰텐을 $H_3B\cdot THF$ 또는 $H_3B\cdot SMe_2$로 수소화붕소 첨가 반응시켜 얻는다. 이 시약은 합성하는 즉시 사용해야 한다. 다이시아밀보레인은 화학 선택성, 위치 선택성, 입체 선택성인 수소화붕소 첨가 반응에 사용한다.

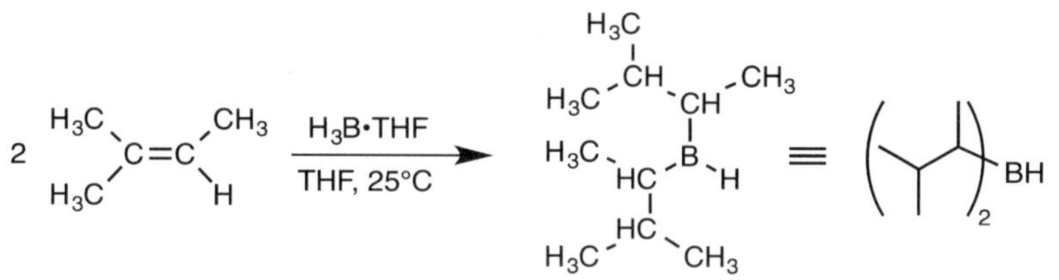

• **다이사이클로헥실보레인**[dicyclohexylborane, Chx_2BH]은 $H_3B \cdot THF$나 $H_3B \cdot SMe_2$를 사용하여 합성할 수 있다. 이것은 흰색 결정성 고체이고, Et_2O나 THF에는 거의 녹지 않으며, 합성하는 즉시 사용한다. 다이사이클로헥실보레인은 다이시아밀보레인보다 안정하며, 비슷한 반응 특성을 나타낸다.
• **9-보라바이사이클로[3.3.1]노네인**(9-borabicyclo[3.3.1]nonane, 9-BBN)은 1,5-사이클로옥타다이엔을 1당량의 BH_3로 수소화붕소 첨가 반응시켜 얻거나[45] 또는 시판되는 결정성 이합체 또는 THF 용액으로 구매할 수 있다. 이 시약은 열역학적으로 다이사이클로헥실보레인보다 안정하다. 이 시약은 중요한 알켄을 효율적으로 사용할 수 있도록 유기보레인 반응에서 고정(anchor) 작용기로 자주 사용된다.

• **다이아이소피노캄페닐보레인**[diisopinocampheylborane, Ipc_2BH, 비스(피난-3β-일)보레인(bis(pinan-3β-yl)borane]은 (+)- 또는 (−)-α-파이넨에 대하여 수소화붕소 첨가 반응을 하여 얻는 카이랄 시약이다. (+)- 또는 (−)-Ipc_2BH로 *cis*-알켄의 수소화붕소 첨가 반응을 하면 새로운 카이랄 중심이 생긴다.[46]

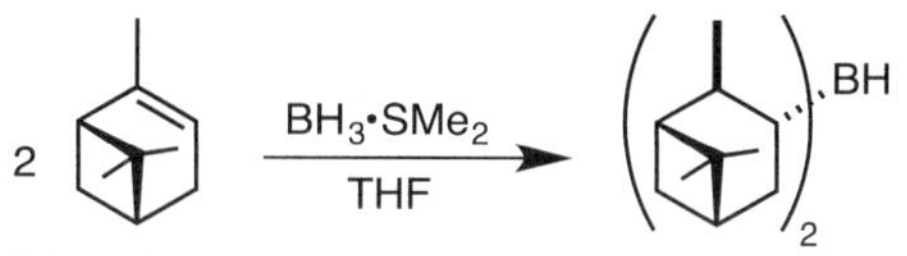

(+)-α-pinene

위치 화학(regiochemistry)

수소화붕소 첨가 반응의 중요한 특성 하나는 반대칭성(unsymmetric) 알켄에 대한 위치 선택성이 관찰되는 것이다. 이중 결합에 대한 B–H 첨가의 방향은 기질의 유도, 공명, 입체 효과 및 수소화붕소 첨가제의 성질에 의하여 영향을 받는다. 수소화붕소 첨가 반응의 메커니즘은 복잡하지만, 반응은 비어 있는 붕소의 p 오비탈과 알켄의 π 오비탈의 상호작용에 의하여 반응을 설명할 수 있다. 이 반응은 붕소에 부분 음전하를, 탄소에 대해서는 부분 양전하를 가지게 한다. 붕소로부터 탄소로 전자쌍을 가지는 한 개의 수소가 이동함으로써 4중심 유형 전이 상태를 거쳐 부분 양전하를 최선으로 수용할 수 있게 된다.

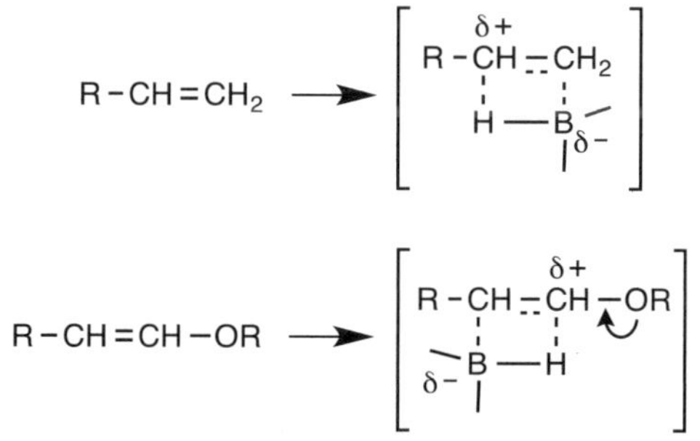

일반적으로 붕소는 전자 밀도가 높고 입체 혼잡성이 가장 낮은 위치를 공격한다. 이러한 작동 가설은 대부분의 수소화붕소 첨가 반응에서의 위치 선택성과 입체 선택성을 합리화해 준다.[47] 다이알킬보레인의 보다 큰 입체적 요구 때문에 R_2BH 시약은 $BH_3 \cdot THF$나 $BH_3 \cdot SMe_2$에 비하면 입체 장애를 덜 받는 탄소에 첨가하는 데 보다 큰 위치 선택성을 보여 준다(표 5.1). 작용기의 존재는 알켄 수소화붕소 첨가 반응뿐만 아니라 결과로 생성되는 유기보레인의 안정도에도 영향을 준다는 것을 유의하는 것이 중요하다.[48]

표 5.1 알켄 수소화붕소 첨가 반응의 위치 화학[a]

	$RCH=CH_2$ (RCH)	($=CH_2$)	i-$PrCH=CHCH_3$ (i-PrCH)	($=CHCH_3$)	$(CH_3)_2C=CHCH_3$ ($(CH_3)_2C$)	($=CHCH_3$)	$PhCH=CH_2$ (PhCH)	($=CH_2$)
BH_3·THF	6	94	43	57	2	98	19	81
Sia_2BH	1	99	3	97			2	98
9-BBN	1	99	1	99			2	98

[a] 유기보레인을 알칼리성 과산화 수소로 산화한 다음 얻는 알코올들의 비율로부터 결정하였음.

화학 선택성(chemoselectivity)

다이알킬보레인을 사용한 알켄의 수소화붕소 첨가 반응의 속도는 매우 다양하다. 따라서 표 5.2에서 보듯이 다이엔의 한 개의 이중 결합에 선택적으로 반응하는 것이 가능하다.[49] 다이알킬보레인을 사용한 수소화붕소 첨가 반응의 상대 속도는 다음과 같다.

9-BBN: $R_2C{=}CH_2 > RCH{=}CH_2 >$ 사이클로펜텐 $>$ (E) $-RCH{=}CHR>$
$R_2C{=}CHR > (Z)$ $-RCH{=}CHR >$ 사이클로헥센 $> R_2C{=}CR_2$

Sia_2BH: $RCH{=}CH_2 > R_2C{=}CH_2 > (Z)$ $-RCH{=}CHR$, 사이클로펜텐 $>$
(E) $-RCH{=}CHR >$ 사이클로헥센 $> R_2C{=}CHR$

입체 화학(stereochemistry)

앞서 논의한 알켄의 수소화붕소 첨가 반응에 대한 4중심 전이 상태는 *syn*-방식으로 이중 결합에 B–H 결합이 첨가되는 반응이 진행된다는 것을 의미한다. 더욱이 α-파이넨 같은 두고리 알켄의 수소화붕소 첨가 반응은 분자의 장애를 덜 받는 면으로부터 B–H가 첨가되어 Ipc_2BH를 생성하게 된다.

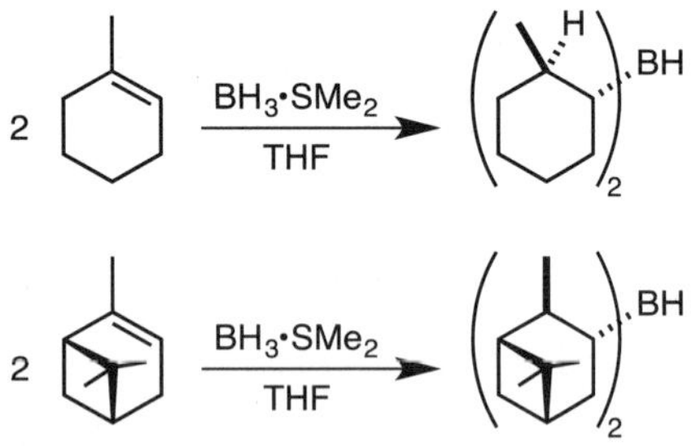

수소화붕소 첨가 반응은 다음을 포함한다.

- B–H의 **위치 선택성** 첨가 반응
- B–H의 *cis*-첨가 반응
- 입체 장애가 작은 면으로부터의 B–H 첨가 반응

표 5.2 다이엔 수소화붕소 첨가 반응의 화학 선택성

	$H_2C{=}CHCH_2CH_2C(CH_3){=}CH_2$ ($H_2C{=}$)	($C(CH_3){=}CH_2$)		$CH_3CH{=}CHCH_2CH_2CH{=}CH_2$ ($CH_3CH{=}$)	($CH{=}CH_2$)
9-BBN	31	69	9-BBN	1	99
Sia_2BH	95	5			

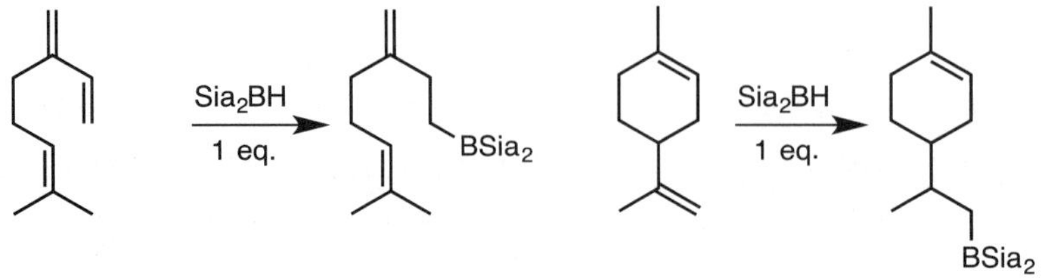

유기보레인의 산화(oxidation of organoborane)

다양한 수소화붕소 첨가제로 올레핀과 다이엔을 용이하게 반응시킴으로써 다양한 유기보레인을 쉽게 얻을 수 있다. 유기보레인은 많은 작용기에 대하여 관용성을 가지며 입체 특이성의 방식으로 형성된다. 이러한 유기보레인의 붕소 원자는 다양한 작용기로 쉽게 치환할 수 있다.[50] 예를 들면 수소화붕소 첨가 반응 후 알칼리성 과산화 수소로 in situ 산화하면 이중 결합의 **anti-Markovnikov 수화 반응**(anti-Markovnikov hydration)이 얻어진다.[51]

$$R_3B + 3H_2O_2 + NaOH \rightarrow 3ROH + NaB(OH)_4$$

이와 다른 방법으로 유기보레인은 과붕소산 소듐(Na-perborate, $NaBO_3 \cdot 4H_2O$)[52] 또는 트라이메틸아민 *N*-산화물(Me_3NO)[53]로 산화할 수 있다. 트라이알킬보레인을 클로로크로뮴산 피리디늄(pyridinium chlorochromate, PCC)으로 산화하면 직접적으로 해당되는 카보닐 화합물을 얻을 수 있다.[54]

C–B 결합의 산화는 **완전한 배열의 보존**(complete retention of configuration)을 주기 때문에 예측 가능한 입체 화학을 가지는 알코올을 합성하는 데 사용한다.[55]

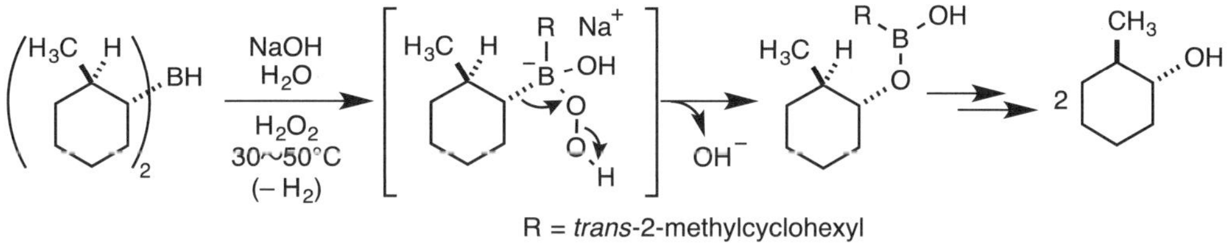

R = *trans*-2-methylcyclohexyl

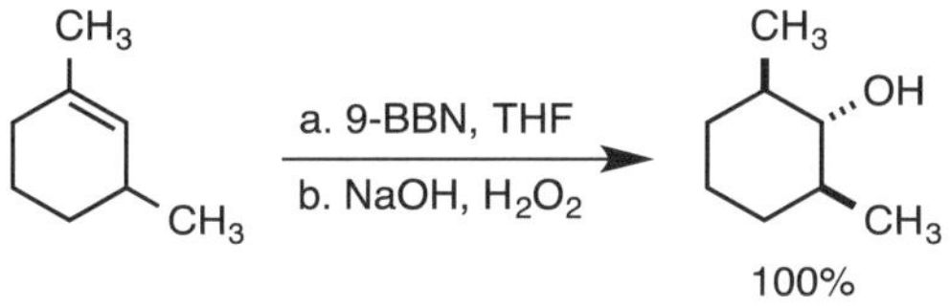

100%

알켄으로부터의 알코올의 비대칭 합성[56]

다이아이소피노캄페일보레인(Diisopinocamphenylborane)

(−)-Ipc_2BH와 (+)-Ipc_2BH는 (+)-α-파이넨과 (−)-α-파이넨을 각각 수소화붕소 첨가 반응을 시켜 쉽게 얻을 수 있는 거울상 이성질적으로 순수한 수소화붕소 첨가제이다.[57]

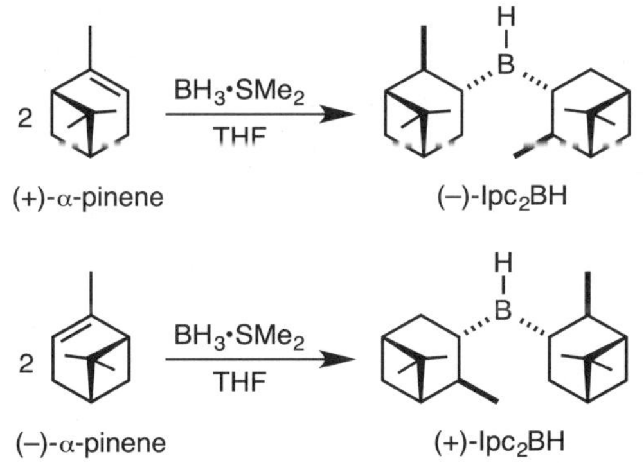

(+)-α-pinene (−)-Ipc_2BH

(−)-α-pinene (+)-Ipc_2BH

이러한 반응물로 *cis*-알켄에 대하여 수소화붕소 첨가 반응을 하면 새로운 카이랄 중심이 생긴다. 그 결과 얻어지는 유기보레인은 입체 화학이 보존되어 산화하면 예측 가능한 **절대** 입체 화학을 가지는 알코올을 합성할 수 있다. 관찰되는 입체 선택성에 대한 합리적인 설명이 제안되었다.[58] (+)-Ipc_2BH를 사용하는 점을 제외하고는 유사한 실험 조건하에서 *cis*-2-뷰텐의 수소화붕소 첨가 반응은 (+)-(*S*) 알코올을 생성한다.

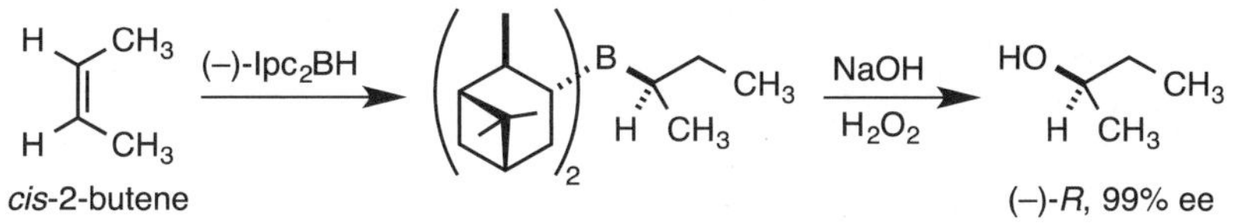

cis-2-butene (−)-*R*, 99% ee

모노아이소피노캄페일보레인(monoisopinocampheylboprane)

Ipc_2BH를 사용한 비대칭 수소화붕소 첨가 반응은 *cis*-이치환체 알켄에 대해서는 예외적으로 효율적이지만 *trans*-이치환체 알켄과 삼치환 알켄에 대해서는 별로 만족스럽지 않다. 그러나 모노아이소피노캄페일보레인($IpcBH_2$)을 사용한 *trans*-알켄 및 삼치환 알켄에 대한 비대칭 수소화붕소 첨가 반응은 좋은 비대칭 유발(asymmetric induction)을 가져온다.[59]

IpcBH2 → NaOH / H2O2 →

R = CH_3, 67% ee
R = Ph, 100% ee

2,5-다이메틸보롤레인(2,5-dimethylborolane)

Masamune의 *trans*-2,5-다이메틸보롤레인 시약을 사용한 비대칭 수소화붕소 첨가 반응은 매우 좋은 결과를 준다.[60] 시약의 C_2-대칭성은 보롤레인(borolane) 고리의 양면을 동등하게 함으로써 경쟁적인 *anti*-Markovnikov 전이 상태의 개수를 감소시킨다.[61] 불행하게도 이 시약은 얻기가 어렵다.

(*R*,*R*)-2,5-dimethylborolane

α면 접근 vs. β면 접근

선호됨 / 선호되지 않음

NaOH / H2O2

~98% ee

부분 입체 선택성 수소화붕소 첨가 반응(diastereoselective hydroboration)

비카이랄(achiral) 보레인을 상용하여 **카이랄 비고리**(chiral acyclic) 알켄을 수소화붕소 첨가 반응을 한 다음, 산화 반응으로 마무리하면 흔히 부분 입체 선택성이 좋은 해당 알코올을 얻게 된다. 이러한 경우 분자에 존재하는 하나의 입체 중심을 사용하여 새로운 카이랄 중심의 선택적인 형성을 도입한다[**단일 비대칭 유발**(single asymmetric induction)의 한 예].[62] 입체 중심이 이중 결합(알릴성 위치)에 이웃하여 수소화붕소 첨가 반응을 하는 것이 중요하다. 이러한 알켄의 바람직한 회전 배열은 이중 결합과 입체 중심의 가장 작은 원자단이 겹쳐 가리는(eclipsing) 것이 최저의 $A^{1,3}$ 무리($A^{1,3}$ strain)를 가진다. 강한 전자적 또는 킬레이트 효과가 없는 경우 다음 예와 같이 수소화붕소 첨가제는 큰 원자단의 반대면에서 이중 결합을 공격한다.[63] 수소화붕소 첨가 반응은 입체 선택성일 뿐만 아니라 위치 선택성이 되어 이중 결합의 입체 장애를 덜 받는 일치환된 탄소에 붕소가 위치한다.

장애를 더 많이 받는 위쪽(β)면

BH3, THF

$A^{1,3}$ 무리 [CH_3 // CH_3]

$A^{1,3}$ 무리를 최소화하는 선호되는 회전 배열

KOH / H2O2

74% de

1,3-알릴성 무리(strain) 개념에 더불어 Houk는 카이랄 알켄에 대한 친전자성 첨가 반응(예를 들면 수소화붕소 첨가 반응, 에폭시화 반응, 다이하이드록시화 반응)에 대하여 π면 입체 선택성에 대한 모형을 사용하여 예측함에 따라 성공적으로 유사한 결과를 거두었다.[58]

옥시수은 첨가 반응 – 수은 이탈 반응[64]

실험실에서 알코올을 합성하기에 알켄의 산 촉매 수화 반응은 적합하지 않다. 이 반응은 탄소 양이온 중간체를 거쳐 진행하기 때문에 알코올의 혼합물을 얻을 수 있다. 그러나 알켄의 옥시수은 첨가 반응 – 수은 이탈 반응은 자리 옮김이 거의 관찰되지 않는 알켄의 위치 선택성 수화 반응에 관한 간단한 도구를 제공한다.

H^+, H_2O / 1. $Hg(OAc)_2$, H_2O, THF 2. $NaBH_4$, NaOH

하나의 알켄을 수용성 THF 내에서 아세트산 제이수은(mercuric acetate)으로 처리하면 제이수은 이온(mercuric ion)이 이중 결합에 친전자성 첨가되어 중간체 수은 이온(mercurium ion)이 생성된다. **보다 치환된** 탄소에 대한 H_2O의 친핵성 공격은 안정한 유기수은 화합물을 형성하게 된다. 다음 $NaBH_4$를 첨가하면 환원이 일어난다. 라디칼 과정을 통한 환원 단계 과정에서 탄소–수은 결합이 탄소–수소 결합으로 치환이 일어난다. 전체적인 반응은 **이중 결합에 대한 Markovnikov 수화 반응**으로 표시된다. 이것은 수소화붕소 첨가–산화 과정과 대조적이다.

CH_3 — $Hg(OAc)_2$, H_2O, THF → [H-Ö:, CH_3, δ+, $\overset{+}{Hg}$–OAc, H, $^-$OAc] —$-H^+$→ OH, CH_3, HgOAc, H — $NaBH_4$, NaOH → OH, CH_3

HOH_2C H ← a. H_3B•SMe_2, THF b. NaOH, H_2O_2 — CH_2 — 1. $Hg(OAc)_2$, H_2O, THF 2. $NaBH_4$, NaOH → H_3C OH

anti-Markovnikov 수화 반응 Markovnikov 수화 반응

용매 수은 첨가 반응 – 수은 이탈 반응

알코올, 아민, 나이트릴 같은 친핵성 용매 또는 아자이드화 소듐 존재하에서의 1-알켄의 수은 첨가 반응은 해당 에터,[65]아민,[66]아마이드,[67] 아자이드[68] 합성에 쉽게 접근할 수 있게 해 준다.

$$RCH{=}CH_2 \xrightarrow[\mathbf{R'OH}]{Hg(OAc)_2} \xrightarrow{NaBH_4} RCH(\mathbf{OR'})-CH_3$$

$$RCH{=}CH_2 \xrightarrow[\mathbf{CH_3CN},\ H_2O]{Hg(OAc)_2} \xrightarrow{NaBH_4} RCH(\mathbf{NHCCH_3}\,(\overset{\Vert}{\mathbf{O}}))-CH_3$$

$$RCH{=}CH_2 \xrightarrow[\mathbf{R'NH_2}]{Hg(OAc)_2} \xrightarrow{NaBH_4} RCH(\mathbf{NHR'})-CH_3$$

$$RCH{=}CH_2 \xrightarrow[\mathbf{NaN_3}]{Hg(OAc)_2} \xrightarrow{NaBH_4} RCH(\mathbf{N_3})-CH_3$$

수은 이온의 형성은 탄소 양이온 자리 옮김 반응을 막아서 분자간 또는 분자내 친핵성 첨가 반응이 다음과 같이 위치- 및 입체 선택적으로 일어나게 된다.[69]

RHgX의 산화 반응

옥시수은 첨가 반응의 **분자내** 반응은 고리형 에터를 제공한다. 더욱이 유기수은 화합물(R–HgX)을 DMF 내에서 산소의 존재하에서 $NaBH_4$로 처리하면 탄소–수은 결합을 탄소–산소 결합으로 치환함으로써 해당 알코올(R–OH)을 생성한다.[70]

금-촉매 수소알콕시 첨가 반응(hydroalkoxylation), 수소아민 첨가 반응(hydroamination) 및 수소아마이드 첨가 반응(hydroamidation)

금 촉매를 매개로 한 알코올, 아민, 아마이드의 알켄과 알카인에 대한 첨가 반응은 수은 첨가 반응의 매력적인 대안으로 대두되었다.[71] 촉매의 주기와 리간드의 영향에 대한 연구가 밝혀지면서 새로운 금 촉매 및 보조 촉매가 개발되면서 이 분야는 매우 빠르게 발전하고 있다.[72] 다음에 보여 주는 예시에서 금(I)-촉매로 진행되는 1-알켄의 Markovnikov 수소아민화 반응은 생성물을 좋은 수율로 얻기 위해 은(I) 보조 촉매를 필요로 한다.[73]

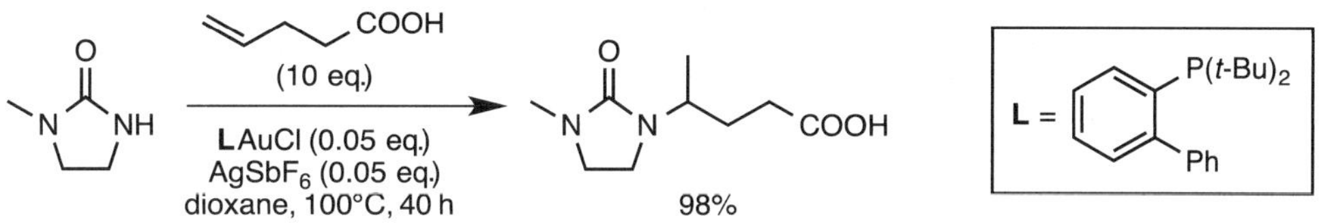

알켄의 에폭시화 반응[74]

에폭사이드[epoxide, 옥시레인(oxirane)]는 위치 선택성 및 입체 선택성인 방법으로 합성 및 반응을 시킬 수 있기 때문에 용도가 매우 넓은 반응 중간체로 널리 사용한다. 에폭사이드의 반응은 다양한 친핵체에 의하여 공격받기 쉬운 무리된 삼원자 고리(strained three membered ring)의 친전자성 성질에 의하여 지배된다. 에폭사이드는 1,2-이작용기성 형태로 인해 α-위치에 친전자성을 가진 엔올 유도체의 전하 친화도의 반대편 짝이 될 수 있다.[75]

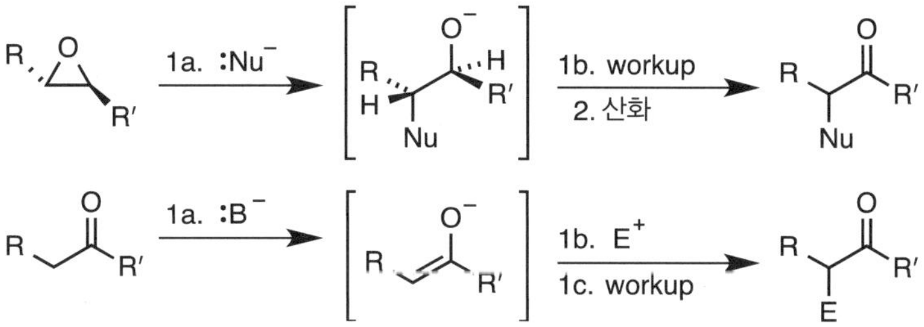

과산화산을 사용하는 알켄의 에폭시화 반응

과산화산(peroxy acid)과 알켄을 반응시키면 이중 결합을 편리하고 선택적으로 산화할 수 있다. 실험실에서 가장 많이 사용하는 과산화산은 *m*-클로로퍼옥시벤조산(*m*-chloroperoxybenzoic acid, *m*CPBA),[76] 모노퍼옥시프탈산 마그네슘염(monoperoxyphthalic acid magnesium salt, MMPP),[77] 퍼옥시벤조산(peroxybenzoic acid), 퍼옥시폼산(peroxyformic acid), 퍼옥시아세트산(peroxyacetic acid), 트라이플루오로퍼옥시아세트산(trifluoroperoxyacetic acid) 및 *t*-뷰틸 수소과산화물[*t*-butyl hydroperoxide, $(CH_3)_3COOH$]이다. 알켄의 에폭시화 반응에 대한 반응성 순서는 $CF_3CO_3H >$ *m*CPBA$\sim HCO_3H > CH_3CO_3H \gg H_2O_2 >$ *t*-BuOOH이다.

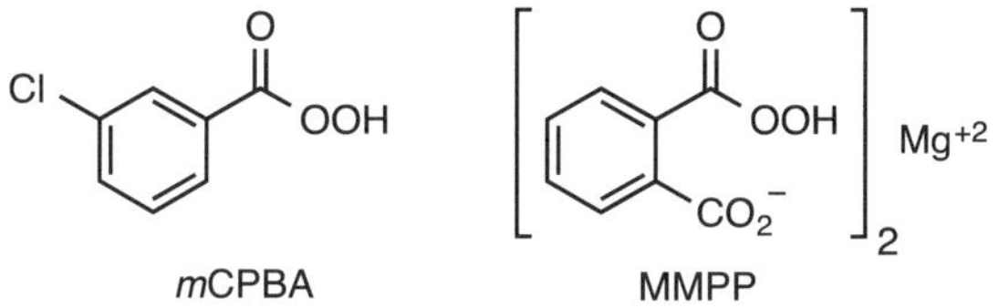

*m*CPBA MMPP

입체 선택성(stereoselectivity)

에폭시화 반응은 이중 결합에 대한 과산화산의 산소 단위의 친전자성 *syn*-첨가 반응을 포함한다. 두 개의 새로운 C–O 결합의 동시적인 형성은 반응이 입체 특이성이라는 것을 확신시켜 준다. *cis*-알켄은 해당되는 *cis*-에폭사이드를, *trans*-알켄은 해당 *trans*-이성질체(라셈)를 형성한다.

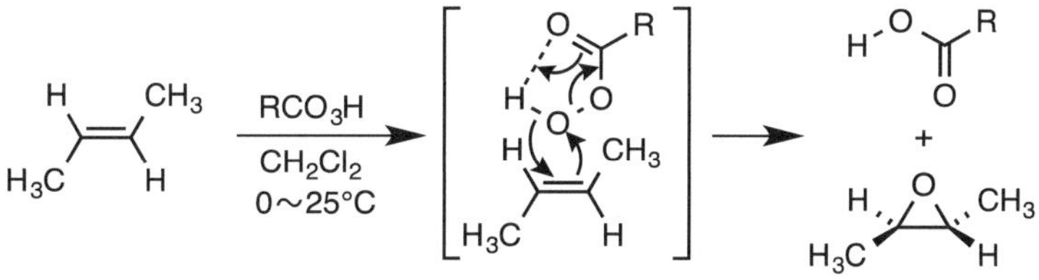

경직된 회전 배열을 가지는 고리형 알켄에 대해서 이 시약은 입체 장애가 작은 면에서 접근하기를 선호한다.

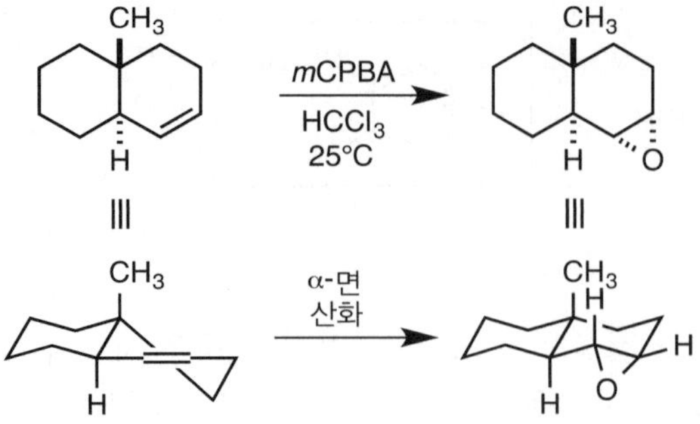

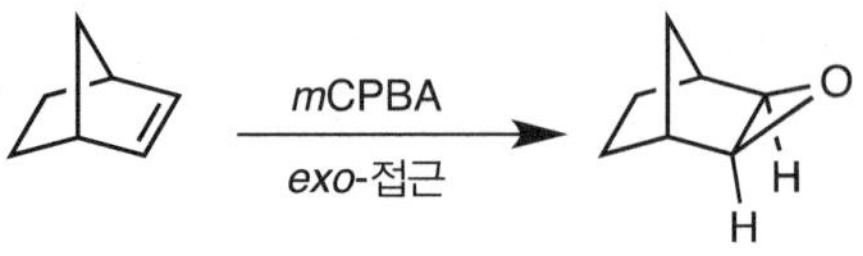

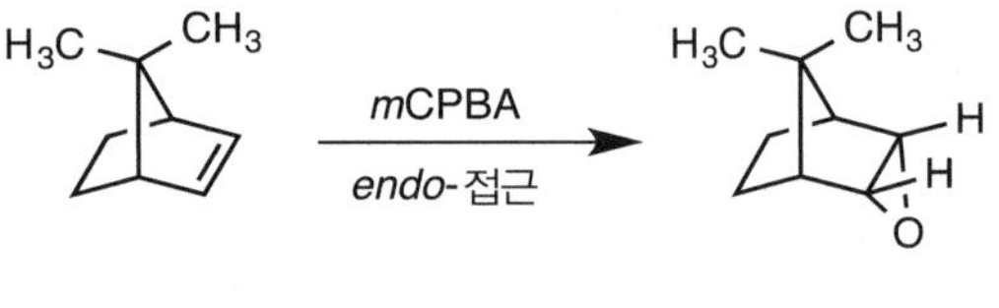

화학 선택성(chemoselectivity)

이중 결합에 전자를 주는 치환기의 개수가 증가함에 따라 에폭시화 반응의 속도가 증가한다. 과산화산에 대한 알켄의 반응성의 순서는 다음과 같다.

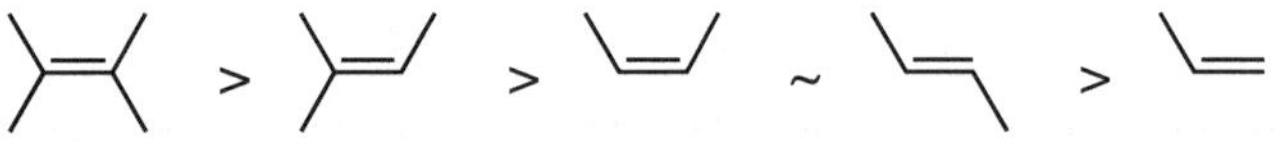

이에 따라 다이엔과 트라이엔의 가장 친핵성인(보다 많이 치환된) 이중 결합이 동등한 몰량의 과산화산으로 처리되었을 때 선호적으로 일어나는 에폭시화 반응을 다음에 표시하였다.

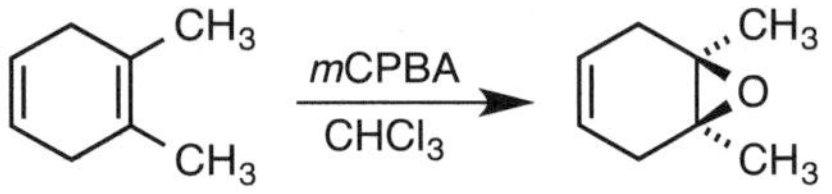

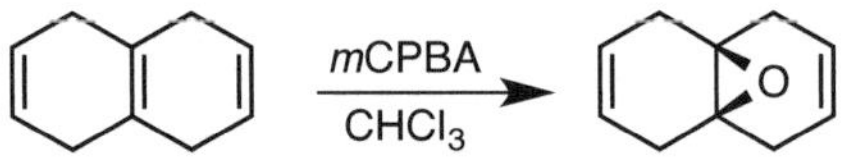

알켄의 이중 결합이 전자 끄는 기와 콘쥬게이션이 되면 에폭시화 반응 속도가 감소한다. 따라서 α,β-불포화 카복실산과 에스터는 트라이플루오로퍼옥시아세트산 같은 보다 강한 산화제를 요구한다.

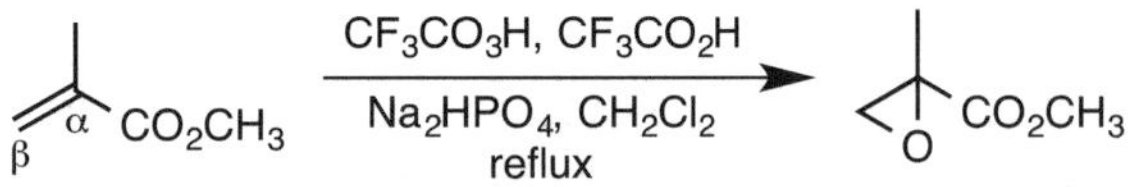

이와 달리 에폭시 에스터는 Darzens 반응에 의하여 합성할 수 있다. Darzens 반응은 염기 매개하에 α-클로로에스터와 알데하이드 또는 케톤 간의 축합 반응을 포함한다.[78]

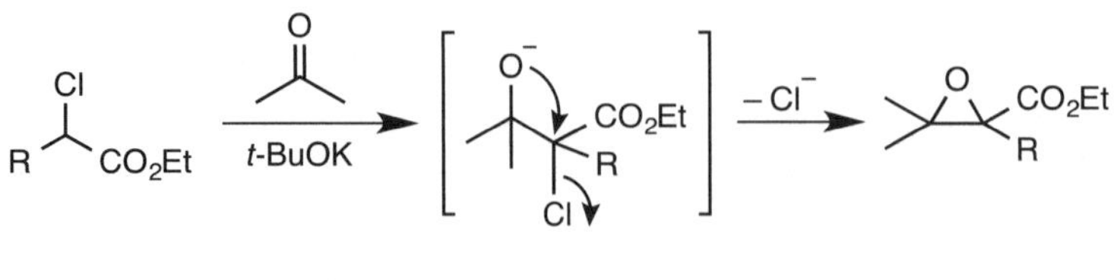

α,β-불포화 케톤의 전자 부족 이중 결합의 에폭시화 반응은 카보닐기를 포함하는 산화 반응인 **Baeyer–Villiger** 반응에 의하여 복잡하게 될 수도 있다.

CH_3CO_3H / CH_3CO_2Na → 20% + 80% Baeyer–Villiger 생성물

그러나 이중 결합과 카보닐기가 콘쥬게이션되지 않았다면 이중 결합이 일반적으로 카보닐기보다 과산화산과 빠르게 반응한다.

*m*CPBA, 볼록한 쪽으로부터 일어나는 과산화산의 공격

볼록 접근

알켄의 H_2O_2와의 금속 촉매 에폭시화 반응은 경제적인 대체 방법으로 사용할 수 있다.[79]

30% H_2O_2, $MnSO_4$ (0.01 eq.), DMF, 25°C, $NaHCO_3$ (pH 8) → 78%

Baeyer–Villiger 반응[80]

Adolf von Baeyer(1905년 노벨상)는 Victor Villiger와 협력하에서 고리형 케톤을 퍼모노옥시황산(permonooxysulfuric acid, HO_2SO_3H)으로 처리하면 락톤이 생성됨을 보여 주었다.[81] 합성에서 이 반응의 가장 큰 유용성은 입체 특이성과 흔히 보이는 고도의 위치 선택성에 있다. 더구나 이 반응은 매우 온화한 조건에서 진행되며, 비고리형, 고리형, 방향성 케톤에 적용할 수 있다.

Baeyer–Villiger 산화 반응에서는 초기에 카보닐 탄소에 과산화산이 공격한 다음, 카보닐기에서 과산화산 단위의 전자 결핍 산소로 이웃 원자단이 이동한다. 자리 옮김은 협동적으로 진행하며 **입체 특이적**(stereospecific)이다. 따라서 카이랄 이동 원자단은 생성물에서도 카이랄 면모를 보전한다. 전체적인 반응은 카보닐 탄소와 이동 원자단 간에 산소가 삽입되는 것으로 표시된다. Baeyer–Villiger 반응은 비고리형 케톤으로부터 에스터를 합성하고, 반면에 고리형 케톤의 경우에는 락톤을 합성하는 데 응용한다.

$R'CO_3H$ → 변환된 이동 → $-BH$ →

R^M = 이동 원자단

$PhCO_3H$ → ester

mCPBA
CF_3COOH
lactone

관찰된 이동의 상대적인 용이도는 *tert*-알킬>*sec*-알킬>페닐>*n*-알킬>메틸 순서이며, 이동 원자단이 전이 상태에서 부분 양전하를 수용하는 능력을 반영한다. 전자적 요인 외에도 입체 및 구조적 제약과 반응 조건이 이동의 용이성에 영향을 미칠 수 있다. 그러나 위치 화학은 일반적으로 이동 원자단의 적절한 선택에 의하여 조절할 수 있다. 예를 들면 메틸 케톤의 산화 반응은 거의 배타적으로 아세트산 에스터 형성으로 끝난다. 따라서 Baeyer–Villiger 반응은 **입체 특이적**일 뿐만 아니라 자주 **위치 선택적**이다.

$PhCO_3H$, CH_2Cl_2, 25°C → 81% → LiOH, MeOH, H_2O

반응 조건을 조절하며 적절한 과산화산을 선택함으로써 자주 에폭시화 반응보다 Baeyer–Villiger 산화 반응을 선호하게 할 수 있다. 다음에 도시한 예에서 Baeyer–Villiger 반응의 유용성은 다음에 표시한 불포화 두고리 케톤을 **입체 특이성, 위치 선택성, 화학 선택성**으로 세 개의 연속적인 입체 발생 중심을 포함하는 사이클로펜텐으로 변환하는 것이다.[82]

mCPBA, $NaHCO_3$, CH_2Cl_2 → 95% → a. NaOH, H_2O; b. workup → 90%

알칼리성 과산화 수소를 이용한 α,β-불포화 케톤의 에폭시화 반응

알칼리성 과산화 수소를 이용한 α,β-불포화 케톤의 산화 반응은 해당되는 에폭시화 케톤(keto epoxide)을 좋은 수율로 생성한다. 이러한 친핵성 에폭시화 반응은 초기에 수소과산화물 음이온(hydroperoxide anion)이 엔온계에 Michael 형식으로 첨가한 다음에 HO^-의 이탈이 되는 과정을 통하여 진행한다. HOO^-의 이웃한 산소의 유발적인 전자 끌기 효과는 HO^-보다 약한 염기성을 가지게 하지만, 하이드록시기보다는 좋은 친핵성을 가짐에 유의해야 한다.

H_2O_2, NaOH [HOO^-], CH_3OH, 15~20°C

과산화산의 비고리형 알켄에 대한 **입체 특이적**인 에폭시화 반응과 대조적으로 α,β-불포화 케톤에 대한 알칼리성 과산화 수소를 이용한 산화 반응은 **입체 선택적**으로 *cis*-와 *trans*-엔온으로부터 오직 하나의 입체 이성질체만 형성된다.[83]

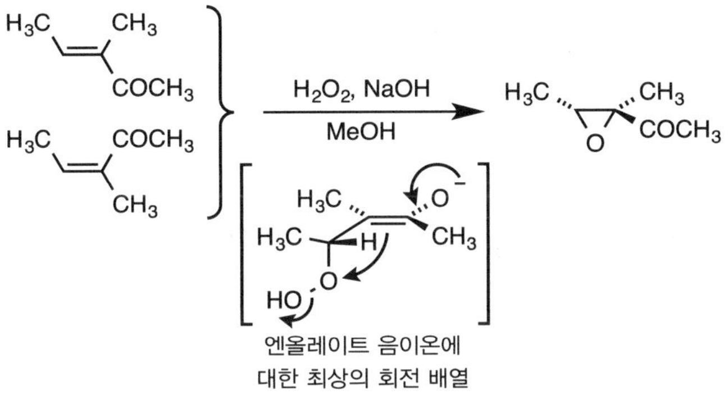

엔올레이트 음이온에 대한 최상의 회전 배열

엔온의 에폭시화 반응에서 알칼리성 과산화 수소 실험 과정이 실패하는 경우 염기성 *tert*-뷰틸 수소과산화물로 엔온을 처리하는 것이 또 다른 선택적 경로가 된다. 예를 들면 다음에 표시한 엔온은 알칼리성 과산화 수소와 반응을 하지 않지만, 염기인 수산화 트라이메틸벤질암모늄(Triton-B)의 존재하에서 *tert*-뷰틸 수소과산화물과 화학 선택성이며 입체 선택성인 산화가 일어난다. 모퉁이 메톡시메틸 치환기와의 1,3-이축 방향 상호 작용을 피하기 위하여 수소과산화물 음이온이 분자의 α-면에서부터 엔온을 공격한다.[84]

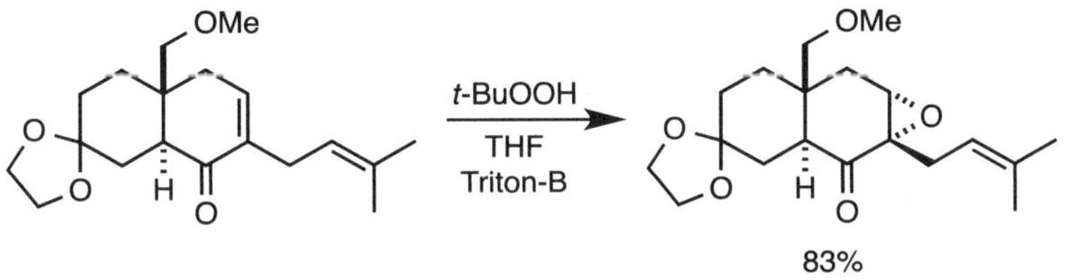

83%

다이메틸다이옥시레인을 이용한 알켄의 에폭시화 반응[85]

다이메틸다이옥시레인(dimethyldioxirane, DMDO)은 전자 결핍 알켄이나 전자 풍부 알켄이나 마찬가지로 중성 조건하에서 에폭시화 반응을 하는 데 사용하는 온화한 시약이다.[86] 더구나 다이메틸다이옥시레인은 불안정한 에폭사이드를 합성하는 데 자주 사용하는 산화제이다.[87] 이 시약은 아세톤을 카로산 포타슘(potassium caroate, $KHSO_5$, Oxone)으로 산화하여 합성하며 −20°C에서 며칠간 안정하다.[88]

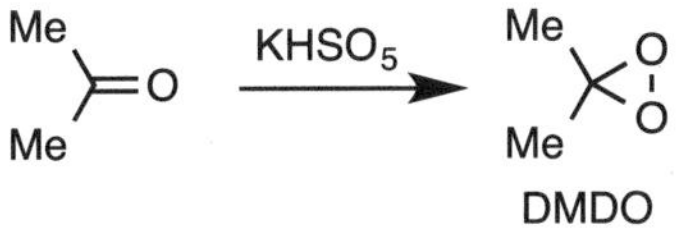

DMDO

DMDO의 사용은 콘쥬게이션된 산이나 에스터를 과산화산으로 에폭시화 반응하는 것과 엔온을 알칼리성 과산화 수소로 에폭시화 반응하는 것과 연관된 문제를 제거하여 준다. 반응의 유일한 부산물은 아세톤이기 때문에 이 과정을 친환경적으로 만들어 준다.

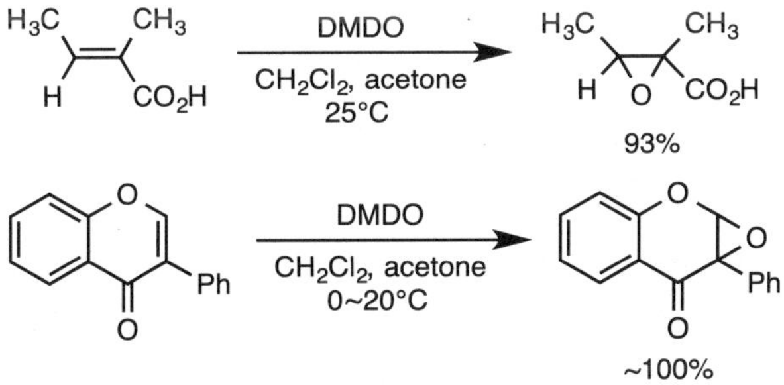

93%

~100%

메틸(트라이플루오로메틸)다이옥시레인(TFDO)은 1,1,1-트라이플루오로아세톤과 $KHSO_5$로부터 합성되며,[89] DMDO보다 약 600배의 반응성을 가진다.[90] 용이한 알켄의 에폭시화 반응과 더불어 TFDO는 '옥세노이드(oxenoid)'(나비) 메커니즘을 통하여 이차 C−H 결합보다는 삼차 C−H 결합을 위치 선택성으로 산화하는 데 사용할 수 있다.[87c]

TFDO
CH_2Cl_2, TFA
−22°C, 10 min
90%

할로하이드린으로부터 에폭사이드의 합성[91]

클로로하이드린 또는 브로모하이드린과 염기의 반응은 에폭사이드를 경제적으로 합성하는 경로를 제공한다. 할로하이드린은 알켄을 하이포아염소산($Cl_2 + H_2O \rightarrow HOCl$), 하이포아염소산염 표백 용액(NaOCl), 또는 하이포아브로민산($NBS + H_2O \rightarrow HOBr$) 중 하나와 반응하여 쉽게 얻을 수 있다. 이러한 반응은 초기에 X^+와 HO^-의 *anti*-첨가 반응을 통하여 할로하이드린을 형성한 다음, 분자내의 산소 음이온에 의한 할로젠화물의 'S_N2' 치환 반응이 일어나는 것이다.[91a] $^{\delta-}HO-X^{\delta+}$ 첨가의 위치 화학은 다음에 표시한 바와 같이 할로젠화물과 입체 및 전자적인 요소에 매우 좌우된다.[91b]

Cl_2, H_2O, 0°C, [$\overset{\delta-}{HO}-\overset{\delta+}{Cl}$]; NaOH, H_2O, 25°C

NaOCl, pyridine; 65°C; 97%

하이드린 경로의 주목할 만한 특성은 과산화산을 사용하여 얻은 입체 화학에 대하여 반대의 입체 화학을 가지는 에폭사이드를 얻을 수 있다는 것이다.

α-면 접근: *m*CPBA, CH_2Cl_2 → α-면 에폭사이드

알켄의 β-면은 CH_3 축방향에 의해서 입체 장애이다.

1. Br_2, H_2O 2. KOH, H_2O → β-면 에폭사이드

α-브로모늄 이온 선도 물질에서 HO^-에 의한 β-면 공격

케톤으로부터의 에폭사이드의 합성

에폭사이드로의 또 다른 접근법은 알켄 대신에 알데하이드나 케톤을 에폭사이드 합성의 전구체로 이용하는 것이다.

다이메틸설포늄 메틸라이드(dimethylsulfonium methylide)[92]

아이오딘화 메틸로 황화 다이메틸을 메틸화하는 반응은 아이오딘화 트라이메틸설포늄을 생성한다. 황의 양전하는 메틸 양성자의 산성을 증가시켜서 설포늄을 염기로 처리하면 이 화합물은 다이메틸설포늄 메틸라이드로 변환된다. 이 '불안정한' 일라이드(ylide)는 합성한 즉시 사용해야 한다.

$Me_2S \xrightarrow{CH_3I} (H_3C)_2\overset{+}{S}-CH_3\ I^- \xrightarrow[THF,\ -10\sim0°C]{\overset{+\ -}{Na}CH_2SOCH_3\ (NaH + DMSO)} [(H_3C)_2\overset{+}{S}-\overset{-}{C}H_2]$

sulfur ylide

황 일라이드는 알데하이드, 케톤 또는 엔온의 카보닐기와 반응하여 베테인 중간체를 형성하여 산소 음이온에 의하여 Me_2S를 분자내 치환하여 해당 에폭사이드로 분해한다.

$$\text{cyclohexanone} \xrightarrow[\text{THF, } -10\sim5°C]{(CH_3)_2\overset{+}{S}-\overset{-}{C}H_2} [\text{betaine}] \xrightarrow{-S(CH_3)_2} \text{epoxide}$$

다이옥소메틸설포늄 메틸라이드(dimethyloxosulfonium methylide)[92]

아이오딘화 트라이메틸설폭소늄의 양성자 이탈 반응은 다이메틸설포늄 메틸라이드보다 현저하게 안정한 황 일라이드를 형성하며 실온에서 합성하여 사용할 수 있다.

$$(CH_3)_2S{=}O \xrightarrow{CH_3I} (CH_3)_3S^+{=}O\ I^- \xrightarrow[25°C]{\overset{+}{Na}\overset{-}{C}H_2SOCH_3} [(CH_3)_2S^+(=O)-\overset{-}{C}H_2]\ \text{ylide}$$

'안정화된' 일라이드는 알데하이드와 케톤과 반응하여 에폭사이드를 제공한다(Corey-Charkovsky 반응). 다이메틸설포늄 메틸라이드와 다이메틸옥소설포늄 메틸라이드 간의 반응성 차이는 α,β-불포화 케톤과의 반응을 고려할 때 현저하나. '비안정화된' 일라이드는 에폭사이드를 형성하지만 '안정화된' 일라이드는 콘쥬게이션 첨가 후 고리 닫힘과 다이메틸설폭사이드의 손실에 의한 사이클로프로페인을 생성한다.

$$\text{cycloheptanone} \xrightarrow[25°C]{(CH_3)_2\overset{+}{S}(=O)-\overset{-}{C}H_2} [\text{intermediate}] \xrightarrow{-DMSO} \text{epoxide } (71\%)$$

$$\text{epoxide } (89\%) \xleftarrow[-(CH_3)_2S]{(CH_3)_2\overset{+}{S}-\overset{-}{C}H_2} \text{carvone} \xrightarrow[-(CH_3)_2SO]{(CH_3)_2\overset{+}{S}(=O)-\overset{-}{C}H_2} \text{cyclopropane } (81\%)$$

카이랄 설파이드를 사용하여 황 일라이드를 매개로 한 카보닐 화합물의 에폭시화 반응이 보고된 바 있다.[93]

알데하이드와 케톤과 황 일라이드와 인 일라이드(Wittig 시약)의 반응 양상에는 현저한 차이가 있다. Wittig 시약은 알켄을 제공하는 데 반하여, 전자의 일라이드는 산소를 향하여 인에 비하여 낮은 친화력을 가지는 황으로 인하여 에폭사이드를 형성한다.

$$\text{cyclohexanone} \xrightarrow{(Ph)_3\overset{+}{P}-\overset{-}{C}H_2} [\text{oxaphosphetane}] \xrightarrow{-O{=}PPh_3} \text{methylenecyclohexane}$$

$$\text{cyclohexanone} \xrightarrow{(CH_3)_2\overset{+}{S}-\overset{-}{C}H_2} [\text{betaine}] \xrightarrow{-SMe_2} \text{epoxide}$$

클로로아이오도메테인(chloroiodomethane)

클로로아이오도메테인은 메틸 리튬-브로민화 리튬 또는 *n*-뷰틸 리튬을 저온에서 처리하여 리튬 아이오딘화물 교환을 거쳐 리튬 클로로 카벤 유사 화학종[$LiCH_2Cl$]을 형성한다. 이러한 고반응성의 '탄소 음이온'은 α-제거 반응을 통하여 카벤과 LiCl을 형성하기 이전에 알데하이드나 케톤의 카보닐기와 반응하여 차단된다. 초기에 형성된 카보닐 첨가 생성물에서 염화물의 치환은 해당 에폭사이드를 고수율로 형성한다.[94]

$$\text{R'R}C{=}O + ICH_2Cl \xrightarrow[Et_2O,\ -78°C]{n\text{-BuLi}} \left[\text{R'R}C(O^-)CH_2{-}Cl\right] \longrightarrow \text{R'R}C(O)CH_2$$

$$CH_3(CH_2)_6CHO \xrightarrow[ICH_2Cl,\ THF,\ -78°C]{MeLi,\ LiBr} CH_3(CH_2)_6CH(O)CH_2 \quad 97\%$$

$$\text{cyclohexanone} \xrightarrow[ICH_2Cl,\ THF,\ -78°C]{n\text{-BuLi}} \text{spiro epoxide} \quad 91\%$$

에폭사이드의 반응[95]

에폭사이드 고유의 무리(~27 kcal/mol)는 (1) 다양한 범위의 친핵체에 의한 고리 열림, (2) 염기 유발 자리 옮김, (3) 산 촉매 이성질화 반응을 용이하게 한다.

친핵성 고리 열림 반응(nucleophilic ring-opening reaction)[96]

일반적으로 비대칭으로 치환된 에폭사이드에 대한 친핵성 고리 열림 반응은 다음과 같이 친핵체가 에폭사이드(S_N2 형태 반응)의 덜 치환된 탄소를 공격하는 **위치 선택성**(regioselective)이다.

- $LiAlH_4$ or $LiEt_3BH$ → RCH(OH)CH_3
- Li_2NiBr_4, THF → RCH(OH)CH_2Br
- R'_2CuLi, Et_2O → RCH(OH)CH_2R'
- NaOH, H_2O, heat → RCH(OH)CH_2OH
- $NaOCH_3$ → RCH(OH)CH_2OCH_3
- Me_2NH → RCH(OH)CH_2NMe_2

치환된 에폭사이드의 Grignard 시약과의 반응은 흔히 자리 옮김 반응을 수반한다. 따라서 에폭사이드와 탄소-탄소 결합을 형성하기 위해서는 유기구리 화합물(organocuprate)이 더욱 알맞다. 유기구리 화합물의 합성과 반응에 대한 자세한 논의는 7장을 참조하라.

$$\text{epoxide–}(CH_2)_8\overset{O}{\overset{\|}{C}}CH_3 \xrightarrow[b.\ H^+,\ H_2O]{a.\ (CH_3)_2CuLi,\ Et_2O} CH_3CH_2\overset{OH}{\overset{|}{C}H}(CH_2)_8\overset{O}{\overset{\|}{C}}CH_3$$

케톤, 에스터, 아마이드의 리튬 엔올레이트는 에폭사이드와 직접적으로 반응하지 않으므로 Et_2AlCl, $LiClO_4$ 또는 LiCl 같은 촉진제가 필요한다.[97] 그러나 에폭사이드는 $Li[CH_2CO_2C(CH_3)_3]$, $Na[HC(CO_2Et)_2]$, $Li[CR_2CO_2Li]$ 또는 $Li[CR_2CO_2Na]$와 알킬화 반응이 일어난다.[98]

$$\text{cyclohexene oxide} \xrightarrow[\text{THF, 40°C; b. } H^+,\ H_2O]{a.\ [Li^+\ {}^-C(Me)_2CO_2Na]} \text{trans-2-(1-carboxy-1-methylethyl)cyclohexanol } (91\%) \xrightarrow[-H_2O]{\text{열}} \text{lactone } (83\%)$$

입체 화학(stereochemistry)

사이클로헥세인 유도체에서는 친핵성 시약과의 에폭사이드 고리 열림은 대부분의 경우 S_N2 반응을 통하여 입체 특이성으로 진행하여 에폭사이드의 산소에 대하여 공격하는 친핵체가 *trans*- 및 **이축 방향**-관계로 위치한다. 따라서 고리 열림 반응에서 단 하나의 부분 입체 이성질체 에폭사이드로부터 단 하나의 부분 입체 이성질체 생성물을 얻는다.

R=H인 다음 경우에서 에폭사이드의 고리 열림은 C(4)에 친핵체가 **역평행**(antiparallel)으로 접근하여 의자 형태의 전이 상태를 거쳐 ***trans*-이축 방향** 생성물을 얻는다. C(3)를 친핵체가 평행으로 공격하면 고에너지 비틀린 배형태 전이 상태를 거쳐 이수평 방향 생성물을 얻는다. 그러나 만일 R=CH_3인 경우 CH_3기와 접근해 들어오는 친핵체 간의 *syn*-축방향 상호 작용으로 에폭사이드 절단의 위치 화학에 영향을 주며, 친핵체 크기에 따라서 C(3)에 대한 친핵체 공격이 선호가 되는 결과가 될 수도 있다.[99]

에폭사이드의 분자내 친핵성 열림 반응은 고리계의 형성을 가져온다.[100] 이러한 과정은 에폭사이드 탄소에서 배열이 반전되는 입체 선택성을 나타낸다. 친핵체는 동일 선상에서 S_N2-**유사 치환**을 할 수 있는 회전 배열로부터 C–O 결합에 접근한다. 분자내 에폭사이드 고리 열림 반응의 두 가지 가능한 방식 중에 다음에 도시한 바와 같이 작은 고리 형성을 더 선호한다.[101] 이러한 이유는 (1) 공격 원자단, (2) 에폭사이드 탄소, (3) 산소 음이온 이탈기의 전이 상태에서 동일 평면 배열을 얻기 어렵기 때문이다. 고리 크기의 선호도는 염기의 선택에 의하여 영향을 받는다.[102]

산화 사이클로헥센이 포함되는 경우 **역평행** 접근을 거친다는 고리 열림의 요구 조건이 다음 도시한 바와 같이 고리 크기를 지시한다.[101a]

올레핀 입체 화학의 반전[103]

이중 결합 기하 구조를 반전함으로써 알켄을 합성하는 것은 중요한 합성 변환이다. 예를 들면 아래에 도시한 (*Z*)-알켄을 (*E*)-이성질체로 상호 변환하는 것은 (*Z*)-에폭사이드를 친핵성 $LiPPh_2$[104]로 처리한 다음, 인 알킬화 반응을 하여 베테인(betaine)을[105] 형성한다. 베테인은 *syn*-제거 반응을 거쳐 (*E*)-알켄을 생성한다. 이러한 알켄 반전은 다이-, 트라이-, 테트라-치환 올레핀에도 작동한다.

에폭사이드의 염기 유발 제거 반응[106]

에폭사이드는 알릴성 알코올을 입체 선택성으로 합성하는 전구체로 쓰인다. 따라서 알켄을 출발로 하여 에폭사이드로 변환한 다음, 강염기로 처리하면 해당 알릴성 알코올을 생성한다.[107]

전체 반응은 초기 알켄 이중 결합의 전위(transposition)에 해당된다. 친핵체의 에폭사이드 고리 열림 반응에 대조적으로 염기 유발 제거 반응은 다이알킬아민화 리튬(예: LDA) 같은 비친핵성 센염기를 필요로 한다. 이 반응은 배형태와 같은 전이 상태를 포함하는 *syn*-제거 반응을 통하여 진행한다고 믿어진다.[108]

실릴 보호된 알릴성 알코올은 에폭사이드를 화학량론만큼의 TMSOTf 또는 TBSOTf (Tf=SO_2CF_3)의 존재하에서 비친핵성 염기로 처리하여 얻을 수 있다.[109]

산 촉매 고리 열림 반응

에폭사이드와 H_3O^+의 산 촉매 고리 열림 반응은 OH^-와의 염기 유발 반응보다 빠르게 진행한다. 산성 매질 내에서는 고리 산소의 양성자 첨가 반응은 보다 많이 치환된 에폭사이드 고리 탄소에 부분 양전하가 존재하게 한다. 따라서 친핵체(일반적으로 친핵성 용매)의 중성 이탈기(−OH)의 후면 치환은 보다 많이 치환된 에폭시 고리의 탄소에서 선호적으로 일어난다. 사이클로헥센 유도 에폭사이드의 고리 열림의 일반적인 법칙은 OH와 Nu를 *trans*- 및 이축 방향 관계로 배치하는 것이며, 산 촉매 조건하에서도 마찬가지로 응용할 수 있다.

H^+, CH_3OH

더 안정 vs. 덜 안정

CH_3OH, $-H^+$ → $CH_3CH(OCH_3)CH_2OH$ 주생성물

CH_3OH, $-H^+$ → $CH_3CH(OH)CH_2OCH_3$ 부생성물

H_2O, H_2SO_4

1-메틸사이클로헥산올을 생성하기 위하여 1-메틸사이클로헥센 에폭사이드를 $LiAlH_4$ 또는 그보다 좋은 $LiEt_3BH$[110]로 환원 절단하는 것과 대조적으로, 트라이플루오린화 붕소 에터레이트(boron trifluoride etherate)의 존재하에서 에폭사이드를 소듐 사이아노보로하이드라이드(sodium cyanoborohydride)로 환원하면 *cis*-2-메틸사이클로헥산올을 얻는다.[111] 이 경우 에폭사이드의 산소와 Lewis 산 BF_3 간의 착물화가 유발된 부분 양전하를 잘 유지할 수 있는 치환이 많은 탄소로 '수소 음이온' 첨가가 일어나도록 지시한다.

$NaBH_3CN$, $BF_3 \cdot OEt_2$, THF → 87% (97% *cis*)

a. $LiEt_3BH$, THF; b. NaOH, H_2O_2 → 99%

엔올 에터로부터 유도된 에폭사이드와 같은 매우 반응성이 큰 에폭사이드는 친전자성 환원제를 사용하여 에폭사이드 산소와 같은 방향에서 수소 음이온을 전달할 수 있다. 아래 제시된 예에서 보듯이 DIBAL-H가 에폭사이드 산소에 배위하면 수소 음이온의 *cis*-전달이 용이하다. 반면에 $LiEt_3BH$와 같은 친핵성 시약은 에폭사이드를 *trans*-로 고리 열림 반응하게 된다.[112]

DMDO, CH_2Cl_2, −78 to 0°C → 20:1 α:β epoxide

i-Bu_2Al–H, CH_2Cl_2, −78 to rt → 53% (2 steps)

$LiEt_3B$–H, THF, rt, 3h → 67% (2 steps)

포화 하이드록시 에폭사이드의 산 촉매 고리 열림을 하이드록시기의 분자내 참여를 통하여 테트라하이드로퓨란과 테트라하이드로피란을 위치 선택성 및 입체 선택성으로 형성한다.[113]

CSA (0.1 eq.)
CH_2Cl_2
–40°C to rt
포화
CSA = camphorsulfonic acid
94%

흥미롭게도 알릴성 에폭사이드의 산 촉매 분자내 열림 반응은 π 안정화된 카베늄 이온 중간체를 거쳐 위치 선택성으로 테트라하이드로피란 고리를 형성한다.[113]

CSA (0.1 eq.)
CH_2Cl_2
–40°C to rt
불포화
알릴성 에폭사이드
95%
via

에폭사이드의 Lewis 산 촉매 자리 옮김 반응[114]

Meinwald 자리 옮김 반응(Meinwald rearrangment)[115]라고 불리는 이 과정은 에폭사이드를 통하여 알켄을 카보닐 화합물로 변환하는 데 유용하다. 트라이플루오린화 붕소 에터레이트(boron trifluoride etherate)는 이러한 목적으로 일반적으로 사용한다. 이 반응은 카베늄 이온 중간체를 거쳐 진행하며, 원자단의 이동 성향에 따라 카베늄 이온 자리 옮김 반응이 일어난다. 이 반응의 유용성은 구조와 회전 배열 인자에 좌우되어 선택적인 자리 옮김 반응이 일어난다. 에폭사이드의 형성과 고리 열림 반응은 퍼옥시트라이플루오로아세트산(peroxytrifluoracetic acid)과 트라이플루오린화 붕소 에터레이트의 혼합물을 사용하여 한 개의 반응 용기에서 수행할 수 있다.[116]

$BF_3{\cdot}OEt_2$

CF_3CO_3H
$BF_3{\cdot}OEt_2$
CH_2Cl_2
0 to 8°C
H_2O
76%

Meinwald 자리 옮김 반응은 황 일라이드 화학과 함께 사용하면 아래에 설명된 대로 고리 케톤에서 카브알데하이드를 합성하는 편리한 방법이다.[117]

$(CH_3)_2S^+(O)–CH_3\ I^-$
KO*t*-Bu
THF
reflux, 2 h
90%
1. $BF_3{\cdot}Et_2O$
THF, 5°C, 3 h
2. DBU
THF, MeOH
수평 방향 -CHO로의
생성물 혼합물의 이성질화
93%

알릴성 알코올의 에폭시화 반응

과산화산을 사용한 하이드록시 지향성 에폭시화 반응[118]

비록 고리형 알켄의 에폭시화 반응은 입체 장애가 작은 쪽에서 일어나는 것이 선호되지만 이중 결합 근처의 극성 치환기의 존재는 과산화물에 의한 공격의 면 방향을 역전시킬 수 있다. 예를 들면 기질에 대하여 알릴성 OH기를 도입하면 과산화산과 수소 결합하는 방도를 제공하여 입체 선택성 에폭시화 반응을 촉진하게 된다. OH기를 가지는 사이클로알켄은 과산화산에 의하여 알릴성 위치가 이중 결합에 대하여 그 면이 입체적으로 더 장애가 클지라도 *syn*이 되게 공격받아 해당 *cis*-에폭시 알코올 부분 입체 이성질체를 형성한다. 하이드록시기와 과산화산 간에 수소 결합을 이루어 에폭시화 반응에 대한 전이 상태를 안정화함으로써 하이드록시기의 지향 효과가 생긴다고 가정된다.[118b] 만일 OH기를 아세테이트기로 대체한다면 거의 동등 몰의 부분 입체 이성질체 에폭사이드 혼합물이 관찰된다.

$CHCl_3$

mCPBA: 96% 4%

CF_3CO_3H: 98% 2%

mCPBA, CH_2Cl_2

mCPBA, CH_2Cl_2

다음에 비고리계에서의 π-면, 호모알릴성 OH 지향적 입체 선택성 에폭시화 반응이 천연물 모네신(monensin)의 합성에 사용된 유익한 예를 들었다.[110] 예상한 바와 같이 **A**에서 말단의 이중 결합보다는 선사가 풍부한 삼치환된 이중 결합에 대한 에폭시화 반응이 용이하다. 에틸기와 $CH_2CH{=}CH_2$ 부속물 간의 알릴성 1,3-무리를 최소화하기 위하여 **A**는 선호적으로 회전 배열 B를 택하여 가장 작은 치환기 H(수소)를 에틸기와 같은 평면에 놓이게 한다. 이것은 하이드록시메틸 단위(CH_2OH)를 이중 결합의 β-면에 근접하게 위치하여 *m*CPBA로 처리하면 에폭사이드 부분 입체 이성질체 **C**가 형성된다.

mCPBA, CH_2Cl_2, aq. $NaHCO_3$, >95%

A **B** **C**

과산화산을 이용한 알켄의 하이드록시 지향성 에폭시화 반응은 용매의 성질에 대하여 예민하다. 다음 예에서 알켄 에폭시화 반응은 Et_2O를 용매로 사용하였을 때는 접근이 용이한 α-면에서 에폭시화 반응이 일어나지만 CH_2Cl_2를 사용하면 알켄의 β-면에서 하이드록시 지향성 에폭시화 반응이 촉진된다.[120]

mCPBA, CH_2Cl_2, 5°C, OH 지향성 에폭시화 반응 — 50%

mCPBA, Et_2O, OH 용매화 β-면 접근 장애 — 단일 생성물

알릴성 알코올의 전이 금속 촉매 에폭시화 반응

곧은 사슬 알릴성 알코올은 입체 선택성으로 에폭사이드로 변환할 수 있어 예측 가능한 입체 화학을 가지는 일단의 기능화 화합물로 다시 정교하게 변환할 수 있기 때문에 복잡한 천연물의 입체 선택성 합성의 개발에 매우 중요하다.

화학 선택성의 조절

t-뷰틸 수소과산화물과 바나듐 아세틸아세토네이트 또는 테트라아이소프로폭시화 타이타늄과 알릴성 알코올을 반응시키면 다음 예와 같이 에폭사이드를 높은 화학 선택성 방법으로 합성하게 된다.[121] 바나듐에 의한 촉매 작용은 *t*-BuOOH, 알릴성 알코올의 OH기 및 금속 간의 착물을 포함하는 것으로 짐작된다.

[O]
CH_2Cl_2

*m*CPBA:	33%	67%
cat. $VO(acac)_2$, *t*-C_4H_9OOH:	99%	1%

입체 화학의 조절

반응의 입체 화학을 조절하는 데에는 두 가지의 원리가 있다.[122]

기질 조절 전략(내부 조절)

만일 카이랄 탄소가 이중 결합에 근접하고 있다면 **부분 입체 선택성**인 에폭시화 반응을 성취하는 것이 흔히 가능하다. 새롭게 형성된 입체 중심이 이미 분자 내에 있는 입체 중심과 특별한 관계를 가진다(상대적 비대칭 유발). 불행히도 주어진 기질에 대해서는 흔히 가능한 두 개의 입체 이성질체 중 단지 하나만 얻어진다.

t-BuO_2H
$VO(acac)_2$
CH_2Cl_2

99% de

카이랄 기질

단일 부분 입체 이성질체

비카이랄성 산화제를 사용하면 기질에 의해 선택성이 결정된다. 다른 부분 입체 이성질체를 얻기 위해서는 기질의 선호도를 극복하기 위하여 **시약 조절**을 사용해야 한다.

카이랄 시약
사용
(예: SAE)

시약 조절 전략(외부 조절)

부분 입체 선택성 또는 거울상 이성질 선택적인 방법으로 카이랄 분자를 조립함에 있어서 강력한 거울상 이성질성을 가진 순수한 촉매나 보조물을 사용한다. 이러한 전략을 이용함에 따라 카이랄 기질에 의하여 선호적으로 표시된 적당한 부분 입체면 선호성을 증대하거나 역전시키는 것이 종종 가능하다. Sharpless 비대칭 에폭시화 반응(Sharpless Asymmetric Epoxidation, SAE)는 카이랄 보조물이나 카이랄 리간드를 사용함으로써 **부분 입체 선택성** 산화 반응을 **거울상 이성질 선택성**으로 변환하는 시약 조절 전략의 중요한 예이다.

Sharpless 비대칭 에폭시화 반응(SAE)[123]

Sharpless 비대칭 에폭시화 반응은 흔히 터펜, 탄수화물, 곤충 페로몬 및 의약생산품 등의 천연물 합성을 포함하는 합성 프로토콜에서 중요한 단계에 사용한다. SAE 반응의 특성은 간단성과 신빙성이다. 에폭사이드는 예측할 수 있는 형태와 높은 거울상 초과량(euatiomeric excess, ee)이다. 또한 2,3-에폭시 알코올은 많은 입체 특이성 변환에 있어서 융통성 있는 중간체로 공헌한다.

거울상 이성질 선택성

1980년 T. Katsuki와 K. B. Sharpless(2001년 노벨상)는 선구 카이랄 알릴성 알코올을 *t*-BuOOH, $Ti(i\text{-}OPr)_4$ 및 (+) – 또는 (–) – 타타르산 다이에틸(diether tartrate, DET) 존재하에서 높은 위치 선택성 및 입체 선택성을 가지는 해당 광학 활성 에폭사이드를 생성하는 방법을 보고하였다.[124]

(+)-DET
Ti(i-OPr)$_4$, t-BuOOH
98% ee
OH
(−)-DET
Ti(i-OPr)$_4$, t-BuOOH
98% ee
COOEt
L-(+)-DET
(R,R)
천연적
D-(−)-DET
(S,S)
비천연적

타타르산 다이에틸, 알릴성 알코올 및 산화제 t-BuOOH는 착물 리간드 교환 경로에서 타이타늄의 아이소프로폭사이드기를 치환하여 활성화된 Ti-촉매를 형성한다.[123d] Sharpless는 구조 및 반응 속도론 연구[125]로부터 타이타늄 원자당 하나의 타타르산 에스터 단위를 가지는 이합체 착물로부터 산소가 이전함을 제안하였다.

Ti(Oi-Pr)$_4$ + DET → + 4 i-PrOH
E = CO_2Et

t-BuOOH
+ 2 i-PrOH
산소 이동
이합체 중간체 착물

에폭시 알코올의 절대적 형태는 다음에 도시한 바와 같이 **CH_2OH가 오른쪽 아래에 위치한** 기억을 돕는 모형을 이용하면 예측 가능하다. 대체로 (+)-(R,R)-타타르산 에스터를 이용한 경우에는 알릴성 알코올의 윗면을, (−)-(S,S)-타타르산 에스터를 사용한 경우에는 아랫면을 공격한다.[126]

(+)-(R, R)-DET에 의한
'O' 이동 매체
(−)-(S, S)-DET에 의한
'O' 이동 매체
Ti(Oi-Pr)$_4$
t-BuOOH
(+)-DET
(−)-DET
70~90% 수율
>90% ee

3 Å이나 4 Å의 분자체(MS)를 사용한 경우에는 촉매량(catalytic amounts)의 Ti-(DET) 착물을 사용하여 SAE 반응이 진행한다. 일반적으로 5~7.5 mol%의 Ti-(DET)가 높은 ee와 수율을 얻기에 충분하다.[127]

Ti(Oi-Pr)$_4$ (0.05 eq.)
(+)-DET (0.06 eq.)
t-BuOOH
3 Å MS
78% (94% ee)

Ti(Oi-Pr)$_4$ (0.05 eq.)
(+)-DET (0.06 eq.)
t-BuOOH
3 Å MS
66% (83% ee)

Ti(O*i*-Pr)$_4$ (0.05 eq.), (+)-DET (0.073 eq.), *t*-BuOOH, 4 Å MS — 77% (93% ee)

부분 입체 이성질 선택성[128,129]

SAE 반응에 **시약 조절** 전략을 적용할 때 다음 보고된 실험을 고려하라.

1. **카이랄** 알릴성 알코올 **A**를 **비카이랄성** 타이타늄 알콕사이드 촉매로 에폭시화 반응하는 경우 2.3:1의 α- 및 β-에폭사이드 **B**와 **C**의 혼합물을 얻는다는 것은 카이랄 기질의 α-공격에 대한 선호도를 의미한다.

Ti(*i*-OPr)$_4$, *t*-BuOOH

A → B + C (2.3:1)

2. **비카이랄** 기질 **D**를 **카이랄** Ti-(+)-DET 촉매와 반응하면 99:1의 선호로 β-공격을 하여 에폭시 알코올 **F**를 생성한다.

BnO / OH — Ti(*i*-OPr)$_4$, (+)-DET, *t*-BuOOH

D → E + F (1:99)

3. 잘못 짝지어진 카이랄 기질 **A**와 카이랄 Ti-(+)-DET 촉매 간의 반응에서는 두 개의 선호도가 반대로 작용한다. **시약 선호도** [Ti-(+)-DET]가 **기질 선호도**[알코올 **A**]보다 훨씬 세기 때문에 시약 선호도가 지배하여 에폭사이드 **H**가 좋은 부분 입체 이성질 선택성을 가지면서 형성된다(22:1).

Ti(*i*-OPr)$_4$, (+)-DET, *t*-BuOOH

A → G + H (1:22)

어긋난 짝

4. **카이랄** 기질 **A**와 **카이랄** Ti-(+)-DET 촉매를 사용하면 시약 선호도가 반전되어 α-공격이 일어난다. 기질과 시약의 선호도는 이제 짝을 이루었으며, 에폭사이드 **I**는 높은 부분 입체 이성질 선택성을 가지고 형성된다(90:1).

Ti(*i*-OPr)$_4$, (–)-DET, *t*-BuOOH

A → I + J (90:1)

어울린 짝

이러한 실험으로부터 얻어지는 결과는 효율적인 시약 조절 전략을 개발하기 위해서는 카이랄 기질보다 훨씬 큰 부분 입체면 선호도를 가지는 비대칭 시약을 사용하는 것이 중요하다는 것이다.

SAE 반응의 응용[130]

C(1), C(2), C(3) 위치에서 반응 자리를 가지는 카이랄 에폭시 알코올은 이미 존재하는 카이랄 중심을 유지하면서 다수의 다른 작용기로 변환할 수 있다는 점에서 SAE 반응의 유용성이 유래된다. 더구나 두 거울상 이성질체 중 하나가 형성된다.

C(1)에서의 친핵성 고리 열림 반응

C(1)의 잠재적 반응성은 2,3-에폭시 알코올을 공용매 존재하에서 수용성 NaOH로 처리하여 Payne **자리 옮김 반응**(Payne rearrangement)[131]을 통하여 얻을 수 있다. 이러한 결과는 **A**와 이성질체 1,2-에폭시-3-올 **B**의 평형을 초래한다.

평형에서 에폭사이드 **A**가 선호되더라도, 이성질체 **B**에서의 C(1)은 입체적으로 덜 장애를 받기 때문에 S_N2 방식에서 친핵체와 빠르게 반응할 것이다. 일단 **B**가 형성되면 **B**는 친핵체와 선택적이며 비가역적으로 반응하여 생성물을 제공한다. 친핵체에 의한 에폭사이드의 고리 열림(**B** → **C**)의 성공 여부는 시약이 Payne 자리 옮김 반응에 필요하는 알칼리성 수용 매체와 상용성을 가지는가에 달려 있다.

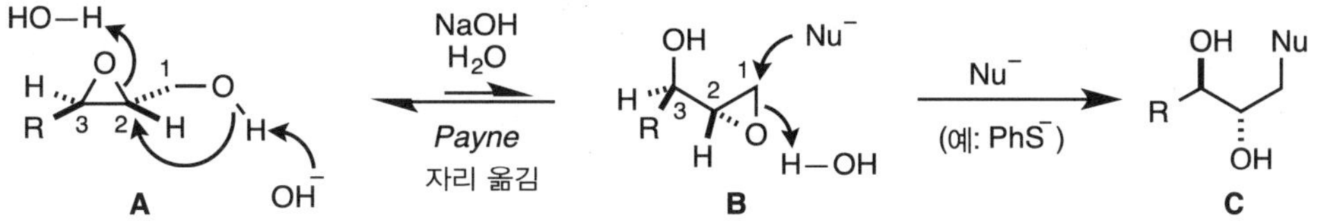

C(2)와 C(3) 위치에서의 친핵성 고리 열림 반응

이러한 고리 열림 반응은 입체적 및 전자적 요인에 좌우된다. 예를 들면 캄포설폰산의 존재하에서는 메탄올에 의한 친핵성 공격은 보다 치환이 많은 탄소에서 일어난다. 그러나 같은 개수의 치환기를 C(2)와 C(3)에 가지는 에폭시 알코올에 대해서는 에폭사이드의 고리 열림 반응은 주로 C(3)에서 일어난다. 그 이유는 C(1)에 존재하는 전자 끄는 OH기가 C(2)에서의 S_N2 반응을 지연시키기 때문이다.

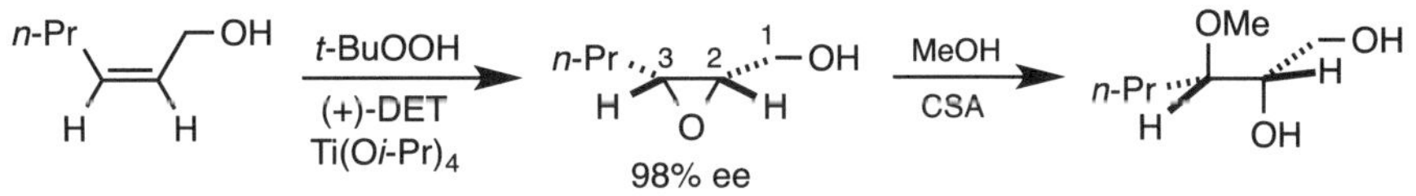

타이타늄 아이소프로폭사이드(Lewis 산)는 2,3-에폭시 알코올과 2,3-에폭시 카복실산과 다양한 친핵체와 온화한 실험 조건하에서 반응하여 중간에서 탁월한 정도로 C(3) 위치 선택성 및 입체 선택성을 준다.[132] 2,3-에폭시 카복실산은 해당 에폭시 알코올을 RuO_4로 산화 반응을 하여 쉽게 얻을 수 있다.[133]

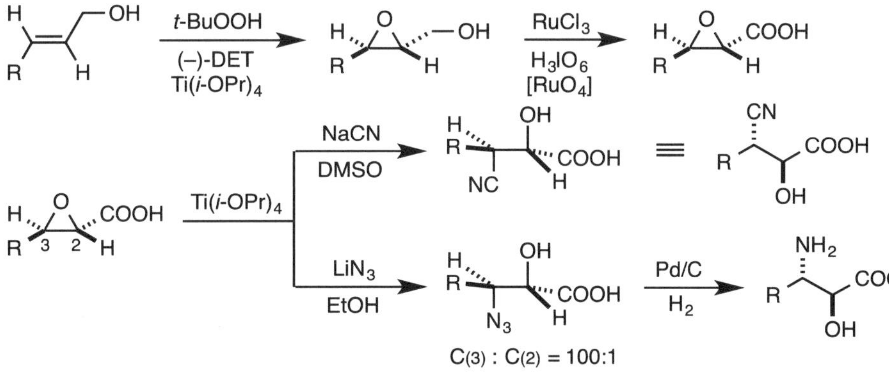

2,3-에폭시 알코올을 Red-Al [수소화 비스(2-메톡시에톡시)알루미늄산 소듐, sodium bis(2-methoxyethoxy)aluminum hydride]로 환원하면 C(2)−O 결합을 절단하여 1,3-다이올을 얻는다. 관찰된 위치 선택성은 Red-Al이 $-CH_2OH$기와 반응하여 형성된 알루미네이트로부터 수소 음이온이 분자내에서 전달된 결과일 것이다.[134]

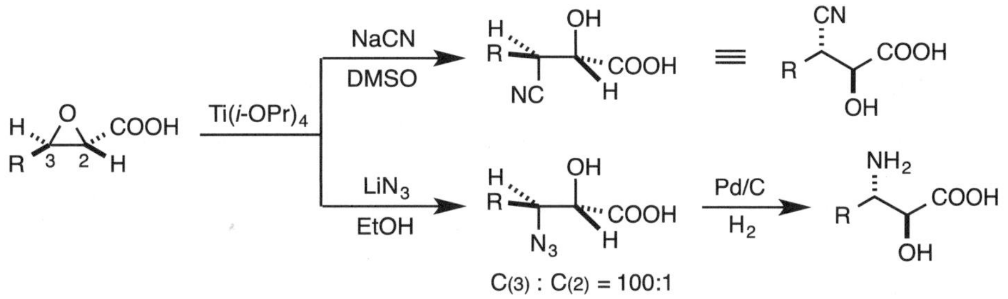

2,3-에폭시-1-올의 Lewis 산 촉매 자리 옮김 반응

2,3-에폭시-1-올 같은 이웃한 하이드록시기를 가지는 에폭사이드는 $BF_3 \cdot Et_2O$로 처리하면 자리 옮김 반응을 일으켜 알돌과 유사한 생성물(예: β-하이드록시-알데하이드)을 생성한다.[135]

n-Pr epoxide alcohol (CH$_3$, OH) → [$BF_3 \cdot Et_2O$, TBSOTf (1.3 eq.), i-Pr_2NEt, CH_2Cl_2, –42°C, 87%] → OTBS, CHO, CH$_3$ 2,3-*syn*'aldol' 생성물

n-Pr epoxide alcohol (CH$_3$, OH) → [$BF_3 \cdot Et_2O$, TBSOTf (1.3 eq.), i-Pr_2NEt, CH_2Cl_2, –42°C, 81%] → OTBS, CHO, CH$_3$ 2,3-*anti*'aldol' 생성물

알릴성 알코올 라셈 혼합물의 분할[136]

SAE 반응의 중요한 하나의 응용은 이차 알릴성 알코올의 라셈 혼합물의 반응 속도론적 분할 반응이다. 이 경우, 카이랄 촉매는 두 개의 전이 상태가 부분 입체 이성질성을 가지기 때문에 하나의 거울상 이성질체가 다른 거울상 이성질체보다 빠르게 반응한다. 따라서 각각 라셈 알릴성 알코올 1몰에 대하여 0.5몰의 t-BuOOH를 사용하면 빨리 반응하는 거울상 이성질체가 t－BuOOH를 소모하여 에폭사이드를 생성한다. 이것은 반응하지 않은 느린 반응성의 알릴성 알코올을 높은 거울상 초과량으로 반응물에 남겨 준다. 다음에 이 알릴성 알코올을 크로마토그래피를 통하여 에폭사이드와 분리한다.

OH, CH$_3$ 라셈 → [Ti(Oi-Pr)$_4$ (1.0 eq.), (–)-DIPT (1.2 eq.), t-BuOOH (0.6 eq.), CH_2Cl_2, –20°C] → OH, (S), CH$_3$ > 96% ee + epoxide (R) 이성질체

(–)-DIPT = (–)-diisopropyltartrate

Jacobsen 에폭시화 반응[137]

Mn(III)의 경직된 카이랄 살렌(salen) 착물은 상업적인 표백제(NaOCl)로 처리하였을 때 아래에 표시한 바와 같이 알켄의 비대칭 에폭시화 반응을 촉매한다. 이 방법은 작용기가 없는 올레핀에 응용할 수 있기 때문에 이러한 높은 거울상 이성질 순도의 에폭사이드의 합성에 있어서 특히 위력적이다. 일반적으로 (Z)-1,2-이치환체 알켄은 (E)-이성질체나 삼치환 알켄보다 높은 거울상 이성질 선택성을 제공한다.[138] 반응 메커니즘은 복잡하며[139] Mn(III, IV) 이핵종의 형성을 거쳐 진행한다.[140]

카이랄(salen)Mn(III) 착물 (R, R, N, N, Mn, O, O, Cl, X, X, t-Bu, t-Bu)

X = H, 알킬, OMe
R = Ph 또는 –(CH$_2$)$_4$–

Ph, Me → [(R, R)-(salen)Mn(III) 1~8 mol%, aq. NaOCl, CH_2Cl_2] → H, O, H, Ph, Me 87% (82% ee)

1-메틸사이클로헥센 → [(R, R)-(salen)Mn(III) 1~8 mol%, aq. NaOCl, CH_2Cl_2] → O 50% (59% ee)

알켄의 다이하이드록시화 반응-1,2-다이올의 형성

알켄을 사산화 오스뮴 또는 알칼리성 과망가니즈산 포타슘으로 처리하면 이중 결합의 *syn*-다이하이드록시화 반응이 일어난다.

사산화 오스뮴[141]

올레핀을 OsO_4(매우 독성이 크며 휘발성 시약이기 때문에 조심스럽게 취급하여야 함)으로 다이하이드록시화하는 반응은 *cis*-1,2-다이올을 합성하는 신뢰적인 반응이다. 비록 사산화 오스뮴은 비싸지만 생성된 다이올의 수율이 보통 높기 때문에 *syn*-다이하이드록시화 반응에 선택하는 시약이다.

반응은 이중 결합에 *syn*-첨가하여 고리형 오스뮴산 에스터를 형성하는 협동 반응으로 표시되며, 가수 분해나 환원

(H_2S, $NaHSO_3$ 또는 Na_2SO_3)하면 *cis*-1,2-다이올을 생성한다.

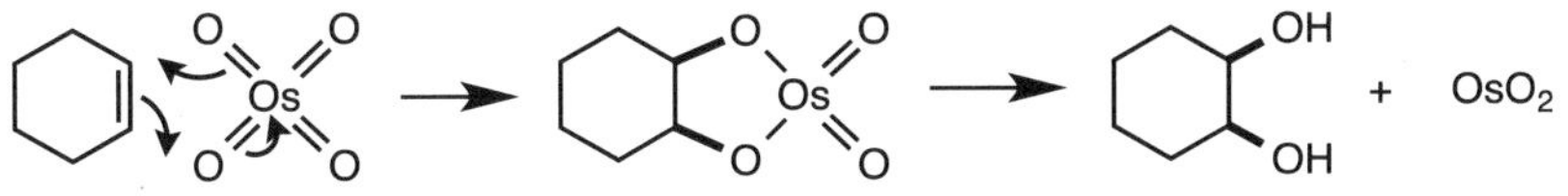

이 반응은 입체 특이성이어서 (*E*)-알켄인 경우는 *syn*-1,2-다이올, (*Z*)-알켄인 경우에는 *anti*-1,2-다이올을 형성한다.

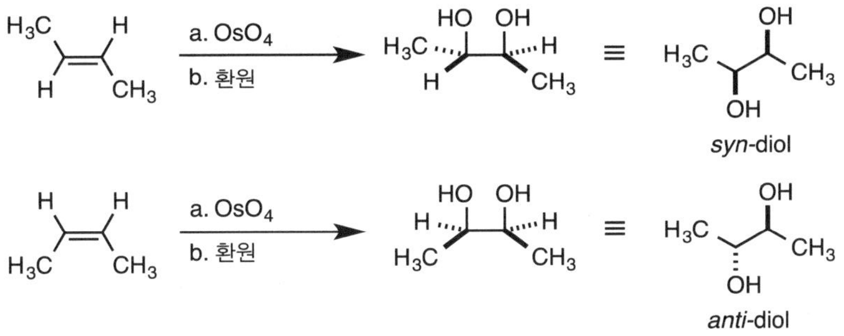

화학량적인 양을 사용할 때의 OsO_4의 비싼 값과 취급에 대한 결점은 오직 시약의 촉매량을 필요로 하는 실험 과정을 사용하여 극복할 수 있다. 이러한 경우, 공산화제(co-oxidant)를 화학량적인 양을 첨가하여 중간체 오스뮴산 에스터를 산화적으로 가수 분해하여 OsO_4를 재생한다. 가장 많이 사용하는 공산화제는 *N*-메틸모폴린 *N*-산화물(NMO)[142]이다. 다른 가능한 공산화제는 (1) 트라이메틸아민 *N*-산화물($Me_3NO \cdot H_2O$),[143] (2) *tert*-뷰틸 수소과산화물(*t*-BuOOH)[144] 및 페리사이안화 포타슘/탄산 포타슘($K_3Fe(CN)_6$, K_2CO_3)이다.[145]

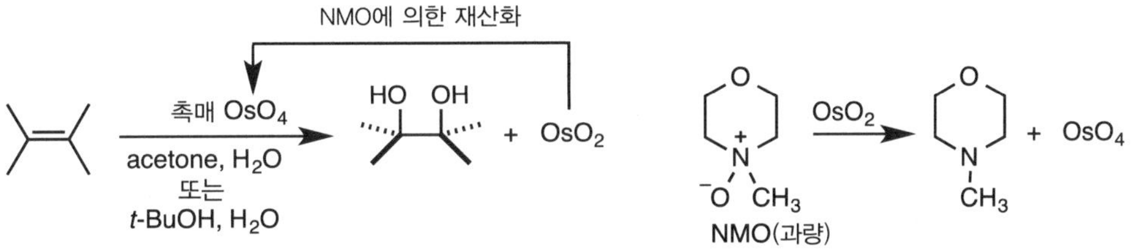

다이하이드록시화 반응은 통상적으로 이중 결합의 입체 장애가 작은 쪽부터 일어나지만 과산화산을 사용한 에폭시화 반응보다는 입체 장애에 대하여 덜 예민하다.[146]

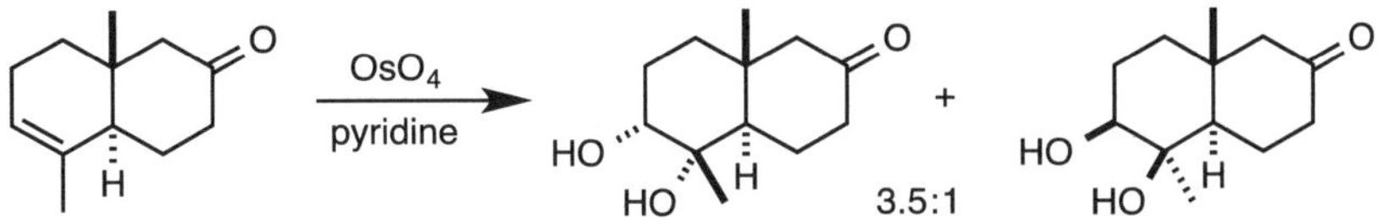

입체 장애를 가진 올레핀의 사산화 오스뮴 촉매 다이하이드록시화 반응은 피리딘의 존재하에서 트라이메틸아민 *N*-산화물보다 효율적으로 진행한다.[143] 염기는 오스뮴산 에스터의 형성을 촉매할 뿐만 아니라 가수 분해도 촉매한다.[147]

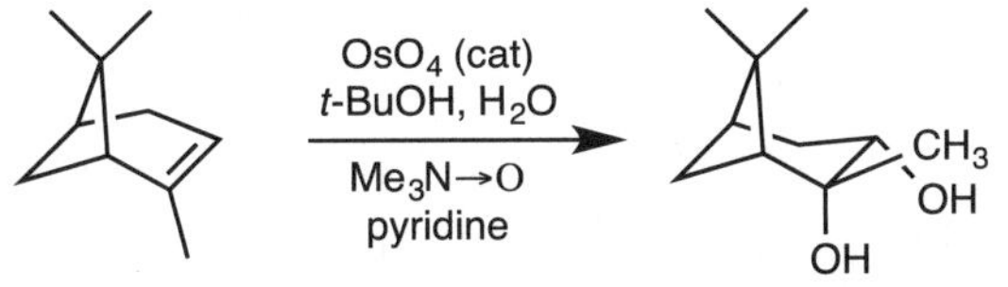

조절된 조건하에서는 사산화 오스뮴 매개 다이하이드록시화 반응은 화학 선택성이어서 삼중 결합의 존재하에서도 보다 친핵성인 이중 결합과 선호적으로 반응을 한다.[148]

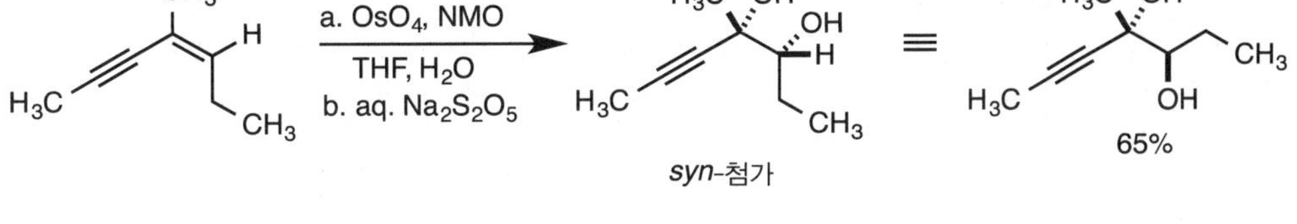

사이클로알켄의 **입체 장애가 보다 큰 쪽**의 *syn*-다이하이드록시화 반응은 '젖은 아세트산'에서 아이오딘(iodine)과 아세트산 은(Woodward 실험법) 또는 보다 경제적으로는 아세트산 내에서 아이오딘과 아이오딘산 포타슘을 반응시켜 얻는다.[150]

1. I_2, KIO_3 AcOH 2. KOH, H_2O

OsO_4

작은 입체 장애면으로부터 syn-다이하이드록시화 반응

5a-cholest-2-ene

보다 큰 입체 장애면으로부터 syn-다이하이드록시화 반응

올레핀을 에폭시화 반응한 다음 OH^-로 고리를 열면 사산화 오스뮴 매개 *syn*-다이하이드록시화 반응에서 관찰한 것과 다른 입체 화학을 가지는 1,2-다이올을 얻는다. 따라서 하나의 부분 입체 이성질성 올레핀을 가지고도 아래와 같이 두 개의 부분 입체 이성질성인 1,2-다이올을 얻을 수 있다.

1. *m*CPBA 2. NaOH

OsO_4

anti

syn

과망가니즈산 포타슘[151]

알켄과 알칼리성 과망가니즈산 포타슘의 반응은 고리형 망가니즈 에스터의 형성을 거쳐 가수 분해하면 1,2-다이올로 진행한다. 아실로인(α-케톨)로 과산화되는 것을 피하기 위하여 반응 매개체의 pH를 모니터해야 한다. *cis*-다이올의 수율은 통상 평범한 편(~50%)이지만 사산화 오스뮴을 이용하는 것보다는 이 실험법은 덜 위험하고 훨씬 덜 비싸다. 그래서 이 방법은 대규모 합성에 아주 적합하다. 산화 반응을 염화 벤질트라이에틸암모늄 상 이동 촉매제의 존재하에서 수용액에서 산화 반응을 수행하면 좋은 수율로 다이올을 얻을 수 있다.[152]

RHC=CHR′ —$KMnO_4$→ [RHC−CHR′ 고리형 망가니즈 에스터] —NaOH, H_2O→ RHC(OH)−CHR′(OH) ----→ RC(=O)−CHR′(OH) acyloin

—AcONa, AcOH, H_2O→ RHC=O + O=CHR′

비대칭 다이하이드록시화 반응[153]

선구 카이랄성의 알켄에 대한 **시약 조절된** 비대칭 다이하이드록시화 반응(asymmetric dihydroxylation, AD)은 카이랄 보조물을 사용하면 용이해진다. Sharpless와 공동 연구자들은 선구 카이랄 알켄을 촉매량의 고체이며 비휘발성인 오스뮴산 다이포타슘 이수화물(dipotassium osmate dihydrate, $K_2[Os^{VI}O_2(OH)_4]$), 페리사이안화 포타슘[potassium ferricyanide, $K_3Fe(CN)_6$], 화학량론의 산화제 및 카이랄 리간드를 사용하여 거울상 이성질 선택성으로 *syn*-다이하이드록시화 반응 결과를 가져온다고 보고하였다. 요구되는 거울상 이성질적으로 순수한 리간드는 신코나(cinchona) 알칼로이드 계열의 다이하이드로퀴닌(dihydroquinine, DHQ)과 데하이드로퀴니딘(dehydroquinidine, DHQD)으로부터 용이하게 얻을 수 있다. 프탈라진 간격 띄우개(phthalazine spacer, PHAL)가 단량체 알칼로이드 리간드보다 우수하기 때문에 $(DHQ)_2PHAL$ 및 $(DHQD)_2PHAL$ 유사체가 대부분의 AD 반응에서 첫 번째 선택 대상인 리간드로 되어 왔다. 알켄에 대한 신코나 알칼로이드 촉매 AD 반응에 대한 거울상 이성질 선택성의 유래에 대한 메커니즘이 보고된 바 있다.[154]

$[DHQ]_2PHAL$ in AD-mix-α

$[DHQD]_2PHAL$ in AD-mix-β

$(DHQ)_2PHAL$ 및 $(DHQD)_2PHAL$은 상업적으로 구할 수 있으며, 오스뮴산 다이포타슘 이수화물, 페리사이안화 포타슘 및 탄산 포타슘의 포장으로 판매되며, 상품명 AD-mix-α 및 AD-mix-β 각각으로 알려져 있다. $(DHQ)_2PHAL$ 및 $(DHQD)_2PHAL$ 리간드를 사용하여 (*Z*)-알켄을 예외로 하고 대부분의 알켄 기질과 탁월한 거울상 이성질 선택성을 성취할 수 있다.[155]

AD 반응으로부터 유도되는 다이올의 절대 형태를 예측할 수 있는 기억 방법이 제안되었다. 이러한 모형을 사용하기 위해서는 알켄에 어떠한 치환기가 가장 큰가를 평가하여 이것을 다음과 같이 왼쪽 아래에 위치시킨다. AD-mix-α는 알켄의 바닥 (α)-면을 다이하이드록시화하며 반면에 AD-mix-β는 위(β)-면으로부터 다이하이드록시화 반응을 유도한다. 비슷한 크기의 치환기를 가지는 알켄에 대해서는 입체 화학적 결과에 대한 예측은 어려울 수도 있다.

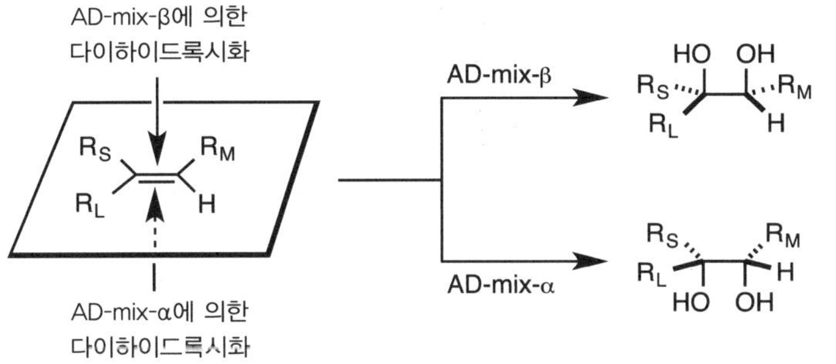

AD-mix-β에 의한 다이하이드록시화

AD-mix-α에 의한 다이하이드록시화

글라이콜산 오스뮴(VI)[osmium(VI) glycolate]의 가수 분해를 촉진하기 위하여 말단 일치환체 및 말단 이치환체 알켄을 예외로 하고 반응을 1당량의 $MeSO_2NH_2$의 존재하에서 수행할 수 있다.[154b]

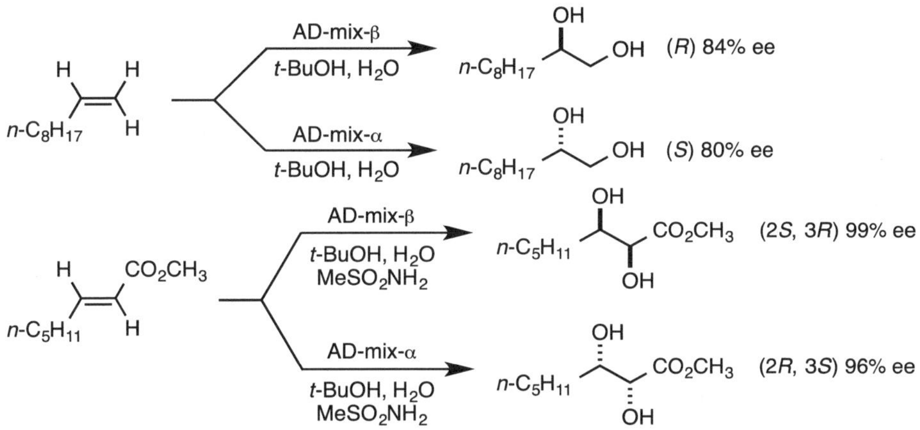

(*R*) 84% ee

(*S*) 80% ee

(2*S*, 3*R*) 99% ee

(2*R*, 3*S*) 96% ee

할로락톤화 반응[156]

불포화산의 할로락톤화 반응은 새로운 작용기를 가지는 입체 중심을 고리계와 비고리계 모두의 이중 결합에 도입하는 데 강력한 도구가 된다. 반응은 이웃한 하이드록시기에 의한 에폭사이드의 산 촉매 고리 열림 반응을 연상시킨다. 양자의 경우에 고리 옥소늄 이온과 브로모늄(또는 아이오도늄) 이온 중간체가 각각 근접한 친핵체에 의하여 분자 내적으로 공격받는다.

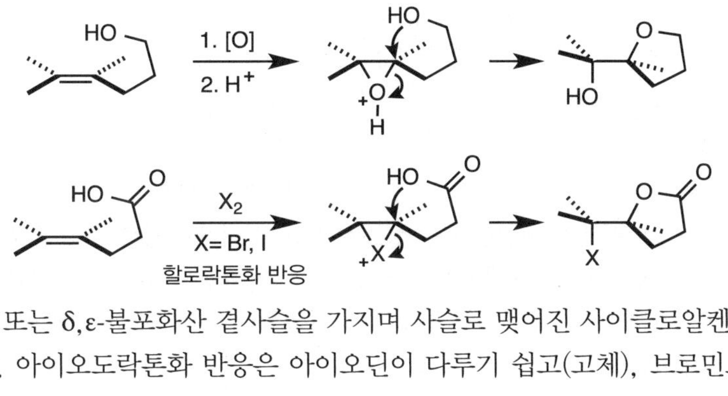

할로락톤화 반응

γ,δ- 또는 δ,ε-불포화산 곁사슬을 가지며 사슬로 맺어진 사이클로알켄은 Br_2 또는 I_2와 반응하여 해당 할로락톤을 제공한다. 아이오도락톤화 반응은 아이오딘이 다루기 쉽고(고체), 브로민보다 화학 선택성(낮은 반응성)이기 때문에 브

로모락톤화 반응에 비하여 보다 통상적으로 사용된다. 수용성 염기와의 할로락톤화 반응은 반응 속도론적으로 조절되며, 이중 결합과 중간체의 할로늄 이온을 형성하기 위하여 Br^+ 또는 I^+ 원자를 첨가하여 진행한다. 센 지향성 입체 효과가 없이 할로늄 이온 형성은 이중 결합의 부분 입체면의 어느 한쪽에서 일어날 수도 있다. 그러나 **분자내** 반응이 입체적으로 선호될 수 있다면 이웃한 카복실산 음이온 친핵체가 ***trans*-이축 방향성** S_N2 고리 열림을 허용하는 할로늄과 반응하여 락톤을 생성한다.

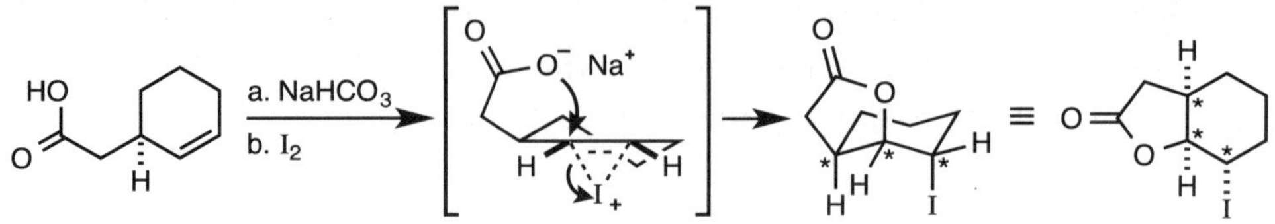

위의 예에서 할로락톤화 반응은 세 개의 연속적인 입체 중심(*)의 상대적 입체 화학을 조절한다. 즉 두 개의 새롭게 생긴 입체 중심(C–O와 C–I)은 서로 *trans*이며, 락톤은 필연적으로 *cis*-접합 고리계의 부분이 된다.

Raney-Ni 또는 자유 라디칼 개시제로서의 AIBN[아조비스아이소뷰티로나이트릴(azobisisobutyronitrile)]의 존재하에서 수소화 트라이뷰틸주석으로 할로젠 원자를 환원적으로 제거하면 할로젠화물이 없는 락톤을 얻는다. 할로락톤화 반응 후 HI를 DBU(1,8-다이아자바이사이클로[5.4.0]운데크-7-엔)으로 염기 유발 *anti*-제거 반응을 하면 불포화 락톤을 생성할 수 있다.

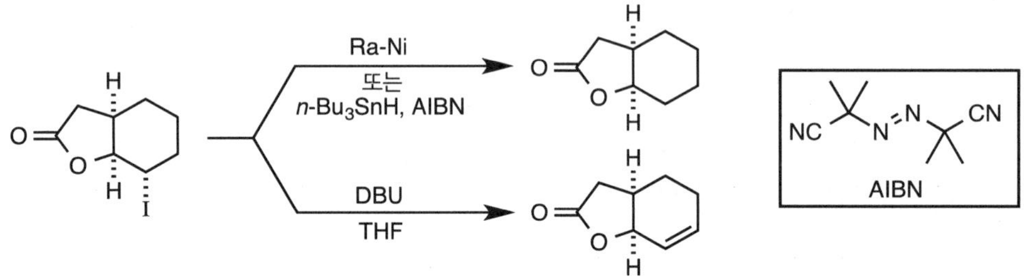

락톤 고리 크기

입체 전자적 이유 때문에 오원자 고리 락톤의 형성이 육원자 고리보다 선호된다.

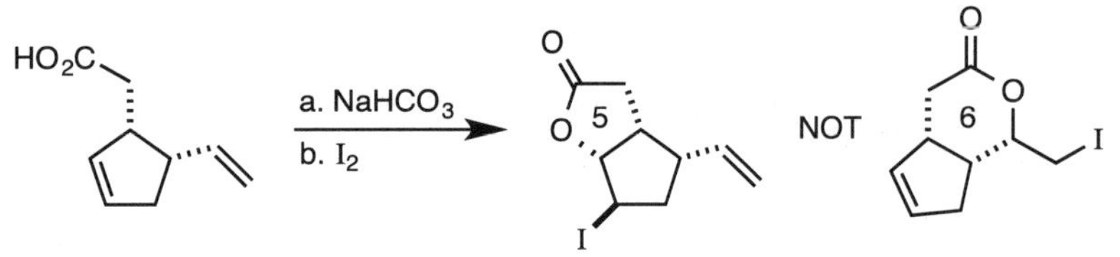

유기 합성에서의 아이오도락톤화 반응의 합성 유용성의 탁월한 예는 다음의 바이사이클로[2.2.1]헵텐온을 Corey 락톤으로 변환하는 것이다. 후자의 화합물은 **네 개의 연속적인 입체** 중심을 가지며, 프로스타글란딘(prostaglandin)의 합성에 중요한 전구체이다.[157]

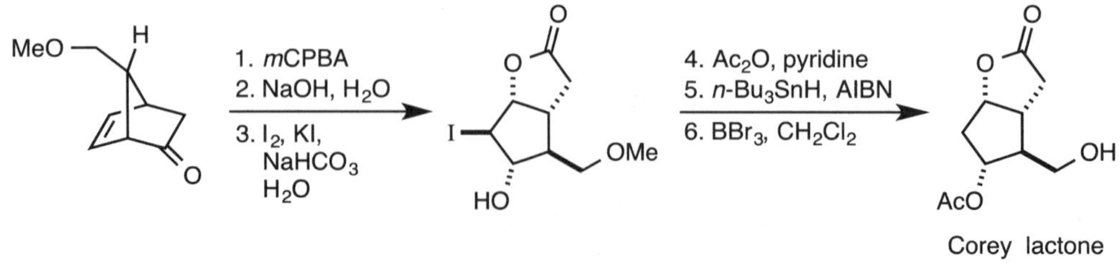

Corey lactone

비고리 불포화산(acyclic unsaturated acid)의 아이오도락톤화 반응은 수용성 $NaHCO_3$의 존재하에서 비고리 입체 조절 방법을 제공하고, 다시 오원자 및 육원자 고리 락톤이 선호되는 생성물이 된다. 예를 들면 *trans*-3-펜텐온산의 아이오도락톤화 반응은 두 개의 여분의 입체 중심을 C(3)와 C(4)에 높은 부분 입체 이성질 선택성을 가지며 도입함으로써 (*E*)-알켄에 입체 특이성 *trans*-첨가 반응을 초래한다.[158] 회전 배열 선호도가 전이 상태에 반영되었다고 가정하면 C(4)의 입체 중심이 불안정한 1,3-알릴성 무리를 최소화하는 회전 배열을 포함하는 *trans*-첨가 반응에서 생긴다.

a. $NaHCO_3$, CH_3OH, H_2O
b. I_2, –78°C

95%

알릴성 1,3-무리 불안정

염기가 없는 경우 아세토나이트릴 같은 **비양성자성 중성 용매**(aprotic neutral solvent)에서는 양성자 첨가된 락톤을 통하여 *cis-trans* 평형이 일어나 높은 입체 선택성을 가지며 열역학적으로 보다 안정한 *trans*-이성질체를 제공한다.[159]

I_2, $NaHCO_3$ / H_2O — I_2, MeCN

cis 이성질체
반응 속도론적 제어

trans 이성질체
열역학적 제어

비대칭 할로락톤화 반응

높은 거울상 이성질 순도의 아이오도락톤의 합성을 위해 시약 조절 할로락톤화 반응이 개발되었다.[160] 최근 개발된 것은 $(DHQD)_2PHAL$과 같은 카이랄 리간드를 친전자성 할로젠화물(클로레늄 이온, chlorenium)의 원천으로 다이클로로하이단토인(dichlorohydantoin)과 함께 사용하여 γ,δ-불포화 카복실산의 비대칭 클로로락톤화 반응에 사용한 것이다.[161]

(1.1 eq.)
$(DHQD)_2PHAL$ (0.1 eq.)
$PhCO_2H$ (1 eq.)
$CHCl_3$, hexane
–40°C, 30 min

86% (89% ee)

$(DHQD)_2PHAL$-벤조산 시약의 조합은 *N*-브로모-석신이미드와 함께 사용할 경우 비대칭 브로모락톤화를 촉진한다.[162]

탄소–탄소 이중 결합의 절단

가오존 분해 반응[163]

가오존 분해 반응은 이중 결합의 위치를 찾기 위해 분해하는 작업으로서 알데하이드, 케톤, 카복실산의 합성 모두에 많이 사용한다. 오존은 1,3-이중 극자이며, 알켄과 1,3-이중 극자 고리화 첨가 반응을 일으킨다.

일차 오존화물

고리화 역전

카보닐 산화물

workup

1,3-이중 극자 고리화 첨가 반응

오존화물

오존화물(ozonide)을 분해하는 데에는 두 가지 방식이 있다.

1. 환원적 방식: Me_2S, Zn-AcOH, H_2/Pd, KI-CH_3OH, 금속 수소화물
2. 산화적 방식: H_2O_2

O_3, CH_2Cl_2, −78°C → 오존화물 → 환원 ($NaBH_4$): CH_2OH, CH_2OH; 환원 (Me_2S): CHO, CHO; 산화 (H_2O_2): COOH, COOH

가오존 분해 반응은 잠재적으로 폭발의 위험을 제기하는 과산화물의 중간체를 생성한다. 가오존 분해 반응 도중 반응기 벽에 생성된 불용성 물질은 고체 과산화물이라는 증거이기 때문에 workup 과정에서 특별한 주의를 요한다.[164] 선택한 용매는 출발 물질을 녹일 수 있을 뿐만 아니라 오존화물과 생성된 어느 과산화물도 함께 녹일 수 있어야 한다.

알켄을 가오존 분해하여 알데하이드를 합성하는 데 있어 과량의 O_3는 부반응을 초래할 수 있기 때문에 정확한 양의 오존을 가하는 것이 중요하다. 알코올성 용매에서의 가오존 분해 반응은 카보닐 산화물을 수소과산화물로 포착한다. 황화 나이메틸은 수소과산화물을 온화한 조건하에서 환원하여 해당 알데하이드를 매우 좋은 수율로 생성한다. 이러한 workup 과정은 알데하이드가 원하는 반응 생성물일 때 권장한다.[164,165]

CH_3OH → CH_3O, OOH → $(CH_3)_2S$ → + CH_3OH + $(CH_3)_2SO$ DMSO

친전자성 오존이 보다 친핵성인 이중 결합을 선호적으로 공격하기 때문에 두 개 이상의 이중 결합을 포함하는 화합물에 대하여 한정된 양의 오존을 사용하여 화학 선택성인 절단을 성취할 수 있다. 오존에 대한 이중 결합의 상대적인 반응성은 다음 순서로 감소한다.

OCH_3 > > > > C(O)R

다음에 표시한 예는 친전자성의 오존에 의하여 삼치환 이중 결합보다 전자가 풍부한 엔올 에터 이중 결합을 선호적으로 절단함을 보여 준다. 따라서 메톡시 치환된 벤젠을 Birch 환원한 다음, 결과물인 엔올 에터의 가오존 분해 반응은 작용기적으로 치환된 (*Z*)-알켄을 합성하는 강력한 반응 경로를 제공한다.[166]

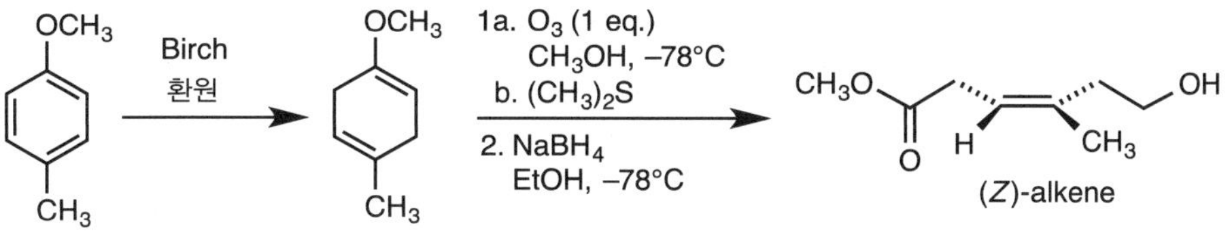

보다 친핵성인 삼치환 이중 결합과 말단 이치환 이중 결합 간의 경쟁에서 오존은 전자를 더 선호한다.[167]

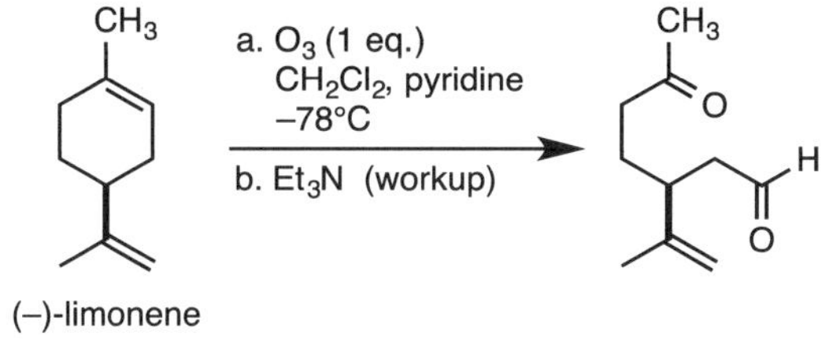

알켄의 가오존 분해를 피리딘 내에서 하면 직접적으로 해당 카보닐 화합물을 얻는다.[168]

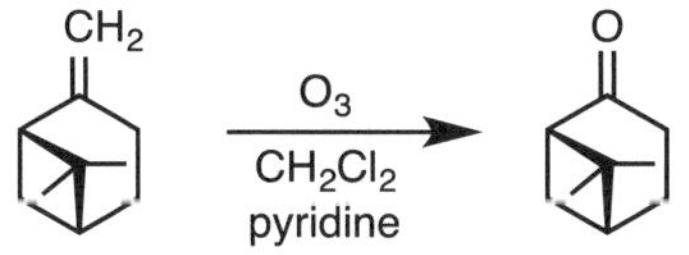

대칭적으로 치환된 이중 결합을 다른 반응 조건하에서 오존으로 절단하면 화학적으로 차별화한 두 개의 탄소를 발생한다.[169]

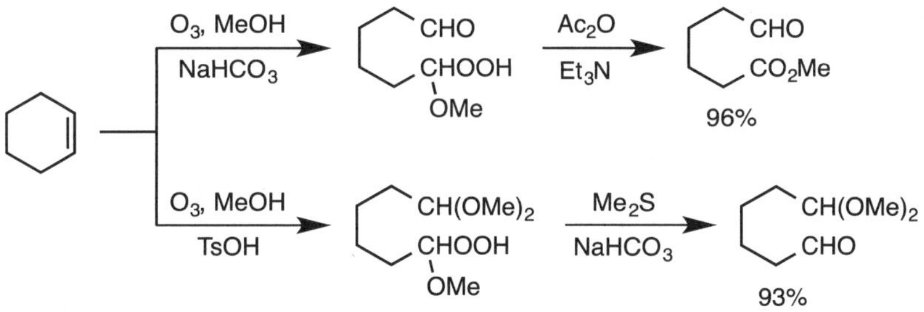

오존화물을 $LiAlH_4$ 또는 $NaBH_4$로 환원하면 해당 알코올을 생성한다.[166,170]

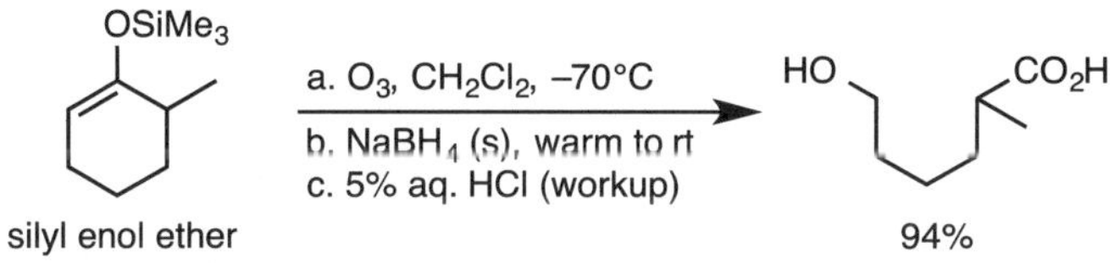

글라이콜의 형성과 절단[171]

사산화 오스뮴과 공산화제

특히 큰 규모로 반응을 수행할 때 가오존 분해 반응의 다른 유용한 대안은 알켄을 촉매량의 OsO_4(1~5 mol%)로 $NaIO_4$ 또는 KIO_4를 공산화제(**Lemieux–Johnson 산화 반응**) 존재하에서 산화시키는 것이다.[172] 과아이오딘산염은 두 가지 작용을 한다. 즉 산화제로서 생성된 1,2-다이올(글라이콜)의 절단과 환원된 이산화 오스뮴을 다시 사산화 오스뮴으로 재산화 반응을 하는 것이다. 다이올의 과아이오딘산염의 산화 반응은 알데하이드 단계를 벗어나 진행하지 않는다. 게다가 삼중 결합은 OsO_4 또는 과아이오딘산염 화합물에 의하여 영향을 받지 않는다.[173]

CO_2H

CH_3 CH_3

THPO ŌTHP

cat. OsO_4, $NaIO_4$
Na_2HPO_4
dioxane,H_2O
rt 10 h

O

CH_3 CH_3

THPO ŌTHP

60%

분리된 이중 결합을 엔온 또는 α,β-불포화 에스터의 전자 결핍의 콘쥬게이션 이중 결합과 경합하여 선택적으로 절단할 수 있다.[174]

EtO_2C OAc OAc H

cat. OsO_4, KIO_4
THF, H_2O

EtO_2C OAc OAc H O

97%

알켄은 촉매량의 OsO_4과 보조 산화제로서 옥손(oxone)의 존재하에서 절단될 수 있다.[175] 이 반응은 1,2-다이올의 중간체의 형성 없이 진행되며 알데하이드 절단 생성물로부터 카복실산을 생성한다.

OsO_4 (0.01 eq.)
oxone (4 eq.)
$NaHCO_3$ (s) (4 eq.)
DMF, rt, 3 h

O CHO

[O]

O CO_2H

80%

과망가니즈산 포타슘과 공산화제

과아이오딘산염 화합물의 존재하에서의 알켄 절단에 있어서 비휘발성이며 덜 비싼 과망가니즈산 포타슘을 사용할 수도 있다. 그러나 과아이오딘산염 화합물로 다이올을 절단하여 알데하이드 조각으로 변환하면 과망가니즈산 포타슘은 해당 카복실산으로 더 산화시킨다. 케톤은 과망가니즈산 포타슘 촉매 산화 반응에서도 안정하다.

CHO

cat. $KMnO_4$, KIO_4
K_2CO_3
H_2O 또는
aq. *t*-BuOH

CO_2H CO_2H

알켄의 OsO_4 또는 $KMnO_4$ 산화에 의하여 유도된 글라이콜의 과아이오딘산염 또는 과아이오딘산($HIO_4 \cdot 2H_2O$)에 의한 절단은 이중 결합의 치환 정도에 따른 두 개의 카보닐 조각을 얻는다. 과아이오딘산염의 글라이콜 절단에 대한 메커니즘은 두 개의 카보닐 조각으로 분해되는 고리형 과아이도딘산염 에스터를 포함한다. *cis*-와 *trans*-1,2-다이하이드록시사이클로헥세인은 절단된다. 그러나 *trans*-이성질체는 느린 속도로 절단된다.

OH OH

HIO_4
(– H_2O)

O OH I=O O O

H_2O

CHO CHO

다음에 EtOH–H_2O 내에서 과아이오딘산 소듐으로 1,2-다이올, α-하이드록시케톤 및 1,2-다이케톤을 절단하는 가능성을 요약하였다.[176]

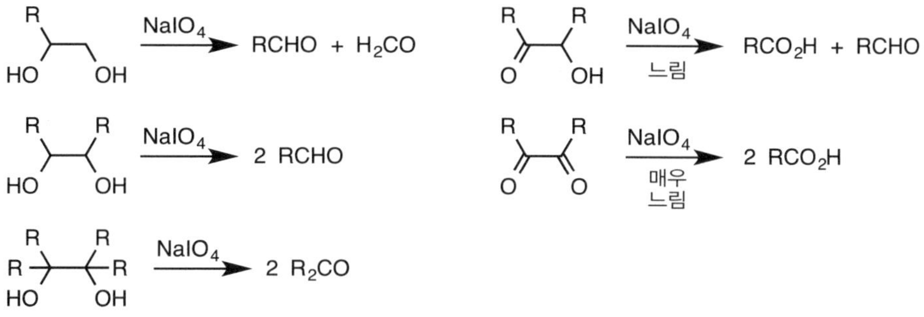

테트라아세트산 납

$Pb(OAc)_4$은 톨루엔이나 THF 용액에서 사용하여 수용액 매체에 약간 녹는 글라이콜의 산화에 사용할 수 있다. 이것은 물에 녹는 화합물을 $NaIO_4$로 반응하는 것과 같은 유형을 수반한다. 보다 강력한 산화제인 $Pb(OAc)_4$는 1,2-다이케톤, α-하이드록시케톤과 α-하이드록시산도 절단한다.[177]

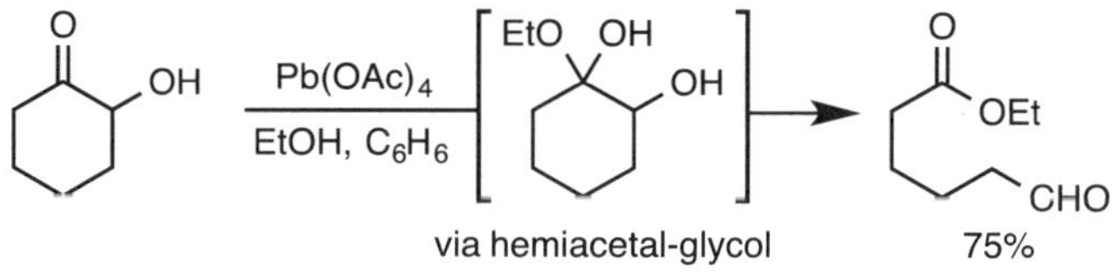

사산화 루테늄[178]

RuO_4는 OsO_4나 $KMnO_4$보다 강력한 산화제로, 알켄을 이중 결합의 치환이나 반응 조건에 따라 직접적으로 케톤이나 카복실산으로 변환한다. 이 반응 조건하에서 케톤은 안정하지만 알데하이드는 산화되어 카복실산이 된다. 촉매 반응에서 $NaIO_4$ 또는 KIO_4는 이중 결합이 절단된 후 이산화 루테늄을 다시 산화하여 사산화 루테늄으로 변환하는 역할을 한다. 사산화 루테늄은 에터, 테트라하이드로퓨란, 벤젠, 피리딘 같은 용매를 공격하기 때문에 산화 반응은 CCl_4, $CHCl_3$, CH_2Cl_2 또는 수용성 아세톤에서 수행한다.[179] 다음 예에서 엔온의 초기 절단은 1,2-다이카보닐 화합물을 생성한다. 이 화합물은 사산화 루테늄에 의해 다시 산화되어 하나의 탄소를 잃고 카복실기로 산화된다.[179a]

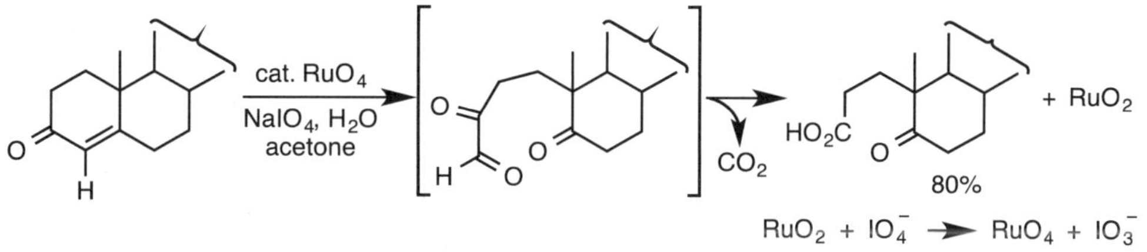

$$RuO_2 + IO_4^- \longrightarrow RuO_4 + IO_3^-$$

사산화 루테늄 이외에 삼염화 루테늄 수화물 같은 다른 루테늄염도 탄소-탄소 이중 결합을 산화하는 데 사용할 수 있다. 사염화 탄소-물의 두 상의 계에 아세토나이트릴 같은 공용매를 가하면 효율성과 루테늄 촉매 산화 반응의 신빙성을 훨씬 개선할 수 있다. 예를 들면 아세토나이트릴-CCl_4-H_2O에서 $NaIO_4$와 더불어 $RuCl_3 \cdot H_2O$는 (*E*)-5-데센은 88% 수율로 펜탄산으로 산화할 수 있다.[133,180]

다음의 예시에서 보여 주는 것처럼[181b] 화학량적 $NaIO_4$ 존재하에서 $CeCl_3$[181a]나 $ZnCl_2$[181b]를 보조 촉매로 사용하는 경우에는 전자가 결핍된 알켄의 $RuCl_3 \cdot H_2O$ 촉매 산화 반응에서 *cis*-1,2-다이올이 생성된다. 이같이 전자가 결핍된 알켄은 오스뮴 매개의 다이하이드록시화 반응은 잘 진행되지 않는다.

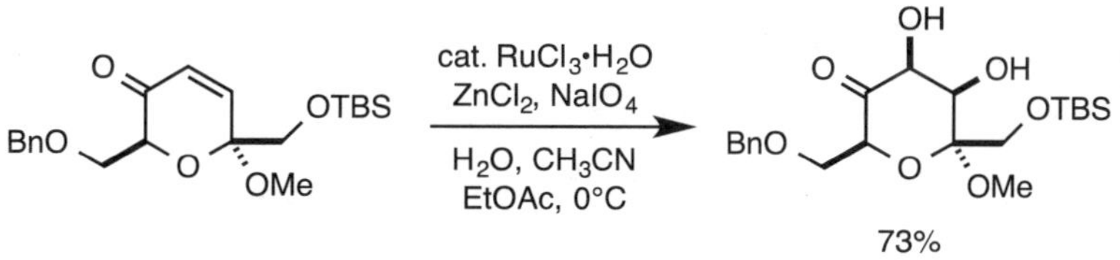

루테늄염은 다음 예와 같이 실온의 온화한 조건하에서 일차 알코올을 카복실산으로, 이차 알코올은 케톤으로, 1,2-다이올은 카복실산으로 산화하는 데에도 사용할 수 있다. 그러나 이러한 쉽게 산화된 작용기가 없는 경우에는 방향족 고리마저 산화된다.

Ph-epoxide-CH_2OH —[$RuCl_3 \cdot H_2O$ (0.02 eq.), $NaIO_4$ (3 eq.), MeCN]→ Ph-epoxide-CO_2H 75%

Ph-CH(Me)-CH(OH)-CH_2OH (96% ee) —[$RuCl_3 \cdot H_2O$ (0.02 eq.), $NaIO_4$ (3 eq.), MeCN]→ Ph-CH(Me)-CO_2H 92% 수율 , 94% ee

5.2 탄소–탄소 삼중 결합의 반응

에타인일(ethynyl) 단위는 많은 화학적 변화에 있어서 융통성 있는 작용기이다. 이것은 에타인일화 반응 또는 짝지음 반응에 의하여 다양한 유기 기질에 쉽게 도입할 수 있으며(8장 참조), 보다 다양하게 더 변환시킬 수 있는 반응 자리를 마련해 준다. 다음 논의는 알카인을 입체 정의된 알켄과 카보닐 화합물로 변환하는 데 중점을 둔다.

알카인의 촉매 부분 환원 반응[182]

삼중 결합을 포함하는 기질의 부분적 환원은 연구에서만 아니라 상업적으로 입체 선택성으로 향수, 카로티노이드(carotenoid) 및 많은 천연물의 분자 골격에 (Z)-이중 결합을 입체 선택성으로 도입하기 때문에 상당히 중요한 반응이다. 알켄의 촉매 수소화 반응과 마찬가지로 두 개의 수소 원자가 촉매로부터 삼중 결합에 *syn*으로 첨가된다. 알켄 형성의 높은 선택성은 촉매 표면에 알카인이 세게 흡착하여 알켄을 대체하여 재흡착을 막기 때문이다. 알카인의 부분 환원 촉매로서 사용되는 두 개의 중요한 금속은 팔라듐과 니켈이다.

Lindlar형 촉매를 이용한 (Z)-알켄의 합성

화학 선택성 및 위치 선택성인 내부 알카인의 부분 수소화 반응으로 *cis*-알켄을 얻는 반응에 대한 고전적인 경로는 Pd를 $CaCO_3$ 또는 $BaCO_3$에 침착시켜 $Pb(OAc)_2$로 치리하여 얻은 Lindlar 촉매를 사용하는 것이다. 퀴놀린의 존재하에서 이 실험법은 통상 해당되는 (Z)-알켄을 높은 수율과 이성질적 순도로 제공한다.[183] 퀴놀린은 팔라듐 촉매를 비활성화시켜 포화된 화합물로 완전히 환원되는 것을 막아 준다. 이 촉매는 탄화수소 용매에서 자연 발화하는 성질이 있다. (Z)-알켄은 (E)-알켄보다 열역학적으로 불안정하기 때문에 이성질화 반응이 문제가 될 수도 있다. 예를 들면 환원이 실온에서 이루어지면 형성된 (Z)-알켄은 보통 1~3%의 (E)-이성질체로 오염된다. 그러나 −10~−30°C까지는 보통 이성질화 반응이 거의 관찰되지 않는다.

$CH_3(CH_2)_7C{\equiv}C(CH_2)_7COOH$ —[Lindlar 촉매, H_2 (1 atm)]→ (Z)-$CH_3(CH_2)_7CH{=}CH(CH_2)_7COOH$

환원의 용이도는 1-알카인>이치환 알카인>1-알켄의 순서로 이중 결합을 포함하는 분자에서 선택적으로 삼중 결합의 부분 수소화 반응이 가능함을 암시한다. 예를 들면 비콘쥬게이션된 엔아인은 위치 선택성 및 입체 특이성으로 높은 수율로 수소화할 수 있다.

enyne-$(CH_2)_7$OH —[Lindlar 촉매, H_2 (1 atm), 0~5°C, THF, hexane, quinoline]→ diene-$(CH_2)_7$OH 96% 수율 , 98% E,Z

비콘쥬게이션된 다이아인을 Lindlar 촉매로 환원하면 해당되는 (Z,Z)-다이엔을 좋은 수율로 생성한다. 아세틸렌성 트라이메틸실릴기는 아래 예시와 같이 실릴을 포함하는 알카인의 부분 수소화 반응을 다른 내부 에타인일 단위에 비해 상대적으로 느리게 하는 막음 원자단(blocking group)으로 사용할 수 있다.[184,185]

Lindlar 촉매, H_2 (1 atm), hexane, 0°C, quinoline: $H_3C-C\equiv C-CH_2CH_2-C\equiv C-SiMe_3$ → (Z)-alkene, 80%

cat. Pd•$CaCO_3$, H_2 (1 atm), EtOH: 83%

특히 고체 지지대, 염기 및 용매에 관하여 원래의 Lindlar 촉매의 많은 변형이 보고되었다. 퀴놀린의 존재하에서 첨가된 $Pb(OAc)_2$ 없이 $BaSO_4$에 침전시킨 팔라듐은 합성의 재현성과 용이도에서 Lindlar 촉매보다 탁월하다고 한다.[186] 아래에 예시한 바와 같이 잠재적으로 환원할 수 있는 작용기를 포함하는 화합물에서 삼중 결합은 선택적으로 수소화할 수 있다.[187]

$H_3C-C\equiv C-CO_2Et$ → cat. Pd•$BaSO_4$, H_2 (1 atm), quinoline, ether → 95% 수율, 98% (*E*)

cat. Pd•$BaSO_4$, H_2 (1 atm), pyridine, MeOH → 97%

붕소화 니켈을 이용한 (*Z*)-알켄의 합성

높은 화학 선택성과 입체 선택성을 가지는 부분 수소화 반응으로 내부 알카인을 *cis*-알켄으로 변환하는 것은 에틸렌다이아민의 존재하에서 Brown의 P-2 니켈 촉매를 사용하여 성취할 수 있다.[188] 이 촉매는 $Ni(OAc)_2 \cdot 4H_2O$에 95% $NaBH_4$의 에탄올 용액을 가하여 환원하여 얻어지는 붕소화 니켈의 검은 현탁액이다. 수소는 아세트산이 담긴 용기에 붕소수소화 소듐 수용액을 가하여 in situ에서 발생시킨다(Brown 기량계[2]로 알려진 장치를 사용함).[189] 알카인의 부분 수소화 반응에 대한 P-2 Ni 촉매의 장점은 쉽게 구할 수 있는 출발 물질로부터 용이하게 마련하는 것과 촉매의 비자연 발화성이다.

P-2 Ni, H_2, $H_2N(CH_2)_2NH_2$, 25°C → 94% 수율, >99% (*Z*)

다음 예시와 같이 엔아인과 다이아인을 P-2 Ni로 부분 환원하면 해당 다이엔을 생성한다.[190]

$HOCH_2CH_2-C\equiv C-CH_2-C\equiv C-(CH_2)_{10}CH_3$ → P-2 Ni, H_2, $H_2N(CH_2)_2NH_2$, 25°C → 92%

니켈-붕소화물 형태의 촉매는 또한 황 이탈 반응, 할로젠 이탈 반응, 가수소 분해 반응, 나이트로 및 다른 작용기의 환원에 사용하기도 한다.[191]

아연 분말을 이용한 (*Z*)-알켄의 합성

$ZnBr_2$와 K로부터 in situ에서 합성한 높은 활성의 Rieke 아연은[192] 선택적으로 알카인을 *cis*-알켄으로, 엔아인을 다이엔으로, 다이아인을 엔아인 또는 다이엔으로 프로파질성 알코올을 *cis*-알릴성 알코올로 환원한다.[193]

Rieke Zn, THF, MeOH, H_2O, reflux → 84% 수율, >95%(*Z*)-환원

이중 결합의 존재하에서 삼중 결합을 선택적으로 부분 환원하는 보고된 다른 활성 아연 시약은 Zn/KCN[194]과 Zn/Cu/Ag[195]이다.

$(CH_2)_8OH$ — Zn-분말 / KCN, *i*-PrOH, H_2O, 25°C → $(CH_2)_8OH$ 90%

알켄일보레인의 가양성자 분해 반응을 통한 알카인의 환원[196]

알켄일보레인을 합성하기 위한 알카인의 수소화붕소 첨가 반응은 광범위한 화학적 변환이 가능한 다용도의 중간체를 제공한다. 예를 들면 알켄일보레인의 가양성자 분해 반응은 알카인의 부분 환원 반응에 대한 비촉매 방법을 제공한다.

알카인과 엔아인의 수소화붕소 첨가 반응

1-알카인을 $BH_3 \cdot THF$로 3:1의 비율로 수소화붕소 첨가 반응을 하면 B–H 결합이 삼중 결합에 이중으로 첨가하여 출발 알카인과 더불어 이수소화붕소 첨가 반응 생성물을 얻는다.

R—≡—H (말단) —BH_3→ $RCH_2CH(B\langle)_2$

그러나 내부 알카인과 화학량적 보레인과의 수소화붕소 첨가 반응은 삼중 결합에 B–H의 단일 첨가 반응이 지배적으로 일어나 해당 (*Z*)-트라이알켄일보레인을 제공한다.

3 R—≡—R (내부) —BH_3→ $(RCH{=}CR)_3B$

다이사이클로헥실보레인(Chx_2BH)과 다이시아밀보레인(Sia_2BH) 같이 입체 장애를 가지는 다이알킬보레인을 이용한 말단 및 내부 알카인의 화학량적인 수소화붕소 첨가 반응은 모두 단일 첨가 단계에서 멈춘다. 그러나 1-알카인과 9-BBN의 화학량적인 반응은 주로 1,1-다이보릴알케인을 생성한다.[197]

알카인의 단일 수소화붕소 첨가 반응은 입체 선택성으로 삼중 결합에 B–H 결합을 *cis*로 첨가 반응한다. 1-알카인과 다이알킬보레인의 반응은 입체 선택성일 뿐만 아니라 위치 선택성이 되어 붕소를 삼중 결합의 말단 탄소에 위치하도록 한다.

n-Bu—≡—H —Sia_2BH 또는 Chx_2BH→ (*n*-Bu)HC=CH$BSia_2$ ($BChx_2$)

비대칭적으로 이치환된 알카인의 수소화붕소 첨가 반응은 치환기가 현저하게 다른 입체 크기일 때는 예외로 하고 위치 이성질체의 혼합물을 제공한다. 이러한 경우 다이알킬보레인은 선호적으로 삼중 결합의 입체 장애가 작은 탄소에 첨가한다.[198]

n-Pr—≡—CH_3 —Sia_2BH, THF, 0°C→ (*n*-Pr)HC=C(CH_3)$BSia_2$ 61% + (*n*-Pr)(Sia_2B)C=CH(CH_3) 39%

i-Pr—≡—CH_3 —Sia_2BH, THF, 0°C→ (*i*-Pr)HC=C(CH_3)$BSia_2$ 93% + (*i*-Pr)(Sia_2B)C=CH(CH_3) 7%

다이시아밀보레인의 불포화 탄소–탄소 결합에 대한 상대적인 반응성은 다음과 같다.[199]

$RC{\equiv}CH > RC{\equiv}CR > RCH{=}CH_2 > RCH{=}CHR$

따라서 다양한 엔아인의 삼중 결합에 대한 화학 선택성인 수소화붕소 첨가 반응이 이루어졌다. 유사한 화학 선택성이 약간 장애를 덜 받는 다이사이클로헥실보레인에 대하여 예측된다.

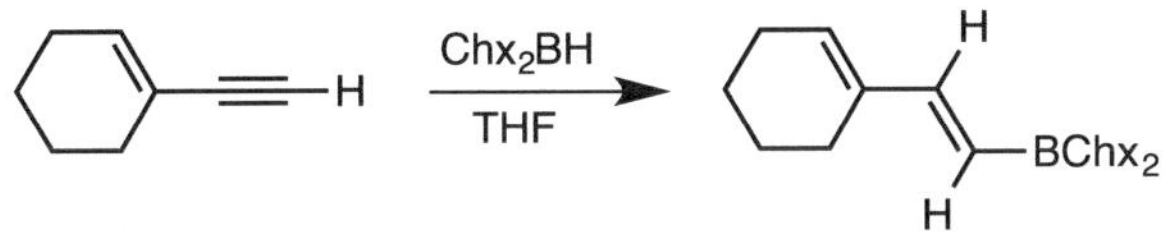

바이닐성 보레인의 가양성자 분해 반응

알켄일보레인을 카복실산으로 실온에서 처리하거나 보다 장애를 받는 알켄일보레인의 경우 뜨거운 프로판산으로 처리하면 공간 입체 배열이 보전(retention of configuration)되는 형태로 바이닐성 B–C 결합이 선택적으로 절단된다.[196]

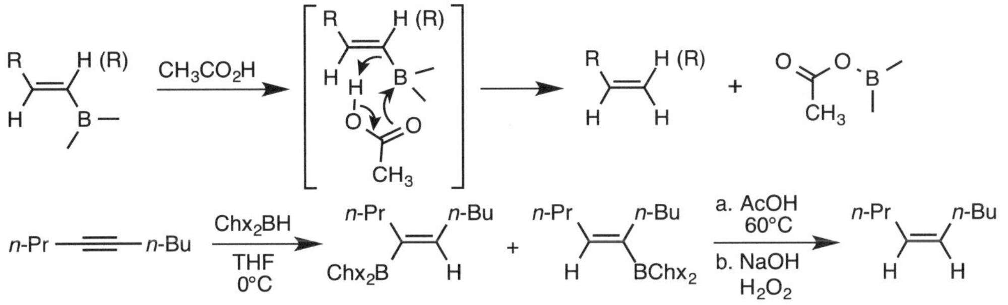

위치 정의된(regiodefined) 알켄일보레인에 대해서는 바이닐성 탄소–붕소 결합을 듀테리오아세트산(deuterioacetic acid)으로 절단하면 간단히 입체 특이성으로 중수소 치환된 알켄을 합성하게 된다.[198]

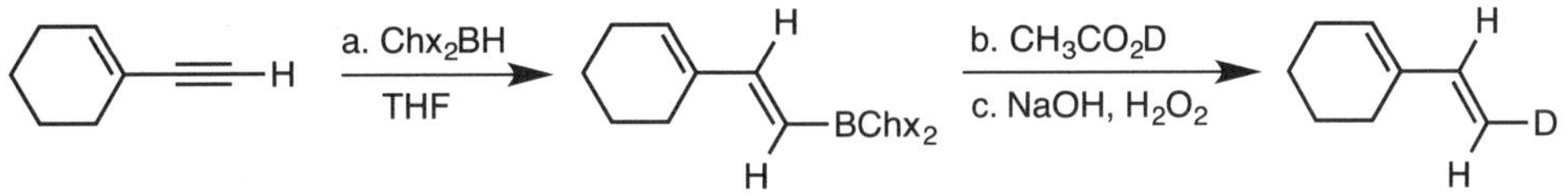

알켄일보레인의 절단은 알켄일보레인을 수용액성의 NaOH로 가수 분해하기 전에 *n*-BuLi와 ate 착물로 변환함으로써 비산성 조건하에서 수행할 수 있다.[200] 또한 내부 알카인으로부터 유도된 알켄일보레인은 THF나 아세톤 내에서 촉매량의 $Pd(OAc)_2$[201]를 사용하거나 질산 은 암모늄[$Ag(NH_3)_2NO_3$][202] 수용액을 사용하여 중성 조건에서 양성자 첨가를 할 수도 있다.

수소화붕소 첨가–가양성자 분해 반응 실험법의 온화함과 선택성은 작용기의 존재를 허용하여 천연물 합성에 쉽게 적용할 수 있게 해 준다.[203]

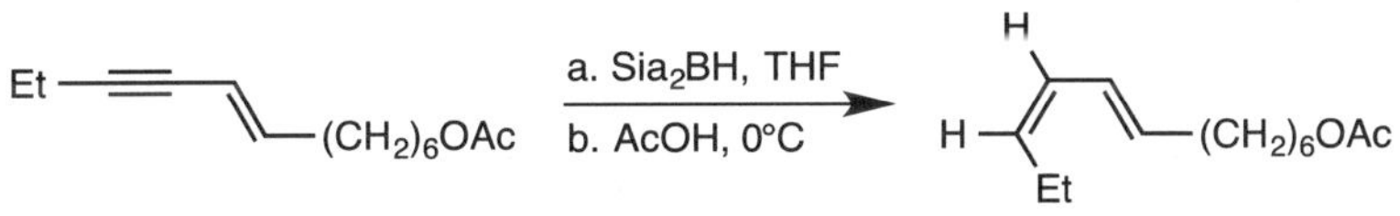

93% (> 98% 이성질적 순도)

1-할로-1-알카인[204]과 에틸 2-알카인산[205] 같이 작용기가 치환된 알카인은 위치 선택성 및 입체 선택성인 단일 수소화붕소 첨가 반응을 거쳐서 가양성자 분해 반응 후에 합성적으로 유용한 (*Z*)-1-할로-1-알켄과 *cis*-α,β-불포화 에스터를 각각 생성한다.

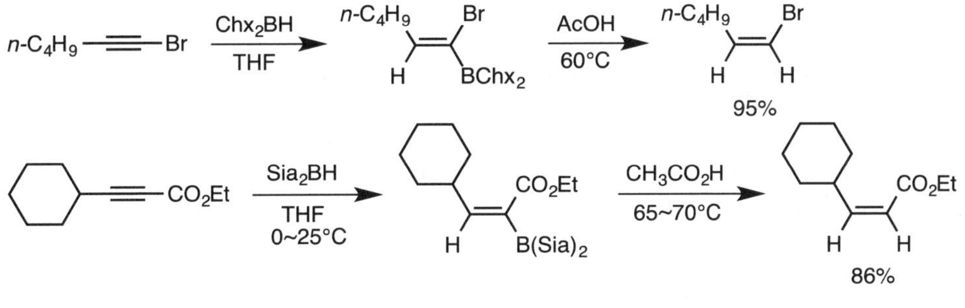

trans-알켄의 합성

액체 NH_3 내에서의 Li과 Na을 사용한 환원[206]

액체 암모니아 내에서 리튬과 소듐은 이치환 알카인을 *trans*-알켄으로 환원한다.[207] 이 반응은 알카인을 에터에 녹여 NH_3(l)에 가하여 반응을 수행한다. 알켄 생성물은 (*E*)-이성질체이다. 알켄의 과잉의 환원과 이성질화 반응은 *t*-BuOH를 가하여 억제할 수 있다.[208]

a. Na (3 eq.), NH_3 (l); b. NH_4Cl, H_2O (workup) — 98%

Lindlar 촉매, H_2, pentane, quinoline — 96%, 99% *Z*

Na, NH_3 (l), *t*-BuOH — 81%, 100% *E*

환원 반응은 금속으로부터 삼중 결합으로 한 개의 전자를 첨가하여 라디칼 음이온을 형성함으로 시작된다. 이전에 제안되었던 직선상의 모양과 달리, 최근의 계산 연구는 이 화학종이 *trans*-형태를 띤다는 것을 제안한다.[209] 라디칼 음이온은 NH_3 용매나 첨가한 양성자 공급원, 보통 *t*-뷰탄올로부터 한 개의 양성자를 빼앗아 바이닐 라디칼을 형성한다. 이것은 금속으로부터 연이은 다른 한 개의 전자의 이동으로 보다 안정한 *trans*-입체 배열을 가지는 바이닐 음이온으로 변환된다. 바이닐 음이온의 양성자 첨가 반응은 *trans*-알켄을 제공한다.

R—≡—R′ → (Na, NH_3 (l), *t*-BuOH) 라디칼 음이온 → (*t*-BuOH) 보다 더 안정 ⇌ 보다 덜 안정 → (Na) → (*t*-BuOH)

1-알카인을 NH_3(l) 내의 Na와 양성자 이탈 반응시켜 생성된 전자가 풍부한 아세틸렌화 음이온은 다른 전자를 받아들이지 못하도록 하여, 말단 삼중 결합의 존재하에서 내부 삼중 결합의 선택적인 환원이 가능하게 해 준다. 해당되는 1-알켄으로의 환원은 황산 암모늄의 존재하에서 성취할 수 있다.[207b]

$n\text{-}C_6H_{13}-C\equiv C-H \xrightarrow{Na,\ NH_3\ (l)} [n\text{-}C_6H_{13}-C\equiv C:^-\ Na^+] \xrightarrow[(NH_4)_2SO_4]{Na,\ NH_3\ (l)}$ n-C_6H_{13}CH=CH_2 90%

$LiAlH_4$ 또는 Red-Al을 사용한 프로파질성 알코올의 환원

$LiAlH_4$을 사용한 프로파질성 알코올의 환원은 *trans*-알릴성 알코올을 합성하는 표준 실험법이다.[210] 프로파질성 알코올류는 아세틸렌화 음이온을 파라폼알데하이드,[211] 알데하이드 또는 케톤[212] 중 하나와 반응하여 쉽게 얻을 수 있다. 이 환원의 입체 화학적 과정은 용매에 특정하게 좌우되는 경향이 있다. *trans* 환원의 양은 용매의 Lewis 염기도와 더불어 증가한다. *trans* 환원에 대해서는 THF가 선택되는 용매이나[213] 다이아이소프로필 에터는 주로 *cis*-환원을 준다. 호모프로파질성 알코올은 $LiAlH_4$와 느리게 반응한다.[214]

a. $LiAlH_4$, Et_2O, reflux; b. H^+, H_2O

a. $LiAlH_4$, Et_2O; b. NH_4Cl, H_2O — 96%

이 반응에서 삼중 결합에 Al–H 결합이 *trans*-첨가하여 알켄일알루미늄 중간체를 거쳐 진행한다는 증거는 전형적인 알켄일알루미늄 화합물과의 반응에서 관찰되는 것과 유사한 특성을 보여 준다는 사실로부터 근거한 것이다.[210]

보다 온화한 조건하에서 프로파질성 알코올을 *n*-BuLi로 처리한 후 −78°C에서 수소화 다이아이소뷰틸알루미늄으로 처리하면 역시 탁월한 입체 선택성으로 *trans*-알릴성 알코올을 얻을 수 있다.[215] 최근 Red-Al[$Na(AlH_2(OCH_2CH_2OCH_3)_2]$, 수소화 [bis(2-메톡시에톡시)알루미늄 소듐]은 아세틸렌성 알코올을 환원하는 데 많이 선택하는 시약이다. 반응은 높은 *trans*-선택성으로 깨끗이 진행된다.[216]

알카인의 수화 반응

말단 알카인의 Anti-Markovnikov 수화 반응

수소화붕소 첨가 반응–산화 반응

1-알카인을 단일 수소화붕소 첨가 반응 후 산화하면 해당 알데하이드를 높은 수율로 얻는다.[217] 바이닐 탄소–붕소 결합의 산화 반응은 엔올을 생성하고, 이는 카보닐 화합물로 토토머화한다. 산화 중에 형성된 알데하이드의 알돌 축합 반응을 최소화하기 위하여 반응은 pH~8 정도에서나 완충 매개체에서 수행해야 한다.[218]

대칭적(symmetrically)으로 치환된 알카인으로부터 유도된 알켄일보레인의 수소화붕소 첨가–산화 반응은 단 한 개의 케톤을 생성하지만 **비대칭적**(unsymmetrically)으로 이치환된 알카인은 케톤의 혼합물을 제공한다.

알카인일실레인을 다이사이클로헥실보레인으로 수소화붕소 첨가 반응시키면 붕소를 규소를 가진 탄소에 배치함으로써 입체 선택성 및 위치 선택성으로 반응이 진행한다. 생성된 알켄일보레인을 과잉의 알칼리성 과산화 수소로 산화하면 아실 실레인 중간체를 거쳐서 카복실산을 80% 이상의 수율로 얻게 된다. 알카인일실레인은 다음과 같이 단일 용기(one – pot) 변환에 의하여 in situ로 발생시킬 수 있다.

a. BuLi
b. TMS-Cl
c. Chx_2BH
d. NaOH, H_2O_2
CO_2H
84%

루테늄-촉매 수화 반응

적절한 보조 인(phosphine) 리간드 존재하에서 루테늄(II) 착물은 말단 알카인의 *anti*-Markovnikov 수화 반응의 촉매로 작용한다.[220]

$CpRuCl(PPh_3)_2$ (0.02 eq.)
4:1 acetone: water, 60°C
(0.02 eq.)
Ar N PPh_2
Ar = 2,4,6-triisopropyl-phenyl
7 CHO
99%

추정된 메커니즘은 바이닐리덴 착물의 형성과 그 이후 물의 공격으로 하이드록시카벤 중간체가 생성되어 토토머화 및 양성자 첨가 반응에 의해 알데하이드로 변환되는 것을 제시한다.[221]

R—≡—H → Ru → [H, R, H_2O, =•=[Ru]] → [H, H, R, OH, [Ru]] $-H^+$ ⇌ [H, H, R, O, [Ru]] → H^+ → H, H, R, O, H
vinylidine Ru
토토머화

활성화된 루테늄 촉매는 아래와 같이 쉽게 구할 수 있고 공기에 안정한 착물 [CpRu(η^6-naphthalene)]PF_6로부터 2-다이페닐포스피노피리딘(2-diphenylphosphinopyridine) 리간드를 첨가하여 만들 수 있다.[222] Ru-촉매 알카인 수화 반응은 케톤, 에스터, 실릴 에터 등의 다양한 작용기의 존재하에서도 수행할 수 있다.[223]

Ru^+ PF_6^-
Ar N PPh_2
기질, 용매
in situ 촉매 생성
Ph_2P Ru^+ PPh_2 N (S) N Ar Ar PF_6^-
활성 촉매
(S) = 기질/용매

OR OR OR OPMB O
R = TBS
Ru 촉매
(0.05 eq.)
CH_3CN
Py 리간드
(0.1 eq.)
aq. acetone
60°C
OR OR OR OPMB O O H
88%

Py 리간드 = 2,4,6-$Ph_3C_6H_2$ N PPh_2

옥시수은 첨가 반응 – 메틸 케톤의 합성[224]

알카인의 제이수은 이온 촉매 수화 반응은 아마도 알켄의 옥시수은 첨가 반응과 비슷한 방식으로 진행한다. 삼중 결합에 대한 Hg^{2+}의 친전자성 첨가 반응은 바이닐성 양이온을 만들어 물에 의하여 포착되어 바이닐성 유기수은 중간체를 생성한다. $NaBH_4$에 의하여 수은을 환원에 의하여 제거하는 반응인 알켄에 대한 옥시수은 첨가 반응과 달리 산성 반응 조건하에서의 바이닐성 유기수은 중간체는 엔올을 생성하고, 이는 토토머화하여 케톤으로 변한다. 말단 알카인의 수화 반응은 Markovnikov 규칙을 따라서 메틸 케톤을 제공한다.[225]

Hg^{++}, H_2O → [Hg^+] H^+, H_2O → [ ] 토토머화 → 67%

대칭적으로 이치환된 알카인은 한 가지의 케톤을 생성하지만 무대칭의 알카인은 케톤 혼합물을 생성한다.

$HgSO_4$ / H_2SO_4, H_2O → 80%

다른 **메틸 케톤** 합성법들의 출발 물질들

- **말단 알카인**, $MeAuPPh_3$와 산 수용액에 의한 Markovnikov 수화 반응을 사용한다.[226]

$MeAuPPh_3$ (0.01 eq.) / H_2SO_4 (0.5 eq.), H_2O, CH_3OH, 70°C, 1 h → 90%

- **카복실산**, 2당량의 CH_3Li를 첨가한다.[227]
- **아마이드**, 'CH_3CeCl_2'를 사용한다.[228]

NMe_2 — a. CH_3CeCl_2 (1 eq.), THF, −78°C / b. CH_3OH (workup) → CH_3 70%

- **산 염화물**, $(CH_3)_2CuLi$ 첨가를 통하여 합성한다.
- **말단 알켄**, **Wacker** 과정을 사용한다.[229]

n-C_8H_{17} — $PdCl_2$ / CuI, O_2, DMF, H_2O → n-C_8H_{17} CH_3 73%

** 참고 문헌

1 (a) Kieboon, A. P. G.; van Rautwijk, F. *Hydrogenation and Hydrogenolysis in Synthetic Organic Chemistry*; Delft University, 1977. (b) Freifelder, M. *Catalytic Hydrogenation in Organic Synthesis: Procedures and Commentary*; John Wiley & Sons, Inc.: New York, 1978. (c) Rylander, P. N. *Catalytic Hydrogenation in Organic Synthesis*; Academic Press: New York, 1997.

2 Schauermann, S.; Freund, H.-J. *Acc. Chem. Res.* **2015**, *48*, 2775.

3 Brown, C. A. *J. Am. Chem. Soc.* **1969**, *91*, 5901.

4 Pettit, G. R.; van Tamelen, E. E. *Org. React.* **1962**, *12*, 356.

5 (a) Brown, C. A. *J. Org. Chem.* **1970**, *35*, 1900. (b) Brown, C. A.; Ahuja, V. K. *J. Org. Chem.* **1973**, *38*, 2226.

6 Belisle, C. M.; Young, Y. M.; Singaram, B. *Tetrahedron Lett.* **1994**, *35*, 5595.

7 Sauvage, J.-F.; Baker, R. H.; Hussey, A. S. *J. Am. Chem. Soc.* **1961**, *83*, 3874.

8 Birch, A. J.; Williamson, D. H. *Org. React.* **1976**, *24*, 1.

9 (a) Osborn, J. A.; Jardine, F. H.; Young, J. F.; Wilkinson, G. *J. Chem. Soc. (A)* **1966**, 1711. (b) Harmon, R. E.; Gupta, S. K.; Brown, D. J. *Chem. Rev.* **1973**, *73*, 21.

10 Ireland, R. E.; Bey, P. *Org. Synth.* **1973**, *53*, 63.

11 Brown, J. M. *Angew. Chem. Int. Ed.* **1987**, *26*, 190.

12 Crabtree, R. H.; Davis, M. W. *J. Org. Chem.* **1986**, *51*, 2655.

13 Evans, D. A.; Morrissey, M. M.; Dow, R. L. *Tetrahedron Lett.* **1985**, *26*, 6005.

14 Brown, J. M.; Hall, S. A. *Tetrahedron Lett.* **1984**, *25*, 1393.

15 Schultz, A. G.; McCloskey, P. J. *J. Org. Chem.* **1985**, *50*, 5905.

16 (a) Gridner, I. D.; Imamoto, T. *Acc. Chem. Res.* **2004**, *37*, 633. (b) Etayo, P.; Vidal-Ferran, A. *Chem. Soc. Rev.* **2013**, *42*, 728. (c) Khumsubdee, S.; Burgess, K. *ACS Catal.* **2013**, *3*, 237.

17 (a) Noyori, R.; Takaya, H. *Acc. Chem. Res.* **1990**, *23*, 345. (b) Taber, D. F.; Silverberg, L. J. *Tetrahedron Lett.* **1991**, *32*, 4227. (c) For polymer-supported, BINAP-catalyzed hydrogenation, see: He, Y. M.; Feng, Y.; Fan, Q.-H. *Acc. Chem. Res.* **2014**, *47*, 2894.

18 (a) Welch, G. C.; San Juan, R. R.; Masuda, J. D.; Stephan, D. W. *Science* **2006**, *314*, 1124. (b) Paradies, J. *Angew. Chem. Int. Ed.* **2014**, *53*, 3552. (c) Lindqvist, M.; Borre, K.; Axenov, K.; Kótai, B.; Nieger, M.; Leskelä, M.; Pápai, I.; Repo, T. *J. Am. Chem. Soc.* **2015**, *137*, 4038.

19 Stephan, D. W.; Greenberg, S.; Graham, T. W.; Chase, P.; Hastie, J. J.; Geier, S. J.; Farrell, J. M.; Brown, C. C.; Heiden, Z. M.; Welch, G. C.; Ullrich, M. *Inorg. Chem.* **2011**, *50*, 123.

20 Greb, L.; Oña-Burgos, P.; Schirmer, B.; Grimme, S.; Stephan, D. W.; Paradies, J. *Angew. Chem. Int. Ed.* **2012**, *51*, 10164.

21 Caine, D. *Org. React.* **1976**, *23*, 1.

22 Stork, G.; Darling, S. D. *J. Am. Chem. Soc.* **1964**, *86*, 1761.

23 Crabtree, S. R.; Mander, L. N.; Sethi, S. P. *Org. Synth.* **1991**, *70*, 256.

24 (a) Youn, I. K.; Yon, G. H.; Pak, C. S. *Tetrahedron Lett.* **1986**, *27*, 2409. (b) For a recent application of this method, see: Dau, X. D.; Willis, A. C.; Pyne, S. G. *Eur. J. Org. Chem.* **2015**, *35*, 7682.

25 (a) Birch, A. J. *J. Chem. Soc.* **1944**, 430. (b) Rabideau, P. W.; Marcinow, Z. *Org. React.* **1992**, *42*, 1. (c) For mechanistic considerations, see: Zimmerman, H. E. *Acc. Chem. Res.* **2012**, *45*, 164.

26 Fleming, I. *Frontier Orbitals and Organic Chemical Reactions*; John Wiley & Sons, Ltd.: London, 1976; pp 200–202.

27 Hine, J. *Adv. Phys. Org. Chem.* **1977**, *15*, 1.

28 Rabideau, P. W. *Tetrahedron* **1989**, *45*, 1579.

29 Gutsche, C. D.; Peter, H. H. *Org. Synth.* **1963**, Coll. Vol. 4, 887.

30 Bachi, M. D.; Epstein, J. W.; Herzberg-Minzly, Y.; Loewenthal, H. J. E. *J. Org. Chem.* **1969**, *34*, 126.

31 Rabideau, P. W.; Wetzel, D. M.; Young, D. M. *J. Org. Chem.* **1984**, *49*, 1544.

32 Braude, E. A.; Webb, A. A.; Sultanbawa, M. U. S. *J. Chem. Soc.* **1958**, 3328.

33 House, H. O. *Modern Synthetic Reactions*; W. A. Benjamin: Menlo Park, CA, 1972; p 644.

34 Nachbauer, L.; Brückner, R. *Eur. J. Org. Chem.* **2012**, *35*, 6904.

35 Schultz, A. G.; Sundararaman, P. *Tetrahedron Lett.* **1984**, *25*, 4591.

36 Schultz, A. G.; Puig, S. *J. Org. Chem.* **1985**, *50*, 915.

37 (a) Schultz, A. G.; Dittami, J. P. *Tetrahedron Lett.* **1983**, *24*, 1369. (b) Schultz, A. G.; Dittami, J. P.; Lavieri, F. P.; Salowey, C.; Sundararaman, P.; Szymula, B. *J. Org. Chem.* **1984**, *49*, 4429.

38 (a) Vilsmeier, A.; Haack, A. *Ber.* **1927**, *60*, 119. (b) Jones, G.; Stanforths, S. P. *Org. React.* **1997**, *49*, 1.

39 (a) Brown, H. C. *Hydroboration*; W. A. Benjamin: New York, 1962. (b) Brown, H. C. *Boranes in Organic Chemistry*; Cornell University Press: Ithaca, NY, 1972.

40 (a) Zweifel, G.; Brown, H. C. *Org. React.* **1963**, *13*, 1. (b) Brown, H. C.; Kramer, G. W.; Levy, A. B.; Midland, M. M. *Organic Syntheses via Boranes*; John Wiley & Sons, Inc.: New York, 1975. (c) Suzuki, A.; Dhillon, R. S. In *Topic in Current Chemistry*; Springer-Verlag: Berlin, 1986; Vol. 130, p 23. (d) Pelter, A.; Smith, K.; Brown, H. C. *Borane Reagents*; Academic Press: London, 1988.

41 Brown, H. C.; Racherla, U. S.; Taniguchi, H. *J. Org. Chem.* **1981**, *46*, 4313.

42 Kabalka, G. W.; Yu, S.; Li, N.-S. *Tetrahedron Lett.* **1997**, *38*, 5455.

43 Brown, H. C.; Mandal, A. K.; Kulkarni, S. U. *J. Org. Chem.* **1977**, *42*, 1392.

44 Negishi, E.; Brown, H. C. *Synthesis* **1974**, 77.

45 Soderquist, J. A.; Negron, A. *Org. Synth.* **1991**, *70*, 169.

46 (a) Brown, H. C.; Ayyangar, N. R.; Zweifel, G. *J. Am. Chem. Soc.* **1964**, *86*, 397. (b) Brown, H. C.; Singaram, B. *J. Org. Chem.* **1984**, *49*, 945.

47 (a) Brown, H. C.; Zweifel, G. *J. Am. Chem. Soc.* **1960**, *82*, 4708. (b) Nelson, D. J.; Brown, H. C. *J. Am. Chem. Soc.* **1982**, *104*, 4907.

48 Pelter, A.; Smith, K.; Brown, H. C. In *Borane Reagents*; Academic Press: London, 1988; pp 168–170.

49 Brown, H. C.; Liotta, R.; Scouten, C. G. *J. Am. Chem. Soc.* **1976**, *98*, 5297.

50 Brown, H. C.; Singaram, B. *Pure Appl. Chem.* **1987**, *59*, 879.

51 (a) Brown, H. C.; Synder, C.; Subba Rao, B. C.; Zweifel, G. *Tetrahedron* **1986**, *42*, 5505. (b) For recent developments on *Markovnikov* hydroboration, see: Iwamoto, H.; Kubota, K.; Ito, H. *Chem. Commun.* **2016**, *52*, 5916.

52 (a) Kabalka, G. W.; Maddox, J. T.; Shoup, T.; Bowers, K. R. *Org. Synth.* **1996**, *73*, 116. (b) McKillop, A.; Sanderson, W. R. *Tetrahedron* **1995**, *51*, 6145. (c) Muzart, J. *Synthesis* **1995**, 1325.

53 (a) Köster, R.; Morita, Y. *Angew. Chem. Int. Ed.* **1966**, *5*, 580. (b) Hassner, A.; Soderquist, J. *J. Organomet. Chem.* **1977**, *131*, C1. (c) Miller, J. A.; Zweifel, G. *Synthesis* **1981**, 288.

54 Brown, H. C.; Kulkarni, S. U.; Rao, C. G. *Synthesis* **1980**, 151.

55 (a) Brown, H. C.; Zweifel, G. *J. Am. Chem. Soc.* **1961**, *83*, 2544. (b) Brener, L.; Brown, H. C. *J. Org. Chem.* **1977**, *42*, 2702.

56 (a) Brown, H. C.; Jadhav, P. K. In *Asymmetric Synthesis*; Morrison, J. D., Ed.; Academic Press: New York, 1983; Vol. 2, p 1. (b) Brown, H. C.; Jadhav, P. K.; Singaram, B. In *Modern Synthetic Methods*; Scheffold, R., Ed.; Springer-Verlag: New York, 1986; Vol. 4, p 307.

57 Brown, H. C.; Desai, M. C.; Jadhav, P. K. *J. Org. Chem.* **1982**, *47*, 5065.

58 Houk, K. N.; Rondan, N. G.; Wu, Y.-D.; Metz, J. T.; Paddon-Row, M. N. *Tetrahedron* **1984**, *40*, 2257.

59 Brown, H. C.; Jadhav, P. K.; Mandal, A. K. *J. Org. Chem.* **1982**, *47*, 5074.

60 Masamune, S.; Kim, B. M.; Petersen, J. S.; Sato, T.; Veenstra, J. S.; Imai, T. *J. Am. Chem. Soc.* **1985**, *107*, 4549.

61 Whitesell, J. K. *Chem. Rev.* **1989**, *89*, 1581.

62 Bartlett, P. A. *Tetrahedron* **1980**, *36*, 2.

63 Schmid, G.; Fukuyama, T.; Akasaka, K.; Kishi, Y. *J. Am. Chem. Soc.* **1979**, *101*, 259.

64 (a) Larock, R. C. *Organomercury Compounds in Organic Synthesis*; Springer-Verlag: Berlin, 1985. (b) Larock, R. C. *Solvomercuration/Demercuration Reactions in Organic Synthesis*; Springer-Verlag: New York, 1986. (c) Brown, H. C.; Geoghegan, P. J., Jr. *J. Org. Chem.* **1970**, *35*, 1844. (d) Brown, H. C.; Lynch, G. J.; Hammar, W. J.; Liu, L. C. *J. Org. Chem.* **1979**, *44*, 1910.

65 Brown, H. C.; Kurek, J. T.; Rei, M.-H.; Thompson, K. L. *J. Org. Chem.* **1985**, *50*, 1171.

66 Aranda, V. G.; Barluenga, J.; Yus, M.; Asensio, G. *Synthesis* **1974**, 806.

67 Brown, H. C.; Kurek, J. T. *J. Am. Chem. Soc.* **1969**, *91*, 5647.

68 Heathcock, C. H. *Angew. Chem. Int. Ed.* **1969**, *8*, 134.

69 (a) Pearson, W. H.; Hutta, D. A.; Fang, W. *J. Org. Chem.* **2000**, *65*, 8326. (b) Schwartz, B. D.; Tilly, D. P.; Heim, R.; Wiedemann, S.; Williams, C. M.; Bernhardt, P. V. *Eur. J. Org. Chem.* **2006**, 3181.

70 Kageyama, M.; Tamura, T.; Nantz, M. H.; Roberts, J. C.; Somfai, P.; Whritenour, D. C.; Masamune, S. *J. Am. Chem. Soc.* **1990**, *112*, 7407.

71 (a) Rudolph, M.; Hashmi, A. S. K. *Chem. Soc. Rev.* **2012**, *41*, 2448. (b) Loh, C. C. J.; Enders, D. *Chem. Eur. J.* **2012**, *18*, 10212. (c) Barreiro, E. M.; Adrio, L. A.; Hii, K. K.; Brazier, J. B. *Eur. J. Org. Chem.* **2013**, 1027. (d) Dorel, R.; Echavarren, A. M. *Chem. Rev.* **2015**, *115*, 9028.

72 (a) Wang, W.; Hammond, G. B.; Xu, B. *J. Am. Chem. Soc.* **2012**, *134*, 5697. (b) Lee, S. D.; Timmerman, J. C.; Widenhoefer, R. A. *Adv. Synth. Catal.* **2014**, *356*, 3187. (c) Kumar, M.; Hammond, G. B.; Xu, B. *Org. Lett.* **2014**, *16*, 3452. (d) Wu, C.-Y.; Horibe, T.; Jacobsen, C. B.; Toste, F. D. *Nature* **2015**, *517*, 449.

73 Zhang, Z.; Lee, S. D.; Widenhoefer, R. A. *J. Am. Chem. Soc.* **2009**, *131*, 5372.

74 (a) Rao, A. S.; Paknikar, S. K.; Kirtane, J. G. *Tetrahedron* **1983**, *39*, 2323. (b) Smith, M. B. *Organic Synthesis*; McGraw-Hill, Inc.: Boston, 2002; pp 226–245. (c) Procter, G. *Stereoselectivity in Organic Synthesis*; Oxford Science

Publications: Oxford, 1998; pp 71–76.
75 Seebach, D. *Angew. Chem. Int. Ed.* **1979**, *18*, 239.
76 Al-Harrasi, A.; Green, I. R.; Ahmed, I.; Abbas, G. *RSC Adv.* **2014**, *4*, 12882.
77 (a) Brougham, P.; Cooper, M. S.; Cummerson, D. A.; Heaney, H.; Thompson, N. *Synthesis* **1987**, 1015. (b) Carvalho, J. F. S.; Silva, M. M. C.; Sá e Melo, M. L. *Tetrahedron* **2009**, *65*, 2773.
78 Newman, M. S.; Magerlein, B. J. *Org. React.* **1949**, *5*, 413.
79 Lane, B. S.; Burgesse, K. *Chem. Rev.* **2003**, *103*, 2457.
80 (a) Strukul, G. *Angew. Chem. Int. Ed.* **1998**, *37*, 1199. (b) ten Brink, G.-J.; Arends, I. W. C. E.; Sheldon, R. A. *Chem. Rev.* **2004**, *104*, 4105. (c) Michelin, R. A.; Sgarbossa, P.; Scarso, A.; Strukul, G. *Coord. Chem. Rev.* **2010**, *254*, 646.
81 Baeyer, A.; Villiger, V. *Chem. Ber.* **1899**, *32*, 3625.
82 Corey, E. J., Weinshenker, N. M.; Schaaf, T. K.; Huber, W. *J. Am. Chem. Soc.* **1969**, *91*, 5675.
83 House, H. O.; Ro, R. S. *J. Am. Chem. Soc.* **1958**, *80*, 2428.
84 Grieco, P. A.; Nishizawa, M.; Oguri, T.; Burke, S. D.; Marinovic, N. *J. Am. Chem. Soc.* **1977**, *99*, 5773.
85 Adam, W.; Saha-Möller, C. R.; Zhao, C.-G. *Org. React.* **2002**, *61*, 219.
86 (a) Murray, R. W. *Chem. Rev.* **1989**, *89*, 1187. (b) Curci, R.; Dinoi, A.; Rubino, M. F. *Pure Appl. Chem.* **1995**, *67*, 811. (c) Ferraz, H. M. C.; Muzzi, R. M.; Vieira, T. O.; Viertler, H. *Tetrahedron Lett.* **2000**, *41*, 5021.
87 (a) Adam, W.; Hadjiarapoglou, L.; Nestler, B. *Tetrahedron Lett.* **1990**, *31*, 331. (b) Adam, W.; Hadjiarapoglou, L.; Levai, A. *Synthesis* **1992**, 436. (c) For a discussion on dynamics of C-H oxidation using DMDO, see: Yang, Z.; Yu, P.; Houk, K. N. *J. Am. Chem. Soc.* **2016**, *138*, 4237.
88 (a) Adam, W.; Chan, Y.-Y.; Cremer, D.; Gauss, J.; Scheutzow, D.; Schindler, M. *J. Org. Chem.* **1987**, *52*, 2800. (b) For a large-scale preparation, see: Mikula, H.; Svatunek, D.; Lumpi, D.; Glöcklhofer, F.; Hametner, C.; Fröhlich, J. *Org. Process Res. Dev.* **2013**, *17*, 313.
89 (a) Mello, R.; Fiorentino, M.; Sciacovelli, O.; Curci, R. *J. Org. Chem.* **1988**, *53*, 3890. (b) For an improved method, see: Mello, R.; González-Núñez, M. E.; Asensio, G. *Synlett* **2007**, 47.
90 Mello, R.; Fiorentino, M.; Fusco, C.; Curci, R. *J. Am. Chem. Soc.* **1989**, *111*, 6749.
91 (a) Osterberg, A. E. *Org. Synth.* **1944**, Coll. Vol. 1, 185. (b) Dalton, D. R.; Dutta, V. P. *J. Chem. Soc.*, Sec. B **1971**, 85. (c) Jakubowski, A. A.; Guziec, F. S.; Tishler, M. *Tetrahedron Lett.* **1977**, 2399.
92 (a) Corey, E. J.; Chaykovsky, M. *J. Am. Soc.* **1965**, *87*, 1353. (b) Corey, E. J.; Chaykovsky, M. *Org. Synth.* **1973**, Coll. Vol. V, 755. (c) Gololobov, Y. G.; Nesmeyanov, A. N.; Lysenko, V. P.; Boldeskul, I. E. *Tetrahedron* **1987**, *43*, 2609.
93 Aggarwal, V. K.; Winn, C. L. *Acc. Chem. Res.* **2004**, *37*, 611.
94 Sadhu, K. M.; Matteson, D. S. *Tetrahedron Lett.* **1986**, *12*, 795.
95 (a) Smith, J. G. *Synthesis* **1984**, 629. (b) For organocatalytic asymmetric reactions of epoxides, see: Meninno, S.; Lattanzi, A. *Chem. Eur. J.* **2016**, *22*, 3632. (c) For Pd-mediated reactions of epoxides, see: Muzart, J. *Eur. J. Org. Chem.* **2011**, 4717.
96 Ager, D. J.; East, M. B. *Asymmetric Synthetic Methodology*; CRC Press: Boca Raton, 1996; p 255 (Table 10.1).
97 Taylor, S. K. *Tetrahedron* **2000**, *56*, 1149.
98 (a) Creger, P. L. *J. Org. Chem.* **1972**, *37*, 1907. (b) Petragnani, N.; Yonashiro, M. *Synthesis* **1982**, 521.
99 Nasipuri, D. *Stereochemistry of Organic Compounds*; John Wiley & Sons, Inc.: New York, 1991; p 358.
100 (a) Tenud, L.; Farooq, S.; Seibl, J.; Eschenmoser, A. *Helv. Chim. Acta* **1970**, *53*, 2059. (b) Babler, J.; Tortorello, A. *J. Org. Chem.* **1976**, *41*, 885.
101 (a) Stork, G.; Cama, L. D.; Coulson, D. R. *J. Am. Chem. Soc.* **1974**, *96*, 5268. (b) Stork, G.; Cohen, J. F. *J. Am. Chem. Soc.* **1974**, *96*, 5270. (c) Lallemand, J. Y.; Onanga, M. *Tetrahedron Lett.* **1975**, 585.
102 (a) Corbel, B.; Decesare, J. M.; Durst, T. *Can. J. Chem.* **1978**, *56*, 505. (b) Decesare, J. M.; Corbel, B.; Durst, T.; Blount, J. F. *Can. J. Chem.* **1981**, *59*, 1415.
103 Sonnet, P. E. *Tetrahedron* **1980**, *36*, 557.
104 (a) Martinez, A. G.; Ruiz, M. O. *Synthesis* **1983**, 663. (b) Aguiar, A. M.; Beisler, J.; Mills, A. *J. Org. Chem.* **1962**, *27*, 1001.
105 (a) Vedejs, E.; Fuchs, P. L. *J. Am. Chem. Soc.* **1973**, *95*, 822. (b) Vedejs, E.; Snoble, K. A. J.; Fuchs, P. L. *J. Org. Chem.* **1973**, *38*, 1178.
106 (a) Apparu, M.; Barrelle, M. *Tetrahedron* **1978**, *34*, 1541. (b) Crandall, J. K.; Apparu, M. *Org. React.* **1983**, *29*, 345.
107 Crandall, J. K.; Lin, L.-H. C. *J. Org. Chem.* **1968**, *33*, 2375.
108 Thummel, R. P.; Rickborn, B. *J. Am.Chem. Soc.* **1970**, *92*, 2064.
109 (a) Murata, S.; Suzuki, M.; Noyori, R. *J. Am. Chem. Soc.* **1979**, *101*, 2738. (b) Nantz, M. H.; Fuchs, P. L. *J. Org. Chem.* **1987**, *52*, 5298.
110 Krishnamurty, S.; Schubert, R. M.; Brown, H. C. *J. Am. Chem. Soc.* **1973**, *95*, 8486.
111 Hutchins, R. O.; Taffer, I. M.; Burgoyne, W. *J. Org. Chem.* **1981**, *46*, 5214.
112 Koester, D. C.; Leibeling, M.; Neufeld, R.; Werz, D. B. *Org. Lett.* **2010**, *12*, 3934.

113 Nicolaou, K. C.; Prasad, C. V. C.; Somers, P. K.; Hwang, C.-K. *J. Am. Chem. Soc.* **1989**, *111*, 5330.
114 (a) Coxon, J. N.; Hartshorn, M. P.; Rae, W. J. *Tetrahedron* **1970**, *26*, 1091. (b) House, H. O. *Modern Synthetic Reactions*; W. A. Benjamin: Menlo Park, CA, 1972; pp 318–320.
115 (a) Meinwald, J.; Labana, S. S.; Chadha, M. S. *J. Am. Chem. Soc.* **1962**, *84*, 867. (b) Wang, Z. In *Comprehensive Organic Name Reactions and Reagents*; John Wiley & Sons, Inc.: Hoboken, NJ, 2010; pp 1880–1882. (c) Fraile, J. M.; Mayoral, J. A.; Salvatella, L. *J. Org. Chem.* **2014**, *79*, 5993.
116 Hart, H.; Lerner, L. R. *J. Org. Chem.* **1967**, *32*, 2669.
117 Fei, Z.; Wu, Q.; Zhang, F.; Cao, Y.; Liu, C.; Shieh, W.-C.; Xue, S.; McKenna, J.; Prasad, K.; Prashad, M.; Baeschlin, D.; Namoto, K. *J. Org. Chem.* **2008**, *73*, 9016.
118 (a) Henbest, H. B.; Wilson, R. A. I. *J. Chem. Soc.* **1957**, 1958. (b) Hoveyda, A. H.; Evans, D. A.; Fu, G. C. *Chem. Rev.* **1993**, *93*, 1307.
119 (a) Fukuyama, T.; Wang, C.-L. J.; Kishi, Y. *J. Am. Chem. Soc.* **1979**, *101*, 260. (b) Nicolaou, K. C.; Sorensen, E. J. *Classics in Total Synthesis*, VCH: Weinheim, 1996; pp 199–200.
120 Zurflüh, R.; Wall, E. N.; Siddall, J. B.; Edwards, J. A. *J. Am. Chem. Soc.* **1968**, *90*, 6224.
121 Sharpless, K. B.; Verhoeven, T. R. *Aldrichimica Acta* **1979**, *12*, 63.
122 (a) Masamune, S.; Choy, W.; Petersen, J. S.; Sita, L. R. *Angew. Chem. Int. Ed.* **1985**, *24*, 1. (b) Nicolaou, K. C.; Sorensen, E. J. *Classics in Total Synthesis*; VCH: Weinheim, 1996; pp 293–315.
123 (a) Pfenninger, A. *Synthesis* **1986**, 89. (b) Ager, D. J.; East, M. B. *Asymmetric Synthetic Methodology*; CRC Press: Boca Raton, 1996; p 269. (c) Johnson, R. A.; Sharpless, K. B. In *Catalytic Asymmetric Synthesis*; Ojima, I. Ed.; 2nd Ed.; Wiley-VCH: New York, 2000; p 231. (d) Katsuki, T.; Martin, V. S. *Org. React.* **1996**, *48*, 1.
124 (a) Katsuki, T.; Sharpless, K. B. *J. Am. Chem. Soc.* **1980**, *102*, 5974. (b) Hill, J. G.; Sharpless, K. B. *Org. Synth.* **1984**, *63*, 66.
125 (a) Woodard, S. S.; Finn, M. G.; Sharpless, K. B. *J. Am. Chem. Soc.* **1991**, *113*, 106. (b) Finn, M. G.; Sharpless, K. B. *J. Am. Chem. Soc.* **1991**, *113*, 113.
126 (a) Seebach, D.; Weidmann, B.; Widler, L. In *Modern Synthetic Methods*; Scheffold, R., Ed.; Verlag Sauerländer: Aarau, 1983; Vol. 3, pp 324–340. (b) Schinzer, D. In *Organic Synthesis Highlights II*; Waldmann, H., Ed.; VCH: Weinheim, 1995; p 3.
127 Gao, Y.; Hanson, R. M.; Klunder, J. M.; Ko, S. Y.; Masamune, H.; Sharpless, K. B. *J. Am. Chem. Soc.* **1987**, *109*, 5765.
128 (a) Masamune, S.; *Heterocycles* **1984**, *21*, 107. (b) Johnson, R. A.; Sharpless, K. B. In *Comprehensive Organic Synthesis*; Trost, B. M., Fleming, I., Eds.; Pergamon Press: Oxford, 1991; Vol. 7, p 389.
129 Nicolaou, K. C.; Sorensen, E. J. *Classics in Total Synthesis*; VCH: Weinheim, 1996; pp 293–315.
130 (a) Katsuki, T.; Martin, V. S. *Org. React.* **1996**, *48*, 1. (b) Ager, D. J.; East, M. B. *Asymmetric Synthetic Methodology*; CRC Press: Boca Raton, 1996; p 280. (c) Heravi, M. M.; Lashaki, T. B.; Poorahmad, N. *Tetrahedron: Asymmetry* **2015**, *26*, 405.
131 (a) Payne, G. B. *J. Org. Chem.* **1962**, *27*, 3819. (b) Hanson, R. M. *Org. React.* **2002**, *60*, 1.
132 (a) Caron, M.; Sharpless, K. B. *J. Org. Chem.* **1985**, *50*, 1557. (b) Chong, J. M.; Sharpless, K. B. *J. Org. Chem.* **1985**, *50*, 1560.
133 Carlsen, P. H. J.; Katsuki, T.; Martin, V. S.; Sharpless, K. B. *J. Org. Chem.* **1981**, *46*, 3936.
134 Katsuki, T.; Martin, V. S. *Org. React.* **1996**, *48*, 1.
135 Jung, M. E.; D'Amico, D. C. *J. Am. Chem. Soc.* **1993**, *115*, 12208.
136 Martin, V. S.; Woodard, S. S.; Katsuki, T.; Yamada, Y.; Ikeda, M.; Sharpless, K. B. *J. Am. Chem. Soc.* **1981**, *103*, 6237.
137 (a) Zhang, W.; Loebach, J. L.; Wilson, S. R.; Jacobsen, E. N. *J. Am. Chem. Soc.* **1990**, *112*, 2801. (b) Jacobsen, E. N.; Zhang, W.; Güler, M. L. *J. Am. Chem. Soc.* **1991**, *113*, 6703. (c) McGarrigle, E. M.; Gilheany, D. G. *Chem. Rev.* **2005**, *105*, 1563.
138 (a) Zhang, W.; Jacobsen, E. N. *J. Org. Chem.* **1991**, *56*, 2296. (b) Irie, R.; Noda, K.; Ito, Y.; Katsuki, T. *Tetrahedron Lett.* **1991**, *32*, 1055.
139 (a) Palucki, M.; Finney, N. S.; Pospisil, P. J.; Güler, M. L.; Ishida, T.; Jacobsen, E. N. *J. Am. Chem. Soc.* **1998**, *120*, 948. (b) For a discussion of the application of vicinal diamines as ligands in asymmetric synthesis, see: Lucet, D.; Le Gall, T.; Mioskowski, C. *Angew. Chem. Int. Ed.* **1998**, *37*, 2580. (c) For a discussion on the origin of enantioselectivity in the Jacobsen epoxidation of olefins, see: Kürti, L.; Blewett, M. M.; Corey, E. J. *Org. Lett.* **2009**, *11*, 4592.
140 (a) Campbell, K. A.; Lashley, M. R.; Wyatt, J. K.; Nantz, M. H.; Britt, R. D. *J. Am. Chem. Soc.* **2001**, *123*, 5710. (b) Schmitt, H.; Lomoth, R.; Magnuson, A.; Park, J.; Fryxelius, J.; Kritikos, M.; Mårtensson, J.; Hammarström, L.; Sun, L.; Åkermark, B. *Chem. Eur. J.* **2002**, *8*, 3757.
141 (a) Schröder, M. *Chem. Rev.* **1980**, *80*, 187. (b) Haines, A. H. In Comprehensive Organic Synthesis; Trost, B. M., Fleminng, I., Eds.; Pergamon Press: Oxford, 1991; Vol. 7, p 437.
142 VanRheenen, V.; Kelly, R. C.; Cha, D. Y. *Tetrahedron Lett.* **1976**, *25*, 1973.

143 Ray, R.; Matteson, D. S. *Tetrahedron Lett.* **1980**, *21*, 449.
144 Sharpless, K. B.; Akashi, K. *J. Am. Chem. Soc.* **1976**, *98*, 1986.
145 Minato, M.; Yamamoto, K.; Tsuji, J. *J. Org. Chem.* **1990**, *55*, 766.
146 Goldsmith, D. J.; Sakano, I. *J. Org. Chem.* **1976**, *41*, 2095.
147 Fieser, L. F.; Fieser, M. *Reagents for Organic Synthesis*; John Wiley & Sons, Inc.: New York, 1967; Vol. 1, p 759.
148 (a) Corey, E. J.; Hopkins, P. B.; Kim, S.; Yoo, S.; Nambiar, K. P.; Falck, J. R. *J. Am. Chem. Soc.* **1979**, *101*, 7131. (b) Vorbrüggen, H.; Bennua, B. *Synthesis* **1985**, 925.
149 Woodward, R. B.; Brutcher, F. V., Jr. *J. Am. Chem. Soc.* **1958**, *80*, 209.
150 Mangoni, L.; Adinolfi, M.; Barone, G.; Parrilli, M. *Tetrahedron Lett.* **1973**, 4485.
151 Fatiadi, A. J. *Synthesis* **1987**, 85.
152 Ho, T.-L. *Distinctive Techniques for Organic Synthesis. A Practical Approach*; World Scientific: Singapore, 1988; pp 1–51.
153 (a) H. Waldmann. In *Organic Synthesis Highlights II*; Waldmann, H., Ed.; VCH: Weinheim, 1995; p 9. (b) Nicolaou, K. C.; Sorensen, E. J. *Classics in Total Synthesis*; VCH: Weinheim, 1996; pp 675–691. (c) Procter, G. *Stereoselectivity in Organic Synthesis*; Oxford Science Publications: Oxford, 1998; pp. 76–78. (d) Johnson, R. A.; Sharpless, K. B. In *Catalytic Asymmetric Synthesis*; Ojima, I., Ed.; Wiley-VCH: New York, 2000; p 357. (e) Zaitsev, A. B.; Adolfsson, H. *Synthesis-Stuttgart* **2006**, 1725.
154 (a) Corey, E. J.; Noe, M. C. *J. Am. Chem. Soc.* **1996**, *118*, 11038. (b) Nelson, D. W.; Gypser, A.; Ho, P. T.; Kolb, H. C.; Kondo, T.; Kwong, H.-L.; McGrath, D. V.; Rubin, A. E.; Norrby, P.-O.; Gable, K. P.; Sharpless, K. B. *J. Am. Chem. Soc.* **1997**, *119*, 1840.
155 For an excellent review of the AD reaction, see: Kolb, H. C.; VanNieuwenhze, M. S.; Sharpless, K. B. *Chem. Rev.* **1994**, *94*, 2483.
156 (a) Dowle, M. D.; Davies, D. I. *Chem. Soc. Rev.* **1979**, *8*, 171. (b) Mulzer, J. In *Organic Synthesis Highlights*; Mulzer, J., Altenbach, H.-J., Braun, M., Krohn, K., Reissig, H.-U., Eds.; VCH: Weinheim, 1991; p 158.
157 (a) Corey, E. J.; Weinshenker, N. M.; Schaaf, T. K.; Huber, W. *J. Am. Chem. Soc.* **1969**, *91*, 5675. (b) Corey, E. J.; Schaaf, T. K.; Huber, W.; Koelliker, U.; Weinshenker, N. M. *J. Am. Chem. Soc.* **1970**, *92*, 397.
158 Corey, E. J.; Hase, T. *Tetrahedron Lett.* **1979**, 335.
159 (a) Bartlett, P. A.; Myerson, J. *J. Am. Chem. Soc.* **1978**, *100*, 3950. (b) Gonzàlez, F. B.; Bartlett, P. A. *Org. Synth.* **1985**, *64*, 175.
160 (a) Kitagawa, O.; Hanano, T.; Tanabe, K.; Shiro, M.; Taguchi, T. *J. Chem. Soc., Chem. Commun.* **1992** 1005. (b) Wang, M.; Gao, L. X.; Mai, W. P.; Xia, A. X.; Wang, F.; Zhang, S. B. *J. Org. Chem.* **2004**, *69*, 2874 and references therein.
161 Whitehead, D. C.; Yousefi, R.; Jaganathan, A.; Borhan, B. *J. Am. Chem. Soc.* **2010**, *132*, 3298.
162 Armstrong, A.; Braddock, D. C.; Jones, A. X.; Clark, S. *Tetrahedron Lett.* **2013**, *54*, 7004.
163 (a) Lee, D. G. In *Comprehensive Organic Synthesis*; Trost, B. M., Flemming, I., Eds.; Pergamon Press: Oxford, 1991; Vol. 7, pp 541–558. (b) Rajagopalan, A.; Lara, M.; Kroutil, W. *Adv. Synth. Catal.* **2013**, *355*, 3321.
164 Lavallée, P.; Bouthillier, G. *J. Org. Chem.* **1986**, *51*, 1362 (attention should be given to footnote 27 in this article).
165 (a) Pappas, J. J.; Keaveney, W. P.; Gancher, E.; Berger, M. *Tetrahedron Lett.* **1966**, 4273. (b) Keaveney, W. P.; Berger, M. G.; Pappas, J. J. *J. Org. Chem.* **1967**, *32*, 1537.
166 Corey, E. J.; Katzenellenbogen, J. A.; Gilman, N. W.; Roman, S. A.; Erickson, B. W. *J. Am. Chem. Soc.* **1968**, *90*, 5618.
167 Knöll, W.; Tamm, C. *Helv. Chim. Acta* **1975**, *58*, 1162.
168 Conia, J.-M.; Leriverend, P. *Comptes Rendues, France* **1960**, *250*, 1078.
169 (a) Schreiber, S. L.; Claus, R. E.; Reagan, J. *Tetrahedron Lett.* **1982**, *23*, 3867. (b) Claus, R. E.; Schreiber, S. L. *Org. Synth.* **1986**, *64*, 150.
170 (a) Greenwood, F. L. *J. Org. Chem.* **1955**, *20*, 803. (b) Clark, R. D.; Heathcock, C. H. *J. Org. Chem.* **1976**, *41*, 1396.
171 Fatiadi, A. J. *Synthesis* **1974**, 229.
172 Pappo, R.; Allen, D. S., Jr.; Lemieux, R. U.; Johnson, W. S. *J. Org. Chem.* **1956**, *21*, 478.
173 Vorbrüggen, H.; Bennua, B. *Synthesis* **1985**, 925.
174 Baggiolini, E. G.; Iacobelli, J. A.; Hennessy, B. M.; Batcho, A. D.; Sereno, J. F.; Uskokovic, M. R. *J. Org. Chem.* **1986**, *51*, 3098.
175 Travis, B. R.; Narayan R. S.; Borhan, B. *J. Am. Chem. Soc.* **2002**, *124*, 3824.
176 (a) Jackson, E. L. *Org. React.* **1944**, *2*, 341. (b) Fatiadi, A. J. In *Synthetic Reagents*; Pizey, J. S., Ed.; John Wiley & Sons, Inc.: New York, 1981; Vol. 4, p. 147.
177 (a) Baer, E. *J. Am. Chem. Soc.* **1942**, *64*, 1416. (b) Butler, R. N. In *Synthetic Reagents*; Pizey, J. S., Ed.; John Wiley & Sons, Inc.: New York, 1977; Vol. 3, p 277.
178 (a) Plietker, B. *Synthesis-Stuttgart* **2005**, 2453. (b) Piccialli, V. *Molecules* **2014**, *19*, 6534.
179 (a) Piatak, D. M.; Bhat, H. B.; Caspi, E. *J. Org. Chem.* **1969**, *34*, 112. (b) Lee, D. G.; van den Engh, M. In *Oxidation in*

Organic Chemistry; Trahanovsky, W. S., Ed.; Academic Press: New York, 1973; Part B.
180 For recent developments in alkene oxidative cleavage, see: Griffith, W. P.; Kwong, E. *Synth. Comm.* **2003**, *17*, 2945 and references therein.
181 (a) Plietker, B.; Niggemann, M. *J. Org. Chem.* **2005**, *70*, 2402. (b) Takamura, H.; Tsuda, K.; Kawakubo, Y.; Kadota, I.; Uemura, D. *Tetrahedron Lett.* **2012**, *53*, 4317.
182 (a) Marvell, E. N.; Li, T. *Synthesis* **1973**, 457. (b) Kieboom, A. P. G.; van Rantwijk, F. *Hydrogenation and Hydrogenolysis in Synthetic Organic Chemistry*; Delft University Press, 1977. (c) Rylander, P. N. *Hydrogenation Methods*; Academic Press: London, 1985. (d) Augustine, R. L. *Homogeneous Catalysis for the Synthetic Chemist*; Dekker, Inc.: New York, 1966; p 387. (e) Siegel, S. In *Comprehensive Organic Synthesis*; Trost, B. M., Flemming, I., Eds.; Pergamon Press: Oxford, 1991; Vol. 8, p 430.
183 (a) Lindlar, H. *Helv. Chim. Acta* **1952**, *35*, 446. (b) Lindlar, H.; Dubuis, R. *Org. Synth.* **1966**, *46*, 89. (c) Henrick, C. A. *Tetrahedron* **1977**, *33*, 1845.
184 Henrick, C. A. *Tetrahedron* **1977**, *33*, 1845.
185 Shakhovskoi, B. G.; Stadnichuk, M. D.; Petrov, A. A. *Zh. Obsch. Khim.* **1964**, *34*, 2625.
186 Cram, D. J.; Allinger, N. L. *J. Am. Chem. Soc.* **1956**, *78*, 2518.
187 (a) Kocienski, P. J.; Cernigliaro, G. J. *J. Org. Chem.* **1976**, *41*, 2927. (b) Taschner, M. J.; Rosen, T.; Heathcock, C. H. *Org. Synth.* **1985**, *64*, 108.
188 (a) Brown, C. A.; Ahuja, V. K. *J. Chem. Soc., Chem. Commun.* **1973**, *15*, 553. (b) Brown, C. A.; Ahuja, V. K. *J. Org. Chem.* **1973**, *38*, 2226.
189 Brown, C. A.; Brown, H. C. *J. Am. Chem. Soc.* **1962**, *84*, 2829.
190 (a) Jain, S. C.; Dussourd, D. E.; Conner, W. E.; Eisner, T.; Guerrero, A.; Meinwald, J. *J. Org. Chem.* **1983**, *48*, 2266. (b) Durand, S.; Parrain, J.-L.; Santelli, M. *Synthesis* **1998**, 1015.
191 Ganem, B.; Osby, J. O. *Chem. Rev.* **1986**, *86*, 763.
192 Rieke, R. D.; Uhm, S. J. *Synthesis* **1975**, 452.
193 (a) Winter, M.; Näf, F.; Furrer, A.; Pickenhagen, W.; Giersch, W.; Meister, A.; Willhalm, B.; Thommen, W.; Ohloff, G. *Helv. Chim. Acta* **1979**, *62*, 135. (b) Chou, W.-N.; Clark, D. L.; White, J. B. *Tetrahedron Lett.* **1991**, *32*, 299.
194 (a) Näf, F.; Decorzant, R.; Thommen, W.; Willhalm, B.; Ohloff, G. *Helv. Chim. Acta* **1975**, *58*, 1016. (b) Tellier, F.; Descoins, C. *Tetrahedron Lett.* **1990**, *31*, 2295.
195 (a) Boland, W.; Schroer, N.; Sieler, C.; Feigel, M. *Helv. Chim. Acta* **1987**, *70*, 1025. (b) Auignon-Tropis, M.; Pougny, J. R. *Tetrahedron Lett.* **1989**, *30*, 4951.
196 (a) Brown, H. C.; Zweifel, G. *J. Am. Chem. Soc.* **1961**, *83*, 3834. (b) Pelter, A.; Smith, K.; Brown, H. C. *Borane Reagents*; Academic Press: London, 1988.
197 Brown, H. C.; Scouten, C. G.; Liotta, R. *J. Am. Chem. Soc.* **1979**, *101*, 96.
198 Zweifel, G.; Clark, G. M.; Polston, N. L. *J. Am. Chem. Soc.* **1971**, *93*, 3395.
199 Brown, H. C.; Moerikofer, A. W. *J. Am. Chem. Soc.* **1963**, *85*, 2063.
200 Negishi, E.; Chiu, K.-W. *J. Org. Chem.* **1976**, *41*, 3484.
201 Yatagai, H.; Yamamoto, Y.; Maruyama, K. *J. Chem. Soc., Chem. Commun.* **1978**, 702.
202 Corey, E. J.; Ravindranathan, T. *J. Am. Chem. Soc.* **1972**, *94*, 4013.
203 Negishi, E.; Abramovitch, A. *Tetrahedron Lett.* **1977**, 411.
204 (a) Zweifel, G.; Arzoumanian, H. *J. Am. Chem. Soc.* **1967**, *89*, 5086. (b) Brown, H. C.; Blue, C. D.; Nelson, D. J.; Bhat, N. G. *J. Org. Chem.* **1989**, *54*, 6064.
205 Plamondon, J.; Snow, J. T.; Zweifel, G. *Organometal. Chem. Syn.* **1971**, *1*, 249.
206 (a) House, H. O. *Modern Synthetic Reactions*; W. A. Benjamin: Menlo Park, CA, 1972; pp 205–209. (b) Warthen, J. D., Jr.; Jacobson, M. *Synthesis* **1973**, 616. (c) Brandsma, L.; Nieuwenhuizen, W. F.; Zwikker, J. W.; Mäeorg, U. *Eur. J. Org. Chem.* **1999**, *775*, 5.
207 (a) Campbell, K. N.; Eby, L. T. *J. Am. Chem. Soc.* **1941**, *63*, 216. (b) Henne, A. L.; Greenlee, K. W. *J. Am. Chem. Soc.* **1943**, *65*, 2020.
208 Boland, W.; Hansen, V.; Jaenicke, L. *Synthesis* **1979**, 114.
209 Damrauer, R. *J. Org. Chem.* **2006**, *71*, 9165.
210 Grant, B.; Djerassi, C. *J. Org. Chem.* **1974**, *39*, 968.
211 Zwierzak, A.; Tomassy, B. *Synth. Commun.* **1996**, *26*, 3593.
212 Joung, M. J.; Ahn, J. H.; Yoon, N. M. *J. Org. Chem.* **1996**, *61*, 4472.
213 (a) Normant, J. F.; Commercon, A.; Villieras, J. *Tetrahedron Lett.* **1975**, *16*, 1465. (b) Trost, B. M.; Lee, D. C. *J. Org. Chem.* **1989**, *54*, 2271.
214 Bahlman, F.; Enkelmann, R.; Plettner, W. *Chem. Ber.* **1964**, *97*, 2118.
215 Doolittle, R. E. *Synthesis* **1984**, 730.

216 (a) Jones, T. K.; Denmark, S. E. *Org. Synth.* **1985**, *64*, 182. (b) Hoveyda, A. H.; Evans, D. A.; Fu, G. C. *Chem. Rev.* **1993**, *93*, 1307 (see p 1350). (c) Uwai, K.; Oshima, Y.; Sugihara, T.; Ohta, T. *Tetrahedron* **1999**, *55*, 9469. (d) Schreiber, S. L.; Schreiber, T. S.; Smith, D. B. *J. Am. Chem. Soc.* **1987**, *109*, 1525.
217 (a) Brown, H. C.; Zweifel, G. *J. Am. Chem. Soc.* **1961**, *83*, 3834. (b) Brown, H. C.; Snyder, C.; Subba Rao, B. C.; Zweifel, G. *Tetrahedron* **1986**, *42*, 5505.
218 (a) Lewis, R. G.; Gustafson, D. H.; Erman, W. F. *Tetrahedron Lett.* **1967**, 401. (b) Corey, E. J.; Wess, G.; Xiang, Y. B.; Singh, A. K. *J. Am. Chem. Soc.* **1987**, *109*, 4717.
219 Zweifel, G.; Backlund, S. J. *J. Am. Chem. Soc.* **1977**, *99*, 3184.
220 (a) Grotjahn, D. B.; Lev, D. A. *J. Am. Chem. Soc.* **2004**, *126*, 12232. (b) Boeck, F.; Kribber, T.; Xiao, L.; Hintermann, L. *J. Am. Chem. Soc.* **2011**, *133*, 8138.
221 (a) Tokunaga, M.; Wakatsuki, Y. *Angew. Chem. Int. Ed.* **1998**, *37*, 2867. (b) Grotjahn, D. B. *Chem. Eur. J.* **2005**, *11*, 7146.
222 Labonne, A.; Kribber, T.; Hintermann, L. *Org. Lett.* **2006**, *8*, 5853.
223 Benson, S.; Collin, M.-P.; Arlt, A.; Gabor, B.; Goddard, R.; Fürstner, A. *Angew. Chem. Int. Ed.* **2011**, *50*, 8739.
224 Larock, R. C. *Solvomercuration-Demercuration Reactions in Organic Synthesis*; Springer-Verlag: Berlin, 1986.
225 Stacy, G. W.; Mikulec, R. A. *Org. Synth.* **1963**, Coll. Vol. IV, 13.
226 Mizushima, E.; Cui, D.-M.; Nath, D. C. D.; Hayashi, T.; Tanaka, M. *Org. Synth.* **2006**, *83*, 55.
227 Jorgenson, M. J. *Org. React.* **1970**, *18*, 2.
228 Kurosu, M.; Kishi, Y. *Tetrahedron Lett.* **1998**, *39*, 4793.
229 Tsuji, J.; Nagashima, H.; Nemoto, H. *Org. Synth.* **1990**, Coll. Vol. VII, 137.

6장 엔올레이트 음이온을 통한 탄소–탄소 단일 결합의 형성

?

이 변화에는 다음 반응들이 필요하다.

- 화학 선택성 알켄 환원
- 케톤의 위치 선택성 α-메틸화

카보닐, 나이트릴, 설폰일기에 대하여 α 위치에 있는 수소 원자는 상당히 산성이다(표 6.1). 이러한 화합물의 C–H 결합의 산도는 이웃 작용기의 유발적인 전자 끄는 효과와 α-양성자의 제거로 형성된 음이온의 공명 안정화의 결합에 기인한다. 이러한 α-탄소 음이온은 음이온의 반응성을 가지기 때문에 R–X와의 알킬화 반응, RR′CO와의 첨가 반응 또는 RC(O)X와의 아실화 반응에 의해 다수의 탄소–탄소 결합 형성 반응을 일으킨다.[1]

6.1 1,3-다이카보닐 화합물

1,3-다이카보닐 화합물은 산도가 충분히 높아서 수산화 이온 및 알콕사이드 이온 같은 산소 음이온에 의하여 대부분이 짝염기로 변환된다(아래 사례 A). 1,3-다이카보닐 화합물을 아민으로 처리하면 다이카보닐 화합물과 평형에 있는 해당 엔올레이트 종을 형성할 것이다(사례 B).

사례 A— 약산의 짝염기에 의한 양성자 이탈 반응

H_3C–CO–CH_2–CO–OEt + $EtO^-\ Na^+$ $\xrightleftharpoons{EtOH}$ $[H_3C$–CO–CH–CO–OEt$]^-\ Na^+$ + EtOH

pK_a ~11 (더 센산) pK_a ~16 (더 약한 산)

사례 B— 상당한 pK_a를 가진 산의 짝염기에 의한 양성자 이탈 반응

H_3C–CO–CH_2–CO–OEt + Et_2NH $\rightleftharpoons$ $[H_3C$–CO–CH–CO–OEt$]^-$ + $Et_2\overset{+}{N}H_2$

pK_a ~10

사례 C— 비가역적 양성자 이탈 반응

H_3C–CO–CH_2–CO–OEt + NaH $\xrightarrow[0°C]{THF}$ $[H_3C$–CO–CH–CO–OEt$]^-\ Na^+$ + $H_2\uparrow$

표 6.1 카보닐, 나이트릴, 설포닐 화합물의 α-양성자에 대한 대략의 pK_a값[a]

케톤	pK_a	에스터	pK_a	아마이드와 나이트릴	pK_a	설폰	pK_a
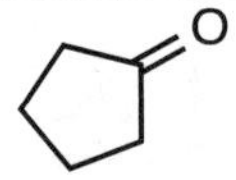 cyclopentanone	(26)	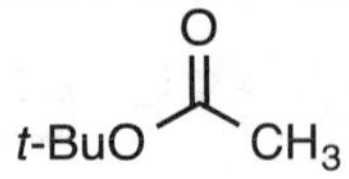 t-BuO(C=O)CH_3	24.5	NC−CH_3	29	PhO_2S-CH_3	(29)
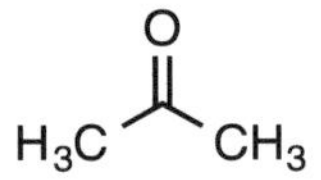 H_3C(C=O)CH_3	20	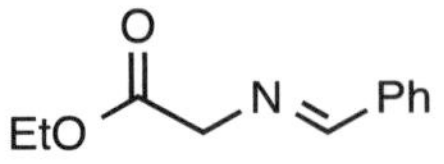 EtO(C=O)CH_2N=CHPh	(20)	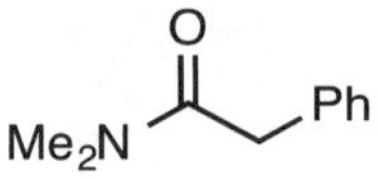 Me_2N(C=O)CH_2Ph	(27)	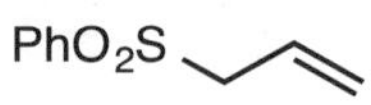 $PhO_2S$$CH_2$CH=$CH_2$	(23)
Ph(C=O)CH_3	19	EtO(C=O)CH_2(C=O)OEt	13	pyrrolidine-N(C=O)CH_2CN	(17)	$MeO_2S$$CH_2$$SO_2Me$	12
H_3C(C=O)CH_2(C=O)CH_3	9	EtO(C=O)CH_2(C=O)CH_3	11	NCCH_2CN	11	$PhO_2S$$CH_2$(C=O)$CH_3$	(11)

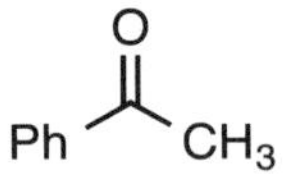

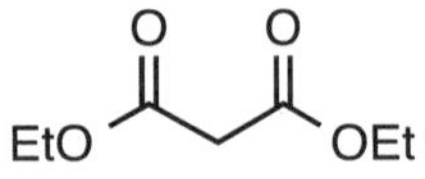

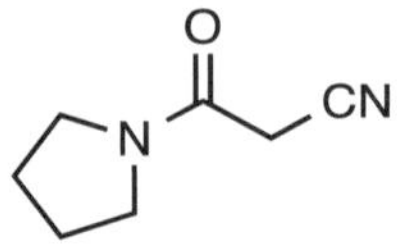

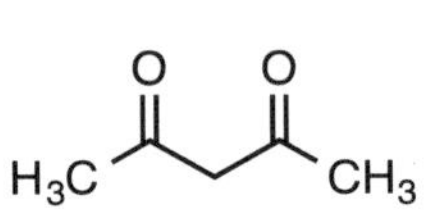

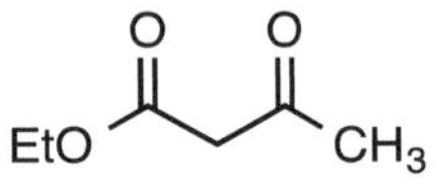

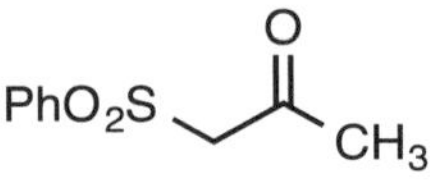

[a] 값들은 H_2O 또는 다이메틸 설폭사이드(DMSO 값은 괄호 안에)에 대한 상대적인 값

이와는 대조적으로 수소화 소듐으로 양성자 이탈 반응을 하면(통상적으로 THF 또는 DME 용매 내에서) 1,3-다이카보닐 화합물은 H_2의 손실로 비가역적으로 엔올레이트 종으로 변환한다(사례 C). 1,3-다이카보닐 화합물의 알킬화 반응, 아실화 반응 또는 축합 반응에 대한 염기 및 용매의 선택에서 전체 반응이 평형 과정에서 짝산의 존재가 필요한지를 고려해야 한다(예를 들면 다음에서 논의되는 Knoevenagel 축합 반응).

말론산 에스터

알킬화 반응

말론산 에스터의 모노알킬화 및 다이알킬화 반응(**말론산 에스터 합성**)은 일반적으로 금속 알콕사이드의 알코올 용액에서 수행한다.[3] 다이알킬화된 생성물이 요구될 경우 반응 조건을 조심스럽게 선택하면 동일하거나 서로 다른 두 개의 친전자체를 도입할 수 있다. 알킬화 반응은 RCH_2X(X = I, Br, OTs), $PhCH_2X$(X = Cl, Br)와 잘 일어나며, 입체 장애가 없는 *sec*-브로민화 알킬과도 잘 반응한다.[4] 다이에스터의 산성이나 염기성 조건에서의 가수 분해 반응과 연이은 열-유발된 카복실기 이탈 반응은 α-알킬화 또는 α,α-다이알킬화된 카복실산을 생성한다. 따라서 말론산 에스터는 아세테이트 엔올레이트 음이온의 합성 대등체(synthetic equivalent, SE)이며, 단일- 및 이치환체 카복실산을 얻는 데 사용된다.

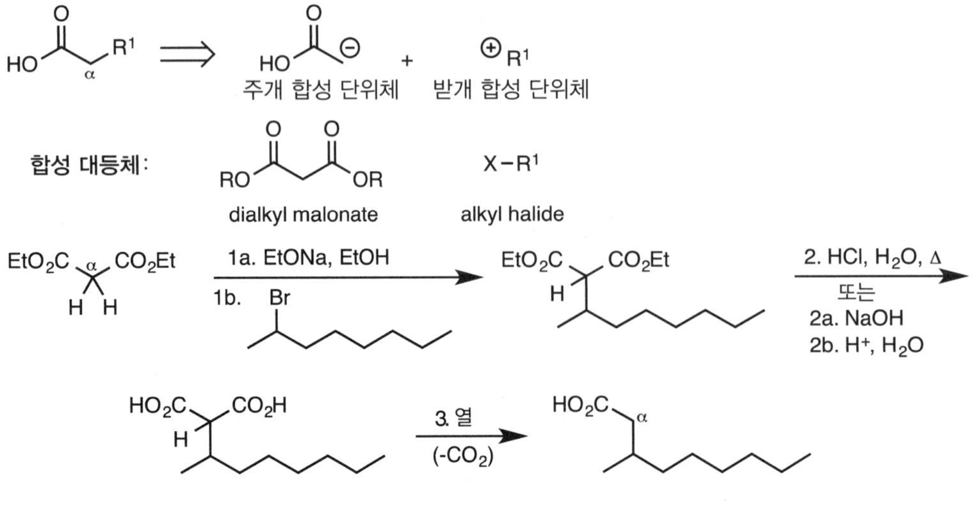

HO(C=O)CH(α)R^1 ⟹ HO(C=O)$CH_2^{\ominus}$ + $^{\oplus}R^1$

주개 합성 단위체 받개 합성 단위체

합성 대등체: RO(C=O)CH_2(C=O)OR dialkyl malonate X−R^1 alkyl halide

EtO_2C–CH_2(α, H H)–CO_2Et —1a. EtONa, EtOH; 1b. 2-bromononane→ EtO_2C–CH(H)(CO_2Et)–CH(CH_3)-heptyl —2. HCl, H_2O, Δ 또는 2a. NaOH 2b. H^+, H_2O→

HO_2C–C(H)(CO_2H)–CH(CH_3)-heptyl —3. 열 (-CO_2)→ HO_2C–CH_2(α)–CH(CH_3)-heptyl

말론산 에스터 알킬화 반응에서의 잠재적인 부반응은 친전자체 E2 제거 반응이다. 이것은 주로 할로젠화 알킬의 구조에 달려 있다. 먼저 당량의 NaH로 말로산 에스터를 처리한 다음, 친전자체를 도입하고, 이어서 모노 알킬화된 말론산 음이온을 다시 당량의 NaH로 처리한 후 두 번째 친전자체를 도입하면 다이알킬화된 말론산 다이에틸을 얻을 수 있다.[5]

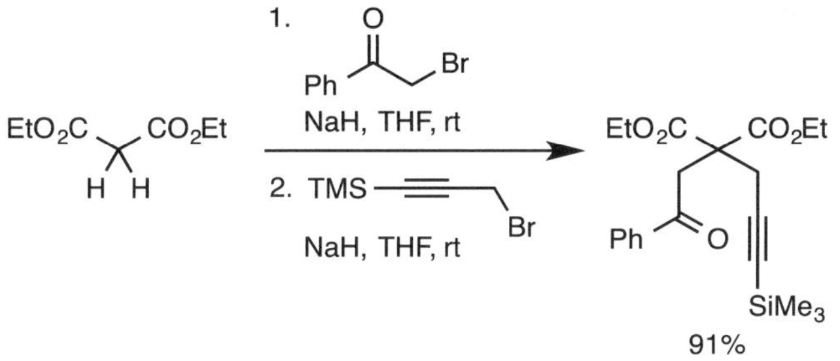

말론산 다이알킬과 다른 1,3-다이카보닐 화합물들은 Tsuji-Trost 반응에서 탁월한 친핵체로 쓰인다(8장 참조).

카복실기 이탈 반응

다이알킬화 말론산 에스터의 카복실기 이탈 반응은 수용성 산의 존재하에서 가열함으로써 효력을 발할 수 있다(예: 48% aq. HBr, 환류).

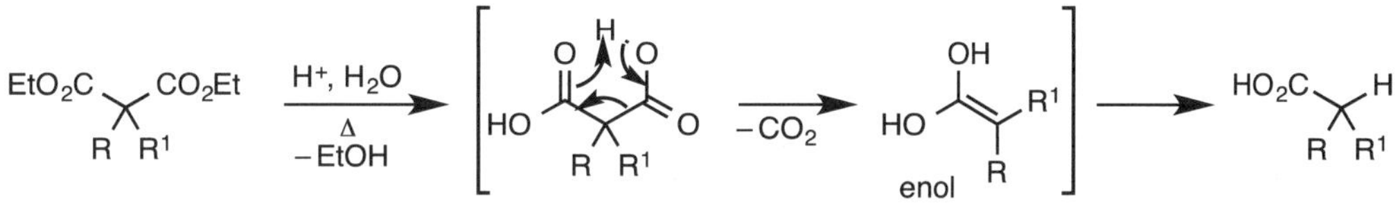

다이에스터를 비누화 반응한 다음, 산성화하여 해당 말론산을 얻음으로써 카복실기 이탈 반응을 수행한다. 카복실기 이탈 반응은 보다 높은 온도(150~250°C)를 필요로 한다. 말론산을 아세토나이트릴에서 촉매량의 Cu(I) 산화물로 처리하면 카복실기 이탈 반응이 촉진되어 모노산 생성물이 보다 온화한 조건하에서 좋은 수율로 얻을 수 있다고 보고되어 있다.[6]

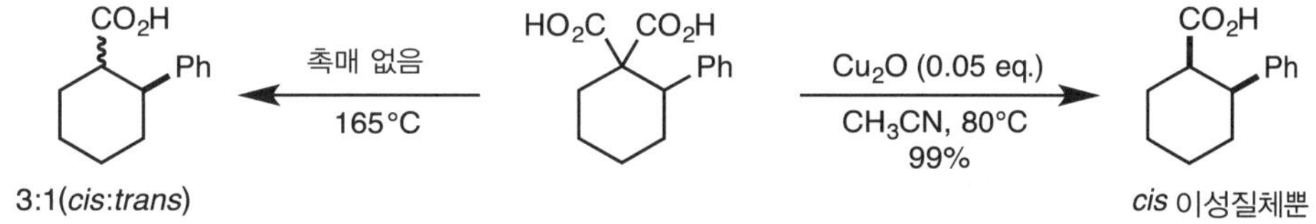

말론산 에스터 카복실기 이탈 반응의 보다 온화한 대체 가능한 반응은 **Krapcho 카복실기 이탈 반응**(krapcho decarboxylation)인데, 말론산 에스터를 물과 염(NaCl, LiCl 또는 NaCN)의 존재하에서 극성 탈양자성 용매(DMSO 또는 DMF)에서 가열하는 것이다. Krapcho 접근법은 특별히 α,α-다이알킬화된 β-케토에스터의 카복실기 이탈 반응에 유용하다. 이는 역Claisen 축합 반응을 통한 분해가 쉬운 에스터의 경우에 특히 그러하다. 카복실기 이탈 반응은 카복실레이트 음이온의 S_N2 치환에 이어 CO_2를 잃고 상응하는 에스터를 생성하는 경로로 진행된다.[7,8]

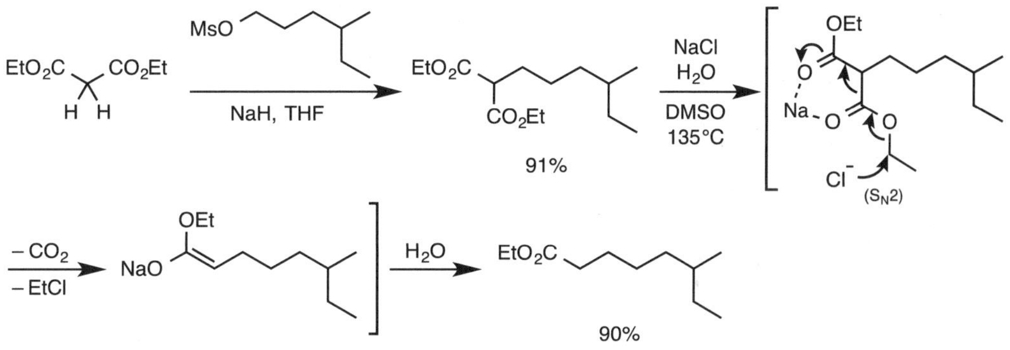

콘쥬게이션 첨가 반응

말론산 에스터로부터 유도된 엔올레이트와 다른 활성의 메틸렌 화합물과 α,β-불포화 알데하이드, 케톤, 에스터 또는 나이트릴이 축합 반응은 전적으로 1,4-첨가 반응으로 진행한다. 흔히 Michael 받개라고 부르는 α,β-불포화 화합물에 대한 콘쥬게이션 첨가 반응은 활성 메틸렌 종을 과량의 약한 염기(예: Et_3N 또는 피페리딘) 또는 촉매량의 센염기(예: 0.1~0.3당량의 NaH, NaOEt 또는 *t*-BuOK) 중 하나로 처리하면 촉진된다.

+ EtO_2C CO_2Et cat. NaOEt EtOH 1,4-첨가 $CH(CO_2Et)_2$ 90% 1. AcOH, HCl H_2O, Δ 2. EtOH, H^+ CO_2Et 80%

비대칭 콘쥬게이션 첨가 반응

콘쥬게이션 첨가 반응은 피롤리디닐 테트라졸(pyrrolidinyl tetrazole)과 같은 카이랄 유기 촉매 존재하에서 수행하여 높은 ee의 첨가물을 생성할 수 있다.[9] 그러나 Michael 첨가물의 Krapcho 카복실기 이탈 반응은 ee를 심각하게 손상할 수 있다. 이는 반응 조건하에서 경쟁적으로 일어나는 역Michael 첨가 반응/Michael 첨가 반응 때문이다(경로 A). 이 문제는 돼지 간 에스터 가수 분해 효소(porcine liver esterase, PLE, 경로 B)에 의한 다이에스터의 선택적 단일 가수 분해 반응과 이후 가열 카복실기 이탈 반응을 사용함으로써 ee의 손상 없이 회피할 수 있다.

+ EtO_2C CO_2Et (15 mol%) CH_2Cl_2 CO_2Et CO_2Et 94%, 93% ee

LiBr (2 eq.), Bu_4NBr H_2O, 마이크로파 (경로 A) CO_2Et 84%, 76% ee

PLE (경로 B) CO_2Et CO_2H DMSO 160°C CO_2Et 87%, 93% ee

Knoevenagel 축합 반응[10]

말론산 및 말론산의 모노- 및 다이에스터는 아세토아세트산 에스터 및 사이아노아세트산 에스터 같은 다른 활성 메틸렌 화합물과 마찬가지로, 알데하이드 및 케톤과 촉매량의 일차 또는 이차 아민, 암모늄염의 존재하에서 축합 반응을 한다.

W CO_2Et + R H (R^1) W = CO_2Et, $C(O)CH_3$ 또는 CN RNH_2 또는 R_2NH 와 RCO_2H NH_4OAc 촉매 W CO_2Et R H (R^1)

어떤 경우에는 축합 반응은 입체 선택성이다.[11]

CHO NC CO_2Et 95% EtOH H_2N CO_2H (β-alanine) (*E*) CN H CO_2Et 85%

Knoevenagel 축합 반응은 탄소–탄소 이중 결합을 도입할 수 있는 온화한 반응이며 도미노 반응(Domino reaction, 2장 참조)으로 알려진 이후의 변환들과 연이어 수행이 가능하다.[12] 예를 들어 에틸렌다이암모늄 다이아세트산(ethylenediammonium diacetate, EDDA)을 사용하여 *N,N*-다이메틸바비튜르산(*N,N*-dimethylbarbituric acid)을 방향족 알데하이드와 축합할 경우 헤테로다이엔을 함유한 중간체와 친다이엔체(dienophile)를 생성하고, 이들은 분자내 Diels-Alder 반응을 하게 된다(9.3절 참조).[13] 아래에 보이는 도미노 반응에서 한 번의 반응 과정에서 세 개의 탄소–탄소 결합이 이루어짐을 유의하라.

CHO + O N O N O — EDDA / CH_3CN → [중간체] →

O N O H N O O H

91%

$H_3\overset{+}{N}$ $\overset{+}{N}H_3$ · 2 AcO^- EDDA

Doebner 축합 반응(Doebner condensation)은 말론산 다이알킬 대신 해당 말론산, 말론산 모노에스터 또는 사이아노아세트산을 이용하며 보통 피리딘 용매에서 수행된다. 카복실기 이탈 반응에 이어 OH^-기가 제거되며 보통 카복실기가 큰 치환체에 대하여 *trans* 입체 이성질체가 주로 얻어진다.

R(C=O)H + EtO(C=O)CH_2(C=O)OH — a. pyridine, 100°C / b. H_3O^+ → R(H)C=C(H)CO_2Et + CO_2

필요한 말론산 모노에스터는 알코올 내에서 센산성의 말론산 아이소프로필리덴(Meldrum 산,[14] pK_a 7.3)를 가열하여 쉽게 얻는다. 이 과정에서 아세톤이 유리된다.[15]

R = H (Meldrum 산)
R = CH_3

— R^1OH / 가열 → R^1O(C=O)CH(R)(C=O)OH + acetone

β-케토에스터

Claisen 축합 반응을 통한 합성[16]

Claisen 축합 반응에서는 친핵성 에스터 엔올레이트 주개가 두 번째 에스터 분자의 카보닐기에 첨가된다. 그 결과 얻어지는 중간체에서의 알콕사이드의 손실(정사면체 첨가 화합물)은 출발 에스터보다 산성인 β-케토 에스터를 형성한다. 따라서 알콕사이드에 의한 초기 생성물의 양성자 이탈 반응은 전체 반응을 완결로 유도하며 β-케토 에스터가 더 이상의 카보닐 첨가 반응하지 못하게 보호한다. 따라서 출발 에스터는 적어도 두 개의 α-수소를 가져야 한다.

RCH_2(C=O)OEt (pK_a ~25) — NaOEt / EtOH, 가열 → [RCH_2C(O)C(R)C(O)OEt]$^-$ Na^+ — H_3O^+ / (workup) → RCH_2(C=O)CH(R)(C=O)OEt (pK_a ~11) + EtOH

하나의 파트너가 EtO−CHO(폼일화 시약), $PhCO_2Et$, EtO_2CCO_2Et 및 $(EtO)_2C{=}O$(에톡시카보닐화 시약) 같이 산성의 α-수소를 가지지 않는 경우 혼합 Claisen 축합 반응이 쉽게 일어난다. 폼산 에스터(formate ester)는 그 자체가 '일부 알데하이드'이기 때문에 반응성이 가장 좋다.

a. NaOEt, EtOH 열
b. H_3O^+ workup
α- 수소 없음

아세토아세트산 에스터의 생성을 위한 대체 가능한 과정은 삼차 아민의 존재하에서 알코올을 다이케텐(diketene)과 반응시키는 것이다.[17]

Et_3N, C_6H_6 rt, 2h
diketene
n = 1, 84%
n = 2, 81%

Dieckmann 축합 반응을 통한 합성[18]

다이에스터가 분자내 축합 반응만을 포함하면 보통 Dieckmann 축합 반응이라고 정의한다.[19]

NaOEt / EtOH

에스터 엔올레이트의 분자내 축합 반응은 오원자 고리와 육원자 고리 β-케토 에스터를 합성하기 위한 효율적 접근을 제공한다. Claisen 축합 반응과 유사하게 Dieckmann 축합 반응은 초기에 형성된 β-케토 에스터의 양성자 이탈 반응으로 반응을 완결로 이끈다. 따라서 반응이 진행하기 위해서는 적어도 한 개의 에스터기는 두 개의 α-수소를 가져야 한다.

a. NaOEt C_6H_6, 80°C
b. H_3O^+ workup
선호적으로 생성됨
이 아님

케톤, 나이트릴, 설폰 같은 다양한 전자 끄는 기는 Dieckmann 축합 반응에 적합하다.[20]

t-BuOK / THF
70%

Claisen 축합 반응 또는 Michael 반응에 연이은 Dieckmann 축합 반응은 다음에 예시한 바와 같이 1,2-, 1,3- 및 1,4-다이온 종을 포함하여 작용기를 많이 가지는 탄소 고리 화합물을 조립하는 데 사용할 수 있다.[21]

1,2-다이온: 도미노 Claisen 축합 반응/Dieckman 축합 반응

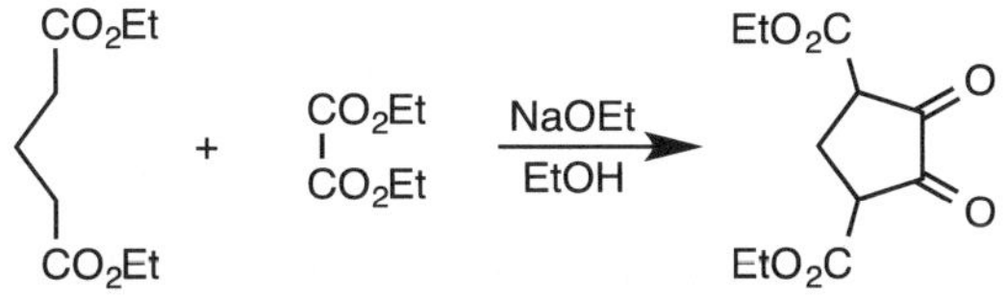

1,3-다이온: 도미노 Michael 첨가 반응/Dieckman 축합 반응

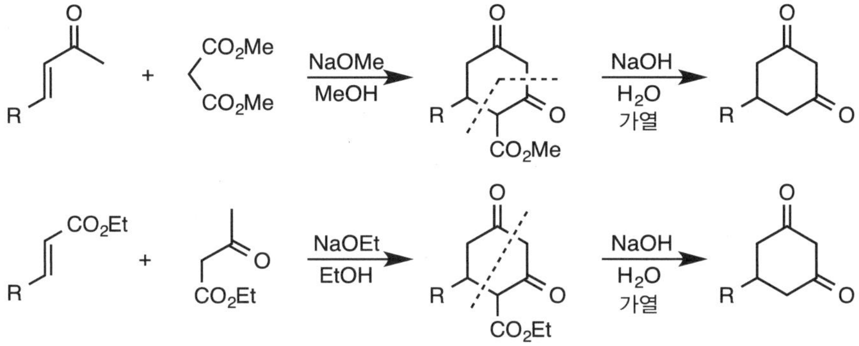

1,4-디이온: 도미노 Claisen 축합 반응/Dieckman 축합 반응

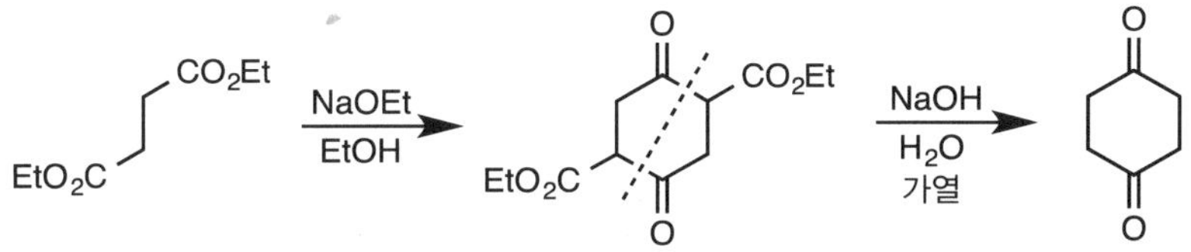

다이카복실산 에스터는 에터 또는 벤젠(주의: 발암 물질)에서 Na의 존재하에 고리화 반응을 일으켜 β-케토 에스터가 아니라 α-하이드록시 케톤(아실로인, acyloin)을 만든다. 이 **아실로인 축합 반응**(acyloin condensation)은 케틸 라디칼 음이온의 환원적 이합체화 반응을 포함한다(10장 참조).[22]

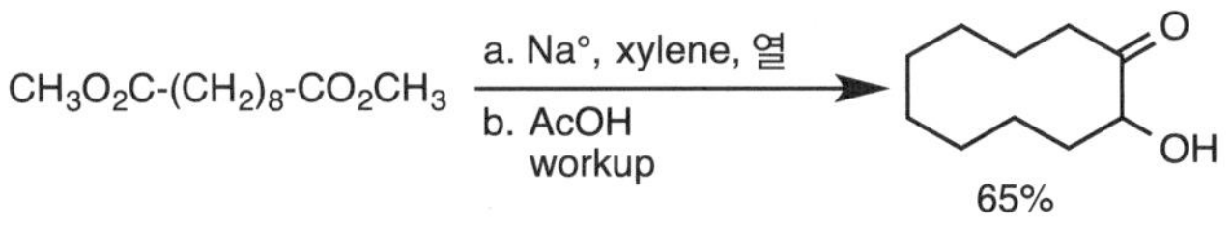

C-아실화 반응

β-케토에스터는 해당 케톤에서 유도된 엔올레이트를 아실화 반응하여 얻는다. **아실화 반응**은 비편재화된 β-케토 에스터 음이온의 형성 때문에 **보통 덜 치환된 탄소에서 일어난다**.

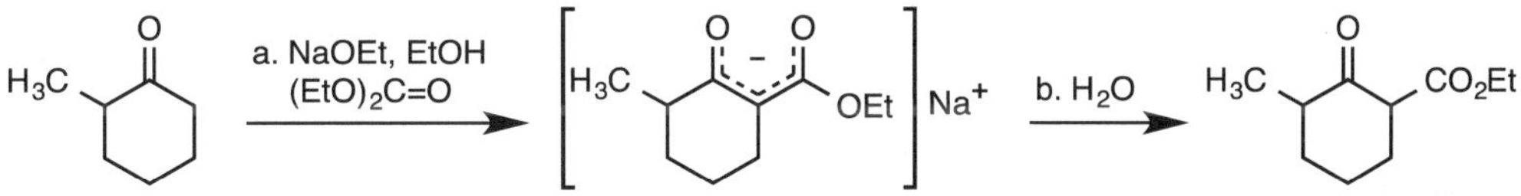

케톤의 α-아실화 반응을 위한 다이알킬 카보네이트(탄산 다이알킬, $(RO)_2C=O$] 사용의 대안으로,[23] 케톤 엔올레이트와 알킬 사이아노폼산($NC-CO_2R$, **Mander 시약**)의 반응은 β-케토 에스터를 좋은 수율로 제공한다.[24]

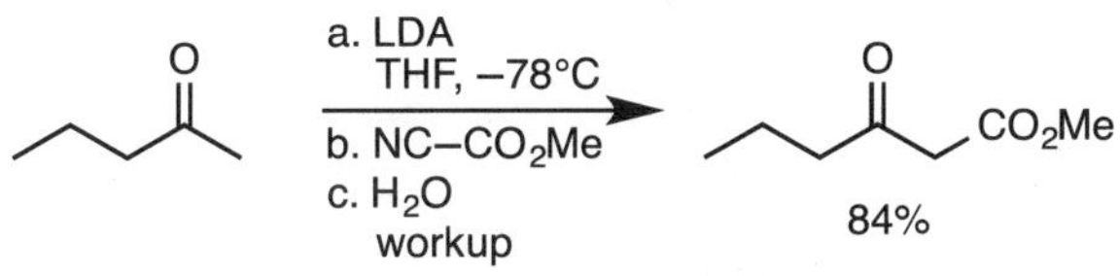

반면에 엔올산 리튬과 할로젠화 아실 또는 산무수물이 반응하면 일반적으로 *O*- 및 *C*-아실화된 생성물의 혼합물이 생성된다.[25]

거의 중성의 조건하에서 카복실산을 β-케토 에스터로 변환하는 데 작업하기 간단한 단일 용기(one-pot) *C*-아실화 반응 실험법은 카보닐다이이미다졸(carbonyldiimidazole, CDI)과 말론산 모노메틸[21]의 마그네슘염을 THF에서 카복실산에 연속적으로 가하는 것이다.[27] CDI는 카복실산을 상응하는 이미다졸라이드(imidazolide)로 변환하여 마그네슘 말론산 모노메틸과 in situ로 반응하여 β-케토 에스터를 높은 수율로 얻도록 해준다.[28]

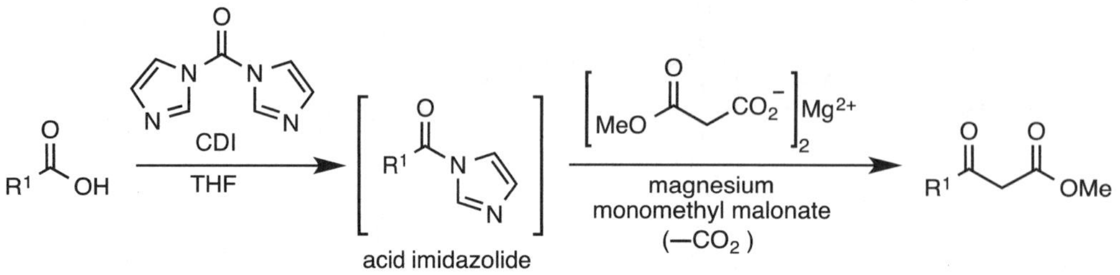

다음의 반응 순서를 도시한 바와 같이 산 및 염기 민감 작용기[29]의 존재하에서 마그네슘 말론산 모노메틸의 *C*-아실화 반응이 진행한다.[30]

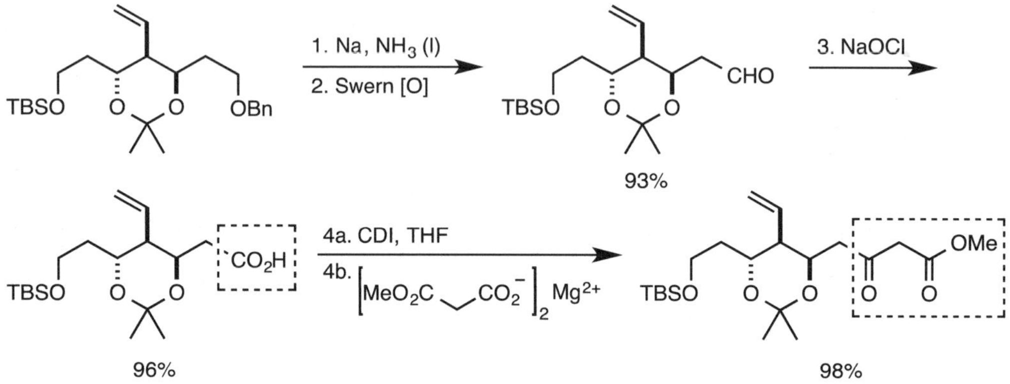

β-케토 에스터의 알킬화 반응

β-케토 에스터 엔올레이트의 알킬화 반응 후의 카복실기 이탈 반응으로 치환된 케톤이 생성된다[**아세토아세트산 에스터 합성**(acetoacetic ester synthesis)]. 에스터기는 일시적 활성기로 작용한다. 역Claisen 축합 반응은 에스터의 가수 분해 동안, 특히 염기 조건에서 생성물이 카보닐기 사이에 어떠한 양성자도 가지지 않은 경우에 중대한 문제가 될 수 있다. 이러한 경우, 가수 분해는 산성 조건이나 아래에서 언급하는 카복실기 이탈 반응 방법들 중 하나를 사용하여 수행해야 한다.

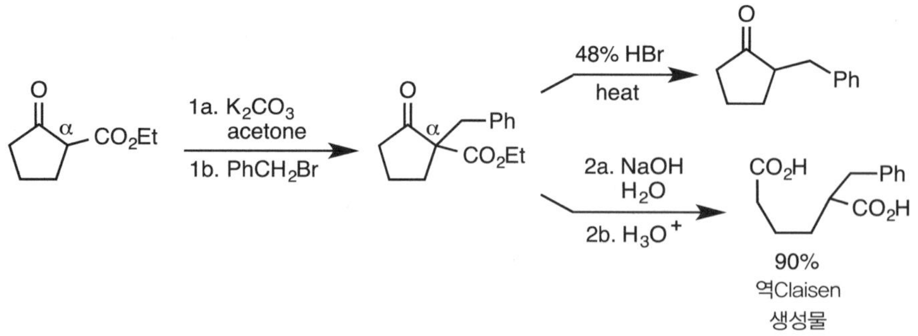

β-케토 에스터 엔올레이트의 알킬화 반응은 카이랄 상 이동 촉매(phase-transfer catalyst)를 사용하여 수행 가능하다. 이 경우 카이랄 사차 암모늄염[31] 촉매의 역할은 두 가지이다. 첫째는 염기를 유기 상으로 전달하는 것이고, 다음에는 β-케토 에스터를 염기로 양성자 이탈 반응시켜 촉매–엔올레이트 짝을 만들어 이것이 알킬 할라이드와 반응하여 높은 ee를 가지는 생성물을 만들도록 하는 것이다.

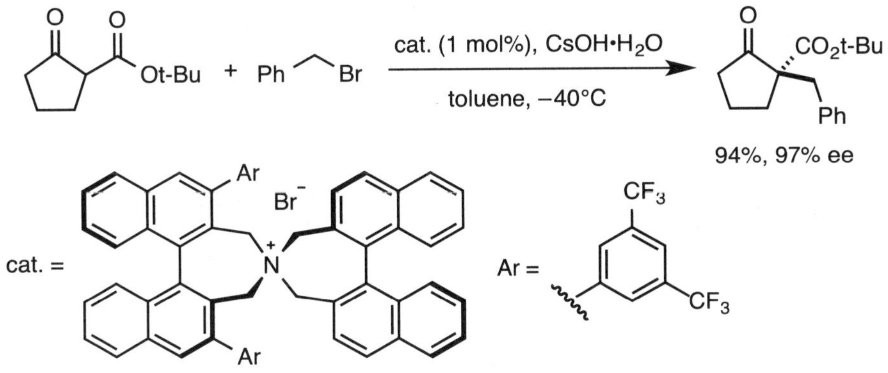

2당량의 LDA를 사용하면 높은 전자 밀도를 가지는 탄소에서 위치 선택성인 알킬화 반응을 할 수 있다. 다이엔올레이트는 확장된 π 분자 오비탈을 갖게 되고 이중 가장 높은 전자 밀도는 말단 탄소에 위치하게 된다. 이것이 낮은 입체 장애를 갖는 것과 더불어 말단 탄소의 반응성을 높이는 이유가 된다.

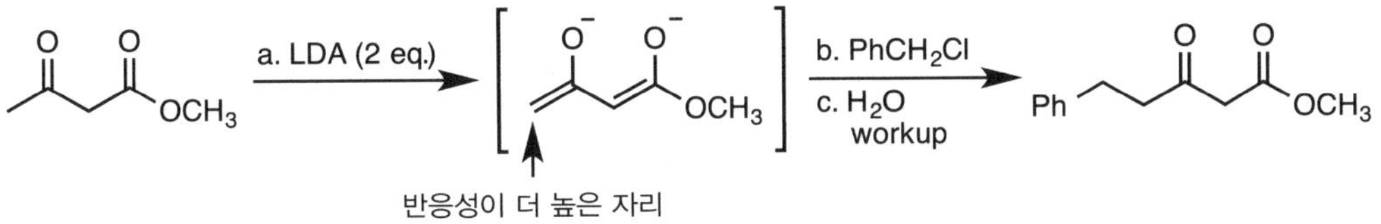

반응성이 더 높은 자리

β-케토 에스터 이음이온 형성에 대한 다른 방도의 실험법은 1당량의 NaH를 사용하여 하나의 $H_{\alpha'}$의 양성자 이탈 반응을 한 다음, MeLi 또는 *n*-BuLi 중 하나를 사용하여 H_α의 양성자 이탈 반응을 하도록 하는 것이다.[33] 이 방법은 아래의 예시와 같이 특별히 α-위치가 LDA로 양성자 이탈을 하기에는 너무 입체 장애가 큰 경우에 유용하다.[34]

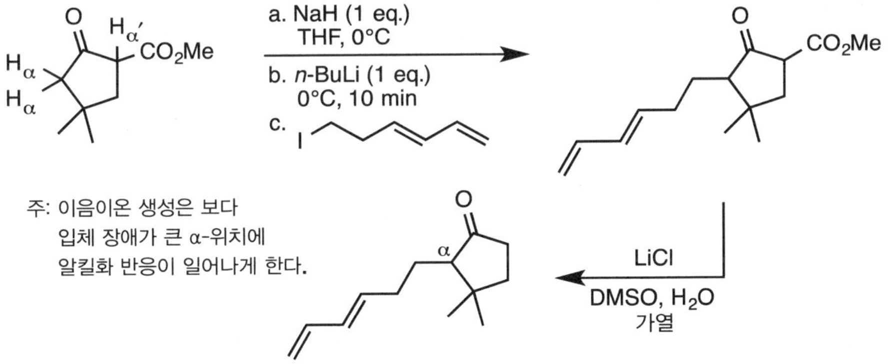

주: 이음이온 생성은 보다 입체 장애가 큰 α-위치에 알킬화 반응이 일어나게 한다.

β-케토 에스터의 카복실기 이탈 반응

앞에서 언급한 바와 같이 β-케토 에스터의 카복실기 이탈 반응은 Krapcho 반응을 통해 이룰 수 있다. 카복실기 이탈 반응의 다른 온화한 실험법으로 β-케토 에스터를 H_2O-톨루엔 내에서 4-(*N*,*N*-다이메틸아미노)피리딘(DMAP)의 존재 하에서 가열하는 것이다.[35]

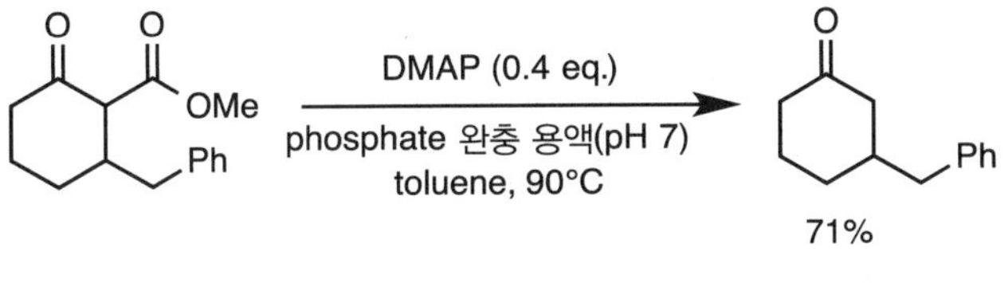

1,3-다이케톤

β-다이케톤의 직접적인 알킬화 반응은 일차 알킬 아이오딘화물(iodide)과 알릴성 및 벤질성 할로젠화물 같은 활성 알킬화 시약을 사용하면 원활히 진행된다.

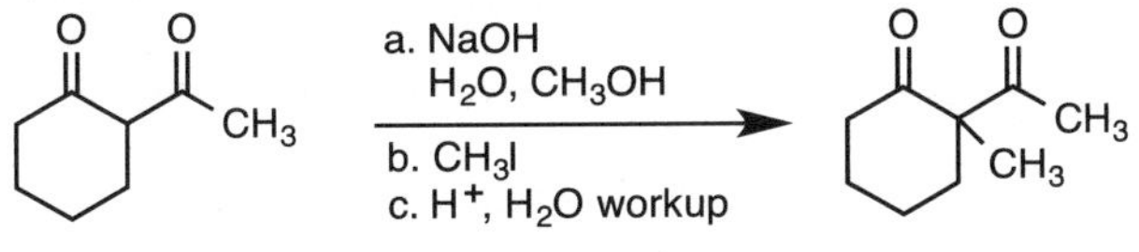

그러나 엔올레이트는 α-탄소와 산소 간의 전하 분포가 양쪽 모두 반응성을 부여하는 양쪽 자리성(ambident) 친핵체이기 때문에 알킬화 반응은 둘 중 하나에서 일어날 수 있다. 이것은 엔올레이트 화학에서 일반적인 문제이다. 단, 이 문제는 비안정화된 엔올레이트에 비해 1,3-다이카보닐 화합물에서 보다 현저하게 나타난다.

E^+ C- 알킬화 반응 vs. E^+ O- 알킬화 반응

E^+ = 친핵체(예: R—X)

enol ether

일반적으로 1,3-사이클로헥사다이온 같이 엔올 토토머의 평형 농도가 상당히 높은 경우 *C*-와 *O*-알킬화 반응 간의 경쟁이 상당한 높다.[36]

a. NaOMe, MeOH

b. I

소량 생성물 + 주생성물

O-알킬화를 방지하기 위하여 1,3-다이메톡시벤젠의 Birch 환원으로부터 유도하여 쉽게 접근할 수 있는 1,5-다이메톡시-1,4-사이클로헥사다이엔 대리 화합물을 사용할 수 있다. 엔올 에터가 가수 분해되면 알킬화된 1,3-사이클로헥사다이온이 아주 좋은 수율로 생성된다.[37]

MeO, OMe — *t*-BuLi, THF, −78°C → [MeO, Li, OMe] — R-X, THF, HMPA, warm to rt → MeO, R, OMe — 1N HCl, acetone → R

R = $-CH_2CH_2CH{=}CH_2$, 95%
R = $-CH_2CH_2Ph$, 93%

C-와 *O*-알킬화 반응의 비율은 여러 요인에 의해 좌우된다. 반응 조건을 조심스럽게 선택하면 원하는 생성물을 높은 비율로 얻을 수 있다. *O*-알킬화 반응은 엔올레이트 음이온이 그것의 짝이온(양이온)으로부터 해리되었을 때 일어난다. 양이온에 의한 엔올레이트의 가림은 *O*-알킬화 반응을 억제한다. 산소로부터 양이온이 해리되는 경향은 $R_4N^+ > K^+ > Na^+ > Li^+$ 순이다. 적절한 용매를 택하는 것도 알킬화 반응 자리를 정하는 데 중요한 역할을 한다. DMSO와 헥사메틸포스포아마이드(HMPA, 강력한 발암 물질) 같은 극성의 비양성자성 용매는 *O*-알킬화 반응을 선호한다. 따라서 *C*-알킬화 반응이 필요한 경우 이러한 용매는 피해야 한다. 친핵체의 성질도 반응의 결과를 좌우한다. 아이오딘화 알킬과 브로민화 알킬은 우선적으로 *C*-알킬화 반응을 선호하지만, 설폰산화 알킬(예: 토실레이트, tosylates)은 *O*-알킬화 반응 산물을 선호한다. 1,3-다이케톤의 경우 NaOH나 K_2CO_3와 같은 약염기만으로도 양성자 이탈 반응을 충분히 수행할 수 있으며 반응 조건을 조절함에 따라 모노- 또는 다이알킬화된 생성물을 얻을 수 있다.[38]

1. Et–I, K_2CO_3, acetone, Δ
2. MeI, K_2CO_3, acetone, Δ

72%

2-알킬-1,3-사이클로헥세인다이온은 α,β-이치환된 사이클로헥센온을 합성하는 데 훌륭한 출발 물질로 사용될 수 있다. 알킬화된 1,3-사이클로헥세인다이온과 오쏘폼산 트라이메틸(trimethyl orthoformate)을 산 조건하에서 반응시키면 상응하는 바이닐이 삽입된(vinylogous) 에스터가 생성된다. 여기에 Grignard 시약을 첨가하면 삼차 알코올이 얻어지며, 이것은 산 조건하에서 제거 반응을 통해 α,β-이치환된 사이클로헥센온을 생성한다. 바이닐이 삽입된 에스터의 바이닐 에터 부분은 Grignard 반응 동안 보호된 잠재 카보닐기로 존재한다는 것에 유의하라. 이후 산에 의한 가수 분해 시 이 작용기는 C=O 작용기로 전환되며 물의 제거를 통해 엔온이 생성된다.[39]

CH(OMe)$_3$, p-TsOH / MeOH, Δ

a. MgBr, THF / b. HCl (aq.)

75% (바이닐 위치 에스터로부터)

6.2 엔올레이트의 직접 알킬화 반응

에스터 엔올레이트[40]

에스터(pK_a ~25)는 알콕사이드(알코올 pK_a 16~18)로 처리하였을 때 엔올레이트가 높은 농도로 형성되지 않는다. 따라서 THF에서 -78°C에서 빨리 정량적으로 양성자 이탈 반응하기 위해서는 LDA(*i*-Pr_2NH pK_a=36) 같은 센 비친핵성 염기가 필요하다. 이를 위해 에스터를 Et_2O 또는 THF의 LDA 용액에 가한다(반대로 첨가). 이러한 **반응 속도론적 조건하에서** 에스터 엔올레이트가 완전히 형성된 다음 반응성이 높은 알킬 할라이드로 처리한다. 이러한 알킬화 반응에 있어서 LDA는 반응성이 높은 할로젠화 알킬과 매우 느리게 반응하기 때문에 특별히 적당한 염기이다.[41] 직접적인 에스터 엔올레이트의 알킬화 반응 생성물은 말론산 에스터의 다이알킬화 반응에 의해서도 접근이 가능하다.

LDA, THF, −78°C → EtI, HMPA, THF, −78°C → 96%

Br~~~~~CO_2Me → LDA (1.2 eq.), HMPA (1.2 eq.), THF, −78°C → cyclopentyl-CO_2Me 91%

에스터의 경쟁적인 Claisen 축합 반응이 문제가 되는 경우에는 *t*-뷰틸 에스터의 사용이 추천된다.[42] 케톤 엔올레이트와 달리, 에스터 엔올레이트의 *O*-알킬화 반응은 일반적으로 문제가 되지 않는다. 따라서 수율을 개선하기 위하여 에스터 엔올레이트 알킬화 반응에 HMPA를 가할 수도 있다. 많은 S_N2 반응은 THF, DME, DMSO 용매에서보다 HMPA 용매에서 쉽게 반응이 진행된다. 다양한 알킬화 반응에서 발암성의 HMPA를 대체하는 용매는 강한 쌍극자를 가져 금속 상대 이온(metal counterion coordination)과 쉽게 배위하는 1,3-다이메틸-3,4,5,6-테트라하이드로-2(1*H*)피리미딘온(*N*,*N'*-다이메틸프로필유레아, DMPU)이다.[43]

HMPA DMPU

만일 에스터가 β-입체 중심을 갖고 있고 β-치환기가 입체 크기에서 광범위하게 다르다면, 이러한 에스터로부터 유도된 엔올레이트의 알킬화 반응은 높은 부분 입체 선택성을 가진다. 다음의 예에서 $A^{1,3}$ 무리를 최소화하기 위하여 엔올레이트는 가장 작은 기(H)가 이중 결합과 거의 겹치는 회전 배열을 취한다. 다음 친전자체 MeI는 보다 큰 기($PhMe_2Si$)의 반대 방향에서 접근한다.

동일 평면
PhMe₂Si, H, O, OMe → LDA → [PhMe₂Si, H, OLi, OMe, H] → Me-I → PhMe₂Si, H, O, OMe, H, Me

$A^{1,3}$ 무리 최소화
(알켄의 β-면은 방해받지 않는다)

> 90% de

카복실산,[40] 아마이드 및 나이트릴[44]로부터 유도된 엔올레이트

카복실산의 다이리튬 이음이온(dilithio dianion)은 LDA를 염기로 사용하여 THF-HMPA 용액에서 마련할 수 있다. 이러한 이음이온은 α-에스터 음이온보다 더 안정하다.[32,45]

n-Bu, O, OH → a. LDA (2 eq), THF, HMPA, 0°C → [*n*-Bu, O^-Li^+, O^-Li^+] 이음이온 → b. *n*-BuBr, c. H_3O^+ → *n*-Bu, *n*-Bu, O, OH 90%

N,*N*-이치환된 아마이드는 센염기로 처리하여 효율적으로 α-알킬화한 다음, 할로젠화 알킬로 반응시킨다.

O, NMe_2 → a. LDA, THF, −78°C; b. *i*-PrBr; c. H_3O^+ workup → O, NMe_2, *i*-Pr 75%

슈도에페드린(pseudoephedrine)과 산 염화물(또는 산 무수물)로부터 유도된 카이랄 아마이드는 LDA와 LiCl을 사용하여 매우 높은 부분 입체 이성질 선택성으로 알킬화시킬 수 있다. 이 반응 조건은 빠르고 완전하게 출발 물질을 소진시킬 수 있도록 해 준다. 아래 예시에서 보여 주는 것처럼 알킬화된 슈도에페드린으로부터 유도된 아마이드는 상응하는 카복실산으로 가수 분해되고, 일차 알코올 또는 알데하이드로 환원되거나 알킬화되어 케톤이 될 수 있다.[46] 슈도에페드린은 여러 나라에서 제한된 물질이므로 그 거울상 이성질체나 관련된 화합물인 (1*R*,2*R*)-2-메틸아미노-1,2-다이페닐에탄올[(1*R*,2*R*)-2-methylamino-1,2-diphenylethanol, 슈도에펜아민, pseudoephenamine]이 유사하거나 더 나은 선택성으로 사용될 수 있다.[47]

NHMe, OH
(1*S*,2*S*)-pseudoephedrine
+ Cl, O, Bu
→ O, Bu, N, OH → 1. LDA (2.25 eq.), LiCl, THF, 0°C; 2. BnBr →

O, Bu, N, OH, Ph
89%, 96% de

H_2SO_4, H_2O, dioxane, Δ → HO, O, Bu, Ph — 94%, 96% ee

N−$\bar{B}H_3$ Li^+, THF → HO, Bu, Ph — 88%, 99% ee

$LiAlH(OEt)_3$ → H, O, Bu, Ph — 82%, 97% ee

MeLi (2.2 eq.), Et_2O, −78°C → O, Bu, Ph — 88%, 99% ee

LDA 또는 리튬 헥사메틸다이실라자이드(hexamethyldisilazide, LHMDS[48])로 알킬나이트릴을 양성자 이탈시킨 결과 생성된 양쪽 자리 반응성의 α-나이트릴 음이온을 1°와 2°-할로젠화 알킬로 처리하면 *C*-알킬화한 생성물을 좋은 수율로 얻는다. 그러나 많이 치환된 나이트릴의 α-음이온은 수용성 workup 과정에서 *N*-알킬화 반응을 거쳐 아마이드를 얻을 수도 있다.[49]

a. LDA, THF, −78°C
b. EtBr
c. NH_4Cl, H_2O

금속화된 나이트릴의 알킬화 반응의 입체 화학적 결과는 짝이온의 종류에 따라 다르다.[50] 4-*t*-뷰틸사이클로헥세인카보나이트릴(4-t-butylcyclohexanecarbonitrile)을 $LiNEt_2$로 양성자 이탈 반응시킨 후 아이오딘화 메틸을 첨가하면 부분 입체 이성질 혼합물의 생성물이 얻어진다. 이와 대조적으로 브로민–마그네슘 교환 반응을 통해 마그네슘–유도된 금속화 나이트릴의 알킬화 반응에서는 *cis*-부분 입체 이성질체가 유일한 생성물로 얻어진다. $LiNEt_2$를 사용하면 *N*-금속화된 나이트릴이 생성되고, 이는 1,3-*syn*-이축 방향 상호 작용으로 인해 보통 정도의 부분 입체 이성질 선택성으로 수평 위치에 알킬화된다. 마그네슘을 짝이온으로 사용할 경우 *C*-금속화된 나이트릴이 생성되어 용매에 둘러싸인 금속이 우선적으로 수평 위치를 선호하게 된다. 이후 위치 보존 알킬화 반응을 통해 수평 방향의 알킬화 생성물이 얻어진다.

$LiNEt_2$, THF (X = H) → MeI → 86%, 2.8:1 부분 입체 이성질 혼합물

i-PrMgBr, THF (X = Br) → MeI → 87%, 유일한 부분 입체 이성질체

알킬나이트릴의 **아실화 반응**(acylation)은 낮은 온도에서 탄산 다이알킬 또는 클로로폼산 알킬(alkyl chloroformate)을 **과량**의 LDA 존재하에서 반응하는 것이 최선이다.[51]

a. LDA (2.3 eq.) THF, −78°C
b. $(EtO)_2C{=}O$
c. NH_4Cl, H_2O

76%

케톤 엔올레이트[1a,c,g,52]

케톤은 엔올레이트 음이온을 충분히 높은 농도로 확보하여 다음의 알킬화 반응에 유용하게 사용하는 데 NaOEt나 $NaOCH_3$보다 센염기를 필요로 한다.

$$CH_3COCH_3 + NaOEt \underset{K\ \sim 10^{-4}}{\rightleftharpoons} [H_2C{=}C(O^-)CH_3]Na^+ + EtOH$$

pK_a ~20 보다 약한 산 / pK_a ~16 보다 센산

알킬화 반응을 위한 케톤 엔올레이트를 생성하는 데 사용하는 통상적인 염기와 용매 조건은 (a) DMSO, *t*-BuOH, THF 또는 DME 용매의 *t*-BuOK, (b) THF 또는 DME 용매의 NaH, (c) Et_2O, THF 또는 DME 용매의 $NaNH_2$ 등이다. 케톤으로부터 엔올레이트를 생성하는 데 가장 효율적인 방법의 하나는 Et_2O, THF 또는 DME에서 다이알킬아민화 리튬(R_2NLi)를 사용하는 것이다. 이것들은 센염기이지만 여전히 약한 친핵체이다.[53] 비록 알킬리튬은 R_2NLi보다는 센염기일지라도 케톤의 양성자 이탈 반응에 사용하는 염기로서는 카보닐기에 대한 경쟁적인 친핵성 첨가 반응으로 인하여 제한된다.

t-BuLi 센염기 → [1,2-첨가 + 엔올화 반응] → H⁺ H2O workup → 53% + 44%

LDA, THF 비친핵성 센염기 → [엔올화 반응] → H⁺ H2O workup → 100%

양성자 이탈 반응을 통한 위치 선택적인 엔올레이트의 형성[1c]

α와 α′ 수소 모두를 가지는 비대칭 치환된 케톤의 양성자 이탈 반응은 두 개의 위치 이성질성 엔올레이트를 형성한다. 이러한 케톤으로부터 형성된 엔올레이트의 위치 화학을 조절하기 위한 방법을 밝히기 위하여 많은 노력이 이루어졌다.

실온이나 환류에서 소량의 약산의 존재(통상 케톤 출발 물질의 1~2%)하에서 양성자 이탈 반응을 **수행함으로써 열역학적 엔올레이트**(thermodynamic elolate)를 생성한다. 열역학적 엔올레이트의 생성에는 리튬 엔올레이트의 산소-리튬 결합이 상당히 공유 결합성이기 때문에 리튬화한 염기가 선호된다. 따라서 가장 안정한 엔올레이트는 가장 많이 치환된 이중 결합을 가지는 것이 된다.

염기	반응 속도론적 엔올레이트	열역학적 엔올레이트
$CH_3CH_2C(CH_3)_2O^-Li^+$	10	90
$CH_3CH_2C(CH_3)_2O^-K^+$	40	60

엔올레이트 위치 이성질체의 비율은 엔올레이트 혼합물을 R_3SiCl로 반응시킨 결과 생성되는 안정한 실릴 엔올 에터를 분리하여 정한다. Me_3SiCl 같은 실릴 할라이드 시약은 탄소-규소 결합(85 kcal/mol)보다는 산소-규소 결합(142 kcal/mol)을 형성하기 때문에 **친산소적**(oxophilic)이고 거의 배타적인 *O*-실릴화 반응을 일으킨다. 실릴 엔올 에터 혼합물은 증류나 크로마토그래피 방법을 사용하여 분리할 수 있다.

(1.02 eq.) + *i*-Pr_2NLi (LDA) (1.0 eq.) → THF −78°C → [22% ⇌ (반응하지 않는 케톤의 0.02 eq) 78%] + *i*-Pr_2NH → TMS-Cl −78°C → 22% + 78%

열역학적 엔올레이트(또는 해당 실릴 엔올 에터)의 위치 선택성인 형성은 비대칭 케톤을 HMPA 존재하에서 KH, Et_3B 또는 KH, t-$BuMe_2SiCl$로 처리하여 성취할 수 있다.[48]

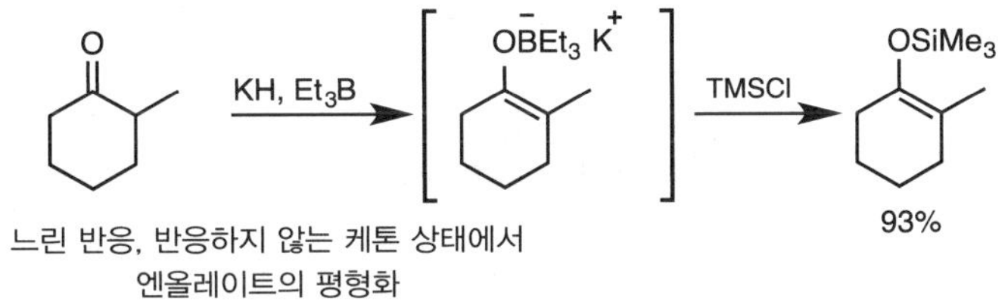

느린 반응, 반응하지 않는 케톤 상태에서 엔올레이트의 평형화

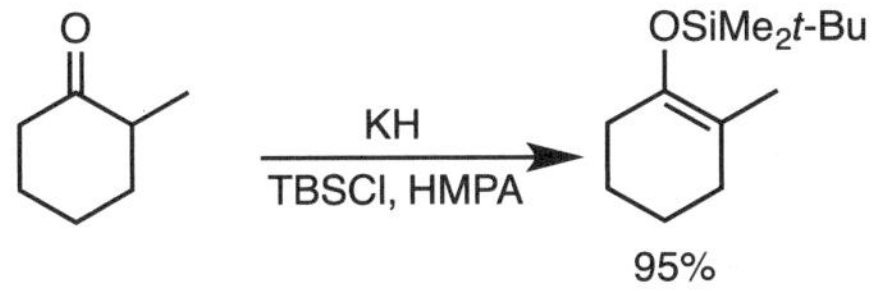

비대칭 케톤은 열역학적 엔올레이트의 생성 및 알킬화 반응 후 이어서 속도론적 엔올레이트의 생성 및 반응을 통해 알킬화 반응의 두 방향을 조절할 수 있다. 아래 예시에서 보듯이 THP-보호기를 가진 하이드록시아세톤을 상온에서 약간 과량의 NaH로 처리하면 열역학적 엔올레이트가 생성되고 이를 브로민화 알킬과 반응시킨다.[56] 이후 *t*-BuOH를 첨가하면 과량의 NaH를 소진시켜 *t*-뷰탄올 소듐을 생성하고, 이는 알돌 반응을 매개한다.

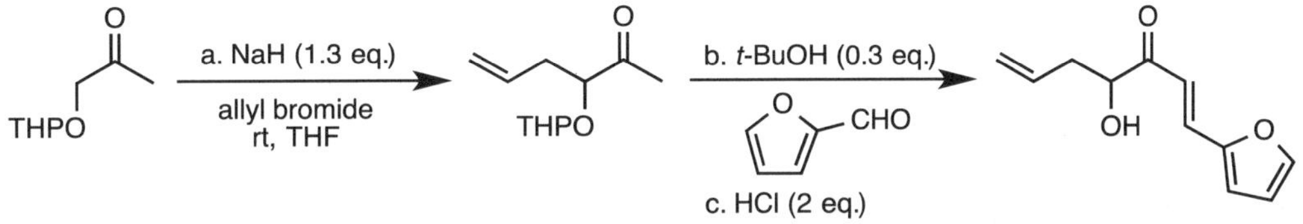

반응 속도론적 엔올레이트(kinetic enolates)는 케톤(1.00당량)을 과량의 입체 장애의 센염기(1.05당량)에 낮은 온도에서 비양성자성 용매에서 천천히 가하여 얻는다(비평형 조건). 비고리형 케톤의 양성자 이탈 반응은 엔올레이트의 *E/Z* 혼합물을 제공할 수도 있음을 유의해야 한다. 엔올레이트의 입체 화학이 알돌 반응에서의 생성물 입체 화학을 조절하는 데 중추적인 역할을 하기 때문에 다음 절에서 이성질체 중 하나만 선택적으로 합성하는 데 사용하는 방법론을 논의하였다.

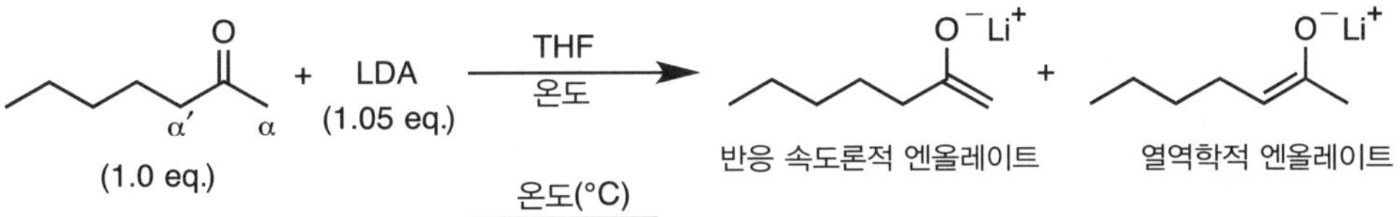

온도(°C)	반응 속도론적 엔올레이트	열역학적 엔올레이트
−78	96	4
0	84	16

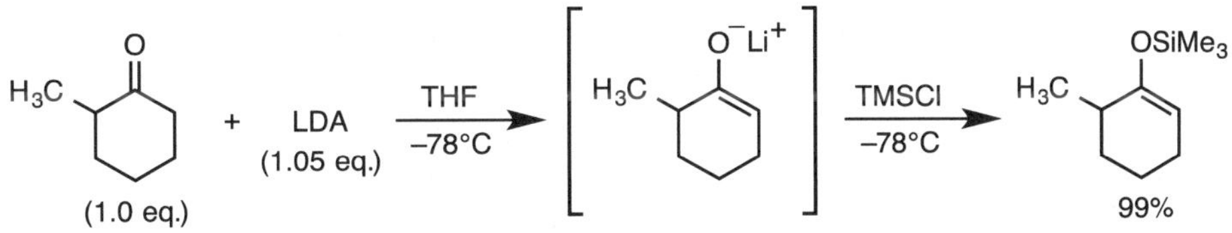

α,β-불포화 케톤의 LDA에 의한 양성자 이탈 반응은 α′-양성자를 떼어 내어 교차 콘쥬게이션 엔올레이트를 생성하여 반응 속도론적으로 진행한다. 교차 콘쥬게이션계는 두 개의 서로 콘쥬게이션되지 않은 그룹이 세 번째 그룹과는 각각 콘쥬게이션된 상태를 가진다.[57] 따라서 알킬화 반응을 1.05당량의 LDA로 낮은 온도에서 수행한다면 α′-치환이 주도한다.[58] 그러나 평형 상태에서(예: 양성자 공급원, 높은 온도, 긴 반응 시간) 더 안정한 콘쥬게이션 엔올레이트를 생성하기 위하여 γ-양성자 이탈 반응이 생길 수도 있다.

O^-K^+ ← t-BuOK / t-BuOH — α, α′, γ — LDA / THF → O^-Li^+

열역학적 엔올레이트
콘쥬게이션 또는
확장된 엔올레이트

반응 속도론적 엔올레이트
교차 콘쥬게이션 엔올레이트

α,β-불포화 케톤의 양성자 이탈에 사용한 반응 조건에 따라서 다음의 알킬화 반응은 α′-알킬-α,β-불포화 케톤 또는 α-알킬-β,γ-불포화 케톤 중 하나를 생성한다.[59] 많은 경우에 최초의 α-알킬화 반응 생성물은 더 α-알킬화 반응을 일으켜 α,α-다이알킬-β,γ-불포화 케톤을 생성한다.

α′ — O — α — γ — R_2NLi / THF, 0°C → [Li^+ ^-O] — MeI / 과량 → Me — O

반응 속도론적 생성물, 85%

O — t-BuOK / t-BuOH → [K^+ ^-O] — MeI → O — Me Me

열역학적 생성물
(과알킬화 반응)

리튬 헥사메틸다이실라자이드[LHMDS, $LiN(TMS)_2$]와 Ph_3CLi[60]는 콘쥬게이션 엔올레이트를 생성하기 위한 엔온의 γ-양성자 이탈 반응에 유용한 염기이다.

α-위치에서 거의 배타적으로 콘쥬게이션 엔올레이트가 반응하기 때문에 콘쥬게이션 엔올레이트의 낮은 온도에서의 양성자 첨가 반응은 β,γ-불포화 케톤을 제공한다. 이러한 콘쥬게이션 이탈 프로토콜은 다음과 같이 엔온의 γ-위치를 기능화하기 위해 사용할 수 있다.

O — a. γ-양성자 이탈 반응 / b. 낮은 온도 산을 가해 반응 종결 → O — mCPBA / CH_2Cl_2 → O, O — Et_3N / (β 제거 반응) → O, OH

반응 속도론적 엔올레이트의 선택적 생성이 달성될 수 있지만, 후속 알킬화는 특히 비활성화 된 친전자체를 사용할 때 문제가 될 수 있다. 표준 조건하에서 사이클로헥산온 유도체의 선택적 양성자 이탈에 이어 5-아이오도펜텐의 첨가는 생성물을 낮은 수율로 생성한다. 그러나 엔올레이트 짝이온과 용매를 변화시키면 원하는 생성물이 좋은 수율로 얻어진다.

O — H — I — 조건 → O — H

	수율
LDA THF, −78°C	13%
KHMDS DMF/toluene (1:1), −78°C	75%

실릴 엔올 에터의 절단[62]

위치 선택성으로 생성한 실릴 엔올 에터(silyl enol ether)는 메틸리튬과 반응하여 위치 화학적으로 순수한 리튬 엔올레이트를 제공한다. 이러한 엔올레이트를 반응성 친전자체로 처리하면 위치 특이적으로 알킬화한 케톤을 얻게 된다.

유사하게 실릴 엔올 에터는 실리코네이트[siliconate, $(Et_2N)_3S(Me_3SiF_2)$][63] 또는 암모늄염(플루오린화 벤질트라이메틸 또는 플루오린화 아다만틸트라이메틸암모늄)[64]으로 구할 수 있는 **무수** 플루오린화 시약과 반응하여 보호기를 제거할 수 있다.

엔온의 금속-암모니아 환원[65]

α,β-불포화 케톤의 용해성 금속 환원 반응은 위치 특이적으로 엔올레이트를 생성하여 암모니아를 제거하면 곧 친전자체와 반응하게 할 수 있다.

콘쥬게이션 첨가 반응

α,β-불포화 케톤에 대한 알킬기의 구리 매개의 1,4-첨가 반응은 위치 화학적으로 순수한 엔올레이트 음이온을 제공하여 산소에서 할로젠화 실릴, 할로젠화 아실 또는 다이알킬 카보네이트로 포착하여 각각 실릴 엔올 에터, 엔올 아세테이트, 또는 엔올 카보네이트를 제공할 수 있다. 이러한 것들은 나중 단계에 더 많은 반응 조작을 위하여 MeLi와 반응하여 엔올레이트를 재생하기 위하여 보호기를 제거할 수 있다.[66]

엔온을 K-Selectride(K[*sec*-Bu_3BH])로 콘쥬게이션 환원하는 것은 엔올레이트 음이온을 위치 특이성으로 생성하는데 중요한 방법이다.[67] 다음에 도시한 바와 같이 생성된 엔올레이트 종은 할로젠화 알킬과 반응하여 해당 α-알킬화된 케톤을 좋은 수율로 제공한다.

활성화기의 도입

케톤의 양성자 이탈 반응에서 위치 화학을 조절하는 탁월한 방법은 활성 아실기(폼일, 카보알콕시)를 도입하여 카보닐기의 α′-위치를 상당히 더 산성으로 만드는 것이다. 아실화 반응은 보통 치환이 덜 된 탄소에서 일어난다.

1a. NaOEt, EtOC(O)OEt
1b. H_2O
α α′ CO_2Et
2a. NaOEt
EtOH

O^-Na^+ CO_2Et
2b. CH_3I
2c. H^+, H_2O
가열

케톤 엔올레이트의 분자간 알킬화 반응

케톤 엔올레이트의 *C*-알킬화 반응을 최대화하려면 몇 가지 요인을 조절해야 한다. 이 요인들은 다음과 같다.[68]

- 엔올레이트의 형성은 엔올레이트 종이 출발 케톤과 반응하는 것보다 빨라야 한다(이것은 알돌 축합을 피한다).
- 양쪽 자리성 엔올레이트 음이온은 용매의 선택, 상대 이온 및 할로젠화 알킬에 따라 엔올레이트계의 말단 어느 하나와 반응할 수 있기 때문에 산소보다는 탄소에서의 반응에 대한 선택성이 선호되어야 한다.
- 엔올레이트가 초기에 형성된 생성물과 축합하기 전에 엔올레이트를 포착하기 위하여 친전자체(가능하다면 과량의 양으로)를 신속히 가해야 한다. 불행하게도 반응성이 떨어지는 알킬화 시약은 자주 엔올레이트 평형이 알킬화와 경쟁하게 한다.

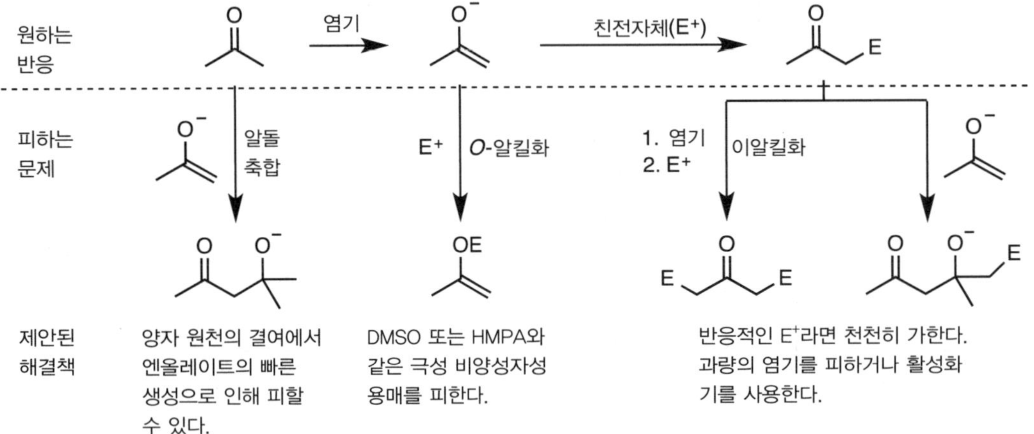

만일 다이- 또는 폴리알킬화 반응이 문제라면 반응 혼합물에 붕소산 트라이에탄올아민(triethanolamine borate)을 가하면 과알킬화 반응을 억제할 것이다.[69] 마찬가지로 Et_3B의 존재하에서 형성된 엔올레이트는 다음 예에 도시한 바와 같이 부드럽게 반응하여 모노알킬화 반응 생성물을 형성한다.[70]

a. $KN(SiMe_3)_2$
THF, −78°C
b. BEt_3
$O\text{-}\bar{B}Et_3$ K^+
c. MeI
93%

a. KH(현탁액)
THF, 25°C
b. BEt_3
$O\text{-}\bar{B}Et_3$ K^+
c. MeI
90%

분자내 알킬화–고리화 반응[71]

이 반응은 입체 전자(stereoelectronic)의 조절에 좌우된다. S_N2 치환 반응의 전이 상태는 친핵체(C^-)와 이탈기 L 간의 동일 직선(180°) 배열을 요구한다. 몇몇의 경우에는 입체적인 이유로 *C*-알킬화 반응보다 *O*-알킬화 반응이 지배적이다.

$\bar{C}$ - - C — L ⟶ C C + L^-

6.3 고리화 반응-고리 닫힘 반응에 대한 Baldwin 법칙[72]

이작용기 기질은 고리 형성에 사용되기 때문에 항상 분자**내**(intramolecular) 반응이 분자**간**(intermolecular) 반응과 경쟁하여 올리고머와 중합체가 생성될 수 있다. 엔트로피 효과, 입체 전자 효과, 고리 무리를 고려하면 고리 닫힘 반응에 대하여 몇 가지 일반적인 법칙이 주어진다.

- 고리화 반응은 해당 분자간 반응보다 오원자~칠원자 원자 고리를 제공하는 것이 빠르게 진행한다(엔트로피 및 무리 효과).
- 포함된 작용기가 가깝게 인접하기 때문에 작은 고리(3~4) 형성에 대하여 엔트로피 효과가 유리하지만 전이 상태에서의 고리 무리가 형성 반응 속도를 느리게 해 준다.
- 가장 닫히기 어려운 고리는 중간 크기(8~11) 고리이다. 왜냐하면 비틀림과 횡단 상호 작용이 전이 상태를 불안정하게 만들어 주기 때문이다.
- 큰 고리(12 이상)는 무리로부터 해방되어 불리한 엔트로피(반응 중심들의 긴 거리상 분리)가 반응 속도를 느리게 만들며, 이에 따라 분자간 반응에 대한 기회가 증가한다.

분자내 고리화 반응을 계획할 때는 다음 사실들을 고려해야 한다.

- 고리에 참가하는 원자의 개수
- 반응 중심들을 연결하는 사슬 내의 입체 효과
- 고리화 과정에서 공격받는 원자의 혼성화
- 동일한 분자에 대한 두 오비탈 간의 공간 통과 상호 작용에 의해 가해진 입체 제한(입체 전자 효과)

알려진 고리화 반응에 대한 광범위한 연구를 통하여 J. E. Baldwin은 고리 형성 과정의 상대적인 용이도를 예측할 수 있는 일단의 실험적 법칙을 공식화하였다. 이 고리 닫힘의 법칙[**Baldwin 법칙**(Baldwin's law)으로 알려짐]은 친핵성, 친전자성, 라디칼 반응에 응용된다.

제안된 고리 닫힘의 가능성을 평가하기 위해서는 다음 세 개의 질문 사항을 고려하라.

a) 새로운 고리의 골격에 존재하는 원자의 개수는 얼마인가?
b) 형성되는 가장 작은 고리에 대하여 절단되는 결합이 **외향** 고리(exocyclic)인가, **내향** 고리(endocyclic)인가?

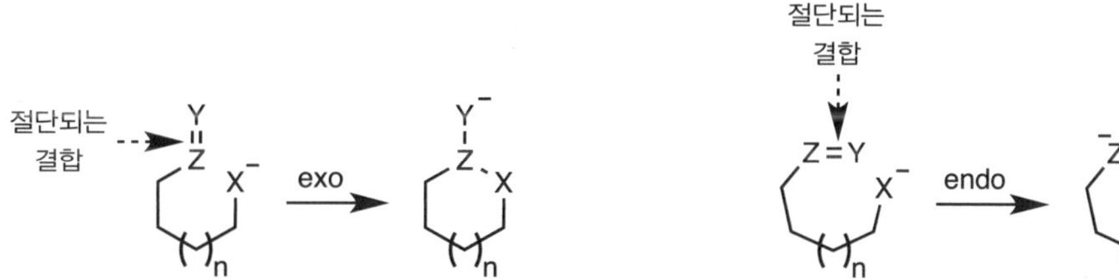

c) 친핵체에 의하여 공격받는 탄소의 혼성화는 무엇인가?
sp에 대한 공격: **dig** sp^2에 대한 공격: **trig** sp^3에 대한 공격: **tet**

Tetrahedral Systems

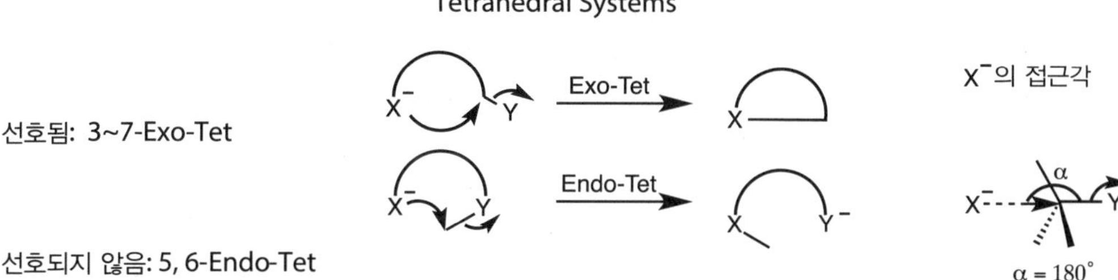

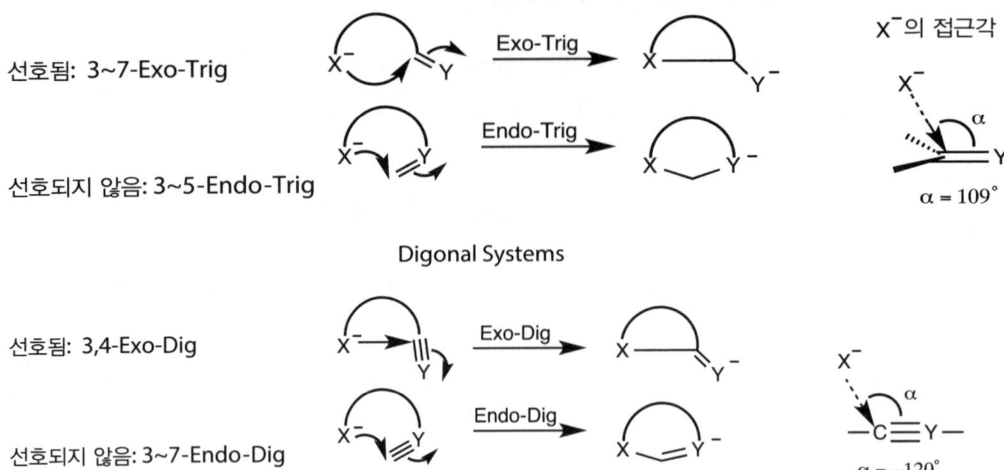

선호되지 않는 반응은 고리 닫힘 반응이 일어나지 않는다는 것을 의미하지 않고, 단지 해당 선호되는 고리 닫힘 반응보다 좀 더 일어나기 어렵다는 것이라는 점을 유의해야 한다.

분자내 알돌 축합 반응

케톤 엔올레이트를 포함한 고리 닫힘 반응에 대하여 Baldwin과 Lusch는 원래의 법칙을 다음과 같이 수정하였다.[72] 이러한 실험적 법칙은 입체 전자 고려에 기초하였다.

(enolendo)-exo-trig
선호됨: 6, 7 고리
선호되지 않음: 3~5 고리

(enolexo)-exo-trig
선호됨: 3~7 고리

엔올레이트의 분자내 알킬화 반응

선호되는 고리 닫힘의 알킬화 반응은 아래에 표시한 바와 같이 6-(엔올엔도)-엑소-테트, 6-(엔올엑소)-엑소-테트, 5-엑소-테트 고리화 반응을 포함한다.[73] 이러한 변환에 대하여 이탈기는 Cl, Br, I, –OMs, –OTs가 될 수 있고, 전자 끄는 기(EWG)는 일반적으로 케톤, 에스터, 나이트릴, 나이트로, 설폰 단위이다.

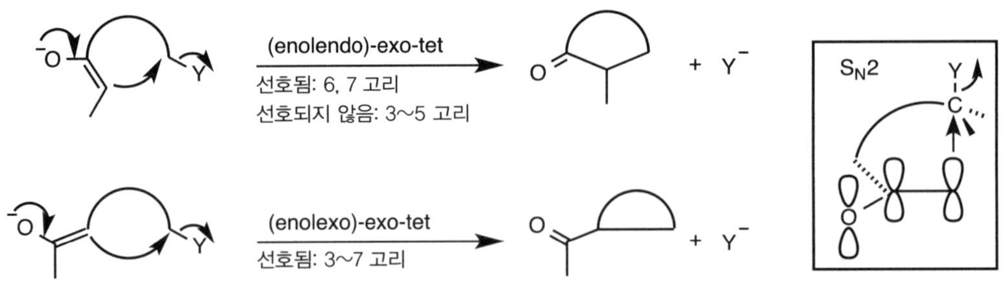

6-(enolendo)-exo-tex
LDA (1.05 eq.)
Et_2O, HMPA
반응 속도론적 enolate
60%

6-(enolendo)-exo-tex
LDA (1.05 eq.)
THF, HMPA
반응 속도론적 enolate
56%

5-exo-tex
THF, −78°C
1,4-첨가
95%

다음에 표시된 5-(엔올엔도)-엑소-테트 고리화 반응은 선호되지 않는 고리 닫힘 알킬화 반응임을 유의하라.

5-(enolendo)-exo-tet

분자내 알킬화 반응–고리화 반응의 입체 전자 효과의 중요성은 다음에 예시하였다.

LDA

엔올레이트 탄소에 의한 C–Br에서의 동일 직선상의 공격은 가능하지 않은 입체 요인이다. 따라서 *O*-알킬화 반응이 우세하다.

그러나

NaH
DME
enolate
− OTs⁻

6.4 고리형 케톤 알킬화 반응의 입체 화학[74]

엔올레이트 반응은 조기, 반응물 유사 전이 상태를 포함한다. 전이 상태에서 감지할 만큼의 결합 형성이 없기 때문에 전이 상태는 엔올레이트 구조와 유사할 것이다. 역평행 및 평행 공격 간에 별 차이가 없을 것이다. 역평행 공격에서 Cα와 친전자체의 결합이 발달됨에 따라 Cα는 친전자체 쪽으로 이동하게 되고 그러면 엔올레이트의 반의자 형태는 의자 형태로 바뀌고 친전자체는 축방향으로 자리 잡게 된다. 비록 반응 속도론적으로 우세한 형상은 아니지만, 통상 역평행 공격이 선호된다.[75] 비틀린 배형태 유사형 TS를 거치는 평행 방향 공격은 R이 이웃한 수소를 통과함에 따라 비틀림 무리를 준다.

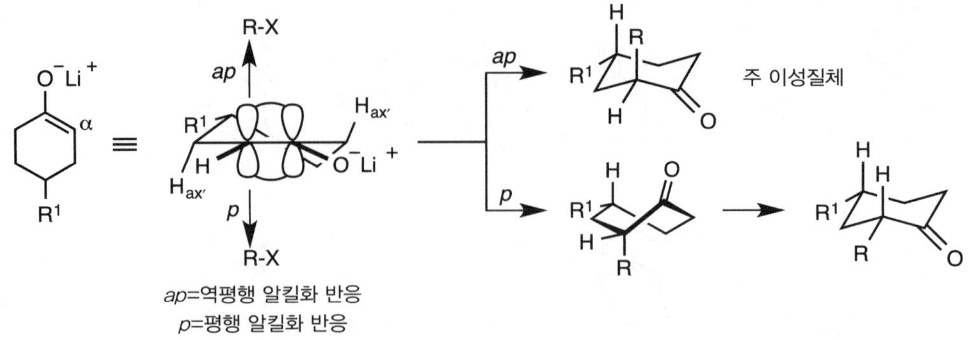

ap=역평행 알킬화 반응
p=평행 알킬화 반응

형태적(conformationally)으로 견고한 상태에서는 입체 요인이 엔올레이트의 알킬화 반응에서의 면선택성(facial selectivity)을 결정하는 데 중요한 역할을 한다. 엔올레이트 **A**의 알킬화 반응이 유사 의자형 전이 상태를 거쳐 진행하는 것에 반하여 엔올레이트 **B**에 대한 친전자체의 공격은 역평행 방식이 되면 축방향의 Me기에 비하여 ***syn* 축방향**의 상호 작용을 받게 된다. 따라서 비틀린 배형태 전이 상태를 통하여 평행으로 친전자체가 접근하는 것이 지배적이게 된다.[76]

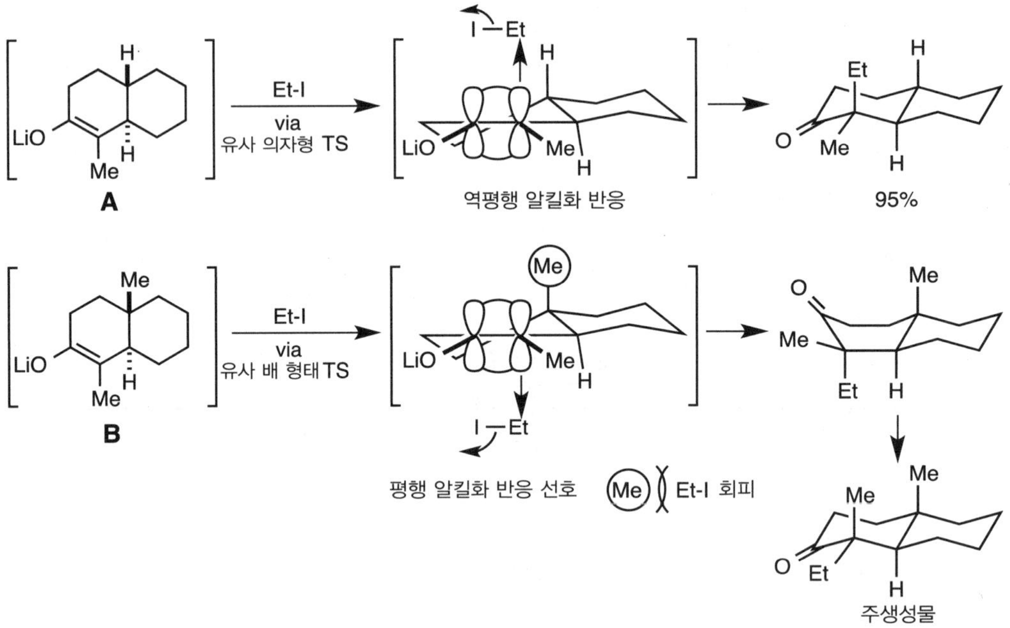

역평행 알킬화 반응

95%

평행 알킬화 반응 선호 Me)(Et-I 회피

주생성물

아래에 보인 락톤의 양성자 이탈 반응으로부터 유도한 엔올레이트의 알킬화 반응은 거의 배타적으로 *t*-뷰틸기로부터 반대면에서 일어난다.[77]

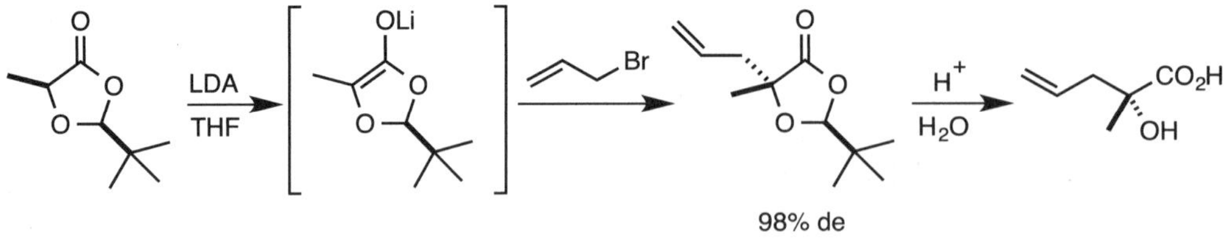

98% de

6.5 이민과 하이드라존 음이온[68b]

이민 음이온은 예측할 수 있는 모노알킬화된 생성물만 제공하기 때문에 모체 카보닐 화합물로부터 상응되는 엔올레이트 음이온보다 알킬화 반응에서 우세하다. 이민 음이온은 케톤 이민뿐만 아니라 알데하이드 이민으로부터 EtMgBr, LDA, *t*-BuLi로 양성자 이탈을 하여 생성할 수 있다.[78]

이민 알킬화 반응

HMPA 또는 DMPU 존재하에서 일차 및 이차 할로젠화 알킬을 사용하여 알킬화된 알데하이드 및 케톤을 높은 수율로 얻는다. 할로젠화 알킬과의 반응에서 자리 옮김 반응은 별로 일어나지 않는다.[78] 더구나 α,β-불포화 알데하이드 또는 케톤에서도 일반적으로 치환이 덜 된 α-탄소에 새로운 알킬기를 도입할 수 있다.

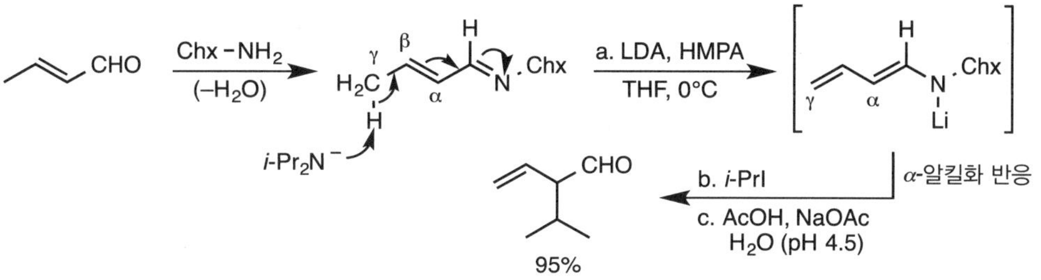

이민 음이온에서의 입체 무리 효과는 알킬화 반응에 대한 좋은 위치 화학적 조절을 보장한다.[78]

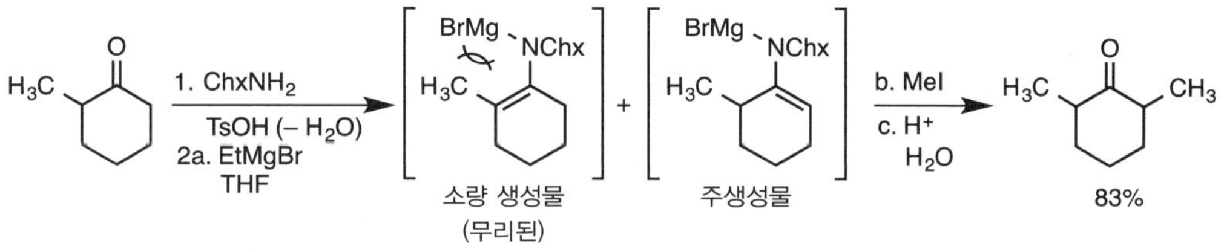

하이드라존 알킬화 반응

알데하이드과 케톤에서 유도한 하이드라존 음이온의 알킬화 반응은 이민 음이온의 알킬화 반응과 매우 긴밀한 관계를 가진다. 리튬화된 하이드라진은 특히 알킬화 반응에 대한 강력한 친핵체이다. 알킬화된 하이드라존은 다음에 보인 바와 같이 과아이오딘산염(periodate)으로 절단할 수 있다.[79] 용매와 염기의 선택은 하이드라존 알킬화 반응의 성공에 중요하다. 완전한 금속화 반응에는 헥세인이 없는 매질이 필수적이다.[80]

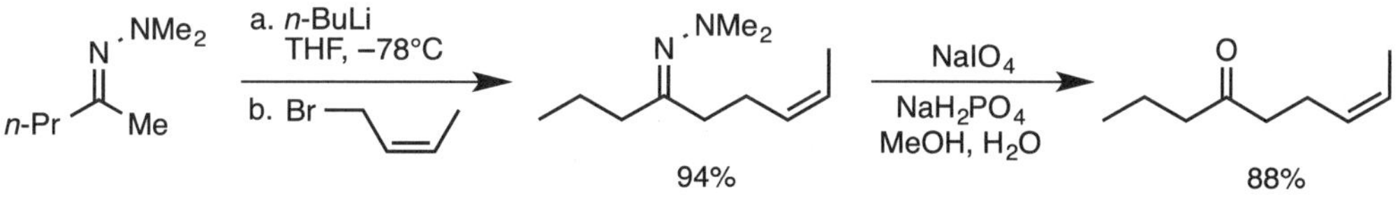

순수한 거울상 이성질체 하이드라진과 알데하이드 또는 케톤을 축합하여 카이랄 하이드라존을 생성할 수 있다. 이 화합물의 양성자 이탈 반응과 알킬화 반응은 매우 높은 부분 입체 이성질 선택성으로 진행되며, 가수 분해나 하이드라존의 산화적 절단 반응 이후 얻어지는 카보닐 화합물을 매우 높은 ee로 확보할 수 있다.[81]

6.6 엔아민[82,83]

엔아민 반응은 **알데하이드** 및 **케톤**을 선택적으로 알킬화하고 아실화하는 소중한 다른 방법을 제공한다. 엔아민기는 카보닐 화합물에 대한 보호기이자 더 이상 정교하게 조작하는 데 있어 지향기 또는 활성화기이다. 엔올레이트와 엔아민 간의 관련성에 주목하라.

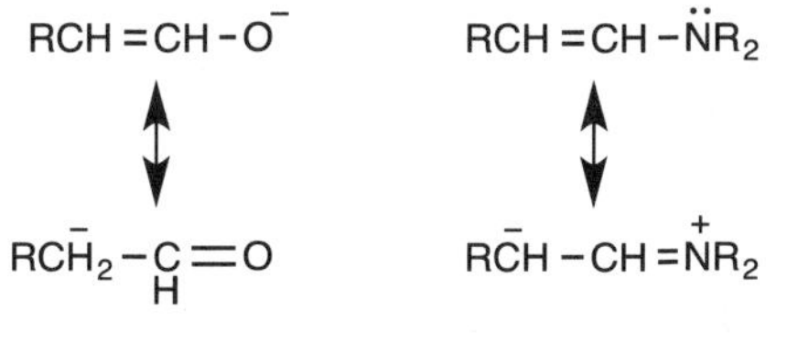

엔아민의 합성

엔아민은 알데하이드 또는 케톤과 피롤리딘, 피페리딘, 모폴린, 다이-*tert*-뷰틸아민(알데하이드 경우) 등의 이차 아민과의 산 촉매 축합 반응에 의하여 쉽게 만들 수 있다.

(A1,3 무리)
TsOH
Ph-H
(– H_2O)
10%
90%

엔아민의 알킬화 반응

엔아민은 양쪽 자리성 친핵체로 C-알킬화 및 N-알킬화된 생성물을 준다. C-알킬화 생성물은 CH_3I, 알릴성 할라이드, 벤질성 할라이드, α-할로카보닐 화합물 같은 반응성 알킬 할라이드를 사용하여 적절한 수율로 얻을 수 있다. 그 결과 얻어지는 이미늄 이온 중간체는 더 이상 엔올레이트처럼 반응하지 않아 다이알킬화 반응은 회피된다. 2-메틸사이클로헥산온으로부터 유도한 엔아민의 알킬화 반응에 대한 입체 화학적 과정을 다음에 도시하였다. 유사 의자형 전이 상태를 거치는 역평행(antiparallel) 알킬화 반응보다 유사 배형태 전이 상태를 거치는 평행(parallel) 알킬화 반응을 선호하는 이유는 후자의 *syn* 축방향의 RX//CH_3 상호 작용 때문이다.[82b]

A- 무리
ap=역평행 알킬화 반응
p=평행 알킬화 반응
a. RX
b. H_2O H^+
부생성물
주생성물

콘쥬게이션 생성물 선호
C_6H_6 (– H_2O)
cryst. 81%
CH_3I
H^+, H_2O
81%

엔아민의 입체 선택성 알킬화 반응[84]

거울상 농축된 *sec*-아민을 케톤과 축합시켜 카이랄 엔아민을 합성할 수 있다. C_2-대칭인 *trans*-2,5-다이메틸피롤리딘은 거울상 엔아민의 합성에 흔히 사용하는 카이랄 보조물이다.[85] 카이랄 엔아민의 알킬화 반응 후 가수 분해를 통해 케톤의 거울상 이성질 선택성인 알킬화 반응을 효율적으로 수행할 수 있다.

(*S,S*)
C_6H_6 (– H_2O)
a. CH_3I
b. H^+, H_2O workup
90% (80% ee)

촉매량의 이차 아민을 사용하여 엔아민의 비대칭 분자내 알킬화 반응을 수행할 수 있다. 이 경우 알데하이드를 (*S*)-α-메틸프롤린과 반응시켜 in situ로 엔아민을 형성하여 이로부터 비대칭 알킬화 반응을 수행한다.[87] 생성되는 이미늄 이온을 가수 분해하면 생성물과 촉매를 재생해 낸다. 그러나 아민 촉매의 경쟁적 알킬화 반응 때문에 이 방법을 분자내 알킬화 반응에 적용하는 것은 어렵다는 것이 입증되었다. 이 경우 대체 가능한 유기 촉매 실험법이 개발되었다.[88]

(10 mol%)

Et_3N, $CHCl_3$
–30°C

92% (95% ee)

아실화 반응

케톤으로부터 1,3-다이케톤과 β-케토 에스터를 합성하는 유용한 방법은 우선 엔아민을 형성하고, 그다음 적절한 염화 아실 유도체로 아실화하는 것이다. *sec*-아민인 모폴린(morpholine)은 유도된 엔아민이 할로젠화 아실에 대하여 낮은 반응성을 가지며, 반응에 대하여 더 많은 조절을 허용하기 때문에 이러한 목적에 대해서는 좋은 선택이다.

a. R(C=O)Cl
b. H^+, H_2O

a. EtO(C=O)Cl
b. H^+, H_2O

6.7 알돌 반응[89]

알돌 반응은 탄소–탄소 결합을 구축하는 데 가장 유용한 반응 중 하나이다. 알돌 반응의 생성물은 β-하이드록시 카보닐 화합물이거나 탈수 반응 후 얻어지는 α,β-불포화 카보닐 화합물 중 하나이다. 알돌 축합 반응은 C–C 결합을 형성하는 것뿐만 아니라 더 변환이 가능한 두 작용기 C=O 및 β-OH를 제공하는 것에도 유용하다.

엄밀한 의미에서 알돌 반응은 알데하이드나 케톤으로부터 유도한 하나의 엔올레이트와 또 다른 알데하이드나 케톤과 반응하여 각각 β-하이드록시 알데하이드 또는 β-하이드록시 케톤을 생성하는 축합 반응을 포함한다. 넓은 의미에서의 알돌 반응은 보통 케톤, 에스터 또는 아마이드로부터 유도된 엔올레이트와 알데하이드 또는 케톤 간의 반응을 포함한다.

R^1, R^2, R^3, R^4 = H, 알킬, 아릴

분자간 알돌 반응

알돌 반응은 염기나 산에 의하여 촉매된다. 염기 촉매 및 산 촉매 축합 반응은 모두 1,2-첨가 반응 단계에서 가역적이다. 첨가 단계에 대한 평형 상수는 케톤에 대하여 불리하다.

염기 촉매 알돌 축합 반응

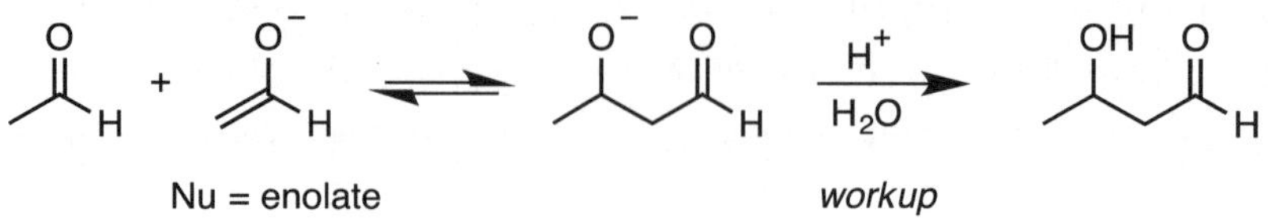

Nu = enolate

H^+, H_2O

workup

산 촉매 알돌 축합 반응

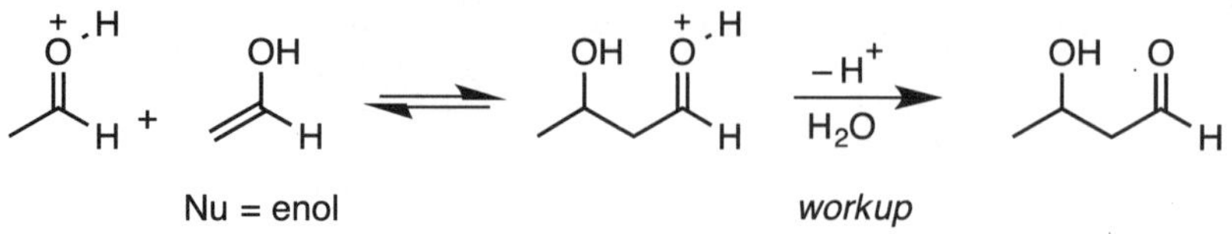

Nu = enol

$-H^+$, H_2O

workup

간단한 케톤의 엔올 함량은 표준 산 촉매 조건하에서는 매우 낮다(아세톤의 경우 $K_{eq}= 10^{-7}$, 사이클로헥산온 $K_{eq}= 10^{-6}$). 알데하이드에 대한 염기 촉매 알돌 반응은 약간 발열 반응이지만 케톤에 대한 반응은 약간 흡열 반응이다.

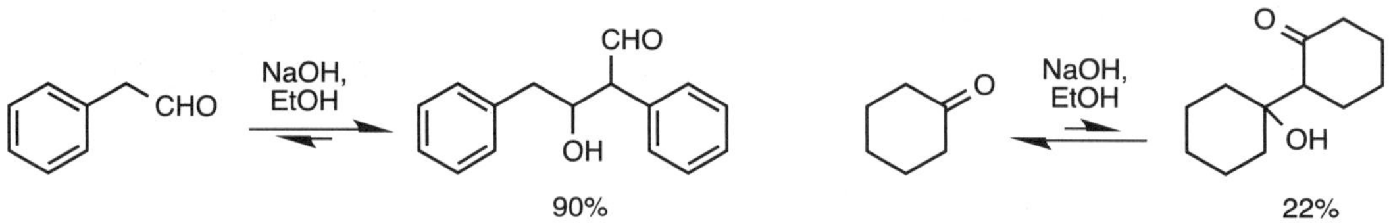

NaOH, EtOH

90%

22%

알돌 반응에서 생성된 β-하이드록시 알데하이드 및 β-하이드록시 케톤은 쉽게 탈수화하여 콘쥬게이션계를 제공한다. 이러한 β-제거 반응은 축합 반응 도중 가열하는 동안 산이나 염기에 의하여 일어날 수 있다.

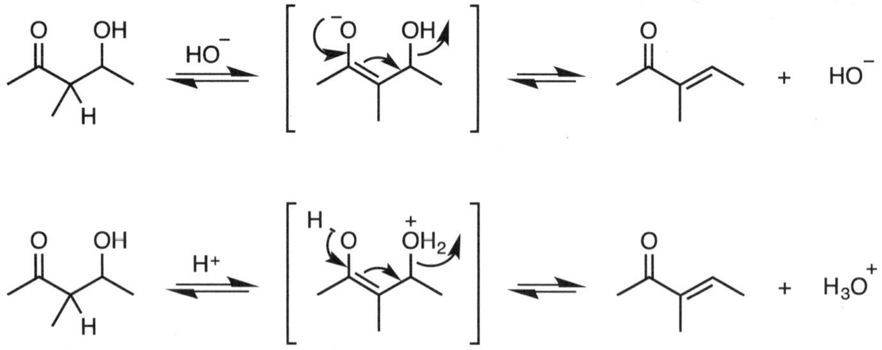

HO^- + HO^-

H^+ + H_3O^+

반응 혼합물로부터의 H_2O의 제거는 평형을 생성물 형성 방향으로 몰아준다. 초기 알돌 단계 자체가 불리하다고 하여도(케톤의 경우에 통상적임) 다음의 탈수 반응은 대부분의 알돌 반응이 좋은 수율로 진행하게 해 준다.

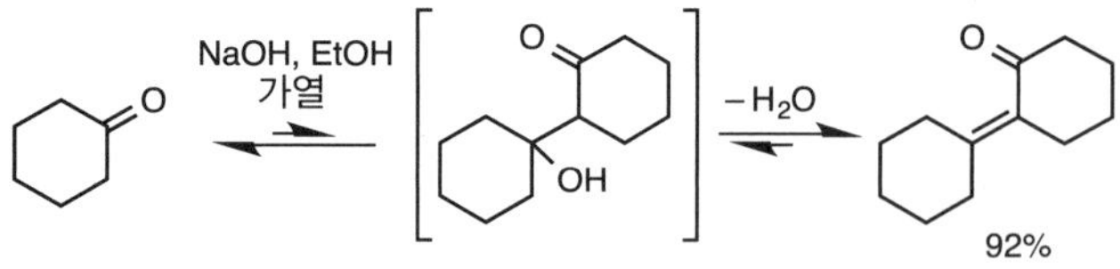

NaOH, EtOH 가열

$-H_2O$

92%

분자내 알돌 반응[90]

분자내 알돌 축합 반응은 오원자 고리 및 육원자 고리를 얻는 데 강력한 도구이다. 이것은 Robinson 고리화 반응에서 중요한 단계이다(6.9절 참조).

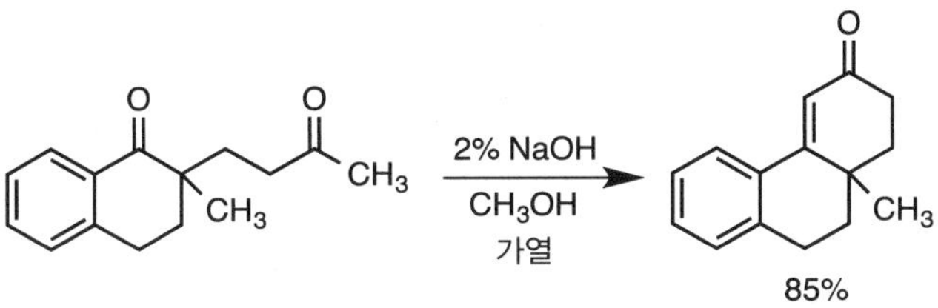

다음의 염기 촉매 분자내 알돌 반응에서는 두 개의 엔올레이트가 가역적으로 형성된다. 그러나 장애가 작은 카보닐기에 대한 엔올레이트의 공격을 거친 고리화 반응이 더 빠르다.

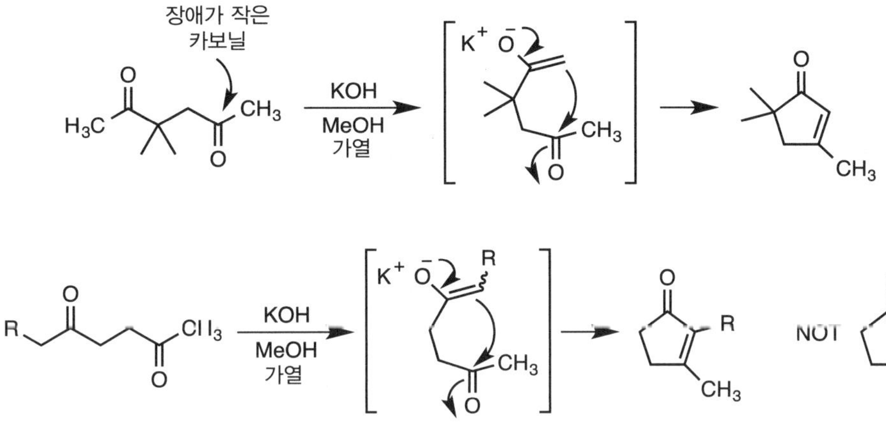

1,5-다이카보닐 화합물에서는 고리 닫힘에 흔히 두 가지 방식이 가능하다. 아래에 보이는 예에서 보다 안정한(많이 치환된) 엔온이 선호적으로 형성된다(열역학적 조절).[91] 관찰된 생성물의 분포는 **역알돌**(retro-aldol) 반응을 통한 평형의 결과이다.

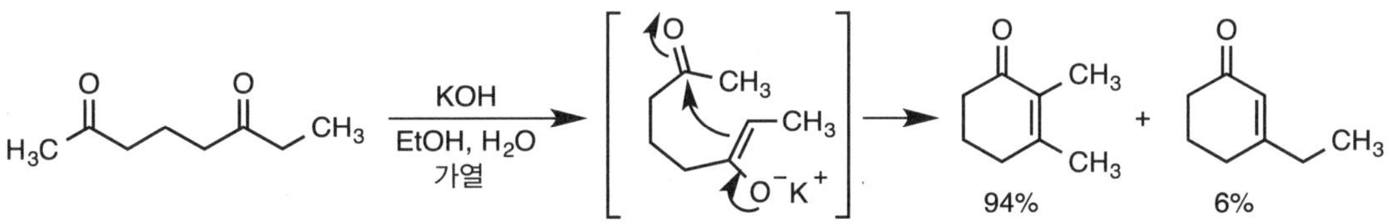

1,6-다이케톤이나 1,6-케토 알데하이드의 분자내 알돌 반응은 해당 사이클로펜텐일 카보닐 화합물을 생성한다.[92]

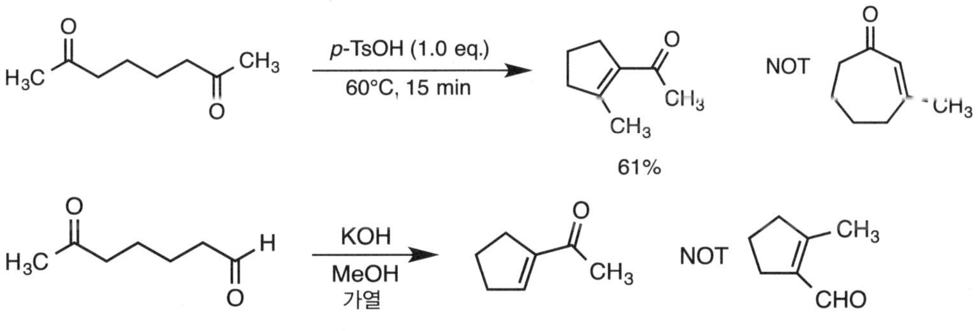

혼합 알돌 반응

두 개의 다른 카보닐 화합물 간의 알돌 반응은 혼합 알돌 반응 또는 교차 알돌 반응이라고 한다. 수용성 염기를 사용하는 이러한 반응은 생성물의 혼합물을 생성하는 까닭에 합성의 가치가 별로 없다. 그러나 잘 조절된 조건하에서는 묽은 수산화 소듐의 존재하에서 케톤에 알데하이드를 한 방울씩 천천히 가하면 케톤이 알데하이드와 반응하여 β-하이드록시케톤을 생성한다.

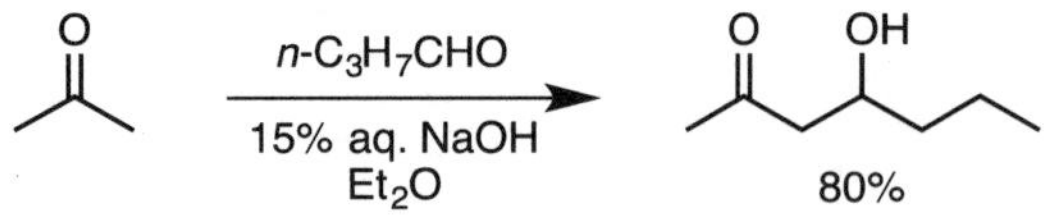

열역학적인 조건에서 반응 속도론적 조건(LDA)으로 바꿈으로써 혼합 알돌 반응은 다음 예시와 같이 좋은 조절로 수행할 수 있다.

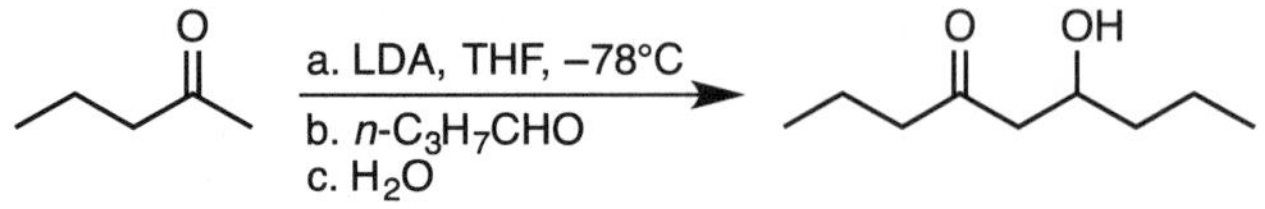

Claisen-Schmidt 반응[93]

하나의 카보닐 화합물이 엔올레이트를 형성할 수 없을 때(HCHO, PhCHO 또는 Ph_2CO의 경우와 같이) 교차 알돌 축합이 가능하다.[94]

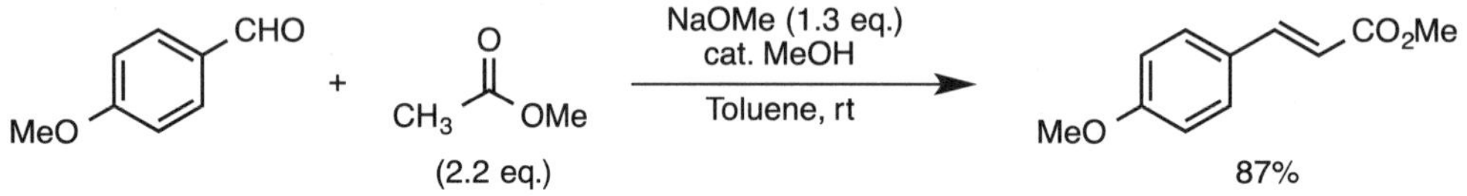

Mukaiyama 반응[95]- Lewis 산 촉매 교차 알돌 반응

단순한 알데하이드와 케톤의 엔올 함량은 표준 산 촉매 조건하에서는 매우 낮다. 실릴 엔올 에터는 흔히 위치 이성질체가 없는 형태로 얻을 수 있는 친핵성 첨가 반응에 대한 **엔올 대등체**(enol equivalent)의 중요한 공급원이다. 실릴 엔올 에터와 카보닐 화합물의 $BF_3 \cdot Et_2O$, $SnCl_4$, $TiCl_4$, 또는 $InCl_3$[96] 존재하에서의 반응은 닫힌 전이 상태 대신 열린 전이 상태를 통하여 진행하며, 가수 분해 workup 과정 이후 알돌 생성물로 변환한다.

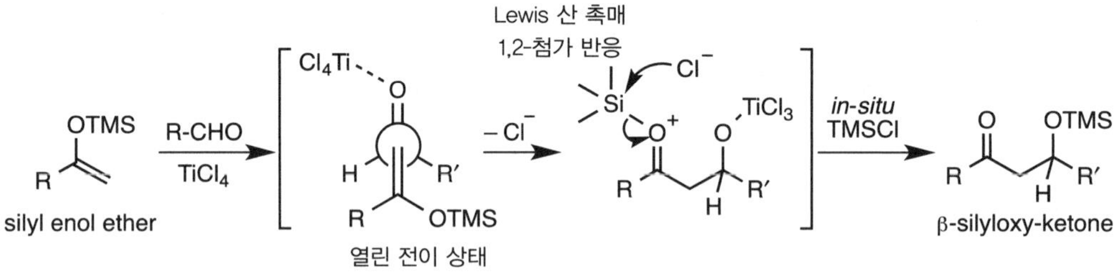

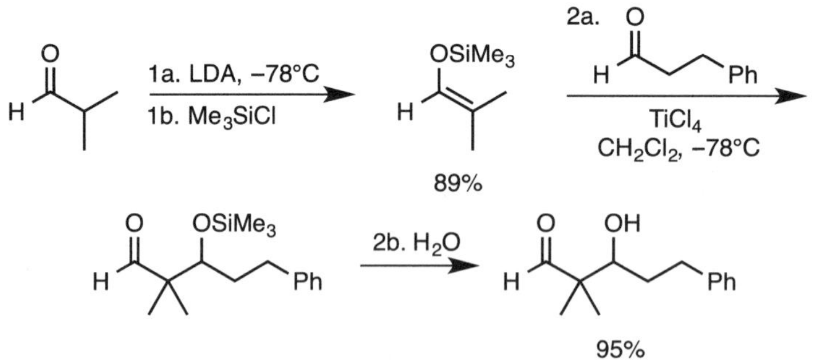

β-알콕시 치환된 알데하이드에 대한 Me_2AlCl 또는 $MeAlCl_2$에 의한 촉매 반응은 고도로 조직화된 킬레이트를 거쳐 진행하며, 다음에 표시된 바와 같이 탁월한 부분 입체 이성질 선택성을 가지는 알돌 생성물을 생성한다.[97]

킬레이트화-조직화된 첨가

카이랄 보조 부속물(chiral auxiliary appendage)을 가지는 실릴 엔올 에터는 비카이랄성 알데하이드와 반응하며, 보조 원자단을 절단한 후에 입체 이성질적으로 고순도의 β-하이드록시 카복실산을 생성한다.[98]

카이랄 보조물

Mukaiyama 반응은 물에서는 반응물의 분해로 인해 진행이 부진하다. 그러나 몇 가지 희토류 금속 트라이플레이트(triflate)의 경우 물에서 안정하며 강력한 Lewis 산으로 작용 가능하다.[99] 예를 들어 Sc(III)-유도된 촉매를 사용하여 실릴 엔올 에터를 벤즈알데하이드와 수용액에서 반응시키면 알돌 반응 산물이 좋은 수율로 얻어진다.[100] 이 경우 촉매는 두 가지 역할을 수행한다. 먼저 Lewis 산으로 작용하고 두 번째로는 유기 물질들을 위해 혐수성 환경에서 계면활성제의 역할을 하게 된다.

입체 선택성 알돌 반응[101]

합성 화학자에 대하여 가장 도전적인 문제 중 하나는 형태적으로 견고하지 않은 열린 사슬 화합물에서의 입체 화학 조절이다. 복잡한 유기 화합물의 합성을 계획하고 수행함에 있어서 화학자는 다음의 특이하고 서로 연관된 문제와 씨름해야 한다.[102]

- 필수 분자 골격의 조립
- 적절한 위치에서 필요한 작용기의 배치
- 목표 생성물의 다양한 비대칭점에서의 상대적인 카이랄성 조절

이러한 문제들 중 입체 화학의 효율적인 조절은 흔히 가장 도전적인 문제이다. 특히 비고리성 분자 구조 안에 비대칭 요소가 존재하는 경우가 그러하다. 많은 입체 중심을 포함하고 있는 비고리성 분자를 조립하는 방법으로서 알돌 반응을 평가할 때는 부분 입체 이성질 선택성의 두 가지 유형을 고려해야 한다.

첫째는 비카이랄성 기질을 사용하는 **단순 부분 입체 이성질 선택성**(simple diastereoselection)이다. 두 개의 새로 생성된 카이랄 중심은 2-와 3-위치에서(관례에 따른 번호 매김) *syn*이나 *anti* 중 하나의 상대적 입체 배열로 형성될 수 있다.

두 번째는 이미 한 개 이상의 카이랄 중심을 가지고 있는 알데하이드와 알돌 반응을 수행하는 많은 경우에 말하는 **부분 입체면 선택성**(diastereoface selection)이다. 이러한 분자의 카보닐면은 거울상 이성질성 자리라고 하기보다는 부분 입체 이성질성 자리이다.

(*E*)-와 (*Z*)-엔올레이트 입체 화학 조절[103]

카이랄 중심을 포함하지 않는 전구체로부터의 단순 부분 입체 이성질 선택성은 두 가지 요인에 의하여 조절된다.

1. 엔올레이트 이온의 입체 배열, (*E*)-(*O*)- 대 (*Z*)-(*O*)-엔올레이트. 이중 결합의 각 말단에서의 높은 우선권을 가지는 치환기가(OM > R) 이중 결합의 입체 배열을 결정한다.

2. 알돌 반응의 전이 상태에서의 엔올레이트와 알데하이드의 배향, '열린' 전이 상태 대 규칙적이고 킬레이트 조절된 전이 상태

고리형 케톤(4~7원자 고리)의 양성자 이탈 반응은 단지 (*E*)-(*O*)-엔올레이트 기하 구조를 초래할 뿐이지만, **아민화 리튬**(lithium amide)에 의한 비고리성 케톤의 엔올레이트 입체 화학의 조절은 다소 복잡하며, 카보닐 화합물의 구조, 염기의 입체 요구성, 반응 조건에 의하여 좌우된다.

Ireland의 양성자 이탈 반응 모형은 다양한 **에틸** 케톤과 염기에 대한 입체 화학을 합리적으로 설명하는 데 널리 사용된다.[104] HMPA와 같은 리튬 양이온을 감싸는 첨가제가 없는 상태에서는 양성자 전달은 의자형의 '닫힌' 전이 상태에서 일어난다. 이러한 조건하에서 (*Z*)-엔올레이트는 Me와 질소에서의 *i*-Pr 원자단 간의 1,3-이축 방향 상호 작용 때문에 **선호되지 않는다**. R 원자단의 입체 요구가 증가하면 이중 결합을 형성할 때 R과 Me 원자단 간의 $A^{1,3}$ 무리가 증가하여 (*Z*)-(*O*)-에 비하여 상대적으로 (*E*)-(*O*)-엔올레이트를 불안정하게 만든다(표 6.2a).

표 6.2a 엔올레이트 입체 화학[103,104]

R	(*E*)-(*O*)-enolate(%)	(*Z*)-(*O*)-enolate(%)
OMe	95	5
Et	70	30
i-Pr	44	56
t-Bu	~0	100

HMPA는 리튬 양이온을 용매화하여 '열린' 전이 상태를 초래하여 Me와 *i*-Pr 원자단 간의 1,3-이축 방향 상호 작용을 약화시키지만 R과 Me 원자단 간의 $A^{1,3}$ 무리를 증가시켜 (*Z*)-(*O*)-엔올레이트를 선호하게 된다(표 6.2b).[103]

표 6.2b 엔올레이트 입체 화학[103,104]

R	(*E*)-(*O*)-enolate(%)	(*Z*)-(*O*)-enolate(%)
OMe	15	85
Et	8	92

비고리성 케톤으로부터의 LDA 같은 염기를 사용하여 선택적인 입체 화학을 가지는 엔올레이트를 형성하는 것은 다소 어렵지만, 입체적으로 뚜렷이 구별되는 붕소 엔올레이트는 보다 쉽게 얻을 수 있다.[105] Mukaiyama 방법에서 에틸 케톤은 다이알킬보레인 트라이플레이트(dialkylborane triflate)와 통상적으로 *i*-Pr_2NEt 같은 삼차 아민으로 처리한다. 그 결과 얻어지는 *Z*-(*O*) 붕소 엔올레이트[**엔올 보리네이트**(enol borinate), 엔올의 보린산 에스터라고도 함]가 Lewis 산-착물화된 기질의 양성자 이탈 반응에 의한 반응 속도론적 지배에 의하여 형성된다고 믿어진다. Brown과 그의 공동 연구자들은 에틸 케톤을 Et_3N의 존재하에서 염화 다이사이클로헥실붕소로 처리하여 *E*-(*O*)-붕소 엔올레이트를 얻을 수 있음을 보여 준 바가 있다.[106]

유사한 방법으로 엔올화가 가능한 케톤을 삼차 아민과 $TiCl_4$ 또는 $SnOTf_2$로 각각 처리하여 타이타늄 엔올레이트[107]와 주석 엔올레이트[108]를 형성한다.[109] 타이타늄 엔올레이트 반응은 알돌 축합 반응에 있어서 고도로 선택적이며, 붕소 엔올레이트와 견줄 만하다.[110]

단순 부분 입체 선택성-*Syn-Anti* 선택성[103b]

평형 조건(equilibrating condition)하에서 알데하이드가 케톤으로부터 유도된 엔올레이트와 반응할 때, 엔올레이트의 기하 구조와 관계없이 열역학적으로 보다 안정한 2,3-*anti* 생성물이 지배적이다. 그러나 반응이 반응 속도론적으로 지배되면 (*Z*)-와 (*E*)-엔올레이트는 각각 2,3-*syn*과 *anti* 알돌 생성물을 제공한다. 이러한 행동은 **Zimmerman-Traxler** 모형으로 알려진 의자 형태 전이 상태 용어로 해석해 왔다.[111]

2,3-*syn* (erythro) 2,3-*anti* (threo)

(***Z***)-(***O***)-와 (***E***)-(***O***)-**엔올레이트에 대한 Zimmerman-Traxler 전이 상태 모형**은 다음과 같다.

Z-(O)-enolate 2,3-*syn* 선택성

선호됨 → 2,3-*syn* 주 이성질체

1,3-축방향 상호 작용 선호되지 않음 → 2,3-*anti*

E-(O)-enolate 2,3-*anti* 선택성

선호됨 → 2,3-*anti*

선호되지 않음 → 2,3-*syn*

유의: 만일 알돌 반응이 BF_3 또는 $TiCl_4$ 같은 Lewis 산에 의하여 촉매되는 경우 첨가 반응은 비고리형 전이 상태를 거쳐 진행한다(Mukaiyama 알돌 반응).[112]

비록 붕소 엔올레이트는 알돌 반응에서 리튬 엔올레이트보다는 통상적으로 보다 입체 선택성이지만 후자는 보다 손쉽게 준비할 수 있다(예: LDA를 사용함). 리튬 엔올레이트를 사용하여 합성적으로 보다 유용한 수준의 알돌 입체 선택성을 얻기 위해서는 높은 선택성(> 95:5)으로 얻어야만 하고, 엔올화되지 않는 카보닐 원자단 R은 커야만 한다(표 6.3).

a. THF, –78°C b. workup

Z-(O)

표 6.3a 알돌 부분 입체 선택성[89e]

R	2,3-*syn*(%)	2,3-*anti*(%)
t-Bu	99	1
i-Pr	90	10
Et	90	10
H	50	50

OLi, R, *E*-(*O*) + H, O, Ph; a. THF, −78°C b. workup → R, O, OH, Ph + R, O, OH, Ph

표 6.3b 알돌 부분 입체 선택성[89e]

R	2,3-*syn*(%)	2,3-*anti*(%)
i-Pr	50	50
Et	40	60
H	60	40

R기가 크지 않은 경우 리튬 *E*-(*O*)-엔올레이트는 *Z*-(*O*)-엔올레이트에 비해 상당히 입체 선택성이 떨어지고, 이렇게 낮은 입체 화학 선택성은 Zimmerman-Traxler 모형을 조사해 보아서는 설명하기가 쉽지 않다. 알데하이드에 리튬 엔올레이트를 첨가하면 Li–O의 결합 거리(Li–O: 1.92~2.00 Å)로 인해 비틀어진 의자 모양의 전이 상태를 거치게 된다.[113] 이 시나리오에서는 리튬 *E*-(*O*)-엔올레이트로부터 *anti*- 와 *syn*- 생성물로 전환되는 과정 모두가 불안정화되는 입체 작용을 받게 되어 선택성이 나빠진다. 이 문제는 금속–산소의 거리가 짧은(B–O: 1.36~1.47 Å) 붕소 엔올레이트를 사용하면 회피할 수 있는데, 이 경우 보다 콤팩트하고 입체 선택적인 전이 상태를 유발하게 된다.

리튬 (*E*)-(*O*)-엔올레이트는 입체 선택성이 아니기 때문에(표 6.3b 참조), 2,3-*anti* 알돌 생성물은 염화 다이사이클로헥실붕소를 사용하여 케톤을 엔올화함으로써 간편하게 얻을 수 있다. 저온에서 생성된 (*E*)-(*O*) 붕소 엔올레이트와 알데하이드 간의 반응은 탁월한 부분 입체 선택성을 가지는 2,3-*anti* 생성물을 제공한다.[114]

Ph, O; a. Chx_2BCl, Et_3N, 0°C → [OBChx$_2$, Ph] *E*-(*O*)-enol borinate (*Z*:*E*, >1:99); b. Ph-CHO −78°C c. H_2O_2 workup → Ph, O, OH, Ph 95% *anti*

붕소 엔올레이트는 리튬 엔올레이트보다 입체 선택성이다.[115] 이러한 이유는 (i) B–O 결합은 Li–O 결합보다 짧으며, (ii) 붕소 엔올레이트는 리튬 엔올레이트보다 반응성이 낮아서 입체 반발이 더 중요한, 반응물을 닮은 후기 전이 상태를 이루게 된다.

O; 9-BBN-OTf, *i*-Pr_2NEt → [OB] ; *i*-Pr-CHO (H_2O_2 workup) → O, OH 57%, 94:6(*syn*:*anti*)

O; *n*-Bu_2B-OTf, *i*-Pr_2NEt → [OB(*n*-Bu)$_2$] ; *i*-Pr-CHO (H_2O_2 workup) → O, OH 61%, >97:3(*syn*:*anti*)

싸이오에스터를 다이알킬보레인 트라이플레이트로 처리하면 (*E*)-(*O*) 붕소 엔올레이트를 형성하여 알데하이드와 반응함으로써 좋은 수율로 2,3-*anti* 알돌 생성물을 얻게 해 준다.[116]

t-BuS (thioester) → R_2B-X, *i*-Pr_2NEt → [OBR_2 enolate] → *i*-Pr-CHO (H_2O_2 workup) → aldol product

R = cyclopentyl, X = OTf: 79%, >95:5 *anti*:*syn*
R = (menth)CH_2-, X = Cl: 61% (98% ee), 96:4 *anti*:*syn*

β-하이드록시 싸이오에스터 생성물은 $LiAlH_4$ 환원에 의하여 1,3-다이올로 변환할 수 있다. 하이드록시기를 보호한 다음 DIBAL-H로 반응시키면 해당 β-알콕시 알데하이드를 얻을 수 있다.[117] 이와는 달리 구리 화합물(cuprate) 시약으로 처리하면 해당 케톤을 생성한다.[118]

$(Et)_3$CS–C(O)–…(OMOM)…OBPS → Me_2CuLi, Et_2O → Me–C(O)–…(OMOM)…OBPS, 91%

거울상 이성질 선택성 알돌 반응[119]

부분 입체 선택성 알돌 반응과 거울상 이성질 선택성 알돌 반응의 개발은 천연물의 두 가지 중요한 부류[매크롤라이드 항생제(macrolide antibiotic)와 폴리에터 이온 운반체(polyether ionophore)의 합성]에 지대한 영향을 주었다.[120] 알돌 반응에 개입한 알데하이드와 엔올레이트는 카이랄일 수 있지만, 여기서는 카이랄 엔올레이트 경우만 논의할 것이다.

α-실록시케톤

아래에 표시한 바와 같이 비대칭 알돌 반응에 사용할 수 있는 L-*t*-뷰틸글라이신[121] 또는 (*R*)-만델산이나 (*S*)-만델산[122] 같은 몇 가지 카이랄 엔올레이트의 전구체가 존재한다.

t-Bu–CH(OH)–CO_2H → 3 EtLi → *t*-Bu–CH(OH)–C(O)–Et → TBS-Cl (또는 TMSCl) → *t*-Bu–CH(OTBS)–C(O)–Et

구매 가능
((*S*)-*t*-butylglycine로부터 유래)

Chx–CH(OH)–CO_2H → 3 EtLi → Chx–CH(OH)–C(O)–Et → TBS-Cl → Chx–CH(OTBS)–C(O)–Et

구매 가능
((*R*)-mandelic acid로부터 유래)

α-실록시 케톤을 LDA로 양성자 이탈 반응을 하면 (*Z*)-리튬 엔올레이트를 제공하는 반면에, 케톤을 *i*-Pr_2EtN 존재하에서 *n*-Bu_2BOTf로 처리하면 해당 (*Z*)-(*O*)-붕소 엔올레이트를 얻는다. 흥미롭게도 Li-엔올레이트와 *i*-PrCHO 간의 반응은 붕소 엔올레이트와의 반응의 반대면 선호성을 가지고 진행한다. 따라서 Li-엔올레이트의 *Si* 면은 알데하이드의 *Si* 면에 첨가하고 붕소 엔올레이트의 *Si* 면은 알데하이드의 *Re* 면에 첨가하여 다음 보이는 바와 같이 카이랄 β-하이드록시 케톤 거울상 이성질체를 제공한다. 리튬 엔올레이트와 붕소 엔올레이트 간의 서로 다른 면 선택성에 대한 이유는 리튬은 알돌 Zimmerman-Traxler 전이 상태에서 세 개의 산소와 배위 결합을 할 수 있지만, 붕소는 산소와 두 개의 배위 결합 자리를 가지기 때문이다.

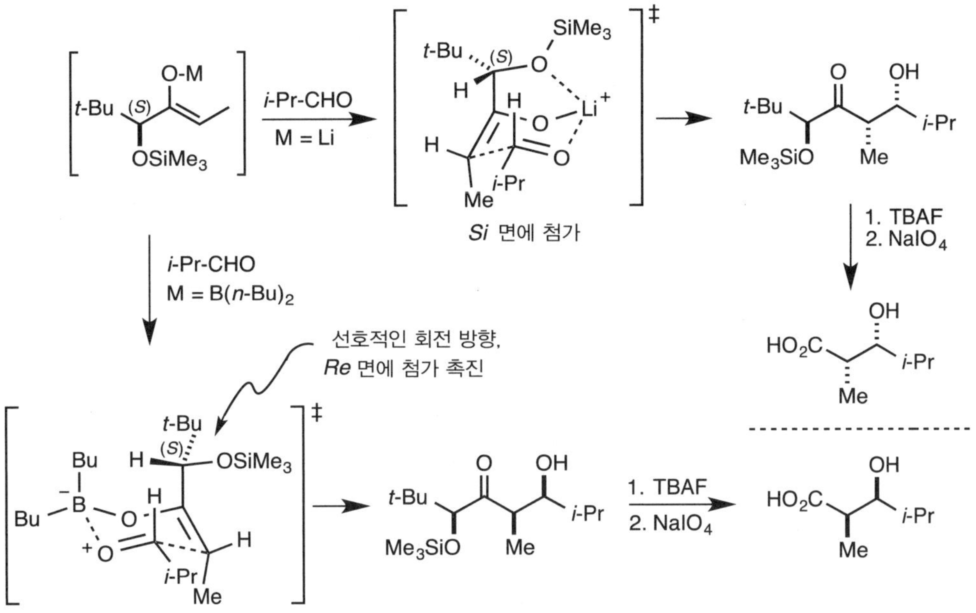

이러한 카이랄 엔올레이트 축합 반응은 화학량적이며 **자기 희생적**(self-immolative)이다. 즉 엔올레이트의 카이랄성이 β-하이드록시 카복실산으로 변환할 때 희생된다. 이러한 문제는 *N*-아실옥사졸리디논(*N*-acyloxazolidinone) 같은 카이랄 보조제를 사용함으로써 피할 수 있다.

N-아실옥사졸리디논[123]

옥사졸리디논 보조제는 화학량의 양을 사용하지만 회수하여 다시 사용할 수 있다. 더구나 이것들은 α-아미노산을 환원한 다음, 그 결과 생성된 1,2-아미노 알코올을 *N*-아실옥사졸리디논으로 변환함으로써 손쉽게 얻을 수 있다. 양쪽의 거울상 이성질체가 다 접근 가능하다.[124]

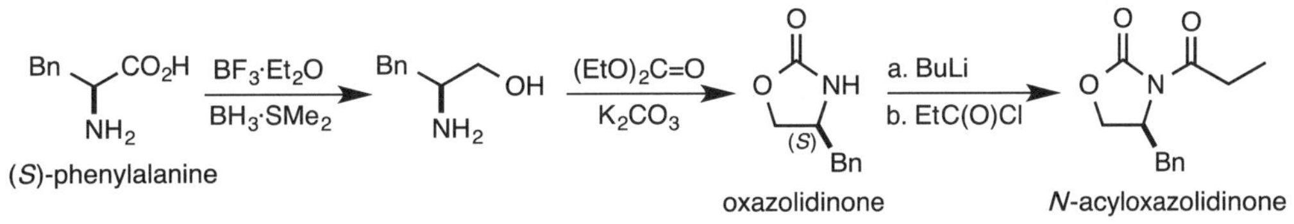

N-아실옥사졸리디논을 Et_3N 존재하에 다이-*n*-뷰틸붕소 트라이플레이트로 처리하면 (*Z*)-(*O*) 붕소 엔올레이트를 얻는다. 알데하이드를 이것으로 처리하면 해당 2,3-*syn* 알돌 생성물을 얻는다(*syn*과 *anti*-이성질체 간의 비율은 전형적으로 ≥=99:1이다). 이것은 아래와 같이 카이랄 α-메틸-β-하이드록시 카복실산을 생성한다.[125] 카이랄 붕소 엔올레이트의 면 선택성은 옥사졸리디논 카보닐기의 선호적인 회전체 배향에 기인한다. Zimmerman-Traxler 전이 상태에서 알데하이드는 벤질 치환기보다는 수소 면에서 옥사졸리디논 부속물에 접근한다.

옥사졸리디논 보조제는 Lewis 산 조건($MgCl_2$, TMSCl, Et_3N)을 사용함으로써 반응은 열린 전이 상태로 전환하여 *anti*-선택적인 알돌 반응을 선호할 수 있도록 입체 화학적 결과를 유도할 수 있다.[126]

보조물의 제거

리튬 수소과산화물($LiOH + H_2O_2$) 가수 분해 프로토콜은 라셈화 반응 없이 β-하이드록시 카복실산 생성물을 얻는 보조 옥사졸리디논의 아실 이탈 반응으로 선택하는 방법이다.[127] 카이랄 보조물은 회수하여 다시 재활용할 수 있다. 옥사졸리디논 보조물을 (MeO)MeNH로 직접 치환함으로써 해당 Weinreb 아마이드를 얻을 수 있다.[128] 이로부터 Dibal 시약 또는 Grignard 시약을 사용한 그 다음 반응으로 각각 알데하이드 또는 케톤으로 변환할 수 있다.[129] 대체 방법으로 옥사졸리디논은 상응하는 싸이올 에스터로 변환될 수도 있으며 이는 알데하이드로 환원 가능하다.[130] 또한 *N*-아실 옥사졸리디논 단위를 $LiBH_4$로 환원하면 해당 알코올을 좋은 수율로 얻을 수 있다.[131]

카이랄 리간드 매개 알돌 축합 반응[120,132]

(+)- 또는 (−)-$(Ipc)_2BOTf$ 같은 붕소 시약은 알돌 축합 반응에서의 카이랄 촉진제이다.[133] 비카이랄 케톤을 $(Ipc)_2BOTf$로 엔올화하면 카이랄 엔올레이트를 형성하게 되고, 따라서 부분 입체면 선택성(diasterofacial selectivity, DS)을 카이랄 알데하이드의 축합 반응에 전달한다. 만일 케톤이 카이랄이라면 시약의 DS는 케톤의 고유 DS와 **짝맞음**(matched) 또는 **짝어긋남**(mismatched)이 될 수 있다(시약 대비 기질 지배에 대한 논의는 5.1절 참조). 따라서 적절한 거울상 이성질체를 선택하면 원하는 부분 입체 이성질체의 생성물 형성을 증가시킬 수 있다. 이러한 전략은 **이중 비대칭 유발**(double asymmetric induction)[134](4.14절 참조)의 한 예로, 다음에 예를 나타내었다.[135]

TBSO O Me — a. R_2BOTf, i-Pr_2NEt; b. CH_3CHO → TBSO O OH (2, 3) Me Me **A** + TBSO O OH (2, 3) Me Me **B**

2,3-*syn* 생성물

비록 카이랄 보조물은 아니지만 분자의 이 부분은 반응에서 유사하게 DS를 전달한다. 그 크기는 9-BBN-OTf 같은 비카이랄성 시약을 사용하여 측정할 수 있다.

R_2BOTf	부분 입체 선택성 (**A**:**B**)
9-BBN-OTf	12:1 기질 DS
(+)-$(Ipc)_2BOTf$	47:1 짝맞음의 경우
(−)-$(Ipc)_2BOTf$	3:1 짝어긋남의 경우

2개 이상의 카이랄 성분을 포함하는 알돌 반응의 입체 화학적 결과는 대략적으로 카이랄 시약에 고유한 부분 입체면 선택성의 곱셈에 대한 법칙과 일치한다. 짝맞음의 경우에 대하여 부분 입체 선택성은 대략적으로 (기질 DS)×(시약 DS)가 된다. 짝어긋남의 경우에 대해서는 부분 입체 선택성은 (기질 DS)÷(시약 DS)가 된다. 이중 비대칭 유발은 역시 다음과 같은 카이랄 알데하이드의 고유면 선택성을 증대시키는 데 사용할 수도 있다.[136]

[OBR_2] + H(O)–OTES–OBn → O OH OTES (S) OBn **C** + O OH OTES (R) OBn **D**

$—BR_2$	부분 입체 선택성 (**C**:**D**)
비카이랄 - - → $—BChx_2$	3:1 알데하이드 DS
$—B[(+)\text{-}(Ipc)]_2$	1:1.3 짝어긋남의 경우
$—B[(−)\text{-}(Ipc)]_2$	13.3:1 짝맞음의 경우

이상적으로 이중(및 삼중)[137] 비대칭 합성은 카이랄 시약의 DS가 다른 반응 성분의 DS보다 상당히 큰 경우에 가장 효율적이어서 기질과의 짝어긋남을 극복함으로써 단지 시약의 카이랄성에 기초하여 입체 화학 결과를 지배하게 된다. 가장 강력한 예 중 하나는 지배적인 DS를 가지는 Sharpless 비대칭 에폭시화 반응이다.

촉매 비대칭 알돌 반응

촉매 비대칭 알돌 반응의 개발에 상당한 노력이 기울여져 왔다. 옥사자보롤리딘이나 카이랄 리간드를 함유한 전이 금속 또는 란타넘 계열 원소 같은 카이랄 Lewis 산들이, Mukaiyama 반응에서 알데하이드에 대한 거울상 선택성 첨가 반응을 성공적으로 수행하도록 촉매해 준다. 이때 촉매의 역할은 알데하이드를 활성화시키고 비고리 전이 상태에서 거울상 접근면을 구별해 주어 원하는 생성물을 얻도록 해준다. 예를 들어 아세트산 메틸로부터 유도된 실릴 케텐 아세탈을 카이랄 Ti(IV) 촉매하에서 크로톤알데하이드에 첨가하면 첨가 생성물로부터 실릴 이탈 반응 후 β-하이드록시 에스터를 매우 우수한 ee로 얻을 수 있도록 해 준다.[138]

1. cat. (5 mol%) −10°C, Et_2O
2. Bu_4NF, THF

72~98%, 97% ee

cat. =

이 분야에서 중요한 진전은 Ni(II)-비스(옥사졸린) 착물이 싸이아졸리딘싸이온 아마이드(thiazolidinethione amide)와 알데하이드의 알돌 반응에서 효과적인 촉매로 사용될 수 있다는 것이다.[139] 이 경우 실릴 엔올 에터나 실릴 케텐 아세탈을 만들 필요가 없다. 이 과정에서 TMSOTf가 필요하긴 하지만 이것의 역할은 실릴 케텐 아세탈을 in situ로 생성하는 것이 아니라, 알돌 반응 산물을 실릴화함으로 촉매로부터 탈착물화하여 촉매가 순환 회수되도록 하는 것이다.

cat. (10 mol%)
TMSOTf, 2,6-lutidine
PhMe:CH_2Cl_2 (4:1), −78°C

81%, 97% ee
syn:*anti* 94:6

cat. =

유기 촉매를 사용하여 촉매 비대칭 알돌 반응을 수행하는 것이 효과적이고도 간단한 방법이라는 것이 알려졌고, 프롤린이 특히 유용한 촉매임이 밝혀졌다.[140] 프롤린의 이차 아민이 알데하이드와 반응하여 (*E*)-엔올레이트를 형성하면, 이는 친전자체와 반응하여 알돌 산물을 생성한다. 이 경우 반응 산물이 해양 천연물인 Callapetoside C의 전합성에 사용되었다.[141] 이 반응은 매우 조직적인 수소 결합 전이 상태를 거치게 되는데 입체 화학적 분석은 이미 논의하였던 Zimmerman-Traxler 모형과 유사하다.[142] 양성자를 매개로 조직화된 전이 상태(아래)는 알데하이드를 친전자 공격에 활성화시킨다. 이 특정한 유기 촉매 알돌 반응은 이중 비대칭 합성의 한 예이며 촉매와 카이랄 알데하이드가 서로 상승으로 작용(짝맞음 경우)함을 유의하라.

(10 mol%)
DMSO, 4°C

steps

48%
2,3-*syn* : 2,3-*anti* 12:1
3,4-*syn* : 3,4-*anti* 19:1

Callipeltoside C

6.8 엔올과 엔올레이트의 축합 반응

Mannich 반응[143]

α,β-불포화 카보닐 화합물은 Michael 첨가 반응, Robinson 고리화 반응, Diels-Alder 반응에서 C–C 결합 형성에 있어서 중요한 기질이다. 이중 결합이 사슬 또는 고리 안쪽에 위치한 콘쥬게이션 카보닐 화합물을 합성하는 데에는 몇 가지 효율적인 방법이 있다. 그러나 이중 결합이 사슬의 말단 또는 고리의 exo에 위치하였을 때에는 다른 경우가 된다. 이러한 콘쥬게이션 카보닐 화합물은 친핵체나 라디칼의 공격에 취약하여 중합 반응이나 분해 반응을 초래한다. 예를 들면 가장 간단한 콘쥬게이션 카보닐 화합물(H_2C=CHCHO)인 아크롤레인(프로펜알)은 콘쥬게이션 첨가 반응에 사용하였을 때 중합하는 경향이 있다.

exo-메틸렌기를 가지는 콘쥬게이션 카보닐 화합물을 합성하는 데 이상적인 접근 방법은 엔올화할 수 있는 카보닐 기질과 친전자체의 상대로서 폼알데하이드와의 혼합 알돌 축합 반응을 거치는 것이다. 그러나 폼알데하이드는 매우 강력한 친전자체이며, 엔올 및 엔올레이트와 두 번 이상 반응하는 경향이 있다. 이러한 약점은 폼알데하이드를 이차 아민, 통상적으로 다이메틸아민과 촉매량의 HCl과 함께 이미늄 이온(Mannich 시약)으로 변환하여 피할 수 있다.

$$CH_2O + (CH_3)_2\overset{+}{N}H_2\,I^- \longrightarrow H_2C{=}\overset{+}{N}(CH_3)_2\,I^- + H_2O$$

iminium salt

아미노메틸화 반응

엔올화가 가능한 알데하이드나 케톤의 존재하에서 결과로 생성된 친전자성인 이미늄 이온은 in situ에서 엔올과 반응하여 중화 반응 후 해당 **Mannich 염기**(Mannich base)라고도 하는 β-아미노 케톤을 생성한다. 비대칭으로 치환된 케톤은 엔올의 보다 많이 치환된 탄소에서 선호적으로 아미노메틸화(aminomethylation)된다.

enol = Nu

Na_2CO_3 / H_2O workup

Mannich 염기

합성된 아이오딘화 *N,N*-다이메틸메틸렌암모늄(Eschenmoser 염)[144] 또는 염화물[145]은 고전적인 Mannich 반응보다 더 높은 수율의 β-아미노 케톤을 생성한다. 실릴 엔올 에터 역시 Eschenmoser 염과 반응하여 다음 예와 같이 Mannich 염기를 생성한다.[146]

1. $H_2C{=}\overset{+}{N}(CH_3)_2\,I^-$, CH_2Cl_2
2. H_3O^+
3. Na_2CO_3, H_2O

TMSO, H, Me_2N, 95%

엔온 합성

많은 의약품에서 발견할 수 있는 아미노 케톤[147]을 합성할 때의 중요한 방법인 Mannich 반응은 안정하고 동등한 콘쥬게이션 exo-메틸렌 단위를 제공한다는 점에서 유기 합성에서도 중요하다. 따라서 Mannich 염기에 아이오딘화 메틸을 첨가하면 염기를 사차 암모늄염으로 변환하게 된다. 그 후에 염기로 처리하면 트라이메틸아민의 β-제거 반응이 일어나서 α-메틸렌 케톤이 생성된다.

NMe_2 —MeI→ $\overset{+}{N}Me_3I^-$ —$NaHCO_3$, MeOH→ [$\overset{+}{N}Me_3$] →

β- 제거

Eschenmoser 염과 락톤 엔올레이트 간의 아미노메틸화 반응 후(workup 과정에서) 중화하면 해당 Mannich 염기를 얻는다. 사차 아이오딘화 암모늄으로 변환한 다음, DBU(1,5-다이아자바이사이클로[5.4.0]운데크-5-엔)로 처리하면 α-메틸렌 락톤을 얻는다.

1a. LDA, THF
– 78°C

b. $H_2C=\overset{+}{N}(CH_3)_2\ I^-$
c. Na_2CO_3, H_2O
workup
2. MeI
3. DBU, dioxane

65% (총괄 수율)

비대칭 Mannich 반응

L-프롤린 같은 카이랄 촉진제 분자는 입체 선택성인 Mannich 반응을 촉매로 매개하는 데 사용할 수 있다.[148]

ketone aldehyde amine

L-proline (35 mol%)
acetone, 12~48 h

R = *i*-Bu 90% (93% ee)
R = CH_2OBn 82% (75% ee)

유기 촉매 방법을 사용하면 잠재적으로 두 개의 연이은 입체 중심이 구성될 수 있으며 대부분 *syn* 부분 입체 이성질체를 생성한다. 예를 들어 BINOL-유도된 인산은 Brønsted 산 촉매와 같이 작용하여 실릴 케텐 아세탈이 벤즈알데하이드로부터 유도된 이민에 첨가하여 *syn* 산물을 높은 수율과 선택성으로 생성하도록 한다.[149] α-실릴옥시 실릴 케텐 아세탈을 친핵체로 사용할 경우 상응하는 *syn*-아미노알코올이 얻어지는데, 이는 중요한 화합물 부류에 접근할 수 있는 소중한 역할을 해준다.

cat. (10 mol%)
PhMe, –78°C

R = Me, 100%, dr 87:13, 96% ee
R = $OSiPh_3$, 79%, dr 100:0, 91% ee

cat. =

Ar = p-$NO_2C_6H_4$

syn-생성물을 제공하는 프롤린과는 대조적으로 5-메틸피롤리딘-3-카복실산은 *anti*-생성물을 높은 선택성으로 제공한다. 따라서 적절한 촉매의 선택에 따라 양쪽의 부분 입체 이성질체들을 얻을 수 있다.[150] 프롤린이나 5-메틸피롤리딘-3-카복실산을 촉매로 사용하는 경우 in situ로 생성된 *E*-엔아민이 이민의 *Si* 면을 공격하여 두 반응 모두 C3 위치에 같은 절대 입체 화학이 생기게 된다. 그러나 입체 효과 때문에 각 촉매에 대해 서로 다른 *E*-엔아민 회전 이성질체가 선호되어 각각 *syn*-과 *anti*- 생성물을 선호하도록 한다.

$$EtO_2C\text{-}CH{=}N\text{-}C_6H_4\text{-}OMe + (CH_3)_2CHCH_2CHO \xrightarrow[\text{DMSO}]{\text{catalyst (5 mol\%)}} \text{product}$$

85%, dr 98:2, 99% ee

Michael 첨가 반응[151]

1,5-다이카보닐 ⇒ [$RC(O^-){=}CH_2$] + $CH_2{=}CHC(O)R'$

R′ = 알킬, H, 페닐, OR

염기 촉매 Michael 첨가 반응

α,β-불포화 케톤, 알데하이드, 나이트릴, 나이트로, 설폰일, 카복실산 유도체의 탄소–탄소 이중 결합에 대한 음이온의 친핵성 첨가 반응인 Michael 유형 첨가 반응은 탄소–탄소 결합 형성에 강력한 도구를 제공한다. 반응은 싸이올, 사이아나이드, 일차 및 이차 아민, β-다이카보닐 화합물 같은 비교적 비염기성('연성')인 친핵체에 대하여 가장 성공적이다. 기질이 α,β-불포화 카보닐 화합물일 때, 흔히 카보닐 탄소에 대한 직접적인 공격(1,2-첨가 반응)과 콘쥬게이션 첨가 반응(1,4-첨가 반응) 간의 경쟁이 존재한다.

Michael 받개	Michael 주개
$H_2C{=}CHCHO$	$RC(O)CH_2C(O)R'$
$H_2C{=}CHC(O)CH_3$	$RC(O)CH_2CO_2R'$
$H_2C{=}CHCO_2R$	$RO_2CCH_2CO_2R$
$H_2C{=}CHC{\equiv}N$	$RC(O)CH_2C{\equiv}N$
$H_2C{=}CHC(O)NR_2$	RCH_2NO_2
$H_2C{=}CHNO_2$	R_2CuLi

반응은 최초의 콘쥬게이션 첨가 반응 단계에서 생성된 엔올레이트에 대한 양성자 첨가 반응에 의해 촉진된다. 그 결과 생성된 엔올은 빠르게 더 안정한 케톤 형태로 자리 옮김이 된다. 염기가 재생되기 때문에 촉매량만 사용된다. Michael 반응은 가역적이다. 따라서 첨가 생성물에 대한 효율적인 양성자 첨가 반응(EtOH, H_2O)이 필요하다.

$$EtO_2CCH_2CO_2Et + EtO^- \rightleftharpoons EtO_2C\bar{C}HCO_2Et + EtOH$$

$$HC(O)CH{=}CH_2 + EtO_2C\bar{C}HCO_2Et \rightleftharpoons HC(O^-){=}CHCH_2CH(CO_2Et)_2$$

$$HC(O^-){=}CHCH_2CH(CO_2Et)_2 + EtOH \rightleftharpoons HC(O)CH_2CH_2CH(CO_2Et)_2 + EtO^-$$

엔올레이트와 α,β-불포화 카보닐 화합물 간의 반응은 생성물로 **1,5-다이카보닐 화합물**(1,5-dicarbonyl compound)을 생성한다. 이러한 화합물에 대해서는 두 개의 다른 반응 경로를 고려할 수 있다. **우수한 반응 경로는 항상 산성이 가장 큰 카보닐**(가장 염기성이 낮은 엔올레이트)**을 친핵체로 택하는 것이다.**

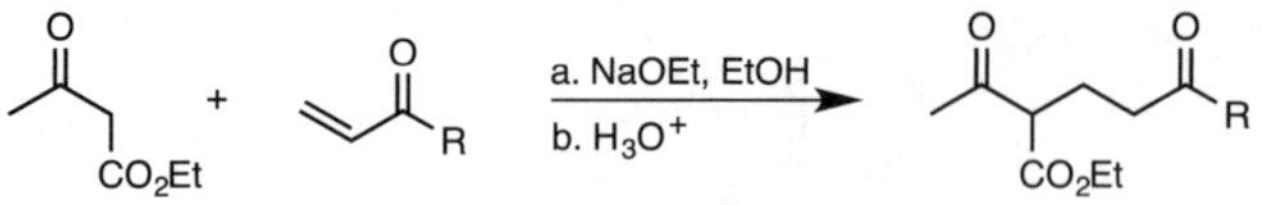

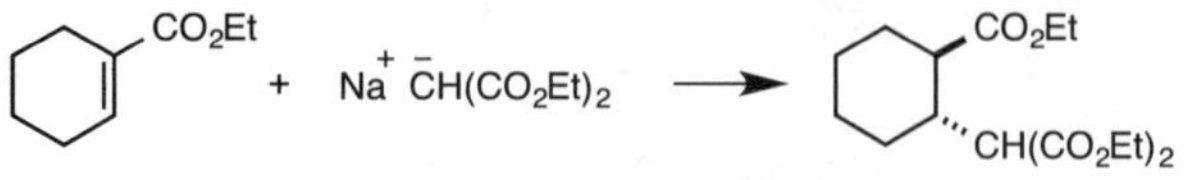

엔아민은 많은 Michael 유형의 반응에서 탁월한 첨가제이다. 염기는 필요 없다.

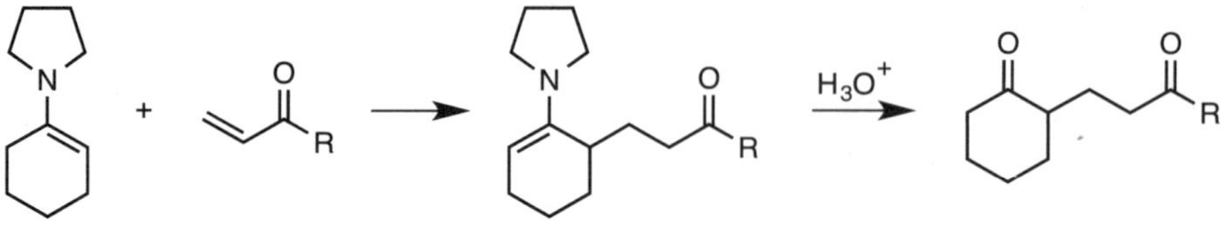

Michael 첨가 반응은 탄소산이 상대적으로 산성일 때 가장 성공적이라도, 반응은 간단한 케톤과도 일어난다. Michael 받개는 주로 비대칭 케톤의 보다 많이 치환된 자리에서 평형 조건하에서 형성된 열역학적인 엔올레이트에 반응한다(반면에 아실화 반응은 입체 장애를 덜 받는 위치에서 일어난다).

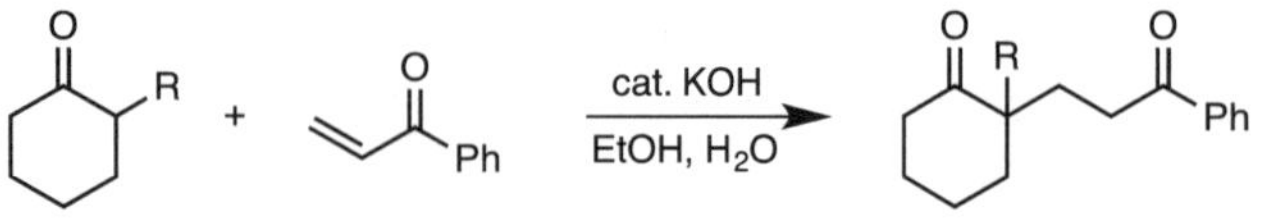

R = CH_3 64%
R = CO_2Et 68%

산 촉매 Michael 첨가 반응

산 조건의 사용은 아래와 같이 트라이플산(triflic aicd, CF_3SO_3H) 촉매 Michael 첨가 반응의 예와 같이 염기 촉매 자기 축합 반응과 역Michael 반응을 피할 수 있으며, 염기에 예민한 원자단을 감당할 수 있다.[152]

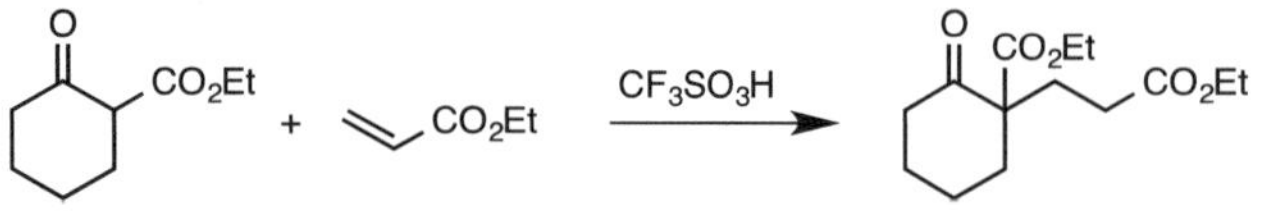

92%

분자내 Michael 첨가 반응

분자내 Michael 첨가 반응은 작은 크기에서 중간 크기의 탄소 고리를 합성하는 데 편리한 방법이다.[153]

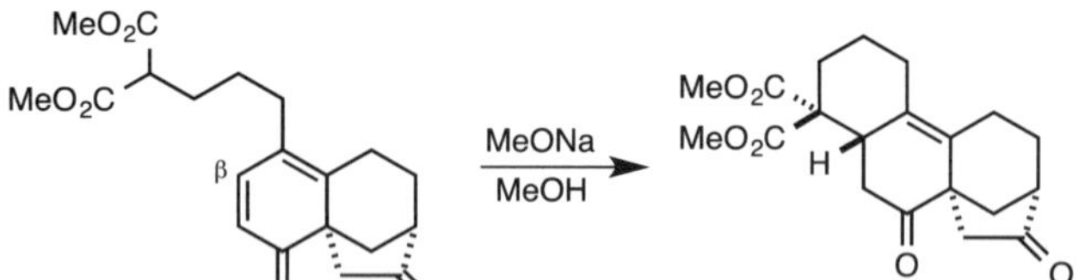

100%

콘쥬게이션 첨가 반응 후에 흔히 각각 카브알콕시 이탈 반응(decarbalokoxylation)이나 설폰 이탈 반응(desulfonation)에 의하여 에스터나 설폰 같은 활성화 원자단을 제거하여 고리 생성물을 얻는다.[154]

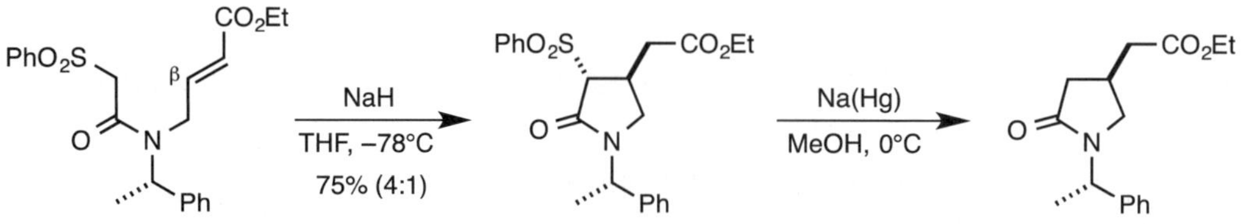

주 이성질체 73%

입체 화학

고리형 엔올레이트의 Michael 받개에 의한 알킬화 반응은 역평행 첨가를 거쳐 진행한다.

H3C
O
a. Me_2CuLi, Et_2O
b. O
methyl vinyl ketone
(MVK)
CH_3'
H
CH_3
O
$A^{1,2}$ 무리로 인해
CH_3'기는 유사 축방향이다.
CH_3
H3C
O
O

비고리 Michael 주개의 경우 상대적인 입체 화학의 결과는 엔올레이트 입체 화학에 의존한다. 일반적으로 속도론적 반응 조건하에서 *Z*-(*O*)-엔올레이트는 *anti*-생성물을 선호하고 *E*-(*O*)-엔올레이트는 *syn*-생성물을 선호한다.[155]

OLi
EtO
+
O
OEt
THF, hexanes
HMPA
O O
EtO OEt
82%, *anti*:*syn* >95:5

OLi
t-BuO
+
O
OEt
THF, hexanes
O O
EtO OEt
84%, *anti*:*syn* <5:95

Michael 첨가 반응에서 엔올레이트를 친핵체로 사용할 경우 입체 화학의 추세를 설명하기 위해 킬레이트화된 고리 전이 상태가 제안되었다.[156]

O-M
X R1
+
R2 Y
O
Z-(*O*)
Y M O O
R1 X
R2 H
H
O O
X Y
anti
E-(*O*)
Y M O O
H X
R2 H
R1
O O
X Y
syn

비대칭 Michael 첨가 반응

비대칭 Michael 첨가 반응은 카이랄 친핵체, 받개, 촉매, 또는 이들의 조합을 사용하여 수행되었으며, 따라서 좋은 결과가 수반되었다.[157] 이 반응의 향상을 위해 카이랄 이차 아민을 사용할 경우 촉매는 이중의 역할을 수행한다.[158] 먼저 엔온과 반응하여 상응하는 이미늄 이온을 형성하고, 이로부터 친전자체의 LUMO 오비탈 에너지를 낮추어 보다 빠른 첨가 반응이 일어나도록 한다. 두 번째는 이미늄 이온이 형성되면 촉매가 탄소–탄소 이중 결합의 부분 입체 이성질성 면을 구별하여 한쪽 면은 차폐시키고 다른 쪽 π면에 공격이 일어나도록 해 준다.

OTBS
i-PrS
+
O
H
cat. (20 mol%)
CH_2Cl_2, H_2O
O O
i-PrS H
76%, 90% ee
anti:*syn* 1:10

cat. =
O Me
N
N
H
t-Bu
Ph
• Cl_3CCO_2H

6.9 Robinson 고리화 반응[159]

육원자 고리를 만드는 데 가장 중요한 반응 중 하나는(Diels-Alder 반응은 다른 하나임) 직렬 연속 반응 차례에 근거한다. Michael 첨가 반응 다음에 분자내 알돌-탈수 반응이 뒤따른다. 이러한 순서를 **Robinsin 고리화 반응**(Robinson annulation)이라고 한다(Robert Robinson경, 1947년 노벨상).[160]

Michael 첨가 반응
KOH EtOH
MVK
알돌
탈수 반응 $(-H_2O)$
비가역적
다리놓인 알돌, α′ 위치에서의 엔올레이트 형성의 생성물
Robinson 고리화 반응의 생성물

염기 반응 조건하에서 다리놓인 알돌 생성물의 탈수 반응은 다리목(bridgehead)에 이중 결합을 위치시킴으로써 무리가 매우 높은 엔온을 형성한다는 것에 유의하라.

Robinson 고리화 반응의 위치 화학적 과정

고전적인 Robinson 고리화 반응에서 Michael 첨가 반응은 '정상적인 생성물'이 심한 비결합적 상호 작용을 겪는 경우를 예외하고는 열역학적인 엔올레이트를 거쳐 보다 많이 치환된 탄소에서 일어난다.

KOH EtOH

유의: 잠재적 문제

- 이 위치에서의 엔올레이트 형성에 의하여 보다 많이 치환된 첨가물이나 다리걸친 알돌을 형성하게 된다.
- MVK는 가장 많이 사용되는 Michael 받개이지만 중합 반응을 일으키는 경향이 있다.

염기 조건하에서 메틸 바이닐 케톤(MVK)의 중합 반응을 억제하기 위하여 다음 과정을 준수해야 한다.

- −10℃에서의 $EtOH-Et_2O$ 용매 내의 NaOEt: 이 온도에서는 MVK의 중합 반응이 느리고 반응은 β-하이드록시 케톤에서 멈추어 옥살산으로 탈수 반응을 시킨다.[161] 또는

MVK; NaOEt, EtOH; Et_2O, −10°C → 54%
$(CO_2H)_2$; H_2O, steam dist. → 86%

- 촉매량의 H_2SO_4 존재하에서 반응을 수행한다.[162] 또는

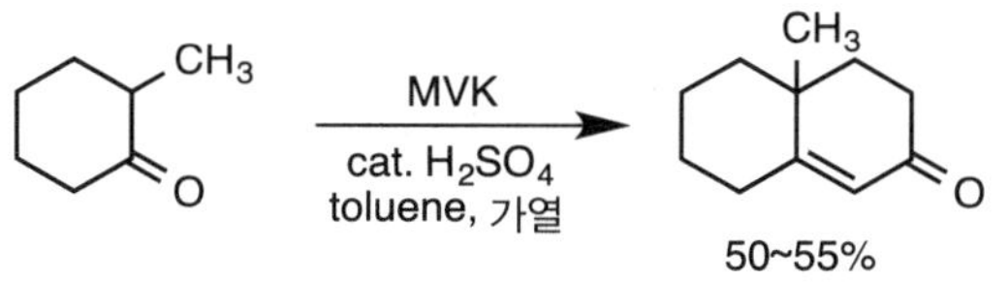

• MVK 대신에 α-실릴화된 바이닐 케톤을 반응 속도론적이며 비평형적인 조건하에서 사용한다.[163] α-실릴 생성물은 염기 조건하에서 즉시 실릴 이탈이 된다.

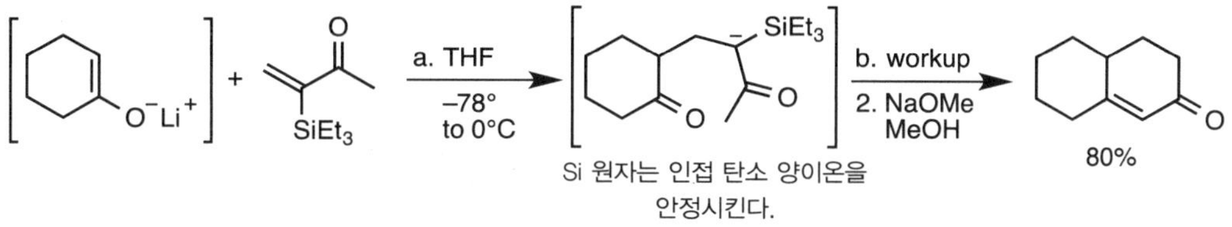

Si 원자는 인접 탄소 양이온을 안정시킨다.

치환이 덜 된 탄소에서의 고리화는 아래와 같이 엔아민이나 활성기를 이용하여 수행한다.[164]

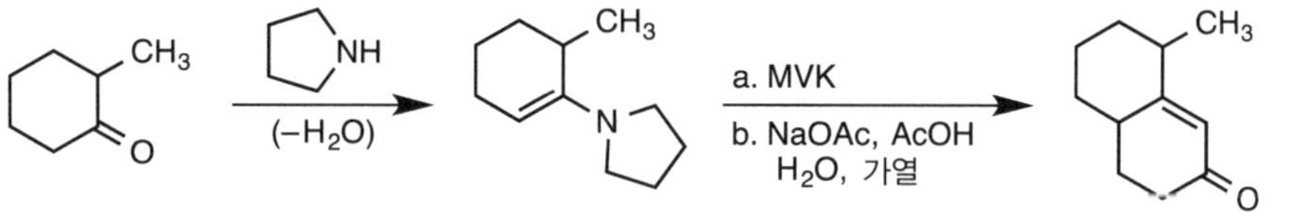

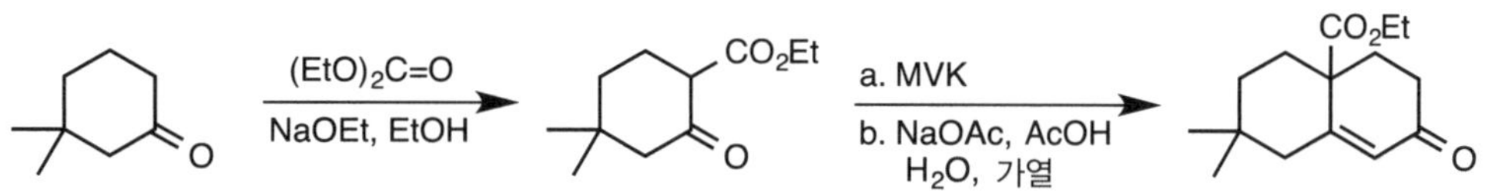

치환이 덜 된 탄소에서 고리화 반응의 하나의 다른 접근법은 몇 가지 방법(예: LDA, 엔온의 Birch 환원, 유기구리 화합물(organocuprate)이 엔온에 대한 콘쥬게이션 첨가 반응) 중 하나를 이용하여 반응 속도론적인 엔올레이트를 먼저 형성하고, 다음으로 MVK와 반응하여 고리화 반응을 수행하는 것이다.

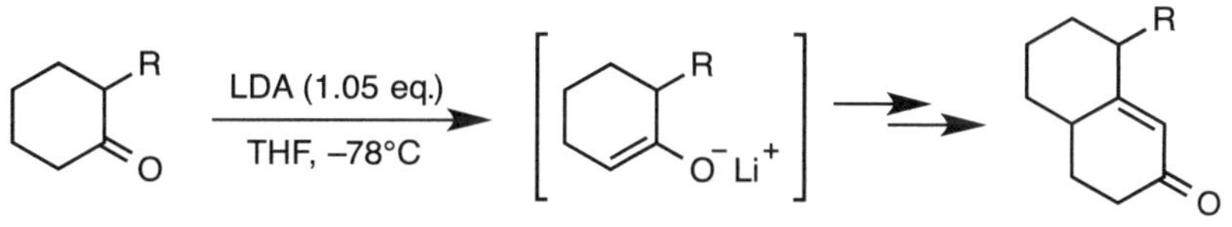

Robinson 고리화 반응의 입체 화학적 과정[165]

강한 입체적인 상호 작용(*syn* 축방향, *synaxial*)이 없는 경우에 Michael 반응은 엔올레이트 음이온에 대한 친전자성 바이닐 케톤의 역평행 접근을 거쳐서 진행된다.

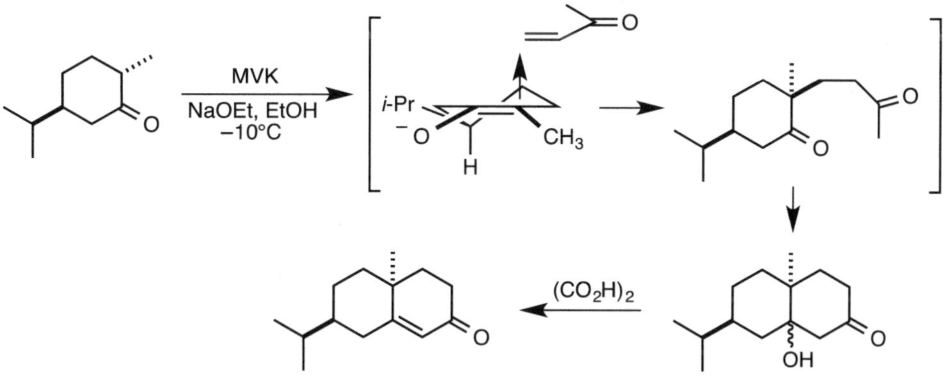

Robinson 고리화 반응에 의하여 생긴 사이클로헥센온계는 알킬화 반응, 콘쥬게이션 첨가 반응, 환원 반응, 콘쥬게이션 이탈 반응, 환원적 탈산소 반응, 용해 금속 환원 반응, 수소화 반응 등등에 의하여 다양한 합성적으로 유용한 구

조로 정교하게 변환될 수 있다. 인돌 다이터페노이드계 화합물인 아노미닌(anominine)의 합성에서 Robinson 고리화 반응이 목표 분자의 하이드로나프탈렌 핵심 구조를 확립하는 데 쓰였다.[166] 2,3-다이메틸사이클로헥산온이 열역학적으로 보다 안정한 실릴 엔올 에터로 먼저 변환되었다.

1. TMSCl, NaI, $(Me_3Si)_2NH$
2. MVK, $BF_3 \cdot Et_2O$
3. NaOMe

47%

steps

Anominine

비대칭 Robinson 고리화 반응

비대칭 Robinson 고리화 반응(asymmetric Robinson annulation)은 케톤이 카이랄 아민과 반응하여 카이랄 이민을 제공한 후 MVK와 반응하여 고리를 만들어 카이랄 생성물을 제공함으로써 가능하다.[167]

비대칭 Robinson 고리화 반응

48% (96% ee)

($-H_2O$)

NaOMe, MeOH

a. MVK
b. AcOH, H_2O

프롤린을 촉매로 하는 Robinson 고리화 반응(Hajos–Parrish 반응)은 테트라하이드로인단다이온[168]이나 Wieland-Mischler 케톤의 합성에 소중한 도구가 된다. 이 두 화합물은 스테로이드와 천연물 합성에 유용한 중간체이다. 고리화 반응은 비대칭 알돌 반응에서 논의한 것처럼 매우 잘 조직화된 육원자 고리 전이 상태를 거쳐서 진행된다.[170]

MVK, H_2O

88%

a. CO_2H (3 mol%), DMF
b. p-TsOH, PhH, Δ

95%, 99% ee

CO_2H (47 mol%)

$HClO_4$, CH_3CN, 80°C

88%

87%, 84% ee
(Wieland–Miescher ketone)

** 참고 문헌

1 (a) House, H. O. *Modern Synthetic Reactions*; 2nd ed.; Benjamin Cummings: Menlo Park, CA, 1972. (b) Stowell, J. C. *Carbanions in Organic Synthesis*; Wiley-Interscience: New York, 1979. (c) Heathcock, C. H. In *Modern Synthetic Methods*; Scheffold, R., Ed.; VCH: Weinheim, 1992; p 1. (d) Perlmutter, P. *Conjugate Addition Reactions in Organic Synthesis*; Pergamon: Oxford, 1992. (e) *Modern Carbonyl Chemistry*; Otera, J., Ed.; Wiley-VCH: Weinheim, 2000. (f) Smith, M. B. *Organic Synthesis*, 2nd ed.; McGraw Hill: Boston, 2002; p 714. (g) Buncel, E.; Dust, J. M. *Carbanion Chemistry. Structures and Mechanisms*; Oxford University Press: Oxford, 2003.

2 (a) For more extensive tabulations of pKa values, see: Smith, M. B.; March, J. *March's Advanced Organic Chemistry*, 5th ed.; John Wiley & Sons: New York, 2001; pp 329–331. (b) Negishi, E. *Organometallics in Organic Synthesis*; John Wiley & Sons: New York, 1980; pp 506–510. (c) Evans pKa Table; http://evans.rc.fas.harvard.edu/pdf/evans_pKa_table.pdf (accessed May 8, 2014).

3 (a) Cope, A. C.; Holmes, H. L.; House, H. O. *Org. React.* **1957**, *9*, 107. (b) Freeman, F. *Chem. Rev.* **1969**, *69*, 591.

4 Marvel, C. S. *Org. Synth.* **1955**, Coll. Vol. 3, 495.

5 Shen, K.; Han, X.; Lu, X. *Org. Lett.* **2013**, *15*, 1732.

6 Toussaint, O.; Capdevielle, P.; Maumy, M. *Synthesis* **1986**, 1029.

7 (a) Krapcho, A. P. *ARKIVOC* **2007**, 1. (b) Krapcho, A. P.; Weimaster, J. F.; Eldridge, J. M.; Jahngen, E. G. E. Jr.; Lovey, A. J.; Stephens, W. P. *J. Org. Chem.* **1978**, *43*, 138.

8 Sharma, S. K.; Wu, A. D.; Chandramouli, N.; Fotsch, C.; Kardash, G.; Bair, K. W. *J. Pept. Res.* **1999**, *53*, 501.

9 Wasch† Waschgowski, V.; Knudsen, K. R.; Mitchell, C. E. T.; Ley, S. V. *Chem. Eur. J.* **2008**, *14*, 6155–6165.

10 (a) Jones, G. *Org. React.* **1967**, *15*, 204. (b) Ragoussis, N. *Tetrahedron Lett.* **1987**, *28*, 93.

11 (a) Andersen, N. H.; Golec, F. A. Jr. *Tetrahedron Lett.* **1977**, 3783. (b) Nicolaou, K. C.; van Delft, F.; Ohshima, T.; Vourloumis, D.; Xu, J.; Hosokawa, S.; Pfefferkorn, J.; Kim, S.; Li, T. *Angew. Chem. Int. Ed.* **1997**, *36*, 2520.

12 (a) Tietze, L. F.; Brasche, G.; Gericke, K. M. *Domino Reactions in Organic Synthesis*; Wiley-VCH: Weinheim, 2006. (b) Tietze, L. F. *Chem. Rev.* **1996**, *96*, 115.

13 Tietze, L. F.; Stegelmeier, H.; Harms, K.; Brumby, T. *Angew. Chem. Int. Ed. Engl.* **1982**, *21*, 863.

14 McNab, H. *Chem. Soc. Rev.* **1978**, *7*, 345.

15 (a) Junek, H.; Ziegler, E.; Herzog, U.; Kroboth, H. *Synthesis* **1976**, 332. (b) Brooks, D. W.; Castro de Lee, N.; Peevey, R. *Tetrahedron Lett.* **1984**, *25*, 4623.

16 Hauser, C. R.; Hudson, B. E., Jr. *Org. React.* **1942**, *1*, 266.

17 Ronsheim, M. D.; Zercher, C. K. *J. Org. Chem.* **2003**, *68*, 1878.

18 Schaefer, J. P.; Bloomfield, J. J. *Org. React.* **1967**, *15*, 1.

19 Dieckmann, W. *Ber.* **1894**, *27*, 102.

20 Stevens, R. V.; Gaeta, F. C. A. *J. Am Chem. Soc.* **1977**, *99*, 6105.

21 Davis, B. R.; Garratt, P. J. In *Comprehensive Organic Synthesis*; Trost, B. M.; Fleming, I., Eds.; Pergamon Press: Oxford, 1991; Vol 2, p. 795.

22 (a) McElvain, S. M. *Org. React.* **1948**, *4*, 256. (b) Bloomfield, J. J.; Owsley, D. C.; Nelke, J. M. *Org. React.* **1976**, *23*, 259. (c) Finley, K. T. *Chem. Rev.* **1964**, *64*, 573.

23 Krapcho, A. P.; Diamanti, J.; Cayen, C.; Bingham, R. *Org. Synth.* **1973**, Coll. Vol. 5, 198.

24 Mander, L. N.; Sethi, S. P. *Tetrahedron Lett.* **1983**, *24*, 5425.

25 House, H. O. Modern Synthetic Reactions, 2nd ed.; W. A. Benjamin: Menlo Park, CA, 1972; pp 735–760.

26 Hutchinson, C. R.; Nakane, M.; Gollman, H.; Knutson, P. L. *Org. Synth.* **1990**, Coll. Vol. 7, 323.

27 Brooks, D. W.; Lu, L. D.-L.; Masamune, S. *Angew. Chem. Int. Ed.* **1979**, *18*, 72.

28 Staab, H. A. *Angew. Chem. Int. Ed.* **1962**, *1*, 351.

29 (a) Durham, T. B.; Miller, M. J. *J. Org. Chem.* **2003**, *68*, 35. (b) Coulon, E.; Cristina, M.; De Andrade, C.; Ratovelomanana-Vidal, V.; Genet, J.-P. *Tetrahedron Lett.* **1998**, *39*, 6467.

30 Duplantier, A. J.; Masamune, S. *J. Am. Chem. Soc.* **1990**, *112*, 7079.

31 (a) Ooi, T.; Miki, T.; Taniguchi, M.; Shiraishi, M.; Takeuchi, M.; Maruoka, K. *Angew. Chem. Int. Ed.* **2003**, *42*, 3796. (b) Hashimoto, T.; Maruoka, K. *Chem. Rev.* **2007**, *107*, 5656.

32 For a text on dianions, see Thompson, C. M. *Dianions in Organic Synthesis*; CRC Press: Boca Raton, FL, 1994.

33 Huckin, S. N.; Weiler, L. *J. Am. Chem. Soc.* **1974**, *96*, 1082.

34 Schlessinger, R. H.; Wood, J. L.; Poss, A. J.; Nugent, R. A.; Parsons, W. H. *J. Org. Chem.* **1983**, *48*, 1146.

35 Taber, D. F.; Amedio, J. C. Jr.; Gulino, F. *J. Org. Chem.* **1989**, *54*, 3474.

36 Johnson, W. S.; Lunn, W. H.; Fitzi, K. *J. Am. Chem. Soc.* **1964**, *86*, 1972.

37 Piers, E.; Grierson, J. R. *J. Org. Chem.* **1977**, *42*, 3755.

38 Kalaitzakis, D.; Rozzell, J. D.; Smonou, I.; Kambourakis, S. *Adv. Synth. Catal.* **2006**, *348*, 1958.
39 Zhang, G.-B.; Wang, F.-X.; Du, J.-Y.; Qu, H.; Ma, X.-Y.; Wei, M.-X.; Wang, C.-T.; Li, Q.; Fan, C.-A. *Org. Lett.* **2012**, *14*, 3696.
40 Petragnani, N.; Yonashiro, M. *Synthesis* **1982**, 521.
41 (a) Cregge, R. J.; Herrmann, J. L.; Lee, C. S.; Schlessinger, R. H. *Tetrahedron Lett.* **1973**, 2425. (b) Petraganami, N.; Brocksom, T. J.; Ferraz, H. M. C.; Constantino, M. G. *Synthesis* **1977**, 112.
42 Rathke, M. W.; Lindert, A. *J. Am. Chem. Soc.* **1971**, *93*, 2318.
43 Seebach, D.; Beck, A. K.; Studer, A. In *Modern Synthetic Methods*; Ernst, B.; Leumann, C., Eds.; VCH: Weinheim, 1995; p 1.
44 Arseniyadis, S.; Kyler, K. S.; Watt, D. S. *Org. React.* **1984**, *31*, 1.
45 Pfeffer, P. E.; Silbert, L. S.; Chirinko, J. M., Jr. *J. Org. Chem.* **1972**, *37*, 451.
46 Myers, A. G.; Yang, B. H.; Chen, H.; Gleason, J. L. *J. Am. Chem. Soc.* **1994**, *116*, 9361.
47 Morales, M. R.; Mellem, K. T.; Myers, A. G. *Angew. Chem. Int. Ed.* **2012**, *51*, 4568.
48 Lucht, B. L.; Collum, D. B. *Acc. Chem. Res.* **1999**, *32*, 1035.
49 Sung, M. J.; Lee, H. I.; Lee, H. B.; Cha, J. K. *J. Org. Chem.* **2003**, *68*, 2205.
50 Fleming, F. F.; Gudipati, S.; Zhang, Z.; Liu, W.; Steward, O. W. *J. Org. Chem.* **2005**, *70*, 3845.
51 Albarella, J. P. *J. Org. Chem.* **1977**, *42*, 2009.
52 (a) d'Angelo, J. *Tetrahedron* **1976**, *32*, 2979. (b) Jackman, L. M.; Lange, B. C. *Tetrahedron* **1977**, *33*, 2737. (c) Pollack, R. M. *Tetrahedron* **1989**, *45*, 4913. (d) Arya, P.; Qin, H. *Tetrahedron* **2000**, *56*, 917.
53 (a) Williard, P. G.; Salvino, J. M. *J. Org. Chem.* **1993**, *58*, 1. (b) Pratt, L. M.; Newman, A.; Cyr, J. S.; Johnson, H.; Miles, B.; Lattier, A.; Austin, E.; Henderson, S.; Hershey, B.; Lin, M.; Balamraju, Y.; Sammonds, L.; Cheramie, J.; Karnes, J.; Hymel, E.; Woodford, B.; Carter, C. *J. Org. Chem.* **2003**, *68*, 6387.
54 (a) Negishi, E.; Chatterjee, S. *Tetrahedron Lett.* **1983**, *24*, 1341. (b) Paquette, L. A.; Roberts, R. A.; Drtina, G. J. *J. Am. Chem. Soc.* **1984**, *106*, 6690.
55 Orban, J.; Turner, J. V.; Twitchin, B. *Tetrahedron Lett.* **1984**, *25*, 5099.
56 Ishikawa, T.; Aikawa, T.; Ohata, E.; Iseki, T.; Maeda, S.; Matsuo, T.; Fujino, T.; Saito, S. *J. Org. Chem.* **2006**, *72*, 435.
57 Phelan, N. F.; Orchin, M. *J. Chem. Educ.* **1968**, *45*, 633.
58 (a) Grieco, P. A.; Ferrino, S.; Oguri, T. *J. Org. Chem.* **1979**, *44*, 2593. (b) Stork, G.; Danheiser, R. L. *J. Org. Chem.* **1973**, *38*, 1775.
59 Lee, R. A.; McAndrews, C.; Patel, K. M.; Reusch, W. *Tetrahedron Lett.* **1973**, 965.
60 For the preparation of Ph3CLi, see: Greene, A. E.; Muller, J.-C.; Ourisson, G. *J. Org. Chem.* **1974**, *39*, 186.
61 (a) García-Fandiño, R.; Aldegunde, M. J.; Codesido, E. M.; Castedo, L.; Granja, J. R. *J. Org. Chem.* **2005**, *70*, 8281. (b) Palomo, C.; Oiarbide, M.; Mielgo, A.; González, A.; García, J. M.; Landa, C.; Lecumberri, A.; Linden, A. *Org. Lett.* **2001**, *3*, 3249.
62 Brownbridge, P. *Synthesis* **1983**, 1.
63 (a) Noyori, R.; Nishida, I.; Sakata, J. *Tetrahedron Lett.* **1980**, *21*, 2085. (b) Kigoshi, H.; Imamura, Y.; Mizuta, K.; Niwa, H.; Yamada, K. *J. Am. Chem. Soc.* **1993**, *115*, 3056.
64 (a) Kleschick, W. A.; Buse, C. T.; Heathcock, C. H. *J. Am. Chem. Soc.* **1977**, *99*, 247. (b) Harmon, K. M.; Southworth, B. A.; Wilson, K. E.; Keefer, P. K. *J. Org. Chem.* **1993**, *58*, 7294.
65 Smith, H. A.; Huff, B. J. L.; Powers, W. J., III; Caine, D. *J. Org. Chem.* **1967**, *32*, 2851.
66 Danishefsky, S.; Chackalamannil, S.; Harrison, P.; Silvestri, M.; Cole, P. *J. Am. Chem. Soc.* **1985**, *107*, 2474.
67 Fortunato, J. M.; Ganem, B. *J. Org. Chem.* **1976**, *41*, 2194.
68 (a) Whitesell, J. K.; Whitesell, M. A. *Synthesis* **1983**, 517. (b) Seebach, D. *Angew. Chem. Int. Ed.* **1988**, *27*, 1624.
69 Rathke, M. W.; Lindert, A. *Synth. Comm.* **1978**, *8*, 9.
70 (a) Negishi, E.; Chatterjee, S. *Tetrahedron Lett.* **1983**, *24*, 1341. (b) Paquette, L. A.; Roberts, R. A.; Drtina, G. J. *J. Am. Chem. Soc.* **1984**, *106*, 6690.
71 (a) Tenud, L.; Farooq, S.; Seibl, J.; Eschenmoser, A. *Helv. Chim. Acta* **1970**, *53*, 2059.
72 (a) Baldwin, J.E. *J. Chem. Soc., Chem. Commun.* **1976**, *18*, 734. (b) Baldwin, J. E.; Lusch, M. J. *Tetrahedron* **1982**, *38*, 2939. (c) Deslongchamps, P. *Stereoelectronic Effects in Organic Chemistry*; Pergamon: Oxford, **1983**. (d) For radical cyclizations, see: Chatgilialoglu, C.; Ferreri, C.; Guerra, M.; Timokhin, V.; Froudakis, G.; Gimisis, T. *J. Am. Chem. Soc.* **2002**, *124*, 10765. (e) Alabugin, I. V.; Timokhin, V. I.; Abrams, J. N.; Manoharan, M.; Abrams, R.; Ghiviriga, I. *J. Am. Chem. Soc.* **2008**, *130*, 10984. (f) Alabugin, I. V.; Gilmore, K. *Chem. Commun.* **2013**, *49*, 11246.
73 (a) Piers, E.; Zbozny, M.; Wigfield, D. C. *Can. J. Chem.* **1979**, *57*, 1064. (b) Hutchinson, D. K.; Fuchs, P. L. *J. Am. Chem. Soc.* **1987**, *109*, 4755.
74 Pollack, R. M. *Tetrahedron* **1989**, *45*, 4913.
75 (a) Zimmerman, H. E.; Linder, L. W. *J. Org. Chem.* **1985**, *50*, 1637. (b) Paquette, L. A.; Belmont, D. T.; Hus, Y.-L. *J. Org.*

Chem. **1985**, *50*, 4667.
76 Matthews, R. S.; Hyer, P. K.; Folkers, E. A. *J. Chem. Soc. (D)* **1970**, *38*.
77 Seebach, D.; Naef, R.; Calderari, G. *Tetrahedron* **1984**, *40*, 1313.
78 (a) Stork, G.; Dowd, S. R. *J. Am. Chem. Soc.* **1963**, *85*, 2178. (b) Kieczkowaski, G. R.; Schlessinger, R. H.; Sulsky, R. B. *Tetrahedron Lett.* **1976**, 597. (c) Wender, P. A.; Schaus, J. M. *J. Org. Chem.* **1978**, *43*, 782 and references cited therein.
79 LeBel, N. A.; Balasubramanian, N. *J. Am. Chem. Soc.* **1989**, *111*, 3363.
80 Galiano-Roth, A. S.; Collum, D. D. *J. Am. Chem. Soc.* **1989**, *111*, 6772.
81 (a) Enders, D.; Eichenauer, H. *Chem. Ber.* **1979**, *112*, 2933. (b) Enders, D.; Eichenauer, H.; Baus, U.; Schubert, H.; Kremer, K. A. H. *Tetrahedron* **1984**, *40*, 1345. (c) Enders, D.; Fey, P.; Kipphardt, H. *Org. Synth.* **1987**, *65*, 173. (d) Tomioka, K. *Synthesis* **1990**, 541. (e) Enders, D.; Wortmann, L.; Peters, R. *Acc. Chem. Res.* **2000**, *33*, 157.
82 (a) Stork, G.; Terrell, R.; Szmuszkovicz, J. *J. Am. Chem. Soc.* **1954**, *76*, 2029. (b) Cook, A. G. *Enamines: Synthesis, Structure and Reactions*; Marcel Dekker: New York, **1988**. (c) Hickmott, P. W. *Tetrahedron* **1982**, *38*, 1975.
83 Stork, G.; Brizzolara, A.; Landesman, H.; Szmuszkovicz, J.; Terrell, R. *J. Am. Chem. Soc.* **1963**, *85*, 207.
84 (a) Whitesell, J. K. *Acc. Chem. Res.* **1985**, *18*, 280. (b) Whitesell, J. K. *Chem. Rev.* **1989**, *89*, 1581.
85 (a) Schlessinger, R. H.; Iwanowicz, E. J. *Tetrahedron Lett.* **1987**, *28*, 2083. (b) Short, R. P.; Kennedy, R. M.; Masamune, S. *J. Org. Chem.* **1989**, *54*, 1755.
86 (a) Whitesell, J. K.; Felman, S. W. *J. Org. Chem.* **1980**, *45*, 755. (b) Schlessinger, R. H.; Iwanowicz, E. J.; Springer, J. P. *J. Org. Chem.* **1986**, *51*, 3070.
87 Vignola, N.; List, B. *J. Am. Chem. Soc.* **2003**, *126*, 450.
88 (a) Shaikh, R. R.; Mazzanti, A.; Petrini, M.; Bartoli, G.; Melchiorre, P. *Angew. Chem. Int. Ed.* **2008**, *47*, 8707. (b) Beeson, T. D.; Mastracchio, A.; Hong, J. B.; Ashton, K.; MacMillan, D. W. C. *Science* **2007**, *316*, 582.
89 (a) For the first reported example of ketone self-condensation, see: Kane, R. *J. Prakt. Chem.* **1838**, *15*, 129. (b) Nielsen, A. T.; Houlihan, W. J. *Org. React.* **1968**, *16*, 1. (c) Mukaiyama, T. *Org. React.* **1982**, *28*, 203. (d) Braun, M. *Angew. Chem. Int. Ed.* **1987**, *26*, 24. (e) Heathcock, C. H. In *Comprehensive Organic Synthesis*; Trost, B. M.; Fleming, I., Eds.; Pergamon: Oxford, 1991; Vol. 2, p 181. (f) Kim, B. M.; Williams, S. F.; Masamune, S. In *Comprehensive Organic Synthesis*; Trost, B. M.; Fleming, I., Eds.; Pergamon: Oxford, 1991; Vol. 2, p 239. (g) Carreira, E. M. In *Modern Carbonyl Chemistry*; Otera, J., Ed.; Wiley-VCH: Weinheim; 2000; p 227.
90 Guthrie, J. P.; Guo, J. *J. Am. Chem. Soc.* **1996**, *118*, 11472.
91 Danishefsky, S.; Zimmer, A. *J. Org. Chem.* **1976**, *41*, 4059.
92 Bouillon, J.-P.; Portella, C.; Bouquant, J.; Humbel, S. *J. Org. Chem.* **2000**, *65*, 5823.
93 (a) Schmidt, J. G. *Ber.* **1880**, *13*, 2342. (b) Claisen, L. *Ber.* **1890**, *23*, 976. (c) Marvel, C. S.; King, W. O. *Org. Synth. Coll.* **1941**, *1*, 252.
94 Hatsuda, M.; Kuroda, T.; Seki, M. *Synth. Commun.* **2003**, *33*, 427.
95 (a) Mukaiyama, T.; Banno, K.; Narasaka, K. *J. Am. Chem. Soc.* **1974**, *96*, 7503. (b) Mukaiyama, T. *Org. React.* **1982**, *28*, 203. (c) Duthaler, R. O.; Hafner, A. In *Transition Metals for Organic Synthesis*; Beller, M.; Bolm, C., Eds.; Wiley-VCH: Weinheim, 1998; Vol. 1, p 447. (d) Mukaiyama, T. *Tetrahedron* **1999**, *55*, 8609.
96 Mukaiyama, T.; Ohno, T.; Han, J. S.; Kobayashi, S. *Chem. Lett.* **1991**, *20*, 949.
97 Evans, D. A.; Allison, B. D.; Yang, M. G. *Tetrahedron Lett.* **1999**, *40*, 4457.
98 Oppolzer, W.; Starkmann, C. *Tetrahedron Lett.* **1992**, *33*, 2439.
99 Kobayashi, S.; Sugiura, M.; Kitagawa, H.; Lam, W. W. L. *Chem. Rev.* **2002**, *102*, 2227.
100 Manabe, K.; Mori, Y.; Wakabayashi, T.; Nagayama, S.; Kobayashi, S. *J. Am. Chem. Soc.* **2000**, *122*, 7202.
101 (a) Heathcock, C. H. In *Asymmetric Synthesis*; Morrison, J. D., Ed.; Academic Press, 1984; Vol. 3, pp 111–212. (b) Gennari, C.; Todeschini, R.; Beretta, M. G.; Favini, G.; Scolastico, C. *J. Org. Chem.* **1986**, *51*, 612. (c) Masamune, S. *Pure Appl. Chem.* **1988**, *60*, 1587. (d) Li, Y.; Paddon-Row, M. N.; Houk, K. N. *J. Org. Chem.* **1990**, *55*, 481. (e) Nasipuri, D. *Stereochemistry of Organic Compounds*; John Wiley & Sons, Inc.: New York, 1991; p 414. (f) Brown, M. In *Advances in Carbanion Chemistry*; Snieckus, V., Ed.; Jai Press, 1992; Vol. 1, pp 177–247. (g) Atkinson, R. S. *Stereoselective Synthesis*; John Wiley & Sons, Ltd.: Chichester, 1995; pp 218–242. (h) Gawley, R. E.; Aubé, J. *Principles of Asymmetric Synthesis*; Pergamon, 1996. (i) Lin, G.-Q.; Li, Y.-M.; Chan, A. S. *Principles and Applications of Asymmetric Synthesis*; Wiley Interscience: New York, 2001; pp 135–193.
102 Heathcock, C. H.; Buse, C. T.; Kleschick, W. A.; Pirrung, M. C.; Sohn, J. E.; Lampe, J. *J. Org. Chem.* **1980**, *45*, 1066.
103 (a) Fellmann, P.; Dubois, J. E. *Tetrahedron* **1978**, *34*, 1347. (b) Heathcock, C. H. In *Modern Synthetic Methods*; Scheffold, R., Ed.; VCH: Weinheim, 1992; pp 51–70.
104 Ireland, R. E.; Mueller, R. H.; Willard, A. K. *J. Am. Chem. Soc.* **1976**, *98*, 2868.
105 (a) Mukaiyama, T.; Inoue, T. *Chem. Lett.* **1976**, 559. (b) Inoue, T.; Mukaiyama, T. *Bull. Chem. Soc. Jpn.* **1980**, *53*, 174. (c) Kim, B. M.; Williams, S. F.; Masamune, S. In *Comprehensive Organic Synthesis*; Trost, B. M., Ed.; Pergamon: Oxford, 1991; Vol. 2, p 239.

105 (a) Mukaiyama, T.; Inoue, T. *Chem. Lett.* **1976**, 559. (b) Inoue, T.; Mukaiyama, T. *Bull. Chem. Soc. Jpn.* **1980**, *53*, 174. (c) Kim, B. M.; Williams, S. F.; Masamune, S. In *Comprehensive Organic Synthesis*; Trost, B. M., Ed.; Pergamon: Oxford, 1991; Vol. 2, p 239.

106 (a) Brown, H. C.; Ganesan, K.; Dhar, R. K. *J. Org. Chem.* **1993**, *58*, 147. (b) Ganesan, K.; Brown, H. C. *J. Org. Chem.* **1993**, *58*, 7162.

107 (a) Nerz-Stormes, M.; Thornton, E. R. *Tetrahedron Lett.* **1986**, *27*, 897. (b) Harrison, C. R. *Tetrahedron Lett.* **1987**, *28*, 4135.

108 (a) Paterson, I.; Tillyer, R. D. *Tetrahedron Lett.* **1992**, *33*, 4233. (b) Mukaiyama, T.; Kobayashi, S. *Org. React.* **1994**, *46*, 1.

109 Evans, D. A.; Clark, J. S.; Metternich, R.; Novack, V. J.; Sheppard, G. S. *J. Am. Chem. Soc.* **1990**, *112*, 866.

110 Evans, D. A.; Rieger, D. L.; Bilodeau, M. T.; Urpi, F. *J. Am. Chem. Soc.* **1991**, *113*, 1047.

111 Zimmerman, H. E.; Traxler, M. D. *J. Am. Chem. Soc.* **1957**, *79*, 1920.

112 (a) Ishihara, K.; Yamamoto, H.; Heathcock, C. H. *Tetrahedron Lett.* **1989**, *30*, 1825. (b) Faunce, J. A.; Friebe, T. L.; Grisso, B. A.; Losey, E. N.; Sabat, M.; Mackenzie, P. B. *J. Am. Chem. Soc.* **1989**, *111*, 4508.

113 Heathcock, C. H. In *Asymmetric Synthesis*; Morrison, J. D., Ed.; Academic: Orlando, FL, 1984; Vol. 3, p 111.

114 Brown, H. C.; Dhar, R. K.; Bakshi, R. K.; Pandiarajan, P. K.; Singaram, B. *J. Am. Chem. Soc.* **1989**, *111*, 3441.

115 Evans, D. A.; Nelson, J. V.; Vogel, E.; Taber, T. R. *J. Am. Chem. Soc.* **1981**, *103*, 3099.

116 (a) Hirama, M.; Masamune, S. *Tetrahedron Lett.* **1979**, 2225. (b) Gennari, C.; Moresca, D.; Vieth, S.; Vulpetti, A. *Angew. Chem. Int. Ed.* **1993**, *32*, 1618. (c) Gennari, C.; Moresca, D.; Vulpetti, A.; Pain, G. *Tetrahedron Lett.* **1994**, *35*, 4623. (d) Gennari, C.; Vulpetti, A.; Moresca, D. *Tetrahedron Lett.* **1994**, *35*, 4857.

117 McGarvey, G. J.; Hiner, R. N.; Williams, J. M.; Matasubara, Y.; Poarch, J. W. *J. Org. Chem.* **1986**, *51*, 3742.

118 (a) Anderson, R. J.; Henrick, C. A.; Rosenblum, L. D. *J. Am. Chem. Soc.* **1974**, *96*, 3654. (b) Blanchette, M. A.; Malamas, M. S.; Nantz, M. H.; Roberts, J. C.; Somfai, P.; Whritenour, D. C.; Masamune, S.; Kageyama, M.; Tamura, T. *J. Org. Chem.* **1989**, *54*, 2817.

119 (a) Heathcock, C. H. In *Modern Synthetic Methods*; Scheffold, R., Ed.; VCH: Weinheim, 1992; p 64. (b) Arya, P.; Qin, H. *Tetrahedron* **2000**, *56*, 917.

120 Cowden, C. J.; Paterson, I. *Org. React.* **1997**, *51*, 1.

121 (a) Heathcock, C. H.; Pirrung, M. C.; Buse, C. T.; Hagen, J. P.; Young, S. D.; Sohn, J. E. *J. Am. Chem. Soc.* **1979**, *101*, 7077. (b) Heathcock, C. H.; Pirrung, M. C.; Lampe, J.; Buse, C. T.; Young, S. D. *J. Org. Chem.* **1981**, *46*, 2290.

122 (a) Masamune, S.; Ali, S. A.; Snitman, D. L.; Garvey, D. S. *Angew. Chem. Int. Ed.* **1980**, *19*, 557. (b) Masamune, S.; Choy, W.; Kerdesky, F. A. J.; Imperiali, B. *J. Am. Chem. Soc.* **1981**, *103*, 1566. (c) Masamune, S.; Hirama, M.; Mori, S.; Ali, S. A.; Garvey, D. S. *J. Am. Chem. Soc.* **1981**, *103*, 1568.

123 (a) Evans, D. A.; Bartroli, J.; Shih, T. L. *J. Am. Chem. Soc.* **1981**, *103*, 2127. (b) Ager, D. J.; Prakash, I.; Schaad, D. R. *Aldrichimica Acta* **1997**, *30*, 3.

124 Gage, J. R.; Evans, D. A. *Org. Synth.* **1990**, *68*, 77.

125 Gage, J. R.; Evans, D. A. *Org. Synth.* **1990**, *68*, 83.

126 Evans, D. A. Tedrow, J. S.; Shaw, J. T.; Downey, C. W. *J. Am. Chem. Soc.* **2002**, *124*, 392.

127 Evans, D. A.; Britton, T. C.; Ellman, J. A. *Tetrahedron Lett.* **1987**, *28*, 6141.

128 (a) Basha, A.; Lipton, M.; Weinreb, S. W. *Tetrahedron Lett.* **1977**, *18*, 4171. (b) Levin, J. I.; Turos, E.; Weinreb, S. M. *Synth. Commun.* **1982**, *12*, 989. (c) Singh, J.; Satyamurthi, N.; Aidhen, I. S. *J. Prakt. Chem.* **2000**, *342*, 340.

129 (a) Nahm, S.; Weinreb, S. M. *Tetrahedron Lett.* **1981**, *22*, 3815. (b) Sibi, M. P. *Org. Prep. Proced. Intl.* **1993**, *25*, 15. (c) Mentzel, M.; Hoffmann, H. M. R. *J. Prakt. Chem.* **1997**, *339*, 517. (d) Singh, J.; Satyamurthi, N.; Aidhen, I. S. *J. Prakt. Chem.* **2000**, *342*, 340.

130 (a) Miyazaki, T.; Han-ya, Y.; Tokuyama, H.; Fukuyama, T. *Synlett* **2004**, 477. (b) Rodríguez-Escrich, C.; Olivella, A.; Urpí, F.; Vilarrasa, J. *Org. Lett.* **2007**, *9*, 989.

131 Dias, L. C.; de Oliveira, L. G.; de Sousa, M. A. *Org. Lett.* **2003**, *5*, 265.

132 Rizzacasa, M.; Perkins, M. In *Stoichiometric Asymmetric Synthesis*; Sheffield Academic Press: Malden, MA, **2000**; pp 72–122.

133 (a) Masamune, S.; Sato, T.; Kim, B.-M.; Wollmann, T. A. *J. Am. Chem. Soc.* **1986**, *108*, 8279. (b) Reetz, M. T.; Rivadeneira, E.; Niemeyer, C. *Tetrahedron Lett.* **1990**, *31*, 3863. (c) Paterson, I.; Goodman, J. M.; Lister, M. A.; Schumann, R. C.; McClure, C. K.; Norcross, R. D. *Tetrahedron* **1990**, *46*, 4663. (d) Gennari, C.; Hewkin, C. T.; Molinari, F.; Bernardi, A.; Comotti, A.; Goodman, J. M.; Paterson, I. *J. Org. Chem.* **1992**, *57*, 5173.

134 Masamune, S.; Choy, W.; Peterson, J. S.; Sita, L. R. *Angew. Chem. Int. Ed.* **1985**, *24*, 1.

135 (a) Paterson, I.; McClure, C. K. *Tetrahedron Lett.* **1987**, *28*, 1229. (b) Paterson, I.; Lister, M. A. *Tetrahedron Lett.* **1988**, *29*, 585.

136 Paterson, I.; Oballa, R. M.; Norcross, R. D. *Tetrahedron Lett.* **1996**, *37*, 8581.

137 (a) Duplantier, A. J.; Nantz, M. H.; Roberts, J. C.; Short, R. P.; Somfai, P.; Masamune, S. *Tetrahedron Lett.* **1989**, *30*,

7357. (b) Paterson, I., Florenze, G. A.; Gerlach, K.; Scott, J. P. *Angew. Chem. Int. Ed.* **2000**, *39*, 377.

138 Carreira, E. M.; Singer, R. A.; Lee, W. *J. Am. Chem. Soc.* **1994**, *116*, 8837–8838.

139 Evans, D. A.; Downey, C. W.; Hubbs, J. L., *J. Am. Chem. Soc.* **2003**, *125*, 8706.

140 (a) Trost, B. M.; Brindle, C. S. *Chem. Soc. Rev.* **2010**, *39*, 1600. (b) Berkessel, A.; Gröger, H. *Asymmetric Organocatalysis: From Biomimetic Concepts to Applications in Asymmetric Synthesis*; Wiley-VCH: Weinheim, 2005; p 130. (c) For application in total synthesis of natural products, see: Marques-Lopez, E.; Herrera, R. P.; Christmann, M. *Nat. Prod. Rep.* **2010**, *27*, 1138.

141 Carpenter, J.; Northrup, A. B.; Chung, D.; Wiener, J. J. M.; Kim, S. G.; MacMillan, D. W. C. *Angew. Chem. Int. Ed.* **2008**, *47*, 3568.

142 (a) Hoang, L.; Bahmanyar, S.; Houk, K. N.; List, B. *J. Am. Chem. Soc.* **2003**, *125*, 16. (b) Houk, K. N.; List, B. *Acc. Chem. Res.* **2004**, *37*, 487.

143 (a) Kleinman, E. F. In *Comprehensive Organic Synthesis*; Trost, B. M.; Fleming, I., Eds.; Pergamon Press: Oxford, 1991; Vol 2, p 893. (b) Tramontini, M.; Angiolini, L. *Mannich Bases, Chemistry and Uses*; CRC Press: Boca Raton, FL, 1994.

144 (a) Schreiber, J.; Maag, H.; Hashimoto, N.; Eschenmoser, A. *Angew. Chem. Int. Ed.* **1971**, *10*, 330. (b) Bryson, T. A.; Bonitz, G. H.; Reichel, C. J.; Dardis, R. E. *J. Org. Chem.* **1980**, *45*, 524.

145 Kinast, G.; Tietze, L.-F. *Angew. Chem. Int. Ed.* **1976**, *15*, 239.

146 Danishefsky, S.; Kitahara, T.; McKee, R.; Schuda, P.F. *J. Am. Chem. Soc.* **1976**, *98*, 6715.

147 Roberts, J. L.; Borromeo, P. S.; Poulter, C. D. *Tetrahedron Lett.* **1977**, *18*, 1621.

148 (a) List, B. *J. Am. Chem. Soc.* **2000**, *122*, 9336. (b) Juhl, K.; Gathergood, N.; Jørgensen, K. A. *Angew. Chem. Int. Ed.* **2001**, *40*, 2995.

149 Akiyama, T.; Itoh, J.; Yokota, K.; Fuchibe, K. *Angew. Chem. Int. Ed.* **2004**, *43*, 1566.

150 Mitsumori, S.; Zhang, H.; Cheong, P. H. Y.; Houk, K. N.; Tanaka, F.; Barbas, C. F. *J. Am. Chem. Soc.* **2006**, *128*, 1040.

151 (a) Michael, A. *J. Prakt. Chem.* **1887**, *35*, 349. (b) Bergmann, E. D.; Ginsburg, D.; Pappo, R. *Org. React.* **1959**, *10*, 179. (c) Oare, D. A.; Heathcock, C. H. *J. Org. Chem.* **1990**, *55*, 157. (d) Perlmutter, P. *Conjugate Addition Reactions in Organic Synthesis*; Pergamon: Oxford, 1992. (e) Sibi, M. P.; Manyem, S. *Tetrahedron* **2000**, *56*, 8033. (f) Takemoto, Y.; Stadler, M. In *Comprehensive Chirality*; Carreira, E. M., Yamamoto, H., Eds.; Elsevier: Amsterdam, 2012; Vol. 6, p 37. (g) Quintard, A.; Alexakis, A. In *Stereoselective Synthesis of Drugs and Natural Products*; Andrushko, V.; Andrushko, A., Eds.; John Wiley & Sons, Inc.: Hoboken, NJ, 2013; Vol. 1, p 319.

152 Kotsuki, H.; Arimura, K.; Ohishi, T.; Maruzasa, R. *J. Org. Chem.* **1999**, *64*, 3770.

153 Little, R. D.; Masjedizadeh, M. R.; Wallquist, O.; McLoughlin, J. I. *Org. React.* **1995**, *47*, 315.

154 Galeazzi, R.; Geremia, S.; Mobbili, G.; Orena, M. *Tetrahedron Asym.* **1996**, *7*, 79.

155 Yamaguchi, M.; Tsukamoto, M.; Tanaka, S.; Hirao, I. *Tetrahedron Lett.* **1984**, *25*, 5661.

156 Oare, D. A.; Heathcock, C. H. *Top. Stereochem.* **1989**, *19*, 227.

157 Gawley, R. E.; Aubé, J., *Principles of Asymmetric Synthesis*, 2nd ed.; Elsevier: Amsterdam, 2012; p 245.

158 Borths, C. J.; Carrera, D. E.; MacMillan, D. W. C. *Tetrahedron* **2009**, *65*, 6746.

159 (a) Jung, M. E. *Tetrahedron* **1976**, *32*, 3. (b) Gawley, R. E. *Synthesis* **1976**, 777.

160 Rapson, W. S.; Robinson, R. *J. Chem. Soc.* **1935**, *53*, 1285.

161 Marshall, J. A.; Fanta, W. I. *J. Org. Chem.* **1964**, *29*, 2501.

162 Heathcock, C. H.; Ellis, J. E.; McMurry, J. E.; Coppolino, A. *Tetrahedron Lett.* **1971**, *12*, 4995.

163 (a) Stork, G.; Ganem, B. *J. Am. Chem. Soc.* **1973**, *95*, 6152. (b) Boeckman, R. K., Jr. *J. Am. Chem. Soc.* **1973**, *95*, 6867. (c) Stork, G.; Singh, J. *J. Am. Chem. Soc.* **1974**, *96*, 6181. (d) Boeckman, R. K., Jr. *Tetrahedron* **1983**, *39*, 925.

164 Metzger, J. D.; Baker, M. W.; Morris, R. J. *J. Org. Chem.* **1972**, *37*, 789.

165 Varner, M. A.; Grossman, R. B. *Tetrahedron* **1999**, *55*, 13867.

166 Bian, M.; Wang, Z.; Xiong, X.; Sun, Y.; Matera, C.; Nicolaou, K. C.; Li, A. *J. Am. Chem. Soc.* **2012**, *134*, 8078.

167 Revial, G.; Pfau, M. *Org. Synth.* **1991**, *70*, 35.

168 Hajos, Z. G.; Parrish, D. R. *J. Org. Chem.* **1974**, *39*, 1615.

169 Eder, U.; Sauer, G.; Weichert, R. *Angew. Chem. Int. Ed.* **1971**, *10*, 496.

170 Bahmanyar, S.; Houk, K. N. *J. Am. Chem. Soc.* **2001**, *123*, 12911.

7장 유기금속 시약을 통한 탄소–탄소 결합의 생성

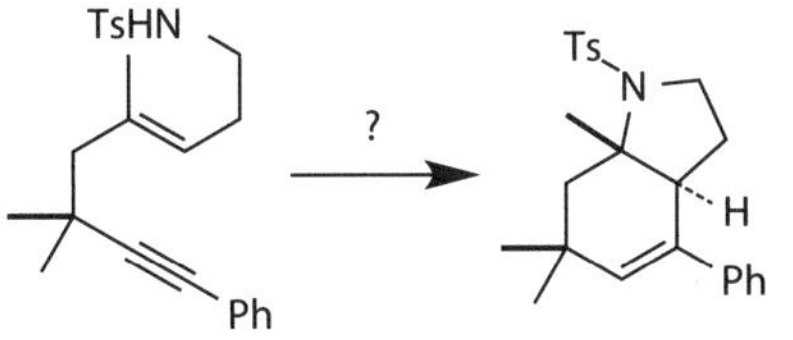

이 변환 과정에는 다음 반응들이 필요하다.

- 알카인의 선택적인 활성 반응(activation)
- 알켄의 분자내 사이클로프로페인화 반응(cyclopropanation)
- 사이클로프로페인(cyclopropane)의 선택적인 친핵 고리 열림 반응

유기금속 시약은 유기 합성의 근간이 되는 탄소–탄소 결합 생성 반응에서 중요한 역할을 한다. 음으로 분극화(polarized)된 탄소–금속 결합($C^{\delta-}M^{\delta+}$)이 특히 이 목적에 잘 부합한다고 할 수 있는데, 이는 유기 분자와 반응하기 좋은 반응 부위를 갖고 있기 때문이다. 일반적으로 유기금속 시약의 반응성은 탄소–금속 결합의 이온성이 클수록 커진다고 할 수 있다. 이것은 탄소 원자와 금속의 전기 음성도(electronegativity, EN) 차이($EN_C - EN_{Met}$)와 관련이 있다(표 7.1).[1]

이온성 백분율(percent ionicity)은 C-Met(탄소-금속) 결합의 전기 음성도 차이($EN_C - EN_{Met}$)와 관계가 있다.[1] 이것은 추정된 값이며 탄소에 붙어 있는 치환기의 영향을 받을 수도 있다. 이 값에 의하면 탄소와 공유 결합성을 나타내고 있는 C-Zn, C-Cu, C-Sn, C-B보다는 C-Li, C-Mg, C-Ti, C-Al 결합이 더 이온성이라는 것을 알려 준다. 어떤 유기금속 시약은 취급할 때 특별한 기술을 필요로 한다.[2]

7.1 유기리튬 시약[3]

유기리튬 시약은 다양한 유기 화합물과 반응하여 탄소–탄소 결합을 생성하기도 하고 유기 합성에서 매우 중요한 다른 유기금속 시약을 만드는 선구 물질로 쓰이기도 한다. 유기리튬을 만들거나 사용할 때 신중하게 고려해야 할 사항을 살펴보면 다음과 같다.

- **반응 조건**. 유기리튬 화합물과의 반응은 공기나 수분이 없는 환경에서 반응시켜야 한다(Ar이나 He가 가장 좋다. N_2는 리튬 금속 표면과 반응하여 그 표면을 변색시킨다).
- **용매**. 대부분의 R-Li 시약은 탄화수소 용매에서 만든다. 그러나 페닐리튬, 메틸리튬, 바이닐리튬은 탄화수소 용매에는 거의 녹지 않고 Et_2O에 매우 잘 녹는다. *n*-BuLi, *sec*-BuLi, *t*-BuLi는 상온에서 Et_2O 또는 THF와 반응하기 때문에 이들 용매에서는 낮은 온도에서 사용해야 한다.

표 7.1 전기 음성도 값과 이온성

원소	Li	Mg	Ti	Al	Zn	Cu	Si	Sn	B	C
EN*	0.97	1.23	1.32	1.47	1.66	1.75	1.74	1.72	2.01	2.50
이온성(%)	43	35	30	22	15	12	12	11	6	#

*Allred–Rochow 전기 음성도(EN)

$$n\text{-BuCl} + \text{Li 선} \xrightarrow{\text{pentane}} n\text{-BuLi } (>90\%) + \text{LiCl}$$

$$t\text{-BuCl} + \text{Li}-2\%\text{ Na 분산} \xrightarrow{\text{pentane}} t\text{-BuLi } (>80\%)$$

$$\text{PhBr} + \text{Li 분산} \xrightarrow{Et_2O} \text{PhLi}$$

- **유기리튬 시약의 분석.** 용액에 녹아 있는 알킬리튬의 함량을 분석하는 여러 가지 분석 방법이 알려져 있다.[4]
- **유기리튬 집합.** 유기리튬은 용액에서 서로 모여 소중합체 화학종(oligomeric species)을 만드는데, 단량체들이 다중심 결합(multicenter bonding)을 통하여 서로 붙들고 있는 것이다. Et_2O나 THF와 같은 배위성 용매(coordinating solvent)는 이들의 집합[5]이나 반응성[6]에 영향을 미친다.

  MeLi (Et_2O)—사합체   *n*-BuLi (hexane)—육합체

  MeLi (THF)—사합체   *n*-BuLi (THF)—사합체+이합체

- **반응성.** 유기리튬 시약의 염기도는 탄소 음이온 부분의 안정도가 증가할수록 감소하게 된다(예: *t*-BuLi > s-BuLi > *n*-BuLi).

유기리튬 시약은 CO_2와 반응하여 케톤을 만들고,[7] Grignard 시약은 카복실산을 만든다는 점을 제외하면 유기리튬 시약과 Grignard 시약은 거의 같은 반응성을 나타낸다(표 7.2).

$$\text{RLi} + CO_2 \longrightarrow RCO_2^-\,Li^+ \xrightarrow{\text{RLi}} R_2C(O^-Li^+)_2 \xrightarrow{H^+,\,H_2O} R_2C{=}O$$

$$CH_3CH_2CH(MgBr)CH_3 + CO_2 \longrightarrow CH_3CH_2CH(CO_2^-\,{}^+MgBr)CH_3 \xrightarrow{H^+,\,H_2O} CH_3CH_2CH(CO_2H)CH_3 \quad 76\text{~}86\%$$

표 7.2 RLi(A)과 RMgX(B) 시약을 이용한 역합성

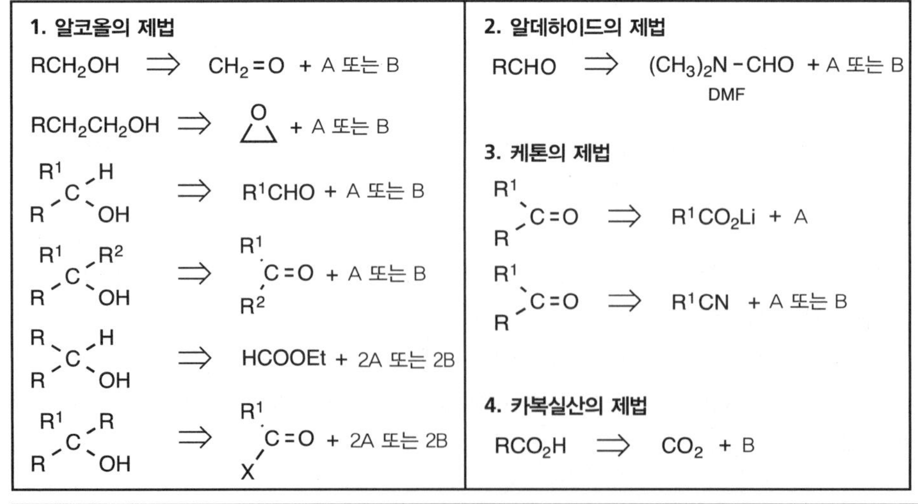

1. 알코올의 제법

$RCH_2OH \Rightarrow CH_2{=}O$ + A 또는 B

$RCH_2CH_2OH \Rightarrow$ (에폭사이드) + A 또는 B

$R^1R\,CH(OH) \Rightarrow R^1CHO$ + A 또는 B

$R^1R^2R\,C(OH) \Rightarrow R^1R^2C{=}O$ + A 또는 B

$R_2CH(OH) \Rightarrow$ HCOOEt + 2A 또는 2B

$R^1R_2C(OH) \Rightarrow R^1C(X){=}O$ + 2A 또는 2B

2. 알데하이드의 제법

RCHO $\Rightarrow (CH_3)_2N-CHO$ (DMF) + A 또는 B

3. 케톤의 제법

$R^1RC{=}O \Rightarrow R^1CO_2Li$ + A

$R^1RC{=}O \Rightarrow R^1CN$ + A 또는 B

4. 카복실산의 제법

$RCO_2H \Rightarrow CO_2$ + B

유기리튬 시약이 거의 모든 작용기와 잘 반응한다는 사실 때문에 기능성 유기리튬 시약을 만들기 위해서는 특별한 반응 조건이 필요하다. 예를 들면 낮은 온도에서 반응시키거나 친전자성 물질 존재하에서 유기리튬을 생성하는 것(Barbier형 반응)과 같은 것들이다.[8]

다음 절에서는 여러 가지 유기리튬 화합물의 제법과 유기 합성에서의 응용을 살펴보기로 한다.

할로젠화 알킬과 리튬 금속으로부터 유기리튬의 합성

이 방법의 사용 범위는 매우 넓으며, 특히 **알킬리튬**(alkyllithium)을 만드는 데 적당하다. 할로젠화 알킬의 성질은 반응 결과에 영향을 준다. 일반적으로 브로민화물(bromide)이 가장 좋으나 아이오딘화물(iodide)은 Wurtz 반응으로 진행되는 경향이 있다. R-Cl을 사용할 때에는 1~2%의 Na이 섞여 있는 Li을 사용한다. 금속 표면은 깨끗하고 표면적이 넓어야 한다. 리튬(Li)선은 일반적으로 망치로 때려서 납작하게 만든 후 작은 조각으로 잘라서 사용한다. 광물성 기름(mineral oil)에 분산시킨 리튬을 리튬선 대신 사용해도 좋은데, 이때는 광유를 *n*-헥세인과 같은 탄화수소 용매로 씻어서 제거한다. 유기리튬 화합물을 만들 때에는 기질에 있는 작용기를 염기성 반응에 영향을 받지 않게 할 필요가 있다. 아래의 예와 같이 리튬화 반응(lithiantion)을 수행하기 전에 수산기를, 염기성에 안정하고 산과는 반응하는 1-에톡시에틸 에터(1-ethoxyethyl ether)로 보호하는 것이다.[9]

$$\text{EEO}\!\sim\!\sim\!\sim\text{Cl} \xrightarrow[\text{Et}_2\text{O, }-20^\circ\text{C}]{\text{Li (1.5\textasciitilde 2\% Na)}} \text{EEO}\!\sim\!\sim\!\sim\text{Li}\quad 70\%$$

EE= 1-ethoxyethyl

그러나 같은 계통의 Grignard 시약을 만드는 방법이 더 일반적이다. 왜냐하면 처음에 만들어진 알킬리튬이 남아 있는 R-X와 경쟁적으로 반응하여 이합체 생성물(homocoupled product)을 만드는 Wurtz 짝지음 반응(coupling)을 수행하기 때문이다. 이러한 이유로 **알릴성, 벤질성, 프로파질성 할로젠화물**로부터는 유기리튬 화합물을 잘 만들지 못한다.

$$\text{RCH=CHCH}_2\text{I} + 2\,\text{Li} \longrightarrow \text{RCH=CHCH}_2\text{Li} + \text{LiI}$$

$$\text{RCH=CHCH}_2\text{Li} \xrightarrow{\text{RCH=CHCH}_2\text{I}} \text{RCH=CHCH}_2\text{CH}_2\text{CH=CHR} + \text{LiI}$$

리튬-할로젠 교환 반응을 통한 유기리튬의 합성

$$\text{R-X} + \text{R}'\text{-Li} \rightleftharpoons \text{R-Li} + \text{R}'\text{-X}$$

새로 만들어지는 RLi이 반응물인 R'Li보다 더 약한 염기(더 안정한 탄소 음이온)이면 반응은 정반응으로 진행된다. 이 반응은 C_{sp^3}-Li(센염기)과 C_{sp^2}-X 사이의 교환 반응을 통하여 진행되며, 알켄일리튬, C_{sp^2}-Li(약염기)을 만드는 반응에 적합하다.[10]

알켄일리튬 시약

리튬-할로젠 교환 반응을 통한 알켄일리튬(alkenyllithium)의 제조에서 일어나는 문제점 중에는 새로 만들어지는 할로젠화 알킬(alkyl halide, 예: *n*-BuBr)과 알켄일리튬과의 반응이 있다.

$$\text{(R)(H)C=C(H)(Br)} + n\text{-BuLi} \longrightarrow \left[\text{(R)(H)C=C(H)(Li)} + n\text{-BuBr}\right] \longrightarrow \text{(R)(H)C=C(H)(}n\text{-Bu)} + \text{LiBr}$$

이러한 알킬화 반응의 문제점은 2당량의 *t*-BuLi을 사용함으로써 피할 수 있다. 두 번째 당량의 *t*-BuLi은 반응 중 생성된 *t*-BuBr의 할로젠화수소 이탈 반응(dehydrohalogenation, E2 반응)을 일으키기 때문이다.[11]

$$\text{(R)(H)C=C(H)(Br)} + \underset{\text{(1st eq.)}}{t\text{-BuLi}} \xrightarrow[-78^\circ\text{C}]{\text{pentane, THF}} \left[\text{(R)(H)C=C(H)(Li)}\right] + \left[t\text{-BuBr}\right] \xrightarrow[\text{(2nd eq.)}]{t\text{-BuLi}} \text{Me}_2\text{C=CH}_2 + \text{LiBr}$$

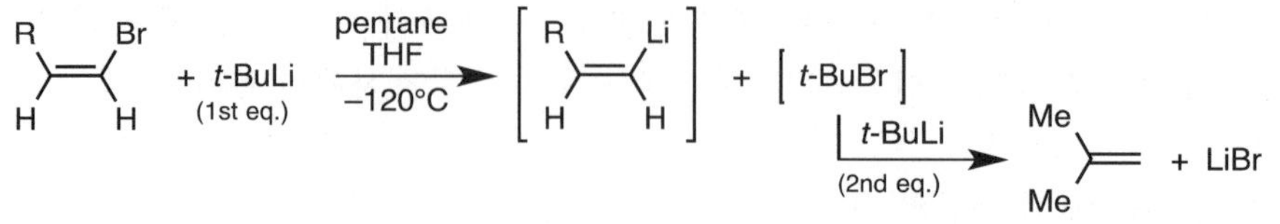

알킬 치환된 (*E*)-나 (*Z*)-알켄일리튬은 모두 낮은 온도에서 안정하다. 어떤 (*Z*)-알켄일리튬의 합성은 THF에서보다 Et_2O에서 반응시켜야 한다.[12] −100℃나 그 이하에서 반응시킬 때에는 Trapp 혼합물로 알려진[13] THF:Et_2O:*n*-펜테인의 4:1:1 혼합물을 반응 용매로 사용해야 한다.

알켄일리튬 시약은 알켄 또는 작용기가 있는 알켄의 입체 특이적(stereospecific)인 합성에 사용된다.[14]

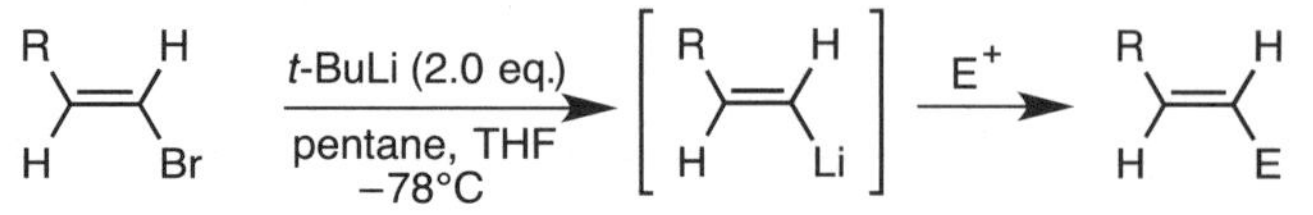

E^+ = 일차 R－Br 또는 R－I, CO_2, DMF, RCHO 또는 R_2CO, 에폭사이드

유기리튬 시약과는 양립할 수 없는 작용기가 있을 때 리튬-할로젠 교환 반응을 수행한다.[15] 이 경우에 할로젠화 알킬은 다르게 반응할 수도 있다. 이 반응 조건에서 염화 바이닐(vinyl choride)은 제거 반응을 통하여 알카인을 생성하는데, 양성자 이탈 반응(deprotonation)과 실릴화 반응(silylation)을 수행할 수 있다.

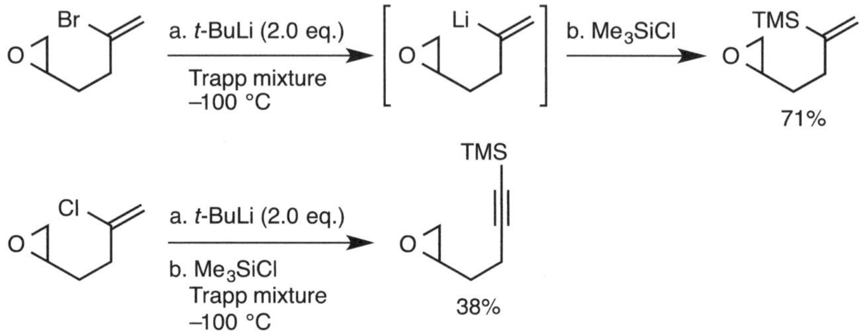

아릴리튬 시약

금속–수소 교환 반응으로는 얻을 수 없는 아릴리튬(aryllithium)이나 헤테로 방향족 리튬(heteroaromatic lithium) 시약은 금속–할로젠 교환 반응을 통하면 효율적으로 만들 수 있다.[16] 리튬–할로젠 교환 반응은 알킬화 반응(*s*-BuLi이나 *t*-BuLi을 사용)이나 리튬–수소 교환 반응과 경쟁적으로 일어날 수 있다는 것에 주목할 필요가 있다. 그러나 리튬–할로젠 교환 반응은 매우 빠르며, 낮은 온도나 전자 주개 용매에서조차도 빠르게 일어난다. 그래서 경쟁적인 알킬화 반응이나 금속–수소 교환 반응은 일반적으로 문제가 되지 않는다. 금속–할로젠 교환 반응의 촉진제(promoter)로 TMEDA[테트라메틸에틸렌다이아민(tetramethylethylenediamine)]를 사용할 때에는 주의해야 하는데, 이것은 금속-할로젠 교환 반응이 아니라 금속화 반응을 더 가속시키기 때문이다.

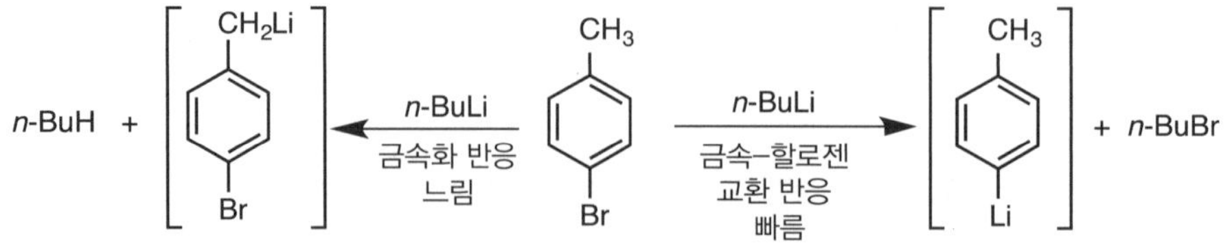

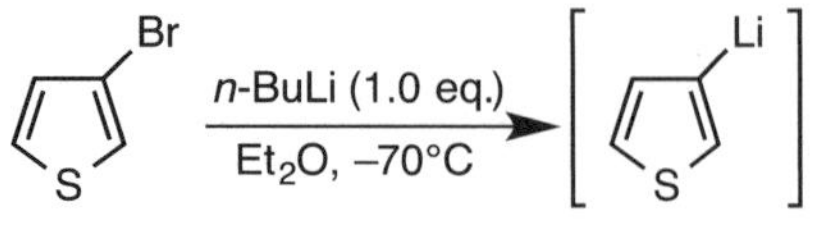

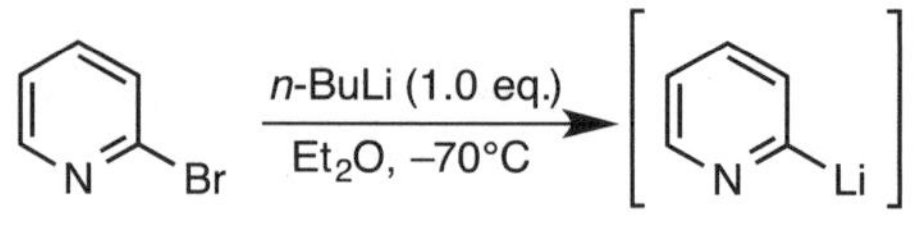

리튬벤조나이트릴(lithiobenzonitrile)과 같이 작용기를 갖고 있는 아릴리튬 화합물은 낮은 온도에서만 안정하다. 따라서 반응성이 높은 친전자체를 사용하여 반응을 종결시켜야 한다.[17]

리튬-금속 교환 반응을 통한 유기리튬의 합성(금속 교환 반응)

$$\text{R-M} + \text{R'-Li} \rightleftharpoons \text{R-Li} + \text{R'-M}$$

다른 방법으로는 만들기 어려운 알릴성, 벤질성, 프로파질성 리튬 시약은 금속 교환 반응을 통하여 만들 수 있다.

위에서 볼 수 있는 바와 같이, 쉽게 구할 수 있는 알릴 Grignard 시약을 알릴리튬 시약으로 바꿀 때에는 두 번의 금속-금속 교환 반응을 통하여 만들 수 있다. 이 반응은 정반응으로 반응이 진행되는데, 그 이유는 (a) Mg-Sn 교환 반응에서 양전하가 큰 Mg은 이온성이 큰 MgBrCl염이 되고자 하며, (b) Sn-Li 교환 반응에서는 양전하가 큰 Li이 음전하가 큰 알릴성 리간드와 결합되기 때문이다.

리튬-수소 교환 반응(금속화 반응)을 통한 유기리튬의 합성

유기리튬 화합물은 일반적으로 금속-수소 교환 반응을 통해서 만든다. C-Li 결합을 만드는 경향은(따라서 C-Li 결합의 반응성은) 음이온으로서 R기가 얼마나 안정한가에 달려 있다. 안정도를 측정하는 가장 중요한 척도는 이에 해당하는 탄소산(carbon aicd)의 산도라고 할 수 있다. pK_a값의 차이가 큰 것이 바람직하기는 하지만 2~3 정도의 pK_a 차이면 반응을 완결(98%)시키기에 충분한 값이다(6장의 pK_a값 참조[18]).

센산 → 약산

$$\text{-C-H} + \text{RLi} \longrightarrow \text{-C-Li} + \text{RH}$$

$$\text{-C-H} + \text{R}_2\text{NLi} \longrightarrow \text{-C-Li} + \text{R}_2\text{NH}$$

아래 요인들이 C-H 결합의 산도에 영향을 미친다고 할 수 있다.

- 혼성화(hybridization, C-H 결합의 *s* 특성)-*s* 특성 %가 클수록 낮은 pK_a값을 갖는다.

  pK_a: C-H ~50, C=C-H ~44, C≡C-H ~25

- 치환의 효과 – 탄소 음이온의 안정도가 낮으면 높은 pK_a값을 갖는다.

  탄소 음이온의 안정도: $RCH_2Li > R_2CHLi > R_3CLi$

- 공명 – 전자 끄는 기가 인접해 있으면 낮은 pK_a값을 갖는다.

  -C(H)-R의 산도는 다음 순서로 감소한다.

  R=CHO > C(O)R″ > CO_2R'' > C(O)NR''_2 ~ CO_2^- > SO_2R'' > Ph ~C=C

효율적인 금속화 반응을 위한 시약, 용매, 반응 조건

리튬 알킬과 리튬 아릴

THF[테트라하이드로퓨란(tetrahydrofuran)], DME[다이메톡시에테인(dimethoxyethane)], 다이글라임[diglyme, 다이에틸렌 글라이콜 다이메틸 에터(diethylene glycol dimethyl ether)]과 같은 특정 용매와 여러 가지 첨가물을 사용하면 유기리튬의 반응성이 크게 변화된다는 사실을 알아냄으로써 유기리튬 화학은 많은 발전을 이루었다.[19] TMEDA[테트라메틸에틸렌다이아민(tetramethylethylenediamine)], HMPA[헥사메틸포스포아마이드(hexamethylphosphoramide), 발암 가능 물질], 삼차 아민, 크라운 에터(crown ether), *t*-BuO^-K^+와 같은 킬레이트제를 첨가하면 유기리튬의 염기성과(또는) 친핵성이 증가된다. 예를 들면 헥세인에서 육합체로 존재하는 *n*-BuLi에 TMEDA나 HMPA를 가하면 이 킬레이트제가 Li^+ 원자에 배위됨으로써 반응 속도론적으로 더 반응성이 큰 단량체로 소중합이탈 반응(deoligomerization)을 일으키게 된다. 이 센 착화제(complexing agent)들은 일반적으로 정량 또는 약간 과량으로 사용한다. 발암성 물질인 HMPA를 대체할 좋은 용매로는 DMPU[다이메틸프로필렌유레아(dimethylpropyleneurea); 1,3-다이메틸-3,4,5,6-테트라하이드로-2(1*H*)피리미디논(1,3-dimethyl-3,4,5,6-tetrahydro-2(1*H*)pyrimidinone)]가 있다.[20]

TMEDA　　HMPA　　DMPU　　16-crown-4
(16 원자, 4 산소)

리튬 다이알킬아마이드

일반적으로 사용되는 다이알킬아민화 리튬(lithium dialkylamide)로는 LDA[다이아이소프로필아민화 리튬(lithium diisopropylamide)], LTMP[리튬 2,2,6,6-테트라메틸피페리다이드(lithium 2,2,6,6-tetramethylpiperidide)], LHMDS[헥사메틸다이실라자화 리튬(lithium hexamethyldisilazide)]가 있다. 이들은 LDA 제법에서 볼 수 있는 바와 같이 Et_2O와 THF 용매에서 유기리튬 시약과 적당한 아민을 반응시켜 얻는다.[21]

	i-Pr_2NLi	(2,2,6,6-tetramethylpiperidine N–Li)	$(Me_3Si)_2NLi$
	LDA	LTMP	LHMDS
아민의 pK_a	~38	~37	~30

$$i\text{-}Pr_2NH + n\text{-}BuLi \xrightarrow[-78°C]{THF} i\text{-}Pr_2NLi + n\text{-}Bu\text{-}H$$

pK_a ~38 (더 센산)　　　pK_a ~50

화학 선택성

일반적인 경우이긴 하지만 기질 분자가 염기나 친핵체의 공격을 받을 수 있는 작용기를 갖고 있을 때에는 금속화(metalating) 시약을 잘 선택하는 것이 매우 중요하다.

R_2NLi (e.g., LDA): 비친핵성, 센염기

RLi: 강력한 친핵체, 센염기

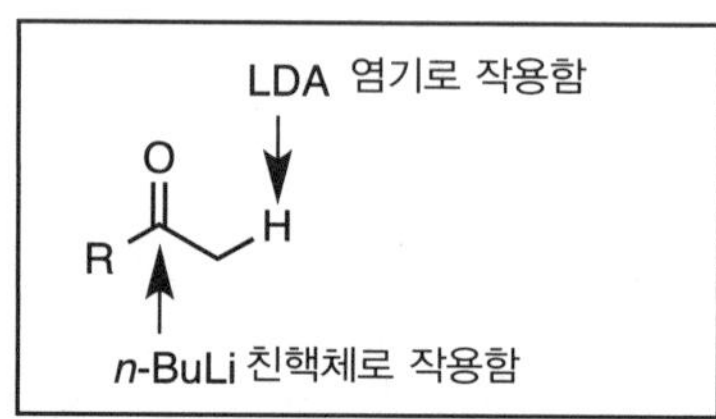

흥미롭게도 R_2NLi 시약은 열역학적으로 더 센염기인 RLi 시약보다 더 효율적인 금속화 시약이다. 헤테로 원자의 반응 속도론적 염기성의 증가는 자유 전자쌍 때문으로 이해할 수 있는데, 이 자유 전자쌍이 사중심 전이 상태(four-centered transition state)를 만듦으로써 자유로운 탄소 음이온의 생성을 피할 수 있게 한다.[22] 비슷한 전이 상태가 R_2NLi에 의한 케톤의 양성자 이탈 반응(deprotonation)에서도 제안되어 왔다.[23]

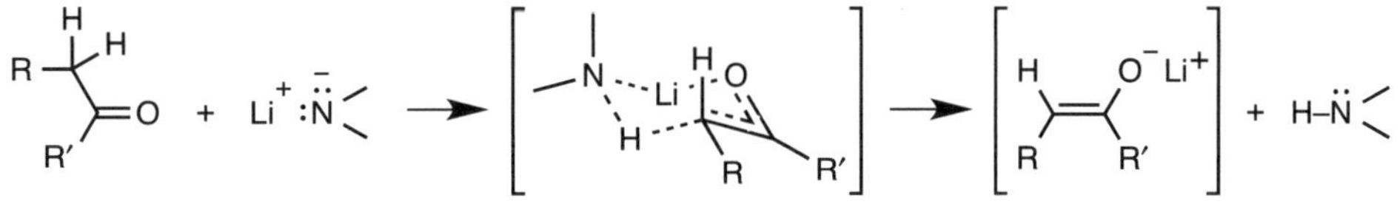

벤질성 금속화 반응

알킬리튬과 벤질 할라이드의 반응을 통한 벤질리튬의 제법은 초기에 생성된 벤질리튬이 벤질 할라이드와 반응하여 다이페닐에테인을 생성하기 때문에 가능하지 않다. 그러나 TMEDA 존재하에서 30°C로 톨루엔을 *n*-BuLi으로 금속화 반응시키면 벤질리튬과 벤젠 고리에 금속화된 생성물을 92:8의 비율로 얻게 된다.[24] *t*-BuO^-K^+ 존재하에서 톨루엔을 *n*-BuLi으로 금속화 반응시키고 생성된 유기포타슘 화합물을 브로민화 리튬으로 처리하면 순수한 벤질리튬을 89%의 수율로 얻을 수 있다.[25] 다른 방법으로는 알킬 벤질 에터(alkyl benzyl ether)를 리튬 금속과 반응시켜 에터 결합을 끊어서도 얻을 수 있다.[26]

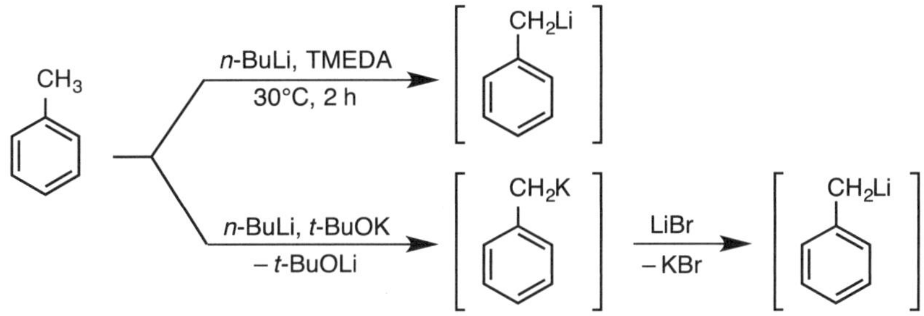

알릴성 금속화 반응

알릴성 유기금속 화합물과 친전자 시약의 반응은 비고리계의 탄소-탄소 결합을 만들고[27] 이들의 입체 화학을 조절하는 데[28] 있어서 매우 중요한 반응이다. 크로틸(crotyl) 유기금속(2-butenylmetal) 화학종은 상온에서도 금속의 1,3-전이 반응이 일어나는데, 유기 합성에서 알릴성 금속의 입체 화학을 조절하기 위해서는 이들의 평형을 피해야 한다.

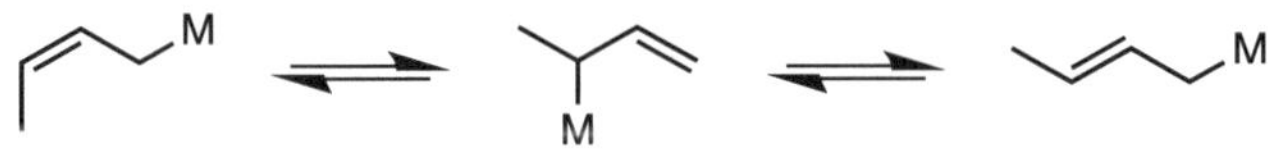

M = Li, MgX, ZnX, BR_2, AlR_2, TiL_3, ZrL_3

TMEDA 존재하에서 프로펜 또는 아이소뷰틸렌을 Et_2O에 녹아 있는 *n*-BuLi과 반응시키면 알릴리튬과 메탈릴리튬(methallylithium)을 각각 쉽게 만들 수 있다.[29]

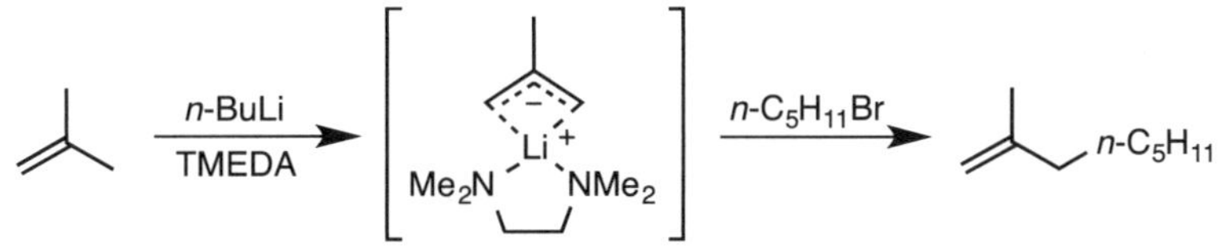

n-BuLi-*t*-BuLi을 사용한 금속화 반응

약산성인 화합물로 알킬리튬을 사용하여 양성자 이탈 반응을 수행할 때 양이온을 간단히 바꾸면 반응 속도도 몇 배 정도 바뀌게 된다. *t*-BuO^-K^+는 *n*-BuLi을 활성화시켜[Schlosser의 '슈퍼염기(super base)'라 함], 낮은 산도 영역(pK_a ~40)에 있는 올레핀의 알릴성 C–H 결합에 금속화 반응을 일으킨다.[25,30] 아직 슈퍼염기의 본질은 알려져 있지 않지만 아마도 유기포타슘/리튬 알코올레이트(alcoholate) 집합체인 것으로 생각된다.

$\xrightarrow[\text{KO}t\text{-Bu}, -90 \sim -20°C]{n\text{-BuLi, THF}}$ $[\ ]K^+$

크로틸리튬과 크로틸포타슘 화합물은 내향형(endo-form) 구조나 외향형(exo-form) 구조로 생각할 수 있다. 이들은 평면상에 있기 때문에 이 두 형태 모두 전자 비편재화(electron delocalization)를 통하여 안정화되어 있다.

M은 평면 위쪽에 있음

endo exo

크로틸리튬의 내향형과 외향형의 평형은 매우 빠르며, 이들의 포타슘 시약은 상당히 안정하고 친전자체(E^+)와 반응시켜 반응을 종결시킬 수도 있다.[31] 크로틸포타슘도 평형을 이루지만 놀랍게도 수시간 후에는 입체 장애가 작은 외향형보다는 내향형을 더 선호하게 되는 것을 볼 수 있다.

n-BuLi, THF / KOt-Bu / −78 ~ −20°C → [K⁺] → E⁺ → E

n-BuLi, THF / KOt-Bu / −78 ~ −20°C → [K⁺] → E⁺ → E

크로틸리튬 시약은 양쪽 자리성 친핵체이기 때문에 친전자체와 반응할 때 α-탄소나 γ-탄소와 반응할 수 있다. 이 반응의 위치 선택성은 구조, 친전자체, 용매와 같은 여러 인자에 의해 결정된다. 일반적으로 입체 장애가 없는 카보닐 화합물은 크로틸리튬의 γ-위치의 탄소와 선택적으로 반응하는 경향이 있다.

[γ Li⁺ α] → O (cyclohexanone) → HO

90%

BuLi/t-BuOK로부터 만들 수 있는 알릴성 유기금속 화합물은 대부분 α-위치의 탄소가 친전자체와 반응하게 된다.[32]

n-BuLi, THF / KOt-Bu / −45°C → [K⁺] → 1. CO_2 2. H^+, H_2O → CO_2H

α-헤테로 원자가 치환된 알케인의 비대칭 금속화 반응

카바메이트(Carbamate)와 *N*-Boc-피롤리딘(*N*-Boc-pyrrolidine)은 (–)-스파테인(sparteine)의 존재하에서 헤테로 원자의 알파 위치에서 탈수소화 반응을 일으켜 카이랄 쌍극자성 탄소 음이온을 생성한다.[33] 카바메이트의 경우 금속화 반응에서 pro-S 수소가 떨어져 나가 낮은 온도에서 구조적으로 안정한 리튬/(–)-sparteine 탄소 음이온쌍을 만든다. 여기에 MeI, CO_2, TMSCl, Me_3SnCl과 같은 친전자체를 가하면 입체 구조가 유지되는 화합물을 생성한다.

O, N, O, H^S H^R — a. s-BuLi, (–)-sparteine, Et_2O, −78°C → [Li•(–)-sparteine] → b. Me_3SiCl →

$SiMe_3$

86%, ee > 95%

(–)-sparteine

α-헤테로 원자가 치환된 알켄의 금속화 반응

sp^2 탄소에 붙어 있는 양성자는 비알릴성 sp^3 탄소에 붙어 있는 양성자보다는 더 산성을 띤다. 헤테로 원자의 유발 효과(inductive effect)도 인접 sp^2 탄소-수소 결합의 산도를 증가시켜 α-리튬화(lithiation)를 촉진시킨다. 헤테로 원자의 상대적인 활성 효과(activating effect)는 황 > 산소 > 질소의 순이다. 따라서 2-에톡시-1-(페닐싸이오)에틸렌[2-ethoxy-1-(phenylthio)ethylene]을 *t*-BuLi과 반응시기면 페닐싸이오기가 붙어 있는 탄소에만 리튬화가 일어난다.[34]

EtO, H, H, SPh — *t*-BuLi / THF → [EtO, Li, H, SPh] — 1. (epoxide) 2. H_2O → EtO, OH, H, SPh (60%)

TMEDA 존재하에서 *n*-BuLi으로 다이하이드로피란(dihydropyran)의 금속화 반응을 수행하면 알릴성 위치보다는 α-바이닐성 위치에서 반응이 일어난다. 전자를 끄는 산소와 결합된 sp^2 탄소의 바이닐성 양성자보다는 알릴성 양성자를 떼어내는 것이 더 느린 속도로 진행된다.

H, $H_{allylic}$, $H_{\beta\text{-vinylic}}$, O, $H_{\alpha\text{-vinylic}}$ — *n*-BuLi / TMEDA hexane → [H H, H, O, Li]

메틸 바이닐 에터와 페닐 바이닐 설파이드의 금속화 반응은 α-금속화된 바이닐 에터와 바이닐 설파이드를 각각 생성한다. 이 음이온들은 **아실 음이온 대등체**(acyl anion equivalent)이다.[35]

$H_2C{=}C(OCH_3)H$ — *t*-BuLi, pentane 또는 *t*-BuLi, THF, TMEDA −65°C → [$H_2C{=}C(OCH_3)Li$]

$H_2C{=}C(SPh)H$ — *n*-BuLi 또는 LDA / THF → [$H_2C{=}C(SPh)Li$]

} $H_3C-C(=O)^{\ominus}$

ortho-치환기를 갖고 있는 벤젠이나 헤테로 방향족 화합물의 금속화 반응[36]

어떤 방향족 화합물에 지향성 금속화 반응(directed metalation)을 수행하면 치환기가 붙은 벤젠 유도체나 헤테로 고리 화합물을 위치 선택적으로 합성할 수 있다. 즉 질소나 산소 같은 비공유 전자를 갖고 있는 작용기는 이들의 오쏘 위치(ortho-position)의 C_{sp^2}-H를 유기리튬 시약으로 바꿀 수 있게 한다. 질소나 산소에 리튬 시약이 배위됨으로써 유기리튬이 오쏘 수소 근처로 올 수 있다. 리튬에 의한 양성자 이탈 반응과 친핵체 공격을 통하여 방향족 고리에 위치 선택적인 금속화 반응을 수행할 수 있다.[37]

MeO, H + RLi ⇌ [Me, O, Li, R, H] —느림→ [MeO, Li] + RH

X, H — *n*-BuLi / THF → [X, Li] —E^+→ X, E

X = $-OR$, $-NR_2$, $-CH_2OR$, $-CH_2NR_2$, $-CH(OR)_2$, $-CONR_2$

E^+= CO_2, DMF, RCHO, R_2CO, 에폭사이드, 할로젠화 일차 알킬

산소에 비해 질소는 배위력이 더 크기 때문에 *p*-메톡시-*N,N*-다이메틸벤질아민(*p*-methoxy-*N,N*-dimethylbenzylamine)을 *n*-BuLi과 반응시키면 $-CH_2NMe_2$기의 오쏘 위치에서 금속화 반응이 일어난다. 그러나 센 착화제인 TMEDA 존재하에서는 $-CH_2NMe_2$가 리튬에 배위되기 어렵다. 이 경우에는 $-OMe$기의 오쏘 위치에 있는 가장 센 산성 양성자만이 선택적으로 제거된다.[38]

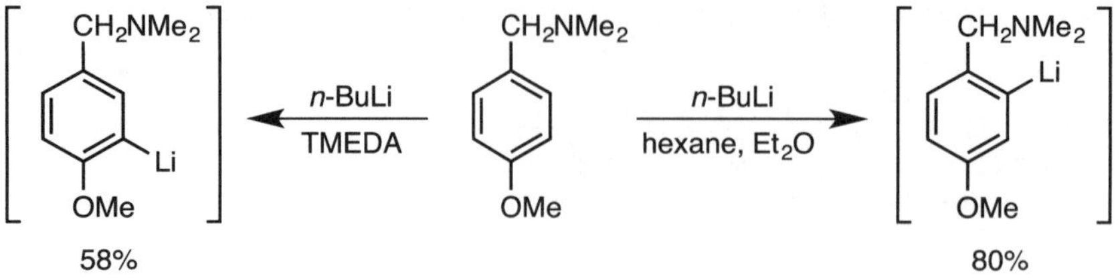

헤테로 방향족 화합물인 퓨란(furan)과 싸이오펜(thiophene)을 알킬리튬 시약으로 처리한 금속화 반응에서는 이들의 2-리튬 유도체들이 만들어진다.[33] 예를 들면 THF에서 2-메틸퓨란을 *t*-BuLi과 반응시키고, 얻어진 유기리튬 중간체에 알킬화 반응을 수행하면 비스바이닐 에터를 얻을 수 있는데, 이것을 가수 분해하면 불포화 1,4-다이케톤(1,4-diketone)이 생성된다.

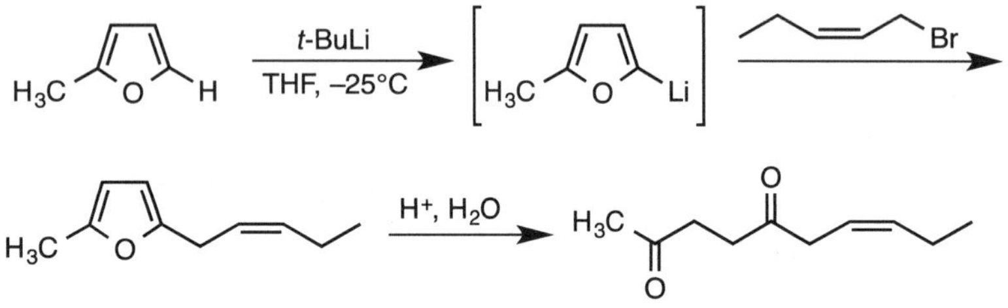

황은 인접 탄소 음이온을 안정화시키는 데 산소보다 효과적이다. 따라서 같은 양의 퓨란과 싸이오펜을 섞은 후 1당량의 *n*-BuLi을 반응시키면 싸이오펜에서만 선택적으로 금속화 반응이 일어난다.

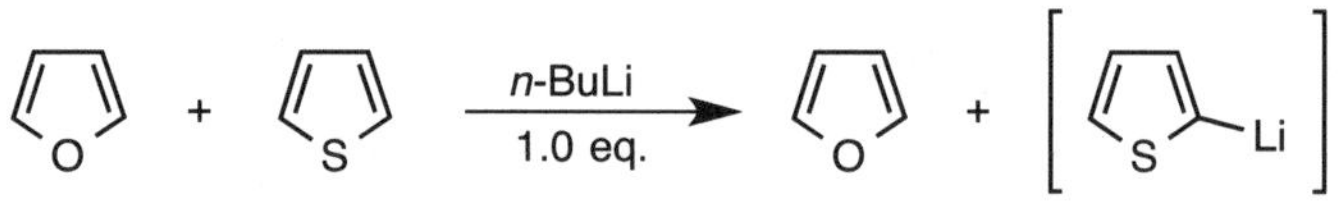

1-알카인의 금속화 반응(리튬 알카인일라이드의 제법)[39]

전자가 채워진 sp 오비탈은 sp^2 오비탈이나 sp^3 오비탈보다 에너지가 낮은데, 이것은 전자가 채워진 sp 오비탈이 양전하를 띤 핵에 더 가까이 있기 때문이다. 이것으로 아세틸렌과 1-알카인(1-alkyne, pK_a 24~26)의 산도가 왜 큰지를 설명할 수 있으며, 이 사실로부터 아세틸렌이나 1-알카인을 알킬리튬, 다이알킬아민화 리튬(lithium dialkylamide), 액체 암모니아에 녹인 아민화 소듐, 브로민화 에틸마그네슘(ethylmagnesium bromide)과 같은 염기와 반응시키면 알카인일 탄소 음이온을 만들 수 있다(8.2절 참조).

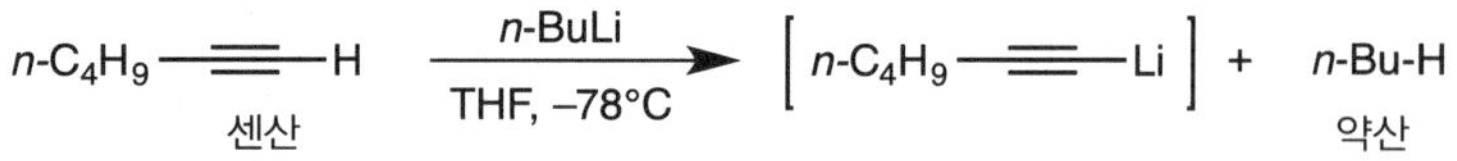

리튬 시약의 콘쥬게이션 첨가 반응

알킬리튬이나 아릴리튬 시약이 일반적으로 α,β-불포화 카보닐 화합물(1,2-첨가 반응)의 카보닐기를 공격한다고 할지라도, 입체 장애가 매우 큰 에스터의 경우에는 콘쥬게이션 첨가 반응(1,4-첨가 반응)이 관찰된다. 이런 에스터로는 2,6-다이-*t*-뷰틸-4-메틸페닐 에스터(butylated hydroxytoluene, BHT ester)와 2,6-다이-*t*-뷰틸-4-메톡시페닐 에스터(butylated hydroxyanisole, BHA ester)가 있는데, 이 경우 리튬 시약의 카보닐기로의 접근이 방해받는다.[40]

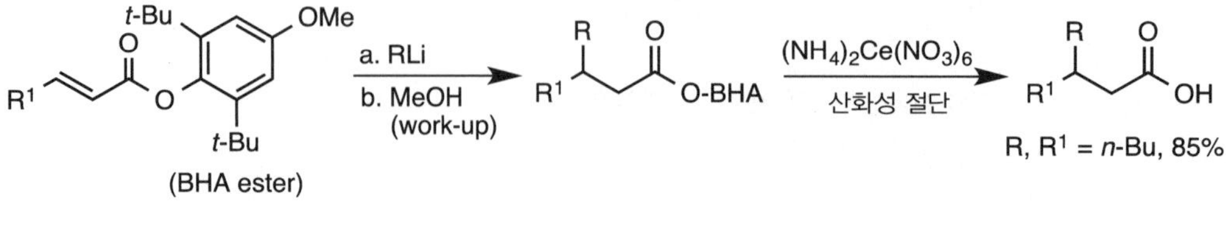

7.2 유기마그네슘 시약[41]

Victor Grignard(1871~1935, 1912년 노벨상)[42]에 의하여 1900년에 보고된 Grignard 반응은 합성 학자들에게 있어서 탄소 부분을 연결시키는 가장 강력한 방법 가운데 하나가 되었다.

Grignard 시약의 제조[43]

알킬 Grignard 시약은 Et_2O 또는 THF 용매에서 (i) '활성' 마그네슘 조각[44] 또는 (ii) **Rieke 마그네슘**을 염화 알킬, 브로민화 알킬, 아이오딘화 알킬과 반응시켜서 만든다.[45] Rieke 마그네슘은 비록 금속 상태라 할지라도 매우 큰 표면적을 갖고 있으며 반응성이 높고 크기가 작은 입자로 구성되어 있다는 점에서 금속 덩어리와 다르다.

$$MgCl_2 \xrightarrow[\text{naphthalene}]{\text{Li, THF}} \text{'Rieke-Mg'} \xrightarrow{\text{(norbornyl-Cl)}} [\text{norbornyl-MgCl}]$$

알켄일과 페닐 Grignard 시약은 일반적으로 알켄일, 브로민화 페닐 또는 아이오딘화 페닐과 반응시켜 만든다.[43] Et_2O에서 (*E*)- 또는 (*Z*)-할로젠화 알켄일로부터 만든 Grignard 시약은 구조적으로 불안정하여 이들의 이성질체 혼합물을 생성하게 된다. 할로젠화 알켄일마그네슘을 THF에서 만들면 이성질화 반응을 많이 감소시킬 수 있다.[46]

$$n\text{-}C_4H_9CH{=}CHBr \xrightarrow{Mg,\ Et_2O} [n\text{-}C_4H_9CH{=}CHMgBr] \xrightarrow[2.\ H^+,\ H_2O]{1.\ CO_2\,(xs)} n\text{-}C_4H_9CH{=}CHCO_2H$$

(*E*)-브로민화물 (*E*) / (*Z*) 혼합물

할로젠화 알릴과 마그네슘으로부터 만든 **알릴** Grignard 시약은 종종 이합체 생성물을 만들기도 한다. 이러한 문제는 매우 반응성이 높은 Rieke-Mg을 사용하거나, 할로젠화 알릴, 알데하이드나 케톤을 마그네슘과 함께 섞어줌으로써 Babier형 반응을 통하여 피해갈 수 있다. 즉 Grignard 시약이 만들어지자마자 이합체를 생성하기 전에 친전자체와 즉시 반응하도록 하는 것이다.

$$\text{cyclopentanone} \xrightarrow[Mg,\ Et_2O]{\text{allyl-Br}} [\text{BrMg}^+\ ^-\text{O-C(allyl)cyclopentane}] \xrightarrow{H^+,\ H_2O} \text{HO-C(allyl)cyclopentane}\ \ 80\%$$

알카인일 Grignard 시약은 THF에서 브로민화 에틸마그네슘을 사용하여 1-알카인의 양성자 이탈 반응을 수행함으로써 얻을 수 있다.[47] 브로민화 에타인일마그네슘(HC≡CMgBr)의 제법은 THF에 녹아 있는 브로민화 에틸마그네슘을 아세틸렌이 녹아 있는 THF의 찬 용액에 천천히 가하면 된다.[48]

$$R{-}{\equiv}{-}H \xrightarrow[THF]{EtMgBr} [R{-}{\equiv}{-}MgX] + Et{-}H$$

$pK_a \sim 25$ $pK_a \sim 50$

Grignard가 에터 용액에서 유기 할로젠화 마그네슘의 제법을 발표한 지 100년이 지났지만 아직까지도 이 시약의 실질적인 생성 메커니즘과 구조를 완전히 이해하지는 못하고 있다. Grignard 시약의 생성 반응은 마그네슘이 산화성 첨가 반응으로 탄소–할로젠 결합에 삽입 반응을 하는 것이며, 이를 통하여 산화수가 Mg(0)에서 Mg(II)로 변하게 된다.[49]

$$R{-}X + Mg(0) \xrightarrow{Et_2O\ \text{또는 THF}} R{-}Mg(II)X$$

RMgX의 구조는 아래에서 볼 수 있는 바와 같이 Schlenk 평형으로 표시하는 것이 일반적으로 받아들여지고 있다.[41b,50]

$$2\,RMgX \rightleftharpoons R_2Mg + MgX_2 \rightleftharpoons R_2Mg \cdot MgX_2$$

예외가 있긴 하지만 Grignard 시약을 만들 때 입체 중심 탄소(stereogenic carbon)의 입체 화학은 일반적으로 유지할 수 없다.

Grignard 시약과 카보닐 화합물과의 반응

Grignard 시약은 카보닐 화합물의 이중 결합과 같은 탄소–헤테로 원자 이중 결합에 친핵성 첨가 반응을 할 수 있다. 카보닐기의 Grignard 시약에 대한 반응성은 알데하이드(반응성이 가장 큰) > 케톤 > 에스터 > 아마이드(반응성이 가장 작은)의 순으로 감소한다. Grignard 시약의 카보닐기에 대한 높은 반응성은 기본적으로 C=O π 결합의 분극화(polarization)와 약한 C – Mg 결합에 기인한다고 할 수 있다.

카보닐기에 대한 Grignard 시약의 첨가 반응은 극성 협동(polar-concerted) 메커니즘 또는 단계적인 전자 이동(stepwise electron transfer) 메커니즘을 통하여 반응이 진행되는 것 같다.[51] Grignard 시약과 알데하이드 또는 케톤과의 극성 협동 반응에 대한 가능한 메커니즘을 아래에 그려보았으며, 유기 합성에서 Grignard 시약에 대한 요약을 표 7.2에 표시하였다. Lewis 염기인 카보닐 산소에 Lewis 산인 마그네슘이 배위되면 R기의 친핵성이 증가되면서 카보닐기가 더 분극화된다.

두 탄소 부분의 짝지음 반응에 대한 Grignard 시약의 다양하고 폭넓은 유용성에도 불구하고 기질인 카보닐 화합물의 엔올화 반응(enolization), 환원 반응, 알돌 축합 반응과 같은 부반응이 종종 함께 일어나기도 한다. 유기마그네슘 화합물은 친핵체로서 작용할 뿐 아니라 염기로도 작용하기 때문에 엔올성 수소(enolizable hydrogen)를 갖고 있는 케톤을 엔올 마그네슘으로 변환시킨다. R-H의 형태로 탄소 음이온을 제거하고 가수 분해 과정을 거치면 처음의 케톤이 된다.

엔올화 반응

만일 Grignard 시약이 β-위치에 수소를 가지고 있다면 수소 음이온 전이(hydride transfer)를 통한 카보닐기의 환원이 첨가 반응과 경쟁할 수도 있다(표 7.3).

표 7.3 Grignard 반응성에 대한 구조의 영향

$(CH_3)_2CHCOCH(CH_3)_2$ + Grignard 시약 → 생성물

Grignard 시약	생성물 비율(%)		
	첨가 반응	엔올화 반응	환원 반응
CH_3MgX	95	-	-
$(CH_3)_3CMgX^a$	0	35	65
$(CH_3)_3CCH_2MgX^b$	0	90	0

[a] β-수소, [b] β-수소 없음

이러한 부반응을 억제하기 위하여 Grignard 시약에 가능한 작은 작용기를 붙여 사용하거나 해당 리튬 시약을 사용함으로써 적은 양의 환원 및 엔올 생성물이 만들어지게 할 수 있다.

한계: 기질에 붙은 어떤 작용기들은 Grignard 시약을 만드는 데 방해가 된다. 즉 –OH, –NH, –SH기들은 Grignard 시약이 만들어지자마자 양성자화 반응(protonate)을 일으킨다. 할로젠 치환체에 붙어 있는 카보닐기와 나이트릴기는 첨가 반응을 할 것이다. 그러나 최근 이러한 작용기를 갖고 있는 아이오딘화 아릴(aryl iodide) 또는 아이오딘화 헤테

로아릴(heteroaryl iodide)을 낮은 온도에서 반응시키면 아이오딘–마그네슘 교환 반응이 일어나 이러한 작용기를 갖고 있는 Grignard 시약도 만들 수 있다는 것이 보고되었다.[52] 대부분의 친전자체는 Grignard 시약과 천천히 반응하지만, 교환 반응은 일반적으로 낮은 온도에서도 빠르게 반응이 일어나기 때문에 예민한 작용기를 갖고 있는 Grignard 시약을 만들 때 사용할 수 있다. 할로젠화 2차 알킬마그네슘에 LiCl을 첨가하면 교환 반응이 촉진되는데, 그 이유는 아마도 반응성이 더 좋고 잘 녹는 *i*-PrMgCl·LiCl 단량체를 생성하기 때문이라고 생각된다.

FG–C₆H₄–I → [*i*-PrMgBr (1 eq.), THF, –25°C] → [FG–C₆H₄–MgX] → [E^+] → FG–C₆H₄–E (74~95%)

FG = Br, C(O)NR_2, CN, CO_2Et, CO_2t-Bu; E^+ = RCHO, allyl-Br, etc.

교차 짝지음 반응(cross-coupling reaction)과 치환 반응

Grignard 시약은 구리 촉매를 이용한 엔온(enone)의 콘쥬게이션 첨가 반응, 알릴성 치환 반응과 Pd(0) 또는 Ni(II) 촉매를 이용한 아릴 Grignard 시약과 아릴 할라이드의 짝지음 반응(coupling) 반응에 참여한다.

7.3 유기타이타늄 시약[53]

유기리튬이나 Grignard 탄소–탄소 결합 생성 반응과 관련하여 많은 화학 선택성(chemoselectivity)에 관한 문제점이 제기되고 있다. 이러한 유기금속 화합물이 알데하이드, 케톤, 에스터 사이에 경쟁적인 친핵성 첨가 반응을 하는 경우에는 이들의 차이가 잘 나타나지 않으며 사이안화물, 나이트로, 할로젠과 같은 다른 친전자 작용기가 반응을 방해할 수도 있다. α,β-불포화 카보닐 화합물의 경우에는 위치 선택성(1,2- 대 1,4-첨가 반응)이 중요한 주제가 된다. 위에서 설명한 바와 같이, 유기리튬이나 Grignard 시약도 이들이 카보닐 화합물과 반응할 때 친핵체가 아니라 염기로 작용할 때는 카보닐기의 α 위치의 양성자 떼기 반응(proton abstraction)을 일으킴으로써 원치 않는 부반응을 일으킬 수 있다. 다행히 유기리튬이나 유기마그네슘 화합물로부터 만들 수 있는 **유기타이타늄**(organotitanium) 화합물은 탄소 음이온의 반응성과 염기도가 상당히 떨어진다.[50,54]

높은 화학 선택성과 위치 선택성을 갖는 타이타늄 시약은 타이타늄 알콕사이드 또는 아마이드를 유기리튬이나 Griganrd 시약에 가하여 용액상에서 직접 만들 수 있다.[54a] 타이타늄과의 금속 교환 반응(transmetalation)은 낮은 온도에서도 순간적으로 일어난다. 타이타늄에 여러 가지 작용기를 붙일 수 있는데, 이 가운데는 알릴, 프로파질, 바이닐, 아릴기뿐 아니라 일차, 이차 및 삼차 알킬도 포함된다.

$$CH_3Li + ClTi(O\text{-}i\text{Pr})_3 \xrightarrow[-58°C]{Et_2O} H_3C\text{-}Ti(O\text{-}i\text{-}Pr)_3 + LiCl\ (ppt)$$

유기타이타늄 $RTi(OR)_3$와 RLi이나 RMgX 시약의 가장 큰 특징적인 차이는 타이타늄 시약의 선택성이다. 가지가 있는 것과 가지가 없는 알데하이드, 고리형과 비고리형 케톤, 포화와 α,β-불포화 케톤은 표 7.4에서 볼 수 있는 경쟁 반응의 예에서와 같이, 높은 선택성으로 구분할 수 있다.[54] COOR, $CONR_2$, C-할로젠, 에폭사이드와 같은 작용기들은 알데하이드에 $RTi(OR)_3$를 첨가할 때 영향을 받지 않는다.

Tebbe 시약[55]과 Petasis 시약[56]은 탄소–탄소 이중 결합을 만들 때 사용되는 인 일라이드(ylide)를 대체할 수 있는 유용한 시약이다.[57] 이 두 시약은 활성 메틸렌화 반응(methylenating)을 할 수 있는 타이타노카벤(titanocarbene)을 생성한다고 알려져 있다.

$Cp_2Ti(\mu\text{-}Cl)(\mu\text{-}CH_2)AlMe_2$ — Tebbe 시약

Cp_2TiMe_2 — Petasis 시약

$Cp_2Ti{=}CH_2$ — titanocarbene

이 두 시약은 β-테트랄론(β-tetralone)과 같이 아주 쉽게 엔올화할 수 있는 케톤에도 올레핀화 반응을 수행할 수 있고,[58] 에스터나 락톤도 바이닐 에터로 변환시킬 수 있다.[59]

β-tetralone → ($Cp_2Ti(\mu\text{-}CH_2)(\mu\text{-}Cl)AlMe_2$, THF, –30 °C → rt) → 84%

표 7.4 $CH_3Ti(Oi\text{-}Pr)_3$ **첨가 반응에서의 선택성**[54a]

A (1 eq.) + B (1 eq.) → ($CH_3Ti(Oi\text{-}Pr)_3$ (1 eq.)) → 1,2-첨가 반응 생성물(C) + B

반응성이 높은 기질 A	반응성이 낮은 기질 B	선택성(%) C : B (미반응물)
benzaldehyde	acetophenone	>99.9:<0.1
2-heptanone	3-pentanone	92:8
cyclohexanone	3-pentanone	>97:<3
cyclohexanone	cyclohex-3-enone	94:6

1. Cp_2TiMe_2, toluene, Δ; 2. K_2CO_3, MeOH; 3. $(Me_2SiH)_2NH$, NH_4Cl → 72% (세 단계) → steps → (+)-laurencin

7.4 유기세륨 시약[60,61]

약염기지만 센 친핵성인 유기세륨 시약은 입체 장애가 있으며 β,γ-엔온(β,γ-enone)과 같이 쉽게 엔올(enol)이 될 수 있는 케톤에 알킬기를 도입할 때 특히 유용하다. 이 화합물은 무수 $CeCl_3$와 유기리튬 또는 유기마그네슘과의 금속 교환 반응을 통하여 쉽게 얻을 수 있다. 다시 말하면, 전기 양성(electropositive)이 큰 금속이 이온성이 큰 염으로 될 때 금속–금속 교환 반응이 일어난다. 유기세륨 시약은 분리하지 않고 직접 사용한다.

$$\mathrm{RLi + CeCl_3 \xrightarrow[-78°C]{THF} \text{'}RCeCl_2\text{'} + LiCl}$$

$$\mathrm{RMgX + CeCl_3 \xrightarrow[0°C]{THF} \text{'}RCeCl_2\text{'} + MgClX}$$

유기세륨 시약의 독특한 특성은 α,β-불포화 케톤과의 반응에서 높은 선택성을 갖는 것이다. Griganrd 시약이 종종 1,2-와 1,4-첨가 반응 혼합 생성물을 만드는 데 비하여 유기세륨 시약은 1,2-첨가 반응 생성물만을 만든다. 친핵성 1,2-첨가 반응에 대한 유기세륨 시약의 높은 선택성은 표 7.5에서 볼 수 있는 바와 같이 유기리튬과 유기 Grignard 시약과 큰 대조를 이룬다.[62]

표 7.5 $RCeCl_2$ **시약의 1,2-첨가 반응에서의 선택성**[62]

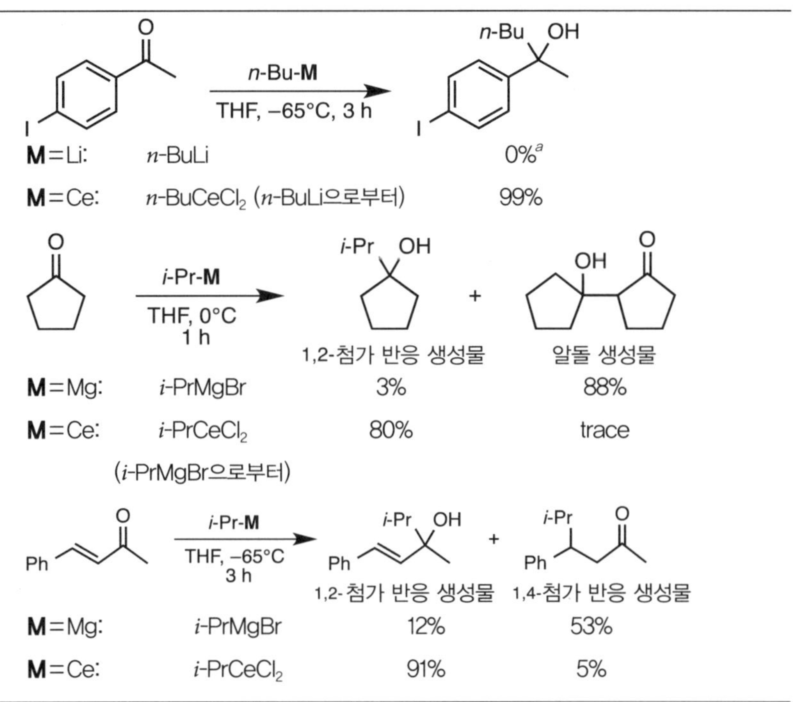
n-Bu-**M**, THF, −65°C, 3 h

M	시약	수율
M=Li:	n-BuLi	0%[a]
M=Ce:	n-BuCeCl$_2$ (n-BuLi으로부터)	99%

i-Pr-**M**, THF, 0°C, 1 h

		1,2-첨가 반응 생성물	알돌 생성물
M=Mg:	i-PrMgBr	3%	88%
M=Ce:	i-PrCeCl$_2$ (i-PrMgBr으로부터)	80%	trace

i-Pr-**M**, THF, −65°C, 3 h

		1,2-첨가 반응 생성물	1,4-첨가 반응 생성물
M=Mg:	i-PrMgBr	12%	53%
M=Ce:	i-PrCeCl$_2$	91%	5%

[a]주반응은 Li-I 교환 반응일 것이다.

유기세륨은 α,β-불포화 나이트릴에 첨가 반응을 수행하여 높은 수율로 아민을 만들 수 있다.[63]

NC, N-Boc → NHAc, N-Boc
1. $CeCl_3$ (2 eq.), MeLi·LiBr (2.5 eq.), THF, −10 to 0°C
2. AcCl, MTBE, H_2O
73%

용해성 란타넘족염(예: $LnCl_3 \cdot 2LiCl$)은 엔올화 케톤에 Grignard 시약을 가할 때 사용되는 좋은 첨가제이다.[64] 이 첨가제들은 기존의 $CeCl_3$ 사용법에 비하여 만들기도 쉽고 수율도 높다.

O → OH, N
MgCl·LiCl (2-피리딜), 첨가제, THF, rt, 5 min

첨가제 없음: 17%
$CeCl_3$ (1.5 eq.): 53%
$LaCl_3 \cdot 2LiCl$ (1.0 eq.): 92%

7.5 유기구리 시약[65]

유기구리 시약(organocopper reagent)은 두 개의 다른 탄소 부위를 결합시킬 때 매우 유용한 시약이다. 구리는 리튬이나 마그네슘보다 전기 양성이 작기 때문에 C–Cu 결합은 C–Li 결합보다 덜 분극화(polarize)되어 있다. 이러한 차이는 반응성에 있어 아래와 같은 세 가지 변화를 가져온다.

- 유기구리 시약은 할로젠화 알킬, 할로젠화 알켄일, 할로젠화 아릴과 반응하여 알킬화된 화합물을 만든다.
- 이 시약은 선택성이 높은데, 산염화물(acid chloride)과 반응할 때 케톤, 할로젠화 알킬, 에스터는 공격하지 않고 아실화 반응만 일어난다. 상대적인 반응성: RCOCl > RCHO > 토실산 유도체(tosylate), 아이오딘화물(iodide) > 에폭시화물(epoxide) > 브로민화물(bromide) ≫ 케톤 > 에스터 > 나이트릴
- α,β-불포화 카보닐 화합물과의 반응에서 유기구리 시약은 1,2-첨가 반응보다는 1,4-첨가 반응을 한다.

유기구리산 화합물의 제조[66]

동종구리산 화합물(Gilman 시약: R_2CuLi, R_2CuMgX)

동종구리산 화합물(homocuprate)은 널리 사용되는 유기구리 시약이다. 이 시약은 에터나 THF 용매하에서 2당량의 리튬 또는 Grignard 시약을 브로민화 구리(I) 또는 아이오딘화 구리(I)과 반응시킴으로써 만들 수 있다.[67] 처음에 생성된 유기구리종 $(RCu)_n$은 Et_2O나 THF에서 중합체 형태로 존재하여 불용성이지만, 두 번째 당량의 RLi이나 RMgX는 이것들을 녹인다. 최종 유기구리 화합물은 열에 불안정하기 때문에 낮은 온도에서 만든다.

$$\text{RM} + \text{Cu(I)Br, I} \xrightarrow[-\text{MBr, I}]{Et_2O \text{ 또는 THF}} (\text{RCu})_n \underset{}{\overset{\text{RM}}{\rightleftharpoons}} R_2\text{CuM}$$

M= Li, MgX

이종구리산 화합물 시약

동종구리산 화합물의 유기 원자단 가운데 하나만 반응하기 때문에 이동(반응)하지 않는 RC≡C, 2-싸이엔일(thienyl), PhS, *t*-BuO, R_2N, Ph_2P, Me_3SiCH_2[68]와 같은 원자단을 구리에 붙여서 이종구리산 화합물(heterocuprate) 시약을 만든다. 이 시약은 일반적으로 열에 안정하며(Cu–H로의 β-수소 제거 반응이 진행되지 않는 경향이 있다), 시약을 약간 과량으로 사용해도 된다.

$$R_2\text{NLi} + \text{CuBr·SMe}_2 \xrightarrow{\text{THF}} R_2\text{NCu·SMe}_2\text{·LiBr} \xrightarrow{R^1\text{Li}} [R_2\text{NCuR}^1]\text{ Li}$$

$$\text{RLi} + [\text{2-thienyl–Li}] + \text{CuI} \longrightarrow [(\text{2-thienyl})\text{CuR}]\text{ Li}$$

2-thienyl

$$\text{RLi} + Me_3SiCH_2Li + \text{CuI} \longrightarrow [(Me_3SiCH_2)\text{CuR}]\text{ Li}$$

높은 차수 사이안화구리산 화합물(Lipshultz 시약)

사이안화구리산 화합물(cyanocuprate)은 동종구리산 화합물과 같은 반응성을 보이면서 이종구리산 화합물과 같은 열적 안정성을 갖고 있다. 이것은 CuC≡N과 2당량의 RLi을 반응시켜 쉽게 만들 수 있다.[68,69] 사이안화구리산 화합물은 할로젠화 이차 알킬의 치환 반응과 에폭사이드와 반응시키는 데 특히 유용하다.

$$\text{CuCN} + 2\,\text{RLi} \xrightarrow[-78 \sim 0°C]{\text{THF 또는 } Et_2O} R_2\text{Cu(CN)Li}_2$$

Grignard-구리(I) 시약

구리를 이용한 RMgX의 촉매 반응은 출발 물질에 있는 작용기에 영향을 받지 않기 때문에 매력적이다. Grignard 시약을 사용하는 것이 좋은 방법인데, 그 이유는 이들을 쉽게 구할 수 있으며 촉매량의 할로젠화 Cu(I)만 있으면 되기 때문이다.[65d,70]

a. CuI (0.2 eq.), b. n-$C_7H_{15}I$ (Br, OTs), THF, 0°C → n-C_7H_{15} 80~90%

NMP[N-메틸피롤리디논(N-methylpyrrolidinone), 독성이 없는 극성 비양성자성 용매) 존재하에서 구리 촉매를 이용한 유기마그네슘 시약과 브로민화 알킬 또는 아이오딘화 알킬의 알킬화 반응은 전통적인 구리 화합물 알킬화 반응(cuprate alkylation)을 대체할 수 있는 매력적인 방법이라고 할 수 있다. 약간 과량의 Grignard 시약을 필요로 하며 케톤, 에스터, 아마이드, 나이트릴기와 무관하게 반응이 진행된다. 이 방법은 특히 대용량 제조에 적합하다.[71]

n-BuMgCl, 3% Li_2CuCl_4 ($CuCl_2$ + LiCl), THF, NMP, 20°C → 84%

유기구리산 화합물의 반응

할로젠화 알킬의 치환 반응

다음에서 볼 수 있는 바와 같이, 할로젠화 일차 알킬과 유기구리산 화합물과의 짝지음 반응(coupling)은 동종구리산 화합물보다는 이종구리산 화합물을 사용하는 것이 더 경제적이다.[72]

Me_2CuLi (3 eq.) —a. n-$C_8H_{17}I$, Et_2O, −20°C; b. H_3O^+→ n-C_9H_{20} 97% (16% MeLi을 기준으로)

$[MeCuNR_2]Li$ —a. n-$C_8H_{17}I$, Et_2O, rt; b. H_3O^+→ n-C_9H_{20} 84%

동종구리산 화합물은 일차 탄소 위치에서는 쉽게 치환 반응을 하지만 활성이 없는 이차 할로젠화물과는 짝지음 반응을 하지 않는다. 그러나 사이안화구리산 화합물은 활성이 없는 이차 탄소에서도 치환 반응을 수행한다.[73]

Br — 1. (vinyl)$_2$Cu(CN)Li_2, 0°C, 6 h; 2. NH_4Cl, H_2O → 90%

치환 반응의 메커니즘은 복잡한데, 구리 화합물 시약, 기질 및 사용하는 용매에 따라 다르다. 반응은 아마도 S_N2 반응을 통해 진행되거나 산화성 첨가 반응과 연이은 환원성 제거 반응을 통해서 진행되는 것으로 보인다.

$M^+ R_2Cu(I)^-$ + C−X —S_N2 직접 치환→ R−C + RCu(I) + MX

—산화성 첨가 반응, 반전→ X−Cu^{III}(R)(R)−C —환원성 제거 반응→ R−C

알릴성 기질의 치환 반응

할로젠화 알릴은 유기 합성에서 중요한 친전자체이다. 따라서 이들의 반응성(예: S_N2 반응과 S_N2' 반응을 통한 친핵성 치환 반응)을 제어하는 것은 매우 중요하다.

R–CH=CH–CH$_2$X + Nu^- (X = OCOr, Cl, Br, SO_2Ph) → R–CH=CH–CH$_2$Nu (S_N2, α-치환) / R–CH(Nu)–CH=CH$_2$ (S_N2', γ-치환)

구리 촉매하에서 아세트산 알릴(allylic acetate)에 Grignard 시약의 첨가 반응은 반응 조건에 따라 높은 위치 선택성을 보인다. 알릴아세테이트와 Li_2CuCl_4에 Grignard 시약을 빠르게 가하면 선택적인 S_N2 반응을 수행한다. 이때 Li_2CuCl_4는 Grignard 시약에 의해 빠르게 Cu(I)염으로 환원된다. 그런데 Grignard 시약을 오랜 시간 동안 가하면 선택적인 S_N2' 반응이 진행된다.[74]

n-C_3H_7 ∕∕ OAc + *n*-BuMgBr ⟶ *n*-C_3H_7 ∕∕ *n*-Bu + *n*-C_3H_7(*n*-Bu) ∕∕

75~85%

Li_2CuCl_4 (2 mol%) *n*-BuMgBr (added over 4 min) THF, –78°C	>99:1
Li_2CuCl_4 (10 mol%), *n*-BuMgBr (added over 30 h) THF, 0°C	15:85

Grignard 시약과 Cu(I)염을 반응시키면 모노알킬구리종(monoalkylcopper species)인 (RCuX)MgX가 얻어지는데, 이것은 선택적인 γ-알킬화 반응을 하는 것으로 알려져 있다. Grignard 시약을 반응 혼합물에 천천히 가하면 이것이 주된 촉매 중간체가 되고 입체 선택성을 주도하게 된다. 단일알킬구리 중간체에 두 번째 Grignard 시약을 가하면 (R_2Cu)MgX를 생성하고 이것이 α-알킬화 반응을 선호하는 것으로 알려져 있다. 만일 Grignard 시약을 빠르게 가하면 처음 생성되었던 모노알킬구리종은 다이알킬구리산(dialkylduprate)로 변환되고 이 촉매종은 반응의 위치 선택성을 제어할 수 있게 된다.

구리 촉매하에서 여러 가지 친핵체를 사용한 비대칭 알릴성 알킬화 반응(allylic alkyation)이 알려져 있고 유기 합성에 응용되고 있다.[75]

할로젠화 바이닐과의 반응

브로민화 알켄일 또는 아이오딘화 알켄일과 유기구리 화합물과의 짝지음 반응은 매우 높은 입체 선택성을 보인다.[76]

(*n*-Bu)(H)C=C(H)(I) —[*n*-Bu_2CuLi (5 eq.), Et_2O, –95°C, 1 h]→ (*n*-Bu)(H)C=C(H)(*n*-C_4H_9) 71%

다른 방법으로는 철 촉매 반응을 이용한 유기마그네슘 화합물과의 반응이 있는데, 이 반응은 매우 높은 입체 선택성과 화학 선택성으로 알켄이 치환된 화합물을 만드는 데 이용된다.[77]

(*n*-C_6H_{13})(H)C=C(H)(Br) + cyclohexyl–MgCl —[1% $Fe(acac)_2$, THF, NMP]→ (*n*-C_6H_{13})(H)C=C(H)(cyclohexyl) 89%

아실화 반응

유기구리산 화합물 시약과 산 염화물을 반응시키면 해당 케톤을 높은 수율로 만들 수 있다.[65c,d] 역합성으로는, 카복실산(carboxylic acid)의 알킬화 반응이라 할 수 있다.

(acid chloride, Cl) —[1. Et_2CuLi, Et_2O, –78°C; 2. NH_4Cl, H_2O]→ (ethyl ketone)

촉매량의 CuI 존재하에서 Grignard 시약은 중간체 구리산 화합물(cuprate) 시약으로 바뀐 다음 산 염화물과 화학 선택적으로 반응하여 케톤을 생성하는데, 이때 중간체로 만들어진 구리 화합물은 처음의 Grignard 시약과 경쟁적으로 반응한다.[78]

Cl–C(=O)–(CH₂)₄–C(=O)OMe —[1. *n*-BuMgBr, CuI (cat), THF; 2. workup]→ *n*-Bu–C(=O)–(CH₂)₄–C(=O)OMe 86%

알데하이드와 케톤의 1,2-첨가 반응

유기구리산 화합물은 알데하이드, 케톤, 이민과 1,2-첨가 반응을 한다. 이 반응들은 부분 입체 화학 선택성이 매우 높다.[79]

1. Me_2CuLi, Et_2O, −78°C
2. H^+, H_2O
90%

20 : 1

에폭사이드 절단 반응

유기구리산 화합물을 이용하여 에폭사이드를 절단하고 탄소–탄소 결합을 만드는 반응 가운데서 $R_2Cu(CN)Li_2$ 시약은 온건하면서도 가장 효율적인 시약이다. 친핵성 첨가 반응은 옥시레인 고리의 입체 장애가 작은 쪽에서 일어난다.[69,73,80]

$H_2C=CHLi$
1. (OBn 에폭사이드)
2. NH_4Cl, H_2O
73%

사이안화구리산 화합물을 사용한 에폭사이드의 S_N2 고리 열림 반응은 입체 특이적으로 반응하여 *trans*-2-하이드록시-알킬화된 생성물을 만든다.

1. *n*-$Bu_2Cu(CN)Li_2$ (1.3 eq.) THF, −20°C, 2 h
2. NH_4Cl, NH_4OH
98%

그러나 아래와 같이 불포화 에폭사이드는 사이안화구리산 화합물과 *anti*-S_N2'형 메커니즘으로 반응이 진행된다. 생성된 알릴성 알코올 음이온의 지향성 에폭시화 반응(directed epoxidation)은 네 개의 입체 선택적인 탄소를 가진 수산화 에폭사이드를 만든다.

$R_2Cu(CN)Li_2$ → "R^-" → O^-Li^+, Cu^+ → *m*CPBA

콘쥬게이션 첨가 반응[65b,c,81]

유기 화학자에게 있어서 콘쥬게이션 첨가 반응은 매우 중요한 탄소–탄소 결합을 만드는 전략이라 할 수 있다. 유기금속 시약은 α,β-불포화 카보닐 화합물에 1,2- 또는 1,4-첨가 반응을 한다(표 7.6). $-C\equiv N$, RNH_2, R_2NH, RSH, β-다이카보닐 화합물로부터 얻어지는 엔올레이트, 유기구리산 화합물과 같은 '무른(soft)' 친핵체(비교적 비염기성)를 사용하면 **1,4-첨가 반응**(콘쥬게이션 첨가 반응)을 성공적으로 수행할 수 있다. 한편 수소화물(hydride), 유기리튬, Grignard 시약과 같은 '굳은(hard)' 친핵체(비교적 염기성)를 사용하면 **1,2-첨가 반응**을 성공적으로 수행할 수 있다. 굳거나 무른 염기(친핵체)와, 굳거나 무른 산(친전자체)의 분류가 최근 조사되어 보고된 바 있다.[82]

Nu^- 1,2-첨가 반응 ← → Nu^- 1,4-첨가 반응

Y = H, R, OR, 할로젠

엔올레이트 음이온

표 7.6 α,β-불포화카보닐 화합물에 대한 RLi, RMgX, 유기구리 시약 첨가 반응의 위치 선택성

친핵체	1,2-첨가 반응	1,4-첨가 반응
R-Li	+	−
R-MgX	+	(+)
R_2CuLi	−	+
RMgX·CuX	−	+

엔온의 콘쥬게이션 첨가 반응에 사용되는 유기구리산 시약으로는 동종구리산 화합물, 이종구리산 화합물, 높은 차수 구리산 화합물과 촉매량의 구리염(CuX)하에서의 Grignard 시약을 들 수 있다.

α,β-불포화 카보닐 화합물(엔온과 콘쥬게이션 에스터)에 유기구리산 시약의 첨가 반응을 수행하면 β-위치에 유기 그룹이 도입된 엔올레이트(enolate)가 만들어진다. 아래에서 볼 수 있는 두고리계(bicyclic system)에서는 첨가 반응이 다이엔온의 입체 장애가 작은 쪽 이중 결합에서 일어나는 화학 선택성을 보인다. 또 이 반응은 'Me' 그룹의 도입이 분자의 입체 장애가 작은 쪽에서 선택적으로 일어난다는 점에서도 입체 선택성을 보인다.

Me
1. Me_2CuLi
THF, –78°C
2. H^+, H_2O
Me Me
O
91%

α,β-불포화 카보닐 화합물에 대한 유기구리산 화합물의 첨가 반응 메커니즘은 치환 반응보다 결코 간단하지 않다. 현재까지 알려진 바에 의하면 α,β-불포화 케톤과 에스터에 리튬구리산 화합물(lithiocuprate)의 첨가 반응은 처음의 가역적인 π 착물을 생성하는데, 이 착물에서 다음의 두 가지 다른 방향으로 반응이 진행할 수 있다[83]. (1) 산화성 첨가 반응을 통하여 Cu(III) 중간체를 만든 후 환원성 제거 반응을 통한 π 착물의 생성(DFT 계산에 의해 선호됨), (2) (몇몇 실험적 증거를 통해서 제시되는) 탄소구리산 첨가 반응(carbocupration)을 통한 반응

O
+ Me_2CuLi
π-complex
(1)
(2)
OLi
Cu
Cu(III)
중간체
MeCu
탄소구리산 첨가 반응
생성물
MeCu OLi
π 첨가 생성물
– MeCu
OLi
enolate

큰 입체 장애가 발생하는 유기구리산 시약의 콘쥬게이션 첨가 반응이나 엔온의 반응 부위에 입체 장애가 발생하는 첨가 반응은 일어나기 어려운 경향이 있다. 이때 Me_3SiCl 또는 $BF_3 \cdot OEt_2$을 첨가하면 이러한 엔온에 구리산 시약의 첨가 반응 속도를 빠르게 해 주는데, 이는 아마도 카보닐기를 활성화시켜 주기 때문인 것 같다.[84] 예를 들어 3-메틸사이클로헥센온과 n-Bu_2CuLi은 –70℃에서 반응하지 않는다. 그러나 Me_3SiCl를 넣어주면 처음에 생성된 엔올레이트가 이들과 반응하여 99%의 수율로 β-위치에 이중으로 치환된 실릴 엔올 에터(silyl enol ether)를 만들게 된다. 이 실릴 엔올 에터를 가수 분해하면 카보닐기가 재생성된다.

O
CH_3
n-Bu_2CuLi, THF
Me_3SiCl
–70°C, 1 h
$OSiMe_3$
n-Bu
CH_3
99%
H^+, H_2O
O
n-Bu
CH_3
99%

β,β-이치환된 엔온과 유기구리 시약과의 반응은 이중 결합 주위의 입체 장애 때문에 반응이 잘 진행되지 않는다. 이런 경우 R_2CuLi-$BF_3 \cdot OEt_2$를 사용하면 종종 이 문제를 피할 수 있다.[85,86] 아마도 Lewis 산인 BF_3가 케톤에 배위하여 케톤을 더 분극화시키고 활성화하기 때문인 것 같다.

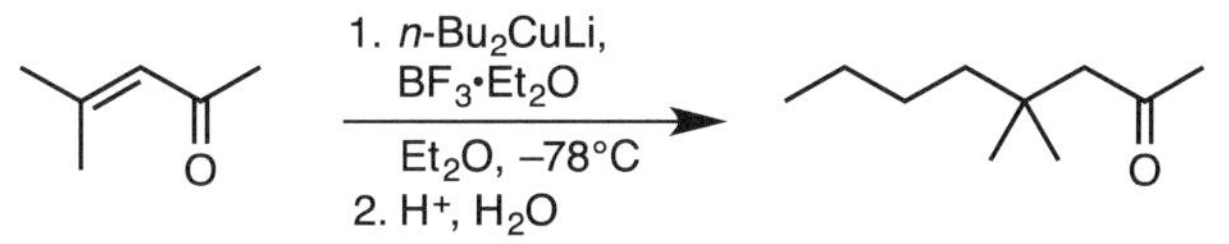

CuX 또는 $MnCl_2$과 CuI의 혼합물과 함께 섞은 Grignard 시약은 입체 장애가 있는 엔온에도 1,4-첨가 반응을 한다.[87]

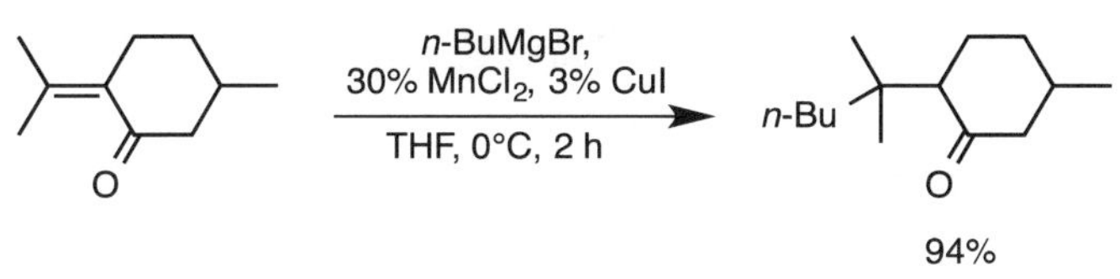

다이알킬구리산 화합물(dialkylcuprate)과 α,β-불포화 알데하이드의 반응은 카보닐기에 선택적인 1,2-첨가 반응을 한다. 그러나 Me_3SiCl 존재하에서 콘쥬게이션 첨가 반응을 수행하면 생성되는 것은 실릴 엔올 에터인데, 가수 분해를 하면 주로 포화 알데하이드가 생성된다.

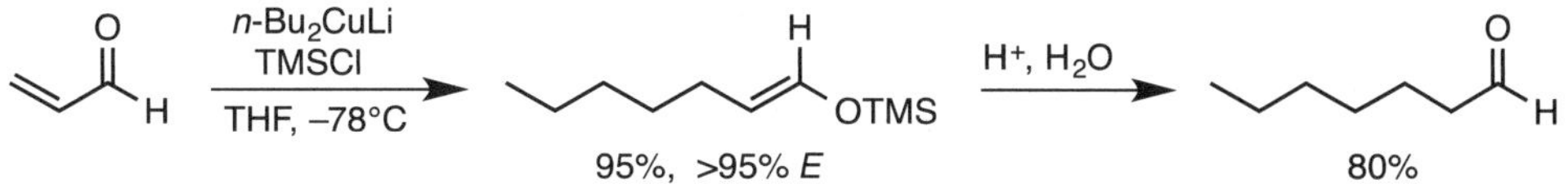

β-위치가 치환된 α,β-불포화 산이나 에스터의 다이알킬구리 화합물 콘쥬게이션 첨가 반응은 수율이 낮다. 이때 다이알킬구리 화합물 또는 높은 차수의 구리 화합물에 에터산 트라이플루우오린화 붕소(boron trifluoride etherate, $BF_3 \cdot OEt_2$)를 가하면 콘쥬게이션 산이나 에스터에 대한 Michael 첨가 반응의 반응성을 높일 수 있다.[88]

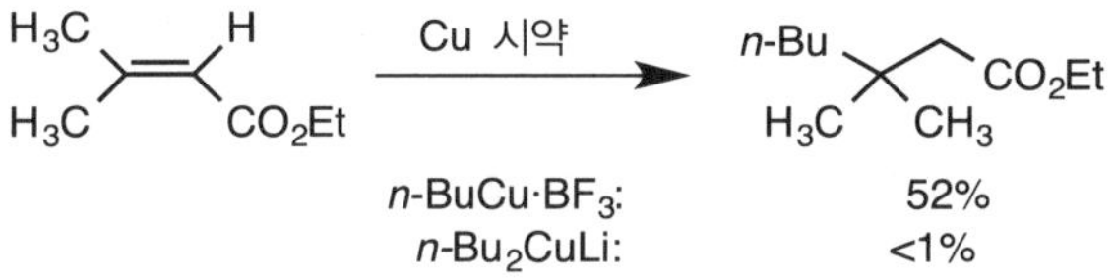

비대칭 콘쥬게이션 첨가 반응(asymmetric conjugate addition)에는 두 가지 다른 전략을 사용할 수 있다. (1) 반응물 가운데 하나에 카이랄 보조물을 공유 결합으로 결합시키거나 (2) 카이랄 리간드가 결합된 금속을 촉매로 사용하는 것이다.[89] 이 두 가지 가운데 후자가 최근에 관심을 많이 끌고 있다. 촉매량의 Cu(I)과 카이랄 다이포스핀인 Josiphos(Chx =cyclohexyl)하에서 α,β-불포화 엔올과 엔온에 Grignard 시약을 가하면 해당 생성물을 높은 수율과 높은 ee로 얻을 수 있다. 이 방법의 한 가지 한계는 할로젠화 일차 알킬로 만든 Grignard 시약만이 잘 반응한다는 것이다.[90]

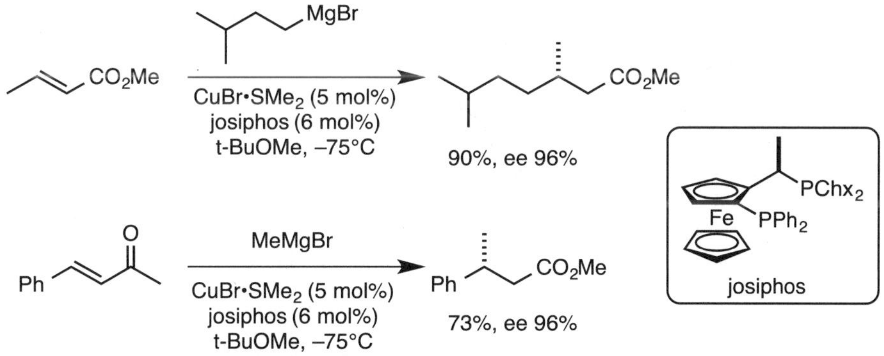

직렬 1,4-첨가 반응–엔올레이트 포획

유기구리산 시약이 유기 합성에 기본적으로 기여한 것들 가운데 하나는 α,β-불포화 카보닐 화합물에 여러 가지 리간드를 1,4-위치에 선택적으로 전달하여 엔올레이트 음이온을 만드는 것이다. 이 음이온들은 **직렬형 반응**(tandem-type reaction)으로 친전자체와 반응할 수 있다.[91] α,β-불포화 카보닐 화합물에 유기구리산 시약의 콘쥬게이션 첨가 반응으로 얻을 수 있는 엔올레이트는 산소와 반응할 수 있는 자리와 말단 탄소와 반응할 수 있는 자리의 두 개의 친핵성 부위를 갖고 있다. 클로로실레인 또는 포스포클로리데이트(phosphorochloridate)와 같이 산소와 높은 친화성을 갖고 있는 친전자체는 O-포획(O-trapping) 생성물을 만드는 경향이 있으며, 알킬 할라이드, 알데하이드, α-할로카보닐 화합물, 할로젠화물은 C-포획(C-trapping) 생성물을 만드는 경향이 있다.

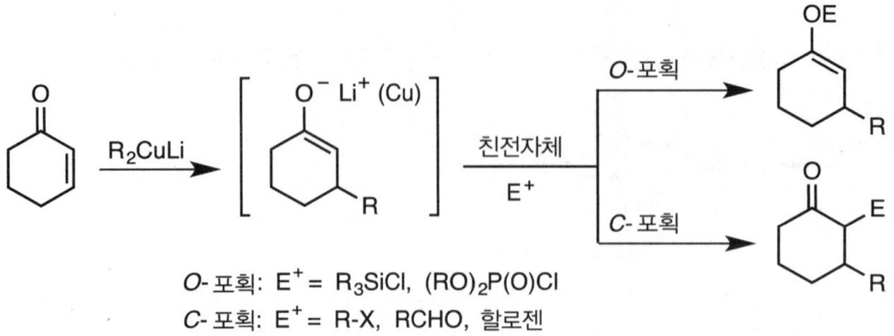

O-포획: $E^+ = R_3SiCl$, $(RO)_2P(O)Cl$
C-포획: $E^+ =$ R-X, RCHO, 할로젠

O-포획(O-trapping)

아래 반응에서 볼 수 있는 엔온으로부터 생성되는 엔올레이트는 트라이메틸아민 존재하에서 TMSCl과 산소 부위에서 반응하여 트라이메틸실릴 엔올 에터(trimethylsilyl enol ether)를 만든다.[91] 실릴 엔올 에터는 구조가 확정된 엔올레이트를 만드는 중요한 중간체이다(6장 참조).

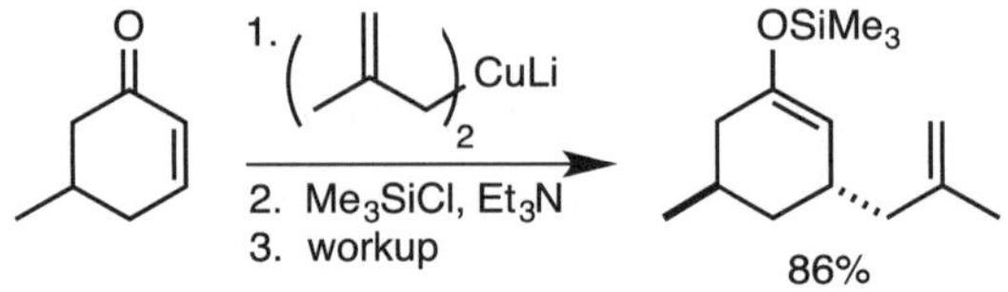

엔올레이트와 $(RO)_2P(O)Cl$의 반응도 O-포획 반응을 하여 인산 엔올(enol phosphate)을 만든다. 인산 엔올의 용해 금속 환원 반응(dissolving metal reduction)은 케톤의 탈산소 반응(deoxygenation)과 함께 위치 선택적인 알켄이 생성되는 유용한 반응이다.[92]

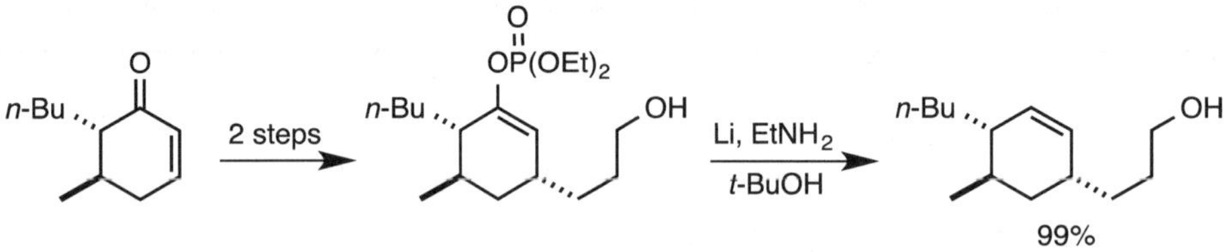

Fe(III) 촉매하에서 인산 엔올도 Grignard 반응을 통한 알킬화 반응을 수행하는데, 삼중 치환 올레핀을 만드는 효율적인 방법이다.[93]

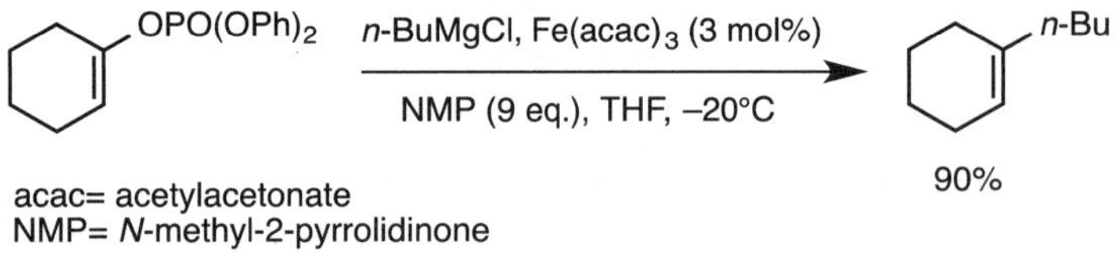

acac= acetylacetonate
NMP= N-methyl-2-pyrrolidinone

C-포획(C-trapping)

유기구리산 화합물에 콘쥬게이션 첨가 반응으로부터 얻을 수 있는 엔올레이트의 알킬화 반응이나 하이드록시알킬화 반응(RCHO와의 반응을 통한)은 인접의 이중 알킬 치환 생성물을 만든다. 그러나 이 반응은 메틸, 알릴, 프로파질, 벤질, α-할로카보닐 화합물과 같이 매우 반응성이 높은 알킬화 반응 시약과 알데하이드에 한정하여 적용할 수 있다.

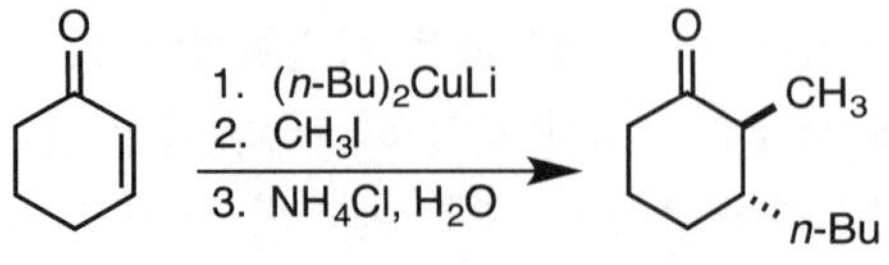

주 이성질체

동종구리산 화합물 또는 구리 촉매를 이용한 Grignard 시약의 콘쥬게이션 첨가 반응으로 엔올레이트를 만들 수 있으며, 이 엔올레이트는 $ZnCl_2$ 존재하에서 알데하이드와 알돌 축합 반응을 수행하여 알돌 입체 이성질 혼합물을 만들 수 있다.[91]

1,4-첨가 반응의 입체 화학

콘쥬게이션 첨가 반응의 입체 화학을 조절하는 조건은 잘 알려져 있지 않다. 혼합 이성질체가 얻어지지만 일반적으로 한쪽 이성질체가 더 많이 생성된다. 입체적인 요인과 전자적인 요인이 중요한 역할을 한다.[94] 일반적으로 Michael 유형의 첨가 반응은 생성물과 비슷한 (유사 의자형의) 늦은 전이 상태를 통하여 반응이 진행된다. 아래의 예에서 보는 바와 같이 입체 전자(stereoelectronic) 이론의 관점에서 보면 유사 의자형(chair-like) 전이 상태에서 친핵체인 'CH_3'에 의한 역평행 공격(antiparallel attack)이 비틀린 배형태(twist-boat) 전이 상태에서의 평행 공격(parallel attack)보다 우세하다.

1. $(CH_3)_2CuLi$, Et_2O, –78°C
2. NH_4Cl, H_2O

95% via　　　5% via

H에 대한 역평행 공격　　H에 대한 평행 공격

4-메틸사이클로헥센온은 우선적으로 *trans*-생성물을 만든다는 사실에 주목할 필요가 있다. 이 경우에는 메틸(Me)기가 $A^{1,2}$ 무리($A^{1,2}$ strain)에 의하여 유사 수직 방향(pseudoaxial)으로 반응이 진행된다.

a. R_2CuLi, THF
b. NH_4Cl, H_2O

via:

NOT:

$A^{1,2}$- 무리
(CH_3, vinyl-H)

앞에서 지적하였듯이 엔온에 유기구리산 시약의 첨가 반응과 이때 생성되는 엔올레이트의 알킬화 반응은 한 반응에서 두 개의 탄소–탄소 결합을 만드는 것이다. **엔올레이트의 알킬화 반응**(alkylation of an enolate)은 반응물과 비슷한 이른(early) 전이 상태를 통하여 반응이 진행된다. 따라서 바닥 상태에서는 입체적인 요인이 중요한 역할을 하게 된다.

$(n\text{-Bu})_2CuLi$　　CH_3I　　H^+, H_2O

A 무리를 피하기 위한 *n*-Bu의 유사 수직 방향 구조　　주 이성질체
입체 전자적인 이유로 인한 역평행 공격

엔온의 제조: 콘쥬게이션 첨가 반응의 기질

α,β-불포화 케톤은 아래 열거한 여러 가지 방법 중 하나를 사용하여 만들 수 있다.

- 알릴성 알코올의 산화(4장)

• 케톤의 브로민화–브로민화수소 이탈 반응(dehydrobromination)[95]

AcOH, Br_2 또는 $NaBrO_2$ → K_2CO_3

• 실릴 엔올 에터의 아이오딘화 반응[iodination, *N*-아이오도석신이미드(*N*-iodosuccinimide]과 아이오딘화수소 이탈 반응[96]

$OSiMe_3$, NIS, Me_3Si, K_2CO_3, 84%, N–I, NIS

• *o*-아이오도옥시벤조산(*o*-iodoxybenzoic acid, IBX)을 이용한 케톤이나 알코올의 산화 반응[97]

HO, IBX (2 eq.), toluene, DMSO, 55°C, 77%, IBX

• **Saegusa-Ito 산화 반응**[98] 실릴 엔올 에터를 아세토나이트릴 용매에서 아세트산 팔라듐과 *p*-벤조퀴논으로 반응시키면 실릴화수소 이탈 반응(dehydrosilylation)이 위치 선택적으로 일어나 α,β-불포화 화합물을 생성한다. 연속적인 구리 화학 반응을 사용하여 α,β-불포화기를 재생성할 때에는 Saegusa-Ito 산화 반응이 매우 유용하다.

$OSiMe_3$, $Pd(OAc)_2$, *p*-benzoquinone, CH_3CN, 95%

1. $(CH_3)_2CuLi$ 2. Me_3SiCl, $OSiMe_3$, CH_3, $Pd(OAc)_2$, *p*-benzoquinone, CH_3CN, CH_3, 91%

• 알데하이드를 단일 용기 속에서 한 번의 반응으로 α,β-불포화 알데하이드로 변환시킬 때에는 알데하이드를 실릴 엔올 에터로 바꾼 후 이를 분리하지 않고 팔라듐(II) 촉매로 실릴화수소 이탈 반응을 수행함으로써 변환시킬 수 있다.[99]

HO, R, 1. PCC, NaOAc, CH_2Cl_2 2. TMSOTf, Et_3N, 0°C, $Pd(OAc)_2$, CH_3CN, H, O, R, 68%, >97% *E*

• 엔올레이트를 통한 셀렌옥사이드(selenoxide).[100] 케톤, 락톤, 에스터로부터 만들 수 있는 리튬 엔올레이트는 PhSe-SePh 또는 브로민화 페닐셀레닐(phenyselenyl)이나 염화 페닐셀레닐(PhSeX)과 반응하여 α-(페닐셀레노) 카보닐 화합물을 만든다. 이들을 산화시켜 셀렌 산화물(selenoxide)을 만들고, 연이어 벤젠셀렌산(benzenselenic acid)의 *syn*-제거 반응을 통하여 엔온을 만들 수 있다.

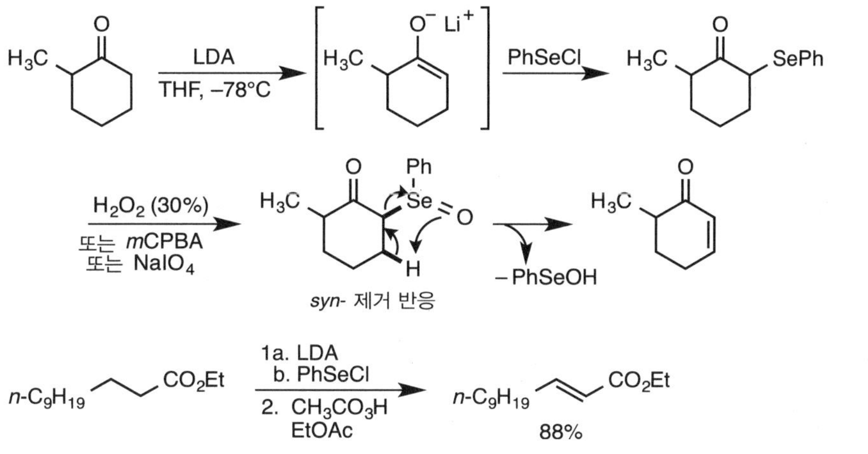

7.6 유기크로뮴 시약[101]

Nozaki-Hiyama 반응.[102] 유기크로뮴 화합물은 유기리튬 시약이나 Grignard 시약으로부터 만들어지지는 않지만, 알릴 부분을 알데하이드 또는 케톤과 결합시킬 때 유용하게 사용된다. 유기크로뮴 시약은 염화 크로뮴(II)에 할로젠화 알릴이나 토실산 알릴(allyl tosylate)의 산화성 첨가 반응을 통하여 얻을 수 있다. 이들과 알데하이드 또는 케톤과의 반응은 호모알릴 알코올(homoallylic alcohol)을 만드는데, 이때 알릴기의 γ-탄소가 카보닐 탄소와 결합된다. 이 반응은 카보닐기가 Cr(III)에 배위됨으로써 친핵체에 의하여 활성화되는 닫힌 Zimmerman-Traxler형 전이 상태로 반응이 진행되기 때문에 높은 선택성으로 *anti*-생성물을 얻을 수 있다.

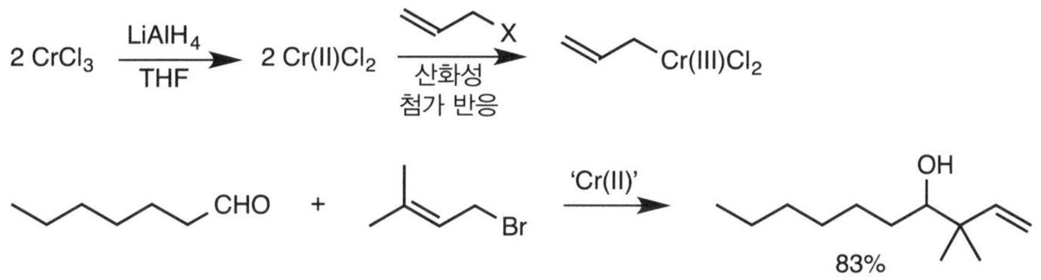

세자리 카이랄 C_2 대칭 리간드인 비스옥사졸린카바졸[bis(oxazolinyl)carbazole]을 사용하여 할로젠화 알릴 또는 할로젠화 메탈릴(methallyl)을 알데하이드에 가하면 비대칭 촉매 반응을 수행할 수 있다.[103] 이 지침적 실험에서 Mn은 생성된 Cr(III)을 촉매 활성종인 Cr(II)로 되돌리는 정량적인 환원제 역할을 한다.[104]

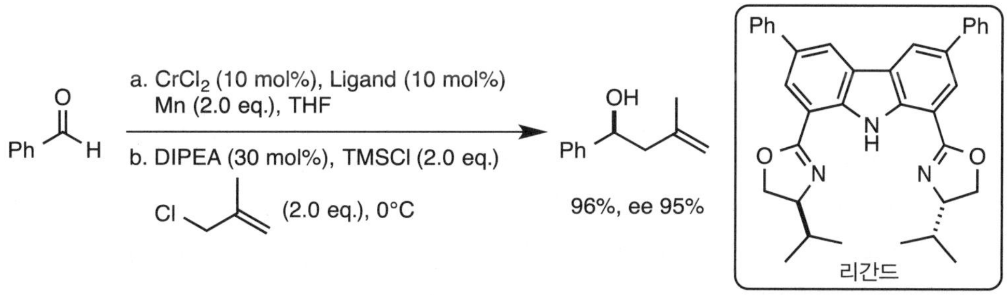

아이오딘화 바이닐, 아이오딘화 아릴, 브로민화 아릴과 염화 크로뮴(II)와의 반응은 크로뮴(III) 화학종을 만드는데, 이들은 알데하이드와 화학 선택적으로 반응하여 알릴 알코올과 벤질 알코올을 각각 높은 수율로 만든다.[105a]

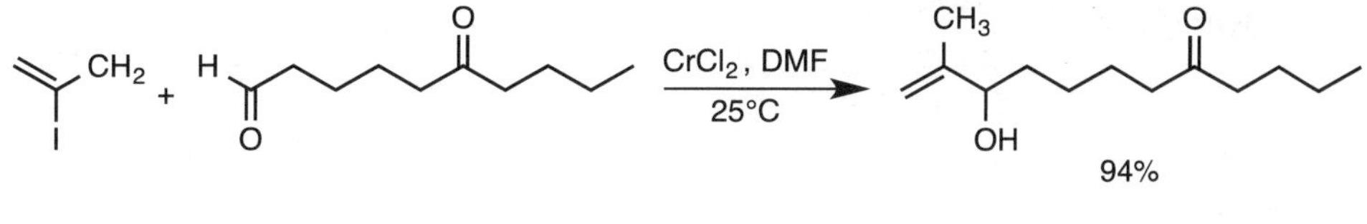

다음의 예[105c]에서 볼 수 있는 바와 같이 알데하이드 존재하에서 아이오도폼(idodoform)과 같은 *gem*-다이아이오도 알케인(*gem*-diiodoalkane)을 $CrCl_2$로 환원시키면 (*E*)-알켄을 만든다.[105b]

MeO_2C–CH(CH₃)–CH_2–OPMB → (a. Dibal (1 eq.), hexanes, −78°C; b. aq. NH_4Cl workup) → OHC–CH(CH₃)–CH_2–OPMB → (CHI_3, $CrCl_2$; dioxane, THF, 0°C) → I–CH=CH–CH(CH₃)–CH_2–OPMB, 42% (2 steps)

Nozaki-Takai-Hiyama-Kishi 짝지음 반응.[106] 극미량의 니켈염은 C–Cr 결합을 형성할 때 촉매 효과를 극대화시키는데, $CrCl_2$–$NiCl_2$를 사용하면 브로민화 바이닐, 아이오딘화 바이닐[105c], 트라이플산 바이닐[106d]과 알데하이드의 짝지음 반응을 가능하게 해 준다. 친전자체로서 이 반응은 알데하이드에 선택적으로 반응하며 양쪽 기질의 다양한 작용기와는 반응성이 없다. 할로젠화 바이닐의 입체 화학은 생성물인 알릴 알코올에서도 유지된다.

Ph–CH_2CH_2–CHO + I–CH=CH–$(CH_2)_9CH_3$ → ($CrCl_2$, cat. $NiCl_2$; THF, 4-*t*-Bu-pyridine) → Ph–CH_2CH_2–CH(OH)–CH=CH–$(CH_2)_9CH_3$, 80%

n-C_9H_{19} vinyl triflate (OTf, 1,3-dioxolane) (1.8 eq.) + H(C=O)–aldehyde bearing TMSO, CO_2t-Bu, OPMB, CO_2t-Bu (1.0 eq.) → ($CrCl_2$ (4 eq.), $NiCl_2$ (0.1 eq.); DMF) → coupled allylic alcohol (*n*-C_9H_{19}, OH, TMSO, CO_2t-Bu, OPMB, CO_2t-Bu), 83%

7.7 유기아연 시약[107]

C–Li과 C–MgX 결합의 극성 성질과는 대조적으로 C–Zn 결합은 상당한 공유 결합성을 갖고 있기 때문에 반응성이 작다. 따라서 이것은 기능성 작용기를 갖는 유도체를 만들기에 유리하다. 유기 합성에서 유기아연 시약은 Reformatsky 반응을 이용한 합성, 사이클로프로페인화 반응(Simmons–Smith 반응), 전이 금속과의 금속 교환 반응에 사용할 수 있는 기능성 유기아연 화합물의 제조와 이용에 주로 집중되어 있다.

유기아연 화합물의 제조[108]

아이오딘화 알킬아연

일차 및 이차 아이오딘화 알킬아연(RZnI)의 제법으로는 아연 금속(아연 가루에 1,2-다이브로모에테인이나 클로로트라이메틸실레인을 가하여 활성화시킴)을 아이오딘화 알킬에 직접 삽입 반응을 시키거나 아이오딘화 알킬을 **Rieke** 아연으로 처리하는 것이 가장 좋은 방법이다.[109] 아연의 삽입 반응은 다중 작용기를 갖고 있는 유기아연 시약도 만들 수 있을 정도로 작용기(FG)의 방해를 받지 않는다.[110]

$ZnCl_2$ → (Li-naphthalenide) → Zn* (Rieke® zinc) → (FG∼RX; THF, 25~60°C) → [FG∼RZnX]

R: 알킬, 아릴, 벤질, 알릴: X: Br, I
FG: CO_2R, 엔올레이트, CN, 할로젠화물 등

다이알킬아연

작용기가 없는 다이알킬아연(dialkylzinc, R_2Zn)은 유기리튬이나 Grignard 시약과 $ZnCl_2$와 같은 할로젠화 아연의 금속 교환 반응을 통하여 얻을 수 있다. CuI 촉매에 의한 아이오딘화물-아연 교환 반응은 작용기가 있는 다이알킬아연을 만드는 실용적인 방법이다.

$$2\ i\text{-BuMgBr} + ZnCl_2 \longrightarrow i\text{-Bu}_2Zn + 2\ MgClBr$$

$$\text{FG}-RCH_2I \xrightarrow[\text{neat}]{Et_2Zn,\ CuI\ (촉매)} (\text{FG}-RCH_2)_2Zn$$

아연 카벤류(Cabenoids, 카벤 유사 화학종)

다이아이오도메테인(diiodomethane)에 아연 금속의 산화성 첨가 반응을 수행하면 현재 ICH_2ZnI(Simmons-Smith 시약)로 알려져 있는 아이오딘화 아이오도메틸아연(iodomethylzinc iodide)을 생성하는데, 이것은 알켄의 사이클로프로페인화 반응에 사용된다. 다이에틸아연(diethylzinc)과 다이아이오도메테인(diiodomethane)의 알킬기 교환 반응은 $EtZnCH_2I$(Furukawa 시약)로 알려진 아이오도메틸 아연카벤류 화학종(iodomethyl zinc carbenoid species)을 만든다.

$$\xrightarrow[Et_2O,\ THF\ 또는\ DME]{CH_2I_2\ /\ Zn\ 활성화} \text{'2 }ICH_2ZnI\text{'} \xleftarrow[CH_2Cl_2\ 또는\ Cl(CH_2)_2Cl]{CH_2I_2\ /\ EtZnI\ in\ Et_2O}$$

$$\text{'2 }ICH_2ZnI\text{'} \rightleftharpoons (ICH_2)_2Zn\text{-}ZnI_2$$

$$\xrightarrow[CH_2Cl_2\ 또는\ Cl(CH_2)_2Cl]{CH_2I_2\ /\ Et_2Zn} EtZnCH_2I\ \text{and/ or}\ Zn(CH_2I)_2$$

유기아연 화합물의 반응

Reformatsky 반응[111]

Reformatsky 반응은 에스터로부터 유도된 엔올산 아연(zinc enolate)과 알데하이드 또는 케톤의 축합 반응을 통하여 β-하이드록시 에스터를 만드는 것이다. 이들이 탈수 반응을 하면 α,β-불포화 에스터를 생성한다. 엔올산 아연은 THF, DME, EtO, $B(OMe)_3$, 벤젠, 톨루엔 용매에서 α-할로에스터(α-haloester)를 활성화된 아연에 첨가함으로써 만들 수 있는데, 활성화된 아연은 Zn/Cu쌍이나 할로젠화 아연을 포타슘으로 환원한 아연(Rieke 아연)을 말한다. Rieke 아연을 사용한 Reformatsky 축합 반응의 예를 아래에 설명하였다.[109a]

$$BrCH_2COOEt \xrightarrow[Et_2O]{\text{Rieke-Zn}} [\,BrZnCH_2COOEt \rightleftharpoons CH_2{=}C(OZnBr)OEt\,]$$

$$\xrightarrow{\text{cyclohexanone}} [\,\text{Zn-chelate (Br-Zn, O, O, OEt)}\,] \xrightarrow{H^+,\ H_2O} \text{1-hydroxycyclohexyl-}CH_2COOEt\ \ 97\%$$

Reformatsky 반응의 중요한 응용으로는 β-하이드록시 에스터를 α,β-불포화 에스터로 바꾸는 것이 있다. 일반적으로 산 촉매를 사용하여 탈수 반응을 수행하면 α,β-불포화 에스터와 β,γ-불포화 에스터의 혼합물이 생성된다. 그러나 처음 만들어진 β-하이드록시 에스터를 염화 아세틸(acetyl chloride)로 처리하면 아세테이트(acetate, 아세트산 에스터)를 만들고, 계속해서 NaOEt를 사용한 염기 촉매의 탈수 반응을 수행하면 콘쥬게이션 에스터를 높은 순도로 만들 수 있다.[112] 이 반응은 케톤의 Horner-Wardsworth-Emmons 올레핀화 반응의 대안이 될 수 있다.

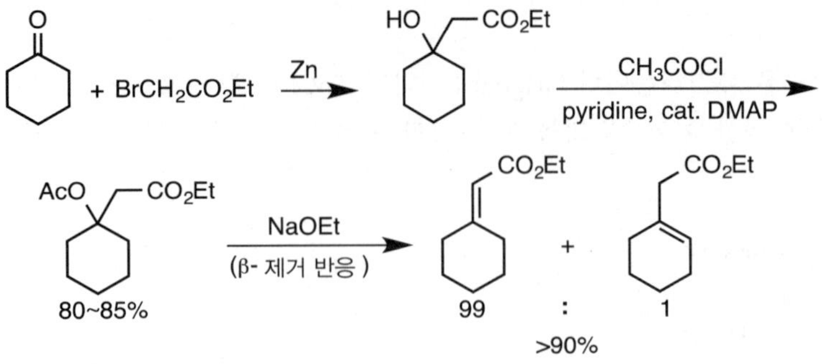

β-하이드록시 에스터와 α,β-불포화 에스터는 다음 식에서 볼 수 있는 바와 같이 Mg 금속 존재하에서 *t*-Bu-브로모에스터(bromoester)와 카보닐 화합물과의 한 단계 **Barbier형 축합 반응**(Barbier-type condensation)을 통하여 얻거나, Li-엔올레이트와의 두 단계 축합 반응을 통하여 만들 수 있다.

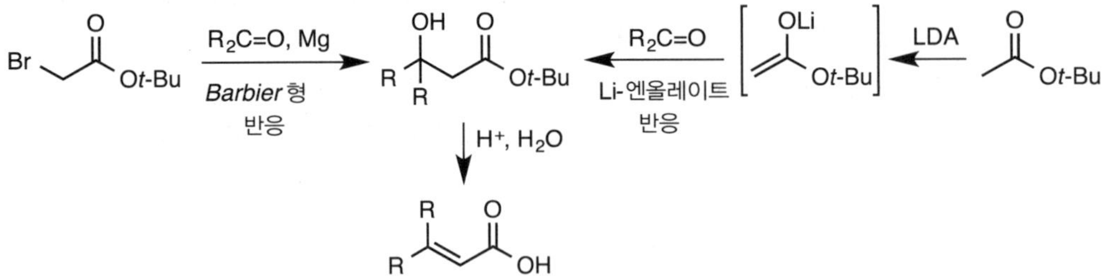

Reformatsky-엔올레이트가 염기로부터 만드는 엔올레이트와 다른 특징은 아연-엔올레이트는 사이클로펜탄온과 같이 쉽게 엔올이 될 수 있는 케톤뿐 아니라 입체 장애가 큰 케톤에도 첨가 반응을 일으킬 수 있어 축합 반응 생성물의 생성을 피할 수 있다. 더욱이 아연-엔올레이트는 에스터와는 반응하지 않고, 알데하이드나 케톤과 쉽게 반응하여 알돌형 생성물을 만들기 때문에 Claisen형 자체 축합 반응(self condensation)의 위험이 없다.[113]

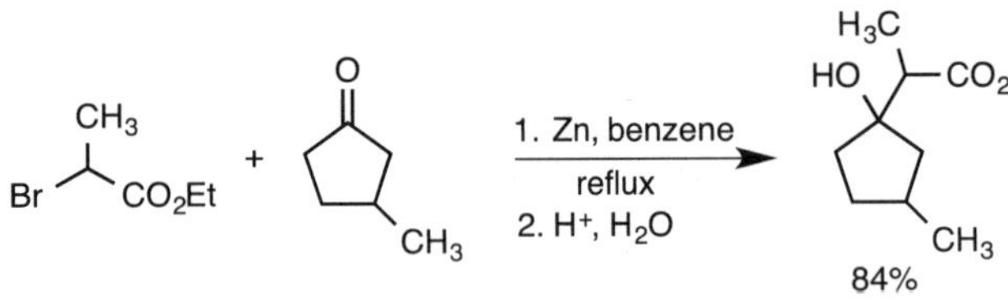

유기아연 시약을 카보닐 화합물에 거울상 이성질 선택성으로 첨가 반응시키면 카이랄 알코올을 만들 수 있다.[114] 예를 들면 촉매량의 DIAB[(−)-exo-(dimethylamino)isoborneol] 존재하에서 Et_2Zn을 벤즈알데하이드에 가하면 높은 수율과 높은 ee로 (*S*)-1-페닐-1-프로판올을 얻는다.[115]

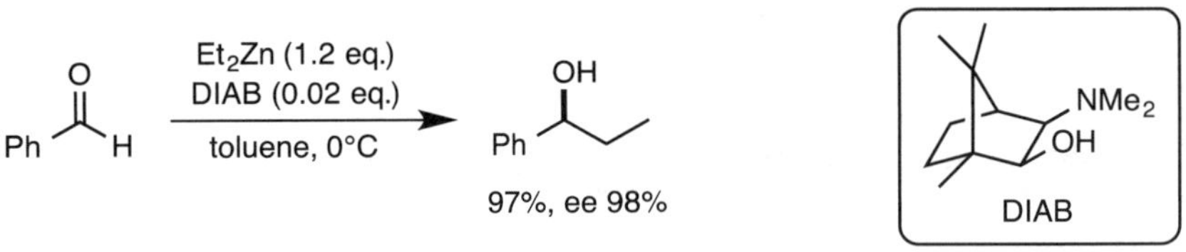

작용기 치환 RZnI의 반응[116]

작용기가 있는 유기금속을 사용하면 아래의 예에서 볼 수 있는 바와 같이, 지루한 보호기-탈보호기 전략을 취하지 않고도 직접 탄소-탄소 골격을 만들 수 있도록 해 준다.[117,118] 사이안화 토실(tosyl cyanide)은 알켄일 또는 아릴아연 시약과 반응하여 α,β-불포화 알켄일 또는 방향족 나이트릴 화합물을 각각 만들 수 있다.[119]

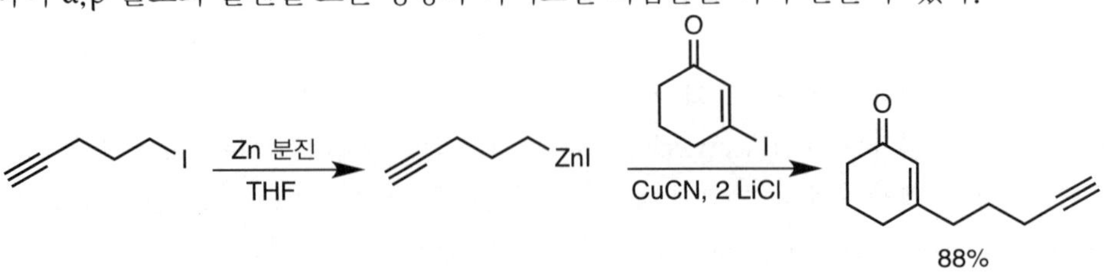

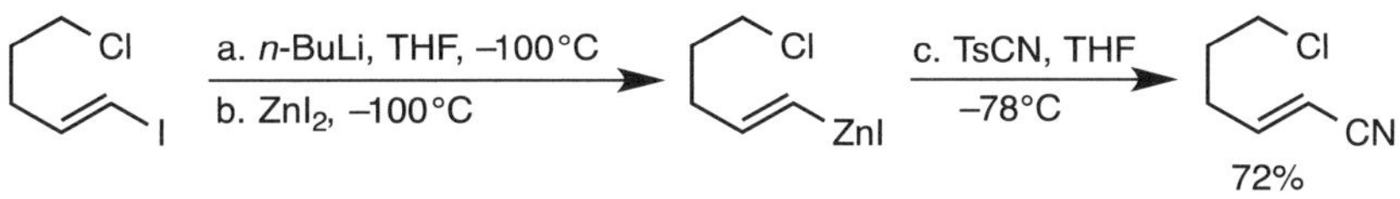

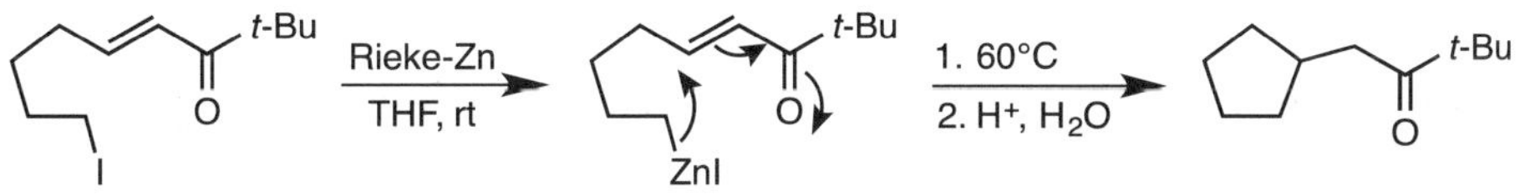

사이클로프로페인화 반응[120]

사이클로프로페인 고리는 제충국 국화로부터 얻을 수 있는 살충제인 파이레트린(pyrethrin)과 같은 흥미로운 생리 활성을 나타내는 많은 천연 화합물에서 볼 수 있다. 더구나 사이클로프로페인 부분은 합성 변환에서도 유용한 합성 단위체(synthon)라고 할 수 있다.[121]

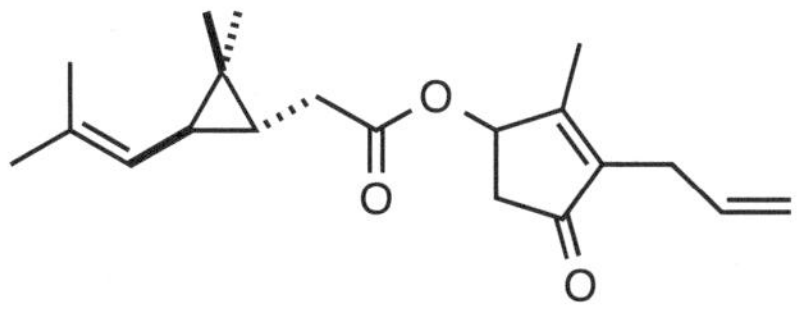

1958년에 Simmons와 Smith는 에터 용매에서 다이아이오도메테인(diiodomethane)과 아연-구리 쌍(couple)을 반응시켜, 알켄과 반응하여 사이클로프로페인이 생성되는 시약을 만들었다고 발표하였다.[122]

$$CH_2I_2 + Zn(Cu) \xrightarrow[35°C]{Et_2O} ICH_2ZnI$$

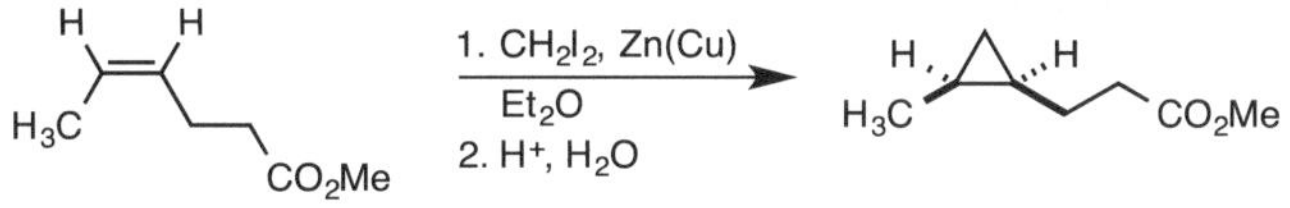

간단한 알켄의 사이클로프로페인화 반응(cyclopropanation)은 카벤을 직접 만들지 않고 Zn-카벤류를 만들어 이중 결합의 입체 특이적인 *syn*-첨가 반응(stereospecific *syn*-addition)을 통해 진행된다.

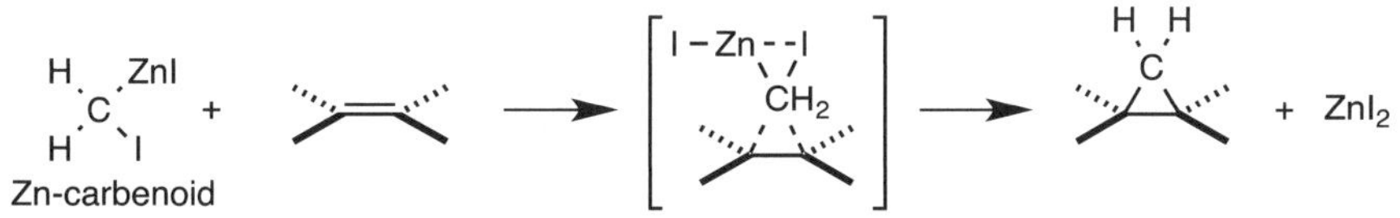

이 반응의 합성에서의 실용성은 다음과 같은 특징을 가지고 있다. (1) 입체 특이성(올레핀 구조의 유지), (2) Cl, Br, OH, OR, CO_2R, C=O, CN과 같은 다양한 작용기에 영향을 받지 않는 반응성, (3) 하이드록실기와 에터 작용기의 *syn*-지향 효과, (4) 화학 선택성, 즉 아연-카벤류는 친전자성이기 때문에 다이엔과 폴리엔에서 더 친핵성인 이중 결합과 화학 선택적으로 반응한다.[123]

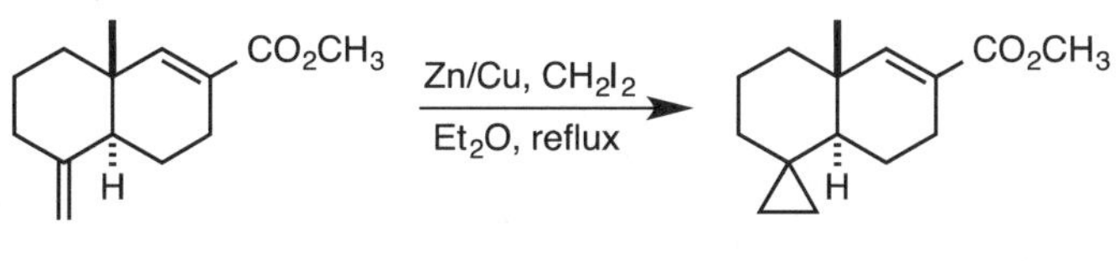

원래의 Simmons-Smith 사이클로프로페인화 반응법의 몇 가지 변형이 보고되었다.[124] 다이에틸아연(diethylzinc)과 다이아이오도메테인(diiodomethane)으로부터 만들 수 있는 Furukawa 시약으로 알려진 (아이오도메틸)아연[(iodomethyl)zinc][125] 또는 다이아이오도메테인(diiodomethane) 대신 클로로아이오도메테인[126]을 사용한 변형된 합성법은 용매를 선택하는 데 있어서 유연성이 있다. 이 시약은 균일(homogeneous)하고, 올레핀의 사이클로프로페인화 반응에서 아연 카벤류의 반응성을 크게 증가시킬 수 있는 다이클로로메테인이나 1,2-다이클로로에테인과 같은 비착화 용매(noncomplexing solvent)에서도 반응을 진행시킬 수 있다.[127]

Et$_2$Zn, CH$_2$I$_2$
benzene
60°C
79%

Et$_2$Zn, ClCH$_2$I
ClCH$_2$CH$_2$Cl
92%

Simmons–Smith 시약이나 Furukawa 시약의 대안으로는 페녹시화 아이오도메틸아연(iodomethylzinc phenoxide) 시약을 사용하는 것인데, 이 시약은 Et_2Zn으로 페놀의 양성자 이탈 반응(deprotonation)을 행한 뒤 CH_2I_2와의 금속-할로젠 교환 반응을 통하여 쉽게 얻을 수 있다.[128] 알켄의 사이클로프로페인화 반응 가운데 경제적으로 매력적인 방법은 CH_2Br_2를 사용하는 것인데, 이 화합물은 CH_2I_2보다 가격이 매우 저렴할 뿐 아니라 정제와 보관도 쉽다.[129]

지향성 Simmons–Smith 사이클로프로페인화 반응

Simmons–Smith 반응에서 특별히 흥미 있는 점은 인접한 OH, OR기에 의해 나타날 수 있는 입체 전자 제어(stereoelectronic control)이다. 이것은 이중 결합면의 양쪽 면 중에서 산소 치환기가 있는 면 쪽에서 사이클로프로페인화 반응이 일어나는 경향이 있다는 것이다.[130] 지향성 효과가 감소되는 순서는 OH > OR > C=O 순이다.

알릴 알코올은 작용기가 없는 알켄보다 빠르게 사이클로프로페인화 반응이 일어나는데,[131] 비고리형 카이랄 알릴 알코올과 Furukawa 시약과의 반응에서는 높은 부분 입체 선택성(diastereoselectivity)도 관찰된다.[132]

ICH$_2$ZnI

Zn (Cu), CH$_2$I$_2$
Et$_2$O, DME, 65°C
81%

Et$_2$Zn (5 eq.)
CH$_2$I$_2$ (5 eq.)
syn: *anti* > 100:1
87%

비대칭 Simmons-Smith 반응은 폭넓게 연구되었다.[133] 이작용기(bifunctional)를 갖는 Lewis 산/Lewis 염기 촉매를 사용할 경우 좋은 결과를 얻을 수 있다. Et_2AlCl와 카이랄 리간드를 반응시키면 카이랄 착염을 생성하는데, 이 착염의 Lewis 산인 Al(III)은 알릴 알코올에 배위되고 Lewis 염기인 아민은 Simmons–Smith 시약에 배위된 형태라고 생각된다. 이와 같이 이 카이랄 착염은 시약과 기질을 가까이 접근하게 만들어 카이랄 리간드가 기질의 거울상 자리면(enantiotopic face)을 구분하게 하는 것이다.[134]

Ligand (0.01 eq.)
Et$_2$AlCl (0.01 eq.)
Et$_2$Zn (2 eq.)
CH$_2$I$_2$ (3 eq.)
CH$_2$Cl$_2$, rt
> 99%, ee 95%

리간드

금속 교환 반응

비록 C-Zn 결합이 알데하이드, 케톤, 에스터, 나이트릴과 같은 친전자체와는 반응성이 작지만 C-Zn 결합이 다른 전이금속 착물들과 반응하면 여러 가지 친전자성 기질과 반응할 수 있는 새로운 유기금속 화합물이 만들어진다.

7.8 유기붕소 시약[135]

유기붕소 화합물을 사용하여 탄소-탄소 결합을 만드는 반응은 많이 알려져 있다. 이 절에서는 탄소 부분(carbon moiety)을 붕소에서 인접 탄소로 이동시키는 반응에 대하여 설명하고자 한다. 그 예로 CO, CN, 다이클로로메틸 메틸 에터(dichloromethyl methyl ether)와 다이클로로메테인(dichloromethane)으로부터 만들 수 있는 탄소 음이온, 알릴 붕소와 알데하이드의 반응에서의 알릴기를 포함하는 탄소 부분의 이동 반응을 이야기할 수 있다.

삼배위 붕소 화합물은 Lewis 산이고, 여기에 친핵체를 가하면 착물을 형성한다. 이렇게 만들어진 사배위 유기붕소 음이온(organoborate, *ate*-착물)의 붕소 원자가 α-이탈기를 갖고 있을 경우에는 카보닐화 반응, 사이안화 반응, 다이클로로메틸 메틸 에터(DCME)의 동족화 반응(homologation)과 붕산 에스터(boronic ester) 동족화 반응과 같이 붕소에서 알킬기의 1,2-이동 반응이 일어나게 된다.[136]

유기보레인 + $^{-}$Nu—LG (이탈기를 가진 친핵체) ⟶ 유기 붕소 음이온 —(1,2-이동)⟶ Nu—B + LG^-

이 반응들의 주요 특징은 순간 화학종으로 붕소 음이온(borate anion)을 만들고, 분자내 음이온의 1,2-이동 반응이 **이동하는 그룹의 구조를 유지시키면서** 진행된다는 것이다. 1,2-이동 반응의 생성물도 새로운 유기붕소 화합물인데, 이들은 산화 반응이나 가양성자 분해 반응(protonolysis) 등을 통하여 다양한 유기 화합물로 바꿀 수 있다.

카보닐화 반응[135,137]

유기붕소와 일라이드(ylide)형의 일산화 탄소[(-):C≡O:(+)]는 다음과 같은 세 가지의 자리 옮김 반응(rearrangement)을 일으킨다. 반응 조건에 따라 알킬기의 단일, 이중, 삼중 이동이 일어나 후처리를 하고 나면 일차, 이차, 삼차 알코올뿐 아니라 여러 가지 알데하이드와 케톤을 만들 수 있다. 이동하는 기의 손실을 막고 단일과 이중 이동 생성물을 얻기 위하여 9-BBN과 텍실보레인(thexylborane)을 정착 원자단으로 사용할 수 있다.

알데하이드와 일차 알코올의 합성

트라이알킬보레인(trialkylborane)의 CO 첨가 반응은 *ate*-착물(아래 A 구조)을 만든다. 계속해서 R기의 CO 리간드로의 이동은 중간체 B를 만든다. 수소화 트라이메톡시알루미늄산 리튬(lithium trimethoxyaluminum hydride)이나 트라이아이소프로폭시 수소화붕소 포타슘(potassium triisopropoxyborohydride)과 같은 환원제 존재하에서 B는 단일-이동 생성물인 C로 바뀐다. C를 H_2O_2로 처리하면 알데하이드가 생성되며, C를 $LiAlH_4$와 반응시키고 후처리하면 일차 알코올을 얻을 수 있다.

R_3B + :C≡O: ⇌ A ⟶ B —($M^+R_3BH^-$)⟶ C

RCHO ⟵($NaOH$, H_2O_2)— C —(1. $LiAlH_4$ 2. NaOH H_2O_2)⟶ $R-CH_2OH$

귀중한 알킬기의 활용도를 극대화하기 위하여 이동 반응(transfer reaction)에 사용될 알켄을 9-BBN으로 수소화붕소 첨가 반응(hydroboration)을 할 수 있다. 이렇게 만든 알킬-9-BBN 유도체를 환원제하에서 CO로 처리하면 선택적인 이동 반응을 수행한다. 다음에서 볼 수 있는 바와 같이, 이 반응을 2-메틸사이클로펜텐(2-methylcyclopentene)에 적용시키면 *trans*-2-메틸사이클로펜테인 카복스알데하이드(*trans*-2-methylcyclopentane carboxaldehyde)를 만드는데, 이때 이동하는 그룹의 구조가 유지되면서 반응이 진행된다.[138]

9-BBN

1. CO, $LiAl(OR)_3H$
2. NaOH, H_2O_2

CHO

96%

케톤의 합성

카보닐화 반응을 소량의 물을 가한 후 100°C에서 반응시키면 두 번째 알킬기가 붕소로부터 인접 탄소로 이동하고, 이어서 산화 처리하면 해당 케톤을 얻을 수 있다.

H_2O, heat → H_2O → NaOH, H_2O_2

B

수소화붕소 첨가 반응 시약으로 텍실보레인[thexylborane, 1,1,2-트라이메틸프로필보레인(1,1,2-trimethylpropylborane)]의 사용은 (a) 혼합 트라이알킬보레인의 합성과 (b) 다이엔의 고리형 수소화붕소 첨가 반응을 가능하게 한다. 연속해서 수소화붕소 첨가 반응–카보닐화 반응이 일어나면 비대칭으로 치환된 다양한 케톤[139]과 고리형 케톤[140]을 만들 수 있다. 카보닐화 반응에서 텍실(thexyl) 부분은 잘 이동하지 않는 경향이 있기 때문에 고정 장치로 사용된다.

(a) BH_2 —alkene-1→ B(R^1)(H) —alkene-2→ B(R^1)(R^2)

(b) BH_2 → B

BH_2 —1. (cyclopentene) 2. $(CH_2)_4OAc$→ B $(CH_2)_6OAc$ —1. CO, H_2O 2. H_2O_2, NaOAc→ O= $(CH_2)_6OAc$

1. MgBr 2. H_2O → OH → $-H_2O$ → $ThexBH_2$ →

H, B, H, Thex —1. CO, H_2O 2. NaOAc, H_2O_2→ H, H, O

삼차 알코올의 합성

에틸렌 글라이콜 존재하에서 트라이알킬보레인은 카보닐화 반응시키면 두 번째, 세 번째 알킬기의 이동 반응을 통하여 (산화시킨 후에) 해당 삼차 알코올을 만들게 된다.[141]

R_3B —CO, HO OH, 가열→ R_3C-B(O)(O) —NaOH, H_2O_2→ R_3C-OH

폴리엔의 수소화붕소 첨가 반응 후에 계속해서 카보닐화 반응과 산화 반응을 수행하면 탄소 고리(carbocyclic) 화합물의 합성을 가능하게 한다.[142]

$BH_3 \cdot THF$ / 1. CO, $HOCH_2CH_2OH$ 2. NaOH, H_2O_2 → OH 62%

사이안화 반응[143]

알킬보레인(alkylborane)으로부터 케톤과 트라이알킬메탄올을 만드는 카보닐화 반응에 대한 다른 대안으로 사이안화 반응(cyanidation)이 있다. 나이트릴 음이온[(−):C≡N:]은 CO와 등전자(isoelectronic) 관계이며, R_3B와도 반응한다. 그러나 사이아노붕소산(cyanoborate)은 열에 안정하고 염화 벤조일(benzoyl chloride)이나 트라이플루오로아세트산 무수물(trifluoroacetic anhydride, TFAA)과 같은 친전자 물질과 반응하여 1,2-이동 반응을 수행한다.

R_3B + ^-CN → $R_3\bar{B}-C\equiv N:$ —$(CF_3CO)_2O$→ $R_3\bar{B}-C\equiv \overset{+}{N}-COCF_3$ $^-OC(O)CF_3$ →

→ —$(CF_3CO)_2O$→ $CF_3C(O)O$ … $COCF_3$ … CF_3

NaOH, H_2O_2 → $R_2C=O$; NaOH, H_2O_2 → R_3C-OH

케톤과 트라이알킬메탄올의 합성은 CO를 사용할 때보다 온화한 반응 조건에서 일어난다. 여기서도 텍실(thexyl)기는 케톤을 만드는 데 고정 장치로 이용된다.[144] 이때 NaCN은 건조한(수분이 없는) 상태를 유지하는 것이 중요하다.

$ThexBH_2$ → B / 1. NaCN 2. $(CF_3CO)_2O$ 3. NaOH, H_2O_2 → O

과량의 TFAA를 사용하면 사이클로헥센(cyclohexene)을 트라이사이클로헥실메탄올(tricyclohexylmethanol)을 만드는 예에서 볼 수 있듯이 세 번째 이동 반응이 일어나 산화 반응 후에 트라이알킬메탄올을 생성한다.[145] 그러나 Grignard 반응법을 사용하면 같은 알코올을 7%만 얻을 수 있다.

1. BH_3, THF 2. KCN → $(C_6H_{11})_3\bar{B}-CN$ K^+ → 1. $(CF_3CO)_2O$ (과량) diglyme 40°C 2. NaOH, H_2O_2 → $(C_6H_{11})_3C-OH$ 86%

다이클로로메틸 메틸 에터 반응[146]

유기붕소와 한 개 이상의 이탈기를 갖고 있는 친핵체와의 반응은 다중 이동 반응(multiple migration)을 일으킨다. 따라서 트라이에틸메톡시화 리튬(Li-triethylmethoxide, $LiOCEt_3$)와 같은 입체 장애가 있는 염기 존재하에서 α,α-다이클로로메틸 메틸 에터[α,α-dichloromethyl methyl ether(DCME)]와 R_3B를 반응시키면 세 개의 모든 알킬기가 이동하여 산화 처리 후에 해당 삼차 알코올을 생성한다. $LiCCl_2OMe$는 다이클로로메틸 메틸 에터와 리튬-트라이에틸메톡사이드와의 반응을 통하여 반응 용기 속에서 직접 만들어서 사용한다.

$$(C_6H_5)_3B \xrightarrow[\text{2. [O]}]{\text{1. } LiCCl_2OMe} (C_6H_5)_3C\text{-}OH \quad 95\%$$

Matteson의 보론산 에스터의 동족화 반응[147]

카이랄 알킬보론산 에스터(alkylboronic ester)와 다이클로로메틸리튬(dichloromethyllithium)의 동족화 반응(homologation)은 탄소–탄소 결합 생성 반응에서 카이랄 중심을 도입하는 데 매우 효과적인 방법이다. 사용할 보론산 에스터는 Grignard 시약과 보론산 트라이메틸(trimethyl borate) 또는 리튬 시약과 보론산 트라이아이소프로필(triisopropyl borate)으로부터 쉽게 얻을 수 있다. 이렇게 얻은 알킬보론산 에스터를 가수 분해하면 해당 알킬보론산을 만들 수 있는데, 이것들을 (r)-피네인다이올[(r)-pinanediol]이나 (s)-피네인다이올[(s)-pinanediol]과 반응시키면 안정한 (r)-이나 (s)-피네인다이올 알킬보론산 에스터를 생성한다.

(r)-피네인다이올
알킬보론산 에스터

카이랄 지향(chiral directing)기인 피네인다이올은 (+)-α-피넨[(+)-α-pinene]이나 (−)-α-피넨으로부터 만들 수 있다. 이 반응은 산화제로 정량의 산화 트라이메틸아민(trimethylamine oxide) 또는 NMO(*N*-methyl-morpholine-*N*-oxide)을 넣고 촉매량의 사산화 오스뮴을 함께 첨가한 산화 촉매 반응이다. 약어로 표시한 (s), (r)은 아래에서 볼 수 있는 바와 같은 피네인다이올의 입체 구조를 말한다.

(+)-α-pinene

(−)-α-pinene

(s)-피네인다이올 보론산 에스터 **A**와 다이클로로메틸리튬(dichloromethyllithium)과의 반응은 −100°C에서 빠르게 진행하여 붕산 착물 **B**를 생성하는데, 온도를 0~25°C로 올리면 (1S)-1-클로로알킬보론산 에스터 **C**로 자리 옮김 반응이 일어난다. 염화 아연이 이 자리 옮김 반응을 촉진시키며, 부분 입체 선택성을 향상시킨다. **C**에 Grignard 시약이나 리튬 시약을 반응시키면 보론산 착물 **D**를 만드는데, 이것은 이차 알킬보론산 에스터 **E**로 반전(inversion)을 통한 자리 옮김 반응이 진행된다. 염기성 과산화 수소로 산화시키면 이차 알코올을 97% 이상의 ee[거울상 초과량(enantiomeric excess)]로 얻을 수 있다.

보론산 에스터 동족화 반응의 중요한 특징은 보론산 에스터 생성물 자신이 두 번째 카이랄 중심의 도입을 위한 고리에 사용되는 보론산 에스터 원료 물질로 쓰일 수 있다는 것이다. Matteson은 곤충의 페로몬이나 당화합물을 만드는

데 이 방법을 사용하였다.[148]

두 번째 카이랄 중심을 도입할 때 이 방법의 문제점은 입체 화학의 결과가 카이랄 보론산 에스터 **E**에 지배된다는 것이다(기질에 따른 제어). 만일 반대의 입체 이성질체가 필요할 경우에는 카이랄 다이올 보조기를 거울상 이성질체로 바꾸기 위하여 세 단계 과정을 거쳐야 한다.[149] 이 문제를 푸는 방법은 동족체 반응 과정에서 시약 제어 방법을 사용하는 것이다.[150] *s*-BuLi/(−)-스파르테인을 사용하여 카바메이트의 탈수소화 반응으로 반든 안정한 카이랄 이중 극자 음이온을 보론산 에스터에 가하면 산염 착물(ate complex) **A**를 얻을 수 있다. $MgBr_2$를 가하고 열을 가하여 환류시키면 입체 화학이 완전하게 뒤집힌 1,2-이동 생성물인 보론산 에스터 **B**를 얻는다. 여기에 두 번째 안정한 이중 극자 음이온을 더할 수 있다. 만일 이것을 *s*-BuLi/(−)-스파르테인을 사용하여 만들 수 있다면 최종의 입체 중심은 처음 것과 같은 카이랄성을 갖게 될 것이다. 반대의 입체 화학을 원한다면 카이랄 음이온을 *s*-BuLi/(+)-스파르테인 대용물 **D**를 사용하여 카바메이트의 탈수소화 반응으로 만들면 된다.[151]

i-Pr₂N(C=O)O–C(H^S H^R)–R (Cb; R= CH_2CH_2Ph) —1a. *s*-BuLi, (−)-sparteine, Et_2O, −78 °C→ [CbO–CH(Li•(−)-sparteine)–R] —1b. (pinacol ethylboronate), 1c. $MgBr_2$→ **A** → **B** (pin)B (78%, ee 96%) —2a. CbO–CH(Li•**D**)–CH₃, 2b. $MgBr_2$→ **C** —2c. NaOH, H_2O_2→ HO 생성물 (83%%, ee > 96%, dr 94:6)

D (+)-sparteine surrogate

B에 이 화학종을 가하고 1,2-이동 반응을 수행하면 보론산 에스터 **C**를 만들 수 있는데, 이것을 산화시키면 이차 알코올을 만들 수 있다. 이 방법은 인접한 10개의 입체 중심이 있는 비고리계 화합물을 만드는 데 사용할 수 있다. 이때 새로 만들어지는 각각의 입체 중심은 카이랄 시약을 잘 선택함으로써 도입할 수 있는데, 보론산 에스터에 이미 존재하는 카이랄성으로부터는 영향을 받지 않는다.[152]

비대칭 알릴- 과 크로틸-붕소 첨가 반응[153]

anti-배열이나 *syn*-배열을 갖고 있는 β-메틸 호모알릴성 알코올 부분은 많은 매크롤라이드(macrolide)나 폴리에터 항생제들의 특징적인 구조의 한 요소라고 할 수 있다. 크로틸금속(2-butylmetal) 시약과 카보닐 화합물과의 반응은 β-메틸 호모알릴성 알코올의 비고리형 입체 이성질 선택성 및 거울상 이성질 선택성 합성을 가능하게 한다. 이 알코올의 알켄 부분은 이중 결합의 산화성 절단 반응(oxidative cleavage)을 통하여 알데하이드로 변환시켜 알돌형 생성물을 만들 수 있다.

homoallylic alcohol ⟹ RCHO + "allyl 유기금속 시약" ≡ allylboronic ester ($B(OR)_2$)

β-methyl homoallylic alcohol ⟹ RCHO + "crotyl 유기금속 시약" ≡ crotylboronic esters ($B(OR)_2$ or $B(OR)_2$)

크로틸 유기금속 화학종은 상온에서 금속의 1,3-이동을 수행한다. 유기 합성에서 알릴 유기금속 시약을 입체 조정(stereocontrol)하기 위해서는 입체 이성질 시약이 이 반응 조건에서 평형에 있지 않아야 하며, 카보닐 화합물에 위치 선택성(regioselectivity)이며, 비가역적으로 첨가 반응을 수행해야 한다는 것이 중요하다. 여러 가지 알릴성 유기금속 시약 가운데서 알릴보론산 에스터(allylboronic ester)와 알릴다이알킬보레인(allyldialkylborane)은 특히 호모알릴성 알코올의 비고리형 입체 선택성인 합성에 적합하다.[147,154]

크로틸 붕소 시약의 상호 변환 속도는 붕소에 붙어 있는 R기의 특성에 따라 다른데, 그 순서는 크로틸다이알킬보레인(crotyldialkylborane, crotyl-BR_2) > 크로틸보린산알킬[crotylalkylborinate, crotyl-BR(OR)] > 크로틸보보론산알킬[crotylboronate, crotyl-$B(OR)_2$]이다.

BR_2 ⇌ BR_2 ⇌ BR_2

크로틸보론산 에스터(crotylboronic ester, 2-butenylboronate)는 열에 안정하며, 상온에서 분리할 수도 있으며, 알데하이드와 거의 정량적으로 첨가 반응을 한다. 이 반응에 필요한 크로틸보론산 에스터는 *cis*-나 *trans*-2-뷰텐으로부터 얻을 수 있는 크로틸포타슘 시약과 *n*-뷰틸리튬 또는 *tert*-뷰톡시화 포타슘(*tert*-butoxide)와 반응시킨 후 적당한 보론산 트라이알킬(trialkyl borate)을 가하여 만들 수 있다.[155]

H_3C CH_3 —(*n*-BuLi, THF / KO*t*-Bu)→ [H_3C CH_2K] —($B(OR)_3$ / −KOR)→ H_3C CH_2–$B(OR)_2$

70~75% (99% *Z*)

CH_3 H_3C —(*n*-BuLi, THF / KO*t*-Bu)→ [CH_2K H_3C] —($B(OR)_3$ / −KOR)→ CH_2–$B(OR)_2$ H_3C

70~75% (99% *E*)

크로틸보론산 에스터와 알데하이드와의 반응은 위치 선택적이어서 두 개의 새로운 입체 화학 구조를 만들어 네 개의 가능한 입체 이성질체를 만든다. 따라서 여기에는 두 개의 입체 화학적인 양상을 볼 수 있는데, 하나는 **거울상 이성질 선택성**(enantioselection; *Re* 면 대 *Si* 면 첨가)이고 다른 하나는 **부분 입체 선택성**(diastereoselection; *syn* 대 *anti*)이다.

H_3C —B(OR′)$_2$ —(a. RCHO / b. NaOH, H_2O_2)→ OH R CH_3 + OH R CH_3

(Z)-crotylboronate　　거울상 이성질체 *syn*-homoallylic alcohols

—B(OR′)$_2$ H_3C —(a. RCHO / b. NaOH, H_2O_2)→ OH R CH_3 + OH R CH_3

(E)-crotylboronate　　거울상 이성질체 *anti*-homoallylic alcohols

부분 입체 이성질체

붕소에서 알릴 부분이 친전자체인 카보닐 탄소로 이동하는 것은 자리 옮김 반응을 통해 진행되는데, 이렇게 하여 중간체인 보론산 에스터 C와 D를 생성한다. 이 반응은 높은 **부분 입체 선택성**을 가진다. (*E*)-크로틸보론산 유도체 반응하여 *anti*-호모알릴 알코올을 만들고, (*Z*)-크로틸보론산 유도체는 *syn*-호모알릴 알코올을 만든다.[156] 이러한 현상은 Zimmerman–Traxler형 전이 상태 모형으로 설명해 왔다.[157] 이중 결합의 기하 구조 때문에 사이클로헥세인 의자형 전이 상태 회전 배열(chair-form transition state conformation) A와 B에서 설명하는 바와 같이 (*E*)-크로틸붕소산 에스터의 배위는 Me기가 수평 방향에 위치하기를 원하는 반면, (*Z*)-크로틸보론산 에스터의 배위는 Me기가 수직 방향에 위치하게 된다. 이 두 경우 모두 알데하이드의 R 부분은 붕소의 OR′ 치환기들 중 하나와 입체적인 반발을 피하기 위하여 유사 수평 방향 자리(pseudoequatorial position)에 위치하게 된다.

(E) A → C → (H_2O_2, NaOH) anti-alcohol

(Z) B → D → (H_2O_2, NaOH) syn-alcohol

비카이랄성 알데하이드와의 반응에서 거울상 순수한(enantiopure) 알릴보레인은 매우 높은 부분 입체 선택성을 나타낼 뿐 아니라 매우 높은 **거울상 이성질 선택성**을 나타낸다.[158] 순수한 (*Z*)-와 (*E*)-크로틸다이아이소피노캄페닐보레인[(*E*)-crotyldiisopinocamphenylborane]은 (Z)-와 (*E*)-크로틸포타슘과 *B*-메톡시다이아이소피노캄페닐보레인(*B*-methoxydiisopinocamphe- nylborane)을 낮은 온도에서 반응시켜 얻은 *ate*-착물을 $BF_3 \cdot OEt_2$로 처리하여 각각 만들 수 있다. *B*-메톡시다이아이소피노캄페닐보레인은 다이아이소피노캄페닐보레인을 메탄올과 반응시켜 얻을 수 있다.

(*Z*)-크로틸다이아이소피노캄페닐보레인을 알데하이드와 −78℃에서 반응시키고 산화 과정을 거치면 해당 *syn* (*erythro*) β 메틸호모알릴 알코올[*syn*(*erythro*) β mcthylhomoallyl alcohol]을 99%의 부분 입체 선택성이면서 95%의 거울상 이성질 선택성으로 만들게 된다. 시약 제어의 예로서, (−)-$(Ipc)_2BH$로부터 유도된 *B*-메톡시다이아이소피노캄페닐보레인(*B*-methoxydiisopinocampheylborane)도 *syn*-알코올을 99%의 부분 입체 선택성으로 만들지만, (+)-α-피넨으로부터는 반대의 거울상 이성질 선택성을 갖는 화합물을 만들게 된다.

H_3C–CH=CH–CH_3 → (*n*-BuLi, THF, KO*t*-Bu, −45°C) [H_3C–CH=CH–CH_2K] → (B-OMe reagent, prepared from (+)-$(Ipc)_2BH$, MeOH) *ate*-complex → ($BF_3 \cdot OEt_2$, −78°C) → (1. RCHO, −78°C; 2. [O])

R = Me, Et, Ph, CH=CH			

R = Me, Et, Ph, $CH=CH_2$

		syn	syn
(*Z*)-crotyl-(+)-$B(Ipc)_2$	거울상 이성질 선택성:	95%	5%
	부분 입체 이성질 선택성: 99%		
(*Z*)-crotyl-(−)-$B(Ipc)_2$	거울상 이성질 선택성:	5%	95%
	부분 입체 이성질 선택성: 99%		

(+)-α-피넨으로부터 유도된 (*E*)-크로틸다이아이소피노캄페닐보레인을 알데하이드와 반응시키킨 다음 산화시키면 95%의 거울상 이성질 선택성으로 *anti*-알코올을 생성한다. (−)-α-피넨으로부터 유도된 (*E*)-크로틸다이아이소피노캄페닐보레인을 알데하이드와 반응시켜도 95%의 거울상 이성질 선택성으로 *anti*-알코올을 만든다. 이와 같은 접근 방법을 통하여 *cis*-2-뷰텐, *trans*-2-뷰텐, (+)-α-피넨피넨, (−)-α-피넨피넨을 사용하여 반응시키면 모두 네 개의 입체 이성질체인 호모알릴성 알코올을 얻을 수 있다.[159]

(1. RCHO, −78°C; 2. [O])

R = Me, Et, Ph, $CH=CH_2$

(*E*)-crotyl-(+)-$B(Ipc)_2$	거울상 이성질 선택성:	95%	5%
	부분 입체 이성질 선택성: 99%		
(*E*)-crotyl-(−)-$B(Ipc)_2$	거울상 이성질 선택성:	5%	95%
	부분 입체 이성질 선택성: 99%		

다이아이소피노캄페닐보레인 시약 가운데 또 다른 좋은 시약으로는 알릴 및 크로틸 10-TMS-9-보라사이클로[3.3.2]데케인(10-TMS-9-BBDs)이 있다.[160] 이 시약들은 MeO-9-BBN으로부터 쉽게 만들 수 있고 알데하이드와 매우 선택적으로 알릴화 반응과 크로틸화 반응을 수행한다. 더구나 이들은 공기 중에서도 안정하며 다음에 재활용할 수도 있다.

(E)-crotyl-10-TMS-9-BBD
(Z)-crotyl-10-TMS-9-BBD
a. PrCHO (0.9 eq.) −78°C, Et_2O
b. NaOH, H_2O_2
94% syn:anti ≤ 2:98, ee 96%
91% syn:anti ≥ 98:2, ee 94%

비대칭 알릴화 반응과 크로틸화 반응을 제어하는 시약이 갖는 고유의 단점을 피하기 위하여 비대칭 촉매를 사용하는 방법이 관심을 끌고 있다. 알릴 및 크로틸붕소 피나콜레이트는 알데하이드의 첨가 시 요구되는 온도 상승에 비교적 안정하다. 카이랄 Brönsted 산(LAB[161]) **A**·$SnCl_4$ 존재하에서는 낮은 온도에서도 높은 수율과 높은 ee로 반응이 진행된다.[162] LAB 착물인 **A**·$SnCl_4$에 있는 수산기의 양성자들은 활성화되어 크로틸붕소 피나콜레이트의 OR기들 가운데 하나와 수소 결합을 할 수 있다. 이런 방법으로 피나콜레이트가 활성화되고 낮은 온도에서도 알릴화 반응을 수행하는데 카이랄 리간드로부터 효율적인 카이랄성을 반응물에 전달하게 된다.

R= $TBDPSOCH_2CH_2$
A (3.25 mol%) $SnCl_4$ (2.5 mol%)
4 Å mol. sieves Na_2CO_3 (0.1 eq.) toluene, −78°C
95%, ee 96%

A
A·$SnCl_4$
활성화된 양성자

7.9 유기규소 시약[163]

유기 합성에서 유기규소 화합물의 유용성은 C–Si 결합의 안정성과 유기규소가 친핵성 시약뿐 아니라 친전자 시약과도 위치 선택적, 입체 선택적으로 반응한다는 데에 기인한다. 이 장에서는 유기규소 화합물의 성질과 알카인일 실레인, 알켄일 실레인, 알릴성 실레인의 제법 및 유기 합성에서의 응용에 관하여 설명하고자 한다.

규소에서 결합의 성질[164]

전기 음성도

규소는 탄소보다 전기 양성도(electropositivity)가 크기 때문에(표 7.1), 탄소–규소 결합은 $Si^{\delta+}$-$C^{\delta-}$ 방향으로 분극화된다. 이러한 분극 현상은 다음의 두 가지 중요한 효과를 나타낸다. (1) 규소가 친핵 공격에 민감하게 반응한다는 것이고, (2) 또 다른 하나는 β-탄소 양이온과 α-탄소 음이온을 안정화시키는 효과가 있다는 것이다.

결합 에너지

유기규소 화합물은 다른 일반 유기금속 화합물보다 훨씬 안정하다. Si가 O, Cl, F와 같이 전기 음성도가 큰 원소와 이루는 단일 결합은 매우 강하다(표 7.7). 이 경우 pπ-dπ 결합이 중요한 역할을 한다는 것에는 의심의 여지가 없다. 이렇게 강한 결합이 만들어지기 때문에 친핵체가 O^-, Cl^-, F^-일 때에는 Si에서 치환 반응이 특히 쉽게 일어난다. F^-에 대한 규소의 강한 친화력은 $Bu_4N^+F^-$과 실릴 에터의 실릴 이탈 반응(desilylation)을 쉽게 수행할 수 있다는 데서 그 증거를 찾을 수 있다(3장).

표 7.7 대략적인 결합 해리 에너지[163,165b]

	kcal/mol	kJ/mol		kcal/mol	kJ/mol
HC-C	83∼88	347∼368	Si-C	76	318
HC-O	80	335	Si-O	127	531
HC-Cl	84	351	Si-Cl	113	471
HC-F	108	452	Si-F	193	807

결합 길이

Si–C 결합(1.89 Å)은 C–C 결합(1.54 Å)에 비하여 상당히 긴데, 이것은 $SiMe_3$기가 *tert*-뷰틸기보다 입체 장애가 작다는 것을 의미한다. 사실, $SiMe_3$의 A값은 아이소프로필기의 값(∼2.1 kcal/mol)과 거의 같다.

β-탄소 양이온과 α-탄소 음이온의 안정화

$Si^{\delta+}–C^{\delta-}$ 분극화는 **β-효과**(β-effect)라고 알려진 입체 전자(stereoelectronic) 현상으로 β-위치의 탄소 양이온을 안정화시킨다.[166] 이것은 일반적으로 Si–C 결합과 β-탄소 양이온의 비어 있는 pπ 오비탈과의 안정한 상호 작용(σ-π 콘쥬게이션)에 기인한다. β-효과는 회전 배열에 의존적인데, 그 이유는 아래의 구조 **A**에서 볼 수 있는 바와 같이, 탄소–규소 σ 결합과 비어 있는 p 오비탈이 같은 평면에 있어야 한다는 점 때문이다. 결론적으로 규소에 붙어 있는 α-탄소 양이온은 알킬기가 붙어 있는 양이온에 비하여 불안정하다.[167]

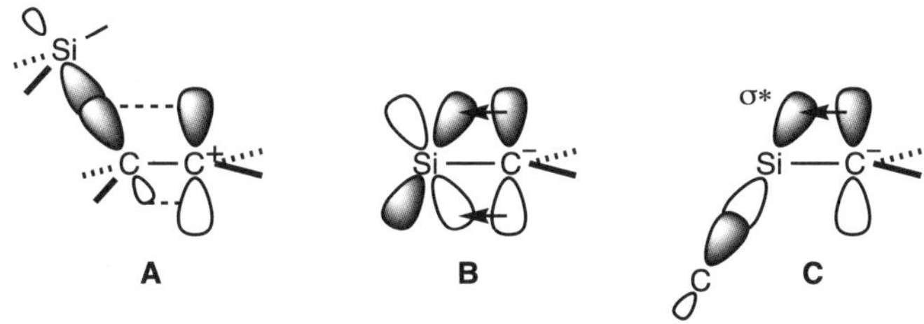

규소와 같은 2주기 원소는 1주기 원소보다 α-탄소 음이온을 안정화하는 데 있어서 상당히 큰 효율성을 가지는 것으로 알려져 있다. 이런 현상에 대한 초기의 합리적인 설명으로는 안정화 효과의 원인으로 pπ-dπ 모형 **B**를 사용하였으며, 최근에는 Si의 큰 분극화와 규소의 빈 σ* 오비탈의 존재에 의해 안정화된다고 발표되고 있다. **C**에서와 같이 측면을 공격하는 탄소 음이온의 채워진 오비탈과의 겹침으로 이런 안정화 현상을 설명할 수 있다.[168]

알카인일실레인, 알켄일실레인, 알릴실레인의 제조

알카인일실레인

알카인일실레인(alkynylsilane)은 말단 알카인에 금속화 반응을 시킨 후 적당한 트라이알킬클로로실레인(trialkylchlorosilane)을 가하여 쉽게 만들 수 있다.

$$R^1–≡–H \xrightarrow[\text{또는 LDA, THF} \quad 2.\ R_3SiCl]{1.\ \text{MeLi or } n\text{-BuLi}} R^1–≡–SiR_3$$

BF_3, $AlCl_3$, $TiCl_4$와 같은 Lewis 산 촉매 하에서 알카인일실레인과 친전자체와의 반응은 일반적으로 온화한 반응 조건에서 규소를 함유한 탄소의 β-효과에 의한 위치 선택적인 방법으로 반응이 일어난다.

$R^1 \overset{\beta\ \ \alpha}{\equiv} SiR_3 \xrightarrow{E^+} [R^1\text{-}\overset{+}{C}{=}C(SiR_3)E] \xrightarrow{Nu^-} R^1\text{-}\overset{+}{C}{=}C(SiH_2R_3)E \xrightarrow{-Nu\text{-}SiR_3} R^1 \equiv E$

$AlCl_3$를 이용한 산염화물과 알카인일실레인의 친전자성 치환 반응은 알카인일 케톤을 만드는 편리한 방법이다. 아세틸렌 부분이 규소로부터 염화 아실(acyl chloride)로 이동하는 것은 $AlCl_3$과의 반응으로 만들어진 아실 양이온[아실륨 이온(acylium ion)]을 경유하여 반응이 진행되는 것이다.[169]

$RC(O)Cl + AlCl_3 \xrightleftharpoons{a.} [R\text{-}C{\equiv}\overset{+}{O} \longleftrightarrow R\text{-}\overset{+}{C}{=}O] + \overset{-}{AlCl_4}$

(E^+ = acylium ion) (Nu^- = Cl^-)

b. $R^1 \equiv SiR_3$, c. workup → $R^1 \equiv C(O)R$

알카인일실레인의 α-탄소에서 친전자체의 매우 높은 규소 지향성은 아래에서 볼 수 있는 바와 같이 메틸이 치환된 삼중 결합과 규소가 치환된 삼중 결합의 분자내 고리화 반응을 비교해 보면 더욱 분명해진다.[170]

A (HCO_2H, 25°C) → [B] (HCO_2^-) → C

D (HCO_2H, 25°C) → [E] (HCO_2^-) → F

A와 D의 하이드록실기와 트라이메틸실릴옥시(trimethylsilyloxy)기의 양성자화 반응은 탄소 양이온 B와 E를 각각 생성한다. B에서 메틸 치환된 삼중 결합으로의 공격은 선택적인 선형 바이닐 양이온을 만든다. 이것은 폼산 음이온(formate ion)과 반응하여 치환된 바이사이클로[2.2.2]옥텐(bicyclo[2.2.2]octene)을 생성물로 만든다. 한편, E에서 규소 치환 삼중 결합으로의 공격은 규소-안정화된 β-탄소 양이온을 생성하는데, 이것은 폼산 음이온과 반응하여 치환된 바이사이클로[3.2.2]노넨(bicyclo[3.2.2]nonene) F를 만들게 된다.

카이랄 Lewis 산 존재하에서 활성화된 알데하이드와 케톤에 알카인일실레인을 가하면 높은 거울상 이성질 선택성으로 반응이 진행된다.[171]

$R{\equiv}SiMe_3 + F_3C\text{-}CO\text{-}CO_2Et \xrightarrow[\text{b. 6 N HCl, THF}]{\text{a. }(S)\text{-BINAP-Pd (A) (5 mol\%)}, CH_2Cl_2} R{\equiv}C(CF_3)(OH)CO_2Et$

R= cyclohexyl 94%, ee >99%

A: $[(S)\text{-BINAP})Pd]^{2+}\ 2SbF_6^-$

알켄일실레인

알켄일실레인(alkenylsilane)을 만드는 여러 가지 제법 가운데에는 알카인의 수소화 규소 첨가 반응(hydrosilylation)과 알카인일실레인의 부분 환원 반응이 있다. 촉매량의 염화백금산(chloroplatinic acid) 존재하에서 1-알카인과 트라이에틸실레인의 수소화 규소 첨가 반응은 삼중 결합에 입체 선택적으로 H-$SiEt_3$의 ***syn*-첨가 반응**이 일어나 (*E*)-알켄일실레인을 만든다.[172]

$$n\text{-}C_6H_{13}-\!\equiv\!-H \xrightarrow[i\text{-PrOH, 0°C}]{Et_3SiH,\ H_2PtCl_6\ (cat.)} (E)\text{-}n\text{-}C_6H_{13}CH{=}CHSiEt_3\ \ 77\%$$

1-(트라이알킬실릴)알카인[1-(trialkylsilyl)alkyne]을 다이알킬보레인[173]이나 수소화 다이아이소뷰틸알루미늄(diisobutylaluminum hydride)[174]으로 환원시키면 위치 선택적이며 입체 선택적으로 반응이 진행되고, 가양성자 분해 반응(protonolysis)이나 가수 분해 처리를 하고 나면 (*Z*)-알켄일실레인이 만들어진다.

$$R^1-\!\equiv\!-SiMe_3 \xrightarrow[THF,\ rt]{R_2BH} R^1(H)C{=}C(SiMe_3)(BR_2) \xrightarrow{HOAc} R^1(H)C{=}C(SiMe_3)(H)$$

$$C_6H_{11}-\!\equiv\!-SiMe_3 \xrightarrow[Et_2O,\ 40°C]{i\text{-}Bu_2AlH} C_6H_{11}(H)C{=}C(SiMe_3)(Al(i\text{-}Bu)_2) \xrightarrow[H_2O]{H^+} C_6H_{11}(H)C{=}C(SiMe_3)(H)\ \ 78\%$$

바이닐실레인(vinylsilane)은 여러 종류의 친전자체와 반응하여 치환 또는 첨가 반응 생성물을 만든다. 치환 반응에서는 탄소-탄소 π 결합의 생성이 친핵체에 의한 인접 β-탄소 양이온의 포획보다 빠르기 때문에 실릴기가 친전자체와 교환된다.

$$CH_2{=}CHSiR_3 \xrightarrow{E^+} [\,^+CH(SiR_3)CH_2E\,] \xrightarrow{Nu^-} [\,\pi\ 결합\ 생성\,] \longrightarrow CH_2{=}CHE$$

β- 탄소 양이온 / π 결합 생성 / 치환 생성물

첨가 반응에서는 Si-C 결합이 깨지기 전에 친핵체가 탄소 양이온과 반응한다. 첨가 생성물은 반응 조건에 따라서 *syn*-제거 반응 또는 *anti*-제거 반응을 하도록 유도할 수 있다. 거의 예외 없이 바이닐실릴에 대한 친전자성 공격은 매우 위치 선택성이어서 β-위치(β-효과)에 탄소 양이온이 생기게 된다.

$$CH_2{=}CHSiR_3 \xrightarrow{E^+} [\,^+CH(SiR_3)CH_2E\,] \xrightarrow{Nu^-} Nu\text{-}CH(SiR_3)CH_2E$$

β- 탄소 양이온 / 첨가 생성물

$AlCl_3$와 같은 Lewis 산 촉매하에서 바이닐실레인을 산염화물(acid chloride)로 아실화 반응을 시키면 α,β-불포화 케톤을 만들 수 있다.[175]

$$\text{4,4-dimethyl-1-(SiMe}_3\text{)cyclohexene} \xrightarrow[2.\ H^+,\ H_2O]{1.\ CH_3COCl,\ AlCl_3} \text{4,4-dimethyl-1-acetylcyclohexene}\ \ 77\%$$

이 반응은 위치 선택적일 뿐 아니라 입체 선택적이다. 인접 탄소 양이온의 안정화는 C-Si 결합이 생성되는 빈 p오비탈과 올바르게 배열할 때에만 일어난다. 실릴기는 탄소 양이온의 p 오비탈과 동일 평면을 이루도록 이중 결합 평면에서 가장 짧은 방향으로 회전하는데, 이것으로 입체 화학의 결과를 설명할 수 있다.

$$R^1CH{=}C(SiR_3)R^2 \xrightarrow[AlCl_3]{R^3COCl} [\,R^1\text{-}\overset{+}{C}H\text{-}C(SiR_3)(R^2)C(O)R^3\,] \xrightarrow{회전} [\,\ldots\,] \xrightarrow{Cl^-,\ -R_3SiCl} R^1CH{=}C(R^2)C(O)R^3$$

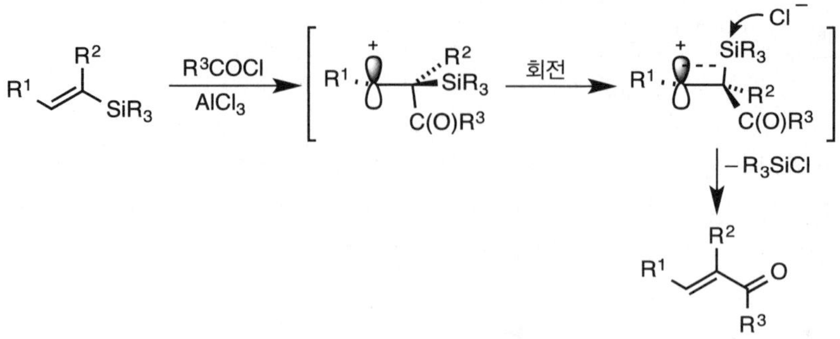

바이닐실레인을 친전자체에 가하는 것은 잘 알려진 탄소-탄소 결합을 만드는 방법이다. 삼성분(three component) 실릴-Prins 반응은 *cis*-2,6-이치환 다이하이드로파이란(dihydropyran)을 만드는 효과적인 방법이다.[176] 이 반응은 양전하가 안정해지도록 TMS기가 수직 방향으로 배향된 옥소카베늄 이온 **A**를 거쳐 반응이 진행된다.

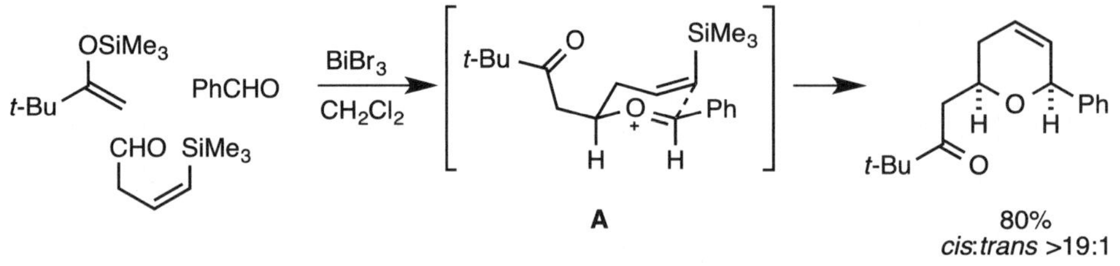

한 가지 이성질체로 된 순수한 할로젠화 바이닐(vinyl halide)은 바이닐리튬 화학종을 만들거나 Pd 촉매를 이용한 짝지음 반응에 사용할 수 있는 중요한 원료 물질이다. 바이닐실레인의 할로젠화 반응은 (*E*)-나 (*Z*)-바이닐 할로젠화물을 합성할 때 매우 귀중한 방법이다. 이 반응은 이중 결합에 할로젠 첨가 반응을 수행한 후, 규소와 할로젠 부분을 제거하면 된다. 이 반응에서의 입체 화학은 첨가 반응과 제거 반응의 형태에 달려 있다. 예를 들면 CH_2Cl_2 용매에서 (*Z*)-바이닐실레인을 브로민과 반응시킨 브로민화 반응은 *anti*-첨가로 반응이 진행된다. 이 브로민 첨가 생성물을 메톡시화 소듐(sodium methoxide)으로 처리하면 *anti*-브로민규소 이탈 반응(*anti*-desilicobromination)이 일어난다. 따라서 바이닐실레인을 브로민화 바이닐(vinylbromide)로 바꾸는 것은 이중 결합 입체 화학의 반전을 통해서 반응이 진행된다.[177]

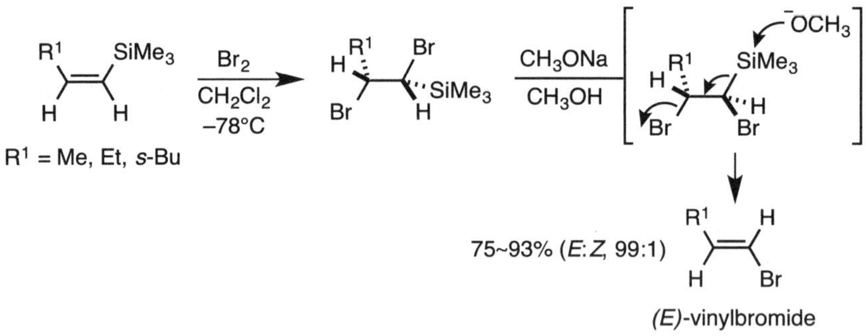

알릴실레인

알릴실레인(allylsilane)은 유기 합성에서 중요한 역할을 한다.[178] Li-, Mg-, Zn-, B-알릴 화학종들은 금속의 1,3-이동을 일으키는 반면, 알릴실레인은 안정하다.

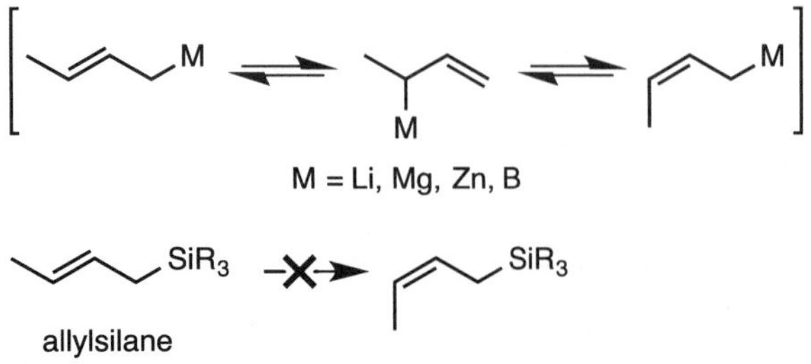

R_3SiCl이 탄소 음이온을 위치 선택적으로 포획할 수 있다면, 알릴실레인을 알릴-금속 화학종의 실릴화 반응(silylation)을 통해서 만들 수 있다.

1. Mg
2. R_3SiCl
SiR3

(Z)-2-butene n-BuLi, THF KOt-Bu [H_3C K] Me_3SiCl H_3C SiMe3

염화 트라이메틸실릴-메틸마그네슘(trimethylsilyl-methylmagnesium chloride, $TMSCH_2MgCl$)과 입체적 구조가 확인된 알켄일 할라이드와의 니켈 또는 팔라듐 촉매 반응은 매우 큰 위치 선택적 및 입체 선택적으로 알릴실레인 화합물을 만든다.[179]

n-C_6H_{13} H H_3C I + $ClMgCH_2SiMe_3$ (Et_2O 용액) a. cat. $(Ph_3P)_4Pd$ THF, 0°C b. H^+, H_2O n-C_6H_{13} H H_3C $SiMe_3$
85% (95% E)

1-트라이메틸실릴-2-알카인의 수소화알루미늄 첨가 반응 – 양성자 첨가 반응(hydroalumination-protonation)[180]과 규소화된 일라이드(ylide)의 Wittig 반응[181]은 알릴실레인을 만들 수 있는 또 다른 좋은 방법이라고 할 수 있다.

R—≡—CH_3 1. t-BuLi 2. Me_3SiCl R—≡—CH_2SiMe_3 1. i-Bu_2AlH 2. H_3O^+ R SiMe3 H H
83~85% (99% Z)

$Ph_3\overset{+}{P}-\overset{-}{C}H_2$ + $BrCH_2SiMe_3$ ⟶ [$Ph_3\overset{+}{P}CH_2CH_2SiMe_3$] Br^-
a. n-BuLi
b. (cyclohexanone)
SiMe3
85%

합성 관점에서 볼 때 매력적인 것으로는 쉽게 구할 수 있는 이작용기(bifunctional)를 갖고 있는 2-브로모-3-(트라이메틸실릴)프로펜이 있다. 이것은 1,2-이음이온(dianion)의 합성 단위체(synthon)인데, 다음에서 설명하는 바와 같이 화학 반응성을 선택적으로 풀 수 있는 방법을 가지고 있다.[182]

SiMe3 Br ≡ " ⊖ ⊖ "

SiMe3 Br Mg [SiMe3 MgBr] CuI (cat.) Me3Si O Et_2AlCl
94%

Me3Si α β γ O AlEt2Cl – Cl^- [Cl^- Me3Si + O AlEt2] – TMS-Cl workup OH
99%

(Et_2AlCl과 같은) Lewis 산 존재하에서, 알릴실레인은 위치 선택적으로 친전자체와 반응한다. 중간체인 β-탄소 양이온은 C-Si 결합의 하이퍼콘쥬게이션에 의해 안정화된다. 이 반응의 가장 중요한 특징은 친전자체가 알릴계의 말단 탄소(γ-탄소)와 반응하고, π-계는 그 원래 위치 옆에 재배치된다는 것이다. 치환기가 있는 알릴실레인조차도 더 입체 장

애가 있는 쪽이 아실화된다. 이렇게 예측 가능하며 높은 친핵성에 힘입어[183] 알릴실레인은 많은 합성법 가운데서 값어치가 매우 높다고 할 수 있다.[184]

알릴실레인과 친전자체와의 반응에는 두 가지가 있는데, (1) Lewis 산을 매개로 이용하는 반응과 (2) 알릴 음이온(allyl anion)을 이용하는 반응이 있다.

Lewis 산을 매개로 한 반응

알릴실레인의 높은 친핵성 이중 결합은 친전자체가 $TiCl_4$, BF_3, $AlCl_3$와 같은 Lewis 산에 의하여 활성화될 경우 다양한 친전자체와 반응한다. 알릴실레인의 γ-위치는 친전자체를 공격하여 규소의 β-위치에 안정한 탄소 양이온을 생성한다. 계속해서 실릴기가 떨어져나가면 이중 결합의 위치가 바뀌게 된다.[185]

Me3Si γ + Cl O 1. AlCl3 2. workup 90%

알릴실레인과 엔온의 분자간 반응, 분자내 반응은 모두 발표된 바 있다.[186] 아래에서 볼 수 있듯이, 콘쥬게이션 엔온에 알릴실레인을 1,4-첨가 반응시키면 두고리 엔온(bicyclic enone)에 각이 진 알릴기(angular allyl group)를 직접 도입할 수 있게 된다.

O SiMe3 BF3·OEt2 Et2O 73% O SiMe3 TiCl4, CH2Cl2 H 85%

$TiCl_4$ 존재하에서 (*E*)-크로틸실레인과 RCHO와의 반응은 높은 *syn*-선택성으로 반응이 진행된다. 그러나 (*Z*)-실레인과의 반응은 *syn*-호모알릴과 *anti*-호모알릴 알코올 혼합물을 만든다.[187] 이것은 육원자 고리 전이 상태가 아니라 비고리 선형 전이 상태를 통하여 반응이 진행된다는 것을 보여 준다. (*E*)-크로틸실레인에 대해서는 아래에서 볼 수 있듯이 *syn*-알코올을 만드는 **향사상**의 전이 상태 **A**가 실레인메틸렌기와 C=O–$TiCl_4$기 사이의 불안정한 상호 작용을 하는 부분 입체 이성질 전이 상태인 **B**보다 입체 구조적으로 더 좋다는 것을 보여 준다.[188] (*Z*)-크로틸에 대하여 관찰되는 선택성의 결여는 향사상의 전이 상태 모두 불안정한 상호 작용의 결과이다.

Me SiMe3 + Et-CHO TiCl4 CH2Cl2 OH Et Me + OH Et Me
95% 5%
Me SiMe3 + Et-CHO TiCl4 CH2Cl2 69% 31%
선호됨 선호되지 않음

Me3Si H Et Me H δ+ O H Cl4Ti δ- H
H Et Me δ+ O H δ- Cl4Ti SiMe3

A *syn*- 선택성
B *anti*- 선택성

알데하이드와 알릴실레인의 비대칭 촉매 반응은 카이랄 Lewis 산을 사용하여 수행할 수가 있다.[189]

Lewis 산을 사용한 알데하이드와 1,3-비스(트리메틸실릴)프로펜의 반응은 온건한 조건에서 말단 1,3-다이엔을 만드는 효율적인 방법이다.[190] 이 경우, 인접한 두 TMS기에 의해 안정화된 중간체 카베늄 이온(carbenium ion)은 [1,3]-Brook 전이 반응과 1,4-제거 반응을 통하여 말단 다이엔을 생성하게 된다.

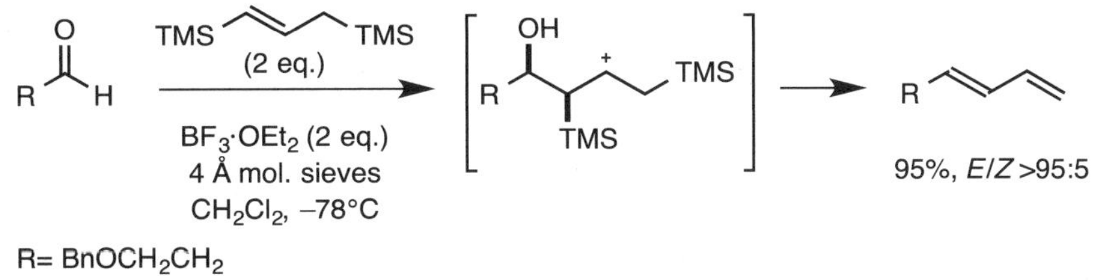

옥소카베늄(oxocarbenium) 이온은 알릴실레인과 반응하는 우수한 친전자체인데, 이 반응 중간체를 만드는 방법에는 몇 가지가 있다. 예로서 아세탈에 Lewis 산을 가하면 옥소카베늄 이온을 만드는데, 입체 장애가 작은 볼록 튀어나온 부분을 알릴트라이메틸실란이 공격하게 된다.[191]

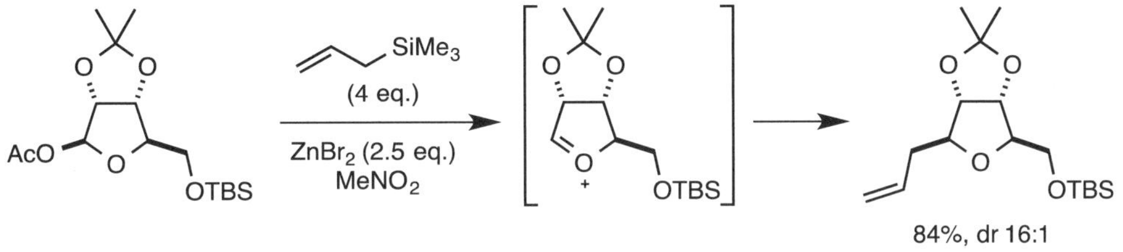

비슷하게 이미늄(iminium) 이온도 알릴실레인과 반응하는데, 이 방법은 알칼로이드(alkaloid)를 합성하는 데 쓰인다.[192] 중간체인 이미늄 이온은 일반적으로 알데하이드와 아민의 축합 반응을 통해 만들거나 아래와 같이 아미날로부터 만든다.[193]

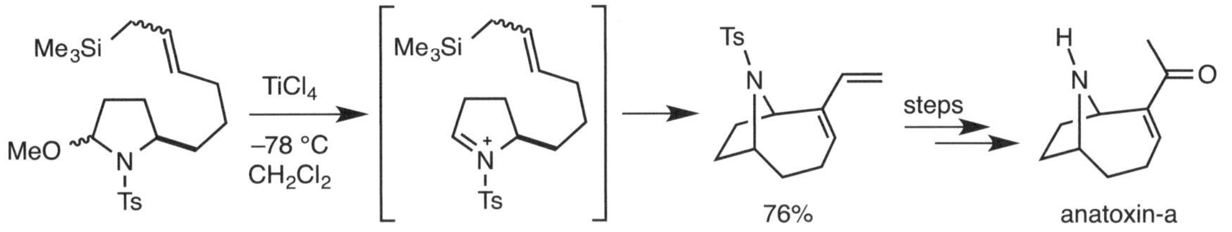

알릴실레인 음이온의 반응[194]

일반적으로 양성자가 떨어져 나간 실레인은 γ-위치 선택성으로 친전자체가 반응하여 바이닐실레인을 만든다.

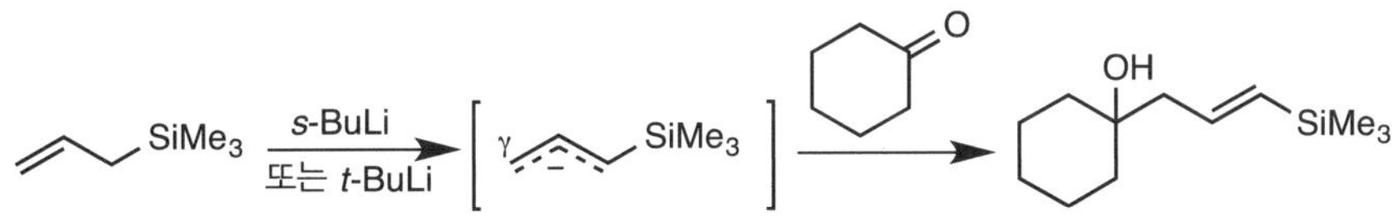

그러나 알릴실레인 음이온이 먼저 금속이나 준금속과 착물을 만들 때에는 α-위치와 선택적으로 반응하는데, 친전자체인 알데하이드와 반응하여 높은 부분 입체 선택성을 보여 준다. 예를 들어 붕소와 타이타늄의 착물화는 모두 *anti*-선택성을 유도시킨다.[195] 최종 β-하이드록시실레인은 Hudrlik-Peterson 방법을 사용하여 (*E*)-와 (*Z*)-말단 다이엔으로 변환시킬 수 있다.[196]

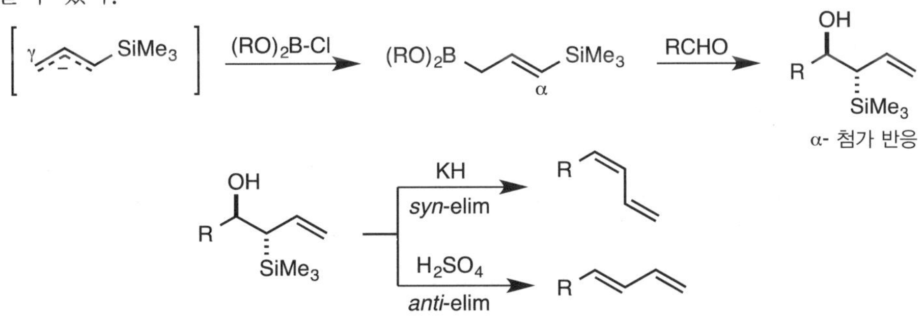

아실실레인[197]

아실실레인(acylsilane)은 탄소-탄소 결합 형성에 다양하게 사용되는 만능 중간체이므로 실릴 엔올 에터, 알데하이드, 또는 카복실산 합성의 선구 물질로 사용할 수 있다. 염기나 특정 친핵체 존재하에서 이들은 실릴 부분이 탄소로부터 산소로 이동하는 Brook 자리 옮김 반응을 수행한다(아래 반응 참조).

제법. 아실실레인을 만드는 방법에는 여러 가지가 있다.[198] 아실실레인을 만드는 일반적인 방법은 다이싸이에인(dithiane)을 경유해서 만든다.[199] 수은(II)염을 사용한 2-실릴-1,3-다이싸이에인의 가수 분해로 아실실레인이 생성된다. 알데하이드 부산물의 생성을 억제하기 위하여 실릴다이싸이에인의 탈보호법으로 여러 가지 방법이 보고되어 왔는데, 이들 가운데는 HgO-$F_3B \cdot OEt_2$[200]나 클로라민-T(Chloramine-T)[201]를 사용하는 방법이 포함되어 있다.

a. *n*-BuLi
b. Me_3SiCl
SiMe₃
a. *n*-BuLi
b. $(CH_2)_3Cl$
SiMe₃
81%
HgO
$BF_3 \cdot Et_2O$
acetone, H_2O
SiMe₃
91%

1-트라이메틸실릴-1-알카인과 $BH_3 \cdot SMe_2$를 3:1로 섞어 수소화붕소 첨가 반응을 수행하면 트라이바이닐보레인(trivinylborane)을 얻을 수 있다. 이것을 무수 산화 트라이메틸아민(anhydrous trimethylamine oxide)으로 산화시키면 쉽게 구할 수 있는 출발 물질로부터 높은 수율의 알킬이 치환된 아실실레인을 공정상 매우 간단한 방법으로 얻을 수 있다.[202]

R—≡—$SiMe_3$ $\xrightarrow[\text{THF}]{H_3B \cdot SMe_2}$ [Me_3Si, R, H, B] $\xrightarrow[\text{reflux}]{Me_3NO}$ [Me_3Si, R, H, O, B] $\xrightarrow{H_2O}$ R, $SiMe_3$
75~91%

메틸 바이닐 에터에 금속화 반응–실릴화 반응–양성자 첨가 반응을 수행하면 가장 간단한 아실실레인인 아세틸트라이메틸실레인(acetyltrimethylsilane)을 만들 수 있다.[198]

a. *t*-BuLi
b. TMSCl
88%
H^+, H_2O
acetone
H_3C $SiMe_3$
83%

비스(트라이메틸실릴)아세틸렌[bis(trimethylsilyl)acetylene]의 단일 수소화붕소 첨가 반응으로 생성된 트라이바이닐보레인을 무수 산화 트라이메틸아민으로 산화시킨 다음, 가수 분해하면 [(트라이메틸실릴)아세틸]트라이메틸실레인{[(trimethylsilyl)acetyl]trimethylsilane}을 만들 수 있는데, 이것들은 α-와 β-케토실레인 구조를 하고 있다.[202] 이 시약은 기능성 삼치환 올레핀의 입체 선택적인 합성에 사용할 수 있는 만능 합성 단위체라 할 수 있다.[203]

Me_3Si—≡—$SiMe_3$
a. $H_3B \cdot SMe_2$, THF
b. Me_3NO (무수)
c. H_2O (workup)
Me_3Si $SiMe_3$
75%

반응

아실실레인은 빛이나 염기성 반응 조건에 매우 민감하다. 이것은 친핵체와 폭넓게 반응할 수 있는 입체 장애가 있는 알데하이드 합성 단위체로 간주할 수 있다. 예를 들면 아실실레인을 탄소 친핵체와 반응시키면 α-실릴 알콕시화물 **A**를 만드는데, 이것은 이 반응 조건에서 안정할 수도 있고, 실릴기를 탄소에서 산소로 이동시키는 가역적인 자리 옮김 반응(Brook 자리 옮김 반응)[204]을 수행하여 탄소 음이온 **B**를 만드는 새로운 방법을 제시할 수도 있다. 생성된 탄소 음이온은 양성자 첨가 반응을 수행하거나 친전자체에 의해 반응이 종결될 수도 있다. 강한 Si-O 결합의 형성이 이 자리 옮김 반응의 추진력인 것 같다. 실릴 알콕사이드 자리 옮김 반응 **A** → **B**는 R이나 R′가 바이닐, 아릴, 에타인일기와 같은 탄소 음이온 안정화기일 때에만 빠르게 진행된다. 아실실레인과 유기리튬 또는 Grignard 시약과의 반응은 종종 복잡한 혼합 생성물을 만든다.[205]

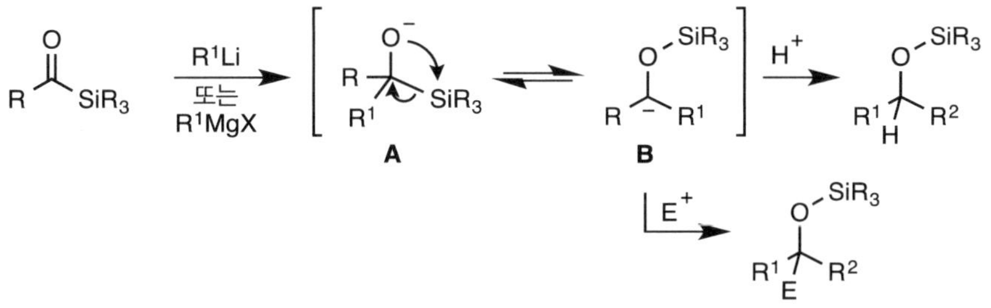

아실실레인이 입체 장애가 있는 알데하이드 합성 단위체로서의 가능성을 보여 주는 예로는 아래에서 볼 수 있듯이 (3-메틸펜타다이엔일)리튬[(3-methylpentadienyl)lithium]을 친핵성 시약으로 사용한, 이차 알코올의 제조가 있다. 역합성으로는 펜타다이엔일 음이온과 아세트알데하이드와의 반응이라 할 수 있다. 펜타다이엔일 음이온은 두 개의 친핵 부위를 갖고 있어서 알데하이드와의 반응은 원칙적으로 콘쥬게이션이나 비콘쥬게이션 생성물 또는 이들의 혼합물을 만든다. 펜타다이엔일 음이온은 MO 계산에 따르면 내부 γ-위치에 가장 높은 전자 밀도를 갖고 있다.[206] 아세트알데하이드와의 반응은 혼합 이성질체를 만드는데, 리튬 시약에서 입체 장애가 큰 부위 쪽과 결합이 잘 된다. 카보닐 탄소와 입체 장애가 작은 쪽과의 짝지음 반응성을 향상시키기 위하여 입체 장애가 더 큰 아세트알데하이드(쉽게 구할 수 있는 아세틸트라이메틸실레인)를 사용한 경우에는 콘쥬게이션 생성물만이 관찰되었는데, 트라이메틸실릴기는 Brook 자리 옮김 반응을 통하여 제거할 수 있다.[207]

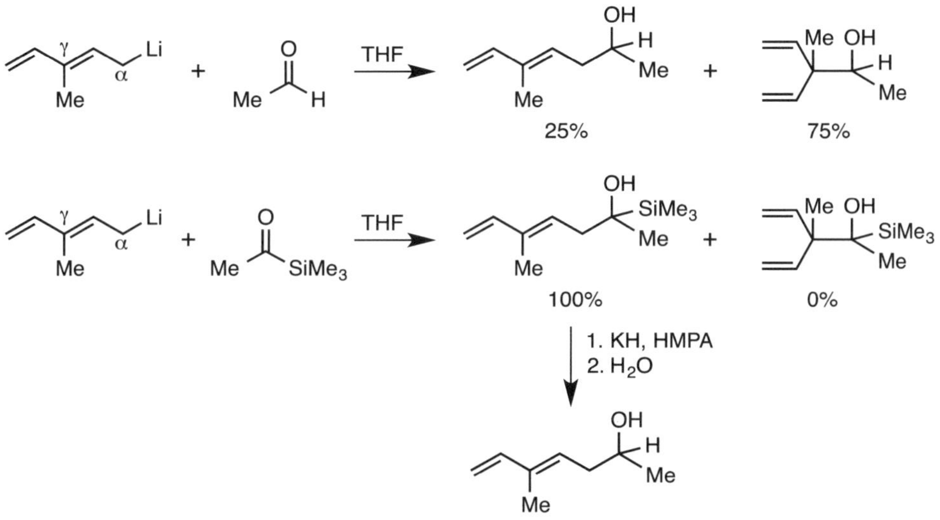

아실실레인을 적당한 탄소 친핵체와 반응시킨 후 Brook 자리 옮김 반응을 수행하면 새로운 탄소 음이온원을 만드는데, 이것에 반응성이 좋은 친전자체를 가하면 한 번 반응으로 두 개의 탄소–탄소 결합을 만들 수 있게 된다.[208]

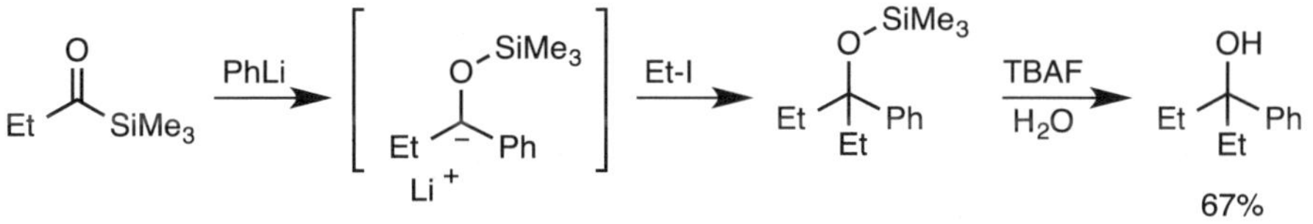

아실실레인에 α-설포닐 음이온[209]과 같은 이탈기를 갖고 있는 친핵체를 가하면 실릴 엔올 에터를 만들 수 있는데, 이것은 엔올레이트 대등체(equivalent)로 폭넓게 이용할 수 있다.[210]

아실실레인을 염기성 과산화 수소로 처리하면 카복실산의 합성 대등체로 사용할 수 있다. 특히 매력적인 점은 아래에서 볼 수 있는 바와 같이, 1-알카인의 에타인일기에 실릴화 반응, 수소화붕소 첨가 반응, 산화 반응을 연속해서 수행하면 일치환 아세트산으로 한 번에 바꿀 수 있다는 것이다.[211]

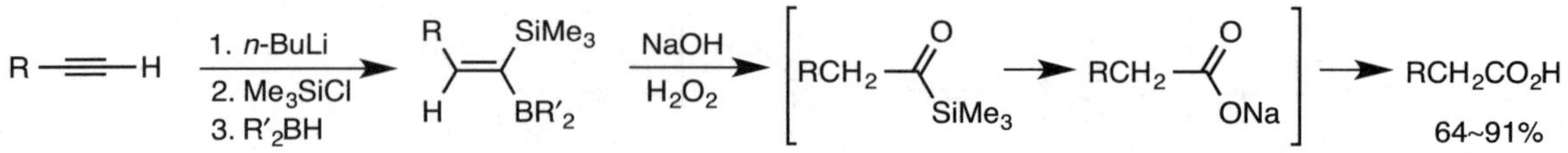

7.10 유기금 화학[212]

Au(I)과 Au(III)염과 같은 균일 금 촉매를 이용한 반응은 유기 합성에서 지난 10년 동안 강력한 기술로 부각되어 왔다. 이 금속들은 무르면서도 강한 Lewis 산이어서 알카인, 알켄, 알렌을 활성화시킬 수 있다. 전자가 부족한 중간체를 안정화시키는 이들의 능력은 촉매의 새로운 방향을 제시해 주었다. Au(I)과 Au(III)의 독특한 반응성은 상대론적 효과에 기인한 것으로 수축된 6*s* 오비탈과 확장된 5*d* 오비탈을 갖게 되었다.[213] Au(I)과 알카인의 주된 결합은 리간드에서 금속으로의 주개(M ← L, σ 결합)와 금속에서 리간드로의 역주개(back donation, M → L, π 결합)로 이루어져 있는데, 주된 것은 전자이다. 결국 알카인으로부터 전자 밀도를 줄임으로써 친핵체로부터 공격을 받는 경향을 나타내게 된다.[214]

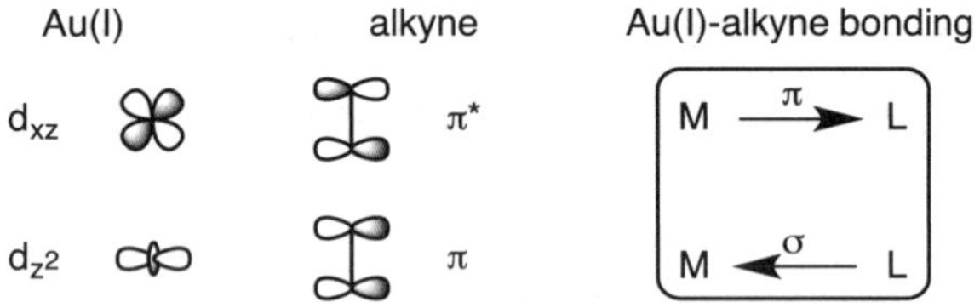

금 촉매 반응은 보통 분자의 복잡성(molecular complexity)에 큰 기여를 했으며 다른 전이 금속 반응과는 다른 반응성을 보여 준다. 금 촉매 반응에서는 C–C 결합과 C–헤테로 원자 결합이 모두 만들어지는데 여기서는 탄소–탄소 결합 반응만 살펴보자.

알카인, 알켄, 알렌으로의 친핵성 첨가 반응

전자가 풍부한 아렌과 헤테로아렌은 알카인–금 π 착물에 대한 좋은 친핵체이다. [XPhosAu(NCMe)]SbF_6 촉매로 *N*-뷰타인일 아닐린(*N*-butynyl aniline)의 분자내 하이드로아릴화 반응(hydroarylation)을 수행하면 알카인을 활성화시킨 후 방향족 그룹의 친핵 공격을 통하여 중간체 **B**를 생성한다.[215] 이 중간체에서 양성자금속 이탈 반응(protodemetallation)을 수행하면 **C**가 생성되고, 이어지는 이성질화를 통해 다이하이드로퀴놀린을 얻을 수 있다.

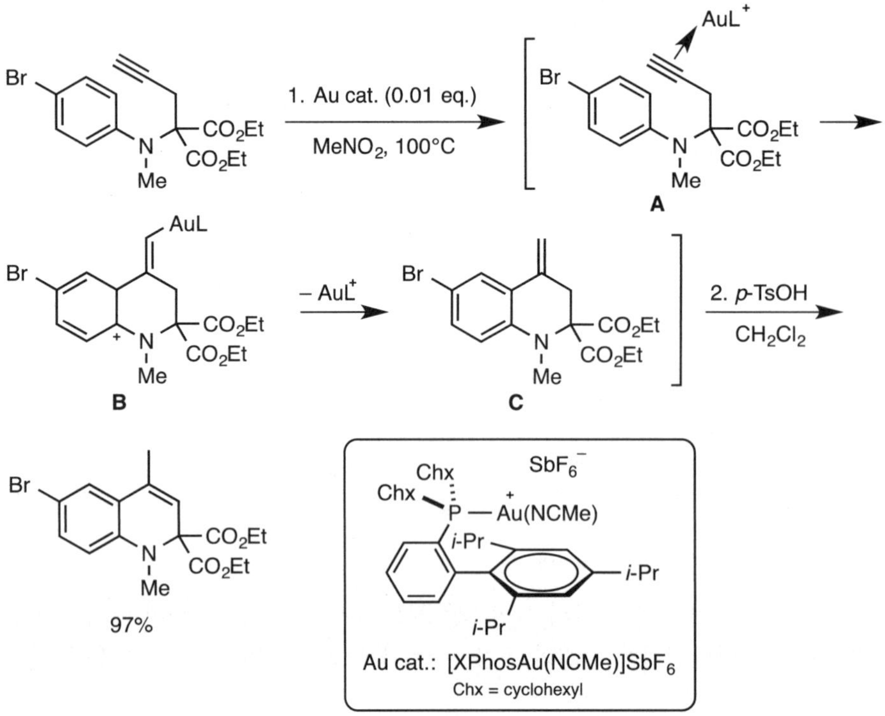

Au(III) 촉매를 사용하여 인돌 유도체를 카볼라인(carboline)으로 만드는 6-*exo*-dig 고리화 반응도 비슷한 촉매 반응인데, 이 반응은 헤테로 방향족 화합물도 이 반응을 수행할 수 있음을 보여 준다.[216]

$AuCl_3$ (5 mol%)
CH_2Cl_2
85%

위의 예에서 알카인–금 착물에 친핵체의 공격으로 생성되는 중간체는 양성자금속 이탈 반응에 의하여 깨진다. 그러나 이 중간체는 다른 방법으로도 확인할 수 있는데, 좋은 예로는 금 촉매 반응을 이용하여 간단한 원료로부터 복잡한 구조의 화합물을 만드는 것이다. 이 반응은 알맞게 가지달린 퓨란아인(furanyne)에 Au(III)을 가할 때 관찰할 수 있다.[217] 알카인은 금 촉매에 배위되어 친핵체 공격을 받도록 활성화되는데, 퓨란 작용기의 가장 센 친핵 부위가 알카인–Au(III) 착물을 공격해서 **B**/**B′**을 생성한다. 공명 구조 **B**로부터 쉽게 유추할 수 있는 이 중간체의 조각내기 반응(fragmentation)은 엔온(enone) **C**를 생성한다. **C**에 있는 카보닐기는 카벤류(carbenoid) 부분을 잘 공격할 수 있는 위치에 있어 **D**가 된 후, 다시 깨져서 두고리인 옥세핀(oxepine) **E**를 생성한다. 화합물 **E**는 벤젠옥사이드 **F**와 토토머 평형(tautomeric equilibrium)을 이룬다.[218] 이 에폭사이드 고리 열림을 통해 가장 안정한 카베늄 이온을 만들고 방향족화(aromatization) 반응으로 두고리 페놀을 만들게 된다. 특히 이 방법은 다른 방법으로는 합성하기 어려운 2,3,6-삼치환 페놀 유도체를 만드는 데 적당하다.

$AuCl_3$
CD_3CN
A **B** **B′** **C** **D** **E** **F**
– [Au]
87%

퓨란 고리의 5번 위치에 실릴기가 있으면 친핵 부위가 C-2에서 C-3로 변하여 고리화 반응을 통하여 고리화된 퓨란 유도체를 생성한다.

[μ-Cl(AuPMes$_3$)$_2$]BF_4
$CDCl_3$
84%

Bs= brosylate (*p*- bromobenzenesulfonate)

금 촉매를 사용한 방향족 또는 헤테로 방향족 화합물의 알렌으로의 분자내 첨가 반응은 탄소–탄소 결합을 만드는 효율적인 방법이다. 예를 들면 Au(I) 촉매를 사용하여 알렌에 대한 사슬에 매달린 피롤(pyrrole) 고리의 분자내 친핵성 공격은 고리화된 바이닐 금 중간체 A를 생성하고 이것은 양성자금속 이탈 반응을 통하여 테트라하이드로인돌리지딘(tetrahydro-inolizidine)을 얻을 수 있다.[219] 이 고리화 반응에서는 사차 탄소를 선택적으로 만들 수 있다.

Ph3PAuOTf (5 mol%)
CH2Cl2
A
92% (dr 97:3)
steps
(−)-rhazinilam

양이온성 금 촉매를 사용하면 β-다이케톤, β-케토아마이드, 전자가 풍부한 방향족 화합물들을 비활성 알켄과 반응시킬 수 있다. β-다이카보닐계를 사용할 때는 결합 형성 과정에 활성 친핵체로 참여하는 것은 바로 해당 엔올이라는 것이다.

고리이성질화 반응(cycloisomerization)[220]

금 촉매 고리이성질화 반응을 통해 비고리 1,5-, 1,6-, 1,7-엔아인을 고리형 유도체로 변환시킬 수 있다. 이 반응은 높은 원자 경제성(atom economy)을 보여 주고 있으며 비교적 간단한 원료 물질을 매우 복잡한 구조의 기능성 화합물로 만들 수 있다. 이 반응의 일반적인 주제는 양이온성 금 촉매에 의한 초기 알카인의 친전자성 활성 반응을 통한 A와 그의 공명 구조 생성과 연결된 알켄의 분자내 공격을 통한 사이클로프로필 금 카벤류 중간체 B의 생성이다. 특정 기질과 연결 고리에 따라 A는 다른 형태의 반응을 수행함으로써 다양한 생성물을 선택적으로 만들게 된다.

A
B

예를 들면 (*E*)-1,5-엔아인(enyne)을 Au(I) 촉매에 적용해 보면 두고리 금 카벤(gold carbene) 중간체를 생성한다. 계속해서 [1,2]-수소 음이온 전이가 일어나 삼차 카베늄 이온을 만들고 Au(I)의 제거 반응을 통하여 이중 고리[3.1.0]헥세인을 높은 수율과 선택성으로 만든다. (*Z*)-1,5-엔아인을 사용할 경우에는 부분 입체 이성질체를 만들 수 있다. 알켄의 입체 화학이 그대로 유지되는 것을 보여 주는데, 이 반응에서의 사이클로프로페인화 반응은 협동적(concerted fashion)으로 일어난다는 것을 알려주고 있다.

Ph3PAuSbF6 (1 mol%)
CH2Cl2
98%, dr >99:1

Ph3PAuSbF6 (1 mol%)
CH2Cl2
96%, dr 97:3

산소나 질소 친핵체의 존재하에서는 사이클로프로필 금 카벤 중간체에서 고리 확장 반응이 일어날 수 있다.[221] 생성된 알켄일 금 중간체는 양성자금속 이탈 반응을 통하여 두고리 화합물을 만든다.

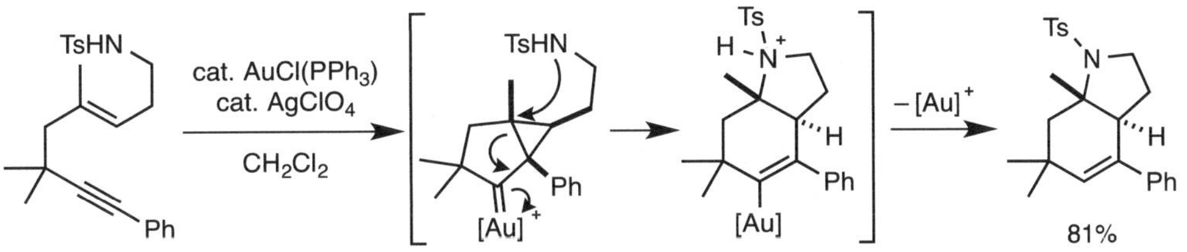

1,6-엔아인은 비친핵성 용매에서 Au(I) 촉매와 반응하여 골격 자리 옮김 반응(skeletal rearrangement)을 통한 생성물을 만든다. 알카인이나 알켄의 치환체에 따라서는 다른 생성물을 얻을 수도 있다.[222]

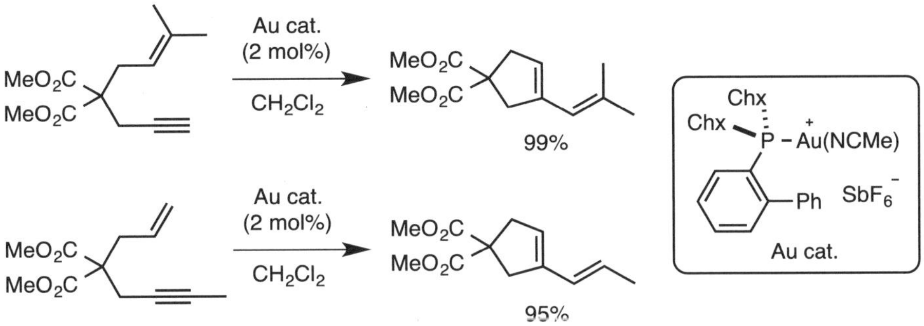

이런 놀라운 결과를 명확하게 설명하기 위해서는 다른 메커니즘을 생각할 필요가 있다. 이미 앞에서 설명했듯이, 먼저 Au(I) 촉매에 의한 알카인의 친전자 활성화가 시작되고 알켄의 사이클로프로페인화 반응이 일어난다. 그러나 1,5-엔아인과는 다르게, 여기서는 5-*exo*-dig 고리화 반응이 일어나 사이클로프로필 금 카벤 **A**를 생성한다. 위에서 본 바와 같이 매우 친전자적인 이 카벤은 반응성이 매우 큰 중간체인데, 외부의 친핵체가 없을 경우에는 [1,2]-알킬 이동 반응이 일어나 두고리계 **B**를 만든다. R^2=Me일 경우에는 조각내기 반응(fragmentation)이 일어나 삼차 탄소 양이온 **C**를 생성하고 양성자금속 이탈 반응을 통하여 **D**를 만든다. R^2=H와 같이 안정한 삼차 탄소 양이온을 만들 수 없는 계에서는 두고리 B에서 두 번째 [1,2]-알킬 이동 반응이 일어나 스파이로 고리(spirocycle) **E**를 생성한다. 이 중간체는 조각내기 반응을 통하여 카벤 **F**가 된 후 세 번째 [1,2]-알킬 이동 반응과 Au(I)의 제거 반응을 통하여 **G**를 생성하게 된다.

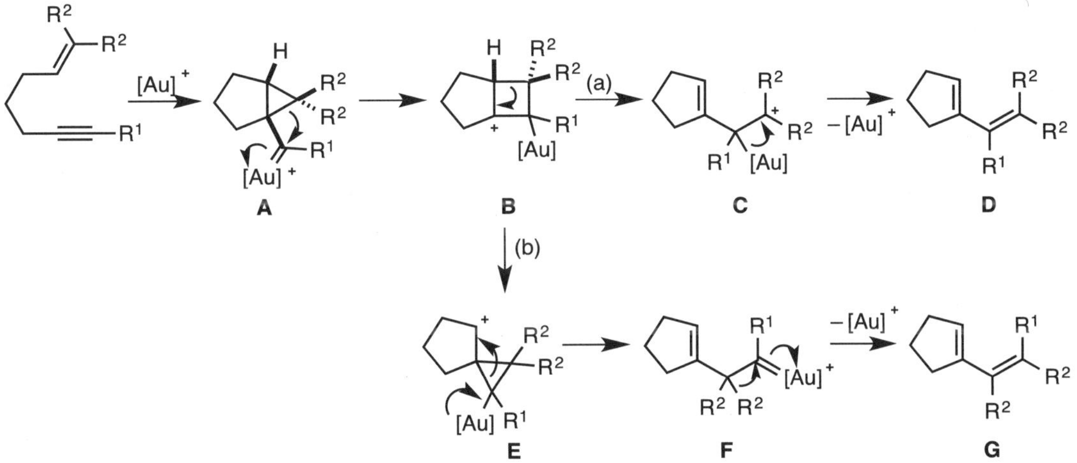

위 계획도는 1,6-엔아인의 고리이성질화 반응에서 관찰된 다른 결과들을 설명하기 위한 단계별 메커니즘이다. 그러나 계산화학에 의하면 **A** → **C**와 **A** → **F** 변환 과정들이 직접 일어나는 과정으로 보여 주는데,[222] 자세한 메커니즘은 다른 반응 통로들을 통한 전자 이동을 설명해 봄으로써 알아 내야 할 것 같다.

외부 친핵체가 있을 때에는 처음에 생성된 사이클로프로필 금 카벤이 이들과 반응하여 알켄일 금 착물을 생성한다. 마지막 양성자금속 이탈 반응을 통하여 사이클로펜테인 유도체와 촉매를 재생성한다.

Au cat. (2 mol%) $AgSbF_6$ (2 mol%) MeOH, rt

97%

Au cat.

금 촉매는 프로파르질 바이닐 에터(propargyl vinyl ether)의 분자내 고리화 첨가 반응(cycloaddition)과 Claisen 자리 옮김 반응에도 적용할 수 있다. 유기 합성에 금 촉매를 적용하는 것이 비교적 최근이긴 하지만, 이것이 탄소–탄소 결합 합성에 있어서 강력한 방법이 되었다는 것은 위의 예들에서 분명하다고 할 수 있다.

** 참고 문헌

1 Negishi, E. *Organometallics in Organic Synthesis*; John Wiley & Sons, Inc.: New York, 1980.

2 (a) Brown, H. C.; Kramer, G. W.; Levy, A. B.; Midland, M. M. In *Laboratory Operations with Air-Sensitive Substances: Survey in Organic Syntheses via Boranes*; John Wiley & Sons, Inc.: New York, 1975, p. 191. (b) *The Manipulation of Air-Sensitive Compounds*; Shriver, D. F., Drezdozon, M. A., Eds.; John Wiley & Sons, Inc.: New York, 1986, 2nd Edition.

3 (a) Wakefield, B. J. *The Chemistry of Organolithium Compounds*; Pergamon Press: Oxford, 1974. (b) Brandsma, L., Verkruijsse, H. *Preparative Polar Organometallic Chemistry 1*; Springer-Verlag: Berlin, 1987. (c) Wakefield, B. J. *Organolithium Methods*, Academic Press: London, 1988. (d) Brandsma, L. *Preparative Polar Organometallic Chemistry 2*; Springer-Verlag: Berlin, 1990. (e) Willard, P. G. In *Comprehensive Organic Synthesis*; Trost, B. M., Fleming, I., Eds.; Pergamon Press: Oxford, 1991; Vol. 1, p. 1. (f) *Comprehensive Organometallic Chemistry II*; Abel, E. W., Stone, F. G. A., Wilkinson, G., Eds.; Pergamon: Oxford, 1995; Vol. 11. (g) Schlosser, M. In *Organometallics in Chemistry: A Manual*, 2nd ed.; Schlosser, M., Ed.; John Wiley & Sons, Ltd.: Chichester, 2002; pp 1–352. (h) Schlosser, M. In *Organometallics in Synthesis: Third Manual*; Schlosser, M., Ed.; John Wiley & Sons, Inc.: Hoboken, 2013; pp 1–223.

4 Watson, S. C.; Eastham, J. F. *J. Organomet. Chem.* **1967**, *9*, 165.

5 (a) Seebach, D.; Hässig, R.; Gabriel, J. *Helv. Chim. Acta* **1983**, *66*, 308. (b) McGarrity, J. F.; Ogle, C. A. *J. Am. Chem. Soc.* **1985**, *107*, 1805.

6 McGarrity, J. F.; Ogle, C. A.; Birch, Z.; Loosli, H.-R. *J. Am. Chem. Soc.* **1985**, *107*, 1810.

7 Jorgenson, M. *Org. React.* **1970**, *18*, 1.

8 (a) Blomberg, C. *The Barbier Reaction and Related One-Step Processes*; Springer-Verlag: Berlin, 1993. (b) Boudier, A.; Bromm, L. O.; Lotz, M.; Knochel, P. *Angew. Chem. Int. Ed.* **2000**, *39*, 4415.

9 Gardette, M.; Alexakis, A.; Normant, J. F. *Tetrahedron* **1985**, *41*, 5887.

10 (a) Millon, J.; Lorne, R.; Linstrumelle, G. *Synthesis* **1975**, 434. (b) Cahiez, G.; Bernard, D.; Normant, J. F. *Synthesis* **1976**, 245.

11 Neumann, H.; Seebach, D. *Chem. Ber.* **1978**, *111*, 2785.

12 Evans, D. A.; Crawford, T. C.; Thomas, R. C.; Walker, J. A. *J. Org. Chem.* **1976**, *41*, 3947.

13 Köbrich, G.; Trapp, H. *Chem. Ber.* **1966**, *99*, 680.

14 (a) Miller, R. B.; McGarvey, G. *Synth. Comm.* **1979**, *9*, 831. (b) Meyers, A. I.; Spohn, R. F. *J. Org. Chem.* **1985**, *50*, 4872.

15 Peterson, P. E.; Nelson, D. J.; Risener, R. *J. Org. Chem.* **1986**, *51*, 2381.

16 (a) Parham, W. E.; Bradsher, C. K. *Acc. Chem. Res.* **1982**, *15*, 300. (b) Narasimhan, N. S.; Mali, R. S. *Synthesis* **1983**, 957.

17 Parham, W. E.; Jones, L. D. *J. Org. Chem.* **1976**, *41*, 1187.

18 For more extensive tabulations of pK_a values, see: (a) Smith, M. B. *March's Advanced Organic Chemistry*, 7th ed.; John Wiley & Sons, Inc.: New York, 2013; pp 359–364. (b) Negishi, E. *Organometallics in Organic Synthesis*; John Wiley & Sons, Inc.: New York, 1980; pp 506–510.

19 (a) Fraser, R. R.; Mansour, T. S. *Tetrahedron Lett.* **1986**, *27*, 331. (b) For a review on the role of lithium aggregates in organolithium mechanisms, see: Reich, H. *J. Chem Rev.* **2013**, *113*, 7130.

20 Seebach, D.; Beck, A. K.; Studer, A. In *Modern Synthetic Methods*; Ernst, B., Leumann, C., Eds.; VCH: Weinheim, 1995; p. 1. Mukhopadhyay, T.; Seebach, D. *Helv. Chim. Acta* **1982**, *65*, 385.

21 (a) Kopka, I. E.; Fataftah, Z. A.; Rathke, M. W. *J. Org. Chem.* **1987**, *52*, 448. (b) Podraza, K. F.; Bassfield, R. L. *J. Org. Chem.* **1988**, *53*, 2643.

22 Huisgen, R.; Sauer, J. *Chem. Ber.* **1959**, *92*, 192.

23 (a) Baigric, L. M.; Seiklay, H. R.; Tidwell, T. T. *J. Am. Chem. Soc.* **1985**, *107*, 5391. (b) Laube, T.; Dunitz, J. D.; Seebach, D. *Helv. Chim. Acta* **1985**, *68*, 1373.

24 Broaddus, O. D. *J. Org. Chem.* **1970**, *35*, 10.

25 Schlosser, M.; Hartmann, J. *Angew. Chem. Int. Ed.* **1973**, *12*, 508.

26 Gilmam, H.; Schwebke, G. L. *J. Org. Chem.* **1962**, *27*, 4259.

27 Schlosser, M. *Pure & Appl. Chem.* **1988**, *60*, 1627.

28 (a) Yamamoto, Y.; Maruyama, K. *Heterocycles* **1982**, *18*, 357. (b) Hoffmann, R. W. *Angew. Chem. Int. Ed.* **1982**, *21*, 555

29 Akiyama, S.; Hooz, J. *Tetrahedron Lett.* **1973**, 4115.

30 Schlosser, M. In *Modern Synthetic Methods*; Scheffold, R., Ed.; VCH: Weinheim, 1992; p. 227.

31 (a) Schlosser, M.; Hartmann, J.; David, V. *Helv. Chim. Acta* **1974**, *57*, 1567. (b) Rauchschwalbe, G.; Schlosser, M. *Helv. Chim. Acta* **1975**, *58*, 1094.

32 Schlosser, M.; Desponds, O.; Lehmann, R.; Moret, E.; Rauchschwalbe, G. *Tetrahedron* **1993**, *49*, 10175.

33 Hoppe, D.; Hense, T. *Angew. Chem. Int. Ed. Engl.* **1997**, *36*, 2282.

34 Vlattas, I.; Vecchia, L. D.; Lee, A. O. *J. Am. Chem. Soc.* **1976**, *98*, 2008.

35 Baldwin, J. E.; Höfle, G. A.; Lever, O. W., Jr. *J. Am. Chem. Soc.* **1974**, *96*, 7125.

36 Gschwend, H. W.; Rodriguez, H. R. *Org. React.* **1979**, *26*, 1.

37 Ellison, R. A.; Kotsonis, F. N. *Tetrahedron* **1973**, *29*, 805.

38 Slocum, D. W.; Jennings, C. A. *J. Org. Chem.* **1976**, *41*, 3653.

39 Brandsma, L. *Preparative Acetylenic Chemistry*; Elsevier: Amsterdam, 1988.

40 Cooke, M. P., Jr. *J. Org. Chem.* **1986**, *51*, 1637.

41 (a) Karasch, M. S.; Reinmuth, M. S. O. *Grignard Reactions of Nonmetallic Substances*; Prentice-Hall: New York, 1954. (b) *Handbook of Grignard Reagents*; Silverman, G. S., Rakita, P. E., Eds; Marcel Dekker: New York, 1996. (c) *Grignard Reagents. Novel Developments*; Richey, H. G., Jr., Ed.; Wiley-VCH: Chichester, 2000.

42 Grignard, V. *Comptes Rendus, France* **1900**, *130*, 1322.

43 Wakefield, B. J. *Organomagnesium Methods in Organic Synthesis*; Academic Press: London, 1995.

44 For a discussion on mechanism, see: Hoffmann, R. W.; Brönstrup, M.; Müller, M. *Org. Lett.* **2003**, *5*, 313.

45 (a) Rieke, R. D.; Bales, S. E.; Hudnall, P. M.; Burns, T. P.; Poindexter, G. S. *Org. Synth.* **1988**, Coll. Vol. VI, 845, Note 19. (b) Sell, M. S.; Klein, W. R.; Rieke, R. D. *J. Org. Chem.* **1995**, *60*, 1077.

46 Matteson, D. S.; Liedtke, J. D. *J. Am. Chem. Soc.* **1965**, *87*, 1526.

47 Umeno, M.; Suzuki, A. In *Handbook of Grignard Reagents*; Silverman, G. S., Rakita, P. E., Eds.; Marcel Dekker: New York, 1996; p. 645.

48 (a) Skattebøl, L.; Jones, E. H.; Whiting, M. *Org. Synth.* **1963**, Coll. Vol. IV, 792. (b) Amos, R. A.; Katzenellenbogen, J. A. *J. Org. Chem.* **1978**, *43*, 555.

49 Garst, J. F.; Ungváry, F. In *Grignard Reagents—New Developments*; Richey, H. G., Jr., Ed.; John Wiley & Sons, Ltd.: Chichester, 2000; p. 185.

50 (a) Wakefield, B. J. *Organomagnesium Methods in Organic Synthesis*; Academic Press: London, 1995. (b) *Handbook of Grignard Reagents*; Silverman, G. S., Rakita, P. E., Eds.; Marcel Dekker: New York, 1996. (c) Sakamoto, S.; Imamoto, T.; Yamaguchi, K. *Org. Lett.* **2001**, *3*, 1793.

51 (a) Ashby, E. C. *Acc. Chem. Res.* **1988**, *21*, 414. (b) Holm, T.; Crossland, I. In *Grignard Reagents—New Developments*; Richey, H. G., Ed.; John Wiley & Sons, Ltd.: Chichester, 2000; p. 1.

52 (a) Boymond, L.; Rottländer, M.; Cahiez, G.; Knochel, P. *Angew. Chem. Int. Ed.* **1998**, *37*, 1701. (b) (a) Knochel, P. In *Organometallics in Synthesis: Third Manual*; Schlosser, M., Ed.; John Wiley & Sons, Inc.: Hoboken, 2013; p. 223.

53 Reetz, M. T. *Organotitanium Reagents in Organic Synthesis*; Springer-Verlag: Berlin, 1992.

54 (a) Seebach, D. In *Modern Synthetic Methods*; John Wiley & Sons, Ltd.: Chichester, 1983; Vol. 3, p. 217. (b) Reetz, M. T. *Top. Curr. Chem.* **1982**, *106*, 1. (c) Saito, S.; Yamamoto, H. In *Modern Carbonyl Chemistry*; Otera, J., Ed.; Wiley-VCH: Weinheim, 2000; p. 42. (d) Reetz, M. T. In *Organometallics in Synthesis: A Manual*, 2nd ed.; Schlosser, M., Ed.; John Wiley & Sons, Inc.: New York, 2002; p. 817.

55 Tebbe, F. N.; Parshall, G. W.; Reddy, G. S. *J. Am. Chem. Soc.* **1978**, *100*, 3611.

56 Petasis, N. A.; Lu, S. P.; Bzowej, E. I.; Fu, D. K.; Staszewski, J. P.; AkritopoulouZanze, I.; Patane, M. A.; Hu, Y. H. *Pure Appl. Chem.* **1996**, *68*, 667.

57 Takeda, T.; Tsubouchi, A. In *Modern Carbonyl Olefination*; Takeda, T., Ed.; Wiley-VCH: Weinheim, 2003; p. 151.

58 Clawson, L.; Buchwald, S. L.; Grubbs, R. H. *Tetrahedron Lett.* **1984**, *25*, 5733.

59 Burton, J. W.; Clark, J. S.; Derrer, S.; Stork, T. C.; Bendall, J. G.; Holmes, A. B. *J. Am. Chem. Soc.* **1997**, *119*, 7483.

60 Imamoto, T. In *Comprehensive Organic Synthesis*; Trost, B. M., Fleming, I., Eds.; Pergamon Press: Oxford, 1991; Vol. 1, p. 231.

61 (a) Imamoto, T.; Takiyama, N.; Nakamura, K.; Hatajiama, T.; Kamija, Y. *J. Am. Chem. Soc.* **1989**, *111*, 4392. (b) Liu, H.-J.; Shia, K.-S.; Shang, X.; Zhu, B.-Y. *Tetrahedron* **1999**, *55*, 3803. (c) Bartoli, G.; Marcantoni, E.; Marcolini, M.; Sambri, L. *Chem. Rev.* **2010**, *110*, 6104. (d) Marcantoni, E.; Sambri, L. In *Comprehensive Organic Synthesis II*; Knochel, P., Molander, G. A., Eds; Elsevier: Amsterdam, 2014; p. 267.

62 Liu, H.-J.; Shia, K.-S.; Shang, X.; Zhu, B.-Y. *Tetrahedron* **1999**, *55*, 3803.

63 Limanto, J.; Dorner, B.; Devine, P. N. *Synthesis* **2006**, 4143.

64 Krasovskiy, A.; Kopp, F.; Knochel, P. *Angew. Chem. Int. Ed.* **2006**, *45*, 497. For an application in total synthesis, see: Ruider, S. A.; Sandmeier, T.; Carreira, E. M. *Angew. Chem. Int. Ed.* **2015**, *54*, 2378.

65 (a) Lipshutz, B. H. In *Comprehensive Organometallic Chemistry II*; Abel, E. W., Stone, F. G. A., Wilkinson, G., Eds.; Pergamon Press: Oxford, 1995; Vol. 12, pp 59–130. (b) Posner, G. H. *Org. React.* **1972**, *19*, 1. (c) Posner, G. H. *Org. React.* **1975**, *22*, 253. (d) Lipshutz, B. H.; Sengupta, S. *Org. React.* **1992**, *41*, 135. (e) *Organocopper Reagents. A Practical Approach*; Taylor, R. J. K., Ed.; Oxford University Press: Oxford, 1994. (f) Lipshutz, B. H. In *Organometallics in Synthesis: A Manual*, 2nd ed.; Schlosser, M., Ed.; John Wiley & Sons, Inc.: New York, 2002; p. 665. (g) Krause, N. *Modern Organocopper Chemistry*; Wiley-VCH: Weinheim, 2002. (h) Lipshutz, B. H. In *Organometallics in Synthesis: Fourth Manual*; Lipshutz, B. H., Ed.; John Wiley & Sons, Inc.: Hoboken, 2013; p. 1. (i) Mauduit, M.; Baslé, O.; Clavier, H.; Crévisy, C.; Denicourt-Nowicki, A. In *Comprehensive Organic Synthesis II*; Knochel, P., Molander, G., Eds; Elsevier: Amsterdam, 2014; Vol. 4, p. 189.

66 (a) Taylor, R. J. K.; Casey, G. In *Organocopper Reagents. A Practical Approach*; Taylor, R. J. K., Ed.; Oxford University Press: Oxford, 1994; p. 27. (b) Rieke, R. D.; Klieg, W. R. In *Organocopper Reagents. A Practical Approach*; Taylor, R. J. K., Ed.; Oxford University Press: Oxford, 1994; p. 73.

67 Bertz, S. H.; Gibson, C. P.; Dabbagh, G. *Tetrahedron Lett.* **1987**, *28*, 4251.

68 (a) Lipshutz. B. H. *Synthesis* **1987**, 325. (b) Lipshutz, B. H.; Moretti, R.; Crow, R. *Org. Synth.* **1990**, *69*, 80.

69 Lipshutz, B. H. In *Organocopper Reagents. A Practical Approach*; Taylor, R. J. K., Ed.; Oxford University Press: Oxford, 1994; p. 105.

70 (a) Derguini-Boumechal, F.; Lorne, R.; Linstrumelle, G. *Tetrahedron Lett.* **1977**, 1181. (b) Derguini-Boumechal, F.; Bessière, Y.; Linstrumelle, G. *Synth. Commun.* **1981**, *11*, 859.

71 Cahiez, G.; Chaboche, C.; Jézéquel, M. *Tetrahedron* **2000**, *56*, 2733.

72 Bertz, S. H.; Dabbagh, G.; Villacorta, G. M. *J. Am. Chem. Soc.* **1982**, *104*, 5824.

73 Lipshutz, B. H.; Wilhelm, R. S.; Kozlowski, J. A.; Parker, D. *J. Org. Chem.* **1984**, *49*, 3928.

74 Bäckvall, J. E.; Sellén, M.; Grant, B. *J. Am. Chem. Soc.* **1990**, *112*, 6615.

75 (a) Alexakis, A.; Bäckvall, J. E.; Krause, N.; Pàmies, O.; Diéguez, M. *Chem. Rev.* **2008**, *108*, 2796. (b) Harutyunyan, S. R.; den Hartog, T.; Geurts, K.; Minnaard, A. J.; Feringa, B. L. *Chem. Rev.* **2008**, *108*, 2824.

76 Corey, E. J.; Posner, G. H. *J. Am. Chem. Soc.* **1968**, *90*, 5615.

77 Cahiez, G.; Avedissian, H. *Synthesis* **1998**, 1199.

78 Fujisawa, T.; Sato, T. *Org. Synth.* **1987**, *66*, 116.

79 Lipshutz, B. H. In *Comprehensive Organic Synthesis*; Trost, B. M., Fleming, I., Eds.; Pergamon Press: Oxford, 1991; Vol. 1, p. 107.

80 Lipshutz, B. H.; Moretti, R.; Crow, R. *Org. Synth.* **1990**, *69*, 80.

81 Perlmutter, P. *Conjugate Addition Reactions in Organic Synthesis,* Tetrahedron Organic Chemistry Series No. 9; Pergamon Press: Oxford, 1992.

82 (a) Smith, M. B. *Organic Synthesis*, 2nd ed.; McGraw-Hill: New York, 2002; pp 84–93. (b) Woodward, S. *Tetrahedron* **2002**, *58*, 1017.

83 Woodward, S. *Chem. Soc. Rev.* **2000**, *29*, 393.

84 Nakamura, E. In *Organocopper Reagents. A Practical Approach*; Taylor, R. J. K., ed.; Oxford University Press: Oxford, 1994; p. 129.

85 (a) Yamamoto, Y. *Angew. Chem. Int. Ed.* **1986**, *25*, 947. (b) Bertz, S. H.; Chopra, A.; Eriksson, M.; Ogle, C. A.; Seagle, P. *Chem. Eur. J.* **1999**, *5*, 2680.

86 Lipshutz, B. H.; Ellsworth, E. L.; Siahaan, T. *J. Am. Chem. Soc.* **1989**, *111*, 1351.

87 Alami, M.; Marquais, S.; Cahiez, G. *Org. Synth.* **1993**, *72*, 135.

88 Ibuka, T.; Yamamoto, Y. In *Organocopper Reagents. A Practical Approach*; Taylor, R. J. K., Ed.; Oxford University Press: Oxford, 1994; p. 143.

89 (a) Alexakis, A.; Bäckvall, J. E.; Krause, N.; Pàmies, O.; Diéguez, M. *Chem. Rev.* **2008**, *108*, 2796. (b) Harutyunyan, S. R.; den Hartog, T.; Geurts, K.; Minnaard, A. J.; Feringa, B. L. *Chem. Rev.* **2008**, *108*, 2824.
90 (a) Lopez, F.; Harutyunyan, S. R.; Meetsma, A.; Minnaard, A. J.; Feringa, B. L. *Angew. Chem. Int. Ed.* **2005**, *44*, 2752. (b) Lopez, F.; Harutyunyan, S. R.; Minnaard, A. J.; Feringa, B. L. *J. Am. Chem. Soc.* **2004**, *126*, 12784.
91 Suzuki, M.; Noyori, R. In *Organocopper Reagents. A Practical Approach*; Taylor, R. J. K., Ed.; Oxford University Press: Oxford, 1994; p. 185.
92 Walts, A. E.; Roush, W. R. *Tetrahedron* **1985**, *41*, 3463.
93 Cahiez, G.; Gager, O.; Habiak, V. *Synthesis* **2008**, 2636.
94 Yamamoto, Y.; Chounan, Y.; Nishii, S.; Ibuka, T.; Kitahava, H. *J. Am. Chem. Soc.* **1992**, *114*, 7652.
95 Kageyama, T.; Tabito, Y.; Katoh, A.; Ueno, Y.; Okawara, M. *Chem. Lett.* **1983**, 1481.
96 Vankar, Y. D.; Kumaravel, G. *Tetrahedron Lett.* **1984**, *25*, 233.
97 Nicolaou, K. C.; Zhong, Y.-L.; Baran, P. C. *J. Am. Chem. Soc.* **2000**, *122*, 7596.
98 Ito, Y.; Hirao, T.; Saegusa, T. *J. Org. Chem.* **1978**, *43*, 1011.
99 Overman, L. E.; Thompson, A. S. *J. Am. Chem. Soc.* **1988**, *110*, 2248.
100 (a) Clive, D. L. J. *Tetrahedron* **1978**, *34*, 1049. (b) Reich, H. J.; Wollowitz, S. *Org. React.* **1993**, *44*, 1.
101 (a) Saccomano, N. A. In *Comprehensive Organic Synthesis*; Trost, B.M., Fleming, I., Eds.; Pergamon Press: Oxford, 1991; Vol. 1, p. 173. (b) Semmelhack, M. F. In *Organometallics in Synthesis: A Manual*, 2nd ed.; Schlosser, M., Ed.; John Wiley & Sons, Ltd.: London, 2002; p. 1003. (c) Takai, K. *Org. React.* **2004**, *64*, 253.
102 (a) Okude, Y.; Hirano, S.; Hiyama, T.; Nozaki, H. *J. Am. Chem. Soc.* **1977**, *99*, 3179. (b) Cintas, P. *Synthesis* **1992**, 248. (c) Wessjohann, L. A.; Scheid, G. *Synthesis* **1999**, 1. (d) Fürstner, A. *Chem. Rev.* **1999**, *99*, 991.
103 (a) Inoue, M.; Suzuki, T.; Nakada, M. *J. Am. Chem. Soc.* **2003**, *125*, 1140. (b) Inoue, M.; Suzuki, T.; Kinoshita, A.; Nakada, M. *Chem. Rec.* **2008**, *8*, 169.
104 Fürstner, A.; Shi, N. Nozaki–Hiyama–Kishi reactions catalytic in Chromium. *J. Am. Chem. Soc.* **1996**, *118*, 12349.
105 (a) Takai, K.; Kimura, K.; Kuroda, T.; Hiyama, T.; Nozaki, H. *Tetrahedron Lett.* **1983**, *24*, 5281. (b) Okazoe, T.; Takai, K.; Utimoto, K. *J. Am. Chem. Soc.* **1987**, *109*, 951. (c) Paquette, L. A.; Guevel, R.; Sakamoto, S.; Kim, I. H.; Crawford, J. *J. Org. Chem.* **2003**, *68*, 6096.
106 (a) Jin, H.; Uenishi, J.-I.; Christ, W. J.; Kishi, Y. *J. Am. Chem. Soc.* **1986**, *108*, 5644. (b) Takai, K.; Tagashira, M.; Kuroda, T.; Oshima, K.; Utimoto, K.; Nozaki, H. *J. Am. Chem. Soc.* **1986**, *108*, 6048. (c) Stamos, D. P.; Sheng, X. C.; Chen, S. S.; Kishi, Y. *Tetrahedron Lett.* **1997**, *38*, 6355. (d) Hirai, K.; Ooi, H.; Esumi, T.; Iwabuchi, Y.; Hatakeyama, S. *Org. Lett.* **2003**, *5*, 857.
107 (a) Erdik, E. *Organozinc Reagents in Organic Synthesis*; CRC Press: Boca Raton, 1996. (b) Knochel, P.; Millot, N.; Rodriguez, A. L.; Tucker, C. E. *Org. React.* **2001**, *58*, 417. (c) Nakamura, E. In *Organometallics in Synthesis: A Manual*, 2nd ed.; Schlosser, M., Ed.; John Wiley & Sons, Ltd.: London, 2002; p. 579. (d) Hirose, T.; Kodama, K. In *Comprehensive Organic Synthesis II*; Knochel, P., Molander, G. A., Eds.; Elsevier: Amsterdam, 2014; p. 204.
108 (a) Knochel, P.; Singer, R. D. *Chem. Rev.* **1993**, *93*, 2117. (b) *Organozinc Reagents: A Practical Approach*; Knochel, P., Jones, P., Eds.; Oxford University Press: Oxford, 1999.
109 (a) Rieke, R. D.; Hanson, M. V. In *Organozinc Reagents. A Practical Approach*; Knochel, P., Jones, P., Eds.; Oxford University Press: Oxford, 1999; p. 23. (b) Rieke, R. D. *Aldrichimica Acta* **2000**, *33*, 52.
110 Boudier, A.; Bromm, L. O.; Lotz, M.; Knochel, P. *Angew. Chem. Int. Ed.* **2000**, *39*, 4414.
111 (a) Reformatsky, S. *Chem. Ber.* **1887**, *20*, 1210. (b) Rathke, M. W. *Org. React.* **1975**, *22*, 423. (c) Rathke, M. W.; Weipert, P. In *Comprehensive Organic Synthesis*; Trost, B. M., Fleming, I., Eds.; Pergamon Press: Oxford, 1991; Vol. 2, p. 277. (d) Fürstner, A. In *Organozinc Reagents. A Practical Approach*; Knochel, P., Jones, P., Eds.; Oxford University Press: Oxford, 1999; p. 289.
112 Fung, K. H.; Schmalzl, K. J.; Mirrington, R. N. *Tetrahedron Lett.* **1969**, 5017.
113 Korte, F.; Falbe, J.; Zschocke, A. *Tetrahedron* **1959**, *6*, 201.
114 (a) Soai, N.; Niwa, S. *Chem. Rev.* **1992**, *92*, 833. (b) Pu, L.; Yu, H.-B. *Chem. Rev.* **2001**, *101*, 757.
115 Kitamura, M.; Suga, S.; Kawai, K.; Noyori, R. *J. Am. Chem. Soc.* **1986**, *108*, 6071.
116 Boudier, A.; Bromm, L. O.; Lotz, M.; Knochel, P. *Angew. Chem. Int. Ed.* **2000**, *39*, 4414.
117 Knoess, H. P.; Furlong, M. T.; Rozeman, M. J.; Knochel, P. *J. Org. Chem.* **1991**, *56*, 5974.
118 Bronk, B. S.; Lippard, S. J.; Danheiser, R. L. *Organometallics* **1993**, *12*, 3340.
119 Klement, I.; Lennick, K.; Tucker, C. E.; Knochel, P. *Tetrahedron Lett.* **1993**, *34*, 4623.
120 (a) Simmons, H. E.; Cairns, T. L.; Vladuchick, S. A.; Hoiness, C. M. *Org. React.* **1972**, *20*, 1. (b) Charette, A. B.; Beauchemin, A. *Org. React.* **2001**, *58*, 1.
121 Salaün, J. *Top. Curr. Chem.* **2000**, *207*, 1.
122 Simmons, H. E.; Smith, R. D. *J. Am. Chem. Soc.* **1958**, *80*, 5323.

123 Wender, P. A.; Eck, S. L. *Tetrahedron Lett.* **1982**, *23*, 1871.

124 Charette, A. B.; Beauchemin, A. *Org. React.* **2001**, *58*, 1.

125 Furukawa, J.; Kawabata, N.; Nishimura, J. *Tetrahedron* **1968**, *24*, 53.

126 Denmark, S. E.; Edwards, J. P. *J. Org. Chem.* **1991**, *56*, 6974.

127 Charette, A. B.; Marcoux, J.-F. *Synlett* **1995**, 1197.

128 Charette, A. B.; Francoeur, S.; Martel, J.; Wilb, N. *Angew. Chem. Int. Ed.* **2000**, *39*, 4539.

129 (a) Friedrich, E. C.; Domek, J. M.; Pong, R. Y. *J. Org. Chem.* **1985**, *50*, 4640. (b) Friedrich, E. C.; Lewis, E. J. *J. Org. Chem.* **1990**, *55*, 2491.

130 Hoveyda, A. H.; Evans, D. A.; Fu, G. C. *Chem. Rev.* **1993**, *93*, 1307.

131 Moss, R. A.; Chen, E. Y.; Banger, J.; Matsuo, M. *Tetrahedron Lett.* **1978**, 4365.

132 Charette, A. B.; Lebel, H. *J. Org. Chem.* **1995**, *60*, 2966.

133 Gawley, R. E.; Aubé, J. In *Principles of Asymmetric Synthesis*, 2nd ed.; Elsevier: Oxford, 2012; p. 335.

134 Shitama, H.; Katsuki, T. *Angew. Chem. Int. Ed.* **2008**, *47*, 2450.

135 (a) Brown, H. C.; Kramer, G. W.; Levy, A. B.; Midland, M. M. *Organic Syntheses via Boranes*; John Wiley & Sons, Inc.: New York, 1975. (b) Brown, H. C.; Zaidlewicz, M.; Negishi, E. In *Comprehensive Organometallic Chemistry*; Wilkinson, G., Stone, F. G. A., Abel, E. W., Eds.; Pergamon Press: Oxford, 1982; Vol. 7, pp 111–363. (c) Suzuki, A.; Dhillon, R. S. *Top. Curr. Chem.* **1985**, *130*, 23. (d) Negishi, E.; Idacavage, M. J. *Org. React.* **1985**, *33*, 1. (e) Pelter, A.; Smith, K.; Brown, H. C. *Borane Reagents*; Academic Press: London, 1988. (f) Thomas, S. E. *Organic Synthesis. The Roles of Boron and Silicon*; Oxford University Press: Oxford, 1991. (g) Matteson, D. S. *Stereodirected Synthesis with Organoboranes*; Springer-Verlag: Berlin, 1995. (h) Vaultier, M.; Carboni, B. In *Comprehensive Organometallic Chemistry II*; Abel, E. W., Stone, F. G. A., Wilkinson, G., Eds.; Pergamon: Oxford, 1995; Vol. 11, p. 191. (i) Smith, K. In *Organometallics in Synthesis: A Manual*, 2nd ed.; Schlosser, M., Ed.; John Wiley & Sons, Ltd.: Chichester, 2002; p. 465.

136 Negishi, E. *Organometallics in Organic Synthesis*; John Wiley & Sons, Inc.: New York, 1980; p. 302.

137 Pelter, A.; Smith, K.; Brown, H. C. *Borane Reagents*; Academic Press: New York, 1988.

138 Brown, H. C.; Hubbard, J. L.; Smith, K. *Synthesis* **1979**, 701.

139 Negishi, E.; Brown, H. C. *Synthesis* **1972**, 196.

140 (a) Brown, H. C.; Negishi, E. *J. Am. Chem. Soc.* **1967**, *89*, 5477. (b) Brown, H. C.; Negishi, E. *J. Chem. Soc., Chem. Commun.* **1968**, 594.

141 (a) Brown, H. C.; Rathke, M. W. *J. Am. Chem. Soc.* **1967**, *89*, 4528. (b) Yamamoto, Y.; Kondo, K.; Moritani, I. *J. Org. Chem.* **1975**, *40*, 3644.

142 Brown, H. C.; Negishi, E. *J. Am. Chem. Soc.* **1969**, *91*, 1224.

143 Pelter, A.; Smith, K.; Brown, H. C. *Borane Reagents*; Academic Press: New York, 1988; p. 280.

144 Pelter, A.; Hutchings, M. G.; Smith, K. *J. Chem. Soc., Chem. Commun.* **1971**, 1048.

145 Pelter, A.; Hutchings, M. G.; Rowe, K.; Smith, K. *J. Chem. Soc., Perkin Trans. I* **1975**, 138.

146 (a) Brown, H. C.; Carlson, B. A. *J. Org. Chem.* **1973**, *38*, 2422. (b) Brown, H. C.; Katz, J.-J.; Carlson, B. A. *J. Org. Chem.* **1973**, *38*, 3968. (c) Pelter, A.; Smith, K. In *Comprehensive Organic Chemistry*; Barton, D. H. R., Ollis, W. D., Eds.; Pergamon: Oxford, 1979; Vol. 3, p. 689.

147 Matteson, D. S. *Tetrahedron*, **1989**, *45*, 1859.

148 Matteson, D. S. *Stereodirected Synthesis with Organoboranes*; Springer Verlag: Berlin, 1995.

149 Matteson, D. S.; Man, H. W. *J. Org. Chem.* **1996**, *61*, 6047.

150 Stymiest, J. L.; Dutheuil, G.; Mahmood, A.; Aggarwal, V. K. *Angew. Chem. Int. Ed.* **2007**, *46*, 7491.

151 Dearden, M. J.; Firkin, C. R.; Hermet, J.-P. R.; O'Brien, P. *J. Am. Chem. Soc.* **2002**, *124*, 11870.

152 Burns, M.; Essafi, S.; Bame, J. R.; Bull, S. P.; Webster, M. P.; Balieu, S.; Dale, J. W.; Butts, C. P.; Harvey, J. N.; Aggarwal, V. K. *Nature* **2014**, *513*, 183.

153 (a) Brown, H. C.; Bhat, K. S. *J. Am. Chem. Soc.* **1986**, *108*, 5919. (b) Ramachandran, P. V.; Gagare, P. D.; Nicponski, D. R. In *Comprehensive Organic Synthesis II*; Knochel, P., Molander, G. A., Eds.; Elsevier: Amsterdam, 2014; p. 1.

154 (a) Hoffmann, R. W. *Angew. Chem. Int. Ed.* **1982**, *21*, 555. (b) Pelter, A.; Smith, K., Brown, H. C. *Borane Reagents*; Academic Press: New York, **1988**. (c) Negishi, E. In *Comprehensive Organometallic Chemistry*; Wilkinson, G., Stone, F. G. A., Abel, E. W., Eds.; Pergamon Press: Oxford, 1982; Vol. 7, Chapter 45.11, p. 349.

155 (a) Fujita, K.; Schlosser, M. *Helv. Chim. Acta* **1982**, *65*, 1258. (b) Hoffmann, R. W.; Zeiss, H.-J. *Angew. Chem. Int. Ed.* **1979**, *18*, 306. (c) Roush, W. R.; Ano, K.; Powers, D. B.; Palkowitz, A. D.; Haltermann, R. L. *J. Am. Chem. Soc.* **1990**, *112*, 6339.

156 (a) Hoffmann, R. W. *Angew. Chem. Int. Ed.* **1987**, *26*, 489. (b) Yamamoto, Y.; Maruyama, K. *Heterocycles* **1982**, *18*, 357. (c) Yamamoto, Y. *Acc. Chem. Res.* **1987**, *20*, 243. (d) Roush, W. R. In *Comprehensive Organic Synthesis*; Trost, B. M., Fleming, I., Eds.; Pergamon Press: Oxford, 1990; Vol. 2, p. 1.

157 (a) Zimmerman, H. E.; Traxler, M. D. *J. Am. Chem. Soc.* **1957**, *79*, 1920. (b) Li, Y.; Houk, K. N. *J. Am. Chem. Soc.* **1989**, *111*, 1236 and references cited therein.

158 (a) Brown, H. C.; Bhat, K. S. *J. Am. Chem. Soc.* **1986**, *108*, 5919. (b) Brown, H. C.; Bhat, K. S.; Randad, R. S. *J. Org. Chem.* **1989**, *54*, 1570. (c) Brown, H. C.; Racherla, U. S.; Liao, Y.; Khanna, V. V. *J. Org. Chem.* **1992**, *57*, 6608.

159 Brown, H. C.; Bhat, K. S. *J. Am. Chem. Soc.* **1986**, *108*, 5919.

160 Burgos, C. H.; Canales, E.; Matos, K.; Soderquist, J. A. *J. Am. Chem. Soc.* **2005**, *127*, 8044.

161 Ishihara, K.; Kaneeda, M.; Yamamoto, H. *J. Am. Chem. Soc.* **1994**, *116*, 11179.

162 (a) Rauniyar, V.; Zhai, H.; Hall, D. G. *J. Am. Chem. Soc.* **2008**, *130*, 8481. (b) Rauniyar, V.; Hall, D. G. *J. Org. Chem.* **2009**, *74*, 4236.

163 (a) Chan, T. H.; Fleming, I. *Synthesis* **1979**, 761. (b) Colvin, E. W. *Silicon in Organic Synthesis*; Butterworths: London, 1981. (c) Magnus, P. D.; Sarkar, T.; Djuric, S. In *Comprehensive Organometallic Chemistry*; Wilkinson, G., Stone, F. G. A., Abel, E. W., Eds.; Pergamon Press: Oxford 1982; Vol. 7, p. 515. (d) Fleming, I. In *Comprehensive Organic Chemistry*; Barton, D. H. R., Ollis, W. D., Eds.; Pergamon Press: Oxford, 1979; Vol. 3, p. 541. (e) Weber, W. P. *Silicon Reagents in Organic Synthesis*; Springer-Verlag: Berlin, 1983. (f) Carruthers, W. *Some Modern Methods of Organic Synthesis*, 3rd ed.; Cambridge University Press: Cambridge, 1986; pp 317–343. (g) Colvin, E. W. *Silicon Reagents in Organic Synthesis*; Academic Press: London, 1988. (h) Thomas, S. E. *Organic Synthesis. The Roles of Boron and Silicon*; Oxford Press: Oxford, 1991. (i) Somfai, P.; Seashore-Ludlow, B. In *Comprehensive Organic Synthesis II*; Knochel, P., Molander, G. A., Eds.; Elsevier: Amsterdam, 2014; p. 27. (j) Ramachandran, P. V.; Nicponski, D. R.; Gagare, P. D. In *Comprehensive Organic Synthesis II*; Knochel, P., Molander, G. A., Eds.; Elsevier: Amsterdam, 2014; p. 72.

164 Negishi, E. *Organometallics in Organic Synthesis*; John Wiley & Sons, Inc.: New York 1980.

165 Kerr, J. A. *Chem. Rev.* **1966**, *66*, 465.

166 (a) Wierschke, S. G.; Chandrasekhar, J.; Jorgensen, W. L. *J. Am. Chem. Soc.* **1985**, *107*, 1496. (b) Lambert, J. B.; Wang, G.; Finzel, R. B.; Teramura, D. H. *J. Am. Chem. Soc.* **1987**, *109*, 7838.

167 Mayr, H.; Pock, R. *Tetrahedron* **1986**, *42*, 4111.

168 Gilday, J. P.; Gallucci, J. C.; Paquette, L. A. *J. Org. Chem.* **1989**, *54*, 1399, and references 6, 7, and 20 therein.

169 Colvin, E. W. *Silicon Reagents in Organic Synthesis*; Academic Press: London, 1988; p. 47.

170 (a) Kozar, L. G.; Clark, R. D.; Heathcock, C. H. *J. Org. Chem.* **1977**, *42*, 1386. (b) Blumenkopf, T. A.; Overman, L. E. *Chem. Rev.* **1986**, *86*, 857.

171 Aikawa, K.; Hioki, Y.; Mikami, K. *Org. Lett.* **2010**, *12*, 5716. See also: Evans, D. A.; Aye, Y. *J. Am. Chem. Soc.* **2006**, *128*, 11034.

172 Colvin, E. W. *Silicon Reagents in Organic Synthesis*; Academic Press: London, 1988; p. 9.

173 Miller, R. B.; Reichenbach, T. *Tetrahedron Lett.* **1974**, 543.

174 Zweifel, G.; Miller, J. A. *Org. React.* **1984**, *32*, 375.

175 Fleming, I.; Pearce, A. *J. Chem. Soc., Perkin Trans. I* **1980**, 2485.

176 (a) Hinkle, R. J.; Lian, Y. J.; Speight, L. C.; Stevenson, H. E.; Sprachman, M. M.; Katkish, L. A.; Mattern, M. C. *Tetrahedron* **2009**, *65*, 6834. (b) Lian, Y. J.; Hinkle, R. J. *J. Org. Chem.* **2006**, *71*, 7071.

177 Miller, R. B.; McGarvey, G. *J. Org. Chem.* **1979**, *44*, 4623.

178 (a) Parnes, Z. N.; Bolestova, G. I. *Synthesis* **1984**, 991. (b) Hosomi, A. *Acc. Chem. Res.* **1988**, *21*, 200. (c) Schinzer, D. *Synthesis* **1988**, 263.

179 Negishi, E.; Luo, F.; Rand, C. L. *Tetrahedron Lett.* **1982**, *23*, 27.

180 Rajagopalan, S.; Zweifel, G. *Synthesis* **1984**, 113.

181 Seyferth, D.; Wursthorn, K. R.; Mammarella, R. *J. Org. Chem.* **1977**, *42*, 3104.

182 Trost, B. M.; Coppala, B. P. *J. Am. Chem. Soc.* **1982**, *104*, 6879.

183 Kahn, S. D.; Pau, C. F.; Chamberlin, A. R.; Hehre, W. J. *J. Am. Chem. Soc.* **1987**, *109*, 650.

184 (a) Masse, C. E.; Panek, J. S. *Chem. Rev.* **1995**, *95*, 1293. (b) Langkopf, E.; Schinzer, D. *Chem. Rev.* **1995**, *95*, 1375.

185 Pillot, J.-P.; Dunogues. J.; Calas, R. *Tetrahedron Lett.* **1976**, 1871.

186 (a) Hosomi, A.; Sakurai, H. *J. Am. Chem. Soc.* **1977**, *99*, 1673. (b) Wilson, S. R.; Price, M. F. *J. Am. Chem. Soc.* **1982**, *104*, 1124.

187 Hayashi, T.; Kabeta, K.; Hamachi, I.; Kumada, M. *Tetrahedron Lett.* **1983**, *24*, 2865.

188 (a) Keck, G. E.; Savin, K. A.; Cressman, E. N. K.; Abbott, D. E. *J. Org. Chem.* **1994**, *59*, 7889. (b) Denmark, S. E.; Almstead, N. G. *J. Org. Chem.* **1994**, *59*, 5130.

189 Denmark, S. E.; Fu, J. P. *Chem. Rev.* **2003**, *103*, 2763.

190 Borg, T.; Tuzina, P.; Somfai, P. *J. Org. Chem.* **2011**, *76*, 8070.

191 Wilcox, C. S.; Otoski, R. M. *Tetrahedron Lett.* **1986**, *27*, 1011.

192 Speckamp, W. N.; Moolenaar, M. J. *Tetrahedron* **2000**, *56*, 3817.

193 Somfai, P.; Åhman, J. *Tetrahedron Lett.* **1992**, *33*, 3791.
194 Chan, T. M.; Wang, D. *Chem. Rev.* **1995**, *95*, 1279.
195 (a) Tsai, D. J. S.; Matteson, D. S. *Tetrahedron Lett.* **1981**, *22*, 2751. (b) Sato, F.; Suzuki, Y.; Sato, M. *Tetrahedron Lett.* **1982**, *23*, 4589.
196 Hudrlik, P. F.; Peterson, D. *J. Am. Chem. Soc.* **1975**, *97*, 1464.
197 (a) Ager, D. J. *Chem. Soc. Rev.* **1982**, *11*, 493. (b) Bulman Page, P. C.; Klair, S. S.; Rosenthal, S. *Chem. Soc. Rev.* **1990**, *19*, 147. (c) Reich, H. J.; Kelly, M.; Olson, R. E.; Holton, R. *Tetrahedron* **1983**, *39*, 949. (d) Ricci, A.; Degl'Innocenti, A. *Synthesis* **1989**, 647. (e) Cirillo, P. F.; Panek, J. S. *Org. Prep. Proc. Int.* **1992**, *24*, 553.
198 Soderquist, J. A. *Org. Synth.* 1993, Coll. Vol. VIII, 19.
199 Brook, A. G.; Duff, J. M.; Jones, P. F.; Davis, N. R. *J. Am. Chem. Soc.* **1967**, *89*, 431. (b) Corey, E. J.; Seebach, D.; Freedman, R. *J. Am. Chem. Soc.* **1967**, *89*, 434.
200 (a) Vedejs, E.; Fuchs, P. L. *J. Org. Chem.* **1971**, *36*, 366. (b) Chuang, T.-H.; Fang, J.-M.; Jiaang, W.-T.; Tsai, Y.-M. *J. Org. Chem.* **1996**, *61*, 1794.
201 Reich, H. J.; Eisenhart, E. K.; Olson, R. E.; Kelly, M. J. *J. Am. Chem. Soc.* **1986**, *108*, 7791.
202 (a) Hassner, A.; Soderquist, J. A. *J. Organomet. Chem.* **1977**, *131*, C1. (b) Miller, J. A.; Zweifel, G. *Synthesis* **1981**, 288.
203 Miller, J. A.; Zweifel, G. *J. Am. Chem. Soc.* **1981**, *103*, 6217.
204 Brook, A. G. *Acc. Chem. Res.* **1974**, *7*, 77.
205 Brook, A. G.; Pascoe, J. D. *J. Am. Chem. Soc.* **1971**, *93*, 6224.
206 Hine, J. *Adv. Phys. Org. Chem.* **1977**, *15*, 1.
207 Wilson, S. R.; Hague, M. S.; Misra, R. N. *J. Org. Chem.* **1982**, *47*, 747.
208 Reich, H. J.; Olson, R. E.; Clark, M. C. *J. Am. Chem. Soc.* **1980**, *102*, 1423.
209 Reich, H. J.; Eisenhart, E. K. *J. Org. Chem.* **1984**, *49*, 5282.
210 Rasmussen, J. K. *Synthesis* **1977**, 91.
211 Zweifel, G.; Backlund, S. J. *J. Am. Chem. Soc.* **1977**, *99*, 3184.
212 (a) *Gold Catalysis: An Homogeneous Approach*; Toste, F. D., Michelet, V., Eds; Imperial College Press: London, 2012. (b) *Modern Gold Catalyzed Synthesis*; Hashmi, A. S. K., Toste, D. A., Eds.; Wiley-VCH: Darmstadt, 2012. (c) Krause, N. In *Organometallics in Synthesis: Fourth Manual*; Lipshutz, B. H., Ed.; John Wiley & Sons, Inc.: Hoboken, 2013; p. 429.
213 (a) McKelvey, D. R. *J. Chem. Educ.* **1983**, *60*, 112. (b) Pyykkö, P. *Angew. Chem. Int. Ed.* **2004**, *43*, 4412. (c) Gorin, D. J.; Toste, F. D. *Nature* **2007**, *446*, 395.
214 (a) Nechaev, M. S.; Rayon, V. M.; Frenking, G. *J. Phys. Chem. A* **2004**, *108*, 3134. (b) Fürstner, A.; Davies, P. W. *Angew. Chem. Int. Ed.* **2007**, *46*, 3410.
215 Gronnier, C.; Odabachian, Y.; Gagosz, F. *Chem. Commun.* **2011**, *47*, 218.
216 England, D. B.; Padwa, A. *Org. Lett.* **2008**, *10*, 3631.
217 (a) Hashmi, A. S. K.; Salathe, R.; Frey, W. *Chem. Eur. J.* **2006**, *12*, 6991. (b) Hashmi, A. S. K. *Pure Appl. Chem.* **2010**, *82*, 1517.
218 (a) Vogel, E.; Günther, H. *Angew. Chem. Int. Ed. Engl.* **1967**, *6*, 385. (b) Hudlicky, T.; Fan, R.; Reed, J. W.; Gadamasetti, K. G. In *Organic Reactions*; Paquette, L. A., Ed.; John Wiley & Sons, Inc.: Hoboken, 1992; Vol. 42.
219 Liu, Z.; Wasmuth, A. S.; Nelson, S. G. *J. Am. Chem. Soc.* **2006**, *128*, 10352.
220 (a) Zhang, L.; Sun, J.; Kozmin, S. A. *Adv. Synth. Catal.* **2006**, *348*, 2271. (b) Jiménez-Núñez, E.; Echavarren, A. M. *Chem. Rev.* **2008**, *108*, 3326. (c) Soriano, E.; Marco-Contelles, J. *Acc. Chem. Res.* **2009**, *42*, 1026.
221 Zhang, L.; Kozmin, S. A. *J. Am. Chem. Soc.* **2005**, *127*, 6962.
222 Nieto-Oberhuber, C.; Lopez, S.; Munoz, M. P.; Cardenas, D. J.; Bunuel, E.; Nevado, C.; Echavarren, A. M. *Angew. Chem. Int. Ed.* **2005**, *44*, 6146.

8장 팔라듐 촉매를 사용한 짝지음 반응

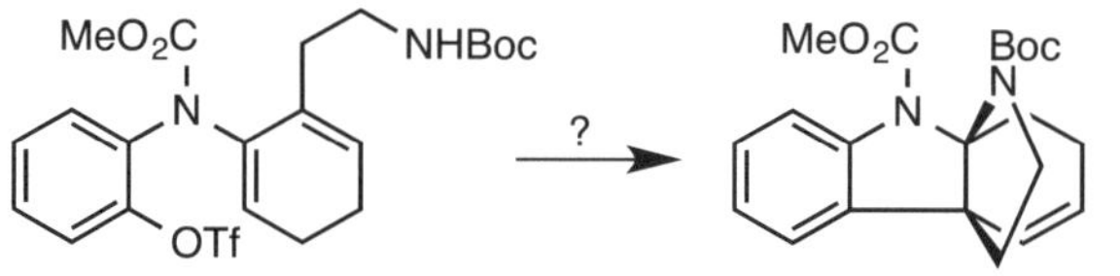

이 변환에는 다음 반응들이 필요하다.

- 거울상 이성질 선택적인 Heck 고리화 반응(Enantioselective Heck cyclization)
- 산 촉매에 의한 이미늄(iminium) 이온으로의 고리화 반응

지난 수십 년 간 팔라듐 촉매를 이용한 짝지음 반응은 실험실이나 산업체에서 탄소-탄소 결합을 만드는 만능 도구로 자리매김해 왔다.[1] 이 반응은 원자 경제적인 면(부산물 생성 억제; 1.4절 참조)과 더불어, 일반적으로 높은 화학 선택성, 위치 선택성, 입체 선택성을 보여 주기 때문에 복잡한 탄소-탄소 골격을 만드는 강력한 전략이라고 할 수 있다. 사실 이러한 변환 과정의 중요성과 다양성은 Richard F. Heck, Ei-ichi Negishi, Akira Suzuki가 "**유기 합성에서의 팔라듐 촉매를 이용한 교차 짝지음 반응**"이라는 주제로 2010년 노벨상을 받음으로써 확인되었다.[2]

전이 금속 착물은 주족 금속으로는 가능하지 않은 여러 가지 반응을 수행할 수 있다. 즉 C_{sp^2}-C_{sp^2} 짝지음 반응과 같이 기존의 다른 반응으로는 수행하기 어렵거나 불가능했던 반응을 선택적으로 가능하게 했다. 유기전이 금속 착물의 반응과 이들이 어떤 특정한 방법으로 반응을 수행하는지를 이해하기 위해서는 금속의 산화수, 금속의 배위 상태가 포화되었는가 아니면 불포화되었는가, 리간드가 반응에 어떤 영향을 미치는가와 같은 개념을 잘 이해하는 것이 필요하다. 금속은 주형(template)으로 작용하여 다음 반응을 위하여 배위된 반응물들을 배치시키고 활성화한다. 전이 금속은 여분의 전자를 제공하거나 유기 기질로부터 전자를 받아들일 수 있는데, 이렇게 함으로써 산화수나 배위수를 바꿀 수 있다. 이렇게 원만하고 가역적인 산화-환원 과정이 촉매 반응에서는 중요한 역할을 하게 되는 것이다.

8.1 팔라듐의 산화 상태

금속의 산화 상태를 결정하는 데에는 여러 가지 방법이 있다. 한 가지 방법은 금속이 할로젠, 알킬, 아릴, 바이닐과 같은 리간드와 σ 결합으로 결합되어 있지 않을 경우, 금속의 산화 상태를 0으로 정하는 것이다. 이 경우에 금속과 리간드는 공유 전자로 결합을 만들고 리간드는 −1의 형식 전하를 갖게 된다. Ph_3P나 CO와 같은 중성 리간드는 이들이 자기 자신의 전자 두 개만을 제공하기 때문에 고려(상관)하지 않는다. 예를 들면 $Pd(PPh_3)_4$에서 팔라듐은 0의 산화 상태를 하고 있지만 $Pd(PPh_3)_2Cl_2$에서는 +2의 산화 상태를 하고 있다. 이것은 금속의 최외각 전자가 모두 d 전자라고 가정하는 것이다. 따라서 Pd(0)는 $4d^8 5s^2$ 금속이 아니라 d^{10} 금속이고, Ni(0)과 Pt(0)가 포함된 10족 전이 금속에 속하게 된다. Pd(II)는 $4d^6 5s^2$ 금속이 아니라 d^8 금속이다. 이 금속들로부터 만드는 착물들은 합성 화학에서 폭넓게 이용되고 있다.

배위수(coordination number, *CN*). 한자리 리간드와 킬레이트 리간드(금속과 결합할 때 금속 고리를 만드는 리간드: 표 8.1 참조)에 대하여 배위수는 금속 원자와 직접 결합하는 원자나 리간드의 수로서 정의한다. 이 정의는 에틸렌이나 사이클로펜타다이엔일(Cp)과 같이 알켄이나 알켄일 부분과의 금속 결합만을 포함하는 것이 아니다. 이것은 일반적으로 이 리간드들이 금속에 제공하는 π 전자쌍에 따라서 계산하게 된다(예를 들면 페로센에서는 각 Cp 고리로부터

세 쌍의 π 전자가 Fe와 결합되어 있어 CN은 6이 된다). CN과 '18 전자 규칙'[3]과의 관계를 이해하면 반응성에 대해서도 예측할 수 있다. 한 개의 s 오비탈, 세 개의 p 오비탈, 다섯 개의 d 오비탈에 각각 두 개의 전자를 채우게 되면 금속은 최외각에 18개의 전자를 갖는 비활성 기체의 전자 구조를 하게 된다. 예를 들어 테트라키스(트라이페닐포스핀)팔라듐(0)[(tetrakis(triphenylphosphine)palladium(0)]에서 팔라듐은 d^{10}을 하고 있고, 각 트라이페닐포스핀 리간드는 두 개의 전자를 제공함으로써 모두 8개의 전자가 있다. 따라서 팔라듐 착물은 모두 18 전자를 갖고 있어 배위적으로 포화되어 있어 최대 배위수는 4가 된다. 비스(트라이페닐포스핀)다이클로로팔라듐(II) B는 모두 16개의 전자를 갖고 있는데, 두 개의 트라이페닐포스핀 리간드로부터 4개의 전자, 두 개의 염소 리간드로부터 4개의 전자, 팔라듐(II)으로부터 8개의 전자를 갖고 있기 때문이다. 16 전자인 Pd(II) 착물 B는 배위적으로 불포화되어 있으며, 최대 5의 배위수를 갖고 있다.

$Pd(PPh_3)_4$	산화수:	Pd(0)	$PdCl_2(PPh_3)_2$	산화수:	Pd(II)
A	d^n count:	d^{10}	**B**	d^n count:	d^8
18 전자	최대 배위수:	4	16 전자	최대 배위수:	5

8.2 팔라듐(0) 착물을 이용한 유기 합성

팔라듐(0) 착물은 쉽게 만들 수 있으며 편리하게 사용할 수 있다. 팔라듐 촉매를 이용한 짝지음 반응에서 리간드의 성질은 매우 중요한 역할을 한다. 예를 들면 포스핀 리간드(표 8.1)는 금속에 전자 밀도를 높여 좋은 친핵체가 되게 하여 적당한 기질과 산화성 첨가 반응을 할 수 있게 한다. 또한 금속의 높은 전자 밀도는 리간드가 해리되도록 하여 배위적으로 불포화된 착물을 만들게 한다. 한편, 일산화 탄소는 센 π 산 리간드이기 때문에 팔라듐의 채워진 d 오비탈의 전자 밀도를 감소시켜 산화성 첨가 반응에 대한 반응성을 감소시킨다. N-헤테로 고리 카벤(N-Heterocyclic carbenes,

표 8.1 Pd 촉매 작용에 대한 몇 가지 일반적인 리간드

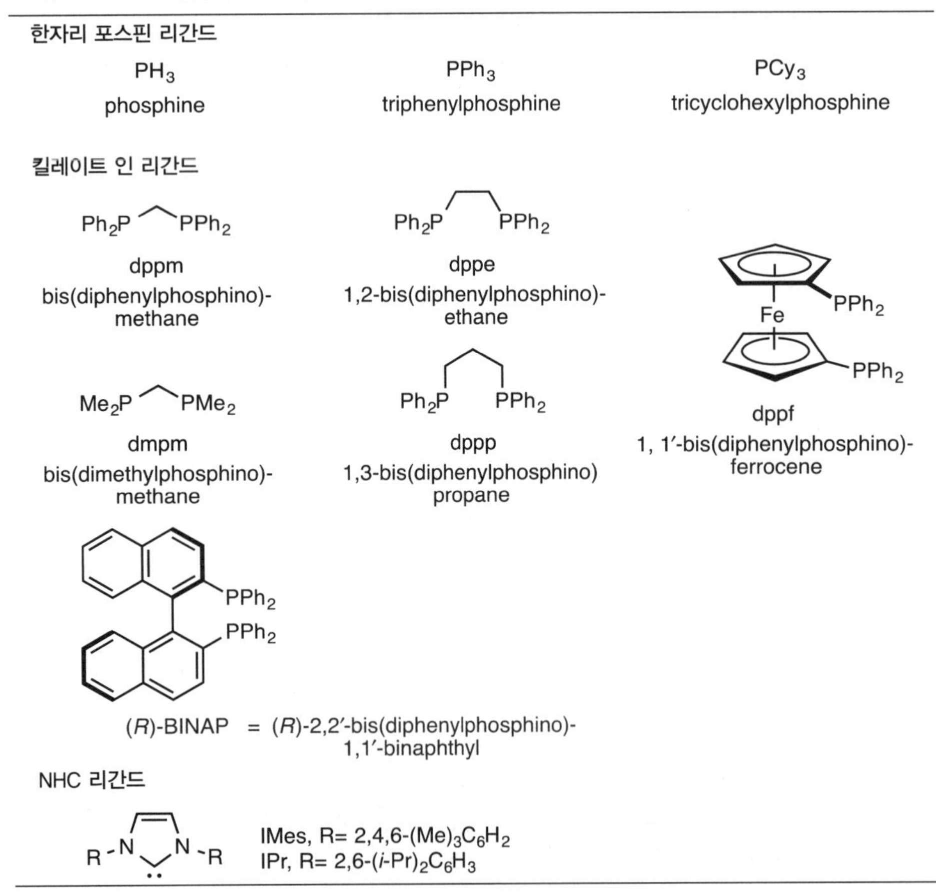

NHC)은 Pd(0)의 좋은 리간드이며 중성의 σ 주개 리간드이다.[4] 일반적으로 NHC 리간드는 포스핀에 비하여 금속과 강한 결합을 하고 전자 주개 능력은 비교적 작은 범주에 속한다.

팔라듐 화학은 두 가지 산화 상태에서 주로 일어나는데, 0가 상태[Pd(0), d^{10}]와 +2가 상태[Pd(II), d^8]이다. 각 산화 상태는 각자의 특징적인 반응 양식을 갖고 있다. Pd(0) 착물은 전자가 풍부한 친핵성이어서 산화, 리간드 해리, 삽입 반응, 산화성 짝지음 반응을 수행하려는 경향이 있다. Pd(II) 착물은 친전자성이기 때문에 리간드 회합(association)과 환원성 짝지음 반응을 수행한다. 많은 문헌들이 이 반응들에 관하여 논하고 있다. 하여튼 **산화성 첨가 반응**(oxidative addition), **금속 교환 반응**(transmetalation), **환원성 제거 반응**(reductive elimination)과 같은 몇 가지 기본적인 원칙이 활발한 팔라듐 화학 연구에 응용되고 있다.

산화성 첨가 반응–환원성 제거 반응

Pd(0) 착물의 중요한 성질은 인접에 π 결합을 갖고 있는 다양한 할라이드와 반응하여 σ 유기팔라듐(II) 착물을 만든다는 것이다. 이 과정을 '산화성 첨가 반응'이라 하는데, 이는 기질인 R-X(R=알켄일, 아릴; X=Br, I, OTf)가 금속에 **첨가될** 때 금속이 Pd(0)에서 Pd(II)로 산화되기 때문이다. 산화성 첨가 반응은 용액에서 리간드(L)의 해리에 의하여 만들어지는 14 전자인 Pd(0)종에서 일어난다고 믿어진다. 이렇게 배위적으로 불포화된 Pd(0)은 활성종이 되어 기질과 산화성 첨가 반응을 수행하여 16 전자인 Pd(II) 착물을 생성하게 된다.

$$\mathrm{L_4Pd}\ \underset{}{\overset{-\mathrm{L}}{\rightleftharpoons}}\ \mathrm{L_3Pd}\ \overset{-\mathrm{L}}{\rightleftharpoons}\ \mathrm{L_2Pd}\ \xrightarrow[\text{산하성 첨가 반응}]{\mathrm{R{-}X}}\ \mathrm{L_3Pd(R)X}$$

Pd(0) 18 전자 — Pd(0) 14 전자 — Pd(II) 16 전자

리간드 해리

가장 일반적으로 사용되는 Pd(0) 착물은 테트라키스(트라이페닐포스핀)팔라듐[tetrakis(triphenylphosphine) palladium, $Pd(PPh_3)_4$]으로, 순수하게 만들었을 때에는 노란색 결정성 물질이다. 이 촉매는 보관 중에 반응성을 잃어버릴 수 있기 때문에 $PdCl_2$, $Pd(OAc)_2$, $Pd(PPh_3)_2Cl_2$와 같은 형태로 시판되는 안정한 Pd(II) 착물을 트라이페닐포스핀하에서 환원시켜 적은 양을 만들어서 사용하는 것이 바람직하다.[5] 활성 Pd 촉매는 $Pd(OAc)_2$와 PPh_3의 반응 같이 Pd(II) 착물을 반응 용기 내에서 환원시켜 만들 수 있다.[6] 이 경우 배위적으로 불포화된 Pd(0) 촉매를 만들기 위해서는 2~3당량의 포스핀이 필요하다. 종종 사용되는 또 다른 Pd(0) 착물로는 비스(다이벤질리덴아세톤)팔라듐[bis(dibenzylideneacetone)palladium, $Pd_2(dba)_3$]이 있는데, 이는 염화 팔라듐(II)와 다이벤질리덴아세톤을 메탄올에 녹인 후 끓여서 만든다. Pd(II)종을 촉매 활성인 Pd(0)종으로 환원시킬 수 있는 것으로는 아민, 알켄, 또는 유기금속화물(*i*-Bu_2AlH, 알킬리튬, 유기주석)이 있다.

팔라듐 시약의 산화성 첨가 반응은 1-할로젠화 알켄과 상온에서도 쉽게 일어난다. 그러나 바이닐이나 아릴 이외의 다른 할라이드의 산화성 첨가 반응은 매우 어렵다. 더구나 알킬의 β-위치에 sp^3 탄소와 결합된 수소를 갖고 있는 알킬-팔라듐(II)-X 착물은 *syn*-β-수소 제거 반응을 통하여 수소 이탈 팔라듐 반응(dehydropalladation)을 빠르게 수행하여 하이드리도팔라듐(hydridopalladium) 착물과 이중 결합을 생성한다. 따라서 산화성 첨가 반응에 사용할 수 있는 기질은 일반적으로 염화 바이닐이나 아릴과 이들의 트라이플산 유도체(triflate)에 국한되어 있다.

수소 이탈 팔라듐 반응: $\mathrm{RC^{\beta}H(H){-}C^{\alpha}H_2{-}Pd{-}} \longrightarrow \mathrm{RCH{=}CH_2} + [\mathrm{H{-}Pd{-}}]$

Pd(0) 착물의 염화 알켄일과의 산화성 첨가 반응(표 8.2의 염화 알켄일의 합성 참조)은 이중 결합의 입체 화학이 유지되면서 반응이 진행된다.

$$\mathrm{L_4Pd(0)} + \mathrm{(R)(H)C{=}C(H)(X)} \longrightarrow \mathrm{(R)(H)C{=}C(H)(Pd(II)L_2X)} + 2\mathrm{L}$$

표 8.2 (*E*)-와 (*Z*)- 염화 알켄일 제법[7]

$$R{-}C{\equiv}C{-}H \xrightarrow{\text{시약}} \text{할로젠화 알켄일}$$

시약	할로젠화 알켄일	참고 문헌
i. R_2BH, ii. Br_2, iii. NaOH	R(H)C=C(H)Br (I)	8
i. RLi, ii. Br_2 또는 I_2, iii. R_2BH, iv. AcOH	R(H)C=C(H)Br (I)	9
i. *i*-Bu_2AlH, ii. Br_2 또는 I_2	R(H)C=C(H)Br (I)	10
i. $Cp_2Zr(H)Cl$, ii. NBS 또는 I_2	R(H)C=C(H)Br (I)	11
i. [R^1MgX + CuX], ii. I_2	R(R^1)C=C(H)I	12
i. Me_3Al, Cp_2ZrCl_2, ii. I_2	R(Me)C=C(H)I	13
i. HI (Me_3SiCl + NaI 로부터)	R(I)C=C(H)H	14

배위적으로 불포화된 최종 16 전자 알켄일-(또는 아릴-) 팔라듐(II) 착물은 알켄의 **삽입 반응**(insertion)이나 유기금속 시약과의 **금속 교환 반응**을 통하여 두 번째 기질을 받을 수 있다. 마지막 단계인 이중유기팔라듐(diorganylpalladium) 중간체의 짝지음 반응을 통한 탄소–탄소 결합의 생성 반응은 삽입 과정을 위하여는 **β-수소 제거 반응**을 하고 금속 교환 반응을 위하여는 **환원성 제거 반응**을 요구하게 된다. 팔라듐–탄소 σ 결합은 $-NO_2$, $-Cl$, $-CO_2R$, $-CN$, $-NR_2$, $-NHCOR$과 같은 여러 가지 작용기에 대하여 안정하다는 것에 주목할 필요가 있다. 각 발견자의 이름을 갖고 있는 이 짝지음 반응들은 유기 합성에서 중요한 역할을 하고 있으며, 다음 장에서 설명하고자 한다.

8.3 Heck 반응–팔라듐(0) 촉매를 사용한 올레핀 삽입 반응[1h,k,15]

Heck 반응(Richard F. Heck, 2010년 노벨상)[16]은 촉매량의 팔라듐(0)과 염기 존재하에서 염화 알켄일 또는 아릴과 알켄의 짝지음 반응을 통하여 알켄일-치환 알켄 또는 아릴-치환 알켄을 만드는 반응이다.[17]

$$RX + CH_2{=}CHR' \xrightarrow[\text{염기}]{Pd(0)} RCH{=}CHR' + Pd(0) + \text{염기-HX}$$

R: 알릴, 알켄일, 아릴, 알카인일, 벤질

R′: 알킬, 알켄일, 아릴, CO_2R, OR

염기: Et_3N, NaOAc, Na_2CO_3 수용액

다음에 볼 수 있는 Heck 반응의 촉매 순환 과정은 배위적으로 불포화된 14 전자 Pd(0) 착물에 할로젠화 알켄일이나 할로젠화 아릴이 산화성 첨가 반응을 수행하여 16 전자의 σ-알켄일 또는 σ-아릴팔라듐(II) 착물 **A**를 생성함으로써 시작된다고 추정된다. 먼저 반응 혼합물에 있는 알켄이 **A**에 배위된다. 다음으로 σ-알켄일(또는 σ-아릴) Pd-C 결합의 알켄 이중 결합으로의 *syn*-삽입 반응은 사중심 전이 상태를 거쳐 중간체 **B**를 생성한다. 팔라듐 착물 **A**의 불포화 리간드 R은 알켄의 입체 장애가 작은 쪽 탄소에 붙게 된다. **B**에 새로 생성된 탄소–탄소 결합의 회전은 β-수소가 *syn*-β-수소

제거 반응을 하기에 알맞도록 팔라듐 원자와 나란히 정렬하게 되고, *syn*-수소 제거 반응을 통하여 짝지음 생성물인 **C**와 하이드리도팔라듐(hydridopalladium) 착물 **D**를 생성한다. **D**에서는 환원성 제거 반응으로 HX를 만들어 첨가된 염기로 제거하면 Pd(0) 촉매를 재생성하게 된다. 입체적인 이유로 (R과 R′의 안티준평면 배열; *anti*periplanar) 말단 알켄과의 Heck 반응은 일반적으로 (*E*)-알켄을 생성한다.

$L_4Pd(0)$ L = PPh_3
−2L
$L_2Pd(0)$ 14 e
R-X
염기·HX
염기
a, b, c, d
A $L_2Pd(R)(X)$ [Pd(II), 16 e]
D $L_2Pd(H)(X)$ [Pd(II), 16 e]
B X−Pd(II)
C 생성물

a = 산화성 첨가 반응
b = 카보팔라듐 첨가 반응, syn-삽입 반응
c = *syn* β-수소 제거 반응
d = 환원성 제거 반응

Heck 반응은 유기 합성에서 폭넓게 사용할 수 있는 팔라듐 촉매 반응으로 다양한 알켄에 적용이 가능하며 여러 가지 작용기에도 영향을 받지 않고 사용할 수 있다.[18] 유기 할로젠화물과 반응하는 Heck 반응의 단점은 짝지음 반응에 비교적 높은 온도(~100°C)가 요구된다는 것이다. Heck이 처음으로 발표한 이래 팔라듐 촉매 개선에 관하여 많은 논문이 발표되었다. 예를 들면 상전이 시약(phase transfer agent)으로 염화 테트라뷰틸암모늄(tetrabutylammonium chloride, TBAC)을 사용하면 촉매 활성이 매우 좋아진다.[19] 대부분의 Heck 반응에서는 촉매로 Pd(II)염을 사용하는데, 여기서 Pd(II)는 아민이나 알켄에 의하여 단일 용기 내에서 촉매 활성종인 Pd(0)로 환원된다는 것을 알아두자.

PhI + $CH_2{=}CHCO_2Me$ → PhCH=CHCO$_2$Me
$Pd(OAc)_2$, Et_3N, 100°C: 81%
$Pd(OAc)_2$, TBAC, DMF, $NaHCO_3$, 30°C: 94%

유기팔라듐 중간체가 올레핀에 첨가되는 위치 화학은 입체 효과에 의해 결정되는데, 이때 유기 그룹은 반응물의 치환기에 상관없이 이중 결합의 치환기가 적은 탄소에 결합된다. 그러나 어떤 올레핀의 경우에는 전자 효과가 중요한 역할을 하는데, 이중 결합에 있는 전자 주개 작용기는 이중 결합에 가장 전자가 많은 탄소에 더 많은 첨가 반응이 일어나게 한다.[20]

PhBr 첨가에서 위치 선택성:
$H_2C{=}CHCO_2Me$: 100
H_3CCH=CHCO_2Me: 99, 1
H_3CCH=CHPh: 79, 21
$H_2C{=}CHC_4H_9$: 80, 20

최종 생성물인 알켄의 입체 화학은 유기팔라듐의 *syn*-첨가 반응과 계속된 수소화 팔라듐의 *syn*-제거 반응의 결과이다.

Ph−Br + H_3CCH=CHPh → [$Pd(OAc)_2$, PPh_3, Et_3N; Pd–Ph의 *syn*-첨가 반응] → [Pd(II) 중간체 ⇌ Pd(II) 중간체] → (Pd의 β *syn*-수소 제거 반응) → Ph(Ph)C=CH(H_3C) 79%

만일 유기팔라듐 중간체가 두 개의 β-수소를 갖고 있다면 *syn*-제거 반응을 통하여 (*E*)-와 (*Z*)-알켄 혼합물을 생성한다. 그러나 열역학적으로 안정한 알켄이 더 잘 만들어진다. −Cl, −C≡N, $-CO_2R$, −CHO, $-NMe_2$와 같은 아릴 치환체는 짝지음 반응을 방해하지 않는다.

Ph−Br + $CH_2{=}CHCO_2Me$ —[$Pd(OAc)_2$, PPh_3, Et_3N]→ [Pd(II) 중간체] → (*E*)-PhCH=CHCO_2Me (유리함)

산화성 첨가 반응에 대한 할로젠화 아릴의 반응성의 순서는 다음과 같다.

Ar-I > Ar-OTf > Ar-Br ≫ Ar-Cl

알켄을 할로젠화 바이닐[21] 또는 트라이플산 바이닐을 사용하여 바이닐화 반응을 수행하면 콘쥬게이션 다이엔을 생성한다. 트라이플산 바이닐은 짝지음 반응에서 특히 매력적인데, 그 이유는 엔올로 변형 가능한 케톤을 입체 장애가 있는 염기로 처리한 후, 생성된 엔올 산소에 트라이플산 무수물[22]이나 *N*-페닐트라이플루오로메테인설폰이미드[*N*-phenyltrifluoromethanesulfonimide($PhNTf_2$)][23]와 같은 트라이플산 시약을 가함으로써 위치 및 입체 선택적으로 만들 수 있기 때문이다. 예를 들면 중합 반응을 일으키기 때문에 일반적으로 Heck 반응에서는 사용할 수 없는 아크롤레인(acrolein)을 트라이플산 바이닐과 팔라듐 촉매를 사용하여 반응시키면 α,β-불포화 알데하이드를 만들 수 있다.

$(CH_3)_2C{=}CHBr$ + $CH_2{=}CHCO_2Me$ —[1% $Pd(OAc)_2$, 2% PPh_3, Et_3N, 100°C]→ $(CH_3)_2C{=}CHCH{=}CHCO_2Me$ (75%) + $Et_3\overset{+}{N}H\ Br^-$

4-*t*-Bu-cyclohexenyl OTf + acrolein (CHO) —[$Pd(PPh_3)_2Cl_2$ (0.02 eq.), Et_3N (3 eq.), DMF]→ dienal (86%)

일반적인 반응 조건에서 (*E*)- 또는 (*Z*)-할로-1-알켄과 알켄의 짝지음 반응은 입체 이성질 다이엔 혼합물을 생성한다. TBAC와 K_2CO_3 존재하에서 $Pd(OAc)_2$를 사용하면 입체 선택적인 짝지음 반응을 수행할 수 있다.[24]

$CH_2{=}CHCO_2Me$ + $n\text{-}C_4H_9CH{=}CHI$ —[$Pd(OAc)_2$, TBAC, K_2CO_3]→ $n\text{-}C_4H_9CH{=}CH{-}CH{=}CHCO_2Me$

	E, E	*E, Z*	수율
(*E*)-이성질체	99	1	96%
(*Z*)-이성질체	5	95	90%

아래 예와 같이 분자간 Heck 반응은 대량 생산에도 적용이 가능하다.[25] 이 경우에는 용매 없이 리간드 없는 팔라듐을 사용하고 개방형 용기에서 마이크로파(MW)를 이용한 가열 방식으로 반응을 수행할 수 있다.

PhI 1 mol (204 g) + $CH_2{=}CHCO_2Bu$ 2 mol (256 g) —[$Pd(OAc)_2$ (1 mol%), Na_2CO_3 (2 eq.), Bu_4NBr (1 eq.), Et_3N (1 eq.), MW (100°C)]→ $PhCH{=}CHCO_2Bu$ (96%)

분자내 Heck 반응은 탄소 고리나 헤테로 고리를 만드는 강력한 방법이다.[26] 다른 Heck 반응에서와는 다르게 이중 결합이 원래의 위치에 생기지 않는다는 것을 주의해 볼 필요가 있는데, 이는 *syn*-첨가 반응이 일어난 후에 *syn*-β-수소 제거 반응을 수행하기 때문이다.

—[5% $Pd(OAc)_2$, Ph_3P, Et_3N, CH_3CN, 23°C]→ (74%)

카이랄 리간드 존재하에서 분자내 Heck 반응은 여러 가지 화합물의 선택적인 거울상 이성질체를 합성하게 된다.[27] 아래의 예와 같이 비대칭 Heck 반응을 (리간드로 (*S*)-4-*tert*-butyl-2-[2-(diphenylphosphino)phenyl]-2-oxazoline를 사용하여) 사차 입체 중심을 갖는 인돌 계통의 화합물을 만드는 데 사용되었다.[28] 계속해서 *N*-아실이미늄(*N*-acyliminium) 이온의 고리화 반응을 통하면 네 개의 고리가 있는 화합물을 높은 수율과 매우 높은 ee값으로 만들 수 있는데, 이 화합물은 알칼로이드인 민피엔신(minfiensine)의 전합성에 사용되었다.

NHBoc
MeO_2C
N
OTf
a. $Pd(OAc)_2$ (15 mol%)
리간드(44 mol%)
pentamethylpyridine
(3 eq.)
PhMe, 170°C, 30 min
NHBoc
N
CO_2Me

b. TFA (12 eq.)
0°C, THF
N
MeO_2C
N
Boc
75%, ee 99%

Ph_2P
O
N
t-Bu
리간드

카이랄 피리딘 옥사졸린(PyBox) 리간드 존재하에서 (*E*)-알릴 알코올을 Heck 반응의 원료 물질로 사용하고 아릴다이아조늄(aryldiazonium) 염을 아렌 원료로 사용할 때에는 이에 상응하는 케톤을 높은 수율과 높은 거울상 이성질 순도로 얻을 수 있다.[29] 중간체인 σ-알킬팔라듐(II) 착물에서 H_A가 선택적으로 β-수소 제거 반응으로 제거되고 엔올을 생성하는데, 이것은 토토머화 반응(tautomerization)을 통한 생성물을 만든다. (*Z*)-알켄을 같은 조건에서 반응시키면 다른 거울상 이성질 케톤을 얻을 수 있어 쉽게 두 가지 거울상 이성질체를 모두 만들 수 있다. 호모알릴 알코올을 원료로 사용하여 산화-환원 릴레이 전략법을 쓰면 γ-위치에 작용기가 있는 케톤도 만들 수 있다.

OH
$^-PF_6$
$\overset{+}{N}_2$
NO_2
(2.2 eq.)
Pd_2dba_3 (3 mol%)
리간드 (7 mol%)
DMF, rt
OH
Ar
H_A
H_B
$Pd^{II}L_n$

O
(*S*)
NO_2
59%, 90% ee

O
N
N
t-Bu
리간드

OH
$^-PF_6$
$\overset{+}{N}_2$
NO_2
(2.2 eq.)
Pd_2dba_3 (3 mol%)
리간드 (7 mol%)
DMF, rt
O
(*R*)
NO_2
77%, 94% ee

OH
$^-PF_6$
$\overset{+}{N}_2$
NO_2
(2.2 eq.)
Pd_2dba_3 (3 mol%)
리간드 (7 mol%)
DMF, rt
O
(*R*)
NO_2
79%, 92% ee

Heck 반응과 관련해서는 내부 알카인의 **Larock 고리화 반응**(Larock annulation)이 있는데, 이는 헤테로 고리나 탄소 고리를 만드는 일반적인 방법이다. 특히 이 방법이 매력적인 것은 약학적으로 중요한 인돌 고리를 만들 수 있다는 것인데, 팔라듐 촉매를 사용하여 여러 가지 다양한 내부 알카인과 2-아이오도-아닐린 또는 이것의 *N*-메틸, 아세틸, 토실 유도체의 짝지음 반응을 통하여 인돌을 만들 수 있다. 촉매 과정은 아릴팔라듐이 만들어진 후, 탄소–탄소 삼중 결합에 위치 선택적으로 첨가 반응이 일어나며, 최종적으로 분자내 팔라듐 교환 반응이 일어나는 것이다.[30]

NH_2, I + Me_3Si—≡—CH_2OH → (5% $Pd(OAc)_2$, PPh_3, n-Bu_4NCl, Na_2CO_3) H, N, $SiMe_3$, CH_2OH 60%

8.4 팔라듐 촉매를 사용한 유기금속 시약과의 교차 짝지음 반응

팔라듐 촉매 교차 짝지음 반응(cross coupling)은 Heck 반응과 공통된 특징을 갖고 있지만 알켄 대신에 알켄일 또는 아릴 유기금속 화합물이 짝지음 반응에 관여한다는 점이 다르다. 유기금속 시약의 역할은 R-PdL_2X의 할라이드나 트라이플레이트와 교환할 알켄일이나 아릴기를 제공하는 것이다. 금속 교환 반응에 대하여는 여러 가지 유기금속 화합물이 보고되고 있지만 아연, 알루미늄, 지르코늄(Negishi 반응), 붕소(Suzuki 반응), 주석(Stille 반응) 화합물이 가장 폭넓게 사용되고 있다. 이 유기금속 화합물들은 유기리튬이나 유기마그네슘보다 에스터, 아마이드, 나이트로기와 같은 작용기의 영향을 적게 받는다.

R – R′ ; $L_2Pd(0)$; R-X (알켄일 또는 아릴 할라이드, 트라이플레이트) ; a ; d ; L_2Pd(R)(X) A ; R–Pd(L)(L)–R′ ; b ; R′M (알켄일 또는 아릴 아연, 알루미늄 지르코늄, 붕소 또는 주석) ; M-X ; c ; R–Pd(L)(L)–R′

a = 산화성 첨가 반응, *b* = 금속 교환 반응

c = *trans-cis* 이성질화 반응, *d* = 환원성 제거 반응

팔라듐 촉매(0)를 이용한 알켄일, 할로젠화 아릴 또는 이들의 트라이플산 유도체와 유기금속 화합물과의 교차 짝지음 반응은 연속적인 산화성 첨가 반응(위의 **A**종을 생성), 금속 교환 반응(일반적으로 속도 결정 단계), 이성질화 반응, 환원성 제거 반응 과정을 거쳐 진행된다. 흔히 사용되는 촉매로는 Pd(0)-촉매인 $Pd(PPh_3)_4$나 $Pd_2(dba)_3$가 있다.

Negishi 반응

유기아연, 유기알루미늄, 유기지르코늄과의 짝지음 반응[31]

알켄일, 아릴, 알카인일 할라이드와 불포화 유기아연 시약과의 Negishi(Ei-ichi Negishi, 2010년 노벨상) 팔라듐 촉매 교차 짝지음 반응은 원하는 입체 구조(stereodefined)의 아릴알켄, 아릴알카인, 콘쥬게이션 다이엔, 콘쥬게이션 엔아인을 만드는 좋은 방법이라고 할 수 있다.[32]

n-C_5H_{11} ZnCl + I—≡—n-C_4H_9 → (cat. $Pd(PPh_3)_4$) n-C_5H_{11} … n-C_4H_9 85%

교차 짝지음 반응에 유기아연 시약을 사용할 때의 장점은 팔라듐과 쉽게 금속 교환 반응을 일으킨다는 것이며, 작용기를 갖고 있는 할로젠화물조차도 이로부터 직접 간단하게 만들 수 있다는 것이다.[33]

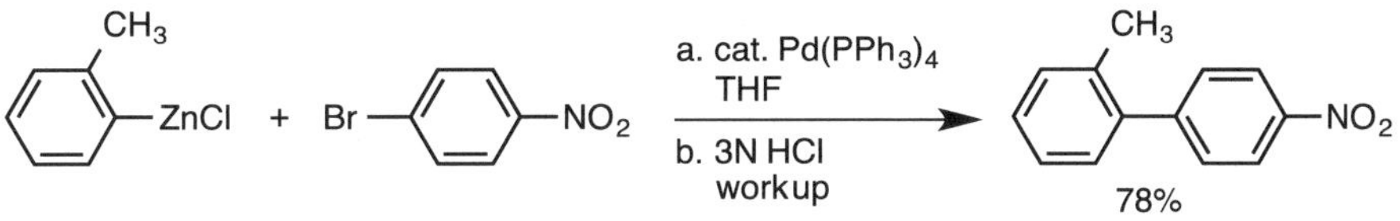

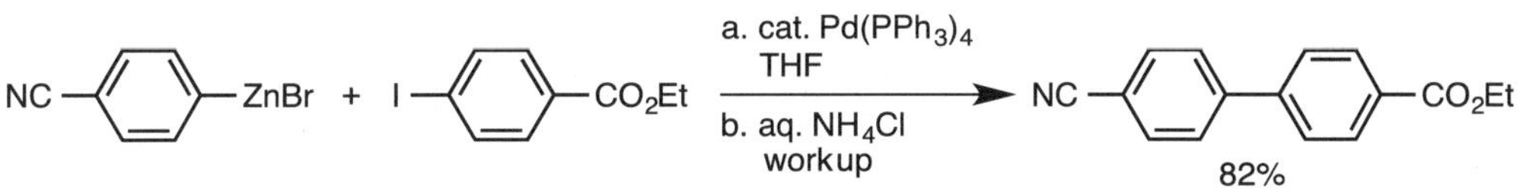

팔라듐 촉매를 이용한 교차 짝지음 반응에서 입체적인 알켄일알레인(alkenylalane)이나 알켄일지르코늄 시약을 사용하면 Negishi형 짝지음 반응의 활용도를 크게 증가시킬 수 있다. 이 유기금속 화합물들은 알카인의 수소화알루미늄 첨가 반응(hydroalumination), 탄소화알루미늄 첨가 반응(carboalumination), 수소화지르코늄 첨가 반응(hydrozirconation)을 통하여 각각 쉽게 만들 수 있다.

수소화알루미늄 첨가 반응[34]

탄화수소 용매에서 알카인을 수소화 다이아이소뷰틸알루미늄(diisobutylaluminum hydride)과 반응시키면 삼중 결합에 Al-H가 *cis*-첨가 반응을 일으켜 한 가지 입체 화합물인 알켄일알레인(alkenylalane)을 생성한다.[35] 알카인의 수소화알루미늄 첨가 반응(hydroalumination)은 사용기의 수용 여부와 위치 선택적인 면에서 알카인의 수소화붕소 첨가 반응(5장)보다 범위가 넓지 못하다. 1-알카인의 수소화알루미늄 첨가 반응은 알루미늄이 삼중 결합의 말단에 결합된다는 점에서 매우 위치 선택적인 데 반하여, 비대칭으로 치환된 알카인은 알켄일알레인 혼합 이성질체를 생성한다.

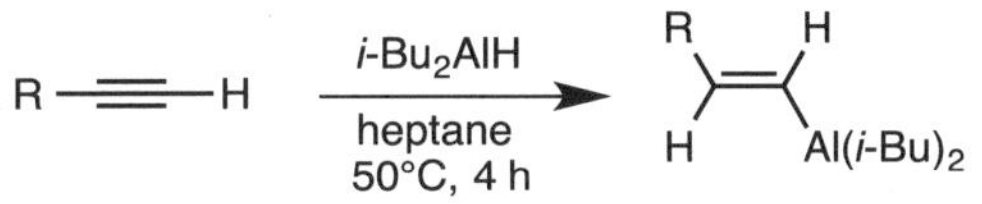

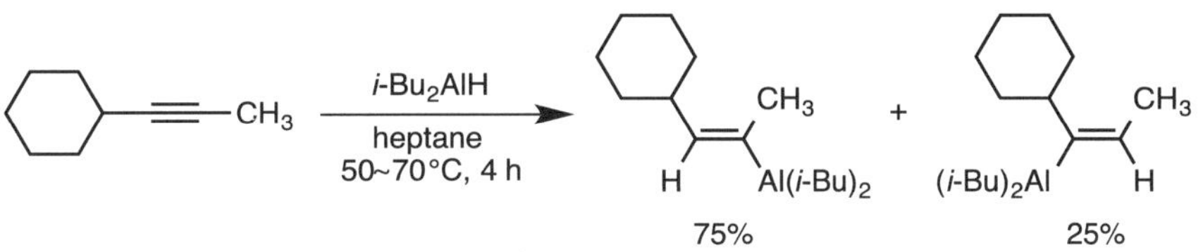

팔라듐 촉매를 이용한 알켄일알레인과 (*E*)- 또는 (*Z*)-알켄일 할라이드와의 교차 짝지음 반응은 아래의 예에서와 같이 선택적인 1,3-다이엔을 효율적으로 합성한다.[36]

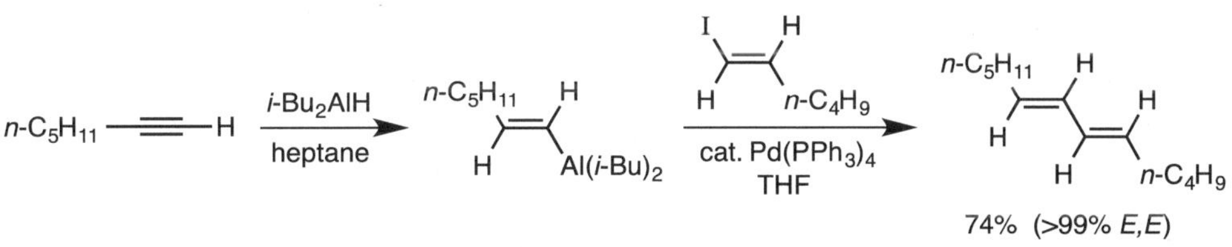

탄소화알루미늄 첨가 반응

촉매량의 Cp_2ZrCl_2[비스(사이클로펜타다이엔일)지르코늄 다이클로라이드] 존재하에서 말단 알카인 또는 대칭으로 치환된 알카인을 트라이메틸알루미늄과 반응시키면 삼중 결합에 Me-Al이 위치 선택적으로 *cis*-첨가 반응을 일으켜 β-메틸이 치환된 알켄일알레인(alkenylalane)을 생성한다.[37]

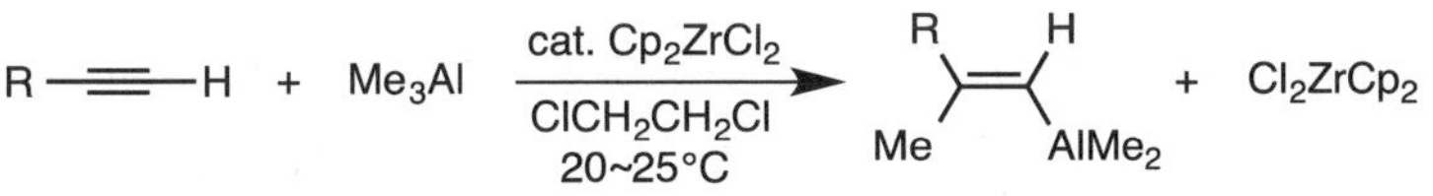

α-파네센(α-farnesene)의 합성 과정에서 팔라듐 촉매를 이용한 알릴성 염화물과 Zr 촉매에 의한 메틸알루미늄 첨가 반응으로부터 얻어진 알켄일알레인과의 입체 특이성이면서 위치 선택적인 짝지음 반응의 예를 아래에 소개하였다.[38]

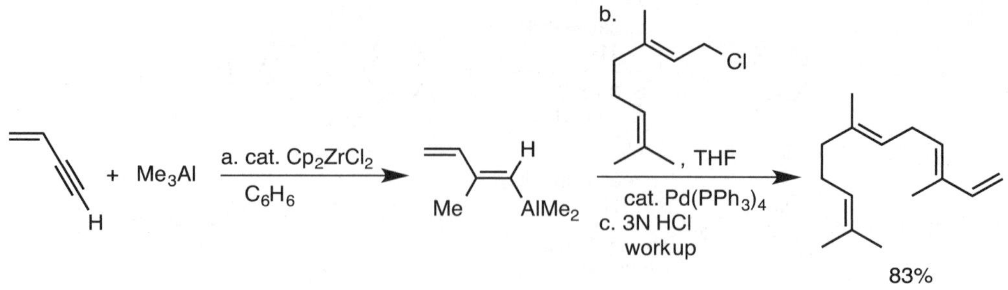

삼중 결합에 메틸기 이외의 다른 알킬기를 도입할 경우에는 혼합 위치 이성질체를 얻게 된다.

수소화지르코늄 첨가 반응

1-알카인을 Schwartz 시약인 [$Cp_2Zr(H)Cl$]과 반응시키면 Zr-H를 삼중 결합에 매우 높은 위치 선택성 및 입체 선택성으로 *cis*-첨가 반응이 일어나는데, 생성된 알켄일지르코늄 화합물은 치환기가 적은 탄소에 지르코늄이 결합된 형태이다.[39] $Cp_2Zr(H)Cl$의 제법과 용액 내 제조 방법은 잘 알려져 있다.[40] 비대칭적으로 치환된 알카인의 수소화지르코늄 첨가 반응(hydroziconation)은 혼합 위치 이성질체를 생성한다. 흥미롭게도 과량의 $Cp_2Zr(H)Cl$ 존재하에서는 처음에 형성된 첨가 생성물이 이성질화 반응을 수행하여 이중 결합의 입체 장애가 작은 쪽에 금속이 결합된 알켄일지르코늄을 선택적으로 만들게 된다.[41]

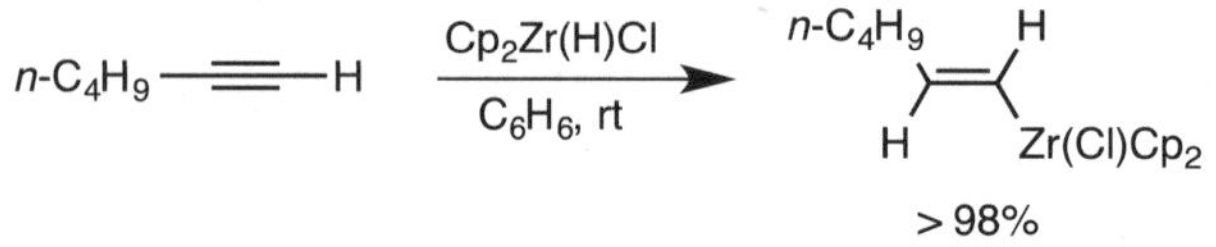

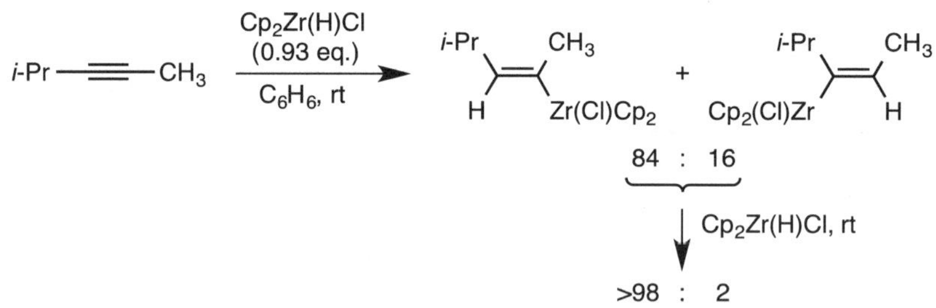

알켄일지르코늄 화합물은 Pd(0) 촉매하에서 할로젠화 알켄일 또는 아릴과 효과적으로 짝지음 반응을 하는데, 이때 생성물은 양쪽의 모든 입체 화학을 유지시켜 준다. 수소화지르코늄 첨가 반응과 산화성 첨가 반응은 작용기의 영향을 받지 않기 때문에 작용기가 있는 다이엔의 합성에 이 교차 짝지음 합성법을 적용할 수 있다.[42]

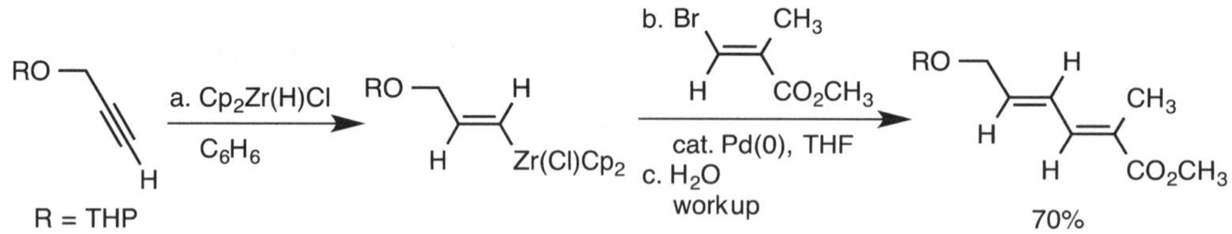

이치환된 알카인에 수소화지르코늄 첨가 반응을 수행하여 얻은 알켄일지르코늄 화합물뿐 아니라 알카인의 수소화알루미늄 첨가 반응 또는 탄소화알루미늄 첨가 반응(carboalumination)을 통해 만든 삼치환된 알켄일알레인의 Pd(0)에 대한 금속 교환 반응은 반응 속도가 매우 느리기 때문에 낮은 수율의 교차 짝지음 반응 생성물을 얻을 수밖에 없다. 그러나 보조 촉매로 $ZnCl_2$나 $ZnBr_2$를 첨가하면 반응 속도와 생성물의 수율 양쪽 면에서 엄청난 효과를 나타낸다. 무엇이 이런 가속 효과와 수율 증대 효과를 내는지는 확실하지 않지만, 알켄일기가 Al이나 Zr으로부터 Zn을 거쳐 Pd로 이동함으로써 에너지론적으로 더 순조로운 과정이 되었기 때문으로 생각할 수 있다.[43]

$Et-C\equiv C-Et \xrightarrow{i\text{-}Bu_2AlH}$ (E)-Et(H)C=C(Et)Al(i-Bu)$_2$ + I–C$_6$H$_4$–Me(m) $\xrightarrow{\text{cat. Pd(0)}}$ Et(H)C=C(Et)–C$_6$H$_4$–Me

1 week, 25°C, $ZnCl_2$ 없음: < 1%
1 h, 25°C, $ZnCl_2$: 88%

$Et-C\equiv C-Et \xrightarrow{a.\ Cp_2Zr(H)Cl}$ Et(H)C=C(Et)Zr(Cl)Cp_2 $\xrightarrow{\text{b. } ZnCl_2\text{; c. cat. Pd(0); d. Br(H)C=C(Me)}CO_2CH_3}$ Et(H)C=C(Et)–C(H)=C(Me)CO_2CH_3 85%

NHC 리간드를 사용할 경우 효율적인 sp^3–sp^3 짝지음 반응이 일어난다. 짝지음 생성물을 만드는 환원성 제거 반응이 경쟁적인 β-수소 제거 반응보다 더 빨리 일어난다는 것에 주목할 필요가 있다.[44]

n-BuBr + BrZn(CH$_2$)$_4$C(=O)OEt $\xrightarrow[\text{THF/NMP, rt}]{Pd_2(dba)_3\text{ (2 mol\%)},\ IPr\cdot HCl\text{ (8 mol\%)}}$ CH$_3$(CH$_2$)$_7$C(=O)OEt 92%

Suzuki 반응

유기붕소 화합물의 짝지음 반응[45,46]

Suzuki(Akira Suzuki, 2010년 노벨상)[47] 반응은 Pd 촉매를 이용하여 콘쥬게이션 다이엔, 엔아인, 아릴 치환된 알켄, 바이아릴 화합물을 입체 및 위치 선택적으로 합성할 수 있는 일반적인 방법으로, 이것들은 할로젠화 바이닐이나 할로젠화 아릴과 아릴-, 알카인일-, 또는 바이닐붕소 시약과의 짝지음 반응을 통해서 얻을 수 있다.[48] 유기 합성에서 이 탄소–탄소 결합 반응을 폭넓게 쓰는 이유는 생성물에서 할로알켄과 알켄일붕소의 알켄 입체 구조를 그대로 유지할 수 있고, 작용기의 존재 유무에 상관없이 쓸 수 있으며, 원료 물질도 쉽게 구할 수 있다는 점 때문이다.

Suzuki 짝지음 반응의 촉매 회로는 산화성 첨가 반응을 통하여 RPd(II)X를 만들고, 금속 교환 반응, 환원성 제거 반응의 순서로 진행된다. RPd(II)X 중간체와 유기붕소 시약 사이의 금속 교환 반응은 탄산 소듐이나 탄산 포타슘, 수산화 및 알콕시화 소듐이나 포타슘과 같은 염기가 반응 혼합물에 존재해야만 일어난다. 염기의 역할은 이것이 붕소와 배위 결합을 함으로써 해당 산염 착물 **A**(ate complex **A**)를 만드는 것인데, 이것은 유기 그룹의 친핵성을 증가시킴으로써 팔라듐으로의 이동을 촉진시키는 것으로 이해할 수 있다. 염기인 R″O 도 R-Pd-X로부터 R-Pd-OR″를 만듦으로써 팔라듐을 활성화시키는 것 같다.

L$_2$Pd(0) –(a, R-X)→ L$_2$Pd(R)X –(b, R″ONa → NaX)→ RPdL$_2$OR″ –(c, R′CH=CH$\bar{B}$(OH)$_2$OR″ **A** → (R″O)$_2\bar{B}$(OH)$_2$)→ R′CH=CHPdL$_2$R –(d)→ R′CH=CHR + L$_2$Pd(0)

a = 산화성 첨가 반응, *b* = 하이드록시팔라듐 첨가 반응
c = 금속 교환 반응, *d* = 환원성 제거 반응

Suzuki 교차 짝지음 반응에서 사용하는 유기붕소 시약으로는 유기보레인, 1-알켄일- 또는 아릴보론산[$RB(OH)_2$], 보론산 에스터[$RB(OR')_2$] 가운데 하나를 사용한다. 1-알켄일- 및 아릴보론산과 보론산 에스터의 전통적인 합성법은 Grignard 시약이나 리튬 시약에 트라이알킬 보론산을 가하여 만든다. 이것을 가수 분해하면 해당 보론산을 생성한다.[45] 그러나 정제, 고분자 반응, 부족한 원자 경제 반응과 같은 것들이 붕소 시약을 만드는 데 문제점으로 부각된다.[49] 이러한 결점은 보론산 에스터를 플루오린화 수소 포타슘(potassium hydrogen fluoride, KHF_2)으로 처리하여 유기트라이플루오로보론산 포타슘(potassium organotrifluoroborate)으로 바꿈으로써 피해갈 수 있다.

유기트라이플루오로보론산염(organotrifluoroborate)은 결정성 고체이며, 쉽게 분리할 수도 있고, 공기와 수분에 안정하기 때문에 Suzuki 짝지음 반응에 매우 유용한 반응 시약이다.[49]

N-메틸이미노다이아세트산(*N*-methyliminodiacetic acid, MIDA) 보로네이트는 폭넓은 반응 조건에서 안정하며, 가수 분해하여(반응 조건; 1 N NaOH(aq), THF, 23℃, 10분) Suzuki 반응에 사용할 해당 보론산을 쉽게 만든다.[50] 보론산 MIDA는 보론산, 알카인, 바이닐실레인, 또는 교차 복분해를 통하여 쉽게 만들 수 있다.

(*E*)-와 (*Z*)-알켄일보레인(alkenylborane)이나 이에 상응하는 보론산 에스터 또는 트라이플루오로보론산은 말단 알카인이나 1-할로-1-알카인의 수소화붕소 첨가 반응을 통하여 편리하게 만들 수 있는데, 이때 수소화붕소 첨가 반응 시약으로는 다이시아밀보레인이나 다이사이클로보레인, 다이브로모보레인 다이메틸설파이드, 또는 카테콜보레인(catecholborane)을 사용한다.[45,46b,49a]

(*E*)-알켄일붕소 시약의 제법

(Z)-알켄일붕소 시약의 제법

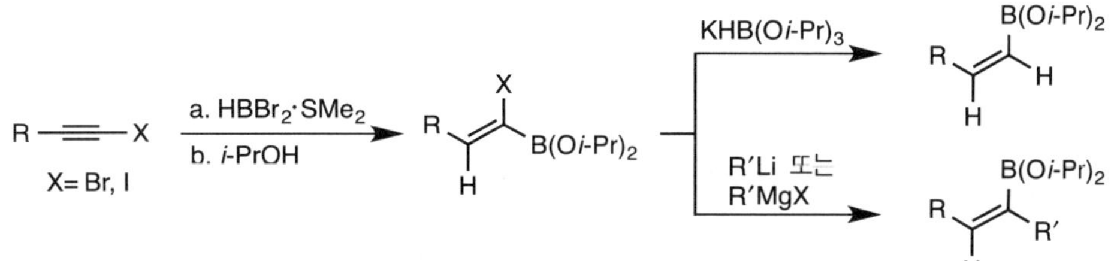

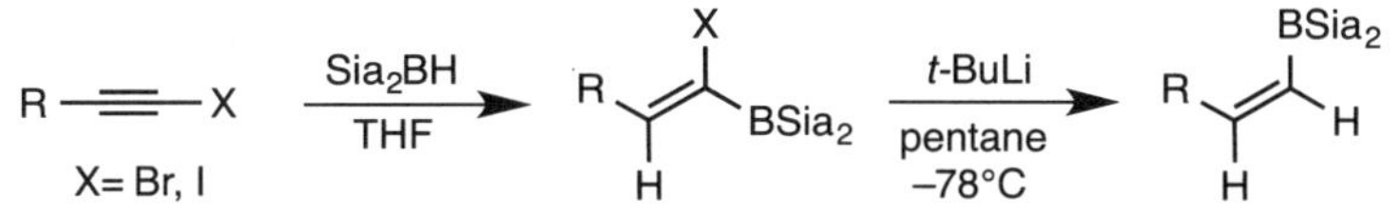

Suzuki 반응을 이용하면 Diels-Alder 반응에 사용하는 친다이엔체(dienophile)뿐 아니라 천연 화합물과 곤충 페로몬에서 구조적 특징 때문에 종종 논의되고 있는 여러 가지 다이엔을 쉽게 만들 수 있다.[51]

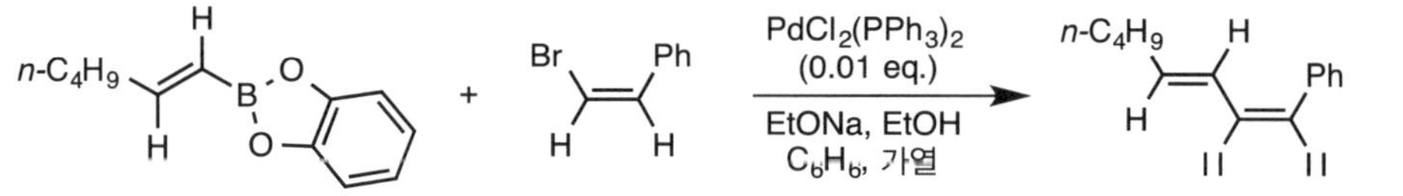

82% (>98% E,Z 이성질체)

1-알켄일붕소 화합물과 1-할로-1-알카인의 교차 짝지음 반응을 통하여 콘쥬게이션 다이엔의 선구 물질로 사용할 수 있는 콘쥬게이션 엔아인을 만들 수 있다.[51]

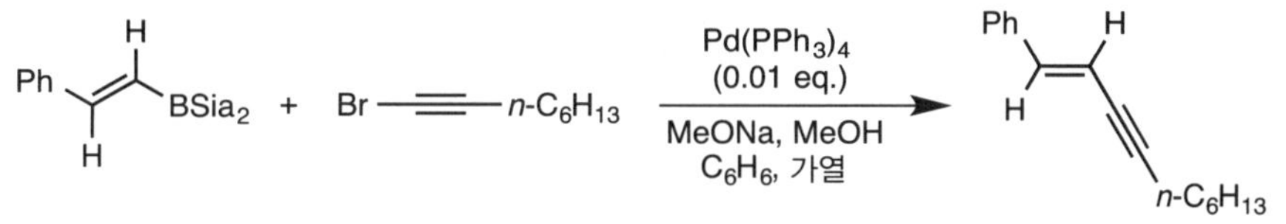

95% (99% E-이성질체)

보론산 1-알켄일 또는 트라이플루우오로보론산 1-알켄일과 할로아렌과의 Pd(0)를 사용한 아릴화 반응을 수행하면 아릴 치환된 알켄을 입체 선택적으로 합성할 수 있다.[52,53]

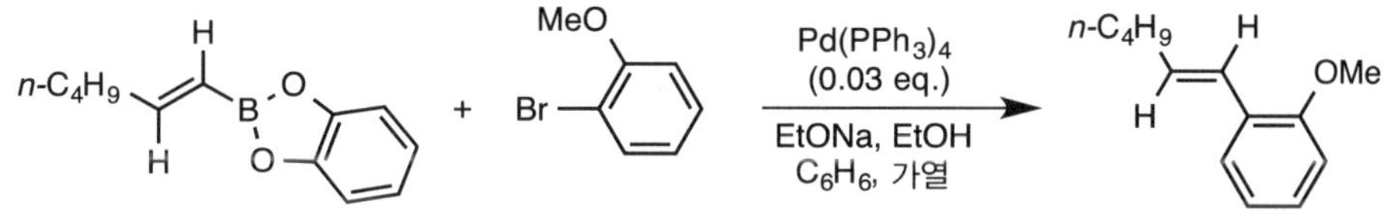

81%

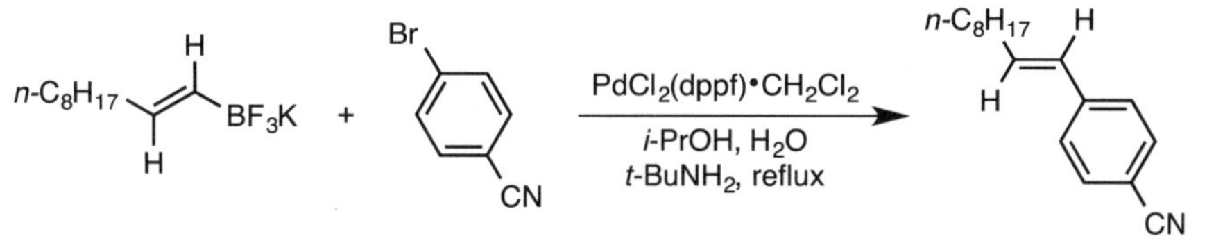

87%

Suzuki 짝지음 반응은 바이아릴 화합물과 이들의 동족체를 만드는 강력한 방법인데, 이 화합물들은 여러 가지 천연 화합물, 중합체, 약리 활성이 있는 화합물의 중요한 구성 요소이다. 아릴보론산과 이들의 에스터는 할로젠화 아릴, 할로젠화 헤테로 방향족 및 트라이플산 아릴과의 반응에 사용되는 일반적인 반응 물질이다.[54]

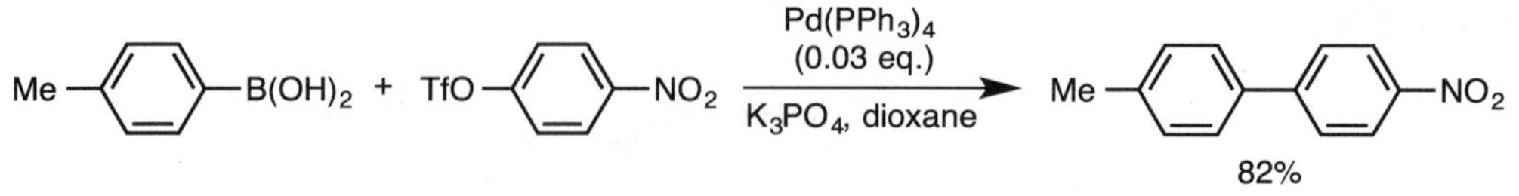

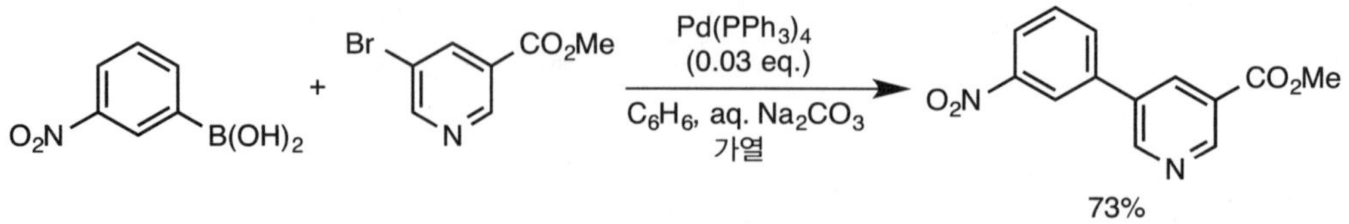

Suzuki 반응의 중요한 특징은 *B*-알킬-9-보라바이시클로[3.3.3]노네인(*B*-alkyl-9-borabiacyclo[3.3.3]nonane) 유도체와 할로알켄 및 할로아렌과의 알킬-알켄일 또는 알킬-아릴 짝지음 반응을 β-수소 제거 반응 없이 수행한다는 것이다. 필요한 유기붕소 화합물은 적당한 알켄 또는 작용기가 있는 알켄을 9-BBN과 반응시켜 수소화붕소 첨가 반응을 통하여 얻는다. 이 짝지음 반응은 양쪽 시약에 있는 작용기들과 무관하게 반응하기 때문에 보호기를 사용할 필요가 없다.[55]

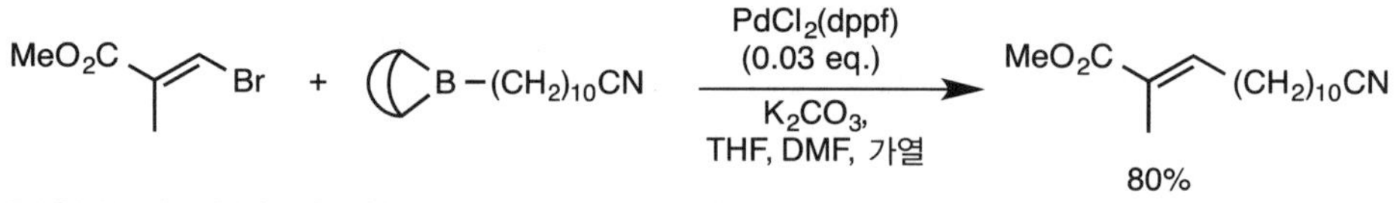

PdCl$_2$(dppf): dichloro[1,1′-bis(diphenylphosphino)ferrocene]palladium(II)

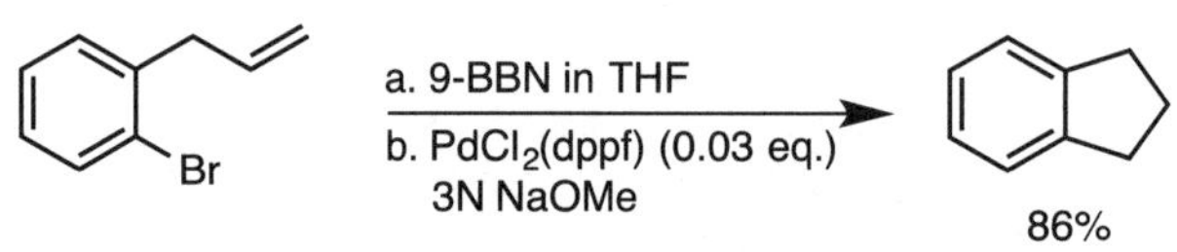

Suzuki 반응을 사용하여 할로젠화 알킬 할라이드 또는 토실산 알킬과 알킬 9-BBN 유도체와의 sp^3-sp^3 짝지음 반응을 수행할 수도 있다.[56] 이 반응을 성공적으로 수행하기 위해서는 팔라듐이 산화성 첨가 반응을 잘 하게 하기 위해서 크기가 크고 전자가 풍부한 포스핀을 리간드[57]로 사용하든지 NHC 리간드를 사용해야 한다.[58] 이 반응을 사용하면 역합성 분석으로는 전례가 없던 결합 분리를 가능하게 하고, 비전통적인 방법으로 효율적인 결합 반응을 통하여 복잡한 분자의 합성을 가능케 한다.[59] 이 반응에서는 물이 필요한데, 그것은 아마도 보레인을 알킬 주개인 해당 보론산 유도체로 변환시키기 위한 것으로 추정된다.

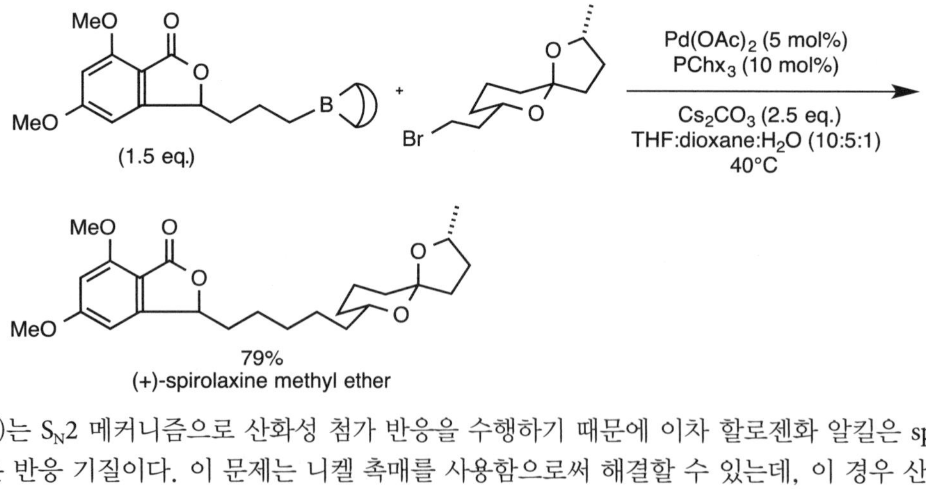

(+)-spirolaxine methyl ether

Pd(0)는 S$_N$2 메커니즘으로 산화성 첨가 반응을 수행하기 때문에 이차 할로젠화 알킬은 sp^3-sp^3 짝지음 반응에서 좋지 않은 반응 기질이다. 이 문제는 니켈 촉매를 사용함으로써 해결할 수 있는데, 이 경우 산화성 첨가 반응이 단일 전자 이동(one electron transfer)을 통해서 진행된다. 카이랄 다이아민을 리간드로 사용할 경우에는 라셈 이차 알킬 할라이드가 알킬 9-BBN 유도체와 짝지음 반응을 수행하여 생성물을 높은 수율과 높은 ee로 얻을 수 있다.[60] 이 방법에서는 일차 알킬 브로민화물과 아이오딘화물과도 잘 반응한다.[61]

Ph–CH₂–CH(Br)–n-Bu (라셈) + 9-BBN–CH₂CH₂CH₂–Ph (1.5 eq.) → [Ni(cod)$_2$ (10 mol%), 리간드(12 mol%), KO*t*-Bu (1.2 eq.), *i*-BuOH (2.0 eq.), i-Pr$_2$O, 5°C] → 84%, ee 94%

F$_3$C … CF$_3$, MeHN … NHMe
리간드

일산화 탄소 존재하에서 할로젠화 알켄일과 유기붕소 화합물의 팔라듐 촉매를 이용한 카보닐화 짝지음 반응(carbonylative coupling reaction)은 비대칭 케톤을 만드는 유용한 방법이다.[62]

nC_8H_{17}–B + CO + (I)(H)C=C(H)(n-C_4H_9) → [Pd(PPh$_3$)$_4$ (0.05 eq.), K$_3$PO$_4$, THF, C$_6$H$_6$] → n-C_8H_{17}–CO–CH=CH–n-C_4H_9 99%

카보닐화 짝지음 반응에 대한 촉매 회로는 산화성 첨가 반응, R-Pd 착물 사이로의 일산화 탄소 삽입 반응, 금속 교환 반응, *trans-cis* 이성질화 반응, 환원성 제거 반응으로 구성되어 있다.

RX = 할로젠화 알켄일 또는 아릴

L$_2$Pd(0) →(a, R-X)→ L$_2$Pd(R)(X) →(b, CO)→ R-C(=O)-Pd(L)$_2$X →(c, R′-BY$_2$, −XBY$_2$)→ R-C(=O)-Pd(L)$_2$R′ →(d)→ R-C(=O)-R′ + L$_2$Pd(0)

R′-BY$_2$ = alkyl–B

a = 산화성 첨가 반응, *b* = 일산화 탄소 삽입 반응,

c = 금속 교환 반응, *trans-cis* 이성질화 반응, *d* = 환원성 제거 반응

Stille 반응

유기주석 화합물과의 짝지음 반응[63]

Stille 반응은 할로젠화 유기물, 트라이플산 유도체, 산 염화물(acid chloride) 같은 친전자체와 유기주석의 팔라듐 촉매를 이용한 짝지음 반응을 말한다. 두 탄소 부분들의 짝지음 반응은 입체 특이성(stereospecific)과 위치 선택성(regioselective)을 나타내며, 온화한 반응 조건에서 반응이 진행되고, 각 반응물에 있는 작용기(CHO, CO_2R, CN, OH)와 무관하게 반응이 진행된다. 이런 특성으로 인하여 복잡한 분자를 합성할 때 Stille 반응이 자주 사용된다.[64]

$$\text{R-X} \xrightarrow[\text{R}'\text{-Sn}(n\text{-Bu})_3]{\text{PdL}_n} \text{R-R}' + \text{X-Sn}(n\text{-Bu})_3$$

R = 아실, 알릴, 아릴, 바이닐, 벤질
R′ = 아릴, 바이닐
PdL$_n$ = Pd(PPh$_3$)$_4$, (MeCN)$_2$PdCl$_2$, (PhCN)$_2$Pd(PPh$_3$)$_2$

Stille 반응의 문제점은 유기주석 시약, 특히 저분자량 알킬 유도체의 독성이다. 따라서 유기주석의 제조와 이를 이용한 반응은 공기가 잘 통하는 후드에서 수행해야 한다.[65]

Stille 반응에서 사용되는 친전자체로는 염화 알릴, 브로민화 아릴 또는 바이닐, 이들의 아이오딘화물과 트라이플산 유도체가 있는데, THF, DMF와 같은 극성 용매에서 수행한다. 아이오딘화 알켄일은 브로민화 알켄일이나 트라이플산 알켄일에 비하여 반응성이 크기 때문에 낮은 온도에서 반응을 시킬 수 있으며, 팔라듐으로 이동시킬 알켄일 부분의 입체 선택성을 증가시킬 수도 있다. 할로젠화 아릴 및 바이닐의 짝지음 반응에 사용되는 촉매 선구 물질로는 1~2 mol %의 $Pd(PPh_3)_4$, $(MeCN)_2PdCl_2$, $Pd(OAc)_2$이 있는데, 이것들은 주석에 의하여 촉매 활성이 있는 Pd(0)종으로 빠르게 환원된다. Stille 반응에서 제안되는 촉매 회로는 전이 금속을 이용한 짝지음 반응의 일반적인 원칙을 따르는데, (a) 산화성 첨가 반응, (b) 금속 교환 반응, (c) *trans-cis* 이성질화 반응, (d) 환원성 제거 반응이다.

주석에서 탄소로 금속 교환 반응이 일어날 때 가장 많이 사용되는 알킬기로는 알켄일-, 알카인일-, 아릴주석과 같이 인접 π 결합을 갖고 있는 것들이다.[66] $R'Sn(n\text{-}Bu)_3$로부터 R′기가 이동되는 순서는 다음과 같다.

$$RC{\equiv}C > RCH{=}CH > Ar > RCH{=}CHCH_2 \approx ArCH_2 \gg \text{alkyl}$$

따라서 혼합 주석 화합물[예: $R'SnMe_3$, $R'Sn(n\text{-}Bu)_3$]에서 메틸 또는 *n*-뷰틸과 같은 알킬기는 이동하지 않는 리간드로 작용하고 아세틸렌기, 바이닐기, 아릴기(R′)는 선택적으로 팔라듐으로 이동하게 된다. 이렇게 필수적인 혼합 유기주석 화합물은 할로젠화 트라이알킬주석에 유기리튬이나 유기마그네슘 시약을 가하거나 수소화 주석을 알카인에 라디칼 유도 또는 팔라듐을 이용한 첨가 반응 등과 같은 여러 가지 방법을 이용하여 만들 수 있다.[66,67] 할로젠화 알켄일[68] 또는 아릴[69] 할라이드와 유기주석과의 교차 짝지음 반응은 높은 수율로 반응이 진행된다. 친전자체로서 염화 알릴을 사용하는 것은 위치 선택성의 문제를 갖고 있다. 그러나 짝지음 반응은 일반적으로 유기주석이 알릴 부분의 입체 장애가 작은 쪽을 공격하면서 진행된다.[70]

트라이플산 바이닐은 Stille 반응에서 특히 유용하게 사용되는데, 이 화합물은 엔올레이트의 산소를 트라이플레이트화 시약(예; Tf_2O,[71] $PhNTf_2$[72], *N*-(5-클로로피리딜)트라이플이미드[73])과 반응시킴으로써 만들 수 있으며, 엔올화할 수 있는 케톤으로부터 위치 선택적으로 만들 수 있다. 트라이플산 바이닐과 유기주석과의 반응에서는 $Pd(PPh_3)_4$가 좋은 촉매이며, 과량의 염화 리튬이 필요하다.[74]

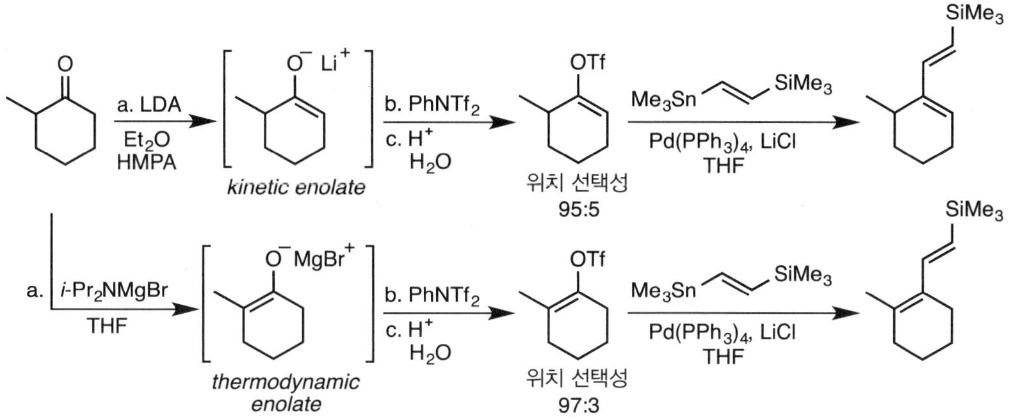

Stille 반응을 CO 반응 조건하에서 진행시키면 Suzuki 반응에서 설명한 것과 비슷한 방법으로 카보닐화 짝지음 반응이 진행된다. 즉 산화성 첨가 반응 착물의 Pd-C 결합 사이로 카보닐기가 삽입되고, 금속 교환 반응 후에 금속 교환 반응과 *cis-trans* 이성질화 반응 및 환원성 제거 반응을 수행하면 케톤 생성물을 얻게 된다.[75]

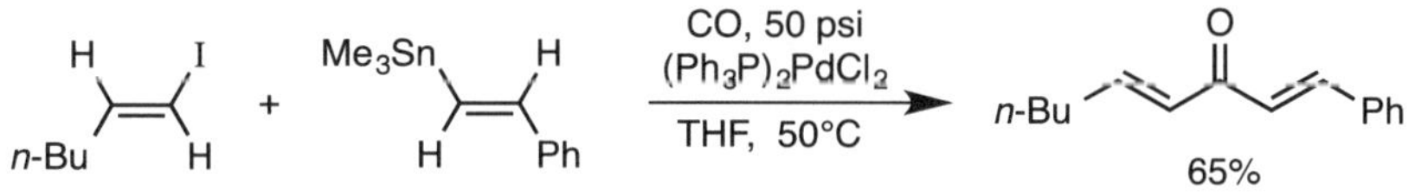

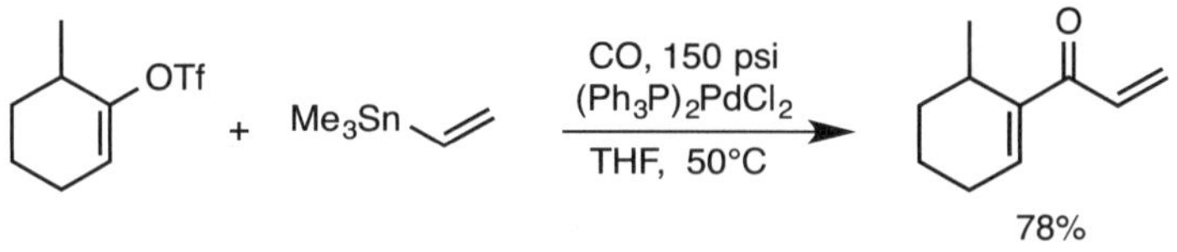

Stille 반응은 작은 크기, 중간 크기, 큰 크기의 탄소 고리나 헤테로 고리 계통의 화합물을 만들 때 자주 사용되어 왔다.[1k] 주로 중간 크기나 큰 크기의 고리를 만들 때 좋은 결과를 얻게 되는 이유는 팔라듐 촉매의 주형 효과(template effect) 때문이라고 할 수 있다. 즉 사슬의 양 끝이 팔라듐(II)에 결합됨으로써 양 끝이 서로 가까워지게 되는데, 이것이 결합을 쉽게 만들어 주는 것이다. Stille 반응을 이용한 멋진 '봉합-고리화 반응(stitching-cyclization)'을 사용하여 항암 항생제인 다이네마이신 A(dynemicin A)의 엔다이아인(enediyne) 부분을 합성한 바가 있다.[76]

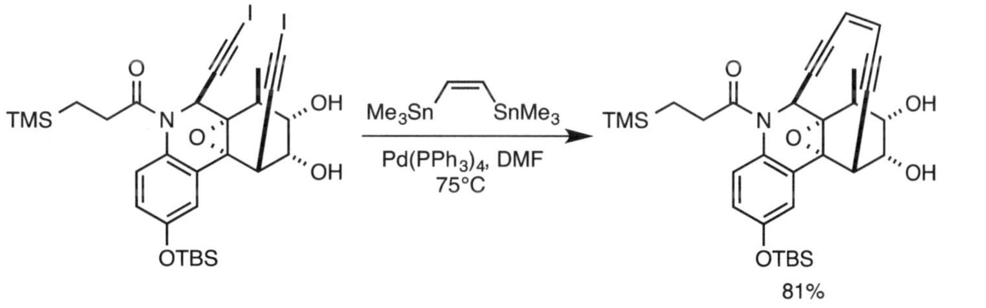

8.5 sp-탄소를 포함한 교차 짝지음 반응

이 절에서는 1-알카인의 아릴화 반응 및 알켄일화 반응을 통한 -엔(-ene)과 -아인(-yne) 부분을 콘쥬게이션화하는 특이한 반응에 대하여 알아본다. 이러한 특징적인 불포화 구조는 종종 천연 화합물, 특히 페로몬, 제약, 분자선(molecular wire)과 같은 유기 재료에서 발견된다.

Castro-Stephens 반응

이치환된 알카인과 엔아인의 제법

Castro-Stephens 반응은 알카인일구리(I) 시약과 할로젠화 아릴 또는 할로젠화 헤테로 방향족을 피리딘에서 환류하여 짝지음 반응을 시키는 것인데, 이 방법을 통하여 아릴아세틸렌을 얻을 수 있다.[77] 알카인일구리(I)는 1-알카인을 아이오딘화 구리(I)의 암모니아 수용액에 가하여 만든다.[78] 건조한 알카인일구리(I)는 폭발하는 경향이 있기 때문에 매우 조심해서 다루어야 하며, 약간 젖은 상태로 사용해야 한다.[79]

$$\text{Ar-X} + [\text{Cu}-\equiv-\text{R}]\ (\text{주의}) \xrightarrow[\text{reflux}]{\text{pyridine}} \text{Ar}-\equiv-\text{R}$$

아릴아세틸렌을 만드는 온건한 합성 방법으로 **Sonogashira 반응**(Sonogashira reaction)이 있다. 이것은 촉매량의 $Pd(PPh_3)_4$ 또는 $(PPh_3P)_2PdCl_2$의 존재하에서 보조 촉매로 아이오딘화 구리(I)를 함께 사용하여 말단 알카인과 할로젠화 아릴 또는 트라이플산 아릴을 아민 용매에서 직접 교차 짝지음 반응을 시키는 것이다.[80] 이 반응은 할로젠화 바이닐 또는 트라이플산 바이닐을 사용한 1-알카인의 바이닐화 반응에도 적용하여 콘쥬게이션 엔아인을 만들 수 있다.[81]

$$\text{Ar-X} + \text{H}-\equiv-\text{R} \xrightarrow[\text{Et}_3\text{N 또는 Et}_2\text{NH}]{\text{cat. Pd(PPh}_3)_4\text{, CuI}} \text{Ar}-\equiv-\text{R}$$

X= Cl, Br, I, OTf

$$n\text{-C}_5\text{H}_{11}\text{CH=CHI} + \text{H}-\equiv-(\text{CH}_2)_2\text{OH} \xrightarrow[\text{CuI (0.1 eq.), Et}_2\text{NH, 25°C}]{\text{Pd(PPh}_3)_4\text{ (0.05 eq.)}} n\text{-C}_5\text{H}_{11}\text{CH=CH}-\equiv-(\text{CH}_2)_2\text{OH}\quad 89\%$$

$$\text{4-}t\text{-Bu-cyclohexenyl-OTf} + n\text{-C}_4\text{H}_9-\equiv-\text{H} \xrightarrow[\text{Et}_3\text{N (3 eq.), LiCl, DMF}]{\text{Pd(PPh}_3)_2\text{Cl}_2\text{ (0.02 eq.)}} \text{4-}t\text{-Bu-cyclohexenyl}-\equiv-n\text{-C}_4\text{H}_9\quad 78\%$$

팔라듐(0) 착물을 사용하는 대신에 더 안정한 염화 비스(트라이페닐포스핀)팔라듐(II)를 사용할 수도 있는데, 이것은 용액 내에서 빠르게 환원하여 배위적으로 불포화된 14 전자의 촉매 활성을 갖는 Pd(0)종을 만든다.[82]

$$\text{2-(CO}_2\text{Et)cyclopentenyl-OTf} + \text{H}-\equiv-\text{Ph} \xrightarrow[\text{2,6-lutidine}]{(\text{PPh}_3)_2\text{PdCl}_2\text{, CuI}} \text{2-(CO}_2\text{Et)cyclopentenyl}-\equiv-\text{Ph}\quad 88\%$$

sp 탄소와 sp^2 탄소와의 교차 짝지음 반응은 산화성 첨가 반응, Cu(I) 촉매의 금속 교환 반응 및 환원성 제거 반응으로 이루어진다.

$$\text{R}'\text{-X} \xrightarrow[\text{산화성 첨가 반응}]{\text{L}_2\text{Pd(0)}} \text{L}_2\text{Pd}^{\text{II}}(\text{R}')\text{X} \xrightarrow[\text{금속 교환 반응}]{[\text{Cu}-\equiv-\text{R}],\ -\text{CuX}} \text{L}_2\text{Pd}^{\text{II}}(\text{R}')-\equiv-\text{R} \xrightarrow[\text{환원성 제거 반응}]{-\text{L}_2\text{Pd(0)}} \text{R}'-\equiv-\text{R}$$

전자가 부족한 알카인뿐 아니라 말단 알카인의 아릴화 반응에 대한 일반적인 방법으로 할로젠화 아릴과 알카인일아연 시약과의 **Negishi Pd-촉매 교차 짝지음 반응**이 있다.[83] 1-알카인의 양성자 이탈 반응에서 작용기가 있는 알카인일아연을 사용할 때에는 알킬리튬 대신에 LDA를 사용해야 한다.

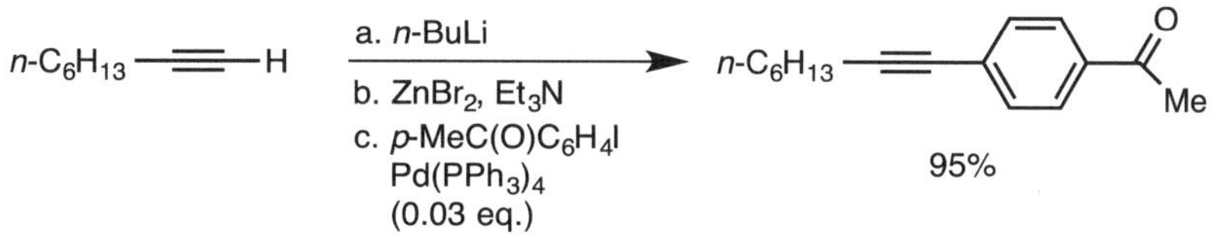

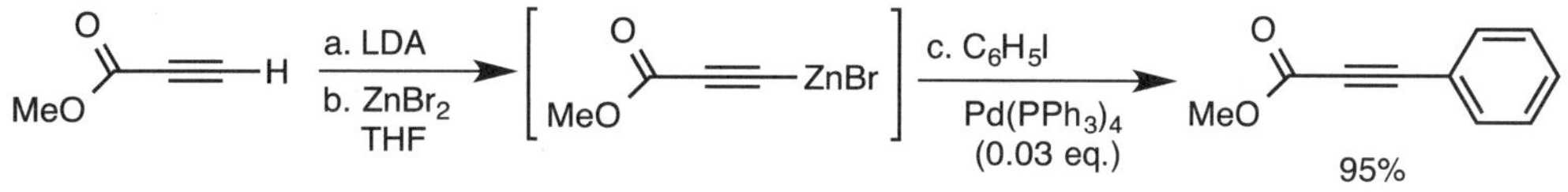

콘쥬게이션 엔다이아인의 제법

Pd 촉매를 이용한 말단 알카인과 (*Z*)-다이클로로에틸렌의 동종 짝지음 반응은 (*Z*)-콘쥬게이션 엔다이아인을 만드는데, 그 구조적 특징은 항암 및 항생 물질계와 관련이 있으며, 합성법과 메커니즘에 관하여 깊게 연구되어 왔다.[84] 비대칭 (*E*)- 및 (*Z*)-엔다이아인은 (*E*)- 및 (*Z*)-다이클로로에틸렌과 1-알카인의 연속 2단계 Pd 촉매를 이용한 교차 짝지음 반응을 수행함으로써 만들 수 있다.[85] 엔다이아인을 아연 구리-은 쌍(couple)으로 메탄올 수용액에서 환원시키면 (*Z*)-트라이엔(triene)을 만들 수 있다.[86]

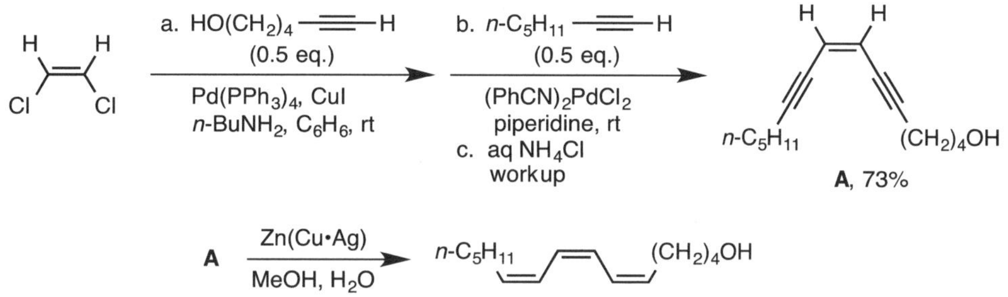

에타인일(ethynyl)기를 도입하는 (*E*)-엔다이아인의 단일 용기 직렬(tandem) 합성은 (*E*)-브로모아이오도에틸렌과 알카이닐 아연의 Pd 촉매 짝지음 반응을 통해서 달성할 수 있다.[87]

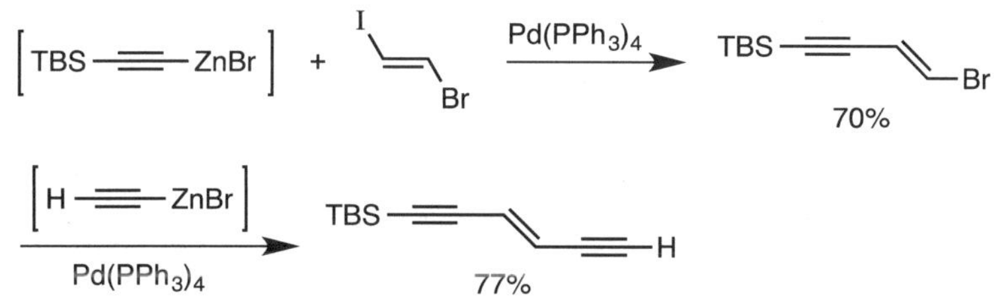

1,3-다이아인의 제법

Glaser 짝지음 반응을 통한 콘쥬게이션 다이아인의 합성[88]은 말단 알카인의 동종 짝지음 반응의 전통적인 방법이다. 이 짝지음 반응은 산화제와 염화 암모늄 또는 피리딘 존재하에서 CuCl이나 $Cu(OAc)_2$ 촉매에 의하여 진행되어 대칭으로 치환된 다이아인을 생성한다.[89] 산화성 이합체화(oxidative dimerization)는 아세틸렌 양성자를 제거하고, 알카인일 라디칼을 만든 다음, 이것들의 이합체화를 통하여 반응이 진행된다고 할 수 있다.

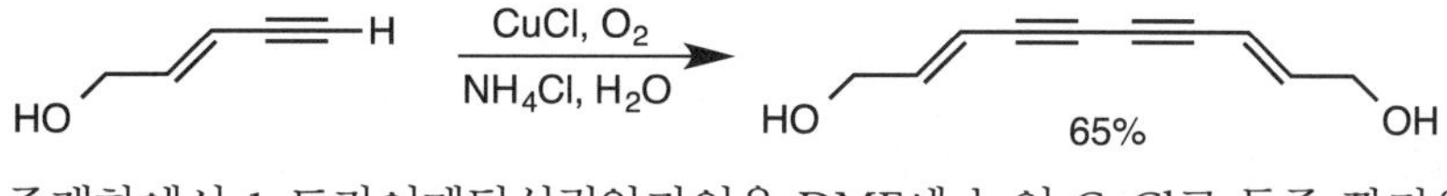

산소 존재하에서 1-트라이메틸실릴알카인을 DMF에 녹인 CuCl로 동종 짝지음 반응을 시켜도 원하는 1,3-뷰타다이아인을 얻을 수 있다.[90]

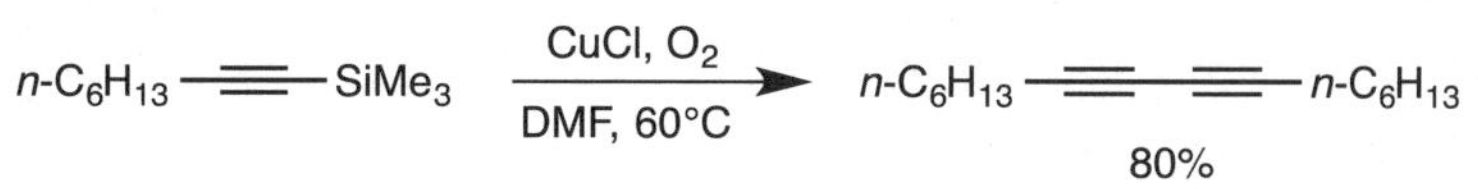

비대칭적으로 치환된 1,3-다이아이인은 **Cadiot-Chodkiewicz** 구리(I) 촉매 짝지음 반응을 통해서 얻을 수 있는데, 이것은 하이드록실아민 염화수소염(hydroxylamine hydrochloride)과 아민 존재하에서 1-알카인과 1-할로-1-알카인을 반응시켜서 얻을 수 있다.[91]

R—≡—H + Br—≡—R′ —(CuCl (0.1 eq.); $NH_2OH•HCl$, RNH_2)→ R—≡—≡—R′

기존 방법을 사용할 때 생기는 문제는 어떤 아세틸렌은 반응 중에 산 반응 조건에서 살아남지 못한다는 것이다. 더구나 하나 또는 두 가지 다 원하지 않는 동종 짝지음 반응의 다이아인이 만들어질 수도 있으며, 이들은 종종 원하는 생성물로부터 분리하기도 어렵다. 이러한 결점을 최소화하거나 피해 가는 몇 가지 방법이 있다. 예를 들어 반응기 내에서 미리 만들어진 알카인일구리와 말단 알카인과의 짝지음 반응을 통하여 얻어지는 생성물에 절단해 낼 수 있는 Me_3Si 부분이 있게 하는 것이다.[92]

n-C_6H_{13}—≡—H —(a. n-BuLi; b. CuBr, pyridine; c. Br—≡—$SiMe_3$)→ n-C_6H_{13}—≡—≡—$SiMe_3$ 83%

특히 1,2-다이할로에틸렌을 사용하여 Pd(0) 촉매 짝지음 반응을 통한 1,3-다이아이인의 합성은 매력적이다. 예를 들면 아세틸렌을 (Z)-1,2-다이클로로에틸렌과 반응시키고, 생성된 할로-엔아인의 할로젠화 수소 이탈 반응(dehydrohalogenation)을 수행하면 일치환 1,3-다이아이인이 생성된다.[93]

$(EtO)_2CH$—≡—H + (Z)-ClHC=CHCl —(CuI (cat.); $Pd(PPh_3)_4$, n-$BuNH_2$)→ $(EtO)_2CH$—≡—CH=CHCl (Z)

—(n-Bu_4NF; THF)→ $(EtO)_2CH$—≡—≡—H 70%

아래에서 보는 바와 같이, Pd 촉매를 이용한 다이인일아연과 할로젠화 아릴의 짝지음 반응은 이치환 콘쥬게이션 다이아인을 만든다. 이 방법에서는 반응 파트너를 매우 탄력적으로 선택할 수 있다.[94]

Me—C_6H_4—≡—H —(a. n-BuLi, THF; b. $ZnBr_2$; c. (E)-ClCH=CHI, $Pd(PPh_3)_4$ (0.02 eq.))→ Me—C_6H_4—≡—CH=CHCl (E) 90% —(a. n-BuLi (2 eq.) THF; b. $ZnBr_2$)→

[Me—C_6H_4—≡—≡—ZnBr] —(c. $Pd(PPh_3)_4$ (0.02 eq.); I—C_6H_4—OMe)→ Me—C_6H_4—≡—≡—C_6H_4—OMe 74%

8.6 Trost–Tsuji 반응

팔라듐 촉매를 이용한 알릴 치환 반응.[95] 좋은 이탈기를 갖고 있는 알릴 기질은 알릴 부분과 친핵체를 연결시킬 수 있는 훌륭한 시약이다. 그러나 이 반응은 S_N2와 S_N2' 치환 반응 사이의 경쟁 때문에 위치 선택성이 없어 사용하기가 어렵다. 알릴 기질의 팔라듐 촉매를 이용한 친핵성 치환 반응은 새로운 탄소–탄소 결합이나 탄소–헤테로 원자 결합을 위치 선택적이면서 입체 선택적으로 조절할 수 있게 해 준다. 게다가 카이랄 리간드를 사용하면 비대칭 합성의 가능성을 한층 더 높여주기 때문에 집중적인 연구의 주제가 되어 왔다.

팔라듐을 사용한 알릴화 반응은 처음에 알릴 기질의 Pd(0)로의 산화성 첨가 반응을 통하여 진행된다. 생성된 π 알릴팔라듐(II) 착물 **A**는 친전자성이기 때문에 탄소 친핵체와 반응하여 Pd(0) 착물 **B**를 생성하는데, 이 착물은 리간드 교환 반응을 통하여 생성물을 배출하고, 팔라듐은 순환 과정에 재진입한다. 치환된 알릴 화합물을 사용한 팔라듐 촉매 반응에서는 일반적으로 친핵성 첨가 반응이 덜 치환된 쪽에서 일어난다.

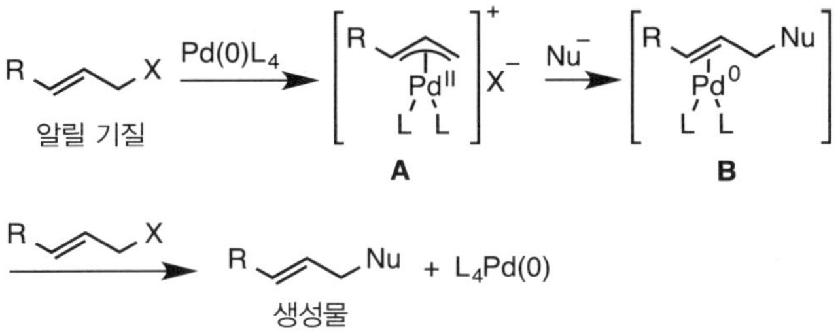

알릴 기질

생성물

일반적으로 사용되는 팔라듐 촉매는 $Pd(PPh_3)_4$인데, 반응기 내에서 $Pd(OAc)_2$와 PPh_3로부터 만들어진다.[96] 사용되는 알릴 기질로는 이탈기로 $-OPO(OR)_2$, $-OPh$, $-Cl$, $-Br$이 있는 것도 잘 반응하지만 에스터나 카보네이트(carbonate)를 갖고 있는 것들이 가장 많이 사용된다. 말론산 형태의 무른(soft) 친핵체는 일반적으로 탄소-탄소 결합 형성 반응에서 가장 좋은 결과를 나타낸다. 반응은 비가역적이며, 그렇기 때문에 반응 속도론적 반응 조건에서 반응이 진행된다. 다른 무른 탄소 친핵체로는 나이트로네세인, 엔올레이트, 엔아민으로부터 만들 수 있는 음이온이 있다.

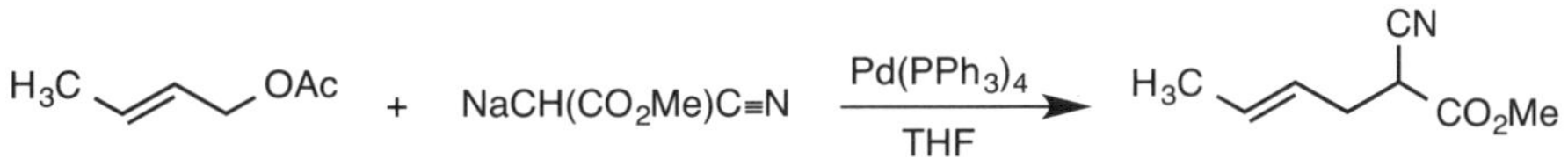

매우 반응성이 높은 알릴성 카보네이트(allylic carbonate)를 도입하면 중성 반응 조건에서 짝지음 반응을 수행할 수 있다. 이것은 특히 염기에 예민한 화합물을 취급할 때 중요하다. 알릴성 카보네이트의 산화성 첨가 반응에 이어 비가역적으로 탈카복시화 반응이 진행되면 π 알릴팔라듐 알콕사이드를 생성한다. 생성된 알콕사이드는 비교적 약한 친핵체이므로 π 알릴팔라듐 착물에 대하여 탄소 친핵체와 경쟁 반응을 하지 않고 반응성이 큰 메틸렌 화합물의 양성자 이탈 반응을 수행한다. Nu^-가 π 알릴팔라듐 착물을 공격하면 치환 생성물을 만든다.

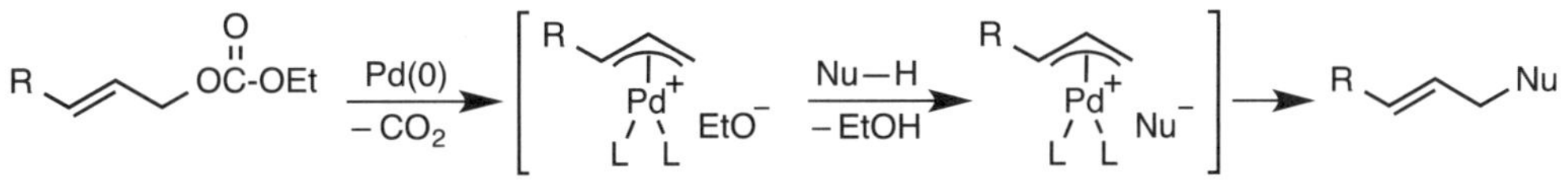

아래에 중성이며 화학 선택적인 팔라듐 촉매의 탄소-알릴화 반응의 예로 탄산 알릴 에틸과 나이트로아세트산 에스터와의 반응을 보여 주고 있다.[97]

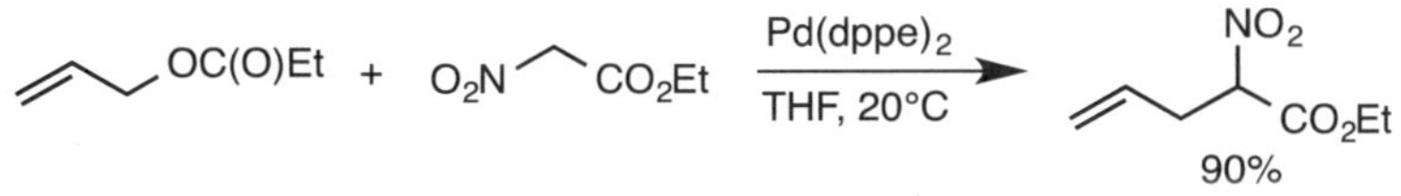

이차 아민은 알릴 치환 반응에서 특히 좋은 친핵체이다. 아래에서 볼 수 있는 바와 같이 (*Z*)-이중 알릴 화합물을 1당량의 말론산 음이온(malonate)과 알킬화 반응-아민화 반응시키면 (*E*)-선택성으로 이치환된 생성물을 만들게 된다.[98] π-알릴 중간체에서는 π-σ-π 자리 옮김 반응을 통한 알켄의 이성질화 반응이 종종 관찰된다.[99]

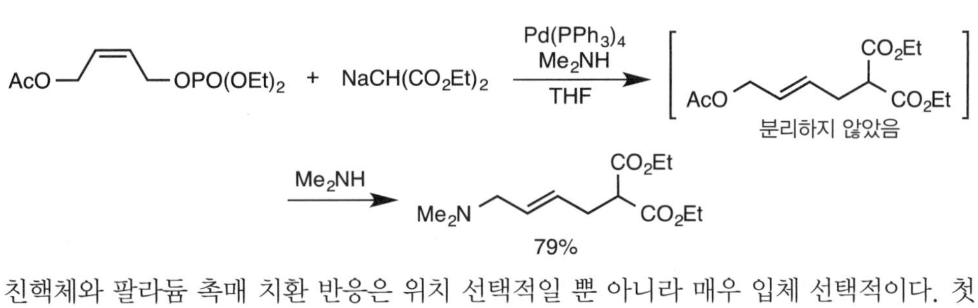

분리하지 않았음

탄소 친핵체와 팔라듐 촉매 치환 반응은 위치 선택적일 뿐 아니라 매우 입체 선택적이다. 첫 번째 단계에서 π-알릴

팔라듐 착물을 만들기 위하여 이탈기를 팔라듐으로 치환시킬 때 이 반응은 반전(inversion)을 이루면서 입체 장애가 작은 쪽에서 일어난다. 계속해서 중간체인 π-알릴팔라듐 착물을 아민, 페놀, 말론산 형태의 음이온과 같은 무른 친핵체를 사용하여 친핵성 치환 반응을 시키면 다시 한번 입체 화학이 반전되면서 반응이 진행된다. 따라서 전 과정은 이중 반전을 통하여 입체 화학이 보존된다.

OAc / PdL_n / $-OAc^-$ 반전 / Nu^- / $\overset{+}{P}dL_2$ / Nu^- 반전 / Nu

CO_2Me / OCOMe / $Pd(PPh_3)_4$ / $CH_2(CO_2Me)_2$ / CO_2Me / $CH(CO_2Me)_2$

분자내 알릴 치환 반응은 탄소 고리와 헤테로 고리를 만들 수 있는 매우 귀중한 방법이다.[100]

O / CO_2Me / n-C_5H_{11} / OPh / 1. $Pd(OAc)_2$, PPh_3, CN / O / CO_2Me / n-C_5H_{11} / 87% / 2. NaI, HMPA 열 / $-MeI$ / $-CO_2$ / O / n-C_5H_{11} / 88%

3. 9-BBN / 4. CrO_3 / 5. CH_2N_2 / O / n-C_5H_{11} / CO_2Me / 65%

아래의 예에서 보는 바와 같이, 육원자 고리에서 친핵성 아민의 공격에 대한 위치 화학은 입체적인 이유 때문에 오원자 헤테로 고리가 잘 만들어진다.[101]

OAc / N H / Ph / cat. $Pd(PPh_3)_4$ / Et_3N / CH_3CN, 70°C / H / N / Ph / H / >50%

팔라듐 촉매를 이용한 비대칭 알릴성 알킬화 반응(asymmetric allylic alkylaion, AAA)은 비카이랄성 원료 물질로부터 높은 순도의 거울상 이성질체 화합물을 만들 수 있는 강력한 방법인데,[102] 이런 변환 과정에 효과적인 카이랄 리간드가 많이 개발되어 왔다.[103]

OAc / Ph / Ph / + / MeO_2C / CO_2Me / $[Pd(C_3H_5)Cl]_2$ (1 mol%) / 리간드(2.5 mol%) / BSA, KOAc (2 mol%) / CH_2Cl_2 / $CH(CO_2Me)_2$ / Ph / Ph / 99%, ee 99%

O / N / PPh_2 / 리간드 / Ph

이 AAA 반응은 효과적인 동적 속도론적 분할(dynamic kinetic resolution)법으로도 확장되었다.[104] 이 변환 과정에서는 부분 이성질체인 π-알릴 착물이 π-σ-π 자리 옮김 반응을 통하여 이성질화한다. 이때 부분 이성질체인 π-알릴 착물들 가운데 하나에 친핵체가 더 빠르게 공격한다면 거울상 이성질체 가운데 하나만 선택적으로 생성될 것이다. 동적 속도론적 분할이 가능한 중요한 기준은 π-알릴 착물들의 평형을 만드는 π-σ-π 자리 옮김 반응이 친핵체의 공격보다는 빨라야 한다는 것이다.

$[Pd(C_3H_5)Cl]_2$ (2 mol%)
리간드 (6 mol%)
CH_2Cl_2
steps

Balanol
(PKC 억제제)

리간드

프로파질 탄산 에스터에 Pd(0)의 산화성 첨가 반응을 통해서 만든 π-알릴 팔라듐(II) 착물을 폼산 암모늄(ammonium formate)으로 가수소 분해(hydrogenolysis)하는 것은 아래에 설명하는 바와 같이 이치환 알카인[105]을 만드는 유용한 방법이다.[106] 이 탈산소 방법은 자유 라디칼의 Barton-McCombie 탈산소 반응에서 종종 사용되는 고가의 독성 시약의 사용을 피할 수 있게 한다.[107]

1a. PMBO–(Li 알카인)
1b. ClC(O)OMe
2. cat. $Pd(acac)_2$
cat. n-Bu_3P
HCO_2NH_4 (2.5 eq.)
toluene, 65°C

90% (2단계)

참고 문헌

1 (a) Tsuji, J. *Palladium Reagents and Catalysts. Innovations in Organic Synthesis*; John Wiley & Sons, Ltd.: Chichester, 1995. (b) Nicolaou, K. C.; Sorensen, E. J. *Classics in Total Synthesis*; VCH: Weinheim, 1996; p 566, 712. (c) Malleron, J.-L.; Fiaud, J.-C; Legros, J.-Y. *Handbook of Palladium Catalyzed Reactions*; Academic Press: San Diego, 1997. (d) Browning, A. F.; Greeves, N. In *Transition Metals in Organic Synthesis: A Practical Approach*; Gibson, S. E., Ed., Oxford University Press: Oxford, 1997. (e) Brandsma, L.; Vasilevsky, S. F.; Verkruijsse, H. D. *Application of Transition Metal Catalysts in Organic Synthesis*; Springer: Berlin, 1998. (f) *Metal-Catalyzed Cross-Coupling Reactions*; Diederich, F., Stang, P. J., Eds.; Wiley-VCH: Weinheim, 1998. (g) Trost, B. M. In *Transition Metals for Organic Synthesis*; Beller, M., Bolm, C., Eds.; Wiley-VCH: Weinheim, 1998; Vol. 1, p 3. (h) Hegedus, L. S. *Transition Metals in the Synthesis of*

Complex Organic Molecules; University Science Books: Sausalito, 1999. (i) Hegedus, L. S. In *Organometallics in Synthesis: A Manual*, 2nd ed.; Schlosser, M., Ed.; John Wiley & Sons, Ltd.: London, 2002; p 1123. (j) Negishi, E. *Handbook of Organopalladium Chemistry for Organic Synthesis*; John Wiley & Sons, Inc.: New York, 2002. (k) Nicolaou, K. C.; Bulger, P. G.; Sarlah, D. *Angew. Chem. Int. Ed.* **2005**, *44*, 4442.

2 The Nobel Prize in Chemistry 2010; http://www.nobelprize.org/nobel_prizes/chemistry/ laureates/2010/

3 Tolman, C. A. *Chem. Soc. Rev.* **1972**, *1*, 337.

4 Fortman, G. C.; Nolan, S. P. *Chem. Soc. Rev.* **2011**, *40*, 5151.

5 Coulson, D. R. *Inorg. Synth.* **1972**, *13*, 121.

6 Amatore, C.; Jutand, A.; M'Barki, M. A. *Organaometallics* **1992**, *11*, 3009.

7 For a comprehensive list of these reagents, see: Larock, R. C. *Comprehensive Organic Transformations*; Wiley-VCH: New York, 1999; pp 426–435.

8 Brown, H. C.; Hamaoka, T.; Ravindran, N. *J. Am. Chem. Soc.* **1973**, *95*, 6456.

9 Zweifel, G.; Arzoumanian, H. *J. Am. Chem. Soc.* **1967**, *89*, 5086.

10 Zweifel, G.; Whitney, C. C. *J. Am. Chem. Soc.* **1967**, *89*, 2753.

11 Hart, D. W; Blackburn, T. F.; Schwartz, J. *J. Am. Chem. Soc.* **1975**, *97*, 679.

12 Normant, J. F.; Alexakis, A. *Synthesis* **1981**, 841.

13 Negishi, E.; Van Horn, D. E.; King, A. O.; Okukado, N. *Synthesis* **1979**, 501.

14 Kamiya, N.; Chikami, Y.; Ishii, Y. *Synlett* **1990**, 675.

15 (a) Heck, R. F. In *Palladium Reagents in Organic Syntheses*; Katritzky, A. R., Ed.; Academic Press: London, 1985; p 179. (b) Nicolaou, K. C.; Sorensen, E. J. *Classics in Total Synthesis*; VCH: Weinheim, 1996; p 566. (c) Bräse, S.; de Meijere, A. In *Metal-Catalyzed Cross-Coupling Reactions*; Diederich, F., Stang, P. J., Eds.; Wiley-VCH: Weinheim, 1998; p 99. (d) *The Mizoroki–Heck Reaction*; Oesterich, M., Ed.; John Wiley & Sons, Inc.: Hoboken, 2009. (e) *Science of Synthesis: Cross Coupling and Heck-Type Reactions*; Molander, G. A., Wolfe, J. P., Larhed, M., Eds.; Thieme: Stuttgart, 2013; Vol. 1–3. (f) Bräse, S.; De Meijere, A. In *Metal-Catalyzed Cross-Coupling Reactions and More*; De Meijere, A., Brase, S., Oesterich, M., Eds.; Wiley-VCH: Weinheim, 2014; p 533.

16 Heck, R. F. *Synlett* **2006**, 2855.

17 (a) Heck, R. F. *J. Am. Chem. Soc.* **1968**, *90*, 5518. (b) Heck, R. F. *Org. React.* **1982**, *27*, 345.

18 Heck, R. F.; Nolley, J. P. Jr. *J. Org. Chem.* **1972**, *37*, 2320.

19 Jeffery, T. *J. Chem. Soc., Chem. Commun.* **1984**, 1287.

20 Heck, R. F. *Acc. Chem. Res.* **1979**, *12*, 146.

21 Dieck, H. A.; Heck, R. F. *J. Am. Chem. Soc.* **1974**, *96*, 1133.

22 Stang, P. J.; Treptow, W. *Synthesis* **1980**, 283.

23 (a) McMurry, J. E.; Scott, W. J. *Tetrahedron Lett.* **1983**, *24*, 979. (b) Ritter, K. *Synthesis* **1993**, 735.

24 Jeffery, T. *Tetrahedron Lett.* **1985**, *26*, 2667.

25 Leadbeater, N. E.; Williams, V. A.; Barnard, T. M.; Collins, M. J., Jr. *Synlett* **2006**, 2953.

26 (a) Abelman, M. M.; Oh, T.; Overman, L. E. *J. Org. Chem.* **1987**, *52*, 4133. (b) Link, J. T. *Org. React.* **2002**, *60*, 157. (c) Link, J. T., Overman, L. E. In *Metal-Catalyzed Cross-Coupling Reactions*; Diederich, F., Stang, P. J., Eds.; Wiley-VCH: Weinheim, 1998; p 231.

27 (a) Beller, M.; Riermeier, T. H.; Stark, G. In *Transition Metals for Organic Synthesis*; Beller, M., Bolm, C. Eds.; Wiley-VCH: Weinheim, 1998; Vol. 1, p 208. (b) Dounay, A. B.; Overman, L. E. *Chem. Rev.* **2003**, *103*, 2945. (c) Mc Cartney, D.; Guiry, P. J. *Chem. Soc. Rev.* **2011**, *40*, 5122.

28 Dounay, A. B.; Overman, L. E.; Wrobleski, A. D. *J. Am. Chem. Soc.* **2005**, *127*, 10186.

29 Werner, E. W.; Mei, T.-S.; Burckle, A. J.; Sigman, M. S. *Science* **2012**, *338*, 1455.

30 (a) Larock, R. C.; Yum, E. K.; Refvik, M. D. *J. Org. Chem.* **1998**, *63*, 7652. (b) Larock, R. C. *J. Organomet. Chem.* **1999**, *576*, 111.

31 (a) Negishi, E.; Liu, F. In *Metal-Catalyzed Cross-Coupling Reactions*; Diederich, F., Stang, P. J., Eds.; Wiley-VCH: Weinheim, 1998; p 1. (b) Negishi, E. *Handbook of Organopalladium Chemistry for Organic Synthesis*; John Wiley & Sons, Inc.: New York, 2002. (c) Xu, S.; Kamada, H.; Kim, E. H.; Oda, A.; Negishi, E.-I. In *Metal-Catalyzed Cross-Coupling Reactions and More*; de Meijere, A., Bräse, S., Oesterich, M., Eds.; Wiley-VCH: Weinheim, 2014; p 133.

32 (a) Negishi, E. *Pure & Appl. Chem.* **1981**, *53*, 2333. (b) Negishi, E. *Acc. Chem. Res.* **1982**, *15*, 340.

33 (a) Negishi, E.; Takahashi, T.; King, A. O. *Org. Synth.* **1988**, *66*, 67. (b) Zhu, L.; Wehmeyer, R. M.; Rieke, R. D. *J. Org. Chem.* **1991**, *56*, 1445.

34 Dzhemilev, U.; D'yakonov, V. In *Topics in Organometallic Chemistry*; Woodward, S., Dagorne, S., Eds.; Springer: Heidelberg, 2013; Vol. 41, pp 215.

35 Zweifel, G.; Miller, J. A. *Org. React.* **1984**, *32*, 375.

36 Baba, S.; Negishi, E. *J. Am. Chem. Soc.* **1976**, *98*, 6729.

37 (a) Van Horn, D. E.; Negishi, E. *J. Am. Chem. Soc.* **1978**, *100*, 2252. (b) Negishi, E.; Kondakov, D. Y.; Choueiry, D.; Kasai, K.; Takahashi, T. *J. Am. Chem. Soc.* **1996**, *118*, 9577. (c) Negishi, E. In *Catalytic Asymmetric Synthesis*, 2nd ed.; Ojima, T., Ed.; Wiley-VCH: Weinheim, 2000; p 165.

38 Negishi, E.; Matsushita, H. *Org. Synth.* **1984**, *62*, 31.

39 (a) Hart, D. W.; Blackburn, T. F.; Schwartz, J. *J. Am. Chem. Soc.* **1975**, *97*, 679. (b) Negishi, E.; Takahashi, T. *Synthesis* **1988**, 1. (c) Wipf, T. *Pure and Appl. Chem.* **1998**, *70*, 1077. (d) Negishi, E. In *Organometallic Synthesis: A Manual*, 2nd, ed.; Schlosser, M., Ed.; John Wiley & Sons, Ltd.: Chichester, 2002; p 925.

40 (a) Buchwald, S. L.; LaMaire, S. L.; Nielsen, R. B.; Watson, B. T.; King, S. M. *Tetrahedron Lett.* **1987**, *28*, 3895. (b) Negishi, E.; Takahashi, T. *Synthesis* **1988**, 1.

41 Hart, D. W., Blackburn, T. F.; Schwartz, J. *J. Am. Chem. Soc.* **1975**, *97*, 679.

42 Okukado, N.; Van Horn, D. E.; Dlima, W.; Negishi, E. *Tetrahedron Lett.* **1978**, 1027.

43 Negishi, E.; Okukado, N.; King, A. O.; Van Horn, D. E.; Spiegel, B. I. *J. Am. Chem. Soc.* **1978**, *100*, 2254.

44 O'Brien, C. J.; Kantchev, E. A. B.; Chass, G. A.; Hadei, N.; Hopkinson, A. C.; Organ, M. G.; Setiadi, D. H.; Tang, T. H.; Fang, D. C. *Tetrahedron* **2005**, *61*, 9723.

45 (a) Suzuki, A.; Brown, H. C. *Suzuki Coupling: Organic Syntheses via Boranes*; Aldrich Chemical Company: Milwaukee, 2002; Vol. 3. (b) Suzuki, A. *Organoboranes in Organic Syntheses*; Hokkaido University: Sapporo, 2004.

46 (a) Nicolaou, K. C.; Sorensen, E. J. *Classics in Total Synthesis*; VCH: Weinheim 1996; p 586. (b) Suzuki, A. In *Metal-Catalyzed Cross-Coupling Reactions*; Diederich, F., Stang, P. J., Eds.; Wiley-VCH: Weinheim, 1998; p 49. (c) Miyaura, N. *Topics in Current Chemistry*; Springer Verlag: Berlin, 2002; Vol. 219, p 11. (d) Thomas, A. A.; Denmark, S. E. *Science* **2016**, *352*, 329.

47 Suzuki, A. *Angew. Chem. Int. Ed.* **2011**, *50*, 6722.

48 (a) Miyaura, N.; Suzuki, A. *Chem. Commun.* **1979**, 866. (b) Suzuki, A. *Pure & Appl. Chem.* **1985**, *57*, 1749. (c) Miyaura, N.; Suzuki, A. *Chem. Rev.* **1995**, *95*, 2457. (d) Chemler, S. R.; Trauner, D.; Danishefsky, S. J. *Angew. Chem. Int. Ed.* **2001**, *40*, 4545.

49 (a) Campbell, J. B.; Molander, G. A. *J. Organomet. Chem.* **1978**, *156*, 71. (b) Molander, G. A.; Figueroa, R. *Aldrichimica Acta* **2005**, *38*, 49. (c) Molander, G. A.; Biolatto, B. *J. Org. Chem.* **2003**, *68*, 4302.

50 (a) Gillis, E. P.; Burke, M. D. *Aldrichimica Acta* **2009**, *42*, 17. (b) Li, J.; Ballmer, S. G.; Gillis, E. P.; Fujii, S.; Schmidt, M. J.; Palazzolo, A. M. E.; Lehmann, J. W.; Morehouse, G. F.; Burke, M. D. *Science* **2015**, *347*, 1221.

51 Miyaura, N.; Yamada, K.; Suginome, H.; Suzuki, A. *J. Am. Chem. Soc.* **1985**, *107*, 972.

52 (a) Miyaura, N.; Suzuki, A. *J. Chem. Soc., Chem. Commun.* **1979**, 866. (b) Suzuki, A. *Pure & Appl. Chem.* **1985**, *57*, 1749.

53 Molander, G. A.; Bernardi, C. R. *J. Org. Chem.* **2002**, *67*, 8424.

54 (a) Miyaura, N.; Maruoka, K. In *Synthesis of Organometallic Compounds*; Komiya, S., Ed.; John Wiley & Sons, Ltd.: Chichester, 1997; p 345. (b) Stanforth, S. *Tetrahedron* **1998**, *54*, 285. (c) Murata, M.; Oyama, T.; Watanabe, S.; Masuda, Y. *J. Org. Chem.* **2000**, *65*, 164. (d) Baudoin, O.; Guénard, D.; Guéritte, F. *J. Org. Chem.* **2000**, *65*, 9268.

55 Miyaura, N.; Ishiyama, T.; Sasaki, H.; Ishikawa, M.; Satoh, M.; Suzuki, A. *J. Am. Chem. Soc.* **1989**, *111*, 314.

56 Geist, E.; Kirschning, A.; Schmidt, T. *Nat. Prod. Rep.* **2014**, *31*, 441.

57 (a) Netherton, M. R.; Dai, C.; Neuschütz, K.; Fu, G. C. *J. Am. Chem. Soc.* **2001**, *123*, 10099. (b) Netherton, M. R.; Fu, G. C. *Angew. Chem. Int. Ed.* **2002**, *41*, 3910.

58 Arentsen, K.; Caddick, S.; Cloke, F. G. N.; Herring, A. P.; Hitchcock, P. B. *Tetrahedron Lett.* **2004**, *45*, 3511.

59 Keaton, K. A.; Phillips, A. J. *Org. Lett.* **2007**, *9*, 2717.

60 Saito, B.; Fu, G. C. *J. Am. Chem. Soc.* **2008**, *130*, 6694.

61 Saito, B.; Fu, G. C. *J. Am. Chem. Soc.* **2007**, *129*, 9602.

62 Ishiyama, N.; Miyaura, N.; Suzuki, A. *Bull. Chem. Soc. Jpn.* **1991**, *64*, 1999.

63 (a) Farina, V.; Krishamurthy, V.; Scott, W. J. *The Stille Reaction*; John Wiley & Sons, Inc.: New York, 1998. (b) Mitchell, T. N. In *Metal-Catalyzed Cross-Coupling Reactions*; Diederich, F., Stang, P. J., Eds.; Wiley-VCH: Weinheim, 1998; p 167. (c) Marshall, J. A. In *Organometallics in Synthesis: A Manual*, 2nd ed.; Schlosser, M., Ed.; John Wiley & Sons, Ltd.: Chichester, 2002; p 353. (d) See page 1158 in the chapter by Hegedus, L. S. In *Organometallics in Synthesis: A Manual*, 2nd ed.; Schlosser, M., Ed.; John Wiley & Sons, Ltd.: Chichester, 2002; p 1123. (e) Espinet, P.; Genov, M. In *Tin Chemistry*; Davies, A. G., Gielen, M., Pannell, K. H., Tiekink, E. R. T., Eds.; John Wiley & Sons, Ltd.: Chippenham, 2008; p 561. (f) Pascual, S.; Echavarren, A. M. In *Tin Chemistry*; Davies, A. G., Gielen, M., Pannell, K. H., Tiekink, E. R. T., Eds.; John Wiley & Sons, Ltd.: Chippenham, 2008; p 579.

64 Nicolaou, K. C.; Sorensen, E. J. *Classics in Total Synthesis*; VCH: Weinheim 1996; p 591.

65 For the disposal of organotin residues from reaction mixtures, see: Salomon, C. J.; Danelon, G. O.; Mascaretti, O. A. *J. Org. Chem.* **2000**, *65*, 9220.

66 (a) Stille, J. K. *Angew. Chem. Int. Ed.* **1986**, *25*, 508. (b) Farina, V.; Krishnamurthy, V.; Scott, W. J. *Org. React.* **1997**, *50*, 1.

67 (a) Pereyre, M.; Quintard, J.-P.; Rahm, A. *Tin in Organic Synthesis*; Butterworths: London, 1987. (b) Zhang, H. X; Guibé, F.; Balavoine, G. *J. Org. Chem.* **1990**, *55*, 1857.
68 Stille, J. K.; Groh, B. L. *J. Am. Chem. Soc.* **1987**, *109*, 813.
69 Bailey, T. R. *Tetrahedron Lett.* **1986**, *27*, 4407.
70 Sheffy, F. K.; Godschalx, J. P.; Stille, J. K. *J. Am. Chem. Soc.* **1984**, *106*, 4833.
71 Stang, P. J.; Treptow, W. *Synthesis* **1980**, 283.
72 (a) McMurry, J. E.; Scott, W. J. *Tetrahedron Lett.* **1983**, *24*, 979. (b) Ritter, K. *Synthesis* **1993**, 735.
73 Comins, D. L.; Dehghani, A. *Tetrahedron Lett.* **1992**, *33*, 6299.
74 Crisp, G. T.; Scott, W. J.; Stille, J. K. *J. Am. Chem. Soc.* **1984**, *106*, 7500.
75 (a) Goure, W. F.; Wright, M. E.; Davis, P. D.; Labadie, S. S.; Stille, J. K *J. Am. Chem. Soc.* **1984**, *106*, 6417. (b) Baillargeon, V. P.; Stille, J. K. *J. Am. Chem. Soc.* **1986**, *108*, 452.
76 Shair, M. D.; Yoon, T. Y.; Mosny, K. K.; Chou, T. C.; Danishefsky, S. J. *J. Am. Chem. Soc.* **1996**, *118*, 9509.
77 Rovira, M.; Font, M.; Acuña-Parés, F.; Parella, T.; Luis, J. M.; Lloret-Fillol, J.; Ribas, X. *Chem. Eur. J.* **2014**, *20*, 10005.
78 (a) Castro, C. E.; Stephens, D. D. *J. Org. Chem.* **1963**, *23*, 2163. (b) Stephens, R. D.; Castro, C. E. *J. Org. Chem.* **1963**, *28*, 3313. (c) Cao, D.; Kolshorn, H.; Meier, H. *Tetrahedron Lett.* **1995**, *36*, 4487.
79 Curtis, R. F.; Taylor, J. A. *J. Chem. Soc. C* **1971**, 186.
80 (a) Sonogashira, K.; Tohda, Y.; Hagihara, N. *Tetrahedron Lett.* **1975**, 4467. (b) Sonogashira, K. In *Comprehensive Organic Synthesis*; Trost, B. M., Fleming, I., Eds.; Pergamon Press: New York, 1991; Vol. 3, p 521. (c) Sonogashira, K. In *Metal-Catalyzed Cross-Coupling Reactions*; Diederich, F., Stang, P. J., Eds.; Wiley-VCH: Weinheim, 1998; p 203. (d) Thomas, A. M.; Sujatha, A.; Anilkumar, G. *RSC Adv.* **2014**, *4*, 21688. (e) Schaub, T. A.; Kivala, M. In *Metal-Catalyzed Cross-Coupling Reactions and More*; De Meijere, A., Brase, S., Oestreich, M., Eds.; Wiley-VCH: Weinheim, 2014; Vol. 2, p 665.
81 Scott, W. J.; Pena, M. R.; Swörd, K.; Stoessel, S. J.; Stille, J. K. *J. Org. Chem.* **1985**, *50*, 2302.
82 Nakatani, K.; Isoe, S.; Maekawa, S.; Saito, I. *Tetrahedron Lett.* **1994**, *35*, 605.
83 Anastasia, L.; Negishi, E. *Org. Lett.* **2001**, *3*, 3111 and references cited therein.
84 (a) Grissom, J. W.; Gunawardena, G. U.; Klingberg, D.; Huang, D. *Tetrahedron* **1996**, *52*, 6453. (b) Maier, M. E. *Synlett* **1995**, 13. (c) Nicolaou, K. C.; Dai, W.-M. *Angew. Chem. Int. Ed.* **1991**, *30*, 1387.
85 Alami, M.; Crousse, B.; Linstrumelle, G. *Tetrahedron Lett.* **1994**, *35*, 3543.
86 Boland, W.; Schrorer, N.; Sieler, C.; Feigel, M. *Helv. Chim. Acta* **1987**, *70*, 1025.
87 Negishi, E.; Alimardanov, A.; Xu, C. *Chem. Lett.* **2000**, *2*, 65 and references cited therein.
88 (a) Glaser, C. *Chem. Ber.* **1869**, *2*, 422. (b) Brandsma, L.; Vasilevski, S.; Verkruijsse, H. D. *Application of Transition Metal Catalysts in Organic Synthesis*; Springer-Verlag: Berlin, 1999; p 67.
89 (a) Heilbron, I.; Jones, E. R. H.; Sondheimer, F. *J. Chem. Soc.* **1947**, 1586. (b) Hébert, N.; Beck, A.; Lennox, R. B.; Just, G. *J. Org. Chem.* **1992**, *57*, 1777.
90 Nishihara, Y.; Ikegashira, K.; Hirabayashi, K.; Ando, J.; Mori, A.; Hiyama, T. *J. Org. Chem.* **2000**, *65*, 1780.
91 (a) Cadiot, P.; Chodkiewicz, W. *Compte Rend.* **1955**, *241*, 1055. (b) P. Cadiot, P.; Chodkiewicz, W. In *Chemistry of Acetylenes*; Viehe, H. G., Ed.; Marcel Dekker: New York, 1969; p 609. (c) Negishi, E.; Okukado, N.; Lovich, S. F.; Luo, F. T. *J. Org. Chem.* **1984**, *49*, 2629. (d) Brandsma, L.; Vasilevski, S.; Verkruijsse, H. D. *Application of Transition Metal Catalysis in Organic Synthesis*; Springer-Verlag: Berlin, 1999; p 49.
92 (a) Miller, J. A.; Zweifel, G. *Synthesis* **1983**, 128.
93 Kende, A. S.; Smith, C. A. *J. Org. Chem.* **1988**, *53*, 2655.
94 Negishi, E.; Hata, M.; Xu, C. *Org. Lett.* **2000**, *2*, 3687.
95 (a) Tsuji, J. *Tetrahedron* **1986**, *42*, 4361. (b) Tsuji, J. *Palladium Reagents and Catalysts, Innovations in Organic Synthesis*; John Wiley & Sons, Ltd.: Chichester, 2000; p 116. (c) Trost, B. M.; Verhoeven, T. R. In *Comprehensive Organometallic Chemistry*; Wilkinson, G., Stone, F. G. A., Abel, E. W., Eds.; Pergamon Press: Oxford, 1982; Vol. 8, p 799. (d) Godleski, S. A. In *Comprehensive Organic Synthesis*; Trost, B. M., Fleming, I., Eds; Pergamon Press: Oxford, 1991; Vol. 4, p 585. (e) Heumann, A. In *Transition Metals for Organic Synthesis*; Beller, M., Bolm, C. Eds.; Wiley-VCH: Weinheim, 1998; Vol. 1, p 251. (f) Tsuji, J. In *Handbook of Organopalladium Chemistry for Organic Synthesis*; Negishi, E.-i., Ed.; John Wiley & Sons, Inc.: New York, 2002; Vol. 2, p 1669. (g) Acemoglu, L.; Williams, J. M. J. In *Handbook of Organopalladium Chemistry for Organic Synthesis*; Negishi, E.-i., Ed.; John Wiley & Sons, Inc.: New York, 2002; Vol. 2, p 1689.
96 Amadore, C.; Jutand, A.; M'Barki, M. A. *Organometallics* **1992**, *11*, 3009.
97 Genet, J. P.; Ferroud, D. *Tetrahedron Lett.* **1984**, *25*, 3579.
98 Tanigawa, Y.; Nishimura, K.; Kawasaki, A.; Murahashi, S. *Tetrahedron Lett.* **1982**, *23*, 5549.
99 (a) Tsuji, J. *Palladium Reagents and Catalysts: Innovations in Organic Synthesis*; John Wiley & Sons, Ltd.: Chichester; New York, 1995; p 293. (b) Bosnich, B.; Mackenzie, P. B. *Pure Appl. Chem.* 1982, 54, 189.

100 (a) Tsuji, J.; Kobayashi, Y.; Kataoka, H.; Takahashi, T. *Tetrahedron Lett.* **1980**, *21*, 1475. (b) Yamamoto, K.; Tsuji, J. *Tetrahedron Lett.* **1982**, *23*, 3089.
101 Trost, B. M.; Genet, J. P. *J. Am. Chem. Soc.* **1976**, *98*, 8516.
102 (a) Mori, M. In *Comprehensive Chirality*; Carreira, E. M., Yamamoto, H., Eds.; Elsevier: Amsterdam, 2012; p 74. (b) Trost, B. M.; Crawley, M. L. *Chem. Rev.* **2003**, *103*, 2921.
103 von Matt, P.; Pfaltz, A. *Angew. Chem. Int. Ed. Engl.* **1993**, *32*, 566.
104 (a) Trost, B. M.; Bunt, R. C.; Lemoine, R. C.; Calkins, T. L. *J. Am. Chem. Soc.* **2000**, *122*, 5968. (b) Trost, B. M.; Fandrick, D. R.; Brodmann, T.; Stiles, D. T. *Angew. Chem. Int. Ed.* **2007**, *46*, 6123. (c) Trost, B. M. *Org. Process Res. Dev.* **2012**, *16*, 185.
105 Radinov, R.; Hutchings, S. D. *Tetrahedron Lett.* **1999**, *40*, 8955.
106 Nagamitsu, T.; Takano, D.; Fukuda, T.; Otoguro, K.; Kuwajima, I.; Harigaya, Y.; Omura, S. *Org. Lett.* **2004**, *6*, 1865.
107 (a) Barton, D. H. R.; McCombie, S. W. *J. Chem. Soc., Perkin Trans. I* **1975**, 1574. (b) Crich, D.; Quintero, L. *Chem. Rev.* **1989**, *89*, 1413. (c) McCombie, S. W. In *Comprehensive Organic Synthesis*; Trost, B. M., Ed.; Pergamon: New York, 1991; Vol. 8, Chapter 4.2.

9장 탄소–탄소 π 결합의 생성

이 변환 과정에는 다음 반응들이 필요하다.

- 할로젠화 알킬의 포스포늄염으로의 변환
- 분자내 Wttig 올레핀화

탄소–탄소 이중 결합이나 삼중 결합은 자연계에서 흔히 볼 수 있는 구조이며, 이 결합의 π계는 여러 다양한 작용기의 변환에서 풍요로운 저장고이다.

9.1 탄소–탄소 이중 결합의 생성[1]

올레핀이 수많은 천연물과 생리 활성 화합물이 갖고 있는 기본적인 구조인 까닭에 치환된 올레핀의 높은 입체 선택성 합성은 유기 화학자의 주된 관심의 대상이다. 알켄을 만드는 방법에는 여러 가지가 있으며, 입체 선택성인 올레핀의 합성을 위해 컴퓨터를 이용한 분석이 가능하기도 하다.[2] 여기에서는 다음과 같이 흔히 사용되는 방법을 통한 올레핀의 합성을 다루고자 한다. 즉 (a) 작용기의 상호 변환에 의한 이중 결합의 도입(예를 들어 1,2-제거 반응), (b) 알카인의 원하는 입체 화학을 가진 올레핀으로의 변환[예를 들어 촉매 수소화(catalytic hydrogenation), 수소금속화(hydrometalation), 탄소금속화(carbometalation)], (c) 올레핀의 C_{sp^2} 탄소의 결합을 통해 연결되는(convergent) 반응을 통한 이중 결합의 합성(예를 들어 Wittig, Peterson, Julia 올레핀화 반응)을 말한다. 또한 알켄은 8장에서 논의된 몇 가지 팔라듐 촉매를 이용한 교차 짝지음(cross-coupling) 반응을 통해서도 만들 수가 있다.

β-제거 반응[3]

β-제거 반응을 이용하여 입체 정의된 면에서 원하는 **비고리** 알켄을 합성하는 방법–예를 들어 (i) 알코올의 탈수 반응, (ii) 할로젠화 알킬이나 설폰산 에스터[토실(tosyl) 또는 메실(mesyl) 에스터]의 염기 유발 제거 반응, (iii) 사차 암모늄염의 Hofmann 제거 반응–은 흔히 위치 선택성이나 입체 선택성이 결여되어 있어서 이성질체인 알켄의 혼합물이 만들어진다.

$$\text{X = OH, Br, I, OTs, OMs, }\overset{+}{N}R_3$$

H_3PO_4나 H_2SO_4와 같은 산이 존재하는 경우에 알코올의 탈수 반응은 E1 형태의 제거 반응을 통해 이온화하여 상대적으로 안정한 삼차, 알릴성(allylic), 또는 벤질성(benzylic) 탄소 양이온을 생성하는 화합물에 대해 가장 용이하게 일어난다. 이차 알코올은 보다 격렬한 반응 조건이 필요하며, 일차 알코올의 경우는 고온에서만 반응이 일어난다. E1 제

거 반응의 경우 S_N1 반응, 수소 및 알킬기 이동, 그리고 일단 생성된 이중 결합의 이성질화 반응과 같은 부반응이 일어날 수 있다. E1 제거 반응이 두 가지의 위치 이성질체(regioisomer)를 생성할 수 있는 경우에는 많이 치환된(보다 안정한) 이중 결합이 생성되는 것이 유리하다. 또한 보통의 경우 *trans*-이성질체가 우세하게 생성된다.

H_2SO_4, 50°C; $-H_2O$; 90%

H_3PO_4, 가열

주생성물 소량 생성물

E2 형태의 제거 반응은 보다 온화한 조건에서 진행되며, 이중 결합의 생성에서 선택성 조절이 보다 용이하다. 게다가 이 반응은 탄소 양이온을 거치지 않는 까닭에 산 촉매 제거 반응에서 나타나는 전형적인 부반응은 문제가 되지 않는다. E2 반응에서는 −OH기는 이탈기가 아니지만, 할로젠화물(보통 브로민화물과 아이오딘화물), 설폰산 에스터(토실산 에스터 및 메실산 에스터) 또는 다이클로로인산(dichlorophosphate) 중간체로 변환할 수 있다. 이런 유도체들은 적당한 염기가 존재하면 *anti*-제거 또는 *syn*-제거 반응에서 좋은 이탈기가 된다. 토실산 에스터를 만들기 위해 흔히 사용되는 방법은 0~25°C의 반응 온도에서 염화 *p*-톨루엔설폰일(p-toluenesulfonyl chloride)을 피리딘에서 알코올과 같이 저어주는 것이다.[4] 피리딘은 반응에서 생성되는 HCl을 중화하는 역할을 한다.

R-OH + TsCl ⟶ [R-O⁺(Ts)(H)] Cl^- ⟶(피리딘) R-OTs + 피리디늄(N^+-H) + Cl^-

토실화 반응(tosylation)은 화학 선택성(chemoselectivity)이 있으며, 입체 장애가 작은 하이드록실기가 염화 토실(tosyl chloride)과 우선적으로 반응한다.[5]

TsCl (1.1 eq.), pyridine, 0~25°C; *t*-BuOK, *t*-BuOH, 가열

토실산 에스터는 용매인 피리딘을 사용하지 않고 메틸 또는 뷰틸리튬을 첨가함으로써 하이드록시기를 리튬염으로 변환하여 얻을 수도 있다. 결과로 생성된 알콕시화 리튬(lithium alkoxide)을 그 다음 염화 토실과 반응시킨다.[6] 이런 방법은 매우 예민한 알코올로부터 토실산 에스터를 얻는 과정으로 추천되고 있는데, 화합물이 알킬리튬 반응 시약과 반응할 수 있는 다른 작용기를 갖고 있지 않아야 한다.

알코올이 염화 메테인설포닐(methanesulfonyl chloride)과 트라이에틸아민(triethylamine)과 반응하는 과정은 메실산 에스터를 신속하게 만드는 편리한 방법이며,[7] 이 메실산 에스터로부터 제거 반응을 통해서 알켄을 얻을 수 있다.

a. MsCl, Et_3N, CH_2Cl_2; b. work-up; OSO_2CH_3 90%; Et_3N, 가열

이차, 삼차의 −OH기를 동시에 갖고 있는 다이올 화합물을 1당량보다 약간 많은 염화 메테인설폰일을 사용하여 메실화하는 반응은 화학 선택적인 에스터화 반응으로 입체 장애가 작은 이차 −OH기가 반응한다.[8]

CH_3SO_2Cl (1.15 eq.), Et_3N, CH_2Cl_2, −5°C; OMs; 87%

이차와 삼차 알코올을 피리딘에서 옥시염화 인(phosphorous oxychloride, $POCl_3$)을 사용하여 탈수 반응을 수행하면 이염화인산 에스터(dichlororphosphate) 중간체를 분리하지 않고 직접 알켄을 만들 수 있다.[9]

이차, 삼차 알코올을 다이알킬옥시다이아릴설퓨레인[dialkyloxydiarylsulfurane, $Ph_2S(OR)_2$]과 온화한 조건에서 중간체를 분리하지 않고 반응하여 알켄을 좋은 수율로 얻을 수 있다.[10] 유사한 결과를 Burgess 반응 시약[메틸 *N*-(트라이에틸암모늄설폰일)카바메이트[methyl *N*-(triethylammoniumsulfonyl)carbamate]를 사용해도 얻을 수 있는데, 이차와 삼차 알코올을 해당하는 알켄으로 변환시킨다. 이 반응은 우선 해당하는 설팜산 에스터(sulfamate ester)를 만들면서 진행된다. 염기성인 아마이드 부분이 존재하는 까닭에 분자내 *syn*-제거 반응이 일어나고 따라서 알켄이 생성된다.[11]

E2 제거 반응의 입체 화학에 대해서 볼 때, *anti*-제거 반응은 수소 원자와 이탈기가 **안티 준평면**(antiperiplanar)의 배열을 해야만 하는 반면, *syn*-제거 반응은 안티 준평면의 배열이 허용되지 않는 경우에 일어난다. 경쟁 반응인 S_N2 반응을 억제하고 제거 반응의 위치 선택성을 조절하기 위해서는 공간을 많이 차지하는 강염기, 예를 들면 *t*-BuOH 나 DMSO에 녹인 *t*-BuOK 또는 아미딘 염기 1,5-다이아자바이사이클로[4.3.0]-논-5-엔(1,5-diazabicyclo[4.3.0]-non-5-ene, DBN)이나 1,8-다이아자바이사이클로[5.4.0]운데크-7-엔(1,8-diazabicyclo[5.4.0]undec-7-ene, DBU)을 사용해야 한다. DBN과 DBU는 이러한 공간을 많이 차지하는 강염기인데, 할로젠화수소 이탈 반응(dehydrohalogenation)에서 가장 우선적으로 사용한다.[12]

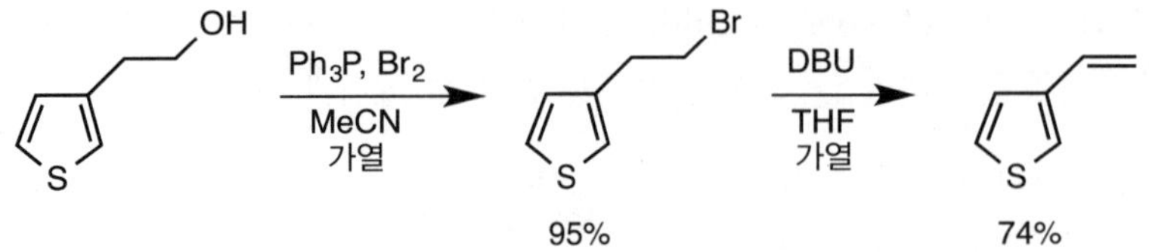

비고리 할로젠화 알킬 및 설폰산 알킬 중에서 β-수소를 하나만 가진 경우에는 단 한 가지의 기하 이성질체가 만들어진다.

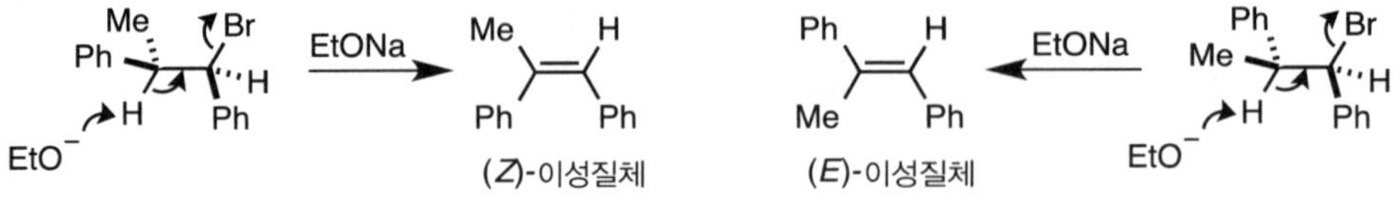

열분해 *syn*-제거 반응

적어도 한 개의 β-수소 원자를 가진 에스터, 잔트산 에스터(xanthate)(Chugaev 반응), 아민 산화물(amine oxide)(Cope 제거 반응), 설폭사이드(sulfoxide), 셀렌옥사이드(selenoxide)를 열분해하면 알켄이 생성된다. 이러한 제거 반응이 일어나려면 제거되는 기와 수소가 *cis*-배열(configuration)의 관계가 되어야 하며, 반응은 협동 반응(concerted reaction)으로 일어난다. 한 개 이상의 β-수소 원자가 있는 경우, 일반적으로 알켄의 혼합물을 얻는다. 이런 반응은 고리 형태의 전이 상태를 거쳐서 진행하는 까닭에, 회전 배열 효과(conformational effect)가 알켄 생성물의 조성을 결정하는 데 중요한 영향을 미친다.

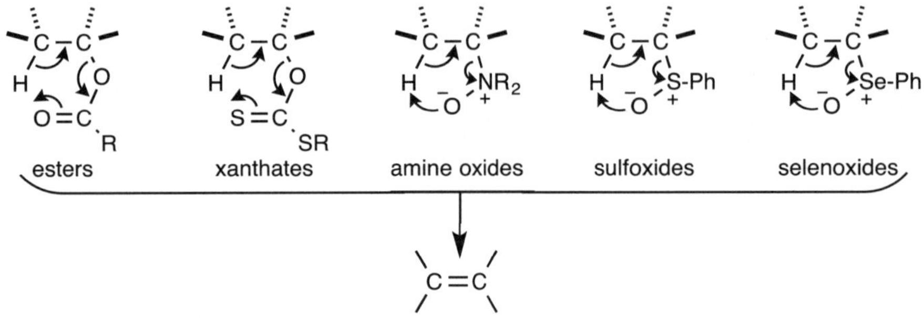

다음에 가장 효율적이며 온화한 *syn*-제거 반응에 대해 논의할 것이다.

잔트산 에스터의 열분해: Chugaev 반응[13]

C(O)S와 MeSH가 제거되는 것은 카복실산 에스터의 열분해보다 낮은 온도에서 일어나므로 예민한 알켄의 제법으로 더 적절하다. 예를 들어 *cis*-2-벤질사이클로펜탄올(*cis*-2-benzylcyclopentanol)과 소듐을 톨루엔에서 반응시킨 후, 과량의 이황화 탄소와 아이오딘화 메틸을 가하여 얻어지는 잔트산 에스터를 가열하면 *syn*-제거 반응을 통해 3-벤질사이클로펜텐을 98%의 순도로 얻는다. 반면에 인산(H_3PO_4)을 사용한 경우 알코올의 탈수 반응이 일어나면 이성질체의 혼합물을 얻는데, 이 중에 3-벤질사이클로펜텐은 20% 정도만 생성된다.[14]

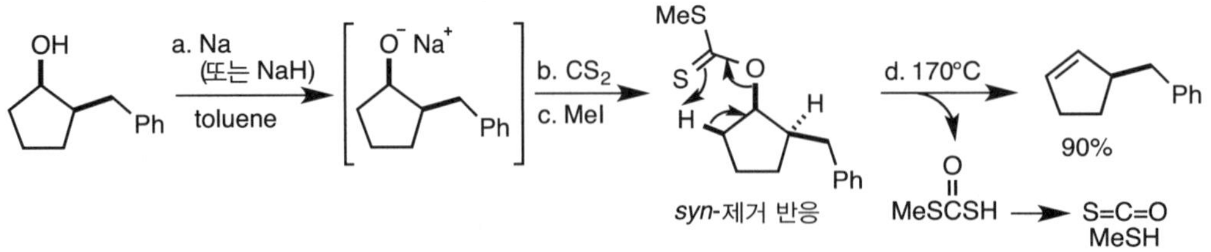

Barton-McCombie 탈산소 반응

잔트산 에스터와 싸이오카보네이트(thiocarbonate)는 알코올기의 산소를 없애는 탈산소 반응(deoxygenation)을 수행하는 데 유용하다.[15] 이 반응은 다음 반응식에 보인 바와 같이, 잔트산 에스터 또는 싸이오탄산 에스터 유도체를 AIBN과 같은 개시제 존재하에서 n-Bu_3SnH와 반응시키는 것이다.[16]

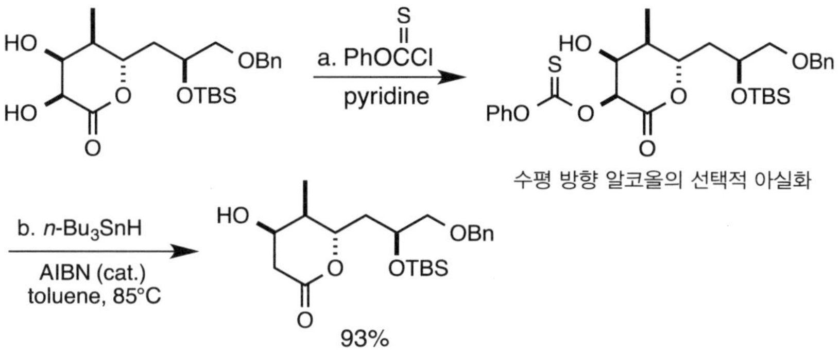

수평 방향 알코올의 선택적 아실화

93%

n-Bu_3SnH는 독성이 있으며, 반응에서 생성되는 주석을 포함하는 부생성물은 원하는 생성물로부터 분리하기가 쉽지 않다. 트리스(트라이메틸실릴)실레인[Tris(trimethylsilyl)silane, TMS_3SiH]은 라디칼 개시제와 같이 Barton-McCombie 탈산소 반응에서 보다 친환경적인 대체용으로 사용할 수 있다.[17]

설폭사이드의 열분해[18]

설폭사이드(sulfoxide)는 황화물(sulfide)을 과산화카복실산(peroxycarboxylic acid, 예를 들어 *m*CPBA, 1.0 eq)이나 과아이오딘산 소듐(sodium periodate) 또는 과아이오딘산 포타슘(potassium periodate)으로 산화하면 쉽게 얻을 수 있다. 설파이드 자체는 토실산 에스터 또는 메실산 에스터를 알킬 또는 황화 페닐로 친핵성 치환 반응을 하여 만들 수 있다. 다음의 예에서 보는 바와 같이 설폭사이드를 사용하는 방법이 메실산 에스터를 사용하여 직접적인 E2 제거 반응을 거치는 경우보다 효과적인 것을 알 수 있다.[19]

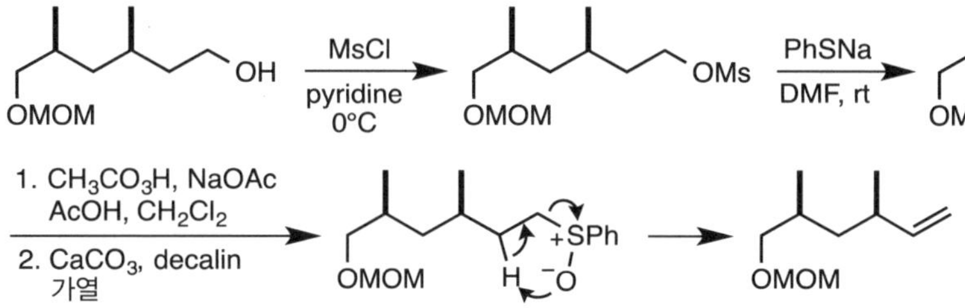

가열

엔올레이트와 이황화 다이메틸(dimethyl disulfide, MeSSMe) 또는 이황화 다이페닐(diphenyl disulfide, PhSSPh)의 반응을 통해 해당하는 설파이드를 만들 수 있다. 이것을 설폭사이드로 산화한 후 가열하면 α,β-불포화 카보닐 화합물과 같은 작용기가 치환된 알켄을 만드는 좋은 방법이 된다.[20] 다음의 예에서는 외향 고리(exocyclic) 알켄이 얻어지는데, *syn*-제거 반응을 통해서는 이것만이 얻어질 수 있기 때문이다.

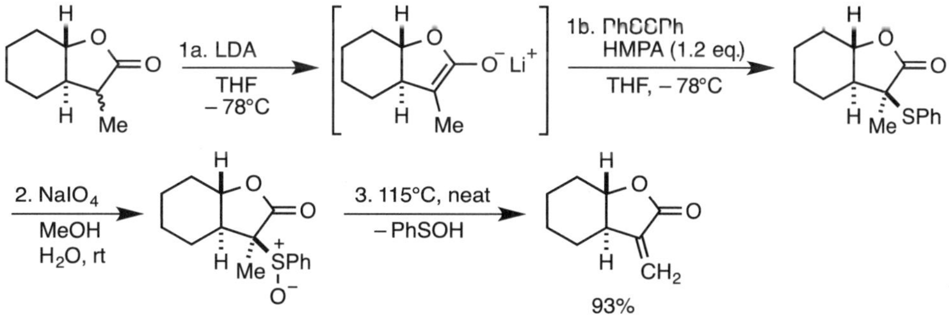

93%

셀렌옥사이드의 *syn*-제거 반응[21]

셀렌옥사이드(selenoxide) 제거 반응은 위에 설명한 반응의 경우에 비해서 상대적으로 온화한 조건에서 일어난다. 셀렌옥사이드는 상온이나 더 낮은 온도에서 자발적으로 *syn*-제거 반응이 일어나는데, 이 반응을 이용하면 다양한 불포화 화합물을 만들 수 있다. 전구체인 셀렌화(selenide) 화합물은 할로젠화물이나 설폰산 에스터를 PhSeNa로 치환하여 얻을 수 있다. 셀레나이드를 과산화 수소나 *tert*-뷰틸 하이드로퍼옥사이드(*tert*-butyl hydroperoxide), 과아이오딘산 소듐, 또는 과산화카복실산으로 산화하면 셀렌옥사이드를 얻는다. 헤테로 원자 치환기나 비편재화(delocalizing)를 일으키는 작용기가 없는 경우에는 제거 반응에서 덜 치환된 올레핀이 주로 생성된다.[22] 셀레늄 화합물은 독성이 있으므로 조심해서 다루어야 한다.

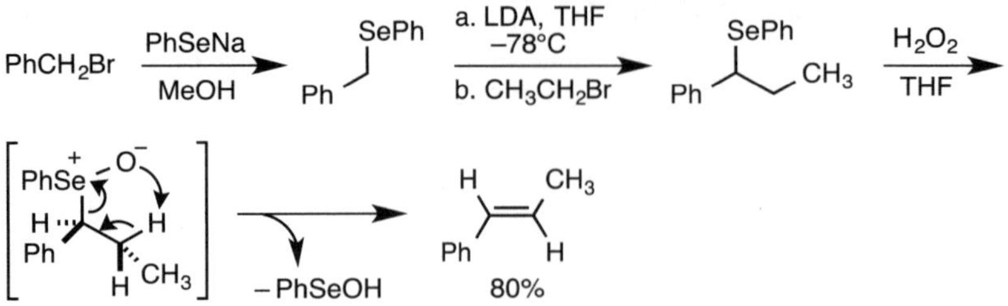

α,β-불포화 화합물을 위치 선택성 및 입체 선택성으로 만드는 중요한 방법은 셀렌옥사이드 제거 반응을 이용하는 것이다.[23] 케톤, 에스터, 아마이드, 락톤의 엔올레이트(enolate)와 다이페닐 다이셀레나이드(diphenyl diselenide) 또는 염화 벤젠셀레닐(benzeneselenyl chloride) 또는 브로마이드와 반응하면 α-셀레닐화가 일어난다. 셀레늄 중간체를 산화시키면 셀렌옥사이드를 얻고, 이것은 자발적으로 제거 반응이 일어나서 해당하는 α,β-불포화 카보닐 화합물을 얻을 수 있는데, 이때 *trans*-이성질체가 98% 이상의 순도로 만들어진다.[24]

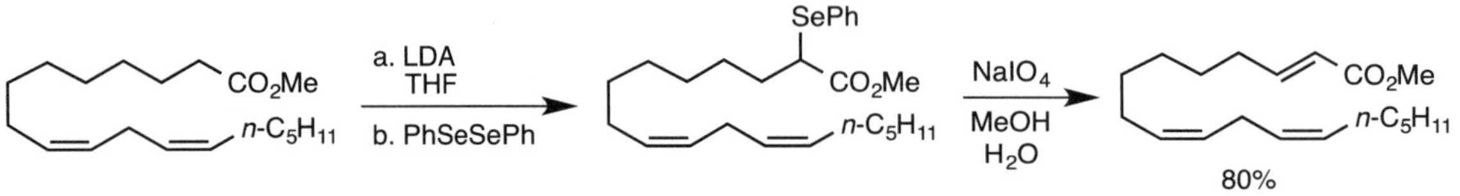

알데하이드를 LDA로 처리하고 이어서 PhSeCl을 가해서 직접적으로 셀레닐화를 수행하는 경우에는 수율도 낮을 뿐더러 여러 혼합물로 오염이 되는 문제점이 있다. 그러나 알데하이드를 엔아민으로 만든 후 셀레닐화, 산화, 제거 반응을 수행한 경우에는 *trans*-α,β-불포화 알데하이드를 효과적으로 얻을 수 있다.[25]

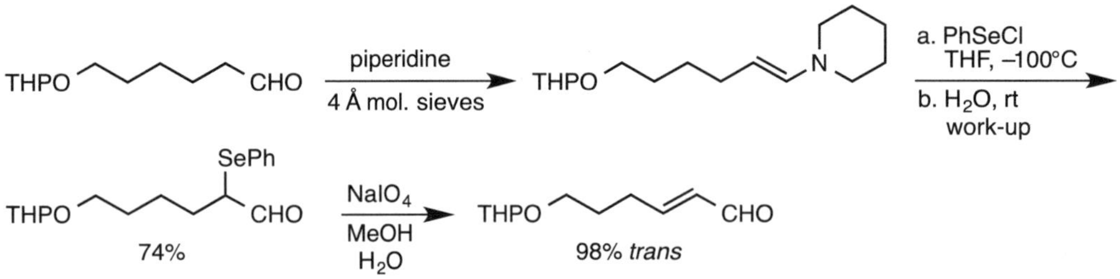

유기구리산 화합물(organocuprate)을 엔온(enone)에 콘쥬게이션 첨가 반응(conjugate addition)하거나 이어서 결과로 생긴 엔올레이트(enolate)를 셀레닐화한 후 산화시키는 것은 엔온(enone)의 β-알킬화의 방법으로 중요하다. 어떤 경우에는 다음에서 보는 바와 같이 이중 결합의 자리 옮김이 일어난다.[26]

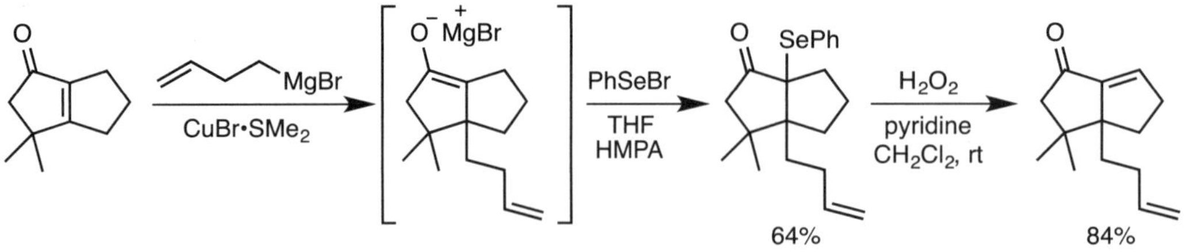

알카인으로부터 원하는 입체 화학을 가진 알켄의 합성

알켄의 또 다른 입체 선택성 합성 방법은 알카인의 탄소–탄소 삼중 결합으로부터 시작해서 목적 화합물의 이중 결합으로 바꾸는 것이다. 이 방법은 알카인을 만드는 방법과, 이들 삼중 결합 화합물을 환원, 수소화금속 첨가 반응, 탄소금속 첨가 반응 등을 거쳐 입체 선택성으로 치환된 알켄을 만드는 좋은 방법이 많이 개발되어 있는 까닭에 알켄의 제법으로서 중요하다.

환원 반응의 이용

전이 금속 촉매를 이용하여 삼중 결합이 화합물 중간에 위치하는 내부 알카인(internal alkyne)을 부분 환원하면 이치환된(disubstituted) *cis*-알켄을 만들 수 있다.[27] 반면에 용해 금속 환원(dissolving metal reduction)을 거치거나 프로파질성 알코올(propargylic alcohol)을 $LiAlH_4$ 또는 Red-Al[수소화 소듐 비스(2-메톡시에톡시)알루미늄(sodium bis(2-methoxyethoxy)aluminum hydride)]로 환원하면 *trans*-이치환 알켄을 얻는다.[28]

$$R-C\equiv C-R' \xrightarrow[\text{Lindlar 촉매}]{H_2} \text{(R)(H)C=C(R')(H)}$$

$$R-C\equiv C-R' \xrightarrow[t\text{-BuOH}]{\text{Na, }NH_3\text{ (l)}} \text{(R)(H)C=C(H)(R')}$$

$$R-C\equiv C-CH_2OH \xrightarrow[\text{Red-Al}]{LiAlH_4\text{ 또는}} \text{(R)(H)C=C(H)(}CH_2OH\text{)}$$

프로파질성 알코올(propargylic alcohol)의 삼중 결합을 다른 고립된 삼중 결합이 존재하는 경우에 화학 선택적으로 부분 환원(semi-reduction)하는 것이 가능하다.[28]

a. $LiAlH_4$, THF, rt
b. work-up

74%

수소화금속 첨가 반응의 이용

대칭이거나 작용기가 치환된 알카인을 다이알킬보레인(dialkylborane)을 사용하여 위치 선택적 및 입체 선택적으로 1당량의 수소화붕소 첨가 반응(monohydroboration)을 한 후, 생성된 알켄일보레인(alkenylborane)을 카복실산을 사용하여 가양성자 분해(protonolysis)를 하는 것은 1-알켄, *cis*-치환 또한 작용기가 치환된 알켄을 만드는 좋은 방법이다.[29] 가양성자 분해 반응은 알케닐기의 입체 화학이 보존된 상태로 일어나며, 결과적으로 *cis*-첨가가 일어나는 것에 주목하라.

$$R-C\equiv C-R' \xrightarrow{R_2BH} \text{(R)(H)C=C(R')(}BR_2\text{)} \xrightarrow{RCO_2H} [\text{전이 상태}] \longrightarrow \text{(R)(H)C=C(R')(H)} + R_2B-OCOR$$

$R' = R, SiMe_3, CO_2R'', Br, I$

비대칭으로 두 개의 알킬기가 치환된(dialkylsubstituted) 알카인을 다이알킬보레인(dialkylborane)으로 1당량의 수소화붕소 첨가 반응을 하면 알켄일보레인의 위치 이성질체의 혼합물을 얻는다. 그렇지만 가양성자 분해를 거치면 *cis*-이치환 알켄을 얻게 된다.

$$R-C\equiv C-R' \xrightarrow{R_2BH} \text{(R)((}R_2B\text{) H)C=C(R')(}BR_2\text{ (H))} \xrightarrow{RCO_2H} \text{(R)(H)C=C(R')(H)}$$

$R \neq R'$

일치환된 또는 이치환된 알카인을 수소화 다이아이소뷰틸알루미늄(diisobutylaluminum hydride)으로 환원하면, 수소화붕소 첨가 반응의 경우와 유사하게, 삼중 결합에 입체 선택적 Al–H 결합의 *cis*-첨가 반응이 일어난다.[27] 결과로 생성되는 *trans*-알켄일알레인(*trans*-alkenylalane)을 가수 분해하면 1-알켄과 *cis*-알켄이 각각 만들어진다.

$$R-C\equiv C-R' \xrightarrow{i\text{-}Bu_2AlH} \text{(R)(H)C=C(R')(Al(}i\text{-Bu)}_2\text{)} \xrightarrow{H_3O^+} \text{(R)(H)C=C(R')(H)}$$

$R' = H$, alkyl, $SiMe_3$

수소화 다이아이소뷰틸알루미늄은 엔아인(enyne)의 삼중 결합에 이중 결합과 경쟁해서 반응하는데, 화학 선택적으로 삼중 결합에 반응한다. 그러나 알카인에 카보닐기가 있을 경우에는 이것이 우선적으로 환원된다.

알켄일알루미늄(alkenylaluminum)과 알켄일붕소(alkenylboron)는 구조적으로 유사하지만, C–Al과 C–B 결합은 무기 친전자체와 유기 친전자체에 대해 반응성이 다르게 나타난다. 따라서 친전자성 반응 시약과 바이닐알루미늄(vinylaluminum)의 반응은 알켄일 부분의 입체 선택적 분자간 이동이 일어나는데, **이중 결합의 배열이 유지되어** 작용기가 치환된 올레핀이 생성된다. 예를 들어 1-알카인(1-alkyne)으로부터 만들어진 *trans*-1-알켄일다이아이소뷰틸알레인(*trans*-1-alkenyldiisobutylalane)은 *N*-브로모석신이미드(*N*-bromosuccinimide) 또는 I_2와 반응하면 각각 *trans*-1-브로모-1-알켄(*trans*-1-bromo-1-alkene)과 *trans*-1-아이오도-1-알켄(*trans*-1-iodo-1-alkene)이 만들어진다.[30]

a. NBS, Et_2O / b. H_3O^+ work-up → (78% R = Chx인 경우)

a. I_2, THF / b. H_3O^+ work-up

알켄일알레인에서 관찰되는 반응성과는 달리, 알켄일다이알킬보레인(alkenyldialkylborane)의 할로젠화 반응은 다른 경로로 일어난다. 즉 알켄일다이알킬보레인의 브로민화 반응은 일단 브로민의 이중 결합에 대한 *trans*-첨가 반응이 일어난다. 가수 분해 work up 과정 동안에 브로민화 다이알킬보레인(dialkylborane bromide)의 *trans*-제거 반응이 일어나 *cis*-1-알켄일브로민화물(*cis*-1-alkenylbromide)이 생성된다.[31]

Br_2, CCl_4 → NaOH, 0°C → $-R'_2BOH$

비스(*trans*-2-메틸사이클로헥실)보레인[bis(*trans*-2-methylcyclohexyl)borane]으로 1-헥사인의 수소화붕소 첨가 반응을 한 후, 아이오딘과 NaOH 수용액으로 처리하면 알킬기 하나가 붕소에서 이웃한 탄소로 이동하게 된다. 수산화 이온 매개 붕소아이오딘 이탈 반응(hydroxide-mediated deboronoiodination)에 의해 *cis* 알켄 이성질체를 순수하게 얻는다.[32]

BH_3, THF → ≡–*n*-Bu, *cis*- 첨가 반응 → I_2, NaOH

cis-알켄의 생성은 *trans*-2-메틸사이클로헥실기가 이동하는 말단 위치에서 반전이 일어나고, 붕소아이오딘 제거 반응은 *anti* 방식으로 일어난다고 하면 설명할 수 있다.

I_2, OH^- → … ≡ … NaOH, $-R'B(OH)_2$

trans-알켄일기가 1-알카인으로부터 만들어진 알켄일알레인으로부터 탄소 친전자체로 이동하는 것은 클로로폼산 메틸(methyl chloroformate) 또는 클로로폼산 에틸의 경우를 제외하고는 느리게 일어난다.

a. $ClCO_2Et$ / b. H_3O^+ work-up → 74%

그러나 메틸리튬 또는 *n*-뷰틸리튬을 첨가함으로써 알켄일알레인이 해당하는 *ate*-착물(사배위된 알루미늄)로 변환되면 탄소 친전자체에 대한 반응성이 향상된다.[33]

$$n\text{-Bu}(H)C{=}C(H)Al(i\text{-Bu})_2 \xrightarrow[\text{hexane, }Et_2O]{\text{a. MeLi}} \left[n\text{-Bu}(H)C{=}C(H)\overset{-}{Al}(i\text{-Bu})_2Me\right]Li^+ \ (ate\text{- 착물})$$

→ b. $(CH_2O)_n$, c. H_3O^+ → *n*-Bu(H)C=C(H)CH_2OH 73%

→ b. CO_2, c. H_3O^+ → *n*-Bu(H)C=C(H)CO_2H 78%

탄소금속 첨가 반응을 이용하는 반응[34]

알카인의 탄소금속 첨가 반응은 원하는 입체 화학을 갖고 있는 이치환 또는 삼치환 알케인을 합성하는 방법으로 널리 쓰이고 있다. 이러한 구조적 특징을 가진 화합물은 흔히 고리가 아닌 천연물, 예를 들어 곤충의 페르몬에서 흔히 볼 수 있는데, 이 경우 다른 입체 이성질체가 소량이 섞여 있으면 생리 활성이 낮아진다. 탄소금속 첨가 반응은 탄소와 금속이 삼중 결합에 첨가되는 경우에서 높은 위치 선택성과 입체 선택성을 보인다. 그 결과로 얻어지는 알켄일 유기금속 중간체는 단일 용기 반응으로 반응성이 높은 올레핀으로 변환된다. 다음의 설명은 (1) 지르코늄이 촉매로 작용하는 알카인에 대한 탄소알루미늄 첨가 반응과 (2) 알카인에 대한 유기구리 반응 시약 첨가 반응에 대한 것이다.

$$R'-C{\equiv}C-R'' \xrightarrow[\text{M = Al-Zr, Cu}]{\text{R–M}} \left[R'(R)C{=}C(R'')M\right] \xrightarrow{E^+} R'(R)C{=}C(R'')E$$

탄소알루미늄 첨가 반응[35]

말단 알카인의 지르코늄 촉매 탄소알루미늄 첨가 반응(carboalumination)은 팔라듐 촉매 교차 짝지음 반응을 논의할 때 간단히 설명한 바가 있다. 탄소금속 첨가 반응의 중요한 점은 이를 이용해서 메틸기가 치환된 삼치환 올레핀을 만들 수 있다는 것인데, 이러한 구조는 여러 천연물, 특히 터펜류(terpenoid)에서 볼 수 있는 것이다. 1-알카인의 **Negishi 메틸알루미늄 반응**(Negishi methylalumination)은 위치 선택성 및 입체 선택성이 뛰어나며, 삼중 결합의 Me–Al 결합이 *syn*-첨가 반응으로 일어나는데, 알루미늄이 말단 탄소에 결합되게 된다. 생성된 알켄일알루미늄 중간체(또는 그것으로부터 만들어진 *ate*-착물)는 다음에 예에서 보듯이 결합의 배열이 유지되면서 다양한 친전자체와 반응한다.[36] 트라이메틸알레인은 발화성이 높으므로 반드시 비활성 기체하에서만 반응을 수행해야 한다.

$$n\text{-}C_5H_{11}-C{\equiv}C-H \xrightarrow[ClCH_2CH_2Cl]{\text{a. }Me_3Al,\ Cl_2ZrCp_2} \left[n\text{-}C_5H_{11}(Me)C{=}C(H)AlMe_2\right] \xrightarrow[\text{c. }H_3O^+\text{ work-up}]{\text{b. }ClCO_2Et} n\text{-}C_5H_{11}(Me)C{=}C(H)CO_2Et \ \ 86\%$$

위의 단일 용기 메틸알루미늄 반응(one-pot methylalumination)을 합성에 적용했을 경우 효율성을 보여 주는 예가 다음 *trans*-파네솔(farnesol)의 합성 과정이다.[35] 이것은 이전에 보고된 프로파질성 알코올의 합성 과정, 삼중 결합의 $LiAlH_4$에 의한 환원, 바이닐 탄소–알루미늄 결합에 대한 아이오딘화와, 끝으로 아이오딘화 알켄일과 리튬 다이메틸구리산 화합물(lithium dimethylcuprate)과의 짝지음 과정을 포함하는 3단계 과정[37]과 비교해서 우월함을 알 수가 있다.

Scheme: enyne (Me, Me, Me, ≡–H) → a. Me_3Al, Cl_2ZrCp_2, THF, Et_2O; b. *n*-BuLi; c. $(CH_2O)_n$; d. H_3O^+ work-up; 85% → farnesol (Me, Me, Me, OH)

Alternative: 1a. *n*-BuLi; 1b. $(CH_2O)_n$; 1c. H_3O^+ work-up → propargyl alcohol (Me, Me, OH) → 2a. $LiAlH_4$, NaOMe, THF, reflux; 2b. I_2 → vinyl iodide (Me, Me, I, OH) → 3. Me_2CuLi → farnesol

탄소구리산 첨가 반응[34a,38]

알카인의 탄소구리산 첨가 반응(carbocupration)은 1971년에 Normant에 의해서 알려졌다.[39] 위치 선택성 및 *syn*-입체 선택성의 면에서 메틸알루미늄 반응과 유사한 특징을 갖고 있지만, 아세틸렌, 1-알카인, 작용기가 치환된 알카인의 경우에도 삼중 결합에 알킬기를 도입할 수가 있다는 면에서 반응의 적용 범위가 보다 넓다. 탄소구리산 첨가 반응에 사용할 수 있는 유기구리산 반응 시약은 Grignard 반응 시약[40](RCu, MgX_2와 RCu·SMe_2, MgX_2) 또는 유기리튬 반응 시약[organolithium reagent, 동종유기구리산 화합물(homocuprate) R_2CuLi와 이종유기구리산 화합물(heterocuprate) RCuXLi(X=SPh, O*t*-Bu, 또는 C=CR′)]으로부터 만들어진다.

탄소구리산 첨가 반응의 가능한 메커니즘은 우선 처음에 $R^1Cu(I)MgBr_2$가 삼중 결합에 대해 착물화(complexation)가 일어난 후, 이렇게 활성화된 삼중 결합에 R^1Cu의 산화성 첨가 반응(삽입 반응)이 일어나고, 다음으로 바이닐성 탄소로 R^1기의 이동이 일어난 후 Cu(I)의 환원성 제거 반응이 일어나고, 끝으로 금속–금속 교환 반응이 일어나서 2,2-이치환 바이닐구리산 중간체가 생성된다.[41]

RMgBr + CuBr —(Et_2O)→ RCu·$MgBr_2$ —(R′–C≡C–H; R′ = H, alkyl)→ [R′C≡CH complex with MgBr, R-Cu-Br] →

[R, R′, H, Cu(III), MgBr, Br] —(−CuBr)→ R′(H)C=C(R)MgBr —(CuBr)→ R′(H)C=C(R)Cu·$MgBr_2$ —(E^+)→ R′(H)C=C(R)E

바이닐구리산 반응 시약의 생성은 R과 R^1이 일차 알킬기일 때 가장 성공적으로 일어난다. 다이메틸 설파이드-브로민화 구리(I)[dimethylsulfide-cuprous] 착물, 즉 CuBr·SMe_2의 사용이 권장된다. 왜냐하면 SMe_2 화학종은 반응 시약을 안정하게 하여 금속–수소 교환 반응, 이합체화, 바이닐–알킬 짝지음 반응 등과 같은 부반응을 억제해 주기 때문이다. 아세틸렌에 대한 동종유기구리산 화합물의 탄소구리산 첨가 반응은 두 리간드를 이용하게 되어서 다이바이닐구리산 화합물(divinylcuprate)이 생성된다.[34a,42]

2 *n*-C_4H_9Li + CuBr·SMe_2 —(Et_2O, −50 ~ −20°C)→ $(n\text{-}C_4H_9)_2CuLi\cdot SMe_2$ + LiBr
A

A —(a. 2HC≡CH, −20 to −10°C)→ [(*n*-C_4H_9)(H)C=C(H)]$_2$CuLi·SMe_2 —(b. I_2, THF; c. NH_4Cl, H_2O work-up)→ 2 (*n*-C_4H_9)(H)C=C(H)I
65~75%

바이닐구리산 반응 시약은 다양한 친전자체 반응 시약[할로젠, 할로젠화 알킬, 알릴성 할로젠화물, 산염화물, 에폭사이드, α,β-불포화 케톤, α,β-아세틸렌성 에스터 등]과 이중 결합의 입체 화학이 완전히 유지되면서 반응한다.[34a] 탄소 친전자체에 대한 바이닐구리산 중간체의 반응성을 증가시키기 위해서 짝지음 반응은 자주 활성제(activator) 존재 하에 수행된다. 이러한 활성제로는 HMPT나 DMPU 또는 $P(OEt)_3$[트라이에틸포스파이트(triethylphosphite)]가 있다. 이치환 또는 삼치환 알켄을 탄소구리산 첨가 반응을 이용해서 입체 선택성으로 합성하는 예를 다음에 나타내었다.[40b,43]

EtMgBr + CuBr·SMe_2 —(Et_2O, −45°C)→ EtCu·SMe_2 + $MgBr_2$ —(a. *n*-C_6H_{13}–C≡CH)→

(*n*-C_6H_{13})(Et)C=C(H)Cu·SMe_2 —(b. epoxide-*n*-C_5H_{11}, DMPU, −30°C; c. NH_4Cl, H_2O)→ (*n*-C_6H_{13})(Et)C=CH–CH_2–CH(OH)–*n*-C_5H_{11}
94%

(*n*-C_6H_{13})(Et)C=C(H)Cu·SMe_2 —(b. allyl bromide, DMPU, −30°C; c. NH_4Cl, H_2O work-up)→ (*n*-C_6H_{13})(Et)C=CH–CH_2–CH=CH_2
71%

반응을 잘 조절해서 수행하면, 아세틸렌성 탄소구리산 첨가 반응으로부터 만들어진 다이바이닐구리산 화합물은 과량의 아세틸렌을 사용하는 경우 (1*Z*,3*Z*)-비스(다이엔일)구리산염[(1*Z*,3*Z*)-bis(dienyl)cuprate]로 변환할 수 있다. 다이바이닐구리(divinylcopper) 중간체를 친전자체와 반응하면 콘쥬게이션된 (*Z*,*Z*)-다이엔이 좋은 입체 선택성으로 얻어진다.[44]

$$(n\text{-}C_4H_9)_2CuLi \xrightarrow[Et_2O,\ -50°C]{2\ HC\equiv CH} [(n\text{-}C_4H_9)HC{=}CH]_2CuLi \xrightarrow[0°C]{XS\ HC\equiv CH} [n\text{-}C_4H_9CH{=}CHCH{=}CH]_2CuLi \xrightarrow[-80 \sim -50°C]{MeI} n\text{-}C_4H_9CH{=}CHCH{=}CHMe\ (71\%)$$

α,β-불포화 케톤에 대한 첨가 반응

2,2-이치환 알켄일구리-다이메틸 설파이드 착물은 많은 α,β-불포화 카보닐 화합물에 콘쥬게이션 첨가 반응을 일으켜서 1,5-관계에 있는 케토기를 갖는 삼치환 올레핀을 만들게 된다.[40b]

$$n\text{-}C_6H_{13}MgBr + CuBr{\cdot}SMe_2 \xrightarrow[-45°C]{Et_2O} n\text{-}C_6H_{13}Cu{\cdot}SMe_2 + MgBr_2 \xrightarrow{a.\ MeC\equiv CH}$$

$$(Me)(n\text{-}C_6H_{13})C{=}CH(Cu{\cdot}SMe_2) + \text{cyclohexenone} \xrightarrow[c.\ NH_4Cl,\ H_2O]{b.\ -25 \sim 0°C} \text{3-substituted cyclohexanone}\ (73\%)$$

α,β-아세틸렌성 에스터에 대한 첨가 반응

알킬구리산 화합물(alkylcuprate)의 아세틸렌성 에스터에 대한 첨가 반응은 입체 선택성으로 일어나서 가수 분해를 거쳐서 입체 선택성으로 삼치환 α,β-불포화 에스터를 얻는다.[45]

$$n\text{-}C_7H_{15}\text{-}C\equiv C\text{-}CO_2Me \xrightarrow[THF,\ -78°C]{Me_2CuLi} [(n\text{-}C_7H_{15})(Me)C{=}C(CO_2Me)(CuMe\ (Li))] \xrightarrow{H_3O^+} (n\text{-}C_7H_{15})(Me)C{=}CH(CO_2Me)$$

95% (99% *cis*)

다이바이닐구리산 화합물(divinylcuprate)의 프로피온산 에틸(ethyl propiolate)에 대한 콘쥬게이션 첨가 반응에 의해서 순수한 한 종류의 이성질체로 (2*E*,4*Z*)-콘쥬게이션된 다이엔산 유도체(conjugated dienoate)를 얻는다.[46]

$$(n\text{-}C_5H_{11})_2CuLi \xrightarrow[c.\ NH_4Cl,\ H_2O\ \text{work-up}]{a.\ 2\ HC\equiv CH;\ b.\ 2\ HC\equiv C\text{-}CO_2Et} n\text{-}C_5H_{11}CH{=}CHCH{=}CHCO_2Et$$

78%

Wittig, Peterson 및 Julia 올레핀화 반응[47]

앞서 설명한 각각의 입체 선택성 반응에서는 두 개의 분리된 분자를 연결해서 이중 결합이 만들어진다. 알켄을 생성하는 단계는 탄소 음이온의 알데하이드 또는 케톤에 대한 첨가 반응 후에 제거 반응이 이어서 일어나게 된다.

Wittig $Ph_3\overset{+}{P}-\overset{-}{C}*$

Peterson $Me_3Si-\overset{-}{C}*$

Julia $PhSO_2-\overset{-}{C}*$

$$+\ O{=}C** \longrightarrow\longrightarrow *C{=}C**$$

Wittig 올레핀화 반응[48]

1950년도에 Georg Wittig(1979년 노벨상)는 인 일라이드(phosphorus ylide)와 알데하이드 또는 케톤과의 반응에 의해 알켄이 생성되는 것을 보고하였다.[49] Wittig 올레핀화 반응은 이중 결합을 만드는 데 있어서 가장 중요한 방법의 하나이며, 천연물 합성이나 의약품의 제조에 있어 제약회사의 공정에서 널리 쓰이고 있다.[50] Wittig 반응의 주된 유용성은 반응이 매우 온화한 조건에서 일어나며, 생성물의 이중 결합이 만들어지는 위치에 대해 언제나 확실하게 알 수 있다는 것에 기인한다. 반면, Wittig 반응의 단점으로는 입체 장애에 민감하다는 것이다. 알데하이드로부터는 대개 알켄을 높은 수율로 얻을 수 있으나, 케톤의 경우에는 흔히 반응성이 낮은 까닭에 덜 만족스러울 수도 있다. 사치환된(tetrasubstituted) 알켄을 만드는 것은 문제가 있다. 다음의 논의는 일라이드와 알데하이드와 케톤의 반응의 경우로 한정하기로 한다. 에스터와 아마이드 형태의 반응물에 대한 인 일라이드의 반응에 대한 보고서가 나와 있다.[48d]

Wittig 반응 시약은 포스핀(phosphine)의 알킬화 반응을 통해 얻은 포스포늄염(phosphonium salt)을 염기(RLi, NaH 등)와 반응시켜서 만들어진다. 만들어진 일라이드는 양전하가 인에 있고 음전하가 탄소에 있는 Lewis 구조를 갖게 된다. 이것은 일라이드–알킬리덴(ylide–alkylidene) 공명 구조로서 나타낼 수 있는 것과 같이, 일라이드는 인의 3d 오비탈로의 전자 비편재화로 인해서 안정하게 된다. 카보닐기에 대한 일라이드의 첨가 반응은 알켄과 산화 포스핀(phosphine oxide)을 생성하게 된다.

$$Ph_3P: + RCH_2X \longrightarrow Ph_3\overset{+}{P}-CH_2R\ X^- \xrightarrow[THF]{n\text{-BuLi}} \left[Ph_3\overset{+}{P}-\overset{-}{C}HR \longleftrightarrow Ph_3P{=}CHR\right]$$

phosphonium salt — phosphonium ylide — alkylidene triphenylphosphorane

$$\left[Ph_3\overset{+}{P}-\overset{-}{C}HR\right] + \text{cyclohexanone} \longrightarrow Ph_3P{=}O + \text{(alkylidene)cyclohexane } (=CHR)$$

포스포레인(phosphorane)의 반응성과 안정도는 일라이드 탄소 음이온 탄소이 있는 치환체의 성질에 달려 있다. 따라서 Wittig 반응에서 사용되는 일라이드는 **비안정화된** 일라이드(nonstablized ylide)와 **안정화된** 일라이드(stabilzed ylide)의 두 가지로 나눌 수 있다.

비안정화된 일라이드

이러한 일라이드는 음이온 중심에 전자 끄는 치환기가 없다. 즉 수소나 전자를 주는 알킬기가 일라이드 탄소에 있거나, 페닐기가 인에 존재한다. 안정화되지 않은 일라이드는 친핵성이며 CO_2, O_2, H_2O와 반응한다. 따라서 반드시 비활성 기체하에서 반응을 수행해야 한다. 할로젠화 일차 및 이차 알킬로부터 포스포늄염을 만들고, 이것은 바로 다음 반응에서 일라이드의 합성에 사용된다.

입체 화학

알데하이드와 비안정화된 일라이드와의 Wittig 반응은 일반적으로 (*Z*)-알켄을 생성한다. 그러나 용해성 리튬염이 존재하는 경우는 (*Z*)-알켄의 선택성을 낮추게 되고 동시에 (*E*)-선택성을 향상시켜 생성물의 입체 화학에 대해 영향을 끼치게 된다.[51] 따라서 포스포늄염의 양성자를 떼어내는 데는 유기리튬(organolithium) 반응 시약 대신 NaHMDS[소듐 헥사메틸다이실라자이드(sodium hexamethyldisilazide)] 또는 KHMDS[헥사메틸다이실라진화 포타슘(potassium hexamethyldisilazide)] 또는 THF에 녹인 *t*-BuOK를 생성되는 소듐염이나 포타슘염이 용해도가 낮은 까닭에 사용하는 것이 좋다.

$$CH_3CH_2CH_2\overset{+}{P}Ph_3\ Br^- \xrightarrow[\text{b. PhCHO}]{\text{a. 염기, THF}} (E)\text{-alkene (Ph)} + (Z)\text{-alkene (Ph)}$$

LiHMDS *E*:*Z* 42:58
NaHMDS *E*:*Z* 4:96

좋은 (*Z*)-선택성을 얻기 위해서 용매가 매우 중요한 역할을 한다. 일반적으로 Et_2O, THF, DME와 같은 에터성 용매가 가장 좋다. 엔올레이트를 생성하는 경향이 큰 카보닐 화합물의 경우는 톨루엔이 가장 적합한 용매일 것이다.

DMSO(예를 들어 알코올과 같은)나 양성자성 용매(protic solvent)는 수율과 입체 선택성이 나빠지는 까닭에 사용하지 않아야 한다.[52] 또한 알데하이드나 케톤을 낮은 온도(−78°C)에서 일라이드에 첨가해야 한다. 다음의 예에서 보듯이 Wittig 반응은 에스터, 에터, 할로젠, 또는 이중 결합과 삼중 결합의 작용기가 존재해도 문제가 없이 진행한다.

Br^- Ph_3P^+ phosphonium bromide —(a. 염기, 용매; b. CHO, CO_2Et)→ n-C_4H_9, CO_2Et

염기, 용매	*E*:*Z* 비
t-BuOK, THF	6:94
NaH, DMF	6:94
n-BuLi, Et_2O	22:78

리튬염이 존재하지 않는 무염(salt-free) Wittig 반응이 (*Z*)-선택성을 보이는 것과 연계해서 열역학적으로 덜 안정한 *cis*-알켄을 만드는 방법을 개발하는 것은 오랫동안 집중적인 연구의 대상이었다.[48e] 한때는 올레핀화 반응이 쯔비터 이온성 베테인(zwitterionic betaine)과 1,2-옥사포스페테인(1,2-oxaphosphetane) 중간체를 포함하는 이온성의 단계적인 과정을 거쳐 일어나는 것으로 이해했었다. 그러나 ^{31}P NMR 분광학을 이용한 연구에 의해 옥사포스페테인만이 중간체로 관찰됨이 밝혀졌다.[53]

$Ph_3P{=}CHR$ + R′CHO → [$Ph_3\overset{+}{P}$ O^- H R H R′] betaine (^{31}P NMR에 의한 관찰되지 않음) → Ph_3P-O H R H R′ oxaphosphetane

앞서 언급한 바와 같이, Wittig 반응에서의 (*Z*)-와 (*E*)-알켄의 비는 일라이드의 구조 및 카보닐기의 성질, 리튬염의 존재 여부, 용매, 반응 온도 등의 다양한 요소에 의해 영향을 받는다. 이러한 반응의 특성을 모두 고려해서 염이 존재하지 않는 경우에 비안정화된 일라이드와 알데하이드의 반응 시에 보이는 높은 (*Z*)-알켄 선택성을 설명할 수 있는 메커니즘을 생각해 내는 것은 결코 쉬운 일이 아니다. 아마도 **모든** Wittig 형태의 반응에 대한 단 한 가지의 통일된 메커니즘이 존재하지 않을 수도 있다.[54] 비안정화된 일라이드와 알데하이드의 Wittig 올레핀화 반응에서의 (*Z*)-알켄 선택성을 설명하기 위한 현재의 견해에 의하면 한 단계(one step), 비동시성(nonsynchronous) 고리화 첨가 반응 메커니즘이 선호되고 있다. 탄소–탄소 결합은 일찍 생성되며, 일라이드가 카보닐기를 공격하는 것은 네 개의 중심을 가진(four-centered), 주름잡힌(puckered) 전이 상태를 거쳐 가는데, 이때 일라이드의 치환기 R′과 인의 Ph기, 알데하이드의 R기는 입체 상호 작용을 최소화하기 위해 위치를 잡고 있게 되며, 직접적으로 속도론적 *cis*-옥사포스페테인을 만들게 된다. Wittig 반응에 대한 자세한 메커니즘에 대한 논의를 위해서는 원래의 문헌을 참조하는 것이 좋을 것이다.[48e,55]

$Ph_3P{=}CHR'$ + OHC–Ⓡ → [Ph, Ph, Ph, P, O, C, R′, H, H, Ⓡ]‡ 주름잡힌 전이 상태 (R ≬ R′ 보다 R ≬ H가 선호됨) → Ph_3P–O, R′, H, H, R = Ph_3P, O, H, R′, H, R oxaphosphetane → $Ph_3P{=}O$ + (*Z*)-alkene (R′, H, R, H)

일반적으로 옥사포스페테인(oxaphosphetane)은 열역학적으로 불안정하며 알켄과 산화 트라이페닐포스핀(triphenylphosphine oxide)으로 분해된다. **이러한 제거 반응 과정은 입체 선택적이며**, 산소와 인이 *syn*-준평면(syn-periplanar)에 따라 갈라지게 되어 (*Z*)-알켄을 생성한다. 반응의 추진력은 매우 안정한 P=O 결합(결합 해리 에너지 130∼140 kcal/mol, 544∼586 kJ/mol)을 생성하는 것에서 비롯된다.

흥미롭게도 가장 단순한 Wittig 반응 시약인 메틸렌트라이페닐포스포레인(methylenetriphenylphosphorane, $Ph_3P{=}CH_2$)은 입체적으로 가려진 케톤과 느리게 반응한다. DMSO를 용매로 하여 캠퍼(camphor, 장뇌)를 $Ph_3P{=}CH_2$와 50°C에서 반응하면 2-메틸렌보네인(2-methylenebornane)을 만들 수 있지만, 보다 입체적으로 가려진 펜촌(fenchone)의 경우에는 $Ph_3P{=}CH_2$와 50°C에서 THF, THF-HMPA, 또는 DMSO에서 반응하였을 경우 반응이 일어나지 않는다.[56] 입체 장애가 있는 케톤의 경우에 필요한 보다 반응성이 큰 메틸렌화 반응 시약은 리튬화된 일라이드(lithiated ylide) $Ph_3P{=}CHLi$이다. 이것은 $Ph_3P{=}CH_2$를 *t*-BuLi로 양성자 이탈 반응을 하여 유도된다. 즉 펜촌을 HMPA

존재하에서 Ph_3P=CHLi과 반응시킨 후, 얻어진 첨가 생성물을 *t*-BuOH로 분해하면 exo-메틸렌 유도체를 얻는다.[57]

$Ph_3\overset{+}{P}CH_3\ Br^-$ → ($H_3CS(O)CH_2^-\ Na^+$ (dimsyl anion), DMSO) → $[Ph_3P=CH_2]$ → ((camphor), DMSO, 50°C) → 73%

$[Ph_3P=CH_2]$ → (*t*-BuLi, THF) → $[Ph_3P=CHLi]$ → (a. (fenchone), THF, HMPA, −50~20°C; b. *t*-BuOH) → 87%

입체적으로 가려진 케톤이나 알데히드에 대해 메틸렌화 반응의 다른 해결 방법은 타이타노센 메틸리딘 **A**(Schrock 카벤)을 사용하는 것이다. 메틸리딘 **A**는 구입 가능한 Tebbe 반응 시약[59]으로부터 만들수 있다. 또한 타이타노센 이염화물을 메틸화하면 Petasis 반응 시약[60]이 얻어지는데, 이 반응 시약은 열에 의해 α-제거 반응이 일어나 **A**를 만들 수 있다. 타이타늄 알킬리덴을 만드는 몇 가지 다른 방법들도 알려져 있다.

$(Cp)_2TiCl_2$ → ($AlMe_3$) → Tebbe 시약 → (pyridine) → **A** ($Cp_2Ti=CH_2$)

$(Cp)_2TiCl_2$ → (MeLi 또는 MeMgCl) → Petasis 시약 → (Δ) → **A**

A + RC(O)R′ → $R(C=CH_2)R'$ + $Cp_2Ti=O$

메틸렌-트라이페닐포스포레인($Ph_3P=CH_2$)과 비교해서 메틸리딘 **A**를 사용할 때 주된 이점은 이 반응 시약은 상대적으로 작아서, 입체적으로 가려진 알데하이드와 케톤의 메틸렌화가 가능하다.[61] 덧붙여서, **A**는 비염기성이며 카보닐기의 α-위치 입체 발생 중심(stereogenic center)을 에피머화하지 않으며 역Michael 반응에 의한 제거 반응을 일으키지도 않는다. 이를 설명해 주는 몇 가지 예를 다음에 들었다.[62,63,64]

1. 3N HCl, THF
2. Tebbe 시약, THF, 0°C

67%(두 단계)

1. Petasis 시약, toluene, reflux
2. TPAP (cat.), NMO, CH_2Cl_2, 0°C

76%(두 단계)

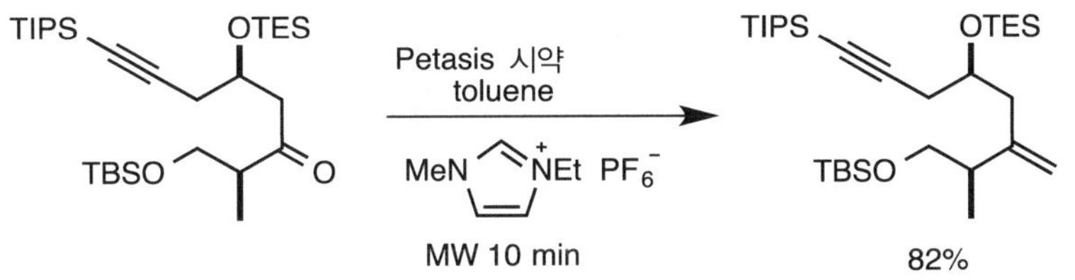

Tebbe와 Petasis 반응 시약을 사용하면 에스터, 락톤, 아마이드, 이미드, 싸이오에스터의 메틸렌화(methylation)가 가능하다.[58,65,66]

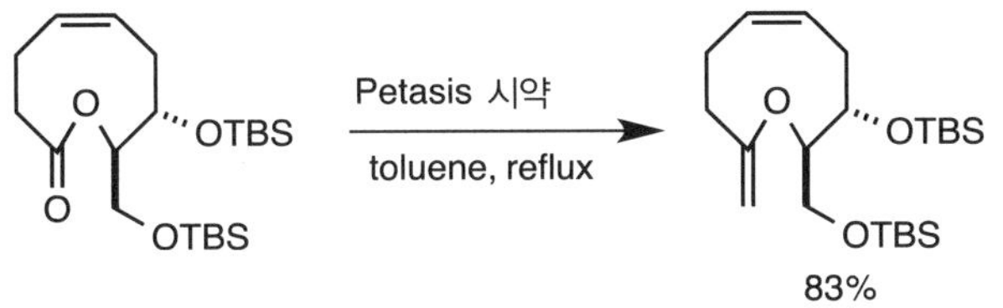

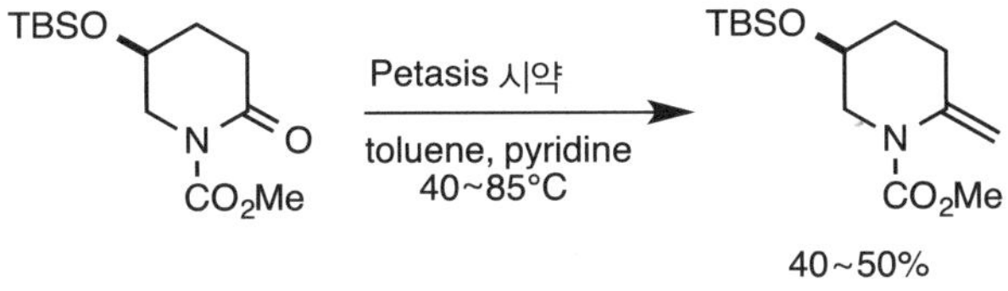

Schlosser의 변형[67]

Wittig 반응의 Schlosser 변형(Wittig-Schlosser 반응)을 사용하면 비안정화된 일라이드로부터 거의 순수한 *trans*-올레핀을 얻을 수 있다. 예를 들어 *cis*-옥사포스페테인 중간체 A를 *n*-BuLi 또는 PhLi으로 −78°C에서 반응시키면 인 원자 바로 옆에 있는 탄소에 붙어 있는 산성의 양성자가 리튬화(lithiation)되어 β-옥시도 포스포늄 일라이드(β-oxido phosphonium ylide) B가 생성된다. B를 *t*-BuOH를 사용하여 양성자 첨가 반응(protonation)하면 *trans*-1,2-이치환 알켄 C가 생성된다.

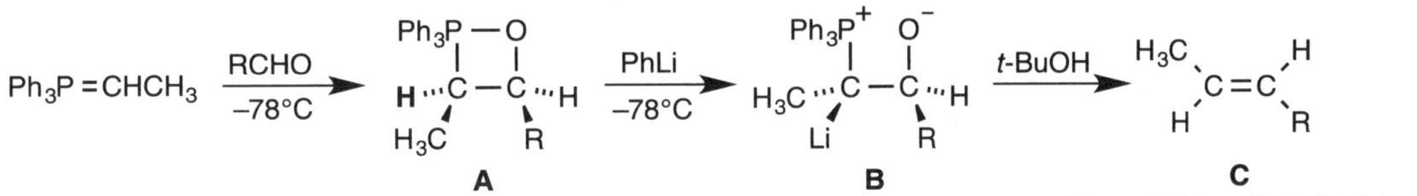

R = n-C_5H_{11}: 70% (99% *E*)

양성자 주개 이외의 친전자체와 β-옥시도 일라이드와 반응하는 것은 입체 선택적으로 삼치환 알켄을 만드는 경로가 된다. 예를 들어 β-옥시도 포스포늄 일라이드 B(파라폼알데하이드로부터 만들어진)를 폼알데하이드와 반응하게 하면 다이옥시도 포스포늄 유도체 D가 생성되는데, 이로부터 산화 트라이페닐포스핀(triphenylphosphine oxide)이 제거되면, 삼치환 알릴성 알코올 E를 얻게 된다.[68]

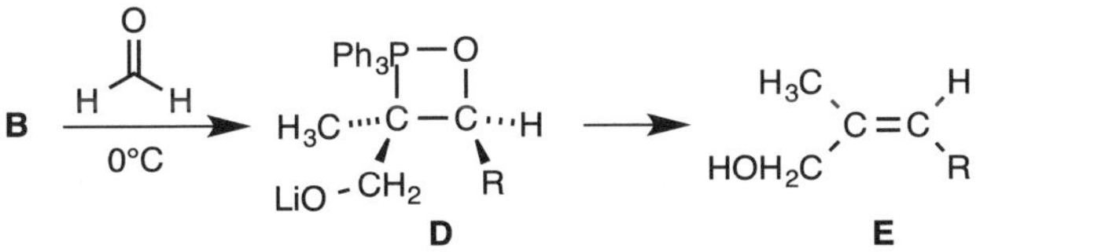

R = n-C_6H_{13}: 73% (99% *E*)

γ-옥시도 일라이드는 에폭사이드와 $Ph_3P{=}CH_2$ 또는 $Ph_3P{=}CHLi$와 반응하면 만들 수가 있다.[57,69] 이것들은 알데하이드와 입체 선택적으로 반응해서 호모알릴성 알코올을 생성한다. 이것의 예로 산화 사이클로펜텐(cyclopentene oxide)을 *trans,trans*-호모알릴성 알코올로 변환할 수가 있고, 결과로 두 탄소–탄소 결합과 두 개의 입체 중심(stereocenter)이 만들어진다.

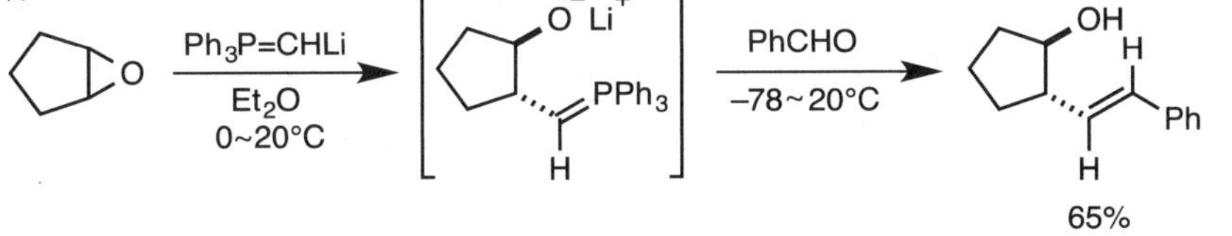

분자내 Wittig 반응은 오원자, 육원자, 칠원자 고리 화합물의 합성 방법이 된다.[70]

$$\text{(2-(3-bromopropyl)cyclohexanone)} \xrightarrow[Et_2O,\ 가열]{Ph_3P} \text{(phosphonium salt, } \overset{+}{P}Ph_3\ Br^-) \xrightarrow[DMSO]{CH_3\overset{O}{\overset{\|}{S}}\overset{-}{C}H_2\ Na^+} \text{(bicyclic alkene) } 59\%$$

트라이페닐포스핀과 클로로메틸 메틸 에터(chloromethyl methyl ether, MOM-Cl, 발암성)는 알데하이드 또는 케톤과 반응하여 해당하는 에놀 에터를 만든다. 이것을 산 가수 분해하면 탄소 한 개가 늘어난 알데하이드를 만든다. 즉 케토기를 알데하이드기로 변환하는 결과가 된다.[71]

$$\text{(MeO, OMe-indanone)} \xrightarrow[dioxane]{Ph_3P=C(OCH_3)H} \text{(enol ether, =CH–OMe) } 73\% \xrightarrow[dioxane,\ H_2O,\ 가열]{TsOH} \text{(indane-CHO) } 96\%$$

안정화된 일라이드[72]

이들 일라이드의 음이온 중심은 보통 카보닐기(–CHO, –COR, $-CO_2R$)와의 콘쥬게이션에 의해 더욱 안정화된다. 따라서 이러한 일라이드는 반응성이 낮게 되고 더 약한 염기가 되지만, 비안정화된 일라이드에 비해 산소나 양성자성 용매(protic solvent)에 보다 안정하다. 이런 형태의 안정화된 일라이드는 주로 알데하이드의 올레핀화에 사용된다.

$$\left[Ph_3\overset{+}{P}-\overset{-}{C}H\overset{O}{\overset{\|}{C}}H_2R \longleftrightarrow Ph_3P=CH\overset{O}{\overset{\|}{C}}R \longleftrightarrow Ph_3PCH=C\begin{smallmatrix}O^-\\R\end{smallmatrix} \right]$$

제조

합성면에서 유용한 카보에톡시메틸렌트라이페닐포스포레인(carbethoxymethylenetriphenylphosphorane, $Ph_3P=CHCO_2Et$와 $Ph_3P=CRCO_2Et$)의 합성은 α-브로모에스터와 Ph_3P가 반응하여 생성된 포스포늄염을 NaH와 금속 알콕사이드 또는 수용액의 NaOH와 반응하여 양성자 이탈 반응을 거치면 만들어진다.[73] 유기리튬 화합물은 에스터 카보닐기와 반응하기 때문에 양성자 이탈 반응에 사용될 수가 없다.

$$Ph_3P + BrCH_2CO_2Et \xrightarrow[25°C]{benzene} Ph_3\overset{+}{P}CH_2CO_2Et\ Br^- \xrightarrow[H_2O]{NaOH} Ph_3P=CHCO_2Et$$
m.p. 125–127°C

$$Ph_3P + R\underset{Br}{C}HCO_2Et \longrightarrow Ph_3\overset{+}{P}-\underset{R}{C}HCO_2Et\ Br^- \xrightarrow{염기} Ph_3P=C\begin{smallmatrix}CO_2Et\\R\end{smallmatrix}$$

해당하는 폼일(formyl) 유도체인 폼일메틸렌트라이페닐포스포레인(formylmethylenetriphenylphosphorane)은 메틸렌트라이페닐포스포레인과 폼산 에틸(ethyl formate)이 반응하면 얻어진다.[74]

$$Ph_3\overset{+}{P}-CH_3\ Br^- \xrightarrow[Et_2O]{n\text{-}BuLi} Ph_3P=CH_2 \xrightarrow[b.\ workup]{a.\ H\overset{O}{\overset{\|}{C}}OEt,\ Et_2O} Ph_3P=CH\overset{O}{\overset{\|}{C}}H$$
m.p. 186~187°C

안정화된 Wittig 반응 시약은 무극성 용매를 사용했을 경우에는 우선적으로 (*E*)-올레핀 생성물을 만들지만, 극성 용매에서는 (*Z*)-이성질체가 주로 생성될 수 있다. 일라이드의 치환 형태에 따라서 알데하이드와의 반응에 의해 생성되는 이치환 또는 삼치환 올레핀의 입체 화학을 예측할 수 있다. 무극성 용매에서의 올레핀화 반응은 일라이드의 전자 끄는 기가 붙어 있는 경우 일라이드의 전자 끄는 기와 알데하이드의 R기가 *trans*-관계로 되어 있는 올레핀을 만들게 된다. 예를 들어 $Ph_3P=CHCO_2Et$와의 반응[75]과 $Ph_3P=CHCHO$의 알데하이드와의 반응[76]은 각각 (*E*)-α,β-불포화 에스터 또는 (*E*)-α,β-불포화 알데하이드를 만든다. (*Z*)-α,β-불포화 알데하이드 **A**는 $Ph_3P=CHCH(OEt)_2$[77]와 알데하이드가 반응한 후, 결과로 얻어진 불포화 아세탈을 온화한 조건에서 선택적인 가수 분해를 하면 얻을 수 있다.

CHO
OH
OMe
$Ph_3P{=}CHCO_2Et$ (2 eq.)
C_6H_6, 가열
CO_2Et
OH
OMe
86%

CHO
$Ph_3P{=}CHCHO$
toluene, 0°C
CHO
80% (100% *E*)

CHO
$Ph_3P{=}CHCH(OEt)_2$
THF, 0°C
$CH(OEt)_2$
cat. TsOH
acetone, H_2O
−10~0°C
CHO
A
90% (98% *Z*)

(*E*)-알켄 선택성을 설명하기 위해 제안된 메커니즘에 의하면 비동시적 고리 첨가 반응이 상대적으로 진전된 생성물을 닮은(product-like) 전이 상태를 거쳐서 일어나며 동역학적으로 생성되는 *trans*-옥사포스페테인 중간체를 만들게 된다. 산화 트라이페닐포스핀이 밀어내기 반응에 의해 빠져나가면 (*E*)-알켄이 생성된다.[78]

$Ph_3P{=}C(CO_2Et)(CH_3)$ —RCHO→ H····C(R)(O−PPh_3)−C(CH_3)····CO_2Et ⟶ (H)(R)C=C(CO_2Et)(CH_3) + $Ph_3P{=}O$

Horner-Wadsworth-Emmons 반응[48e,72,79]

Wittig *trans*-올레핀화 반응에 대한 추가적으로 중요한 것은 포스폰산 에스터(phosphonate, 포스폰산)에 의해 안정화된 탄소 음이온을 올레핀을 만드는 반응 시약을 이용하는 것인데, **Honer-Wadsworth-Emmons** 또는 HWE 반응이라 부른다. HWE 올레핀 반응은 안정화된 일라이드를 사용하는 Wittig 반응에 비해 몇 가지 장점을 갖고 있다.

- 포스포네이트 탄소 음이온은 포스포늄 일라이드보다 더 친핵성이다. 따라서 케톤뿐 아니라 알데하이드도 온화한 조건에서 축합 반응에 사용된다.
- 포스포네이트로부터 생성된 부반응물인 인산 에스터(phosphate ester)는 수용성인 까닭에 올레핀 생성물을 쉽게 분리할 수 있으므로 $Ph_3P{=}O$ 제거 시에 나타나는 문제를 피할 수 있다.
- 적당한 반응 조건에서 (*E*)- 또는 (*Z*)-이성질체를 주로 만들 수 있다.

HWE 반응은 포스폰산물이 강력한 전자 끄는 기를 갖고 있는 경우, 즉 −COR, −COOR, −CN 등의 탄소 음이온을 안정화하는 기를 갖고 있는 경우에 가장 잘 진행된다. 친핵성이 증가하는 까닭에, 포스포네이트 탄소 음이온은 해당되는 안정화된 포스포레인(phosphorane)을 사용할 경우보다 올레핀을 보다 높은 수율로 얻을 수 있다. 비안정화된 포스폰산 에스터 시약의 경우 축합 생성물이 알켄이 되는 분해 반응을 느리게 일어난다.

포스폰산 에스터 반응 시약을 합성하는 여러 가지 방법이 알려져 있다.[79] 예를 들어 아인산트라이에틸(triethylphosphite)과 브로모아세트산 에틸(ethyl bromoacetate)을 반응시키면 포스포노아세테이트 A가 생성된다(**Arbuzov 반응**). 이 반응과 NaH와 같은 적당한 염기와 반응하면 탄소 음이온 B가 생성되며, 이것을 사이클로헥산온(cyclohexanone)과 반응시키면 사이클로헥실리덴아세테이트 C를 70%의 수율로 얻을 수 있다. 이것은 트라이페닐포스포레인 $Ph_3P{=}CHCO_2Et$를 사용하는 경우에 단지 25%의 수율로 얻는 것과 비교하면 좋은 반응임을 알 수 있다.

$(EtO)_3P$ + CH_2CO_2Et (Br) ⟶ $(EtO)_2\overset{+}{P}(O\text{-}Et)-CH_2C(=O)OEt$ Br^- ⟶ $(EtO)_2P(=O)-CH_2C(=O)OEt$ + EtBr
A

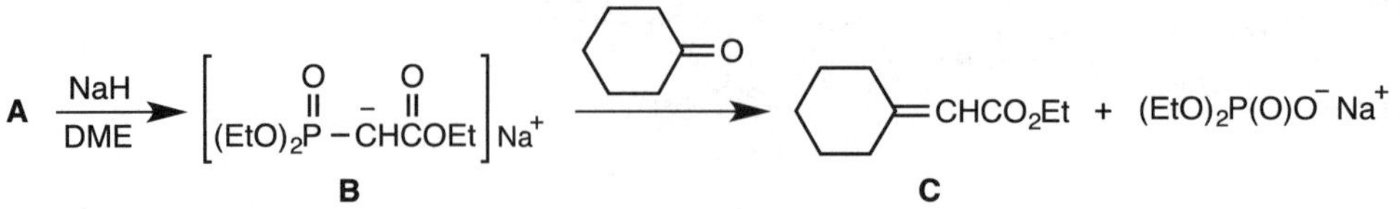

Arbuzov 반응은 α-케토포스폰산 에스터(α-ketophosphonate)를 만드는 데는 적합하지 않다. 그러나 이런 합성적으로 유용한 시약[80]은 다이메틸 메틸포스폰산 에스터의 리튬염과 에스터로부터 만들 수 있다.[81] α-케토포스폰산 에스터를 NaH와 금속 알콕사이드와 반응하면 해당하는 탄소 음이온이 생성되며, 이것은 알데하이드와 반응이 더 일어나서 합성적으로 유용한 콘쥬게이션된 엔온을 만드는데, 그 예는 다음과 같다.[82]

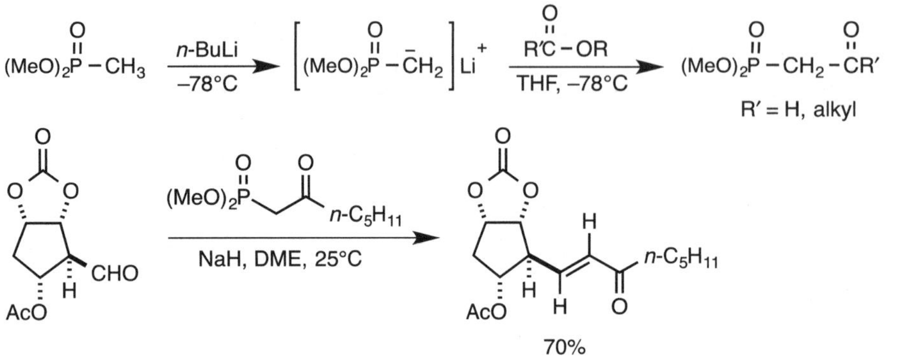

R′ = H, alkyl

70%

HWE 올레핀화 반응의 입체 선택성은 인에 붙어 있는 RO기의 성질과 일라이드의 구조적 특징, 용매, 반응 온도에 의존한다. 일반적으로 HWE 반응은 우선적으로 보다 안정한 *trans*-이치환 올레핀을 생성한다.

α-위치에 가지가 있는 포스폰산 에스터 반응 시약을 알데하이드와 반응시키거나, 또는 카보닐 반응물로서 케톤을 사용하여 삼치환된 올레핀을 HWE 반응을 통해 합성할 수 있다. 이런 반응의 입체 선택성은 포스폰산 에스터 음이온의 구조적 특징과 사용된 용매에 의존한다. 예를 들어 α-위치에 메틸기가 치환된 포스폰산 에스터 음이온과 입체적으로 부담이 되는 알데하이드는 아래에 보인 바와 같이 (*Z*)-불포화 에스터를 생성한다.[83] 해당되는 (*E*)-불포화 에스터는 알데하이드와 카보메톡시에틸리덴트라이페닐포스포레인(carbmethoxyethylidenetriphenyphosphorane)과의 축합에 의해 만들 수 있다. HWE 시약이 α-위치에 치환기가 메틸기보다 큰 경우에는 높은 (*E*)-선택성을 얻기 어렵다.[79]

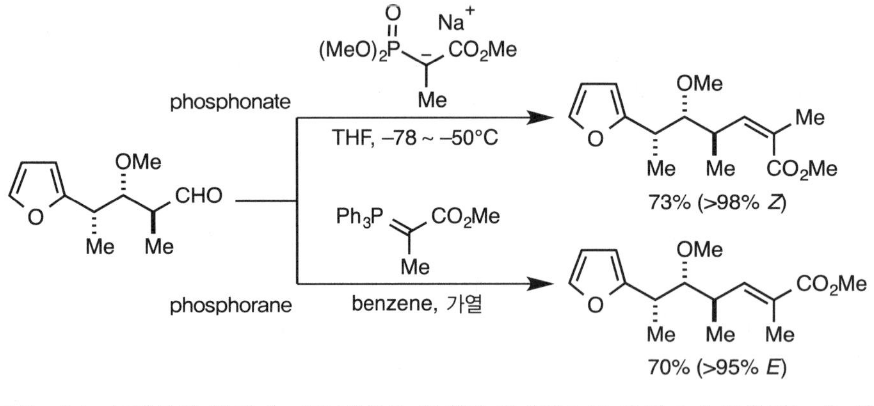

73% (>98% *Z*)

70% (>95% *E*)

포스폰산 에스터 시약의 양성자 이탈 반응을 위해서 상대적으로 강염기가 사용되는데, 생성되는 포스폰산 에스터에 의해 안정화되는 탄소 음이온은 해당되는 포스포레인 시약보다 염기성이다. 이러한 조건은 염기에 민감한 알데하이드와 케톤에는 사용할 수가 없다. 왜냐하면 카이랄 화합물인 경우에 에피머화 반응(epimerization)이나 축합 반응이 일어날 수 있기 때문이다. 이러한 문제점을 해결하기 위해 HWE 올레핀화 반응을 온화하게 수행하는 방법은 LiCl[84] 또는 $MgBr_2$[85] 존재 하에서 **삼차** 아민(tertiary amine)을 염기로 사용하는 것이다. Lewis 산인 양이온(Li^+ 또는 Mg^{2+})의 역할은 에스터 카보닐기와 포스폰산 에스터 산소(B의 구조에서 보인 바와 같이)를 배위함으로써 A의 메틸렌 α-양성자의 pK_a를 낮추어서 약한 염기라도 금속 엔올레이트(enolate) C를 생성할 수 있게 하는 것이다. 또한 금속 양이온이 알데하이드의 카보닐 산소에 착물을 만듦으로써 카보닐 탄소의 친전자성을 증가시키고, 따라서 포스포노 엔올레이트(phosphono enolate)

가 친핵성 첨가 반응이 수월하게 일어나도록 한다. LiCl-매개 올레핀화 반응은 유기 합성에서 현재 널리 쓰이고 있다.

$(EtO)_2P(O)CH_2CO_2Et$ (A) ⇌ [LiCl] $(EtO)_2P(O)CH_2C(O)OEt \cdot Li^+$ (B) ⇌ [i-Pr_2NEt] $(EtO)_2P(O)CH{=}C(O^-)OEt \cdot Li$ (C) + i-Pr_2N^+HEt + Cl^-

C → [Me_2CHCHO] Me_2HC-CH=CH-CO_2Et 97% (95% E)

사이클로헥사논 + $(EtO)_2P(O)CH_2CO_2Et$ → [$MgBr_2$, Et_3N, THF, 25°C] 사이클로헥실리덴 $CHCO_2Et$ 90%

포스포네이트 시약을 잘 선택하면 바이닐성 에스터의 이중 결합의 입체 화학을 조절하는 데 여러 면에서 유용성이 크다. 다이알킬포스포노아세테이트(dialkylphosphonoacetate)를 알데하이드와 축합하면 주로 보다 안정한 (E)-불포화 에스터가 생성되는 반면, 메틸 비스(트라이플루오로에틸)포스포노아세테이트[methylbis(trifluoroethyl)phosphonoacetate])와 지방족 또는 방향족 알데하이드를 KHMDS[헥사메틸다이실라진화 포타슘(potassium hexamethyldisilazide)]와 18 크라운-6이 존재하는 조건에서 반응시키면 (Z)-α,β-불포화 에스터를 입체 선택적으로 만들 수 있다.[86]

$(CF_3CH_2O)_2P(O)CH(R)CO_2Me$ R (H, Me) → [KHMDS, 18-crown-6, THF, –78°C] $[(CF_3CH_2O)_2P(O)C^-(R)CO_2Me]\ K^+$ R (H, Me)

트라이플루오로에틸기는 반응 입체 선택성을 바꿈

(E)-2-헥센알 CHO
→ a. $(CF_3CH_2O)_2P(O)CH^-CO_2Me\ K^+$ b. NH_4Cl, H_2O → CO_2Me 87% (>98% 2-Z, 4-E)
→ a. $(CF_3CH_2O)_2P(O)C^-(Me)CO_2Me\ K^+$ b. NH_4Cl, H_2O → Me, CO_2Me 79% (>98% 2-Z, 4-E)

포스폰산 에스터와 알데하이드로부터 (Z)-불포화 에스터를 만드는 경제적인 대안은 올레핀화 반응에서 값비싼 18-크라운-6을 사용하지 않고 에틸 다이아릴포스포노아세테이트를 NaH 또는 Triton B[(수산화 벤질트라이메틸암모늄(benzyltrimethylammonium hydroxide)] 존재하에서 반응시키는 것이다.[87] 다이아릴포스포노아세테이트와 염기에 불안정하거나 작용기가 치환된 알데하이드와의 축합 반응은 NaI와 DBU를 THF 용매에서 사용하여 가장 원활하게 수행할 수 있다.[88]

$(2\text{-}MeC_6H_4O)_2P(O)CH_2CO_2Et$ → [a. NaH, THF, –78°C; b. c-$C_6H_{11}CHO$, –78°C; c. NH_4Cl, H_2O] 사이클로헥실-CH=CH-CO_2Et 100% (95:5, Z:E)

$(2\text{-}MeC_6H_4O)_2P(O)CH_2CO_2Et$ → [a. NaI, DBU, THF, 0°C] → [b. Bz(Boc)N-(CH_2)_3-CH(OTBS)-CHO; c. NH_4Cl, H_2O work-up] Bz(Boc)N-(CH_2)_3-CH(OTBS)-CH=CH-CO_2Et 91% (96:4, Z:E)

HWE 반응에서의 (E)-와 (Z)-선택성은 시작 단계의 탄소–탄소 결합 생성 시의 입체 선택성과 중간체인 첨가 반응 생성물의 가역성의 조합에 달려 있다. (E)-선택성은 열역학적으로 보다 안정한 **트레오**(threo) 첨가 생성물이 생성되고 이것이 옥사포스페테인 중간체를 거쳐 (*E*)-올레핀으로 분해되는 것으로 설명할 수 있다. (*Z*)-선택성은 **에리트로**(erythro) 첨가 생성물이 우세하게 생성되고, 이것이 옥사포스페테인 중간체를 거쳐 비가역적으로 (*Z*)-올레핀이 생성되는 것으로 이해할 수 있다.[87]

염기
트레오 첨가 생성물
(더 안정)
염기

Peterson 올레핀화 반응[89]

Peterson **올레핀화 반응**(Peterson olefination)은 연결 과정을 거치는 알켄 합성법의 하나이며, Wittig 반응에 대해 유용한 대안이다. Peterson 올레핀화 반응의 전구체는 β-하이드록시알킬트라이메틸실레인(β-hydroxyalkyltrimethylsilane)이며, 이것이 산성이나 염기성 조건에서 트라이메틸실란올(trimethylsilanol)의 β-제거 반응이 일어나서 입체 화학을 예측할 수 있게 알켄을 생성한다. 이 올레핀화 방법은 특히 말단 이중 결합이나 *exo*-고리 이중 결합의 제법과 Wittig 반응을 통해서는 잘 일어나지 않는 입체 장애가 있는 케톤의 메틸렌화 반응에 대해 유용하다. 또한 반응의 부산물인 헥사메틸다이실록세인(hexamethyldisiloxane, $Me_3SiO\text{-}SiMe_3$, bp 101°C)은 증류에 의해서 쉽게 제거된다.

염기
또는 산
+ $Me_3Si\text{-}O\text{-}SiMe_3$

이 반응을 위해 필요한 β-하이드록시알킬트라이메틸실레인은 α-실릴 탄소 음이온을 알데하이드나 케톤에 첨가하거나 유기구리산 화합물(organocuprate)을 α,β-에폭시실레인(α,β-epoxysilane)에 첨가하는 반응, β-케토실레인의 환원 반응, 또는 유기금속 시약을 β-케토실레인에 첨가하는 몇 가지 방법을 통해 얻는다. 어떠한 방법을 선택해야 하는가는 원하는 알켄의 구조와 입체 화학에 달려 있다.

말단 알켄의 합성은 다음의 예를 보인 바와 같이 염화 (트라이메틸실릴)–메틸마그네슘[(trimethylsilyl)–methylmagnesium chloride, Me_3SiCH_2MgCl] 또는 (트라이메틸실릴)메틸리튬[(trimethylsilyl)methyllithium, Me_3SiCH_2Li]을 알데하이드와 케톤에 첨가 반응을 하는 것이 필요하는데, 이 결과 해당되는 β-하이드록시실레인이 생성되고, 이것이 염기 또는 산 매개 제거 반응이 일어나서 아래에 보인 바와 같이 알켄이 생성된다.[90]

$$Me_3SiCH_2Cl \xrightarrow[THF]{Mg} [Me_3SiCH_2MgCl] \xrightarrow[\text{b. aq. } NH_4Cl]{\text{a. RCHO}} Me_3SiCH_2CH(OH)R$$

R = n-C_7H_{15}

KH, THF, rt → $H_2C{=}CHR$ 70%

conc. H_2SO_4, THF, 가열 → $H_2C{=}CHR$ 73%

쉽게 엔올레이트를 만드는 카보닐 화합물의 메틸렌화 반응의 경우에는, 염기성이 매우 강한 리튬 시약 Me_3SiCH_2Li을 사용하는 대신, (트라이메틸실릴)메틸리튬과 무수 염화 세륨(III)[anhydrous cerium(III) chloride]을 섞어서 만들 수 있는, 염기성이 작으면서 보다 친핵성이 센 시약(아마도 '$RCeCl_2$'로 추정)을 사용하는 것이 필요하다. β-하이드록시실레인의 분리를 용이하게 하기 위해서 가수 분해를 통해 반응을 workup하기 전에, 사용된 $CeCl_3$와 같은 당량의 TMEDA를 가해 준다. 다음에 보인 2-인단온(2-indanone)을 2-메틸렌인데인(2-methyleneindane)으로 변환하는 것이 전형적인 반응의 예가 된다.[91]

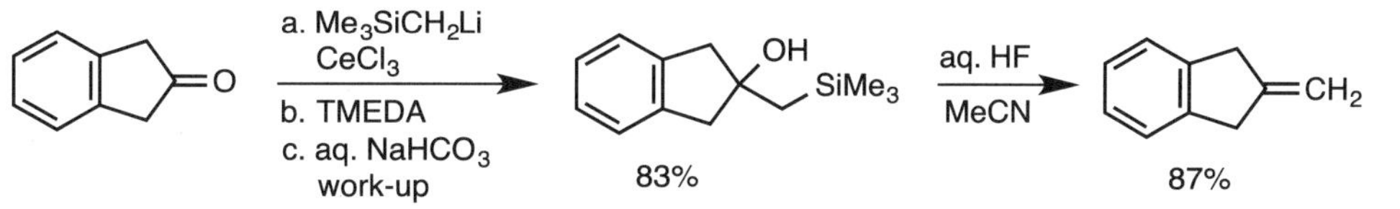

Peterson 올레핀화 반응에서 강염기인 α-실릴 탄소 음이온을 사용하지 않은 다른 방법은 비스(트라이메틸 실레인)을 사용하는 것이다.[92] 이 반응 시약은 모노실란에 양성자 이탈 반응을 한 후, 결과의 음이온에 TMSCl을 가해 반응을 종료하면 만들 수 있다. 알데하이드와 비스(트라이메틸 실레인) 혼합물을 플루오린 음이온에 가하면 반응 중에 α-실릴 음이온이 생성되고 이어서 Peterson 올레핀화 반응을 수행할 수 있다. *N*-페닐 이민을 친전자체로 사용하는 경우 해당하는 *E* 알켄을 높은 선택성으로 얻는다.

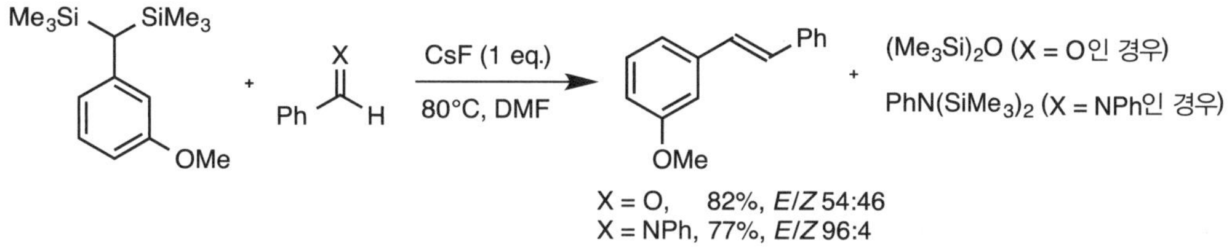

Peterson 올레핀화 반응은 α,β-불포화 에스터의 합성에도 적용할 수 있다. 따라서 HWE 포스포네이트 방법에 대한 매력적인 대안이 될 수 있다. 예를 들어 트라이메틸실릴아세테이트를 R_2NLi을 사용하여 양성자 이탈 반응을 한 다음 이어서 사이클로헥산올을 가하면 중간체인 β-하이드록시실레인이 생성되고, 이것으로부터 규소–산소 부분이 제거되어 에틸 사이클로헥실리덴아세테이트(ethyl cyclohexylideneacetate)가 만들어진다.[93]

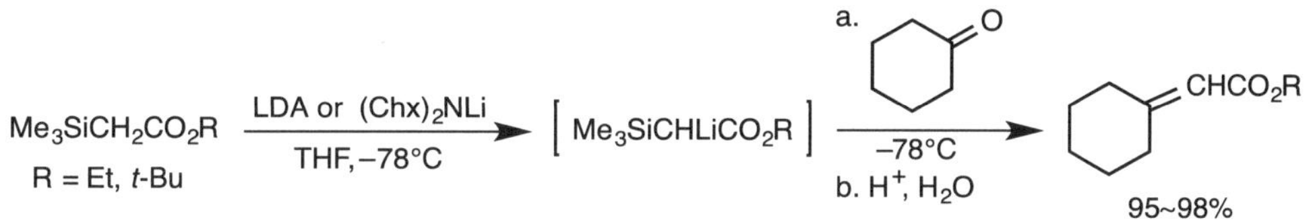

Peterson 반응의 장점은 하나의 β-하이드록시실레인 부분 입체 이성질체가 (*Z*)-와 (*E*)-알켄 모두를 입체 특이적으로 만들어 낼 수 있는 전구체로 쓰일 수가 있다는 것이다. 이것은 제거 반응이 산성 조건(THF에서 H_2SO_4 또는 $BF_3 \cdot Et_2O$)이나 염기성 조건(THF에서 KH)에서 일어나는가에 달려 있다. 예를 들어 5-트라이메틸실릴-4-옥탄올의 syn 부분 입체 이성질체를 THF에서 H_2SO_4로 처리한 후 workup하면 (*Z*)-4-옥텐을 얻는다. 같은 *syn*-β-하이드록시실레인을 THF에서 KH를 사용하여 제거 반응을 수행하면 (*E*)-옥텐을 얻는다. 유사한 조건에서 *anti*-β-하이드록시실레인을 산성에서 반응시키면 (*E*)-4-옥텐을 얻고, 염기성에서는 (*Z*)-이성질체를 얻는다.[94] 산–매개 제거 반응은 입체 특이적이며, 안티 준평면의 전이 상태를 거쳐서 일어난다. 염기 존재 시에는 β-하이드록시실레인에서 양성자 이탈이 일어난 후 산소 음이온(oxyanion)이 규소 원자를 공격하여 옥사실레테인(oxasiletane) 음이온 A를 만들고, 이것은 *syn*-준평면 제거 반응을 거쳐서 알켄을 생성한다.[95]

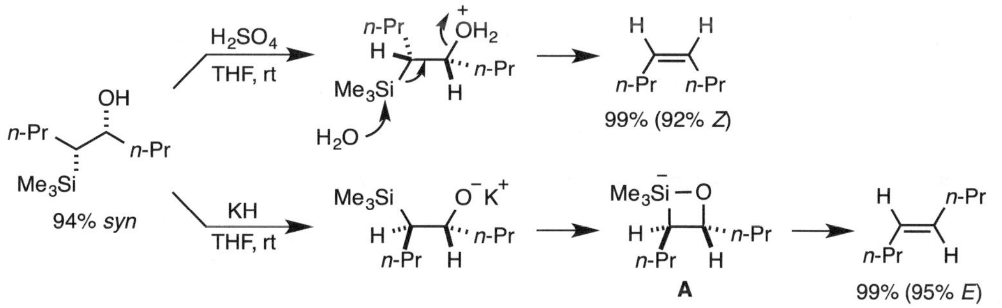

β-케토실레인 방법(β-ketosilane approach)

α-실릴 탄소 음이온과 카보닐 화합물의 축합에 의해 부분 입체 이성질체인 β-하이드록시실레인의 혼합물이 만들어진다. 따라서 Peterson 반응에 의해 입체 화학적으로 정확한 구조의 알켄을 만들 수 있는가는 단지 하나의 부분 입체 이

성질체만을 얻을 수 있는가에 달려 있다. 이러한 단점을 해결하기 위해 입체 선택적으로 β-하이드록시실레인을 합성하는 방법이 개발되었는데, 이는 β-케토실레인이거나 에폭시실레인을 거쳐가는 방법이며, 아래의 예와 같다.

다음의 예는 β-케토실레인 방법을 통해 (*Z*)-4-옥텐을 만드는 방법을 보여 주고 있다. 에틸리튬을 THF에서 바이닐트라이메틸실레인을 첨가하면 α-트라이메틸실릴뷰틸 탄소 음이온이 생성되는데, 이를 *n*-뷰탄알과 반응하면 β-하이드록시실레인의 부분 입체 이성질체의 혼합물을 얻는다. CrO_3–피리딘을 사용하여 산화시키면 β-케토실레인 **A**를 얻는데, 이것을 *i*-Bu_2AlH로 환원하면 입체 선택적으로 *syn*-β-하이드록시실레인 **B**를 얻는다. *syn*-입체 화학 생성물이 얻어지는 것은 하이드라이드가 β-케토실레인의 카보닐기를 Felkin-Ahn 모형에 의해 선호되는 방법으로 공격하는 것과 일치한다. *syn*-β-하이드록시실레인을 THF에 녹인 진한 황산(H_2SO_4)으로 처리하면 (*Z*)-4-옥텐을 얻는다.[94]

부분 입체 이성질체의 혼합물

A

B

94% *syn*

99% (92% *Z*)

β-케토실레인과 알킬리튬 시약이 반응하면 두 가지 가능한 β-하이드록시실레인 중에서 한 가지 부분 입체 이성질체가 우세하게 생성된다. 예를 들면 5-트라이메틸실릴-4-데칸온을 메틸리튬과 반응시킨 후 염기를 사용하는 workup 과정을 거치면 주로 삼치환 (*E*)-알켄을 얻을 수 있다.[96]

74% (91% *E*)

부분 입체 이성질체 중에서 한 가지 성분이 많이 존재하는 β-하이드록시실레인은 α,β-에폭시실레인으로부터 접근 가능하며 이것과 유기구리산 화합물(organocuprate) 시약과의 반응으로 얻을 수 있다. 에폭시실레인은 (*E*)-바이닐실레인 또는 (*Z*)-바이닐실레인과 *m*-클로로과벤조산(*m*-chloroperbenzoic acid)의 반응으로 만들 수 있다. 필요한 (*Z*)-바이닐실레인과 (*E*)-바이닐실레인은 1-트라이메틸실릴-1-알카인의 수소화붕소 첨가 반응–가양성자 분해 반응 또는 1-알카인의 수소화규소 첨가 반응(hydrosilylation)으로 각각 만들 수 있다.

α,β-에폭시실레인과 유기구리산 화합물 시약이 반응하면 에폭사이드 고리의 위치 선택적 열림 반응이 일어나서 β-하이드록시알킬실레인이 생성되고, 이것으로부터 정해진 입체 화학을 가진 알켄을 만들 수 있다.[97]

98% (98% *Z*)

Julia 올레핀화 반응[98]

Julia 올레핀화 반응(Julia olefination)은 매우 위치 선택적이며, (*E*)-입체 선택적으로 일어나는 까닭에 *trans*-이치환 올레핀을 합성하는 Schlosser 반응을 대체할 수 있는 유용한 방법이 된다. 이 반응은 금속화 반응이 일어난 알킬 페닐 설폰과 알데하이드가 반응하여 β-하이드록시설폰을 만들고, 이것이 환원성 제거 반응을 거쳐서 알켄이 만들어진다. 이

설폰을 통하는 방법이 삼치환과 사치환 알켄을 만드는 방법이 되기 위해서는 한계가 있는데, 왜냐하면 설폰 음이온의 첨가 반응에서 얻어지는 β-알콕시 설폰을 잡아내어 분리하기가 매우 어려울 수 있으며, 또한 케톤과 설폰 전구체로 되돌아갈 수도 있는 까닭이다.

올레핀화 반응에 대한 알킬 페닐 설폰 전구체는 알킬 할라이드와 염화 벤젠싸이올레이트(benzenthiolate)의 반응 후에 *m*CPBA로 알킬 페닐 설파이드를 산화하여 얻을 수 있다. 또 다른 방법으로 브로민화 알킬 또는 아이오딘화 알킬을 친핵성이 작은 벤젠설핀산 소듐(sodium benzenesulfinate, $PhSO_2Na$)으로 치환하여 직접적으로 알킬 페닐 설폰을 만들 수도 있다.

$$PhSH \xrightarrow[EtOH]{Na} PhS^-Na^+ \xrightarrow{n\text{-}C_8H_{17}Br} PhS-n\text{-}C_8H_{17} \xrightarrow[CH_2Cl_2]{mCPBA\ (2\ eq.)} Ph-S(=O)_2-n\text{-}C_8H_{17}$$

$$RCH_2Br \xrightarrow[DMF,\ 25°C]{PhSO_2^-\ Na^+} PhSO_2CH_2R + NaBr$$

알킬 페닐 설폰(pK_a 27)은 에스터와 거의 비슷할 정도로 산성이다. 따라서 THF에서 *n*-BuLi을 사용하면 쉽게 양성자 이탈 반응이 일어나서 α-금속화된(metalated) 설폰을 만든다. 이것들이 알데하이드와 반응하면 β-페닐설폰 알콕사이드 첨가 생성물인 부분 입체 이성질체의 혼합물을 만든다. 벤젠설피네이트 부분의 환원성 제거 반응을 통해서 알켄이 만들어지는 과정은 대개 느리게 일어난다. 부반응을 줄이기 위해서는 하이드록실기를 일단 아세테이트, 벤조에이트, 메실레이트, *p*-톨루엔설포네이트기로 바꾸고, 다음에 과량의 소듐 아말감[sodium amalgam, Na(Hg), 수은에 소량의 소듐 조각을 넣어서 만든다][99]을 메탄올에서 반응하면 *trans*-알켄을 만들 수 있다.[100]

$$PhSO_2CH_2\text{–}C_7H_{15} \xrightarrow[Et_2O]{1a.\ EtMgBr} \left[PhSO_2\overset{-}{C}HC_7H_{15}\right]\overset{+}{Mg}Br \xrightarrow{1b.\ n\text{-}C_6H_{13}CHO}$$

$$\left[PhO_2S(H)(H_{15}C_7)CH\text{–}CH(H)(n\text{-}C_6H_{13})O^-\ \overset{+}{Mg}Br\right] \xrightarrow{1c.\ Ac_2O} PhO_2S(H)(H_{15}C_7)CH\text{–}CH(H)(n\text{-}C_6H_{13})OAc \xrightarrow[MeOH,\ EtOAc]{2.\ Na(Hg)} H(H_{15}C_7)C{=}C(H)(n\text{-}C_6H_{13})$$

부분 입체 이성질체의 혼합물

62% 총괄 수율
100% *E*

에리트로 설폰과 **트레오** 설폰의 혼합물을 Na(Hg)로 환원하면 입체 선택적으로 *trans*-알켄을 얻을 수 있는데, 이것은 부분 입체 이성질체인 두 설폰에 대한 알켄 형성 단계가 공통의 중간체를 거쳐서 일어나야만 한다는 것을 말해 준다. 제거 반응에서의 (*E*)-선택성이 있다는 것은 소듐으로부터 설폰으로의 연속적인 두 단계의 전자 이동을 의미하며, 결과로 벤젠설피네이트를 잃어버리게 된다. 생성되는 음이온은 낮은 에너지의 형태를 취할 수 있도록 평형이 일어날 수 있게 수명이 충분히 길어야 한다. 낮은 에너지 형태에서는 (i) 탄소 음이온의 p 오비탈은 아세톡시 이탈기와 안티 준평면 상태에 있어야 하며, (ii) 몸집이 큰 치환기는 가능한 한 멀리 떨어져 위치하게 된다. 그러므로 제거 반응의 입체 화학적 진행 경로는 치환체의 입체적 상호 작용에 의해 결정된다.

$$PhO_2S(H)(R)C\text{–}C(H)(R')OAc \xrightarrow[Na]{e^-} \left[Ph\text{–}\dot{S}(O^-Na^+)(=O)\text{–}C(H)(R)\text{–}C(H)(R')OAc\right] \xrightarrow[Na]{e^-} Ph\text{–}S(O^-Na^+)(O^-Na^+)\text{–}C(H)(R)\text{–}C(H)(R')OAc \xrightarrow{-PhSO_2^-}$$

라디칼 음이온   이음이온

$$\left[H(R)\bar{C}\text{–}C(R')(H)OAc\right] \xrightarrow{-AcO^-} H(R)C{=}C(R')(H)$$

벤젠설핀산 소듐이 α,β-불포화 카보닐 화합물에 콘쥬게이션 첨가 반응을 하면 β-케토설폰을 얻는데, 이것은 각각 아래에 보인 것과 같은 반응 과정을 거치면 *trans*-α,β-불포화 알데하이드나 케톤을 얻는다.[101]

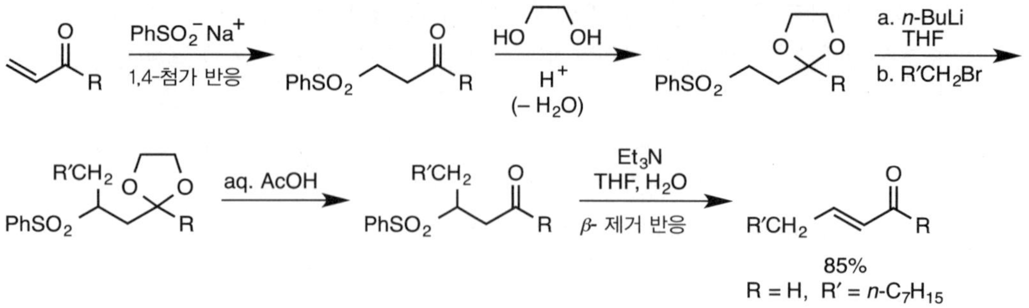

유기 합성에서의 알킬 아릴설폰의 용도를 탄소–탄소 결합 형성 반응에 첨가함으로써 올레핀화 반응의 수단으로 확장할 수 있다. 설폰은 황-안정화된 탄소 음이온을 만들어내는 출처로 사용함으로써 알킬화 반응, 아실화 반응과 첨가 반응에서의 임시적인 활성화기의 역할을 할 수 있다. 이런 목적을 달성한 후 벤젠설폰일(benzenesulfonyl) 부분은 환원성 제거 반응을 거치면 제거된다.[102]

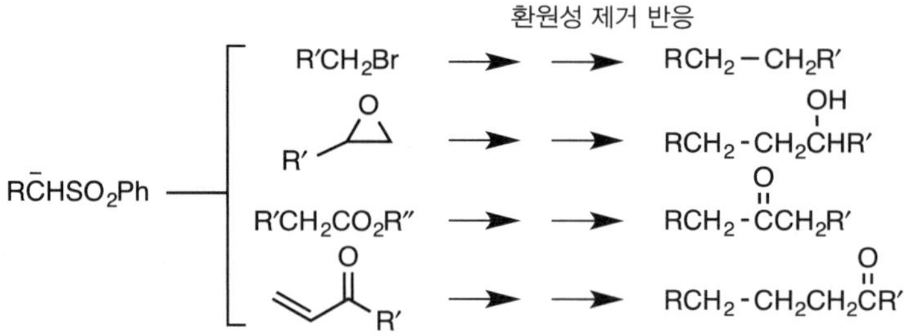

Julia-Kocienski 올레핀화 반응[103]

페닐설폰 부분을 아래에 보인 바와 같은 1-페닐-1*H*-테트라졸-5-일(1-phenyl-1*H*-tetrazol-5-yl, PT)기와 같은 헤테로설폰으로 교환하면 Julia 짝지음 반응의 경로를 크게 변화시킨다. 종래의 Julia 올레핀화 반응에서의 3단계 반응 방법에 반해서 단일 용기 반응(one-pot procedure)을 거쳐 올레핀 생성물을 얻는다.[104]

PTSO$_2$ 부분은 S$_N$2 치환 반응–산화 반응 과정을 거치거나 Mitsunobu 반응 후에 산화 반응을 통해 다음에 보인 바와 같이 도입할 수 있다.[105] 설폰의 양성자 이탈 반응은 보통 DME에서 NaHMDS 혹은 KHMDS를 사용해 진행한 다음, 알데하이드를 가해서 알콕시 설폰 **A**를 만들 수 있다. 다음 중간체 **A**는 Smiles 자리 옮김 반응(**A** → **C**)과 [1,4]-시그마 결합 자리 옮김을 거치게 된다. 이 자리 옮김 반응 단계는 보다 강한 염기(**A**)가 더 약한 염기(**C**)로 변환되면서, 동시에 C–S 결합보다는 더 강한 C–O 결합이 생성되는 과정이다. **C**로부터 SO$_2$가 방출되고, 아릴옥사이드가 제거되면 *E* 알켄이 생성된다.

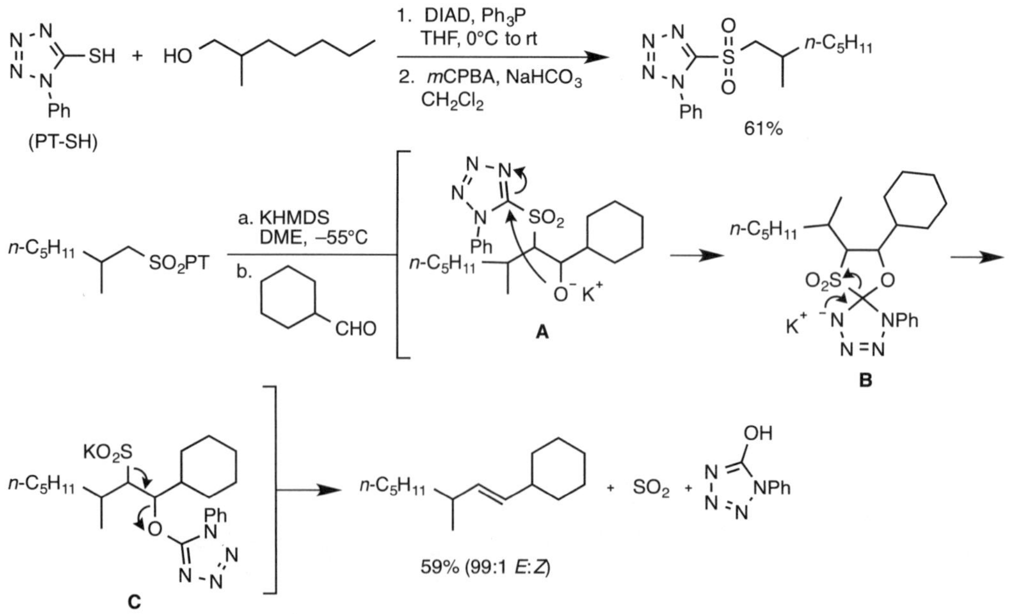

Juliα-Kocienski 올레핀화 반응은 단순하고 신뢰성이 있으므로, 다음의 12 원자 매크로락톤 분자인 pladienolide B의 합성에 마지막 합성 과정에서 예를 볼 수 있는 바와 같이, 복잡한 유기 분자를 합성하는 데 사용된다.[106]

1. KHMDS THF
2. TBAF

pladienolide B
67% (two steps)

Shapiro 반응[107]

Shapiro 반응은 연결 과정을 거치지 않는 반응이며, 케토기와 α-메틸렌기의 부분을 알켄으로 변환하는 것으로서, 기존의 방법으로 쉽게 만들 수 없는 알켄일리튬의 제법으로 좋은 방법이다. 중간체인 알켄일리튬을 더 조작함으로써 구조적으로 다양한 알켄을 만들 수 있다.

케톤과 아릴설폰일하이드라진(arylsulfonylhydrazine)을 축합하면 아릴하이드라존(arylhydrazone)을 얻는다. 강염기와 반응시키면 아릴설핀산 유도체(arylsulfinate)와 질소를 잃고 바이닐 탄소 양이온으로 쪼개진다. 반응 조건에 따라서 중간체인 바이닐 탄소 양이온은 용매에 의해 양성자 첨가 반응이 일어나거나 여러 친전자체가 가로채서 알켄 생성물이 만들어진다.[108]

$RCH_2C(O)CH_3$ —($ArSO_2NHNH_2$)→ $RCH_2C(=NNHSO_2Ar)CH_3$ (arylsulfonyl hydrazone) —(염기 (2 eq.))→ [$RCH_2C^-{=}CH_2$] —(DMF)→ $RCH_2C(CHO){=}CH_2$

바이닐 탄소 양이온 중간체를 생성하는 메커니즘으로 제안된 것은 다음과 같다. 하이드라존에서 산성인 N–H의 양성자는 MeLi, *n*-BuLi, *s*-BuLi 또는 LDA와 같은 강염기에 의해 제거되어 단일 음이온(mono-anion) **A**를 만든다. 두 번째 당량의 염기가 존재하면 α-양성자가 제거되어 이음이온(dianion) **B**를 얻게 된다. 속도 결정 단계에서의 아릴설피네이트 음이온이 제거되면 알켄일 다이아제나이드(alkenyl diazenide) **C**를 얻고, 이것은 질소를 잃어버리고 알켄일리튬 **D**를 생성한다. 케톤 하이드라존의 아릴 부분의 특징과 반응 조건에 따라 중간체인 바이닐 음이온 **D**는 반응 내에서 용매에 의해 양성자 첨가 반응이 일어나 알켄이 생성되거나 다른 친전자체와 반응하게 된다.

E,*Z*-혼합물 —(RLi, −RH)→ **A** —(RLi, −RH)→ **B** —(−$ArSO_2^-$)→ **C** —(−N≡N)→ **D**

p-톨루엔설폰일하이드라존[토실하이드라존(tosylhydrazone)]과 메틸리튬과 에터 용매에서 반응시키는 원래의 방법에서는 다음에 보인 바와 같이 알켄이 좋은 수율로서 생성되지만,[109] 알켄일리튬을 생성한 후, 이것이 친전자체와 반응을 일어나게 하기가 어려운데, 이는 용매(대개 Et_2O 또는 THF)와의 반응으로 양성자 첨가 반응이 일어나기 때문이다.

TsNHNH2 (1 eq.) MeOH 25°C → 100% ; MeLi (2 eq.) Et2O → > 80% 총괄 수율

따라서 알켄을 좋은 수율로 생성할 뿐 아니라 친전자체와의 반응도 일어나게 할 수 있는 반응 조건이 개발되었다.[110] 그러나 알켄일리튬 중간체와의 반응이 효율적으로 일어나기 위해서는 토실기의 오쏘(ortho)-수소와 벤질성(benzylic)-수소에 금속화가 경쟁 반응으로 일어나므로, 메커니즘에 의해 필요한 2당량 대신에 아주 과량의 염기(≥ 3당량의 *n*-BuLi)가 필요하게 된다.

과량의 *n*-BuLi을 사용해야 하고, 따라서 과량의 친전자체가 필요한 문제점은 케톤에서 만들어지는 2,4,6-트라이아이소프로필벤젠설폰일하이드라존(트라이실하이드라존)[2,4,6-triisopropylbenzenesulfonylhydrazone(trysylhydrazone)]을 사용하면 피할 수 있다.[111] 제거 반응에 의해 탄소 음이온 중간체가 만들어지는 것은 아마도 무리(strain)를 풀어 주는 것 때문으로 생각되는데, 트라이실하이드라존(trisylhydrazone)으로부터 만들어진 이음이온(dianion)의 경우에는 토실 하이드라존(tosylhydrazone)의 경우에 얻어지는 것보다 매우 신속하게 일어난다. 이것은 탄소 음이온이 용매에 노출되는 시간을 단축시키고, 따라서 친전자체와 반응하기 전에 양성자 첨가 반응이 일어날 기회가 적어진다.

트라이실하이드라자이드(trisylhydriazide)는 THF에서 염화 2,4,6-트라이아이소프로필벤젠설폰일(2,4,6-triisopropy lbenzendsulfonyl chloride)과 하이드라진 수화물을 0°C에서 반응시키면 정량적으로 얻을 수 있다. 생성된 트라이실하이드라자이드는 산 촉매가 없는 조건에서 다양한 케톤(및 알데하이드)와 신속하게 반응해서 해당되는 트라이실하이드라존을 (*E*,*Z*)-이성질체의 혼합물로 얻는데, 이 혼합물에는 주로 (*E*)-하이드라존(hydrazone)이 과량으로 들어 있다.[112]

오쏘–수소 없음

i-Pr, SO2NHNH2 ; RR′C=O, MeOH 또는 THF → SO2NHN=C(R)(R′) trisylhydrazone

벤질성–H는 입체적으로 가려져 있음

트라이실하이드라존으로부터 만들어지는 알켄일리튬은 일차 브로민화 알킬(alkyl bromide), 알데하이드, 케톤, 다이메틸폼아마이드, CO_2, 클로로트라이메틸실레인, 1,2-다이브로모에테인과 같은 친전자체와 반응하여 치환된 알켄, 알릴성 알코올, α,β-불포화 알데하이드, α,β-불포화 산, 알켄일실레인, 브로민화 알켄일(alkenyl bromide)을 각각 생성한다. 다음에 브로민화 알켄일과 알릴성 알코올 및 α,β-불포화 알데하이드의 예를 보였다.[113]

a. *n*-BuLi (2.2 eq.), hexane-THF, –78°C, then 0°C ; b. R′CHO, c. sat. $NaHCO_3$ work-up → 90%, R = *i*-Pr, R′ = *n*-C_6H_{13}

TrisNHNH2 → N-NHTris 95% ; a. *s*-BuLi (2 eq.), b. DMF → CHO 60%

알켄일리튬 시약을 얻는 출처로서 토실하이드라존 및 트라이실하이드라존을 사용하는 데 있어 중요한 점으로 단일 음이온(mono-anion)의 양성자 이탈 반응은 덜 치환된 α-위치에 위치 선택적으로 일어나는데, 산도의 경향과 같은 $RCH_3 > R_2CH_2 > R_3CH$의 순서를 따른다. 생성된 이음이온이 절단되는 과정에 의해서 덜 치환된 바이닐리튬이 생성된다. 이차 α-수소를 제거하려면 보다 더 센염기인 *sec*-BuLi이 2당량 필요하다.[114]

대칭인 비고리 케톤 하이드라존으로부터 만들어진 알켄일리튬 반응 시약은 *Z* 형태를 갖게 되며, 이것은 하이드라

존 음이온의 *syn*-양성자 이탈 반응이 이음이온이 생성되는 과정에서 알킬기 R이 하이드라존 부분과 *anti*로 배치되어 일어난다는 것과 일치한다. 그러나 아이소프로필기와 같은 α-가지가 있는 경우에는 입체 선택성이 감소한다.

선호됨

주 이성질체 (*Z*)

선호되지 않음

부 이성질체 (*E*)

이중 결합의 이동-Claisen 자리 옮김[115]

Claisen 자리 옮김 반응[116] 및 관련 반응은 알릴성 알코올로부터 입체 화학을 정확히 예측할 수 있는 γ,δ-불포화 알데하이드, 케톤, 에스터, 산, 아마이드를 만들어 내는 좋은 방법이며, 비고리 화합물의 입체 화학을 조절하는 중요한 방법이 된다. Claisen 자리 옮김 반응은 예측할 수 있는 입체 선택성, 위치 선택성, 거울상 이성질 선택성을 보이고, 여러 작용기를 만들어 낼 수 있으므로, 천연물의 합성에 아주 중요하다.[117] Claisen 자리 옮김 반응의 전형적인 형태는 고리형 협동 반응(pericyclic)으로, 열에 의해 일어나는 알릴 바이닐 에터 또는 알릴 아릴 에터의 [3,3]-시그마 결합 자리 옮김([3,3]-sigmatropic rearrangement)에 의해 γ,δ-불포화 카보닐 화합물이나 *o*-알릴페놀이 각각 생성된다. 고리형 협동 반응은 중간체가 없이 단일 단계로 일어나며, 상호 작용하는 오비탈이 고리형으로 배열되어 결합 절단과 결합 생성이 일어나게 된다.[118]

[3,3]-시그마 결합 자리 옮김

토토머화 반응

거의 예외 없이 비고리계 화합물의 자리 옮김 반응은 의자형 전이 상태를 거쳐 σ 결합(C1-O1′)에 의해 결합된 두 부분이 알릴기의 3 위치와 바이닐 에터의 3′ 위치로 이동하는데(이러한 이유로 [3,3] 이동이라는 말이 만들어짐), 이 과정은 1,3-이수직 방향(diaxial) 또는 유사 이수직 방향(pseudodiaxial) 상호 작용을 최소화하는 방법으로 일어난다.[119] 전이 상태의 회전 배열(conformation)은 새로 생성되는 이중 결합의 입체 화학을 결정하게 된다. 생성물이 (*E*)-배열을 갖는 생성물을 만드는 경향이 큰 것이 Claisen 자리 옮김 반응의 특징이다. 고리계에서는 의자형 전이 상태의 형태를 만족하기 위한 제한 조건 때문에 자리 옮김은 배형태 전이 상태를 거쳐 일어나는 경우도 있다.

선호하는 형태

(*E*)-4-hexenal 주 이성질체

(*Z*)-4-hexenal 부 이성질체

1,3-이수직 방향 상호 작용

Claisen 자리 옮김 반응은 새로 생성된 이중 결합의 입체 화학뿐만 아니라, 새로 만들어지는 단일 결합에 붙어 있는 치환기의 입체 화학도 조절할 수 있다. 아래에 보인 바와 같이, 새로운 입체 중심(stereocenter)의 생성은 출발 물질인 알릴 에터 및 바이닐 에터 이중 결합의 기하 구조와 직접적으로 관련되어 있다.[120]

trans, trans — 열 → 97% ds, syn

cis, trans — 열 → 97% ds, anti

자리 옮김 반응의 입체 화학적 반응 경로는 참여하는 분자 오비탈[$\pi^2s+\sigma^2s+\pi^2s$]의 동일면(suprafacial) 위상맞음(in-phase) 상호 작용에 의해 조절되며, 경계 분자 오비탈론(frontier molecular orbital theory)[121]과 오비탈 대칭 규칙(orbital symmetry rule)[122]에 의해 예측되는 것과 일치한다.

[3,3]-시그마 결합 Claisen 자리 옮김 반응의 전이 상태가 매우 높은 질서도를 가지므로 이미 존재하는 카이랄 중심(chiral center)의 카이랄성 이동(chirality transfer)이 알릴성계를 따라서 새로운 위치로 높은 거울상 이성질 선택성을 가지고 일어나게 된다. 자리 옮김 반응의 반응 과정에서 원래의 카이랄 중심이 파괴되고(자기 희생적 과정) 새로운 카이랄 중심이 창출되는데, 생성되는 카이랄 중심의 형태는 출발 물질의 것과 관련되어 있다. 동시적인 입체 선택성 및 거울상 이성질 선택성으로 이중 결합의 이동을 아래에 나타내었다.[123] 출발 물질의 이중 결합의 형태를 바꾸면 불포화 카보닐 화합물의 서로 다른 거울상 이성질체를 얻을 수 있다.

X= H, alkyl, OR, NR_2, $OSiR_3$

작용기가 치환된 γ,δ-불포화 카보닐 화합물의 합성을 위한 Claisen 자리 옮김 반응의 유용성은 바이닐 에터에 여러 치환기를 도입하면 크게 증대된다. 이런 과정은 자리 옮김 반응의 입체 화학적 조절에 관여할 뿐 아니라 생성물의 특성(–CHO, –COR, –COOH, –COOR, $-CONR_2$)도 결정된다.

에틸 바이닐 에터 또는 치환기를 가진 바이닐 에터와 알릴성 알코올이 산 또는 수은 이온 촉매 에터 교환 반응을 거치면 알릴 바이닐 에터를 만들 수 있고, 이 알릴 바이닐 에터를 열분해하면 해당하는 γ,δ-불포화 알데하이드와 케톤을 각각 만들 수 있다.[124]

H_3PO_4 (cat), 150°C → 93%

Hg(OAc)$_2$, 과량; 87% β-OH, 13% α-OH → 200°C → CHO, 85%

γ,δ-불포화 케톤을 만드는 다른 방법은 **Carrol-Claisen 자리 옮김 반응**(Carrol-Claisen rearrangement)인데, β-케토산의 알릴성 에스터(주로 엔올 형태로 존재)를 사용한다. 이것들은 알릴성 알코올과 아세토아세트산 에스터 또는 다

이케텐과의 축합으로 용이하게 만들어진다. 다음의 자리 옮김 반응에서는 중간체인 β-케토산은 반응 중간에 열에 의해 카복실기 이탈 반응이 일어난다.[125]

HOCH$_2$CH=CH$_2$
NaOAc, 100°C
OMe
− CO_2

Carroll 반응의 수정된 방법을 사용하면 더 온화한 조건에서 γ,δ-불포화 케톤의 합성이 가능한데, 이 경우 알릴성 아세토아세트산 에스터의 이음이온을 사용하며, 다음에 보인 반응 경로를 따른다.[126]

OH
diketene
1. DMPA
2a. LDA (2 eq.)
THF
−70 to 60°C
2 Li^+
2b. H^+, H_2O
work-up
3. CCl_4, 77°C
− CO_2
γ
δ
95%

Johnson 오쏘 에스터(Johnson ortho-ester) 방식의 Claisen 자리 옮김 반응의 변형 방법으로 γ,δ-불포화 에스터를 합성할 수 있다.[127] 이 반응에서는 알릴성 알코올을 카복실산 존재하에서 오쏘 에스터와 가열하면 케텐 아세탈(ketene acetal)이 생성되고, 이것이 *trans*-불포화 에스터로 자리 옮김 반응이 일어나게 된다.[128] 자리 옮김 반응 자체를 위해서가 아니라 케텐 아세탈을 반응과정 내에서 만들기 위해 높은 온도가 필요하다.

$CH_3C(OEt)_3$
− EtOH
H^+
− EtOH
혼합 오쏘 에스터
ketene acetal

$CH_3C(OEt)_3$
$CH_3CH_2CO_2H$
140°C
CO_2Et
83~88%, (*E*)-이성질체만 얻어짐

오쏘 에스터 Claisen 자리 옮김 반응에서도 카이랄성(chirality) 이동이 효과적으로 일어나게 된다. 위에서 보인 바와 같이, 입체 중심의 형태는 유지하고 알릴 바이닐 에터의 이중 결합의 입체 화학을 단순히 바꾸기만 하면 불포화 에스터의 다른 거울상 이성질체를 얻을 수 있다.[129]

$CH_3C(OEt)_3$
RCO_2H
가열
65% (87% ee)

$CH_3C(OEt)_3$
RCO_2H
가열
78% (90% ee)

카이랄성은 의자형 전이 상태를 거쳐서 곁사슬로부터 고리 내로 이동할 수도 있다.[130]

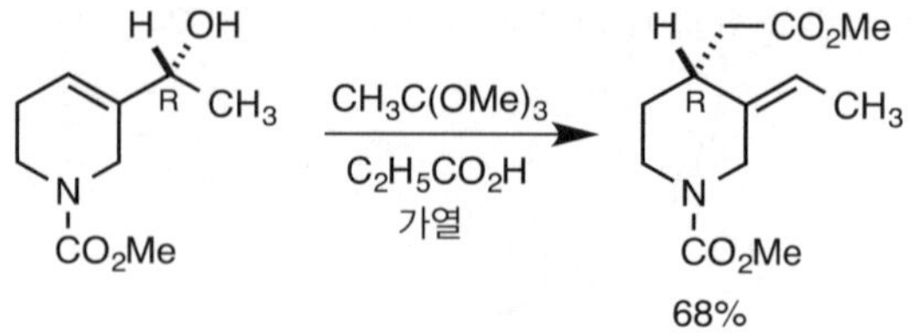

오쏘 에스터 자리 옮김 반응에 관련된 반응으로 **Eschenmoser 변형**(Eschenmoser variation)이 있는데, 여기에서는 알릴성 알코올과 *N,N*-다이메틸아세트아마이드 다이메틸 아세탈(*N,N*-dimethylacetamide dimethyl acetal)의 교환 반응을 통하여 반응 동안에 중간체인 케텐 *N,O*-아세탈(ketene *N,O*-acetal)의 자리 옮김에 의해 해당하는 불포화 아마이드를 만든다. 역시 알릴성 알코올에서 생성물로의 입체 화학 정보의 이동을 관찰할 수 있다.[131]

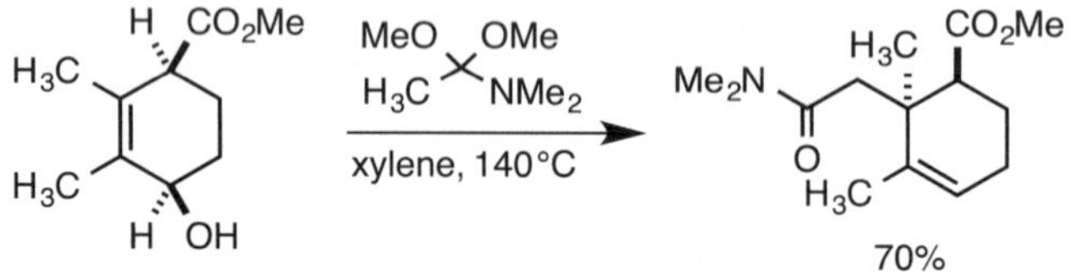

Ireland 변형 반응(Ireland modification)은 알릴 에스터의 엔올레이트로부터 만들어진 실릴 케텐 아세탈(silyl ketene acetal)을 이용하는 것이며, 온화한 조건에서 입체 화학을 조절할 수 있는 Claisen 자리 옮김 반응이 된다. 따라서 산이나 열에 민감한 화합물의 반응에 이용할 수 있다. 더욱이 반응 조건을 잘 선택하면 엔올 에터의 기하 구조를 조절할 수 있고, 따라서 새로운 C–C 결합의 입체 화학을 자리 옮김 반응 단계에서 생성할 수 있다.[132]

알릴성 에스터를 THF에서의 LDA와 같은 비친핵성 강염기로 처리하면 (*E*)-엔올레이트(enolate)를 주로 얻을 수 있고, THF와 HMPA의 혼합물에서 반응하면 (*Z*)-엔올레이트를 주로 얻을 수 있다. 원하지 않는 알돌 생성물이 만들어지는 것을 피하기 위해서 또한 엔올레이트의 이중 결합의 입체 화학의 특성을 유지하기 위해서는 리튬 엔올레이트를 트라이알킬클로로실레인[trialkylchlorosilane, 대개 *tert*-뷰틸다이메틸클로로실레인(tert-buthyldimethylchlorosilane)을 사용]과 반응하여 안정한 실릴 케텐 아세탈로 변환한다. 시그마 결합 자리 옮김 반응(sigmatropic rearrangement)은 상온이나 약간 더 높은 온도에서 일어나며, 중간체인 실릴 에스터의 가수 분해성 workup 작업을 거쳐서 *anti*- 또는 *syn*-γ,δ-불포화 카복실산을 각각 얻는다[엔올레이트와 케톤 아세탈의 (*Z*)에서 (*E*)로의 반전은 Li에 비해 Si의 우선순위가 높은 것에 기인하는 것이다]. 비고리 화합물에서 Ireland-Claisen 자리 옮김 반응은 주로 유사 의자형 전이 상태를 거쳐 일어난다는 것이 잘 확립되어 있다.[133]

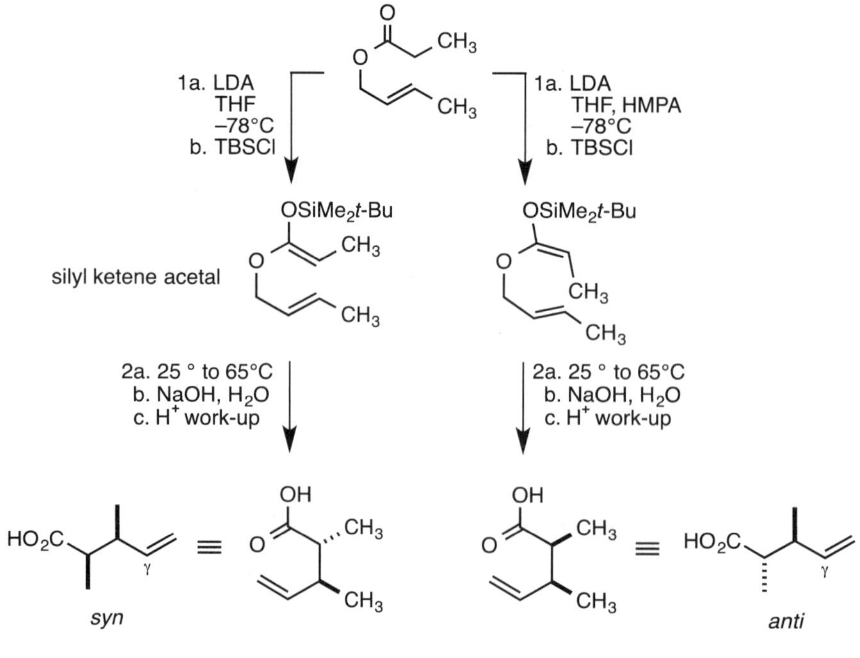

다이메틸구리산 리튬(lithium dimethylcopper)을 2-(알릴옥시)-2-사이클로헥산온에 첨가하여 생성되는 구리 엔올레이트를 이용한 경우 매우 용이하게 직렬성(tandem) 1,4-콘쥬게이션 첨가 Claisen 자리 옮김 반응이 일어난다. 그 결과로 생성된 하이드록시 케톤은 거의 정량적인 수율로 단 한 가지의 입체 이성질체가 얻어진다.[134]

a. Me_2CuLi, THF, −78°C → [MeCuO ... O, Me] → b. 0°C, 15 min; c. H^+, H_2O work-up → HO, O, Me

Lewis 산과 전이 금속, 그리고 수소 결합 주개를 효율적인 촉매로 사용하여 촉매 비대칭 Claisen 자리 옮김 반응을 일으키는 여러 방법이 알려져 있다. 두 가지 예가 다음에 있는데, 카이랄 구리(II) 비스-옥사졸린 착물[134]과 수소 결합 주개인 구아니디늄 이온을 자리 옮김 반응을 촉진하는 촉매로 사용하게 된다.[136]

Cu 촉매 (0.05 eq.), CH_2Cl_2, rt; O*i*-Pr; *Z*:*E*, 96:4 → 100%, 84% ee

[Cu 촉매: O, N, Cu, N, O, Ph, Ph]$^{2+}$ 2 TfO^-

guanidinium 촉매 (0.20 eq.), hexanes, 5–14 d, 22~40°C; OMe → OMe, 80%, 92% ee

[guanidinium 촉매: $\overset{+}{N}H_2$, N H, N H, N, Ph, N, Ph] $\bar{B}(3,5\text{-}(CF_3)_2C_6H_3)_4$

알릴 바이닐 에터의 합성

알릴 바이닐 에터는 알릴성 알코올과 할로젠화 바이닐의 입체 특이성 구리 촉매 짝지음 반응에 의해 만들 수 있다.[137] 예를 들어 아래에 보인 테트라메틸-1,10-페난트롤린(tetramethyl-1,10-phenanthroline) 리간드로부터 만들어진 구리 촉매는 반응 혼합물을 공기하에서 가열하면 (*E*)-아이오딘화 바이닐과 알릴성 알코올의 C–O 결합 생성 반응을 촉진시킨다.[138]

n-C_8H_{17} ... OH + I ... n-C_8H_{17} → Cu-cat. (0.1 eq.), Cs_2CO_3 (1.5 eq.), toluene, air, 80°C, 24 h → n-C_8H_{17} ... O ... n-C_8H_{17} 68%

Cu 촉매 = Me, Me, Me, Me, N, N 리간드 (20 mol%) + CuI (10 mol%)

9.2 탄소–탄소 삼중 결합의 생성[139]

알카인은 유기 화학에서 중추적 역할을 한다. 알켄만큼 자연계에 널리 퍼져 있는 것은 아니지만, 삼중 결합은 많은 천연물, 의약품, 항암제에서 발견된다. 합성의 관점에서는 에타인일(ethynyl) 부분은 극히 다양한 용도를 갖고 있다. 왜냐하면 다양한 유기 화합물에 쉽게 도입할 수가 있으며, 이미 앞 장에서 설명한 바와 같이 추가적인 수정 반응을 할 수 있는 자리가 되기 때문이다. 아세틸렌의 제법으로는 수많은 방법이 존재하는데,[140] 이 절에서는 이런 제법에 대해 몇 가지를 선별하여 집중적으로 논의할 것이다.

알카인과 작용기가 치환된 알카인은 삼중 결합을 갖고 있지 않은 출발 물질로부터 제거 반응을 거쳐서 만들어질 수가 있다. 또한 에타인일기와 알카인일기는 친핵성 또는 친전자성 치환 반응을 통하여 화합물에 도입할 수도 있다.

제거 반응[141]

삼중 결합은 1,1-다이할로알케인(1,1-dihaloalkane) 또는 1,2-다이할로알케인 또는 할로젠화 바이닐을 적당한 염기와 반응하여 할로젠화수소 이탈 반응(dehydrohalogenation)을 거쳐서 만들어진다. 필요한 1,1-다이할로알케인은 일반적으로 알데하이드와 케톤을 PCl_5를 사용한 염소화(chlorination), 무수 염화 알루미늄($RCH_2Cl + H_2C{=}CHCl + AlCl_3 \rightarrow RCH_2CH_2CHCl_2$) 존재하에서 염화 알킬 또는 염화 사이클로알킬과 염화 바이닐과의 반응, 또는 알켄과 염소나 브로민 간의 할로젠화 반응으로 만들어지는 1,2-다이클로로알케인으로부터 얻을 수 있다.

$$\left.\begin{array}{l}-CHX-CHX-\\-CH_2-CX_2-\\-CH=CHX\end{array}\right]\xrightarrow{\text{염기}}-C\equiv C-$$

X= Cl, Br

이웃 자리(vicinal)와 같은 자리(geminal) 다이할로알케인(dihalokane)의 염기로 유발되는 할로젠화수소 이탈 반응은 할로젠화 바이닐의 중간체를 거쳐서 진행하며, 삼중 결합을 생성하는 데 3당량의 염기가 필요하다.

$$RCHBr-CH_2Br \xrightarrow[\text{1st}]{R_2NLi} \underset{\text{vinyl bromide}}{RC(H)=CHBr} \xrightarrow[\text{2nd}]{R_2NLi} \underset{pK_a\sim 25}{R-\equiv-H} \xrightarrow[\text{3rd}]{R_2NLi} R-\equiv-Li \xrightarrow{H^+} R-\equiv-H$$

다이할로알케인으로부터 첫 번째의 HX가 제거되는 과정은 **삼차** 아민이나 *t*-BuOK와 같은 보다 약한 염기로써 일어나지만, 두 번째의 HX의 제거를 위해서는 $NaNH_2$ 또는 다이알킬아민화 리튬(lithium dialkylamide)과 같은 보다 강한 염기가 필요하다.[139g,142]

$$BrCH_2CHBr(CH_2)_8COOH \xrightarrow[\text{liq. } NH_3]{4\ NaNH_2} Na-\equiv-(CH_2)_8COONa \xrightarrow{H^+,\ H_2O} \underset{85\%}{H-\equiv-(CH_2)_8COOH}$$

$$\text{cyclooctene} \xrightarrow[CH_2Cl_2,\ -40°C]{Br_2} \text{1,2-dibromocyclooctane} \xrightarrow[Et_2O,\ THF]{t\text{-BuOK}} \underset{70\%}{\text{1-bromocyclooctene}} \xrightarrow[\text{hexane, THF}]{LDA} \underset{70\%}{\text{cyclooctyne}}$$

$$\text{ArC(O)Me} \xrightarrow{PCl_5} \text{ArCCl}_2\text{Me} \xrightarrow[\text{liq. } NH_3]{3\ NaNH_2} \left[\text{Ar}-\equiv^-\ Na^+\right] \xrightarrow{H_2O} \text{Ar}-\equiv-H \quad (\text{Ar} = \text{3-methoxy-2-methylphenyl; OMe, Me})$$

제거 반응에 필요한 염기를 선택하기 위해서는 적용하는 화합물의 구조와 제거되는 양성자의 산도를 고려해야 한다. 예를 들어 아래에 보인 이웃 자리 다이브로모 카복실산의 할로젠화수소 이탈 반응은 알코올에 녹인 수산화 포타슘을 사용하면 쉽게 일어난다.[143]

$$\text{Ph-CHBr-CHBr-CO}_2\text{Et} \xrightarrow[\text{b. H}^+,\ \text{H}_2\text{O workup}]{\text{a. KOH, MeOH}} \text{Ph-C}\equiv\text{C-COOH}\quad 81\%$$

다이브로모메틸포스포레인(dibromomethylphosphorane)과 알데하이드의 브로모메틸화 반응(bromomethylation)은 Wittig 형태의 반응인데, 이 반응 후에 결과로 생성된 **같은 자리** 탄소(geminal carbon) 다이브로모알켄(dibromoalkene)이 브로민화수소 이탈 반응(dehydrobromination)을 거치는 과정은 신속하게 일치환과 이치환 아세틸렌을 만드는 좋은 방법이 된다. 전체 반응은 알데하이드를 탄소가 한 개 늘어난 아세틸렌으로 만드는 사슬의 길이를 늘이는 반응이 된다.[144] Ph_3P(4당량)을 CBr_4(2당량)에 첨가하거나, 아연 가루(zinc dust, 2당량)와 Ph_3P(2당량)를 CBr_4(2당량)에 가해서 포스포레인(phosphorane)을 만들 수 있다. 후자의 방법이 더 적은 양의 Ph_3P가 필요하고, 따라서 생성물을 분리하는 데 용이하므로 더 선호된다.

$$Ph_3P + CBr_4 \xrightarrow[CH_2Cl_2]{Zn} Ph_3P{=}CBr_2 + ZnBr_2$$

적당한 알데하이드를 반응 도중에 만들어진 다이브로모메틸포스포레인(dibromomethylphosphorane)에 첨가하면 다이브로모알켄(dibromoalkene)을 만들 수 있는데, 이것을 2당량의 *n*-BuLi과 반응시키면 브로민화수소 이탈 반응이 일어나서 해당하는 알카인일화 리튬(lithium alkynylide)을 생성하며, 양성자 첨가 반응(protonation)을 거쳐서 1-알카인이 만들어진다. 이 반응 과정의 매력적인 점은 중간체인 생성된 알카인일화 리튬 자체가 탄소–탄소 결합을 생성하는 데 중요한 전구체라는 점이다(예를 들어 친전자체와의 반응).

$$n\text{-}C_7H_{15}CHO \xrightarrow[CH_2Cl_2]{Ph_3P,\ CBr_4,\ Zn} n\text{-}C_7H_{15}CH{=}CBr_2 \xrightarrow[\text{THF, }-78°C]{n\text{-BuLi (2 eq.)}} [n\text{-}C_7H_{15}C\equiv C\text{-}Li]\ \text{Li-alkynylide}$$

$$[n\text{-}C_7H_{15}C\equiv C\text{-}Li] \xrightarrow{H^+,\ H_2O} n\text{-}C_7H_{15}C\equiv C\text{-}H\quad 95\%$$

$$[n\text{-}C_7H_{15}C\equiv C\text{-}Li] \xrightarrow[\text{b. }H^+,\ H_2O]{\text{a. }CO_2\text{ (solid)}} n\text{-}C_7H_{15}C\equiv C\text{-}COOH\quad 87\%$$

알데하이드 전구체보다 탄소 원자를 한 개 더 가진 말단 알카인을 만드는 다른 방법은 일차 브로민화 알킬과 다이클로로메틸리튬(dichloromethyllithium)과의 HMPA 존재 시에 알킬화 반응을 거쳐 1,1-다이클로로알케인(1,1-dichloroalkane)을 얻는 것이다. 3당량의 *n*-BuLi을 사용하여 염화수소 이탈 반응(dehydrochlorination)이 잇달아 일어나고, 가수 분해성 workup 작업을 거쳐서 해당하는 말단 알카인을 얻는다.[145]

$$n\text{-}C_{11}H_{23}Br \xrightarrow[\text{b. }H^+,\ H_2O]{\text{a. }LiCHCl_2,\ HMPA} n\text{-}C_{11}H_{23}CHCl_2\ (92\%) \xrightarrow[\text{b. }H^+,\ H_2O]{\text{a. }n\text{-BuLi (3 eq.)},\ Et_2O,\ THF,\ -40°C} n\text{-}C_{10}H_{21}-C\equiv C-H\ (93\%)$$

온화하고 효율적인 말단 알카인의 합성은 쉽게 얻을 수 있는 메틸 케톤으로부터 시작하여 이것을 LDA를 사용하여 해당하는 엔올레이트로 변환한다. 엔올레이트를 염화인산 다이에틸(diethyl chlorophosphate) 에스터와 반응시켜서 인산 엔올(enol phosphate)을 만든다. 이 화합물을 제거 반응에 필요한 좋은 이탈기를 갖고 있게 된다. 이어서 엔올 포스페이트를 LDA로 처리하면 해당하는 알카인일화 리튬이 생성되고, 양성자 첨가 반응을 거치면 해당하는 말단 아세틸렌을 얻는다.[146]

Reaction scheme: methyl ketone $\xrightarrow[\text{b. }ClPO(OEt)_2]{\text{a. LDA, THF}}$ enol phosphate ($OP(O)(OEt)_2$) $\xrightarrow[\text{b. }H_2O]{\text{a. LDA (2.5 eq.)}}$ terminal alkyne (H) — 85% 총괄 수율

알킬화 반응[142,147]

알카인에 대한 알킬화 반응(alkylation)으로 가장 많이 이용되는 방법은 알카인화 음이온(alkynide anion)을 거치는 것이다. 친전자체와의 반응은 말단 및 내부 알카인뿐 아니라 작용기가 치환된 알카인의 제법이 된다. sp-혼성화 때문에 탄소의 전기 음성도가 더 커지는 이유로 아세틸렌과 1-알카인의 산도가 상대적으로 증가하게 되어(pK_a 24~26) 알킬리튬, 다이알킬아민화 리튬, 액체 암모니아에서 아민화 소듐(sodium amide), 브로민화 에틸 마그네슘(ethyl magnesium bromide)[148,149] 등과 같은 염기가 탄소 음이온을 만드는 데 사용될 수 있다.

$$\mathrm{R{-}C{\equiv}C{-}H}\ \text{(센산)} \xrightarrow[\text{liq. } NH_3]{NaNH_2} \mathrm{R{-}C{\equiv}C{-}Na} + NH_3\ \text{(약산)}$$

$$\mathrm{R{-}C{\equiv}C{-}H} \xrightarrow[Et_2O\ \text{또는 THF}]{R'_2NLi} \mathrm{R{-}C{\equiv}C{-}Li} + R'_2NH\ \text{(약산)}$$

$$\mathrm{R{-}C{\equiv}C{-}H} \xrightarrow[Et_2O\ \text{또는 THF}]{R'Li\ \text{(또는 EtMgBr)}} \mathrm{R{-}C{\equiv}C{-}Li} + R'H\ \text{(또는 EtH)}\ \text{(약산)}$$

아세틸렌화 리튬(lithium acetylide)은 에틸렌다이아민과의 착물[HC≡CLi·EDA][150]로서 구매 가능하다. 그러나 EDA와 착물을 이룬 아세틸렌화 리튬은 Midland 방법을 통해 쉽게 만들어지는 착물이 되지 않은 아세틸렌화 리튬보다 반응성이 작다.[151]

$$\mathrm{H{-}C{\equiv}C{-}H} \xrightarrow[\text{THF, }-78^\circ C]{n\text{-BuLi}} \mathrm{H{-}C{\equiv}C{-}Li}$$

알킬리튬이 치환된 작용기가 있는 알카인에 첨가 반응이 일어나는 것을, LDA를 사용하면 금속화 반응을 가장 잘 수행할 수 있다.[152]

$$\mathrm{H{-}C{\equiv}C{-}C({=}O)R} \xrightarrow[\text{THF, }-78^\circ C]{\text{LDA}} \mathrm{Li{-}C{\equiv}C{-}C({=}O)R}$$

$$\mathrm{H{-}C{\equiv}C{-}C({=}O)OR} \xrightarrow[\text{THF, }-78^\circ C]{\text{LDA}} \mathrm{Li{-}C{\equiv}C{-}C({=}O)OR}$$

치환 반응

아세틸렌화 리튬[133] 또는 아세틸렌화 리튬·EDA 착물과 일차 브로민화 알킬과의 알킬화 반응에 의해 단일 치환 알카인이 만들어진다. 또한 아세틸렌화 리튬·EDA 착물과 α,ω-다이브로모알케인과의 반응에 의해 말단 이알카인을 만들 수 있다.[154]

$$\mathrm{H{-}C{\equiv}C{-}Li} \xrightarrow[\text{b. } H_2O \text{ workup}]{\text{a. } n\text{-}C_6H_{13}Br,\ \text{liq. } NH_3,\ DMSO,\ -33 \text{ to } 15^\circ C} \mathrm{H{-}C{\equiv}C{-}}n\text{-}C_6H_{13}\quad >70\%$$

$$\mathrm{H{-}C{\equiv}C{-}Li\cdot EDA} \xrightarrow[\text{b. } H_2O \text{ workup}]{\text{a. } n\text{-}C_5H_{11}Br,\ DMSO} \mathrm{H{-}C{\equiv}C{-}}n\text{-}C_5H_{11}\quad 83\%$$

$$2\ \mathrm{H{-}C{\equiv}C{-}Li\cdot EDA} \xrightarrow[\text{b. } H_2O \text{ workup}]{\text{a. } Br(CH_2)_3Br,\ DMSO} \mathrm{H{-}C{\equiv}C{-}(CH_2)_3{-}C{\equiv}C{-}H}\quad 66\%$$

1-알카인으로부터 만든 알카인화 리튬 및 소듐은 할로젠화 일차 알킬과 HMPA 존재하에서 반응하여 이치환 알카인을 생성한다.[155] 이 방법은 β-위치에 가지가 없는 할로젠화 일차 알킬로만 제한되어 있다. 할로젠화 이차 또는 *tert*-알킬은 할로젠화수소 이탈 반응이 일어나는 경향이 있다(E2 제거 반응).

$$\mathrm{THPO(CH_2)_4{-}C{\equiv}C{-}H} \xrightarrow[\text{b. } n\text{-}C_7H_{15}Cl,\ HMPA]{\text{a. } n\text{-BuLi, THF}} \mathrm{THPO(CH_2)_4{-}C{\equiv}C{-}}n\text{-}C_7H_{15}\quad 92\%$$

이차 또는 일차 알킬 치환기를 삼중 결합의 탄소에 갖고 있는 이치환 아세틸렌은 다음의 예에서 보듯이, 출발 물질을 잘 선택하면 만들 수가 있다.

선호되는 합성:

$$\text{C}_6\text{H}_{11}-C\equiv C-H \xrightarrow[\text{THF}]{\text{a. }n\text{-BuLi}} [\text{C}_6\text{H}_{11}-C\equiv C-Li] \xrightarrow[\text{HMPA, c. work up}]{\text{b. }n\text{-BuBr}} \text{C}_6\text{H}_{11}-C\equiv C-n\text{-Bu}$$

선호되지 않는 합성(단계 b는 이차 할로젠화물의 치환 반응이 일어나야만 한다.)

$$n\text{-Bu}-C\equiv C-H \xrightarrow[\text{THF}]{\text{a. }n\text{-BuLi}} [n\text{-Bu}-C\equiv C-Li] \xrightarrow[\text{HMPA, c. work up}]{\text{b. ChxBr}} n\text{-Bu}-C\equiv C-\text{C}_6\text{H}_{11}$$

소듐 또는 알카인화 리튬 시약을 사용하는 경우에는 주로 제거 반응이 일어나는 까닭에 ***tert*-알킬-알카인일** 짝지음 반응을 수행하는 일반적인 방법은 없다. 그러나 해당하는 알킬리튬과 무수 삼염화 알루미늄(aluminum trichloride)으로부터 얻어지는 트라이알카인일알레인(trialkynylalane)을 사용하면 *tert*-할로젠화물과 깨끗한 반응이 일어나서 *tert*-알킬 치환 아세틸렌을 만들 수 있다.[156]

$$\text{C}_6\text{H}_{11}-C\equiv CH \xrightarrow[\text{b. AlCl}_3\text{ (0.3 eq.)}]{\text{a. }n\text{-BuLi (1 eq.), hexane}} [(\text{C}_6\text{H}_{11}-C\equiv C)_3Al] \xrightarrow[\text{Cl(CH}_2)_2\text{Cl, 0°C}]{\text{c. Me}_3\text{CCl, AlCl}_3} \text{C}_6\text{H}_{11}-C\equiv C-C(Me)(Me)-Me \quad 90\%$$

(그림에는 C(Mo)(Me)(Me)로 인쇄됨)

카보닐 첨가 반응

α-하이드록시가 치환된 알카인은 합성 변환에서 중요한 중간체이며, 흔히 의약품을 합성하는 출발 물질로 사용된다. 일반적으로 1-리티오-1-알카인(1-lithio-1-alkyne)을 적당한 알데하이드와 케톤과 반응시켜서 만든다.[139g] 카보닐 탄소는 할로젠화 알킬의 탄소-할로젠 결합보다 더 친전자성이므로 알카인일-카보닐 짝지음 반응(alkynyl-carbonyl coupling)은 훨씬 더 쉽게 일어난다. 알카인화 리튬(lithium alkynide)을 엔올이 만들어질 수 있는 수소 원자를 갖고 있는 케톤에 첨가하는 반응은 양성자 이탈 반응에 의해 엔올레이트를 만드는 것과 카보닐 탄소에 대한 첨가 반응의 두 가지 사이에서 경쟁이 일어나서 프로파질성(propargylic) 알코올의 수율이 낮게 된다. 그러나 LiBr을 첨가하면 프로파질성 알코올의 수율이 아주 높아진다.[157]

금속화된 1-알카인에 대한 다이메틸폼아마이드(dimethylformamide) 또는 클로로폼산 에틸(ethyl chloroformate)을 이용한 아실화 반응은 각각 콘쥬게이션된 아세틸렌성 알데하이드 또는 에스터를 만든다.[139g] 이들은 콘쥬게이션 첨가 반응을 일으키는 중요한 화합물이다

하이드록시알킬화 반응

$[R-C\equiv C-M]$ (M= Na, Li, MgX)

$$\xrightarrow[\text{b. H}_2\text{O}]{\text{a. HCHO}} R-C\equiv C-CH_2OH$$

$$\xrightarrow[\text{b. H}_2\text{O}]{\text{a. R'CHO}} R-C\equiv C-CH(OH)R'$$

$$\xrightarrow[\text{b. H}_2\text{O}]{\text{a. R'COR''}} R-C\equiv C-C(OH)R'R''$$

아실화 반응

$[R-C\equiv C-M]$ (M= Li, MgX)

$$\xrightarrow[\text{b. H}^+\text{, H}_2\text{O}]{\text{a. Me}_2\text{NCHO (DMF)}} R-C\equiv C-CHO$$

$$\xrightarrow[\text{b. H}^+\text{, H}_2\text{O}]{\text{a. CO}_2} R-C\equiv C-CO_2H$$

$$\xrightarrow[\text{b. aq. NH}_4\text{Cl}]{\text{a. ClCOOR'}} R-C\equiv C-CO_2R'$$

프로파질성 알킬화 반응

1-알카인과 1-알카인의 프로파질성 위치 양쪽에 대한 직렬(tandem) 사슬 연장 반응은 순차적으로 1,3-이리튬화된(1,3-dilithiated) 알카인에 대한 (1) 알킬화 반응과 (2) 하이드록시-알킬화 반응(1,2-첨가 반응)에 의해 일어나며, 작용기 이치환된 알카인을 만드는 데 유용한 단일 용기(one-pot) 합성 방법이 된다. 필요한 1,3-이리튬화된 화학종은 1-알카인을 TMEDA[(테트라메틸에틸렌다이아민(tetramethylethylenediamine)] 존재하에서 2당량의 *n*-BuLi을 사용하여 1-위치와 3-위치 양쪽 모두에서 리튬화 반응(lithiation)을 일으켜서 얻는다. 아래의 예들은 이러한 프로파인(propyne)의 이단계 사슬 연장 반응이 이리튬화(dilithiated) 프로파인에서 반응성이 더 작은 친전자체인 *n*-BuBr와 친핵성인 프로파질성 위치에서 먼저 알킬화 반응이 일어난다. 이어서 덜 친핵성인 알카인 음이온(alkynide) 위치에 보다 더 친전자성인 폼알데하이드(formaldehyde)와 하이드록시알킬화 반응을 일으켜서 α-하이드록시알카인을 만든다.[158]

$$CH_3-C\equiv C-H \xrightarrow[Et_2O,\ -60°C]{a.\ n\text{-BuLi (2 eq.)},\ TMEDA} [LiCH_2-C\equiv C-Li] \xrightarrow{b.\ n\text{-BuBr}} [n\text{-BuCH}_2-C\equiv C-Li]$$

이음이온

$$\xrightarrow[d.\ H_2O]{c.\ HCHO} n\text{-BuCH}_2-C\equiv C-CH_2OH$$

1-알카인의 1,3-이리튬화되는 위치는 서로 다른 반응성을 가지므로 보다 반응성이 큰 프로파질성 위치로의 알킬화를 선택적으로 일으킬 수 있다.[159]

a. *n*-BuLi (2 eq.), TMEDA, Et_2O, –50°C: $Me_2C(H)-C\equiv C-H$ → [$Me_2C(Li)-C\equiv C-Li$] (이음이온) → b. 에폭사이드, –78°C; c. H_2O work-up → $HOCH_2CH_2C(Me)(Me)C\equiv C-H$

Fuchs 알카인일화 반응

활성화되지 않은 탄화수소도 알카인일화 반응이 일어나서 이치환 알카인을 만들 수 있다.[160] 예를 들어 다음에 보인 바와 같이 사이클로헥세인을 아세틸렌성 트라이플론(triflone, $RC\equiv C\text{-}SO_2CF_3$)과 촉매량의 AIBN이 THF에 녹아 있는 조건에서 반응시키면 라디칼 중간체를 거쳐서 1-페닐-2-사이클로헥실 아세틸렌을 만들게 된다.

사이클로헥세인 + $Ph-C\equiv C-SO_2CF_3$ (cat. AIBN, THF, reflux) → [사이클로헥실 라디칼] → 사이클로헥실-$C\equiv C-Ph$ (83%) + SO_2 + HCF_3

이성질화 반응

염기 존재하에서 어떤 말단 또는 내부 알카인의 삼중 결합은 사슬을 따라 새로운 위치로 이동하는데, 이것은 아세틸렌 화합물을 상호 변환하는 유용한 방법이 된다. 따라서 곧은 사슬 1-알카인은 상온이나 더 높은 온도에서 DMSO에서 *t*-BuOK로 처리하면 깨끗하게 이성질화 반응(isomerization)이 일어나서 열역학적으로 더 안정한 2-알카인이 생성된다.[161]

$$n\text{-}C_5H_{11}CH_2-C\equiv C-H \xrightarrow[25\sim80°C]{t\text{-BuOK, DMSO}} n\text{-}C_5H_{11}-C\equiv C-CH_3\ (90\%)$$

아세틸렌 지퍼 반응(acetylene zipper reaction)

보다 더욱 놀라운 것은 아주 센염기가 존재할 경우 곧은 사슬 내부 알카인의 삼중 결합이 사슬의 말단으로의 이동이 일어나게 된다는 것이다. 삼중 결합의 여러 위치에서의 이러한 이성질화 반응을 아세틸렌성 알코올에 적용할 경우 화학적으로 서로 다른 작용기를 가진 긴 사슬 구조를 만드는 방법이란 점에서 특별히 흥미가 있다.

3-아미노프로필아민화 포타슘(potassium 3-aminopropylamide, KAPA)는 과량의 3-아미노프로필아민(APA)에 수소

화 포타슘(potassium hydride)[162]을 가해 만드는데, 이 시약은 삼중 결합이 탄소 사슬의 내부 위치로부터 말단으로 0°C에서 몇 분 내에 신속하게 일어나게 해서 아세틸렌화 음이온(acetylide anion)을 생성하게 한다. 알킬기가 가지를 치고 있는 경우는 삼중 결합이 말단 위치로의 이동이 막히게 된다. 해당하는 말단 아세틸렌을 가수 분해성 workup 작업 후에 얻을 수 있다.[163]

$$KH + H_2N(CH_2)_3NH_2 \text{ (APA, 과량)} \longrightarrow [KHN(CH_2)_3NH_2] \text{ in APA (KAPA)}$$

$$CH_3(CH_2)_5-C{\equiv}C-(CH_2)_5CH_3 \xrightarrow[\text{b. } H_2O \text{ workup}]{\text{a. KAPA, APA}} n\text{-}C_{12}H_{25}-C{\equiv}C-H \quad 89\%$$

$$CH_3(CH_2)_7-C{\equiv}C-(CH_2)_6-OH \xrightarrow[\text{b. } H_2O \text{ workup}]{\text{a. KAPA, APA}} H-C{\equiv}C-(CH_2)_{14}-OH \quad 90\%$$

(<1% 내부 알카인 이성질체)

$$CH_3CH_2CH_2CH_2-C{\equiv}C-CH(CH_3)CH_2CH_3 \xrightarrow[\text{b. } H_2O]{\text{a. KAPA, APA}} H-C{\equiv}C-CH_2CH_2CH_2CH_2-CH(CH_3)CH_2CH_3 \quad 84\%$$

⟸ 이 방향으로만 이동

2-프로파인-1-올(2-propyne-1-ol)의 사슬 연장 반응을 다음에 나타내었다. 결과로 내부의 삼중 결합은 KAPA 시약에 의해 말단 위치로 이동한다.[164]

$$H-C{\equiv}C-CH_2OH \xrightarrow[\text{liq. } NH_3]{LiNH_2 \text{ (2 eq.)}} [Li-C{\equiv}C-CH_2OLi] \xrightarrow{n\text{-}C_5H_{11}Br} n\text{-}C_5H_{11}-C{\equiv}C-CH_2OH \quad 85\%$$

$$\xrightarrow[\text{liq. } NH_3]{\text{KAPA}} H-C{\equiv}C-(CH_2)_6OH \quad 90\%$$

'아세틸렌 지퍼' 방법의 변형으로서 3-아미노프로필아민화 리튬을 사용하면 수소화 포타슘을 사용하지 않는 방법으로 대치할 수 있다. 시약은 리튬 금속을 APA에 가한 후에 *t*-BuOK를 가해서 만든다.[165]

$$HOCH_2-C{\equiv}C-(CH_2)_6CH_3 \xrightarrow[\text{b. } H_2O]{\text{a. } LiHN(CH_2)_3NH_2,\ t\text{-BuOK, APA}} HO(CH_2)_8-C{\equiv}C-H \quad 83\text{~}88\%$$

열역학적으로 보다 안정한 내부 삼중 결합이 열역학적으로 덜 안정한 말단 삼중 결합으로 바뀌는 이성질화 반응은 양성자 이탈 반응과 양성자를 제공하는 반응이 알렌성 음이온(allenic anion)이나 알렌 중간체를 통해서 연달아 일어나는 과정을 통해서 진행되는데, 궁극적으로 보다 안정한 아세틸라이드 음이온을 만든다.[166]

$$H_3C-C{\equiv}C-R \xrightarrow{\text{염기}} [H_2\bar{C}-C{\equiv}C-R \longleftrightarrow H_2C{=}C{=}\bar{C}-R]$$

↓ 양성자 이동

$$[K^+\ {}^-C{\equiv}C-CH_2R] \longleftarrow [HC{\equiv}C-\bar{C}H-R \longleftrightarrow H\bar{C}{=}C{=}CH-R]$$

말단 알렌의 염기 유발(base-induced) 이성질화 반응은 가지를 가진 말단 알카인을 만드는 편리한 방법이 되는데, 이러한 알카인은 2° 할로젠화물의 치환 반응에 의해서는 쉽게 만들 수 없다.[167]

BnO–(CH₂)₃–C(=C=CH₂)–CH(CH₃)₂ $\xrightarrow[\text{THF, 0°C}]{\text{a. } n\text{-Bu(Me)}N^-K^+ \text{ (3.5 eq.)}}$ [BnO–(CH₂)₃–CH(C≡C⁻ K⁺)–CH(CH₃)₂] $\xrightarrow[H_2O]{\text{b. } H^+}$ BnO–(CH₂)₃–CH(C≡CH)–CH(CH₃)₂ 75%

단일 단계, 일탄소 동족화 반응-Seyferth-Gilbert 시약

단일 단계 반응으로 알데하이드를 말단 알카인으로 변환하는 것은 다이메틸 (다이아조메틸)포스포네이트[dimethyl (diazomethyl)phosphonate, Gilbert 시약]을 사용한 일탄소 동족화 반응(homologation)을 통해 가능하다.[168] 알카인을 만드는 메커니즘은 Wittig 형태의 반응(즉 Horner-Wadsworth-Emmons 올레핀화 반응)이 신속하게 일어나서 다이아조에텐 중간체를 생성하고, 이어서 수소의 1,2-이동과 잇달아서 질소를 잃어버리는 과정이 일어나게 된다. Seyferth-Gilbert 시약은 구매 가능하지 않으며, 사용하기 전에 바로 만들어야 한다.

Seyferth–Gilbert 시약

a. *t*-BuOK, THF, –78°C

b. Wittig형 반응

다이아조에텐 중간체

1,2-H 이동

c. H_2O work-up

$-N_2$

80%

유사한 방법으로 강염기를 사용하지 않는 방법은 Ohira-Bestmann 시약(**A**, 다이메틸 1-다이아조-2-옥소프로필포스폰산, dimethyl 1-diazo-2-oxopropylphosphonate)을 사용하는 것이다.[169] 이 시약은 구매 가능한 다이메틸 2-옥소프로필포스폰산(dimethyl 2-oxopropylphosphonate)로부터 쉽게 만들 수 있다.[170] 상온에서 Ohira-Bestmann 시약을 메탄올에서 약한 염기에 가하면 아실 절단이 일어나서 해당하는 음이온이 생성되고, 다음 이것을 알데하이드와 반응시켜 알카인을 생성한다.[171]

NaH, $TolN_3$

THF, C_6H_6

Ohira–Bestmann 시약 (**A**)

1. Swern ox.

2. **A**, K_2CO_3, MeOH, rt

92%(두 단계)

참고 문헌

1 (a) Whitham, G. H. In *Comprehensive Organic Chemistry*; Barton, D.; Ollis, W. D., Eds.; Pergamon Press: Oxford, 1979; Vol. 1, p 121. (b) Kelly, S. E. In *Comprehensive Organic Synthesis*; Trost, B. M.; Fleming, I., Eds.; Pergamon Press: Oxford, 1991; Vol. 1, p 729. (c) Larock, R. C. *Comprehensive Organic Transformations*, 2nd ed.; Wiley-VCH: New York, 1999; pp 251–315. (d) Organ, M. G.; Cooper, J. T., Rogers, L. R.; Soleymanzadeh, F.; Paul, T. J. *Org. Chem.* **2000**, *65*, 7959 and references cited therein. (e) Piva, O. In *Comprehensive Organic Functional Group Transformations II*; Taylor, A. R.; Katritzky, R. J. K., Eds.; Elsevier: Oxford, 2005; p 581.

2 Corey, E. J.; Long, A. K. J. *Org. Chem.* **1978**, *43*, 2208.

3 (a) Carey, F. A.; Sundberg, R. J. *Advanced Organic Chemistry; Reactions and Synthesis,* Part B, 2nd ed.; Plenum Press: New York, 1983; pp 356–365. (b) Carruthers, W. *Some Modern Methods of Organic Synthesis*, 3rd ed.; Cambridge University Press: Cambridge, 1986; pp 111–123. (c) Larock, R. C. *Comprehensive Organic Transformations: A Guide to Functional Group Preparations*, 2nd ed.; Wiley-VCH: New York, 1999; p 251.

4 Tipson, R. S. *J. Org. Chem.* **1944**, *9*, 235.

5 For selective monotosylation of 1,2- and 1,3-diols, see: Martinelli, M. J.; Nayyar, N. K.; Moher, E. D.; Dhokte, U. P.; Pawlak, J. M.; Vaidyanathan, R., *Org. Lett.* **1999**, *1*, 447.

6 Brown, H. C.; Bernheimer, R.; Kim, C. J.; Scheppele, S. E. *J. Am. Chem. Soc.* **1967**, *89*, 370.

7 Crossland, R. K.; Servis, K. L. *J. Org. Chem.* **1970**, *35*, 3195.

8 Larsen, S. D.; Monti, S. A. *J. Am. Chem. Soc.* **1977**, *99*, 8015.

9 Bunce, R. A.; Schilling. C. L., III. *J. Org. Chem.* **1995**, *60*, 2748.

10 (a) Arhart, R. J.; Martin, J. C. *J. Am. Chem. Soc.* **1972**, *94*, 5003. (b) Winkler, J. D.; Stelmach, J. E.; Axten, J. *Tetrahedron Lett.* **1996**, *37*, 4317. (c) Yokokawa, F.; Shioiri, T. *Tetrahedron Lett.* **2002**, *43*, 8679.

11 (a) Atkins, G. M.; Burgess, E. M. *J. Am. Chem. Soc.* **1968**, *90*, 4744. (b) Burckhardt, S. *Synlett* **2000**, 559. (c) Khapli, S.; Dey, S.; Mal, D. *J. Indian Inst. Sci.* **2001**, *81*, 461. (d) Rigby, J. H.; Maharoof, U. S. M.; Mateo, M. E. *J. Am. Chem. Soc.* **2000**, *122*, 6624.

12 (a) Vogel, E.; Klärner, F. G. *Angew. Chem. Int. Ed.* **1968**, *7*, 374. (b) Nicolas, M.; Fabré, B.; Pilard, J.-F.; Simonet, J. *J. Heterocyclic Chem.* **1999**, *36*, 1105.

13 Nace, H. R. *Org. React.* **1962**, *12*, 57.

14 McNamara, L. S.; Price, C. C. *J. Org. Chem.* **1962**, *27*, 1230.

15 (a) Barton, D. H. R.; McCombie, S. W. *J. Chem. Soc., Perkin Trans. I* **1975**, 1574. (b) Crich, D.; Quintero, L. *Chem. Rev.* **1989**, *89*, 1413.

16 Ramachandran, P. V.; Prabhudas, B.; Chandra, J. S.; Reddy, M. V. R. *J. Org. Chem.* **2004**, *69*, 6294.

17 Postigo, A.; Kopsov, S.; Ferreri, C.; Chatgilialoglu, C. *Org. Lett.* **2007**, *9*, 5159.

18 Maguire, A. R. In *Comprehensive Organic Functional Group Transformation*; Katritzky, A. R.; Meth-Cohn, O.; Roberts, S. M.; Rees, C. W., Eds.; Pergamon: Oxford, 1995; Vol. 1, p 595.

19 Fukuyama, T.; Wang, C.-L. J., Kishi, Y. *J. Am. Chem. Soc.* **1979**, *101*, 260.

20 Grieco, P. A.; Reap, J. *J. Tetrahedron Lett.* **1974**, 1097.

21 (a) Clive, D. L. *J. Tetrahedron* **1978**, *34*, 1049. (b) Nicolaou, K. C.; Petasis, N. A. In *Selenium in Natural Product Synthesis*; CIS Inc.: Philadelphia, PA, 1984. (c) Paulmier, C. In *Selenium Reagents and Intermediates in Organic Synthesis*; Pergamon Press: Oxford, 1986. (d) Liotta, D. *Organoselenium Chemistry*; John Wiley & Sons, Inc.: New York, 1987. (e) Back, T. G. (f) *Organoselenium Chemistry. A Practical Approach*; Oxford University Press: Oxford, 1999. Organoselenium Chemistry. *Modern Developments in Organic Synthesis*; Wirth, T., Ed.; Springer-Verlag: Berlin, 2000.

22 Sharpless, K. B.; Young, M. W.; Lauer, R. F. *Tetrahedron Lett.* **1973**, 1979.

23 Reich, H. J.; Wollowitz, S. *Org. React.* **1993**, *44*, 1.

24 Sharpless, K. B.; Lauer, R. F.; Teranishi, A. Y. *J. Am. Chem. Soc.* **1973**, *95*, 6137.

25 Mancini, I.; Guella, G.; Pietra, F. *Helv. Chim. Acta* **1991**, *74*, 941.

26 Oppolzer, W.; Bättig, K. *Helv. Chim. Acta* **1981**, *64*, 2489.

27 Rylander, P. N. *Hydrogenation methods*; Academic: Orlando, FL, **1985**; p 53.

28 Trost, B. M.; Lee, D. C. *J. Org. Chem.* **1989**, *54*, 2271.

29 (a) Brown, H. C.; Kramer, G. W.; Levy, A. B.; Midland, M. M. *Organic Synthesis via Boranes*; John Wiley & Sons, Inc.: New York, 1975. (b) Brown, H. C.; Molander, G. A. *J. Org. Chem.* **1986**, *51*, 4512.

30 Zweifel, G.; Miller, J. A. *Org. React.* **1984**, *32*, 375.

31 Brown, H. C.; Bowman, D. H.; Misumi, S.; Unni, M. K. *J. Am. Chem. Soc.* **1967**, *89*, 4531.

32 (a) Zweifel, G.; Arzoumanian, H. Whitney, C. C. *J. Am. Chem. Soc.* **1967**, *89*, 3652. (b) Zweifel, G.; Fisher, R. P.; Snow, J. T.; Whitney, C. C. *J. Am. Chem. Soc.* **1971**, *93*, 6309.

33 Zweifel, G.; Steele, R. B. *J. Am. Chem. Soc.* **1967**, *89*, 2754.

34 (a) Normant, J. F.; Alexakis, A. *Synthesis* **1981**, 841. (b) Marek, I.; Normant, J. F. In *Metal-Catalyzed Cross-Coupling Reactions*; Diederich, F.; Stang, P. J., Eds.; Wiley-VCH: Weinheim, 1988; p 271. (c) Marek, I.; Normant, J. F. In *Transition Metals for Organic Synthesis*; Beller, M.; Bolm, C., Eds.; Wiley-VCH: Weinheim, 1998; Vol. 1, p 514. (d) Negishi, E. In *Catalytic Asymmetric Synthesis*, 2nd ed.; Ojima, I., Ed.; VCH: New York, 2000; p 165.

35 (a) Negishi, E.; Valente, L. F.; Kobayashi, M. *J. Am. Chem. Soc.* **1980**, *102*, 3298. (b) Negishi, E. *Pure Appl. Chem.* **1981**, *53*, 2333 and references cited therein.

36 Okukado, N.; Negishi, E. *Tetradedron Lett.* **1978**, 2357.

37 Corey, E. J.; Katzenellenbogen, J. A.; Posner, G. H. *J. Am. Chem. Soc.* **1967**, *89*, 4245.

38 (a) Lipshutz, B. H.; Sengupta, S. *Org. React.* **1992**, *41*, 171. (b) Normant, J. F. In *Organocopper Reagents. A Practical Approach*; Taylor, R. J. K., Ed.; Oxford University Press: Oxford, 1994; p 237. (c) Chemla, F.; Ferreira, F. In *Patai's Chemistry of Functional Groups* [Online]; John Wiley & Sons, Inc.: 2009. http://onlinelibrary.wiley.com/doi/10.1002/9780470682531.pat0444/abstract

39 Normant. J. F.; Bourgain, M. *Tetrahedron Lett.* **1971**, 2583.

40 (a) Marfat, A.; McGuirk, P. R.; Helquist, P. *J. Org. Chem.* **1979**, *44*, 1345. (b) Marfat, A.; McGuirk, P. R.; Helquist, P. *J. Org. Chem.* **1979**, *44*, 3888 and references cited therein.

41 Mori, S.; Nakamura, E. In *Modern Organocopper Chemistry*; Krause, N., Ed.; Wiley-VCH: Weinheim, 2002; p 315.

42 (a) Levy, A. B.; Talley, P.; Dunford, J. A. *Tetrahedron Lett.* **1977**, 3545. (b) Alexakis, A.; Cahiez, G.; Normant, J. F. *Org. Synth.* **1990**, Coll. Vol. 7, 290.

43 Iyer, R. S.; Helquist, P. *Org. Synth.* **1990**, Coll. Vol. 7, 236.

44 Furber, M.; Taylor, J. K.; Burford, S.C. *J. Chem. Soc. Perkin Trans. I* **1986**, 1809.

45 (a) Corey, E. J.; Katzenellenbogen, J. A. *J. Am. Chem. Soc.* **1969**, *91*, 1851. (b) Siddall, J. B.; Biskup, M.; Fried, J. H. *J. Am. Chem. Soc.* **1969**, *91*, 1853.

46 (a) Alexakis, A.; Commercon, A.; Villiéras, J.; Normant, J. F. *Tetrahedron Lett.* **1976**, 2313. (b) Alexakis, A.; Normant, J. F.; Villiéras, J. *Tetrahedron Lett.* **1976**, 3461.

47 Blakemore, P. R. In *Comprehensive Organic Synthesis II*; Knochel, P.; Molander, G. A., Eds.; Elsevier: Amsterdam, 2014; p 516.

48 (a) Maercker, A. *Org. React.* **1965**, *14*, 270. (b) Schlosser, M. *Top. Stereochem.* **1970**, *5*, 1. (c) Bestmann, H. J.; Vostrowsky, O. *Top. Curr. Chem.* **1983**, *109*, 85. (d) Murphy, P. J.; Brennan, J. *Chem. Soc. Rev.* **1988**, *17*, 1. (e) Maryanoff, B. E.; Reitz, A. B. *Chem. Rev.* **1989**, *89*, 863. (f) Kelly, S. E. In *Comprehensive Organic Synthesis*; Trost, B. M.; Fleming, I., Eds.; Pergamon Press: Oxford, 1991; Vol. 1, p 755. (g) Smith, M. B. *Organic Synthesis*, 2nd ed.; McGraw-Hill: Boston, 2002; pp 656–670.

49 (a) Wittig, G.; Geissler, G. *Liebigs Ann. Chem.* **1953**, *580*, 44. (b) Wittig, G.; Schöllkopf, U. *Chem. Ber.* **1954**, *87*, 1318.

50 Nicolaou, K. C.; Härter, M. W.; Gunzner, J. L.; Nadin, A. *Liebigs Ann.* **1997**, 1283.

51 Reitz, A. B.; Nortey, S. O.; Jordan, A. D.; Mutter, M. S.; Maryanoff, B. E. *J. Org. Chem.* **1986**, *51*, 3302.

52 Schlosser, M.; Schaub, B.; de Oliveira-Neto, J.; Jeganathan, S. *Chimia* **1986**, *40*, 244.

53 Vedejs, E.; Snoble, K. A. *J. Am. Chem. Soc.* **1973**, *95*, 5778.

54 Vedejs, E.; Meier, G. P.; Snoble, K. A. J. *J. Am. Chem. Soc.* **1981**, *103*, 2823.

55 (a) Vedejs, E.; Marth, C. F. *J. Am. Chem. Soc.* **1988**, *110*, 3948. (b) Vedejs, E.; Marth, C. F. *J. Am. Chem. Soc.* **1990**, *112*, 3905. (c) Mari, F.; Lahti, P. M.; McEwan, W. E. *J. Am. Chem. Soc.* **1992**, *114*, 813.

56 Greenwald, R.; Chaykovsky, M.; Corey, E. J. *J. Org. Chem.* **1963**, *28*, 1128.

57 Corey, E. J.; Kang, J. *J. Am. Chem. Soc.* **1982**, *104*, 4724.

58 (a) Hartley, R. C.; Li, J. F.; Main, C. A.; McKiernan, G. J. *Tetrahedron* **2007**, *63*, 4825. (b) Hartley, R. C.; McKiernan, G. J. *J. Chem. Soc., Perkin Trans. 1* **2002**, 2763.

59 Tebbe, F. N.; Parshall, G. W.; Reddy, G. S. *J. Am. Chem. Soc.* **1978**, *100*, 3611.

60 Petasis, N. A.; Bzowej, E. I. *J. Am. Chem. Soc.* **1990**, *112*, 6392.

61 Pine, S. H.; Shen, G. S.; Hoang, H. *Synthesis* **1991**, 165.

62 Fukuyama, T.; Liu, G. *Pure Appl. Chem.* **1997**, *69*, 501.

63 Paterson, I.; Coster, M. J.; Chen, D. Y. K.; Acena, J. L.; Bach, J.; Keown, L. E.; Trieselmann, T. *Org. Biomol. Chem.* **2005**, *3*, 2420.

64 Gaunt, M. J.; Jessiman, A. S.; Orsini, P.; Tanner, H. R.; Hook, D. F.; Ley, S. V. *Org. Lett.* **2003**, *5*, 4819.

65 Davidson, J. E. P.; Gilmour, R.; Ducki, S.; Davies, J. E.; Green, R.; Burton, J. W.; Holmes, A. B. *Synlett* **2004**, 1434.

66 Herdeis, C.; Heller, E., Tetrahedron: Asymmetry **1993**, *4*, 2085.

67 (a) Schlosser, M.; Christmann, K.-F. *Angew. Chem. Int. Ed.* **1966**, *5*, 126. (b) Schlosser, M.; Christmann, F.-K. *Synthesis* **1969**, 38.

68 Corey, E. J.; Yamamoto, H. *J. Am. Chem. Soc.* **1970**, *92*, 226.

69 Salmond, W. G.; Barta, M. A.; Havens, J. L. *J. Org. Chem.* **1978**, *43*, 790.

70 (a) Becker, K. B. *Helv. Chim. Acta* **1977**, *60*, 69. (b) Becker, K. B. *Tetrahedron* **1980**, *36*, 1717 and references cited therein.

71 Novak, J.; Salemink, C. A. *Tetrahedron Lett.* **1981**, *22*, 1063.

72 Wadsworth, W. S., Jr. *Org. React.* **1977**, *25*, 73.

73 Denney, V. B.; Ross, S. T. *J. Org. Chem.* **1962**, *27*, 998.

74 Trippett, S.; Walker, D. M. *J. Chem. Soc.* **1961**, 1266.

75 Lui, Y. Y.; Thom, E.; Liebman, A. A. *J. Heterocycl. Chem.* **1979**, *16*, 799.

76 Katsuki, T.; Lee, A. W. M.; Ma, P.; Martin, V. S.; Masamune, S.; Sharpless, K. P.; Tuddenham, D.; Walker, F. J. *J. Org. Chem.* **1982**, *47*, 1373.

77 Bestmann, H. J.; Roth, K.; Ettlinger, M. *Angew. Chem. Int. Ed.* **1979**, *18*, 687.

78 (a) Vedejs, E.; Fleck, T.; Hara, S. *J. Org. Chem.* **1987**, *52*, 4637. (b) Vedejs, E.; Marth, C. F. *J. Am. Chem. Soc.* **1988**, *110*, 3948.

79 Boutagy, J.; Thomas, R. *Chem. Rev.* **1974**, *74*, 87.

80 Takahashi, H.; Fujiwara, K.; Ohta, M. *Bull. Soc. Chem. Soc. Jap.* **1962**, *35*, 1498.
81 Corey, E. J.; Kwiatkowski, G. T. *J. Am. Chem. Soc.* **1966**, *88*, 5655.
82 Corey, E. J.; Weinshenker, N. M.; Schaaf, T. K.; Huber, W. *J. Am. Chem. Soc.* **1969**, *91*, 5675.
83 Schmid, G.; Fukuyama, T.; Akasaka, K.; Kishi, Y. *J. Am. Chem. Soc.* **1979**, *101*, 259.
84 Blanchette, M. A.; Choy, W.; Davis, J. T.; Essenfeld, A. P.; Masamune, S.; Roush, W. R.; Sakai, T. *Tetrahedron Lett.* **1984**, *25*, 2183.
85 Rathke, M. W.; Nowak, M. *J. Org. Chem.* **1985**, *50*, 2624.
86 Still, W. C.; Gennari, C. *Tetrahedron Lett.* **1983**, *24*, 4405.
87 (a) Ando, K. *J. Org. Chem.* **1997**, *62*, 1934. (b) Ando, K. *J. Org. Chem.* **1998**, *63*, 8411.
88 Ando, K.; Oishi, T.; Hirama, M.; Ohno, H.; Ibuka, T. *J. Org. Chem.* **2000**, *65*, 4745.
89 (a) Peterson, D. *J. Organomet. Chem. Rev. A* **1972**, *7*, 295. (b) Hudrlik, P. F. *J. Organomet. Chem. Lib.* **1976**, *1*, 127. (c) Chan, T-H. *Acc. Chem. Res.* **1977**, *10*, 442. (d) Ager, D. *J. Synthesis* **1984**, 384. (e) Colvin, E. W. *Silicon Reagents in Organic Synthesis*; Academic Press: London, 1988; p63. (f) Hudrlik, P. F.; Agwaramgbo, E. L. O. In *Silicon Chemistry*; Corey, E. R.; Corey, J. Y.; Gaspar, P. P., Eds.; Ellis Horwood Limited: Chichester, 1988; p 95. (g) Ager, D. *J. Org. React.* **1990**, *38*, 1. (h) van Staden, L. F.; Gravestock, D.; Ager, D. J. *Chem. Soc. Rev.* **2002**, *31*, 195. (i) Ager, D. J. *Science of Synthesis, Sect A* **2010**, *47*, 85.
90 Peterson, D. J. *J. Org. Chem.* **1968**, *33*, 780.
91 Johnson, C. R.; Tait, B. D. *J. Org. Chem.* **1987**, *52*, 281.
92 Das, M.; Manvar, A.; Jacolot, M.; Blangetti, M.; Jones, R. C.; O'Shea, D. F. *Chem. Eur. J.* **2015**, *21*, 8737.
93 (a) Shimoji, K.; Taguchi, H.; Oshima, K.; Yamamoto, H. Nozaki, H. *J. Am. Chem. Soc.* **1974**, *96*, 1620. (b) Hartzell, S. L.; Sullivan, D. F.; Rathke, M. W. *Tetrahedron Lett.* **1974**, 1403.
94 Hudrlik, P. F.; Peterson, D. J. *J. Am. Chem. Soc.* **1975**, *97*, 1464.
95 Hudrlik, P. F.; Agwaramgbo, E. L. O.; Hudrlik, A. M. *J. Org. Chem.* **1989**, *54*, 5613.
96 Utimoto, K.; Obayashi, M.; Nozaki, H. *J. Org. Chem.* **1976**, *41*, 2940.
97 Hudrlik, P. F.; Peterson, D.; Rona, R. *J. Org. Chem.* **1975**, *40*, 2263.
98 (a) Julia, M.; Paris, J-M. *Tetrahedron Lett.* **1973**, 4833. (b) Kocienski, P.; Lythgoe, B.; Ruston, S. *J. Chem. Soc. Perkin I* **1978**, 829. (c) Kocienski, P. *Phosphorus Sulfur* **1985**, *24*, 97. (d) Julia, M. *Pure Appl. Chem.* **1985**, 57, 763. (e) Kelly, S. K. In *Comprehensive Organic Synthesis*; Trost, B. M.; Fleming, I, Eds.; Pergamon Press: Oxford, 1991; Vol. 1, p 792.
99 Chang, T. C. T.; Rosenblum, M.; Simms, N. *Org. Synth.* **1993**, Coll. Vol. 8, 479.
100 Kocienski, P. J; Lythgoe, B.; Ruston, S. J. *Chem. Soc., Perkin Trans. 1* **1978**, 829.
101 Kondo, K.; Tunemoto, D. *Tetrahedron Lett.* **1975**, 1007.
102 Magnus, P. D. *Tetrahedron* **1977**, *40*, 150.
103 (a) Blakemore, P. R. *J. Chem. Soc., Perkin Trans. 1*, **2002**, 2563. (b) Plesniak, K.; Zarecki, A.; Wicha, J. *Top. Curr. Chem.* **2007**, *275*, 163. (c) Chatterjee, B.; Bera, S.; Mondal, D. *Tetrahedron: Asymmetry* **2014**, *25*, 1.
104 Lear, M. J.; Hirama, M. *Tetrahedron Lett.* **1999**, *40*, 4897.
105 Blakemore, P. R.; Cole, W. J.; Kocienski, P. J.; Morley, A. *Synlett* **1998**, 26.
106 Ghosh, A. K.; Anderson, D. D. *Org. Lett.* **2012**, *14*, 4730.
107 (a) Shapiro, R. H. *Org. React.* **1976**, *23*, 405. (b) Chamberlin, A. R.; Bloom, S. H. *Org. React.* **1990**, *39*, 1. (c) Uyanik, M.; Ishihara, K. In *Comprehensive Organic Synthesis II*; Knochel, P.; Molander, G. A., Eds.; Elsevier: Amsterdam, 2014; Vol. 6, p 573. (d) Clark, A. J.; Guy, C. S. In *Comprehensive Organic Synthesis I*; Knochel, P.; Molander, G. A., Eds.; Elsevier: Amsterdam, 2014; Vol. 8, p 1143.
108 Shapiro, R. H.; Heath, M. J. *J. Am. Chem. Soc.* **1967**, *89*, 5734.
109 Scott, W. L.; Evans, D. A. *J. Am. Chem. Soc.* **1972**, *94*, 4779.
110 (a) Shapiro, R. H.; Lipton, M. F.; Kolonko, K. J.; Buswell, R. L.; Capuano, L. A. *Tetrahedron Lett.* **1975**, 1811. (b) Stemke, J. E.; Bond, F. T. *Tetrahedron Lett.* **1975**, 1815.
111 (a) Chamberlin, A. R.; Stemke, J. E.; Bond, F. T. *J. Org. Chem.* **1978**, *43*, 147. (b) Adlington, R. M.; Barrett, A. G. M. *Acc. Chem. Res.* **1983**, *16*, 55.
112 Cusack, N. J.; Reese, C. B.; Risius, A. C.; Roozpeikar, B. *Tetrahedron* **1976**, *32*, 2157.
113 (a) Martin, S. F.; Daniel, D.; Cherney, R. J.; Liras, S. *J. Org. Chem.* **1992**, *57*, 2523. (b) Wasserman, H. H.; Fukuyama, J. M. *Tetrahedron Lett.* **1984**, *25*, 1387.
114 Chamberlin, A. R.; Bond, F. T. *Synthesis* **1979**, 44.
115 (a) Rhoads, S. J.; Raulins, N. R. *Org. React.* **1975**, *22*, 1. (b) Bennett, G. B. *Synthesis* **1977**, 589. (c) Carruthers, W. *Some Modern Methods of Organic Synthesis*, 3rd ed.; Cambridge University Press: Cambridge, 1986; p 167. (d) Ziegler, F. E. *Chem. Rev.* **1988**, *88*, 1423. (e) Blechert, S. *Synthesis* **1989**, 71. (f) Wipf, P. In *Comprehensive Organic Synthesis*; Trost, B. M.; Fleming, I, Eds.; Pergamon Press: Oxford, 1991; Vol. 5, p 827. (g) Smith, M. B. *Organic Synthesis*, 2nd ed.; McGraw Hill: Boston, MA, 2002; p 1021. (h) *The Claisen Rearrangement: Methods and Applications*; Hiersemann, M.;

Nubbemeyer, U., Eds.; Wiley-VCH: Darmstadt, 2007. (i) Martín-Castro, A. M.; Tortosa, M. In *Comprehensive Organic Synthesis I*; Knochel, P.; Molander, G. A., Eds.; Elsevier: Amsterdam, 2014; p 912. (j) Barriault, L.; Sow, B.; Sherburn, M. S. In *Comprehensive Organic Synthesis II*; Knochel, P.; Molander, G. A., Eds.; Elsevier: Amsterdam, 2014, 978.
116 Claisen, L. *Chem. Ber.* **1912**, *45*, 3157.
117 (a) Majumdar, K. C.; Nandi, R. K. *Tetrahedron* **2013**, *69*, 6921. (b) Fernandes, R. A.; Chowdhury, A. K.; Kattanguru, P. *Eur. J. Org. Chem.* **2014**, 2833.
118 (a) Fleming, I. *Molecular orbitals and organic chemical reactions*; John Wiley & Sons, Inc.: Hoboken, NJ, 2010; p 253. (b) Fleming, I. *Frontier orbitals and organic chemical reactions*; John Wiley & Sons, Inc.: London, New York, 1977.
119 (a) Vance, R. L.; Rondan, N. G.; Houk, K. N.; Jensen, F.; Borden, W. T.; Komornicki, A.; Wimmer, E. *J. Am. Chem. Soc.* **1988**, *110*, 2314. (b) Ganem, B. *Angew. Chem. Int. Ed.* **1996**, *35*, 936.
120 Hansen, J. J.; Schmid, H. *Tetrahedron* **1974**, *30*, 1959.
121 Fleming, I. *Pericyclic Reactions*; Oxford University Press: Oxford, 1999.
122 (a) Woodward, R. B.; Hoffmann, R. *Angew. Chem. Int. Ed.* **1969**, *8*, 781. (b) Woodward, R. B.; Hoffmann, R. *The Conservation of Orbital Symmetry*; Verlag Chemie: Weinheim, 1970.
123 Kametani, T.; Suzuki, T.; Sato, E.; Nishimura, M.; Unno, K. *J. Chem. Soc., Chem. Commun.* **1982**, *20*, 123.
124 (a) Saucy, G.; Marbet, R. *Helv. Chim. Acta* **1967**, *50*, 2091. (b) Dauben, W. G.; Dietsche, T. J. *J. Org. Chem.* **1972**, *37*, 1212.
125 (a) Carroll, M. F. *J. Chem. Soc.* **1940**; *Ibid.* 704 and 1266; *Ibid.* 1941, 507. (b) Kimel, W.; Cope, A. C. *J. Am. Chem. Soc.* **1943**, *65*, 1992.
126 Wilson, S. R.; Price, M. F. *J. Org. Chem.* **1984**, *49*, 722.
127 Johnson, W. S.; Werthemann, L.; Bartlett, W. R.; Brocksom, T. J.; Li, T.; Faulkner, D. J.; Petersen, M. R. *J. Am. Chem. Soc.* **1970**, *92*, 741.
128 Trust, R. I.; Ireland, R. E. *Org. Synth.* **1988**, Coll. Vol. 6, 606.
129 Takano, S.; Sugihara, T.; Samizu, K.; Akiyama, M.; Ogasawara, K. *Chem. Lett.* **1989**, *10*, 1781.
130 Uskokovic, M. R.; Lewis, R. L.; Partridge, J. J.; Despreaux, C. W.; Pruess, D. L. *J. Am. Chem. Soc.* **1979**, *101*, 6742.
131 Wick, A. E.; Felix, D.; Steen, K.; Eschenmoser, A. *Helv. Chim. Acta* **1964**, *47*, 2425.
132 (a) Ireland, R. E.; Mueller, R. H. *J. Am. Chem. Soc.* **1972**, *94*, 5897. (b) Ireland, R. E.; Mueller, R. H.; Willard, A. K. *J. Am. Chem. Soc.* **1976**, *98*, 2868. (c) Ireland, R. E.; Wilcox, C. S. *Tetrahedron Lett.* **1977**, 2839. (d) Mulzer, J.; Altenbach, H.-J.; Braun, H.; Krohn, K.; Reissig, H.-U. *Organic Synthesis Highlights*; VCH: Weinheim, 1919; p 111. (e) Pereira, S.; Srebnik, M. *Aldrichimica Acta* **1993**, *26*, 17. (f) Chai, Y.; Hong, S.-P.; Lindsay, H. A.; McFarland, C.; McIntosh, M. C. *Tetrahedron* **2002**, *58*, 2905.
133 Ireland, R. E.; Wipf, P.; Xiang, J.-N. *J. Org. Chem.* **1991**, *56*, 3572.
134 Koreeda, M.; Luengo, J. I. *J. Am. Chem. Soc.* **1985**, *107*, 5572.
135 (a) Abraham, L.; Czerwonka, R.; Hiersemann, M. *Angew. Chem. Int. Ed.* **2001**, *40*, 4700. (b) Abraham, L.; Korner, M.; Schwab, P.; Hiersemann, M. *Adv. Synth. Catal.* **2004**, *346*, 1281.
136 (a) Uyeda, C.; Jacobsen, E. N. *J. Am. Chem. Soc.* **2008**, *130*, 9228. (b) Uyeda, C.; Jacobsen, E. N. *J. Am. Chem. Soc.* **2011**, *133*, 5062.
137 Keegstra, M. A. *Tetrahedron* **1992**, *48*, 2681.
138 Nordmann, G.; Buchwald, S. L. *J. Am. Chem. Soc.* **2003**, *125*, 4978.
139 (a) Raphael, R. A. *Acetylenic Compounds in Organic Synthesis*; Butterworth: London, 1955. (b) Rutledge, T. F. *Acetylenic Compounds*; Reinhold Book Corp.: New York, 1968. (c) *Chemistry of Acetylenes*; Viehe, H. G., Ed.; Marcel Dekker: New York, 1969. (d) Brandsma, L. *Preparative Acetylene Chemistry*, 2nd ed.; Elsevier: Amsterdam, 1988. (e) Brandsma, L; Verkruijsse, H. D. *Synthesis of Acetylenes, Allenes and Cumulenes*; Elsevier: Amsterdam, 1981. (f) *Modern Acetylene Chemistry*; Stang, P. J.; Diederich, F., Eds.; VCH: Weinheim, 1995. (g) Brandsma, L. *Synthesis of Acetylenes, Allenes and Cumulenes*; Elsevier: Amsterdam, 2004.
140 Larock, R. O. C. *Comprehensive Organic Transformations*, 2nd Ed.; Wiley-VT: New York, 1999; pp 565–605.
141 Krebs, A.; Swienty-Busch, J. In *Comprehensive Organic Synthesis*; Trost, B. M., Fleming, I., Eds.; Pergamon Press: Oxford, 1991; Vol. 6, p 949.
142 Fringuelli, F.; Mancini, V.; Taticchi, A. *Tetrahedron* **1969**, *25*, 4249.
143 Abbott, T. W. *Org. Synth.* **1943**, Coll. Vol II, 515.
144 Corey, E. J.; Fuchs, P. L. *Tetrahedron Lett.* **1972**, 3769.
145 Villiéras, J.; Periot, P.; Normant, J. F. *Synthesis* **1979**, 502.
146 (a) Negishi, E.; King, A. O.; Klima, W. L.; Patterson, W.; Silveira, Jr., A. J. *Org. Chem.* **1980**, *45*, 2526. (b) Negishi, E.; King, A. O.; Tour, J. M. *Org. Synth.* **1986**, *64*, 44.
147 Garratt, P. J. In *Comprehensive Organic Synthesis*; Trost, B. M., Fleming, I., Eds.; Pergamon Press: Oxford, 1991; Vol. 3, p 271.

148 Umeno, M.; Suzuki, A. In *Handbook of Grignard Reagents*; Silverman, G. S., Rakita, P.E., Eds.; Marcel Dekker, Inc.: New York, 1996.

149 (a) Skattebøl, L.; Jones, E. H.; Whiting, M. *Org. Synth.* **1963**, Coll. Vol. IV, 792. (b) Amos, R. A.; Katzenellenbogen, J. A. *J. Org. Chem.* **1978**, *43*, 555.

150 Beumel, Jr., O. F.; Harris, R. F. *J. Org. Chem.* **1977**, *42*, 566.

151 Midland, M. M.; McLoughlin, J. I.; Werley, R. T., Jr. *Org. Synth.* **1990**, *68*, 14.

152 Yamada, K.; Miyaura, N.; Itoh, M.; Suzuki, A. *Synthesis* **1977**, 679.

153 Brandsma, L. *Synthesis of Acetylenes, Allenes and Cumulenes*; Elsevier: Amsterdam, 2004; pp 85–118.

154 Smith, W. N.; Beumel, Jr., O. F. *Synthesis* **1974**, 441.

155 (a) Schwarz, M.; Waters, M. *Synthesis* **1972**, 567. (b) Brattesani, D. N.; Heathcock, C. H. *Synth. Commun.* **1973**, *3*, 245. (c) Sagar, A. J. G.; Scheinmann, F. *Synthesis* **1976**, 321.

156 Negishi, E.; Baba, S. *J. Am. Chem. Soc.* **1975**, *97*, 7385.

157 (a) van Rijn, P. E.; Mommers, S.; Visser, R. G.; Verkruijsse, H. D.; Brandsma, L. *Synthesis* **1981**, 459. (b) Seebach, D.; Beck, A. K.; Studer, A. In *Modern Synthetic Methods*; Ernst, B., Leumann, C., Eds.; VCH: Weinheim, 1995; p 1.

158 Bhanu, S.; Scheinmann, F. *J. Chem. Soc., Chem. Commun.* **1975**, 817.

159 McMurry, J.; Matz, J. R.; Kees, K. L.; Bock, P. A. *Tetrahedron Lett.* **1982**, *23*, 1777.

160 Gong, J.; Fuchs, P. L. *J. Am. Chem. Soc.* **1996**, *118*, 4486.

161 Brandsma, L. *Synthesis of Acetylenes, Allenes and Cumulenes*; Elsevier: Amsterdam, 2004; pp 319–340.

162 For handling KH, see: Brown, C. A. *J. Org. Chem.* **1974**, *39*, 3913.

163 (a) Brown, C. A.; Yamashita, A. *J. Am. Chem. Soc.* **1975**, *97*, 891. (b) Brown, C. A.; Yamashita, A. *Chem. Commun.* **1976**, 959.

164 Waanders, P. P.; Thijs, L.; Zwanenburg, B. *Tetrahedron Lett.* **1987**, *28*, 2409.

165 Abrams, S. R.; Shaw, A. C. *Org. Synth.* **1993**, Coll. Vol. VIII, 146.

166 For mechanistic interpretations, see: (a) Wotiz, J. H.; Barelski, P. M.; Koster, D. R. *J. Org. Chem.* **1973**, *38*, 489. (b) Abrams, S. R.; Shaw, A. C. *J. Org. Chem.* **1987**, *52*, 1835. (c) Brandsma, L. *Synthesis of Acetylenes, Allenes and Cumulenes*; Elsevier: Amsterdam, 2004; p 35.

167 Spence, J. D.; Wyatt, J. K.; Bender, D. M.; Moss, D. K.; Nantz, M. H. *J. Org. Chem.* **1996**, *61*, 4014.

168 Gilbert, J. C.; Weerasooriya, U. *J. Org. Chem.* **1979**, *44*, 4997.

169 (a) Ohira, S. *Synth. Commun.* **1989**, *19*, 561. (b) Müller, S.; Liepold, B.; Roth, G. J.; Bestmann, H. *J. Synlett* **1996**, 521. (c) Roth, G. J.; Liepold, B.; Müller, S. G.; Bestmann, H. *J. Synthesis* **2004**, 59.

170 Gallant, P.; D'Haenens, L.; Vandewalle, M. *Synth. Commun.* **1984**, *14*, 155.

171 Torssell, S.; Wanngren, E.; Somfai, P. *J. Org. Chem.* **2007**, *72*, 4246.

10장 탄소 고리 화합물의 합성

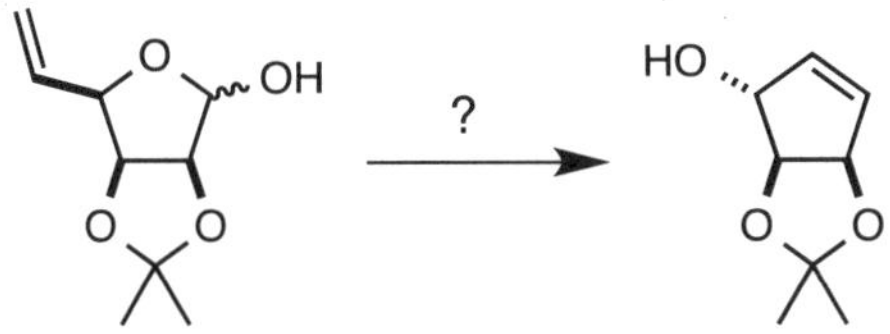

이 변환에는 다음 반응들이 필요하다.

- 아세탈의 하이드록시 알데하이드로의 가수 분해
- 알데하이드의 올레핀화
- 고리 닫힘 올레핀 복분해 반응

탄소 고리 화합물은 천연물과 의약품에서 흔히 발견되며, 이 화합물의 합성법은 유기 합성에서 중요한 역할을 갖고 있다. 앞의 장에서는 **작은** 탄소 고리 화합물의 합성에 대한 여러 가지 방법을 설명하였다. 이러한 것에는 방향족 화합물의 **Birch 환원**(Birch reduction), 사이클로프로페인화 반응, **Dieckmann** 형태의 반응, 분자내 알킬화 반응, 분자내 알돌 반응, 분자내 **Michael 반응**(Michael rection), 그리고 **Robinson 고리화 반응**(Robinson annulation)을 들 수 있다. 이 장에서는 탄소 고리를 한 분자에서 두 개의 원자를 연결하거나[**분자내** 반응(intramolecular reaction)], 두 분자를 서로 연결하는[**분자간** 반응(intermolecular reaction)] 방법을 사용하여 탄소 고리 화합물을 만드는 것에 대해 논의할 것이다.[1]

엔트로피에 근거한(서로 결합하는 사슬의 두 말단이 만날 확률을 반영하는) 규칙과 엔탈피[고리 무리(ring strain) 효과에 근거한 분자내 고리화 반응을 지배하는 규칙(Baldwin 규칙)]에 대해서는 6장에서 설명한 바가 있다. 분자내 고리화 반응을 설계할 때는 이러한 두 가지 요인을 모두 고려해야 한다. 예를 들어 엔트로피 인자는 작은 고리 형성을 유리하게 하지만, 엔탈피 인자로 보면 유리하지 않은 경우가 있을 수 있다. 큰 고리의 형성에 대해서는 그 반대가 될 수도 있다. 탄소의 수에 따라 탄소 고리 화합물을 **작은**(3~6 탄소 원자), **중간**(7~11), 그리고 **거대**(≥ 12 탄소 원자) 고리로 나눌 수 있다. 이러한 큰 고리의 화합물을 흔히 '거대 고리 화합물(macrocycles)'이라 부른다.

10.1 분자내 라디칼 고리화 반응

다이카복실산 에스터(dicarboxylic ester)의 분자내 라디칼 고리화 반응을 통해 α-하이드록시 케톤[α-hydroxy ketone, **아실로인**(acyloin)]을 만들 수 있다. 다이카보닐 화합물에 대한 환원성 짝지음 반응(reductive coupling)에 의해 1,2-다이올[1,2-diol, **피나콜**(pinacol)]을 만들 수 있으며, 추가적인 반응을 거쳐서 **사이클로알켄**(cycloalkene, McMurry 반응)을 합성할 수 있다. 이러한 고리화 반응은 다른 방법으로는 쉽게 만들 수 없는 중간 크기와 큰 크기의 고리 화합물을 만드는 데 특히 유용하다.

아실로인 축합 반응[2]

α,ω-다이에스터를 소듐 또는 소듐-포타슘 합금의 분산체와 함께 톨루엔이나 자일렌에서 환류하면서 반응시키면 두 에스터 부분이 연결되어 C–C 결합이 생성되어 고리 형태인 α-하이드록시 케톤(아실로인)이 만들어진다.

$(H_2C)_n(CO_2R)_2$ → 1. Na, xylene, reflux / 2. 다이에스터의 첨가 / 3. H^+, H_2O → acyloin

n = 2~13과 그보다 큰

특히 중간 크기와 거대 탄소 고리 화합물을 합성하기 위해서는 다이에스터를 적당한 용매에 용융 분산된 소듐을 장시간에 걸쳐 첨가한다. 반응하는 동안에 생성되는 중간체가 염기성인 반응 매질 내에서 산화 반응이 쉽게 일어날 수 있으므로 고리화 반응은 질소 기체하에서 수행해야 한다.

환원성 짝지음 반응에서의 초기 단계에서는 Na 또는 K로부터 다이에스터로 전자 이동에 의해 다이(라디칼 음이온) 화학종(두 개의 케틸 라디칼 음이온)이 생성된 후, 이것이 합쳐져서 불안정한 이합체 생성물을 만든다. 알콕사이드 제거 반응에 의해 1,2-다이케톤이 생성되며, 두 전자의 이동에 의해 더 환원되어 엔다이올레이트(enediolate, 엔다이올 음이온)로 된다. 수용액인 묽은 산에 의해서 이음이온(dianion)의 양성자 첨가 반응(protonation)이 일어나고, 그 결과로 엔다이올(enediol)이 생성된 후에 토토머화(tautomerize)가 일어나서 α-하이드록시 케톤이 된다.[3]

2 Na; - 2 RONa; 2 Na; enediolate; H^+ / H_2O

케틸이 에스터에 우선 첨가되는 것을 포함하는 메커니즘 대안으로 이 아실로인 축합 반응에서 관찰되는 불일치를 설명하기 위해서 제안되었다.[3] 반응에 대한 추가적인 반응 속도론적 자료와 열역학적 자료가 보다 정확한 메커니즘을 상세히 설명하기 위하여 필요하다.

Dieckmann 고리 닫힘 반응(ring closure)이나 Claisen 축합 반응과 같은 원하지 않는 부반응이 아실로인 축합 반응과 흔히 경쟁한다.

CO_2Me / CO_2Me → a. Na, toluene / b. H^+, H_2O → 53% acyloin 축합 반응

a. MeONa, MeOH / b. H^+, H_2O → CO_2Me 75% Dieckmann 축합 반응

염화 트라이메틸실릴(trimethylsilyl chloride)을 반응 혼합물에 알콕사이드 포착제(scavenger)로서 가하면 이러한 부반응을 최소화할 수 있다. 이것은 엔다이올레이트 이음이온을 포획하여 비스-실릴 엔올 에터(bis-silyl enol ether)로 만들며, Dieckmann 고리 닫힘 반응의 촉매인 소듐 또는 포타슘 알콕시화물을 포획하여 중성의 실릴 에터로 만든다.[4] 그 결과물인 비스-실록시 사이클로알켄은 분리되거나 반응 과정 내에서 산 가수 분해 반응이나[5a] 가알코올 분해 반응[5b]을 통해 α 하이드록시 케톤이 만들어지거나,[5] 브로민수를 사용해서 직접 산화해서 1,2-다이케톤으로 변환한다.[6]

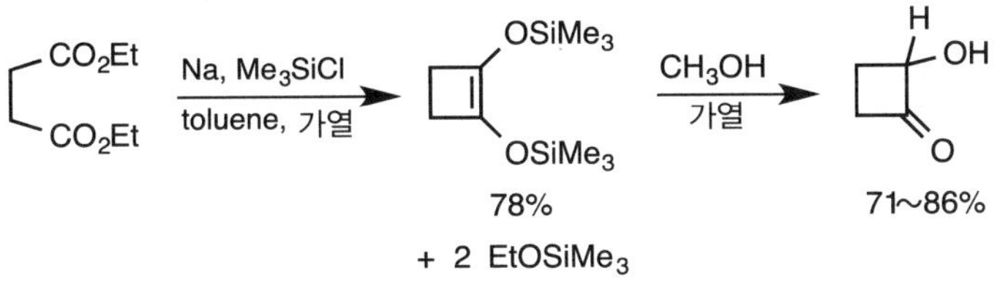

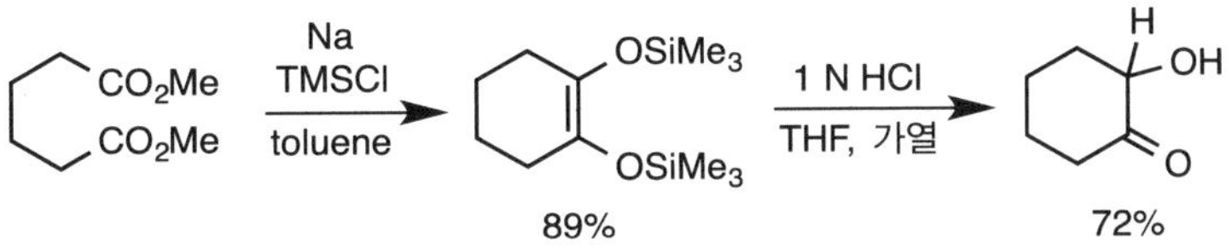

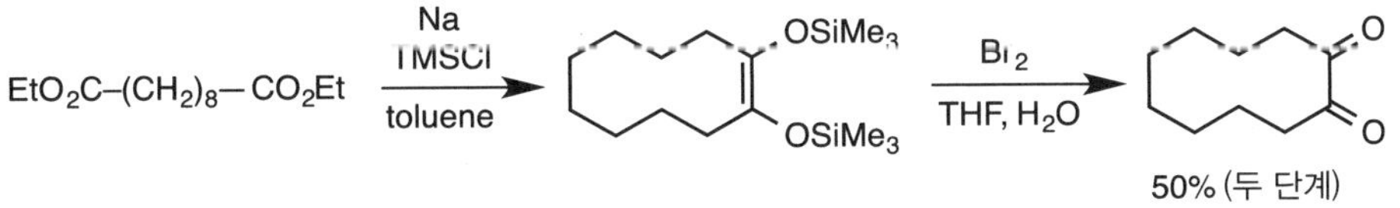

아실로인 짝지음 반응은 낮은 농도에서 반응시키는 희석 방법(high-dilution)을 사용하면 중간 크기 및 거대(≥12 원자) 탄소 고리 화합물을 합성하는 데 특히 적합하다.[3,7]

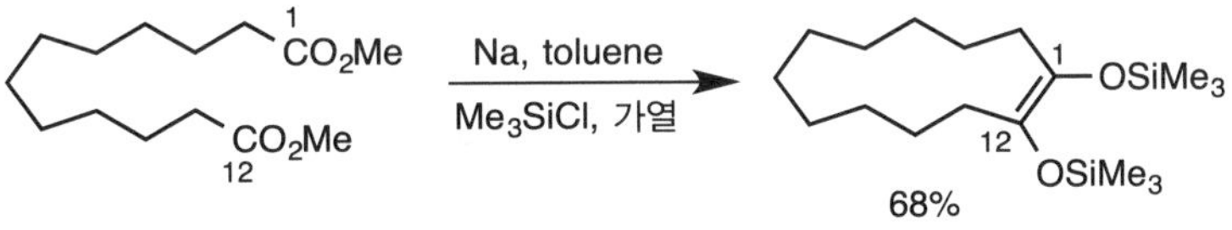

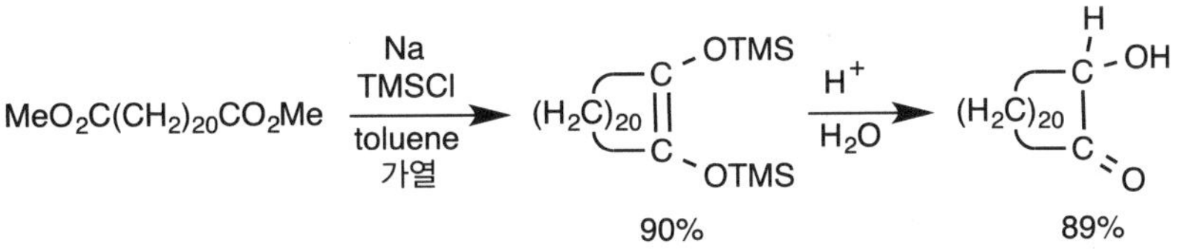

아실로인은 유기 합성에서 유용한 중간체인데, 이는 여러 가지 작용기의 상호 변환이 가능하기 때문이다. 예를 들어 아실로인이 빙초산(glacial acetic acid)에서 아연 분진(zinc dust)과 아세트산 무수물(acetic anhydride)에서 반응하여 해당하는 케톤을 얻는다.[8]

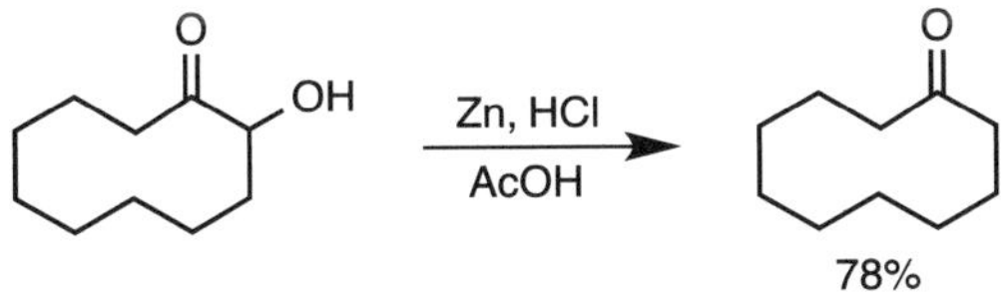

아실로인 축합 반응을 통해 모노에스터의 **분자간** 이합체화(intermolecular dimerization)는 비고리(acyclic) 대칭 치환 α-하이드록시 케톤을 만들 수 있다.[9] 그러나 서로 다른 두 개 모노에스터의 짝지음 반응을 시도하면 생성물을 주로 혼합물로 얻는다.

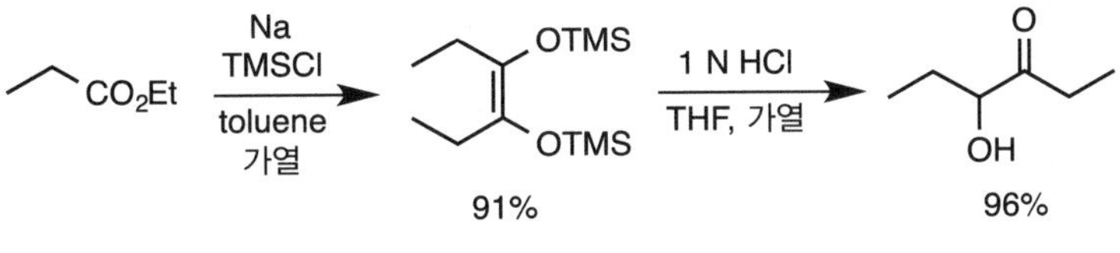

α-하이드록시 케톤은 촉매량의 *N*-헤테로사이클릭 카벤(NHC, 보통 이미다졸륨 혹은 싸이아졸륨 염으로부터 만들어짐, Stetter 반응)을 사용해서 만들 수 있다. 전통적인 환원 방법에 비해서 이 방법에서는 작용기가 더 많은 경우에도 문제가 없이 일어난다.[10]

thiazolium catalyst (10 mol%)
Et_3N (60 mol%)
EtOH, 80°C
EtO OEt OH
74%
HO S Br^- N+ Bn
thiazolium 촉매

반응은 우선 싸이아졸륨 염이 양성자 이탈 반응을 거치면 해당하는 카벤이 생성된다. 이어서 알데하이드의 친핵성 공격이 일어나고, 다음 양성자 이동과 양성자 이탈 반응이 일어나서 Breslolw 중간체가 생성되고, 이것이 친핵성 알데하이드 합성 단위체(synthon)로 작용한다. 이어서 반응 안 한 출발 알데하이드에 첨가 반응, 양성자 이동, 그리고 카벤의 제거 반응이 일어나 해당하는 α-하이드록시 케톤이 생성되어 이 유기 촉매 순환 반응이 종결된다.

Et_3N
$Et_3\overset{+}{N}H$
X = S, thiazolium염
X = NR, imidazolium염
carbene
carbene ylide
$Et_3\overset{+}{N}H$
Et_3N
Breslow 중간체

카이랄 트라이아졸륨 촉매를 사용하는 분자내 고리화 반응은 높은 화학 선택성 및 거울상 선택성으로 일어난다.[11]

triazolium 촉매 (10 mol%)
KO*t*-Bu (9 mol%)
THF
93%, 94% ee
N-Ph $^-BF_4$
triazolium 촉매

피나콜 짝지음 반응[12]

저원자가(low-valent)의 타이타늄 화학종이 존재할 경우에 알데하이드나 케톤의 두 카보닐기를 분자간 또는 분자내 짝지음 반응을 통하여 두 개의 이웃한 입체 중심을 가진 C-C 결합, 즉 1,2-다이올(피나콜, pinacol)을 만든다. 이 피나콜은 추후 피나콜 자리 옮김 반응을 통하여 케톤으로 전환되거나 탈산소 반응을 거쳐서 알켄(McMurry 반응)으로 바뀔 수 있다.

저원자가 타이타늄 금속 화학종[Ti(II), Ti(I), Ti(0)]은 $TiCl_4$를 마그네슘 아말감[13]을 사용하여 환원하거나 Li, K, Zn-Cu 짝(couple), 또는 $LiAlH_4$[12a]를 사용하여 $TiCl_3$을 환원하여 만든다. 다음 설명은 저원자가 타이타늄 화학종을 사용하는 것에 초점이 맞추어져 있지만, 다른 금속도 피나콜 형태의 짝지음 반응에 쓰일 수가 있다.[12b]

두 카보닐기를 타이타늄 매개 짝지음 반응에 의해 결합하는 메커니즘은 우선 타이타늄 금속으로부터 알데하이드로 일전자 이동이 일어나서 라디칼 음이온(케틸 화학종)을 만들고, 이것이 이합체화하여 Ti-피나콜레이트(pinacolate)가 만들어진다. 피나콜레이트의 가수 분해를 통해 이웃 자리 다이올(vicinal diol)이 만들어진다.

O [Ti] e⁻ O[Ti] [Ti]O O[Ti] H_2O HO OH

분자간(intermolecouar) 피나콜 반응에 의해 대칭성 또는 비대칭성의 1,2-다이올을 만들 수가 있다. 그러나 비대칭성의 1,2-다이올을 만드는 경우에는 크기가 작은 카보닐 화합물을 과량으로 사용해야 가능하다. 생성되는 다이올을 산으로 처리하면 케톤이 만들어진다[**피나콜 자리 옮김 반응**(pinacol rearrangement)]. 다음의 반응 도식은 사이클로헥산온의 분자간 피나콜 짝지음 반응을 보이고 있는데, 피나콜이 변환되어 스피로데칸온(spirodecanone)이 된다.[13] 저원자가의 Ti 화학종을 사용할 경우에는 우선 생성된 1,2-다이올을 해당 알켄으로 변환시키는 탈산소 반응을 피하기 위해서 낮은 온도에서 짝지음 반응을 수행하는 것이 중요하다.

a. Mg(Hg), $TiCl_4$, THF, 0°C; b. K_2CO_3, H_2O → HO OH 95% → H^+ ($-H_2O$) → 82%

타이타늄 매개 **분자내** 피나콜 짝지음 반응(intramolecular pinacol coupling)은 작은 고리와 거대 고리의 1,2-다이올을 만드는 데 모두 적합하다. 흥미롭게도, 얻어지는 고리 다이올의 수율은 고리의 크기와 거의 무관하다. 이러한 넓은 범위의 고리 형성 반응은 주형 효과(template effect)에 기인할 수가 있는데, 이는 두 카보닐 부분이 활성 타이타늄 표면에 서로 모여서 C-C 결합을 생성한다. 분자내 피나콜 짝지음 반응에서는 이러한 주형 효과가 작은 고리를 만드는 데 관여하는 무리(strain)나 거대 고리를 만드는 데 관여하는 엔트로피상의 불리함을 극복할 수도 있다.[14]

CHO CHO a. Zn(Cu), $TiCl_3$, THF, 25°C; b. K_2CO_3, H_2O → OH OH

85% (100% *cis*)

CHO CHO a. Zn(Cu), $TiCl_3$, THF, 25°C; b. K_2CO_3, H_2O → OH OH

80% (25% *cis*, 75% *trans*)

다이아이오딘화 사마륨(Ⅱ)(SmI_2)는 다재다능한 일전자 환원 시약인데, 다양한 작용기가 반응 조건에서 허용되는 까닭에 유기 합성에서 유용한 시약이다.[15] 이 시약은 알데하이드-알데하이드, 알데하이드-케톤, 또는 케톤-케톤 화합물의 짝지음 반응에 뛰어나며 해당하는 피나콜을 생성한다. 메커니즘은 위에서 설명한 바와는 다르며, 우선 생성된 케틸 라디칼이 C=O π 결합에 첨가되어 새로운 케틸 라디칼을 생성한 후, 환원되어 해당하는 알콕사이드를 만든다. 첨가제, 리간드, 용매를 선택하는 것이 짝지음 반응에 중요하며, 흔히 좋은 부분 입체 선택성을 보인다.[16]

MOMO, BocN, H, O — SmI_2 (3 eq.), HMPA (10 eq.), THF, 0°C, 3 min → [MOMO, BocN, Sm^{III}] → MOMO, BocN, OH, OH, H

60%, dr > 95:5

McMurry 반응-알켄의 합성[12a,17]

포타슘이나 리튬 금속, 또는 아연-구리 짝[18]은 $TiCl_3$을 환원 반응에 의해 잘게 나누어진 Ti(0) 금속 입자로 만들 수 있다. 이것을 이용하면 알데하이드나 케톤을 높은 온도에서 환원성 짝지음 반응을 통해 알켄을 만들 수 있다.

2 (cyclohexanone) — a. Li, $TiCl_3$, DME, reflux; b. workup → 79%

알켄의 생성은 우선 Ti-피나콜레이트가 생성된 다음, 탈산소 반응을 거쳐 이중 결합이 생성되는 것으로 생각된다. 제안된 메커니즘은 다음과 같은 근거로 지지되고 있다. (1) 용매 환류 온도가 아닌 0℃에서 짝지음 반응을 수행하면 피나콜 중간체를 분리할 수 있다. (2) 피나콜을 분리하여 저원자가 타이타늄으로 60℃에서 탈산소 반응을 수행하면 해당하는 알켄을 만들 수 있다.

Ti, Ti, Ti; titanium pinacolate; Δ, − Ti=O; Δ, − Ti=O; C=C

지방족 카보닐 화합물의 짝지음에 의해 생성되는 알켄의 입체 화학은 (*E*)-와 (*Z*)-알켄 간의 에너지 차이와 관련이 있다. 만일 ΔE가 4~5 kcal/mol보다 크면 (*E*)-이성질체가 선택적으로 생성된다.[12a]

분자간 McMurry 카보닐 짝지음 반응은 여러 가지 대칭인 알켄, 어떤 경우에는 비대칭으로 치환된 알켄의 합성에 적용할 수 있다.[19]

2 CHO — a. K, $TiCl_3$, DME, reflux; b. K_2CO_3, H_2O → 77% (70% *trans*, 30% *cis*)

(1) + (4) — a. Li, $TiCl_3$, DME, reflux; b. K_2CO_3, H_2O → 63%

$TiCl_3$를 결정성의 용매화된 화학종 $TiCl_3$-다이메톡시에테인[$TiCl_3$-dimethoxyethane, $TiCl_3$(DME)]으로 변환한 후 이것을 아연-구리 짝을 사용하여 Ti(0) 금속으로 환원하면 활성이 특히 큰 Ti(0) 금속을 얻을 수 있다.[19] 이것을 사용한 Ti 매개 짝지음 반응은 아래에 보인 바와 같이 탄소-탄소 이중 결합이 있는 경우에도 수행할 수 있다.[20]

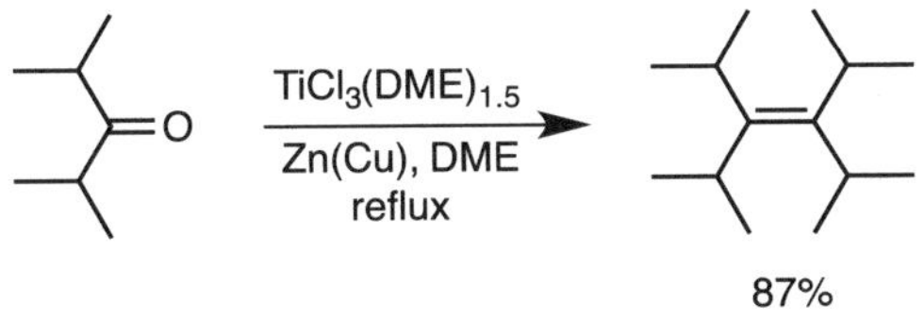

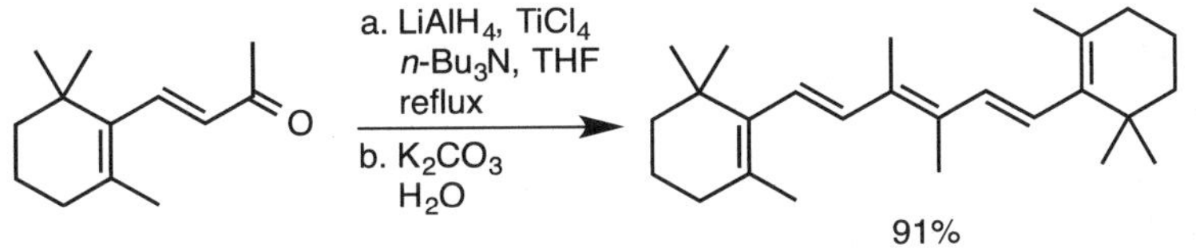

합성적 관점에서는 다이카보닐 화합물의 타이타늄 매개 **분자내** 고리화 반응이 특히 관심의 대상인데, 이는 모든 크기의 탄소 고리를 만들 수 있으며, 따라서 Dieckmann 및 아실로인 고리화 방법과 비교하여 경쟁력이 있기 때문이다. McMurry 반응으로 중간 크기나 큰 크기의 사이클로알켄을 합성하기 위해서는 분자간 반응을 억제하기 위해 매우 낮은 농도로 희석한 반응 조건(<0.01 M)이 필요하다.[19,20]

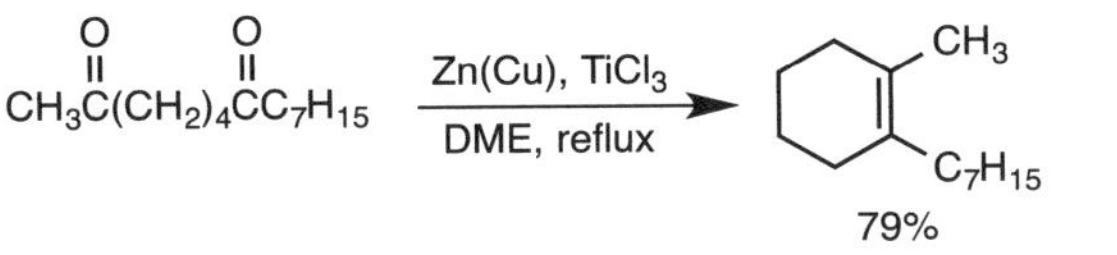

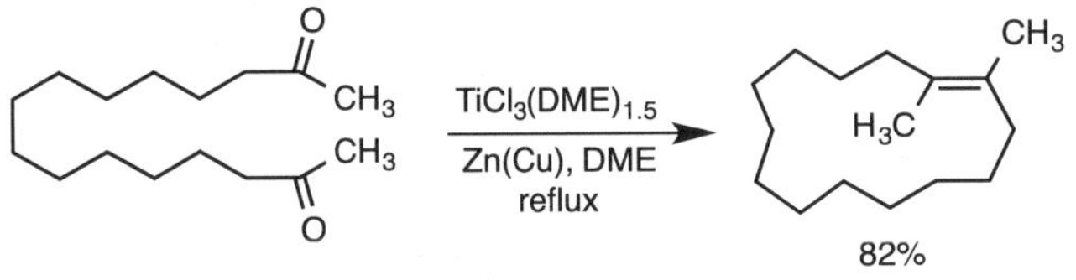

저원자가 타이타늄 다이카보닐 짝지음 반응을 케토에스터에 확장하면 고리형 엔올 에터를 만들 수 있고, 이것을 가수 분해하면 해당하는 사이클로알칸온(cycloalkanone)을 얻을 수 있다.[21] 이 방법은 여러 가지 천연물의 합성에 응용되었는데, 예를 들어 불포화 결합이 많은 C-14 거대 고리 케톤의 합성에도 아래에 보인 바와 같이 사용되었다.[22]

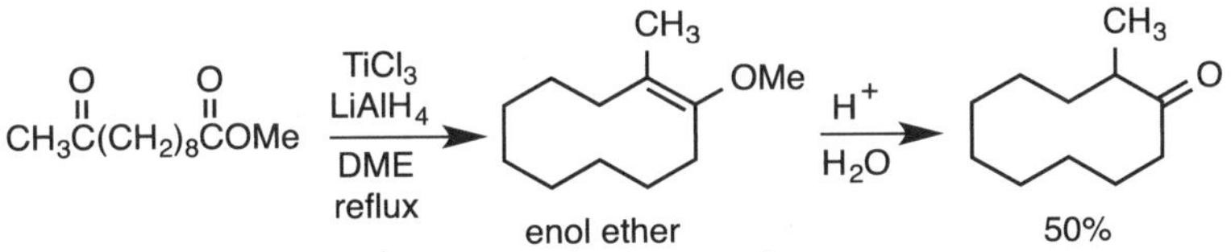

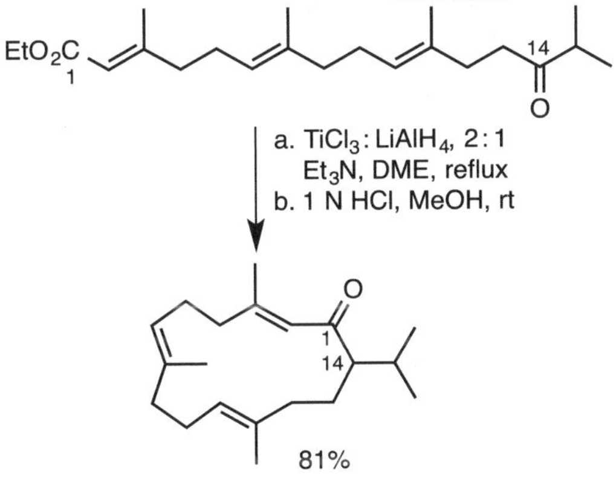

10.2 양이온-π 고리화 반응[23]

양이온-π 고리화(cation-π cycliaztion) 반응은 오원자 고리 또는 육원자 고리를 만드는 효과적인 방법이다. 비고리 화합물에서 탄소 양이온이 π 결합의 근처에 있는 경우 친핵성인 이중 결합과 분자내에서 반응해서 C–C 결합을 생성하면서 고리화가 일어나고, 이때 생성물에 새로 양이온을 만들게 된다(표 10.1). 이런 형태의 고리화는 온화한 조건에서 양성자산(H_2SO_4, HCO_2H, CF_3CO_2H)을 사용하거나 Lewis 산($BF_3 \cdot OEt_2$, $TiCl_4$, $SnCl_4$)을 사용하여 상대적으로 안정한 탄소 양이온을 만들 수 있는 경우에 가장 잘 일어난다. 알켄, 삼차 알코올, 알릴성 알코올, 에폭사이드, 아세탈은 일반적인 양이온 개시제로서의 전구 물질이다.

표 10.1 불포화 화합물의 양이온-π 고리화 반응에 있어서의 개시 및 전파 단계

출발 기질	고리화 반응 방식
Diene; polyene	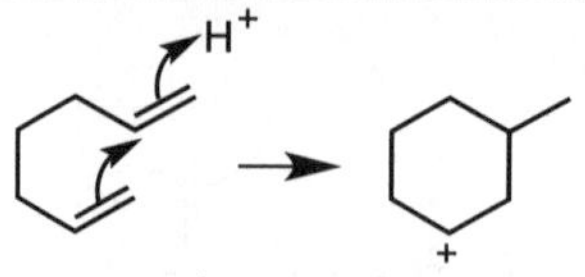
Alcohol	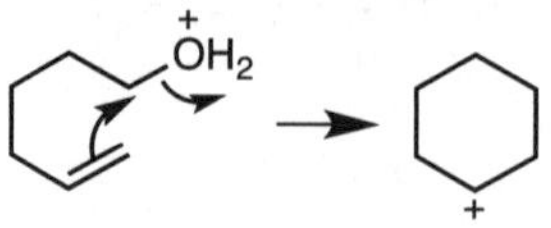
Aldehyde or ketone (**Prins 반응**)	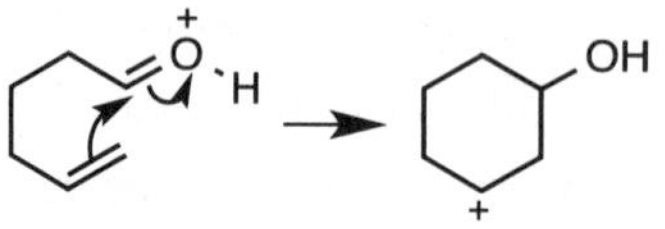
Epoxide	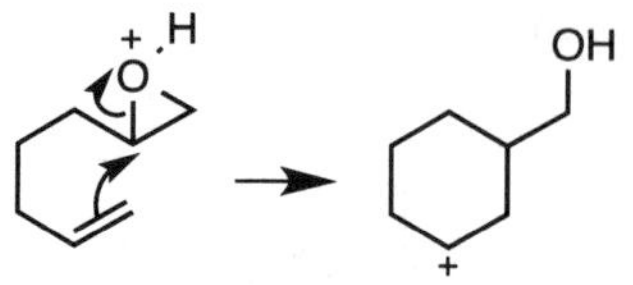
Acetal	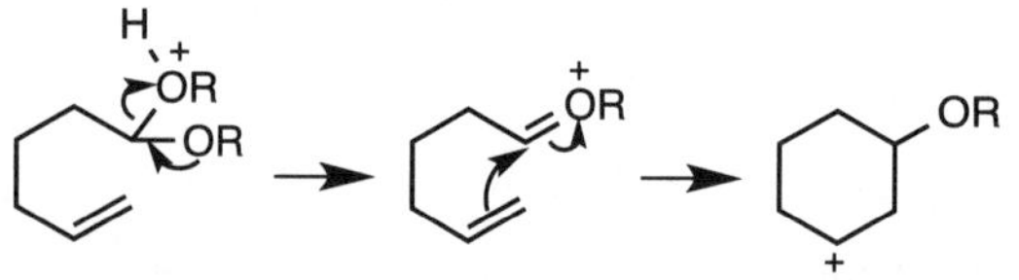

주어진 고리화가 얼마나 잘 일어나는가는 탄소 양이온을 만드는 방법[**개시**(initiation)], 양이온 중심과 같이 결합 생성 과정에 참여하는 이중 결합의 친핵성[**전파**(propagation)], 그리고 결과로 생성된 탄소 양이온을 내부 또는 외부 친핵체가 가로채는 방법, 또는 탄소 양이온에서 양성자가 이탈되어 알켄을 생성하는 과정[**종결**(termination)]에 달려 있다. 이러한 모든 단계는 반응에 참여하는 화합물의 성질과 반응 조건에 따라 협동 반응이거나 단계 반응으로 일어날 수가 있다. 최종 화합물에서 효과적으로 부반응을 최소화하면서 탄소 양이온을 잡아내어 고리화 반응을 종결하는 것이 중요하다. 양성자 제거 반응은 종결 과정에서 주로 삼차 양이온인 경우 일어나는데, 고리화 시약이 Lewis 산인 경우에는 이차 양이온인 경우에도 일어난다. 친핵체의 공격에 의한 종결 반응은 폼산(formic acid)과 같은 양성자산이 고리화 시약으로 사용되었을 경우 흔히 일어나는데, 대개 입체 선택적이다. 반응 조건을 조심해서 조절하지 않으면 생성물이 복잡한 혼합물로 얻어질 수가 있다.

다음에 보인 단일 고리화 반응(monocyclization)은 삼치환된 이중 결합에 양성자 첨가가 일어나서 과도적인 삼차 탄소 양이온을 생성한다. 이 근처에 있는 이중 결합에 Markovnikov 첨가 반응이 일어나서 σ 결합과 새로운 삼차 탄소 양이온이 생성된다. 양성자를 잃어버리면 메틸렌사이클로헥세인 유도체가 만들어진다.[24]

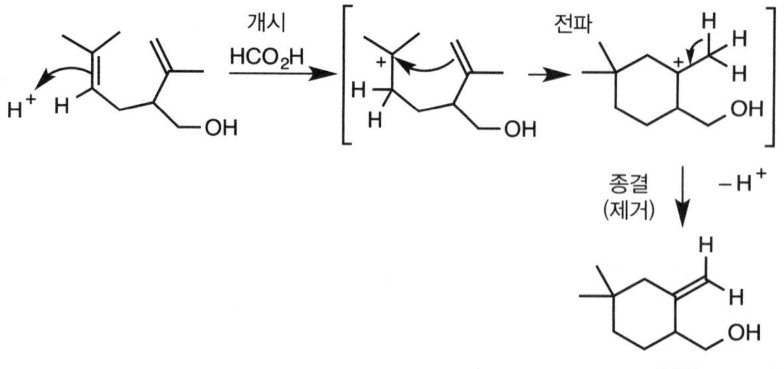

개시 HCO_2H → 전파 → 종결 (제거) $-H^+$

66%

폴리엔 화합물의 두고리화 반응(bicyclization)은 접합 고리(fused ring) 화합물을 얻는 방법이 된다. 고리화에 의해 사이클로헥세인 고리를 만드는 경우의 반응은 대개 의자형 전이 상태를 거쳐서 일어난다. 즉 다음에 보인 뷰텐일사이클로헥센올(butenylcyclohexenol)의 알릴성 양이온 매개 고리화 반응의 경우, 아마도 알릴성 양이온이 생성된 후 고리화가 일어나게 될 것이다. 그 결과인 양이온을 용매가 수평 방향에서 가로채는 반응이 일어남에 따라 두고리 폼산 에스터(formate ester)를 만든다.[25]

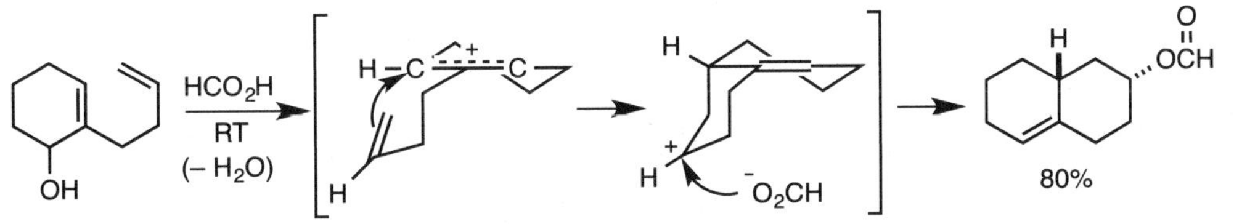

탄소 양이온 개시제의 5,6-위치에 (*E*)-알켄을 갖고 있는 화합물을 이용하여 고리 접합을 만들면 열역학적으로 보다 안정한 *trans* 접합 고리를 만들 수 있다. 이러한 반응의 예는 다이엔 **A**의 고리화에 의해 *trans*-두고리(bicyclic) 화합물 **B**를 생성하는 것을 들 수 있다. 흥미롭게도 (*Z*)-이성질체 **C**를 동일한 고리화 조건에서 반응이 일어나게 한 경우, 같은 생성물 **B**가 만들어진다.[26] 다이엔 **A**와 **C**는 우선 고리화가 일어나서 공통의 단일 고리 중간체 **E**가 생성된다. **E**의 고리화가 일어나고 초기에 생성된 양이온을 폼산이 *trans*-방식으로 가로채서 두고리 폼산 에스터 **F**가 생성되는데, 이것은 반응 조건하에서 가수 분해되어 알코올 **B**가 만들어진다.[27]

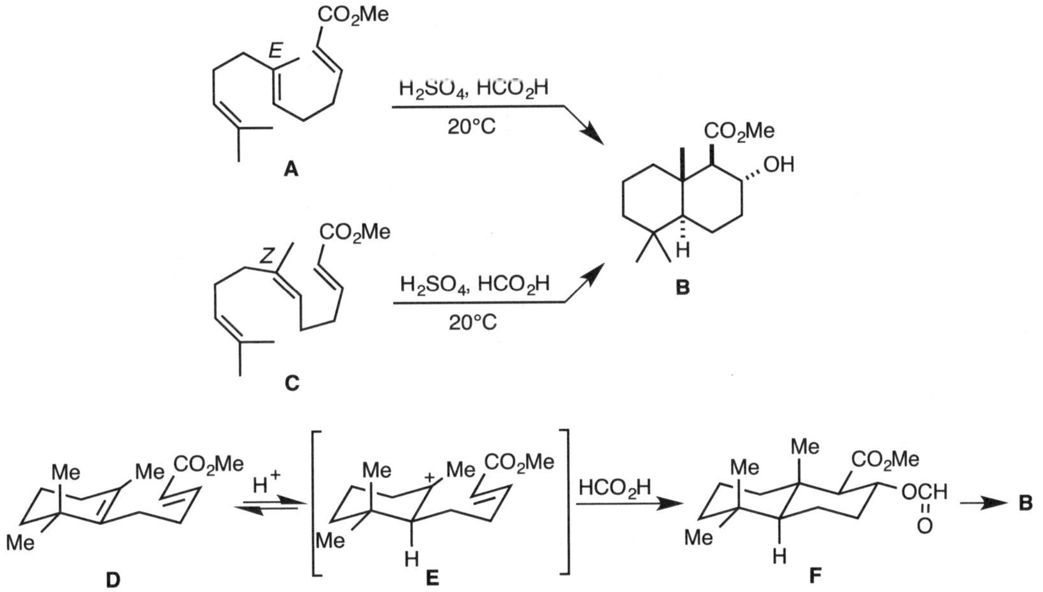

오원자 고리는 스테로이드의 D 고리와 같은 천연물의 구조에서 널리 찾아볼 수 있다. 메틸[28] 또는 트라이알킬실릴기가[29] 치환된 삼중 결합이 생성되는 양이온 중심에 대해 5,6-위치에 있는 경우에는 효율적인 고리화 종결제(terminator)가 되고, *trans*-접합 오원자 고리를 만든다. 고리 접합이 이중 또는 삼중 고리화 반응에서 생성될 때는 다리목(bridgehead)에 놓이게 되는 알켄의 입체 화학은 유지된다.[23c] 다음의 예에서는 (*E*)-알켄이 고리화 반응을 하여 *trans*-접합 화합물을 90%의 수율로 생성한다.

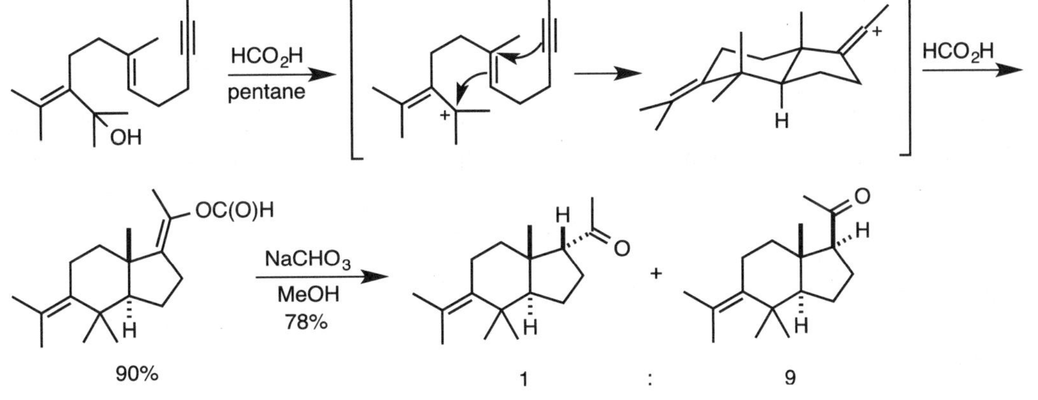

양이온-π 고리화의 입체 화학적 경로는 입체 전자 조정(stereoelectronic) 또는 형태(conformational) 효과에 의해 결정된다.[30] 협동적으로 일어나는(concerted) 양이온-π 고리화는 이중 결합에 대한 양이온의 *trans*-첨가(수직 방향 공격)가 주로 입체 특이적으로 일어난다. 이러한 예로서 Johnson의 (±)-프로제스테론(progesterone)의 생체 모방 합성을 들 수 있는데, 이 화합물은 *trans*, *anti*, *trans*-접합 고리를 가지고 있는 화합물이다.[31]

거울상 선택적 폴리엔 고리화를 위한 몇 가지 방법이 개발되었다. 비대칭적 양성자화,[32] 전이 금속 π-산,[33] 카보닐 그리고 이민 활성화, 그리고 친전자체성 할로젠화[34]가 거울상 선택적 고리화의 방법으로 개발되었다. 예를 들어 적당한 작용기를 가진 하이드록시 락탐을 정량적인 HCl의 존재하에서 카이랄 싸이오 요소 촉매와 반응하면, 해당하는 사중 고리가 단일 부분 입체 이성질체로 높은 수율과 ee로 얻어진다.[35] 아마도 반응은 촉매가 결합된 이미늄·염화 이온쌍이 생성되고 이것이 친핵성 방향족 치환 반응을 거쳐 거울상 선택적으로 고리화가 일어날 것이다. 촉매에서 방향족 부분의 크기가 수율과 ee에 극적인 영향을 미치는데, 이는 양이온-π 상호 작용이 이 과정에 중요하다는 것을 제시한다.

thiourea 촉매 (15 mol%), HCl (25 mol%), 4 Å MS, TBME, −30°C; EAS

78%, ee 95%

thiourea 촉매

10.3 고리형 협동 반응[36]

고리형 협동 반응(pericyclic reaction)은 중간체 없이 단일 과정으로 일어나는 반응이며, 고리 형태의 전이 상태에서 협동 과정(concerted process)을 거쳐서 결합 전자의 고리 형태의 재배치가 일어난다. 한 예가 **Diels-Alder** 반응(Diels-Alder reaction)인데, 1,3-다이엔과 친다이엔체(dienophile) 간의 고리형 협동 반응을 거쳐서 육원자 고리 첨가 생성물이 얻어진다.

diene dienophile 첨가 생성물

관련된 고리형 협동 반응은 폴리엔의 **전자 고리화**(electrocyclic) 고리 닫힘 반응이 된다.

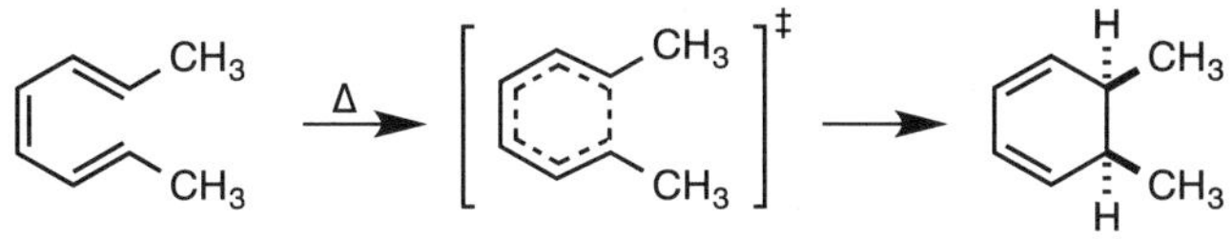

Diels-Alder 반응[1,37]

Otto Diels(1950년 노벨상)와 Kurt Alder(1950년 노벨상)에 의한 [4π + 2π] 고리화 첨가 반응(cycloaddition reaction)의 발견은 합성 유기 화학에서 획기적인 사건이다.[38] 이 반응은 탄소 고리 및 헤테로 고리 화합물의 위치 선택적 및 입체 선택적 합성을 가능하게 한다. 이 반응을 적용하는 것은 동시에 (1) 고리, (2) 비대칭 중심, (3) 작용기의 개수를 증가시키는 결과가 된다. **이 반응에 의해 4개의 인접한 중심에 대한 상대적인 입체 화학을 조절할 수 있다.** Diels-Alder 반응은 협동적인 $\pi^{4s} + \pi^{2s}$ 동일면(suprafacial) 고리화 첨가 반응으로 나타낼 수 있다. 협동 반응 과정으로 알려져 있지만, 이 반응은 전에는 비대칭 전이 상태를 거쳐 비동시적인(non-synchronous) 방법으로 일어나는 것으로 제안되었다.[39]

고리화 첨가 반응은 **오비탈 대칭성**(orbital symmetry)에 의해 조절되며, 모든 반응물의 분자 오비탈이 생성물의 분자 오비탈이 동일한 대칭성을 가질 때만 일어난다.[40] 따라서 모든 반응물과 생성물의 오비탈을 분석하는 것이 필요하다. 간단한 유용한 분석 방법은 **경계 분자 오비탈**(frontier molecular orbital)만을 고려하는 것이다.[41] 이러한 오비탈은 **최고 점유 분자 오비탈**(highest occupied molecular orbital, HOMO)와 **최저 비점유 분자 오비탈**(lowest unoccupied molecular orbital, LUMO)을 말한다. 오비탈의 대칭성은 말단의 로브(lobe)와의 결합의 겹침이 동일면 기하 구조로서 일어날 수 있게 되어야 한다. 즉 새로운 두 결합은 모두 다이엔의 같은 면에서 생성된다.

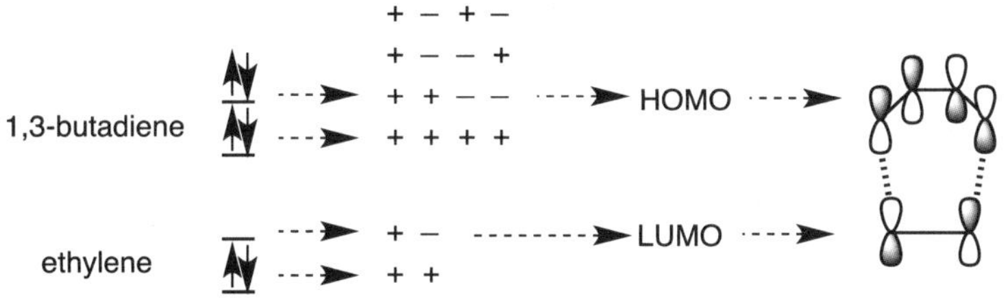

Diels-Alder 반응은 가역적이며 많은 첨가 생성물, 특히 고리 다이엔으로부터 생성되는 경우에 높은 온도에서는 원래의 화합물로 분해된다.[42] 실제로 역(retro)Diels-Alder 반응은 고리화 첨가 반응에 이용하기 전에 사이클로펜타다이엔(cyclopentadiene)을 합성하는 주된 방법이 된다.[43]

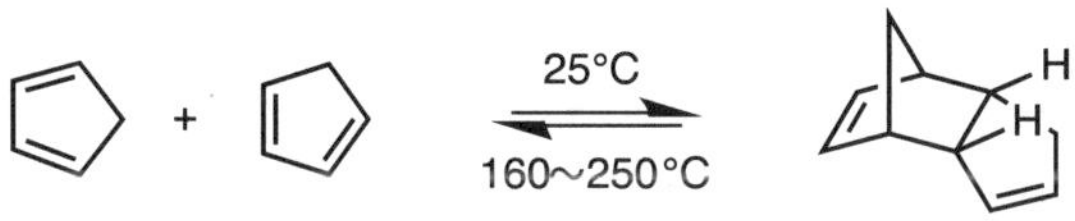

다이엔

고리화 첨가 반응이 일어나기 위해서는 다이엔은 반드시 s-*cis* 기하 구조여야 한다(s는 단일 결합을 말한다). (*E*)-다이엔이 보다 s-*cis* 형태를 취하기 쉬우므로, 일치환 (*E*)-다이엔은 (*Z*)-다이엔보다 반응성이 더 크다.[44]

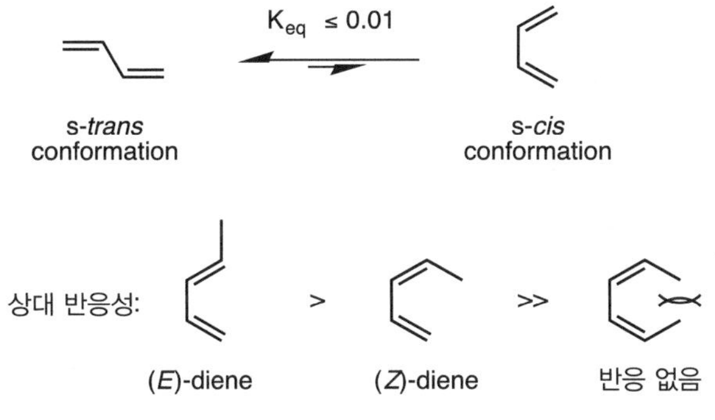

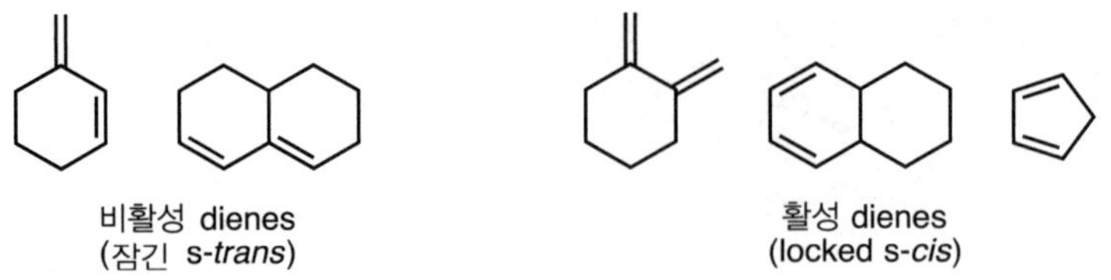

정상 전자 요구(normal electron-demand) Diels-Alder 반응에서는 다이엔이 알킬, $-NR_2$, $-OR$과 같은 전자를 주는 치환기에 의해서 활성화된다. 전자가 풍부한 다이엔은 전자가 결핍된 친다이엔체와의 반응을 보다 빠르게 일어나게 한다. 다음에 상대적인 반응 경향을 나타내었다.

>> MeO > > >

> > > Cl

이러한 보다 반응성이 있고 합성적으로 유용한 다이엔은 이중 또는 삼중으로 활성화된 알콕시-치환 다이엔과 아미노-치환 다이엔인데, (*E*)-1-메톡시-3-(트라이메틸실릴옥시)-1,3-뷰타다이엔(Danishefsky 다이엔)[45]과 (*E*)-1-(다이메틸아미노)-3-(*tert*-뷰틸다이메틸실릴옥시)-1,3-뷰타다이엔(Rawal 다이엔),[46] 1,3-다이메톡시-1-(트라이메틸실릴옥시)-1,3-뷰타다이엔(Brassard 다이엔)[47]과 같은 예를 들 수 있다. 다음에 보인 바와 같이, 이와 같은 다이엔으로부터 만들어지는 고리 첨가 생성물은 가수 분해되거나 또는 플루오린화 음이온(fluoride ion)과 반응해서 실릴기가 제거된 후, β-제거 반응을 통해서 콘쥬게이션된 사이클로헥센온을 만든다.

TMSO, OMe, Danishefsky's diene + Me, CHO $\xrightarrow{C_6H_6,\ reflux}$ TBSO, CHO, Me, OMe (이성질체의 혼합물) $\xrightarrow{dil\ HCl}$ O, CHO, Me 72%

TBSO, NMe_2, *Rawal's diene* + CO_2Me $\xrightarrow{toluene,\ 20°C}$ TBSO, CO_2Me, NMe_2 92%

1. $LiAlH_4$, Et_2O
2. 10% HF, CH_3CN
$-$ *t*-$BuMe_2SiF$
$-$ $HNMe_2$
→ O, OH 83%

OTMS, OMe, MeO, *Brassard's diene* + O, Cl, O $\xrightarrow{80°C}$ [TMSO OMe O, *acetal*, H, MeO, Cl, O] 분리되지 않음

$\xrightarrow{HCl,\ H_2O}$ OH O, MeO, O 99%

친다이엔체

친다이엔체는 전자 끄는 치환기에 의해서 활성화된다.[48] 알킬기는 유도 전자를 주는 효과와 입체적 효과 때문에 고리화 첨가 반응 속도를 느리게 한다.

친다이엔체의 상대적 반응성

COCl >> SO_2Ph > NO_2 >

O > CO_2R > CN

친다이엔체의 반응성은 추가적으로 전자 끄는 기가 있거나 콘쥬게이션된 경우에 증가한다. 이중 활성화된 알카인과 1,4-벤조퀴논은 Diels-Alder 반응에서 특히 좋은 반응물이 된다.[49]

친다이엔체의 상대적 반응성

EWG—≡—EWG > ≡—EWG > EWG EWG > EWG EWG > EWG

EWG = electron withdrawing group

CO_2H + CO_2H CO_2H → CO_2H CO_2H

Me TBSO + O OMe Me O 전자 결핍 덜 전자 결핍 EtOH rt, 2 h → Me H O OMe Me TBSO H O 83%

반응 중간에 만들어지는 사이클로펜타다이엔온(cyclopentadienone)은 가장 반응성이 큰 친다이엔체에 속한다.[50] 사이클로펜타다이엔온 부분은 다이엔이 존재할 경우에, 아래에 보인 바와 같이 제거 반응 과정을 거쳐서 생성된다.[51] 이중 활성화된 알켄은 단일 활성화된 알켄에 비해 먼저 반응한다.

O BnO_2C SO_2Ph Pr_3N toluene, 50°C $- PhSO_2^- \ Pr_3\overset{+}{N}H$ → [O BnO_2C] → H O CO_2Bn 84%

4-아세톡시-2-사이클로펜텐-1-온(4-acetoxy-2-cyclopetene-1-one)과 같은 사이클로펜타다이엔온 대등체는 직렬(tandem) Diels-Alder 반응을 일으키는 시약으로 쓰일 수가 있으며, 여러고리 첨가 생성물을 만든다.[52]

Me + O OAc cat. $AlCl_3$ toluene rt ~ 40°C → [Me H O H]

→ Me H O H Me H H 62%

주 이성질체
(*endo*, *endo* adduct)

Lewis 산 활성화

많은 Diels-Alder 반응은 $BF_3 \cdot OEt_2$, $AlCl_3$, Et_2AlCl, $SnCl_4$, $TiCl_4$, $InCl_3$와 같은 Lewis 산 촉매[53]에 의해 촉진된다.[55] 이들은 친다이엔체에서의 콘쥬게이션된 C=O 및 C=N기와 착물을 이루어서 반응 속도를 증가시킨다.[55,56]

110°C
24 h

71 : 29

δ−
$SnCl_4$

$SnCl_4$
25°C
1 h

δ+

93 : 7

활성화된
친다이엔체 착물

반응의 선택성은 Lewis 산을 사용할 때 흔히 증가된다.[54b,57,58]

조건

조건	수율	이성질체 비
150°C, 142 h	20%	65:35
$AlCl_3$, 25°C, 17 h	52%	90:10 (80% de)

Lewis 산에 의한 활성화는 알데하이드가 관여하는 **헤테로** Diels-Alder 반응의 촉매화 반응에 특히 중요하다.[59] Yb와 Eu[60] 또는 란타나이드(lanthanide) 착물 및 다이아이오딘화 사마륨(samarium diiodide) 등이 이러한 반응에 대해 온화한 촉매가 된다.[61]

OMe
TMSO
Ph H
SmI_2
−30°C
CH_2Cl_2
OMe
TMSO
H
Ph
TFA
Ph
64%

위치 선택성

Diels-Alder 반응의 위치 선택성은 중간에서 매우 높은 정도까지이다.[62] 표 10.2와 10.3에서 보인 바와 같이, 일치환 다이엔의 고리화 첨가 반응은 높은 선택성으로 진행한다.[63] 일반적으로 다이엔 치환기의 전자 효과가 클수록 반응의 위치 선택성이 증가한다.

Diels-Alder 반응의 위치 선택성을 예측하는 가장 '단순한' 방법은 공명 구조를 분석하여 다이엔과 친다이엔체의 편극도를 고려한 후에 아래의 예와 같이, 다른 전하를 가진 원자를 결합하여 육원자 고리를 만드는 것이다. 그러나 이러한 방법은 높은 위치 선택성으로 일어나는 반응을 설명하는 데는 적합하지 않다.[64]

D
EWG
D
EWG

D = electron-donating group

표 10.2 1-위치에 치환된 뷰타다이엔은 반응하여 주로 'ortho' 생성물을 만든다.

R	EWG	온도(℃)	수율(%)	ortho:meta
NEt_2	CO_2H	20	94	100:0
CH_3	CO_2H	20	64	95:5
CO_2H	CO_2H	70	86	91:9

Diels-Alder 반응의 위치 선택성을 보다 확실하게 예측하기 위해서는 경계 분자 오비탈 이론을 적용해야 한다.[41,65]

- 양쪽 반응물의 HOMO와 LUMO의 에너지를 예상한다.
- 에너지면에서 유사한 HOMO-LUMO 쌍을 찾는다.
- 이 HOMO-LUMO 쌍을 사용하여 결합이 일어나는 원자에 대한 원자 오비탈의 계수의 상대적 크기를 예측한다.
- 한 반응물의 더 큰 계수는 다른 반응물의 더 큰 계수의 것과 짝을 맞춘다.

주의: 위의 예에서 전자 주는 기를 갖는 다이엔의 HOMO는 그 기가 붙어 있는 말단이 가장 큰 계수를 가지고, LUMO는 전자 끄는 CO_2Me기가 붙어 있는 말단에서 더 큰 계수를 갖는다.

입체 화학

Diels-Alder 반응의 중요한 관점은 입체 특이성이다. 출발 물질에 존재하는 입체 화학적 관계는 반응 과정을 통해 유지되어야 한다.[66]

cis-원리

Diels-Alder 반응은 다이엔과 친다이엔체에 관해 **협동 반응**(concerted)으로 일어나며, **동일면**(suprafacial)으로 일어난다. 다이엔과 친다이엔체의 입체 화학은 모두 반응 첨가물에서 유지된다. 초기의 동일면으로 일어나서 생성되는 고리 첨가물은 쉽게 이성질화 반응이 일어날 수 있다는 것에 주목해야 한다.

표 10.3 2-위치에 치환된 뷰타다이엔은 반응해서 주로 'para' 생성물을 만든다.

R	EWG	온도(℃)	수율(%)	meta:para
OEt	CO_2CH_3	160	50	0:100
CH_3	CO_2H	20	54	16:84
CN	CO_2CH_3	95	86	0:100

다이엔의 관점에서 동일면 첨가

R_E R_Z R_Z R_E + H H H H → R_E R_Z R_E R_Z

Me Me *trans, trans* + CO_2Me CO_2Me → Me CO_2Me CO_2Me Me

Me Me *trans, cis* + CO_2Me CO_2Me → Me CO_2Me CO_2Me Me

친다이엔체의 관점에서 동일면 첨가

+ H EWG R_E R_Z → H EWG R_Z R_E

+ H CO_2Me H CO_2Me → CO_2Me CO_2Me

+ H CO_2Me MeO_2C H → CO_2Me CO_2Me

endo-원리[67]

친다이엔체의 반응은 다이엔[**endo**(내향)와 **exo**(외향)]의 평면의 관점에서 두 가지 다른 배향을 통해 일어난다. 다이엔과 친다이엔체의 π 오비탈의 최대 겹침에 의해 endo-첨가물의 생성이 선호된다[친다이엔체의 활성화 치환체기와 다이엔 간의 **이차 오비탈 겹침**(secondary orbital overlap)].[68]

exo-전이 상태(-CO_2Me가 다이엔의 π 전자계로부터 멀리 있다)

Me H H Me + Et H H CO_2Me → Me H H Me Et H H CO_2Me → H Me H Me H CO_2Me Et H ≡ Me Et CO_2Me Me

endo-전이 상태(-CO_2Me가 다이엔의 π 전자계를 향해 있다)

Me H H Me + Et H H CO_2Me → Me H H Me H Et MeO_2C H → H H Me Et Me H H MeO_2C ≡ Me Et CO_2Me Me endo-생성물은 전자 끄는 기가 다이엔의 (*E*,*E*)-치환기에서 *cis* 위치에 있다. 지금까지 친다이엔체 위에 다이엔이 놓이는 반응물을 위치시키는 단지 한 가지의 경우만을 보였다. 다른 가능성은 다이엔이 친다이엔체 **밑에** 오는 경우인데, 이와 같은 경우에는 다른 거울상 이성질체가 생성된다.

일반적으로 **endo-선택성**(endo-selectivity)은 전자 효과와 입체 효과의 균형에 의해 결정된다. 다음에 보인 바와 같이 endo-선택성은 고리화 첨가 반응에 필요한 온도를 낮추기 위해 Lewis 산 촉매를 사용하면 향상될 수 있다.

위에서 봄

‡endo ‡exo

MeO_2C H MeO_2C H H CO_2Me

H + CO_2Me

CO_2Me H

	endo		exo
in CH_2Cl_2 at 0°C	80	:	20
in CH_2Cl_2 at –70°C + $BF_3 \cdot OEt_2$	100	:	0

다이엔은 친다이엔체에 입체적으로 큰 치환기가 위치하는 반대 방향으로 접근하게 되며, 친다이엔체는 다이엔에 대해 덜 가려진 면으로 접근하게 된다.

O O ‡endo H O

EtO + OEt EtO

H

다이엔이 *i*-Pr기 반대쪽 면에
놓이는 *endo* TS

분자내 Diels-Alder 반응[69]

분자내 Diels-Alder 반응에서는 두 개의 고리가 한 단계를 통해 생성된다. 분자내 고리화 첨가 반응의 주목할 만한 장점은 (1) 엔트로피면에서의 도움, (2) 정확히 예측할 수 있는 위치 선택성, (3) 보다 큰 **endo** 대 **exo** 선택성의 조절에서 찾을 수 있다.

접합 생성물

다리놓인 생성물

첨가 반응의 두 가지 가능한 위치 선택성의 경우 중에서 접합 생성물(fused product)이 생성되는 경우, 특히 (*E*)-다이엔의 경우 다리놓인 생성물(bridged product)이 생성되는 경우에 비해 우세하게 진행한다. endo-전이 상태를 통해 만들어진 생성물이 우세할 수 있지만, 전이 상태에서의 입체적인 제한점 때문에 exo-생성물이 우선적으로 생성될 수 있다. 역합성 전략으로서 어떤 분자가 육원자 고리 또는 오원자 고리에 접합된 육원자 고리 화합물을 포함한 경우, 분자내 Diels-Alder 반응을 고려해야 한다.

(*Z*)-다이엔은 기하 구조 때문에(친다이엔체의 양쪽 면을 고려할 때) 하나의 전이 상태만이 가능하다. 따라서 (*Z*)-다이엔의 분자내 고리화 첨가 반응은 높은 부분 입체 선택성을 보인다.[70]

(2E,7Z triene) → Δ → CO_2Me + 거울상 이성질체

(xylene, reflux, 92 h: 유일한 *cis*-생성물)

다이엔의 α면에서 친다이엔체 접근 — *endo*-α

다이엔의 β면에서 친다이엔체 접근 — *endo*-β

거울상 이성질체

대조적으로, (*E*)-다이엔은 endo- 및 exo-전이 상태가 형태상으로 모두 가능하므로 *cis*-와 *trans*-접합된 고리 첨가물을 생성할 것이다.

endo-α, *endo*-β, *exo*-β, *exo*-α

거울상 이성질체

부분 입체 이성질체

거울상 이성질체

분자간 D–A 반응에서와 같이, 분자내 고리화 첨가 반응의 부분 입체 선택성은 Lewis 산을 첨가하면 증가한다.[71,72]

C_6H_6 via *endo* TS

	수율(%)	*cis* : *trans*
촉매 없음, 155°C, 5 h:	90	62:38
cat. $LiBF_4$, 25°C, 72 h:	100	100:0

CO_2Me

(2*E*, 7*E* triene)

Δ | *endo* 및 *exo* 전이 상태

endo 첨가 생성물 + *exo* 첨가 생성물

+ 거울상 이성질체 + 거울상 이성질체

	수율(%)	*endo* 첨가 생성물		*exo* 첨가 생성물
C_6H_6, 150°C, 72 h:	65	60	:	40
$EtAlCl_2$, rt, 36 h:	60	100	:	0

비대칭 Diels-Alder 반응

Diels-Alder 반응은 Lewis 산에 의해 촉매 반응이 일어나는데, 이와 같은 경우 온화한 조건에서 고리화 첨가 반응을 수행할 수 있으며, 열을 가해 반응을 유도하는 경우에 비해 더 향상된 부분 입체 선택성과 거울상 이성질 선택성을 보이게 된다. Diels-Alder 반응에서의 단일 부분 입체 이성질체 또는 거울상 이성질체 생성은 카이랄 보조제[**기질 조절**(substrate control)][73] 및 카이랄 촉매[**시약 조절**(reagent control)][74]로 작용하는 카이랄 촉진제(chiral promotor)를 사용하면 조절이 가능하다.

기질 조절

캠퍼(장뇌)에서 유도된 골격은 Lewis 산 매개 Diels-Alder 반응에서 예측 가능한 방법으로, 거의 완전한 비대칭 유도를 보이는 카이랄 보조제로 사용될 수 있다.[75]

β면 접근이 차단됨

(−)캠퍼에서 유도된 카이랄 보조제

≡ OR*

$TiCl_2(O\text{-}i\text{-}Pr)_2$, CH_2Cl_2, −20°C, 4 h

COOR*

98% (> 99% de)

표 10.4 옥사자보롤리딘 촉매를 사용한 거울상 이성질 선택성 Diels-Alder 반응

촉매

R	mol%	온도, 시간(℃, h)	수율(%)(endo:exo)	% ee
H	6	-95, 2	90(92:8)	69
Et	20	-20, 2	99(94:6)	97
OEt	20	-20, 16	96(97:3)	>99

Me, 촉매, Me

R	mol%	온도, 시간(℃, h)	수율(%)(endo:exo)	% ee
H	20	-95, 1.5	36(84:16)	63
Et	20	-20, 2	97(69:31)	65
OEt	13	+4, 72	46(91:9)	>98

시약 조절

카이랄 옥사자보롤리딘(oxazaborolidine)염은 거울상 이성질 선택성 환원(즉 CBS 환원)뿐만 아니라 거울상 이성질 선택성 Diels-Alder 반응을 촉진하는 데 유용한 촉매이다.[76] 양이온의 Lewis 산은 카이랄 옥사자보롤리딘과 트라이플산[TfOH] 또는 트라이플루오로메테인설폰아마이드[$(Tf)_2NH$]의 반응에 의해 생성되는데, 친다이엔체에 배위되어 이어서 일어나는 고리화 첨가 반응을 잘 조절된 방법으로 일어나게 한다. 이러한 카이랄염을 사용한 Diels-Alder 반응은 CH_2Cl_2에서 -95°C와 같이 낮은 온도의 매우 온화한 조건에서도 일어난다(표 10.4).[76]

Ar = Ph or 3,5-dimethylphenyl
$X^- = CF_3SO_3^-$ or $(CF_3O_2S)_2N^-$

거울상 이성질 선택적
Diels–Alder 반응을 위한 CBS염

20 mol% 촉매, CH_2Cl_2

endo 첨가 생성물
단일 거울상 이성질체

친다이엔체 α면은 차단됨:
β면만이 고리화 첨가 반응에 이용된다.

카이랄 유기 촉매를 사용해서 친다이엔체를 활성화하는 것이 또한 가능하다.[77] 아크롤레인과 카이랄 이차 아민과의 축합 반응에 의해 해당하는 이미늄(iminium) 이온을 생성하며, Lewis 산을 사용하였을 때와 유사하게, LUMO 오비탈의 에너지가 α,ß-불포화 알데하이드와 비교해서 낮아지게 된다.[78] 입체적으로 크게 이미늄 이온의 가장 방해가 적은 쪽으로 친다이엔체의 첨가 반응이 일어나서 높은 수율과 ee로 이중 고리 생성물을 만든다.

촉매 (5 mol%), MeOH, H_2O, rt

82%
endo:*exo*, 14:1
ee 94%

촉매

1,3-쌍극자 고리화 첨가 반응[79]–[3+2] 고리화 첨가 반응

Rolf Huisgen은 1960년대 전반에 1,3-이중 극자 고리화 첨가 반응(1,3-dipolar cycloaddition)의 개념을 개발하였다.[80] 이러한 고리화 첨가 반응은 역시 6개의 π 전자 고리형 협동 반응이라는 점에서 Diels-Alder 반응과 밀접하게 관련되어 있다. 그러나 Diels-Alder 반응과는 달리, 4개의 π 전자 짝은, 알릴성 음이온과 같이 적어도 한 개의 헤테로 원자를 가진 삼원자 부분이다. 이러한 전하를 띤 분자를 **1,3-이중 극자**(1,3-dipole)라고 하며, 반대의 전하가 1,3-위치 관계로 분리된 공명 구조를 갖는다. 2개의 π 전자 짝을 **친이중 극자체**(dipolarophile)라고 하며, 대개 알켄이나 알카인이 된다. 다음의 예는 1,3-이중 극자 고리화 첨가 반응과 관련한 기본 원리를 나타내고 있다.

nitrile oxide, 1,3-이중 극자

1,3-이중 극자 고리화 첨가 반응

친이중 극자체로 작용하는 알켄

Δ^2-isoxazoline

다른 예는 5장에서 논의한 오존이 탄소–탄소 이중 결합에 첨가되는 예(가오존 분해)이다. [3+2] 고리화 첨가 반응의 생성물은 **오원자 헤테로 고리계**(five-memebered heterocyclic system)이다. 1,3-이중 극자 첨가 반응에 대한 반응 범위와 메커니즘에 대한 많은 연구 결과가 보고되어 있다; 자세한 논의는 이 책의 범위를 넘어선다.

10.4 고리 닫힘 올레핀 복분해 반응[81]

올레핀 복분해 반응(olefin metathesis)은 고리 유기 화합물 생성에서 강력한 반응이다. 금속 카벤 착물([M]=CR_2)의 복분해 반응(metathesis)은 탄소–탄소 이중 결합의 재분포를 말한다. 이 금속 카벤과 α,ω-다이엔과의 반응은 잘 정의된 탄소 고리 화합물을 만드는데, 이 반응을 '고리 닫힘 올레핀 복분해 반응'[ring-closing olefin metatheiss(RCM)]이라고 한다.[82]

[M]=CR_2 금속 카벤 촉매

+ $CH_2=CH_2$

고리 닫힘 올레핀 복분해 반응 (RCM)

R. Schrock(2005년 노벨상)에 의한 몰리브데넘[83] 및 R. Grubbs(2005년 노벨상)에 의한 루테늄 촉매계, 특히 구매할 수 있는 **Grubbs 촉매**[84][Grubbs catalyst, 이염화 비스(트라이사이클로헥실포스핀)벤질리덴 루테늄(IV) [bis(tricyclohexylphosphine)benzylidene ruthenium(IV) dichloride]]와 이것의 2세대 변형물,[85,86] 그리고 Hoveyda–Grubbs 촉매[87]에 의해 유기 합성에서 많은 RCM 반응의 응용이 가능하게 되었다.[81]

카벤 리간드

Grubbs 촉매 ($L_4Ru=CHPh$) **A**

2세대 복분해 반응 촉매 **B**

Hoveyda–Grubbs 복분해 반응 촉매 **C**

RCM은 일련의 메탈로사이클로뷰테인(metallocyclobutane) 중간체를 생성하여 진행하는데, 중간체는 쪼개져서 새로운 알켄과 새로운 카벤을 만들고, 이것이 반응을 전파시킨다.[81f,88] 역반응인 고리 열림 복분해는 반응 속도론적으로 선호되지 못하므로 사이클로알켄 생성물은 반응이 진행함에 따라 축적된다.

착물화
삽입 반응

$[M]{=}CHPh$
촉매
(개시제)

α,ω-diene

metallocyclobutane
중간체

$H_2C{=}[M]$
전파
금속 카벤
(실제 촉매)

cycloalkene
생성물

α,ω-diene

새로운 metallocyclobutane이
생성되고, 순환이 반복됨

반응은 염기에 민감하거나(에스터) 산에 민감한 작용기[아세토나이드(acetonide)]를 포함한 여러 범위의 작용기가 있어도 문제가 없다.[89]

EtO_2C CO_2Et

$L_4Ru{=}CHPh$ (0.05 eq.)
(촉매 **A**)
CH_2Cl_2, rt, 24 h

n = 1, 93%
n = 2, 97%

루테늄 촉매에 하이드록시기가 존재해도 사용할 수 있음은 주목할 만하다.[90]

$Ph_3P{=}CH_2$
THF, rt

$L_4Ru{=}CHPh$
(0.005 eq.)
(촉매 **A**)
CH_2Cl_2, rt, 5 h

hemiacetal
98%
95%

RCM은 스피로 화합물(spiro compound)의 합성에도 뛰어난 방법이다.[91]

n=1
$L_4Ru{=}CHPh$ (0.05 eq.)
CH_2Cl_2, rt

98%

n=2
$L_4Ru{=}CHPh$ (0.05 eq.)
CH_2Cl_2, rt

92%

헤테로 고리의 합성

올레핀 복분해 반응은 흔히 헤테로 고리 화합물의 합성에 사용된다.[92] 온화한 조건 때문에 다음에 보인 바와 같이 에폭사이드[93]와 고리 아민 등 여러 종류의 산소와 질소 작용기가 존재하는 경우에도 반응에 문제가 없다.[94,95]

cat. $L_4Ru{=}CHPh$ (촉매 **A**)

CH_2Cl_2, 40°C

94%

$L_4Ru{=}CHPh$ (0.05 eq.) (촉매 **A**)

CH_2Cl_2

R=H, 60%
R=Ph, 100%

촉매 **B** (0.05 eq.)

CH_2Cl_2, reflux

83%

더 많은 양(30~50 mol%)의 루테늄 촉매가 사용되는 경우에는 색을 띠고, 독성인 루테늄 금속 부산물의 제거가 문제가 되며, 활성 탄소를 섞은 실리카 젤 관크로마토그래피를 사용하여 여러 번 분리해야 한다.[96,97]

거대 고리 합성

RCM 반응은 거대 고리를 만드는 가장 믿을 만한 방법 중의 하나이다. 거대 고리를 RCM 반응에 의해 합성하면 *E*/*Z* 혼합물이 생성되는데, 추가의 복분해 반응이 진행되면 생성물이 이성질화 반응을 하여 열역학적으로 선호되는 *E*/*Z* 비율을 보이게 되고, 일반적으로 (*E*)-이성질체가 주로 생성된다.[98]

1. Ru-촉매 **A** (0 05.eq) .
CH_2Cl_2, 45°C, 21 h
2. H_2, 10% Pd/C, EtOH

76%

Ru-촉매 **B**
(0.01 eq.)

CH_2Cl_2, reflux
40 min

(12:1, *E*:*Z*)

100%

** 참고 문헌

1 Mundy, B. P. *Concepts of Organic Synthesis. Carbocyclic Chemistry*; Marcel Decker: New York, 1979; pp 50–64.
2 (a) Finely, K. T. *Chem. Rev.* **1964**, *64*, 573. (b) House, H. O. *Modern Synthetic Reactions*, 2nd ed.; Benjamin, Inc.: Menlo Park, CA, 1972; p 169. (c) Bloomfield, J. J.; Owsley, D. C.; Nelke, J. M. *Org. React.* **1976**, *23*, 259. (e) Brettle, G. In *Comprehensive Organic Synthesis*; Trost, B. M.; Fleming, I., Eds.; Pergamon Press: Oxford, 1991; Vol. 3, p 613. (f) Scheidt, K. A.; O'Bryan, E. A. In *Comprehensive Organic Synthesis II*, 2nd ed.; Knochel, P.; Molander, G. A., Eds.; Elsevier: Amsterdam, 2014; Vol. 3, p 621.
3 Bloomfield, J. J.; Owsley, D. C.; Ainsworth, C.; Robertson, R. E. *J. Org. Chem.* **1975**, *40*, 393.
4 Rühlmann, H. *Synthesis* **1971**, 236.
5 (a) Schräpler, U.; Rühlmann, K. *Chem. Ber.* **1964**, *97*, 1383. (b) Bloomfield, J. J.; Nelke, J. M. *Org. Synth.* **1988**, Coll. Vol. VI, 167.
6 Liu, P.; Zhang, Y.-M.; Zhang, H.-L. *Synth. React. Inorg. Metal-Org. Nano-Met. Chem.* **2010**, *40*, 266.
7 Ashkenazi, P.; Kettenring, J.; Migdal, S.; Gutman, A. L.; Ginsburg, P. *Helv. Chim. Acta* **1985**, *68*, 2033.
8 Cope, A. C.; Barthel, J. W.; Smith, R. D. *Org. Synth.* **1963**, Coll. Vol. 4, 218.
9 Schräpler, U.; Rühlmann, K. *Chem. Ber.* **1963**, *96*, 2780.
10 Stetter, H.; Rämsch, R. Y. *Synthesis* **1981**, 477.
11 Enders, D.; Niemeier, O.; Balensiefer, T. *Angew. Chem. Int. Ed.* **2006**, *45*, 1463.
12 (a) McMurry, J. E. *Chem. Rev.* **1989**, *89*, 1513. (b) Robertson, G. M. In *Comprehensive Organic Synthesis*; Trost, B. M.; Fleming, I., Eds.; Pergamon Press: Oxford, 1991; Vol. 3, p 563. (c) Wirth, T. In *Organic Synthesis Highlights III*; Mulzer, J. and Waldmann, H. Eds.; Wiley-VCH: Weinheim, 1998; p 113. (d) Fu, G. C. In *Modern Carbonyl Chemistry*; Otera, J. Ed.; Wiley-VCH: Weinheim, 2000; p 69.
13 Corey, E. J.; Danheiser, R. L.; Chandrasekaran, S. *J. Org. Chem.* **1976**, *41*, 260.
14 McMurry, J. E.; Rico, J. G. *Tetrahedron Lett.* **1989**, *30*, 1169.
15 Szostak, M.; Fazakerley, N. J.; Parmar, D.; Procter, D. J. *Chem. Rev.* **2014**, *114*, 5959.
16 (a) Zhang, X.-M.; Tu, Y.-Q.; Zhang, F.-M.; Shao, H.; Meng, X. *Angew. Chem. Int. Ed.* **2011**, *50*, 3916. (b) Zhang, X.-M.; Shao, H.; Tu, Y.-Q.; Zhang, F.-M.; Wang, S.-H. *J. Org. Chem.* **2012**, *77*, 8174.
17 (a) McMurry, J. E. *Acc. Chem. Res.* **1983**, *16*, 405. (b) Fürstner, A. In *Transition Metals for Organic Synthesis*; Beller, M. Bolm, C. Eds.; Wiley-VCH: Weinheim, 1998; Vol. 1, p 381. (c) Takeda, T.; Tsubouchi, A. *Science of Synthesis* **2010**, *47a*, 247. Takeda, T.; Tsubouchi, A. *Organic Reactions* **2013**, *82*, 1.
18 McMurry, J. E.; Fleming, M. P.; Kees, K. L.; Krepski, L. R. *J. Org. Chem.* **1978**, *43*, 3255.
19 McMurry, J. E.; Lectka, T.; Rico, J. G. *J. Org. Chem.* **1989**, *54*, 3748.
20 Ishida, A.; Mukaiyama, T. *Chem. Lett.* **1976**, 1127.
21 McMurry, J. E.; Miller, D. *J. Am. Chem. Soc.* **1983**, *105*, 1660.
22 Li, W.; Li, Y.; Li, Y. *Synthesis* **1994**, 678.
23 (a) Johnson, W. S. *Acc. Chem. Res.* **1968**, *1*, 1. (b) Johnson, W. S. *Angew. Chem. Int. Ed.*, **1976**, *15*, 9. (c) Sutherland, J. K. In *Comprehensive Organic Synthesis*; Trost, B. M.; Fleming, I., Eds.; Pergamon Press: Oxford, 1991; Vol. 3, p 341.
24 (a) Grütter, H.; Schinz, H. *Helv. Chim. Acta* **1952**, *35*, 1656. (b) Kappeler, H.; Schinz, H.; Eschenmoser, A.; Stauffacher, D. *Helv. Chim. Acta* **1954**, *37*, 957. (c) Grütter, H.; Vogt, H. R.; Schinz, H. *Helv. Chim. Acta* **1954**, *37*, 1791.
25 Johnson, W. S.; Lunn, W. H.; Fitzi, K. *J. Am. Chem. Soc.* **1964**, *86*, 1972.
26 Stadler, P. A.; Nechvatal, A.; Frey, A. J.; Eschenmoser, A. *Helv. Chim. Acta* **1957**, *40*, 1373.
27 Stork, G.; Burgstahler, A. W. *J. Am. Chem. Soc.* **1955**, *77*, 5068.
28 Johnson, W. S.; Gravestock, M. B.; Parry, R. J.; Bryson, T. A.; Miles, D. H. *J. Am. Chem. Soc.* **1971**, *93*, 4330.
29 (a) Johnson, W. S.; Yarnell, T. M.; Myers, R. F.; Morton, D. R. *Tetrahedron Lett.* **1978**, 2549. (b) Johnson, W. S.; Yarnell, T. M.; Myers, R. F.; Morton, D. R.; Boots, S. G. *J. Org. Chem.* **1980**, *45*, 1254.
30 Deslongchamps, P. *Stereoelectronic Effects in Organic Chemistry*; Pergamon: Oxford, 1983; p 195.
31 (a) Johnson, W. S.; Gravestock, M. B.; McCarry, B. E. *J. Am. Chem. Soc.* **1971**, *93*, 4332. (b) Gravestock, M. B.; Johnson, W. S.; McCarry, B. E.; Parry, R. J.; Ratcliffe, B. E. *J. Am. Chem. Soc.* **1978**, *100*, 4274. (c) Nicolaou, K. C.; Sorensen, E. J. *Classics in Total Synthesis*; VCH: Weinheim, 1996; p 83.
32 Uyanik, M.; Ishibashi, H.; Ishihara, K.; Yamamoto, H. *Org. Lett.* **2005**, *7*, 1601.
33 (a) Sethofer, S. G.; Mayer, T.; Toste, F. D. *J. Am. Chem. Soc.* **2010**, *132*, 8276. (b) Sokol, J. G.; Korapala, C. S.; White, P. S.; Becker, J. J.; Gagne, M. R. *Angew. Chem. Int. Ed.* **2011**, *50*, 5657.
34 Sakakura, A.; Ukai, A.; Ishihara, K. *Nature* **2007**, *445*, 900.
35 Knowles, R. R.; Lin, S.; Jacobsen, E. N. *J. Am. Chem. Soc.* **2010**, *132*, 5030.
36 (a) Houk, K. N. In *Pericyclic Reactions*; Marchand, A. P.; Lehr, R.I., Eds., Academic Press: New York, 1977; Vol. II, p 203.

(b) Fleming, I. *Pericyclic Reactions*; Oxford University Press: Oxford, 1999.

37 (a) Kloetzel, M. C. *Org. React.* **1948**, *4*, 1. (b) Holmes, H. L. *Org. React.* **1948**, *4*, 60. (c) Sauer, J.; Sustmann, R. *Angew. Chem. Int. Ed.* **1980**, *19*, 779. (d) Boger, D. L.; Weinreb, S. M. *Hetero Diels-Alder Methodology in Organic Synthesis*; Academic: San Diego, CA, 1987. (e) Corey, E. J.; Cheng, X.-M. *The Logic of Chemical Synthesis*; John Wiley & Sons, Inc.: New York, 1989. (f) Carruthers, W. *Cycloaddition Reactions in Organic Synthesis*; Pergamon Press: Oxford, 1990. (g) Oppolzer, W. In *Comprehensive Organic Synthesis*; Trost, B. M.; Fleming, I., Eds.; Pergamon Press: Oxford, 1991; Vol. 5, p 315. (h) Fringuelli, F.; Taticchi, A. *The Diels-Alder Reaction. Selected Practical Methods*; John Wiley & Sons, Inc.: New York, 2002. (i) Smith, M. B. *Organic Synthesis*, 2nd ed.; McGraw-Hill: New York, 2002; pp 917–977. (j) Nicolaou, K. C.; Snyder, S. A.; Montagnon, T.; Vassilikogiannakis, G. *Angew. Chem. Int. Ed.* **2002**, *41*, 1669. (k) Ishihara, K.; Sakakura, A. In *Comprehensive Organic Synthesis II*; Knochel, P.; Molander, G. A., Eds.; Elsevier: Amsterdam, 2014; Vol. 5, p 351. (l) Ishihara, K.; Sakakura, A. In *Comprehensive Organic Synthesis II*; Knochel, P.; Molander, G. A., Eds.; Elsevier: Amsterdam, 2014; Vol. 5. p 409.

38 Diels, O.; Alder, K. *Justus Liebigs Annalen der Chemie* **1928**, *460*, 98.

39 Dewar, M. J. S.; Pierini, A. B. *J. Am. Chem. Soc.* **1984**, *106*, 203.

40 (a) Woodward, R. B.; Hoffmann, R. *Angew. Chem. Int. Ed.* **1969**, *8*, 781. (b) Woodward, R. B.; Hoffmann, R. *The Conservation of Orbital Symmetry*; Verlag Chemie: Weinheim, 1971.

41 (a) Fukui, K. In *Molecular Orbitals in Chemistry, Physics and Biology*; Löwdin, P.-O; Pullman, B. Eds.; Academic Press: New York, 1964; p 513. (b) Houk, K. *Acc. Chem. Res.* **1975**, *8*, 361. (c) Fleming, I. *Frontier Orbitals and Organic Chemical Reactions*; John Wiley & Sons, Inc.: New York, 1976. (d) Fleming, I. *Molecular Orbitals and Organic Chemical Reactions. Reference Edition*; John Wiley & Sons, Inc.: Hoboken, NJ, 2010.

42 (a) Rickborn, B. *Org. React.* **1998**, *52*, 1. (b) Rickborn, B. *Org. React.* **1998**, *53*, 223. (c) Sweger, R.W.; Czarnik, A. W. In *Comprehensive Organic Synthesis*; Trost, B. M., Fleming, I., Eds.; Pergamon Press: Oxford, 1991; Vol. 5, p 551.

43 Magnusson, G. *J. Org. Chem.* **1985**, *50*, 1998.

44 (a) Fringuelli, F.; Taticchi, A. *Dienes in the Diels-Alder Reaction*, John Wiley & Sons, Inc.: New York, 1990. (b) Boger, D. In *Comprehensive Organic Synthesis*; Trost, B. M., Fleming, I., Eds.; Pergamon Press: Oxford, 1991; Vol. 5, p 451. (c) Bradley, A. C.; Kociolek, M. G.; Johnson, R. P. *J. Org. Chem.* **2000**, *65*, 7134.

45 Danishefsky, S.; Kitahara, T. *J. Am. Chem. Soc.* **1974**, *96*, 7807.

46 (a) Kozmin, S. A.; Rawal, V. H. *J. Org. Chem.* **1997**, *62*, 5252. (b) Kozmin, S. A.; Rawal, V. H. *J. Am. Chem. Soc.* **1997**, *119*, 7165. (c) Kozmin, S. A.; Janey, J. M.; Rawal, V. H. *J. Org. Chem.* **1999**, *64*, 3039.

47 (a) Savard, J.; Brassard, P. *Tetrahedron Lett.* **1979**, 4911. (b) For a recent application, see: Fan, Q.; Lin, L.; Liu, J.; Huang, Y.; Feng, X.; Zhang, G. *Org. Lett.* **2004**, *6*, 2185.

48 Weinreb, S. M. In *Comprehensive Organic Synthesis*; Trost, B. M., Fleming, I., Eds.; Pergamon Press: Oxford, 1991; Vol. 5, p 401.

49 Nicolaou, K. C.; Vassilikogiannakis, G.; Mägerlein, W.; Kranich, R. *Angew. Chem. Int. Ed.* **2001**, *40*, 2482.

50 Maier, G. *Chem. Ber.* **1985**, *118*, 3196.

51 Nantz, M. H.; Fuchs, P. L. *J. Org. Chem.* **1987**, *52*, 5298.

52 Minuti, L.; Selvaggi, R.; Taticchi, A.; Sandor, P. *Tetrahedron* **1993**, *49*, 1071.

53 For the first reported example of a Lewis acid-catalyzed Diels-Alder reaction, see: Yates, P.; Eaton, P. *J. Am. Chem. Soc.* **1960**, *82*, 4436.

54 (a) Carruthers, W. *Cycloaddition Reactions in Organic Synthesis*; Pergamon Press: Oxford, 1990. (b) Shing, T. K. M.; Lo, H. Y.; Mak, T. C. W. *Tetrahedron* **1999**, *55*, 4643. (c) Babu, G.; Perumal, P. T. *Aldrichimica Acta* **2000**, *33*, 16.

55 For a discussion on the complexation of a Lewis acid to benzaldehyde, see: Reetz, M. T.; Hüllmann, M.; Massa, W.; Berger, S.; Rademacher, P.; Heymanns, P. *J. Am. Chem. Soc.* **1986**, *108*, 2405.

56 Yamabe, S.; Minato, T. *J. Org. Chem.* **2000**, *65*, 1830.

57 For theoretical aspects, see: (a) Epiotis, N. D.; Shaik, S. *J. Am. Chem. Soc.* **1978**, *100*, 1. (b) Branchadell, V.; Oliva, A.; Bertran, J. *Chem. Phys. Lett.* **1983**, *97*, 378.

58 Angell, E. C.; Fringuelli, F.; Pizzo, F.; Porter, B.; Taticchi, A.; Wenkert, E. *J. Org. Chem.* **1985**, *50*, 4696.

59 (a) Danishefsky, S.; Kerwin, J. F., Jr.; Kobayashi, S. *J. Am. Chem. Soc.* **1982**, *104*, 358. (b) Danishefsky, S.; Kerwin, J. F., Jr. *J. Org. Chem.* **1982**, *47*, 3183.

60 Bednarski, M.; Danishefsky, S. *J. Am. Chem. Soc.* **1983**, *105*, 3716.

61 Van de Weghe, P.; Collin, J. *Tetrahedron Lett.* **1994**, *35*, 2545.

62 (a) Alston, P. V.; Ottenbrite, R. M.; Cohen, T. *J. Org. Chem.* **1978**, *43*, 1864. (b) Kahn, S. D.; Pau, C. F.; Overman, L. E.; Hehre, W. *J. Am. Chem. Soc.* **1986**, *108*, 7381.

63 (a) Sauer, J. *Angew. Chem. Int. Edit.* **1966**, *5*, 221. (b) Sauer, J. *Angew. Chem. Int. Edit.* **1967**, *6*, 16.

64 (a) Houk, K. N. *J. Am. Chem. Soc.* **1973**, *95*, 4092. (b) Houk, K. N.; Strozier, R. W. *J. Am. Chem. Soc.* **1973**, *95*, 4094.

65 Smith, M. B. *Organic Synthesis*, 2nd ed.; McGraw-Hill: Boston, MA, 2002; p 917–977.

66 Mehta, G.; Uma, R. *Acc. Chem. Res.* **2000**, *33*, 278.

67 Fuchs, P. L. *Understanding Organic Chemistry at the Molecular Level*; Stipes Publishing Co.: Champaign, IL, 1991.

68 Garcia, J. I.; Mayoral, J. A.; Salvatella, L. *Acc. Chem. Res.* **2000**, *33*, 658.

69 (a) Ciganek, E. *Org. React.* **1984**, *32*, 1. (b) Craig, D. *Chem. Soc. Rev.* **1987**, *16*, 187. (c) Roush, W. R. In *Comprehensive Organic Synthesis*; Trost, B. M., Fleming, I., Eds.; Pergamon Press: Oxford, 1991; Vol. 5, p 513. (d) Fallis, A. G. *Acc. Chem. Res.* **1999**, *32*, 464. (e) Tanner, D.; Ascic, E. In *Comprehensive Organic Synthesis II*; Knochel, P.; Molander, G. A., Eds.; Elsevier: Amsterdam, 2014; Vol. 5, p 466.

70 See, for example: (a) House, H. O.; Cronin, T. H. *J. Org. Chem.* **1965**, *30*, 1061. (b) Pyne, S. G.; Hensel, M. J.; Byrn, S. R.; McKenzie, A. T.; Fuchs, P. L. *J. Am. Chem. Soc.* **1980**, *102*, 5960. (c) Yoshioka, M.; Nakai, H.; Ohno, M. *J. Am. Chem. Soc.* **1984**, *106*, 1133.

71 Smith, D. A.; Houk, K. N. *Tetrahedron Lett.* **1991**, *32*, 1549.

72 Wulff, W. D.; Powers, T. S. *J. Org. Chem.* **1993**, *58*, 2381.

73 (a) Choy, W.; Reed, III, L. A.; (b) Masamune, S. *J. Org. Chem.* **1983**, *48*, 1137. Masamune, S.; Reed, III, L. A.; Davis, J. T.; Choy, W. *J. Org. Chem.* **1983**, *48*, 4441.

74 (a) Kagan, H. B.; Riant, O. *Chem. Rev.* **1992**, *92*, 1007. (b) Hayashi, Y. In *Cycloaddition Reactions in Organic Synthesis*; Kobayashi, S.; Jorgensen, K. A., Eds.; Wiley-VCH: Weinheim, 2001; p 5. (c) Corey, E. J. *Angew. Chem. Int. Ed.* **2002**, *41*, 1650.

75 Oppolzer, W.; Chapuis, C.; Dao, G. M.; Reichlin, D.; Godel, T. *Tetrahedron Lett.* **1982**, *23*, 4781.

76 (a) Corey, E. J.; Shibata, T.; Lee, T. W. *J. Am. Chem. Soc.* **2002**, *124*, 3808. (b) Ryu, D. H.; Lee, T. W.; Corey, E. J. *J. Am. Chem. Soc.* **2002**, *124*, 9992. (c) Ryu, D. H.; Corey, E. J. *J. Am. Chem. Soc.* **2003**, *125*, 6388.

77 (a) Berkessel, A.; Gröger, H. *Asymmetric Organocatalysis: From Biomimetic Concepts to Applications in Asymmetric Synthesis*; Wiley-VCH: Weinheim, 2005; p 256. (b) Lelais, G.; MacMillan, D. W. C. In *Enantioselective Organocatalysis*; Dalko, P. I., Ed.; Wiley-VCH: Weinheim, 2007; p 95.

78 Ahrendt, K. A.; Borths, C. J.; MacMillan, D. W. C. *J. Am. Chem. Soc.* **2000**, *122*, 4243.

79 (a) Carruthers, W. *Some Modern Methods of Organic Synthesis, 3rd ed.*; Cambridge University Press: Cambridge, 1986; p 256. (b) Padwa, A. In *Comprehensive Organic Synthesis*; Trost, B. M.; Fleming, I., Eds.; Pergamon Press: Oxford, 1991; Vol. 4, p 1069. (c) Wade, P. A. In *Comprehensive Organic Synthesis*; Trost, B. M., Fleming, I., Eds.; Pergamon Press: Oxford, 1991; Vol. 4, p 1111. (d) Wang, L. J.; Tang, Y. In *Comprehensive Organic Synthesis II*; Knochel, P.; Molander, G. A., Eds.; Elsevier: Amsterdam, 2014; Vol. 4, p 1342. (e) Menon, R. S.; Nair, V. In *Comprehensive Organic Synthesis II*; Knochel, P.; Molander, G. A., Eds.; Elsevier: Amsterdam, 2014; Vol. 4, p 1281.

80 (a) Huisgen, R. *Angew. Chem. Int. Ed.* **1963**, *2*, 565. (b) For a recent synopsis of Huisgen's contributions, see: *Tetrahedron* **2000**, *56*, vii–viii.

81 (a) Grubbs, R. H.; Miller, S. J.; Fu, G. C. *Acc. Chem. Res.* **1995**, *28*, 446. (b) Schuster, M.; Blechert, S. *Angew. Chem. Int. Ed.* **1997**, *36*, 2037. (c) Grubbs, R. H.; Chang, S. *Tetrahedron* **1998**, *54*, 4413. (d) Fürstner, A. *Angew. Chem. Int. Ed.* **2000**, *39*, 3012. (e) Trnka, T. M.; (f) Grubbs, R. H. *Acc. Chem. Res.* **2001**, *34*, 18. Grubbs, R. H. *Tetrahedron* **2004**, *60*, 7117. (g) Nicolaou, K. C.; Bulger, P. G.; Sarlah, D. *Angew. Chem. Int. Ed.* **2005**, *44*, 4490. *(h) Metathesis in natural product synthesis : strategies, substrates and catalysts*; Cossy, J., Arseniyadis, S., Meyer, C., Eds.; Wiley-VCH: Weinheim, 2010. (i) van Lierop, B. J.; Lummiss, J. A. M.; Fogg, D. E. In *Olefin Metathesis*, Grela, K., Ed.; John Wiley & Sons, Inc.: Hoboken, NJ, 2014; p 85. (j) Dawood, K. M.; Metz, P. In *Domino Reactions*; Tietze, L. F., Ed.; Wiley-VCH: Weinheim, 2014; p 31.

82 Dias, E. L.; Nguyen, S. T.; Grubbs, R. H. *J. Am. Chem. Soc.* **1997**, *119*, 3887.

83 (a) Schrock, R. R.; Murdzek, J. S.; (b) Bazan, G. C.; Robbins, J.; DiMare, M.; O'Regan, M. B. *J. Am. Chem. Soc.* **1990**, *112*, 3875. (c) Bazan, G. C.; Khosravi, E.; Schrock, R. R.; Feast, W. J.; Gibson, V. C.; O'Regan, M. B.; Thomas, J. K.; Davis, W. J. *J. Am. Chem. Soc.* **1990**, *112*, 8378. Bazan, G. C.; Oskam, J. H.; Cho, H.-N.; Park, L. Y.; Schrock, R. R. *J. Am. Chem. Soc.* **1991**, *113*, 6899.

84 (a) Schwab, P.; France, M. B.; Ziller, J. W.; Grubbs, R. H. *Angew. Chem. Int. Ed.* **1995**, *34*, 2039. (b) Schwab, P.; Grubbs, R. H.; Ziller, J. W. *J. Am. Chem. Soc.* **1996**, *118*, 100.

85 (a) Weskamp, T.; Schattenmann, W. C.; Spiegler, M.; Herrmann, W. A. *Angew. Chem. Int. Ed.* **1998**, *37*, 2490. (b) Scholl, M.; Trnka, T. M.; Morgan, J. P.; Grubbs, R. H. *Tetrahedron Lett.* **1999**, *40*, 2247.

86 For a comparison of Ru-catalyst relative activities, see: Trnka, T. M.; Morgan, J. P.; Sanford, M. S.; Wilhelm, T. E.; Scholl, M.; Choi, T.-L.; Ding, S.; Day, M. W.; Grubbs, R. H. *J. Am. Chem. Soc.* **2003**, *125*, 2546.

87 Garber, S. B.; Kingsbury, J. S.; Gray, B. L.; Hoveyda, A. H. *J. Am. Chem. Soc.* **2000**, *122*, 8168.

88 (a) Hérisson, J.-L.; Chauvin, Y. *Makromol. Chem.* **1970**, *141*, 161. (b) Kress, J.; Osborn, J. A.; Greene, R. M. E.; Ivin, K. J.; Rooney, J. J. *J. Am. Chem. Soc.* **1987**, *109*, 899.

89 Kirkland, T.; Grubbs, R. H. *J. Org. Chem.* **1997**, *62*, 7310.

90 Ovaa, H.; Codée, J. D. C.; Lastdrager, B.; Overkleeft, H. S.; van der Marel, G. A.; van Boom, J. H. *Tetrahedron Lett.* **1998**, *39*, 7987.

91 Bassindale, M. J.; Hamley, P.; Leitner, A.; Harrity, J. P. A. *Tetrahedron Lett.* **1999**, *40*, 3247.

92 (a) Clark, J. S.; Hamelin, O. *Angew. Chem. Int. Ed.* **2000**, *39*, 372. (b) Maier, M. C. *Angew. Chem. Int. Ed.* **2000**, *39*, 2073.
93 Crimmins, M. T.; Emmitte, K. A. *J. Am. Chem. Soc.* **2001**, *123*, 1533.
94 Kirkland, T. A.; Lynn, D. M.; Grubbs, R. H. *J. Org. Chem.* **1998**, *63*, 9904.
95 Papaioannou, N.; Blank, J. T.; Miller, S. J. *J. Org. Chem.* **2003**, *68*, 2728.
96 Cho, J. H.; Kim, B. M. *Org. Lett.* **2003**, *5*, 531.
97 For other reported methods of removing ruthenium byproducts, see: (a) Maynard, H. D.; Grubbs, R. H. *Tetrahedron Lett.* **1999**, *40*, 4137. (b) Paquette, L. A.; Schloss, J. D.; Efremov, I.; Fabris, F.; Gallou, F.; Mendez-Andino, J.; Yang, J. *Org. Lett.* **2000**, *2*, 1259. (c) Ahn, Y. M.; Yang, K. L.; Georg, G. I. *Org. Lett.* **2001**, *3*, 1411.
98 (a) Kamat, V. P.; Hagiwara, H.; Suzuki, T.; Ando, M. *J. Chem. Soc., Perkin Trans. 1* **1998**, 2253. (b) Lee, C. W.; Grubbs, R. H. *Org. Lett.* **2000**, *2*, 2145.

찾아보기

ㄱ

ㄴ

ㄷ

ㄹ

ㅁ

ㅂ

ㅅ

ㅇ

ㅈ

ㅊ

ㅋ

ㅌ

ㅍ

ㅎ

기타

| 역자 소개 |

강한영 충북대학교 자연과학대학 화학과 교수
김병문 서울대학교 자연과학대학 화학부 교수
안덕근 강원대학교 자연과학대학 화학과 교수
이효원 충북대학교 자연과학대학 화학과 명예교수
장두옥 연세대학교 과학기술대학 화학 및 의화학과 교수
전철호 연세대학교 이과대학 화학과 교수

편수자: 이효원

현대 유기 합성 제2판

|저 자 Zweifel · Nantz · Somfai
|역 자 강한영 · 김병문 · 안덕근 · 이효원 · 장두옥 · 전철호
|발 행 인 주정희
|발 행 처 자유아카데미
|주 소 경기도 파주시 회동길 37-42
파주출판도시
|전 화 031-955-1321
|팩 스 031-955-1322
|전자우편 main@freeaca.com(대표)
editor@freeaca.com(편집)
crm@freeaca.com(영업)
|홈페이지 www.freeaca.com
|등 록 제406-2003-017호, 1980. 7. 12
|제2판1쇄 2018년 2월 28일 발행
|정 가 32,000원

역자와의 협의하에 인지생략

Printed in Korea
ISBN 979-11-5808-164-5 93430